ネビルの
コンクリートバイブル

A.M.Neville 著
三浦 尚 訳

Properties of Concrete
-Fourth and Final Edition-

Properties of concrete
Fourth and Final Edition
Standards updated to 2002

A. M. Neville
CBE, DSc (Eng), DSc, FICE, FIStructE, FREng, FRSE

Honorary Member of the American Concrete Institute
Honorary Member of the American Society
formerly
Head of Department of Civil Engineering, University of Leeds, England
Dean of Engineering, University of Calgary, Canada
Principal and Vice-Chancellor, University of Dundee, Scotland
President of the Concrete Society
Vice-President of the Royal Academy of Engineering

An imprint of **Pearson Education**
Harlow, England · London · New York · Reading, Massachusetts · San Francisco · Toronto · Don Mills, Ontario · Sydney
Tokyo · Singapore · Hong Kong · Seoul · Taipei · Cape Town · Madrid · Mexico City · Amsterdam · Munich · Paris · Milan

Properties of Concrete Fourth Edition by Adam M. Neville
© A.M.Neville 1963, 1973, 1975, 1977, 1981, 1995
This translation of PROPERTIES OF CONCRETE 04 Edition is published by arrangement with Pearson Education Limited.

Japanese Translation rights arranged with Pearson Education Limited, Harlow, Essex, U.K. through Tuttle-Mori Agency, Inc., Tokyo

まえがき

　コンクリートと鋼とは2つの最も一般的に使用される構造材料である。これらは，時には互いに補足しあい，また時には互いに競争しあっており，そのためどちらの材料でも同じような形式や機能の構造物をつくることができる。そしてそれにもかかわらず，構造物をつくる材料に対する技術者の知識としては鋼よりコンクリートの方が不足している。

　鋼は注意深く管理された状態で製造される——その品質は試験所で確認され，製造者が発行する証明書に記載される。このように，設計者は関連する規準に従って鋼種を指定するだけでよく，現場の技術者の監督範囲は個々の鋼部材の接合の仕上がりのみに限られる。

　コンクリート構造物の現場においては，状況はまったく異なってくる。もちろん，セメントの品質は鋼の場合のように製造者によって保証されており，もし適当なセメント状材料が選ばれた場合であれば，コンクリート構造物内の欠陥の原因はほとんどあり得ないことになる。しかし，構造材料はセメントではなくてコンクリートである。構造部材は多くの場合現場でつくられる。そしてそれらの品質はほとんど唯一，コンクリートをつくり，打ち込む作業員に依存している。

　このように，鋼とコンクリートの製造方法の違いははっきりしており，現場におけるコンクリート作業の品質管理の重要性は明白である。さらに，コンクリート作業員の仕事は他の建設の仕事のような訓練とか伝承のようなものが未だにないため，現場での技術者の監督が必要不可欠である。これらの事実は設計者も心に留めておかなければならない，なぜならば，もし実際につくられたコンクリートの特性が設計計算で仮定した値と異なった場合，いくら注意深く，そして複雑に設計を行っても，その結果は簡単に損なわれてしまうからである。構造設計は単に用いた材料と同じレベルになってしまうのである。

　このことから，良いコンクリートをつくることが難しいと結論付けてはいけない。「悪い」コンクリート——多くは，不適当なコンシステンシー，豆板の発生，

i

まえがき

あるいは不均一な構造体の問題であるが——は，単にセメントと骨材と水との混合によってつくられているのである。そして驚くことに，良いコンクリートの材料もまったく同じであり，その違いが発生する主要な原因は，単に，知識に裏付けされた「専門技能」が用いられたか用いられなかったかという点のみである。

それでは，良いコンクリートとはどのようなものであろうか？ ここに2つのおおまかな基準がある——すなわち，コンクリートはその硬化した状態が満足なものでなければならないことと，ミキサからの運搬と型枠への打込みを行っている間，そのフレッシュの状態も満足なものでなければならないことである。フレッシュの状態の要件は，混合物は，過度な努力をしなくても望む方法で締固めできるようなコンシステンシーをもっていなければならず，また使用する運搬方法や打込み方法によって分離して不均一になることがないような十分な粘着性をもっていなければならない。硬化状態での良いコンクリートの主要な要件は，十分な圧縮強度と十分な耐久性である。

この説明のすべては，1963年に姿を現したこの本の初版以来説得力を保ってきた。その間，コンクリートは最も重要でかつ広く行き渡った建設材料であり続けており，3つの版と，12の言語で出版された翻訳版の中で，この本はコンクリートに携わる多くの人たちに大きく貢献してきた。しかしながら，近年になって，知識と施工方法においてたいへん重要な変化が起こり，これが第4版を書く必要があると思う理由となった。また，これらの変化の程度は内容の「追加」のみで済ませるやり方では追いつかないほど大きかったので，この本は，基本的な部分を除いて，実質新しい本となった。そして，記述範囲も大きく広げ，建設材料としてのコンクリートの，広くそして詳細な見解を示している。しかし変更のための変更のようなことはしていない。前の版の形式，型，取組み，そして題材の編成は継続しており，前の版に慣れている読者は，求める内容をこの新しい本の中から探すのは容易となっている。

この第4版では，セメント状材料の中に，今までまったく使用されなかった，あるいはほとんど使用されなかった多くの新しい材料を含めた。これらの材料に関する知識は今や技術者の必需品の一部となっているといってもよいぐらいである。種々の暴露条件下でのコンクリートの耐久性に関しては，炭酸化とアルカリ－シリカ反応を含めて，詳しく検討している。とくに，今日では多くの建設が行

われるようになっている世界の高温地帯の海岸地域のような，特殊環境下でのコンクリートの挙動を解説している。その他の新しい話題として主な物を挙げると，高性能コンクリート，最近使われるようになった混和剤，極低温下におけるコンクリート，および骨材-マトリックス間の界面の特性である。

　種々のセメント状材料を扱うことはまったくたいへんであり，余談ではあるが，次のような問題を含んでいることがわかった。それらの材料や関連する話題に関する膨大な資料は1980年代から1990年代まで引続き出版されてきたものであり，多くの貴重な資料によって，種々の材料の挙動とそれがコンクリートに及ぼす影響とを明らかにすることができた。しかしそれよりもっと多くの資料は，いくつかの条件を非現実的に一定と仮定して単一の因子の影響を述べるという，きわめて狭い解釈の研究報告であった。それらの研究の中には，コンクリートでは混合物中の他の特性を変えずに1つの成分のみを変更することは一般的には不可能である，という事実が無視されているものもあった。

　そのような断片的な研究によって引き出された一般化された推論は，いくら良い方に解釈しても，人を手こずらせるのみのものであり，最悪の場合には危険となるものである。我々はこのような小規模な研究組織などはもう不要である。しかもその組織内の各々の人が，論文を発表する際の著者の履歴書の中に「成果論文」として記録しているのである。また我々はわずかな資料のみから誘導するような果てしなく続く因襲的方法などはもはや不要である。一見すばらしく見える解析の中には，実験値とよく一致しているがその実験値は最初に式を誘導するときに使用した実験値であるという場合があり，そのような場合の一致はあたりまえのことであり，驚くようなものではない。また一方では，ある因子を無視して式をつくった場合，その因子が存在するような環境で，その式を使って挙動を予想してもうまくいかなかったとしても同じように驚くべきものではない。

　さらに，あるコンクリートの挙動に対して，統計分析によって種々の因子の影響を定めるようなやり方についても，問題点を指摘したい。実験結果の評価や関連性の確立に統計を使うことは価値があり，また，多くの場合必須であるが，物理的説明なしに統計的関係のみ示すというやり方は，実際の関係が2つあるいはそれ以上の因子の中にあると主張する正しい根拠にはなりえない。さらに，妥当な関係の外挿値を自動的に妥当と仮定してはいけない。これはきわめて明らか

まえがき

なことではあるが，自分が一般法則を発見したと考え，熱中している論文の著者は，時々忘れてしまうのである。

我々は，実用的な研究を考えなければならないのであるが，多くの研究結果を寄せ集めてみたり，個々の研究分野の一般的考察を行ったりすることにはほとんど価値はない。その点この本は，コンクリートを製造したり使用したりする時の，それらの相互依存性を示すことを目的として，種々の分野を結合させることに努めている。ここに含まれる物理的・化学的現象を理解することは，このような熟知していない事項に取り組むために絶対必要な基礎である。それをおこたると，過去の経験のみから手がかりを集めるという，その場しのぎのやり方を続けなければならなくなるのである。そしてそのような方法は，今まではたまたまうまくいっていただけであって，そのうち悲劇的な結末になるであろう。コンクリートは寛容な材料である。しかし，たとえそうであっても，混合材料の選択と配合における避けることのできる欠陥は避けなければならない。

現在使われている種々のコンクリートは，従来のコンクリートからの派生物であり，またその進化したものであるということを忘れてはならない。そのため，コンクリートの基礎的特性に関する知識は今でも不可欠の要素である。したがって，この本の多くの部分はそれらの基礎的なものに充てている。コンクリートの基本的な挙動を，科学を基礎として説明しているので，コンクリート学の先駆者たちが行った初期の研究，および古典の参考文献はそのまま載せてある。これらによって我々は，我々の知識の全体的な正しい見通しをもつことができる。

この本の終極的な目的は，より良いコンクリートの施工を促進することである。これを達成するためには，実験室の中だけではなくて，実際の構造物においても，コンクリートの挙動を理解し，精通し，管理することが必要である。構造物の知識をもっている著者が優位に立っているのはこれが理由である。さらに，構造物の施工も，耐久性と使用性の不足に関する調査の経験も役に立って来た。

この本はたいへん多くの国で使われているので，SI単位と大英帝国単位（奇妙に聞こえるかもしれないが，今や米国単位として知られている）との両方を使うのが良いと考えた。したがって，すべての資料，すなわち図と表は，あらゆる国の読者，進歩主義者，あるいは伝統主義者にとっても使い易く書かれている。

この本の執筆には，1年間かけており，多少まとまりのない章の羅列ではなく

て，コンクリートの挙動の緻密に構築された説明を行っている．この一貫性に基づいたやり方は，名ばかりの編集者によってつくられた「本」の中のまとまりのない解説記事をたびたび参照しなければならない状況にあった読者には有益であると思われる．

　コンクリートのすべての分野を一冊の本に網羅することは不可能である．そのため，特殊な材料，例えば，繊維補強コンクリート，ポリマーコンクリート，あるいは硫黄コンクリートなどは有用ではあるが，本書には含まれていない．たとえ著者の知識の範囲は年齢や経験とともに増加するものであったとしても，必然的に，現在著者が最も重要，あるいは最も興味があると思うもの，あるいは，単純に最もよく知っているものを選択することになる．この本が重要視している点は，コンクリートの特性の統合した見方と，基礎を成している科学的な根拠である．というのは，Henri Poincareが言うように，石ころの山が家ではないのと同様に，事実の蓄積は科学ではないからである．

A.M.N.

訳者序文

　2002年11月19日，突然私のところにNeville先生から電話とファックスで，本書（Properties of concrete, Fourth and Final Edition, Standards updated to 2002）の日本語版での出版の依頼が送られてきました。早速技報堂出版に相談しましたが，最初は，「内容は素晴らしいが翻訳出版するにはあまりにも頁数が膨大すぎる」という否定的な返事でした。しかしNeville先生の「日本の多くの人々にぜひ読んでいただきたい」という要望があまりにも強いこともあり，その後，技報堂出版社内での検討などを経て，2003年5月，正式に出版することが決定されました。そして，Neville先生の，一年以内で完成させてほしいという要望もあって，翻訳は私一人で行うことといたしました。

　Neville先生は，現在コンクリート工学における世界の第一人者であり，カナダのCalgary大学の工学部長，ポルトランドセメントの発明された地である英国Leeds大学の学科長，スコットランドのDundee大学の学長などを務められた後，現在はロンドンでのコンサルタントの仕事の傍ら，御高齢にもかかわらず世界中を飛び回って，多くの人々に対してコンクリート工学に関する各種の指導をなさっておられます。また欧州や米国は勿論のこと，その他の多くの国の国際会議での中心人物として活躍されておられますし，コンクリート工学に関して各種の専門書での執筆を初め，数多くの著書もあります。

　本書Properties of concreteは，Neville先生が最も力を入れて執筆されたものであり，世界で最も有名なコンクリート工学全般を網羅した本であります。また本書は世界中で最も優れたコンクリートの教科書として13ヵ国語に翻訳され，世界35ヵ国で使われており，多くの国で「コンクリートのバイブル」とも呼ばれて信頼されています。

　本書の初版は1963年に出版され，その後小幅な修正を加えながら版を重ねられましたが，1995年，今までとは大幅に構成を見直した第4版が出版されました。そしてNeville先生はこれをこの本の最後の版と決められておられます。今回翻訳出版する本書は，第4版の一部を修正したその2002年版を基本としていますが，さらに，その中のミスプリントやわかりにくい部分が修正されると共に，

翻訳期間中にも新たな追加が行われており，参考文献には最新の 2004 年のものも含まれています。

　Neville 先生は，物事を常に物理的，化学的に深く追究され，それに基づいて実務への適用性を重視しながら合理的に判断をなされる方であります。そのため，本書の内容もまさしく Neville 先生のそのような姿勢が全体にわたって現れています。そして，表面的に考えるのではなくて，実証することを重視し，さらに物事の本質を理解した上で判断するという，守らなければならない考え方の基本が各所に繰り返し述べられています。この点は，わが国の技術者や研究者は不得手のように感じられますので，大いに参考になると思われます。

　また一方では，長年の現場調査や実務に関連させた研究の経験に基づいた Neville 先生のコンクリート工学に対する知識と考え方の正しさは広く認められているものであり，その点は御自身でも自信を持たれておられます。そのため，いろいろな意見を力強く主張されており，他の研究者が行った研究に対しては遠慮なく多くの厳しい指摘が行われていますが，それらはまことに当を得たものであり，大変参考になります。

　本書のその他の特徴としては，コンクリート工学の多くの問題点を取り上げ，それらの一つ一つを物理的，化学的に深く解明して，詳細に説明している点にあります。また，その説明の方法も，現時点での解明の確度が解るように程度に応じて表現を変えて説明しておられます。さらに，それぞれの考え方の根拠を示すと同時に，それに対する Neville 先生の評価も加えられており，したがって読者はそれぞれの問題点について深く理解することができます。

　本書を初めから終わりまで通して読むことによって，Neville 先生の考え方の基本が徐々に理解できるようになります。したがって，翻訳ではそのことを考えて，全体にわたって表現方法を統一することに心がけていますし，表現方法の違いにも気をつけてあります。

　以上のことから，本書は，わが国の技術者だけではなく，研究者にとっても大変貴重な内容であると思われますので，読者の皆様には，一部の拾い読みではなくて，一度全体を通して読んでみることを強くお勧めいたします。

2004 年 3 月

三 浦 　 尚

目　　次

第1章　ポルトランドセメント ―――――――――――――― 1

- 1.1　歴史的背景 ………………………………………………………… 1
- 1.2　ポルトランドセメントの製造 …………………………………… 3
- 1.3　ポルトランドセメントの化学組成 ……………………………… 9
- 1.4　セメントの水和反応 ……………………………………………… 14
  - 1.4.1　けい酸カルシウム水和物 ……………………………… 17
  - 1.4.2　アルミン酸三石灰水和物と石膏の働き ……………… 21
- 1.5　凝　結 ……………………………………………………………… 23
  - 1.5.1　偽凝結 …………………………………………………… 24
- 1.6　セメントの粉末度 ………………………………………………… 25
- 1.7　水和したセメントの構造 ………………………………………… 31
- 1.8　水和生成物の体積 ………………………………………………… 32
  - 1.8.1　毛管空げき ……………………………………………… 38
  - 1.8.2　ゲル間げき ……………………………………………… 40
- 1.9　セメントゲルの強度 ……………………………………………… 43
- 1.10　水和したセメントペースト中の水 …………………………… 45
- 1.11　セメントの水和熱 ……………………………………………… 47
- 1.12　化合物の構成がセメントの性質に及ぼす影響 ……………… 51
  - 1.12.1　アルカリの影響 ……………………………………… 57
  - 1.12.2　クリンカー中のガラス質の影響 …………………… 60
- 1.13　セメントの各種試験 …………………………………………… 61
  - 1.13.1　基準ペーストの軟度 ………………………………… 61
  - 1.13.2　凝結時間 ……………………………………………… 62
  - 1.13.3　安定性 ………………………………………………… 64
  - 1.13.4　セメントの強さ ……………………………………… 66

目　　次

第 2 章　各種のセメント状材料 ———————————————— 77

2.1　セメント状材料の分類 ……………………………………………77
2.2　各種のセメント ……………………………………………………82
2.3　普通ポルトランドセメント ………………………………………86
2.4　早強ポルトランドセメント ………………………………………88
2.5　特殊な極早強ポルトランドセメント ……………………………90
2.6　低熱ポルトランドセメント ………………………………………93
2.7　耐硫酸塩セメント …………………………………………………95
2.8　白色セメントと顔料 ………………………………………………97
2.9　高炉セメント ………………………………………………………99
2.10　超硫酸塩セメント ………………………………………………103
2.11　ポゾラン …………………………………………………………105
　　　2.11.1　フライアッシュ …………………………………………107
　　　2.11.2　ポゾランセメント ………………………………………109
2.12　シリカフューム …………………………………………………110
2.13　フィラー …………………………………………………………112
2.14　その他のセメント ………………………………………………113
2.15　セメントの選択法 ………………………………………………115
2.16　アルミナセメント ………………………………………………117
　　　2.16.1　製　法 ……………………………………………………117
　　　2.16.2　組成と水和 ………………………………………………118
　　　2.16.3　化学抵抗性 ………………………………………………119
　　　2.16.4　アルミナセメントの物理的性質 ………………………120
2.17　アルミナセメントの転移 ………………………………………123
2.18　アルミナセメントの耐火性 ……………………………………131

第 3 章　骨材の性質 ———————————————————————— 139

3.1　骨材の一般的分類 ………………………………………………139

3.2	天然骨材の分類	141
3.3	骨材試料の採取	143
3.4	骨材の形状と表面組織	146
3.5	骨材の付着性	152
3.6	骨材の強度	153
3.7	骨材のその他の力学的性質	157
3.8	密度（比重）	161
3.9	単位容積質量	163
3.10	骨材の空げき率と吸水率	165
3.11	骨材の含水量	168
3.12	細骨材の湿潤時のバルキング	171
3.13	骨材中の有害物質	173
	3.13.1 有機不純物	174
	3.13.2 粘土およびその他の微細物質	175
	3.13.3 塩化物汚染	177
	3.13.4 不安定骨材	178
3.14	骨材の安定性	181
3.15	アルカリ-シリカ反応	184
	3.15.1 骨材の反応性試験	186
3.16	アルカリ-炭酸塩反応	188
3.17	骨材の熱的性質	189
3.18	ふるい分け試験	191
	3.18.1 粒度曲線	197
	3.18.2 粗粒率	198
3.19	粒度の要件	198
3.20	実用的粒度	207
3.21	細骨材および粗骨材の粒度	211
	3.21.1 過大寸法と過小寸法	216
3.22	不連続粒度骨材	216
3.23	骨材の最大寸法	219

    3.24 巨石の使用 ·· 221
    3.25 骨材の取扱い ·· 222
    3.26 特殊な骨材 ·· 223

第4章　フレッシュコンクリート ———————————— 229

    4.1 練混ぜ水の品質 ·· 229
    4.2 ワーカビリティーの定義 ·· 232
    4.3 十分なワーカビリティーの必要性 ·· 234
    4.4 ワーカビリティーに影響を及ぼす因子 ······································ 235
    4.5 ワーカビリティーの測定 ·· 238
        4.5.1 スランプ試験 ·· 238
        4.5.2 締固め係数試験 ·· 240
        4.5.3 ASTMフロー試験 ·· 243
        4.5.4 リモルディング試験 ·· 243
        4.5.5 VB試験 ·· 244
        4.5.6 フロー試験 ·· 245
        4.5.7 ボール貫入試験（ケリーボール） ···································· 246
        4.5.8 NasserのK-試験機 ·· 247
        4.5.9 ツーポイント試験 ·· 248
    4.6 試験結果の比較 ·· 250
    4.7 コンクリートのこわばり進行時間 ·· 253
    4.8 時間と温度がワーカビリティーに及ぼす影響 ······························ 254
    4.9 材料分離 ·· 257
    4.10 ブリーディング ··· 259
    4.11 コンクリートの練混ぜ ·· 261
        4.11.1 コンクリートミキサ ·· 262
        4.11.2 練混ぜの均一性 ·· 264
        4.11.3 練混ぜ時間 ·· 266
        4.11.4 手練り ·· 270

- 4.12 レディーミクストコンクリート ······ 271
- 4.13 練返し ······ 273
- 4.14 ポンプ圧送されるコンクリート ······ 274
  - 4.14.1 コンクリートポンプ ······ 275
  - 4.14.2 ポンプ圧送の利用 ······ 276
  - 4.14.3 ポンプ圧送用コンクリートの必要条件 ······ 277
  - 4.14.4 軽量骨材コンクリートの圧送 ······ 282
- 4.15 吹付けコンクリート ······ 283
- 4.16 水中コンクリート ······ 286
- 4.17 プレパックドコンクリート ······ 287
- 4.18 コンクリートの振動締固め ······ 289
  - 4.18.1 内部振動機 ······ 290
  - 4.18.2 外部振動機 ······ 291
  - 4.18.3 振動台 ······ 292
  - 4.18.4 その他の振動機 ······ 293
- 4.19 再振動 ······ 294
- 4.20 真空コンクリート ······ 295
  - 4.20.1 透水性型枠 ······ 297
- 4.21 フレッシュコンクリートの分析 ······ 298

第5章　混和剤 ———————————— 309

- 5.1 混和剤がもたらす利点 ······ 309
- 5.2 混和剤の分類 ······ 310
- 5.3 硬化促進剤 ······ 311
- 5.4 遅延剤 ······ 317
- 5.5 減水剤 ······ 320
- 5.6 高性能減水剤 ······ 324
  - 5.6.1 高性能減水剤の性質 ······ 325
  - 5.6.2 高性能減水剤の効果 ······ 326

目　　次

　　　　5.6.3　高性能減水剤の添加……………………………………329
　　　　5.6.4　ワーカビリティーの低下………………………………330
　　　　5.6.5　高性能減水剤とセメントとの相性……………………332
　　　　5.6.6　高性能減水剤の使用……………………………………334
　　5.7　特殊な混和剤……………………………………………………334
　　　　5.7.1　防水剤……………………………………………………335
　　　　5.7.2　抗菌剤その他の類似の混和剤…………………………336
　　5.8　混和剤の使用に対する所見……………………………………337

第6章　コンクリートの強度 ——————————————— 343

　　6.1　水セメント比……………………………………………………343
　　6.2　コンクリート中の有効な水量…………………………………348
　　6.3　ゲル/空間 比……………………………………………………349
　　6.4　間げき率…………………………………………………………353
　　　　6.4.1　セメント圧縮成形体……………………………………360
　　6.5　粗骨材の性質が強度に及ぼす影響……………………………360
　　6.6　骨材/セメント比が強度に及ぼす影響…………………………364
　　6.7　コンクリートの強度特性………………………………………366
　　　　6.7.1　引張応力下の強度………………………………………366
　　　　6.7.2　圧縮応力下のひび割れと破壊…………………………368
　　　　6.7.3　多軸応力下の破壊………………………………………371
　　6.8　マイクロクラック………………………………………………377
　　6.9　骨材とセメントペーストとの界面……………………………379
　　6.10　材齢がコンクリート強度に及ぼす影響………………………382
　　6.11　コンクリートの積算温度………………………………………384
　　6.12　圧縮強度と引張強度との関係…………………………………390
　　6.13　コンクリートと鉄筋との付着…………………………………392

第7章　硬化コンクリートのその他の問題 ── 401

- 7.1　コンクリートの養生 …………………………………………401
  - 7.1.1　養生方法 ……………………………………408
  - 7.1.2　養生剤の試験 ………………………………411
  - 7.1.3　養生期間 ……………………………………412
- 7.2　ゆ（癒）着 ……………………………………………………413
- 7.3　セメントの強さのばらつき …………………………………413
- 7.4　セメントの性質の変化 ………………………………………418
- 7.5　コンクリートの疲労強度 ……………………………………422
- 7.6　衝撃強度 ………………………………………………………431
- 7.7　コンクリートの電気的性質 …………………………………434
- 7.8　音響特性 ………………………………………………………440

第8章　コンクリートにおける温度の影響 ── 449

- 8.1　初期温度がコンクリートの強度に及ぼす影響 ……………449
- 8.2　常圧下の蒸気養生 ……………………………………………456
- 8.3　高圧蒸気養生（オートクレーブ） …………………………461
- 8.4　その他の加熱養生法 …………………………………………466
- 8.5　コンクリートの熱特性 ………………………………………466
  - 8.5.1　熱伝導率 ……………………………………467
  - 8.5.2　熱拡散率 ……………………………………469
  - 8.5.3　比　熱 ………………………………………470
- 8.6　熱膨張係数 ……………………………………………………470
- 8.7　コンクリートの高温時の強度および火災に対する抵抗性 ……476
  - 8.7.1　高温時の弾性係数 …………………………479
  - 8.7.2　火災時におけるコンクリートの挙動 ……480
- 8.8　極低温下におけるコンクリートの強度 ……………………483
- 8.9　マスコンクリート ……………………………………………486

	8.10	暑中コンクリート …………………………………………492
	8.11	寒中コンクリート …………………………………………496
		8.11.1 コンクリートの施工 ……………………………499

第9章 弾性，収縮，およびクリープ ——————— 509

	9.1	応力-ひずみ関係およびヤング係数 ……………………509
		9.1.1 応力-ひずみ曲線の表現方法 ………………………515
	9.2	ヤング係数の表現方法 ………………………………………516
	9.3	動弾性係数 ………………………………………………518
	9.4	ポアソン比 ………………………………………………520
	9.5	初期の体積変化 …………………………………………522
	9.6	自己収縮 …………………………………………………525
	9.7	膨潤 ………………………………………………………526
	9.8	乾燥収縮 …………………………………………………527
		9.8.1 収縮のメカニズム ………………………………527
	9.9	収縮に影響する因子 ……………………………………530
		9.9.1 養生と環境条件の影響 ……………………………537
	9.10	収縮量の予測 ……………………………………………540
	9.11	不均一な収縮 ……………………………………………541
	9.12	収縮によるひび割れ ……………………………………543
	9.13	水分移動 …………………………………………………546
	9.14	炭酸化収縮 ………………………………………………547
	9.15	膨張セメントの使用による収縮補償 ………………………550
		9.15.1 膨張セメントの種類 ……………………………551
		9.15.2 収縮補償コンクリート ………………………553
	9.16	コンクリートのクリープ ………………………………554
	9.17	クリープに影響を及ぼす因子 ……………………………557
		9.17.1 作用応力と強度の影響 …………………………561
		9.17.2 セメントの特性の影響 …………………………562

         9.17.3　周囲の相対湿度の影響 ……………………………………… 565
         9.17.4　その他の影響因子 …………………………………………… 570
　9.18　クリープと時間との関係 …………………………………………… 574
　9.19　クリープの特性 ……………………………………………………… 578
　9.20　クリープの影響 ……………………………………………………… 582

第 10 章　コンクリートの耐久性 ——————————————— 593

　10.1　耐久性不足の原因 …………………………………………………… 594
　10.2　コンクリート中の流体の移動 ……………………………………… 595
         10.2.1　細孔構造の影響 ……………………………………………… 595
         10.2.2　流動，拡散，および収着 …………………………………… 596
         10.2.3　透水係数 ……………………………………………………… 597
　10.3　拡　散 ………………………………………………………………… 598
         10.3.1　拡散係数 ……………………………………………………… 598
         10.3.2　空気と水を通っての拡散 …………………………………… 599
　10.4　吸水率 ………………………………………………………………… 600
         10.4.1　表面吸水試験 ………………………………………………… 601
         10.4.2　収着性 ………………………………………………………… 602
　10.5　コンクリートの透水性 ……………………………………………… 604
         10.5.1　透水性試験 …………………………………………………… 608
         10.5.2　水の浸透性試験 ……………………………………………… 609
　10.6　空気と蒸気の透過性 ………………………………………………… 610
　10.7　炭酸化 ………………………………………………………………… 613
         10.7.1　炭酸化の影響 ………………………………………………… 614
         10.7.2　炭酸化の速度 ………………………………………………… 614
         10.7.3　炭酸化に影響する因子 ……………………………………… 617
         10.7.4　混合セメントを含むコンクリートの炭酸化 ……………… 619
         10.7.5　炭酸化の測定 ………………………………………………… 621
         10.7.6　炭酸化に関するその他の問題 ……………………………… 623

xvii

目　　次

- 10.8　コンクリートに対する酸の作用 …………………………………623
- 10.9　コンクリートに対する硫酸塩の作用 ……………………………627
  - 10.9.1　作用のメカニズム ………………………………………628
  - 10.9.2　作用を緩和する因子 ……………………………………630
  - 10.9.3　耐流酸塩試験 ……………………………………………633
- 10.10　エフロレッセンス ………………………………………………634
- 10.11　海水がコンクリートに及ぼす影響 ……………………………635
  - 10.11.1　岩塩風化作用 ……………………………………………637
  - 10.11.2　海水にさらされるコンクリートの選択 ………………639
- 10.12　アルカリ–シリカ反応による崩壊 ……………………………639
  - 10.12.1　予防策 ……………………………………………………642
- 10.13　コンクリートの磨耗 ……………………………………………645
  - 10.13.1　耐磨耗性試験 ……………………………………………645
  - 10.13.2　耐磨耗性に影響を及ぼす因子 …………………………647
- 10.14　侵食に対する抵抗性 ……………………………………………648
- 10.15　キャビテーションに対する抵抗性 ……………………………649
- 10.16　ひび割れの種類 …………………………………………………650

第11章　凍結融解の影響と塩化物の影響 ───── 663

- 11.1　凍結作用 ……………………………………………………………663
  - 11.1.1　粗骨材粒子の挙動 ………………………………………670
- 11.2　空気の連行 …………………………………………………………673
  - 11.2.1　空げき構造特性 …………………………………………674
- 11.3　エントレインドエアの要件 ………………………………………676
  - 11.3.1　空気の連行に影響を及ぼす因子 …………………………679
  - 11.3.2　エントレインドエアの安定性 ……………………………682
  - 11.3.3　微小球体による空気の連行 ………………………………683
  - 11.3.4　空気量の測定 ………………………………………………684
- 11.4　凍結融解に対するコンクリートの抵抗性の試験 ………………686

11.5　空気の連行のその他の影響 ……………………………………690
11.6　融雪剤の影響 ………………………………………………………693
11.7　塩化物の作用 ………………………………………………………696
　　11.7.1　塩化物による腐食のメカニズム …………………………696
11.8　コンクリート中の塩化物 …………………………………………699
11.9　塩化物の滲入 ………………………………………………………700
11.10　塩化物イオンの腐食発生限界濃度 ……………………………703
　　11.10.1　塩化物イオンの固定化 …………………………………704
11.11　混合セメントが腐食に及ぼす影響 ……………………………706
11.12　腐食に影響するその他の因子 …………………………………707
　　11.12.1　鉄筋のかぶり厚さ ………………………………………709
11.13　コンクリートの塩化物浸透性試験 ……………………………710
11.14　腐食の停止 ………………………………………………………711

第12章　硬化コンクリートの試験 ———————— 719

12.1　圧縮強度試験 ………………………………………………………720
　　12.1.1　立方体供試体試験 …………………………………………721
　　12.1.2　円柱供試体試験 ……………………………………………722
　　12.1.3　立方体供試体の等価試験 …………………………………723
12.2　供試体載荷面の状態の影響とキャッピング ……………………724
　　12.2.1　アンボンドキャッピング …………………………………726
12.3　圧縮供試体の試験 …………………………………………………728
12.4　圧縮供試体の破壊 …………………………………………………731
12.5　円柱供試体の高さと直径との比が強度に及ぼす影響 …………732
12.6　立方体と円柱との強度の比較 ……………………………………735
12.7　引張強度試験 ………………………………………………………737
　　12.7.1　曲げ強度試験 ………………………………………………738
　　12.7.2　割裂引張試験 ………………………………………………741
12.8　試験中の湿度状態が強度に及ぼす影響 …………………………743

目　　次

12.9　供試体寸法が強度に及ぼす影響 …………………………744
　　12.9.1　引張強度試験における寸法効果 ……………………747
　　12.9.2　圧縮強度試験における寸法効果 ……………………750
　　12.9.3　供試体の寸法と骨材の寸法 …………………………754
12.10　コア試験 ……………………………………………………755
　　12.10.1　小さいコアの使用 ……………………………………757
　　12.10.2　コア強度に影響を及ぼす因子 ………………………758
　　12.10.3　コア強度と実強度との関係 …………………………762
12.11　現場打ち円柱供試体試験 …………………………………763
12.12　載荷速度が強度に及ぼす影響 ……………………………764
12.13　促進養生試験 ………………………………………………767
　　12.13.1　促進養生強度の直接使用 ……………………………770
12.14　非破壊試験 …………………………………………………771
12.15　テストハンマー試験（反発度法）………………………772
12.16　貫入抵抗試験 ………………………………………………776
12.17　引抜き試験（プルアウト法）……………………………777
12.18　ポストセット方式試験 ……………………………………779
12.19　超音波パルス速度試験 ……………………………………780
12.20　非破壊試験の可能性 ………………………………………783
12.21　共鳴振動数試験 ……………………………………………784
12.22　硬化コンクリートの配合推定試験 ………………………785
　　12.22.1　単位セメント量 ………………………………………785
　　12.22.2　元の水セメント比の推定 ……………………………786
　　12.22.3　物理的方法 ……………………………………………787
12.23　試験結果のばらつき ………………………………………787
　　12.23.1　強度の分布 ……………………………………………788
　　12.23.2　標準偏差 ………………………………………………791

第13章　特殊な性質のコンクリート ― 801

13.1　種々のセメント状材料を用いたコンクリート ……802
13.1.1　フライアッシュ，高炉スラグ微粉末，およびシリカフュームを用いた場合の一般的特徴 ……802
13.1.2　耐久性の問題 ……804
13.1.3　材料のばらつき ……806

13.2　フライアッシュを含むコンクリート ……807
13.2.1　フライアッシュがフレッシュコンクリートの性質に及ぼす影響 ……808
13.2.2　フライアッシュの水和 ……810
13.2.3　フライアッシュコンクリートの強度発現 ……812
13.2.4　フライアッシュコンクリートの耐久性 ……815

13.3　高炉スラグ微粉末を含むコンクリート ……817
13.3.1　高炉スラグ微粉末がフレッシュコンクリートの性質に及ぼす影響 ……818
13.3.2　高炉スラグ微粉末を含むコンクリートの水和と強度発現 ……818
13.3.3　高炉スラグ微粉末を含むコンクリートの耐久性の問題 ……822

13.4　シリカフュームを含むコンクリート ……824
13.4.1　シリカフュームがフレッシュコンクリートの性質に及ぼす影響 ……826
13.4.2　ポルトランドセメント−シリカフューム系の水和と強度発現 ……828
13.4.3　シリカフュームを含むコンクリートの耐久性 ……832

13.5　高性能コンクリート ……835

13.6　高性能コンクリートにおける骨材の性質 ……837

13.7　高性能コンクリートのまだ固まらない状態での問題 ……839
13.7.1　ポルトランドセメントと高性能減水剤との相性 ……841

13.8　高性能コンクリートの硬化後の問題 ……843
13.8.1　高性能コンクリートの試験 ……848

13.9　高性能コンクリートの耐久性 ……848

目　　次

13.10　高性能コンクリートの将来 …………………………………851
13.11　軽量コンクリート ………………………………………………852
　　　13.11.1　軽量コンクリートの分類 ……………………………852
13.12　軽量骨材 …………………………………………………………854
　　　13.12.1　天然骨材 ………………………………………………855
　　　13.12.2　人工骨材 ………………………………………………855
　　　13.12.3　構造用コンクリートための骨材の要件 ……………858
　　　13.12.4　軽量骨材の吸水の影響 ………………………………860
13.13　軽量骨材コンクリート …………………………………………863
　　　13.13.1　まだ固まらない状態での問題 ………………………863
13.14　軽量骨材コンクリートの強度 …………………………………864
　　　13.14.1　軽量骨材とマトリックスとの付着 …………………867
13.15　軽量骨材コンクリートの弾性特性 ……………………………869
13.16　軽量骨材コンクリートの耐久性 ………………………………871
13.17　軽量骨材コンクリートの熱的性質 ……………………………873
13.18　気泡コンクリート ………………………………………………874
　　　13.18.1　オートクレーブ養生した気泡コンクリート ………877
13.19　砂なしコンクリート ……………………………………………878
13.20　釘打ち用コンクリート …………………………………………882
13.21　特殊コンクリートに関する所見 ………………………………883

第14章　コンクリートの配合割合の選択（配合設計） ── 893

14.1　経費への考慮 ……………………………………………………894
14.2　仕様書 ……………………………………………………………895
14.3　配合選択の手順 …………………………………………………897
14.4　平均強度と最低強度 ……………………………………………899
　　　14.4.1　強度のばらつき …………………………………………903
14.5　品質管理 …………………………………………………………910
14.6　配合割合の選択で支配的となる因子 …………………………912

14.6.1　耐久性 ……………………………………………………912
　　　14.6.2　ワーカビリティー ………………………………………916
　　　14.6.3　骨材の最大寸法 …………………………………………918
　　　14.6.4　骨材の粒度と種類 ………………………………………918
　　　14.6.5　単位セメント量 …………………………………………919
　14.7　配合割合と1バッチの量 ………………………………………921
　　　14.7.1　絶対容積による計算 ……………………………………921
　14.8　標準粒度を得るための骨材の混合 ……………………………923
　14.9　アメリカ方式による配合割合の選択 …………………………927
　　　14.9.1　計算例 ……………………………………………………931
　　　14.9.2　ノースランプコンクリートの配合の選択 ……………932
　　　14.9.3　高流動コンクリートの配合の選択 ……………………933
　14.10　高性能コンクリートの配合の選択 ……………………………935
　14.11　軽量骨材コンクリートの配合の選択 …………………………936
　　　14.11.1　計算例 …………………………………………………938
　14.12　イギリス方式による配合の選択（配合設計）………………940
　　　14.12.1　計算例 …………………………………………………945
　14.13　その他の方式による配合の選択 ………………………………946
　14.14　むすび ……………………………………………………………947

第 1 章　ポルトランドセメント

　セメントとは，言葉の一般的な感覚からいうと，接着特性と粘着特性とをもち，それらが鉱物片を結合して一体化させることを可能にしている材料ということができる。そして各種のセメント系材料がこの定義に当てはまる。

　建設分野においては，「セメント」という用語は，もっぱら石，砂，レンガ，建設用ブロックなどと一緒に使用する結合材という意味に限定して用いられている。この種のセメントの主成分は石灰の化合物であるため，建築工学や土木工学においては，我々は石灰質のセメントにかかわることになる。コンクリートをつくるために用いるセメントでとくに重要な点は，水分環境下で水と化学的に反応することによって凝結と硬化を起こす性質を有することであり，そのため水硬性セメントと呼ばれている。

　水硬性セメントは石灰のけい酸塩とアルミン酸塩とを主成分としており，天然セメント，ポルトランドセメント，アルミナセメントに大別することができる。この章では，そのうちのポルトランドセメントの製造，および未水和の状態と硬化した状態におけるその構造と特性とについて述べる。ポルトランドセメントの種類およびその他の各種セメントに関しては，第 2 章で考察する。

1.1　歴史的背景

　セメント系材料は非常に古くから用いられていた。古代エジプトでは低純度の焼石膏を使用していた。ギリシャとローマでは焼いた石灰石を用いたが，後には砂と，石やレンガを砕いたものと，タイルの破片とを，石灰と水に混ぜて使うようになった。これが歴史上最初のコンクリートである。この石灰モルタルは水中では硬化しないため，水中で建設する場合には，ローマでは火山灰や微粉砕した

第1章 ポルトランドセメント

焼き粘土のタイルを石灰と一緒に粉砕して用いた。火山灰とタイルに含まれる活性のシリカやアルミナが石灰と混じり合い，後にポゾランセメントとして知られるようになったセメントがこのようにしてできあがったのである。この名称は，火山灰が初めて発見されたベスビオス火山近郊の村 Pozzuoli にちなんで名付けられたものである。そして「ポゾランセメント」という名称は，天然の材料を常温ですりつぶすだけの単純な製法でつくられたセメントの総称として，今なお用いられている。ローマのコロセウムや Nimes 市近郊のガール橋などの，石をモルタルで結合して建造したローマ時代の構造物や，ローマのパンテオンなどのコンクリート構造物においては，このようなセメント状材料は，今もなお，まだ固く堅牢なまま存在している。

ポンペイの遺跡では，多少柔らかめの現地の石よりもモルタルの方が，かえって風化が少ないように見受けられる箇所も多い。

中世期にはセメントの品質も使用量も全般的に落ち込み，セメントの研究に進展がみられたのはようやく18世紀のことであった。1756年にコーンウォール地方沿岸沖にある Eddystone 灯台の再建を委託された John Smeaton は，粘土質材料の含有率が高い石灰石とポゾランとを混ぜると，もっとも良質のモルタルができることに気付いた。かつては望ましくないものとされていた粘土にこのような役割があることを認識した Smeaton は，石灰と粘土の混合物を焼成したときに得られる物質である水硬性石灰の化学的特性を理解した最初の人物である。

その後，James Parker が粘土質石灰石の小塊を焼成して「ローマンセメント」をつくるなど，他の水硬性セメントが開発されていった。この流れは，Leeds 市のレンガ職人であり，石工であり，建築業者であった Joseph Aspdin が，1824年に「ポルトランドセメント」の発明で特許を取得したことにより頂点に達した。このセメントは，細かく分割した粘土と硬い石灰石との混合物を炉の中で熱し，CO_2 を取り除いてつくられたが，その温度はクリンカーの形成に要する温度よりはるかに低温であった。現在のセメントの原型は，1845年に Isaac Johnson がつくり出したセメントである。Johnson は粘土とチョークとを混合してクリンカーの形成温度まで焼成したため，強力なセメント化合物の形成に必要な反応が起きたのである。

「ポルトランドセメント」という名称は，もともとは，硬化したセメントの色

と品質がポルトランド石（英国 Dorset 州で切り出される石灰石）に似ているところから名付けられたものである。この名称は，石灰質材料と粘土質材料，またはシリカとアルミナ，と酸化鉄とを含んだ各種材料を十分に混ぜ合わせ，クリンカー形成温度で焼成し，できあがったクリンカーを微粉砕してつくるセメントの総称として，今日にいたるまで世界中で用いられている。さまざまな基準に記載されているポルトランドセメントの定義はこれに沿ったものであるが，さらに焼成後に石膏を加えることが認められている。最近では他の材料も，添加または混合することができるようになった（79頁参照）。

1.2 ポルトランドセメントの製造

　上記の定義から，ポルトランドセメントの主な原材料は，石灰石やチョークなどの石灰質材料と，粘土や頁岩として採取されるアルミナやシリカであることが理解できる。石灰質の材料と粘土質の材料とが混じり合ったマールも用いられている。ポルトランドセメントの製造に用いられる原材料は，ほぼすべての国で採取することができるため，世界中でセメント工場が稼動している。

　セメントの基本的な製造工程は，原材料を粉砕して一定の比率で十分に混ぜ合わせ，大型のロータリーキルンの中に入れ，材料が焼結して一部溶融することによってクリンカーと呼ばれるボール状の物質となる約1450℃まで熱して焼成することから成り立っている。クリンカーを冷却し，石膏を混ぜて微粉砕すれば，世界中どこでも使われている市販のポルトランドセメントができあがる。

　ここでセメント製造の細部を多少述べることにするが，製造工程の概略を図示した図-1.1を参照するとわかりやすいであろう。

　原材料の混合と粉砕は水中でも乾燥状態でも行うことができる。それゆえ「湿式」製法，「乾式」製法という呼び方がなされている。また実際の製造方法は，使用原材料の硬さや含水率にも左右される。

　まず湿式製法について述べる。

　チョークを使用する場合はチョークをウォッシュミルの中で細かく砕き，水中に分散させる。ウォッシュミルとは，円形をしたピットの中でレーキのついたアームが回転し，固体の「だま」を砕く装置である。粘土も同様にウォッシュミルを

第1章 ポルトランドセメント

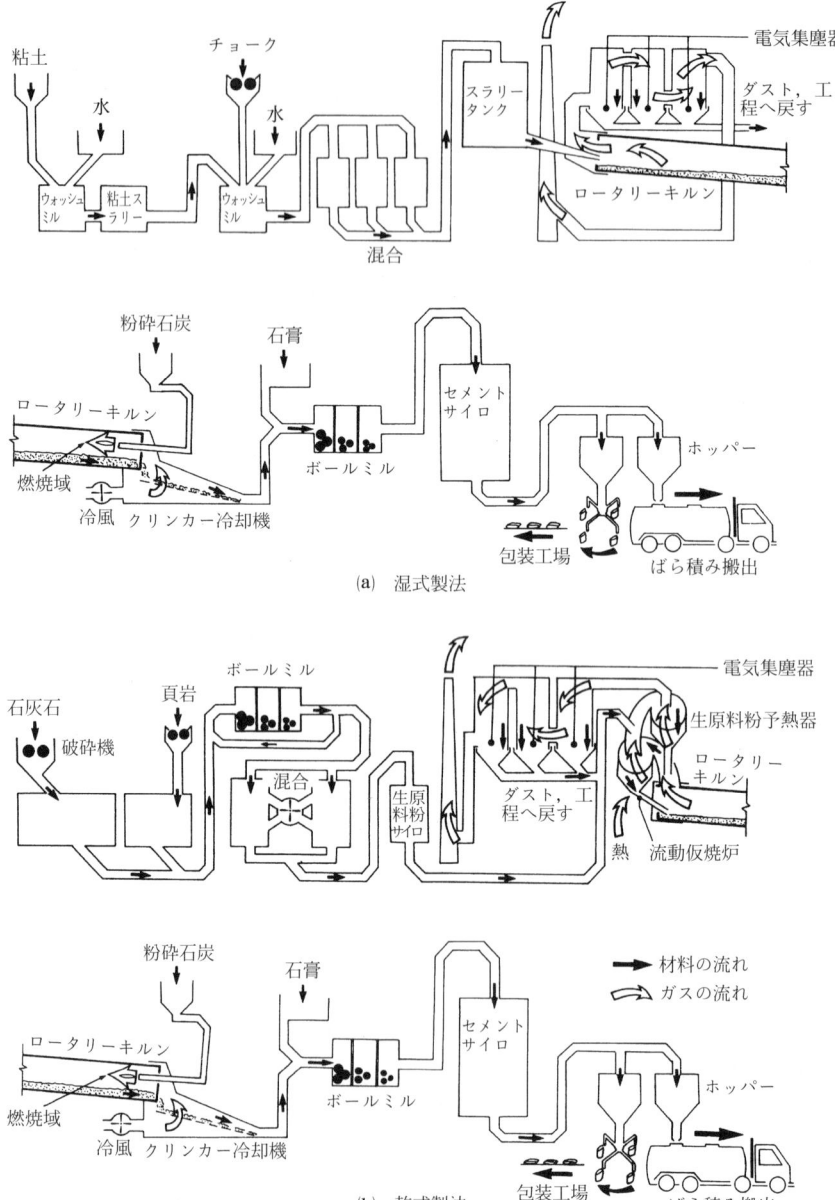

(a) 湿式製法

(b) 乾式製法

図-1.1 セメントの製造の模式図

使って砕き，水と混ぜ合わせるのが一般的である。つぎに，この2つの混合物をポンプ圧送して，あらかじめ定めてある割合で混ぜ合わせ，一連のふるいにかける。できあがったセメントのスラリーは貯蔵タンクへと流れる。

石灰石を用いる場合は，石灰石は爆破してから破砕するのであるが，その際，一般には2段階の破砕機で順次破砕していくことになる。つぎに，水中に分散させた粘土とともにボールミルの中に入れるが，この中で石灰石の粉砕（微粉になるまで）が完了し，できあがったスラリーは貯蔵タンクへとポンプ圧送される。ここから先は，原材料の種類にかかわりなく同じ工程で進められる。

スラリーとはクリームのようなコンシステンシーをもつ液状物質で，含水率が35〜50%の間にあり，ふるい寸法90μm（No.170 ASTM）より大きい物質の含有率はきわめて小さい（2%程度）。スラリーの貯蔵タンクは通常いくつも設置され，機械的な攪拌や圧縮空気による発泡によって浮遊物質の沈殿を防いでいる。前述したように，スラリーの石灰含有率は，石灰質材料と粘土質材料とを最初に配合した時の配分によって決まる。必要な化学組成を得るために，異なる貯蔵タンクのスラリーを混ぜ合わせて最終調整を行うこともできる。場合によっては，ブレンディングタンクという精巧な装置を用いることもある。時には，例えばノルウェーの世界最北端にある工場のように，原材料それ自体が，他の原材料との混合を必要としないような配合の岩石となっているため，岩石を粉砕するだけということもある。

最後に，希望どおりの石灰含有率となったスラリーをロータリーキルンへ入れる。ロータリーキルンは大きいものでは直径8m，長さ230mにも達するような，耐熱材で内張りされたスチール製の大型の円筒で，水平よりわずかに傾いた軸を中心にゆっくりと回転する仕組みになっている。スラリーは窯の上端から流し込み，下端からは粉砕石炭を空気とともに吹き込む。そして下端での温度は約1450℃にも達する。使用する石炭は，灰の量があまり多すぎてはならないのではあるが，石炭の灰については注目しなければならない。なぜならば，1tのセメントをつくるためには一般に220kgもの石炭が使用されるからである。セメントの価格を考える際にこのことは考慮する価値がある。石油（セメント1t当たり125L程度の使用量）や天然ガスも使用されてはいたが，1980年代以降は，それまで石油を燃料に使用していた工場も石炭へと転換していった。石油と比べ

石炭はほとんどの国でもっとも一般的な燃料なのである。石炭は硫黄の含有率が高いが，窯の中で燃やすため，有害な排気ガスを出さずに使用できるということは参考になると思う。

　スラリーは窯の中を下るにつれてしだいに高温にさらされていく。まず水分が蒸発しCO_2が遊離する。その後，乾燥した材料は一連の化学反応を経て，最後に窯でもっとも高温の部分に来るとその20～30％が液化し，石灰，シリカ，アルミナは再結合する。つぎに材料全体が融合し，クリンカーと呼ばれる直径3～25 mmのボール状物体となって冷却機の中へと落ちていく。冷却機にはさまざまな形式のものがあるが，粉砕石炭の燃焼に用いる空気の温度を上げるため，空気と熱を交換する装置を備えたものも多い。

　安定した管理体制を維持してクリンカーの均一性を保ち，さらに内張り耐熱材の劣化も防ぐためには，窯は休みなく運転しなければならない。炎の温度は1 650℃にまで達することに注意しなければならない。湿式製法の工場で使用されている既存の窯で最大のものは，1日当たり3 600 tのクリンカーを生産している。湿式製法によるセメントの製造は非常に多くのエネルギーを必要とするため，今日では湿式製法の工場が新設されることはなくなった。

　乾式製法と半乾式製法の場合は，原材料を破砕して正確な配合で粉砕ミルの中に入れると，乾燥されて微粉末になるまで粉砕される。生原料粉と呼ばれるこの乾いた粉は，つぎに混合用のサイロにポンプ圧送され，セメント製造に必要な材料の割合へと最終調整される。生原料粉は，均一でよく混じり合った混合物が得られるよう，一般に下部から圧縮空気を噴出して混合される。このようにすると，粉の上昇運動が起き，その部分の見掛け密度は減少する。空気はサイロの四半部分ごとに順番にポンプ送気されるため，気泡の混和していない四半部分から見掛け密度の比較的大きい材料が，気泡の混和した四半部分へと横方向に移動する。したがって，気泡の混和した材料はきわめて液体に近い挙動を示し，1時間ほどかけてすべての四半部分に順番に気泡を混和していけば，均一な混合体を得ることができる。一部のセメント工場では，連続混合方式を用いている。

　半乾式製法の場合，混合された生原料粉はここでふるいにかけられ，造粒機と呼ばれる回転皿に送り込まれ，同時に，生原料粉の質量の約12％に相当する水が添加される。このようにして，直径約15 mmの硬いペレットが形成される。

冷たい粉をそのまま窯へ入れた場合には，セメントクリンカー形成のための化学反応に必要な気流と熱交換が起こりにくいため，この工程が必要となってくるのである。

ペレットは予熱格子の中で，窯から出る高温ガスによって硬くなるまで焼き固められる。そして次にペレットを窯に入れるのであるが，その後の作業は湿式製法と同じである。ただし，湿式製法で使用されるスラリーの含水率が40%であるのに対し，ペレットの含水率は12%にすぎないため，半乾式製法では湿式製法と比べてはるかに小さい窯が使われる。12%程度の水分を除去するだけということから所要熱量もはるかに少なくて済む。ただし，その前にすでに原材料に含まれていた水分（通常6～10%）の除去に熱を使っていた。したがって，この工法がきわめて経済的と言えるのは原材料が比較的乾燥している場合に限られており，そのような場合であれば，石炭の総消費量はセメント1t当たり100kg程度で済む。

乾式製法の場合，含水率がおよそ0.2%の生原料粉は一般に懸架型の予熱器を通る。すなわち，生原料粉の粒子は立ち上って来るガスの中で浮遊状態となる。生原料粉はここで約800℃まで熱せられた後に窯へ送りこまれる。この生原料粉には除去すべき水分が含まれておらず，またすでに予熱が行われているため，窯の工程は湿式製法の場合より短くて済む。予熱には窯から放出される高温ガスが用いられる。このガスにはいくぶん揮発性の高いアルカリ（11頁参照）と塩化物とがかなりの比率で含まれているため，セメントのアルカリ含有率が高くなりすぎぬようにガスを一部抜き取る必要があるかもしれない。

生原料粉の大部分は，予熱器と窯との間に導入された流動仮焼炉（熱源が別になったもの）を通すことができる。

流動仮焼炉の中の温度は約820℃である。仮焼が均一に行われて熱交換効率が高くなるよう，この温度は一定に保たれる。

一部には通常の方法で窯に直接送り込まれる生原料粉もあるが，流動仮焼炉の全般的な効果は，窯に送り込む前に生原料粉の脱炭酸（$CaCO_3$の解離）を促進させ，その結果窯の処理能力が大幅に上がることにある。おそらく世界最大と思われる乾式製法の工場では，直径6.2m，長さ105mの窯を使い，1日に10 000tのクリンカーを生産している。たった1基の窯から生産されるこの生産量は，

第1章 ポルトランドセメント

英国全体のセメント消費量のおよそ5分の1に相当する。

すべての工程を通じて，原材料の混合を十分に行わなければならないことを強調したい。なぜならば，窯の中で起きる反応には，固形物質が拡散されていなければ起きないものもあるからであり，また均一な製品をつくるためには材料が均一に分布していることが不可欠だからである。

工法の種類に拘らず，クリンカーは窯から出た後すぐに冷却し，その熱は燃焼用の空気を予熱するために使用する。硬く黒光りする冷えたクリンカーは，セメントの瞬結が起きないよう石膏を混ぜて粉砕する。粉砕に使うボールミルはいくつかの区画にわかれ，各区画に入れたボールの大きさは区画を追って順次小さくしてある。粉砕の前にロールプレスを通して大割りすることもある。大部分の工場では，閉回路式粉砕装置が使用されている。ミルから放出されたセメントは分離装置を通過し，微粒子は気流で貯蔵用サイロへと移送され，粗い粒子はふたたびミルを通される。開回路式粉砕によくみられる欠陥である，粒子の細かすぎる材料が大量に混じったり粗すぎる材料が少量混じったりするようなことは，閉回路式粉砕を採用することによって防ぐことができる。エチレングリコールやプロピレングリコールのような粉砕補助剤が少量用いられる。MassazzaとTestolinが粉砕補助剤に関する情報を提供している[1.90]。クリンカーを水平式インパクトクラッシャーで予備粉砕すると，ボールミルの効率を上げることができる。

セメントが十分に粉砕（1 kg当たり1.1×10^{12}粒子ほど）されると，ばら積み搬出待ちの状態となる。それ程一般的ではないが，袋やドラム缶にセメントを詰めることもある。ただし，一部のセメント，例えば，白色セメント，疎水性セメント，膨張セメント，超速硬セメント，油井セメント，アルミナセメントなどは，必ず袋かドラム缶に詰められる。英国で基準の袋は，50 kg（110 lb）のセメントを詰めることができる。米国で標準規格のセメント袋には94 lb（42.6 kg）用のものがあるが，他のサイズの袋も用いられている。最近では25 kgの袋が一般的になりつつある。

今日では，焼成に要するエネルギーを最小限に抑えるため，とくに湿式製法を採用する必要のある原材料でない限り乾式製法が採用される。焼成工程の費用は一般的に言って生産コストの40〜60%にもなるが，セメント製造のための原材料採収費は，総経費の10%程度にすぎないのである。

1990年頃の米国においては，乾式製法でセメント 1 t を生産するための平均エネルギー消費量は 1.6 MWh であった．今日のセメント工場ではこの数字ははるかに小さく，オーストリアでは 0.8 MWh を下回っている[1.96]．総エネルギー使用量の 6～8％を占める電力消費量は，一般的に言って次のような規模である．原材料の破砕に 10 kWh，生原料粉の作製に 28 kWh，焼成に 24 kWh，粉砕に 41 kWh[1.18]．

　セメント工場の設置に要する資本コストは非常に高く，セメントの年間生産量 1 t 当たり 200 US ドルに近い金額となる．

　セメントの製造には上に述べた主要な製法以外にもいくつか製法があり，その 1 つに石灰の代わりに石膏を用いる方法があるが，これについて少し述べたい．石膏，粘土，コークスを砂や酸化鉄と一緒にロータリーキルンで焼くと，最終的にポルトランドセメントと二酸化硫黄が生成される．二酸化硫黄はさらに硫酸になる．

　セメントの所要生産量が少ない地域や事業資金の限られた地域では，Gottlieb 型の垂直窯の使用が適している．この窯で生原料粉の塊と微粉炭とを一緒に焼いて丸く固まったクリンカーを製造し，つぎにこのクリンカーを粉砕する．高さ 10 m の窯が 1 基で，1 日に 300 t までのセメントを生産することができる．中国では，そのような窯が何千基も使用されている．

1.3　ポルトランドセメントの化学組成

　ポルトランドセメントの製造に使用する原材料が，主として石灰，シリカ，アルミナ，および酸化鉄であることは前に述べた．これらの化合物が窯の中で反応し合ってより複雑な一連の生成物を形成し，わずかな石灰が反応時間の不足のため反応しきれずに残る以外は，化学的な平衡状態に到達する．しかし，冷却中は平衡が保たれないため，冷却速度は結晶化率と冷えたクリンカー中に存在するアモルファス状材料の分量とに影響を与える．ガラス質として知られるこのアモルファス状材料の性質は，名目上は同じ化学組成をもつ結晶化合物の性質とは大きく異なっている．さらに，クリンカーの液体部分と，すでに存在する結晶化合物との間の相互作用からも他の複雑な問題が発生する．

第1章　ポルトランドセメント

それでもなお，セメントは凝固した平衡状態にあるとみなすことができる。すなわち，冷却された生成物もクリンカー形成温度で存在した平衡状態を再現していると想定するのである。実際，市販セメントにおける化合物の構成を計算する際にはこのような想定を行う。平衡状態の生成物がすべて結晶したと想定して，クリンカー中に存在する酸化物の測定量から「潜在的な」構成を計算するのである。

一般に，4つの化合物がセメントの主な構成要素と見なされている。表-1.1 に，これらの化合物とその略記号を掲載する。セメント化学者が用いるこの略式表記は，$CaO = C$，$SiO_2 = S$，$Al_2O_3 = A$，$Fe_2O_3 = F$ のように，各酸化物を1文字で示すものである。同様に，水和セメント中の H_2O の表記は H，SO_3 は $\bar{S}$ と表記される。

表-1.1　ポルトランドセメントの主な化合物

化合物の名称	酸化物組成	略記号
けい酸三石灰	$3CaO.SiO_2$	C_3S
けい酸二石灰	$2CaO.SiO_2$	C_2S
アルミン酸三石灰	$3CaO.Al_2O_3$	C_3A
鉄アルミン酸四石灰	$4CaO.Al_2O_3.Fe_2O_3$	C_4AF

実際は，セメント中に含まれるけい酸塩は純粋な化合物ではなく，固溶体中にはわずかな酸化物を含んでいる。そしてこれらの酸化物が，けい酸塩の原子の配列，結晶形，および水和特性に重大な影響を及ぼすのである。

ポルトランドセメントの潜在的な構成の計算は，R.H.Bogue 他，の研究に基づいて行われる。したがって，「Bogue 構成」と呼ばれることが多い。セメント中に含まれる主要化合物の割合を求める Bogue[1,2] の方程式を以下に示す。括弧内の用語は，それらの酸化物がセメントの総質量中に占める割合の百分率を意味する。

$C_3S = 4.07(CaO) - 7.60(SiO_2) - 6.72(Al_2O_3) - 1.43(Fe_2O_3) - 2.85(SO_3)$

$C_2S = 2.87(SiO_2) - 0.75(3CaO \cdot SiO_2)$

$C_3A = 2.65(Al_2O_3) - 1.69(Fe_2O_3)$

$C_4AF = 3.04(Fe_2O_3)$

酸化物の構成を求める計算方法は他にもあるが[1,1]，このテーマは本書の対象外であると考える。しかし，実際には他の酸化物が C_3S 中の CaO の一部と入れ替

わるため，Bogue構成の式ではC_3Sの含有率が過小評価されている（反対にC_2Sは過大評価されている）ことを指摘しておかなければならない。すでに述べたとおり，ポルトランドセメントのクリンカー中に，化学的に純粋なC_3SやC_2Sが生成されることはない。

Taylorは，現代のセメント工場で生産される急速冷却クリンカーに対して，名目上は純粋な主要化合物とされたものの中に置換イオンが存在することの影響を取り入れて，Bogue構成の式を修正した[1.84]。

表-1.1に掲載した主要化合物のほかに，MgO，TiO_2，Mn_2O_3，K_2O，Na_2Oなどの微量化合物も存在する。これらの化合物は，通常，セメント質量のせいぜい数％含まれているに過ぎない。微量化合物の中でとくに重要な2つの化合物は，アルカリとして知られるナトリウムとカリウムの酸化物，Na_2OとK_2Oである（ただし，セメント中には他のアルカリも存在する）。これらの化合物は一部の骨材と反応し，コンクリートの崩壊を引き起こす物質を生成することが知られている。また，セメントの強度の発現速度に影響を及ぼすことも明らかにされた[1.3]。したがって，「微量化合物」という用語は，本来これらの物質が含まれる"量"について表現した言葉であって，必ずしもこれらの物質の重要度を表しているわけではない。スペクトル光度計を用いると，アルカリとMn_2O_3の量を速やかに測定することができる。

セメントの化合物の構成は，三成分系C-A-SとC-A-F，四成分系$C-C_2S-C_5A_3-C_4AF$など，主として多相平衡の研究に基づいて明らかにされてきた。溶融と結晶の過程をたどって任意の温度における液体相と固体相との構成が計算された。化学分析法のほかに，クリンカーの粉末試料の顕微鏡検査と屈折率の測定による識別とによってもクリンカーの実際の構成を決定することができる。研磨面と食刻面は，反射光と透過光との両者で用いることができる。その他の方法としては，X線粉末回析を用いた結晶相の識別と，一部の相に対する結晶構造の検査，および示差熱分析の使用が挙げられる。定量分析を行うこともできるが，複雑な較正が必要となる[1.68]。最新の技術には，走査電子顕微鏡による相分析や，光学顕微鏡または走査電子顕微鏡による画像分析がある。

X線蛍光法，X線分光法，原子吸光，炎光測光法，および電子プローブ微量分析など，要素の組成をより迅速に測定することのできる方法を補助的に用いれ

ば，セメント組成の推定が容易になる。

$Ca(OH)_2$ と区別して遊離石灰 CaO の量のみを測定するには X 線回折法が有効であり，これは窯の状態の制御に便利である[1.67]。

通常もっとも大量に存在する C_3S は，寸法のそろった小さい無色の粒子の形で分布する。高温状態から 1250℃ 未満まで冷却すると C_3S は徐々に分解するが，冷却速度がとくに遅い場合以外は変化せず，常温では比較的安定する。

C_2S には 3 種類の形態があることが知られており，また 4 種類とも言われている。高温で存在する α–C_2S は，約 1450℃ で β 形態へと転化する。β–C_2S はさらに約 670℃ で γ–C_2S へと転化するが，市販のセメントの冷却速度では β–C_2S はクリンカー中に存続する。β–C_2S は丸い粒子となるが，一般に双晶化することが多い。

C_3A は長方形に結晶するが，凍結したガラス質の中ではアモルファス侵入相を形成する。

C_4AF は，実際は C_2F から C_6A_2F まである固溶体であるが，C_4AF という簡素化された表記を用いるのが便利である[1.4]。

各種化合物の実際の構成比率はセメントの種類によって異なり，原材料の配合割合を変えることにより，種々のセメントをつくることができる。かつて米国では，目的によって異なるセメントの所要特性を，酸化物の分析から算出した 4 つの主要化合物の限界値を規定することによって管理することを試みた。そしてこのやり方によって通常行われる物理試験の多くが省略できるはずであったが，残念なことに計算された化合物の構成は十分な精度が得られず，またセメントに必要な性質をすべて考慮したものではなかったため，所要の特性を直接試験する従来の方法に代わるものとは成り得なかった。

表-1.2 にはポルトランドセメントの酸化物の構成限界を示すが，これによってセメントの組成の概略がわかる。表-1.3 には 1960 年代の標準的なセメントの酸化物の構成と，10 頁に示す Bogue 方程式で計算された化合物の構成[1.5]とを示す。

表-1.3 中で用いられる 2 つの用語について説明する。塩酸処理によって測定される不溶残分は，一般に石膏中の不純物によって生じる粗悪セメントの尺度となる。

1.3 ポルトランドセメントの化学組成

表-1.2 ポルトランドセメントの一般的構成限界

酸化物	含有量
CaO	60-67
SiO_2	17-25
Al_2O_3	3-8
Fe_2O_3	0.5-6.0
MgO	0.5-4.0
アルカリ（Na_2O として）	0.3-1.2
SO_3	2.0-3.5

表-1.3 1960年代の標準的ポルトランドセメントの酸化物と化合物の構成[1.5]

標準的酸化物の構成[%]		したがって，算出された化合物の構成は（前記の式を使って）以下のようになる[%]	
CaO	63	C_3A	10.8
SiO_2	20	C_3S	54.1
Al_2O_3	6	C_2S	16.6
Fe_2O_3	3	C_4AF	9.1
MgO	$1\frac{1}{2}$	微少化合物	—
SO_3	2		
K_2O Na_2O	1		
その他	1		
強熱減量	2		
不溶残分	$\frac{1}{2}$		

英国基準 BS 12:1991 は，不溶残分をセメント質量の 1.5％以下に制限している。また欧州基準 ENV 197-1:1992 は 5％のフィラー（112頁参照）の添加を認めているが，不溶残分についてはフィラーを除いたセメント質量の 5％以下に制限している。

強熱減量はセメントが大気に暴露されたことによって起きる，遊離石灰と遊離マグネシアの炭酸化と水和反応の程度を表している。BS 12:1991 と ASTM C 150-94 が許容する強熱減量の最大値（1 000℃での値）は 3％である。熱帯地方のセメントの場合は 4％でも許容されている。遊離石灰の水和物は無害なので（64頁参照），セメントの遊離石灰含有率が一定の場合，強熱減量の大きい方が実際は有利ということになる。石灰質のフィラーを含むセメントの場合は，強熱減量の上限を高く設定することが必要となる。ENV 197-1:1992 では，セメント本体の質量の 5％までを許容している。

セメントの酸化物の構成が少し変化すると，化合物の構成に大きく影響するのは興味深いことである。Czernin のデータの一部[1.5]を表-1.4 に示す。縦列(1)には，ほぼ標準的な早強セメントの組成を示す。石灰含有率が3％減少し，それに応じて他の酸化物が増加すると（縦列(2)），$C_3S : C_2S$ の比率は相当大きく変化する。縦列(3)はアルミナと鉄の含有率を縦列(1)のセメントと比べて1.5％変化させたものである。これによると，石灰とシリカの含有率には変化がないが，2つのけい酸塩の比率と，C_3A と C_4AF の含有率が大きく影響を受けている。明らかに，セメント中の酸化物の構成を管理することの重要性は，どんなに強調してもしすぎることはない。普通ポルトランドセメントと早強ポルトランドセメントの通常の範囲内では，2つのけい酸塩の合計含有率は狭い範囲でしか変化しない。そのため，それら2つの構成の変化は主として原材料中における CaO の SiO_2 に対する比率によって決まってくる。

この段階で，セメントの形成と水和の型をまとめておくと便利である。概念図を図-1.2 に示す。

1.4 セメントの水和反応

ポルトランドセメントが結合材になる反応は，（水–セメント）ペーストの中で起きる。言い換えれば，水が存在すると表-1.1 に掲載したけい酸塩とアルミン酸塩は水和生成物になり，これがやがて堅固で硬い物体，すなわち水和したセメントペーストを形成するのである。

セメント中に存在する化合物が水と反応する型には2種類ある。1つはいくつかの水分子との直接の付加反応を起こすものであり，これが真の水和反応である。他の1つは加水分解である。しかし，セメントが水に対して起こす反応のすべて，すなわち真の水和と加水分解の両方に対して，水和という用語を当てはめる方が便利でもあり一般的でもある。

同じような条件下であればセメントの水和生成物と個々の化合物の水和生成物とが化学的には同じであることを，100年以上前に初めて発見したのは Le Chatelier であった。このことは後に Steinour[1.6] が追認し，さらに Bogue と Lerch[1.7] が，反応の生成物同士が相互に影響を及ぼす場合や，組織内のほかの化

1.4 セメントの水和反応

表-1.4 酸化物の構成の変化が化合物の構成に及ぼす影響[1.5]

	下記の各セメント番号における構成[%]		
	(1)	(2)	(3)
酸化物			
CaO	66.0	63.0	66.0
SiO_2	20.0	22.0	20.0
Al_2O_3	7.0	7.7	5.5
Fe_2O_3	3.0	3.3	4.5
その他	4.0	4.0	4.0
化合物			
C_3S	65	33	73
C_2S	8	38	2
C_3A	14	15	7
C_4AF	9	10	14

成分元素

| O_2 | Si | Ca | Al | Fe |

成分酸化物

| CaO | SiO_2 | Al_2O_3 | Fe_2O_3 |

セメント化合物

| C_3S | βC_2S | C_3A | C_4AF |

ポルトランドセメント

種々のタイプのポルトランドセメント

水和生成物

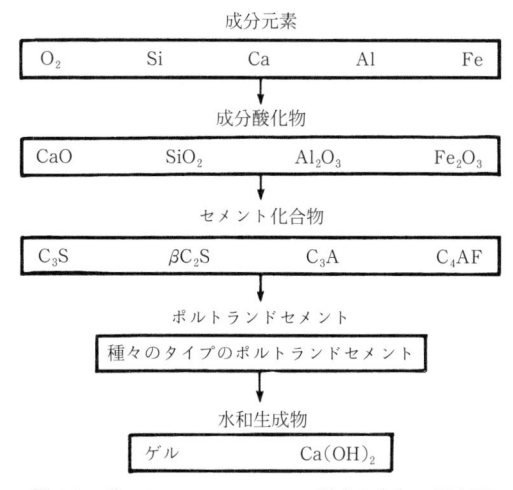

| ゲル | $Ca(OH)_2$ |

図-1.2 ポルトランドセメントの形成と水和の概念図

合物との間に相互作用が起きる場合もあるとの条件付きで追認した。2種類のけい酸カルシウムがセメント中の主なセメント状化合物であり、セメントが水和中に示す物理的な挙動は、これら2つの化合物のみが示す物理的挙動と類似している[1.8]。個々の化合物の水和については、以下にさらに詳しく述べる。

水和したセメントペーストが水と接触した際に示される安定性からわかるように、セメントの水和生成物は水中における溶解度がきわめて低い。セメント水和物は未水和セメントと固く結合するが、厳密な結合方法は明確ではない。可能性

としては，取り囲む水和物の薄膜を透過した水の働きによって，新たに生成された水和物が内側から成長して包皮を形成することが考えられる。または，溶解したけい酸塩が包皮を通り抜け，沈殿して外側に層をつくるとも考えられる。第3の可能性は，コロイド状の溶液が飽和状態に達した後に全体に沈殿し，このような構造の中でさらに水和反応が継続することである。

水和生成物がどのような方式で沈殿しようと，水和速度は連続的に低下するため，長い時間が経過した後でもかなりの量の未水和セメントが残る。例えば，水に接触してから28日間経過した後でも，セメント粒子の水和はようやく $4\mu m$ の深さまでしか進行せず[1.9]，1年後でも $8\mu m$ にすぎないことが明らかになっている。Powers[1.10] の計算によれば，普通の条件下で完全な水和が行われるのは，セメント粒子の大きさが $50\mu m$ 未満の場合だけということであるが，セメントを水中で5日間継続的に粉砕することにより，完全な水和が達成されている。

水和したセメントを顕微鏡で調べた結果によると，水をセメント粒子の内部に導いて，粒子の中央部にある比較的反応性の強い化合物（例えば C_3S など）と選択的に水和しているというような徴候は見当たらない。したがって，水和はセメント粒子が徐々に小さくなっていくことによって進行するように思われる。事実，数ヵ月が経過した後でも，粒径の大きいセメントの未水和部分には C_3S も C_2S も含まれることが明らかにされており[1.11]，大きな粒子中の C_3S の水和が完了する前に小さな粒子中の C_2S の水和が完了するということもありうるようである。セメント中に含まれる各種化合物はすべての粒子の中に混じっているのが普通であり，いくつかの調査によって，一定の期間水和を行った後の粒子の残留物中の，それらの構成比率は，元の粒子全体の値と同じだということが指摘されている[1.12]。しかし，セメントの水和期間全体を通じて残留物中の構成は事実変化するのであり[1.49]，とくに最初の24時間は選択的水和が行われる可能性がある。

主要水和物は，けい酸カルシウム水和物とアルミン酸三石灰水和物に大別することができる。C_4AF が水和すると，アルミン酸三石灰水和物およびアモルファス相（おそらく $CaO \cdot Fe_2O_3$ 水溶液）になると考えられている。また，アルミン酸三石灰水和物の中には Fe_2O_3 の固溶体が含まれている可能性もある。

セメントの水和反応の進行程度は，つぎのものを測定することにより，さまざまな方法で確定することができる。すなわち，(a)ペースト中の $Ca(OH)_2$ の量，

(b)水和反応によって発生した熱，(c)ペーストの密度，(d)化学的結合水の量，(e)未水和セメントの量（X線定量分析を用いる），(f)間接的ではあるが，水和したペーストの強度，などである。熱質量分析技術や，水和中の湿潤ペーストを継続的にX線回析走査することによって[1.50]，初期の反応を調べることができる。水和したセメントペーストの微細構造も，走査電子顕微鏡の後方散乱電子像で調べることができる。

1.4.1 けい酸カルシウム水和物

図-1.3 に示すように，純粋な C_3S と C_2S の水和速度にはかなりの差がある。セメント中の各種化合物がすべて同時に存在する場合，それぞれの水和速度は化合物の相互作用の影響を受ける。市販のセメントの場合は，クリンカー中に存在する一部の酸化物が不純物の形でけい酸カルシウムに少量含まれている。「不純物のある」C_3S はアリットとして，「不純物のある」C_2S はベリットとして知られる。そしてこれらの不純物が，けい酸カルシウム水和物の性質に強い影響を及ぼす（59頁参照）。

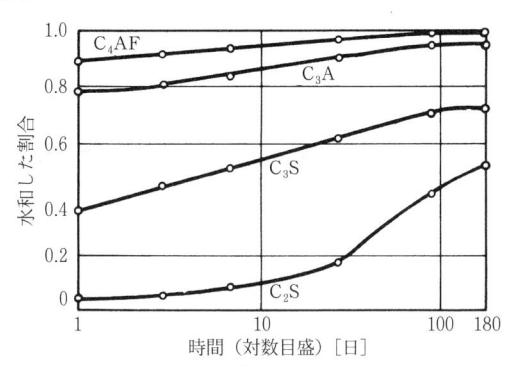

図-1.3 純粋な化合物の標準的水和の進展[1.47]

セメントペースト，モルタル，またはコンクリートのように，限られた水量の中で水和が起きる場合は，C_3S は加水分解されて塩基度の低いけい酸カルシウムが生成され，最終的には $C_3S_2H_3$ となり，遊離した石灰は $Ca(OH)_2$ として分離すると考えられている。しかし，C_3S と C_2S が最終的に同じ水和物になるかどうかという点については，多少不確実である。水和熱や[1.6] 水和生成物の表面積の[1.13] 調査結果によると同じであるように思われる。しかし，物理的に考察する

と，性質の異なるけい酸カルシウム水和物が複数，場合によっては数種類存在する可能性もある。石灰の一部が固溶体に吸収または保持されるなら，それがC：S比に影響するであろう。また，C_2S が水和して生まれた最終生成物の（石灰/シリカ）比は 1.65 であることを示す強力な証拠もある。

このことは，C_3S の水和は水和物の薄膜の覆いを通過して拡散するイオンの拡散速度によって支配され，C_2S の水和は C_2S に固有の緩慢な反応速度によって支配されるという事実が原因となっているとも考えられる[1.14]。また，ゲルの透水性は温度の影響を受けるため，温度が2つのけい酸塩の水和生成物に影響を与えるであろう。

試験方法によって結果が異なるため，C：S比は今まで明確には決定されてこなかった[1.74]。その変動幅は化学抽出法で 1.5，熱質量分析法では 2.0 になることもある[1.66]。電子光学測定による場合も，C：S比は低い値となる[1.72]。またC：S比は時間とともに変化し，セメント中に他の要素や化合物が存在する時にも影響を受ける。今日では，けい酸カルシウム水和物は一般にC–S–Hとして表記されており，C：S比はおよそ2に近い値であると考えられている[1.19]。水和で形成される結晶は不完全できわめて小さいため，シリカに対する水のモル比は整数でなくともよい。通常，C–S–HにはAl，Fe，Mgなどのイオンが少量含まれている。C–S–Hはかつてトベルモライトゲルと呼ばれたことがある。この名前をもつ鉱物に構造が似ているということからであるが，それが正しいかどうかはわからず[1.60]，この呼び名は現在ほとんど用いられていない。

C_3S と C_2S との最終的な水和生成物がどちらも $C_3S_2H_3$ になるとおおまかに仮定すれば，水和反応を次の式で（正確な化学量論的式ではないが，目安として）表すことができる。

C_3S に対して：

$$2C_3S + 6H \rightarrow C_3S_2H_3 + 3Ca(OH)_2$$

これに対応する質量は：

$$100 + 24 \rightarrow 75 + 49$$

C_2S の場合は：

$$2C_3S + 4H \rightarrow C_3S_2H_3 + Ca(OH)_2$$

これに対応する質量は：

1.4 セメントの水和反応

$100+21 \rightarrow 99+22$

したがって質量で考えると，どちらのけい酸塩も水和に要する水の量はほぼ同じであるが，C_3S が水和した場合に生成される $Ca(OH)_2$ の量は，C_2S の場合の2倍以上となる。

けい酸カルシウム水和物の物理的性質は，セメントの凝結特性や硬化特性との関連からとくに重要である。これらの水和物は非結晶質のように見えるが，電子顕微鏡でみると結晶質であることがわかる。存在すると考えられている水和物のうち[1.15]，Taylor が CSH(I) と表示したある水和物が，モンモリロナイトやハロイサイトなど一部の粘土鉱物とよく似た層構造であることは興味深い。a軸とb軸の面にある個々の層はよく結晶しているが，層と層との間隔はそれほど厳密に決まっていない。そのような格子であれば，基本的な変化がなくても種々の量の石灰を取り入れることができることになるが，これは上述した（石灰/シリカ）比が変化することと関連する点である。事実，シリカ1分子に対する1分子を超える石灰は不規則的に保持されるということが，粉末図に示されている[1.15]。

Steinour[1.16] はこれを，固溶体の合併と吸着と呼んでいる。

けい酸カルシウムは固体の状態では水和しないが，無水けい酸塩はおそらく最初に溶解して反応し，溶解度の低い水和けい酸塩となって過飽和溶液から分離する[1.17]。これは，Le Chateliler が 1881 年に構想した水和反応のメカニズムである。

Diamond[1.60] の研究によれば，けい酸カルシウム水和物はさまざまな形態で存在する。例えば，繊維状の小片，扁平な小片，網状の組織，不規則な粒などであるが，これらはすべて定義しにくい形態である。とはいえ，もっとも有力な形態は繊維状の小片であり，固体のもの，空洞のもの，時には扁平のもの，時には末端が枝わかれしたものもあり得る。一般に，長さが $0.5\,\mu m$ から $2\,\mu m$，幅は $0.2\,\mu m$ 未満のものが多い。精密な描写とは言えないが，けい酸カルシウム水和物の構造はあまりにも無秩序であるため，例え走査電子顕微鏡とエネルギー分散X線分光計を組み合わせて用いたとしても，既存の技術で測定するのは難しい。

C_3S の水和はセメントの挙動を大きく特徴付けることから，セメントの挙動を説明するのが適切ではないかと思われる。水和は一定の速度で進行するものでもなく，また一定の割合で速度を変えながら進行するものでもない。最初に水酸化カルシウムを溶液中に急速に放出すると，外側にけい酸カルシウム水和物の層が

およそ 10 nm の厚さで形成される[1.61]。この層が後続の水和を妨げるため，その後しばらくの間は水和がほとんど起きない。

セメントの水和は発熱反応であるため，熱の発生速度が水和速度の目安となる。このことから，セメントが最初に水と接触してからおよそ3日の間に，水和速度は3回ピークに達することがわかる。図-1.4は，熱の発生速度を材齢に対応させて図示したものである[1.81]。この図によると，最初のピークは非常に高いことがわかる。これはセメント粒子の表面で，主として C_3A に関して起きる最初の水和に対応している。この高い水和速度が続く時間はきわめて短く，つぎにはいわゆる「休眠期」と呼ばれるきわめて速度の遅い期間が来る。これは誘導期とも呼ばれている。この期間は1，2時間継続するが，その間セメントペーストは流動性が高い状態にある。

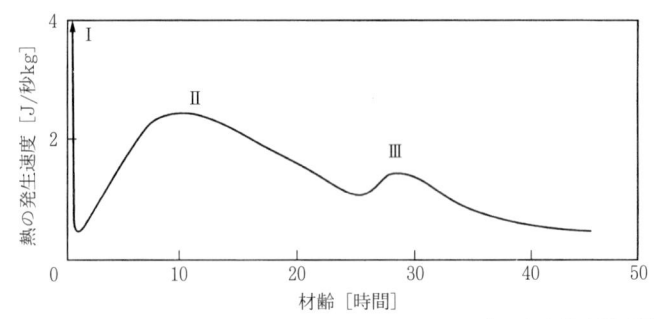

図-1.4 水セメント比 0.4 のポルトランドセメントの熱の発生速度[1.81]（最初のピーク3 200J/秒kgは，図の外へ出る）

おそらく浸透のメカニズムによるか，あるいは水酸化カルシウムの結晶が生じるためであろうが，いつかは表層が破壊される。水和速度（すなわち熱の発生速度）はかなり緩慢に上昇し，個々の粒子の水和生成物が互いに接触するようになり，そこで凝結が起きる。熱の発生速度が2回目のピークに達するのは一般に材齢10時間，早い時で4時間である。

このピークの後，水和速度は長い時間をかけて低下するが，水和生成物の間げきを通っての拡散がその支配要因となる[1.62]。すべてではないが大部分のセメントで水和速度はふたたび上昇し，材齢18時間と30時間の間で比較的低い3回目のピークに達する。このピークは，石膏が消耗した後に C_3A が新たに起こす反応に関連している。

第2のピークの出現は，アルカリの存在，セメントの粉末度の上昇，および温度の上昇によって加速される。

純粋なけい酸カルシウムの水和と市販のポルトランドセメントの水和とは進行が良く似ているため，これらの強度発現は同じようになる[1.20]。水和反応が完了するはるか以前に相当の強度が発揮され，少量の水和物が未水和の残留物を結合するように思われる。したがって，その後の水和で強度が向上することはほとんどない。

けい酸カルシウムの加水分解によって遊離した $Ca(OH)_2$ は，幅が数十 μm の薄い六角形の板状であるが，後に合体して大きな析出物となる[1.60]。

1.4.2 アルミン酸三石灰水和物と石膏の働き

一般のセメントに含まれる C_3A は，量は比較的少量ではあるが，その挙動とセメント中における他の相との構造的な関係によって，とくに重要な物質と考えられている。アルミン酸三石灰水和物は，おそらくは固溶体中の他の物質と一緒に，柱状で暗色の間げき材料を形成する。そしてまた，時にはそれらはけい酸カルシウム水和物に取り囲まれた平らな板状となっている。

純粋な C_3A は水と非常に激しく反応するため，ペーストを即座にこわばらせてしまう。これは瞬結と呼ばれている。瞬結が起こらないようにするため，セメントクリンカーに石膏（$CaSO_4.2H_2O$）を添加する。石膏と C_3A が反応して不溶性のカルシウムサルホアルミネート（$3CaO.Al_2O_3.3CaSO_4.32H_2O$）を形成するが，最終的にはアルミン酸三石灰水和物が形成される。ただし，その前に元の高硫酸塩のカルシウムサルホアルミネートから，準安定の $3CaO.Al_2O_3.CaSO_4.12H_2O$ が生成される[1.6]。C_3A がさらに溶解するにつれて構成が変化し，硫酸塩の含有率は連続的に減少していく。アルミン酸塩の反応速度は速いため，この構成の再調整が十分に速く行われないと，C_3A の直接の水和が起きやすい。とくに，セメントに水を加えてから通常5分以内に起きる熱の発生速度の第1ピークは，アルミン酸カルシウム水和物がいくらかこの間に直接形成されたことを示しており，石膏による遅延の条件はまだ確立されていない。

セメントの製造には，石膏に代えて半水石膏（$CaSO_4.(1/2)H_2O$）や無水石膏（$CaSO_4$）など，他の形態の硫酸カルシウムを使用することもできる。

第1章　ポルトランドセメント

　C_3S の加水分解で遊離した $Ca(OH)_2$ が，C_3A の水和を遅延させている形跡もある[1.62]。

　これは，$Ca(OH)_2$ が C_3A と水に反応して C_4AH_{19} となり，C_3A の未水和粒子の表面に保護被覆を形成することによって起きる。$Ca(OH)_2$ が溶液中のアルミン酸イオン濃度を低下させるために C_3A の水和速度が落ちるとも考えられる[1.62]。

　水和したセメントペースト中に最終的に存在するアルミン酸カルシウム水和物の安定的な形態は，おそらく立方晶形結晶の C_3AH_6 であるが，まず六方晶形の C_4AH_{12} が晶出した後立方晶形に変化するとも考えられる。したがって，反応の最終形態を次のように表すことができる。

　　　$C_3A + 6H \rightarrow C_3AH_6$

これもまた推定であって，化学量論式ではない。

　分子量から言うと，質量で C_3A の 100 単位が水の 40 単位と反応することがわかる。これはけい酸塩の場合に必要な水の比率よりはるかに大きい比率である。

　セメント中に C_3A が存在するのは望ましくない。材齢の初期を除いて，この物質がセメントの強度に寄与することはほとんど，あるいはまったくなく，セメントペースト硬化体に硫酸塩が作用すると，C_3A からカルシウムサルホアルミネートが形成されるため膨張し，硬化ペーストの崩壊が起きることも考えられる。しかしながら，C_3A は融剤として作用するため，クリンカーの焼成温度を低下させ，石灰とシリカの化合を促進させる。このような理由から，セメントの製造の段階では C_3A は有効である。C_4AF も融剤として作用する。焼成中にいくらかの液状物質が形成されなければ，窯の中の反応ははるかに進行速度が遅くなり，おそらく不完全に終わるという点に注目してほしい。反面，C_3A の含有率が高ければ，クリンカーの粉砕に必要なエネルギーが大きくなる。

　C_3A の良い作用として，塩化物を固定させる能力のあることが挙げられる（704頁参照）。

　石膏が反応するのは C_3A だけではない。C_4AF とも反応してカルシウムサルホフェライトやカルシウムサルホアルミネートを形成する。また，C_4AF の存在がけい酸塩の水和を促進させることもある。

　セメントクリンカーに添加する石膏の量は，きわめて慎重に決める必要がある。とりわけ，石膏の量が多すぎると凝結したセメントペーストが膨張し，その結果

崩壊することにもなりかねない。石膏の最適含有量は，水和熱の発生を観察して決定される。すでに述べたように，熱の発生速度が最初のピークに達した後，第2のピークはセメントに水を加えた後4時間から10時間で現れるが，正確な量の石膏を入れた場合，石膏はすべて化合するため，反応を起こすC_3Aはほとんど存在しなくなり，熱の発生のピークはそれ以上起きなくなる。したがって，石膏の含有量が最適であれば初期の反応は適切な速度で進み，水和生成物の濃度が局部的に高くなるのを防ぐことができる（450頁参照）。その結果，水和したセメントペースト中の間げきの寸法が小さくなり，強度が増すことになる[1.78]。

石膏の所要量は，セメントのC_3A含有率とアルカリ含有率に伴って増大する。セメントの粉末度を高くすると初期の段階で存在するC_3Aの量が増えることになり，その結果石膏の所要量も多くなる。ポルトランドセメント中のSO_3の最適含有率はASTM C 543-84に規定されている。最適化は1日強度を基準に行われるが，これによって収縮率も一般に最小となる。

セメントクリンカーに添加される石膏の量は，存在するSO_3の質量として表記される。

欧州基準ENV 197-1:1992ではこれを最大3.5%までと規定しているが，もっと高いパーセンテージが認められる場合もある。セメント化学に関連するSO_3は石膏から生成される水溶性の硫酸塩であり，高硫黄燃料から排出されたSO_3ではない。後者のものはクリンカー内に取り込まれてしまう。現在用いられているSO_3総量の限界値が過去と比較して高いのはこのためである。ASTM C 150-94に規定されたSO_3の最大値はC_3Aの含有率によって異なり，早強セメントの場合は高くなる。

1.5 凝結

この言葉はセメントペーストのこわばりを表現するのに用いられる。ただし，どの程度のこわばりを凝結とみなすかという点は，ある程度個人の判断に任されている。おおまかに言うと，凝結とは，液体から固体段階への移行を意味している。ペーストが凝結する際には強度も多少発現するが，実用上，凝結と硬化とを区別することが重要である。硬化とは，凝結したセメントペーストが強度を発揮

することである。

実施面では，始発や終結という言葉は，任意に選択した凝結のある段階を表現するために用いられている。これらの凝結時間を測定する方法については，62頁で説明する。

凝結は，セメント化合物の中のある種の物が水和することによって惹き起こされるように思われる。最初に反応する化合物は C_3A と C_3S である。このうち前者の瞬結特性については前節で説明したが，石膏を加えるとアルミン酸カルシウム水和物の形成が遅延される。したがって，最初に凝結するのは C_3S である。純粋な C_3S に水を加えても始発を示すが，C_2S も徐々にではあるがこわばっていく。

適切に遅延されたセメントの場合，水和したセメントペーストの構造はけい酸カルシウム水和物によって定まる。一方，C_3A が先に凝結するようなことがあれば，間げき率のかなり高いアルミン酸カルシウム水和物が形成される。そしてその場合，残りのセメント化合物はこの間げきの多い構造の中で水和することになり，セメントペーストの強度特性に悪影響が出る。

結晶生成物の形成速度のほか，セメント粒子の周囲に薄膜ができること，およびペーストの構成要素同士が互いに粘着することも，凝結の発生する要因とされている。

凝結が終結する時にはセメントペーストの導電性が急激に低下するため，電気を使って凝結を測定する試みも行われてきた。

温度が上昇するとセメントの凝結時間は減少するが，約30℃以上になると逆の現象が観察されている[1.1]。低温では凝結が遅延される。

1.5.1 偽凝結

偽凝結とは，水と練り混ぜた後の数分以内の早すぎる時点で，異常なこわばりが起きる現象を表す言葉である。熱の発生が感知されない点で瞬結とは異なっており，水を加えずにセメントペーストをふたたび練り混ぜることによってペーストの可塑性が回復し，強度が失われることなく通常の凝結が起きる。

偽凝結の原因の1つは，石膏を高温のクリンカーと一緒に粉砕した時に起きる石膏の脱水現象である。

すなわち，そのときに半水石膏（$CaSO_4 \cdot (1/2)H_2O$）や無水石膏（$CaSO_4$）が形成され，セメントと水を混ぜ合わせた時にこれらが水和して石膏の針状結晶を形成するのである。このようにして，「プラスター凝結」と呼ばれる現象が起こり，その結果ペーストがこわばるのである。

偽凝結のもう1つの原因は，セメント中に存在するアルカリが関連する，すなわち，アルカリは貯蔵中に炭酸化することがあるが，炭酸化アルカリは C_3S の加水分解によって遊離した $Ca(OH)_2$ と反応して $CaCO_3$ を形成する。これが沈殿してペーストの剛性を誘発するのである。

また，適度に湿度の高い空気に曝されることによって C_3S が活性化し，偽凝結が起きるとする意見もある。水がセメント粒子に吸着されて新たに活性化された表面は，練混ぜ中にさらに多くの水ときわめて急速に化合することができる。そしてこの急速な水和が偽凝結を生み出すということである[1.21]。

セメント工場の試験所で行われる試験によって，セメントは一般には偽凝結を起こさないことが確認されている。万一起きた場合でも，水を加えずにコンクリートをふたたび練混ぜることによって対処できる。簡単ではないが，これによってワーカビリティーが向上し，コンクリートを正規の方法で打ち込むことができる。

1.6 セメントの粉末度

セメント製造の最終段階の1つに，クリンカーに石膏を加えて粉砕する工程があったことを思い出していただきたい。水和反応はセメント粒子の表面から始まるので，水和に対して有効な材料の代表項目はセメントの総表面積である。したがって，水和速度はセメント粒子の粉末度によって異なり，強度を速やかに発現させるためには高い粉末度が必要となる（図-1.5参照）。ただしそれらは長期的な強度には影響がない。初期の水和速度が高ければ，初期の発熱速度も当然高くなる。

反面，粉末度を上げるためには相当多額の粉砕費がかかり，またセメントの粉末度が高いと，大気に曝された時に起きる劣化もそれだけ速くなる。

粉末度が高いと，アルカリ反応性のある骨材とも強く反応するし[1.44]，コンクリートの場合は必ずしもそうではないが，セメントペーストの収縮率も高くなり，ひ

第1章 ポルトランドセメント

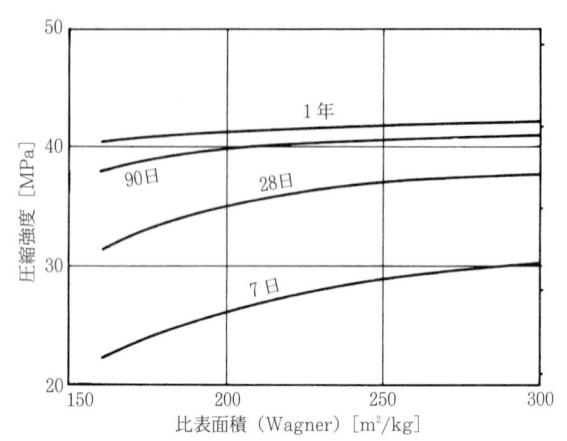

図-1.5 種々の材齢におけるコンクリートの強度とセメントの粉末度との関係[1.43]

び割れが起きやすくなる。しかしながら，粉末度の高いセメントは低いセメントと比べるとブリーディングが少なくなる。

　粉末度が高くなれば，適切に遅延させるために用いる石膏の所要量も多くなる。なぜならば，粉末度の高いセメントでは，より多くの C_3A が早期水和可能となるからである。標準のコンシステンシーをもつセメントペーストの単位水量は，セメントの粉末度が高いほど大きくなるが，逆に，粉末度が上がればコンクリート混合物のワーカビリティーもわずかながら向上する。このような矛盾が起きる原因の一部は，セメントペーストのコンシステンシーを調べる試験とワーカビリティーを調べる試験とが，それぞれフレッシュペーストの異なる特性を測定しているという点にあると思われる。また，エントラップトエアもセメントペーストのワーカビリティーに影響を与えるのであるが，セメントの粉末度が異なれば，そこに含まれる空気の量も異なってくるであろう。

　このようなことから，粉末度はセメントにとってきわめて重要な特性であり，慎重に管理しなければならないことが理解できる。セメントのうち，$45\mu m$ の試験用ふるい（No.325 ASTM）にとどまる部分は，ASTM C 430-92 を使って測定することができる（網目の寸法が異なるふるいについては，表-3.14 を参照）。これによって，単位質量当たりの表面積が比較的小さいため水和の進行と強度の発現にはあまり役立たないような，大きい粒子が過度に含まれるのを防ぐことが

できる。

　しかし，このふるい試験では，45μm（No.325 ASTM）未満の粒子については何もわからない。しかも，早期の水和反応でもっとも重要な役割を果たすのはこれより小さい粒子なのである。

　このような理由から，今日の基準では，セメントの比表面積（1 kg 当たりの総表面積を m^2 単位で表す）で決定される粉末度の試験が規定されている。直接的な手法としては，沈殿や水簸（すいひ）によって粒子の大きさの分布を測定する方法がある。これらの方法は，粒子の自由落下速度が直径の大きさによって異なることを利用したものである。Stokes の法則は，液状媒体中にある球体粒子が重力で落下した場合の終端速度を算出する。実際は，セメント粒子は球状をしていない。むろん，媒体はセメントに対して化学的に不活性でなければならない。また，部分的にフロック状態になるとみかけの比表面積が小さくなるので，セメント粒子が十分に拡散した状態にすることも重要である。

　これらの方法を発展させたものが，米国で使われている Wagner 濁度計である（ASTM C 115-93）。この試験は，ケロシン中で一定のレベルの懸濁状態にある粒子の濃度を光線によって測るもので，透過した光の割合を光電池で測定する。濁度計は概して安定した結果を出すが，7.5μm に満たない粒子の粒径分布を一定と仮定している点で誤差が生じる。比表面積にもっとも寄与するのは，まさに粉末度のもっとも小さいこれらの粒子なのであり，とくに今日用いられるような，さらに粉末度の高いセメントの場合，この誤差は重大である。しかしながら，5μm の粒子の濃度を測定し，計算の修正を行えば，この基準の方法は改善することができる[1.5]。図-1.6 には粒径分布の標準的曲線を示すが，同時にそれに対応してそれらの粒子が総表面積に寄与する程度も示している。8頁で述べたように，粒径分布は粉砕方法によって異なるため，工場ごとに異なった分布となる。

　しかし，セメントの「良い」粒度とは何かということが，十分明確になっていないことを認めなければならない。粒子がすべて同じ大きさであることが良いのか，あるいはぎっしり詰め込むことができるような粒子の分布が望ましいのだろうか。現在では，セメントの比表面積を一定とした場合，最小でも 50％の粒子が 3〜30μm の間にあり，きわめて細かい粒子が少なく，かつきわめて粗い粒子も少なければ，強度が早期に発現しやすいと考えられている。3〜30μm の範囲

第1章 ポルトランドセメント

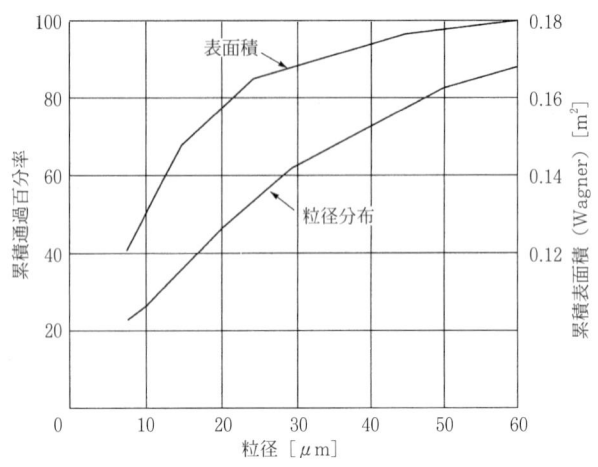

図-1.6 1gのセメントにおける粒径分布と各粒径までの累積表面積の例

にある粒子の比率がさらに大きく，95%まであれば，強度の早期の発現状況がさらに向上し，またそのようなセメントでつくられたコンクリートも好ましい最終強度をもつようになると考えられている。粒子の大きさを管理してそのような分布にするためには，クリンカーを閉回路方式で粉砕する時に，効率の良い分級機を用いることが必要である。このような分級機は，粉砕に使われるエネルギーの量を低減する[1.80]。

中程度の寸法の粒子が良い影響を与えることの理由は，Aitcin 他，が行った試験の結果に見出すことができる[1.91]。彼らは，セメントを粉砕すると若干量の化合物分離を起こすことを発見した。具体的に言うと，$4\mu m$ 未満の粒子には SO_3 がきわめて豊富に含まれており，またアルカリも多く含まれている。$30\mu m$ より粗い粒子は C_2S の含有率が高く，$4〜30\mu m$ の粒子は C_3S が豊富である。

しかしながら，強度とセメント粒子の粒径分布との関連は単純ではなく，例えば，風化して一部水和したクリンカーは，粉砕した後，驚くほどみかけの表面積が大きいセメントとなることに注意しなければならない。

また，セメントの比表面積は，Lea と Nurse が開発した装置を使い，透気法で測定することもできる。この方法は，粒床を通過する液体の流れと粒床を形成している粒子の表面積との間には一定の関係があることに基づいている。

1.6 セメントの粉末度

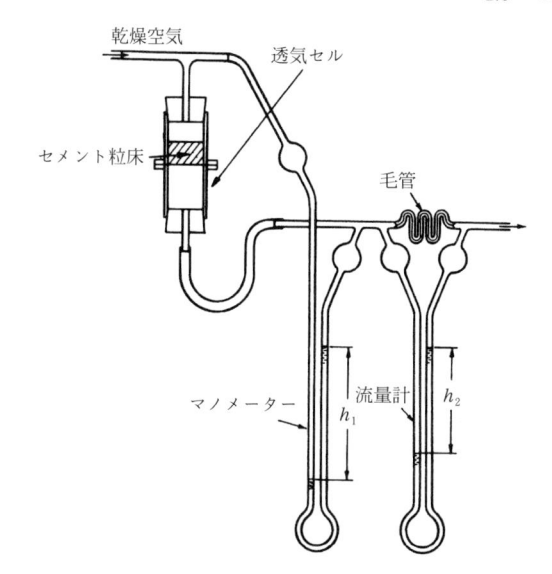

図-1.7 Lea と Nurse の空気透過装置

　これによって，単位質量の粒床材料の表面積と所定の空げき率（すなわち粒床の総体積中に一定の体積の空げきをもつこと）をもつ粒床の透過率とを関係付けることができる。

　この空気透過装置を模式的に図-1.7 に示す。セメントの密度がわかれば，空げき率 0.475，厚さ 10 mm の粒床をつくるのに必要な質量が計算できる。この量のセメントを円柱形の容器に入れ，乾燥した空気を一定の速度で通過させ，粒床の上と下に接続したマノメーターで圧力差を測定する。空気の流速は，回路の中に設置した毛管とその両端に接続したマノメーターからなる流量計を使って測定する。

　Carman の開発した式によって，比表面積は次のように cm^2/g で表す。

$$S_w = \frac{14}{\rho(1-\varepsilon)}\sqrt{\frac{\varepsilon^3 A h_1}{KLh_2}}$$

ここで，
$\rho =$ セメントの密度（g/cm^3）
$\varepsilon =$ セメント粒床の空げき率（BS 試験において 0.475）
$A =$ 粒床の断面積（$5.066\ cm^2$）

L = 粒床の厚さ（1 cm）
h_1 = 粒床前後の圧力差
h_2 = 流量計毛管前後の圧力差（ケロシンで 25～55 cm の間）
K = 流量計定数

である。

　装置と空げき率が一定の場合，この式は次のように簡略化される。

$$S_w = \frac{K_1}{\rho}\sqrt{\frac{h_1}{h_2}}$$

ここで，K_1 は定数である。

　米国および最近のヨーロッパでは，Blaine の開発による Lea および Nurse の方法の改良型が用いられている。この方法は ASTM C 204-94 と EN 196-6:1989 に規定されているが，この場合，空気は一定速度で粒床を通過するのではなく，既知量の空気が規定された平均圧力で，流速を徐々に落としながら通過するのである。空気流の通過時間 t を測定すると，所定の装置を使い空げき率を基準の 0.500 とした場合，比表面積は次のようになる。

$$S = K_2\sqrt{t},$$

ここで，K_2 は定数である。

　Lea および Nurse の方法と Blaine の方法とで得られる比表面積は互いに非常に近い値を示すが，Wagner の方法で得られる値よりはるかに大きい値となる。これは，前述した 7.5 μm 未満の粒子の分布に関する Wagner の前提条件によるものである。大きさがこの範囲にある粒子の実際の分布をみると，Wagner の想定した 3.75 μm という平均値は，これらの粒子の表面積を過小評価した値であることがわかる。透気法ではすべての粒子の表面積を直接測定するが，その結果得られる比表面積の値は，Wagner の方法を用いて計算した値のおよそ 1.8 倍となる。この換算係数の実際の範囲は，セメントの粉末度と石膏の含有量とに応じて，1.6～2.2 の間で変化する。

　どちらの方法でもセメントの粉末度の相対的な変動はよくわかるため，実用上はこれで十分である。粒径分布についても表示している点で，どちらかといえば Wagner の方法の方がより多くの情報が得られる。比表面積の絶対測定は，Brunauer, Emmett, および Teller が行った研究に基づく窒素吸着法で行うことが

表-1.5 種々の方法によるセメントの比表面積の測定値[1.1]

セメント	各測定方法による比表面積 [m²/kg]		
	Wagner の方法	Lea と Nurse の方法	窒素吸着法
A	180	260	790
B	230	415	1 000

できる[1.45]。透気法では，セメントの粒床を空気が通過した連続している経路のみが面積の測定に関与するのに対し，窒素吸着法では，「内部の」領域にも窒素の分子が届く。そのため，透気法で求められる値より相当大きい比表面積の測定値が得られる。表-1.5 にその標準値をいくつか示す。

シリカフュームやフライアッシュなどのように，ポルトランドセメントよりはるかに微細な粉末の表面積は透気法では得られず，窒素吸着法などのガス吸着法を使って測定する必要がある。この方法は時間がかかるため，水銀圧入ポロシメータ[1.69]を使用する方が良いかもしれないが，この技術はまだ承認されていない。

今日の仕様書ではポルトランドセメントの比表面積の最小値はもはや規定していない。それらは初期強度を規定することによって間接的に管理されており，それで十分である。しかし，参考のため示すと，標準的な普通ポルトランドセメントの比表面積はおよそ 350〜380 m²/kg であり，また，早強ポルトランドセメントの比表面積は，一般にもっと高い値である。

1.7 水和したセメントの構造

硬化セメントと硬化コンクリートの力学的特性の多くは，水和したセメントの化学組成より，水和生成物をコロイド次元で見た場合の物理構造によって異なるように思われる。それゆえ，セメントゲルの物理的性質をよく知っておくことが重要である。

フレッシュセメントペーストは水中のセメント粒子による塑性の網状組織であるが，いったん凝結すると，見掛けの体積すなわち総体積はほぼ一定となる。水和反応のいずれの段階においても，硬化ペーストは以下の 5 種類の構成要素によって成り立っている。それらは，各種化合物がほんのわずかに結晶化したものでゲルと総称される水和物，$Ca(OH)_2$ の結晶体，いくつかの微量成分，未水和セメ

第 1 章　ポルトランドセメント

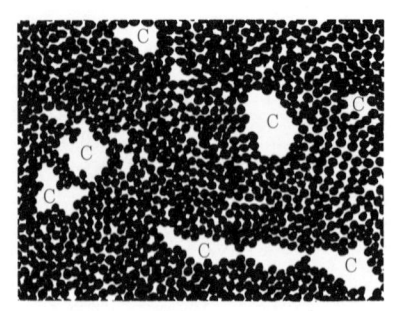

図-1.8　ペースト構造の単純化したモデル[1.22]。黒点はゲル粒子を表す；空間の部分はゲル間げき；記号 C で示す空間は毛管空げき。ゲル間げきの寸法は誇張されている

ント，およびフレッシュペースト中で水が占めていた空間の残存物である。これらの間げきは毛管空げきと呼ばれるものであるが，ゲル自体の中にもゲル間げきと呼ばれる間げきが存在する。ゲル間げきの公称直径はおよそ 3 nm であり，一方毛管空げきはそれより一桁か二桁大きい。したがって，図-1.8 の模式図で示したように，水和したペーストの中にはまったく異なったレベルの間げきが 2 種類存在する。

　水和生成物は大部分がコロイド状（けい酸カルシウム水和物と $Ca(OH)_2$ との質量による比率が $7:2^{1.60}$）であるため，水和中に固体相の表面積が著しく増大し，多量の自由水がこの表面に吸着される。セメントペーストが外から水が出入りできない状態にある場合には，固体表面を水で浸すための水が足りなくなるまで水和反応で水が使い果たされ，ペーストの中の相対湿度は減少する。これは自己乾燥と呼ばれる現象である。ゲルは水で満たされた空間の中でしか形成されないため，自己乾燥が起きると，湿潤養生されたペーストと比べて水和率が低下する。しかし，水セメント比が 0.5 を超える自己乾燥したペーストにおいては，練混ぜ水の量は湿潤養生と同じ速度で水和反応を進めるのに十分である。

1.8　水和生成物の体積

　水和生成物が占めることのできる空間の総容積は，乾燥セメントの真体積（訳

1.8 水和生成物の体積

者注；絶対容積といわれることのあった absolute volume を，本書では真体積と訳す）と練混ぜ時に加えた水の体積とを足したものである。ただしブリーディングによって少量の水が失われることと，ペーストにまだ可塑性がある間に起きる収縮は，この段階では無視している。C_3S および C_2S と化学結合した水が占める割合は，きわめて概略的に言って，この2つのけい酸塩の質量に対してそれぞれ24％と21％である。C_3A と C_4AF については，それぞれ40％と37％である。後者の数値は，C_4AF の最終的な水和反応がほぼ次のような式で表されるという前提で計算されている。

$$C_4AF + 2Ca(OH)_2 + 10H \rightarrow C_3AH_6 + C_3FH_6$$

前述した通り，化学的に結合する水の量を明言するほど，セメントの水和生成物に関する化学量論的な知識をもち合わせていないため，これらの数値は厳密なものではない。したがって，ある特定の方法（46頁参照）で測定される非蒸発性の水を考えた方がむしろ良さそうである。規定された条件の下で[1.48]測定されたこの水量は，水和前のセメント質量の23％とされている（ただし，タイプIIセメントの場合は，この値は18％程度まで低下する）。

水和生成物が占める体積は，未水和時のセメントの真体積より大きいが，乾燥セメントと非蒸発性の水との合計の体積よりも後者の体積の約0.254程度小さい。これからセメントの水和生成物の密度が求まる。飽水状態にある水和生成物の密度（可能な範囲でもっとも高密度の構造としたときの間げきを含めて）の平均値は2.16である。

一例として，セメント100gの水和を考えてみたい。乾燥セメントの比重を3.15とすれば，未水和セメントの真体積は $100/3.15 = 31.8$ mL となる。上述した通り，非蒸発性の水はセメントの質量のおよそ23％であるから，23 mL である。固体水和生成物が占める体積は，未水和時のセメントと非蒸発性の水との合計体積から非蒸発性の水の体積の0.254を引いたものに等しく，すなわち次のようになる。

$$31.8 + 0.23 \times 100(1 - 0.254) = 48.9 \text{ mL}$$

この状態のペーストは間げき率の概略値がおよそ28％なので，ゲル水の体積 w_g は次の式で得られる。

$$\frac{w_g}{48.9 + w_g} = 0.28,$$

そこで，$w_g = 19.0$ mL となり，水和したセメントの体積は $48.9 + 19.0 = 67.9$ mL となる。まとめると，次のようになる。

　　乾燥セメントの質量＝100.0 g
　　乾燥セメントの真体積＝31.8 mL
　　化合した水の質量＝23.0 g
　　ゲル水の体積＝19.0 mL
　　混合物中の合計水量＝42.0 mL
　　質量による水セメント比＝0.42
　　体積による水セメント比＝1.32
　　水和したセメントの体積＝67.9 mL
　　セメントと水の元の体積＝73.8 mL
　　水和による体積の減少＝5.9 mL
　　乾燥セメント 1 mL の水和生成物の体積＝2.1 mL

　この水和反応は，水の出入りがない密閉された試験管の中で起きるという前提であったことに注意しなければならない。体積の変化を図-1.9 に示す。5.9 mL 分の「体積の減少」は，水和したセメントペースト全体に分布する空の毛管状の空間となった部分をあらわしている。

　上に掲げた数値は概略値に過ぎないが，水の総量が約 42 mL に満たないとしたら，それは完全な水和には不十分である。なぜならば，化学反応を完成させることとゲル間げきを水で満たすことの両方を行うための十分な水がある場合にのみ，ゲルを形成することができるからである。ゲル水は固く保持されていて毛管の中へと移動することができないため，未水和状態のセメントの水和に使うことはできない。

　このようなことから，封緘供試体の中で水和反応が進行する場合，結合水が本来の単位水量の約半分になると，水和はそれ以上進行しなくなる。したがって，封緘供試体での完全な水和は，少なくとも化学反応に要する水の 2 倍以上の練混ぜ水がある時のみ可能である。すなわち混合物の水セメント比が質量でおよそ 0.5 でなければならない。実際には毛管が空になる前であっても水和反応が止ま

1.8 水和生成物の体積

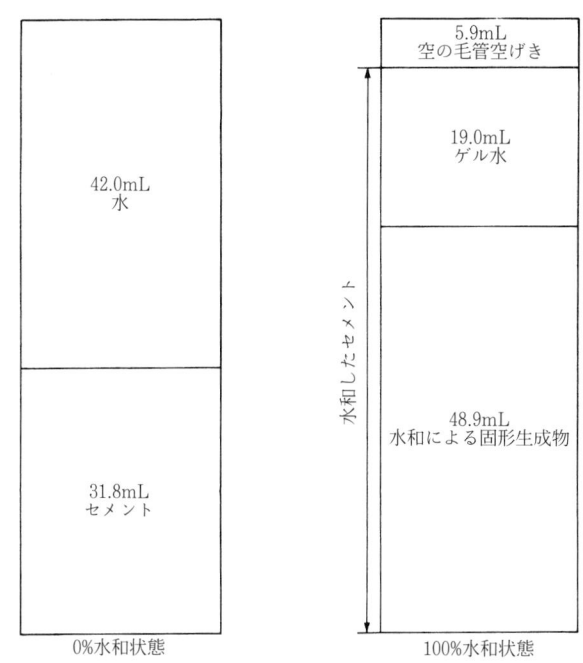

図-1.9 水セメント比0.42のセメントペーストの，水和における体積変化の模式図

るため，実施面では上記の例においては水和が完了まで至ることはないと思われる。水蒸気圧が飽和蒸気圧の約 0.8 を下回ると，水和反応はきわめてゆるやかになることがわかっている[1.23]。

次に，水中で養生するセメントペーストの水和を考える。水和作用で毛管の一部が空になるにつれ，外から水が吸収されていく。前に示したように，セメント 100 g（31.8 mL）を完全に水和すると，体積が 67.9 mL となる。それゆえ，未水和状態のセメントが残らず，毛管空げきが存在しないようにするためには，最初の練混ぜ水がおよそ（67.9−31.8）= 36.1 mL でなければならない。これは，水セメント比が体積で 1.14，質量で 0.36 の場合に相当する。他の研究では，それぞれ 1.2 と 0.38 という値が示されている[1.22]。

ブリーディングを見込んだ実際の水セメント比が，質量でおよそ 0.38 に満たない混合物の場合には，使用可能な容積が不十分であるためすべての水和生成物を収めることができず，完全に水和することは不可能である。前に述べたように，

第1章　ポルトランドセメント

水和反応は毛管の中の水中でのみ起きることができる。例えば，セメント 100 g（31.8 mL）と水 30 g の混合物がある場合，次の計算から，この水でセメント x_g を水和させることができることになる。

水和による体積の収縮率は：

$$0.23x \times 0.254 = 0.0585x$$

固体の水和生成物が占める体積は：

$$\frac{x}{3.15} + 0.23x - 0.0585x = 0.489x$$

間げき率は：

$$\frac{w_g}{0.489x + w_g} = 0.28$$

そして，合計水量は $0.23x + w_g = 30$ となる。故に，$x = 71.5\text{g} = 22.7$ mL であり，$w_g = 13.5$ g となる。

したがって，水和したセメントの体積は，

$$0.489 \times 71.5 + 13.5 = 48.5 \text{ mL}$$

未水和セメントの体積は $31.8 - 22.7 = 9.1$ mL であるから，空の毛管空げきの容積は，

$$(31.8 + 30) - (48.5 + 9.1) = 4.2 \text{ mL}$$

となる。

　外部から水が入る場合には，さらにいくらかのセメントが水和することができる。その量は，水和生成物が乾燥セメントの体積より 4.2 mL 多くなることを考慮して定めることができる。我々は，22.7 mL のセメントが水和すると 48.5 mL となることが分かっている。すなわち，1 mL のセメントが水和してできた生成物が占める体積は $48.5/22.7 = 2.13$ mL である。したがって，y mL のセメントが水和して 4.2 mL が埋まるとすれば，$(4.2 + y)/y = 2.13$ となるので，$y = 3.7$ mL である。それゆえ，まだ水和していないセメントの体積は，$31.8 - (22.7 + 3.7) = 5.4$ mL であり，その質量は 17 g である。言い換えれば，最初のセメント質量の 19% は未水和のまま残ったことになる。しかし，使用できる空間はすべてゲルがすでに占めているため，つまり水和したセメントペーストの（ゲル/空間）比（349 頁参照）が 1.0 であるため，これが水和することはけっしてない。

1.8 水和生成物の体積

　未水和セメントが強度に悪影響を及ぼすことはない。事実，（ゲル/空間）比が同じ 1.0 のセメントペーストを比較してみると，未水和セメントの比率の高い（すなわち，水セメント比の低い）ペーストの方が強度は高い。これはおそらく，未水和セメントの比率がより高いペーストは，未水和セメント粒を取り巻く水和ペーストの層がより薄いためであろう[1.24]。

　Abrams は，質量による水セメント比が 0.08 の混合物を使い，およそ 280 MPa の強度を得ることができた。しかし，このような比率の混合物を適正に締固めるには相当の圧力が必要なのは明らかである。後に，Lawrence[1.52] が粉末冶金技術を使い，ダイ方式の装置で超高圧（672 MPa まで）をかけながら，セメント粉末の圧縮成形体をつくった。その後 28 日間かけて水和させたところ，375 MPa までの圧縮強度と，25 MPa までの引張強度が得られた。そのような混合物の場合，空げき率および「等価」水セメント比はきわめて低い。さらに，超高圧と高温を用いることにより，655 MPa までの高い強度も得られた。しかしながら，これらの圧縮成形体の中で起きた反応の生成物は，セメントの通常の水和から得られる生成物とは異なるものであった[1.89]。

　水セメント比が極端に低いこのような圧縮成形体とは対照的に，水セメント比が質量で約 0.38 を超えるような場合にはすべてのセメントが水和することができるが，毛管空げきもまた存在するようになる。一部の毛管は混合物の過剰な水を含んでおり，別の毛管は外から水を吸収することによって満たされる。図-1.10 は，水セメント比が異なる混合物の未水和セメント，水和生成物，および毛管の相対的な体積を示したものである。

　さらに具体的な例として，水セメント比 0.475 のペーストが密封された試験管中で水和する場合を考えてみる。乾燥セメントの質量を 126 g とするが，これは 40 mL に相当する。その場合の水の量は 0.475×126 = 60 mL である。このような配合を図-1.11 の左側の図に示したが，むろん実際はセメントと水が混じり合っており，水は未水和セメント粒子の間で毛管組織を形成している。

　ここで，セメントが完全に水和した時の状況について考察する。非蒸発性の水が 0.23×126 = 29.0 mL，ゲル水が w_g であるから，

$$\frac{w_g}{40+29.0(1-0.254)+w_g} = 0.28$$

第1章 ポルトランドセメント

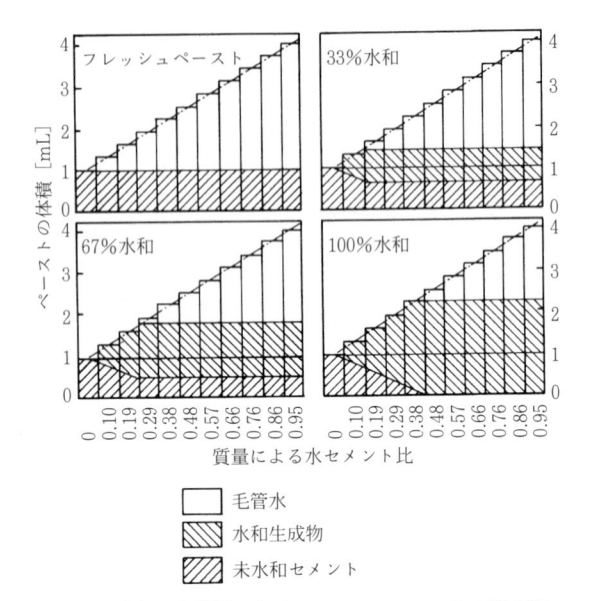

図-1.10 水和の各段階におけるセメントペーストの構成[1.10]。ここで示す％は、示された水和の程度において、生成物が存在するために十分な水に満たされた空間がある場合に対してのみ適用

となり、ゲル水の体積は 24.0 mL、水和したセメントの体積は 85.6 mL となる。したがって、$60-(29.0+24.0) = 7.0$ mL の水がペースト中の毛管水として残る。また、$100-(85.6+7.0) = 7.4$ mL は空の毛管である。セメントペーストが養生中に水を得ることができたなら、これらの毛管は水が満たしたであろう。

図-1.11 中の右側の図が示すように、これが（ゲル/空間）比 0.856 で 100%水和した状態である。さらに参考資料として、セメントが半分しか水和しない場合の各成分の体積を中央の図に示した。この場合の（ゲル/空間）比は、

$$\frac{1/2[40+29(1-0.254)+24]}{100-20} = 0.535$$

となる。

1.8.1 毛管空げき

上記のことから、毛管空げきとは、総容積のうち水和生成物が占めていない部

1.8 水和生成物の体積

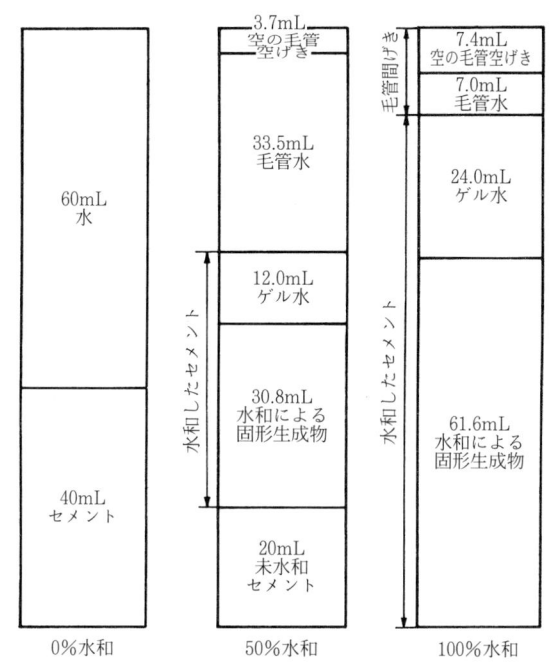

図-1.11 水和の各段階におけるセメントペーストの体積割合の模式図

分を表すことがわかる。これらの水和生成物は、元の固体相（すなわちセメント）だけで占める体積の2倍以上になるため、毛管組織の容積は水和の進行につれて減少する。

したがって、ペーストの毛管空げき率は、混合物の水セメント比と水和の進行程度の両方によって異なる。セメントの水和速度は、それ自体は重要なものではないが、特定の材齢で達成される水和の進行程度にはセメントの種類が影響を及ぼす。前に述べた通り、水セメント比が約0.38を超える場合は、ゲルの体積は与えられた空間をすべて満たすほどの量に達しないため、水和反応が完了した後でもなお多少の毛管空げきが残る。

毛管空げきを直接みることはできないが、寸法の中央値が蒸気圧測定によっておよそ$1.3\mu m$であると推定されている。実際には、水和したセメントペースト中に存在する空げきには種々の大きさの物がある。Glasserが行った研究[1.85]では、十分に水和したセメントペーストに$1\mu m$を超える大きさの空げきはほとんど存

在せず，大部分が 100 nm 未満であることを示している。これらの空げきはそれぞれ異なった形をしているものの，透水性の測定値からわかる通り，セメントペースト全体に任意に散らばって相互に連結した構造となっている[1.25]。

相互に連結したこのような毛管空げきが主因となって，セメントペースト硬化体は透水性があり，凍結・融解の繰返しによる劣化を起こしやすいのである。

しかしながら，水和するとペーストの固体含有率が高くなり，十分に水和した高密度のペーストでは毛管はゲルによって閉塞され分断されるため，毛管空げきを連結するのはゲル間げきのみとなる。連続した毛管がなくなるのは，適切な水セメント比と十分に長い湿潤養生期間とを組み合わせた結果である。図-1.12 には普通ポルトランドセメントを用いた時に種々の水セメント比において連続した毛管がなくなるまでに必要な水和度を示す。必要な水和度を達成するために要する実時間は使用するセメントの性質によって異なるが，およその所要時間は表-1.6 に示す資料から判断することができる。水セメント比が約 0.7 を超える場合は，たとえ完全に水和しても，毛管をすべて閉塞させるために必要なゲルは生成されない。極端に粉末度の高いセメントでは，水セメント比の最大値はさらに高く，1.0 にまでなり得る。反対に，粉末度の低いセメントの場合は 0.7 未満であると思われる。連続した毛管を存在させないことは，「良い」コンクリートに分類されるための必要条件と見なされるほど重要である。

1.8.2 ゲル間げき

ここではゲル自体について考察する。ゲルが蒸発性の水を大量に保持できることから，ゲルは多孔質であることがわかる。しかし実際は，ゲル間げきとは，針状，板状，あるいは箔状の形をしたゲル粒子の間の相互連結する空間である。

ゲル間げきは毛管空げきよりずっと小さく，公称直径が 2～3 nm である。これは，水分子の寸法より 1 桁大きいだけである。そのため，吸着された水の蒸気圧と可動性は，自由水の対応する性質とは異なるのである。可逆水の量によって，ゲルの間げき率を直接知ることができる[1.24]。

基準の方法で乾燥した後に残る材料[1.48]を固体とみなして考えると，ゲル間げきはゲルの総体積のおよそ 28％を占める。実際の数値は各セメントに特有な値であるが，大部分は混合物の水セメント比や水和の進行には関係しない。このこ

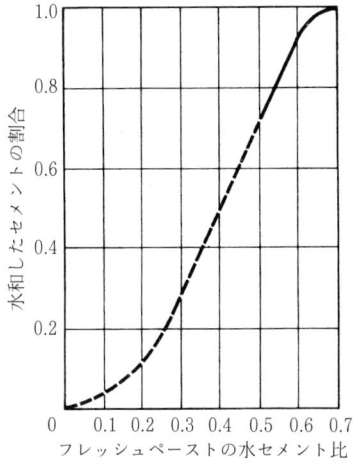

図-1.12 毛管が分断される時点の水和の程度と水セメント比との関係[1.26]

表-1.6 毛管が分断される水和度になるまでの概略の材齢[1.26]

質量による水セメント比	必要な時間
0.40	3 日
0.45	7 日
0.50	14 日
0.60	6ヵ月
0.70	1 年
0.70 以上	不可能

とから,すべての段階で同様の性質をもつゲルが形成され,すでに形成された生成物はその後の水和反応に影響されないことがわかる。したがって,水和の進行とともにゲルの総体積が増加し,同時にゲル間げきの総体積も増加する。反面,毛管空げきの体積は,前述のとおり水和の進行に伴って減少する。

28%の間げき率とは,ゲル間げきの占める空間がゲルの固体体積の約3分の1に相当することを意味する。ゲルの固体部分の表面積と体積との比率は,直径約9 nm の球体と同じである。ただし,ゲルの構成要素が球体だという意味で言っているわけではない。固体の粒子は多様な形態をしており,そのような粒子が結びつき,多かれ少なかれ非結晶の侵入型材料をいくつか含んで,交差結合した網状組織を形成しているのである[1.27]。

ゲルの間げき率を表現するもう1つの言い方は，間げきの体積は，ゲルの固体の全表面積を水分子1個分の厚さで覆っている水の体積のおよそ3倍に当たるというものである。

水の吸着率の測定値から，ゲルの比表面積は m^3 当たり $5.5 \times 10^8 \, m^2$，すなわち約 $200\,000 \, m^2/kg$ のオーダーだと推定されている[1.27]。小角度X線拡散測定によって $600\,000 \, m^2/kg$ というオーダーの値が測定され，粒子間にある内部表面積の大きいことが示された[1.63]。対照的に，未水和セメントの比表面積は $200～500 \, m^2/kg$ ほどである。もう1つの例として，シリカフュームの比表面積は $22\,000 \, m^2/kg$ である。

間げき構造に関連して注目してほしいことは，高圧蒸気養生されたセメントペーストの比表面積は $7\,000 \, m^2/kg$ 程度に過ぎないということである。

このことは，高温高圧で生じた水和生成物の粒子は，まったく異なる大きさであることを示しており，事実そのような養生をすると，ゲルというよりほとんど完全に微晶質の材料になってしまう。

普通に養生されたセメントペーストの比表面積は，養生の温度とセメントの化学組成によって異なる。比表面積と非蒸発性の水の質量（これはさらに，水和したセメントペーストの間げき率に比例する）との比率は，

$$0.230(C_3S) + 0.320(C_2S) + 0.317(C_3A) + 0.368(C_4AF)$$

に比例するが，ここで括弧の中の記号は，セメント中の，それぞれの化合物の構成百分率を表している[1.27]。後方から3つの化合物の係数の間にはほとんど差がないように見えるが，これはセメントの組成が変化しても，水和したセメントペーストの比表面積はほとんど変動しないことを示している。C_3S の係数が比較的低い数値であるが，これはゲルよりはるかに小さい比表面積をもつ微晶質の $Ca(OH)_2$ が，C_3S から大量に生成されることによる。

ゲルの表面を覆い単分子膜を形成している水の質量と，ペースト中に在る非蒸発性の水の質量との間に比例関係（任意のセメントに関して）があることから，水和の進行中常に比表面積のほぼ等しいゲルが形成されていることがわかる。すなわち，常に同じ大きさの粒子が形成され，かつすでに存在するゲル粒子が大きくなることはない。しかしながら，C_2S 含有率の高いセメントの場合はそうではない[1.28]。

1.9 セメントゲルの強度

セメントの硬化,すなわち強度の発現に関しては,2つの伝統的な理論がある。H.Le Chatelier が 1882 年に提唱した理論によれば,セメントの水和生成物は元の化合物より溶解度が低いため,水和物は過飽和溶液から沈殿する。この沈殿物は,高い粘着特性と接着特性をもつ細長い結晶の絡み合った形をしている。

W.Michaëlis が 1893 年に提起こしたコロイド理論によれば,結晶性のアルミン酸塩,スルホアルミン酸塩,およびカルシウムの水酸化物が初期強度の元となる。その後石灰の飽和溶液がけい酸塩に作用して水和したけい酸カルシウムとなるが,これはほとんど不溶性であるためゼリー状の物体となる。この物体は,外部からの乾燥またはセメント粒子内部にある未水和の中心部分の水和によって,水分が失われ徐々に硬化する。このようにして粘着力が得られる。

現代の知識に照らして考えると,どちらの理論にも真理が含まれており,事実けっして相容れないものではないように思われる。とりわけコロイド化学者は次の事実を確認した。大部分ではないものの,多くのコロイドが結晶粒子でできているが,粒子が極端に小さいため表面積が大きく,そのため普通の固体とは異なった性質を有しているように見える。したがって,コロイドの挙動は本質的に表面積の大きさからくる結果であり,含まれる粒子の内部構造が不規則であることからくる結果ではない[1.42]。

ポルトランドセメントの場合は,セメントに大量の水を混ぜると,2,3時間のうちに,$Ca(OH)_2$ が過飽和で,けい酸カルシウム水和物の濃縮物を準安定の状態で含む溶液を生成することが確認されている[1.2]。この水和物は Le Chatelier の理論どおり急速に沈殿する。続いて起きる硬化は,Michaëlis が主張するように水和した材料からの脱水によると思われる。休止期間を経た後,けい酸カルシウム水和物と $Ca(OH)_2$ は引き続き沈殿する。

更なる実験研究によって,けい酸カルシウム水和物は実は極端に小さい(ナノメートル単位の)結晶が互いにかみ合った形をしており[1.20],ゲルと呼んでもおかしくない大きさであることが判明した。セメントに混ぜる水の量が少ないと,結晶の程度はおそらく低くなり,結晶の形も不完全となる。このように,われわれが扱っているのは結晶からなるゲルであることから,Le Chatelier と Michaëlis

との間の論争は主として専門用語の問題にすぎないということになる。さらに、シリカの溶解度は pH 10 を超えると大幅に上昇するため、最初に Michaëlis のメカニズムが作用し、Le Chatelier のメカニズムが後で作用するとも考えることができる。この2つのメカニズムについては、Baron と Santeray が詳細な解説を行っている[1.94]。

厳密ではないが便宜上、「セメントゲル」という用語は結晶性の水酸化カルシウムを含むと考えられている。したがってゲルとは、もっとも濃度の高いペースト中におけるセメント水和物の粘着性物体(ゲル間げきを含めて)と考えることができる。そしてその間げき率の概略値はおよそ 28% である。

ゲルが強度をもつ実際の原因はまだ完全には解明されていないが、おそらく次の2種類の粘着性付着力が原因であろう[1.27]。第1の型は、小さな(3 nm 未満)ゲル間げきで隔てられている固体表面の間に働く物理的な引力であり。この引力は、通常ファン・デル・ワールス力と呼ばれている。

2つ目の粘着力の原因は化学的な付着から来るものである。セメントゲルはあまり膨潤しない種類(すなわち、水を加えても粒子が拡散できない)であるため、粒子は化学的な力で交差結合していると思われる。この力はファン・デル・ワールス力よりはるかに強いが、化学的な付着が作用を及ぼすのは、ゲル粒子の境界のほんの一部にすぎない。反面、セメントゲル程度の大きな表面積をもつことが高強度発現の必要条件となっているわけではない。高圧蒸気養生されたセメントペーストは表面積が小さいにもかかわらず、きわめて優れた水硬特性を示すからである[1.14]。

したがって、物理的結合と化学的結合との相対的な重要性を判断することはできないが、どちらもセメントペースト硬化体のきわめて高い強度に一役買っていることは間違いない。水和したセメントペーストの粘着特性や骨材との接着特性については、まだ理解が不完全であることを認めなければならない。Nonat と Mutin[1.92] が述べているように、通例では微細構造が力学的性質と関係付けられることはなかったのである。

1.10 水和したセメントペースト中の水

セメント水和物の中に水が存在することについては，繰り返し述べてきた。セメントの親水性に加えて極微小の間げきがあるため，セメントペーストはたいへん湿気を吸いやすい。ペーストの実際の含水率は，周囲の湿度によって異なる。

とくに毛管空げきは比較的大きいため，周囲の相対湿度が約45％を下回ると空になる[1.25]。しかし，周囲の湿度がきわめて低い場合でも，ゲル間げきには水が吸着されたままである。

このように，セメント水和物の中にある水の保持される程度には差がある。その1端は自由水であり，他端は，確実に水和化合物の一部となっている化学的結合水である。この2つの分類の間に，他のさまざまな方法で保持されているゲル水がある。

ゲル粒子の表面力で保持されている水を吸着水と呼ぶが，そのうち，結晶の面と面との間に保持されている水を，層間水またはゼオライト水と呼んでいる。格子水は結晶水の一部であるが，結晶格子の主な組成物と化学結合はしていない。図-1.13に模式図を示すが，これはとくに重要である。

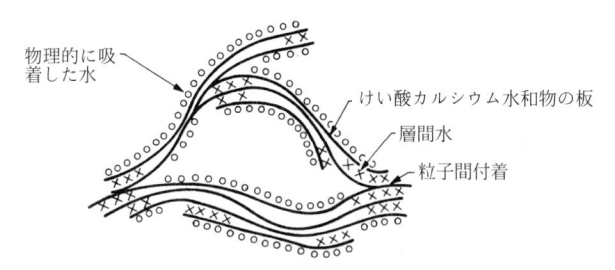

図-1.13 水和したけい酸塩の予想される構造[1.53]

自由水は毛管に保持されており，固体相の表面力が作用を及ぼす範囲にはない。

水が上記の多様な状態にどのような割合で存在するのか決定できる有用な技術はない。また，水和物中の結合水の結合エネルギーは吸着水の結合エネルギーと同程度の大きさであるため，理論的な考察によってこれらの区分を予測することも難しい。しかし，核磁気共鳴を使った研究により，一部の膨潤した粘土では，ゲル水の結合エネルギーが層間水の結合エネルギーと同程度であることが示された。したがって，ゲル水は層間水の形をとるものと思われる[1.54]。

第1章 ポルトランドセメント

 かなり恣意的な分類ではあるが,研究の目的で,セメント水和物中の水を適当に分類してみると,2つの種類にわかれる。蒸発性と非蒸発性である。この分類は,セメントペーストを一定の蒸気圧で平衡状態になるまで(すなわち,一定の質量になるまで)乾燥することによって行うことができる。その際に用いる蒸気圧の通常の値は,$Mg(ClO_4)_2 \cdot 2H_2O$ 上で得られる23℃で1 Paという値である。-79℃に保たれた除湿器に連結した真空空間での乾燥も行われた。これは0.07 Paの蒸気圧に相当する[1.48]。その他としては,高い温度(一般には105℃)で乾燥させる,凍らせて水分を除去する,溶剤を使って水分を除去する,などの方法で蒸発性の水量が決定された。

 これらの方法はすべて,基本的に,ある一定の減圧された蒸気圧で除去できるかどうかによって水を分類する方法である。

 蒸気圧とセメントの含水率との関係は連続的であることから,そのような分類は必然的に恣意的となる。すなわち,結晶性の水和物とは対照的に,この関係には不連続の点がない。しかし,一般的な言い方で言うと,非蒸発性の水の中には,ほとんどすべての化学的結合水のほかに,化学結合で保持されていない水も多少含まれている。この水は蒸気圧が周囲の大気の値より低く,事実,この種の水の量は周囲の蒸気圧の連続的な関数である。

 非蒸発性の水の量は水和が進行するにしたがって増加するが,飽水状態のペーストでは,非蒸発性の水が合計水量の半分を超えることはけっしてない。かなり水和が進行したセメントで,非蒸発性の水は質量で未水和材料のおよそ18%である。完全に水和したセメントでは,この割合が約23%に上昇する[1.1]。非蒸発性の水の量とセメントペーストの固体体積とが比例関係であることから,非蒸発性の水の体積は存在するセメントゲルの量(すなわち水和の進行程度)を測る基準として用いることができる。

 水がセメントペースト中に保持される形によって,結合エネルギーが決定される。例えば,非蒸発性の水を1g付着させるために1670 Jが使われるのに対し,$Ca(OH)_2$ の結晶水のエネルギーは3560 J/gである。同様に,水の密度も多様であり,非蒸発性の水で約1.2,ゲル水で1.1,自由水で1.0である[1.24]。表面への吸着厚さが薄い場合に吸着水の密度が高くなるのは,圧縮の結果ではなく,表面力の働きによって,吸着された相における分子の配向,すなわち秩序化が起きる

結果であると示唆されている[1.12]．そのためにいわゆる分離圧力を生じる．分離圧力とは，吸着した分子の薄い膜を外部の作用から守るための圧力である．吸着された水の性質が自由水の性質とは異なるという仮説は，セメントペースト硬化体によるマイクロ波の吸収率を測定すれば確認することができる[1.64]．

1.11 セメントの水和熱

多くの化学反応と同じく，セメント化合物の水和も発熱性であり，セメントのエネルギーが最大 500 J/g まで放出される．コンクリートは熱伝導率が比較的低いため絶縁体として作用し，大きいコンクリート体の内部では水和反応によって温度が大幅に上昇することになる．同時に，コンクリート体の外部の熱は一部放出されて急激な温度勾配が発生し，続いて内部が冷却される間に重大なひび割れが起きる可能性が出てくる．しかしこの挙動は，コンクリートのクリープによって，あるいはコンクリート体の表面を断熱することによって改善される．

反対に，セメントの水和反応で発生した熱は，寒中で打ち込んだばかりのコンクリート内では毛管の水が凍るのを防ぐこともあるため，熱の発生率が高いのは好都合となる．したがって，各種セメントの発熱特性を知り，ある特定の目的に対してもっともふさわしいセメントを選ぶことが望ましいのは明らかである．

若材齢のコンクリートは人工的な暖房や冷房からも影響を受ける場合があることを付け加えておきたい．

水和熱とは，ある特定の温度で完全に水和した時に発生する熱の量であり，未水和セメント 1 g 当たりのジュール単位で表す．もっとも一般的な水和熱の測定方法は，硝酸とフッ化水素酸の混合物の中に未水和セメントと水和セメントとを溶かした時の溶解熱を測定する方法である．2つの値の差が水和熱である．この方法は，BS 4550：Section 3.8：1978 に記載されており，ASTM C 186-94 の方法と類似している．この試験には特別難しい点はないが，未水和セメントの炭酸化を防止するための注意が必要である．なぜならば，1％の炭酸ガスを吸収すると，全体で 250〜420 J/g 以上ある水和熱のうちの 24.3 J/g が見掛け上減少するからである[1.29]．

種々の温度下において 72 時間に発生する熱量を示した表-1.7 からわかるよう

に，水和反応の起きる時の温度が熱の発生速度に大きく影響する[1.30]。この温度は水和熱の長期的な値にはほとんど影響を及ぼさない[1.82]。

厳密に言って，測定される水和熱は水和反応による化学的な熱と，水和によって形成されたゲルの表面に吸着した水の吸着熱とから成り立っている。後者の熱は，総水和熱量の約4分の1を占める。したがって水和熱は，実際にはそれらが合成された量なのである[1.24]。

実施上重要なものは，必ずしも総水和熱量ではなくて，熱の発生速度である。同じ総熱量であっても，長い時間をかけて発生した場合には散逸する程度が大きく，その結果，温度の上昇が少なくなる。熱の発生速度は断熱熱量計で簡単に測定することができるが，断熱状態で得られる標準的な時間-温度曲線を図-1.14に示す（1：2：4という比率は，セメント：細骨材：粗骨材の質量比である）。

表-1.7 種々の温度において72時間後までに発生した水和熱[1.30]

セメントタイプ	下記の各温度における水和熱							
	4℃		24℃		32℃		41℃	
	J/g	cal/g	J/g	cal/g	J/g	cal/g	J/g	cal/g
I	154	36.9	285	68.0	309	73.9	335	80.0
III	221	52.9	348	83.2	357	85.3	390	93.2
IV	108	25.7	195	46.6	192	45.8	214	51.2

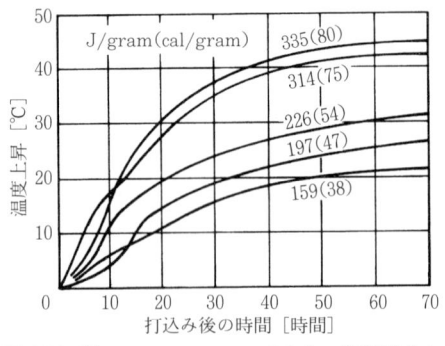

図-1.14 種々のセメントでつくられ，断熱養生された1：2：4コンクリート（水セメント比0.60）の温度上昇[1.31]。各セメントの3日間の水和熱の合計を示す（版権Crown）

1.11 セメントの水和熱

表-1.8 純粋な化合物の水和熱[1.32]

化合物	水和熱	
	J/g	cal/g
C_3S	502	120
C_2S	260	62
C_3A	867	207
C_4AF	419	100

　通常のポルトランドセメントについて，Bogue[1.2] は，総熱量のうち約半分は1日から3日の間で，4分の3が7日で，83～91％が6ヵ月で発生することを明らかにした。水和熱の実際の値はセメントの化学組成によって異なり，個々の化合物がそれぞれ別に水和した場合の各水和熱の合計値にきわめて近い。したがって，セメントの化合物の構成がわかれば，水和熱はかなり正確に計算することができる。
　化合物の水和熱の標準的な値を，表-1.8 に示す。
　個々の化合物の水和熱と結合特性との間には関連性がない点に注目してほしい。Woods, Steinour, および Starke[1.33] は数多くの市販のセメントを試験し，最小二乗法を使って，個々の化合物がセメントの総水和熱量に寄与する量を計算した。その結果，次のような式が得られた。すなわち，セメント1gの水和熱は，

$$136(C_3S) + 62(C_2S) + 200(C_3A) + 30(C_4AF)$$

ここで括弧内の記号は，個々の化合物がセメント中に占める質量の構成百分率を表す。後の研究[1.83] によって，C_2S 以外の各種化合物のセメント水和熱に対する寄与度が広く確認された。そして，C_2S の寄与度は上記のおよそ半分であった。
　水和の初期の段階においては各化合物の水和速度が異なるため，熱の発生速度と総熱量はセメントの化合物の構成によって異なる。
　したがって，もっとも水和速度の速い化合物（C_3A と C_3S）の割合を少なくすることにより，コンクリートの初期材齢で熱の発生速度が高くなるのを抑えることができる。セメントの粉末度もまた熱の発生速度に影響を及ぼしており，粉末度が高くなると水和反応が加速し，したがって熱の発生も加速する。セメント中にある各化合物の初期の水和速度はセメントの表面積に比例するという想定は理にかなっている。しかし後の段階においては表面積の影響はごくわずかであり，発生する総熱量はセメントの粉末度には影響されない。
　C_3A と C_3S の影響は図-1.15 と 1.16 から判断できる。前述した通り，コンクリー

第1章 ポルトランドセメント

トの多くの用途にとって，熱の発生量を制御することは有益であり，適切なセメントが製造されてきた。そのようなセメントの1つに低温ポルトランドセメントがあるが，これについては第2章で詳細に解説されている。このセメントと他のセメントについて，熱の発生速度を図-1.17に示した。

熱の発生量は混合物中のセメント量によっても異なる。したがって，混合物の単位セメント量を変えることによって熱の発生を管理することができる。

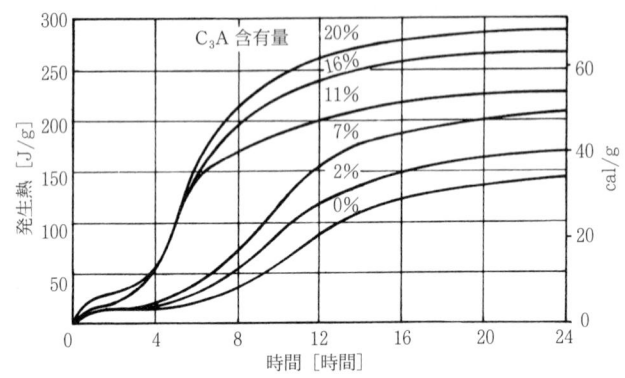

図-1.15 発熱に及ぼすC_3A含有量の影響[1.32]（C_3S含有量はほぼ一定）

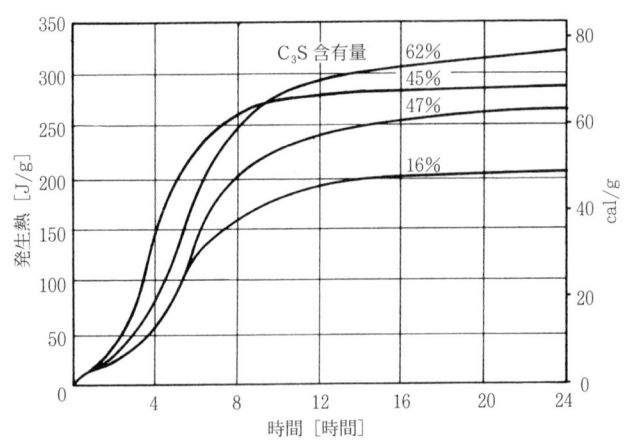

図-1.16 発熱に及ぼすC_3S含有量の影響[1.32]（C_3A含有量はほぼ一定）

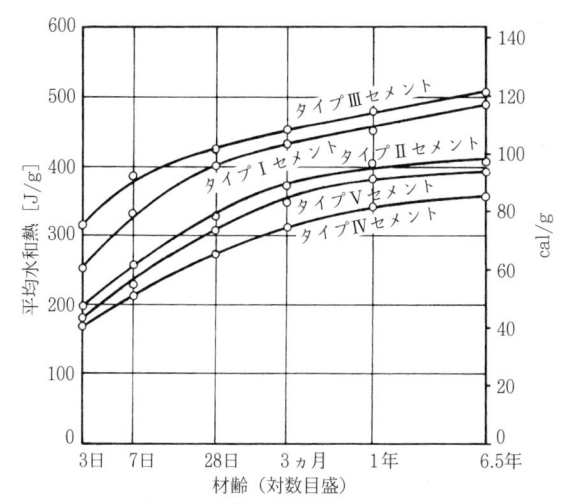

図-1.17 21℃で養生された種々のセメントの水和熱の発生（水セメント比0.40）[1.34]

1.12 化合物の構成がセメントの性質に及ぼす影響

　前節では，セメントの水和熱がセメント化合物の構成の単純な加法関数だということが示された。それゆえ各種化合物は，セメントゲルの中でそれぞれの独自性を保っているように思える。このことから，セメントゲルを微細な物理的混合物として，または水和物の共重合体から構成されるものとして考えることができる。C_3S と C_2S とをさまざまな量で含むセメント水和物の比表面積を測定すれば，この仮定のさらなる確証が得られる。結果は，水和した C_3S と C_2S の比表面積に一致する。同様に，水和水量は個々の化合物の値の加算値と一致する。

　ただし，収縮，クリープ，強度など，セメントペースト硬化体がもつ他のすべての特性にこの説が当てはまるわけではない。それでもなお，化合物の構成から予想される性質のある程度の目安を得ることはできる。とくに，水和熱の発生速度と硫酸塩の作用に対するセメントの抵抗性は，化合物の構成によって制御することができるため，各種セメントに対して，酸化物や化合物構成の限界値を指定している仕様書もある。

　ASTM C 150-94 による限界値は以前ほど限定的ではなくなった（表-1.9 を参

第1章 ポルトランドセメント

照)。

　水和したセメントペーストの強度の原因は主としてC_3SとC_2Sであるが，これら2つのけい酸塩は初期の水和速度が異なることをすでに述べた。おおまかで便利な法則として以下のように仮定する。すなわち，C_3Sは最初の4週間に起きる強度の発現にもっとも貢献し，C_2Sは4週間以降に起きる強度の増加に影響力をもつと考える[1.35]。材齢約1年になると，この2つの化合物は最終強度に対して，同じ質量で同程度貢献する[1.36]。純粋なC_3SとC_2Sは，材齢18ヵ月でおよそ70 MPaの強度をもつことが分かっている。しかし材齢7日では，C_2Sが強度をもたなかったのに対し，C_3Sの強度はおよそ40 MPaであった。一般に了解されている化合物の強度の発現については，図-1.18に示すとおりである。

　しかし，ポルトランドセメント中に存在する個々の化合物それぞれに対して，強度に対する発現強度の相対的な値の解明が長年試みられてきた[1.87]。粒径分布の

表-1.9　セメントの化合物構成の限界規定（ASTM C 150-94 による）

化合物	セメントタイプ				
	I	II	III	IV	V
C_3S の上限				35	
C_2S の下限				40	
C_3A の上限		8	15	7	5
$C_4AF+2(C_3A)$ の上限				25	

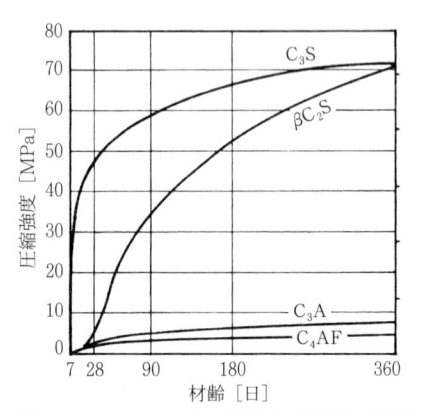

図-1.18　Bogueによる純粋な化合物の強度発現[1.2]

1.12 化合物の構成がセメントの性質に及ぼす影響

等しい粒子を使い，(水/固体)比を 0.45 に固定して行われた試験によって，少なくとも材齢 1 年までは，C_2S の強度が C_3S の強度を下回ることが明らかにされたのである。

とは言え，どちらのけい酸塩も C_3A や C_4AF よりはるかに強度が高い。ただし，前者の化合物はかなりの強度を示すのに対し，C_4AF の強度はごくわずかにすぎない[1.87]（図-1.19 を参照）。

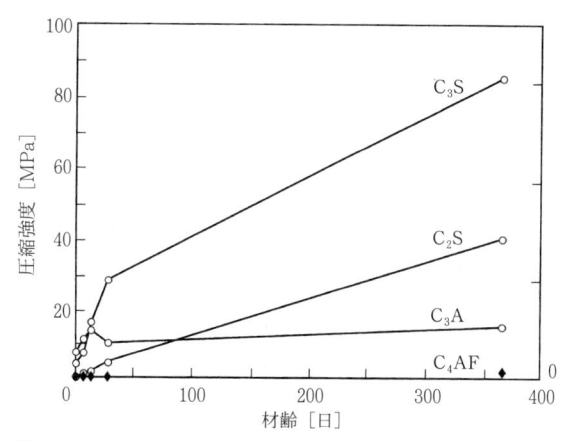

図-1.19 Beaudoin と Ramachandran による純粋な化合物の強度発現（Elsevier Science Ltd.,Kidlington,U.K. の好意によって参考文献 1.87 から転載）

17 頁で述べたように，けい酸カルシウムは「純粋ではない」形態で市販のセメントに含まれている。これらの不純物は，水和物の反応速度と強度の発現に強い影響を与えている可能性がある。例えば，図-1.20 に示す通り，純粋な C_3S に Al_2O_3 を 1 ％加えると，水和したペーストの初期強度が増す。Verbeck によれば[1.55]，強度が増加する原因は，おそらく，アルミナ（またはマグネシア）を結晶格子の中に入れた結果，構造的なひずみが促進され，けい酸塩の結晶格子が活性化されることによる。

C_2S の水和速度もまたセメント中に他の化合物があることによって促進されるが，現在のポルトランドセメントで通常範囲内の C_2S 含有率（30％まで）であれば，大きい影響はない。

その他の主要化合物がセメントの強度の発現に及ぼす影響は，それほど明確に解明されていない。C_3A は 1～3 日のセメントペーストの強度に貢献し，またそ

第1章　ポルトランドセメント

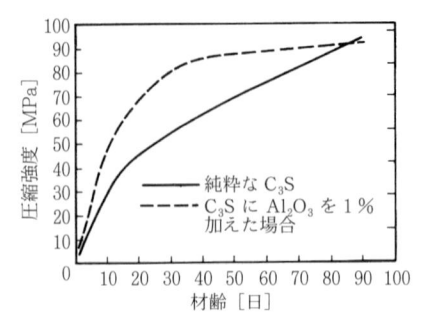

図-1.20　純粋な C_3S と C_3S に Al_2O_3 を1％加えた場合の強度発現[1.55]

れ以上長く貢献するとも考えられるが，材齢が進むと，とくに C_3A や（C_3A＋C_4AF）の含有率が高いセメントでは強度の逆行（途中から強度が減少に転じる）を惹き起こす。C_3A が果たす役割についてはまだ議論のあるところであるが，実施面では強度に関するかぎりそれほど重要性はない。

セメントの強度の発現に C_4AF が果たす役割もまた議論の余地のあるところであるが，とくに寄与しているというほどの形跡がないのは確かである。コロイド性の $CaO \cdot Fe_2O_3$ 水和物はセメント粒に堆積し，他の化合物の水和の進行を遅らせるようである[1.7]。

存在する個々の化合物が強度におよぼす貢献度がわかれば，化合物の構成に基づいてセメントの強度を予測することができると思われる。これは次のような式の形で表される。

$$強度 = a(C_3S) + b(C_2S) + c(C_3A) + d(C_4AF)$$

ここで，括弧内の記号は化合物の構成百分率（質量による）を表し，a，b などの記号は，対応する化合物1％が，水和したセメントペーストの強度に貢献する程度を表す定数である。

このような式を使えば，製造時にセメントの強度を予想することが簡単にできるようになり，従来のような試験を行う必要が少なくなる。このような関係は，純粋な4つの化合物によってつくられているセメントを使う科学実験においては事実明らかになっている。しかし実施面では，さまざまな化合物の貢献度は単に加法的ではなく，材齢と養生の条件によって左右されることが明らかになっている。

1.12 化合物の構成がセメントの性質に及ぼす影響

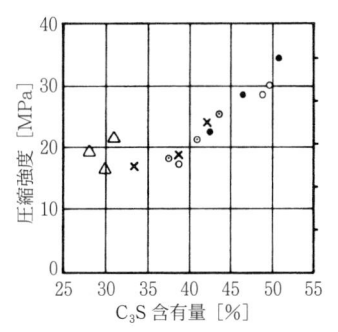

図-1.21 セメントペーストの7日強度とC_3S含有量との関係[1.37]。それぞれの記号は工場の違いを示す

一般的に言えることは，28日までは，C_3Sが増加すれば強度も上がる[1.56]。図-1.21は，種々の工場から得た構成の異なるセメントを使ってつくられた，基準モルタルの7日強度を示したものである[1.37]。

C_2Sの含有率が良い影響を与えるのは，5年と10年の強度だけであり，C_3Aが良い影響を与えるのは7日または28日までである。それ以後は悪影響を及ぼす[1.56, 1.57]。57頁にアルカリの影響を考察した。けい酸塩以外の化合物が強度に及ぼす影響の予測は不確実である。Leaによれば[1.38]このような違いの原因はクリンカー中に存在するガラス質のようであるが，この点については次の節で詳しく解説する。

また，Odlerの広範囲にわたる概説によれば[1.79]，市販のセメント全般に応用できる強度予測の式をつくることは，化合物同士の相互作用，アルカリと石膏の影響，およびセメントの粒径分布の影響など，いくつかの理由から不可能だということである。すべての化合物が他のクリンカーと同じ比率で含まれていたわけではないが，4つの主要化合物の構成が名目上等しいセメントにおいても，反応性と遊離石灰の量に影響を与えるガラス質の存在も，ばらつきの要因となっている。

主要化合物の構成のほかに，SO_3，CaO，MgO，および水セメント比を含めた影響因子に基づいて，モルタルの強度を予測するための式をつくる試み[1.93]がなされてきたが，予測の信頼性はあまりない。

上記の点から，これまで考察してきたようなポルトランドセメントの全般的な強度と化合物の構成との関係は，本質的に確率の問題であると結論付けることが

第1章　ポルトランドセメント

できる。この関係が合わない例は，含まれる変数の一部を考慮しないことによって起きる[1.14]。いずれにせよ，水和生成物が空間を埋めて空げき率を低下させているという点において，水和したポルトランドセメントの構成要素はすべて，強度にある程度寄与しているということができる。

　また，前記の加法的な挙動が完全に実現されることはないという指摘がいくつかなされている。とりわけ Powers[1.22] は，セメントペーストの水和のすべての段階で同じ生成物が形成されると指摘した。これは，同じセメントであれば，水セメント比と材齢がどのようであろうと，セメント水和物の表面積は水和した水の量に比例するという事実から結論付けたものである。したがって，セメントが一定であれば，その中のすべての化合物の水和速度の割合は同じとなる。これはおそらく，ゲル周囲の薄膜を通して行われる拡散速度が，水和速度の決定要因となった時に初めて実現することであり，例えば材齢7日まで[1.49]のような初期の問題ではないであろう[1.65]。水和速度の割合が同じであるということは Khalil と Ward によって確認されたが[1.70]，現在では，各種化合物の初期水和速度は異なるとの合意が得られており，時間が経つと速度は同じになる。

　水和速度に影響を与える因子はもう1つある。すなわち，同じ空間中でも場所ごとに構成が異なるという事実である。このことは，セメント粒子のまだ未水和の部分の表面から外の空間へと拡散が起きるためには（15頁参照），イオン濃度に差がなければならない。すなわち，外の空間は飽和状態であり，中の空間は過飽和状態である。この拡散が水和速度を変化させる。

　したがって，水和速度の割合が同じであるという説も，各化合物は他の化合物と無関係に独自の速度で水和するという前提も，どちらも有効ではないということになりそうである。水和速度に関するわれわれの理解が実はまだ不十分だということを，認めなければならない。

　例えば，水和した材料の単位質量当たりの水和熱量は，あらゆる材齢で一定であることが判明している[1.34]（図-1.22を参照）。このことから，水和生成物の性質は時間によって変化しないことがわかる。

　したがって，水和速度の割合が等しいという仮定は，限られた範囲内の構成をもつ普通ポルトランドセメントと早強ポルトランドセメントに対して使用することは理にかなっている。しかしながら，普通セメントや早強セメントより C_2S

1.12 化合物の構成がセメントの性質に及ぼす影響

含有率の高いセメントは，これと挙動が一致しない。水和熱を測定すると，C_3S の方が早く水和し，C_2S は一部残って後に水和する。

また，凝結した時に確定されたペーストの最初の枠組みが，その後の水和生成物の構造に大きく影響する。この枠組みが，とりわけ収縮率と強度の発現に影響を及ぼす[1.14]。したがって，水和の程度と強度との間に明確な関連性があるのは驚くに当たらない。例えば図-1.23 は，コンクリートの圧縮強度と，水セメント比が 0.25 のセメントペースト中にある結合水との，実験上の関係を示したものである[1.39]。これらのデータは，(ゲル/空間)比に関する Powers の考察と一致しており，彼の考察によれば，セメントペーストの強度の向上は，材齢，水セメント比，あるいはセメントの化合物の構成にかかわらず，ゲルの相対体積の増加の関数であるとしている。しかし，実際は固体相の総表面積は化合物の構成と関連しており，化合物の構成は最終強度の実際の値に影響を及ぼすのである[1.22]。

1.12.1 アルカリの影響

微量化合物がセメントペーストの強度に及ぼす影響は複合的であり，まだ完全に確認されてはいない。アルカリの影響を調査した試験[1.3]によって，材齢 28 日を過ぎた後の強度の向上はアルカリ含有率の影響を強く受けることが明らかにされた。アルカリが多く含まれているほど強度の向上率は低くなる。このことは，数百に及ぶ市販のセメントの強度を統計的に評価した 2 つの研究によって確認さ

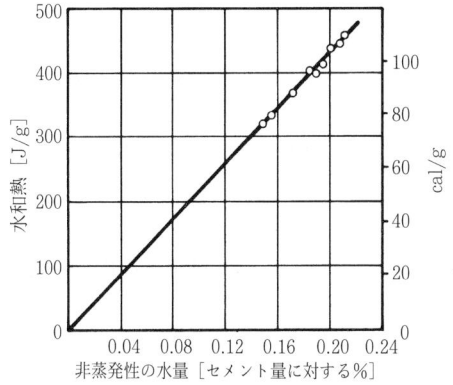

図-1.22 普通セメントにおける水和熱と非蒸発性の水量との関係[1.22]

第1章　ポルトランドセメント

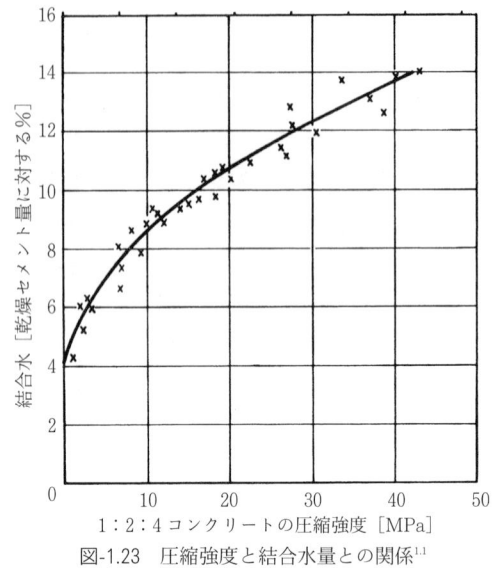

図-1.23　圧縮強度と結合水量との関係[1.1]

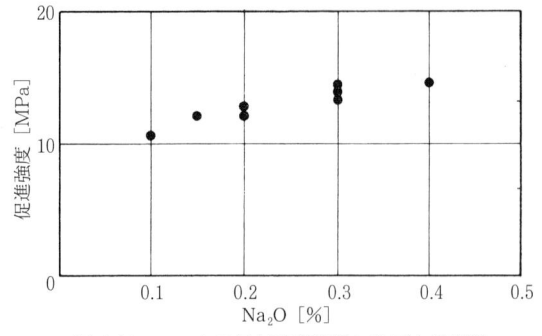

図-1.24　アルカリ量が強度促進に及ぼす効果[1.75]

れている[1.56, 1.57]。

　さらに具体的に述べると，3日から28日までの間に強度があまり向上しないことの原因は，セメント中に含まれる水溶性 K_2O の存在によるということができる[1.58]。反面アルカリがまったく存在しないと，セメントペーストの初期強度が異常に低くなることもある[1.58]。強度の促進試験（766頁を参照）によって，Na_2O が 0.4% までであれば，アルカリ含有率が高くなるにつれて強度は増すこ

1.12 化合物の構成がセメントの性質に及ぼす影響

とが明らかになった[1.75]（図-1.24）。

アルカリはけい酸カルシウム水和物中に含まれる場合もあり，また可溶性の硫酸塩として存在する場合もあるという事実から，強度に及ぼすアルカリの影響は複雑である。すなわち，この2種類の場合におけるアルカリの作用は同じではない。K_2O が C_2S 中の CaO の1分子と入れ替わるため，C_3S の含有率は計算された値より高くなると考えられている[1.6]。しかし一般に，アルカリは初期強度の発現を高め，長期強度を低下させるということが言える[1.79]。Osbæck[1.95] が確認したところでは，ポルトランドセメント中のアルカリ含有率が高い場合は初期強度が向上し，長期強度は低下する。

アルカリがいわゆるアルカリ反応性骨材と反応することは良く知られており（184頁参照），そのような条件下で用いるセメントは，アルカリ含有率を 0.6% に限定されることが多い（Na_2O 当量として測定）。そのようなセメントは，低アルカリセメントと呼ばれている。

セメント中にアルカリが存在することによって起きるもう1つの結果についても説明する必要があるであろう。フレッシュポルトランドセメントペーストのアルカリ度はきわめて高い（pH 12.5 を超える）が，アルカリ含有率の高いセメントであれば pH はさらに高くなる。その結果人間の皮膚が作用を受け，皮膚炎ややけどを起こすことがある。目を痛める可能性もある。それゆえ，保護服の着用がきわめて重要である。

以上のことからアルカリがセメントの重要な構成要素であることは理解できるが，その役割はまだ完全には解明されていない。現代の乾式製法を実施しているセメント工場では予熱器が用いられるため，同じ原材料から製造されるセメントであってもアルカリ含有率が高くなったという点に注目してほしい。したがって，アルカリ含有率は管理しなければならないが，厳格に制限しすぎるとエネルギー消費量が高くなる[1.76]。集塵効率が向上すると，ダストがセメントと再混合される時にセメントのアルカリ含有率が高まる。ダストには大量のアルカリが含まれているからである。これが 15% まで上昇することもあり，その場合は全ダストまたはその一部を廃棄する必要がある。

1.12.2 クリンカー中のガラス質の影響

　窯の中でセメントクリンカーが形成される間に，材料の 20～30％程度は液状になることを思い出していただきたい。続いて冷却されると結晶化するが，過冷却されてガラス質になる材料も一部に必ず出て来る。実際は，クリンカーの冷却速度がセメントの性質に大きな影響を及ぼす。完全に結晶化するほど冷却速度が遅いと（例えば実験室の場合など），β–C_2S が γ–C_2S に転化される可能性が出てくるが，この転化には膨張とダスティングと呼ばれる粉末化が伴う。また，γ–C_2S は水和速度が遅いため，有効なセメント状材料にはなりにくい。しかし冷却が実際上きわめて徐々に行われた場合でも，Al_2O_3，MgO，およびアルカリが β–C_2S を安定化させることがある。

　ガラス質が多少生成されることが望ましいもう１つの理由は，ガラス質が結晶相に与える効果である。アルミナと酸化鉄はクリンカー形成温度で完全に液状化し，冷却されて C_3A と C_4AF を生成する。したがって，ガラス質の形成程度はこれらの化合物に大きな影響を及ぼすが，主に固体として形成されるけい酸塩は比較的影響を受けない。またガラス質は，アルカリや MgO などの微量要素の大部分をも保持することができるという点に注目してほしい。それゆえ MgO は膨張性の水和を引き起こさない[1.40]。したがって，高マグネシアクリンカーは急速冷却すると有利である。アルミン酸塩は硫酸塩の作用を受けるため，これもガラス質の中にあると有利となる。

　ガラス状の C_3A と C_4AF は，水和すると硫酸塩に強い C_3AH_6 と C_3FH_6 の固溶体になる。しかし，ガラス質の含有率が高いとクリンカーの粉砕能に悪影響が出る。

　一方，ガラス質の含有率が低いことの利点もいくつかある。一部のセメントでは，結晶化の程度が大きいと生成される C_3S の量も多くなる。

　クリンカーの冷却速度を厳密に制御し，望ましい結晶度にすることがきわめて重要であることがこれでわかる。溶解熱法で測定した市販のクリンカーのガラス含有率は，２～21％である[1.41]。光学顕微鏡ではそれよりはるかに低い値が示される。

　Bogue の化合物構成は，クリンカーが完全に結晶化して均衡状態の生成物が生まれていること，またすでに考察したようにガラス質の反応性は同様の構成の

結晶の反応性とは異なることを前提としていた。

そうであれば，クリンカーの冷却速度も，またおそらくはセメントの製造工程における他の特性も，共にセメントの強度に影響を及ぼすようであり，したがって，セメント化合物の構成を関数として強度式を開発しようとする試みを不可能にする。それにもかかわらず，1 つの製造工程を用い，クリンカーの冷却速度を一定に保った場合，化合物の構成と強度との間には明白な関係がある。

1.13 セメントの各種試験

セメントの製造には厳重な管理が必要であるため，セメント工場の実験室では多くの試験を実施して，セメントが希望通りの品質となり，関連する全国基準と一致するよう努力している。それでもなお，購入者またはそれぞれの研究所では，受け入れ検査を実施することが望ましいし，特別の目的に使用されるセメントに対しては，さらに頻繁に特性の検査を実施することが望ましい。化学組成と粉末度に関する試験は，欧州基準 EN 196-1:1987 および EN 196-6:1989 にそれぞれ規定されている。他の試験に関しては，普通ポルトランドセメントと早強ポルトランドセメントの試験について述べた規定が BS 4550:Part 3:1978 にある。他の関連基準は，第 2 章で種々のセメントを解説する際に言及する。

1.13.1 基準ペーストの軟度

始発時間と終結時間の測定および Le Chatelier の安定性試験には，標準の軟度をもつ純粋なセメントペーストを用いなければならない。したがって，各セメントに対して，望ましい軟度が得られるようなペーストの含水率を決定する必要がある。

軟度は，図-1.25 に示されているようなビカー針装置を使い，直径 10 mm の標準棒（プランジャー）をすべり棒に取り付けて測定する。セメントと水との試験用ペーストを規定の方法で練混ぜ，容器に入れる。つぎに，標準棒をペーストの上部表面に接触させて放置する。自重が作用し，標準棒はペースト中に貫入する。貫入の深さは軟度によって異なる。標準棒が容器の底から 6±1 mm の深さまで達すれば，これが EN 196-3:1987 で定める標準の軟度である。

第1章 ポルトランドセメント

図-1.25 ビカー針装置

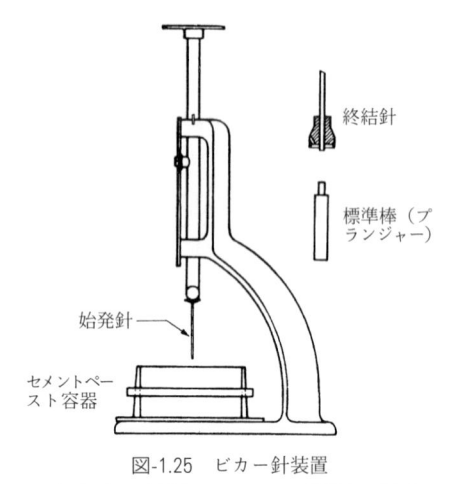

標準軟度のペーストの含水率は乾燥セメントの質量に対するパーセンテージで表され，通常の値は26〜33%である。

1.13.2 凝結時間

凝結の物理的なプロセスは23頁で解説した。ここでは，凝結時間の実際の測定方法を簡単に説明する。セメントの凝結時間は，ビカー装置（図-1.25）に各種の貫入用の針を付けて測定する。試験方法は EN 196-3:1987 の規定による。

始発の測定には，直径 1.13±0.05 mm の丸針を使用する。この針が規定の重量によって，特殊な容器に詰められた標準軟度のペーストに貫通する。ペーストがこわばって容器の底から 5±1 mm の地点から先に針が貫入しなくなった時点で，始発が起きたとされる。始発は，セメントに練混ぜ水を加えてからの経過時間で表現される。ENV 197-1:1992 では，強度が 42.5 MPa までのセメントで 60 分以上，それより強いセメントで 45 分以上と規定している。米国基準 ASTM C 150-94 では，ASTM C 191-92 で定めるビカー装置を使用した始発の最小時間を 45 分と規定している。Gillmore 針（ASTM C 266-89）を使って行う他の試験では，凝結時間がそれより高い数値になる。

BS 915:1972（1983）では，アルミナセメントの始発時間を 2〜6 時間と規定している。

終結は，同様の針に金属の付属物を装着して測定する。この付属物は，直径 5

1.13 セメントの各種試験

mm の円形の刃を残して中が空洞になっており，針の先端から 0.5 mm 上に取り付けてある。この針をペーストの表面から静かに下ろし，0.5 mm の深さまで貫通させても，円形の刃の跡がペーストの表面に付かなければ，終結が起きたとされる。

終結は，セメントに練混ぜ水を加えた時点から測定する。終結時間の限界値は，欧州基準にも ASTM 基準にももはや定められていない。

終結時間に関する知識が必要な時に試験のデータが手に入らない場合は，次のような報告を利用すると便利である。すなわち，米国で市販されている普通ポルトランドセメントと早強ポルトランドセメントの大部分は，室温での始発時間と終結時間がほぼ次のような関係になっている。

終結時間（分）＝ 90＋1.2× 始発時間（分）

セメントの凝結は周囲の気温と湿度とに影響されるため，EN 196-3:1987 にその規定がある。温度は 20±2℃，最低相対湿度は 65％ である。

セメントペーストの凝結は超音波パルス速度（780 頁参照）の変化を伴うことが，試験[1.59] によって明らかにされたが，セメントの凝結時間を測る他の測定方法は，未だ開発されていない。電気による測定の試みもなされたが，混和材が電気特性に影響を及ぼすため，不成功に終わっている[1.73]。

凝結の速度と，硬化すなわち強度の発現の速度とは，互いに無関係だということを憶えておくべきである。例えば，早強セメントと普通ポルトランドセメントは硬化速度が異なるにもかかわらず，規定された凝結時間はどちらも同じである。

関連することとして言えば，コンクリートの凝結時間も測定することができる。しかしこれはセメントの凝結時間とは異なる特性である。ASTM 基準 C 403-92 にコンクリートの凝結時間の手順が記載されているが，そこではプロクター貫入針を所定のコンクリートからふるい分けられたモルタルに適用する方法が用いられている。実施面では凝結が突然起きるわけではないので，この凝結時間の定義は個人の判断に任されている[1.73]。あるロシア人は，コンクリートに金属製の電極を 2 つ埋め込み，そこに高周波電流を通し，2 つの電極間の最小抵抗値からコンクリートの凝結時間を定義する試みを行っている[1.77]。

1.13.3 安定性

いったん凝結したセメントペーストの体積は，大きく変化しないことがきわめて重要である。とくに，拘束された状態下ではセメントペースト硬化体が崩壊するような，大きな膨張は起きてはならない。そのような膨張は，硬化したセメント中に存在する遊離石灰，マグネシア，硫酸カルシウムなど，一部の化合物の水和が遅れたり，反応速度が遅くなったり，その他の反応が起こったりすることによって生じるのである。

もし窯の中に入れた原材料に，酸性酸化物と化合できる量より多くの石灰が含まれていたり，またはもし焼成や冷却が不十分であった場合，過剰な石灰は遊離したままで残ることになる。この 固く焼かれた石灰は水和速度がきわめて遅く，また消石灰の体積は最初の遊離酸化カルシウムより大きくなるため，膨張が起きるのである。このような膨張が起きるセメントを，安定ではないと表現する。

セメントに加える石灰が不安定性をつくるわけではない。なぜならば，石灰は，ペーストが凝結する前に急速に水和してしまうからである。一方，クリンカー中の遊離石灰は他の化合物と相互に結晶化するため，ペーストが凝結するまでの間に水と接触するのは一部に過ぎない。

未反応 CaO と，セメントが大気にさらされた時にけい酸カルシウムの部分的な水和で生成される $Ca(OH)_2$ とを区別するのは不可能であるから，セメントを化学分析しても遊離石灰を測定することはできない。反面，クリンカーが窯から出た時にすぐ試験を行えば，セメント水和物が存在しないので遊離石灰の含有量が明らかになるであろう。

セメントは MgO の存在によってもまた不安定になる。MgO は CaO と同様の方法で水と反応する。しかし，有害な反応を起こすのはペリクレースすなわち「死焼」された結晶 MgO だけであり，ガラス質中に存在する MgO は無害である。ペリクレースは，約2%（セメントの質量で）までであればセメントの主要化合物と化合するが，過剰ペリクレースは一般に膨張を惹き起こし，徐々に崩壊へと導く。

硫酸カルシウムは膨張の原因となりやすい3つ目の化合物である。この場合はカルシウムサルホアルミネートが形成される。瞬結を防ぐために，硫酸カルシウムの水和物（石膏）をセメントクリンカーに添加したことを思い出していただき

1.13 セメントの各種試験

たい。しかし，凝結中に C_3A と反応できる量を超える石膏が存在していると，緩慢な膨張という形で不安定になる。そのため各基準は，クリンカーに添加できる石膏の量をきわめて厳格に制限している。不安定になる危険性に関する限り，これらの制限には十分な余裕が考慮されている[1.46]。

　セメントの不安定性は何か月，または何年も経た後でなければ表れないため，セメントの安定性試験をより迅速にすることがきわめて重要である。Le Chatelier が考案した試験が EN 196-3:1987 に規定されている。図-1.26 に示したルシャテリエ装置は，母線に沿って裂け目の入った小さな真鍮の円筒でできている。そして，先端がとがった2つの指示針が円筒の裂け目の両側に取り付けられており，このような方法をとると，セメントが膨張してできる裂け目が大幅に拡大されるため，測定が簡単になる。標準軟度のセメントペーストを円筒に詰めてガラス板の上に置き，もう一枚のガラス板で覆う。つぎにこの装置全体を，20±1℃，相対湿度98パーセント以上の湿気箱に24時間±0.5時間入れる。この時間が過ぎた後で指示針の距離を測定し，装置全体を水に沈め，30分かけて徐々に沸騰させる。3時間沸騰させてから装置を取り出し，冷却した後にふたたび指示針を測定する。この距離の増加分がセメントの膨張を表し，ENV 197-1:1992 では，この値をポルトランドセメントの場合で 10 mm に制限している。

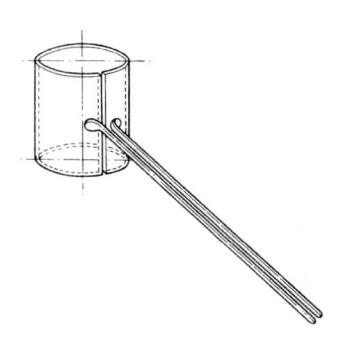

図-1.26　ルシャテリエ装置

　膨張がこの値を超えた場合は，セメント試料を広げて空気に7日間さらした後，ふたたび試験を行う。この期間中に石灰の一部が水和または場合によっては炭酸化を起こし，また物理的に分解して寸法が小さくなる可能性もある。7日間経過した後にルシャテリエ試験をふたたび行うが，空気にさらしたセメントの膨張は

規定値を超えてはならない。この場合の規定値はこれまでは 5 mm であった。これらの試験のうち少なくとも 1 つで基準に達したセメントでなければ，使用してはならない。

ルシャテリエ試験は，遊離石灰が原因となって起きる不安定性のみを探知する。英国で製造されるセメントの原材料にマグネシアが大量に含まれていることはほとんどないが，他の国ではそのような場合がある。例えばインドでは，低マグネシアの石灰石はあまり多くない。したがって，インドのセメントの大半は MgO の含有率が高いが，フライアッシュや微粉砕した焼粘土のような活性のけい酸質材料を添加すれば，膨張を大幅に抑えることができる。

遅れ膨張を防ぐことは重要であるため，例えば米国では，遊離マグネシアと遊離石灰の両者に敏感なオートクレーブ試験を使って，セメントの安定性を確認している。ASTM C 151-93 a に規定されたこの試験では，断面が 25 mm 平方，ゲージ長 250 mm の純粋なセメントの棒を，高湿度の気中で 24 時間養生する。つぎにこの棒をオートクレーブ（高圧の蒸気ボイラー）の中に入れ，60±15 分かけて温度を 216℃まで上げ（蒸気圧 2±0.07 MPa），この温度を 3 時間維持する。高圧蒸気がマグネシアと石灰のどちらも水和を促進させる。オートクレーブ処理によるセメント棒の膨張は 0.8%を超えてはならない。

オートクレーブ試験の結果は，膨張を惹き起こす化合物ばかりではなく，C_3A の含有率やセメントに混和された材料[1.71]にも影響を受ける。また他の異常事態の影響も受けやすい。したがってこの試験は，実施面では長期間にわたる膨張の危険性をおおまかに示すだけのものである[1.1]。しかし，一部の MgO は不活性のまま残ることもあって，この試験は全般に厳格なものとなっている。したがって，この試験の誤差は安全側に発生する[1.86]。

硫酸カルシウムの過剰が原因で起こる不安定性を探知できる試験はないが，その含有率は化学分析で簡単に測定することができる。

1.13.4　セメントの強さ

硬化したセメントの力学的強度は，この材料を構造物の建設分野に使用する場合にもっとも明白に必要とされる特性であろう。したがってセメントの場合は，強度試験がすべての仕様書に規定されているのも不思議ではない。

1.13 セメントの各種試験

　モルタルやコンクリートの強度は，セメントペーストの粘着力，骨材粒子との接着力，そしてある程度骨材自体の強度によって左右される。この最後の因子は現段階では考慮せず，セメントの品質試験では標準骨材を使用することでその影響を取り除く。

　純粋なセメントペーストは成形が難しく，試験結果のばらつきが大きいため，これによる強度試験は行わない。セメントの強度の測定には（セメント−砂）モルタル，および場合によっては厳密に管理された状況下で規定材料からつくられた規定配合のコンクリートを用いる。

　強度試験の形態はいくつかある。直接引張，直接圧縮，および曲げ試験である。周知のとおり，水和したセメントペーストは引張より圧縮に対してはるかに強度を発揮するため，曲げ試験で測定するのは実際には曲げにおける引張強度である。なぜならば，周知のとおり，水和したセメントペーストは引張より圧縮に対してはるかに強いからである。

　かつては成型ブロックを用いた直接引張試験が一般に行われていたが，純粋な引張を作用させるのは難しいため，このような試験の結果はばらつきがかなり大きい。また，構造技術は主としてコンクリートの圧縮における高い強度を利用するものであるため，セメントの直接引張強度は圧縮強度と比べてあまり重要ではない。

　同様に，舗装の場合はコンクリートの引張強度の知識が重要であるが，コンクリートの曲げ強度は一般に圧縮強度と比べてあまり重要ではない。したがって近年では，セメントの圧縮強度がきわめて重大だと考えられており，セメントに関して適切な試験は（セメント−砂）モルタルの試験だとされている。

　欧州基準 EN 196-1:1987 には，モルタル供試体の圧縮強度試験に関する規定があり，40 mm 立方体供試体の等価試験として試験される。これらの供試体は，先に曲げ試験を行って半分に折れた，あるいは他の方法で半分に折った 40×40×160 mm の角柱からつくられる。したがって，支点間が 100 mm の，中心 1 点曲げ載荷試験を追加して行うこともできる。

　この試験は，「CEN 標準砂」でつくられた，配合が一定のモルタルについて実施される（CEN とは，European Committee for Standardization のフランス語の頭字語である）。砂は，けい酸質で天然の丸い砂であり，いろいろな場所か

ら採取できる。Leighton Buzzard砂（下記参照）と異なり均一の寸法ではなく，$80\mu m$から1.6 mmの間で粒度調整されている。（砂/セメント）比は3，水セメント比は0.50となっている。モルタルは練混ぜ機（ケーキミキサ）の中で混合し，ジョルティングテーブルの上で15 mmの落下で締固める。同じような締固めになるのであれば，振動台を用いることもできる。供試体は湿度の高い空気の中に24時間置いた後型枠をはずし，その後20℃の水中で養生する。

英国でかつて行われていた試験方法やそれと類似の試験方法を用いている国もあるので，これらの試験について簡単に説明したい。英国基準では，セメントの圧縮強度を試験するための方法は基本的に2種類ある。一方はモルタルを使い，もう一方はコンクリートを使用する。

モルタル試験には1：3の（セメント-砂）モルタルが使用される。砂は標準のLeighton Buzzard砂であり，英国Bedfordshire州にある同名の町に近い採石場で採取される。混合物中の水の質量は，乾燥材料の質量の10%とする。水セメント比で表すと，これは質量で0.40に相当する。BS 4550:Section 3.4:1978に規定された基準の方法に従って練混ぜ，周波数200 Hzの振動台で2分間締固めて70.7 mmの立方体供試体をつくる。24時間経過した後立方体供試体を型枠からはずし，さらに水中養生した後，表面が濡れた状態で試験を行う。

振動締固めモルタル試験ではかなり信頼性のある結果が得られるが，単一の寸法の骨材でつくったモルタルの場合は，同様の条件でつくられたコンクリートより強度の値のばらつきが大きくなるという指摘がなされている。さらに，われわれが問題にしているのはコンクリート中のセメントの性能であって，モルタル，とくに単一の寸法の骨材でできた，実施面では使用されないようなモルタルに関心があるわけではないということも言われている。

このような理由から，英国基準ではコンクリートの試験が導入されたのである。

コンクリートの試験では3種類の水セメント比を用いることができる。すなわちセメントの種類に応じて，0.60，0.55，0.45である。粗骨材と細骨材は特定の採石場から採掘されたものでなければならないが，その分量はBS 4550:Part 4および5:1978に明記されている。100 mm立方体供試体のコンクリートは規定どおりの方法で手づくりし，練混ぜ室，養生室，圧縮試験室の温度と湿度，および水中養生槽の温度を明記する。特定の材齢の最低強度を満たさなければならな

1.13 セメントの各種試験

いことのほか，材齢が古い場合の強度は新しい場合の強度より高くなければならない。なぜならば，強度の逆行がセメントの不安定性や欠陥を示す場合もあるからである。材齢に伴う強度の増加という要件は，振動締固めしたモルタル立方体供試体にも適用される。この要件は ENV 197-1:1992 には含まれていない。

ASTM 方式によるセメント強度の試験は ASTM C 109-93 に規定されているが，標準粒度の砂を使用し，0.485 の水セメント比でつくられた 1 : 2.75 のモルタルを使用する。50 mm 立方体供試体で試験を行う。

次の疑問を検討するのが良いと思われる。すなわち，セメントの強度の試験は，セメントペースト，モルタル，コンクリートのうち，どの試料を使って実施すべきか，という疑問である。純粋なセメントペーストの供試体をつくるのが難しいことはすでに述べた。コンクリートに関する限りは試験に適した媒体であるが，コンクリート供試体の強度は使用骨材の性質に影響される。

国内の多様な場所で行われるコンクリートの試験に標準骨材を使用すること，まして異なる国々で標準骨材を使用することは困難であり，実行不可能でさえある。無理のない範囲で基準に合った骨材を使うことが，良識ある妥協策である。いずれにせよ，すべての試験は実際上，水和したセメントペーストの圧縮強度の直接測定というよりは，むしろ相対的なものである。また，モルタルとコンクリートの性質にセメントが及ぼす影響は質的に同じであり，材料の対応する 2 つの供試体同士の強度は直線的な関係である。一例を図-1.27 にみることができる。ここでは，水セメント比が 0.65 で配合が一定のモルタルとコンクリートを使用した。各組の供試体は形と大きさの異なるものを用いたため，少なくともある程度までは強度が異なる。しかし，モルタルの方がエントラップトエアを多く含むことから，モルタルとコンクリートの強度には内在的な量の差も存在するかもしれない。

とくに重要な比較がもう 1 つある。それは，BS 4550:Section 3.4:1978 に準拠して作製された水セメント比 0.60 のコンクリートの強度と，EN 196-1:1987 に準拠して作製された水セメント比 0.50 のモルタルの強度との比較である。2 つの試験は水セメント比だけではなく他の条件も異なっているため，結果として得られた強度の値もまた異なっている。Harrison[1.88] によって下記の関係が明らかになった。

第1章　ポルトランドセメント

$$\log_e(M/C) = 0.28/d + 0.25$$

ここで，

$C =$ BS 4550 のコンクリート立方体供試体の圧縮強度［MPa］

$M =$ EN 196 のモルタル角柱供試体の圧縮強度［MPa］

また，$d =$ 試験における材齢［日］

さらにわかり易くするため，M/C 比を次のような表に要約することができる．

材齢［日］	2	3	7	28
M/C 比	1.48	1.41	1.34	1.30

供試体の特徴の差異に加えて，次のような重要な差異も存在する．欧州基準 EN 196-1:1987 で得られる強度の値と，古い英国基準やその他の大部分の基準で得られる強度の値とでは，重要度に大きな差があるのである．それは「最低強度」という用語の意味に関する差である．従来の基準では，試験結果はすべて規定された最低値を上回らなければならなかった．一方 EN 196-1:1987 では，最低強

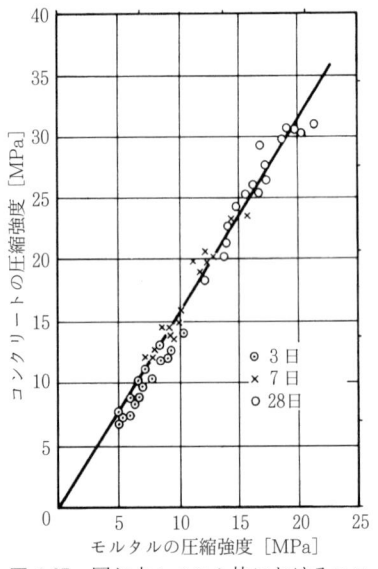

図-1.27　同じ水セメント比におけるコンクリート強度とモルタル強度との関係[1.37]

度は特性値を表し (903 頁参照), 試験結果の 95%がこれを上回れば良いのである。さらに絶対値も記載されており, 設計基準強度はこれを下回ってはならない。

◎参考文献

1.1 F. M. LEA, *The Chemistry of Cement and Concrete* (London, Arnold, 1970).
1.2 R. H. BOGUE, *Chemistry of Portland Cement* (New York, Reinhold, 1955).
1.3 A. M. NEVILLE, Role of cement in creep of mortar, *J. Amer. Concr. Inst.*, **55**, pp. 963–84 (March 1959).
1.4 M. A. SWAYZE, The quaternary system $CaO-C_5A_3-C_2F-C_2S$ as modified by saturation with magnesia, *Amer. J. Sci.*, **244**, pp. 65–94 (1946).
1.5 W. CZERNIN, *Cement Chemistry and Physics for Civil Engineers* (London, Crosby Lockwood, 1962).
1.6 H. H. STEINOUR, The reactions and thermochemistry of cement hydration at ordinary temperature, *Proc. 3rd Int. Symp. on the Chemistry of Cement*, pp. 261–89 (London, 1952).
1.7 R. H. BOGUE and W. LERCH, Hydration of portland cement compounds, *Industrial and Engineering Chemistry*, **26**, No. 8, pp. 837–47 (Easton, Pa., 1934).
1.8 E. P. FLINT and L. S. WELLS, Study of the system $CaO-SiO_2-H_2O$ at 30 °C and the reaction of water on the anhydrous calcium silicates, *J. Res. Nat. Bur. Stand.*, **12**, No. 687, pp. 751–83 (1934).
1.9 S. GIERTZ-HEDSTROM, The physical structure of hydrated cements, *Proc. 2nd Int. Symp. on the Chemistry of Cement*, pp. 505–34 (Stockholm, 1938).
1.10 T. C. POWERS, The non-evaporable water content of hardened portland cement paste: its significance for concrete research and its method of determination, *ASTM Bul. No. 158*, pp. 68–76 (May 1949).
1.11 L. S. BROWN and R. W. CARLSON, Petrographic studies of hydrated cements, *Proc. ASTM*, **36**, Part II, pp. 332–50 (1936).
1.12 L. E. COPELAND, Specific volume of evaporable water in hardened portland cement pastes, *J. Amer. Concr. Inst.*, **52**, pp. 863–74 (1956).
1.13 S. BRUNAUER, J. C. HAYES and W. E. HASS, The heats of hydration of tricalcium silicate and beta-dicalcium silicate, *J. Phys. Chem.*, **58**, pp. 279–87 (Ithaca, NY, 1954).
1.14 F. M. LEA, Cement research: retrospect and prospect, *Proc. 4th Int. Symp. on the Chemistry of Cement*, pp. 5–8 (Washington DC, 1960).
1.15 H. F. W. TAYLOR, Hydrated calcium silicates, Part I: Compound formation at ordinary temperatures, *J. Chem. Soc.*, pp. 3682–90 (London, 1950).
1.16 H. H. STEINOUR, The system $CaO-SiO_2-H_2O$ and the hydration of the calcium silicates, *Chemical Reviews*, **40**, pp. 391–460 (USA, 1947).
1.17 J. W. T. SPINKS, H. W. BALDWIN and T. THORVALDSON, Tracer studies of diffusion in set Portland cement, *Can. J. Technol.*, **30**, Nos 2 and 3, pp. 20–8 (1952).
1.18 M. NAKADA, Process operation and environmental protection at the Yokoze cement works, *Zement-Kalk-Gips*, **29**, No. 3, pp. 135–9 (1976).
1.19 S. DIAMOND, C/S mole ratio of C-S-H gel in a mature C_3S paste as determined by EDXA, *Cement and Concrete Research*, **6**, No. 3, pp. 413–16 (1976).
1.20 J. D. BERNAL, J. W. JEFFERY and H. F. W. TAYLOR, Crystallographic research on the

第1章 ポルトランドセメント

hydration of Portland cement: A first report on investigations in progress, *Mag. Concr. Res.*, **3**, No. 11, pp. 49–54 (1952).
1.21 W. C. HANSEN, Discussion on "Aeration cause of false set in portland cement", *Proc. ASTM*, **58**, pp. 1053–4 (1958).
1.22 T. C. POWERS, The physical structure and engineering properties of concrete, *Portl. Cem. Assoc. Res. Dept. Bul.* 39 pp. (Chicago, July 1958).
1.23 T. C. POWERS, A discussion of cement hydration in relation to the curing of concrete, *Proc. Highw. Res. Bd.*, **27**, pp. 178–88 (Washington, 1947).
1.24 T. C. POWERS and T. L. BROWNYARD, Studies of the physical properties of hardened Portland cement paste (Nine parts), *J. Amer. Concr. Inst.*, **43** (Oct. 1946 to April 1947).
1.25 G. J. VERBECK, Hardened concrete – pore structure, *ASTM Sp. Tech. Publ. No. 169*, pp. 136–42 (1955).
1.26 T. C. POWERS, L. E. COPELAND and H. M. MANN, Capillary continuity or discontinuity in cement pastes, *J. Portl. Cem. Assoc. Research and Development Laboratories*, **1**, No. 2, pp. 38–48 (May 1959).
1.27 T. C. POWERS, Structure and physical properties of hardened portland cement paste, *J. Amer. Ceramic Soc.*, **41**, pp. 1–6 (Jan. 1958).
1.28 L. E. COPELAND and J. C. HAYES, Porosity of hardened portland cement pastes, *J. Amer. Concr. Inst.*, **52**, pp. 633–40 (Feb. 1956).
1.29 R. W. CARLSON and L. R. FORBRICK, Correlation of methods for measuring heat of hydration of cement, *Industrial and Engineering Chemistry* (Analytical Edition), **10**, pp. 382–6 (Easton, Pa., 1938).
1.30 W. LERCH and C. L. FORD, Long-time study of cement performance in concrete, Chapter 3: Chemical and physical tests of the cements, *J. Amer. Concr. Inst.*, **44**, pp. 743–95 (April 1948).
1.31 N. DAVEY and E. N. FOX, Influence of temperature on the strength development of concrete, *Build. Res. Sta. Tech. Paper No. 15* (London, HMSO, 1933).
1.32 W. LERCH and R. H. BOGUE, Heat of hydration of portland cement pastes, *J. Res. Nat. Bur. Stand.*, **12**, No. 5, pp. 645–64 (May 1934).
1.33 H. WOODS, H. H. STEINOUR and H. R. STARKE, Heat evolved by cement in relation to strength, *Engng News Rec.*, **110**, pp. 431–3 (New York, 1933).
1.34 G. J. VERBECK and C. W. FOSTER, Long-time study of cement performance in concrete, Chapter 6: The heats of hydration of the cements, *Proc. ASTM*, **50**, pp. 1235–57 (1950).
1.35 H. WOODS, H. R. STARKE and H. H. STEINOUR, Effect of cement composition on mortar strength, *Engng News Rec.*, **109**, No. 15, pp. 435–7 (New York, 1932).
1.36 R. E. DAVIS, R. W. CARLSON, G. E. TROXELL and J. W. KELLY, Cement investigations for the Hoover Dam, *J. Amer. Concr. Inst.*, **29**, pp. 413–31 (1933).
1.37 S. WALKER and D. L. BLOEM, Variations in portland cement, *Proc. ASTM*, **58**, pp. 1009–32 (1958).
1.38 F. M. LEA, The relation between the composition and properties of Portland cement, *J. Soc. Chem. Ind.*, **54**, pp. 522–7 (London, 1935).
1.39 F. M. LEA and F. E. JONES, The rate of hydration of Portland cement and its relation to the rate of development of strength, *J. Soc. Chem. Ind.*, **54**, No. 10, pp. 63–70T (London, 1935).
1.40 L. S. BROWN, Long-time study of cement performance in concrete, Chapter 4: Microscopical study of clinkers, *J. Amer. Concr. Inst.*, **44**, pp. 877–923 (May 1948).
1.41 W. LERCH, Approximate glass content of commercial Portland cement clinker, *J. Res. Nat. Bur. Stand.*, **20**, pp. 77–81 (Jan. 1938).

参考文献

1.42 F. M. LEA, *Cement and Concrete*, Lecture delivered before the Royal Institute of Chemistry, London, 19 Dec. 1944 (Cambridge, W. Heffer and Sons, 1944).
1.43 W. H. PRICE, Factors influencing concrete strength, *J. Amer. Concr. Inst.*, **47**, pp. 417–32 (Feb. 1951).
1.44 US BUREAU OF RECLAMATION, Investigation into the effects of cement fineness and alkali content on various properties of concrete and mortar, *Concrete Laboratory Report No. C-814* (Denver, Colorado, 1956).
1.45 S. BRUNAUER, P. H. EMMETT and E. TELLER, Adsorption of gases in multi-molecular layers, *J. Amer. Chem. Soc.*, **60**, pp. 309–19 (1938).
1.46 W. LERCH, The influence of gypsum on the hydration and properties of portland cement pastes, *Proc. ASTM*, **46**, pp. 1252–92 (1946).
1.47 L. E. COPELAND and R. H. BRAGG, Determination of $Ca(OH)_2$ in hardened pastes with the X-ray spectrometer, *Portl. Cem. Assoc. Rep.* (Chicago, 14 May 1953).
1.48 L. E. COPELAND and J. C. HAYES, The determination of non-evaporable water in hardened portland cement paste, *ASTM Bul. No. 194*, pp. 70–4 (Dec. 1953).
1.49 L. E. COPELAND, D. L. KANTRO and G. VERBECK, Chemistry of hydration of portland cement, *Proc. 4th Int. Symp. on the Chemistry of Cement*, pp. 429–65 (Washington DC, 1960).
1.50 P. SELIGMANN and N. R. GREENING, Studies of early hydration reactions of portland cement by X-ray diffraction, *Highway Research Record*, No. 62, pp. 80–105 (Highway Research Board, Washington DC, 1964).
1.51 W. G. HIME and E. G. LABONDE, Particle size distribution of portland cement from Wagner turbidimeter data, *J. Portl. Cem. Assoc. Research and Development Laboratories*, **7**, No. 2, pp. 66–75 (May 1965).
1.52 C. D. LAWRENCE, The properties of cement paste compacted under high pressure, *Cement Concr. Assoc. Res. Rep. No. 19* (London, June 1969).
1.53 R. F. FELDMAN and P. J. SEREDA, A model for hydrated Portland cement paste as deduced from sorption-length change and mechanical properties, *Materials and Structures*, No. 6, pp. 509–19 (Nov.–Dec. 1968).
1.54 P. SELIGMANN, Nuclear magnetic resonance studies of the water in hardened cement paste, *J. Portl. Cem. Assoc. Research and Development Laboratories*, **10**, No. 1, pp. 52–65 (Jan. 1968).
1.55 G. VERBECK, Cement hydration reactions at early ages, *J. Portl. Cem. Assoc. Research and Development Laboratories*, **7**, No. 3, pp. 57–63 (Sept. 1965).
1.56 R. L. BLAINE, H. T. ARNI and M. R. DEFORE, Interrelations between cement and concrete properties, Part 3, *Nat. Bur. Stand. Bldg Sc. Series 8* (Washington DC, April 1968).
1.57 M. VON EUW and P. GOURDIN, Le calcul prévisionnel des résistances des ciments Portland, *Materials and Structures*, **3**, No. 17, pp. 299–311 (Sept.–Oct. 1970).
1.58 W. J. MCCOY and D. L. ESHENOUR, Significance of total and water soluble alkali contents of cement, *Proc. 5th Int. Symp. on the Chemistry of Cement*, **2**, pp. 437–43 (Tokyo, 1968).
1.59 M. DOHNALIK and K. FLAGA, Nowe spostrzezenia w problemie czasu wiazania cementu, *Archiwum Inzynierii Ladowej*, **16**, No. 4, pp. 745–52 (1970).
1.60 S. DIAMOND, Cement paste microstructure – an overview at several levels, *Proc. Conf. Hydraulic Cement Pastes: Their Structure and Properties*, pp. 2–30 (Sheffield, Cement and Concrete Assoc., April 1976).
1.61 J. F. YOUNG, A review of the mechanisms of set-retardation in Portland cement

第1章 ポルトランドセメント

pastes containing organic admixtures, *Cement and Concrete Research*, **2**, No. 4, pp. 415-33 (July 1972).
1.62 S. BRUNAUER, J. SKALNY, I. ODLER and M. YUDENFREUND, Hardened portland cement pastes of low porosity. VII. Further remarks about early hydration. Composition and surface area of tobermorite gel, Summary, *Cement and Concrete Research*, **3**, No. 3, pp. 279-94 (May 1973).
1.63 D. WINSLOW and S. DIAMOND, Specific surface of hardened portland cement paste as determined by small angle X-ray scattering, *J. Amer. Ceramic Soc.*, **57**, pp. 193-7 (May 1974).
1.64 F. H. WITTMANN and F. SCHLUDE, Microwave absorption of hardened cement paste, *Cement and Concrete Research*, **5**, No. 1, pp. 63-71 (Jan. 1975).
1.65 I. ODLER, M. YUDENFREUND, J. SKALNY and S. BRUNAUER, Hardened Portland cement pastes of low porosity. III. Degree of hydration. Expansion of paste. Total porosity, *Cement and Concrete Research*, **2**, No. 4, pp. 463-81 (July 1972).
1.66 V. S. RAMACHANDRAN and C.-M. ZHANG, Influence of $CaCO_3$, *Il Cemento*, **3**, pp. 129-52 (1986).
1.67 D. KNÖFEL, Quantitative röntgenographische Freikalkbestimmung zur Produktionskontrolle im Zementwerk, *Zement-Kalk-Gips*, **23**, No. 8, pp. 378-9 (Aug. 1970).
1.68 T. KNUDSEN, Quantitative analysis of the compound composition of cement and cement clinker by X-ray diffraction, *Amer. Ceramic Soc. Bul.*, **55**, No. 12, pp. 1052-5 (Dec. 1976).
1.69 J. OLEK, M. D. COHEN and C. LOBO, Determination of surface area of portland cement and silica fume by mercury intrusion porosimetry, *ACI Materials Journal*, **87**, No. 5, pp. 473-8 (1990).
1.70 S. M. KHALIL and M. A. WARD, Influence of a lignin-based admixture on the hydration of Portland cements, *Cement and Concrete Research*, **3**, No. 6, pp. 677-88 (Nov. 1973).
1.71 J. CALLEJA, L'expansion des ciments, *Il Cemento*, **75**, No. 3, pp. 153-64 (July-Sept. 1978).
1.72 J. F. YOUNG et al., Mathematical modelling of hydration of cement: hydration of dicalcium silicate, *Materials and Structures*, **20**, No. 119, pp. 377-82 (1987).
1.73 J. H. SPROUSE and R. B. PEPPLER, Setting time, *ASTM Sp. Tech. Publ. No. 169B*, pp. 105-21 (1978).
1.74 I. ODLER and H. DÖRR, Early hydration of tricalcium silicate. I. Kinetics of the hydration process and the stoichiometry of the hydration products, *Cement and Concrete Research*, **9**, No. 2, pp. 239-48 (March 1979).
1.75 M. H. WILLS, Accelerated strength tests, *ASTM Sp. Tech. Publ. No. 169B*, pp. 162-79 (1978).
1.76 J. BROTSCHI and P. K. MEHTA, Test methods for determining potential alkali–silica reactivity in cements, *Cement and Concrete Research*, **8**, No. 2, pp. 191-9 (March 1978).
1.77 RILEM NATIONAL COMMITTEE OF THE USSR, Method of determination of the beginning of concrete setting time, *U.S.S.R. Proposal to RILEM Committee CPC-14*, 7 pp. (Moscow, July 1979).
1.78 R. SERSALE, R. CIOFFI, G. FRIGIONE and F. ZENONE, Relationship between gypsum content, porosity and strength in cement, *Cement and Concrete Research*, **21**, No. 1, pp. 120-6 (1991).
1.79 I. ODLER, Strength of cement (Final Report), *Materials and Structures*, **24**, No. 140, pp. 143-57 (1991).
1.80 ANON, Saving money in cement production, *Concrete International*, **10**, No. 1,

pp. 48–9 (1988).
1.81 G. C. BYE, *Portland Cement: Composition, Production and Properties*, 149 pp. (Oxford, Pergamon Press, 1983).
1.82 Z. BERHANE, Heat of hydration of cement pastes, *Cement and Concrete Research*, **13**, No. 1, pp. 114–18 (1983).
1.83 M. KAMINSKI and W. ZIELENKIEWICZ, The heats of hydration of cement constituents, *Cement and Concrete Research*, **12**, No. 5, pp. 549–58 (1982).
1.84 H. F. W. TAYLOR, Modification of the Bogue calculation, *Advances in Cement Research*, **2**, No. 6, pp. 73–9 (1989).
1.85 F. P. GLASSER, Progress in the immobilization of radioactive wastes in cement, *Cement and Concrete Research*, **22**, Nos 2/3, pp. 201–16 (1992).
1.86 V. S. RAMACHANDRAN, A test for "unsoundness" of cements containing magnesium oxide, *Proc. 3rd Int. Conf. on the Durability of Building Materials and Components*, Espoo, Finland, **3**, pp. 46–54 (1984).
1.87 J. J. BEAUDOIN and V. S. RAMACHANDRAN, A new perspective on the hydration characteristics of cement phases, *Cement and Concrete Research*, **22**, No. 4, pp. 689–94 (1992).
1.88 T. A. HARRISON, New test method for cement strength, *BCA Eurocements*, Information Sheet No. 2, 2 pp. (Nov. 1992).
1.89 D. M. ROY and G. R. GOUDA, Optimization of strength in cement pastes, *Cement and Concrete Research*, **5**, No. 2, pp. 153–62 (1975).
1.90 F. MASSAZZA and M. TESTOLIN, Latest developments in the use of admixtures for cement and concrete, *Il Cemento*, **77**, No. 2, pp. 73–146 (1980).
1.91 P.-C. AÏTCIN, S. L. SARKAR, M. REGOURD and D. VOLANT, Retardation effect of superplasticizer on different cement fractions. *Cement and Concrete Research*, **17**, No. 6, pp. 995–9 (1987).
1.92 A. NONAT and J. C. MUTIN (eds), Hydration and setting of cements, *Proc. of Int. RILEM Workshop on Hydration*, Université de Dijon, France, 418 pp. (London, Spon, 1991).
1.93 M. RELIS, W. B. LEDBETTER and P. HARRIS, Prediction of mortar-cube strength from cement characteristics, *Cement and Concrete Research*, **18**, No. 5, pp. 674–86 (1988).
1.94 J. BARON and R. SANTERAY (Eds), *Le Béton Hydraulique – Connaissance et Pratique*, 560 pp. (Presses de l'Ecole Nationale des Ponts et Chaussées, Paris, 1982).
1.95 B. OSBÆCK, On the influence of alkalis on strength development of blended cements, in *The Chemistry and Chemically Related Properties of Cement*, British Ceramic Proceedings, No. 35, pp. 375–83 (Sept. 1984).
1.96 H. BRAUN, Produktion, Energieeinsatz und Emissionen im Bereich der Zementindustrie, *Zement + Beton*, pp. 32–34 (Jan. 1994).

第2章　各種のセメント状材料

　前章ではポルトランドセメントの一般的な性質について述べ，セメントの化学組成と物理的性質が異なれば水和した時の性質も異なることを明らかにした。したがって，原材料の配合を選択することによって，希望する性質をもつセメントを生産することも可能であろう。事実，何種類かのポルトランドセメントが市販されており，また特定用途のために特殊なセメントを生産することもできる。ポルトランドセメント以外のセメントも数種類市販されている。

　さまざまな種類のポルトランドセメントについて述べる前に，コンクリート中に使用されるセメント状材料について一般的な解説を行うのがよいと思われる。

2.1　セメント状材料の分類[*]

　第1章で解説したように，コンクリートは当初，セメント，骨材，水という3種類の材料の混合物としてつくられ，セメントはほとんど例外なくポルトランドセメントであった。後に，フレッシュな状態または硬化した状態のコンクリートの性質を一部改良するため，混合物に微量の化学物質を添加するようになった。単に混和剤と呼ばれることが多いこれらの化学混和剤については，第4章で解説することとする。

　さらに後になると，無機質の材料もコンクリート混合物に添加されるようになった。このような材料が使われるようになった当初の理由は，ポルトランドセメントより安いという経済性にあった。これらの材料は加工をまったくあるいはほとんど必要としない天然堆積物や，産業の過程で出た副産物や廃棄物だったからで

---

[*]　この節の内容は，かなりの部分が参考文献2.5に記載されている。

ある。1970年代にはエネルギー経費が激増したため，これらの「補助（supple-mentary）」材料をコンクリート混合物に混ぜ込む傾向はさらに高まった。セメントの生産費の大部分をエネルギー経費が占めることは前に述べた（8頁参照）。

しかし，一部の「補助」材料がさらに多く使用されるようになったのは，環境上の問題が出てきたからである。すなわち，一方ではポルトランドセメントの生産に必要な原材料を掘り出すための採掘坑や採石場を開くことに関連して問題が発生し，他方では高炉スラグ，フライアッシュ，シリカフュームなどの産業廃棄物の処理方法に関連して問題が発生してきたからである。

さらにまた，セメント1tを生産することによって約1tの二酸化炭素が大気に放出されるという点で，ポルトランドセメントの製造自体が環境に害を及ぼす。

補助材が手近にあるからという「外的な動機」のみによってコンクリートに補助材が導入されたと歴史的に推論するとしたら，それは正しくない。これらの材料を使用することによって，コンクリートがフレッシュな状態の時にはさまざまな望ましい性質が得られ，硬化した状態の時にはさらに多くの恩恵を得ることができるのである。このような「内的な動機」が「外的な動機」とあいまって，きわめて多くの国でこれらの補助材を混和したコンクリートの比率が増加するという結果を生んだのである。したがって，これらの材料を，過去にはよく行われていたように，セメントの代替材料もしくは「増量剤」とみなすのは適切ではない。

上記のように，これまで補助材と呼んできた材料が，それ自体コンクリートの製造に使用されるセメント状材料の適正な構成要素であるとしたら，新しい専門用語を探さなければならない。これまでに世界レベルで合意ないし承認された用語は1つもないため，さまざまな刊行物で使用された専門用語を手短に解説するのも有益と思われる。

コンクリートに関して考えてみると，セメント状材料には従来の種々なポルトランドセメント，すなわち「純粋な」ポルトランドセメントが常に含まれる。したがって，他の材料も含まれている場合であれば，使用されたセメント状材料の総体をポルトランド合成セメントと呼ぶこともできる。これは納得のいく用語である。また混合ポルトランドセメントという用語も理にかなっている。

ENV 197-1:1992による欧州の手法はCEMセメントという用語が使用されているが，これはポルトランドセメントを構成要素として含むことを暗に要求して

2.1 セメント状材料の分類

いる（そこではアルミナセメントは排除されている）。しかし，CEM セメントは明確な呼称でも一般に受け入れられる呼称でもないと考えられている。

現在のアメリカの手法は ASTM C 1157-94a に記載されており，一般用途と特殊用途を含めたものを混合水硬性セメントとしている。混合水硬性セメントの定義は，「他の成分，加工用添加剤，および機能的添加剤の有無にかかわらず，セメントの強度発現特性に寄与する 2 つ以上の無機成分からなる水硬性セメント」である。

「無機成分」という言葉が，コンクリートに含まれる実際の材料（代表的なものを挙げれば天然もしくは工業生産されたポゾラン，フライアッシュ，シリカフューム，または高炉スラグ微粉末）に関連させて考えることが難しいという点を除けば，専門用語として適切である。また「水硬性」という言葉が強調されているため，セメントの一般の使用者に誤ったイメージを起こさせやすい。その上，米国コンクリート協会（ACI）は ASTM で定めた専門用語を使用していない。

上記の長々しい解説は，含まれている各種材料を区分し類別することの難しさを示している。国際的な専門用語が存在しないことも状況が改善されない理由である。実際に複数の手法が可能であるが，重なり合う区分が一部に存在することによりさらに困難な事態となっている。

最初の 3 版までの審判によって，本書が国際的に使用されるであろうと判断し，次のような専門用語を使用することにした。

ポルトランドセメントを主体とし，他の無機物質を 5% より多く含まないセメントを，ポルトランドセメントと呼ぶ。

1991 年より前には，ポルトランドセメントは一般には「純粋」と考えられていたことを忘れてはならない。すなわち，石膏や粉砕補助剤以外の微量添加物を含んでいないという意味である。

ポルトランドセメントと 1 種類以上の特有の無機物質を含むセメントを，混合セメントと呼ぶ。この用語は，ASTM C 1157-94a で使用されているものに近い。ASTM と同様，「混合」という言葉には，別々の粉を混合した物と，例えばポルトランドセメントクリンカーと高炉スラグ微粉末（100 頁参照）など，複数の母材をあらかじめ混ぜてから粉砕した物との両方が含まれる。

混合セメントを構成する要素について用語を選択するのは多少難しい。「構成

要素」や「成分」という用語は，ポルトランドセメント中の化合物と混同する危険性がある。われわれが対象とするすべての材料に共通しているのは，ASTM C 1157-94a の言葉を借りれば，「セメントの強度発現特性に寄与する」という点である。実際，これらの材料の一部はそれ自体がセメント状であり，また一部は潜在的にセメント状の性質をもっており，さらに他のものは主としてその物理的挙動によってコンクリートの強度に寄与している。したがって，これらの材料をすべてセメント状材料（cementitious materials）と呼ぶよう提案したい。潔癖主義者はこのような選択を批判するかもしれないが，これには平易かつ明快という重要な利点がある。

個別のセメント状材料については本章の後の方で解説するが，関連する性質を表-2.1 に示した。これより，水硬性すなわち真のセメント状特性に関して，明確な区分は存在しないことがわかる。

表-2.1 混合セメント中の各材料の結合特性

材　　料	結合特性
ポルトランドセメントクリンカー	十分な結合性（水硬性）
高炉スラグ微粉末（ggbs）	潜在水硬性，時には水硬性
天然ポゾラン（クラスN）	ポルトランドセメント使用時に水硬性
けい酸質フライアッシュ（pfa）（クラスF）	ポルトランドセメント使用時に水硬性
高石灰フライアッシュ（クラスC）	ポルトランドセメント使用時に水硬性，しかし自身若干水硬性もある
シリカフューム	ポルトランドセメント使用時に水硬性，しかし物理的作用が大きい
石灰質フィラー	物理的作用，しかし若干ポルトランドセメント使用時に水硬性あり
その他のフィラー	化学的に不活性；物理的作用のみ

すでに述べたとおり，上に定義したすべてのセメント状材料には共通の性質が1つある。それは粉末度が少なくともポルトランドセメントと同じであるか，時にはそれよりはるかに高いということである。しかし他の特徴，例えば，これらの材料の原産地，化学組成，あるいは表面組織や密度などの物理特性，について多様であると言える。

混合セメントのつくり方にはいくつかある。1つはセメントクリンカーとその他のセメント状材料とを一緒に粉砕し，混合粉砕セメントにすることである。二番目の方法としては，2種類または，あまり行われないが3種類の最終状態の材

2.1 セメント状材料の分類

料を十分混合した状態にすることである。その他の方法としては，ポルトランドセメントと1種類以上のセメント状材料とを別々に，しかし同時またはほとんど同時に，コンクリートミキサに入れることもできる。

さらに，コンクリート混合物中のポルトランドセメントと他のセメント状材料との相対量は大きく異なる。他のセメント状材料の割合は，低い場合もあり，混合セメントの大部分とも言えるように相当大きい割合を占める場合もある。

したがって本書では，粉末材料の1つがセメントであれば，骨材の中のもっとも細かい粒子として使われているものを除くすべての粉末材料に，「セメント状材料」という用語を使用する。103頁と117頁で考察する数少ない例外を除けば，セメントはポルトランドセメントである。このように，セメント状材料とはポルトランドセメント単体でもよく，ポルトランドセメントとその他のセメント状材料を1種類またはそれ以上含んでいてもよい。

あるセメント状材料が事実上水硬性をもっており，それ自体で水和してコンクリートの強度に寄与する場合もある。または潜在水硬性を有しており，混合物中に共存するポルトランドセメントの水和生成物など，他の化合物と化学反応することによってのみ水硬作用を起こすものもある。しかし3つ目の可能性として，セメント状材料自身は化学的に不活性でも，他の材料の水和に対して触媒的な影響を及ぼすこともある。例えば，核生成を促進してセメントペーストの密度を高める，またはフレッシュコンクリートの性質に物理的な影響を与える，などである。この分類に入る材料をフィラーと呼ぶ。フィラーについては112頁で解説する。

米国の読者のために述べておかなければならないが，非水硬性補助材料の呼称として米国コンクリート協会が使用する「無機混和材料（mineral admixtures）」という用語は，本書では使用しない。「混和材料（admixture）」という言葉で思い浮かぶのは「主混合物（main mix）」に添加される微量要素であるが，すでに述べたとおり，「補助（supplementary）」材料には大量に含まれるものもある。

セメント状材料の各種分類に関しては，本章の後の部分で解説することとする。より具体的な用途とコンクリートの性質に与える影響の詳細については，本書全体を通じて適宜考察していく。

2.2 各種のセメント

前節では，一般的な組成と論理的な分類に基づいてセメント状材料を解説した。適切なポルトランドセメントや混合セメントを選ぶという実用上の目的から，強度の発現が速やかであること，水和熱の放出速度が低いこと，または硫酸塩の作用に対する抵抗性など，関連する物理的化学的性質に基づいて分類を行うのは有益である。

解説の手助けのため，他のセメント状材料を含んだものや含まないものなどの，各種ポルトランドセメントの一覧と，便利のため ASTM 基準 C 150-94 または C 595-94a による米国の記述とを，表-2.2 に掲載した。これらのセメントの一部組成に関する ASTM の古い限界規定は前に示した（表-1.9）。また化合物の構成の標準的歴史的な値を表-2.3 に示した[2.34]。

欧州連合内とその他一部の欧州の国を含めて基準の統一が行われたことにより，セメントの共通基準が欧州規格委員会によって初めて発表された。

すなわち，ENV 197-1:1992「セメント－組成，仕様，および遵守規定：Part 1:共通のセメント」である。その基準に使用された分類を簡素化して表-2.4 に示

表-2.2 ポルトランドセメントの主な種類

伝統的英国の記述	ASTM の記述	日本の記述
Ordinary Portland	Type I	普通ポルトランドセメント
Rapid-hardening Portland	Type III	早強ポルトランドセメント
Extra rapid-hardening Portland		
Ultra high early strength Portland	Regulated set*	超早強ポルトランドセメント**・超速硬セメント
Low heat Portland	Type IV	低熱ポルトランドセメント
Modified cement	Type II	中庸熱ポルトランドセメント
Sulfate-resisting Portland	Type V	耐流酸塩ポルトランドセメント
Portland blastfurnace	Type IS Type I (SM)	高炉セメント
White Portland	—	白色ポルトランドセメント
Portland-pozzolana	Type IP Type I (PM)	シリカセメント
Slag cement	Type S	

注）タイプIVとV以外のすべての米国のセメントはAE剤を含んだものも提供されており，それらはAの記号を付けて示される。例えば タイプI A
 * ASTM の記述ではない　　** 訳者注；日本の品質規格と異なる

2.2 各種のセメント

表-2.3 種々のポルトランドセメントの標準的な化合物の構成[2.34]

セメント	値の範囲	化合物の構成 [%]								試料の数
		C_3S	C_2S	C_3A	C_4AF	CaO	遊離 $CaSO_4$	MgO	強熱減量	
タイプⅠ	最大	67	31	14	12	3.4	1.5	3.8	2.3	21
	最小	42	8	5	6	2.6	0.0	0.7	0.6	
	平均	49	25	12	8	2.9	0.8	2.4	1.2	
タイプⅡ	最大	55	39	8	16	3.4	1.8	4.4	2.0	28
	最小	37	19	4	6	2.1	0.1	1.5	0.5	
	平均	46	29	6	12	2.8	0.6	3.0	1.0	
タイプⅢ	最大	70	38	17	10	4.6	4.2	4.8	2.7	5
	最小	34	0	7	6	2.2	0.1	1.0	1.1	
	平均	56	15	12	8	3.9	1.3	2.6	1.9	
タイプⅣ	最大	44	57	7	18	3.5	0.9	4.1	1.9	16
	最小	21	34	3	6	2.6	0.0	1.0	0.6	
	平均	30	46	5	13	2.9	0.3	2.7	1.0	
タイプⅤ	最大	54	49	5	15	3.9	0.6	2.3	1.2	22
	最小	35	24	1	6	2.4	0.1	0.7	0.8	
	平均	43	36	4	12	2.7	0.4	1.6	1.0	

表-2.4 主なセメントの分類（ヨーロッパ基準 EN 197-1：1992 に基づく）

クラス[*1]	呼称	セメント状材料の量[*2] [質量%]			
		ポルトランドセメントクリンカー	ポゾラン[*3]またはフライアッシュ	シリカフューム	高炉スラグ微粉末
Ⅰ	ポルトランド	95−100	—	—	—
Ⅱ/A	ポルトランド　スラグ	80−94	—	—	6−20
Ⅱ/B		65−79	—	—	21−35
Ⅱ/A	ポルトランド　ポゾランまたはポルトランド　フライアッシュ	80−94	6−20	—	—
Ⅱ/B		65−79	21−35	—	—
Ⅱ/A	ポルトランド　シリカフューム	90−94	—	6−10	—
Ⅱ/A	ポルトランド　混合	80−94	←――― 6−20 ―――→		
Ⅱ/B		65−79	←――― 21−35 ―――→		
Ⅲ/A	高炉	35−64	—	—	36−65
Ⅲ/B		20−34	—	—	66−80
Ⅲ/C		5−19	—	—	81−95
Ⅳ/A	ポゾラン	65−89	←――― 11−35 ―――→		—
Ⅳ/B		45−64	←――― 36−55 ―――→		—

* 1 付加した記号は 2 番目のセメント状材料の混和程度を表している
* 2 5％まで許されているフィラーは含まれていない
* 3 フライアッシュ，シリカフューム以外

第2章 各種のセメント状材料

す。

　セメントの多くは，コンクリートの耐久性をさまざまな環境条件の下で実現するために開発されてきた。しかし，コンクリートの耐久性の問題に対する完全な解答をセメントの組成に見出すことはできなかった。

　セメントの組成はコンクリート強度の発現速度を決定する大きな要因ではあるが，硬化コンクリートの主要力学特性である強度，収縮，透水性，風化に対する抵抗性，およびクリープなどは，セメントの組成以外の要因からも影響を受ける[2.2]。図-2.1 に，種々のセメントでつくられた各種コンクリートの強度の発現速度を示す。各速度には大きな差があるものの，90日強度には全種類のセメントであまり相違がみられない[2.1]。しかし図-2.2 に示すような一部のケースでは差が大きくなっている[2.4]。一般的な傾向として，硬化速度の遅いセメントの方が最終強度は大きい。例えば，タイプⅣセメントの場合，材齢28日で強度は最低となるが，材齢5年では2番目に高い強度を発現することが図-2.1 からわかる。図-2.1 と図-2.2 を比較すると，各種セメント間の差異を定量化するのは容易ではないことがわかる。

　図-2.2 に関してもう1つ指摘すると，タイプⅡセメントでつくったコンクリー

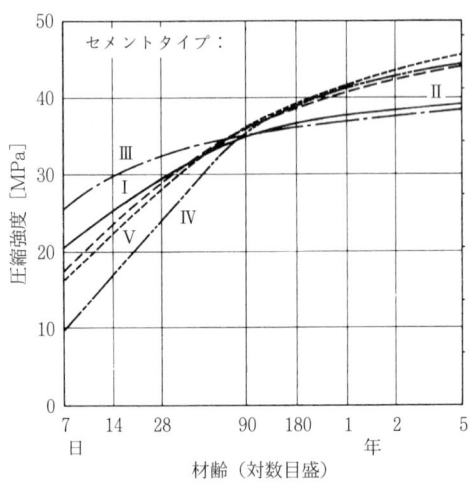

図-2.1　1 m³ 当たり 335 kg のセメントを含み種々のセメントを用いてつくられたコンクリートの強度発現[2.1]

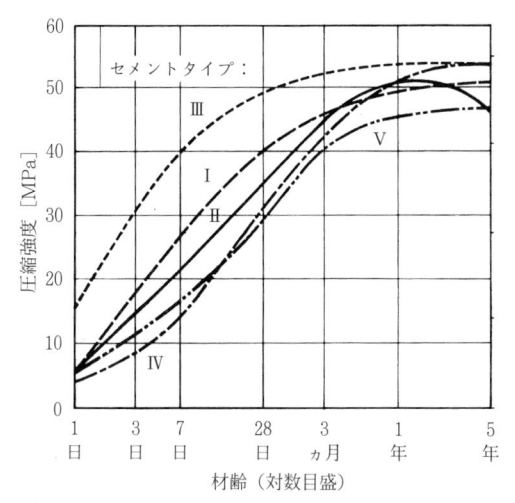

図-2.2 種々のセメントを用いてつくられた水セメント比0.49のコンクリートの強度発現[2.4]

トにみられる強度の逆行は、このタイプのセメントに特有というわけではない。初期の強度が低く、後期の強度が高いという型は、硬化したセメントの初期に形成された枠組みが終局的な強度の発現に影響を及ぼすという事実に合致する。

枠組みの形成が遅いほどゲルの密度が高くなり、終局強度が大きくなる。それにもかかわらず、タイプの異なるセメントにおいて重要な物理特性に大きな差異がみられるのは、水和の初期の段階においてのみであり[2.3]、十分に水和したペーストであれば、差異はわずかに過ぎない。

セメントを異なったタイプに区分する際にはどうしても機能別のおおまかな分類となってしまい、名目上同じタイプのセメントであっても、時には大きな相違が発生する場合もある。反面、タイプの異なるセメントであっても性質にそれほど著しい差異がない場合もよくあり、また多くのセメントは1つ以上のタイプに分類することができる。

セメントに特殊な性能をもたせると、他の点で望ましくない特徴が出てくることもある。そのため必要な条件を比較検討することが必要であり、また製造時の経済的側面も考慮しなければならない。タイプIIのセメントは、「折衷型」万能セメントの一例である。

第2章 各種のセメント状材料

製造方法は長年にわたって着実に進歩しており，多様な目的に役立つセメントの開発は常に行われている。また，それに対応して仕様も変更されてきた。反面，変更の内容によっては，コンクリートの施工方法の変化が伴わない場合には，むしろ不都合であることが判明した。このことについては419頁で解説したいと思う。

2.3 普通ポルトランドセメント

これは使用されているセメントの中でも圧倒的に広く用いられているセメントである。米国で使用されている全セメント（1998年の総生産量は年間約8300万t）のおよそ90％と，英国で使用されている全セメント（1998年には年間1200万t）のうち同程度の割合を，この普通ポルトランドセメントが占めている。参考までに述べると，1998年の英国のセメント消費量は，人口一人当たり256kgに相当する量であった。米国では261kgであった。1995年に比較的大きい国でもっとも大量に使用した例を挙げると，人口一人当たり換算でポルトガルの799kg，日本の664kg，そしてスペインの647kgである。

普通ポルトランドセメント（タイプI）は，土壌や地下水の硫酸塩にさらされることがなければ，一般的なコンクリートの建設には見事に適している。このセメントの仕様は，欧州基準ENV 197-1:1992に記載されている。性能中心の仕様書を志向する最近の潮流に合わせて，化合物や酸化物などのセメントの化学組成についてはあまり記載されていない。実際この基準では，質量換算で95〜100％のポルトランドセメントクリンカーと，0〜5％の「その他の微量成分」でつくること以外は，何も要求していない。これらの百分率は，硫酸カルシウムや粉砕補助材などの製造用混和材を除いた総質量に対する割合［％］である。

クリンカーの組成に関する制限としては，クリンカー質量の3分の2以上をC_3SとC_2Sの合計質量で占めるようにすること，CaOのSiO_2に対する比率をこれも質量で2.0以上にすることなどである。なお，MgOの含有率は最大5.0％に制限されている。

上述した，その他の微量成分，とは，他のセメント状材料（80頁参照）1つ以上，あるいはフィラーのことである。フィラーの定義は，セメント状材料以外の

2.3 普通ポルトランドセメント

天然もしくは無機質の鉱物質材料である。

フィラーの一例は石灰質の材料であり，これは，その粒度分布によって，例えばワーカビリティーや水分保持力などの，セメントの物理的性質を向上させる。フィラーについては，112頁に詳細に解説する。

したがって ENV 197-1:1992 では，英国の旧基準に記載されていたような，クリンカー中の種々の酸化物の比率に関する詳しい要件は規定されていない。これらの要件の一部は今でも多くの国々で使用されているので，1.02以下 0.66以上と指定されている石灰飽和係数について説明することが必要であろう。セメントの場合，この係数は次のように定義される。

$$\frac{1.0(CaO)-0.7(SO_3)}{2.8(SiO_2)+1.2(Al_2O_3)+0.65(Fe_2O_3)}$$

ここで括弧内の用語は，セメント中に存在するそれぞれの化合物がセメント中で占める割合を質量%で表す。

石灰飽和係数の上限値は，クリンカー形成温度下で存在している液体の平衡状態において，石灰の量が多くなりすぎて遊離石灰が現れるような現象が起きることを防いでいる。遊離石灰が原因となって惹き起こされるセメントの不安定性については前章で解説したが，事実ルシャテリエ試験で管理されている。石灰飽和係数が低すぎると窯の中での焼成が困難となり，クリンカー中の C_3S の割合も少なくなり早期強度が発現できなくなる。

セメントの化学分析法については，欧州基準 EN 196-2:1987 に規定されている。

英国基準 BS 12:1991 はまだ使用されているので，その中でルシャテリエ試験における膨張量を EN 196-3:1987 にしたがって10mm以下に制限していることを強調しておく。BS 12:1991 の中の他の要件は，SO_3 含有率を3.5%以下にすること，塩化物を0.10%以下にすることである。不溶残分と強熱減量にも限界規定が設けられている。

表-2.5 にみられるとおり，英国基準 BS 12:1991 ではポルトランドセメントを圧縮強度にしたがって分類している。28日最低強度の32.5，42.5，52.5，および62.5［MPa］がクラスの名称として使われている。

クラスの低い2種類のセメントの28日強度は範囲で規定されており，それぞ

第 2 章 各種のセメント状材料

表-2.5 セメントの圧縮強さの基準（BS 12：1991 による）

クラス	各材齢における最低強度 [MPa]			材齢 28 日における最高強度 [MPa]
	2 日	7 日	28 日	
32.5 N	—	16	32.5	52.5
32.5 R	10	—		
42.5 N	10	—	42.5	62.5
42.5 R	20	—		
52.5 N	20	—	52.5	—
62.5 N	20	—	62.5	—

れの強度に最高値と最低値とがある。また，クラス 32.5 と 42.5 のセメントは，さらにそれぞれ 2 つに細分化されており，1 つが普通早期強度，もう 1 つが高早期強度である。高早期強度の 2 つの細分クラスは R という文字で表示され，早強セメントであるが，これに関しては次の節で取り上げている。

クラス 32.5 と 42.5 のセメントの強度を 20MPa の範囲で規定することの利点は，建設中に強度が大きくばらつくことを防ぐ，とくに低い方向へばらつくことを防ぐことができる点である。また，さらに重要だと思われるのは，28 日強度が過度に高いと，1970 年代と 80 年代にみられたように，不当に低い単位セメント量で設計基準強度のコンクリートが得られてしまうという事態が発生することである。この点については 421 頁で詳しく検討する。

2.4 早強ポルトランドセメント

このセメントは，BS 12:1991 で規定されたポルトランドセメント細分クラス 32.5MPa と 42.5MPa に含まれる。早強ポルトランドセメント（タイプⅢ）は，その名が示す通り，強度がより急速に発現するため，高早期強度セメントと呼ぶのが妥当である。硬化速度を凝結速度と混同してはならない。事実，普通セメントと早強セメントとは同じ凝結時間であり，BS 12:1991 の基準では始発時間が 45 分以上とされている。終結時間はもはや規定にはない。

早強ポルトランドセメントの強度の発現速度を高めるには，C_3S の含有率を高くし（55％を上回り，70％に達することもある），微粉砕する際にセメントクリンカーの粉末度を上げれば良い。英国基準 BS 12:1991 は旧基準の BS 12 と異な

2.4 早強ポルトランドセメント

り，普通セメントでも早強セメントでも粉末度を規定していない。しかしこの基準には，粉末度を管理したポルトランドセメントが随意選択基準として提供されており，このセメントでは粉末度の範囲が製造者と使用者との間で合意されるようになっている。そのようなセメントは，締固め中のコンクリートから余剰水を除去するのを容易にしたい場合等に使いやすい。なぜならば，圧縮強度より粉末度のほうがより重要だからである。

実施面では，早強ポルトランドセメントの方が普通ポルトランドセメントより粉末度が高い。代表的な例を挙げると，ASTMのタイプⅢセメントは，ブレーン空気透過装置で測定した比表面積が450～600m^2/kgであり，それに対してタイプⅠセメントでは300～400m^2/kgである。この高いほうの粉末度では材齢10～20時間における強度がはるかに高くなり，その増加は28日間持続する。湿潤養生の場合，材齢2～3ヵ月で強度は等しくなるが，その後は粉末度の低いセメントの強度が粉末度の高いセメントの強度を上回る[2.9]。

この挙動を延長して粉末度のきわめて高いセメントの場合を予測してはならない。粉末度がきわめて高いと，混合物においてより多くの水量が必要になる。そしてその結果，単位セメント量とワーカビリティーが一定であれば水セメント比が大きくなり，それによって粉末度が高い場合の早期強度に関する利点が相殺されるのである。

安定性と化学的特性については，早強ポルトランドセメントは普通ポルトランドセメントと同じであり，ここでまた繰返し説明する必要はない。

強度の早期発現が望まれる場合に，早強セメントの使用が指示される。例えば，型枠を再使用するために早く脱型する場合や，建設を進めるために十分な強度をできるだけ早く得たい場合などである。早強セメントは普通セメントと比べてそれほど高価というわけではないが，英国と米国で製造されるセメントのわずか数％を占めるに過ぎない。しかし，強度の発現が早いと熱の発生速度も速くなるため，マスコンクリートや大きい構造部材に使用してはならない。反面，低温で建設する場合は，熱の放出速度が速いセメントを使用することは初期凍害に対する良い防止手段となる可能性がある。

2.5 特殊な極早強ポルトランドセメント

特殊製造される特別早強のセメントがある。その1つは，いわゆる超早強セメント（訳者注；我が国の同名のセメントと品質は異なる）である。このタイプのセメントは基準化されているわけではなく，個別のセメント製造業者が供給している。一般に，強度の早期発現は，700〜900m^2/kg というきわめて高い粉末度までセメントを粉砕すれば達成される。そのためには，石膏含有率も ENV 197-1:1992 の規定より高くなければならない（SO_3 換算で 4 %）。しかし，他のすべての点では，超早強セメントはこの基準の要件を満たしている。石膏は初期の水和反応で使い尽くされるため，石膏の含有率が高くても長期の安定性に悪影響を及ぼすことはないということができる。

セメントの粉末度が強度の発現に及ぼす影響を，図-2.3 に示す。この研究[2.19]で使用したすべてのセメントは，C_3S 含有率が 45〜48%，C_3A 含有率が 14.3〜14.9%であった。

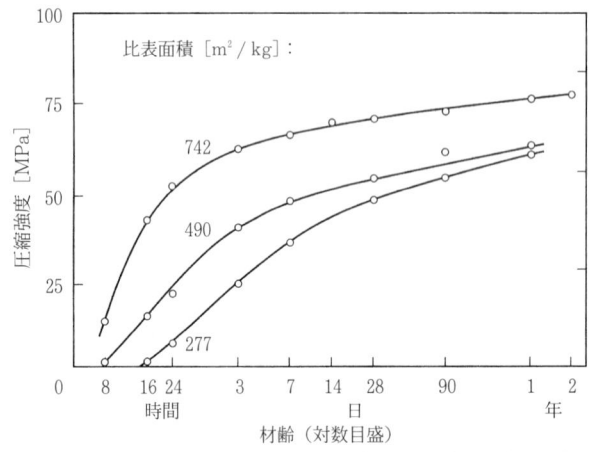

図-2.3 比表面積（空気透過法によって求められた）の異なるポルトランドセメントを用い，水セメント比 0.40 としたコンクリートの強度増加[2.19]

超早強セメントは，サイクロン式空気分級器で早強ポルトランドセメントから微粉を分離して製造される。粉末度が高いため，超早強セメントは単位容積質量が小さく，大気に暴露すると急速に劣化する。粉末度が高いと水和が急速に進み，

2.5 特殊な極早強ポルトランドセメント

そのため材齢初期の熱の発生速度が上がり，強度の発現が急速に起きることになる。例えば，早強ポルトランドセメントの3日強度は16時間で，7日強度は24時間で達成される[2.35]。しかしながら，28日を過ぎると強度はほとんど発現しなくなる。超早強セメントでつくった1：3のコンクリートの標準的な強度を表-2.6に示す（1：3は，セメントと骨材の割合を質量で表している）。

表-2.6 超早強ポルトランドセメントを用いてつくられた1：3コンクリートの標準的な強度値[2.35]

材齢	各水セメント比における圧縮強度		
	0.40	0.45	0.50
	MPa	MPa	MPa
8時間	12	10	7
16時間	33	26	22
24時間	39	34	30
28日	59	57	52
1年	62	59	57

ごく最近の超早強セメントは，C_3S 含有率が60％ときわめて高く，C_2S 含有率が10％ときわめて低いことが報告されている[2.12]。始発は70分で起きたが，終結がそのすぐ後の95分で起きた[2.21]。しかしながら，配合割合が同じであれば，超早強セメントを使用するとワーカビリティーが悪くなることに注意しなければならない。

超早強セメントは，早期にプレストレスを与えたり，早期に供用したりすることが必要な，多くの構造物で使用されている。収縮とクリープは，配合割合が同じであれば他のポルトランドセメントの場合と比べてそれほど大きな相違はない[2.36]。

クリープについては，同じ（応力度/強度）比（562頁参照）に対して比較を行わなければならない。

これまで解説してきた超早強セメントには構成要素として混和材料が含まれておらず，基本的にポルトランドセメントのみでつくられた型のセメントである。その他にも，組成が特許になっているセメントもある。その1つが，米国で開発されたいわゆる超速硬セメント，すなわちジェットセメントである。このセメントはポルトランドセメントとフッ化アルミン酸カルシウム（$C_{11}A_7 \cdot CaF_2$）を基

本成分とし，それに特有の遅延剤が添加されている（一般にクエン酸またはリチウム塩）。セメントの凝結時間は 1 分～30 分の間で調整することが可能であり（凝結が遅いほど強度の発現が遅い），セメントの製造過程で原材料を混合粉砕し，混合焼成する際に調整する。硬度に差があるため，粉砕は容易ではない[2.65]。

強度の早期発現はフッ化アルミン酸カルシウムの含有率で管理する。これが 5 %であれば，1 時間でおよそ 6MPa を得ることができる。50%の含有率であれば，1 時間またはそれより前に 20MPa が得られる。これは，単位セメント量が 330kg/m^3 の場合の値である。後の強度発現は，母体ポルトランドセメントの強度発現と同様であるが，室温の場合，1 日～3 日の間には強度はほとんど発現しない。

標準的な日本のジェットセメント[2.23]は，ブレーン比表面積が 590m^2/kg であり，酸化物の構成（%で表す）は次のとおりである。

CaO	SiO$_2$	Al$_2$O$_3$	Fe$_2$O$_3$	SO$_3$
59	14	11	2	11

水セメント比が 0.30 の場合に，2 時間で圧縮強度 8 MPa，6 時間で 15 MPa となった[2.30]。ジェットセメントでつくられたコンクリートの乾燥収縮は[2.23]，コンクリート 1 m^3 当たりの使用量が等しいポルトランドセメントでつくられたコンクリートの場合より低いことが分かった。また，材齢 7 日までは透水性もはるかに低い[2.23]。これらの特徴は，緊急補修で超速硬セメントを使用する場合に重要となる。このセメントは凝結が急速であり，また早期強度の発現がきわめて急速であることから，緊急補修にはとくに適している。当然，練混ぜの方法も正しくなければならない。必要であれば，遅延剤を使用することもできる[2.23]。超速硬セメントはアルミン酸カルシウムの含有率が高いため，硫酸の作用を受けやすい[2.37]。

他にも特殊な極早強セメントがある。商標名や商品名で販売されており，組成は開示されていない。したがって，そのようなセメントについて本書で解説するのは不適切かつ不確実であろう。しかしながら，少なくとも一部の国でどのようなものが市販されているかを目安として示し，そのようなセメントの性能を明らかにするため，以下にそのうちの一例を解説する。それをセメント X と呼ぶ。

セメント X は，ブレーン粉末度 500m^2/kg のポルトランドセメントが 65%，C 級フライアッシュが 25%で，非開示の機能的化学添加剤を含む混合セメントで

ある。これらのセメントには，クエン酸，炭酸カリウム，および高性能減水剤が含まれているようであり，塩化物は含まれていない。このセメントは標準的に，単位量はコンクリート1 m^3 当たり450kg，水セメント比は約0.25で使用される。凝結時間は30分以上である。氷点よりいくらか低い温度でも打ち込むことができるとされているが，コンクリートに断熱処置を施して熱を保持する必要がある。

セメント X でつくられたコンクリートの強度発現はきわめて急速であり，4時間で約20MPaである。28日圧縮強度はおよそ80MPaである。このコンクリートは空気を連行しなくても，硫酸の作用や凍結融解の作用に対する抵抗力があるといわれている。凍結融解に強いのは，水セメント比がきわめて低いからである。収縮も少ないといわれている。

これらの特長によって，セメント X は迅速な補修作業に適しており，おそらくプレキャストコンクリートにも向いていると思われる。しかし，セメント X のアルカリ含有率が約2.4%（Na_2O 当量として表示）であることに注目すべきであり，アルカリ反応性骨材を使用する場合は，このことを心に留めておく必要がある。このセメントは反応性と粉末度が高いため，きわめて乾燥した環境で保管することが肝心である。

2.6 低熱ポルトランドセメント

セメントが水和して熱が発生し，マスコンクリートの内部で温度が上昇すると，コンクリートの熱伝導率が低いこともあって，深刻なひび割れが起きる可能性がある（488頁参照）。そのため，この種の構造物に使用するセメントに対して発熱速度を制限する必要がある。その結果，より多くの熱を放散させることが可能となり，温度の上昇は抑えられる。

熱の発生速度が低いセメントは，米国の大型重力ダムに使用するために初めて生産されたもので，低熱ポルトランドセメント（タイプIV）として知られている。しかしタイプIVセメントは，しばらく前から米国では生産されていない。

英国では低熱ポルトランドセメントに関する基準が BS 1370:1979 に記載されており，このセメントの水和熱は7日で250J/g，28日で290J/gに制限されている。

低熱ポルトランドセメントの石灰含有量の限界値は，SO_3 と化合した分を訂正すると次のようになる．

$$\frac{CaO}{2.4(SiO_2)+1.2(Al_2O_3)+0.65(Fe_2O_3)} \leqq 1$$

および

$$\frac{CaO}{1.9(SiO_2)+1.2(Al_2O_3)+0.65(Fe_2O_3)} \geqq 1$$

水和速度の比較的速い化合物である C_3S と C_3A の含有率が低いため，低熱ポルトランドセメントの強度の発現速度は普通ポルトランドセメントと比べて遅いが，最終強度には影響がない．いずれにせよ，強度の発現速度を十分早くするためには，セメントの比表面積が $320m^2/kg$ 以上でなければならない．欧州基準 ENV 197-1:1992 では，低熱ポルトランドセメントという区分をとくに行っていない．

米国では，シリカセメントのタイプ P を低熱の別種と規定することができる．タイプ IP のシリカセメントについては，中庸の水和熱を要件とすることができるが，その場合は接尾語 MH を付ける．ASTM 基準 C 595-94a でこれらのセメントが扱われている．

実際の適用対象によっては，早期強度がきわめて低いことが不利に働く場合もあり，そのため米国ではいわゆる中庸熱セメント（タイプ II）が開発された．この中庸熱セメントは，熱の発生速度が低熱セメントよりいくぶん速いことと，強度の発現速度が普通ポルトランドセメントと同程度であることとをうまく組み合わせるのに成功している．中庸熱セメントは，発熱が中程度に低い方が望ましい構造物や，中程度の硫酸の作用を受けるような構造物に対して使用するのに適している．このセメントは米国では大量に使用されている．

タイプ II セメントと呼ばれる中庸熱セメントと低熱セメント（タイプ IV）は，ASTM C 150-94 に規定されている．

前に述べたとおり，タイプ IV セメントは米国ではしばらく前から使用されなくなっており，セメントの水和による過度の発熱は他の手段で解決している．

これらの手段には，フライアッシュやポゾランの使用，単位セメント量をきわめて低く抑えることなどがある．使用するセメントは，7日の水和熱がタイプ IV

の250J/gに対して290J/gであるタイプⅡセメント（ASTM C 150-94の随意選択基準として提供されている）でもよい。

2.7 耐硫酸塩セメント

　セメントの水和反応，とくに凝結の過程を解説した時に，C_3Aと石膏（$CaSO_4 \cdot H_2O$）との間に起きる反応と，その結果としてカルシウムサルホアルミネートが形成されることを説明した。硬化したコンクリート中においても，アルミン酸カルシウム水和物はコンクリートの外部から供給された硫酸塩と，同様な方法で反応する。付加反応の生成物は，セメントペースト水和物の構造の内部で形成されるカルシウムサルホアルミネートである。固体相の体積の増加が227％であるため，コンクリートが徐々に崩壊する。第2の反応は，水酸化カルシウムと硫酸塩との間の塩基交換による反応であり，その結果石膏が形成されて固体相の体積が124％増加する。

　これらの反応は，硫酸塩の作用として知られている。とくに活発な塩は，硫酸マグネシウムと硫酸ナトリウムである。湿潤と乾燥との繰返しを同時に受けると，硫酸塩の作用は大幅に促進される。

　防止対策はC_3A含有率の低いセメントを使用することであり，そのようなセメントは耐硫酸塩ポルトランドセメントとして知られている。このセメントの英国基準 BS 4027:1991 では，C_3A含有率3.5％と規定されている。SO_3含有率は2.5％に制限されている。他の点では，耐硫酸塩セメントは普通ポルトランドセメントと類似しているが，ENV 197-1:1992 ではとくにこれらの点は確認していない。米国では，耐硫酸塩セメントはタイプVセメントとして知られており，ASTM C 150-94 に規定がある。この規定ではC_3Aの含有率を5％に制限しており，またC_4AF含有率とC_3A含有率の2倍との合計も25％に制限している。マグネシアの含有率は6％に制限している。

　C_4AFが果たす役割はあまりはっきりしていない。化学的観点から言うと，C_4AFはカルシウムサルホアルミネートやカルシウムサルホフェライトを形成することが予想され，したがって膨張を惹き起こす。しかし，$Al_2O_3 : Fe_2O_3$比が低いほど，水和したセメントに対する硫酸カルシウムの作用は少ないようである。

固溶体が多少形成されるが，これは作用を比較的受けにくい。テトラカルシウムフェライトはさらに抵抗力が強く，それらは遊離したアルミン酸カルシウムの上に保護被膜を形成する[2.6]。

原材料の Al_2O_3 含有率を低下させるのは難しいため，代わりに Fe_2O_3 を混合物に添加しても良い，すると C_3A の発生量が少なくなり代わりに C_4AF の含有率が増加する[2.7]。

Al_2O_3 : Fe_2O_3 比がきわめて低いセメントの一例はフェラリセメントであるが，このセメントの製造では，粘土の一部を酸化鉄で代用させる。ドイツでも同様のセメントが Erz セメントという名前で生産されている。このタイプのセメントには，鉄鉱石セメントという名称も用いられている。

耐硫酸塩セメントの C_3A 含有率は低く，C_4AF 含有率も比較的低いということはけい酸塩の含有率が高いことを意味しており，それがこのセメントに高い強度を与えている。しかし，C_2S がけい酸塩の中の大きな割合を占めているため，初期の強度は低い。

耐硫酸塩セメントが発生する熱は，低熱セメントと比べてそれほど高くはない。したがって，耐硫酸塩セメントを理想的なセメントとして論ずることもできようが，このセメントの製造に用いる原材料の構成には特殊な要件があるため，耐硫酸塩セメントを広く，安価につくることは不可能である。

鉄筋などの鉄鋼が埋め込まれたコンクリートに塩化物イオンが存在する恐れのある場合は，耐硫酸塩セメントの使用が不利になることに注意しなければならない。その理由は，C_3A は塩化物イオンと結合してクロロアルミン酸カルシウムを形成するからである。そしてその結果，それらの塩化物イオンは鉄鋼の腐食を開始させることができなくなるからである。この問題は 703 頁で解説する。

低アルカリ形耐硫酸塩セメントに関する規定は BS 4027:1991 に記載されている。これに関連して述べると，セメント中のアルカリ含有率が低いと，C_3A の含有率にかかわらず硫酸塩の作用を受けにくくなるということは参考になると思う。なぜならば，アルカリ含有率が低いと，初期に C_3A と反応する硫酸塩イオンが少なくなるからである[2.12]。ただし，この効果が長期にわたって続くかどうかは明らかにされていない。

2.8 白色セメントと顔料

　建築用に白いコンクリートやパステルカラーが必要とされることが時にある。最善の結果を得るには白色セメントとそれに合った細骨材を使用し，表面処理をする場合であれば適切な粗骨材も使用するのがよい。また白色セメントは可溶性アルカリの含有率が低いため，染みを生じにくいという利点もある。

　白色ポルトランドセメントは酸化鉄の含有量（クリンカーの質量の 0.3%未満）と酸化マンガンの含有量がきわめて低い原材料でつくられている。チャイナクレーと，規定した以上の不純物を含まないチョークまたは石灰石とを一緒に用いるのが一般的である。石炭の灰で汚染されるのを防ぐため，窯の燃料としては石油またはガスを用いる。クリンカーの形成に鉄が融剤として作用するため，鉄が存在しない場合は窯の温度を上げる必要がある（1 650℃まで）が，時に氷晶石（ふっ化アルミニウムナトリウム）を融剤として添加することもある。

　クリンカーを粉砕する際にもセメントが鉄で汚染されることを防がなければならない。そのため，通常のボールミルに替えて，石またはセラミックで内張りしたミルの中で，多少非効率なフリントペブル粉砕か，または高価なニッケルとモリブデンの合金製ボールを使用して粉砕する。したがって粉砕の費用が高くなり，原材料が高いことも加わって，白色セメントの値段はかなり高い（普通ポルトランドセメントの値段のおよそ3倍）。

　上記のことから，白色セメントコンクリートは普通コンクリートを裏当にした表面の埋め殺し型枠として用いられることが多い。しかし，二種類のコンクリートの接着が完全に行われるよう十分に注意する必要がある。良い色を出すためには，水セメント比が約 0.4 以下の，富配合の白色コンクリートを用いるのが一般的である。場合によっては，白色セメントに替えて一部にきわめて明るい色をしている高炉スラグを用いれば，経費を節約することができる。

　厳密に言うと，白色セメントは不純物によって淡い緑色または黄色を帯びている。主としてクロム，マンガン，および鉄が，それぞれ淡い緑色，青緑色，および黄色の色調を生み出している[2.20]。

　白色ポルトランドセメントの標準的な化合物の構成を表-2.7 に示したが，C_3S と C_2S の含有率には非常に幅があるかもしれない。白色セメントは普通ポルト

第2章　各種のセメント状材料

表-2.7　白色ポルトランドセメントの標準的な化合物の構成

化合物	含有量 [%]
C_3S	51
C_2S	26
C_3A	11
C_4AF	1
SO_3	2.6
アルカリ	0.25

ランドセメントよりわずかに密度が低く，一般に 3.05〜3.10g/cm^3 である。セメントの粉末度が高いほうが白色の明るさが増すため，400〜450kg/m^2 の粉末度まで粉砕するのが一般的である。白色ポルトランドセメントの強度は普通ポルトランドセメントよりいくぶん低いことが多いが，それでもなお BS 12:1991 の要件は満たしている。

白色アルミナセメントも製造されている。これについては 131 頁に述べる。

パステルカラーが用いられる場合は，白色コンクリートを塗装のベースとして使用することができる。あるいは，ミキサに顔料を添加することもできる。顔料は，粉末度がセメントと同程度かさらに高い粉である。色は各種ある。例えば，酸化鉄から黄，赤，茶，および黒の色を，酸化クロムから緑色を，そして二酸化チタンから白色をつくり出すことができる[2.38]。顔料はセメントの強度の発現に悪影響を与えず，空気の連行にも影響を及ぼさないことが必須である。例えば，カーボンブラックは非常に粉末度が高く，混合物の単位水量を増大させ，空気量を減少させる。そのため，米国では AE 剤を混合粉砕した顔料が一部に販売されている。このことは当然，配合を行う段階で知っていなければならない。

できあがりのコンクリートの色を均一に保つのはかなり難しいため，コンクリートに顔料を混ぜることはそれほど一般的には行われていない。高性能減水剤を使用すると顔料の分散性が向上する[2.42]。しかし，使用する混和剤との相性が良い顔料かどうかを検証することが，きわめて重要である。混合物にシリカフュームが含まれる場合は，シリカフュームの粉末度が非常に高いため遮蔽効果が働き，明るい色の顔料はあまりうまく発色しない可能性がある。

顔料の要件は BS 1014:1975（1992 年確認）に記載されている。アメリカの規

定 ASTM C 979-82（1993年再承認）には，着色顔料と白色顔料に関する規定があり，化学的な要件がいくつか指定されている。また，28日圧縮強度が顔料無添加時の90%以上であること，および水の所要量が顔料無添加時の110%以下であることも要求されている。凝結時間も顔料によって大きく影響されてはならない。顔料は不溶性であり，光の影響を受けないことが必須である。

均一で耐久性のあるカラーコンクリートを得るためのさらに良い方法は，カラーセメントを用いることである。これは，白色セメントに2～10%の顔料（通常は無機酸化物）を混ぜて粉砕したものである。この種のセメントを用いるための仕様は，特殊な製品であるため，製造している個別の業者が提供している。顔料はセメント状ではないため，通常よりやや富配合にする必要がある。カラーコンクリートの使用については Lynsdale と Cabrera が概説している[2.38]。

舗装用ブロックの場合，時には仕上げの前に顔料，セメント，および硬質の細骨材の「ドライシェイク」（訳者注；コンクリートが固まり始めた頃，乾燥させた上記材料を表面に散布し，その後，上面を仕上げる）をすることがある。

2.9 高炉セメント

この名称のセメントは，ポルトランドセメントと高炉スラグ微粉末とを十分に混ぜ合わせたものである。このスラグは銑鉄の製造から出る廃棄物であり，銑鉄1t当たり約300kgのスラグが生成される。化学的には，スラグは石灰，シリカ，およびアルミナの混合物であり，すなわちポルトランドセメントを構成するものと同じ酸化物でできているが，比率は異なる。非鉄のスラグも存在し，将来，このスラグのコンクリートへの使用法が開発されるであろう[2.39]。

高炉スラグの組成と物理的な構造は，用いた製法とスラグの冷却方法によって実に多様なものがある。高炉セメントの製造に使用するためにはスラグを急冷し，結晶化をなるべく防ぎながらガラス質として凝固させなければならない。また，水による急冷を行うと材料が破砕し，粒状になる。それより使用水量が少ないペレタイジング（造粒すること）を用いることもできる。

スラグは種々な方法でセメント状材料にすることができる。第一は，石灰石と一緒に，従来のポルトランドセメントの製造の原材料として，乾式工法で用いる

ことである。これらの材料からつくられたクリンカーは，高炉セメントの製造に（スラグとともに）よく用いられる。このスラグはガラス状である必要はなく，石灰が CaO として存在するため，このスラグを用いると脱炭酸化（5頁参照）に要するエネルギーが必要ではなくなるため，経済的である。

第二の方法として，粒状になった高炉スラグを適切な粉末度になるまで粉砕し，アルカリ活性剤または誘発剤を添加すれば，それのみでセメント状材料として使用することができる。言い換えると，ggbs と略記される高炉スラグ微粉末は水硬性材料であり[2.41]，それゆえコンクリートブロック用のモルタルやその他の建設に使用されているが，高炉スラグ微粉末の単独使用は本書の範囲外である。

第三の，そして大部分の国で圧倒的に主流となっている高炉スラグ微粉末の使用方法は，この節の最初の段落で定義された高炉セメントへの使用である。このタイプのセメントは，ポルトランドセメントクリンカーと乾燥した粒状高炉スラグを（石膏と一緒に）混合粉砕するか，またはポルトランドセメント粉末と高炉スラグ微粉末とを乾燥混合することによってつくることができる。どちらの方法を用いてもうまくいくが，スラグはクリンカーより硬いことに注意しなければならず，粉砕工程ではそのことを考慮しなければならない。粒状スラグを別に粉砕すると表面がなめらかになり，ワーカビリティーも向上する[2.45]。

もう1つの手法は，高炉スラグの乾燥微粉末をポルトランドセメントと同時にミキサに入れることである。

高炉セメントコンクリートはこのようにして現場で製造される。この方法はBS 5328:Part1:1991 に記載されている。

ベルギーで開発された Trief process は，湿式粉砕されたスラリー状のスラグ微粉末を，ポルトランドセメントや骨材と一緒に直接コンクリートミキサに入れる方法である。したがってスラグを乾燥させる経費がかからず，また湿潤状態での粉砕は，投入電力が同じであれば乾式粉砕より高い粉末度を得ることができる。

コンクリートに使用される高炉スラグ微粉中の各酸化物の含有率に関して詳細な基準はないが，次のような含有率のスラグであれば，十分セメントに使用できるとされている[2.54]。

| 石灰 | 40〜50 |
| シリカ | 30〜40 |

2.9 高炉セメント

アルミナ　　　8～18
マグネシア　　0～8

石灰含有率がさらに低く，マグネシアの含有率が高い場合もある[2.56]。マグネシアは結晶状ではないため，有害な膨張を惹き起こすことはない[2.58]。少量の酸化鉄，酸化マンガン，アルカリ，および硫黄は含まれていても良い。

高炉スラグ微粉末の密度はおよそ $2.9g/cm^3$ であり，ポルトランドセメントの密度（すなわち $3.15g/cm^3$）よりいくぶん小さい。混合セメントの密度はその混合割合に応じた影響を受ける。

高炉セメントと水とを混ぜると，まずポルトランドセメント成分の水和が始まるが，高炉スラグ微粉末も即座に反応して溶液中にカルシウムイオンとアルミニウムイオンを放出する[2.56]。その後高炉スラグ微粉末は水酸化アルカリと反応する。つぎに，ポルトランドセメントが放出した水酸化カルシウムとの反応が起き，C-S-H が形成される[2.56]。

欧州基準 ENV 197-1:1992 と英国基準では，高炉スラグ微粉末を含む混合セメントを生産する場合には，所定の要件を満たすスラグを用いるよう求めている。BS 146:1991 と BS 4246:1991 によれば，スラグの 3 分の 2 以上がガラス質でなければならず，スラグの総質量の 3 分の 2 以上が CaO，MgO，および SiO_2 の合計量でなければならない。また，CaO と MgO の合計質量と SiO_2 の質量との比は 1.0 を超えていなければならない。この比であれば高いアルカリ性を確保することができ，スラグの水硬性が不活性となるような事態は防ぐことができる。高炉スラグ微粉末の形状は角張っており，フライアッシュとは対照的である。

ASTM 仕様書 C 989-93 は，$45\mu m$ のふるいを通らない粒度の高炉スラグ微粉末の最大比率を 20% と規定している。英国基準ではそのような要件はない。高炉スラグ微粉末の比表面積は定められていないことが多いが，高炉セメントの粉末度を高くし，同時に SO_3 の含有率を最適化すると強度が上がる。比表面積を $250m^2/kg$ から $500m^2/kg$（ブレーン法による測定値）に上げると，2 倍以上の強度が得られる[2.59]。

ASTM C 989-93 に記載された米国の手法は，高炉スラグをその水硬活性度にしたがって等級付けする。これは，質量の比率で標準配合のスラグを含むモルタル強度と，ポルトランドセメントのみでつくられた同配合のモルタル強度とを比

較して判定する。三段階の等級が承認されている。

　欧州基準 ENV 197-1:1992 では3つのクラスの高炉セメントが承認されており，それぞれⅢ/A，Ⅲ/B，およびⅢ/Cと呼ばれている。すべてのクラスについてフィラーを5％まで含むことが認められている。しかし，セメント状材料全体の質量（すなわちポルトランドセメントと高炉スラグ微粉末との合計から硫酸カルシウムと製造用混和材とを除いた質量）の百分率で表した高炉スラグ微粉末の質量は，種類ごとに異なっている。スラグの百分率割合は次のとおりである。

　　クラスⅢ/A　　36～65
　　クラスⅢ/B　　66～80
　　クラスⅢ/C　　81～95

　クラスⅢ/Cの高炉セメントは，高炉スラグ微粉末を最大限に含む場合，実質上純粋なスラグセメントであり，すでに述べたとおり，これについては本書ではこれ以上扱わない。

　大きなマスコンクリートが打ち込まれ，セメントの水和熱の早期発生による温度の上昇を管理しなければならないような構造においては高炉スラグ微粉末の含有率の高いセメントを低熱セメントとして用いることができる。この問題については486頁に述べる。英国基準 BS 4246:1991 では，購買者が指定する水和熱のための随意選択基準を提供している。熱の発生速度が遅ければ強度の発現速度も遅いということを忘れてはならない。したがって寒い時には，高炉セメントの水和熱が低ことと，強度の発現速度が低いこととが重なって，凍害が起きるおそれがある。

　高炉スラグ微粉末を含むセメントは，化学作用に対する抵抗性という点でも有利である。このことについては822頁に解説する。

　高炉スラグ微粉末の水硬活性度は粉末度の高さの影響を受けるが，高炉セメントの粉末度は他のセメントの場合と同様，英国基準に規定されていない。唯一の例外は，高炉スラグ微粉末とポルトランドセメントを乾燥混合する場合である。そのような場合は，高炉スラグ微粉末は BS 6699:1992 を満足していなければならない。実施面では，高炉スラグ微粉末の粉末度はポルトランドセメントの粉末度より高くなりがちである。

　上で解説した高炉セメントの他に，ENV 197-1:1992 はスラグの含有量が低め

のセメントを2種類承認している。高炉スラグ微粉末の含有率が質量で6〜20%のクラスⅡA-Sと，21〜35%のクラスⅡB-Sのセメントである。これらはポルトランドスラグセメントと呼ばれており，各種存在するクラスⅡのセメントの一角をなしている。これらクラスⅡのセメントはすべてポルトランドセメントを主成分としているが（表-2.4を参照），他のセメント状材料とブレンドされている。

英国基準BS 146:1991とBS 4246:1991には他の要件がいくつか記載されており，また圧縮強度に基づいてセメントの分類も行われている。分類は他のセメントと同じであるが，高炉セメントの各クラスのうち2つは，さらに低早強，普通早強，および高早強と細分化が行われている。これらは高炉セメントにおける水和の進行を反映したものである。すなわち，材齢のごく初期の水和速度はポルトランドセメントのみの場合と比べて低い。英国基準BS 4246:1991では，スラグ含有率が質量で50〜85%のセメントの場合，7日圧縮強度が12MPa程度であっても良いとしている。

2.10 超硫酸塩セメント（Supersulfated cement）

超硫酸塩セメントは，80〜85%の高炉スラグ微粉末，10〜15%の硫酸カルシウム（死焼石膏または無水石膏の形で），および5%以下のポルトランドセメントクリンカーを混合粉砕してつくる。粉末度は通常400〜500m^2/kgである。このセメントはごく乾燥した状態で保管しないと急速に劣化する。

超硫酸塩セメントはベルギーで大量に使用され，フランスと同様ciment metallurgique sursulfate（訳者注：超硫酸塩製錬セメント）と呼ばれている。以前はドイツで製造されていた（Sulfathattenzementという名前で）。英国ではBS 4248:1974にこのセメントの規定があったが，生産が難しく，製造は打ち切られている。超硫酸塩セメントに関する欧州の基準はない。

超硫酸塩セメントは海水に対する耐久性に優れており，土壌や地下水に通常含まれているもっとも高濃度の硫酸塩に耐えることができる。また泥炭酸と石油に対する耐性もある。水セメント比が0.45以下のコンクリートは，pH3.5までの低いpHの弱い鉱物酸溶液と接触しても劣化しないことが明らかになっている。これらの理由から，超硫酸塩セメントは下水道の建設や汚染された土地での建設

に用いられている。ただし，硫酸塩の濃度が1％を超える場合は，耐硫酸塩ポルトランドセメントほど抵抗性は高くない[2.31]。

超硫酸塩セメントの水和熱は低く，およそ7日で170〜190J/g，28日で190〜210J/gである[2.6]。したがって，このセメントはマスコンクリートの建設に適しているが，低温では強度の発現速度が低下するため，寒い時に使用する場合には注意が必要である。超硫酸塩セメントの硬化速度は，約50℃までは温度に伴って上昇するが，それ以上の温度になると異常な挙動が表れる。そのため，50℃を超える蒸気養生は事前に試験をせずに行ってはならない。また，超硫酸塩セメントはポルトランドセメントと混合してはならない点に注目してほしい。なぜならば，大量のポルトランドセメントが水和することによって放出された石灰が，スラグと硫酸カルシウムとの反応を邪魔するからである。

とくに暑い時期には早期に完全乾燥させると，表面にもろい，あるいは粉っぽい層ができるため，打ち込んだ後4日間以上湿潤養生することが必須である。

しかし，時間が経つにつれてこの層が厚くなるようなことはない。

超硫酸塩セメントは，ポルトランドセメントの水和に必要な量以上の水と化合するため，水セメント比が0.4未満のコンクリートをつくるべきではない。約1：6より貧配合の混合物は推奨できない。水セメント比の増加に伴う強度の低下は他のセメントの場合より少ないことが報告されているが，早期強度の発現はセメント製造に使用されるスラグの種類によって異なるため，使用する前に実際の強度特性を判定しておく方が良い。達成可能な強度で代表的なものを表-2.8に示す。BS 4248:1974 および BS 4550:Section 3.4:1978 は，コンクリートの立方体供試体試験における水セメント比を，かつてポルトランドセメントで用いられた0.60

表-2.8 超硫酸塩セメントの標準的な強度値[2.6]

材齢［日］	圧縮強度	
	標準振動モルタル試験	標準コンクリート試験
	MPa	MPa
1	7	5−10
3	28	17−28
7	35−48	28−35
28	38−66	38−45
6ヵ月	—	52

ではなく，0.55 に規定していることに注意しなければならない。

2.11 ポゾラン

本書の中でセメント状と分類された一般的な材料の1つ（ただし，実際は潜在という型に過ぎないが）に，ポゾランがある。これは反応性のシリカを含む，天然または人工の材料である。ASTM 618-94a の，より明確な定義によれば，ポゾランとは，それ自体にセメント状材料としての意味はほとんどあるいはまったくないが，微粉末状で水分が存在する場合は，常温で水酸化カルシウムと化学的に反応してセメント状の性質をもつ化合物を形成する，けい酸質あるいははけい酸質とアルミナ質の材料である，と説明されている。ポゾランが微粉末状であることがきわめて重要である。なぜならば，この状態の場合のみ，シリカが水の存在によって水酸化カルシウム（水和しているポルトランドセメントが生成したもの）と化合し，セメント状の性質をもつ安定したけい酸カルシウムを形成することができるからである。結晶シリカは反応性が低いため，シリカはアモルファス，すなわちガラス質でなければならない。ガラス含有率は X 線回析分光法または塩酸と水酸化カリウムの溶液を使って判定できる[2.24]。

大きく分けると，ポゾラン材料には天然に産出されたものと人工的なものとがある。人工ポゾラン材の主なものについては，次節で取り上げる。

天然のポゾラン材でもっとも一般に見かけるものは，火山灰（本来のポゾラン），軽石，オパール質頁岩とチャート，煆焼けい藻土，および焼粘土である。ASTM C 618-94a ではこれらの材料をクラス N と呼んでいる。

天然ポゾランは，その物理的性質によって問題を惹き起こすものがある。例えばけい藻土は，角ばった多孔質の形態をしているため，単位水量が多くなる。一部の天然ポゾランは，材料の種類によって 550～1 100℃の範囲で焼成することにより，活性が向上する[2.63]。

もみ殻は天然の廃棄物であり，この材料をコンクリートに使用することに関心が高まっている。もみ殻はシリカの含有率がきわめて高く，500～700℃で徐々に焼くと多孔構造のアモルファス材料ができあがる。したがって，粒子サイズが 10～75 μm と大きい場合でも，比表面積（窒素吸着法によって測定）が 50 000

第2章 各種のセメント状材料

m^2/kg もの大きさになり得る[2.26]。

もみ殻の灰の粒子は元の植物を反映して複雑な形をしているため[2.27]，クリンカーとともに混合粉砕して多孔構造を破壊しない限り，必要な単位水量が大きくなる。

もみ殻の灰は，わずか1〜3日でコンクリートの強度に寄与するとの報告がある[2.26]。

しかしながら，十分なワーカビリティーと強度を達成するために，高性能減水剤の使用が必要となる[2.28]。このことは，豊かでない地域においては加工用もみ殻の収集も問題となることに加えて，もみ殻を使用することの経済的な利点をなくしてしまう。もみ殻を使用すると収縮が大きくなる可能性があるが[2.80]，この点は確認されていない。

また他にも，加工されたアモルファスのシリカ材がある。その1つは，純粋または精製カオリナイト粘土を650〜850℃で焼成し，粉砕して700〜900m^2/kgの粉末度にして得られたメタカオリンである。できあがった材料は高いポゾラン性を示す[2.53,2.60]。

きわめて高い粉末度まで粉砕したけい酸質粘土（窒素吸着法で測定した比表面積が4 000〜12 000m^2/kg）を，高反応性ポゾランとして使用することが，Kohno他によって提唱されている[2.61]。

ASTM C 311-94a では，セメントのポゾラン活性を評価するための強度活性度指数の測定が規定されている。これは，セメントの規定された量をポゾランで代替したモルタルの強度を判定することによって，決定することができる。試験結果は使用したセメント，とくにその粉末度とアルカリ含有率によって影響される[2.25]。石灰を用いた「ポゾラン活性度指数」もあり，これはポゾランの総合的活性度を判定する。

ポゾランセメント（ENV 197-1:1992の規定により11〜55%のポゾランとシリカフュームを含むセメント）のポゾラン特性は，EN 196-5:1987にしたがって試験する。この試験は，水和したポゾランセメントと接触している水溶液中の水酸化カルシウムの量と，同じアルカリ度の溶液を飽和させる水酸化カルシウムの量とを比較する。前者の濃度が後者より低ければ，このセメントに十分なポゾラン特性があるとみなされる。基本原理は，ポゾラン活性はポゾランによる水酸化カルシウムの固定であり，水酸化カルシウムの量が低くなるほどポゾラン特性が高

い。

ポゾラン特性はまだ完全に理解されていない。比表面積と化学組成が重要な役割を果たすことが知られているが，相互に連関しているため問題は複雑である。ポゾランは Ca(OH)$_2$ と反応するほかに，C$_3$A やその生成物とも反応する[2.76]。Massazza と Costa がポゾラン特性というテーマに関して良い概説を行っている[2.77]。

もう1つシリカフュームという材料があり，これは正式には人工ポゾランであるが，その特異の性質から独自のクラスに分類される。それゆえ，シリカフュームは別の節で考察することにする（110頁参照）。

2.11.1 フライアッシュ

pulverized-fuel ash とも呼ばれるフライアッシュは，石炭火力発電所の排気ガスから静電気または機械的に沈殿させた灰であり，もっとも一般的な人工ポゾランである。フライアッシュの粒子は球状であり（このことは水の必要量という点で有利である），粉末度はきわめて高い。

粒子の大半は直径が 1 μm 未満から 100 μm の間であり，またブレーン法によるフライアッシュの比表面積は通常 250〜600m^2/kg である。フライアッシュの比表面積が大きいということは，材料がいつでも水酸化カルシウムと反応可能であることを意味する。

フライアッシュの比表面積の算出は簡単ではない。なぜならば，空気透過試験において球体粒子は形の不規則なセメント粒子より密に納まるため，フライアッシュの方が空気流に対する抵抗が大きくなるからである。反面，フライアッシュ中の多孔質の炭素が空気を通すため，空気流は誤解を受けるほど高くなる[2.62]。さらにまた，フライアッシュの密度（比表面積の計算に用いられる。29頁参照）の測定値は，空洞のある球（密度が 1 g/cm^3 未満の場合もある）の存在に影響される[2.62]。反対に，磁鉄鋼や赤鉄鋼を含んでいる一部の小粒子は密度が高い。密度の標準的なな平均値は 2.35g/cm^3 である。フライアッシュの比表面積を測定することの重要な目的は，そのフライアッシュの品質のばらつきを発見することである[2.64]。

ASTM C 618-94a に記載されたフライアッシュの分類は，アッシュの原材料

である石炭の種類に基づいて行われている。もっとも一般的なフライアッシュは瀝青炭から排出されており，主としてけい酸質である。そしてこれはクラスFフライアッシュとして知られている。

亜瀝青炭と褐炭はクラスCフライアッシュとして知られる高石灰アッシュになる。これについてはこの節の後の方で考察する。

クラスFフライアッシュのポゾラン活性は確かであるが，その粉末度と炭素含有率が一定であることがきわめて重要である。炭素の方が粗い粒子になりがちであるため，粉末度と炭素含有率の2つは相互依存関係にあることが多い。最近のボイラー工場で生産されるフライアッシュの炭素含有率はおよそ3%であるが，旧式の工場で生産されたフライアッシュの場合はもっと高い値となる。炭素含有率は強熱減量に等しいと考えられているが，強熱減量の場合は結合水やCO_2が存在すればそれをも含むことになる[2.64]。英国基準BS 3892:Part 1:1993では，45 μmのふるいで最大残留率12%と規定されているが，これは寸法で分類する時の便利な基準である。

ASTM C 618-94aで規定している主な要件は，シリカ，アルミナ，酸化鉄の合計含有率が70%以上，SO_3含有率が5%以下，強熱減量が6%以下（ただし，12%まで緩和することができる），そしてアルカリ含有率（Na_2O当量で表す）が1.5%以下となっている。ただし，後者の値はフライアッシュを反応性骨材と一緒に使用する場合にのみ適用することができる。英国基準BS 3892:Part 1:1993には，SO_3の最大含有率を2.5%にすること，その他の数項目の規定が定められている。MgOは反応しない形で存在するため，含有率の制限はもはや行われていない。

フライアッシュに含まれる炭素がコンクリートの色を濃くするため，完成後のコンクリートの色にフライアッシュが影響を及ぼす可能性があることに注意しなければならない。とくにフライアッシュを使用したコンクリートと使用しないコンクリートとを並べて打ち込むような場合には，外見という観点からこのことが重要となる。

ここで，褐炭からできる高石灰アッシュであるクラスCフライアッシュについて考察する。この種のアッシュは石灰含有率が24%にもなることが多い[2.63]。高石灰アッシュは独自にセメント状（水硬性）の性質をいくらかもっているが，

含まれる石灰がアッシュのシリカやアルミナの部分と結合するため，これらの化合物がセメントの水和によって遊離した石灰と反応する量が少なくなる。炭素含有率は低く，粉末度は高く，色は明るい。

しかし，MgO含有率が高くなることがあり，MgOと石灰の一部が有害な膨張を惹き起こす可能性がある[2.63]。

高石灰アッシュの挙動は温度の影響を受けやすい。とくにマスコンクリートにおいて，温度が高くなると反応生成物の強度が損なわれるおそれがある。強度の発現は温度と単純に関連しているわけではないが，120〜150℃の近辺では十分な強度が発現するが，反応生成物がかなり異なる約200℃ではそうではない[2.55]。

2.11.2 ポゾランセメント

ポゾランは潜在水硬性をもつ材料であるため，常にポルトランドセメントと一緒に用いられる。この2つの材料は混合粉砕してもブレンドしても良い。時にはコンクリートミキサで混ぜ合わせることもできる。したがって，使い勝手は高炉スラグ微粉末の場合と同様である（100頁参照）。使用されるポゾランの圧倒的大部分はけい酸質のフライアッシュ（クラスF）であり，とくにこの材料について説明する。

欧州基準ENV 197-1:1992では，フライアッシュセメントの細分クラスが2種類認められており，フライアッシュ含有率が6〜20%のクラスⅡ/A-Vと，21〜35%のクラスⅡ/B-Vである。フライアッシュセメントに関して英国基準BS 6588:1991が規定するフライアッシュ含有率の限界規定はいくぶん異なり，40%以下である。フライアッシュ含有率の厳密な上限にそれほどの重大性があるわけではない。しかしながら，BS 6610:1991ではさらに高いフライアッシュ含有率が認められており，いわゆるポゾランセメントで53%とされている。高スラグの高炉セメント（101頁参照）と同様に，ポゾランセメントの7日強度は低いが（最低で12MPa），28日強度も低く，最低で22.5MPaである。それに付随した利点は，熱の発現速度が低いためポゾランセメントは低熱セメントであることである。加えて，ポゾランセメントは硫酸塩の作用や弱い酸による作用に対しても多少の抵抗力がある。

2.12 シリカフューム

シリカフュームは最近になってセメント状材料として浮上したものである。最初はポゾランとして導入されたのである。しかし、コンクリート中におけるその働きは、きわめて反応性の高いポゾランとしての働きにとどまらず、他の点でも役に立つ（825頁参照）。シリカフュームは高価であることも付け加えたい。

シリカフュームは、マイクロシリカまたは凝縮シリカフュームとも呼ばれるが、「シリカフューム」という用語が一般に受け入れられている。サブマージドアーク電気炉で、高純度石英からシリコン合金とフェロシリコン合金を製造する際にできる副産物である。流出するガス状の SiO は、アモルファスシリカ（SiO_2）という、ごく粉末度の高い球体粒子の形で酸化し、固体化する。それゆえシリカフュームと呼ばれているのである。ガラス（アモルファス）形態のシリカはきわめて反応性が高く、粒子が小さいため、ポルトランドセメントの水和によって生成される水酸化カルシウムとの反応が促進される。シリカフュームのきわめて小さい粒子はセメントの粒子と粒子の間の空間に入り込むことができ、そのため充填度を向上させる。炉の熱回収装置が効率的であれば、ほとんどの炭素は燃焼してしまうため、シリカフュームは実質的に炭素を含まず、色は薄くなる。

炉の熱回収装置が不完全な場合は炭素の一部がフュームに残るため、フュームの色は濃くなる。

フェロクロム、フェロマンガン、およびフェロマグネシウムなどの非鉄金属を含むシリコン合金の生産からもシリカフュームが形成されるが、コンクリート用に適しているかどうかはまだ立証されていない[2.67]。

通常のフェロシリコン合金の公称シリコン含有率は 50%、75%、および 90% であり、48% であればシリコン金属と呼ばれる。合金中のシリコン含有率が高いほど、生成されるシリカフュームのシリカ含有率が高くなる。異なる合金を同じ炉で生産することが可能であるため、シリカフュームをコンクリート中に用いる場合は出所を知ることが重要である。とくに、フェロシリコンのシリコン含有率が 50% の場合は、シリカフュームのシリカ含有率がわずか 80% になってしまう。しかしながら、ある特定の合金を連続的に生産し続けることによって、一定の性質のシリカフュームが得られるようになる[2.66]。標準的なシリカ含有率は次のとお

りである [%]。シリコン金属は 94〜98，90%のフェロシリコンは 90〜96，および 75%のフェロシリコンは 86〜90[2.66]。

シリカフュームの密度は一般に 2.20g/cm^3 であるが，シリカ含有率がさらに低い場合はきわめてわずかながら密度が高くなる[2.66]。この値はポルトランドセメントの密度 3.15g/cm^3 という数値と同一線上で比較できる。シリカフュームの粒子は粉末度が極度に高く，大部分が直径 0.03〜0.3μm の間である。中央値は一般に 0.1μm 未満である。このように粉末度の高い粒子の比表面積はブレーン法で判定することはできない。窒素吸着法ではおよそ 20 000m^2/kg という比表面積が示された。これは，他のポゾラン材料の比表面積を同じ方法で判定した場合と比べて，13〜20 倍という高い値である。

シリカフュームのように粉末度の高い材料は，単位容積質量が 200〜300kg/m^3 ときわめて低い。この軽い粉末を取り扱うのは容易ではなく，費用がかかる。そのため，シリカフュームはマイクロペレットの形で販売されている。これは，個々の粒子の集塊（エアレーションによって作成された）で，単位容積質量500〜700 kg/m^3 となったものである。シリカフュームのもう 1 つの形態は，水とシリカフュームが質量で等しい割合のスラリーである。スラリーの密度は約 1 300〜1 400kg/m^3 である。スラリーは安定化しており，pH はおよそ 5.5 との報告があるが，このことがコンクリートへの使用に関して重大な意味をもつわけではない[2.68]。シリカフュームがスラリー中で常に均一に分布されるよう，定期的に攪拌することが必要である。減水剤，高性能減水剤，または遅延剤などの混和剤をスラリーに入れることもできる[2.69]。

利用可能なシリカフュームの各種形態には，それぞれ操作上の利点があるが，どの形態のものを使用しても問題はなく，どれかの形態ができあがりのコンクリートに著しく良い結果をもたらすというようなことはない[2.70]。

シリカフュームは通常計量の時点で混合物に混ぜ込まれるが，一部の国では，シリカフュームを質量で通常 6.5〜8％含む混合セメントを生産している[2.71]。このような混合セメントは計量工程を簡素化するが，セメント状材料全体の中のシリカフューム含有量を特定の要求に合わせて変えることができなくなるのは明らかである。

コンクリートにおけるシリカフュームの使用法に関する基準はほとんど存在し

ない。ASTM C 1240-93にはシリカフュームに関する要件が規定されているが，ASTM C 618-94aではその表題からシリカフュームが除外されている。

実際，この基準の水に関する要件の条項を，シリカフュームで満足させるのは無理かもしれない。

2.13 フィラー

各種混合ポルトランドセメントを分類した際に（82頁参照），フィラーをある一定の最大含有率までは混入することができると述べた。確かに，フィラーは多くの国々でしばらく前から用いられてきた。しかし，英国でフィラーの使用が許可されたのはつい最近のことである。

フィラーとは，ポルトランドセメントと同等のきわめて高い粉末度をもつ微粉材料であり，その物理的性質から，ワーカビリティー，密度，透過性，毛管現象，ブリーディング，ひび割れ性状など，コンクリートの性質に良い影響を及ぼす。フィラーは通常化学的に不活性であるが，何らかの水硬特性を有していたとしても，または水和したセメントペースト中で起きる反応の生成物と無害な反応を起こしても，問題は無い。実際，Zielinska[2.44]が明らかにしたところによれば，普通のフィラーである$CaCO_3$は，C_3AやC_4AFと反応して$3CaO \cdot Al_2O_3 \cdot CaCO_3 \cdot 11H_2O$を生成する。

フィラーは，水和過程で核生成場所としての機能を果たすことによって，ポルトランドセメントの水和を向上させることができる。この効果は，フライアッシュと二酸化チタンとを1μm未満の粒子という形で含むコンクリートで観察された[2.72]。Ramachandran[2.74]は，セメントの水和で核生成の役割を果たすほか，$CaCO_3$が一部C–S–H相に組み込まれることに気付いた。水和したセメントペーストの構造に及ぼすこの効果は有益なものである。

フィラーは自然発生材料であっても，無機鉱物材料であってもよい。必要なことは，均一な特性をもっていること，とくに粉末度が均一なことである。減水剤と一緒に用いる場合以外は，フィラーをコンクリート中に使用したときに単位水量を増加させてはならない。さらに，風化に対する抵抗性やコンクリートが鉄筋に対してもつ腐触防止作用などに，悪影響を与えてはならない。フィラーによっ

て長期間のうちにコンクリートが強度の逆行をするようなことがあってはならないことは無論であるが，そのような問題はまだ発生していない。

フィラーの働きは多分に物理的なものであるため，フィラーを混入するセメントとは物理的に共存することができなければならない。例えば，フィラーの含有率が高い場合，セメントの粉末度は通常よりはるかに高くなければならない。

ENV 197-1:1992ではフィラーの含有率を5％に制限しているが，石灰石の使用は，他のセメント状材料がポルトランドセメントだけである場合に限って，35％まで認めている。このセメントはポルトランド石灰石セメント（クラスⅡ/B-L）として知られている。石灰石は実際上フィラーの一種であるから，石灰石セメントはフィラーを35％まで含んでいるということができる。将来は，フィラーの含有率が15％，あるいは20％にもなる混合セメントが，一部の目的に対して使用されるようになると予想することができる。

2.14 その他のセメント

特別な用途のために開発された数多くのセメントの中で，抗菌セメントがとくに重要である。これは，微生物の発酵を防ぐ抗菌剤を混ぜて粉砕したポルトランドセメントである。このようなバクテリアの作用は，例えば，食品加工工場のコンクリート製の床などで，セメントが酸によって浸出した後に湿度の存在下でバクテリアによって発酵した場合に起きる。

抗菌セメントはまた，水泳プールのようなバクテリアやカビ類が存在する場所に使用しても効果がある。

もう1つの特殊セメントはいわゆる疎水性セメントであり，悪環境での保管が長引いても劣化をほとんど起こさない。このセメントは，ポルトランドセメントにオレイン酸を0.1～0.4％混ぜて粉砕すると得られる。ステアリン酸またはペンタクロロフェノールも使用することができる[2.10]。これらの添加によってクリンカーの粉砕能が高まるのであるが，これはおそらく，酸の分子がセメント粒子の表面で極配向性を示す結果，静電力が発生するためであろう。オレイン酸はセメント中でアルカリと反応してオレイン酸カルシウムとオレイン酸ナトリウムになるが，後者は泡を生じるため空気の連行が起きる。これを望まない場合はリン酸3n-ブ

第2章　各種のセメント状材料

チルのような空気除去剤を粉砕中に添加しなければならない[2.11]。

疎水特性は，1つ1つのセメント粒子の回りに撥水性の被膜が形成されるために起こる。この被膜はコンクリートを練り混ぜる際に破れて通常の水和が起きるが，早期強度は低めである。

疎水性セメントは外見上普通ポルトランドセメントに似ているが，特徴的なかび臭い匂いがする。取扱う上で，他のポルトランドセメントより流動性が高いように思われる。

れんが積みのモルタルに用いられるれんが用セメントは，ポルトランドセメント，石灰石，およびAE剤を混ぜて粉砕するか，またはポルトランドセメント，水和石灰，粒状スラグまたは不活性フィラー，およびAE剤を混ぜて粉砕してつくる。通常はその他の成分も存在する。れんが用セメントは普通ポルトランドセメントより粘りのあるモルタルになる。水分保持性も高く，収縮は少ない。れんが用セメントの強度は普通ポルトランドセメントより低い。これはとりわけ空気の含有率を高くしているためであるが，れんがによる建設では一般にこの低い強度が利点となる。れんが用セメントを構造用コンクリートに用いてはならない。れんが用セメントの仕様はASTM C 91-93に記載されている。

他にも3種類のセメントについて述べる必要がある。1つは膨張セメントであるが，このセメントは材齢の初期で膨張し，乾燥収縮によって起きる収縮ひずみに対抗する性質を有する。この理由から，膨張セメントに関しては第9章で論じることにしたい。

二番目のセメントは油井セメントである。このセメントはポルトランドセメントを主成分とする高度に専門化された製品であるが，温度が150℃を超え，圧力が100 MPaにもなる地殻の何千mもの深さまでポンプ圧送するグラウトやスラリーに用いる。これらの値は一般に約5 000mの深さに適用される値であるが，探査用には10 000mまでの深さの穴が掘られ，グラウトを注入されている。

このような状況下でグラウトに用いられるセメントは，遠隔の目的地に届くまで凝結してはならないが，その後は急速に強度を発現して掘削作業が続行できるようにしなければならない。耐硫酸性も要求されることが多い。数種の油井セメントが米国石油協会によって承認されており，ここでは油井セメントの指針も作製している[2.21]。

基本的に，油井セメントは一定の特別な特徴をもっていなければならない。それらは，(a)特別に粉末度が高いこと（大量の水を「保持する」ため），(b)遅延剤または促進剤が含まれていること（第5章参照），(c)摩擦緩和剤が含まれていること（流れを促進するため），(d)グラウトの密度を小さくするための軽量混和材が含まれていること（ベントナイトなど），またはグラウトの密度を高めるための重量混和材が含まれていること（バライトやヘマタイトなど），(e)ポゾランまたはシリカフュームが含まれていること（高温における強度を高めるため），である。

最後に，天然セメントにも言及しなければならない。これはいわゆるセメント岩を焼いて粉砕することによってつくるセメントの呼称である。セメント岩とは，粘土質の材料が25%まで含まれる粘土状の石灰石である。できあがりのセメントはポルトランドセメントに似ているが，実際にはポルトランドセメントと水硬性石灰との中間的な物である。天然セメントは焼結には低すぎる温度で焼成されるため，実際上 C_3S は含まれず，したがって硬化は緩慢に起きる。天然セメントは混合によって組成を調節することができないため，品質にややむらがある。このことと経済的な理由から，今日では天然セメントはめったに使用されない。

2.15 セメントの選択法

セメントのタイプ（Types）（米国の専門用語）とクラス（Classes）（欧州の分類），とりわけ混合セメントに用いられるセメント状材料やその他の材料のタイプとクラスがきわめて多様であることが，当惑を感じさせるかもしれない。どのセメントが最善であろうか。与えられたある目的に対して，どのセメントを用いるべきであろうか。

これらの疑問に対して単純な回答は存在しないが，合理的手法を用いれば満足のいく解決に至ることであろう。

まず第一に，すべての状況で最善なセメントは1つとして無い。費用を考慮しないとしても，純粋なポルトランドセメントがすべての点で勝っているとは言えない。過去において商売上の利害から，真に混ぜ物のない無比の製品としてこのセメントが絶賛されたことはあった。1985年まで遡ると，西ヨーロッパと中国

第2章 各種のセメント状材料

で生産されていたすべてのセメントのおよそ半分，インドと当時のソビエト共和国ではおよそ3分の2が混合セメントであったが，北米と英国ではおそらくポルトランドセメントの圧力団体がいたためであろうが，混合セメントはごくわずかしか生産されていなかった[2.29]。

1980年代と1990年代には混合セメントの使用が着実に高まっており，最終的には全世界で使用されるセメントの大半を混合セメントが占めることが確実に予想される。Dutron[2.29]の言葉を借りれば，「純粋なポルトランドセメントは，非常に優れた性能が，とくに力学的強度に関して，要求される場合にのみ用いられる特殊なセメントとみなされるようになるであろう」。現在では混合セメントを用いるともっとも良い高性能コンクリートをつくることができるのであるから，この力学的強度に関する警告にももはや正当性がない。さらにまた，混合セメントの耐久性は純粋なポルトランドセメントと比べて同等か，あるいは時には，耐久性がより良いことも多いのである。

したがって，どの1つのセメントを取ってみても最善の万能型は存在しないのであるから，次のような質問を考えるべきであろう：ある特定の目的に対してどのセメントを使用すべきなのか。

以下の各章ではコンクリートの特性を，フレッシュな状態と硬化した状態との両方の場合について解説する。これらの特性の多くは多かれ少なかれ使用セメントの性質によって異なるものであり，セメントの選択はこの基盤に立って行うことになる。しかし，多くの場合，最善のセメントというものが存在しないことから，複数のタイプまたはクラスのセメントを使用することになる。選択は，入手の可能性，費用（工学上の決定を下す際の重要な要素である），および（設備，熟練労働力，建設のスピード，また当然ながら構造物の緊急性と周囲の環境などの）特殊な状況，によって異なってくる。

各種セメントの関連する特性については，フレッシュコンクリート，強度，とりわけ耐久性を論ずる各章において，そしてまた特殊な性質のコンクリートについて論ずる第13章において，言及する予定である。したがって，さまざまなセメントの選択や適切性についての考え方はこれらの章の中にある。

2.16 アルミナセメント（High-alumina cement）

　フランスにおいてポルトランドセメントコンクリート構造物の劣化に及ぼす，石膏を含む水の影響，の研究が行われた結果，20世紀初頭にアルミナセメントが Jules Bied によって開発された。このセメントの組成と一部の性質は，ポルトランドセメントやポルトランド混合セメントとはきわめて異なっているため，構造物への用途は厳しく限定されるが，コンクリート作業の技術はほぼ同じである。この問題を十分に検討するためには，これに関する専門書を参考とするのがよい*。

2.16.1 製 法

　アルミナセメントは，－high-alumina－という名称から，アルミナの比率が多いセメントであることが推察されよう。標準的には，アルミナと石灰がそれぞれ40％，酸化第一鉄と酸化第二鉄で15％，そしてシリカが5％含まれる。TiO_2，マグネシア，およびアルカリが少量含まれている場合もある。

　原材料は通常石灰石とボーキサイトである。ボーキサイトは，アルミニウムを含む岩が熱帯の条件下で風化した結果形成される残留堆積物であり，水和したアルミナ，鉄とチタンの酸化物，および少量のシリカでできている。

　アルミナセメントの製法にはいくつかの工程がある。1つの工程においてはボーキサイトを100mm未満の塊になるまで破砕する。この破砕が行われる過程でできる粉塵や小粒子を固めて，同程度の寸法の成型ブロックにする。これは，粉塵はそのまま用いると炉の勢いを鈍らせることになりやすいからである。第二の主要原材料は通常は石灰石であるが，これもおよそ100mmの塊になるまで破砕する。

　要求される比率の石灰石とボーキサイトを炉の上端から入れる。炉はキューポラ型（垂直シャフト）と反射型（水平式）とを組み合わせたタイプである。燃料には微粉炭を用いるが，その量は生産されるセメントの質量の約22％である。炉の中で水分と二酸化炭素が排出され，材料は1600℃の溶融点になるまで炉の

＊ A.M.Neville および P.J.Wainwright 著：High-alumina Cement Concrete (Construction Press 社, Longman Group, 1975).

ガスで熱せられる。溶融はシャフトの下端で起きるため，溶融した材料が反射炉の中に落ち，そこから蛇口を通って鋼鉄製の鍋へと落ちていく。溶融物はここで固められて生子となり，ロータリークーラーの中で砕かれた後にチューブミルの中で粉砕される。粉末度 290〜350m^2/kg のきわめて濃い灰色の粉末が生成される。

アルミナセメントクリンカーの硬度は高いため，電力消費量とチューブミルのすりへりはかなりはなはだしい。

ボーキサイトの仕入れ値段が高いことや燃焼温度が高いこととあいまって，このことがポルトランドセメントに比べてアルミナセメントの価格が高い要因となっている。しかし，特定目的に対する貴重な特性をもっていることから高い価格であっても使用される。

ポルトランドセメントの場合とは異なり，アルミナセメントの製造に用いられる材料は窯の中で完全に溶解するという点に注目してほしい。この事実からフランス語の ciment fondu という名称が生まれたのであり，「フォンデューセメント」は英語の会話体の名称として時に用いられることがある。

1970 年代には英国でアルミナセメントに関する悪評が流れたため (128 頁を参照), aluminous cement という他の名称を使用する試みが行われた。しかし，超硫酸塩セメントやスラグセメントなど，他のセメントにもアルミナが高い比率で含まれていることから，この名称は正しい名称ではない。第三の名称であるアルミン酸カルシウムセメントの方が適切ではあるが，その場合はポルトランドセメントも，同じ考えで，けい酸塩カルシウムセメントと呼ぶべきということになる。しかし，今までこの呼称が使用されたことはない。したがって本書では，従来のアルミナセメントという名称を用いることにする。

英国ではアルミナセメントはもはや製造されていない。しかし，アルミナセメントの英国基準は BS 915:1792 (1983) に記載されており，粉末度，強度，凝結時間，および安定性に関しては BS 4550:Part 3:1978 で言及している。欧州基準の出版が期待されている。

2.16.2 組成と水和

主なセメント状化合物は低塩基度のアルミン酸カルシウム，主として CA と

$C_{12}A_7$ である[2.32]。他の化合物も存在しており，$C_6A_4 \cdot FeO \cdot S$ および類質同形の $C_6A_4 \cdot MgO \cdot S$ である[2.13]。C_2S や C_2AS の量は数％を占めるに過ぎず，また微量化合物も含まれているが，遊離石灰は存在しない。したがって，BS 915:1972 (1983) では従来のルシャテリエ試験が規定されているものの，アルミナセメントに関して不安定性が問題となることはけっしてない。

強度の発現速度がもっとも高い CA の水和により，CAH_{10}，少量の C_2AH_8，および少量のアルミナゲル（$Al_2O_3 \cdot aq$）が形成される。常温でもさらに高い温度でも安定しないこれら CAH_{10} の六方晶系結晶は，時間とともに C_3AH_6 の立方晶系結晶とアルミナゲルへと転移する。この転移は，温度，石灰濃度，およびアルカリ性が高いとさらに促進される[2.14]。

$C_{12}A_7$ もまた急速に水和するが，水和すると C_2AH_8 になると考えられている。化合物 C_2S は C-S-H になり，加水分解によって遊離した石灰が過剰アルミナと反応する。$Ca(OH)_2$ は存在しない。その他の化合物，とくに鉄を含む化合物の水和反応については，精度にかかわらず測定が行われたことはない。しかし，ガラスに保持された鉄は不活性であることが知られている[2.15]。鉄化合物はアルミナセメントの製造において，融剤として役に立つ。

アルミナセメントの水和に必要な水は乾燥セメントの質量の 50％までと計算されており[2.6]，ポルトランドセメントの水和に要する水のおよそ 2 倍であるが，水セメント比が 0.35 程度の混合物が実用的であり，実際には望ましい。アルミナセメントペーストの間げき溶液の pH は 11.4〜12.5 の間である[2.8]。

2.16.3 化学抵抗性

前述したとおり，当初アルミナセメントは硫酸塩の作用に対して抵抗性のあるセメントとして開発されたものであるため，この点では実に満足のいくセメントである。硫酸塩に対してこのような抵抗力があるのは，水和したアルミナセメントの中に $Ca(OH)_2$ が存在せず，また水和中に形成される比較的不活性なアルミナゲルが保護しているからである[2.16]。しかしながら，低品質の混合物は硫酸塩に対する抵抗力がはるかに小さい[2.6]。また，転移した後には化学抵抗性が大幅に減少する（123 頁参照）。

アルミナセメントは，純粋な水に溶けた CO_2 による化学作用は受けない。こ

のセメントは耐酸性ではないが,工場の廃液のようなきわめて薄い酸の溶液(pH4 を超える)であれば,何とかもちこたえることができる。しかし,塩酸,フッ化水素酸,または硝酸は,きわめて薄い溶液であっても耐えられない。一方,苛性アルカリはたとえ薄い溶液でも,アルミナゲルを溶かすことによってアルミナセメントに化学作用を及ぼす。アルカリは外部から入る場合もあり(例えば,ポルトランドセメントコンクリートから滲出し浸透するなど),骨材から滲出する場合もある。混和剤を多く使った場合のセメントのこのような挙動については,Hussey と Robson による研究がなされてきた[2.16]。

アルミナセメントは海水に対する耐性がきわめて高いものの,海水を練混ぜ水として使用してはいけないという点に注目してほしい。これはおそらくクロロアルミン酸塩が形成されるため,セメントの凝結と硬化に悪影響を及ぼすことになるからである。同様に,塩化カルシウムをアルミナセメントに添加してはならない。

2.16.4 アルミナセメントの物理的性質

アルミナセメントの特徴の1つは,強度の発現速度がきわめて高いことである。最終強度のおよそ80%が材齢24時間で達成され,6時間～8時間で側面の型枠を解体し,コンクリートの打継ぎを行う準備をするのに十分な強度が得られる。単位セメント量400kg/m^3,水セメント比0.40のアルミナセメントでつくられたコンクリートは,25℃において,6時間でおよそ30MPa,24時間で40MPaを超える圧縮強度に達することができる。強度の発現速度が速いのは水和速度が速いためであるが,このことはさらに熱の発生速度が速いことを意味し,毎時38 J/gにもなる。一方,早強ポルトランドセメントの場合は熱の発生速度が毎時15J/gを超えることはない。しかし水和熱の総計は,どちらのセメントもほぼ同じである。

硬化が速く進むからといって,凝結も速く進行するわけではないことを強調しておきたい。実はアルミナセメントは凝結が遅いのであるが,始発に続く終結はポルトランドセメントの場合より速やかに起きる。標準的なアルミナセメントの値は,$2\frac{1}{2}$時間で始発が,その後30分で終結が起きる。アルミナセメントに含まれる化合物のうち$C_{12}A_7$は数分で凝結するが,CA の凝結はそれよりかなり進

2.16 アルミナセメント

行が遅い。そのため，セメント中の C：A 比が高いほど凝結が速やかに進行する。反面，セメントのガラス含有量が多いほど凝結速度は遅い。多くのアルミナセメントコンクリートでは，練混ぜ後 15～20 分以内にワーカビリティーのロスが発生するが，それはおそらく $C_{12}A_7$ の凝結が速いのが原因であると思われる。

温度が 18～30℃であれば，凝結は遅くなるが，約 30℃を超えるとたちまち凝結が加速される。この変則的な挙動の原因はよくわからない[2.40]。

アルミナセメントは，プラスター，石灰，ポルトランドセメント，あるいは有機物質を添加すると，凝結時間が大幅に変化する。それゆえ，混和材を使用してはならない。

ポルトランドセメントとアルミナセメントの混合物で，いずれかのセメントが混合物の 20～80％を占める場合は，瞬結が起きる可能性がある。一般的な資料[2.81]を図-2.4 に示すが，実際の値は使用するセメントによって異なるため，どのセメントに対してもあらかじめ試験をしてみることが必要である。ポルトランドセメントの含有率が低い場合には，ポルトランドセメントの石灰がアルミナセメントのアルミン酸カルシウムに加えられて C_4A の水和物が形成され，凝結が加速する。アルミナセメントの含有率が低い場合には，ポルトランドセメントに含まれる石膏が，水和したアルミン酸カルシウムと反応し，その結果，もはや遅延されなくなったポルトランドセメントが瞬結を起こすであろう。

この 2 種類のセメントを適切な比率で配合した混合物は，例えば水の滲入を止める場合や，塩の干満の合間に建設を行う場合など，速やかな凝結がきわめて重要な場合に使用される。しかしそのようなペーストの最終強度は，アルミナセメントの比率がきわめて高くない限り相当低いものとなる。ただし，ポルトランドセメントでつくられたコンクリートの凝結時間を短縮する目的でアルミナセメントを使用することは，ACI 517.2R-87（1991 年に改訂）では認めていない[2.43]。

アルミナセメントの凝結時間を短縮するためには，リチウム塩を使用することができる[2.57]。

上に述べたように急速に凝結するため，建設に際してはこの 2 種類のセメントが誤って接触しないよう注意することが必要である。したがって，一方のセメントでつくられたコンクリートをもう一方のセメントでつくられたコンクリートに対して打ち込むことは，アルミナセメントが先に打込まれた場合であれば最小

第2章　各種のセメント状材料

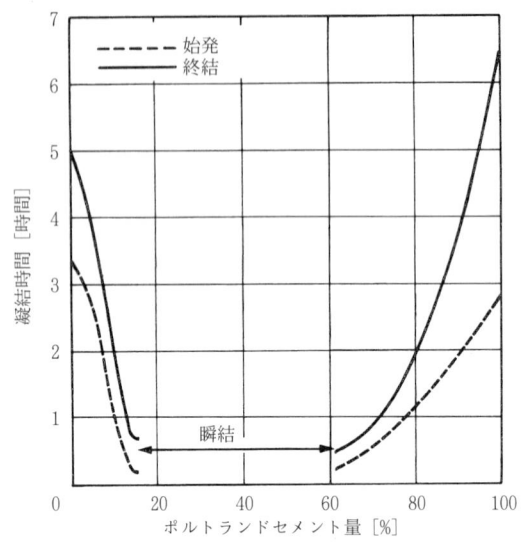

図-2.4　ポルトランドセメントとアルミナセメントとの混合セメントの凝結時間[2.81]

24時間，ポルトランドセメントでつくられたコンクリートが先であれば3～7日間遅らせなければならない。また，設備や道具による汚染も防がなければならない。

配合割合が同じであれば，ポルトランドセメントよりアルミナセメントを用いる場合の方が，ワーカビリティーのいくぶん高い混合物ができるという点に注目してほしい。その原因は，アルミナセメントの方がポルトランドセメントより粒子の表面が「なめらか」であるため，総表面積が少ないからであると思われる。これは，アルミナセメントは原材料が完全に溶融することによって生成されるからである。反面，高性能減水剤を用いても可動性は良くならず，また強度には悪影響を及ぼす[2.74]。

（応力/強度）比に基づいて比較した場合，アルミナセメントコンクリートのクリープはポルトランドセメントコンクリートのクリープとほとんど変わらないことが判明している[2.22]。

2.17 アルミナセメントの転移

120頁に述べたアルミナセメントコンクリートの高い強度は，CAが水和して，CAH_{10}と少量のC_2AH_8とアルミナゲル（$Al_2O_3.aq$）が形成されることによって発生する。しかし，水和物のCAH_{10}は，常温でも高温でも化学的に安定せず，C_3AH_6とアルミナゲルへと変化するようになる。この変化は転移として知られているが，結晶系の対称性が，十水和物で擬似六方晶系，三二水和物で立方晶系であるため，六方晶系から立方晶系への変化ということができる。

アルミナセメントの水和の重要な特徴は，温度が高い場合にアルミン酸カルシウム水和物が立方晶系の形態でしか存在できない点である。室温ではどちらの結晶形も存在することができるが，六方晶系結晶は徐々にではあるが自発的に立方晶系の形態へと転移する。六方晶系結晶は自発的に変化していくのであるから室温では安定しないということができ，水和反応の最終生成物は立方晶系の結晶形となる。温度が高い場合はこのプロセスが加速される。高い温度にさらされる期間が断続的であれば，効果は累積的となる[2.18]。したがってこれは転移であり，このアルミン酸カルシウム水和物が1つの形態から他の形態へと変化することは避けることができないし，この種の変化はけっして特異な現象ではないということを付け加えておく。

転移の重要性を解説する前に，この反応について簡単に説明しておきたい。CAH_{10}の場合もC_2AH_8の場合も，転移は一方向に進行する。下に例を挙げる。

$$3CAH_{10} \rightarrow C_3AH_6 + 2AH_3 + 18H$$

水は反応の生成物として出現するが，転移は水が存在してこそ起きるのであり，乾燥したコンクリート中では起きないということに注意しなければならない。というのは，再溶解と再沈殿を伴うからなのである。

純セメントペーストに関する限り，25mmより厚い断面内では，水和中のセメント内部の等価相対湿度は環境湿度にかかわりなく100%に達しており，したがって転移できる状況であることが確認されている[2.46]。したがって，周囲の湿度から影響を受けるのは表面に近い部分のコンクリートだけである。

立方晶系の転移生成物であるC_3AH_6は25℃の水酸化カルシウム溶液中では安定しているが，25℃においても，さらに高い温度においても，$Ca(OH)_2$－

CaSO$_4$ の混合溶液と反応して 3CaO．Al$_2$O$_3$．3CaSO$_4$．31H$_2$O を形成する[2.47]。

転移の進行度は，立方晶系の水和物と六方晶系の水和物とを合わせたものに対する，存在する C$_3$AH$_6$ の割合から推定する。すなわち，転移の進行度［％］は次のような式で表される。

$$\frac{C_3AH_6 の質量}{C_3AH_6 の質量 + CAH_{10} の質量} \times 100$$

各化合物の相対質量は，示差熱分析のサーモグラムにおける吸熱ピークの測定値から導き出す。

しかしながら，CO$_2$ のない状況で測定を行うことができない限り，C$_3$AH$_6$ が分解して AH$_3$ になるおそれがある。幸運にも，転移で生成される C$_3$AH$_6$ と AH$_3$ は質量にあまり差がないため，転移の進行度を後者の化合物によって測定することもできる。したがって，転移の進行度［％］を次のように書き表せる。

$$\frac{AH_3 の質量}{AH_3 の質量 + CAH_{10} の質量} \times 100$$

2つの式がまったく同じ結果となるわけではないものの，転移の進行度が大きければその差は大きくない。大部分の研究所で報告する結果は5％以内の差である。およそ85％まで転移したコンクリートは完全に転移したと考えてよい。

転移速度は温度によって左右される。実際のデータをいくつか表-2.9に示す。CAH$_{10}$ の半分が転移するのに要する時間と，水セメント比 0.26 の純粋なアルミナセメントペーストの 13mm 立方体を保管した温度との関係[2.46]は，図-2.5に示す。実際の配合割合で，より多孔質のコンクリートの場合であれば，完全に転移するまでの期間が 20℃前後で 20 年程度であることが分かっているので，この期

表-2.9　材齢に伴う転移の進行[2.51]（版権 Crown）

（自由水/セメント）比の範囲	保管温度［℃］	各材齢における平均転移度［％］				
		28 日	3 ヵ月	1 年	5 年	8.5 年
0.27−0.40	18	20	20	25	30	45
	38	55	85	80	85	90
0.42−0.50	18	20	20	25	40	50
	38	60	80	80	80	90
0.52−0.67	18	20	20	25	50	65
	38	65	80	80	85	90

2.17 アルミナセメントの転移

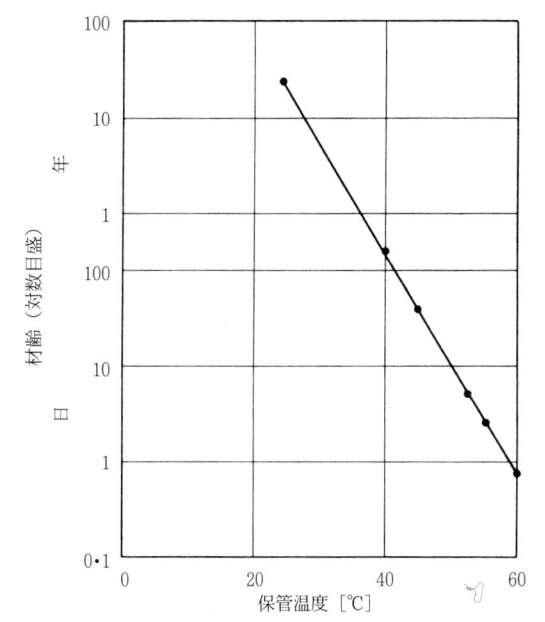

図-2.5 種々の温度で養生された純粋なアルミナセメントペーストの転移率 0.5 になるまでの時間（13 mm 立方体供試体）[2.46]（版権 Crown）

間はずっと短くなると思われる。

　したがって，水セメント比のきわめて低い純粋なセメントペーストに関する資料は，十分慎重に使用しなければならないが，それでもこれらは科学的には重要である。

　転移に関して実施上重要な点は，アルミナセメントコンクリートの強度が損なわれることにある。このことは，アルミン酸カルシウム水和物の密度が上がることから説明することができる。一般的に言って CAH_{10} の密度は $1.72 g/cm^3$ であり，C_3AH_6 の密度は $2.53 g/cm^3$ である。したがって，コンクリート体の全体としての寸法が変わらない状況であれば（凝結したセメントペーストの場合がそうであるように），水の内部放出を伴う転移によってペーストの空げき率が上昇する。その証拠は数多くあるが，とりわけ説得力があるのは，転移したアルミナセメントコンクリートの透気度を測定し，転移していない場合と比較することである[2.48]（図-2.6 を参照）。

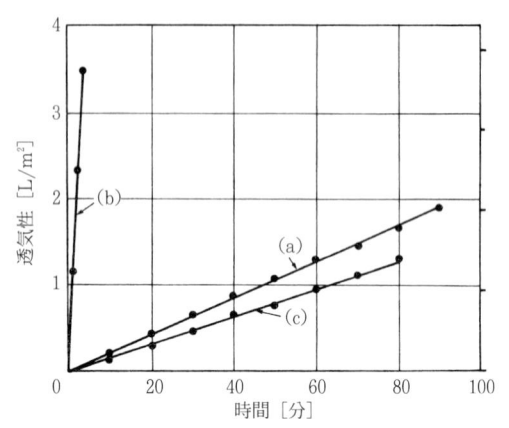

図-2.6 コンクリートの透気性：(a) 転移していないアルミナセメントコンクリート；(b) 転移したアルミナセメントコンクリート；(c) ポルトランドセメントコンクリート（温度 22～24℃，相対湿度 36～41%，圧力差 10.7kPa）[2.48]

　353頁に示すとおり，水和したセメントペーストやコンクリートの強度はその空げき率に大きく左右される。空げき率が5%であれば強度の低下率は30%を超え，強度を50%低下させる空げき率はおよそ8%である。

　アルミナセメントコンクリートの中で起きる転移によって，この程度の大きさの空げき率がコンクリートに発生するのである。

　以上のことから，どのような配合割合のコンクリートやモルタルであっても転移は起きるのであり，高い温度にさらされた場合には強度が損なわれるということができ，また，強度の損失と時間との関係を表す一般的な型はどの場合も変わらないということができる。しかしながら，図-2.7に示すように，損失の程度はコンクリートの水セメント比の関数である。また，配合割合と低下割合は表-2.10に示す。MPaあるいは寒冷養生されたコンクリートの強度に対する割合のどちらで表そうとも，強度の損失は，水セメント比が小さいコンクリートで小さく，水セメント比が大きいコンクリートで大きい[2.33]。

　18℃で保管された場合の強度と水セメント比との関係を表す曲線の形状（図-2.7）は，ポルトランドセメントコンクリートの場合に示される通常の曲線とは異なっている。これはアルミナセメントでつくられたコンクリートに特有の曲線で

2.17 アルミナセメントの転移

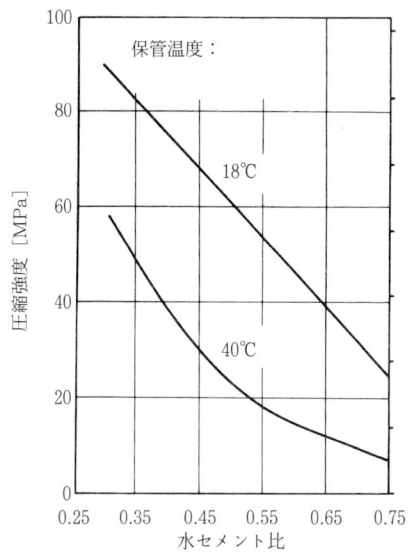

図-2.7 水中で 100 日間 18℃と 40℃で養生されたアルミナセメントコンクリートの立方体供試体強度に及ぼす水セメント比の影響

表-2.10 水セメント比が転移による強度低下に及ぼす影響

セメント	水セメント比	(骨材/セメント)比[*1]	18℃における 1 日強度[*2] [MPa]	転移したコンクリートの強度 [18℃の強度に対する%]
A	0.29	2.0	91.0	62
	0.35	3.0	84.4	61
	0.45	4.0	72.1	26
	0.65	6.2	42.8	12
B	0.30	2.1	92.4	63
	0.35	3.0	80.7	60
	0.45	4.0	68.6	43
	0.65	6.2	37.2	30
	0.75	7.2	24.5	29

*1　骨材の最大寸法 9.5 mm
*2　76 mm 立方体供試体

あり，この点は，標準寸法の円柱供試体でも[2.17]，（高さ/直径）比の異なる円柱供試体でも[2.22]確認されている。

図-2.7 に示された値は標準的な値に過ぎず，セメントによって多少のばらつきが出るのは明らかであるが，どの場合でも挙動の型は同じである。水セメント比が普通かあるいは高め，すなわち 0.5 を超えるような混合物であれば，残存する強度はほとんどすべての構造用に使用できないほど低くなることに注意することが重要である。

アルミナセメントの構造物への使用に関して，その歴史的な背景を簡単に説明しておく。アルミナセメントでつくられたコンクリートは早期強度がきわめて高いため，プレストレストコンクリート部材の製造に用いられた。転移の結果として危険が起きるという Neville の警告[2.33]は無視されたが，それが真実であることが立証された。1970 年代に英国で構造物の破損が起き，その結果，アルミナセメントの構造物への使用は英国の基準からすべて除外された。

他の大部分の国々でも，構造用コンクリートにアルミナセメントは使用されていない。それでもなおスペインで，1990 年代初頭に古いアルミナセメントコンクリートの破損が起きている。

水セメント比が 0.40 以下，単位セメント量が 400kg/m^3 以上であれば，転移後も強度は十分残るという議論は説得力がない。まず第一に，現状を考えてみると，コンクリート製造業者は，指定された水セメント比をたまに 0.05 程度，ときには 0.10 も超えてしまう可能性がないとは言えないからである。そしてこの事実は繰り返し実証されてきたことである[2.49]（915 頁も参照のこと）。転移後のアルミナセメントは，転移前より水セメント比の変化の影響を受けやすくなっていることに注意しなければならない。このことを，George[2.50]の資料に基づいて図-2.8 に示した。

転移した後ある一定の期間湿潤状態に置くと，それまで水和されなかったセメントが水和して強度を多少増加させる。しかしながら，一方新しく形成された六方晶系の水和物が新たに，また継続的に強度を失わせていく。したがって，強度は 24 時間強度を下回るようになる。このことは，水セメント比 0.4 のコンクリートでは材齢 8〜10 年で起き，水セメント比がさらに小さければもっと後でも起きる[2.78]。

2.17 アルミナセメントの転移

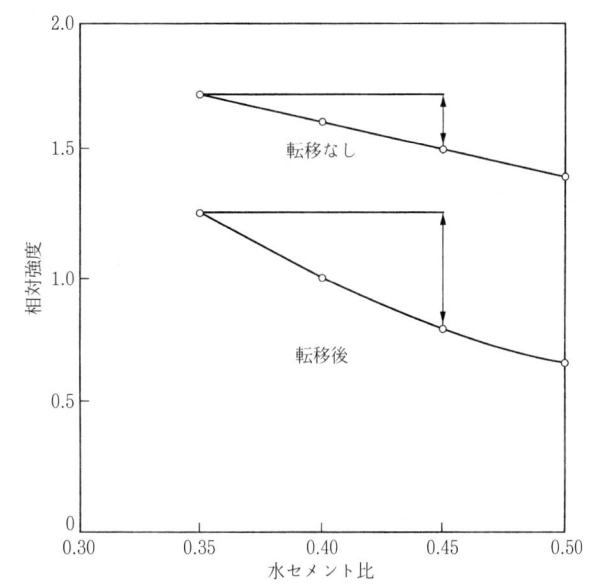

図-2.8 アルミナセメントコンクリートの強度に及ぼす水セメント比の影響，転移の前後，水セメント比 0.4 のコンクリートの転移後の強度に対する相対値（参考文献 2.50 による）

ともかく，構造上の観点から言えば，重大なのは，コンクリートの一生の中のすべての期間における最低強度であり，これが臨界の値である。

乾燥状態であれば強度の損失は少ないが，厚みが相当あるコンクリートであれば内部が乾燥状態になっていることはない。大断面の富配合コンクリートの内部には化学反応に十分な水があるということを示す間接証拠が，Hobbs によって提示されている[2.75]。Hobbs はポルトランドセメントの単位量が 500〜550kg/m^3 のコンクリートを密閉して保管した場合，膨張性のアルカリ・シリカ反応を起こすのに十分な水がそのコンクリート中に含まれていることに気付いたのである。Collins と Gutt[2.78]は，湿潤状態のコンクリート，または時々湿潤状態になるコンクリートは，乾燥したコンクリートと比べると強度が 10〜15 MPa 低いと報告している。偶然濡れたり，例えば消火のために水をかけたりすることは，あらゆる建物にとって時には起こり得ることである。

Collins と Gutt[2.78]が提供したこれらの結果は，建築研究機構が 1964 年に開始

した研究の成果であるが，本質的には Neville が 1963 年に行った主張と推論[2.33]を確認したものである。Menzies[2.84]は，以前の施工基準に記載された勧告を誤りであると述べている。

転移したアルミナセメントコンクリートを構造物に使用することに関する第二の議論は，十分な強度が有った場合でも，転移したアルミナセメントコンクリートは空げき率が高く，したがって転移する前より化学的な作用を受けやすいということである。このことはとりわけ，硫酸塩の作用について当てはまる。硫酸塩のイオンがアルミナセメントコンクリートの外部保護膜を通り抜けると（完全な乾燥の影響も加わって），C_3AH_6 と膨張性反応を起こす[2.79]。硫酸塩に対して不活性なものは転移しない CAH_{10} だけである。

また，化学的作用が後の強度をさらに低下させるかもしれない[2.81]が，それに関連する化学反応には水の存在が必要である。119 頁に述べたとおり，滲み出た水には水酸化ナトリウムや水酸化カリウムが含まれている可能性があり，それが水和生成物の分解に加えて転移を促進させる。二酸化炭素が含まれている場合は炭酸カルシウムが形成され，水酸化アルカリが再生されて水和したセメントペーストにさらに作用を及ぼす[2.82]。ある状況では，アルミン酸カルシウム水和物が完全に分解される可能性がある。これらの反応は次のように書き表される[2.83]。

$$K_2CO_3 + CaO \cdot Al_2O_3 \cdot aq \rightarrow CaCO_3 + K_2O \cdot Al_2O_3$$
$$CO_2 + CaO \cdot Al_2O_3 + aq \rightarrow K_2CO_3 + Al_2O_3 \cdot 3H_2O$$

したがって，アルカリ類は担体にすぎないため，全体の反応は次のように書き表すことができる。

$$CO_2 + CaO \cdot Al_2O_3 \cdot aq \rightarrow CaCO_3 + Al_2O_3 \cdot 3H_2O$$

したがって，アルミナセメントは炭酸化されると言えるが，その性質はポルトランドセメントの場合と異なる（621 頁を参照）。

英国基準では，アルミナセメントを構造物に使用することが認められていない。米国では戦略的道路研究計画[2.37]が，転移の結果を考慮してアルミナセメントコンクリートは検討しないことに決定した。しかしこのセメントには，専門の用途がある。その 1 つは，鉱山で天盤の支持に使用することである。この場合，アルミナセメント，硫酸カルシウム，石灰，および適切な混和材が入った 2-スラリーシステムによって，かなり高い早期強度をもつエトリンガイトができる[2.72]。

$$3CA + 3C\bar{S}H_2 + 2C + 26H \rightarrow C_6A\bar{S}_3H_{32}$$

　Madjumdar 他[2.73]がアルミナセメントと高炉スラグ微粉末の混合セメント（質量の比率が等しいもの）を開発し，転移による問題を防止しようと試みた。スラグが溶液から石灰を取り除いて C_3AH_6 の形成を妨げるため，長期的に形成される主な水和物は C_2ASH_8 となる。しかしそのような混合セメントは，アルミナセメントの明確な特長である，きわめて高い早期強度は発現させない。この混合セメントが市販用に生産されて来なかった理由はここにある。

2.18　アルミナセメントの耐火性

　アルミナセメントコンクリートは主要な耐火材の１つであるが，その性能はすべての温度範囲について把握しておくことが大切である。室温と約500℃の間では，アルミナセメントコンクリートは，ポルトランドセメントコンクリートと比べて，強度の低下量が大きい。その後800℃までは，この２種類のコンクリートは似通っている。しかし約1 000℃を超えると，アルミナセメントは優れた性能を発揮する。図-2.9 に，４種類の異なる骨材でつくられたアルミナセメントコンクリートの挙動を，1 100℃までの温度について示した[2.52]。最低強度は，元の強度の５～26％の間で変動するが，骨材の種類によっては700～1 000℃でセラミック結合が発生するため，強度が高くなる。この結合は，セメントと細骨材との間の固体反応によって発生し，温度の上昇と反応の進行に伴って増大する。

　その結果，アルミナセメントコンクリートはきわめて高い温度に耐えられるようになる。破砕された耐火煉瓦骨材の場合は1 350℃まで，溶融アルミナまたはカーボランダムの場合は1 600℃まで耐えられる。特殊白色アルミン酸カルシウムセメントに溶融アルミナ骨材を混ぜてつくられたコンクリートであれば，1 800℃もの高温に耐えることができる。このセメントは原材料にアルミナを使用してつくられており，Al_2O_3 を70～80％，石灰を20～25％含み，鉄とシリカは約１％しか含んでいない。このセメントの組成は C_3A_5 に似ている。そのようなセメントの値段はきわめて高い。

　アルミナセメントでつくられた耐火コンクリートは酸の作用（例えば，煙道ガス中の酸）に対して抵抗力があるが，化学抵抗性は実は900～1 000℃の火熱で増

第2章　各種のセメント状材料

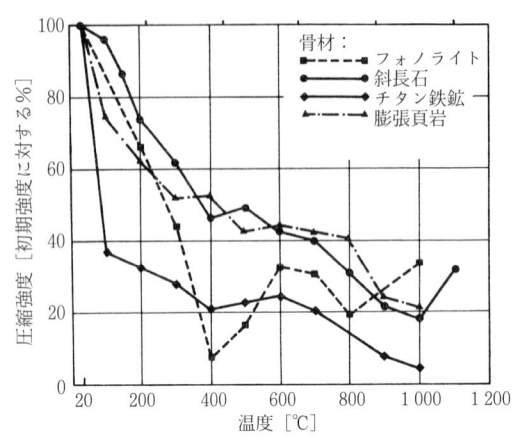

図-2.9　種々の骨材を用いてつくられたアルミナセメントコンクリートの強度（温度を関数として）[2.52]

加したのである[2.16]。このコンクリートは，硬化した後すぐに使用温度環境に置くことができる。すなわち，予備燃焼させる必要がない。耐火れんがを積んでつくられた構造は熱すると膨張するため，膨張目地を必要とするが，アルミナセメントコンクリートは一体に打ち込んで，または突合わせ接合だけで（1〜2mで），要求どおりの形と寸法に成型することができる。その理由は，最初に焼いた時に水が失われることにより，熱した時の熱膨張にほぼ相当する収縮が起きるため，寸法の実質変化量（骨材によって異なるが）は少ないからである。その後，例えば工場の操業停止などで温度が下がると，熱収縮によって突合わせ接合部はわずかに開くが，再加熱すればふたたび閉じる。耐火アルミナセメントコンクリートは相当の熱衝撃に耐えられるということは参考になると思う。耐火性の内張りは，アルミナセメントモルタルを吹付けることによってつくることができる。

　およそ950℃までの高温が予想される場合の断熱目的に対しては，アルミナセメントと軽量骨材を使って軽量コンクリートをつくることができる。そのようなコンクリートの密度は500〜1000kg/m^3であり，熱伝導率は0.21〜0.29J/m^2秒℃/mである。

◎参考文献

2.1 U.S. BUREAU OF RECLAMATION, *Concrete Manual*, 8th Edn (Denver, Colorado, 1975).
2.2 H. WOODS, Rational development of cement specifications, *J. Portl. Cem. Assoc. Research and Development Laboratories*, **1**, No. 1, pp. 4–11 (Jan. 1959).
2.3 W. H. PRICE, Factors influencing concrete strength, *J. Amer. Concr. Inst.*, **47**, pp. 417–32 (Feb. 1951).
2.4 H. F. GONNERMAN and W. LERCH, Changes in characteristics of portland cement as exhibited by laboratory tests over the period 1904 to 1950, *ASTM Sp. Publ. No. 127* (1951).
2.5 A. NEVILLE, Cementitious materials – a different viewpoint, *Concrete International*, **16**, No. 7, pp. 32–3 (1994).
2.6 F. M. LEA, *The Chemistry of Cement and Concrete* (London, Arnold, 1970).
2.7 R. H. BOGUE, Portland cement, *Portl. Cem. Assoc. Fellowship Paper No. 53*, pp. 411–31 (Washington DC, August 1949).
2.8 S. GOÑI, G. ANDRADE and C. L. PAGE, Corrosion behaviour of steel in high alumina cement mortar samples: effect of chloride, *Cement and Concrete Research*, **21**, No. 4, pp. 635–46 (1991).
2.9 ACI 225R-91, Guide to the selection and use of hydraulic cements, *ACI Manual of Concrete Practice, Part 1: Materials and General Properties of Concrete*, 29 pp. (Detroit, Michigan, 1994).
2.10 R. W. NURSE, Hydrophobic cement, *Cement and Lime Manufacture*, **26**, No. 4, pp. 47–51 (London, July 1953).
2.11 U. W. STOLL, Hydrophobic cement, *ASTM Sp. Tech. Publ., No. 205*, pp. 7–15 (1958).
2.12 J. BENSTED, An investigation of the early hydration characteristics of some low alkali Portland cements, *Il Cemento*, **79**, No. 3, pp. 151–8 (July 1992).
2.13 T. W. PARKER, La recherche sur la chimie des ciments au Royaume-Uni pendant les années d'après-guerre, *Revue Génerale des Sciences Appliquées*, **1**, No. 3, pp. 74–83 (1952).
2.14 H. LAFUMA, Quelques aspects de la physico-chimie des ciments alumineux, *Revue Génerale des Sciences Appliquées*, **1**, No. 3, pp. 66–74.
2.15 F. M. LEA, *Cement and Concrete*, Lecture delivered before the Royal Institute of Chemistry, London, 19 Dec. 1944 (Cambridge, W. Heffer and Sons, 1944).
2.16 A. V. HUSSEY and T. D. ROBSON, High-alumina cement as a constructional material in the chemical industry, *Symposium on Materials of Construction in the Chemical Industry*, Birmingham, Soc. Chem. Ind., 1950.
2.17 A. M. NEVILLE, Tests on the strength of high-alumina cement concrete, *J. New Zealand Inst. E.*, **14**, No. 3, pp. 73–6 (March 1959).
2.18 A. M. NEVILLE, The effect of warm storage conditions on the strength of concrete made with high-alumina cement, *Proc. Inst. Civ. Engrs.*, **10**, pp. 185–92 (London, June 1958).
2.19 E. W. BENNETT and B. C. COLLINGS, High early strength concrete by means of very fine Portland cement, *Proc. Inst. Civ. Engrs.*, pp. 1–10 (July 1969).
2.20 H. UCHIKAWA, S. UCHIDA, K. OGAWA and S. HANEHARA, Influence of the amount, state and distribution of minor constituents in clinker on the color of white cement, *Il Cemento*, **3**, pp. 153–68 (1986).
2.21 AMERICAN PETROLEUM INSTITUTE *Specification of Oil-Well Cements and Cement*

Additives, 20 pp. (Dallas, Texas, 1992).
2.22 A. M. NEVILLE and H. KENINGTON, Creep of aluminous cement concrete, *Proc. 4th Int. Symp. on the Chemistry of Cement*, pp. 703–8 (Washington DC, 1960).
2.23 K. KOHNO and K. ARAKI, Fundamental properties of stiff consistency concrete made with jet cement, *Bulletin of Faculty of Engineering, Tokushima University*, **10**, Nos 1 and 2, pp. 25–36 (1974).
2.24 RILEM DRAFT RECOMMENDATIONS TC FAB-67, Test methods for determining the properties of fly ash and of fly ash for use in building materials, *Materials and Structures*, **22**, No. 130, pp. 299–308 (1989).
2.25 F. SYBERTZ, Comparison of different methods for testing the pozzolanic activity of fly ashes, in *Fly Ash, Silica Fume, Slag, and Natural Pozzolans in Concrete*, Vol. 1, Ed. V. M. Malhotra, ACI SP-114, pp. 477–97 (Detroit, Michigan, 1989).
2.26 P. K. MEHTA, Rice husk ash – a unique supplementary cementing material, in *Advances in Concrete Technology*, Ed. V. M. Malhotra, Energy, Mines and Resources, MSL 92-6(R) pp. 407–31 (Ottawa, Canada, 1992).
2.27 D. M. ROY, Hydration of blended cements containing slag, fly ash, or silica fume, *Proc. of Meeting Institute of Concrete Technology*, Coventry, 29 pp. (29 April–1 May 1987).
2.28 F. MAZLUM and M. UYAN, Strength of mortar made with cement containing rice husk ash and cured in sodium sulphate solution, in *Fly Ash, Silica Fume, Slag, and Natural Pozzolans in Concrete*, Vol. 1, Ed. V. M. Malhotra, ACI SP-132, pp. 513–31 (Detroit, Michigan, 1993).
2.29 P. DUTRON, Present situation of cement standardization in Europe, *Blended Cements*, Ed. G. Frohnsdorff, *ASTM Sp. Tech. Publ. No. 897*, pp. 144–53 (Philadelphia, 1986).
2.30 G. E. MONFORE and G. J. VERBECK, Corrosion of prestressed wire in concrete, *J. Amer. Concr. Inst.* **57**, pp. 491–515 (Nov. 1960).
2.31 E. BURKE, Discussion on comparison of chemical resistance of supersulphated and special purpose cements, *Proc. 4th Int. Symp. on the Chemistry of Cement*, pp. 877–9 (Washington DC, 1960).
2.32 P. LHOPITALLIER, Calcium aluminates and high-alumina cement, *Proc. 4th Int. Symp. on the Chemistry of Cement,* pp. 1007–33 (Washington DC, 1960)
2.33 A. M. NEVILLE, A study of deterioration of structural concrete made with high-alumina cement, *Proc. Inst. Civ. Engrs*, **25**, pp. 287–324 (London, July 1963).
2.34 U.S. BUREAU OF RECLAMATION, *Concrete Manual*, 5th Edn (Denver, Colorado, 1949).
2.35 AGRÉMENT BOARD, Certificate No. 73/170 for Swiftcrete ultra high early strength cement (18 May 1973).
2.36 E. W. BENNETT and D. R. LOAT, Shrinkage and creep of concrete as affected by the fineness of Portland cement, *Mag. Concr. Res.*, **22**, No. 71, pp. 69–78 (1970).
2.37 STRATEGIC HIGHWAY RESEARCH PROGRAM, *High Performance Concretes: A State-of-the-Art Report*, NRC, SHRP-C/FR-91-103, 233 pp. (Washington DC, 1991).
2.38 C. J. LYNSDALE and J. G. CABRERA, Coloured concrete: a state of the art review, *Concrete*, **23**, No. 1, pp. 29–34 (1989).
2.39 E. DOUGLAS and V. M. MALHOTRA, *A Review of the Properties and Strength Development of Non-ferrous Slags and Portland Cement Binders*, CANMET Report, No. 85-7E, 37 pp. (Canadian Govt Publishing Centre, Ottawa, 1986).
2.40 S. M. BUSHNELL-WATSON and J. H. SHARP, On the cause of the anomalous setting behaviour with respect to temperature of calcium aluminate cements, *Cement and Concrete Research*, **20**, No. 5, pp. 677–86 (1990).

2.41 E. DOUGLAS, A. BILODEAU and V. M. MALHOTRA, Properties and durability of alkali-activated slag concrete, *ACI Materials Journal*, **89**, No. 5, pp. 509–16 (1992).
2.42 D. W. QUINION, Superplasticizers in concrete – a review of international experience of long-term reliability, *CIRIA Report 62*, 27 pp. (London, Construction Industry Research and Information Assoc., Sept. 1976).
2.43 ACI 517.2R-87, (Revised 1992), Accelerated curing of concrete at atmospheric pressure – state of the art, *ACI Manual of Concrete Practice Part 5 – 1992: Masonry, Precast Concrete, Special Processes*, 17 pp. (Detroit, Michigan, 1994).
2.44 E. ZIELINSKA, The influence of calcium carbonate on the hydration process in some Portland cement constituents ($3Ca.Al_2O_3$ and $4CaO.Al_2O_3.Fe_2O_3$), *Prace Instytutu Technologii i Organizacji Produkcji Budowlanej*, No. 3 (Warsaw Technical University, 1972).
2.45 G. M. IDORN, The effect of slag cement in concrete, *NRMCA Publ. No. 167*, 10 pp. (Maryland, USA, April 1983).
2.46 H. G. MIDGLEY, The mineralogy of set high-alumina cement, *Trans. Brit. Ceramic Soc.*, **66**, No. 4, pp. 161–87 (1967).
2.47 A. KELLEY, Solid–liquid reactions amongst the calcium aluminates and sulphur aluminates, *Canad. J. Chem.*, **38**, pp. 1218–26 (1960).
2.48 H. MARTIN, A. RAUEN and P. SCHIESSL, Abnahme der Druckfestigkeit von Beton aus Tonerdeschmelzzement, *Aus Unseren Forschungsarbeiten*, **III**, pp. 34–7 (Technische Universität München, Inst. für Massivbau, Dec. 1973).
2.49 A. M. NEVILLE in collaboration with P. J. Wainwright, *High-alumina Cement Concrete*, 201 pp. (Lancaster, Construction Press, Longman Group, 1975).
2.50 C. M. GEORGE, Manufacture and performance of aluminous cement: a new perspective, *Calcium Aluminate Cements*, Ed. R. J. Mangabhai, Proc. Int. Symp., Queen Mary and Westfield College, University of London, pp. 181–207 (London, Chapman and Hall, 1990).
2.51 D. C. TEYCHENNÉ, Long-term research into the characteristics of high-alumina cement concretes, *Mag. Concr. Res.*, **27**, No. 91, pp. 78–102 (1975).
2.52 N. G. ZOLDNERS and V. M. MALHOTRA, Discussion of reference 2.33, *Proc. Inst. Civ. Engrs*, **28**, pp. 72–3 (May 1964).
2.53 J. AMBROISE, S. MARTIN-CALLE and J. PÉRA, Pozzolanic behaviour of thermally activated kaolin, in *Fly Ash, Silica Fume, Slag, and Natural Pozzolans in Concrete*, Vol. 1, Ed. V. M. Malhotra, ACI SP-132, pp. 731–48 (Detroit, Michigan, 1993).
2.54 W. H. DUDA, *Cement-Data-Book*, **2**, 456 pp. (Berlin, Verlag GmbH, 1984).
2.55 K. W. NASSER and H. M. MARZOUK, Properties of mass concrete containing fly ash at high temperatures, *J. Amer. Concr. Inst.*, **76**, No. 4, pp. 537–50 (April 1979).
2.56 ACI 3R-87, Ground granulated blast-furnace slag as a cementitious constituent in concrete, *ACI Manual of Concrete Practice, Part 1: Materials and General Properties of Concrete*, 16 pp. (Detroit, Michigan, 1994).
2.57 T. NOVINSON and J. CRAHAN, Lithium salts as set accelerators for refractory concretes: correlation of chemical properties with setting times, *ACI Materials Journal*, **85**, No. 1, pp. 12–16 (1988).
2.58 J. DAUBE and R. BAKKER, Portland blast-furnace slag cement: a review, *Blended Cements*, Ed. G. Frohnsdorff, *ASTM Sp. Tech. Publ. No. 897*, pp. 5–14 (Philadelphia, 1986).
2.59 G. FRIGIONE, Manufacture and characteristics of Portland blast-furnace slag cements, *Blended Cements*, Ed. G. Frohnsdorff, *ASTM Sp. Tech. Publ. No. 897*, pp. 15–28

(Philadelphia, 1986).
2.60 M. N. A. SAAD, W. P. DE ANDRADE and V. A. PAULON, Properties of mass concrete containing an active pozzolan made from clay, *Concrete International*, **4**, No. 7, pp. 59–65 (1982).
2.61 K. KOHNO et al., Mix proportion and compressive strength of concrete containing extremely finely ground silica, *Cement Association of Japan*, No. 44, pp. 157–80 (1990).
2.62 B. P. HUGHES, PFA fineness and its use in concrete, *Mag. Concr. Res.*, **41**, No. 147, pp. 99–105 (1989).
2.63 W. H. PRICE, Pozzolans – a review, *J. Amer. Concr. Inst.*, **72**, No. 5, pp. 225–32 (1975).
2.64 ACI 3R-87, Use of fly ash in concrete, *ACI Manual of Concrete Practice, Part 1: Materials and General Properties of Concrete*, 29 pp. (Detroit, Michigan, 1994).
2.65 Y. EFES and P. SCHUBERT, Mörtel- und Betonversuche mit einem Schnellzement, *Betonwerk und Fertigteil-Technik*, No. 11, pp. 541–5 (1976).
2.66 P.-C. AÏTCIN, Ed., *Condensed Silica Fume*, Faculté de Sciences Appliquées, Université de Sherbrooke, 52 pp. (Sherbrooke, Canada, 1983).
2.67 ACI COMMITTEE 226, Silica fume in concrete: Preliminary report, *ACI Materials Journal*, **84**, No. 2, pp. 158–66 (1987).
2.68 D. G. PARKER, Microsilica concrete, Part 2: in use, *Concrete*, **20**, No. 3, pp. 19–21 (1986).
2.69 V. M. MALHOTRA, G. G. CARRETTE and V. SIVASUNDARAM, Role of silica fume in concrete: a review, in *Advances in Concrete Technology*, Ed. V. M. Malhotra, Energy, Mines and Resources, MSL 92-6(R) pp. 925–91 (Ottawa, Canada, 1992).
2.70 M. D. COHEN, Silica fume in PCC: the effects of form on engineering performance, *Concrete International*, **11**, No. 11, pp. 43–7 (1989).
2.71 K. H. KHAYAT and P. C. AÏTCIN, Silica fume in concrete – an overview, in *Fly Ash, Silica Fume, Slag, and Natural Pozzolans in Concrete*, Vol. 2, Ed. V. M. Malhotra, ACI SP-132, pp. 835–72 (Detroit, Michigan, 1993).
2.72 S. A. BROOKS and J. H. SHARP, Ettringite-based cements, *Calcium Aluminate Cements*, Ed. R. J. Mangabhai, Proc. Int. Symp., Queen Mary and Westfield College, University of London, pp. 335–49 (Chapman and Hall, London, 1990).
2.73 A. J. MAJUMDAR, R. N. EDMONDS and B. SINGH, Hydration of calcium aluminates in presence of granulated blastfurnace slag, *Calcium Aluminate Cements*, Ed. R. J. Mangabhai, Proc. Int. Symp., Queen Mary and Westfield College, University of London, pp. 259–71 (Chapman and Hall, London, 1990).
2.74 V. S. RAMACHANDRAN, Ed., *Concrete Admixtures Handbook: Properties, Science and Technology*, 626 pp. (New Jersey, Noyes Publications, 1984).
2.75 D. W. HOBBS, *Alkali–Silica Reaction in Concrete*, 183 pp. (London, Thomas Telford, 1988).
2.76 M. COLLEPARDI, G. BALDINI and M. PAURI, The effect of pozzolanas on the tricalcium aluminate hydration, *Cement and Concrete Research*, **8**, No. 6, pp. 741–51 (1978).
2.77 F. MASSAZZA and U. COSTA, Aspects of the pozzolanic activity and properties of pozzolanic cements, *Il Cemento*, **76**, No. 1, pp. 3–18 (1979).
2.78 R. J. COLLINS and W. GUTT, Research on long-term properties of high alumina cement concrete, *Mag. Concr. Res.*, **40**, No. 145, pp. 195–208 (1988).
2.79 N. J. CRAMMOND, Long-term performance of high alumina cement in sulphate-bearing environments, *Calcium Aluminate Cements*, Ed. R. J. Mangabhai, Proc. Int. Symp., Queen Mary and Westfield College, University of London, pp. 208–21 (London, Chapman and Hall, 1990).
2.80 D. J. COOK, R. P. PARMA and S. A. DAMER, The behaviour of concrete and cement

paste containing rice husk ash, *Proc. of a Conference on Hydraulic Cement Pastes: Their Structure and Properties*, pp. 268–82 (London, Cement and Concrete Assoc., 1976).
2.81 T. D. ROBSON, The characteristics and applications of mixtures of Portland and high-alumina cements, *Chemistry and Industry*, No. 1, pp. 2–7 (London, 5 Jan. 1952).
2.82 BUILDING RESEARCH ESTABLISHMENT, Assessment of chemical attack of high alumina cement concrete, *Information Paper, IP 22/81*, 4 pp. (Watford, England, Nov. 1981).
2.83 F. M. LEA, Effect of temperature on high-alumina cement, *Trans. Soc. Chem.*, **59**, pp. 18–21 (1940).
2.84 J. B. MENZIES, Hazards, risks and structural safety, *Structural Engineer*, **10**, No. 21, pp. 357–63 (1995).

第 3 章　骨材の性質

　骨材はコンクリートの体積の 4 分の 3 以上を占めることから，コンクリートにとって骨材の品質はたいへん重要である。不適切な品質の骨材を用いると健全なコンクリートをつくることができないことから，骨材はコンクリートの強度を制約するばかりではなく，コンクリートの耐久性と構造上の性能に対して多大な影響を及ぼす。

　骨材は当初，主として経済的な理由からセメントペースト体の中に分散させる不活性の材料であると考えられていた。しかし逆の見方をすれば，石造物を建設する石積みの時のように，セメントペーストで結合し一体化させる建設材料として骨材を考えることもできる。骨材は実際には真に不活性というわけではなく，その物理的，熱的，また時には化学的性質によってコンクリートの性能に影響を及ぼす。

　骨材はセメントより安価であるため，前者をできるだけ多く，後者をできるだけ少なく混合物に入れるのが経済的である。しかし，骨材を用いる理由は経済のみではない。骨材がコンクリートに与える技術上の利点は大きく，水和セメントペーストのみの場合より構造体を安定させ，耐久性を向上させる。

3.1　骨材の一般的分類

　コンクリートで使用する骨材の断面寸法は，数十 mm から 0.1mm 未満までの間である。実際に使用される骨材の最大寸法は一様ではないが，どの混和物中においてもさまざまな寸法の粒子が含まれており，それら粒径の分布を粒度と呼ぶ。低品質のコンクリートをつくる際に，最大から最小までのあらゆる寸法の粒子が含まれる堆積層から骨材を採取することがあるが，これは包括（all-in）骨材ま

たはピット-ラン（pit-run）骨材と呼ばれている。高品質コンクリートの製造に常に用いられるもう1つの方法は，2つ以上の寸法区分に分けた骨材を入手することである。主な区分は，砂と呼ばれることの多い（例えば BS 882:1992 において）5mm 以下の細骨材と，5 mm 以上の材料からなる粗骨材である。米国では，寸法 4.75mm の，ASTM No.4 ふるい，を使って区分している（表-3.14 参照）。粒度については後で詳しく説明するが，上記のような基本的区分を行うことにより，今後は細骨材と粗骨材という区分を使って説明することができる。砂に対する粗骨材のことを言うときに骨材（aggregate）という用語を用いるのは正しくないことに注意しなければならない。

一般に，天然砂は $70\,\mu\mathrm{m}$ または $60\,\mu\mathrm{m}$ が下限の寸法とされている。$60\,\mu\mathrm{m}$ から $2\,\mu\mathrm{m}$ の間にある材料はシルトと分類され，さらに小さい粒子が粘土と呼ばれる。ロームは，ほぼ同じ割合の砂，シルト，および粘土で構成された柔らかい堆積物である。一般に有害物質として $75\,\mu\mathrm{m}$ 未満の粒子の含有率が報告されるが，そのうちのシルトと粘土とでは粒径ばかりか組織も異なるため，コンクリートの性質に及ぼす影響は大きく異なっていることが多い。$75\,\mu\mathrm{m}$ 未満の材料と $20\,\mu\mathrm{m}$ 未満の材料の含有割合を測定する方法は，BS 812:Section 103.1:1985 および BS 812:Section 103.2:1989 に規定されている。

すべての天然骨材粒子は，もともと大きな母岩の一部を形成していた。これが，風化や浸食という自然の作用や人工的な破砕作業によって粉々にされたのである。したがって，骨材の多くの性質はもっぱら母岩の特性，例えば，化学組成，鉱物質組成，岩石的特性，密度，硬度，強度，化学的物理的安定性，細孔構造，および色彩，によって決まってくる。反面，骨材がもっている特性で母岩にはなかったものもあり，これらは，粒子の形状と寸法，表面組織，および吸水性である。これらの性質はすべて，コンクリートがフレッシュな状態でも硬化した状態でもその品質にかなりの影響を及ぼす。

しかし，これら多様な骨材の特性をそれ自体として調べることは可能であるものの，良い骨材の定義としては，ただ良いコンクリート（与えられた状況下で）をつくることのできる骨材だということしか言えない。一方，すべての性質が要求を満足していることがわかっている骨材であれば必ず良いコンクリートをつくることができるのであるが，逆は必ずしも真ではない。すなわち，コンクリート

の性能によって判断する必要がある理由はそこにあるのである．とくに，ある点で不満足に見える骨材であっても，コンクリート中に使用された時には必ずしも問題になるとは限らないことが判明している．例えば，凍結すると崩壊する可能性がある骨材は，コンクリート中に埋め込まれている場合，とくに骨材粒子が透水率の低い水和セメントペーストに十分包み込まれている場合であれば，必ずしも崩壊するとは限らないのである．しかし，複数の点で不満足と見なされた骨材では十分満足のいくコンクリートができる可能性は低いため，骨材単独の試験は，コンクリート中での使用の適合性を判断する参考となる．

3.2 天然骨材の分類

ここまで，天然に発生する材料からつくられた骨材だけを考察してきた．そして本章で扱うのはほとんどこの種の骨材のみである．しかし，骨材は工業製品から製造することもできる．このような人工骨材は一般に普通の骨材より重いかあるいは軽いため，これについては第13章で論じることにする．廃棄物からつくる骨材については858頁に述べる．

さらに，自然の作用によって現寸法まで小さくされた骨材と，岩を故意に破砕して得られた破砕骨材とを区別することもできる．

破砕された骨材か自然に寸法が小さくなった骨材かにかかわらず，岩石学の観点から，骨材は共通特性をもったいくつかの岩石グループに分けることができる．

BS 812:Part 1:1975 による分類がもっとも便利であるため，これを表-3.1に示す．このグループによる分類は，コンクリートつくりにいずれかの骨材が適していることを暗示しているものではない．適さない材料はどのグループにも含まれているが，中にはほかより良い結果が得られる傾向にあるグループもある．また，骨材には多くの商品名や慣例的な呼称が用いられているが，これらの名称は岩石学上の正しい分類と一致しないことが多いことも憶えておくべきである．骨材によく使用される岩石の種類は BS 812:Part 102:1989 に掲載され，また BS 812:Part 104:1994 には岩石学の検査方法が規定されている．

ASTM基準C 294-86（1991年に再承認）には，骨材中に含まれる，より一般的または重要な鉱物がいくつか説明されている．

第3章 骨材の性質

表-3.1 岩石の種類による天然骨材の分類 (BS 812:Part 1:1975)

玄武岩グループ	フリント（火打石）グループ	斑レイ岩グループ
安山岩	チャート	塩基性閃緑岩
玄武岩	フリント（火打石）	塩基性片麻岩
塩基性斑岩		斑レイ岩
輝緑岩		ホルンブレンド岩
テララィトやテッシェン岩を含む種々の粗粒玄武岩		ノーライト
		カンラン岩
変閃緑岩		ピクライト
コウ斑岩		蛇紋岩
石英粗粒玄武岩		
変質玄武岩		

花崗岩グループ	グリット（粗粒砂岩）グループ	ホルンフェルスグループ
片麻岩	（砕屑状火山岩を含む）	大理石を除くすべての種類の接触変成岩
花崗岩	花崗砂岩	
花崗閃緑岩	硬砂岩	
白粒岩	グリット（粗粒砂岩）	
ペグマタイト	砂岩	
石英閃緑岩	凝灰岩	
閃長岩		

石灰岩グループ	斑岩グループ	珪岩グループ
ドロマイト（白雲岩）	半花崗岩	ガニスター
石灰岩	石英安山岩	珪岩質砂岩
大理石	珪長岩	再結晶した珪岩
	文象斑岩	
	ケラトファイアー	
	マイクログラナイト	
	斑岩	
	石英斑岩	
	流紋岩	
	粗面岩	

片岩グループ
千枚岩
片岩
粘板岩
激しくせん断作用を受けたすべての岩石

鉱物学の分類は骨材の性質を理解する上では役に立つが，あらゆる場合に望ましいような鉱物も常に望ましくない鉱物も存在しないため，コンクリート中における性能を予測するための基盤とはなり得ない。ASTMによる鉱物の分類を下にまとめておく。

　シリカ鉱物（石英，オパール，玉髄，鱗石英，クリストバライト）
　擬正長石
　苦鉄質鉱物
　雲母質鉱物
　粘土鉱物
　沸石（ゼオライト）
　炭酸塩鉱物
　硫酸塩鉱物
　硫化鉄鉱物
　酸化鉄

岩石学的および鉱物学的分類方法の詳細は本書の範囲外であるが，骨材を地質学的に調査することは骨材の品質評価上，とりわけ新しい骨材を使用実績のある骨材と比較する際に，有用な補助手段となる。さらに，形態が不安定なシリカが存在することなど，不都合な性質を探知することができる。少量の鉱物や岩石でも骨材の品質に大きな影響を与えることがあるのである。加工骨材の場合，製造方法と加工による影響も調べることができる。コンクリート用骨材に関する詳細は参考文献の 3.38 に記載されている。

3.3　骨材試料の採取

骨材の各種性質の試験は材料の試料を使って行わざるをえないため，試験結果は厳密に言うと試料中の骨材についてのみ当てはまる。しかし，われわれの関心の対象は供給された，または供給を受けることのできる大量の骨材であるから，試料が骨材の平均的な性質をよく示すものとなるよう留意しなければならない。そのような試料は代表的であるといわれ，手に入れるためには試料の調達に際して一定の対策をとる必要がある。

第3章 骨材の性質

しかし，現場で試料を採取する時の状態や状況はそのときどきで異なるため，詳細な手順を述べるのは不可能である。それでもなお，有能な試験担当者が常に留意して，試料が調査対象である材料の大部分を代表するものとなるよう心がけていれば，信頼性の高い結果を得ることができるであろう。そのような注意の一例としては，ショベルがもち上げられたときに一部の寸法の粒子が転がり落ちることの影響を防ぐため，ショベルよりはむしろスコップを使用するということが挙げられる。

試験用の試料は，全体の中のさまざまな箇所から取り出した数多くの局部試料を加えたものである。インクリメント試料と呼ばれるこれらの局部試料の最小数は10であり，またそれらを全部合わせて，表-3.2に示す量（種々の寸法の粒子に対してBS 812:Part 102:1989によって規定されている）以上にしなければならない。しかし，試料を採取する源試料が変動しやすかったり，材料分離している場合には，インクリメント試料をさらに数多く採取し，より大きい試料にして試験用に送らなければならない。

表-3.2 試験用の試料の最小量 （BS 812:Part 102:1989）

（十分な量の）試料の中に在る骨材の最大寸法 [mm]	試験のために送り出される試料の最小量 [kg]
28以上	50
5から28まで	25
5以下	13

とくに，インクリメント試料を貯蔵山から採取する場合には，山のすべての部分から，すなわち表面のすぐ下だけではなく山の中央部分からも試料を取り出さなければならない。

表-3.2によって，とくに寸法の大きい骨材を使用する場合には，試験用の試料はかなり多くなることがわかる。したがって，試験を行う前には試料を縮分しなければならない。縮分の各段階においては試料の代表的な性質は保持されることが保証される必要がある。そうすることによって，実際に試験する試料が試験用の試料と同じ性質をもつことができ，結果的に骨材の源試料と同じ性質となる

試料の大きさを縮分する方法には四分法と試料分取器による方法の2通りがあ

3.3 骨材試料の採取

り,基本的にどちらも試料を2分割する方法である。四分法の場合は試験用の試料を完全に混ぜ合わせ,細骨材の場合は材料分離を防ぐために湿らせる。その材料を円錐形に積み上げた後,切り返して新たな円錐形をつくる。これを2度繰り返すが,材料は常に円錐の先端に堆積されるため,粒子の落下が円周に沿って均等に配分される。最終的な円錐は平らにならして四分割する。対角にある1組の四半部分を取り除き,残りを新たな試験用の試料にするか,またはそれでもなお大きすぎるようであればさらに四分法で縮分する。試験用の試料には該当する四半部分の中のすべての微粉材料が含まれるように注意しなければならない。

　もう1つの方法として,試料分取器(図-3.1参照)を使って試料を2分する方法がある。これは縦に平行な仕切りがいくつもつくられた箱であるが,各区分は1つ置きに右方向と左方向へと排出するようになっている。試料分取器の幅全体にわたって試料を排出すると,シュートの底の両側にある2つの箱の中へと半量ずつ集められる。半量を処分してもう半量をふたたび試料分取器にかけ,望ましい量の試料になるまでこれを繰り返す。BS 812:Part 102:1989 に標準的な試料分取器の説明がある。試料分取器では四分法よりばらつきの少ない結果を得ることができる。

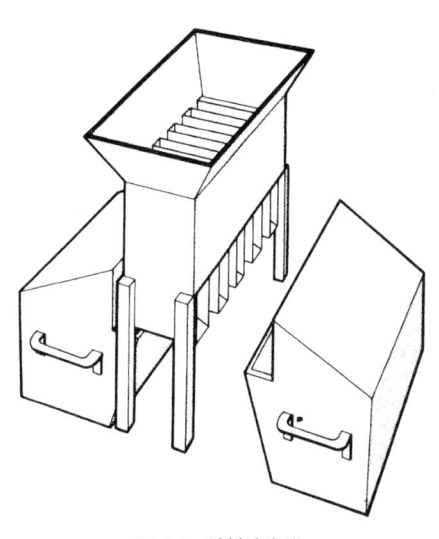

図-3.1　試料分取器

3.4 骨材の形状と表面組織

骨材の岩石学的な種類のほかにその外見的な特徴，とくに粒子の形状と表面組織も重要である。立体の形状を表現するのはかなり難しいため，該当する立体の幾何学的特長をいくつか定義すると便利である。

円磨度は，粒子の辺や角の相対的な鋭さまたは角度の尺度である。円磨度は一般に母岩の強度と耐磨耗性，および粒子が受けたすりへりの量によって決まる。

破砕骨材の場合，粒子の形状を決定するのは母岩の特質だけではなく，破砕機の種類と縮小率，すなわち破砕機に供給した時の寸法と最終製品の寸法との比率，も粒子の形状を左右する。円磨度のおおまかな分類として便利なのは，表-3.3 に示した BS 812:Part 1:1975 による分類である。

米国でかつて使用していた分類は次のようなものである。

　　十分丸みがある　　——元の面が残っていない。

　　丸みがある　　　　——面がほとんどなくなっている。

　　やや丸みがある　　——相当すりへっており，面の大きさが縮小している。

　　やや角ばっている——多少すりへりがみられるが，面には影響がない。

表-3.3　粒形分類とその例（BS 812:Part 1:1975 による）

分　　類	説　　明	例
丸みのある	水によって完全に磨滅された，あるいは磨耗によって完全に形成された	川砂利あるいは海砂利；砂漠砂，海砂および飛砂
不均整の	もともと不均整，あるいは部分的に磨耗によって形成され角が丸くなった	他の砂利；地上のあるいは掘り出された火打石
薄い	厚さが他の2つの寸法と比べて小さい材料	薄層の岩石
角ばった	ほぼ平らな面の交差でつくられた輪郭がはっきりした角をもっている	すべての岩種の砕石；岩屑；スラグ砕石
細長い	一般に角ばっており，長さが他の2つの寸法よりかなり長い材料	—
薄くて細長い	長さが幅よりかなり大きく，幅は厚さよりかなり大きい材料	—

3.4 骨材の形状と表面組織

角ばっている——すりへりがほとんどみられない。

粒径がすべて同じであれば，粒子の詰まり具合の程度は粒子の形状によって左右されるため，規定の方法で詰められた試料中の空げきの割合から骨材の角ばり度（成角）を推定することができる。英国基準 BS 812:Part 1:1975 には角ばり度数という概念が定義されているが，これは基準の方法で骨材を詰めた容器中の実積率［％］を 67 から引いた数として考えることができる。この試験に用いられる粒子の寸法は狭い範囲内で管理されなければならない。

角ばり度数を表す式の中の 67 という数字はもっとも丸みのある砂利の実積率を表しており，したがって角ばり度数は，丸みのある砂利の中に含まれる空げき（すなわち 33）を上回る空げきの割合［％］を表す尺度である。この数字が大きいほど骨材は角ばっており，実際の骨材の範囲は 0〜11 である。角ばり度の試験はほとんど使用されない。

粒径が単一の粗骨材と細骨材の角ばり度の測定法を発展させたものが角ばり度係数であり，規定粒度のガラス球体の実積率に対するゆるく詰まった骨材の実積率の比として定義される[3.41]。

したがって，詰め込むことがないため，それに伴う誤差も排除することができる。細骨材の形状を間接的に推定するさまざまな他の方法が Gaynor と Meininger によって批判的に概説されているが[3.63]，広く受け入れられている方法はない。

骨材の空げき率は，一定量の減圧を行った場合に発生する空気の体積の変化から計算することができ，これをもとに空気の体積，すなわちすき間の空間の容積が計算できる[3.52]。

粒子の形状によって空げき率が異なることの簡単な証拠を，Shergold[3.1]の資料に基づいて図-3.2 から得ることができる。試料は角ばった骨材と丸みのある骨材との 2 種類を種々の割合で含む混合物であるが，丸みのある粒子の割合を増やすと空げき率が減少することがよくわかる。空げきの容積はでき上がったコンクリートの密度に影響を及ぼす。

粗骨材の形状に関するもう 1 つの見方は骨材の球形度であり，これは粒子の体積に対する粒子の表面積の比の関数として定義される。球形度は母岩の層理と劈開に関連し，また粒子を人工的に破砕する場合は破砕装置の種類にも影響を受け

第3章 骨材の性質

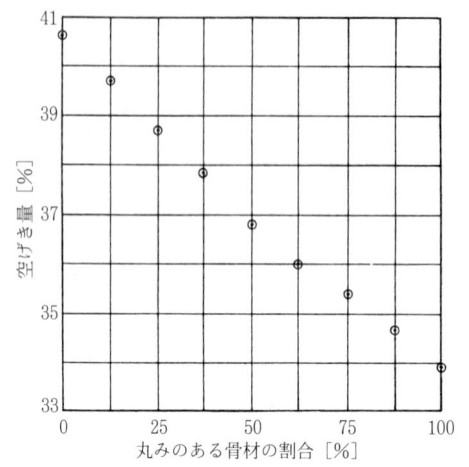

図-3.2 骨材の角張りが空げき量に及ぼす影響[3.1]（版権 Crown）

る。体積に対する表面積の比が大きい粒子はコンクリート混合物の一定のワーカビリティーに対する必要水量を増加させるため，そのような粒子にはとくに注意しなければならない。

一定のワーカビリティーに対する必要水量は角ばった粒子の方が多いため，細骨材粒子の形状が混合物の性質に影響を及ぼすことは確かであるが，形状を測定し表現する客観的な方法は，投影表面積の測定やその他の幾何学的な近似を使った試みがなされて来てはいるものの，いまだに利用できる状態に至っていない。

粗骨材に関する限り，粒子の形状は3次元的に等寸法に近いことが望ましい。なぜならば，そのような形状から大きく逸脱する粒子は表面積が大きく，詰め込む際に異方性となるからである。等寸法の形状から逸脱する2種類の粒子にとくに注意しなければならない：細長い粒子と薄い粒子である。後者はコンクリートの耐久性にも悪影響を及ぼす可能性がある。なぜならば，薄い粒子は1つの面方向に配置方向が決まる傾向がありその下にブリーディング水と空げきが溜まるからである。

試料の全質量に対する薄い粒子の質量割合［％］を薄片度指数と呼んでいる。細長度指数も同様に定義される。一部の粒子は薄く細長いため，両方の範疇に入る。

3.4 骨材の形状と表面組織

　分類は BS 812:Section 105.1:1989 と BS 812:Section 105.2:1990 に記載された簡単な規格を使って行う。区分はかなり恣意的な想定に基づいて行われ，粒子が所属する粒径範囲の平均のふるい寸法の 0.6 倍に満たない厚み（最少寸法）の粒子であれば，その粒子は薄いと見なされる。同様に，該当する粒径範囲の平均のふるい寸法の 1.8 倍を超える長さ（最大寸法）の粒子であれば，その粒子は細長いとされる。ここで，平均の寸法とは，該当する粒子がちょうど留まったふるいの寸法とちょうど通過したふるいの寸法とを算術平均した値のことである。より狭い範囲で寸法を管理する必要があるため，検査のふるいはコンクリート用骨材の標準のものではなく，75.0，63.0，50.0，37.5，28.0，20.0，14.0，10.0，および 6.30mm のふるいである。薄い粒子と細長い粒子の試験は骨材をおおまかに査定するのに役立つが，粒子の形状を適切に表現することはできない。

　細長い粒子が粗骨材の 10〜15%を超えて含まれることは，一般に望ましくないと考えられているが，公式に認められた限度は存在しない。

　英国基準 BS 882:1992 では，粗骨材の薄片度指数を天然砂利の場合で 50，破砕またはある程度まで破砕された粗骨材の場合で 40 に制限している。しかしながら，すりへり作用を受ける表面用にはさらに低い薄片度指数が必要である。

　骨材の表面組織はセメントペーストとの付着に影響を及ぼし，またとくに細骨材の場合，混合物の必要水量にも影響する。

　表面組織の分類は粒子の表面の程度，すなわち，光っている面かまたは曇っている面か，滑らかな面かあるいは粗面か，という点に基づいて行い，粗さの本質についても説明しなければならない。表面組織は母材の，硬度，粒の大きさ，および空げき特性によって決まる（硬く高密度で粒の細かい岩は一般に破面が滑らかになる）が，また表面を滑らかにしたり粗くしたりする粒子表面に働く力の程度によっても決まる。目視による粗さの判断は，きわめて確実だとは思われるが，誤解を少なくするためには表-3.4 に示す BS 812:Part 1:1975 の分類に従うべきである。表面の粗さを測定するための公式に認められた方法はないが，Wright の手法[3.2]はとくに重要である：粒子とそれを埋め込んだ樹脂との間の境界部分を拡大し，一連の弦として描かれた高低のある線の長さと，輪郭の長さとの差を求める。これが粗さの尺度とみなされる。再現可能な結果も得られるが，この方法は手間がかかるためあまり広く用いられてはいない。

第3章　骨材の性質

表-3.4　骨材の表面組織（BS 812:Part 1:1975）とその例

グループ	表面組織	特徴	例
1	ガラス様	貝殻状の断面	黒火打石，ガラス質スラグ
2	滑らか	水による磨滅，または層状の岩石あるいは細かく粒状化された岩石の破壊によって滑らかになっている	砂利，チャート，粘板岩，大理石，いくつかの流紋岩
3	粒状	いくぶん均一な丸い粒を示す断面	砂岩，魚卵岩
4	粗面	目視不可能な結晶成分を含み細粒あるいは中粒からなる岩石の粗断面	玄武岩，珪長岩，斑岩，石灰岩
5	結晶面	目視可能な結晶成分を含む	花崗岩，斑レイ岩，片麻岩
6	蜂の巣状	目視可能な空隙や空洞を含む	れんが，軽石，発泡スラグ，クリンカー，膨張粘土

表-3.5　コンクリートの強度に影響を及ぼす骨材特性の平均相対重要度[3.3]

コンクリートの性質	下記の3つの骨材特性の相対影響度［％］		
	粒形	表面組織	弾性係数
曲げ強度	31	26	43
圧縮強度	22	44	34

注）13種の骨材によってつくられた3種類の配合によって試験を行い，骨材の3つの特性に対して明らかにした。これらの値は，それぞれの特性による分散の総分散に対する比を示す

　もう1つの手法は，調和式の分布範囲と修正された総粗面度係数の分布範囲とを事前に仮定して，フーリエ級数法から値を求めた，形状係数と表面組織係数とを用いる方法である[3.53]。

　ただし，この種の手法が，実施面で問題となるような多様な形状と組織特性をもつ骨材の評価と比較に役立つかどうかは疑問である。ほかにもいくつかの手法がOzolによって概説されている[3.65]。

　骨材の形状と表面組織はコンクリートの強度に少なからぬ影響を及ぼすようである。曲げ強度は圧縮強度より大きく影響を受け，また形状と組織の影響はとりわけ高強度コンクリートにとって著しい。Kaplanのいくつかのデータ[3.3]を表-3.5に取りまとめたが，これは，他の因子が一部考慮されていない可能性があるため，影響の程度を示唆するにとどまっている。コンクリートの強度が発現する際に骨

3.4 骨材の形状と表面組織

材の形状と組織が果たす役割について，すべて分かっているわけではないが，おそらく組織の粗さが粗ければ粒子とセメントマトリックスとの付着力も大きくなるであろう。同様に，角ばった骨材の表面積が大きければ付着力も大きくなるはずである。

細骨材の形状と組織は一定の骨材でつくられた混合物の水量に多大な影響を及ぼす。このような性質が間接的に，細骨材の詰まり具合によって，すなわちゆるく詰められた状態の空げき率によって表現されるなら（165頁参照），必要水量に及ぼす影響はきわめて明確である[3.42]（図-3.3を参照）。粗骨材中の空げきの影響はそれほど明確ではない[3.42]。

粗骨材の薄さと一般的形状とは，コンクリートのワーカビリティーにかなりの影響を及ぼす。Kaplan[3.4]の論文から複写した図-3.4は，粗骨材の角ばり度とその骨材でつくられたコンクリートの締固め係数との関係の型を示したものである。角ばり度が最小から最大へと増加すると締固め係数は0.09ほど減少するが，実施面では2つの係数の間に独自の関係がありえないことは明らかである。なぜならば，骨材のほかの性質もワーカビリティーに影響を及ぼすからである。そして，Kaplanの実験結果[3.4]は表面組織が1つの因子であることを確認していることに

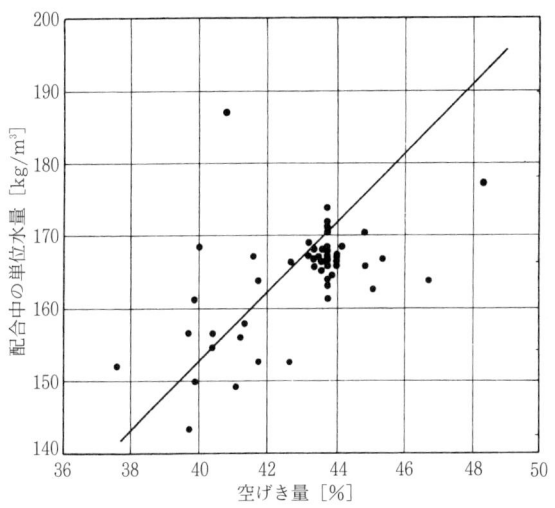

図-3.3 ゆるく詰められた状態の砂の空げき量と，同じ砂を用いてつくられたコンクリートの必要水量との関係[3.42]

第3章　骨材の性質

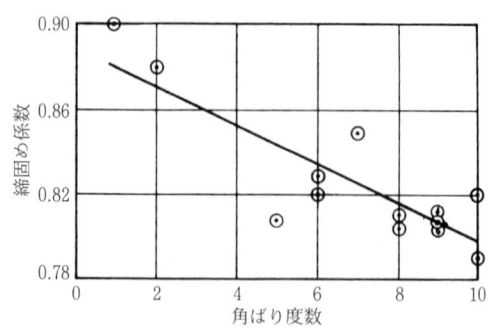

図-3.4　骨材の角ばり度数と同じ骨材を用いてつくられたコンクリートの締固め係数との関係[3.4]

ならない。

3.5　骨材の付着性

　骨材とセメントペーストとの付着性は，コンクリート強度，とりわけ曲げ強度の重要な因子であるが，付着の特質は完全には理解されていない。

　付着性の一部は，骨材と水和セメントペーストとが骨材表面の粗さによってかみ合うことから来る。破砕された粒子のようなより粗い面であれば，力学的にかみ合うため付着性が増す。また柔らかめで多孔質の，鉱物学的に異種混交の粒子を使う場合にも，通常付着性は大きくなる。一般には，粒子の表面が浸透性のない組織特性をもつ場合は良い付着は得られない。さらに付着性は，鉱物組成と化学組成，および粒子表面の静電状態に関連して，骨材のその他の物理的および化学的性質の影響を受ける。

　例えば，石灰岩，白雲石[3.54]，そしておそらくけい酸質骨材の場合であれば，何らかの化学的付着性が存在する可能性があり，また光沢のある粒子の表面には何らかの毛管引力が発生することがある。しかし，これらの現象についてはほとんど分かっておらず，骨材と周りの水和セメントペーストとの間の付着性を予見するには，まだ経験に頼ることが必要である。いずれにせよ十分な付着性を得るためには，骨材の表面は清潔で，粘土粒子などが付着していないことが必要である。

　骨材の付着の質を推定するのはかなり難しく，一般に認められた試験は存在し

ない。一般に付着性が十分であれば，普通強度コンクリート供試体の破面には，穴を残して引出された状態の多くの骨材粒子のほかに完全に割れた粒子も含まれているはずである。しかし，くだけた粒子が多すぎるようであれば，骨材が弱すぎることを意味している。付着強度は水和セメントペーストの強度と骨材表面の性質によって決定されるため，コンクリートの材齢に伴って増大する。水和セメントペーストの強度に対する付着強度の比率は材齢とともに大きくなるようである[3.43]。したがって，十分な付着強度でさえあれば，付着強度それ自体は普通コンクリートの強度における支配的因子ではないと思われる。しかし，高強度コンクリートにおいては，付着強度は水和セメントペーストの引張強度より低くなりがちであるため，付着の優先破壊が起きる。粗骨材が不連続点となって壁効果をもたらすということだけが理由であるとしても，骨材と周囲のセメントペーストとの界面は実に重要なのである。

Barnes他[3.64]は，水酸化カルシウム主体の板が界面と平行に存在し，その後ろにC-S-Hがあることを発見した。また，界面域には，より微細なセメントの粒子が多く，セメントペースト全体と比較して水セメント比も高い。これらの観察は，コンクリート強度を高めるためにシリカフュームが果たす特別な役割の説明となる（829頁参照）。

コンクリートの破壊の問題は第6章で詳細に解説する。

3.6 骨材の強度

個々の粒子の強度とは何かを説明するのは容易ではないが，コンクリートの圧縮強度が，その中に含まれる骨材の主要部分の強度を著しく超えることができないのは明らかである。実際，個々の骨材粒子の破砕強度を試験するのは困難であり，必要な情報は一般に間接試験から得なければならない：それらは，容器に入れた骨材の破砕値，骨材の詰め込みに必要な力，およびコンクリート中における骨材の働きなどである。

後者の骨材の働きの意味は，単にこの試験骨材を使用した過去の経験のことを言ったり，すでに実証済みの骨材で一定の強度をもつことが判明しているコンクリート混合物中にこの試験骨材を入れて試用することを意味している。試験中の

第3章 骨材の性質

骨材がコンクリートの圧縮強度を低下させた場合，またはとくにコンクリート供試体を破砕した時に無数にある個々の骨材粒子が破壊されているように見える場合は，その骨材が混和されたコンクリート混合物の圧縮強度の公称値より骨材の強度の方が低いことになる。明らかに，そのような骨材は強度の低いコンクリートにしか用いることができない。

このことは，例えばアフリカ，南アジア，および南米で広く普及された材料であるラテライトについて言える。この材料から10MPaを超える強度のコンクリートができることはまれである。

骨材自身に，早い時期で壊れるようなことのない強度がある場合であっても，骨材の物理的性質はコンクリート強度にある程度の影響を及ぼすため，骨材の強度が不十分であることは制約条件となる。種々の骨材でつくられた各種コンクリートを比較すると，配合割合がどのようであろうと，またコンクリートの試験が圧縮か引張かにかかわらず，コンクリート強度に対する骨材の影響は質的にいずれも同じであることがわかる[3.5]。コンクリート強度に対する骨材の影響は，骨材の力学的性質だけではなく吸水率と付着特性にも起因している可能性がある。

一般に，骨材の強度と弾性はその組成，組織，および構造によって決まる。したがって，強度が低いのは骨材の構成要素である結晶が弱い場合か，または結晶が強くても結びつきや接合が十分でない場合である。

骨材の弾性係数を測定することはまれであるが，重要でないわけではない。なぜならば，一般にコンクリートの弾性係数は構成要素である骨材の係数が高いほど高いが，ほかの因子にも左右されるからである。骨材の弾性係数は，コンクリートのクリープと収縮の大きさにも影響を及ぼす（558頁参照）。骨材の弾性係数と水和セメントペーストの弾性係数とが大きく異なる場合，骨材とマトリックスとの界面で起きるマイクロクラックの発生に悪影響を及ぼす。

骨材の破砕強度の妥当な平均値はおよそ200MPaであるが，良質な骨材の中にも強度が80MPaまで小さいものもある。記録されたもっとも高い数値の1つは，ある珪岩に関する530MPaである。ほかの岩に関する数値は表-3.6に記載されている[3.6]。骨材の所要強度が通常範囲のコンクリート強度より相当高いことに注意しなければならない。なぜならば，コンクリート中の個々の粒子の界面に起きる実際の応力度は，作用する圧縮応力の公称値をはるかに超えることがある

表-3.6 コンクリート用骨材として一般的に使用されている米国の岩石の圧縮強度[3.6]

岩石の種類	試料の数[*1]	圧縮強度 [MPa]		
		平均[*2]	極端な値を削除した後の値[*3]	
			最大	最小
		MPa	MPa	MPa
花崗岩	278	181	257	114
珪長岩	12	324	526	120
トラップ	59	283	377	201
石灰岩	241	159	241	93
砂岩	79	131	240	44
大理石	34	117	244	51
珪岩	26	252	423	124
片麻岩	36	147	235	94
片岩	31	170	297	91

*1 多くの試料においては，圧縮強度は3〜15個の供試体の平均である
*2 すべての試料の平均
*3 試験をしたすべての試料のうち極端に大きな物あるいは極端に小さな物から10%はその材料の代表値ではないとして削除した

からである。

　反面，強度と弾性係数が中程度または低い骨材を使用することは，コンクリートの損傷を防ぐという利点にもなりうる。骨材が圧縮しやすければ，湿度または温度が原因のコンクリートの体積変化によって発生する水和セメントペースト中の応力を低下させる。したがって，圧縮しやすい骨材はコンクリート中の内部応力を減少させ，反対に，強度と剛性の高い骨材は周囲のセメントペーストにひび割れを起こさせる可能性があるのである。

　各種の骨材の強度と弾性係数との間には一般的な関係は存在しない点に注目してほしい[3.3]。例えば一部の花こう岩は弾性係数が45GPaであり，斑れい岩と輝緑岩の弾性係数は85.5GPaであることが判明している。そしてこれらの岩の強度はすべて145〜170MPaの間にある。弾性係数が160GPaを超える場合もあった。

　岩の成形円柱供試体の圧縮強度を測定する試験はかつて規定されていた。
　しかしそのような方法で行った試験の結果は，岩の中に存在する弱い面の影響

第3章 骨材の性質

を強く受けるが、コンクリート中で使用される場合には岩は細分割されているのでその影響はない。破砕強度試験は本質的に、コンクリート中に使用される骨材の品質というよりは、むしろ母岩の品質を測定するものなのである。そのため、この試験はほとんど使用されない。

ときには岩の湿潤供試体と乾燥供試体の強度で判定することがある。乾燥強度に対する湿潤強度の比率が軟化の影響の尺度であり、これが高い場合は岩の耐久性が低い可能性がある。

骨材全体としての破砕特性に関する試験は BS 812:Part 110:1990 に規定されたいわゆる**破砕値試験**であり、粉末化に対する抵抗性を測定する[3.38]。破砕値は、性能の知られていない骨材を扱う場合でとくに強度の低いことが疑われるようなときには便利な指標である。この破砕値と圧縮強度との間に明白な物理的関係は存在しないが、通常この2つの試験の結果は一致する[3.75]。

破砕値を調べる材料は 14.0mm の試験用ふるいを通過し、10.0mm のふるいに留まらなければならない。ただし、この寸法の材料が手に入らない場合にはほかの寸法の粒子を使うこともできるが、一般に、基準より大きいものは基準寸法の同じ岩で得られる値より破砕値が高く、小さいものは低くなる。試験を行う試料は 100〜110℃の炉で4時間乾燥させた後に円筒形のモールドに入れ、規定の方法で突き固める。その後、骨材の最上部にプランジャーを置き、この装置全体を圧縮試験機にかけて荷重をプランジャーの面積全体に負荷する。荷重は 400kN（22.1MPa の圧力）になるまで、10分間かけてしだいに増加させる。

載荷終了後、モールドから骨材を排出し、14.0 から 10.0mm の基準寸法の試料であれば 2.36mm（No.8 ASTM*）の試験用ふるいにかける。それ以外の寸法の骨材については、BS 812:Part 110:1990 にふるいの寸法が指定されている。小さい方のふるいを通った試料の質量の総質量に対する比率を骨材破砕値と呼ぶ。上に述べた破砕値試験と類似の試験を軽量骨材用に開発する試みが行われてきたが、基準化された試験はまだない。

破砕値試験は比較的弱い骨材、すなわち破砕値が約 25 を超える骨材の強度の変化には感度が悪い。このような比較的弱い骨材は 400kN の荷重が完全に負荷

---

* ふるいの番号については表-3.14を参照のこと。

される前に破砕されて詰まってしまうため,その後の段階で破砕される量が少なくなるからである。同様に,薄い粒子は破砕値が大きくなる[3.38]。上記のような理由から10%破砕荷重試験が導入され,BS 812:Part 111:1990 に記載されている。この試験では,基準の破砕試験の装置を用いて,円筒中に充てんされた14mm〜10mm の粒子から10%の粉末化細粒子をつくり出すのに必要な荷重を決定する。これはプランジャーに荷重を徐々にかけていき,10分後にはおよそ次のような貫入が起きるようにすることによって得ることができる。

　丸みのある骨材の場合は 15mm

　破砕骨材の場合は 20mm

　蜂の巣状骨材(例えば膨張頁岩や発泡スラグ)の場合は 24mm

これらの貫入によって,2.36mm(No.8 ASTM)のふるいを通過する細粒子の割合が 7.5〜12.5%となる。x kN の最大荷重による細粒子の実際の割合が y であるとすれば,10%細粒子を生み出すのに必要な荷重は $14x/(y+4)$ で求められる。

基準の破砕値試験と異なり,この試験で結果の数字が高いことは骨材の強度が高いことを意味することに注意しなければならない。英国基準 BS 882:1992 は,重交通床に使用する骨材の最小10%破砕荷重を 150kN,すりへり作用を受ける面に使用するコンクリートの場合で 100kN,その他のコンクリートに使用する場合は 50kN と定めている。

10%破砕荷重試験は,高強度の骨材においては基準の破砕値試験とかなり良い相関関係を示すが,低強度の骨材の場合は10%破砕荷重試験の方が感度が良く,いくぶん低強度の骨材同士の差異がより真実に近い形で示される。そのため,この試験は軽量骨材の評価に役立つが,試験結果と,その骨材でつくられたコンクリートの強度の上限値との間には特別な関係はない。

3.7　骨材のその他の力学的性質

骨材の力学的性質のいくつかは,とくに骨材を舗道の建設に使用する場合や高度のすりへり作用を受ける場合には重要である。

それらのうちの第一の性質は靭性であるが,これは衝撃による破壊に対する岩

第3章 骨材の性質

石試料の抵抗性として定義することができる。

　この試験は岩石の風化に対する弱点を明らかにするものであるが，使用されていない。

　骨材全体としての衝撃値を判断することも可能であり，このやり方で判断された靭性は破砕値と関連し，実際に代替試験として使用することができる。試験される粒子の寸法は破砕値試験の場合と同じであり，2.36mm（No.8 ASTM）の試験用ふるいより小さい破砕部分の許容値も同じである。衝撃は，基準ハンマーを自重によって円筒容器中の骨材の上に15回落とすことによって与えられる。これにより，骨材の破砕値試験でプランジャーの圧力によって起きるのと同様の細分化が起きる。試験の詳細はBS 812:Part 112:1990に規定されており，またBS 882:1992は次のような最大値を定めている。すなわち，骨材を重交通床に使用する場合は25％，すりへり作用を受ける面に用いるコンクリートに使用する場合は30％，およびその他のコンクリートに使用する場合は45％である。これらの数字は便利な指標とはなるが，破砕値とコンクリート中の骨材の性能すなわちコンクリートの強度との間には相関関係がありえないのは明らかである。

　衝撃値試験の利点の1つは，量の測定を質量ではなく体積で行うなど，多少の修正を加えれば，現場でも実施できる点である。しかし，この試験は基準値を満足していることの確認の目的には不十分であるかもしれない。

　強度と靭性のほか，硬さすなわちすりへりに対する抵抗性が，舗道や往来の多い床面に使用されるコンクリートの重要な性質である。試験をする石を異質の材料でこすること，または石の小片をお互いに磨滅しあうことにより，磨耗による骨材のすりへりを起こすことが可能であるため，多くの試験が存在する。

　一部の石灰岩はすりへりの影響を受けるということを参考にしていただきたい。したがってコンクリート舗道への使用の可否は磨耗試験によって決めるべきである。ほかの点では，石灰岩の骨材はたとえ多孔質であっても満足のいくコンクリートをつくることができる[3.67]。

　岩石供試体の磨耗はもはや測定されることはなく，骨材全体としての試験をする傾向にあるため，骨材粒子の磨耗値試験がBS 812:Part 113:1990に規定されている。14.0mmから10.2mmの骨材粒子から薄い粒子を取り除いたものを単層にして樹脂の中に埋め込む。規定された機械を使い，Leighton Buzzard砂（68

3.7 骨材のその他の力学的性質

頁参照）を規定の速度で継続的に供給しながら研磨ラップ盤を 500 回転させて試料を磨耗させる。骨材の磨耗値は磨耗して失われる質量の割合によって定義されるため，高い値は磨耗抵抗性が低いことを示す。この BS 812:Part 113:1990 は，現在基準案 pr EN 1097－Part 1 として存在する欧州基準に取って代わられるようである。ここでは，いわゆるマイクロ-ドバル係数の測定方法を規定しており，これは，回転ドラム中に入れた 10〜14mm の骨材粒子が研磨と相互摩擦とによって発生するすりへり量を測定する。この係数は，粒子のうち 1.6mm 未満の寸法になって失われた質量の割合［％］を表している。

磨滅（ドバル）試験もまた骨材全体として試験するものであるが，性質が大きく異なる骨材に対して数値では小さな差異しか表れないため，もはや用いられていない。

磨滅と磨耗とを組み合わせた米国式の試験がロサンゼルス試験であるが，骨材がコンクリート中に使用された場合に実際に起きるすりへりとの相関関係ばかりでなく，与えられた骨材でつくられたコンクリートの圧縮強度や曲げ強度との相関関係も十分に示した結果が得られるため，ほかの国々でも頻繁に使われている。この試験では，中に棚のある水平に設置された円筒状のドラムに規定粒度の骨材を入れる。そこに規定量の鋼球を入れ，ドラムを指定された数だけ回転させる。骨材とボールが回転し落下することにより骨材に磨耗と磨滅が起きる。これをすりへり試験と同じ方法で測定する。

ロサンゼルス試験は各種の寸法の骨材で実施することができ，試料と添加された鋼球の質量が適正で回転数が適正であれば得られるすりへりは同じである。ASTM C 131-89 に種々の量が規定されている。しかしロサンゼルス試験は，練混ぜ時間が長引いて磨滅した細骨材の挙動を査定することには適していない；おそらく石灰石の細骨材は，このような作用を受けやすい材料の 1 つであろう。そのため未知の細骨材に対しては，基準試験のほかに湿潤磨滅試験を行って，75 μm（No.200 ASTM）のふるいより小さい材料がどれだけ生成されるかをみるべきである。細骨材がミキサの中で摩滅劣化を被る程度は，ASTM C 1137-90 の方法によって判断することができる。

表-3.7 は，BS 812:Part 1:1975 の各種岩石グループについて，破砕強度，骨材の破砕値，および磨耗値，衝撃値，および磨滅値の平均的な値を示している。ホ

表-3.7　英国の各グループの岩石に対する試験値の平均[*1]

岩石のグループ	破砕強度 [MPa] MPa	骨材の破砕値	磨耗値	衝撃値	磨滅値[*2] 乾燥	湿潤	密度 [g/cm³]
玄武岩	200	12	17.6	16	3.3	5.5	2.85
フリント（火打石）	205	17	19.2	17	3.1	2.5	2.55
斑レイ岩	195	—	18.7	19	2.5	3.2	2.95
花崗岩	185	20	18.7	13	2.9	3.2	2.69
グリット（粗粒砂岩）	220	12	18.1	15	3.0	5.3	2.67
ホルンフェルス	340	11	18.8	17	2.7	3.8	2.88
石灰岩	165	24	16.5	9	4.3	7.8	2.69
斑岩	230	12	19.0	20	2.6	2.6	2.66
珪岩	330	16	18.9	16	2.5	3.0	2.62
片岩	245	—	18.7	13	3.7	4.3	2.76

*1　故 J.F.Kirkaldy 教授の好意による
*2　値が低いほど良い品質を示す

ルンフェルスと片岩の値は供試体数の少ない結果のみに基づいていることに注意しなければならない。これらの岩石グループが実際より良いように見えるのは，おそらく品質の良いホルンフェルスと片岩のみが試験されたからであろう。原則として，これらの岩石グループはコンクリートへの使用には適さない。同様に，チョークは一般にコンクリート骨材としてふさわしくないため石灰岩グループのデータに含まれていない。

破砕強度に関する限り玄武岩は極度に変動が大きく，かんらん石をほとんど含まない新鮮な玄武岩の場合は 400MPa ほどにも達するが，反対に，分解した玄武岩の強度は 100MPa 以下である。石灰岩と斑岩は強度の変動が少なく，英国では斑岩の全体的な性能は良く，変動する傾向がある花崗岩の性能よりむしろ良いのである。

表-3.8 には，各種試験から得られる結果の精度の目安とするため，各試験の平均値が真の平均値の±3%以内と±10%以内になる可能性が 90%確保できる試験試料数を示した[3.40]。骨材の破砕値はとくに安定しているようである。反面，当然予想されることながら，成形供試体は試料全体としての物より結果のばらつきが大きい。本節以降のいくつかの節で解説する種々の試験は骨材の品質の目安となるものの，ある骨材でつくられたコンクリートの潜在的な強度の発現をその骨材の性質から予想することはできないし，実際，骨材の物理的性質をコンクリート

3.8 密度（比重）

表-3.8 骨材の試験結果の再現性[3.40]（版権 Crown）

試　験	変動係数 [%]	試験において下記の平均値になる確率 0.9 を確保するために必要な試料数	
		真の平均値の±3%以内	真の平均値の±10%以内
乾燥磨滅	5.7	10	1
湿潤磨滅	5.6	9	1
磨耗	9.7	28	3
成形供試体の衝撃	17.1	90	8
骨材全体としての衝撃	3.0	—	—
破砕強度	14.3	60	6
骨材の破砕値	1.8	1	—
ロサンゼルス試験	1.6	1	—

製造特性へと変換することは未だ可能となっていない。

3.8 密度（比重）

　骨材中には一般に，透過性のものも非透過性のものも含めて空げきが存在するため（165 頁参照），密度という用語の意味を慎重に定義しなければならない。また実際に密度にはいくつかの種類がある。

　真密度とはすべての空げきを除いた固体の体積に対するものであるから，真空中の固形物の質量をその体積で割ったものであり，その体積は同じ体積のガスの混入していない蒸留水の質量を水の密度 ρ_w で割って求める。すなわち，真密度は両者の質量比（比重という）に ρ_w をかけたものとなる。もちろんその際には質量は両者とも同じ規定温度で測定しなければならない。したがって，外から完全に独立した非透過性の空げきの影響を排除するために，材料を粉末化しなければならず，試験は面倒かつ繊細である。

　幸いなことに，コンクリート技術の作業では必要とされない。

　固形物の体積に非透過性の空げきは含まれるが毛管空げきは含まれないと考えれば，結果として得られる密度に見かけのという接頭語がつく。その場合見かけの密度は，100～110℃の炉中で 24 時間乾燥させた骨材の質量と，非透過性の空げきを含む固形物と同体積の水の質量との比に ρ_w をかけたものということになる。後者の質量は規定された体積の水を正確に満たすことのできる容器を使って

第 3 章　骨材の性質

測定する。したがって，炉乾燥させた試料の質量を D，水を満たした容器の質量を B，試料を入れ，水を規定位置まで満たした容器の質量を A とすれば，固形物と同じ容積を占める水の質量は $B-(A-D)$ となる。その場合の見かけの密度（絶乾密度）は次の通りである。

$$\frac{D}{B-A+D}\rho_w$$

ピクノメーターとして知られる前述の容器は，通常，1 L 入りの瓶で，頂点に小さい穴の開いた水密金属製の円錐形ねじぶたが付いている。したがってピクノメーターは，毎回厳密に同じ体積を入れることができるようになっている。

骨材中のすべての空げきに含まれる水はセメントの化学反応に関らず，それゆえ骨材の一部と見なされるため，コンクリートに関連した計算は一般に骨材が表面乾燥飽水状態（表乾状態）であることを前提とする（168 頁参照）。したがって，表乾状態にある骨材試料の質量が C であるとすれば，見かけの総密度（表乾密度）は次のようになる。

$$\frac{C}{B-A+C}\rho_w$$

これがもっとも多くかつ簡単に求められる密度であり，コンクリートのでき上がり量の計算すなわち，求める体積のコンクリートに要する骨材の量を計算するのに用いられている。

骨材の見かけの密度は骨材を構成する鉱物の密度と空げき量によって左右される。天然骨材の大半は密度が 2.6〜2.7 g/cm³ であり，値の範囲を表-3.9 に示し

表-3.9　種々の岩石グループの見かけの密度[3.7]（版権 Crown）

岩石グループ	平均密度[g/cm³]	密度の範囲[g/cm³]
玄武岩	2.80	2.6—3.0
フリント（火打石）	2.54	2.4—2.6
花崗岩	2.69	2.6—3.0
グリット（粗粒砂岩）	2.69	2.6—2.9
ホルンフェルス	2.82	2.7—3.0
石灰岩	2.66	2.5—2.8
斑岩	2.73	2.6—2.9
珪岩	2.62	2.6—2.7

た[3.7]。人工骨材の値はこの範囲より上下にかなり広がる（第13章を参照）。

　前述した通り，骨材の密度は量の計算に用いられるが，骨材の密度の実際の値はその品質を表す尺度とはならない。したがって，一定の岩石特性の骨材を扱っているために密度のばらつきが粒子の空げき率を反映しているような場合でないかぎり，密度の値を規定すべきではない。その例外は，重力式ダムのような体積の大きな構造物の場合であって，その場合は構造物の安定性に最小密度が不可欠となる。

3.9　単位容積質量

　SI単位系においては，材料の密度は，数値上は比重に等しいことは周知の事実である。しかしもちろん，比重が比率であるのに対し，密度はリットル当たりのキログラムで表す。ただしコンクリートの実施面では，密度は立方メートル当たりキログラム数で表す方法が一般的である。米国や大英帝国の単位系では，比重を立方フィート当たりポンド数で表す真密度に変換するためには，水の単位質量（およそ $62.4 lb/ft^3$）を乗じなければならない。

　忘れてはならないことであるが，この真密度とは個々の粒子の体積に対してのみ言っているのであり，そしてもちろんこれらの粒子の間に空げきが存在しないように，粒子を完全に詰め込むことは物理的に不可能である。骨材を実際に体積で計量する際には，単位容積の容器を満たす骨材の質量を知る必要がある。これは骨材の単位容積質量として知られており，質量による量から体積による量へと変換する際にはこの密度（単位容積質量）を用いる。

　単位容積質量は，明らかに骨材が詰められた程度によって決まり，したがって，一定密度の材料の単位容積質量は粒子の粒径分布と形状によって異なる：全粒子が同じ寸法であればある程度までしか詰め込めないが，小さい粒子を大きい粒子の間に加えることにより詰め込まれた材料の単位容積質量を上げることができる。粒子の形状は，達成できる詰め込みの程度に大きな影響を及ぼす。

　一定密度の粗骨材の場合，単位容積質量が高いということは細骨材とセメントで埋めるべき空げきが少ないということになるため，単位容積質量試験が配合割合の決定の基礎として用いられたことがある。

第3章　骨材の性質

　骨材の実際の単位容積質量は，潜在的な詰め込みの程度を決定すると考えられる材料の種々の特性によって決まるだけでなく，それぞれの場合で達成される実際の締固めの程度によっても異なってくる。例えば，すべて同寸法の球体粒子を使用した場合，粒子の中心が想像上の四面体の頂点にあるときにもっとも密度の高い詰め込みが達成される。その場合の単位容積質量は材料の真密度の 0.74 である。

　もっともゆるい詰め込みの場合，球体の中心は想像上の立方体の角にあり，単位容積質量は固体の比質量の 0.52 にすぎない。

　したがって，試験をするためには，締固めの程度を規定しなければならない。英国基準 BS 812:Part 2:1975 では 2 種類の程度が公式に認められている。ゆるい（すなわち締固められていない）と締固められているの 2 種類である。試験は規定の直径と深さをもつ金属製の円筒の中で行い，その寸法は，骨材の最大寸法と，測定するのが締固められた単位容積質量か締固められていない単位容積質量かによって異なる。

　ゆるい単位容積質量を測定する場合は，乾燥された骨材を静かにあふれるまで容器の中に入れてから，上表面を棒を転がして均す。締固められた，または棒で突いた単位容積質量を知るためには，3 段階で容器を満たしていき，各段階ごとに 3 分の 1 の体積を直径 16mm で先の丸くなった棒で規定された回数だけ突き固める。ここでもまたあふれた分を取り除く。締固めの程度がどちらの場合でも，容器中の骨材の純質量をその容積で割ったものが単位容積質量である。締固められた単位容積質量に対するゆるい単位容積質量の比率は一般に 0.87〜0.96 である[3.55]。

　骨材の表乾密度 s がわかれば，次の式から空げき比を計算することができる。

$$空げき比 = 1 - \frac{単位容積質量}{s}$$

骨材に表面水が含まれている場合はバルキング効果によってあまり密には詰まらない。このことに関しては 171 頁に解説する。また，締固めの程度が実験室と現場とで異なる場合があるため，実験室で測定された単位容積質量は，体積で計量するために質量から体積への変換を行う際に，そのまま適用することはできない。

　軽量骨材と重量骨材の使用に関連した骨材の単位容積質量はとくに重要である

(937 頁参照)。

3.10 骨材の空げき率と吸水率

骨材粒子中に内部空げきが存在することについては，骨材の密度に関連して述べた。そしてこの空げきの特性が，骨材の性質を研究する上できわめて重要なのである。骨材の空げき率，透水率，および吸水率は，水和セメントペーストとの付着性，凍結融解に対する抵抗性，および化学的安定性と耐磨耗性などの骨材の性質に影響を及ぼす。前述した通り，骨材の見かけの密度はその空げき率にも左右され，その結果として骨材の質量が一定の場合，コンクリートのでき上がり量も影響を受ける（939 頁参照）。

骨材中の空げきの寸法は広い範囲で異なっており，最大のものは顕微鏡や時には裸眼でもみることができる。しかし，もっとも小さい骨材の空げきでもセメントペースト中のゲル間げきより大きい。$4\mu m$ より小さい空げきは，一般に凍結と融解の繰返しを受ける骨材の耐久性に影響を及ぼすと考えられており，とくに重要である（670 頁参照）。

骨材の一部の空げきは完全に固形物の中にある。ほかの空げきは粒子の表面に向かって開かれている。セメントペーストには粘性があるため，骨材のもっとも大きい空げき以外にはあまり浸透しない。したがって，コンクリート中の骨材を計算する際に固形物と考えるのは，粒子の総体積である。しかし水は空げきに入り込むことができる。その量と浸透速度は空げきの大きさ，連続性，および合計容積によって異なる。いくつかの一般的な岩石の空げき率を表-3.10 に示す。骨材はコンクリートの体積のほぼ 4 分の 3 を占めるのであるから，骨材の空げき率がコンクリート全体の空げき率に実質的に寄与していることは明らかである。

表-3.10 一般的な岩石の空げき率

岩石グループ	空げき率 [%]
グリット（粗粒砂岩）	0.0—48.0
珪岩	1.9—15.1
石灰岩	0.0—37.6
花崗岩	1.4—3.8

第 3 章 骨材の性質

骨材中のすべての空げきが満たされた時,表面乾燥飽水状態(表乾状態)にあるという。この状態の骨材を実験室などの乾燥した空気の中にそのまま放置しておいた場合は,空げきの中に含まれる水の一部が蒸発し,骨材は飽水未満すなわち空気中乾燥状態(気乾状態)となる。炉中でさらに乾燥すると骨材の含水量はさらに減少し,水分がまったく残らなくなった時にその骨材を絶対乾燥状態(絶乾状態)になったという。これらのさまざまな段階を図-3.5 に図示した。また吸水率の代表的な値をいくつか表-3.11 に示した。図-3.5 の一番右に示した図の骨材には表面水が含まれており,色が濃くなっている。

骨材の吸水量は,炉乾燥した試料を 24 時間水につけた場合の質量の増加を測定して求める(表面水は取り除く)。乾燥試料の質量に対する増加した質量の割合を百分率で表したものを吸水率と呼ぶ。標準の方法が BS 812:Part 2:1975 に規定されている。

種々の骨材の吸水率の標準的な値を,Newman のデータに基づいて表-3.11 に示す[3.8]。

気乾状態における含水率も表にして示した。砂利の場合,風化によって外側の層の粒子の空げき率と吸水率が高くなるため,一般に同じ岩石特性の破砕岩石より吸水率が高くなる点に注目してほしい。

コンクリートの強度と使用骨材の吸水率との間に明確な関係は存在しないものの,粒子の表面の空げきは骨材とセメントペーストとの付着に悪影響を及ぼすため,コンクリートの強度に多少の影響を与える。

通常,コンクリートが凝結する時には骨材は表乾状態にあると想定する。骨材を乾燥状態で計量する場合は,十分な水が混合物から吸収されて骨材を飽水状態にすると想定する。

そしてこの吸収される水は自由水すなわち有効な練混ぜ水には含まれない。暑く乾燥した気候でそのような状況になることがある。しかし,乾燥骨材を使用した場合,骨材粒子は速やかにセメントペーストで厚く覆われ,飽水に必要な水はそれ以上滲入しなくなる。このことは粒子の表面から水がさらに奥へ移動する粗骨材の場合にとくに言える。その結果,有効な水セメント比は骨材が水を完全に吸収できる場合より高くなる。このような結果は主として,骨材が急速に覆われる可能性のある富配合の混合物で著しい;貧配合で軟練りの混合物では骨材の飽

3.10 骨材の空げき率と吸水率

表-3.11 英国の種々の骨材における吸水率の標準値[3,8]

骨材の寸法（ASTMのふるいの呼び名）と種類	形状	気中乾燥骨材中の含水量 [乾燥質量に対する%]	吸水率（表乾状態の骨材中の含水量）[乾燥質量に対する%]
19.0−9.5mm ($\frac{3}{4}$−$\frac{3}{8}$ in.) Thames Valley の川砂利	不均整	0.47	2.07
9.5−4.8mm ($\frac{3}{8}$−$\frac{3}{16}$ in.) Thames Valley の川砂利	不均整	0.84	3.44
4.8−2.4mm ($\frac{3}{16}$ in.−No.8) Thames Valley の川砂	不均整	0.50	3.15
2.4−1.2mm (No.8−16) Thames Valley の川砂	不均整	0.30	2.90
1.2mm−600 μm (No.16−30) Thames Valley の川砂	不均整	0.30	1.70
600−300 μm (No.30−50)	不均整	0.40	1.10
300−150 μm (No.50−100)	不均整	0.50	1.25
150−75 μm (No.100−200)	不均整	0.60	1.60
4.8mm−150 μm ($\frac{3}{16}$ in.−No.100) Thames Valley の川砂第 2 地区	不均整	0.80	1.80
19.0−9.5mm ($\frac{3}{4}$−$\frac{3}{8}$ in.) Test の川砂利	不均整	1.13	3.30
9.5−4.8mm ($\frac{3}{8}$−$\frac{3}{16}$ in.) Test の川砂利	不均整	0.53	4.53
19.0−9.5mm ($\frac{3}{4}$−$\frac{3}{8}$ in.) Bridport の砂利	丸味をおびた	0.40	0.93
9.5−4.8mm ($\frac{3}{8}$−$\frac{3}{16}$ in.) Bridport の砂利	丸味をおびた	0.50	1.17
19.0−9.5mm ($\frac{3}{4}$−$\frac{3}{8}$ in.) Mountsorrel の花崗岩	角張った	0.30	0.57
9.5−4.8mm ($\frac{3}{8}$−$\frac{3}{16}$ in.) Mountsorrel の花崗岩	角張った	0.45	0.80
19.0−9.5mm ($\frac{3}{4}$−$\frac{3}{8}$ in.) 石灰岩砕石	角張った	0.15	0.50
9.5−4.8mm ($\frac{3}{8}$−$\frac{3}{16}$ in.) 石灰岩砕石	角張った	0.20	0.73
850−600 μm (No. 20−30) Leighton Buzzard の標準砂	丸味をおびた	0.05	0.20

第 3 章 骨材の性質

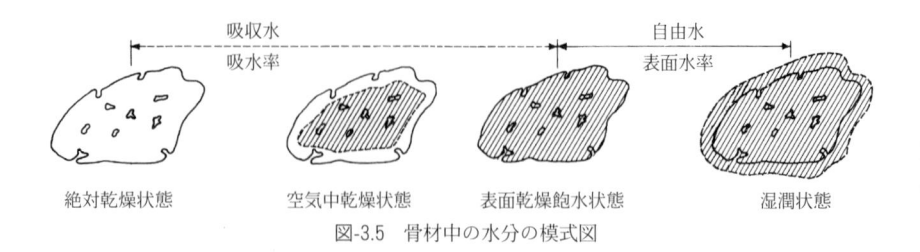

|← 吸収水 →| |← 自由水 →|
  吸水率   表面水率

絶対乾燥状態   空気中乾燥状態   表面乾燥飽水状態   湿潤状態

図-3.5 骨材中の水分の模式図

水は妨げられずに進行する。実施工の場合では，混合物の実際の挙動は材料のミキサへの投入順序にも影響を受ける。

骨材が水を吸収するとワーカビリティーも時間とともに多少低下するが，約15分を超えるとあまり低下しなくなる。

乾燥骨材による水の吸収は粒子がセメントペーストで覆われることによって緩慢になるかまたは停止するため，実施面では達成されない可能性のある合計吸水量を求めるより，10分から30分の間に吸収された水の量を求める方が有益な場合が多い。

3.11 骨材の含水量

フレッシュコンクリート中で骨材が占める体積は，すべての空げきを含めた粒子の体積であることを，密度に関連して述べた。骨材への水の移動が起きない場合は，空げきに水が満ちている，すなわち骨材が飽水した状態であるに違いない。反面，骨材表面の水はすべて混合物中の水の一部となり，骨材粒子の体積を除いた部分の体積を占めることになる。したがって，骨材の基本的な状態は，表面乾燥飽水状態である。

雨にさらされた骨材はかなりの量の水分を粒子表面に付着させ，貯蔵山の表面部分以外はこの水分を長期間保持する。このことはとくに細骨材について言えることであり，配合割合を計算する際にはこの表面水すなわち自由水（表乾状態の骨材が保持する水分を上回る水分）を考慮しなければならない。粗骨材の表面水率が1%を超えることはまれであるが，細骨材では10%を超えることがある。表面水率は表乾状態の骨材の質量に対する百分率として表され，含水率と呼ばれる

3.11 骨材の含水量

（訳者注：わが国の定義では含水率は絶乾状態の骨材の質量に対する骨材全体に含まれる水量の百分率）。

吸水量とは表乾状態にある骨材に含まれる水のことであり，表面水量とはその状態を上回る水であるから，湿潤骨材の合計水量は吸水量と表面水量との合計に等しい。

骨材の表面水量は天候によって変化し，また貯蔵山の各部分によっても異なるため，表面水量の値は頻繁に確認しなければならず，多くの方法が開発されてきた。もっとも古い方法は，骨材試料を皿に載せ，熱源の上で乾燥させたときに低下した質量を確認することである。

過剰乾燥とならぬよう注意が必要である：砂がさらさらと流れる適正な状態になるまで加熱し，それ以上熱してはならない。この段階は感触で確認するか，または円錐形のモールドで砂を山形に形成することにより確認する。モールドをはずしたときに材料がさらさらと崩れなければならない。砂がかすかに茶色味を帯びた時は，過剰乾燥が行われたしるしである。骨材の表面水率を求めるこの方法は通称「フライパン法」と呼ばれているが，簡略であり，現場で使用することができ，またきわめて信頼性が高い。電子レンジを用いることもできるが，過熱しないよう注意が必要である。

実験室では，ピクノメーターを使って骨材の表面水量を求めることができる。その際，骨材の表乾状態における見かけの密度 s が分かっていなければならない。B が水を一杯に満たしたピクノメーターの質量であり，C は湿潤試料の質量であり，A は試料を入れて水を一杯に満たしたピクノメーターの質量であるとすれば，骨材の表面水率は次のようになる。

$$\left[\frac{C}{A-B}\left(\frac{s-1}{s}\right) - 1 \right] \times 100$$

試験は時間がかかり，実施にはたいへんな注意が必要とされる（例えば，試料から空気を追い出さなければならない）が，正確な結果を出すことができる。この方法は BS 812:Part 109:1990 に記述されている。

サイホン管試験[3.9]では，既知の質量の湿潤骨材によって押しのけられた水の量を測定するが，サイホンがこの判断をいっそう正確にする。骨材の密度によって結果が異なるため各骨材を予備較正することが必要であるが，いったんそれが終

われば試験は迅速かつ正確である。

骨材の表面水量は竿ばかり含水計を用いても確認することができる。定量の水を入れ，竿ばかりの一方の端につるした容器に，均衡状態になるまで湿潤骨材を加える。このようにして，質量と総体積とが一定の値になるために湿潤骨材と入れ替わらなければならない水の量を測定する。この条件では，押しのけられた水の量は骨材の表面水量に比例する。使用されるあらゆる骨材について，あらかじめ較正曲線を求めておかなければならない。なお，表面水率は0.5%の精度で求めることができる。

浮力計試験[3.10]では，既知の密度の骨材を水に浸けたときに起きる自重の見かけ上の低下から，その骨材の表面水量を明らかにする。骨材の密度に合わせて試料の量を調整し，表乾状態の試料を水に浸けた時の重量を基準点とするような数値にしておけば，天秤の目盛によって表面水量を直接表示することができる。試験は迅速で，表面水率を0.5%ごとに読むことができる。この試験を簡素化したものがASTM C 70-79（1992年再承認）に規定されているが，広くは使用されていない。

ほかにも数多くの方法が開発されてきた。例えば，骨材をメチルアルコールで燃やすと水分を除去することができるので，その結果起きる試料の質量の低下量を測定する。また，密封された容器の中で炭化カルシウムが試料中の水分と反応することにより形成される気体の圧力を測定する特許権付きの計器も存在する。ASTM C 566-89には，骨材の総含水量を測定する方法が定められている。この方法は非常に正確というわけではないが，含まれる誤差は標本抽出誤差より少ない。

実にさまざまな試験を利用できることがわかるが，試験がいかに正確であっても，結果が役に立つのは代表的な試料が使われた場合に限られる。その上，貯蔵山の場所によって骨材の表面水率が異なる場合は，配合割合の調整がたいへんである。表面水量のばらつきは主として貯蔵山の底の水に浸った部分から，乾燥しつつあるまたは乾燥した表面までの垂直方向で起きるため，貯蔵山の計画の際に注意が必要である：すなわち，水平に重ねて貯蔵する，少なくとも2つの貯蔵山をもち各貯蔵山は使用前に排水する，そして一番下の300mm程度は使用しないなどであり，このすべては，表面水率のばらつきを最小に抑えるために役立つ。

粗骨材は細骨材と比べて保持する水の量がはるかに少なく，表面水率のばらつきが少なく，また一般に問題は少ない。

貯蔵庫にある骨材の表面水量の測定を即時にまたは連続的に行う電気機器が開発されてきた。これは，骨材の表面水量の変化によって抵抗または静電容量が変化するという原理に基づいたものである。一部のバッチャープラントでは，ミキサに加える水の量を制御する自動装置にこの種の計器が使用されているが，表面水率の1%より高い精度を達成することは実施面では不可能であり，頻繁な較正が必要である。誘電率の測定には，塩類の存在によって影響されないという利点がある。マイクロ波吸収計が開発されてきたが，正確で安定性があるものの高価である。水中の水素原子によって熱運動化される速い中性子を放出する計器も使用される。これらの計器は配置場所を慎重に検討しなければならない。

表面水量を連続測定し，ミキサに加える水量を自動調節することによって，骨材の表面水量が定まらない場合に発生するコンクリートのばらつきが大幅に減少することは間違いない。しかし，すべてのバッチで骨材の表面水量を確認することが広く採用されるようになるのはまだ先のことである。

3.12 細骨材の湿潤時のバルキング

骨材中の水の存在によって，実際の配合割合の修正が必要となる。骨材中の自由水の質量分だけ混合物に加える水の質量を減らさなければならず，また同じ量だけ湿潤骨材の質量を増やさなければならない。砂の場合は，水分が存在することによって第二の影響がある：バルキング（体積増加）である。それは，水の被膜が砂の粒子をばらばらに離すことにより，一定質量の砂の体積が増加することである。バルキングそれ自体は質量による材料の配合に影響を及ぼさないが，体積による計量をする場合には，バルキングが計測箱の一定容積を占める砂の質量を減少させる。そのため，混合物は細骨材が不足して「石が多い状態」に見え，またコンクリートは材料分離やジャンカを引き起こしがちである。また，コンクリートのでき上がり量も減少する。改善策はもちろん，バルキングを考慮して細骨材（砂）の見かけの体積を増加させることである。

バルキングの大きさは，砂の中に存在する水分の割合と砂の粉末度によって決

まる。表乾状態の砂が占める体積に対する体積の増加量は，砂の含水率が5〜8％程度までは含水量が上昇するにしたがって増えていくが，この時に20〜30％のバルキングが起きる。

水をさらに加えていくと，水の被膜は合体して水は粒子間の空げきの中へと移動するため砂の総体積が減少し，完全に飽水した時（水浸し状態）その体積は，容器を満たす方法が同じ場合の乾燥した砂の体積とほぼ同じになる。このことは図-3.6から明らかであるが，この図はまた，粗い砂の場合より粉末度の高い砂の方が体積の増加量がより大きく，またバルキングが最大になる時の含水率はより高い時であることも示している。破砕された細骨材は天然の砂より体積の増加量が大きい。極度に細かい砂（粒子数が多く含まれる）は，含水率10％で体積が40％も増加するが，いずれにせよ，そのような砂は品質の良いコンクリートの生産には用いられない。

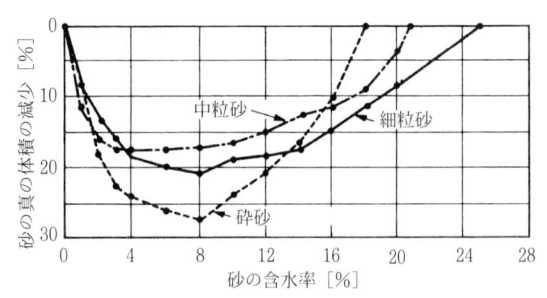

図-3.6 バルキングによる真の体積の減少（湿った砂の見かけ上の一定の体積に対して）

粗骨材の場合は粒子の寸法に比べて水の被膜が非常に薄いため，自由水の存在からくる体積の増加は無視できる程度である。

飽水した砂の体積は乾燥した砂の体積と同じであるため，バルキングを判断するもっとも便利な方法は，与えられた砂を水浸しにした時の体積の減少を測定することである。既知の容積の容器に湿潤な砂をゆるく詰める。つぎに上部の砂を取り出し，容器を途中まで水で満たし，空気の泡を取り除くためにかき混ぜ，棒で突きながら，砂を徐々に戻し入れる。ここで飽水状態の砂の体積すなわち V_s を測定する。V_m を砂の最初の見かけの体積（すなわち容器の容積）とすれば，バルキングは $(V_m - V_s)/V_s$ で求められる。

体積による計量をする際にはバルキングを考慮して，使用する（湿潤な）砂の総体積を増やさなければならない。したがって，体積 V_s には次の係数を掛ける：

$$1 + \frac{V_m - V_s}{V_s} = \frac{V_m}{V_s},$$

この係数は，バルキング係数として知られている。3種類の標準的な砂の含水率に対するバルキング係数のグラフを図-3.7に示す。

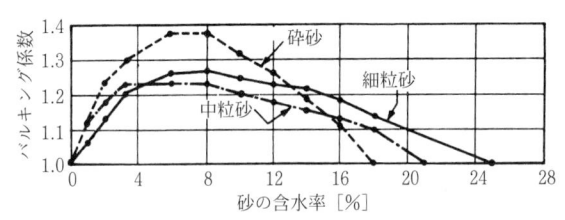

図-3.7　含水量が変化したときの砂のバルキング係数

バルキング係数はまた乾燥砂と湿潤砂の単位容積質量（D_d と D_m）と，砂の単位体積当たりの含水量 m/V_m からも確認することができる。その場合，バルキング係数は次のようになる。

$$\frac{D_d}{D_m - \dfrac{m}{V_m}}$$

D_d は乾燥砂全体としての体積 V_s に対するその質量 w の比であるから（乾燥砂の体積と水浸しの砂の体積が等しい場合），

$$\frac{D_d}{D_m - \dfrac{m}{V_m}} = \frac{\dfrac{w}{V_s}}{\dfrac{(w+m)}{V_m} - \dfrac{m}{V_m}} = \frac{V_m}{V_s}$$

となり，したがって2つの係数は同じである。

3.13　骨材中の有害物質

骨材中に含まれる有害物質は，おおまかに3つに分類することができる：セメ

ントの水和を妨害する不純物；骨材と水和セメントペーストの間に十分な付着力が発達するのを妨げる被膜；およびそれ自体が弱いあるいは不安定なある種の個々の粒子である。骨材の全体または一部も，セメントペーストとの間に化学反応を起こすことにより有害となることがある。このような化学的反応については184頁に解説する。

3.13.1 有機不純物

　天然骨材は強度とすりへりに対する抵抗性が十分であっても，水和の化学反応を妨げる有機不純物を含んでいればコンクリートつくりには適さない。骨材中にみられる有機物質は植物性物質が腐敗してできた生成物（主としてタンニン酸とその誘導体）が多く，腐植土や有機ロームの形で現れる。そのような物質は，簡単に洗浄できる粗骨材より砂の中に存在する確率の方が高い。

　有機物質がすべて有害というわけではないため，実際に圧縮試験用供試体をつくって有機物質の影響を調べるのが一番良い。

　しかし一般に，時間を節約するために，まず有機物質の量が，試験をしなければならないような値であるかどうかを確認するのがよい。これはASTM C 40-92に記載されたいわゆる測色試験によって実施することができる。まず，試料中の酸を中和するため，規定量の骨材とNaOHの3％溶液をびんの中に入れる。この混合体を勢いよく振って，化学反応を起こさせるため24時間放置すると，溶液の色で有機物の含有量がわかるようになる。有機物含有量が多いほど色は濃い。試料の上澄み液の色がASTM基準に規定する基準の黄色より濃くなければ，試料には有害な量の有機不純物は含まれていないと想定することができる。

　観察された色が基準の黄色より濃い場合，すなわち溶液の色が茶色味を帯びているかまたは茶色であれば骨材の有機物含有量はやや高いが，このことは必ずしもコンクリートへの使用に適さないことを意味するわけではない。存在する有機物が無害である場合もあり，鉄を含んだ鉱物に起因する色である可能性もある。そのため，さらに試験を行う必要がある。ASTM C 87-83（1990年再承認）では，疑わしい砂を用いたモルタルと，同じ砂を洗浄して用いたモルタルとで強度試験を行い，比較するよう推奨している。英国基準に測色試験はもはや規定されていない。

一部の国々では，過酸化水素で試料を処理し，失われた質量から骨材中の有機物の量を判断している。

時には，有機不純物の影響が一時的でしかない場合もあることは興味深い。ある調査によると[3.11]，有機物を含む砂でつくられたコンクリートの24時間強度は，清浄な砂でつくられた類似のコンクリートの53％であったが，この比率が3日で82％，7日で92％まで上昇し，28日で同じ強度が得られたということである。

3.13.2 粘土およびその他の微細物質

粘土は，骨材とセメントペーストとの付着性を阻害する表面被膜の形で骨材中に存在することがある。コンクリートに十分な強度と耐久性とをもたせるためには十分な付着性が不可欠であり，したがって粘土被膜の問題は重要である。

骨材中に存在する可能性のあるその他の微細物質には2種類あり：それらはシルトと砕石粉である。シルトは自然の風化作用によって寸法が2〜60μmまで小さくなった物質であり，したがって天然堆積物から得た骨材の中に含まれている。一方砕石粉は，岩を砕石・砕砂へ，またそれほど多くはないが砂利を破砕細骨材へと細かく砕いていく過程で形成された微細物質である。適切に設計された処理工場であれば，この粉は洗浄して除去するはずである。また，このような骨材処理を行うと，ほかの柔らかい被膜やゆるく付着した被膜も除去することができる。固く付着した被膜は除去することができないが，化学的に安定していて悪影響がなければ，そのような被膜のある骨材を使用することは問題ない。ただし，収縮が大きくなるおそれがある。しかし，化学反応性の強い被膜のある骨材であれば，物理的に安定していても重大な問題の起きる可能性がある。

シルトと細粉は粘土の場合と同じような被膜を形成することもあり，粗骨材に付着しないゆるい粒子の形で存在することもある。

後者の場合でも，シルトと細粉は過度に多く存在してはならない。なぜならば，シルトと細粉は粉末度が高くて表面積を大きく，そのため混合物中のすべての粒子を湿潤状態にするために必要な水の量が多くするからである。

上記のことから，骨材中の粘土，シルト，および細粉を管理することが必要である。粘土含有量を個別に判断する試験はないため，英国基準には規定されていない。しかしBS 882:1992には，75μm（No.200）のふるいを通過する材料の最

第3章 骨材の性質

大量に対して次のような制限が行われている。

　　粗骨材中：2％。構成要素が破砕岩石だけであれば4％まで増やしてよい。

　　細骨材中：4％。構成要素が破砕岩石だけであれば16％まで増やしてよい。

　　包括（all-in）骨材中：11％。

　　重交通用コンクリート版に対しては，制限値は9％である。

これに対応するASTM 33-93の細骨材に関する要求基準は，コンクリートが磨耗しやすい場合で3％，その他のコンクリートで5％である。粗骨材の場合の制限は1％であるが，さまざまな例外が許容されている。

同じ基準で，粘土塊とくだけやすい粒の含有率が別に規定されており，細骨材で3％，粗骨材ではコンクリートの用途によって2〜10％とされている。

基準によって試験方法の規定が異なっているため，結果を直接比較することはできないことに注意しなければならない。

細骨材中の粘土，シルト，および細粉の含有率は，BS 812:Section 103.2:1989に解説された沈殿法によって求めることができる。栓をした瓶に入れた六メタりん酸ナトリウムの溶液中に試料を入れ，瓶の軸を水平にして毎分約80回の速度で15分間回転させる。微細な固形物が分散した後，ピペットを使って浮遊物質の量を測定する。簡単な計算で細骨材中の粘土，微細シルト，および細粉の含有率［％］が求められ，そのときの分離寸法は$20\,\mu m$である。

同様の方法に適切な修正を加えれば，粉末度の非常に高い物質を含む粗骨材に使用することができるが，BS 812:Section 103.1:1985とASTM C 117-90の規定に従って$75\,\mu m$（No.200）の試験用ふるいで骨材を湿式ふるい分けする方が簡単である。このふるい分け法を用いる理由は，通常の乾式ふるい分けでは大き目の粒子に付着した細粉や粘土が分離しないからである。それに対して湿式ふるい分けでは骨材を水中に入れ，十分力をこめて細かめの材料が懸濁するまで撹拌する。デカント（上澄みを静かに注ぐこと）とふるい分けによって，$75\,\mu m$（No.200）の試験用ふるいより小さい物質をすべて除去することができる。デカントする際に大きい粒子がこのふるいを損なわぬよう，$75\,\mu m$（No.200）のふるいの上に1.18mm（No.16 ASTM）のふるいを置く。

天然の砂と砂利からの砕砂に関しては，実験装置もほとんど用いないできわめて簡単に速く行うことのできる現場試験がある。この非基準試験では，普通の塩

の約1％の溶液50mLを，250mLまで測定できる円筒の中に入れる。受け取ったままの砂を，そのレベルが100mLのマークになるまで入れる。その後，円筒中の混合液の合計体積が150mLになるまで溶液をさらに加えていく。

次に円筒を手のひらで塞ぎ，激しく振り，何回も逆さにし，その後3時間立てたまま放置する。すると振り動かされて分散したシルトが砂の上に沈殿して層となるが，この層の高さを下にある砂の高さの百分率として表すことができる。

これは体積比であり，質量比への変換は簡単にはできないことを憶えておかなければならない。変換係数は材料の粉末度によって異なるからである。天然砂の場合，質量比は体積比に0.25の係数を掛けて得ることができ，砂利からの砕砂ではこの数字が0.5となるが，さらに変換係数が大きく異なる骨材もあることが指摘されている。これらの変換は確実ではないため，体積による含有量の値が8％を超える場合は前述のさらに正確な方法を用いて試験しなければならない。

3.13.3　塩化物汚染

海岸から産出した砂または海底や河口域を浚渫した砂，および砂漠の砂には塩が含まれており，処理する必要がある。英国では，天然の砂利や砂のうちおよそ20％が海底浚渫によるものであり，水中ポンプによって50mまでの深さから材料を採ることができる。もっとも簡単な手順は砂を真水で洗うことであるが，最高潮位のすぐ上にある堆積物には大量の塩が時に砂の質量の6％を超えて含まれているため，とくに注意が必要である。一般に，海底の砂は海中にあっても洗われており，塩の含有率は有害なほど高くはない。

塩化物によって引き起こされる鉄筋の腐食の危険性から，BS 8110:Part 1:1985（構造用コンクリート）では混合物中の塩化物イオンの最大合計含有率が定められている。塩化物は混合物のすべての構成材料から混入する可能性がある。骨材に関する限り，BS 882:1992に，骨材中の塩化物イオンの許容最大含有率に関する指針が定められている。ただし，コンクリート混合物中の合計含有量も確かめなければならない。BS 882:1992による，全骨材の質量に対する塩化物イオン含有量の質量割合［％］の制限値は，次の通りである。

　　プレストレストコンクリートに関しては　　　　　　　　0.01
　　耐硫酸塩セメントを用いた鉄筋コンクリートに関しては　0.03

その他の鉄筋コンクリートに関しては   0.05

BS 812:Part 117:1988 の方法は水溶性塩化物の含有率を判断するものであるが，多孔質の骨材で骨材粒子の中に塩化物が存在する可能性のある場合には不適当である[3.38]。

鉄筋の腐食の危険性のほかに，塩が除去されていないとそれが空気から水分を吸収してエフロレッセンスを引き起こす。これはコンクリート表面に出てくる見苦しい白い堆積物である（634頁参照）。

海で浚渫された粗骨材には貝殻が大量に含まれている可能性がある。これは一般に強度に対する悪影響はないが，貝殻を大量に含む骨材でつくられたコンクリートのワーカビリティーはわずかに低下する[3.44]。寸法が5mmを超える粒子の含有率は BS 812:Part 106:1985 の方法に従って，手で集める方法で求めることができる。英国基準 BS 882:1992 は粗骨材の貝殻含有率を，最大寸法が 10mm の場合は 20%，それより大きい場合は 8％に制限している。しかし，太平洋の一部の島では，貝殻含有率がそれよりはるかに高い骨材を使用しても良い結果が得られている。細骨材の貝殻含有率には制限がない。

3.13.4 不安定骨材

骨材に関する試験において，構成要素の粒子の大部分は問題ないが，少数の粒子が不安定であることが時折みられる。そのような粒子の含有量は明らかに制限されなければならない。

不安定な粒子をおおまかに次の2種類に分けることができる：健全性を維持できない粒子と，凍結によってまたは水にさらされただけでも破壊的な膨張を引き起こす粒子である。破壊的な性質はある岩石の種類における特徴であるため，骨材の耐久性一般に関連して，主として次章において解説する。本章では耐久性の無い不純物だけを考察する。

頁岩やその他の密度の低い粒子は不安定と見なされ，また粘土塊，木片，および石炭などの柔らかい含有物も表面にあばたとスケーリングを引き起こすため不安定と見なされる。これらの粒子が大量に存在すると（骨材の質量の2～5％以上）コンクリート強度に悪影響を及ぼすおそれがあるため，磨耗作用を受けるコンクリートには含有させてはならない。

3.13　骨材中の有害物質

　石炭は柔らかい含有物であることに加えて，ほかの理由からも望ましくない。膨張してコンクリートを崩壊させ，また微粉の形で大量に存在する場合はセメントペーストの水和の進行を妨げる可能性がある。しかし，硬度の高い石炭の分散した粒子が骨材の質量の 0.25%以下の割合で含まれている場合であれば，コンクリートの強度に悪影響はない。

　石炭その他の低密度物質の存在は，例えば ASTM C 123-92 の方法など，適切な密度の液体の中で行う浮遊選鉱によって確認することができる。表面のあばたとスケーリングの危険性があまり重要とは考えられない場合で，コンクリート強度が考慮すべき主な対象である場合は，試し練りを行うべきである。

　雲母は，セメントの水和中に生成される活性の化学物質があると，ほかの形態に変化する可能性があるので，避けなければならない。また細骨材中に例えば骨材の質量の 2〜3 %でも雲母があると，必要水量とコンクリート強度に悪影響が出る[3.45]。Fookes と Revie[3.69]は，雲母が砂の中に質量で 5 %含まれている場合には，水セメント比が一定であってもコンクリートの 28 日強度が約 15%低下することを発見した。このようなことが起きる理由は，おそらくセメントペーストと雲母粒子の表面との接着性が悪いためである。白雲母の形態の雲母は，黒雲母よりはるかに有害であると思われる[3.58]。チャイナクレー砂のような材料をコンクリート中に使う場合は，これらの事実に留意しなければならない。

　砂の中に存在する雲母の量を求める基準の方法はなく，コンクリートの性質に対する雲母の影響を調べる試験も存在しない。砂に雲母が含まれている場合は，もっとも粉末度の高い粒子の中に集中して存在する可能性が高い。Gaynor と Meininger[3.63]は，300 μm と 150 μm（No.50 と No.100）のふるいの中間部分にある砂に含まれる雲母粒子の数を，顕微鏡で数えるよう推奨している。その中に含まれる雲母が粒子数にして約 15%未満であれば，コンクリートの性質に重大な影響を及ぼす可能性は低い。それより大きい粒子中の雲母の含有率は，何分の一にも小さくしなければならないことを強調しておきたい。

　石膏やその他の硫酸塩は存在してはならない。BS 812:Part 118:1988 によってこれらの物質の含有率を求めることができる。中近東の多くの骨材にはこれらの物質が含まれているため問題が起きるが，中近東では SO_3^-（セメント中の SO_3 も含む）が質量で 5 %以内であれば許容されることが多い[3.59]。マグネシウムやナ

第3章 骨材の性質

トリウムなどとの水溶性の形態はとりわけ有害である。中近東のような乾燥地帯で採取される骨材の中にさまざまな塩化物が含まれていることによって起きる特殊な問題は、FookesとCollis[3.56,3.57]が扱っている。

黄鉄鉱と白鉄鉱は、骨材中のもっとも一般的な膨張性含有物である。これらの硫化物は水や空気中の酸素と反応して硫酸鉄となり、つぎにそれが分解して水酸化物となるが、一方で硫酸塩のイオンはセメント中のアルミン酸カルシウムと反応する。硫酸も生じて水和したセメントペーストに作用する可能性がある[3.76]。とくに暖かく湿度が高い場合には、コンクリート表面の染みやセメントペーストのポップアウトが起きることがある。ポップアウトは、何年も後になっても、水と酸素が存在するようになったときに発生する可能性がある[3.76]。ポップアウトの出現問題は、使用骨材の最大寸法を小さくすることによって改善することができる。

あらゆる形態の黄鉄鉱が反応するわけではなく、また黄鉄鉱の分解が起きるのは石灰水の中だけであるため、疑わしい骨材を石灰の飽和溶液に入れることによってその骨材の反応性を試験することができる[3.12]。骨材に反応性があれば、2,3分後に硫酸鉄の青緑色をしたゼリー状の沈殿物が現れ、それが空気にさらされると茶色の水酸化鉄へと変化する。このような反応が起きなければ、染みの心配をする必要はないことになる。数多くの金属カチオンの存在によって反応性が低下することが判明したが[3.12]、一方で金属カチオンの不在は黄鉄鉱を活発化する。一般に、問題を起こす可能性の高い黄鉄鉱粒子の寸法は5～10mmである。

ASTM C 33-93に定められた不安定粒子の許容量を表-3.12に示す。

本節で解説した不純物の大半は天然骨材の堆積物の中に見出されるものであり、破砕骨材中に見出される頻度ははるかに少ない。しかし、選鉱くずなど一部の加

表-3.12 不安定粒子の許容量（ASTM C 33-93の規定）

粒のタイプ	最大含有量 [質量%]	
	細骨材中	粗骨材中
砕けやすい粒と粘土塊	3.0	2.0–10.0[*1]
石炭	0.5–1.0[*2]	0.5–1.0[*2, *3]
すぐに分解するチャート	—	3.0–8.0[*3]

*1 チャートを含む
*2 外見の重要性による
*3 暴露条件による

工骨材には，有害物質が含まれている可能性がある。例えば，石灰水に溶ける少量の鉛（一例は，質量で骨材の 0.1％の PbO）は凝結を大幅に遅延させ，コンクリートの早期強度を低下させる。長期強度には影響がない[3.46]。

3.14 骨材の安定性

この用語は，自然界の条件の変化によって体積が過度に変化することに対する骨材の抵抗能力を表す。したがって安定性の欠如は，骨材とセメント中のアルカリ類との化学反応によって引き起こされる膨張とはまったく異なっている。

骨材の体積が大幅かつ永久的に変化する自然界の原因は，凍結融解，氷点を超える低温度での温度変化，および湿潤と乾燥の繰り返しである。

上記のような原因で起きた体積の変化がコンクリートの劣化につながった場合に，骨材が不安定であるという。これには，部分的なスケーリングやいわゆるポップアウトから，表面の大々的なひび割れや相当の深さに至る崩壊までが含まれ，したがって外観が損なわれるに過ぎない程度から構造上危険な状態まで，程度はさまざまである。

不安定性が表れるのは，多孔質の（とくにきめの細かい空げき構造をもつ軽量の）フリントやチャート，一部の頁岩，膨潤粘土の薄層を含む石灰岩，および，モンモリロナイト群やイライト群の粘土鉱物を含むその他の粒子である。例えば，変成玄武岩は湿潤と乾燥によって寸法が 600×10^{-6} も変化するため，この骨材を含むコンクリートは湿潤と乾燥の繰り返し作用を受ける環境下で破壊を起こす可能性があり，また凍結融解では確実に破壊を起こす。同様に，多孔質のチャートの崩壊は凍結によって引き起こされる[3.77]。

骨材の安定性に関する英国の試験は BS 812:Part 121:1989 に規定されており，硫酸マグネシウム飽和溶液への浸漬と炉乾燥とを交互に 5 回繰り返した結果，崩壊した骨材の割合を明らかにする。元の試料には 10.0～14.0mm の寸法の粒子が入っており，10.0mm を超える寸法に留まる粒子の質量を元の質量の割合として表したものを**安定度値**と呼ぶ。

骨材の安定性に関する米国の試験は ASTM C 88-90 に規定されており，粒度調整した骨材試料に対して硫酸ナトリウムまたは硫酸マグネシウムの飽和溶液

第3章　骨材の性質

(後者の方が一層厳密である)への浸漬と炉乾燥とを交互に行う。骨材の空げき中に塩(えん)の結晶が形成され,おそらく氷の作用と同様のやり方で粒子を崩壊させるようになる。暴露を何サイクルも繰り返した後のふるい分け試験で明らかになった粒子寸法の減少が,不安定性の程度を表す。この試験は,現場の実際の状況下における骨材の挙動を予想する点では定性的に評価するものでしかなく,未知の骨材の合格不合格を決める基準として用いることはできない。具体的に言うと,ASTM C 88-90 によって試験された安定性を,凍結融解を受けたコンクリート中にある骨材の性能を測る尺度とするための明確な理由は何もない。

その他の試験は骨材を凍結と融解の繰返し作用に曝すものであるが,疑わしい骨材でつくられたモルタルやコンクリートに対してこの処置を適用する場合もある。残念ながらどの試験も,実構造物における湿潤状態と氷点以上の温度変化を受けた場合の骨材の挙動を正確に示すものではない。

同様に,凍結融解の環境下でコンクリート中の骨材が示す耐久性を,十分に予測することのできる試験はない。

その主な理由は,骨材を取り囲む水和したセメントペーストの存在が骨材の挙動に影響を及ぼすからである。したがって,骨材の耐久性を十分に証明できるのは実際の使用実績だけである。

それでもなお,ある種の骨材は凍害を受けやすいことが知られており,われわれが注目するのはこのような骨材である。それらは,多孔質のチャート,頁岩,一部の石灰岩,とくに薄層の石灰岩,および砂岩である。あまり記録の良くないこれらの岩石に共通する特徴は吸水率が高いことであるが(図-3.8を参照)[3.37],耐久性のある岩石でも高い吸水率を示すものがたくさんあることを特筆しておかなければならない。

凍害が起きるのは,含水率が臨界状態になっており,かつ排水能力が不十分の場合である。これらのことは,とりわけ骨材中にある空げきの大きさ,形状,および連続性によって決定される。なぜならば,空げきのこのような特性が吸水速度と吸水量,そしてまた水が骨材粒子から流出することのできる速度を左右するからである。実際,空げきのこのような特性は,吸水率の大きさで示される空げきの単なる総容積より重要である。

$4〜5\mu m$ 未満の空げきは,水の滲入を許す大きさでありながら,氷の圧力の下

3.14 骨材の安定性

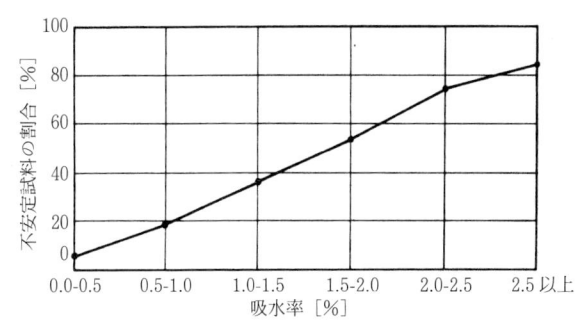

図-3.8 安定骨材と不安定骨材の混合割合と，吸水率との関係[3.37]

で簡単に排水できるほど大きくはないため，危険であることが判明している。$-20°C$の完全に拘束された空間で，この圧力は 200MPa にも上る可能性がある。したがって，骨材粒子の割裂と周りを取り囲むセメントペーストの崩壊を防ぐためには，崩壊が起きるほど水圧が高くなる前に，水は骨材粒子中の水が満たされていない空げきや周りを取り囲むペースト中へと流出することができなければならない。

この説明は，骨材が水和セメントペースト中に埋め込まれた状態の時でなければ骨材の耐久性を完全に確認することはできないという前述の意見の理由にもなっている。骨材粒子には氷の圧力に抵抗できる強度があるかもしれないが，膨張が周囲のモルタルを崩壊させる可能性がある。

空げきの大きさが骨材の耐久性の重要な因子であることを述べてきた。大部分の骨材にはさまざまな大きさの空げきが存在するため，われわれが実際に直面するのは細孔径分布である。これを量的に表現する手段が Brunauer, Emmett, および Teller によって開発さされてきた[3.13]。

骨材の全空げきの内側の表面に，1分子の厚さの層を形成するのに必要なソルビン酸ガスの量を求め，これから，骨材の厳密な表面積が求まる。空げきの総容積を吸水率で測定すると，空げきの容積の表面積に対する比がその空げきの半径に相当する。水理学における流れの問題で身近になっているこの値が，流れを生じさせるのに必要な圧力の目安となる。

3.15 アルカリ-シリカ反応

近年,骨材とその周りを取り囲むセメントペーストとの間に起きる,有害な化学反応がしだいに数多く観察されるようになってきた。もっともよく起きる反応は,骨材の活性シリカ成分とセメント中のアルカリ類との間の反応である。反応性の高い形態のシリカはオパール(非晶質),玉髄(繊維性隠微晶質),および鱗石英(結晶質)である。これらの反応性材料は,オパール質または玉髄質のチャート,けい酸質石灰岩,流紋岩と流紋岩質凝灰岩,石英安山岩と石英安山岩質凝灰岩,安山岩と安山岩質凝灰岩,および千枚岩の中に見出される[3.29]。

反応は,セメント中のアルカリ類(Na_2O と K_2O)からもたらされた間げき水中のアルカリ性水酸化物が,骨材中のけい酸質鉱物に作用することから始まる。その結果,骨材(反応性シリカが存在する場所)中の弱い面や空げき,または骨材粒子の表面に,アルカリ-シリカゲルが形成される。後者の場合は,特徴的に表面部分に変質部が形成され,これが骨材と周りを取り囲む水和セメントペーストとの間の付着を破壊することになる。

ゲルは「無制限に膨潤する」種類のもので,水分を吸収し,その結果体積が増加する。ゲルは周りを取り囲むセメントペーストによって閉じ込められているため内部圧力が生じ,最終的に水和セメントペーストの膨張,ひび割れ,および崩壊へと進んでゆく。したがって,膨張は浸透によって生じた水圧に起因するようにも見えるが,膨張はアルカリ-シリカ反応のまだ固形状態の生成物の膨潤圧によっても起こり得る[3.30]。そのため,コンクリートにとってもっとも有害なのは,硬い骨材粒子の膨潤であると考えられている。比較的柔らかい一部のゲルは,後に水によって浸出し,骨材の膨張ですでに形成されたひび割れの中に堆積される。けい酸質粒子の寸法は反応が起きる速度に影響を及ぼし,粉末度の高い粒子($20〜30\,\mu m$)は 1,2 ヵ月以内に膨張を起こすが,大き目の粒子は何年も経た後初めて膨張を引き起こす[3.60]。

アルカリ-シリカ反応に係るメカニズムの概説は,Diamond[3.66]と Helmuth[3.78]によって報告されている。ゲルの形成は Ca^{++} イオンの存在があって初めて行われると考えられている[3.73]。このことは,$Ca(OH)_2$ を除去するポゾランを混合物中に入れて,膨張性のアルカリ-シリカ反応を防ぐことを考える際に重要なことで

3.15 アルカリーシリカ反応

ある（643頁参照）。反応の進行は複雑であるが，コンクリートにひび割れを生じさせるのはアルカリーシリカゲルの存在自体ではなく，反応に対する物理化学的な応答だということを理解しておくことが重要である[3.66]。

アルカリーシリカ反応は水がある場合にのみ起きる。反応が進行するためのコンクリート内部における最低相対湿度は20℃で約85％である[3.79]。

高めの温度では，それよりやや低い相対湿度でも反応が起きる[3.79]。一般に，温度が高くなるとアルカリーシリカ反応の進行が加速するが，反応によって引き起こされる総膨張量を増加させるわけではない[3.79]。温度の影響は，温度の上昇が$Ca(OH)_2$の溶解度を低下させ，シリカの溶解度を上昇させることに起因すると考えられる。温度の加速効果は，骨材の反応性を調べる試験で利用されている。

アルカリーシリカ反応が継続するためには水が絶対に必要であるため，コンクリートを完全に乾燥させ，その後水との接触を防ぐことは反応を停止させるための有効かつ唯一の手段である。逆に，湿潤と乾燥を交互に繰り返すと，コンクリートの湿潤状態の部分からより乾燥した部分へと移るアルカリイオンの移動を増大させる。含水量の勾配にも同じような効果がある[3.80]。

アルカリーシリカ反応は非常に速度が遅く，何年も経た後でなければ結果が表れない場合もある。その理由は複雑であり，その手順は，さまざまなイオンの局部的な濃度に関連してまだ議論中である[3.66]。

ある材料でアルカリーシリカ反応が起きるということは予測できるが，反応性材料の量の資料だけから悪影響があるかどうかを判断することは一般に不可能である。例えば，骨材の実際の反応性は，反応が起きる面積を左右する骨材粒子の寸法と空げき率の影響を受ける。アルカリ類がセメントのみから生じる場合は，反応性の高い骨材表面におけるアルカリ類の濃度はこの表面の大きさによって左右される。一定の範囲内で言える事ではあるが，ある反応性骨材を使用してつくられたコンクリートの膨張は，セメントのアルカリ含有率が高いほど大きく，またセメント中のアルカリ含有率が一定であれば粉末度が高いほど大きい[3.32]。

アルカリ骨材反応の進行に影響を及ぼすその他の因子には，水和セメントペーストの透水性がある。なぜならば，これが水とさまざまなイオンの移動，およびシリカゲルの移動を支配するからである。したがって，さまざまな物理的化学的因子がアルカリ骨材反応の問題を非常に複雑にしている。とくに，ゲルは吸水に

よってその構成が変わるため相当の圧力を引き起こす場合があるが，それ以外の時には拘束された場所から外へとゲルの拡散が起きる[3.32]。セメントの水和が進行するにつれて，アルカリ類の多くが液相の中で濃縮されるのが認められる点に注目してほしい。その結果 pH が上昇し，すべてのシリカ鉱物が可溶性となる[3.61]。

3.15.1 骨材の反応性試験

ある種の骨材は反応する傾向があり，またそのような骨材の存在は ASTM C 295-90 によって明らかにすることができることを我々は知っているにもかかわらず，それらの骨材がセメント中のアルカリ類との反応によって過度な膨張を引き起こすかどうかを簡単に確認する方法がないのはなぜかということを，前の解説で説明した。使用実績は一般に信用しなければならないが，被害を及ぼす可能性のあるのは有害骨材のわずか 0.5% である[3.61]。もし実績がなければ，骨材の潜在的な反応性を確認することしかできず，有害な反応が起きると証明することはできない。素早く行うことのできる化学試験が ASTM C 289-94 に規定されている：80℃に保った 1 規定の NaOH 溶液中に微粉砕骨材を入れ，そのときに起きる溶液中のアルカリ度の減少量を確定し，溶解したシリカの量を測定する。

結果の解釈は多くの場合明確ではないが，記入した試験結果が図-3.9 中の境界線の右側に来た場合には一般に潜在的に有害な反応を起こすことを示している。なお，この図は ASTM C 289-94 から複写したものであるが，これは Mielenz と Witte の論文[3.33]に基づいたものである。しかし，図-3.9 の破線より上の点で表された潜在的に有害な骨材は，アルカリ類との反応性がきわめて高いため比較的膨張が少ないと考えられる。したがってこれらの骨材に対してはさらに下記のモルタルバー試験を実施し，反応性が有害かどうかを調べなければならない。軽量骨材に関しては，この試験はほとんど価値はない[3.68]。

骨材の物理的反応性を調べるための ASTM C 227-90 によるモルタルバー試験では，疑わしい骨材を必要に応じて破砕して規定の粒度にし，等価アルカリ含有率が 0.6% 以上（できれば 0.8% 以上）のセメントを使用して，特殊なセメント－砂のモルタルバーをつくる。

それらの供試体は 38℃で水の上に保管する。これより高い温度か低い温度の場合と比べて，この温度では膨張がより早く，そして一般により大きく進む[3.34]。

3.15 アルカリーシリカ反応

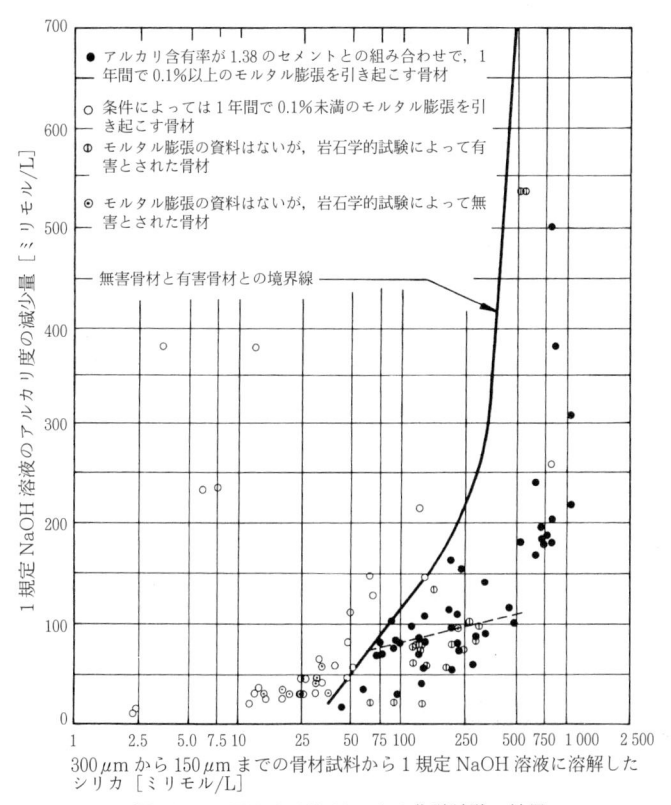

図-3.9 ASTM C 289-94 による化学試験の結果

凡例:
- ● アルカリ含有率が1.38のセメントとの組み合わせで、1年間で0.1%以上のモルタル膨張を引き起こす骨材
- ○ 条件によっては1年間で0.1%未満のモルタル膨張を引き起こす骨材
- ◐ モルタル膨張の資料はないが、岩石学的試験によって有害とされた骨材
- ◑ モルタル膨張の資料はないが、岩石学的試験によって無害とされた骨材
- ── 無害骨材と有害骨材との境界線

縦軸: 1規定NaOH溶液のアルカリ度の減少量 [ミリモル/L]
横軸: 300μmから150μmまでの骨材試料から1規定NaOH溶液に溶解したシリカ [ミリモル/L]

かなり高い水セメント比を用いることも反応を加速させる。ASTM C 33-93の付録の記載によれば、試験中の骨材が6ヵ月後に0.10%を超えて膨張したとき、または6ヵ月後の結果が使えない場合であれば、3ヵ月後に0.05%を超えて膨張したときに、その骨材は有害と見なされる。

ASTM C 227-90 によるモルタルバー試験は、現場の経験との非常に良い相関関係を示しているが、骨材の判定が可能になるまでには、かなりの時間が必要である。石英を含む骨材に関しては、試験期間を1年間に延ばす必要があるかもしれない[3.81]。一方、前述したように、化学試験の結果は早く出るが明確でないことがたびたびある。同様に、岩石学的検査は鉱物質成分を識別するには便利な道具であるが、ある特定の鉱物が有害な膨張を引き起こすとは言えない。各種の促進

試験方法が引き続き開発されているが，挙動をゆがめるような高温（80℃まで）を用いるものが多い。コンクリート角柱の膨張量を測定する試験方法を規定する英国基準が，1998年に公表予定である。

同じ材料を用いたコンクリートに対して，現場での挙動と相関関係をもつような研究所における試験結果が不足している[3.82]。その理由はおそらく，アルカリ－シリカ反応の影響が表れるまでには非常に長い期間を要するためであろう。したがって，新しい試験方法を急いで実証することはできない。このように，骨材の反応性を早く調べて判定することができるような試験はまだ開発されておらず，目下のところ既存の試験を複数用いることが最善の策である。

アルカリ骨材反応に関する上記の解説は，一部の骨材に潜在的な問題があることを意識してもらうために行った。アルカリ骨材反応がコンクリートにもたらす結果とその予防策については639頁に解説するが，この広大なテーマを完全に扱うことは本書の範囲では不可能である。重要なのは，コンクリートの材料を選択する際には，有害なアルカリ骨材反応の危険性を考慮しなければならないということを，肝に銘ずることである。

3.16 アルカリ－炭酸塩反応

もう1つの有害な骨材反応は，一部のドロマイト石灰岩骨材とセメント中のアルカリとの間に起きる反応である。この反応の生成物の体積は元の材料の体積より小さいため，有害な反応は，アルカリ－シリカ反応にみられる現象とは異なる現象として説明をおこなわなければならない[3.83]。形成されるゲルは，膨潤粘土と同じような膨張を示す可能性が高い[3.79]。したがって，湿度が高い状況でコンクリートが膨張する。一般には，活性の骨材粒子の周りに厚さ2mmまでの反応区域が形成される。これらの周縁区域の内部でひび割れが生じ，網の目状のひび割れへと進展し，骨材とセメントペーストとの間の付着性の喪失へとつながっていく。

試験によって脱ドロマイト化が起きることが示された，すなわち，ドロマイト，$CaMg(CO_3)_2$，が $CaCO_3$ と $Mg(OH)_2$ に変化する。しかし，発生する反応はまだ十分に分かっていない；とくに骨材中の粘土の作用が明確でないが，膨張反応はほぼ常に粘土の存在を伴っているようである。

また，膨張性骨材においてはドロマイトと方解石の結晶は非常に微細である[3.47]。1つの意見として述べると，膨張は事前に湿潤化されていなかった粘土が水を取り込むことによって起きるのであり，脱ドロマイト化は，閉じ込められた粘土に水が接触できるようになるためにのみ必要であったのではないであろうか[3.48]。もう1つの意見は，粘土が骨材の反応性を高めたため，ドロマイトとけい酸カルシウム水和物が，$Mg(OH)_2$，シリカゲル，および炭酸カルシウムを生成し，体積が約4％増加したのではないかというものである[3.62]。この問題に関してはWalkerが良い概説を行っている[3.70]。

コンクリート中で膨張反応を起こすのは一部のドロマイト石灰石だけであるということを強調したい。これらのドロマイト石灰石を識別する簡単な試験は開発されておらず，疑がわしい場合は，岩石構造を調べたり，水酸化ナトリウム中における岩石の膨張（ASTM C 586-92）を調べたりすることが参考になる。ASTM C 586-92 の試験で岩石試料の膨張が0.10％を超える場合は，その骨材でつくったコンクリートを湿潤大気中で保管し，長さの変化をASTM C 1105-89にしたがって測定する。この基準には，試験結果の解釈に関する手引きも掲載されている。

アルカリ-シリカ反応とアルカリ-炭酸塩反応との相違点の1つとして覚えておかなければならない点は，後者においてはアルカリが再生されるということである。おそらくこれが理由で，ポゾラン（シリカフュームも含んで）は，アルカリ-炭酸塩膨張を上手く制御することができないのである[3.84]。しかし，コンクリートの透水性を低下させる高炉スラグ微粉末（第13章を参照）はそれなりに有効である[3.84]。幸いにも，反応性の高い炭酸塩岩はそれほど広く分布していないため，一般には避けることが可能である。

3.17　骨材の熱的性質

コンクリートの性能に対して重要と思われる骨材の熱的性質は3つある。熱膨張係数，比熱，および熱伝導率である。最後の2つはマスコンクリートや断熱が必要な場合では重要となるが，通常の構造物の工事では重要ではない。この2つについてはコンクリートの熱的性質を扱う節で解説する（466頁参照）。

第 3 章 骨材の性質

骨材の熱膨張係数は，その骨材を含むコンクリートの熱膨張係数に影響を及ぼす。骨材の係数が高いほどコンクリートの係数も高いが，後者は混合物中の骨材の含有率と全般的な配合割合によっても異なる。

しかし，これには他の面の問題もある。粗骨材と水和セメントペーストの熱膨張係数に差があり過ぎると，温度の大幅な変化によって動きの差が生じ，骨材粒子と周りのペーストとの間の付着が破損することが指摘されている。しかし，おそらく動きの差は収縮による力など他の力からも影響を受けるためであろうと思われるが，温度が4〜60℃の中で変化する限りは係数間に大きい差のあることが必ずしも不利益とはならない。それにもかかわらず，2つの係数に $5.5 \times 10^{-6}/℃$ を超える差がある場合は，凍結融解作用を受けるコンクリートの耐久性が影響を受けるおそれがある。

熱膨張係数は，VerbeckとHass[3.14]が細骨材と粗骨材との両方に用いるために考案した膨張計を使って求めることができる。

線膨張係数は母岩の種類によって異なり，一般的な岩石ではおよそ $0.9 \times 10^{-6}/℃ \sim 16 \times 10^{-6}/℃$ の間であるが，大半の骨材はおよそ $5.5 \times 10^{-6}/℃ \sim 13 \times 10^{-6}/℃$ の間である（表-3.13を参照）[3.39]。水和したポルトランドセメントペーストでは，この係数は $11 \times 10^{-6}/℃ \sim 16 \times 10^{-6}/℃$ の間で変動するが，$20.7 \times 10^{-6}/℃$ までの数値も報告されている。また，係数は水の飽和の程度によって異なる。したがって，係数に重大な相違が出るのは，膨張のきわめて少ない骨材の場合だけである。このような骨材は，特定の花崗岩，石灰石，および大理石である。

極高温度が予想される場合は，すべての骨材の詳細な性質が既知でなければな

表-3.13　種々の岩石タイプの線膨張係数[3.39]

岩石タイプ	線膨張係数 $10^{-6}/℃$
花崗岩	1.8–11.9
閃緑岩，安山岩	4.1–10.3
斑レイ岩，玄武岩，輝緑岩	3.6–9.7
砂岩	4.3–13.9
ドロマイト（白雲石）	6.7–8.6
石灰岩	0.9–12.2
チャート	7.3–13.1
大理石	1.1–16.0

らない。例えば、石英は574℃で反転が起き、突然0.85%膨張する。これはコンクリートを破壊するため、耐火コンクリートはけっして石英骨材を用いてつくってはならない。

3.18 ふるい分け試験

このいくぶん大げさな名前は、骨材の試料をそれぞれ同じ寸法の粒子からなる各部分に分けるという簡単な作業に対して付けられた呼び名である。実施面では、各部分には規定された限界値の間の粒子を含んでいる。これらの規定された限界値とは試験用標準ふるいの寸法である。

コンクリート骨材用に用いるこの試験用ふるいには四角い穴がいくつも開いており、その性質はBS 410:1986 および ASTM E 11-87 によって規定されている。後者の基準では、大型のふるいは穴の寸法で言い表すことができ、約1/4 in 未満のふるいは、長さ1 in 当たりの穴の数（No.）で言い表すことができる。したがって、No.100 の試験用ふるいには1平方インチごとに100×100個の穴が開いている。標準の手法は、ふるいの寸法を公称目開き寸法によってミリメートルかマイクロメートルで呼ぶ。

4 mm 未満のふるいは通常ワイヤクロスでできているが、必要であれば16mm までこれを使用することができる。ワイヤクロスはりん青銅でできているが、もっと粗いふるいの場合は、黄銅と軟鋼を使用することもできる。

ふるいの開口率、すなわち穴の開いた面積をふるいの総面積に対する割合で表したもの、は28～56%の間で変化し、穴が大きければ大きい。粗い試験用ふるいは多孔板でつくられており、ふるいの開口率は44～65%である。

ふるいはすべて重ね合わせのできる枠に取り付けられている。したがって、寸法の順にふるいを1つずつ重ねていき、最大のものが一番上にくるようにすることができる。ふるいをゆすった後に残った材料はそのふるいより粗く、1つ上のふるいより細かい骨材に相当する。直径200mm の枠は5mm 以下の寸法に使用され、直径300mm または400mm の枠は5 mm 以上の寸法に使用される。5mm（No.4 ASTM）が細骨材と粗骨材とを分ける境界線であったことを憶えていることと思う。

第3章 骨材の性質

　コンクリート用骨材に使用するふるいは一連の組になっており，どのふるいも純開口寸法は1つ上のふるいのほぼ半分である。大英帝国の単位を用いた英国基準の試験用ふるいの寸法は，この一連の組の場合，3in，1.5in，0.75in，0.375in，0.1875in，7番，14番，25番，52番，100番，および200番であった。これらのふるいを使った試験結果はいまだ使用されている。表-3.14には，伝統的な試験用ふるいの寸法を，開口の大きさによる基本的な記述にしたがってミリメートルやマイクロメートルで表したものと，以前の英国とASTMの呼称およびインチによる穴のおよその寸法を掲載した。

　骨材粒径の過大寸法と過小寸法を明らかにするため，またとくに骨材の粒度の研究を行うためには，さらに多くの寸法のふるいが必要である。完全な一連の試験用ふるいは，理論上，連続する2つのふるいの穴の比率が$\sqrt[4]{2}$であることを基準に定められており，基本寸法を1mmとして定めている。しかし，英国（BS 410:1986）のふるいも米国（ASTM E 11-87）のふるいも，ともにISOのR40/3の一連のふるいにしたがっておおむね基準化された。これらの寸法はすべてが真に幾何学的な一連の組み合わせを成しているわけではなく，「推奨番号」に従っている。英国基準BS 410:1986も，ISOのR20（ISO 565-1990）の一連のふるいの中のふるい寸法を一部使用している。この一連のふるいには，125mmから63μmの範囲にある寸法が段階的に含まれており，段階の比率は約1.2で基本寸法は1mmである。ISO 6274-1982と同じ寸法を使用した欧州の基準案 pr EN 933-2もある。表-3.15に各種の標準のふるいの寸法を示す。粒度を調べる目的で通常用いられるふるいの寸法は75.0，50.0，37.5，20.0，10.0，5.00，2.36，1.18 mm，および600，300，150μmである。

　したがって，骨材の粒度について解説する際には2組のふるい寸法と取り組まねばならない。本書では，大英帝国の寸法のふるいで行われた測定結果を厳密に等価なメートル法の数値で報告するが，配合割合を決める（第14章参照）ための粒度曲線は，できる限り現行のASTM，またはBSのメートル法，のふるい寸法に基づくこととする。

　ふるい分け試験を実施する時には，細粒度粒子の塊が大きい粒子として分類されたり，目の細かいふるいが目詰まりしたりするのを防ぐために，事前に骨材試料を気中乾燥しなければならない。BS 812：Section 103.1：1985が推奨する縮

3.18 ふるい分け試験

表-3.14 伝統的な米国と英国のふるいの呼び寸法

公称目開き [mm または μm]	概略対応する大英帝国値 [in]	もっとも近い寸法の昔の呼称 BS	もっとも近い寸法の昔の呼称 ASTM
125mm	5	—	5in.
106mm	4.24	4in.	4.24in.
90mm	3.5	$3\frac{1}{2}$ in.	$3\frac{1}{2}$ in.
75mm	3	3in.	3in.
63mm	2.5	$2\frac{1}{2}$ in.	$2\frac{1}{2}$ in.
53mm	2.12	2in.	2.12
45mm	1.75	$1\frac{3}{4}$ in.	$1\frac{3}{4}$ in.
37.5mm	1.50	$1\frac{1}{2}$ in.	$1\frac{1}{2}$ in.
31.5mm	1.25	$1\frac{1}{4}$ in.	$1\frac{1}{4}$ in.
26.5mm	1.06	1in.	1.06
22.4mm	0.875	$\frac{7}{8}$ in.	$\frac{7}{8}$ in.
19.0mm	0.750	$\frac{3}{4}$ in.	$\frac{3}{4}$ in.
16.0mm	0.625	$\frac{5}{8}$ in.	$\frac{5}{8}$ in.
13.2mm	0.530	$\frac{1}{2}$ in.	0.530in.
11.2mm	0.438	—	$\frac{7}{16}$ in.
9.5mm	0.375	$\frac{3}{8}$ in.	$\frac{3}{8}$ in.
8.0mm	0.312	$\frac{5}{16}$ in.	$\frac{5}{16}$ in.
6.7mm	0.265	$\frac{1}{4}$ in.	0.265in.
5.6mm	0.223	—	No.$3\frac{1}{2}$
4.75mm	0.187	$\frac{3}{16}$ in.	No.4
4.00mm	0.157	—	No.5
3.35mm	0.132	No.5	No.6
2.80mm	0.111	No.6	No.7
2.36mm	0.0937	No.7	No.8
2.00mm	0.0787	No.8	No.10
1.70mm	0.0661	No.10	No.12
1.40mm	0.0555	No.12	No.14
1.18mm	0.0469	No.14	No.16
1.00mm	0.0394	No.16	No.18
850 μm	0.0331	No.18	No.20
710 μm	0.0278	No.22	No.25
600 μm	0.0234	No.25	No.30
500 μm	0.0197	No.30	No.35
425 μm	0.0165	No.36	No.40
355 μm	0.0139	No.44	No.45
300 μm	0.0117	No.52	No.50
250 μm	0.0098	No.60	No.60
212 μm	0.0083	No.72	No.70
180 μm	0.0070	No.85	No.80
150 μm	0.0059	No.100	No.100
125 μm	0.0049	No.120	No.120
106 μm	0.0041	No.150	No.140
90 μm	0.0035	No.170	No.170
75 μm	0.0029	No.200	No.200
63 μm	0.0025	No.240	No.230
53 μm	0.0021	No.300	No.270
45 μm	0.0017	No.350	No.325
38 μm	0.0015	—	No.400
32 μm	0.0012	—	No.450

第3章 骨材の性質

表-3.15 各基準で定められた骨材用標準ふるいの寸法 [mm または μm]

BS 410:1986	BS 812:Section 103.1:1985	pr EN 993-2	ASTM E 11-87*
125.0			125
			100
90.0			
	75.0		75.0
63.0	63.0	63.0	
	50.0		50.0
45.0			
	37.5		37.5
31.5		31.5	
	28.0		25.0
22.4			
	20.0		
			19.0
16.0		16.0	
	14.0		
			12.5
11.2			
	10.0		
			9.5
8.00		8.00	
	6.30		6.30
5.60			
	5.00		
			4.75
4.00		4.00	
	3.35		
2.80			
	2.36		2.36
2.00		2.00	
	1.70		
1.40			
	1.18		1.18
1.00		1.00	
	850		
710			
	600		600
500		500	
	425		
355			
	300		300
250		250	
	212		
180			
	150		150
125		125	
90			
	75		75
63		63	
45			
32			

* 共通の値のみ

3.18 ふるい分け試験

表-3.16 ふるい分けのための試料の最小量（BS 812:Section 103.1:1985 による）

材料の呼び寸法 [mm]	ふるい分けのために採取される試料の最小量 [kg]
63	50
50	35
40	15
28	5
20	2
14	1
10	0.5
6 または 5 または 3	0.2
3 未満	0.1

表-3.17 ふるい分けの終了後に各ふるいにとどまる試料の最大量（BS 812:Sction 103.1:1985 による）

BS のふるいの寸法		下記の直径のふるいに対する最大量 [kg]		
mm	μm	450mm	300mm	200mm
50.0		14	5	
37.5		10	4	
28.0		8	3	
20.0		6	2.5	
14.0		4	2	
10.0		3	1.5	
6.30		2	1	
5.00		1.5	0.75	0.350
3.35		1	0.55	0.250
2.36			0.45	0.200
1.70			0.375	0.150
1.18			0.300	0.125
	850		0.260	0.115
	600		0.225	0.100
	425		0.180	0.080
	300		0.150	0.065
	212		0.130	0.060
	150		0.110	0.050
	75		0.075	0.030

第3章 骨材の性質

分されたふるい分け用試料の最小量を，表-3.16 に示す。また表-3.17 は，各ふるいが対処できる材料の最大量を示したものである。

　ふるい上の材料の質量がこの値を上回ると，実際はこのふるい目より細かい材料であってもふるい上に残ってしまう可能性がある。したがって，そのような場合はふるい分けしようとする材料を 2 つに分けて別々にふるい分けするべきである。実際のふるい分け作業は手で行うことができ，各ふるいを，ごく微量しか通過しなくなるまで順番にふるっていく。

　ふるいの動かし方は，前後左右，右回しや左回しに行うが，すべての粒子にふるいを通り抜ける「機会」が与えられるよう，これらの動きを順々に実行していかなければならない。大部分の研究所にはふるい振動機があり，通常はタイムスイッチを取り付けてふるい分け作業が均一に行われるようにしている。それにもかかわらず，積載過剰のふるいがないよう注意する必要がある（表-3.17 参照）。75 μm 未満の材料の量は，BS 812:Section 103.1:1985 または ASTM C 117-90 にしたがって水中ふるい分けで決定する方法がもっとも良い。

　ふるい分け試験の結果は，表-3.18 に示したような表の形で報告するのがもっとも便利である。縦列(2)には，各ふるいに残留する質量が示されている。これを試料の総質量に対する百分率で表したものを，縦列(3)に示した。ここで，もっとも細かいものから粗いものへと順番に作業を進めていくと，各ふるいを通過する

表-3.18 ふるい分け試験の例

ふるいの寸法またはふるい番号		残留質量 [g]	残留質量百分率	累加通過質量百分率	累加残留質量百分率
BS	ASTM				
(1)		(2)	(3)	(4)	(5)
10.0mm	$\frac{3}{8}$ in.	0	0.0	100	0
5.00mm	4	6	2.0	98	2
2.36mm	8	31	10.1	88	12
1.18mm	16	30	9.8	78	22
600μm	30	59	19.2	59	41
300μm	50	107	34.9	24	76
150μm	100	53	17.3	7	93
< 150μm	< 100	21	6.8	—	—
		合計＝307		合計＝246	
				粗粒率＝2.46	

3.18 ふるい分け試験

累加百分率（1％単位に丸めて）を計算することができる（縦列(4)）。粒度曲線を描く際に用いるのはこの値である。

3.18.1 粒度曲線

ふるい分け試験の結果はグラフにして表すと，はるかに容易に理解することができる。そのため，粒度のグラフがきわめて広く用いられている。グラフを用いることによって，与えられた試料の粒度が規定粒度と一致するかどうか，または粗すぎるか細かすぎるか，または特定の寸法が欠けているかを一目で把握することができる。

一般に使われている粒度のグラフでは，縦軸が累加通過質量百分率を表し，横軸が対数目盛りで示したふるいの寸法を表している。一連の標準ふるいに含まれる各ふるいの穴の比率は1/2であるため，対数目盛りのグラフはこれらの穴を一定の間隔で示すことになる。表-3.18のデータを表現した図-3.10がこのことを示している。

隣接する2つのふるいの寸法を示す線の間隔を，縦座標の長さの20％の間隔とほぼ等しくなるように選ぶと便利である。そうすれば，記憶に基づいて，いろいろな粒度曲線を視覚で比較することができるようになる。

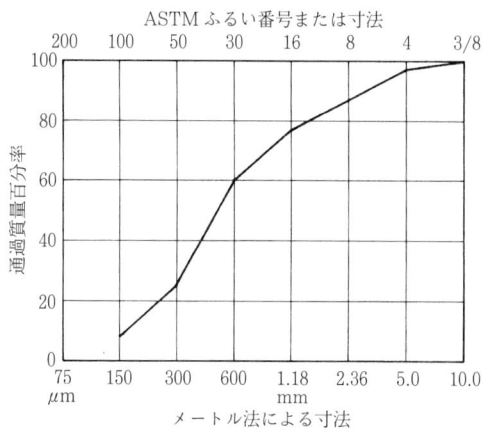

図-3.10 粒度曲線の例（表-3.18参照）

3.18.2 粗粒率

ふるい分け試験から計算した単一の係数が，とくに米国で使用されることがある。これが粗粒率であり，一連の標準ふるい：すなわち，150，300，600 μm，1.18，2.36，5.00mm（No.100，50，30，16，8，4，ASTM）および使用されるふるいの最大寸法まで，のふるいにとどまるものの質量百分率の合計を 100 で割った値として定義される。試料中のすべての粒子が例えば 600 μm（No.30 ASTM）より粗い場合は，300 μm（No.50 ASTM）のふるいにとどまるものの質量百分率を 100 と記入することを忘れてはならない。150 μm（No.100）についても当然同じ数値を記入することになる。骨材が粗いほど粗粒率の数値は大きくなる（表-3.18 の縦列(5)を参照）。

粗粒率は，材料が残留したふるいをもっとも細かいふるいから数えた加重平均寸法とみなすことができる。Popovics[3.49]は，これが粒径分布の対数平均であることを示した。例えば，粗粒率が 4.00 であれば，4 番目のふるいの 1.18mm（No.16 ASTM）が平均寸法であると解釈することができる。しかし，平均という 1 つの係数が分布を表現することができないのは明らかである。要するに，同じ粗粒率でも膨大な数のまったく異なる粒径分布や粒度曲線を表しているのである。したがって，骨材の粒度を表す単一の尺度として粗粒率を用いることはできないが，例えば日常の確認作業などで，産出場所が同じ骨材のわずかな違いを測定するためには有用である。粗粒率は一定の限度内ではあるが，特定粒度の骨材でつくったコンクリート混合物の予想される挙動を示す尺度とはなるため，配合割合を決める際の骨材の評価に粗粒率を使用することを支持する人々も多い[3.49]。

3.19 粒度の要件

骨材試料の粒度を確認する方法を述べてきたが，つぎに，ある特定の粒度が適格かどうかを判断する方法について検討する。関連する問題としては，細骨材と粗骨材とを組み合わせて望ましい粒度にすることである。それでは，「良い」粒度曲線の特性とは何であろうか。

一定の水セメント比で完全に締固められたコンクリートの強度は骨材の粒度の影響を受けないことから，一見，粒度はワーカビリティーに影響を及ぼすという

3.19 粒度の要件

点においてのみ重要であるように思える．しかし，各水セメント比に応じた強度を発揮するためには完全に締固めることが必須であり，そのためには十分にワーカブルな混合物でなければならないことから，適度な仕事量で最大の密度まで締固めることのできる混合物をつくり出すことは必須ということになる．

ここで最初に述べておかなければならないことは，粒度の考え方は，1つの理想的な粒度曲線があるのではなくて，妥協点を見つけるということである．すなわち，コンクリートは物理的な要件とは別に，経済的な側面を忘れてはならず，安く生産することのできる材料でつくらなければならない．したがって，骨材は狭い制限範囲内に限定することはできない．

望ましい骨材の粒度を決定する主な因子は：すべての固形物を湿潤状態にするために必要な水量を決定することになる骨材の表面積；骨材によって占められる相対容積；混合物のワーカビリティー；および材料分離に対する抵抗性である．

材料分離に関しては 257 頁で解説するが，ワーカビリティーの要件と材料が分離しないこととは部分的にお互い相反する傾向があることを，ここでみていかなければならない：寸法が異なる粒子群にとっては，大きい粒子の間の隙間に小さい粒子が入り込んで，詰め込みやすくなればなるほど，小さい粒子はその隙間から飛び出しやすくなる．すなわち硬練り状態で容易に分離しやすくなる．実際上は，粗骨材の隙間から飛び出さないようにしなければならないのはモルタル（すなわち砂，セメント，および水を混ぜたもの）である．また，粒度調整した骨材中の隙間は十分に小さくし，フレッシュセメントペーストの浸入や離脱が発生しないようにすることは非常に重要である．

このように，材料分離の問題はフィルターの問題とかなり類似していることがわかるが，もちろんそれら2つの要求する内容はまったく正反対である．コンクリートを満足なものにするためには，材料分離を防ぐことがきわめて重要である．

混合物が十分に粘着力をもちワーカビリティーも良くなるためには他にも要件がある．それはふるい寸法 $300\,\mu m$（No.50 ASTM）より小さい材料が十分に入っていなければならないということである．セメントの粒子はこの範囲内に含まれているため，貧配合より富配合の混合物の方が細粒骨材の含有率は少なくて良い．細骨材の粒度に細粒の粒子が不足している場合には（細骨材/粗骨材）比を高めても，中間寸法の過剰を招いておそらく粗々しい物となるため，満足のいく対策

とはならない可能性がある（粒度曲線の真中にできた険しい段からわかるように，1つの粒径範囲が過剰に存在するため粒子の干渉が起きる場合，混合物は粗々しいといわれる）。この細粒の粒子（構造上の性質が安定していることが前提である）を十分に入れることの必要性から，例えば表-3.22と3.23（212頁）に示されたような，300μm（No.50 ASTM）のふるい，時には150μm（No.100）のふるいを通過する粒子の最小含有率が定められているのである。

しかし現在では，表-3.23に示したような，300μmと150μm（No.50とNo.100 ASTM）のふるいを通過する粒子の最小百分率の値としては，高すぎると考えられている。

さらに，すべてのセメント状材料が自動的に一定量の「超微粒子」を供給しているということを付け加えたい。したがって，超微粒子は，あらゆる供給源の材料，すなわち骨材，フィラー，およびセメント，の125μm未満の物から取り入れられると考えることができる。しかし，セメントの初期の水和は混合物から一部の水を急速に除去するのに対し，その他の粒子は不活性である点で，挙動に多少の差がある。エントレインドエアの体積は，細かい粒子の体積の半分と等価であると考えることができる。ドイツ基準 DIN 1045:1988[3.86]では，125μmの粒径が超微粒材料の条件として制定されている。超微粒子は使用材料中に一般的にみられるため最小限度量は定められていないが，ポンプ圧送されるコンクリート，薄い断面に打ち込まれるコンクリートや鉄筋の密集したコンクリート，および水密構造物にとって，細かい粒子が十分に存在することが不可欠である。反面，超微粒子が過剰に存在することは，凍結融解や融雪剤に対する抵抗性および耐磨耗性の観点から有害である。単位セメント量が300kg/m^{3}以下の混合物に関して，コンクリート1m^{3}当たり最大合計含有量が350kgと定められている。単位セメント量が350kg/m^{3}であれば，超微粒子の最大含有量は400kg/m^{3}である。単位セメント量がそれより高ければ，さらに多量の超微粒子が許容される。これらの値は，骨材の最大寸法が16〜63mmの混合物に適用される。50μm未満の超微粒子はフレッシュコンクリートの必要水量に対して，したがってまた強度に対しても，良い影響を与えることが確認されている[3.85]。

骨材ができる限り多くの相対容積を占めること，という要件は，まず第一に経済性からくる要件であり，セメントペーストより骨材の方が安価なためであるが，

3.19 粒度の要件

　富配合すぎる混合物が望ましくない理由には重要な技術上の理由もある。また，一定の量のコンクリートに詰め込むことのできる固形粒子の量が多いほどコンクリートの密度が高くなるため，強度が上がるとも考えられている。この最大密度の理論によって，図-3.11 に示したような放物線状の粒度曲線や一部放物線状でその後直線を描く（一般の縮尺率で描かれた場合）粒度曲線が推奨されるようになった。しかし，最大密度が得られるように調整された粒度の骨材では粗々しく，いくぶんワーカビリティーの低い混合物になる。ペーストの量が砂の間げきを埋めるのに必要な量を超えて存在している場合，およびモルタル（細骨材とセメントペースト）の量が粗骨材の間げきを埋めるのに必要な量を超えて存在している場合にワーカビリティーは向上する。

　図-3.11 に示したような「理想的」粒度曲線という概念はまだ支持を得ているが，研究者によっていくぶん異なる形状の「理想的」曲線が推奨されている[3.87]。

　アスファルト業界から出た１つの「理想的」粒度は，結合材の体積の最小化を重視しているため，次のようなものである。縦座標に累加通過質量百分率を表し，横座標に 0.45 の累乗にされたふるい寸法を表すグラフをつくる。このグラフ上に，骨材が一部残留する最大のふるいの寸法に対応する点と，上のふるいから骨材が落ちて来なくなったふるいの寸法に対応する点とを結ぶ直線を描く。「理想的」な粒度はこの線に従うが，この線はセメントや細粒材料の存在を考慮していないので，$600\,\mu\text{m}$（No.30 ASTM）以下のふるいの通過質量百分率はこの直線の下に来る。

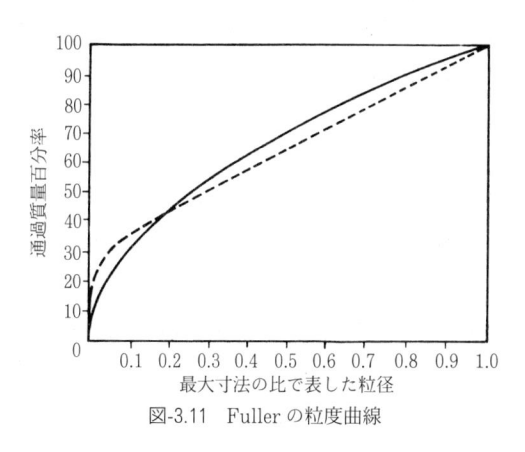

図-3.11　Fuller の粒度曲線

第3章 骨材の性質

この直線の上と下に大きく振れることのない粒度であれば密度の高いコンクリートができるといわれているが、この「0.45累乗粒度曲線」の手法は立証されておらず、あまり使われていない。

実施上の問題は、供給源の異なる骨材はたとえ名目上の粒度が同じでも、指定粒径範囲内における粒径分布が異なり、また形状や組織など、粒子のほかの性質も異なることである。さらに、粒径の範囲が骨材の最大寸法から小さい径の方へできる限り広がっている場合、すなわち非常に細かい粒子が混合物中に含まれている場合は、コンクリート中の空げきの総容積は減少するのである。そのような材料の1つであるシリカフュームについては110頁で述べた。

ここで、骨材粒子の表面積について考えたい。混合物の水セメント比は、強度の要件から一般に固定されている。同時に、フレッシュセメントペーストはすべての粒子の表面を覆うことのできる量が必要であるため、骨材の表面積が小さいほどペーストが少なくて済み、したがって必要な水量も少ない。

簡略化するため、骨材の形状の代表として直径 D の球体を考えてみると、体積に対する表面積の比は $6/D$ となる。この比、すなわち粒子の体積に対する（粒子の密度が一定であれば、その質量に対する）表面積の比を、比表面積と呼ぶ。異なる形状の粒子に関しては $6/D$ 以外の係数が得られるが、Shacklock と Walker の報告[3.15]から再現した図-3.12 に示すとおり、表面積はやはり粒径に反比例する。なお、ふるいの寸法は幾何級数的に連続しているため、縦座標にも横座標にも対数目盛が使われていることに注意しなければならない。

もちろん同じ比表面積に対応する粒度曲線は数多くあるが、粒度調整した骨材の場合は、粒度と全体的な比表面積とはお互い関連している。粒度がさらに最大骨材寸法の大きい部分まで広がると、全体的な比表面積が減少し、必要水量も少なくなる。

しかし関係は直線的ではない。例えば、骨材の最大寸法を10mmから63mmまで上げると、ある一定の状況下では、一定のワーカビリティーに対する必要水量がコンクリート $1m^3$ 当たり50kgも低下する。これに対応する水セメント比の低下は0.15にもなることがある[3.16]。いくつかの代表的な数値を図-3.13に示した。

所定の状況下で使用できる骨材の最大寸法の実際的な制限値と、最大寸法が一般的な強度に及ぼす影響については、219頁で解説する。

3.19 粒度の要件

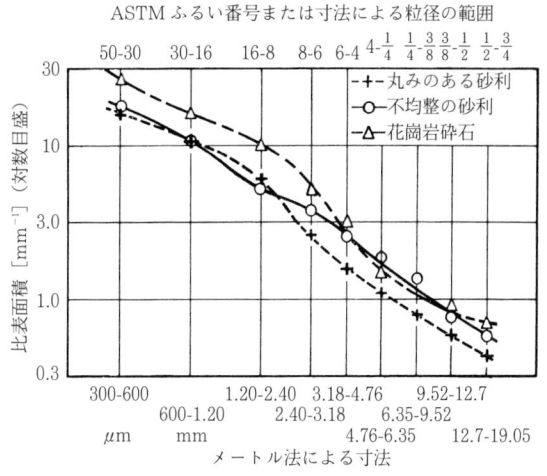

図-3.12 比表面積と粒径との関係[3.15]

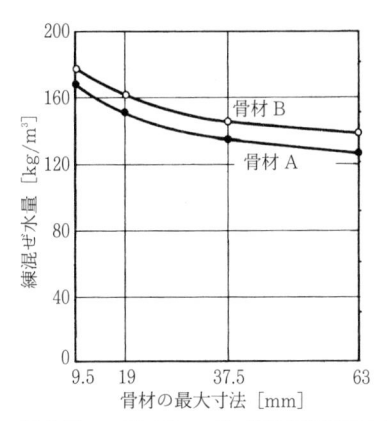

図-3.13 一定スランプに必要な練混ぜ水量に及ぼす骨材の最大寸法の影響[3.16]

骨材の最大寸法とその粒度を選ぶと，比表面積を変数として粒子の総表面積を表現できることがわかる。そして，混合物の必要水量またはワーカビリティーを決定するのは骨材の総表面積なのである。骨材の比表面積に基づく配合設計は，ずっと古く，1918年にEdwards[3.50]によって提唱され，40年後にあらためてこの方法に対する関心が高まった。比表面積は透水法[3.17]を用いて測定することができ

るが,簡単な現場試験はなく,数学的な手法は粒子によって骨材の形状が異なるため困難である。

しかし,骨材の比表面積に基づいて配合割合を選択することが一般的な方法として推奨できない理由はそれだけではない。約 150 μm(No.100 ASTM)のふるいより小さい骨材粒子やセメントに表面積に基づく計算法を適用すると,行き詰まることが判明したのである。これらの粒子とそれより大きい一部の砂の粒子は混合物中で潤滑材として作用するようであり,粗骨材とまったく同じ方法で湿らす必要はないように思われる。Glanville 他[3.18]による一部の試験にその兆候があらわれた。

比表面積は,ワーカビリティーを考える際に,いくぶん誤解を招きやすいイメージがあるため(主として細粒度粒子の影響を過大評価することによる),実験による表面指標が Murdock[3.19]によって提唱された。その値と比表面積の値とを表-3.19に示す。

ある粒度の骨材の表面積の総合的な影響は,任意の粒径範囲の質量の割合[%]に,その粒径範囲に対応する係数を掛け,すべての結果を合計することによって得られる。Murdock[3.19]によれば,表面指標(角ばり指標によって修正)を使用すべきであるが,じつは,この指標の値は経験的な結果をふまえている。一方 Davey[3.20]は,骨材粒度の限界値のきわめて広い範囲において,骨材の総表面積が同じであれば,コンクリートの必要水量と圧縮強度が同じとなることを見つけた。このことは,連続粒度の骨材にも不連続粒度の骨材にも当てはまり,事

表-3.19 比表面積と表面指標

粒径範囲	ASTM ふるいの寸法または ふるい番号	比表面積	Murdock の表面指標
76.2–38.1mm	$3-1\frac{1}{2}$ in.	$\frac{1}{2}$	$\frac{1}{2}$
38.1–19.05mm	$1\frac{1}{2}-\frac{3}{4}$ in.	1	1
19.05–9.52mm	$\frac{3}{4}-\frac{3}{8}$ in.	2	2
9.52–4.76mm	$\frac{3}{8}-\frac{3}{16}$ in.	4	4
4.76–2.40mm	$\frac{3}{16}$ in.-8	8	8
2.40–1.20mm	8–16	16	12
1.20mm–600μm	16–30	32	15
600–300μm	30–50	64	12
300–150μm	50–100	128	10
< 150μm	< 100	—	1

実，Davey の論文から引用して表-3.20 に列挙した 4 粒度のうち 3 粒度は不連続タイプである。

水セメント比が一定の場合に骨材の比表面積が増加すると，例えば Newman と Teychenné[3.21] の成果を掲載した表-3.21 が示すように，コンクリートの強度が低下することが判明している。その理由はあまり明確ではないが，天然砂の粉末度が上昇したときに起きるコンクリートの密度の低下が，強度の低下を引き起こすきっかけとなっているとも考えられる[3.22]。

ワーカビリティーが骨材の比表面積の直接的な関数であるとは思われない。確かに Hobbs[3.88] は，粒度が著しく異なる細骨材を入れた各種コンクリート混合物が，同じようなスランプや締固め係数を示したことを明らかにしたが，全骨材中の細骨材の割合は調整されていた。したがって，骨材の表面積はワーカビリティーを判断する際の重要な因子ではあるが，細かい粒子が果たす厳密な役割が確認されたわけではけっしてない。

前から骨材の粒度を判断する際に基本的に貢献してきた Road Note No.4[3.23] の標準粒度は，総表面積はさまざまな値となっている。例えば，川砂と砂利を用いた場合は，図-3.14 に示した 1〜4 番の 4 本の粒度曲線はそれぞれ比表面積の 1.6，2.0，2.5，および 3.3m²/kg に対応する[3.21]。実施面では，標準粒度に近づく努力をするときに，細かい粒子のわずかな不足をそれよりいくぶん大きめの粗い粒子を過剰に入れて補えば，混合物の性質はほとんど変わらない。しかし，あまり大きく逸れてはならない。上記の記述の中で，「不足」と「過剰」は当然入れ替えることができる。

そうであれば，骨材の粒度がコンクリート混合物のワーカビリティーの主要因子であることは間違いない。そしてまたワーカビリティーは，必要な水量とセメント量に影響を及ぼし，材料分離を制御し，ブリーディングに多少の影響を与え，そしてコンクリートの打込みと仕上げを左右する。これらの因子はフレッシュコンクリートの重要な特性であり，また強度，収縮，および耐久性などの硬化した状態の性質にも影響を及ぼす。

したがって，粒度はコンクリート混合物の配合を決定する際の決定的に重要な因子であるが，計算に現れるような厳密な役割はまだ立証されておらず，この種の粒状材料の半液状混合物に関する理解は未だ完全になされてはいないと言える。

第3章 骨材の性質

表-3.20 同じ比表面積の骨材を用いてつくられたコンクリートの性質[3.20]

寸法の範囲	骨材の粒度 [%]							比表面積 [m²/kg]	水セメント比	圧縮強度 [MPa]		曲げ強度 [MPa]	
	300–150 μm	600–300 μm	1.20mm–600 μm	2.40–1.20mm	4.76–2.40mm	9.52–4.76mm	19.05–9.52mm			7日	28日	7日	28日
ASTM	50–100	30–50	16–30	8–16	$\frac{3}{16}-\frac{3}{8}$	$\frac{3}{8}-\frac{3}{16}$	$\frac{3}{4}-\frac{3}{8}$						
粒度													
A	11.2	11.2	11.2	11.2	11.2	22.0	22.0	3.2	0.575	23.7	32.9	3.72	4.38
B	12.9	12.9	12.9	0	0	30.6	30.7	3.2	0.575	24.2	32.3	3.74	4.48
C	15.4	15.4	0	0	0	34.6	34.6	3.2	0.575	24.6	32.8	3.84	4.54
D	25.4	0	0	0	0	0	74.6	3.2	0.575	23.3	32.1	3.46	4.16

表-3.21 骨材の比表面積と配合1:6, 水セメント比0.60のコンクリートの強度[3.21]

骨材の比表面積 [m²/kg]	コンクリートの28日圧縮強度 [MPa]	フレッシュコンクリートの密度 [kg/m³]
2.24	36.1	2 330
2.80	34.9	2 325
4.37	30.3	2 305
5.71	27.5	2 260

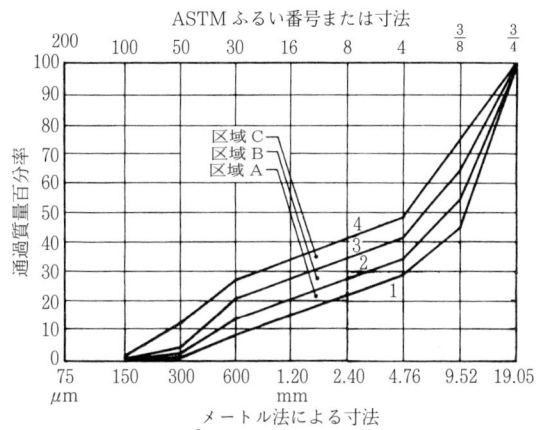

図-3.14 19.05mm ($\frac{3}{4}$in) 骨材に対する Road Note No.4 の標準粒度曲線[3.23]（版権 Crown）

また，骨材の適切な粒度の確保は相当重要なことではあるが，その場所にとって不経済となる，あるいは不可能にも近くなるような限界値を適用することは適当ではない。

最後に，「良い」粒度を追及することよりはるかに重要なことは，その粒度を一定に保つことであるということを忘れてはいけない。一定に保てない場合，ワーカビリティーにばらつきが生じ，それを修正するためにミキサで単位水量を変えると，強度にばらつきのあるコンクリートができ上がる。

3.20 実用的粒度

前節の手短な概説から，適度なワーカビリティーと最少の材料分離が得られるような粒度の骨材を使用することがいかに重要か理解できる。とくに後者の要件

第3章 骨材の性質

が重要であることは,どのように強調してもしすぎることはない。強度が高く経済的なコンクリートをつくることのできるワーカビリティーの良い混合物であっても,材料分離が起きると最終製品にはジャンカが発生し,強度は低く,耐久性の無い,ばらつきの大きい製品となってしまう。

各種寸法の骨材の割合を計算して望ましい粒度を達成するための過程は,配合割合の選択の範疇に入るため,第14章で述べることにする。ここでは,いくつかの「良い」粒度曲線の特性について解説する。しかし実施面では,現地で,または経済的な距離の範囲内で入手できる骨材を使わなければならないということを思い出していただきたい,そして一般には理知的な手法と十分な注意とによって,それらの骨材で満足のいくコンクリートをつくるのである。天然砂を含む骨材に対しては,1つの参考基準として,コンクリートの配合設計における Road Research Note No.4 の曲線[3.23]を使うと有益であろう。これらの曲線は,骨材の最大寸法 19.05mm と 38.1mm に対して作成され,それぞれ図-3.14 と 3.15 に示されている。

最大寸法が 9.52mm の骨材に関する同様の曲線が McIntosh と Erntroy[3.24]によって作成され,図-3.16 に示してある。

骨材の各最大寸法に対してそれぞれ 4 本の曲線が示されているが,実際には骨材の中に過大寸法と過小寸法のものも存在し,またそれぞれの粒径範囲内にはば

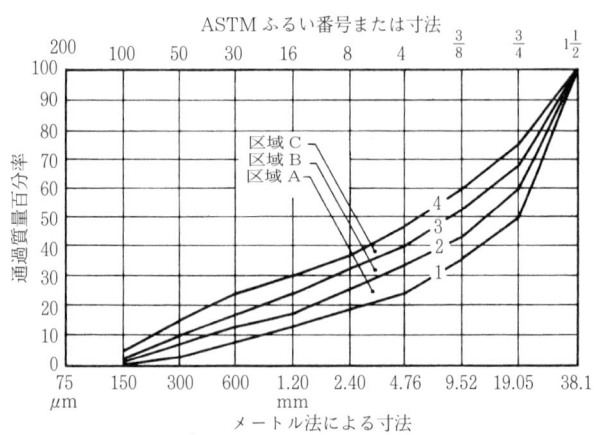

図-3.15 38.1mm ($1\frac{1}{2}$in) 骨材に対する Road Note No.4 の標準粒度曲線[3.23] (版権 Crown)

3.20 実用的粒度

らつきがあるため，実用的な粒度分布は，これらの曲線に厳密に従うというよりは，それらの曲線の近くにあるほうがよい。したがって，粒度区域で考える方が望ましいため，そのような粒度区域をすべての図に示した。

　図-3.14 から 3.16 までの各図の中で，曲線 1 はもっとも粗い粒度を表す。そのような粒度は比較的ワーカビリティーも良く，したがって水セメント比の小さい混合物や富配合に使用される。ただし，材料分離がけっして起きないようにすることが必要である。もう一方の端の曲線 4 は細かい粒度を表し，粘着力はあるがあまりワーカビリティーは良くない。とくに，1.20mm（No.16）のふるいと 4.76mm（3/16in）のふるいとの間にある材料が過剰に存在すると粗々しいコンクリートになり，振動締固めには適しているかもしれないが手作業での打込みは難しい。粒度曲線 1 と 4 の骨材を使って同じワーカビリティーを達成する場合は，後者の方が相当多くの単位水量を必要とする。これはすなわち，（骨材/セメント）比が同じ場合には強度が低くなることになり，同じ強度が必要であれば細かい粒度の骨材を使用したコンクリートの方が相当富配合となる，すなわち $1m^3$ 当たりのセメント量が，粗い粒度を使用した場合より多くなることを意味する。

　両極端の粒度の間の粒度の変化は連続的である。しかし，一部がある区域に入り，他の一部が他の区域に入るような粒度の場合は，多くの中間寸法が欠けている可能性があり（不連続粒度と比較），その場合は材料分離が起きる危険性があ

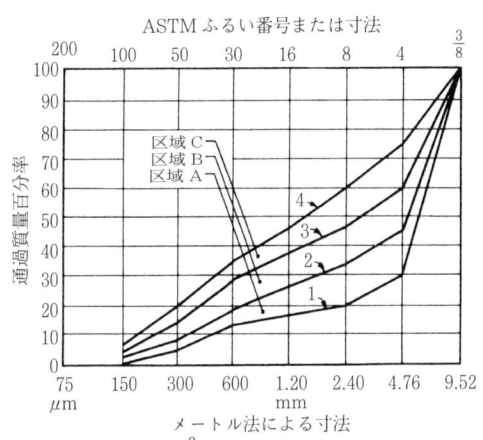

図-3.16　9.52mm（$\frac{3}{8}$in）骨材に対する McIntosh と Erntroy の標準粒度曲線[3.24]

る。反面，中間寸法の骨材が過剰に存在すると，混合物は粗々しくなり，手作業で締固めるのは難しく，おそらく振動締固めも難しくなる。そのため，ある型の標準粒度とまったくかけはなれた骨材よりは，ある型の標準粒度に近い粒度をもつ骨材を使用することが望ましい。

図-3.17 と 3.18 は，McIntosh[3.25]によって明らかにされた骨材の最大寸法が 152.4mm と 76.2mm の場合に使用される粒度の範囲をそれぞれ示したものである。他の場合と同じく，実際の粒度は一方の曲線から他方の曲線へと区域を横切るのではなく，限界曲線と平行になるのが良い。

実施面では，細骨材と粗骨材とを分けて使用するということは，ある中間点

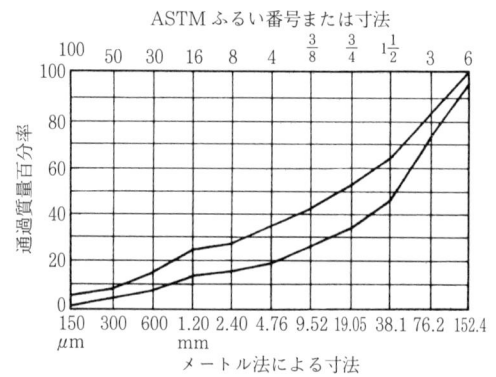

図-3.17　152.4mm（6in）骨材を用いる場合の粒度範囲[3.25]

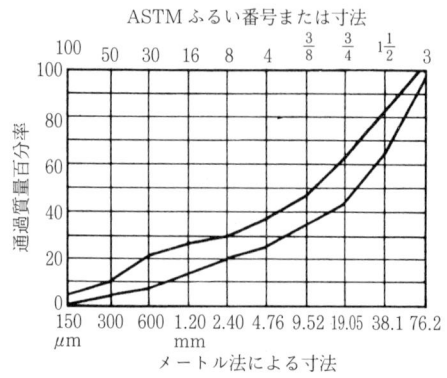

図-3.18　76.2mm（3in）骨材を用いる場合の粒度範囲[3.25]

(一般に 5mm の寸法）で，ある型の標準粒度と正確に一致する粒度をつくることができることを意味している。また一般には曲線の両端でもよく一致する（150μm（No.100）のふるいと使用する骨材の最大寸法）。

粗骨材が単一粒径範囲の骨材として供給される場合（これが一般的ではあるが）は，一般には 5mm より上の地点でも一致が得られる。しかし，5mm 未満の寸法では複数の細骨材を混合することが必要である。

3.21 細骨材および粗骨材の粒度

重要ではない仕事でない限り，すべての場合，細骨材と粗骨材の計量は別々に行われるので，骨材の各部分の粒度を把握し管理しなければならない。

何年にもわたり，細骨材の粒度の要件を規定するためのいくつかの手法が行われてきた。まず最初に，標準粒度曲線が「良い」粒度を表すものとして公表された[3.23]。BS 882 の 1973 年版では，4 つの粒度区域が導入された。区域への区分は，主として 600μm（No.30 ASTM）のふるいの通過質量百分率に基づいていた。その主な理由は，多数の天然砂が丁度この寸法でわかれており，それより上と下の粒度はほぼ均一だったからである。その上，600μm（No.30 ASTM）のふるいより細かい粒子は混合物のワーカビリティーに相当な影響を及ぼし，また砂の比表面積全体を示すかなり確実な指標となるからである。

したがって，粒度区域は主として英国で入手できる天然砂の粒度を反映していた。現在は，コンクリートつくりのためにこのような砂を入手することはほとんどできないため，粒度に関してはそれよりはるかに拘束性の弱い手法が，BS 882:1992 の規定に反映されている。このことは「どのような粒度でも良い」ことを意味しているわけではなくて，むしろ，粒度が骨材の 1 つの特質に過ぎないことを考えると，粒度は広い範囲のものが受け入れ可能ではあるが，試行錯誤の手法が必要であるということである。

具体的に述べると，BS 882:1992 はすべての細骨材が表-3.22 に示した総括粒度の限界規定と，そのほかに，同じ表に挙げた補足的な 3 つの粒度の限界規定を 1 つは満たすよう求めている。しかし連続する 10 体の試料のうち 1 体は，補足的な限界規定から外れることが許されている。補足的な限界規定とは，実質上は，

粗い粒度，中間粒度，および細かい粒度の限界規定を意味している。

BS 882:1992 の規定は一部のプレキャストコンクリートには適さない可能性があり，その場合は適用するべきではない。

比較のため，ASTM C 33-93 の規定の一部を表-3.22 に示した。ASTM C 33-93 はまた，細骨材の粗粒率は 2.3〜3.1 の間になければならないとしている。米国開拓局の規定[3.74]を表-3.23 に示した。AE コンクリートの場合はエントレインドエアがごく細かい骨材として有効に働くため，もっとも細かい粒子の量はこれより少なくても良いという点に注目してほしい。ASTM C 33-93 も，単位セメント量が 297kg/m^3 を超える場合，あるいは単位セメント量 237kg/m^3 以上のコンクリートで AE 剤が用いられる場合には，300 μm と 150 μm（No.50 および No.100 ASTM）のふるいの通過質量百分率を減少させても良いとしている。

表-3.22　細骨材に対する BS と ASTM の粒度規定

ふるいの寸法またはふるい番号		ふるいを通過する質量百分率				
			BS 882:1992			ASTM C 33-93
BS	ASTM No.	総括粒度	粗い粒度	中間粒度	細かい粒度	
10.0mm	$\frac{3}{8}$in.	100				100
5.0mm	$\frac{3}{16}$in.	89–100				95–100
2.36mm	8	60–100	60–100	65–100	80–100	80–100
1.18mm	16	30–100	30–90	45–100	70–100	50–85
600 μm	30	15–100	15–54	25–80	55–100	25–60
300 μm	50	5–70	5–40	5–48	5–70	10–30
150 μm	100	0–15*				2–10

* 砕砂に対しては，重交通床版の場合を除き許容範囲は 20%に増加される

表-3.23　細骨材に対する粒度規定（米国開拓局による）[3.74]

ふるいの寸法		おのおののふるいにとどまる質量百分率
BS	ASTM No.	
4.75mm	4	0–5
2.36mm	8	5–15 ⎱ または ⎰ 5–20
1.18mm	16	10–25 ⎰ ⎱ 10–20
600 μm	30	10–30
300 μm	50	15–35
150 μm	100	12–20
< 150 μm	< 100	3–7

3.21 細骨材および粗骨材の粒度

BS 882:1992 の補足的な粒度の限界規定を1つでも満たす細骨材であれば，一般的に言ってコンクリートに使用することができる。ただし，状況によっては，細骨材の適合性が粗骨材の粒度と形状とによって左右される場合もある。

細骨材としての砕砂の粒度は大部分の天然砂と異なることが多い。具体的には，600 μm のふるいと 300 μm のふるいとの中間の寸法の材料が少なく，1.18mm（No.16）のふるいより大きい寸法の材料と，150 μm または 75 μm（No.100 または No.200）のふるいより小さい寸法のきわめて細かい材料が多い。大部分の仕様書は，この最後の特徴を公式に認め，砕砂中にきわめて細かい粒子が多く含まれることを容認している。このきわめて細かい寸法の材料の中に粘土やシルトが含まれないようにすることが重要である。

岩石を破砕した細骨材に含まれる 150 μm（No.100）未満の粒子の量を 10～25％多くしても，コンクリートの圧縮強度はわずかに低下するに過ぎず，標準的には 10％の低下に留まることが明らかにされた[3.71]。

骨材中にきわめて細かい寸法の材料が大量に含まれることの影響を考えるにあたって，材料が十分丸味をおびてなめらかであればワーカビリティーが向上するということは注目に値する。これは必要水量が減少するという意味で利点となる。細かい砂丘の砂にそのような特徴がある[3.38]。

一般的に言って，細骨材の粒度が細かければ細かいほど細骨材に対する粗骨材の比率は高くなければならない。岩石を破砕した粗骨材を使用する場合は，破砕粒子の鋭く角ばった形状によってワーカビリティーが低下するのを補うために，砂利を使用する場合より細骨材の割合をわずかに高くすることが必要である。

粗骨材の粒度に関する BS 882:1992 の規定を表-3.24 に複写した。粒度調整した骨材と名目上単一粒径範囲の骨材の両方に関して値が示されている。比較するため，ASTM C 33-93 の限界規定の一部を表-3.25 に示した。

実際の粒度の要件はある程度まで粒子の形状と表面特性によって左右される。例えば，表面が粗面で，鋭く，角ばった粒子は，噛み合う可能性を少なくし，粒子間の大きい摩擦を補うために，粒度はわずかに細かくしなければならない。破砕骨材の実際の粒度は，主として用いた破砕設備の種類によって左右され，ローラー破砕機は通常ほかの種類の破砕機より細かい粒子が少ない。しかし，粒度はまた破砕機に供給される材料の量によっても影響される。

第3章 骨材の性質

表-3.24 粗骨材の粒度規定 (BS 882:1992による)

ふるいの寸法		粒度調整した骨材の呼び寸法 BSふるいを通過する質量百分率			単一粒径範囲骨材の呼び寸法			
mm	in	40〜5 mm $1\frac{1}{2}$ in.〜$\frac{3}{16}$ in.	20〜5 mm $\frac{3}{4}$ in.〜$\frac{3}{16}$ in.	14〜5 mm $\frac{1}{2}$ in.〜$\frac{3}{16}$ in.	40mm $1\frac{1}{2}$ in.	20mm $\frac{3}{4}$ in.	14mm $\frac{1}{2}$ in.	10mm $\frac{3}{8}$ in.
50.0	2	100	—	—	100	—	—	—
37.5	$1\frac{1}{2}$	90-100	100	—	85-100	100	—	—
20.0	$\frac{3}{4}$	35-70	90-100	100	0-25	85-100	100	—
14.0	$\frac{1}{2}$	25-55	40-80	90-100	—	0-70	85-100	100
10.0	$\frac{3}{8}$	10-40	30-60	50-85	0-5	0-25	0-50	85-100
5.0	$\frac{3}{16}$	0-5	0-10	0-10	—	0-5	0-10	0-25
2.36	No.8	—	—	—	—	—	—	0-5

3.21 細骨材および粗骨材の粒度

表-3.25 粗骨材の粒度規定（ASTM C 33-93 による）

ふるいの寸法		ふるいを通過する質量百分率				
		粒度調整した骨材の呼び寸法			単一寸法骨材の呼び寸法	
		37.5～4.75 mm	19.0～4.75 mm	12.5～4.75 mm	63mm	37.5mm
mm	in.	$1\frac{1}{2}$ in.～$\frac{3}{16}$ in.	$\frac{3}{4}$ in.～$\frac{3}{16}$ in.	$\frac{1}{2}$ in.～$\frac{3}{16}$ in.	$2\frac{1}{2}$ in.	$1\frac{1}{2}$ in.
75	3	—	—	—	100	—
63.0	$2\frac{1}{2}$	—	—	—	90–100	—
50.0	2	100	—	—	35–70	100
38.1	$1\frac{1}{2}$	95–100	—	—	0–15	90–100
25.0	1	—	100	—	—	20–55
19.0	$\frac{3}{4}$	35–70	90–100	100	0–5	0–15
12.5	$\frac{1}{2}$	—	—	90–100	—	—
9.5	$\frac{3}{8}$	10–30	20–55	40–70	—	0–5
4.75	$\frac{3}{16}$	0–5	0–10	0–15	—	—
2.36	No.8	—	0–5	0–5	—	—

表-3.26 包括（All-in）骨材の粒度規定（BS 882:1992 による）

ふるいの寸法		ふるいを通過する質量百分率		
		呼び寸法 40 mm	呼び寸法 20 mm	呼び寸法 10 mm
		$1\frac{1}{2}$ in.	$\frac{3}{4}$ in.	$\frac{3}{8}$ in.
50.0mm	2in.	100	—	—
37.5mm	$1\frac{1}{2}$ in.	95–100	100	—
20.0mm	$\frac{3}{4}$ in.	45–80	95–100	—
14.0mm	$\frac{1}{2}$ in.	—	—	100
10.0mm	$\frac{3}{8}$ in.	—	—	95–100
5.0mm	$\frac{3}{16}$ in.	25–50	35–55	30–65
2.36mm	No.8	—	—	20–50
1.18mm	No.16	—	—	15–40
600μm	No.30	8–30	10–35	10–30
300μm	No.50	—	—	5–15
150μm	No.100	0–8*	0–8*	0–8*

＊ 砕砂の場合10％に増加する

BS 882:1992 に規定された包括（all-in）骨材の粒度の限界規定を表-3.26 に複写した。主として貯蔵山の材料分離を防ぐことが難しいため，この種の骨材は重要度の低い小規模な仕事以外には使用されないことを憶えておかなければならない。

3.21.1 過大寸法と過小寸法

骨材寸法の限界規定に厳密に従うことは不可能である。骨材の取扱い中の破損によって過小寸法の材料が多少生まれ，また採石場や破砕機のふるいのすりへりによって過大寸法の粒子が存在するようになる。

米国では，過大寸法と過小寸法のふるいの寸法を，呼び寸法のそれぞれ（7/6）と（5/6）と規定している[3.74]。実際の値は表-3.27に示す。過小寸法より小さい骨材や過大寸法より大きい骨材は，一般に厳しく制限されている。

BS 882:1992による粒度の規定は，粗骨材に多少の過大寸法と過小寸法の骨材の混入を許容している。表-3.24に示した数値は，5〜10%の過大寸法が認められていることを示している。しかし，最大寸法より一段階大きいふるい（一連の標準ふるいの中で）には，骨材が残留してはならない。単一粒径範囲の骨材の場合は，多少の過小寸法も許容されており，呼び寸法より一段階小さいふるいの通過質量も規定されている。

粗骨材のこの細かい粒子の部分を，実際の粒度の計算において軽視しないことが重要である。

細骨材に対してBS 882:1992は11%の過大寸法を認めている（表-3.22参照）。

3.22 不連続粒度骨材

前に述べた通り，ある寸法の骨材粒子によってつくられた空げきには，次の一

表-3.27 過大寸法用と過小寸法用のふるいの寸法（米国開拓局による）[3.74]

呼び寸法の範囲		試験ふるい			
		過小寸法用		過大寸法用	
mm	in.	mm	in.	mm	in.
4.76–9.52	$\frac{3}{16} - \frac{3}{8}$	4.00	No.5	11.2	$\frac{7}{16}$
9.52–19.0	$\frac{3}{8} - \frac{3}{4}$	8.0	$\frac{5}{16}$	22.4	$\frac{7}{8}$
19.0–38.1	$\frac{3}{4} - 1\frac{1}{2}$	16.0	$\frac{5}{8}$	45	$1\frac{3}{4}$
38.1–76.2	$1\frac{1}{2} - 3$	31.5	$1\frac{1}{4}$	90	$3\frac{1}{2}$
76.2–152.4	$3 - 6$	63	$2\frac{1}{2}$	178	7

* ATSMサイズ。

3.22 不連続粒度骨材

段階小さい粒子が充分小さい場合にのみ，その中へ妨害されずに入り込むことができ，詰め込まれることになるのである。このことは，任意の2つの隣接する粒径範囲の間に最小限の差が存在しなければならないことを意味している。言い方を替えると，ほとんど差のない寸法は隣接して使用できないということであり，これによって不連続粒度が支持されるようになる。

つまり不連続粒度は，中間の粒径範囲が1つ以上省略される粒度として定義することができる。連続粒度という用語は，従来の粒度を不連続粒度から区別しなければならない場合に，従来の粒度を表現するために用いられる。粒度曲線上では，不連続粒度は省略された一連の寸法の部分が水平に描かれた線で表す。例えば図-3.19 の一番上の粒度曲線は，10.0mm と 2.36mm（3/8in と No.8 ASTM）のふるいの中間にある寸法の粒子が存在しないことを示している。ある場合には，10.0mm と 1.18mm（3/8in と No.16 ASTM）のふるいの中間を不連続にすることでうまく行くと考えられている。これらの寸法の骨材を省略することによって必要な骨材の貯蔵山の数を少なくすることができ，経済的になる。最大寸法が 20.0mm（3/4 in）の骨材であれば，貯蔵山はたった2つで済む：すなわち，20.0mm～10.0mm（3/4～3/8 in）の骨材と 1.18mm（No.16 ASTM）のふるいで選別された細骨材の2つである。1.18mm（No.16 ASTM）のふるいより小さ

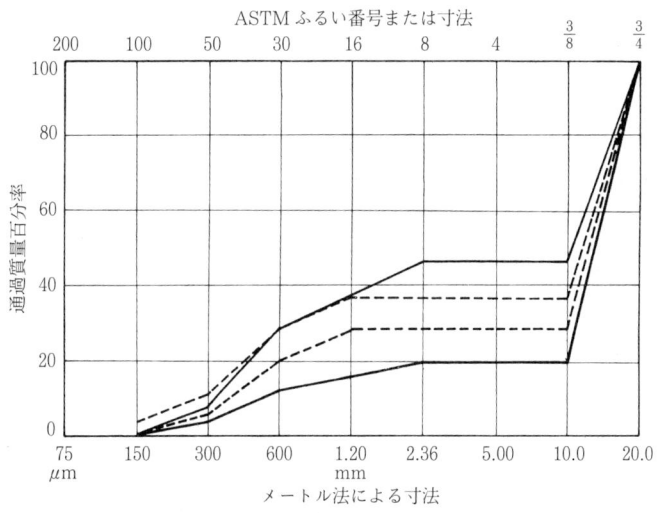

図-3.19 不連続粒度の典型例

い寸法の粒子は粗骨材中の空げきに容易に入り込むことができるため，混合物のワーカビリティーは，細骨材の含有率が等しい連続粒度混合物のワーカビリティーより良くなる。

Shacklock[3.26]による試験は，(骨材/セメント)比と水セメント比が一定であれば，連続粒度骨材を使用するより不連続粒度骨材を使用する方が，低い細骨材含有率で高いワーカビリティーが得られることを明らかにした。

しかしワーカビリティーがより高い混合物では，不連続粒度骨材の方が材料分離する傾向が大きいことが分かった。この理由から，不連続粒度は主としてワーカビリティーの比較的低い混合物に推奨する：そのような混合物は振動締固めの効率が良い。良い管理と，とくに取扱いを慎重にして，材料分離を防ぐことが不可欠である。

「普通の」骨材を使用した場合でも不連続粒度が存在することがある。例えば，多くの国々で見出されることであるが，きわめて細かい粒度の砂を使用することは，5.00mmと2.36mmまたは1.18mm（3/16inとNo.8またはNo.16 ASTM）との間の寸法の粒子が不足することを意味する。したがって，そのような砂をそれより粗い砂と混合することなく使用する場合は，実際上不連続粒度骨材を使用することになるのである。

不連続粒度骨材コンクリートは材料分離する危険があるため，ポンプ圧送するのが難しく，スリップフォーム舗装には適さない。それ以外であれば不連続粒度骨材はどのようなコンクリートにでも使用することができるが，興味深い例が2つある。プレパックドコンクリート（287頁参照）と洗出し骨材コンクリートである。後者の場合は，処理した後で単一寸法の粗骨材だけが大量に露出するため，感じの良い仕上がりとなる。

時々，不連続粒度骨材でつくられたコンクリートに関して，その優れた性質が主張されるが，このような主張が立証されたとは思われない。圧縮強度も引張強度も影響を受けるようには見えないのである。同様に，McIntosh[3.27]の結果を示した図-3.20は，(骨材/セメント)比が固定された一定の材料を用いると，不連続粒度でも連続粒度でもほぼ同じワーカビリティーと強度が得られることを確認している。BroddaとWeber[3.72]は，不連続粒度によって強度にかすかな悪影響が出ることを報告している。

3.23 骨材の最大寸法

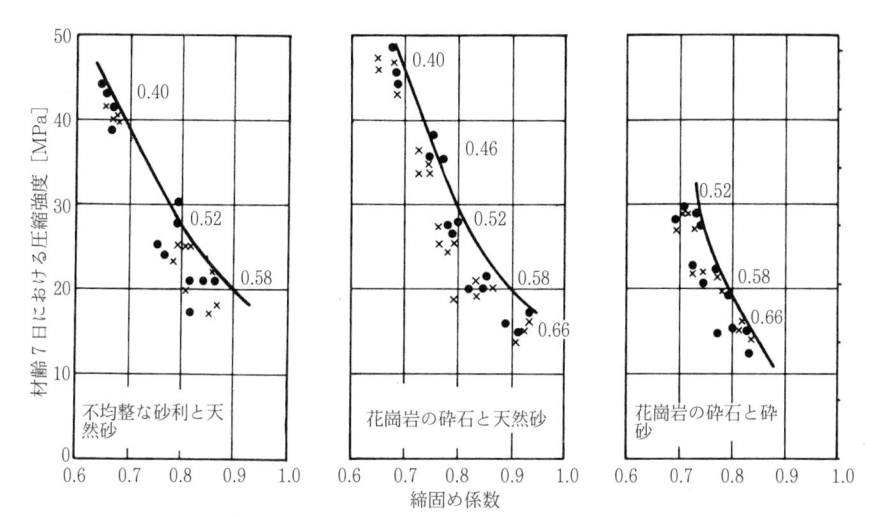

図-3.20 不連続粒度骨材と連続粒度骨材とを用いてつくられた1：6コンクリートのワーカビリティーと強度[3.27]。×印は不連続粒度骨材で，●印は連続粒度骨材でつくられた配合。それぞれのグループにある複数の点は，表示した水セメント比で単位細骨材量が異なっていることを示す

同様に，どちらの粒度の骨材でつくられたコンクリートであっても収縮には差がない[3.26]。しかし，粗骨材が互いに接触しそうな構造を成していれば，乾燥したときの全体的な大きさの変化は少なくなる。不連続骨材を使用すると，凍結融解に対するコンクリートの抵抗性が低下する[3.26]。

したがって，不連続粒度の支持者によるやや行き過ぎの主張は実証されていない。おそらくその説明は，不連続粒度が粒子の最大詰め込みを可能にすることはあっても，それが確実に起きるようにする方法は何もないという事実にあると思われる。不連続粒度骨材も連続粒度骨材も良いコンクリートをつくるために使うことができるが，どの場合にも細骨材の正しい割合を選択しなければならない。したがって繰り返しになるが，我々は理想的な粒度を目指すべきではなく，入手できる骨材の最良の組合わせを見出すべきである。

3.23 骨材の最大寸法

骨材粒子が大きいほど，単位質量当たりの湿らせる表面積が小さくなることは

前に述べた。したがって，粒度における骨材の最大寸法を大きくすると混合物の必要水量が低下するため，規定のワーカビリティーと単位セメント量に対して水セメント比が低下し，その結果強度を増大させることができる。

この挙動は最大寸法が 38.1mm までの骨材を使った試験で立証されており[3.28]，通常はそれより大きい寸法にも及ぶと想定されている。しかし実験結果では，最大寸法が 38.1mm を超えると，とくに富配合中では，必要水量が低下したことによる強度の増大は，きわめて粗い粒度の粒子がもたらした付着面積の縮小（これによりペーストの体積変化によって発生する界面の応力を増大させる）と不連続性からの悪影響によって相殺される。コンクリートは著しく異種混交の状態になり，その結果起きる強度の低下は，岩石中で結晶の大きさときめの粗さが増すことによって引き起こされる強度の低下と，おそらく似ていると思われる。

混合物中の骨材粒子の最大寸法が大きくなることによって起きるこのような悪影響は，実際には一連の寸法全体にわたって存在するのであるが，38.1mm 未満になると寸法が必要水量の低下に及ぼす影響が著しくなる。それより寸法が大きい場合は，この 2 種類の影響間の均衡は，図-3.21 が示すように混合物のセメント量によって決まる[3.42,3.51]。Nichols[3.89]は，あらゆるコンクリート強度，すなわちあらゆる水セメント比に対して最適な骨材の最大寸法が存在することを確認した。

したがって，強度の観点から見た最良な骨材の最大寸法は，混合物のセメント量の関数である。具体的に言うと，貧配合のコンクリート（1m³ 当たりセメント 165kg）の場合は，150mm の骨材を使用すると有益である。しかし，通常の配合の構造用コンクリートであれば，強度の観点からみて約 25mm または 40mm を超える最大寸法の骨材を使用する利点はない。その上，大きい骨材を使用することによって別の貯蔵山を扱うことが必要となるうえ，とくに最大寸法 150mm の場合には材料分離の危険性が増すおそれがある。

しかし実施面での判断では，さまざまな粒径範囲の骨材の入手のしやすさと価格にも左右される。高性能コンクリートにおける骨材の最大寸法の選択については，837 頁で解説する。

構造上の制約も当然存在する。骨材の最大寸法は当該コンクリート断面の厚さの（1/5）から（1/4）以下でなければならず，また鉄筋の間隔にも関係する。各種の基準値は施工指針に定められている。

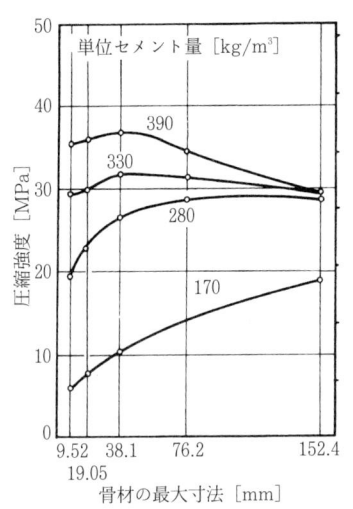

図-3.21　種々のセメント量でつくられたコンクリートの28日圧縮強度に及ぼす骨材の最大寸法の影響[3.51]

3.24　巨石の使用

　骨材を不活性の詰め物と考えて用いるという元々の発想を，標準的なコンクリートに巨大な石を入れることにまで拡大して考えることができる。したがって，ある一定のセメント量に対するコンクリートのでき上がり量が増加する。その結果でき上がるコンクリートは，時には巨石コンクリートと呼ばれる。

　これらの大きい石は「巨石」と呼ばれており，マスコンクリートに使用する場合は300mm立方ほどの大きさにもなり得るが，構造断面の最小寸法の3分の1以下でなければならない。巨石の体積は最終コンクリート総体積の20～30％以下でなければならず，コンクリート体全体に分散されていなければならない。これは，標準的なコンクリートを1層打ち込んでから巨石を撒き，その後でコンクリートをもう1層打ち込めば達成することができる。それぞれの層は，各巨石の周囲が少なくとも100mm厚のコンクリートで囲まれるほどの厚さにしなければならない。石の下に空気が閉じ込められないよう，コンクリートが石の下側から排出されないよう注意しなければならない。

巨石には被膜が付着していてはならない。さもないと，巨石とコンクリートとの間の不連続面がひび割れを誘発し，透水性に悪影響を及ぼす可能性がある。

巨石の設置はたいへんな労力を必要とし，またコンクリート打込みの連続性を途切れさせる。したがって，現在のようにセメントの費用に対する労務費の比率が高いと，特殊な状況下でない限り，巨石の使用が経済的でないのは当然である。

3.25 骨材の取扱い

粗骨材はその取扱い中や，貯蔵のため山に積んだりすることによって容易に材料分離を引き起こす。この問題はとくに骨材の取り出しや山積みによって骨材が傾斜を転がる場合に発生する。そのような材料分離が自然に起きる原因としては崩れ石の塊（崖錐）がある：粒子の寸法は，一番下の最大のものから一番上の最小のものまで均一に分布している。

骨材の取扱い作業中の必要な注意事項を説明するのは本書の範囲外であるが，きわめて重要な忠告を1つ述べておく。それは，粗骨材は 5～10mm，10～20mm，20～40mm という粒径範囲に分割しなければならないということである。これらの粒径範囲の物の取扱いと貯蔵は別々に行い，望ましい配合にしてコンクリートミキサに供給する際にのみ再混合することが必要である。このようにすれば，材料分離はそれぞれの狭い粒径範囲の中だけで起きることになり，しかも慎重な取扱い方法によっても減少させることができる。

骨材の破損を防止するために注意が必要である。40mm を超える寸法の粒子は，ロックラダーで貯蔵庫まで下ろすべきであり，高い場所から落としてはならない。

大規模で重要な工事においては，取扱い中に発生した材料分離と破損（すなわち，過小寸法粒子の過剰）は，骨材をミキサの上の計量ビンへ供給する直前に「仕上げふるい」を行うことによって排除する。このようにすれば各種寸法の比率ははるかに有効に管理されるが，作業の複雑さと経費は相応に増大する。しかしこれは，均一にワーカビリティーの良いコンクリートとなって打込みが簡単になることと，コンクリートが均一であるためにセメントが節約できることとによって相殺される。

骨材を不適切に取り扱うと，他の骨材や有害物質による汚染の可能性が出てくる：ある時，砂糖を入れていた袋に骨材を入れて運んでいるのが見つかったことがある（318頁参照）。

3.26 特殊な骨材

本章では，普通の質量の天然骨材についてのみ考察してきた。軽量骨材については第13章で解説する。しかし，普通のまたはほぼ普通の質量であるが，本来人工的な他の骨材も存在している。コンクリート用としてこのような骨材が出現した理由は次のようである。

環境に対する配慮が骨材の供給にますます影響を及ぼすようになってきた。露天採掘場の開設や石の切出しに強い異議が唱えられている。同時に，解体建造物の廃棄物処理や家庭ゴミの廃棄に問題が出ている。このような種類の廃棄物はどちらも骨材に加工してコンクリートに使用することができ，オランダなど多くの国々で数多く行われるようになってきた。

廃棄物に対して行う必要のある加工処理は簡単ではなく，またどれひとつとして基準化された材料はないため，廃棄物でつくられた骨材の使用には専門家の知識が必要である。とりわけ，建築物の瓦礫には有害な量のレンガ，ガラス，石膏，または塩化物が含まれている可能性がある[3.31,3.36]。解体廃材を処理し，汚染物質を含まず満足のいく骨材につくり変える方法は，いまなお開発途上にある。しかし，再生骨材が将来著しく利用されるようになることはほぼ間違いない。20世紀中に，再生骨材に関する欧州基準の刊行が期待されている。そうしているうちに，国際シンポジウムではこの特殊な問題を盛んに取り上げるようになってきている[3.35]。

家庭ゴミの利用に関する限り，鉄や非鉄金属を取り除いた後の焼却炉の灰を粉砕して微粉末にし，粘土を混合し，造粒して窯で焼けば，人工骨材をつくり出すことができる。この材料は，28日で50MPaもの圧縮強度をもつコンクリートをつくり出すことができる。原料の灰の組成にばらつきがあることは明らかに問題であり，この材料の長期的な耐久特性は，これまでの結果から有望とは思われるもののまだ確認はされていない。

第3章 骨材の性質

これらの論題は本書の範囲外ではあるが，加工廃棄物を骨材として利用するというこの新しくまた成長しつつある可能性を，読者は認識すべきである。

◎参考文献

3.1 F. A. SHERGOLD, The percentage voids in compacted gravel as a measure of its angularity, *Mag. Concr. Res.*, **5**, No. 13, pp. 3–10 (1953).

3.2 P. J. F. WRIGHT, A method of measuring the surface texture of aggregate, *Mag. Concr. Res.*, **5**, No. 2, pp. 151–60 (1955).

3.3 M. F. KAPLAN, Flexural and compressive strength of concrete as affected by the properties of coarse aggregates, *J. Amer. Concr. Inst.*, **55**, pp. 1193–208 (1959).

3.4 M. F. KAPLAN, The effects of the properties of coarse aggregates on the workability of concrete, *Mag. Concr. Res.*, **10**, No. 29, pp. 63–74 (1958).

3.5 S. WALKER and D. L. BLOEM, Studies of flexural strength of concrete, Part 1: Effects of different gravels and cements, *Nat. Ready-mixed Concr. Assoc. Joint Research Laboratory Publ. No. 3* (Washington DC, July 1956).

3.6 D. O. WOOLF, Toughness, hardness, abrasion, strength, and elastic properties, *ASTM Sp. Tech. Publ. No. 169*, pp. 314–24 (1956).

3.7 ROAD RESEARCH LABORATORY, Roadstone test data presented in tabular form, *DSIR Road Note No. 24* (London, HMSO, 1959).

3.8 K. NEWMAN, The effect of water absorption by aggregates on the water–cement ratio of concrete, *Mag. Concr. Res.*, **11**, No. 33, pp. 135–42 (1959).

3.9 J. D. MCINTOSH, The siphon-can test for measuring the moisture content of aggregates, *Cement Concr. Assoc. Tech. Rep. TRA/198* (London, July 1955).

3.10 R. H. H. KIRKHAM, A buoyancy meter for rapidly estimating the moisture content of concrete aggregates, *Civil Engineering*, **50**, No. 591, pp. 979–80 (London, 1955).

3.11 NATIONAL READY-MIXED CONCRETE ASSOCIATION, *Technical Information Letter No. 141* (Washington DC, 15 Sept. 1959).

3.12 H. G. MIDGLEY, The staining of concrete by pyrite, *Mag. Concr. Res.*, **10**, No. 29, pp. 75–8 (1958).

3.13 S. BRUNAUER, P. H. EMMETT and E. TELLER, Adsorption of gases in multimolecular layers, *J. Amer. Chem. Soc.*, **60**, pp. 309–18 (1938).

3.14 G. J. VERBECK and W. E. HASS, Dilatometer method for determination of thermal coefficient of expansion of fine and coarse aggregate, *Proc. Highw. Res. Bd.*, **30**, pp. 187–93 (1951).

3.15 B. W. SHACKLOCK and W. R. WALKER, The specific surface of concrete aggregates and its relation to the workability of concrete, *Cement Concr. Assoc. Res. Rep. No. 4* (London, July 1958).

3.16 S. WALKER, D. L. BLOEM and R. D. GAYNOR, Relationship of concrete strength to maximum size of aggregate, *Proc. Highw. Res. Bd.*, **38**, pp. 367–79 (Washington DC, 1959).

3.17 A. G. LOUDON, The computation of permeability from simple soil tests, *Géotechnique*, **3**, No. 4, pp. 165–83 (Dec. 1952).

3.18 W. H. GLANVILLE, A. R. COLLINS and D. D. MATTHEWS, The grading of aggregates and workability of concrete, *Road Research Tech. Paper No. 5* (HMSO, London, 1947).

3.19 L. J. MURDOCK, The workability of concrete, *Mag. Concr. Res.*, **12**, No. 36, pp. 135–44 (1960).
3.20 N. DAVEY, Concrete mixes for various building purposes, *Proc. of a Symposium on Mix Design and Quality Control of Concrete*, pp. 28–41 (Cement and Concrete Assoc., London, 1954).
3.21 A. J. NEWMAN and D. C. TEYCHENNÉ, A classification of natural sands and its use in concrete mix design, *Proc. of a Symposium on Mix Design and Quality Control of Concrete.*, pp. 175–93 (Cement and Concrete Assoc., London, 1954).
3.22 B. W. SHACKLOCK, Discussion on reference 3.21, pp. 199–200.
3.23 ROAD RESEARCH LABORATORY, Design of concrete mixes, *DSIR Road Note No. 4* (HMSO, London, 1950).
3.24 J. D. MCINTOSH and H. C. ERNTROY, The workability of concrete mixes with $\frac{3}{8}$ in. aggregates, *Cement Concr. Assoc. Res. Rep. No. 2* (London, 1955).
3.25 J. D. MCINTOSH, The use in mass concrete of aggregate of large maximum size, *Civil Engineering*, **52**, No. 615, pp. 1011–15 (London, Sept. 1957).
3.26 B. W. SHACKLOCK, Comparison of gap- and continuously graded concrete mixes, *Cement Concr. Assoc. Tech. Rep. TRA/240* (London, Sept. 1959).
3.27 J. D. MCINTOSH, The selection of natural aggregates for various types of concrete work, *Reinf. Concr. Rev.*, **4**, No. 5, pp. 281–305 (London, 1957).
3.28 D. L. BLOEM, Effect of maximum size of aggregate on strength of concrete, *National Sand and Gravel Assoc. Circular No. 74* (Washington DC, Feb. 1959).
3.29 A. J. GOLDBECK, Needed research, *ASTM Sp. Tech. Publ. No. 169*, pp. 26–34 (1956).
3.30 T. C. POWERS and H. H. STEINOUR, An interpretation of published researches on the alkali–aggregate reaction, *J. Amer. Concr. Inst.*, **51**, pp. 497–516 (Feb. 1955) and pp. 785–811 (April 1955).
3.31 BUILDING RESEARCH ESTABLISHMENT, The Use of Recycled Aggregates in Concrete, *Information paper* 4 pp. (Watford, England, May 1994).
3.32 HIGHWAY RESEARCH BOARD, The alkali–aggregate reaction in concrete, *Research Report 18-C* (Washington DC, 1958).
3.33 R. C. MIELENZ and L. P. WITTE, Tests used by Bureau of Reclamation for identifying reactive concrete aggregates, *Proc. ASTM*, **48**, pp. 1071–103 (1948).
3.34 W. LERCH, Concrete aggregates – chemical reactions, *ASTM Sp. Tech. Publ. No. 169*, pp. 334–45 (1956).
3.35 E. K. LAURITZEN, Ed., Demolition and reuse of concrete and masonry, *Proc. Third Int. RILEM Symp. on Demolition and Reuse of Concrete and Masonry*, Odense, Denmark, 534 pp. (E & FN Spon, London, 1994).
3.36 ACI 221R-89, Guide for use of normal weight aggregates in concrete, *ACI Manual of Concrete Practice, Part 1: Materials and General Properties of Concrete*, 23 pp. (Detroit, Michigan, 1994).
3.37 C. E. WUERPEL, *Aggregates for Concrete* (National Sand and Gravel Assoc., Washington, 1944).
3.38 L. COLLIS and R. A. FOX (Eds), Aggregates: sand, gravel and crushed rock aggregates for construction purposes, *Engineering Geology Special Publication, No. 1*, 220 pp. (The Geological Society, London, 1985).
3.39 R. RHOADES and R. C. MIELENZ, Petrography of concrete aggregates, *J. Amer. Concr. Inst.*, **42**, pp. 581–600 (June 1946).
3.40 F. A. SHERGOLD, A review of available information on the significance of roadstone tests, *Road Research Tech. Paper No. 10* (HMSO, London, 1948).

第3章 骨材の性質

3.41 B. P. Hughes and B. Bahramian, A laboratory test for determining the angularity of aggregate, *Mag. Concr. Res.*, **18**, No. 56, pp. 147–52 (1966).
3.42 D. L. Bloem and R. D. Gaynor, Effects of aggregate properties on strength of concrete, *J. Amer. Concr. Inst.*, **60**, pp. 1429–55 (Oct. 1963).
3.43 K. M. Alexander, A study of concrete strength and mode of fracture in terms of matrix, bond and aggregate strengths, *Tewksbury Symp. on Fracture*, University of Melbourne, 27 pp. (August 1963).
3.44 G. P. Chapman and A. R. Roeder, The effects of sea-shells in concrete aggregates, *Concrete*, **4**, No. 2, pp. 71–9 (London, 1970).
3.45 J. D. Dewar, Effect of mica in the fine aggregate on the water requirement and strength of concrete, *Cement Concr. Assoc. Tech. Rep. TRA/370* (London, April 1963).
3.46 H. G. Midgley, The effect of lead compounds in aggregate upon the setting of Portland cement, *Mag. Concr. Res.*, **22**, No. 70, pp. 42–4 (1970).
3.47 W. C. Hansen, Chemical reactions, *ASTM Sp. Tech. Publ. No. 169A*, pp. 487–96 (1966).
3.48 E. G. Swenson and J. E. Gillott, Alkali reactivity of dolomitic limestone aggregate, *Mag. Concr. Res.*, **19**, No. 59, pp. 95–104 (1967).
3.49 S. Popovics, The use of the fineness modulus for the grading evaluation of aggregates for concrete, *Mag. Concr. Res.*, **18**, No. 56, pp. 131–40 (1966).
3.50 L. N. Edwards, Proportioning the materials of mortars and concretes by surface area of aggregates, *Proc. ASTM*, **18**, Part II, pp. 235–302 (1918).
3.51 E. C. Higginson, G. B. Wallace and E. L. Ore, Effect of maximum size of aggregate on compressive strength of mass concrete, *Symp. on Mass Concrete*, ACI SP-6, pp. 219–56 (Detroit, Michigan, 1963).
3.52 E. Kempster, Measuring void content: new apparatus for aggregates, sands and fillers, *Current Paper CP 19/69* (Building Research Station, Garston, May 1969).
3.53 E. T. Czarnecka and J. E. Gillott, A modified Fourier method of shape and surface area analysis of planar sections of particles, *J. Test. Eval.*, **5**, pp. 292–302 (April 1977).
3.54 B. Penkala, R. Krzywoblocka-Laurow and J. Piasta, The behaviour of dolomite and limestone aggregates in Portland cement pastes and mortars, *Prace Instytutu Technologii i Organizacji Produkcji Budowlanej*, No. 2, pp. 141–55 (Warsaw Technical University, 1972).
3.55 W. H. Harrison, Synthetic aggregate sources and resources, *Concrete*, **8**, No. 11, pp. 41–6 (London, 1974).
3.56 P. G. Fookes and L. Collis, Problems in the Middle East, *Concrete*, **9**, No. 7, pp. 12–17 (London, 1975).
3.57 P. G. Fookes and L. Collis, Aggregates and the Middle East, *Concrete*, **9**, No. 11, pp. 14–19 (London, 1975).
3.58 O. H. Müller, Some aspects of the effect of micaceous sand on concrete, *Civ. Engr. in S. Africa*, pp. 313–15 (Sept. 1971).
3.59 M. A. Samarai, The disintegration of concrete containing sulphate contaminated aggregates, *Mag. Concr. Res.*, **28**, No. 96, pp. 130–42 (1976).
3.60 S. Diamond and N. Thaulow, A study of expansion due to alkali–silica reaction as conditioned by the grain size of the reactive aggregate, *Cement and Concrete Research*, **4**, No. 4, pp. 591–607 (1974).
3.61 W. J. French and A. B. Poole, Alkali–aggregate reactions and the Middle East, *Concrete*, **10**, No. 1, pp. 18–20 (London, 1976).
3.62 W. J. French and A. B. Poole, Deleterious reactions between dolomites from Bahrein

and cement paste, *Cement and Concrete Research*, **4**, No. 6, pp. 925–38 (1974).
3.63 R. D. GAYNOR and R. C. MEININGER, Evaluating concrete sands, *Concrete International*, **5**, No. 12, pp. 53–60 (1984).
3.64 B. D. BARNES, S. DIAMOND and W. L. DOLCH, Micromorphology of the interfacial zone around aggregates in Portland cement mortar, *J. Amer. Ceram. Soc.*, **62**, Nos 1–2, pp. 21–4 (1979).
3.65 M. A. OZOL, Shape, surface texture, surface area, and coatings, *ASTM Sp. Tech. Publ. No. 169B*, pp. 584–628 (1978).
3.66 S. DIAMOND, Mechanisms of alkali–silica reaction, in *Alkali–aggregate Reaction*, Proc. 8th International Conference, Kyoto, pp. 83–94 (ICAAR, 1989).
3.67 P. SOONGSWANG, M. TIA and D. BLOOMQUIST, Factors affecting the strength and permeability of concrete made with porous limestone, *ACI Material Journal*, **88**, No. 4, pp. 400–6 (1991).
3.68 W. B. LEDBETTER, Synthetic aggregates from clay and shale: a recommended criteria for evaluation, *Highw. Res. Record*, No. 430, pp. 159–77 (1964).
3.69 P. G. FOOKES and W. A. REVIE, Mica in concrete – a case history from Eastern Nepal, *Concrete*, **16**, No. 3, pp. 12–16 (1982).
3.70 H. N. WALKER, Chemical reactions of carbonate aggregates in cement paste, *ASTM Sp. Tech. Publ. No. 169B*, pp. 722–43 (1978).
3.71 D. C. TEYCHENNÉ, Concrete made with crushed rock aggregates, *Quarry Management and Products*, **5**, pp. 122–37 (May 1978).
3.72 R. BRODDA and J. W. WEBER, Leicht- und Normalbetone mit Ausfallkörnung und stetiger Sieblinie, *Beton*, **27**, No. 9, pp. 340–2 (1977).
3.73 S. CHATTERJI, The role of $Ca(OH)_2$ in the breakdown of Portland cement concrete due to alkali–silica reaction, *Cement and Concrete Research*, **9**, No. 2, pp. 185–8 (1979).
3.74 U.S. BUREAU OF RECLAMATION, *Concrete Manual*, 8th Edn (Denver, 1975).
3.75 R. C. MEININGER, Aggregate abrasion resistance, strength, toughness and related properties, *ASTM Sp. Tech. Publ. No. 169B*, pp. 657–94 (1978).
3.76 A. SHAYAN, Deterioration of a concrete surface due to the oxidation of pyrite contained in pyritic aggregates, *Cement and Concrete Research*, **18**, No. 5, pp. 723–30 (1988).
3.77 B. MATHER, Discussion on use of chert in concrete structures in Jordan by S. S. Qaqish and N. Marar *ACI Materials Journal*, **87**, No. 1, p. 80 (1990).
3.78 STRATEGIC HIGHWAY RESEARCH PROGRAM, *Alkali–silica Reactivity: An Overview of Research*, R. Helmuth *et al.*, SHRP-C-342, National Research Council, 105 pp. (Washington DC, 1993).
3.79 J. BARON and J.-P. OLLIVIER, Eds, *La Durabilité des Bétons*, 456 pp. (Presse Nationale des Ponts et Chaussées, 1992).
3.80 Z. XU, P. GU and J. J. BEAUDOIN, Application of A.C. impedance techniques in studies of porous cementitious materials, *Cement and Concrete Research*, **23**, No. 4, pp. 853–62 (1993).
3.81 R. E. OBERHOLSTER and G. DAVIES, An accelerated method for testing the potential alkali reactivity of siliceous aggregates, *Cement and Concrete Research*, **16**, No. 2, pp. 181–9 (1986).
3.82 D. W. HOBBS, Deleterious alkali–silica reactivity in the laboratory and under field conditions, *Mag. Concr. Res.*, **45**, No. 163, pp. 103–12 (1993).
3.83 D. W. HOBBS, *Alkali–silica Reaction in Concrete*, 183 pp. (Thomas Telford, London, 1988).

3.84 H. CHEN, J. A. SOLES and V. M. MALHOTRA, CANMET investigations of supplementary cementing materials for reducing alkali–aggregate reactions, *International Workshop on Alkali–Aggregate Reactions in Concrete*, Halifax, NS, 20 pp. (CANMET, Ottawa, 1990).

3.85 A. KRONLÖF, Effect of very fine aggregate, *Materials and Structures*, **27**, No. 165, pp. 15–25 (1994).

3.86 DIN 1045, *Concrete and Reinforced Concrete – Design and Construction*, Deutsche Normen (1988).

3.87 A. LECOMTE and A. THOMAS, Caractère fractal des mélanges granulaires pour bétons de haute compacité, *Materials and Structures*, **25**, No. 149, pp. 255–64 (1992).

3.88 D. W. HOBBS, Workability and water demand, in *Special Concretes: Workability and Mixing*, Ed. P. J. M. Bartos, International RILEM Workshop, pp. 55–65 (London, Spon 1994).

3.89 F. P. NICHOLS Manufactured sand and crushed stone in Portland cement concrete, *Concrete International*, **4**, No. 8, pp. 56–63 (1982).

第4章　フレッシュコンクリート

　フレッシュコンクリートの重要性は打込みまでの一時的なものではあるが，それぞれの配合割合のコンクリートが発揮する強度は，その締固めの程度によって異なることに注意しなければならない。したがって，混合物はコンクリートの輸送，打込み，締固め，および仕上げを容易に，かつ材料分離を起こさせることなく行うことができるようなコンシステンシーにすることがきわめて重要である。それゆえ本章では，その目的に役立つフレッシュコンクリートの性質について述べる。

　フレッシュコンクリートについて考察する前に，最初の第1章から第3章までは，コンクリートの基本を成す3つの材料のうち，セメントと骨材の2つの材料だけ解説したということを確認していただきたい。3番目の基本材料は水であり，以下ではこの水について取り上げる。

　大部分とは言わないまでも多くのコンクリート混合物には混和剤が含まれていることを，この段階で付け加えるのが良いと思われるが，これは第5章の問題となっている。

4.1　練混ぜ水の品質

　混合物中の水の量はできあがりのコンクリートの強度に重要な影響を及ぼすということに関しては，第6章で考察する。しかし，水の品質もまた重要な役割を果たす。水に含まれる不純物はセメントの凝結を妨げ，コンクリートの強度に悪影響を及ぼし，またはコンクリート表面にできる染みの原因となり，そして鉄筋の腐食を引き起こす可能性がある。以上の理由により，練混ぜと養生との目的に対して水の適用性を検討しなければならない。練混ぜ水としての品質と，攻撃水

の硬化コンクリートへの作用とは,明確に区別しなければならない。事実,硬化コンクリートに悪影響を及ぼす水であっても,練混ぜ水に用いれば無害もしくは有益な場合さえある[4.15]。養生水の品質は409頁で考察する。

練混ぜ水には,望ましくない有機物質や無機成分が過大な割合で含まれていてはならない。しかし,練混ぜ水の品質を明快に規定した基準は存在しない。有害成分の限界量が未知であることも理由の1つではあるが,主な理由は,不必要に規制すると経済的な被害を引き起こすおそれがあるからである。

多くのプロジェクトの仕様書には,飲み水として適していること,という文章で水の品質が表現されている。そのような水に2 000 ppmを超える溶解無機固形物が含まれていることはきわめて稀であり,一般に1 000 ppm以下である。

水セメント比が0.5であれば,後者の含有率はセメント質量の0.05%の固形物量に相当し,一般の固形物の影響はわずかである。

飲料水を練混ぜ水として使用すると一般には満足のいく結果となるが,例外もある。例えば,一部の乾燥地帯では現地の水に塩分があり,塩化物を過剰に含んでいる可能性がある。また,一部の天然ミネラルウォーターには,アルカリ－シリカ反応を促進する可能性のある炭酸アルカリや重炭酸アルカリが含まれている可能性もある。

反対に,飲み水に適さない一部の水が,コンクリートつくりに十分使えることもある。一般に,pH 6.0～8.0[4.33]またはおそらく9.0でも,塩辛い味がしない水であれば使用に適している。濃い色や悪臭は必ずしも有害物質の存在を意味しない[4.16]。そのような水の適性を調べる簡単な方法は,問題の水を使用した場合のセメントの凝結時間とモルタル立方体供試体の強度を,既知の「良い」水または蒸留水を使用した場合に得られた結果と比較することである。蒸留水と通常の飲み水との間に,それと認められるほどの挙動の差はない。強度のばらつきを考えて,一般に10%の許容差が認められている[4.15]。BS 3148:1980の付録にも,10%の許容差が提唱されている。そのような試験は,使用実績のない水に2 000 ppmを超える溶解固形物が含まれている場合,または炭酸アルカリまたは重炭酸アルカリが1 000 ppmを超えて含まれている場合には行う方が良い。また,特異な固形物が存在する場合にも試験を行う方が賢明である。

コンクリートに多量の粘土やシルトが混入することは望ましくないため,浮遊

4.1 練混ぜ水の品質

物質の含有量が多い練混ぜ水は，使用前に沈砂池に溜めておかなければならない。濁りの限界規定として2 000 ppm が提唱されている[4.7]。しかし，トラックミキサの洗浄に用いられた水であれば，練混ぜ水として十分である。ただし，当然ながら，洗浄の前に適した水であったことが前提条件である。ASTM C 94-94 に，洗浄水の使用に関する規定が定められている。当然，元から使用されていたものと異なるセメントや混和剤を含んでいてはならない。洗浄水の使用は重要な問題ではあるが，本書の対象外である。

わずかに酸性の天然水は無害であるが，フミン酸などの有機酸はコンクリートの硬化に悪影響を及ぼすおそれがある。したがって，そのような水も，アルカリ度の高い水も，試験をする必要がある。Steinour[4.15] が示すとおり，種々のイオンの影響はさまざまである。

練混ぜ水に藻類が入っていると空気の連行が起き，その結果強度が低下することは興味深いと思われる[4.13]。BS 3148:1980 の付録によれば，緑色や茶色のスライム状の藻類は疑わしいと考えるべきであり，それを含む水は試験しなければならない。

塩気のある水には塩化物や硫酸塩が含まれている。塩化物が500 ppm を超えず，または SO_3 が1 000 ppm を超えなければ水は無害であるが，それより高い塩分含有率であっても問題なく使用できたこともある[4.35]。BS 3148:1980 の付録には，塩化物と SO_3 の限界規定が上記のように推奨されており，また，炭酸アルカリと重炭酸アルカリが1 000 ppm を超えないことを推奨している。米国の資料[4.33]では，それよりいくぶん緩やかな限界値が推奨されている。

海水は約3.5%の総塩分量があり（溶解固形物の78%が NaCl であり，15%が $MgCl_2$ と $MgSO_4$ である）（636 頁参照），早期強度がわずかに高くなるが，長期強度は低くなる。

しかし，強度の低下は一般に15%以下であるため[4.25]，許容される場合が多い。ある試験では，海水がセメントの凝結時間をわずかに加速させることを示唆し，他の試験[4.27]では，始発時間は相当縮小されるが終結は必ずしもそうではないことを示している。一般に，強度の点からみて許容できる水であれば，凝結に対する影響は重要ではない。BS 3148:1980 の付録では，始発時間に30 分の許容差を認めることを提唱している。

多量の塩化物を含む水（海水など）は，永続的な湿気と表面のエフロレッセンスの原因となりやすい。したがってそのような水は，無筋コンクリートであっても外観が重要な場合，またはプラスター仕上げを行う場合には使用してはならない[4.9]。それよりはるかに重要なことは，内部に鋼材を用いたコンクリート中に塩化物が存在すると，鋼が腐食する可能性があるということである。コンクリート中の塩化物イオンの総含有量の限界値は，699頁で考察する。

これに関連して，また水の中のすべての不純物にも関連して，ミキサの中に投入される水のみが練混ぜ水の唯一の供給元ではないことを憶えておくことが重要である。骨材は一般に表面水を含んでいる（168頁参照）。この水は，練混ぜ水の合計量のかなりの部分を占める可能性があり，したがって，骨材によってもたらされる水にも有害物質が混入していないことが重要である。

コンクリートへの使用に適する，幅広い各種の水を用いた混合物の試験により，水和セメントペーストの内部構造への影響は無いことが示された[4.103]。

上記の解説は，一般に鉄筋コンクリートまたはプレストレストコンクリートである構造用コンクリートに関して行われたものである。鉱山の無筋コンクリート防護壁の建設など特定の環境下では，汚染度の高い水を使用することもありうる。Al-Manaseer他[4.102]は，ナトリウム，カリウム，カルシウム，およびマグネシウムの塩類の含有率がきわめて高い水を，フライアッシュを混和したポルトランドセメントでつくるコンクリートに使用した場合，コンクリートの強度に悪影響はないことを示した。しかし，長期の挙動に関する情報は何もない。生物処理を施した家庭排水を練混ぜ水として使用することも研究されたが[4.40]，そのような水の変動性，健康に対する害，および長期の挙動に関してさらに多くの情報が必要とされる。

4.2 ワーカビリティーの定義

容易に締固めることのできるコンクリートをワーカビリティーが良いというが，単にワーカビリティーが打込み易さと材料分離に対する抵抗性を決定すると述べるのは，コンクリートのこのきわめて重要な性質に対するあまりにも厳密さに欠けた説明である。その上，ある特定の場合に望ましいワーカビリティーは，使用

4.2 ワーカビリティーの定義

する締固めの方法によっても異なる。同様に、マスコンクリートに適したワーカビリティーが、薄い断面、近づきにくい部分、または鉄筋の多い部分に適しているとは限らない。これらの理由から、ワーカビリティーは特定の種類の建設の状況に関連させるのではなく、コンクリート自体の物理的性質としてのみ定義されるべきである。

そのような定義を得るためには、コンクリートが締固められている時に何が起きるのかを考える必要がある。締固めが突固めによって達成される場合であっても、振動によって達成される場合であっても、その工程は基本的に、その混合物にとって可能な限り密実な形態を達成するまでコンクリートからエントラップトエアを除去することからなっている。

したがって行われる仕事量は、コンクリート中の個々の粒子間の摩擦、およびコンクリートとモールド表面または鉄筋との間の摩擦、を克服するために用いられる。この2種類の摩擦は、それぞれ内部摩擦と表面摩擦と呼ぶことができる。さらに、行われる仕事量の一部は、モールドの振動、衝撃、および実際はすでに完全に詰まったコンクリート部分の振動に用いられる。したがって行われる仕事量は、「無駄な」部分と「有効な」仕事量で構成される。上述の通り、後者は内部摩擦と表面摩擦とを克服するために行われる仕事量である。このうち、内部摩擦だけが混合物に本来備わった性質であるため、ワーカビリティーは、完全な締固めを生み出すために必要とされる有効な内部仕事量として定義するのがもっともふさわしい。この定義は、締固めとワーカビリティーの分野を徹底的に調査したGlanville他[4.1]によって開発された。ASTM C 125-93によるワーカビリティーの定義はそれよりいくぶん定性的であり、「均質性の低下量が最小になるようにフレッシュコンクリートを施工するために必要な仕事量を決定する特性」と定義されている。ACIによるワーカビリティーの定義は、ACI 116 R-90[4.46]に次のように記載されている——「練混ぜ、打込み、締固め、および仕上げを行う際の容易さと均質性とを決定するフレッシュコンクリートまたはフレッシュモルタルの特性」。

フレッシュコンクリートの状態を表すために用いられるもう1つの用語はコンシステンシーである。通常の英語の用法では、この言葉は物体の形状の安定性または流動のしやすさを指す。コンクリートの場合は、コンシステンシーは時に単

位水量の多さの程度という意味に取られる；ある範囲内では，単位水量の多いコンクリートは単位水量の少ないコンクリートよりワーカビリティーが良いが，コンシステンシーの等しいコンクリートでもワーカビリティーが異なる場合もある。ACIによるコンシステンシーの定義は，「フレッシュコンクリートまたはフレッシュモルタルの相対的可動性または流れやすさ」である[4.46]。これはスランプによって測定される。

　技術書はワーカビリティーとコンシステンシーの定義であふれているが，事実上すべて定性的なものであり，科学的厳密性よりむしろ個人的見解が反映されている。同じことが，流動性，可動性，およびポンプ圧送性など数多くの用語についても当てはまる。また，混合物の粘着力，すなわち材料分離に対する抵抗性を指す「安定性」という用語もある。これらの用語は確かに固有の意味を有してはいるが，それはそれぞれ特別な状況下においてのみであり，コンクリート混合物の客観的かつ定量化の可能な説明として用いることはほとんどできない。

　さまざまな用語を定義する試みに関する立派な概説が，Bartos[4.56]やその他の人々によって発表されている。

4.3　十分なワーカビリティーの必要性

　これまでのところ，ワーカビリティーは単にフレッシュコンクリートの一性質として解説してきたが，ワーカビリティーはまた完成した製品にとってもきわめて重要な性質である。なぜならば，コンクリートは，最大密度までの締固めが，無理の無い仕事量，もしくは与えられた状況下で即座に投入できる仕事量で可能になるようなワーカビリティーをもっていなければならないからである。

　締固めの必要性は，締固めの程度と，結果として得られた強度との関係を調べることによって明らかになる。前者を密度比，すなわち与えられたコンクリートの実際の密度と，同じ混合物が完全に締固められた場合の密度との比，として表現すると便利である。

　同様に，実際に（不完全に）締固められたコンクリートの強度と，同じ混合物が完全に締固められた場合の強度との比は，強度比と呼ぶことができる。その場合に，強度比と密度比との関係は図-4.1に示された形態を取る。コンクリート中

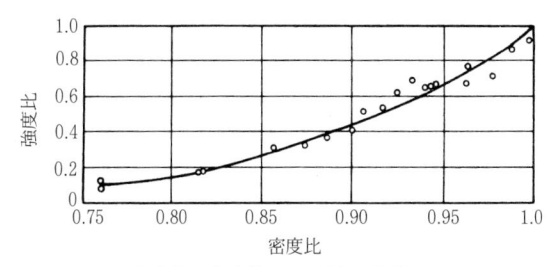

図-4.1　強度比と密度比との関係[4.1]（版権 Crown）

の空げきの存在は強度を大幅に低下させる。コンクリート中の5％の空げきは強度を30％までも低下させる可能性があり，2％の空げきでも10％を超える強度の低下が起きることがある[4.1]。これは当然，強度を硬化セメントペースト中の水と空気の量に関連付けた Féret の式と一致する（343頁参照）。

コンクリート中の空げきは，実際はエントラップトエアの気泡か，または過剰水が除去された後の空間である。後者の容積は，主として混合物の水セメント比によって異なる。それより少ないが，骨材の大きい粒子や鉄筋の下に捕捉された水によってすき間が生じることもある。「偶発的」空気，すなわち元々ゆるく詰められている粒状物質のすき間，といわれている気泡は，混合物中のもっとも細かい粒子の粒度によって決まる物であり，水量の多い混合物の方が少ない混合物より気泡を追い出しやすい。したがって，どのような締固め方法においても，気泡と水の入った空間との合計容積が最小となるような混合物の最適単位水量が存在する可能性がある。この最適単位水量で，コンクリートの最高密度比が得られることになる。しかし，最適単位水量は締固め方法によって変わるであろうことがわかる。

4.4　ワーカビリティーに影響を及ぼす因子

主な因子は，コンクリート1 m^3 当たりの kg 数（またはリットル数）で表された混合物の単位水量である。概略ではあるが，骨材の種類と粒度およびワーカビリティーが与えられたコンクリートの場合には，単位水量は混合物の（骨材/セメント）比または単位セメント量の影響を受けないと仮定すると便利である。この仮定に基づけば，さまざまな単位セメント量のコンクリートの配合割合を推

第4章　フレッシュコンクリート

定することができる。表-4.1 に，種々のスランプと骨材の最大寸法に対する単位水量の標準的な値を示した。これらの値は，non-AE コンクリートにのみ適用することができる。空気を連行した場合には，単位水量は図-4.2 の値に従って低下させることができる[4.2]。

これは目安に過ぎない。なぜならば，691 頁で詳細に述べるが，エントレインドエアがワーカビリティーに及ぼす影響は配合割合によって異なるからである。

単位水量とその他の配合割合が一定であれば，ワーカビリティーは骨材の最大寸法，粒度，形状，および表面組織によって異なる。これらの因子が及ぼす影響

表-4.1　種々のスランプと骨材の最大寸法に対する単位水量の概略値（一部は米国国立骨材協会の方法に基づく）

骨材の最大寸法 [mm]	コンクリートの単位水量 [kg/m³]					
	スランプ 25〜50 mm		スランプ 75〜100 mm		スランプ 150〜175 mm	
	丸みのある骨材	角ばった骨材	丸みのある骨材	角ばった骨材	丸みのある骨材	角ばった骨材
9.5	185	210	200	225	220	250
12.7	175	200	195	215	210	235
19.0	165	190	185	205	200	220
25.4	155	175	175	200	195	210
38.1	150	165	165	185	185	200
50.8	140	160	160	180	170	185
76.2	135	155	155	170	165	180

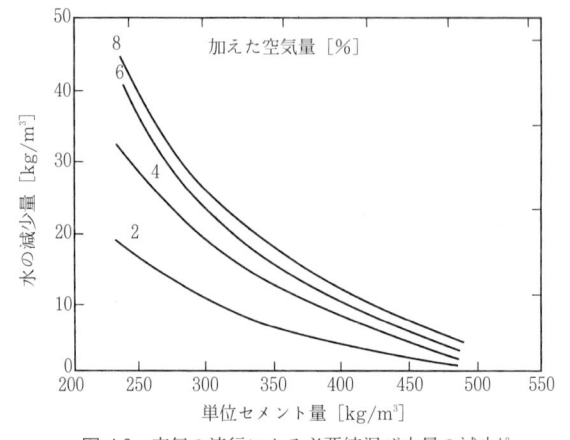

図-4.2　空気の連行による必要練混ぜ水量の減少[4.2]

4.4 ワーカビリティーに影響を及ぼす因子

については，第3章で解説した．しかし，ある特定の水セメント比でもっともワーカビリティーの良いコンクリートとなる粒度は，水セメント比の値が異なれば最善となるとは限らないため，粒度と水セメント比とは一緒に考察しなければならない．とくに，水セメント比が大きいほど，最高のワーカビリティーを得るために必要な粒度は細かくなる．実際には，与えられた値の水セメント比に対して，最高のワーカビリティーが得られる（粗/細）骨材比（与えられた材料を使って）の値は1つである[4.1]．逆に言えば，与えられたワーカビリティーに対して，必要な単位水量がもっとも少ない（粗/細）骨材比の値は1つである．これらの因子の影響に関しては，第3章で解説した．

　十分なワーカビリティーを得るために必要な骨材の粒度に関して解説した時に，規定では質量による比率が用いられていたことを覚えていると思うが，これらの比率は一定の密度の骨材を用いた時だけに当てはまる．実際には，ワーカビリティーは種々の寸法の粒子の体積比によって異なるため，密度の異なる骨材が使用される場合（例えば一部が軽量骨材の場合や，普通骨材と軽量骨材とを混合した場合など）は，配合割合は各粒径範囲の真体積に基づいて決定しなければならない．このことはAEコンクリートの場合にも当てはまる，なぜならば，エントレインドエアは質量のない細かい粒子に似た挙動をするからである．真体積に基づく計算例を，922頁に示す．骨材の性質がワーカビリティーに及ぼす影響は，混合物の単位セメント量が増加するにつれて少なくなり，おそらく（骨材/セメント）比が$2\frac{1}{2}$または2まで低下すると完全になくなると思われる．

　実施面では，水セメント比，（骨材/セメント）比，および単位水量という3因子のうち，独立しているものは2因子だけであるため，配合割合がワーカビリティーに及ぼす影響の予測には注意が必要である．例えば，（骨材/セメント）比を低下させるが水セメント比は一定に保てば単位水量が上昇し，その結果ワーカビリティーも上昇する．反対に，（骨材/セメント）比を低下させた時に単位水量を一定に保てば，水セメント比は低下するがワーカビリティーに大きな影響はない．

　いくつかの2次的な影響があるため最後の修正が必要である．すなわち，（骨材/セメント）比の低下は固形物（骨材とセメント）の総表面積が大きくなることを意味するため，同じ水量でのワーカビリティーはいくぶん低下する．このこ

とは，わずかに粗い骨材粒度を使用することによって埋め合わせすることができる。セメントの粉末度など，重要度の低い因子が他にもあるが，その影響についてははまだ意見が定まっていない。

4.5 ワーカビリティーの測定

残念ながら，233頁に述べた定義に基づくワーカビリティーを直接測定する試験で利用できる段階のものはない。しかし簡単に決定できる何らかの物理的測定値とワーカビリティーとを相関させる試みは数多く行われてきた。しかし，ワーカビリティーがある範囲内にある場合は有効な情報とはなり得るが，どれ一つとして完全に満足の行くものはない。

4.5.1 スランプ試験

これは世界中の現場作業で広範に実施されている試験である。ACI 116 R-90[4.46]ではコンシステンシーの測定と説明されているものの，スランプ試験はコンクリートのワーカビリティーを測定するわけではない。しかしこの試験は，与えられた名目上の配合割合をもつ混合物の，均一性のばらつきを探知する際に有効である。

スランプ試験はASTM C 143-90aおよびBS 1881:Part 102:1983に規定されている。スランプ試験用のモールド（スランプコーンと呼ぶ）は，高さ300 mmの直円錐台である。これを小さいほうの穴を上にしてなめらかな面の上に置き，コンクリートを3層に分けて詰める。各層は先を丸くした直径16 mmの基準の鋼棒で25回突き固め，上面は突き棒で鋸で引くようにしたり転がすようにしたりして切り取る。モールドは全作業を通して土台にしっかりと固定させなければならず，これは，モールドに取り付けたハンドルや足置きを用いることによって容易になる。

詰め込み終了後すぐにコーンを徐々にもち上げると，支持物のないコンクリートがスランプする（崩れ落ちる）ため，試験にこの名称が付いている。スランプしたコンクリートの高さの低下をスランプと呼び，5 mm単位に丸めて測定する。BS 1881:Part 102:1983によると高さの低下量は最高点までの距離で測定するが，

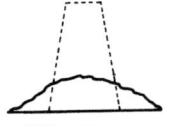

4.5 ワーカビリティーの測定

図-4.3 適正なスランプ，せん断スランプ，崩壊スランプ

表-4.2 ワーカビリティーの表現とスランプの値

ワーカビリティーの表現	スランプ [mm]
ノースランプ	0
非常に低い	5–10
低い	15–30
中程度	35–75
高い	80–155
非常に高い	160 から崩壊スランプまで

表-4.3 ワーカビリティーの分類とスランプの大きさ（ヨーロッパ規準 ENV 206:1992 による）

ワーカビリティーの分類	スランプ [mm]
S 1	10–40
S 2	50–90
S 3	100–150
S 4	≧ 160

ASTM C 143-90 a によれば「移動した元の中心」までの距離で測定する。表面摩擦の変動がスランプに及ぼす影響を軽減するため，試験を始める時には毎回モールドの内側と土台を湿らせ，またモールドをもち上げる前に円錐の基部の近くに落ちているコンクリートを除去する。

適正なスランプ（図-4.3）のように全体に均等にスランプが起きるのではなく，円錐の半分が傾斜面に沿って滑り落ちた場合はせん断スランプが起きたと言い，試験をやり直す。

粗々しい混合物の場合にあり得るのであるが，せん断スランプが繰り返し起きるような場合は，混合物に粘着力が不足している証拠である。

硬練りのコンシステンシーの混合物はスランプがゼロであるため，単位水量の少ない範囲では，ワーカビリティーの異なる混合物の間に差異は認められない。富配合の混合物の場合はスランプがワーカビリティーの変動に敏感に反応するため，満足のいく挙動を示す。しかし，粗々しい傾向のある貧配合の混合物の場合は，適正なスランプがせん断スランプや崩壊スランプ（図-4.3）に変わりやすいため，同じ混合物からつくった異なる試料のスランプ値は大きく異なる値となる。

さまざまなワーカビリティー（Bartos の提案[4.56]を修正した形で表現した）に対するスランプのおよその値を，表-4.2 に示した。表-4.3 には，ENV 206:1992 による欧州の分類案を示した。この 2 つの表に差異があることの理由の 1 つは，

欧州の手法ではスランプを 10 mm 単位に丸めて測定する点である。しかし骨材が異なる場合，とくに細骨材の含有率が異なる場合に，異なるワーカビリティーに対して同じスランプが記録される可能性もあることを忘れてはならない。スランプは実際には，上記で定義しているようなワーカビリティーに対しては固有の関係を有していないからである。さらに，スランプはコンクリートの締固め易さは測定しておらず，またスランプは試験用コンクリートの自重によってのみ起きるため，振動，仕上げ，ポンプ圧送，またはトレミー内の移動などの動力学的状況下での挙動は反映しない。スランプはむしろコンクリートの「降伏値」を反映するものである[4.110]。

これらの制約にも拘らずスランプ試験は，現場でミキサに供給中の材料のバッチごと，または時間ごとの変動を点検する手段として，きわめて有効である。スランプの上昇は，例えば骨材の含水率が予想外に増加したことを意味する場合もあるし，別の原因としては砂の不足など，骨材の粒度の変化も考えられる。大き過ぎる，または小さ過ぎるスランプとなった場合はただちにそれが警告となり，ミキサの運転者は状況を改善することができる。スランプ試験のこのような用途とその簡便性とがあいまって，広範に使用される原因となっている。

さまざまな減水剤や高性能減水剤が純粋なセメントペーストに及ぼす影響を検討評価する目的で，ミニスランプ試験が開発された[4.105]。この試験は与えられた目的に対しては有効かもしれないが，コンクリートのワーカビリティーは構成物質であるセメントペーストの流動特性以外の要因によっても影響されることを憶えておくことが重要である。

4.5.2 締固め係数試験

完全な締固めを行うために必要な仕事量を直接測定する一般的に承認された方法はないが，この仕事量がワーカビリティーの定義である[4.1]。おそらく，実施可能な最善の試験は逆の手法を取り入れたものであろう。つまり，一定の仕事量で達成される締固めの程度を測定する方法である。実際の摩擦は，おそらく混合物のワーカビリティーにしたがって変動すると思われるが，適用される仕事量には必然的に表面摩擦に対して行われる仕事も含む。しかし，これは最小限に抑えられる。

4.5 ワーカビリティーの測定

　締固め係数と呼ばれる締固めの程度は，密度比，すなわち試験で実際に達成された密度と，同じコンクリートを完全に締固めた場合の密度との比率によって測定される。

　締固め係数試験として知られるこの試験は BS 1881:Part 103:1993 および ACI 211.3-75（1987 年に改定）（1992 年に再承認）に説明があり[4.70]，骨材の最大寸法が 40 mm までのコンクリートに適用可能である。装置は基本的に，それぞれ円錐台の形をした 2 個のホッパーと 1 個の円筒が縦に連なっている。図-4.4 に示すように，ホッパーの底にはヒンジの付いた扉が付いている。摩擦を少なくするために，内面はすべて磨いてある。

　上のホッパーにはコンクリートが一杯に入っており，この段階ではコンクリートに対して締固めを生じるような仕事が何も行われないように，静かに置かれている。つぎにホッパーの底の扉を開放すると，コンクリートが下のホッパーの中に落下する。これは上のホッパーより小さいため溢れるまで満たされ，したがって基準状態で常にほぼ同じ量のコンクリートが入るようになる。これが，上のホッパーを満たした際の人的因子を取り除くことになる。つぎに下のホッパーの底に付いた扉が開放され，コンクリートは円筒の中に落下する。過剰なコンクリートは，モールドの上端を横切って滑らせる 2 つのこてで切断し，既知の容積の円筒中にあるコンクリートの正味質量を測定する。

　次に円筒中のコンクリートの密度を計算し，この密度を完全に締固められたコンクリートの密度で割ったものが，締固め係数として定義される。後者の密度は，実際に円筒の中にコンクリートを 4 層に分けて満たし，各層ごとにそれぞれ突固めまたは振動を掛けることによって求めるか，あるいは混合物の材料の真体積から計算して求めることができる。

　また締固め係数は，不完全に締固められたコンクリート（各ホッパーを通過することによって）が完全に締固められたときに起きる体積の減少量からも，計算することができる。

　図-4.4 に示した締固め係数測定装置は高さが約 1.2 m であり，用途は一般に舗装の建設とプレキャストコンクリートの製造に限定されている。

　表-4.4 に，さまざまなワーカビリティーに対する締固め係数の値を示した[4.3]。スランプ試験と異なり，単位水量の少ないコンクリートにおけるワーカビリティー

第4章　フレッシュコンクリート

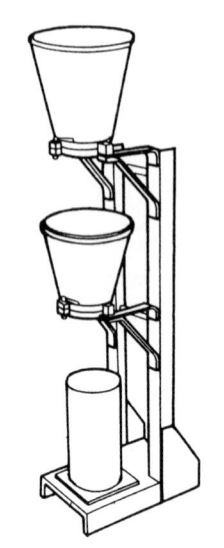

図-4.4　締固め係数測定装置

表-4.4　ワーカビリティーの表現と締固め係数[4.3]

ワーカビリティーの表現	締固め係数	対応するスランプ [mm]
非常に低い	0.78	0–25
低い	0.85	25–50
中程度	0.92	50–100
高い	0.95	100–175

の違いは，締固め係数の大幅な違いとなって表れる。すなわちこの試験は，ワーカビリティーが高い場合より低い場合の方が感度が良いのである。

しかし，単位水量が非常に少ない混合物は一方または両方のホッパーに付着しやすいため，材料を鋼棒で静かに突付いて取り除かなければならない。さらに，ワーカビリティーが非常に低いコンクリートの場合は，完全な締固めに必要な実際の仕事量は混合物の単位セメント量によって異なるが，締固め係数は変わらないように思われる。貧配合の混合物は富配合の混合物より多くの仕事を必要とする[4.4]。このことは，締固め係数の等しいすべての混合物は同じ量の有効な仕事を必要とするという暗黙の前提が，必ずしも正しくないということを意味している。同様に，混合物の性質がどうであろうと，無駄な仕事は行われたすべての仕事に対して常に一定の割合を占めるという前述の想定も，まったく正しいとは言えな

い．それにもかかわらず，締固め係数試験は間違いなくワーカビリティーの良い尺度として用いることができる．

4.5.3　ASTM フロー試験

　この実験室用の試験は，台の上に山状に置いたコンクリートに衝撃を与え，そのときの広がりを測定することによって，コンクリートのコンシステンシーと材料分離の傾向とを求める．この試験はまた，硬練りの混合物，富配合の混合物，および粘着力のやや強い混合物のコンシステンシーに対して良い評価試験となっている．この試験は ASTM C 124-39（1966 年に再承認）の中で取り扱われていたが，適切ではないと考えられたわけではないが，あまり使用されなかったために 1974 年に撤回された．

4.5.4　リモルディング試験

　上記以外の試験でも衝撃テーブルが使用される．その試験ではコンクリート試料の形状を変えるために必要な仕事量に基づいてワーカビリティーが評価される．これが，Powers によって開発されたリモルディング試験である[4.5]．

　装置は図-4.5 に図示した．基準のスランプコーンを直径 305 mm，高さ 203 mm の円筒の中に入れ，円筒はフローテーブルに固定させて 6.3 mm 落下できるように調節されている．

　主円筒の中に，直径 210 mm，高さ 127 mm の内輪がある．内輪の底面と主円筒の底面との間の距離は，67 mm から 76 mm の間に設定することができる．

　スランプコーンを規定の方法で満たし，撤去し，そしてディスク形のライダー（質量 1.9 kg）をコンクリートの上に置く．つぎに，ライダーの底面が底版の 81 mm 上に来るまで，毎秒 1 回の割合でテーブルに衝撃を与える．この段階で，コンクリートの形状は円錐台から円柱へと変化している．この改鋳（リモルディング）を達成するために必要な仕事量は，必要な衝撃の回数で示される．単位水量が非常に少ない混合物の場合は，相当な仕事量が必要かもしれない．

　試験は純粋に実験室用であるが，リモルディングの仕事量はワーカビリティーと密接な関連があるように見えるため，貴重である．

第4章　フレッシュコンクリート

図-4.5　リモルディング試験装置

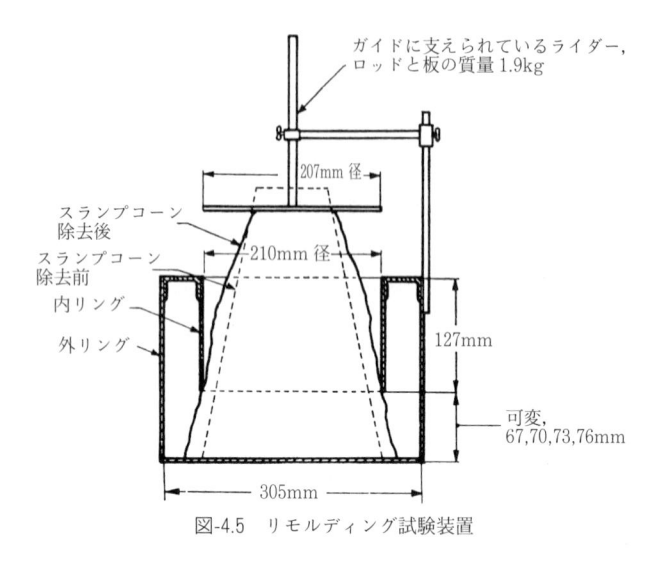

4.5.5　VB試験

　これはリモルディング試験を発展させたものであるが，Powersの装置の内輪が省略されており，締固めは衝撃ではなく振動で行われる。装置を図-4.6に図示した。「VB」という名称は，この試験の開発者であるスウェーデンのV. Bährnerの頭文字を採ったものである。試験はBS 1881:Part 104:1983に規定されており，またACI 211.3-75でも言及されている（1987年に改定）[4.70]。

　改鋳は，ガラス板のライダーが完全にコンクリートで覆われ，コンクリート表面のすべての空隙が消えた時に完了したとみなされる。

　これは目視によって判断されるため，試験の終点を確定することの難しさが誤差の元となる可能性がある。それを改善するために，時間によるプレートの動きを自動記録するための装置を取り付けることもできる。

　締固めには，偏心した重りを50 Hzで回転して得られる最大加速度$3g \sim 4g$の振動台を用いる。締固めに必要なエネルギー投入量が混合物のワーカビリティーの尺度であるとみなされるが，これはVB時間と呼ばれ，改鋳が完了するまでに必要な秒数で表現される。時には，振動をかける前のコンクリートの体積V_2から，振動をかけた後の体積V_1への変化に対する補正のために，VB時間にV_2/V_1をかける。この試験は，VB時間が3秒から30秒の混合物に適している。

4.5 ワーカビリティーの測定

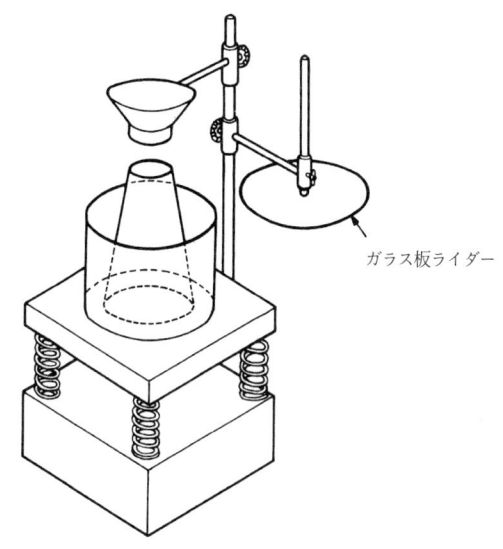

図-4.6 VB試験装置

ガラス板ライダー

VB試験は，とくに単位水量の非常に少ない混合物にとって，良い実験室用試験である。この点は，一部の単位水量の少ない混合物がホッパーの中に付着する傾向があることによって誤差が発生する可能性のある，締固め係数試験とは対照的である。またVB試験は，試験中のコンクリートの取扱いが実施面での打込み方法と比較的密接に関連しているという，別の利点も有している。VB試験もリモルディング試験も締固めを達成するために必要な時間を測定するが，これは行われる全仕事量に関連する。

4.5.6 フロー試験

ドイツで1933年に開発されたこの試験は，BS 1881:Part 105:1984によって規定されている。この試験は，崩壊スランプを示す高流動コンクリート（326頁参照）など，ワーカビリティーが高いまたはきわめて高いコンクリートに適しているため，近年はいっそう広範に使用されるようになった。

装置は，基本的に鋼板で包まれた木製の板でできており，質量は全体で16 kgである。この板は一辺がヒンジで基板に止められており，両板はそれぞれ700 mm平方である。上の板は止め具位置までもち上げられるようになっているた

め，自由な方の辺が 40 mm もちあがる。テーブルの上にはコンクリートを置く位置を示す目印がつけられている。

テーブルの上面を湿らせ，そこに，高さ 200 mm，底面の直径 200 mm，上面の直径 130 mm のモールドを用い，木製のタンパーを使って規定の方法で軽く突き固めてつくった円錐台形のコンクリートを置く。余分なコンクリートを除去し，周りのテーブル上面をきれいにし，30 秒間静置した後に，止め具にあまり力がかからないような動作で，テーブル上面を 45〜75 秒間で 15 回もち上げる。その結果コンクリートが広がるので，テーブルの辺に平行な 2 方向の最大の広がりを測定する。この 2 つの値の平均値をミリメートル単位に丸めたものが，フローである。この試験は，フローが 400〜650 mm の混合物に適している。ただし，BS 1881:Part 105:1984 では下限値が 500 に定められている。この段階でコンクリートが均一かつ粘着性があるように見えない場合は，混合物の粘着力が不足している証拠となる。

ある研究所の調査[4.39] で，フローとスランプとの間に直線的な関係があることを示したが，この試験は，ただ 1 種類の骨材とただ 1 粒度の骨材だけで行われた点で，範囲が限定されていた。また，現場の状況による影響も含まれてはいなかった。したがって，公表されたデータから一般論を推論することはできず，スランプ試験とフロー試験とを広く互換性があると考えるのは賢明ではないであろう。

本質的に，この 2 つの試験は同じ物理現象を測定しているわけではなく，粒度，骨材の形状，あるいは混合物中の細粒子材料の含有率が異なる場合に，2 試験の間に単一の関係を期待する理由は何もない。実施上の目的のためには，適切な方の試験を採用しなければならない。そのような試験によって規定の混合割合からの乖離を発見することができるのであり，現場ではそれが重要なのである。

4.5.7 ボール貫入試験（ケリーボール）

この試験は，直径 152 mm で質量 13.6 kg の金属球体が自重でフレッシュコンクリートの中に沈み込む深さを測定するという，簡単な現場試験である。J.W.Kelly によって考案され，ケリーボールとして知られる装置の概略図を図-4.7 に示す。

この試験の用途はスランプ試験の場合と似ており，コンシステンシーを管理す

4.5 ワーカビリティーの測定

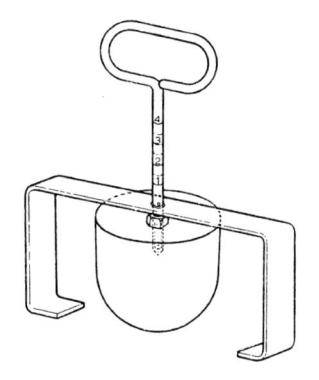

図-4.7 ケリーボール

る目的で定期的に点検することである．試験は基本的に ASTM C 360-92 で規定されている米国の試験であり，他の国で使用されることはめったにない．しかし，スランプ試験より優れた点がいくつかあるため，ケリーボール試験を，スランプ試験の代替試験として検討する価値はある．とくに，ボール試験は実施が簡単で速く，さらに重要なことは，コンクリート運搬用カートに載っている状態のコンクリートや実際に型枠に入っている状態のコンクリートに実施することができる点である．周囲との境界の影響を避けるため，試験されるコンクリートの深さは 200 mm 以上でなければならず，水平方向の寸法は 460 mm 以上でなければならない．

予想されるように，貫入量とスランプとの間に単純な相関関係はない．なぜならば，どちらの試験もコンクリートの基本的な性質を測定するものではなく，特定な状態に対する反応だけを測定するものだからである．現場で特定の混合物が用いられる時には，例えば図-4.8 に示すような相関関係を見出すことができる[4.6]．実施面では，ボール試験は基本的に，骨材の含水率のばらつきなどによる混合物のばらつきを測定するために用いられる．

4.5.8 Nasser の K-試験機

簡単なワーカビリティー試験を考案する種々の試みの中で，Nasser[4.41] の探針試験が説明に値する．この試験は，円管にモルタルが入るための穴が開いた直径 19 mm の空洞の探針を使用して行う．

第4章　フレッシュコンクリート

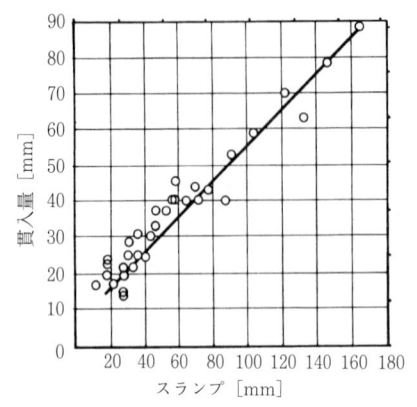

図-4.8　ケリーボール貫入量とスランプとの関係[4.6]

探針は，現場でフレッシュコンクリートの中へと垂直に挿入される（したがって試料として採取する必要がない）。1分後の円管内のモルタルの高さと，その後に探針を引き抜いた後のモルタルの残留高さを測定する。

探針の読取り値は混合物内部の粘着力，接着力，および摩擦力の影響を受けるため，これらの読取り値がコンクリートのコンシステンシーとワーカビリティーの目安になるということである[4.42, 4.106]。したがって，スランプの大きい単位水量の多すぎる混合物の場合は，探針内に留まるモルタルの相対量は少なくなるが，これは材料分離の結果である。スランプが80 mmを超えない限り，探針内に留まるモルタルの高さはスランプと関連するように思われる[4.41]。しかし，K-試験機は高流動コンクリートにでも使用することができる[4.106]。K-試験機は基準化されていないため，あまり広く使われていない。

4.5.9　ツーポイント試験

Tattersall[4.43]は，1つの特性しか測定しないという理由から，既存のすべてのワーカビリティー試験を繰り返し批判してきた。彼の主張は，フレッシュコンクリートの流動性はBinghamのモデルすなわち次の方程式によって表されるべきだというものである。

$$\tau = \tau_0 + \mu \dot{\gamma}$$

ここに，

$\tau =$ せん断速度 $\dot{\gamma}$ におけるせん断応力

$\tau_0 =$ 降伏応力

$\mu =$ 塑性粘度

未知数が2つあるため,2種類のせん断速度で測定することが必要となる。この理由で「ツーポイント試験」という名称が付いたのである。降伏応力は流動が開始する限界値であり,スランプと密接に関連する[4.107]。塑性粘度は,せん断速度の上昇に伴ってせん断応力の上昇を引き起こす。

Tattersall[4.43] は,改良された料理用ミキサを使用するトルク測定の技法を開発した。これをもとにして,与えられたせん断速度におけるせん断応力に関連するデータと,混合物の降伏応力と塑性粘度を表す定数,τ_0 と μ に関連するデータとを,実験によって推定した。彼の考えによると,コンクリートの基本的なレオロジー特性の尺度となるのは,後者の2つである。この2つを決定するためには,ミキサを2種類の速度で回転させてトルクを測定する必要がある。この装置は,Tattersall[4.43] と Wallevik および Gjorv[4.104] との両者が改良しているが,後者の者は彼らの装置の方が精度が良く,さらに,混合物の材料分離の可能性を定量的に示すことができると主張している。

使用の際の問題点は,装置の取扱いが面倒で,複雑で,またスランプと違って測定値を直接使用することはできず,測定値の解釈に熟練が必要とされることである。このような理由からツーポイント試験は現場作業の管理手段としては不適当ではあるが,実験室では価値を有する可能性がある。

ワーカビリティーのツーポイントの説明に関連して参考のために述べると,ロボットによって打ち込まれるコンクリートの場合には,コンクリートの塑性粘度と降伏応力の値と,この2つの値の練混ぜ後の温度と時間に伴なう変動とを確定することが重要である。Murata と Kikukawa[4.107] は,高濃度懸濁液の粘性方程式に基づき,骨材の性質を考慮し,実験定数を使用して,粘性を予測する式を開発した。彼らはまた,スランプに基づいて,コンクリートの降伏値の式も開発している。この手法の正当性はまだ証明されていない。

第4章 フレッシュコンクリート

4.6 試験結果の比較

まず初めに,それぞれの試験は異なる状況下でコンクリートの挙動を測定しているため,実際には比較は不可能だということを言っておかなければならない。それぞれの試験の特定な用途については述べてきたが,表-4.5 に示すように,BS 1881:1983 においても,種々の混合物に対するワーカビリティーの適切な試験方法を示していることを付け加えると参考になると思う。

締固め係数試験はワーカビリティーの逆数と密接に関連しているが,リモルディング試験,フロー試験,および VB 試験はワーカビリティーと比例関係にある。締固め係数試験は自由落下状態の性質であり,リモルディング試験とフロー試験

表-4.5 種々のワーカビリティーの混合物に対する適切な試験方法(BS 1881:1983 による)

ワーカビリティー	試験方法
非常に低い	VB 時間
低い	VB 時間,締固め係数
中程度	締固め係数,スランプ
高い	締固め係数,スランプ,フロー
非常に高い	フロー

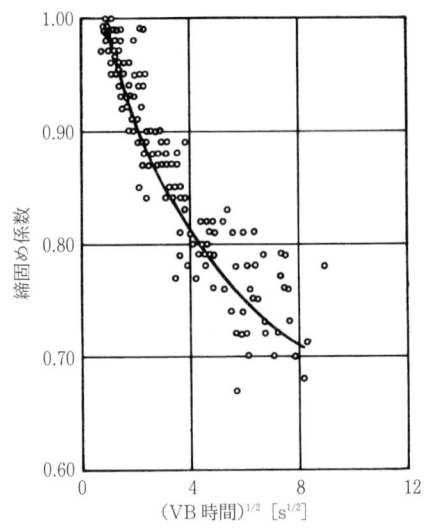

図-4.9 締固め係数と VB 時間との関係[4.4]

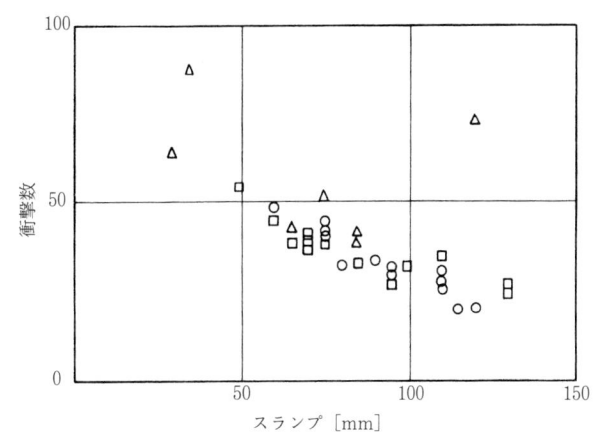

図-4.10 粗粒率の異なる細骨材を用いたコンクリートにおける，Powers のリモールディング試験装置を用いたときの衝撃数とスランプとの関係[4.58]

は衝撃下の性質であるのに対し，VB 試験は振動下のコンクリートの性質を測定している。4つの試験はすべて実験室において満足のいく結果が得られるが，締固め係数装置は現場での使用にも適している。

　締固め係数と VB 時間との関係の目安を図-4.9 に示したが，この関係は実験で使用された混合物にしか当てはまらず，骨材の形状と表面組織，あるいはエントレインドエアの存在などの因子と配合割合とによっても異なるため，広く当てはまると考えてはならない。ある特定の混合物に関して，締固め係数とスランプとの間の関係は得られたが，そのような関係はまた混合物の各種性質の関数でもある。Powers のリモールディング試験における衝撃数とスランプとの関係（図-4.10 参照）も，おおまかに定義されているに過ぎない[4.58]。締固め係数と VB 時間とスランプとの間の関係の一般的な傾向を目安として示したものが図-4.11 である[4.14]。このうち2つの関係において混合物の単位セメント量の影響は明白である。しかし，スランプと VB 時間との関係においてその影響がないというのは誤解を与える。なぜならば，スランプは目盛りの一端（低いワーカビリティー）において鈍感であり，VB 時間は他端において鈍感であるからである。したがって，一部分がくっ付いた2本の漸近線が存在する。

　フロー試験は，ワーカビリティーのきわめて高いコンクリートや高流動コンク

第4章　フレッシュコンクリート

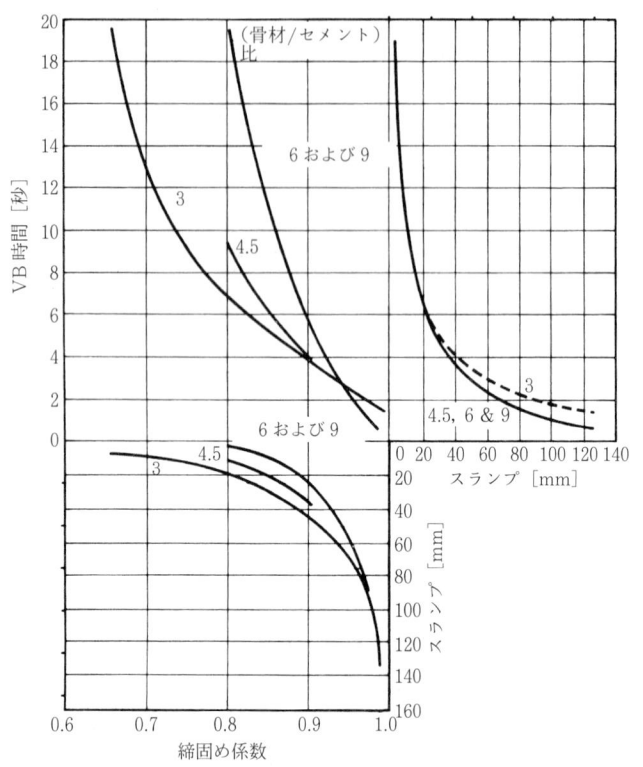

図-4.11　（骨材/セメント）比の異なる配合における，種々のワーカビリティー試験間の関係の一般的傾向[4.14]

リートの粘着力とワーカビリティーを評価する際に貴重である。

　スランプ試験と貫入試験は良く似ており，その限りにおいては両者ともきわめて有用である。しかし，貧配合の混合物においては，良い管理がかなり重要となる場合が多いにもかかわらず，スランプ試験は不確実となる。スランプ試験は役に立たないとか，コンクリート強度を十分に示さないということで時々批判を受ける[4.52, 4.111]。スランプ試験はコンクリートの潜在的な強度を測定することにはなっていないため，そのような批判ははき違えであると言える。

　スランプ試験の目的は，スランプの均一性をバッチごとに検査することであり，それ以上のものではない。このような検査は，コンクリートが打ち込まれる際に望ましいワーカビリティーが確保されるという点で有用である。さらに，試験が

行われていることを認識しているだけでも，バッチャープラントでの作業員の精神が集中する。認識していることによる心理的な効果は，「どうなっても良い」という態度に陥るのを防ぐことである。

スランプ試験は一定のせん断速度の下で行われるものであり，コンクリートのワーカビリティーを完全には表すことができないことを認めなければならない。しかし，混合物の単位水量だけが変数の場合には，この試験はワーカビリティーの相対的な値を示すことができる。なぜならば，Binghamの式を表す直線は，そのような状況の下では互いに交わることがないからである[4.43]。ワーカビリティーを調べるための完全で実用的な試験は，まだ考案されていない。原始的と思われるかもしれないが，仕上げやすさをみるためにこてでコンクリートを静かに叩くことによるワーカビリティーの目視評価が有用である。明らかに経験が必要であるが，いったん身につければ，「目視による」試験はとくに均一性を確認するためには速く確実である。

4.7 コンクリートのこわばり進行時間

5 mm（No.4 ASTM）のふるいを使ってコンクリートからふるい出されたモルタルを試験することにより，コンクリートのこわばりが規定された程度になったかどうかを測定することができる。プロクター貫入針として知られるスプリング反力型の貫入針を使い，貫入抵抗値が 3.5 MPa と 27.6 MPa の時の時間を決定する。前者は始発時間と呼ばれ，振動を加えても流動性が得られないほどコンクリートのこわばりが進んだことを意味する。貫入抵抗値が 27.6 MPa に達した時間が終結時間であり，標準円柱供試体によるコンクリートの圧縮強度はその時点で約 0.7 MPa である。

これらの凝結時間はセメントの凝結時間とまったく異なる。

試験方法は ASTM C 403-92 に規定されており，他のコンクリートとの比較の目的で使用することができる。試験は母体のコンクリートではなくモルタルに対して行うため，絶対的な尺度とはなり得ない。英国基準 BS 5075:Part 1:1982 にもこわばり時間試験が規定されている。

4.8 時間と温度がワーカビリティーに及ぼす影響

フレッシュコンクリートは時間とともにこわばりが進行する。これをセメントの凝結と取り違えてはならない。

これは単に混合物から一部の水が（飽水していない骨材の場合）骨材によって吸収され，一部が（とくにコンクリートが太陽や風にさらされた場合）蒸発によって失われ，また一部が初期の化学反応によって除去されただけなのである。練混ぜから1時間の間に，締固め係数は約0.1も低下することがある。

ワーカビリティーの低下量の正確な値はいくつかの因子によって異なってくる。第一に，最初のワーカビリティーが高ければ高いほどスランプの低下量が大きい。第二に，スランプの低下速度は富配合の混合物の方が大きい。さらに，低下速度は使用セメントの性質によっても異なる。アルカリ含有率が高い場合[4.108]と硫酸塩の含有率が低すぎる場合に[4.62]速度が上昇する。アルカリ含有率0.58のセメントでつくられた，水セメント比0.4のコンクリートの，スランプと時間との関係の一例を図-4.12に示す[4.60]。

時間に伴うワーカビリティーの変化はまた骨材の含水状況（一定の合計単位水量で）によっても異なる。当然予期されることではあるが，乾燥骨材は骨材が水

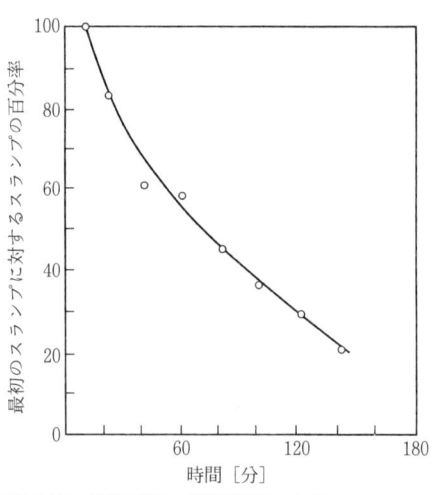

図-4.12 練混ぜ後の時間経過によるスランプロス（参考文献4.60に基づく）

4.8 時間と温度がワーカビリティーに及ぼす影響

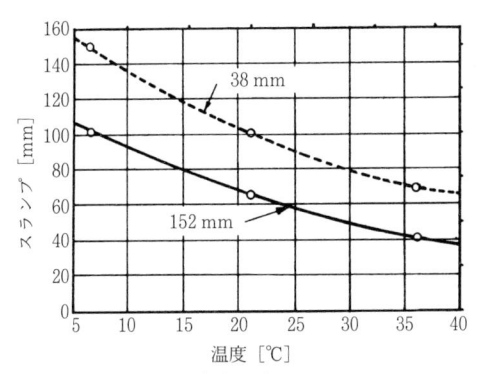

図-4.13 骨材の最大寸法の異なるコンクリートのスランプに及ぼす温度の影響[4.7]

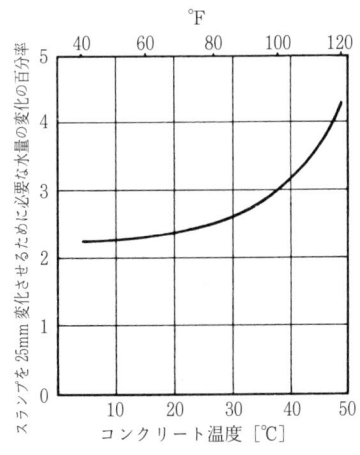

図-4.14 スランプを変化させるために必要な水量に及ぼす温度の影響[4.8]

を吸収するため低下が大きい。減水剤はコンクリートの初期のこわばりを遅延させるが，多くの場合，時間とともにスランプロスの割合をいくぶん上昇させる。

　混合物のワーカビリティーはまた周囲の温度によっても影響を受けるが，厳密に言うと，われわれにとって重要なのはコンクリート自体の温度である。実験室で練り混ぜられたコンクリートのスランプに及ぼす温度の影響の一例を，図-4.13に示した[4.7]。暑い日には，早期のワーカビリティーを一定に保つためには，混合物の単位水量を増やさなければならないことは明白である。硬練り混合物のス

第4章 フレッシュコンクリート

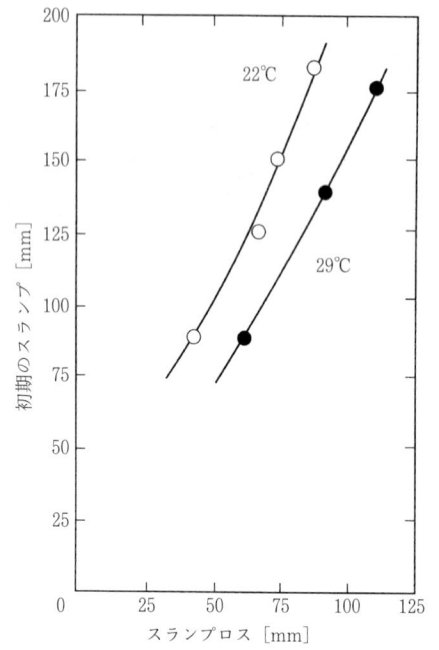

図-4.15 単位セメント量が 306kg/m³ のコンクリートにおける 90 分後のスランプロスに及ぼす温度の影響（参考文献 4.61 に基づく）

ランプロスは，温度の影響はあまり受けない。なぜならば，そのような混合物は単位水量の変化による影響をそれほど受けないためである。コンクリートの温度が上昇するにつれて，スランプを 25 mm 変化させるために必要な水量の増加百分率も上昇することを，図-4.14 に示した[4.8]。図-4.15 に示すとおり，時間に伴うスランプロスもまた温度によって影響を受ける。

温度がコンクリートに及ぼす影響については，第 8 章で解説する。

ワーカビリティーは時間とともに低下するため，練り混ぜた後，あらかじめ定めておいた時間が経過した時に，例えばスランプを，測定することが重要である。計量の管理を行うためには，コンクリートがミキサから排出された直後にスランプを測定することは有益である。また，使用する締固め方法に適したワーカビリティーにするために，コンクリートを型枠に打ち込む時点でスランプを測定するのも有益である。

4.9 材料分離

　ワーカビリティーの良いコンクリートを一般的な言い方で解説した際に，そのようなコンクリートは材料分離を起こしやすいものであってはならない，すなわち粘着的でなければならないと述べた。しかし厳密に言うと，材料分離する傾向がないということはワーカビリティーの良い混合物の定義に含まれているわけではない。それでも尚，材料分離した混合物を完全に締固めるのは不可能であるため，それとわかるほどの材料分離が起きないことがきわめて重要である。

　材料分離は，異種混交の材料が分離し，分布がもはや均一ではなくなることと定義することができる。コンクリートの場合に材料分離が起きる第一の原因は，混合物中の材料の粒径と密度が異なることであるが，その程度のものは適正な粒度を選び，取扱いを慎重にすれば制御することができる。

　フレッシュセメントペーストの成分の粘性が高いと，重い骨材粒子が下方へ移動する動きを阻止するように作用するということは参考になると思う。そしてその結果，水セメント比の低い混合物は材料分離が起きにくいのである[4.48]。

　材料分離の形態には2種類ある。第一の形態は，粗い粒子が細かい粒子より斜面を遠くまで転がり，または多く沈下するため，粗い粒子が分離する傾向を示すものである。第二の形態の分離はとりわけ軟練りの混合物に起きるが，グラウト分（セメントと水）が混合物から分離することによって表れる。貧配合の混合物が使用される場合に混合物の単位水量が少なすぎると，一部の粒子に関して第一の形態の材料分離が起きることがある。水を追加すると混合物の粘着力が改善されるが，混合物の単位水量が多すぎると第二の形態の材料分離が起きる。

　粒度が材料分離に及ぼす影響については第3章に詳しく解説したが，材料分離の実際の程度はコンクリートの取扱い方法と打込み方法とによって異なってくる。コンクリートを遠くまで運ぶ必要がなく，スキップまたはバケットから直接型枠の中の最終位置まで運ばれる場合は，材料分離の危険性は少ない。これに反して，相当の高さからコンクリートを落下させる，シュートをとくに横方向へ移動させるように用いる，障害物に向かって放出するなどのことはすべて材料分離を促進させるため，そのような状況下では特別に粘着力のある混合物を使用する必要がある。取扱い，輸送，および打込みの方法が正しければ，材料分離の可能性は大

第4章　フレッシュコンクリート

幅に低減させることができる。これに関する多くの実用的な規則があり，ACI 304 R-85 に定められている[4.79]。

　しかし，コンクリートは常に最終的な位置に直接打ち込まなければならず，横に流したり，型枠の近くからのみ施工するようなことをしてはならないことを強調しなければならない。この禁止事項には，コンクリートの山をさらに広い範囲に広げるために振動機を使用することも含まれる。振動はコンクリートを締固めるためのもっとも貴重な手段ではあるが，コンクリートに対して多くの仕事量を与えるため，振動機の不適切な使用による材料分離の危険性が（取扱い中ではなくて打込み中において）増大する。振動を長くかけすぎてしまうような場合はとくにそうであり，多くの混合物で，粗骨材が底に向かって分離し，セメントペーストが上面に向かって分離する事態が起きる。そのようなコンクリートは明らかに弱く，その表面のレイタンス（浮きかす）はあまりにもセメント分が多く，また単位水量もあまりにも多いため，細かくひび割れの入った粉っぽい面になることがある。レイタンスとブリーディング水とは区別しなければならないが，これについては次の節で考察する。

　エントレインドエアが材料分離の危険性を軽減するという点に注目してほしい。反対に，密度が細骨材とかなり異なる粗骨材を使用すると，材料分離が多くなる。

　材料分離を定量的に測定するのは難しいが，前に，望ましくない取扱い方法として挙げた項目のうち，いずれかを現場で実施した場合には，簡単に発見することができる。フロー試験によって，混合物の粘着力の重要な面を理解することができる。すなわち，試験中にかけた衝撃が材料分離を促進するため，混合物に粘着力がないと骨材の比較的大きい粒子が分離し，テーブルの端に向かって移動する。別の形態の材料分離が起きる可能性もある：すなわち，水量の多い混合物の場合，セメントペースト分がテーブルの中心から流出しがちとなり，後に比較的粗い材料だけが残る。

　過度な振動による材料分離の可能性に関する適当な試験は，コンクリートの円柱供試体または立方体供試体に約10分間振動を与えた後に型枠を取り外して粗骨材の分布を観察することである：どのような材料分離でも簡単に発見することができる。

4.10 ブリーディング

　水の増加（water gain）としても知られるブリーディングは材料分離の一形態であり，混合物中の水の一部が打ち込まれたばかりのコンクリートの表面に上昇する。これは，水は全成分中で密度がもっとも低いため，混合物の固形成分が下に沈下するときに，練混ぜ水をすべては保持することができなくなることによって起きる。したがって，われわれが扱っているのは沈降であり，Powers[4.10]はブリーディングを沈殿の特殊な事例として扱っている。ブリーディングは，コンクリートの単位高さ当たりの総沈下量として，または練混ぜ水に対する割合［％］として量的に表すことができる。極端な場合は，20％にも達することがある[4.112]。ASTM C 232-92には，ブリーディング総量の決定方法が2種類規定されている。ブリーディング速度も実験によって測定することができる。

　初期のブリーディングは一定速度で進行するが，その後ブリーディング速度は一様に低下していく。コンクリートのブリーディングは，セメントペーストが十分にこわばって沈殿の過程が終わるまで続く。

　上面の仕上げの最中にブリーディング水がふたたび混合わされると，レイタンスを含んだ弱くて磨耗しやすい面が形成される。これは，ブリーディング水が蒸発するまで仕上げ作業を遅らせることによって，また木製のこてを使い表面をいじり過ぎないようにすることによって，回避することができる。反対に，コンクリート表面からの水の蒸発がブリーディング速度より速い場合は，プラスチック収縮ひび割れが起きる場合もある（523頁参照）。

　上昇する水の一部は粗骨材粒子または鉄筋の下側に捕捉されるため，付着力の弱い部分ができる。この水はポケット状やレンズ状の空げきを後に残し，またその空げきはすべて同じ方向を向いているため，コンクリートの水平方向の透水性が上昇することもある。そのため，劣化促進物質がコンクリートの中に滲入しやすくなる。また水平方向に弱い層が生じることもある。コンクリートの打込み方向とそれに直角の方向に引張試験を行うことによって，そのような層の形成が確認された[4.65]。ブリーディング水の捕捉量があまり多くなることは，とくに道路のコンクリート版において凍害の危険性につながることからも，避けなければならない。

ある程度のブリーディングは避けられない。ブリーディング水は上に向かって移動するため，柱や壁のような丈の高い部材の場合は，下の部分の水セメント比は低下する。しかし，上の方に捕捉された水によって，すでにこわばりの生じている上の部分のコンクリートの水セメント比が上昇し，強度は低下する（344頁参照）。

またブリーディング水は，型枠の内面に沿って上へと移動することもある。型枠の内面に何か欠陥があるために水路が形成されたような場合は，固定された排水経路が形成されるため表面に縞模様ができる。垂直のブリーディング水路はコンクリートの内部にできる可能性もある。

ブリーディングは必ずしも有害ではない。コンクリートの表面が真空脱水される場合は（295頁参照），水の除去が容易になる。ブリーディングが捕捉されるようなこともなく，水が蒸発すると，有効な水セメント比が低下し，その結果強度が増加することもある。反面，上昇する水が多くのセメントの細粒分を伴う場合には，レイタンスの層ができる。これがスラブの上面であれば多孔質で弱い表面層が形成され，恒久的に「粉っぽい」面になる。リフト上面であれば弱い面となり，次のリフトとの付着が不充分となる。そのため，レイタンスは常にブラシがけと洗浄で除去しなければならない。

ブリーディングの傾向はセメントの性質によって大きく異なる。ブリーディングはセメントの粉末度を上げることによって減少するが，それはおそらく細かい粒子が先に水和すること，およびその沈殿速度が遅いことが原因であろう。セメントの他の性質もブリーディングに影響を及ぼす。セメントのアルカリ含有率が高い場合，C_3Aの含有率が高い場合，または塩化カルシウムが添加された場合は，ブリーディングが少なくなる[4.11]。塩化カルシウムの使用制限に関しては，699頁を参照のこと。セメントペーストとモルタルのブリーディングの試験方法はASTM C 243-85（再承認1989）に規定されている。

しかし，セメントの性質がコンクリートのブリーディングに影響を及ぼす唯一の因子ではないため[4.120]，他の因子も考慮しなければならない。具体的に言うと，ごく細かい骨材粒子（とくに$150\mu m$（No.100のふるい）未満のもの）が適切な割合で存在すると，ブリーディングが大幅に減少する[4.12]。破砕した細骨材の使用は，丸みのある砂と比較して必ずしもブリーディングを多くするわけではない。

事実，破砕した細骨材に極細かい材料が過剰に含まれていると（150μm（No.100）のふるいを通過するものが約15％まで），ブリーディングは減少するが[4.37]，ごく細かい材料は粘土ではなくて破砕粉で構成されていなければならない。

富配合の混合物は貧配合のものよりブリーディングが起きにくい。ブリーディングを減少させるには，ポゾランまたは他の細かい材料またはアルミニウム粉を添加すると良い。SchiesslとSchmidt[4.66]は，モルタルにフライアッシュまたはシリカフュームを加えるとブリーディングが大幅に減少することに気づいた。このことは必ずしもコンクリートの場合に当てはまるとは限らず，比較の基準によって，すなわちセメント状材料がポルトランドセメントに加えられるのか，またはその一部に取って代わるのかということによって，異なる。空気の連行はブリーディングの低下に効果があるため，打込み後すぐに仕上げを行うことができる。

通常の範囲内での高い温度においてはブリーディングの速度は上昇するが，おそらくブリーディングの総量には影響はない。しかし，ごく低い温度においては，おそらくこわばりが発生する前のブリーディングが発生する時間が長いためであろうが，ブリーディング量が増加することがある[4.68]。

混和材の影響は簡単明瞭ではない。高性能減水剤はスランプがごく大きい場合を除いて，一般にブリーディングを減少させる[4.67]。しかし遅延剤とともに用いると，おそらく遅延によってブリーディングの発生時間が長くなるためであろうが，ブリーディングが増加することがある[4.68]。同時に空気の連行を行うと，ブリーディングを減少させる効果が優勢となる。

4.11 コンクリートの練混ぜ

第1章から第3章まででその性質を解説した混合物の材料を十分に練混ぜ，すべての骨材粒子の表面がセメントペーストで覆われた状態になり，マクロの規模で均質となることによって，均一な性質をもつようになったフレッシュコンクリートにすることがきわめて重要である。ほとんど例外なく，練混ぜは機械式ミキサで行われる。

4.11.1 コンクリートミキサ

　コンクリートミキサは上に述べたような混合物の均一性を達成するだけではなくて，その均一性を妨げることなく混合物を排出できなければならない。事実，排出方法はコンクリートミキサの分類基準の1つであり，いくつかの型がある。

　傾胴形ミキサの場合は，ドラムといわれている練混ぜ室を傾けて排出する。非傾胴形ミキサの場合はミキサの軸が常に水平であるため，ドラムの中にシュートを挿入するか，ドラムを反対方向に回転させるか（この場合のミキサは逆回転ドラムミキサといわれている），または稀にではあるが，ドラムを開くことによって排出を行う。他にも，操作が電動式ケーキミキサーとやや似ているパン形ミキサがある。これらは，ドラムの中のコンクリートの自由落下に頼る傾胴形ミキサや非傾胴形ミキサと区別して，強制練りミキサと呼ばれる。

　傾胴形ミキサは通常，中に羽根のある円錐型またはボール型のドラムから成る。練混ぜ作業の効率は設計の細部によって異なるが，ドラムを傾けるとすぐに，コンクリートは分離しない塊として速やかに排出するため，排出動作は常に良い。そのため，傾胴形ミキサはワーカビリティーの低い混合物や粒径の大きい骨材を含む混合物に適している。

　他方，非傾胴形ドラムミキサは排出速度が遅いため，コンクリートは材料分離を起こしやすい。とくに，最大寸法の骨材がミキサの中に留まる傾向があり，そのため排出の際，最初はモルタルのみで，最後にモルタルが付着した粗骨材が出てくるということになる。非傾胴形ミキサはかつてほど頻繁には使用されていない。

　非傾胴形ミキサは常に，大型の傾胴形ドラムミキサにも使用される，積載用スキップで材料を投入する。スキップから投入される材料が毎回すべてミキサの中に移されることが重要である。すなわち一部が付着することがあってはならない。時にはスキップに搭載された加振機が空にするのを助ける。

　パン形ミキサは一般に移動式ではないため，集中方式のコンクリート練混ぜ工場，プレキャストコンクリート工場，あるいは小型機がコンクリート実験室で使用されている。このミキサは基本的に軸を中心に回転する円形の平鍋（パン）で構成されており，平鍋の軸とは別の垂直軸の周りを回転する櫂の付いた回転軸を1体または2体備えている。物によっては，平鍋が静止しており，上記の回転軸

4.11 コンクリートの練混ぜ

が平鍋の軸を中心とした環状の経路を移動する。どちらの場合も，翼とコンクリートとの間の相対的な動きは同じであり，平鍋のすべての部分のコンクリートが完全に練り混ぜられる。平鍋の側面にモルタルが付着することはかき寄せ器の刃で防ぎ，また翼の高さを調節すればなべ底にモルタルが付着したままになることを防ぐことができる。

パン形ミキサは中のコンクリートが観察できるようになっているため，場合によっては練混ぜ中に混合物の配合調整ができる。硬練りで粘着力のある混合物にはとくに効率的であるため，プレキャストコンクリートの製造によく用いられる。かき寄せ器が付いているためごく少量のコンクリートの練混ぜにも適しており，したがって実験室での使用にも適している。

ドラム形ミキサの場合は練混ぜ中に側面のかき寄せが行われないため，一定量のモルタルがドラムの側面に付着し，ミキサの掃除が行われるまでそこに留まる。したがってコンクリートの製造を始める時，最初の混合物はモルタルが大量に後に残ってしまい，排出されるのは主としてモルタルが付着した粗い粒子の骨材ということになる。この最初のバッチは普通のものとしては使ってはならない。対策としては，コンクリートの製造を開始する前にある一定量のモルタルをミキサに投入することである。これは「バタリング」またはミキサの準備として知られる手順である。便利で簡単な方法は，単純に粗骨材を省くことであり，ミキサには通常の量のセメント，水，および細骨材を投入する。

その場合，ミキサの中に付着した後の余分の混合物は建設に使用することができ，事実，打継面への打込みには最適である。実験作業においても，バタリングの必要性は忘れてはならない。

ミキサの公称容量は締固めた後のコンクリートの体積によって表される（BS 1305:1974）が，コンクリート材料が練り混ぜられる前のゆるい状態の体積の半分にまで減少することもある。ミキサは，実験室用の $0.04\,\mathrm{m}^3$ から $13\,\mathrm{m}^3$ までの各寸法でつくられる。練混ぜ量がミキサの公称容量の3分の1未満であれば，できあがるコンクリートは均一でない可能性があり，操業ももちろん不経済となる。10％以下の過負荷は一般に無害である。

上に考察したミキサはすべて，1バッチ分のコンクリートの練混ぜと排出が次の材料を入れる前に行われる点で，バッチミキサである。これに対して連続練り

ミキサは，連続の体積計量または重さ計量装置によって材料の供給を受けながら，練混ぜられたコンクリートを連続的に排出する。ミキサ本体は，密閉されてわずかに傾いた樋の中で比較的高速で回転するらせん状の羽根で構成される。ASTM C 685-94 に，体積計量と連続練混ぜによってつくるコンクリートの要件が規定されており，また ACI 304.6 R-914.113 には該当する装置の使用指針が提供されている。最近の連続練りミキサは，均一性の高いコンクリートを生産する[4.113]。連続供給式ミキサを使用すると，打込み，締固め，および仕上げがすべて，混合物に水を投入してから 15 分以内に達成できる[4.101]。

他のミキサについても簡単に述べておかなければならない。これには 271 頁に言及する回転ドラムトラックミキサも含まれる。ドラムの内部一面に水のノズルが配置された二翼式トラックミキサも開発されているが，性能に関する十分なデータはない。

吹き付けとプレパックドコンクリート用モルタルには専用のミキサが使用される。後者に使用される「コロイド」ミキサの場合は，セメントと水が 2 000 回転/分の速度で狭いすき間を通過するとコロイド状のグラウトになり，それに砂を後から加える。セメントと水をあらかじめ練り混ぜておくと一層よく水和するようになり，コンクリートに使用した場合に，従来の練混ぜと比較して，同じ水セメント比での強度が高くなる。例えば，水セメント比が 0.45〜0.50 の場合に強度が 10％増加することが確認されている[4.26]。しかし，水セメント比がごく小さい場合には大量の熱が発生する[4.64]。さらに，二段階で行う練混ぜは間違いなく経費を増大させるため，特殊な場合にのみ実施する価値があると思われる。

4.11.2　練混ぜの均一性

どのミキサの場合も，練混ぜ室の各部分の間で材料の移動が十分に行われ，均一なコンクリートになることがきわめて重要である。ミキサの効率は，コンクリートの流れを止めることなく多数の容器の中へと排出させた時の，混合物の容器間の品質のばらつきによって測定する。例えば，ASTM C 94-94（正式にはトラックミキサにのみ適用可能）のやや厳密な試験は，コンクリート試料を 1 バッチの 1/6 と 5/6 の点で採取し，2 試料の性質の差異が次のいずれの数値をも超えないよう定めている。

コンクリートの密度：16 kg/m^3

空気量：1％

スランプ：平均値が 100 mm 未満であれば 25 mm

平均値が 100～150 mm であれば 40 mm

4.75 mm のふるいに残留する骨材の百分率：6％

空気を除いたモルタルの密度：1.6％

圧縮強度（3本の円柱供試体の7日強度の平均値）：7.5％

英国では BS 3963:1974（1980）に，規定されたコンクリート混合物を使用したミキサの性能評価の指針が掲載されている。試験は，バッチの4分の1の各部分から2試料ずつ"対"として採取する。それぞれの試料を洗い分析にかけ，次の値を決定する。

単位水量を固形物に対する百分率として 0.1％の精度まで

細骨材の含有率を全骨材に対する百分率として 0.5％の精度まで

セメントを全骨材に対する百分率として 0.01％の精度まで

水セメント比を 0.01 の精度まで

試料採取の精度は，各"対"の試料の平均値のばらつき範囲を制限することによって確保される。ある"対"における2試料がはなはだしく異なる場合，すなわちその範囲が異常値*である場合は，その"対"の結果は廃棄することができる。

ミキサの性能は，3回の試験用バッチそれぞれから4つの試料（各試料はそれぞれ"対"の試料からなっている）を採取し，各"対"の平均値の最大値と最小値との差を求め，全試料に対するその差の平均値によって判定する。したがって，1回の練混ぜ作業がうまく行われなかった場合でも，それによってミキサが不良品とされることはない。上に掲載した各最大許容変動幅[％]は，旧基準である英国基準 BS 1305:1974 に，骨材の最大寸法ごとに規定されている。

スウェーデンの調査研究[4.115]によると，単位セメント量の均一性が練混ぜの均一性のもっとも良い尺度であることを示しており：変動係数（792頁参照）がス

---

* 例えば，J.B.Kennedy および A.M.Neville 著 Basic Statistical Methods for Enineers and Scientists 第3版，p.613 を参照（Harper and Row 社，New York および London，1986）

ランプ 20 mm 以上の混合物で 6 %，それよりワーカビリティーの低い混合物で 8 %を超えなければよいと考えられている。

放射性トレーサーによって混合物中の水または混和剤の分布を測定する方法がフランスで開発された[4.116]。

体積計量式連続練りミキサに関する限り，練混ぜの均一性は混合材料の割合に対する許容差によって判断しなければならない。ASTM C 685-94 には，次のような質量による百分率値が規定されている。

  セメント 0 から +4
  水   ±1
  細骨材   ±2
  粗骨材   ±2

米国陸軍工兵科の試験法 CRD-C 55-92[4.117] には，定置型ミキサの 3 分の 1 ずつに分けた各部分からそれぞれ試料を採ることが定められている。マスコンクリートに関しては，準拠要件が 工兵科便覧の指針 03305 に規定されている。これらの規定は ASTM C 94-94 に似ているが，密度の許容範囲は 32 kg/m^3 であり，圧縮強度に関しては 10%である。これらの値は一見大きく見えるが，これは ASTM C 94-94 の試験のように試料の数が 2 体ではなく，3 体を用いるからである。

付け加えれば，練混ぜの均一性に関する試験はミキサの性能を測定するだけではなく，ミキサに投入する順序の影響を検討するために用いることもできる。

4.11.3　練混ぜ時間

現場ではコンクリートをできる限り速く練混ぜようとする傾向があるため，組成が均一となり，その結果として強度が十分なコンクリートが得られるために必要な最小練混ぜ時間を知ることが重要である。この時間はミキサの種類によって異なっている。ただし，厳密に言うと十分な練混ぜの基準は練混ぜ時間ではなく，ミキサの回転数なのである。一般には約 20 回転で十分である。ミキサの製造業者が推奨する最適な回転速度があるため，回転数と練混ぜ時間とは互いに関連している。

与えられたミキサにおいて，練混ぜ時間と混合物の均一性との間には関連性が

4.11 コンクリートの練混ぜ

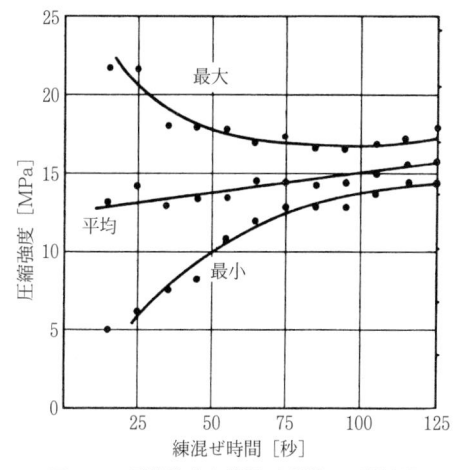

図-4.16 圧縮強度と練混ぜ時間との関係[4.22]

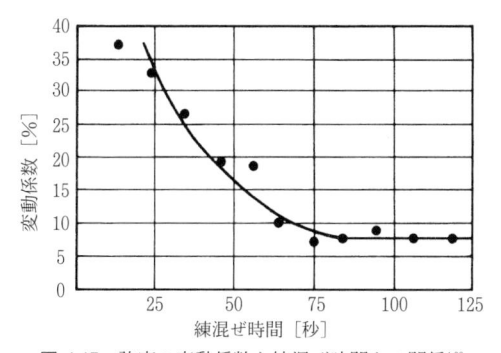

図-4.17 強度の変動係数と練混ぜ時間との関係[4.22]

ある。Shalon および Reinitz[4.22] の試験に基づく標準的な資料を図-4.16 に示すが，変動性は，規定の練混ぜ時間で練り混ぜた一定の混合物からつくられた供試体の強度の範囲として表されている。図-4.17 は，同じ試験の結果を練混ぜ時間に対する変動係数の関係として表したものである。$1 \sim 1\frac{1}{4}$ 分を下回る練混ぜ時間ではコンクリートのばらつきがかなり大きくなるのは明らかであるが，練混ぜ時間をこれ以上引き延ばしても均一性が大きく改善されることはない。

例えば Abrams の試験[4.23] が示すように，コンクリートの平均強度も練混ぜ時間の増加とともに増加する。しかし，増加速度は練混ぜ時間が約 1 分を過ぎると

急速に低下し，2分を超えるとそれほど増加しなくなる。時には強度がわずかに低下することさえ確認された[4.44]。しかし最初の1分間は，練混ぜ時間が強度に及ぼす影響は相当重要である[4.22]。

前に述べたとおり，ミキサの製造業者が定めた最小練混ぜ時間の正確な値はミキサの種類によって異なり，またその容量によっても異なる。重要なことは練混ぜの均一性を確保することであり，それは一般に，$3/4\,m^3$ のミキサで1分，それより $3/4\,m^3$ 大きくなるごとに15秒ずつ追加する最小練混ぜ時間によって達成することができる。この手引きは ASTM C 94-94 と ACI 304 R-89 の両方に記載がある[4.76]。

ASTM C 94-94 によれば，練混ぜ時間はすべての固形物がミキサの中に投入された時点から計算し，また水は練混ぜ時間が4分の1経過する前に混和しなければならない。ACI 304 R-89 では，すべての材料がミキサの中に投入された時点から練混ぜ時間が計算される。

引用された数字は一般のミキサに関するものであるが，最近の大型ミキサでも1分から1分半の練混ぜ時間で満足な性能を示すものが多数ある。高速パン形ミキサの場合は，練混ぜ時間を35秒と非常に短くすることが可能である。これに反して軽量骨材を使用する場合は，練混ぜ時間が5分を下回ってはならない。時にはこれを分割し，2分間で骨材と水を混ぜ合わせた後に3分間でセメントを加えて練り混ぜることもある。

一般に，混合物を十分均一にするために必要な練混ぜ時間の長さは，ミキサに投入している間の材料の混合の質によって異なってくる。同時投入が有利である。

さてここでもう一方の極端の例を考察してみたい。長時間の練混ぜである。一般に，混合物から水が蒸発し，その結果ワーカビリティーが低下し，強度は増大する。2次的な影響は，とくに骨材が弱い場合に起きる骨材の粉砕の影響である。したがって骨材の粒度が細かくなり，ワーカビリティーが低下する。摩擦の影響によって混合物の温度も上昇する。

AEコンクリートの場合は，練混ぜが長引くと空気量が1時間に約(1/6)減少する（AE剤の種類によって異なる）が，練混ぜを継続せずに打込みが遅れた場合は，空気量の減少が1時間に約(1/10)に過ぎない。反対に，練混ぜ時間を2分または3分未満に減少させると，空気の連行が不十分となるおそれがある。

4.11 コンクリートの練混ぜ

　断続的な練直しを3時間まで，場合によって6時間まで行っても，強度と耐久性に関する限り無害であるが，ミキサから水分が失われるのを防がない限りワーカビリティーは時間とともに低下する。練返しとして知られる，水を追加してワーカビリティーを回復する方法は，コンクリートの強度を低下させる。これに関しては273頁で考察する。

　材料の投入順序は混合物とミキサの性質によって異なるため，一般的な規則を定めることはできない。一般的には，最初に少量の水を，つぎにすべての固形材料をできれば同時に均一にミキサに投入すると良い。可能であれば，同じ時期に残りの多量の水を投入し，残りの水は固形材料の後に投入する。しかし，一部のドラムミキサでは，ごく硬練りの混合物を使用する場合には，最初に水の一部と粗骨材とを投入する必要がある。そうしないと，骨材の表面が十分湿らないからである。さらに，最初に粗骨材がまったく存在しないと，砂または砂とセメントがミキサのヘッド部につかえてしまい，混合物の中に混じらなくなってしまう。これはヘッドパックとして知られている。水またはセメントがあまりにも速く投入されると，または熱すぎると，時には直径70 mmにも達するセメント玉が形成される危険がある。小型の実験室用パン形ミキサとごく硬練りの混合物との組み合わせの場合は，細骨材，粗骨材の一部，およびセメントを最初に投入し，つぎに水を，最後に残りの粗骨材を投入してモルタルの団塊をすべて粉砕するとうまくいくことが判明している。

　高性能減水剤を使って行われた高流動コンクリートの試験[4.118]では，最初にセメントと細骨材とを一緒に練り混ぜるとスランプがもっとも大きく，セメントと水とを最初に練り混ぜるともっとも小さくなった。すべての材料を同時に練り混ぜると中位のスランプが起きた。図-4.18はこのような状況を示しているが，またスランプロスの割合はセメントと細骨材とを最初に練り混ぜた場合にもっとも大きかったことも示している。すべての材料を同時に練り混ぜた場合にはスランプロスがもっとも小さかった。したがって，スランプロスを最小にするためには従来の練混ぜ技法がもっとも有利なように思われる。

　高流動コンクリートの練混ぜに関しては，ミキサの運転者が目視で混合物のコンシステンシーを判定することは，混合物がただ流動して見えるだけであるため不可能だということを述べると参考になると思う。

第4章　フレッシュコンクリート

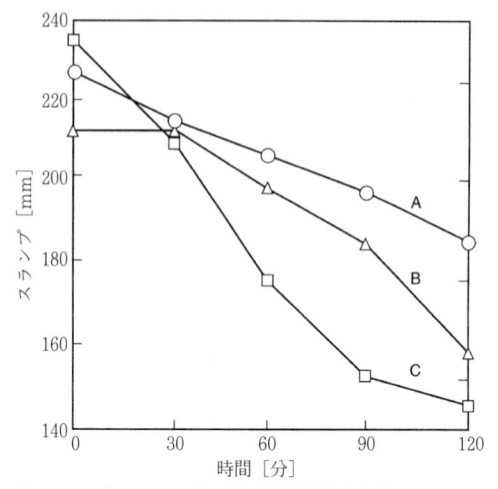

図-4.18　水セメント比 0.25 で高性能減水剤を用いた，材料投入順序の異なるコンクリートの時間経過によるスランプロス：(A) すべての材料を同時に，(B) セメントと水を先に，(C) セメントと細骨材を先に（参考文献 4.118 に基づく）

4.11.4　手練り

　少量のコンクリートを手で練り混ぜなければならないことも稀にあることが考えられ，その場合には均一性を達成するのが一層難しいため，特別な注意と努力が必要である。関連技能が忘れられてしまわないように，正しい方法を解説する。

　骨材は，硬く，清潔で，多孔質ではない土台の上に均一の厚さに広げて置かなければならない。つぎにセメントを骨材の上に広げ，これらの乾燥した材料を混合物が均一に見えるようになるまでトレーの端から端へとひっくり返し，シャベルで「切りながら」練り混ぜる。一般に3回ひっくり返すことが必要である。つぎに，水自体でも，あるいはセメントと水が混じった状態でも流れ出さないよう気を付けながら，水を徐々に加えていく。ふたたび混合物を，色とコンシステンシーが均一に見えるようになるまで，一般に3回ひっくり返す。

　手練りを行っている間に，土やその他の外部物質がコンクリートの中に入り込まないようにするのは当然である。

4.12 レディーミクストコンクリート

　かつてレディーミクストコンクリートは別の問題として扱われるのが常であったが，最近では多くの国の大部分のコンクリートが集中方式の工場でつくられるため，この節ではレディーミクストコンクリートの特殊な面だけを考察する。

　レディーミクストコンクリートは，練混ぜプラントや大量の骨材を貯蔵するための空間が確保できない混雑した現場や道路建設ではとくに有効であるが，レディーミクストコンクリートの唯一最大の利点は，大型建設現場以外では通常不可能な，良い管理状態下でコンクリートをつくることができる点であろう。

　管理は強制的に行われなければならないのではあるが，集中方式の練混ぜプラントは工場に近い状況で稼動するため，フレッシュコンクリートの生産にかかわるすべての作業を実に厳重に管理することが可能である。コンクリート運搬中の適切な注意も，トラックアジテータを使えば確保することができる。しかし当然ながら，打込みと締固めは依然として現場の人員の責任である。レディーミクストコンクリートの使用は，コンクリートが少量だけ必要な場合や打込みが断続的にしか行われない場合にも有利である。

　レディーミクストコンクリートには2つの種類がある。最初の種類は，練混ぜを集中方式のプラントで行った後に，練り混ぜたコンクリートを通常はトラックアジテータで輸送する。トラックアジテータは，混合物の材料分離と不都合なこわばりを防ぐために，ゆっくり回転しながら輸送を行う。そのようなコンクリートはセントラルミクストコンクリートとして知られ，2番目の種類であるトランシットミクストコンクリートまたはトラックミクストコンクリートと区別される。後者の場合は，材料は集中方式のプラントで計量を行うが，現場への輸送中またはコンクリートの排出直前にトラックミキサの中で練り混ぜる。トランシットミクスト方式は長距離輸送を可能にし，遅延した場合でも比較的影響を被りにくいが，ミキサとして使用するトラックの容量はドラムの63%かそれ以下であるのに対し，集中方式の練混ぜコンクリートの場合は80%である。時には，トラックアジテータの容量を上げるために，コンクリートをある程度まで集中方式のプラントで練り混ぜることもある。練混ぜは運搬中に完了させる。そのようなコンクリートはシュリンクミクストコンクリートとして知られるが，めったに使用さ

第4章　フレッシュコンクリート

れない。トラックミキサの容量は，一般に 6 m³ または 7.5 m³ である。

　攪拌（アジテート）はミキサの回転速度によってのみ練混ぜと異なることを説明しておかなければならない。攪拌速度は 2～6 回転/分であるのに対して，練混ぜ速度は 4～約 16 回転/分である。したがって，定義には多少の重複がある。練混ぜ速度はこわばり発生速度に影響を及ぼし，一方総回転数は練混ぜの均一性に影響を与えるという点に注目してほしい。そのコンクリートが集中方式のプラントのミキサで練混ぜの一部が行われた場合（シュリンクミクスト）でない限り，トラックミキサの練混ぜ速度で 70～100 回転が必要である。全体で 300 回転という輸送限界の規定が，ASTM C 94-94 によって定められている。これは骨材，とりわけ細かい粒径範囲のもの，が柔らかく粉砕されやすい場合でない限り必要ないと思われる[4.78]。

　最後の水をコンクリートの配送直前にミキサに入れる場合（暑中には望ましいと思われる）は，ASTM C 94-94 では排出する前に練混ぜ速度でさらに 30 回転練り混ぜることを要求している。

　レディーミクストコンクリートの生産に関する主な問題点は，混合物のワーカビリティーを打込みの瞬間まで維持することである。コンクリートは時間とともにこわばり，そのこわばりは長時間の練混ぜや高温によって悪化することもある。トランシットミクスト方式の場合は練混ぜを始める近くまで水を加える必要はないが，ASTM C 94-94 によると，セメントと湿潤状態の骨材が接触を保つことが許容される時間は 90 分に限定されている。BS 5328:Part 3:1990 は 2 時間を許容している。90 分間という制限は，コンクリートの購入者が緩和することもできる。配送時のコンクリート温度が 32℃以下であれば，遅延剤を用いて，制限時間を 3 時間あるいは 4 時間までも延長することができることが立証されている[4.83]。

　米国開拓局では，練混ぜ前の輸送時におけるセメントと湿潤骨材との接触時間の 2 時間を 6 時間に延長することが定められている。そのためには，これらの制限時間の間では毎時間 5％のセメントを追加することが必要となり，したがって 5～20％のセメントの追加が必要となることもある[4.97]。

4.13 練返し

　スランプが時間とともに低下することは254頁で解説した。この挙動には理由が2つある。第一は，セメントの粉末と水とが接触した瞬間からセメントの水和反応が起きるからである。そしてこの反応には水の固着が伴うため，混合物中の個々の粒子の移動を「円滑にする」ための水が少なくなってしまう。第二は，一般的な周囲の状況においては，混合物の水の一部は大気中に蒸発するからである。温度が高く周囲の相対湿度が低いほどその蒸発速度は速い。

　このようなことから，練混ぜ後ある程度時間が経った後で，コンクリートの配送地点で，あるワーカビリティーが要求されるような場合には，それに適合する配合割合を選択し，適正な輸送方法を選択することによって，この条件を満たさなければならないことがわかる。しかし場合によっては，輸送が遅れたりその他の事故の発生によって，コンクリートを時間どおりに配送できないことがある。そしてその間にスランプの低下が起きた場合には，水を加えて練り直せばスランプを回復することができるのではないかという問題が生じる。そのような操作を練返しと呼んでいる。

　練返しは元の水セメント比を上昇させるのであるから，元の水セメント比が直接的にあるいは間接的に規定されている場合には練返しを許可すべきではないという主張ができる。この考え方は，ある状況下では適切ではあるが，他の場合には，練返しの結果を理解し評価している限り，それより柔軟で賢明な解決策がふさわしいかもしれない。

　まず考えることは，元の練混ぜ水と練返し水との両者を加えた全体の水セメント比である。水セメント比を計算する際には練返し水を自由水の一部に含めるべきではないという根拠も相当ある[4.24, 4.45]。この考え方の理由はおそらく，蒸発によって失われた水の代わりを補う水を，有効な水セメント比に含めるべきではないという点にあるのであろう。早期の水和に使われた水を補う水だけが，有効な練混ぜ水の一部を成しているのである。

　上記の点から，練返されたコンクリートの強度と（全体の自由水/セメント）比との関係は，強度と（自由水/セメント）比の一般的な比率よりわずかに安全側である。そのような関係を示す2例が，HanaynehおよびItaniによって得ら

第4章 フレッシュコンクリート

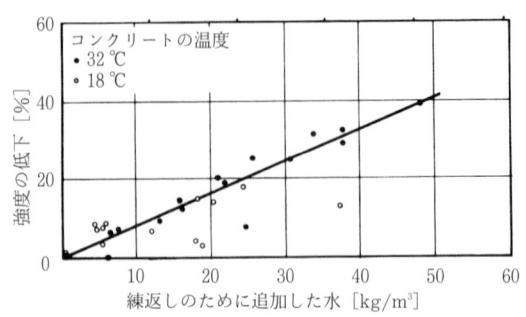

図-4.19 練返しのために追加した水がコンクリート強度に及ぼす影響[4.28]

れている[4.90]。

それにもかかわらず，練返しは必ず元のコンクリートと比べて強度をいくぶん低下させる。7～10%の低下が報告されたが[4.90]，混合物に加える練返し水の量によっては，はるかに高い値となる可能性もある（図-4.19参照）[4.28]。実験によっていくつかの関係が示唆されたが[4.88]，実施面では，スランプロスが現れる前にミキサから部分的な放散が行われていたという理由だけを取ってみても，練返し水の正確な量はわからない可能性がある。

スランプを75 mm上昇させるために必要な水の量は最初のスランプの水準によって異なり，スランプが小さい場合には多くなる。Burg[4.89]は次の値を報告した（単位は，コンクリート1 m^3 当たりのリットル数）。

　　スランプ75 mm未満で22～32
　　スランプ75～125 mmで14～18
　　スランプ125～150 mmで4～9

上記の資料に対して別の見方をすると，水セメント比が低いほど多くの練返し水が必要になるということもできる。また水の量は温度の上昇に伴って多くなるため，50℃では30℃の時の2倍になる可能性もある[4.121]。

4.14 ポンプ圧送されるコンクリート

本書は主としてコンクリートの性質を論じているため，輸送と打込みの詳細な手段は取り扱わない。これに関しては，例えばACI Guide 304 R-89[4.76]に取り

4.14 ポンプ圧送されるコンクリート

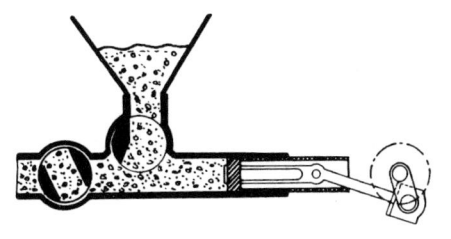

図-4.20 ピストン式コンクリートポンプ

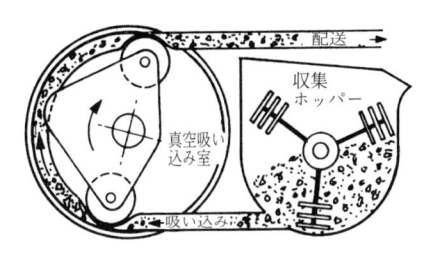

図-4.21 スクイズ式コンクリートポンプ

上げられている。しかし，コンクリートのポンプ圧送には特殊な性質の混合物を使用する必要があるため，ポンプ圧送は例外とする必要がある。

4.14.1 コンクリートポンプ

　基本的に，ポンプ圧送装置は，ミキサから排出されたコンクリートを受け取るホッパー，図-4.20 または 4.21 に種類を示すコンクリートポンプ，およびポンプ圧送されるコンクリートが通過する管で構成されている。

　多くのポンプは直接作動による水平ピストン式であり，使用骨材の最大の粒子が常に通過できるように設定された半回転式のバルブが取りつけられている。したがってバルブが完全に閉まることはない。コンクリートは重力でポンプの中へと供給され，また一部は吸気行程の間にも吸い込まれる。バルブが一定の間隔で開閉するためコンクリートは一連の推進力にしたがって移動するが，管は常に一杯になったままである。最近のピストン式ポンプはきわめて効率が良い。

　スクイズ式ポンプと呼ばれる移動可能なぜん動のポンプもあり，小口径の管（75 mm または 100 mm まで）に用いられる。図-4.21 にそのようなポンプを示す。収集ホッパーに入ったコンクリートは，真空吸い込み室にある柔軟な管の中

へと回転羽根で供給される。これによって，ローラーで実際に圧搾される時以外は管の通常の（円筒の）形状が保たれるため，コンクリートの連続的な流れが保証される。2体の回転ローラーが管を徐々に圧搾していき，それによって吸い込み管の中のコンクリートを配送管の方へとポンプ圧送する。

スクイズ式ポンプはコンクリートを水平に90 mまで，または垂直に30 mまで移動させる。しかしピストン式ポンプを使うと，コンクリートは水平に約1 000 mまで，または垂直に120 mまで，または距離と高さの比例させた組合わせの場所まで移動させることができる。水平と垂直の等価距離の比率は，混合物のコンシステンシーと管の中を流れるコンクリートの速度に伴って変化することに注意しなければならない。速度が大きいほど比率は小さい[4.29]。毎秒0.1 mでは24であるが，毎秒0.7 mでは4.5に過ぎない。高圧で稼動する特殊なポンプは，コンクリートを水平に1 400 mまで，垂直に430 mまでポンプ圧送することができる[4.114]。新たな記録的な値が報告され続けている。

曲がり管の使用は最小限に抑え，けっして鋭く曲がったものを使用してはならない。曲がり管を使用する場合は配送範囲の計算に圧力水頭の低下を考慮しなければならない。概略で，角度10°の曲がりにつき，管長1 mまでと等価である。

さまざまな寸法のポンプがあり，また同様にさまざまな口径の管が使用されているが，管の口径は骨材の最大寸法のすくなくとも3倍はなければならない。

曲がり管部分で閉塞が起きないよう，粗骨材の寸法超過を許してはならないことに注意することが重要である。

スクイズ式ポンプを使用すると75 mm管で1時間に20 m^{3}のコンクリートを送ることができるが，200 mm管のピストン式ポンプは1時間に130 m^{3}まで配送することができる。

ポンプはトラックまたはトレーラーに搭載することができ，また折りたたみ式ブームを用いてコンクリートを配送することができる。日本では，管の位置を自動的に制御する水平のコンクリート分配機が使用されることがある[4.87]。これは，放出中に管の先端を制御する重労働を軽減する。

4.14.2 ポンプ圧送の利用

ポンプ圧送を行う各期間の初めには必ず管をモルタルで滑らかにしなければな

らず（口径 150 mm の管で 100 m 当たり 0.25 m³ の割合で），また稼動が終わった後は管の清掃に相当の労力が必要とされるため，ポンプ圧送は中断することなく使用することができれば経済的である。しかし管路系統の変更は，特殊カップリングを使用するため非常に速く行うことができる。放出口の近くに長さの短い柔軟なホースを使用すると打込みが容易になるが，摩擦ロスを増加させる。アルミニウムはセメント中のアルカリ類と反応して水素を発生させるため，アルミニウム管を使用してはならない。この気体は，コンクリートの打込みが密閉された空間に行われた場合でない限り硬化コンクリート中に空隙を生じさせ，その結果強度を低下させる。

　コンクリートのポンプ圧送の主な利点は，現場に練混ぜプラントを設けず，他の方法では簡単に近づけないような広い範囲にわたる地点に配送することができる点である。このことは，混雑した現場やトンネルのライニングなどの特殊な用途ではとくに貴重である。ポンプ圧送はコンクリートをミキサから型枠まで直接配送するため，取扱いの重複が避けられる。打込みは，1 台または数台のミキサの生産速度で進めることができ，輸送設備や打込み設備の制約によって作業が制限されることがない。最近では，レディーミクストコンクリートのポンプ圧送の割合も大きくなっている。

　加えて，ポンプ圧送されたコンクリートは材料分離を起こさない。ただし当然，ポンプ圧送を行うためには，混合物が一定の要件を満たしていることが必要である。要件を満たさないコンクリートはポンプ圧送できないため，ポンプ圧送されるコンクリートはすべて，フレッシュな状態での性質に関する限り要件を満たしていることを付け加えたい。混合物の管理は，ホッパーの中で攪拌するために必要な力と，ポンプ圧送するために必要な圧力を測定することによって行うことができる。

4.14.3　ポンプ圧送用コンクリートの必要条件

　ポンプ圧送するコンクリートはポンプに供給する前に十分練り混ぜなければならない。また時には，ホッパーの中で攪拌機を使って練直しが行われる。おおまかに言って，混合物は粗々しくても接着力が大きくても，硬すぎても軟らかすぎてもいけない。つまり，そのコンシステンシーが決定的に重要である。一般に

50～150 mm の間のスランプが推奨されるが，ポンプ圧送は部分的な締固めを起こすため，出口ではスランプが 10～25 mm 低下していることがある。単位水量が低いと，粗い粒子は，懸濁液の中で粘着した塊となって縦方向に移動することをせず，管壁に圧力をかける。単位水量が正しい値，または臨界値の場合は，摩擦は管の表面の潤滑用モルタルの 1～2.5 mm の薄い層だけに生じる。

したがって，ほぼすべてのコンクリートが同じ速度で，すなわちピストン流れによって移動する。ピストンの動力学的な作用が管に伝達されることによって潤滑膜の形成が助けられる可能性もあるが，そのような膜はコンクリート表面を鋼製のこてで均す作業によっても生じる。管の中の薄膜形成に対する余裕をみて，他の場合に使用するよりわずかに単位セメント量を多くすることが望ましい。発生する摩擦の大きさは混合物のコンシステンシーによって異なるが，材料分離の原因となるため水量は過剰になってはならない。

摩擦と材料分離の問題をもう少し一般的な観点から考察するのが良いと思われる。材料をポンプ圧送する管の中には，材料の圧力水頭と摩擦という2種類の影響によって，流れの方向に圧力勾配が存在する。これはすなわち，管路の中の抵抗に打ち勝つための十分な圧力を伝達する能力が，材料になければならないことを意味している。コンクリートの成分中，自然の状態のままでポンプ圧送することができるのは水だけであり，したがって圧力を混合物の他の成分に伝達するのは水なのである。

2種類の閉塞が起きる可能性がある。1つは，水が混合物を通過して逃げてしまい，固形物に圧力が伝わらず，固形物が動かない状態である。これは，コンクリート中の間げきが十分小さくもなく，十分複雑でもないため，混合物中の内部摩擦が小さくなり，管路の抵抗を克服できるほどの圧力が固形物に伝わらなかった場合に起きる現象である。したがって，水の相が圧力を伝達し，なおかつ混合物から逃げないようにする「濾過閉塞」効果をつくり出すためには，十分な量の緊密に締まった細粒子が必要不可欠である。言いかえると，材料分離が発生するときの圧力は，コンクリートをポンプ圧送するために必要な圧力より大きくなければならないのである[4.30]。当然ながら，細粒子が多いということは固形物の表面積が大きいということであり，したがって管の中の摩擦抵抗も大きくなることを念頭に置く必要がある。

4.14 ポンプ圧送されるコンクリート

したがって，2番目の種類の閉塞がどのようにして起き得るかが分かってくる。細粒子の含有率が高すぎると混合物の摩擦抵抗が大きくなりすぎるため，ピストンが水の相を通して行使する圧力がコンクリート塊を移動させるのに十分ではなくなり，コンクリート塊はつかえてしまう。この種の失敗は，高強度の混合物や，破砕粉やフライアッシュのようなごく細かい材料を多く含む混合物に比較的多く発生し，一方，材料分離の失敗は，強度が中位かまたは低く，粒度が不規則または不連続な混合物の場合に起きる可能性が高い。

したがって最適な状況は，間げきの大きさを最小にして混合物の中に最大の摩擦抵抗を生じさせ，また骨材の表面積を小さくして管壁に対する摩擦抵抗を最小にすることである。これは，粗骨材の含有率は高くなければならないが，空げき率が低く，そのため「濾過閉塞」効果を生じさせるためのごく細かい材料をそれほど必要としないような粒度にしなければならないことを意味する。

砂が細かい場合は粗骨材の含有率を高くしなければならない。例えば ACI 304.2 R[4.114] は，最大寸法 20 mm の骨材に関して，砂の粗粒率が 2.40 の場合に乾燥・棒突き法で測定された単位粗骨材容積を 0.56〜0.66，粗粒率が 3.00 の場合に 0.50〜0.60 とすることを推奨している。この乾燥・棒突き法で測定された単位粗骨材容積（164 頁参照）は粒子形状の相違の影響を自動的に取り入れているため，引用した値は丸みのある骨材にも角張った骨材にも適用される。

乾燥・棒突き法で測定された単位粗骨材容積は ASTM Test Method C 29-91a に基づいて，コンクリートの体積に対する乾燥・棒突き法で測定された粗骨材の体積の比率として決定されることを理解しておくことが重要であり，この比率は，実際の混合物におけるコンクリート 1 m^3 当たりの粗骨材の質量による含有率とはまったく別のものである。

ポンプ圧送されるコンクリートへの使用に適している細骨材は，ASTM C 33-93 に準拠し，かつ，過大と過小の許容限界の規定をさらに厳しく制限したものである。経験から言えば，125 mm 未満の管に対しては，細骨材の 15〜30% が 300 μm（No.50）のふるいより細かくなければならず，また 5〜10% が 150 μm（No.100）のふるいより細かくなければならないことがわかっている[4.114]。細粒の不足分は，破砕粉やフライアッシュのようなごく細かい材料を混ぜ合わせることによって補うことができる。破砕細骨材は，丸みのある砂を少量加えることによっ

表-4.6 ポンプ圧送用コンクリートに対する骨材粒度の推奨値（ACI 304.2 R-91 による）[4.114]

寸法		累加通過質量百分率	
メートル法による	ASTM	最大寸法 25 mm	最大寸法 20 mm
25 mm	1 in.	100	—
20 mm	$\frac{3}{4}$ in.	80–88	100
13 mm	$\frac{1}{2}$ in.	64–75	75–82
9.50 mm	$\frac{3}{8}$ in.	55–70	61–72
4.75 mm	No.4	40–58	40–58
2.36 mm	No.8	28–47	28–47
1.18 mm	No.16	18–35	18–35
600 μm	No.30	12–25	12–25
300 μm	No.50	7–14	7–14
150 μm	No.100	3–8	3–8
75 μm	No.200	0	0

て使用可能なものにすることができる[4.114]。経験から適当と認められる粒度範囲を，表-4.6 に示す。

英国の試験[4.49]は，体積による単位セメント量（想定密度 2 450 kg/m^3 と仮定）は少なくとも骨材の空げき率と等しくなければならないが，セメント以外のごく細かい材料を後者に含めることができることを示している。単位セメント量と空げき率との関係がポンプ圧送性に及ぼす影響の分類を，図-4.22 に示す[4.50]。しかし，骨材粒子の形状はその空げき率に影響を及ぼすため，理論的な計算はあまり役に立たないことを付け加えておきたい。いくつかの実験データを図-4.23 に示す。これによると，単位セメント量をかなり多くしたコンクリートとすることによって，ポンプ圧送範囲の上限を超えたものであってもポンプ施工ができることがわかる[4.59]。

管を拘束したり，口径を小さくしたりすることによって圧力が突然上昇した場合，セメントペースト分が骨材を通り抜けてしまうことによって骨材は取り残され，骨材の分離につながるおそれがあることに注目してほしい[4.31]。

骨材の形状はポンプ圧送性を良くするための最適の配合割合に影響を及ぼすが，丸みのある骨材も角張った骨材も使用することができる。後者の場合は混合物中のモルタル体積を多くしなければならない[4.114]。天然の砂は，形状に丸みがあり，またその真の粒度も，各粒径範囲の中で寸法の分布が悪い破砕骨材と比べて，連

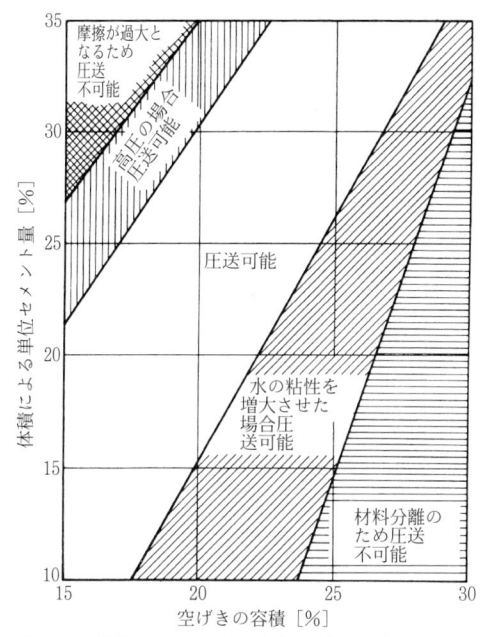

4.14 ポンプ圧送されるコンクリート

図-4.22 単位セメント量と骨材の空げき率とに関連したコンクリートのポンプ圧送性[4.50]

続性があるため,ポンプ圧送にとくに適している場合が多い。そしてこの2つの理由から,空げき率も低い[4.49]。

反対に,粒径範囲を組み合わせた破砕骨材を使用すると,適切な空げき率を得ることができる。しかし,多くの破砕細骨材は 300〜600 μm(No.50〜No.30 ASTM)の粒径範囲が不足し,150 μm(No.100)より小さい材料が過剰であることから,注意が必要である。破砕粗骨材を使用する場合は,破砕粉が存在する可能性があることを念頭に置く必要があり,細骨材の粒度を検討する際にはこのことを考慮しなければならない。一般に,破砕粗骨材と一緒に使用する細骨材の含有率は約2%増やさなければならない[4.51]。

高流動コンクリートはポンプ圧送することができるが,砂の含有率を増やして粘着力を過大にした混合物を使用しなければならない[4.119]。

ポンプ圧送するために配合を選択したコンクリートは,すべて試験をしなければならない。コンクリートのポンプ圧送性を予測するために実験用ポンプが

第4章 フレッシュコンクリート

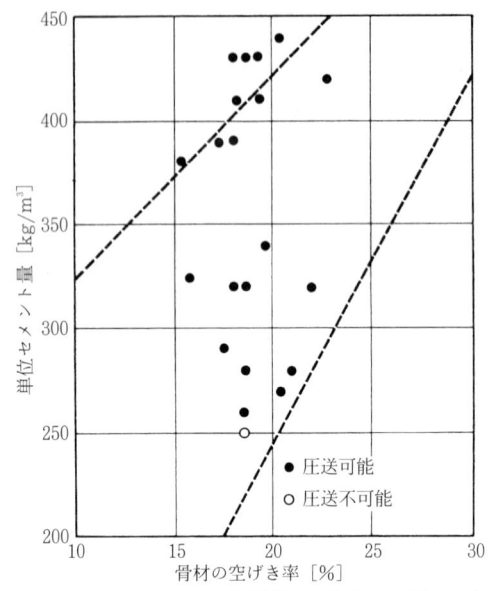

図-4.23 コンクリートの圧送性から定まる，種々の空げき率の骨材に対する，セメント量の限度[4.59]

使用されてきたが[4.79]，すべての与えられた配合の性能は，使用する設備やポンプ圧送する距離を含む実際の現場の状況下で評価しなければならない。

水の粘性を上昇させて混合物の粘着力を高め，管の壁を潤滑にするためのポンプ圧送助剤[4.67]が各種市販されている。ポンプ圧送助剤は，適切な配合割合の選択と併せて用いるためのものであり，配合割合の選択に代わるものではない。

5％からおそらく6％という，ある限度内の空気を連行することも助けになる[4.79]。しかし，過剰な量の空気があると空気は圧縮されるため，ポンプ圧送の効率を低下させる。

4.14.4 軽量骨材コンクリートの圧送

ポンプ圧送の開発の初期には，骨材表面が蜜実でないため，軽量骨材を使用することには問題があった。その理由は，圧力下で骨材の空げき内の空気が収縮するため，水が空げきの中に押し込まれてその結果混合物中の水量が不足するからである。

対応策としては，粗骨材と細骨材の両方をあらかじめ2，3日間水に浸けるか，またはごく速く行える方法としては真空飽水が行われた[4.114]。吸収された水は混合物中の自由水の一部にはならないが（348頁参照），質量による計量割合に影響を及ぼす。軽量コンクリートを垂直に320mまでポンプ圧送したことが報告されている。

飽水骨材の使用は，凍結融解に対するコンクリートの抵抗性に影響を及ぼす可能性があり，自然環境に暴露される前に数週間の期間が必要となることがある[4.114]。しかし，極低温下では時間を置くだけでは不充分であり，吸水率のごく低い骨材を使用することと，特殊な混和剤の使用を組み合わせることが必要かもしれない。

この混和剤を混合物に添加すると混和剤が骨材の表面に近い空げきに入り込み，ポルトランドセメントの初期水和によってpHが上昇すると，混和剤の粘性が増加して高粘性の層となり，それがポンプ圧送による水の吸収を妨げる[4.82]。

4.15 吹付けコンクリート

吹付けコンクリート（shotcrete）は，ホースで運ばれ，空気圧で支持表面に高速で吹き付けられるモルタルまたはコンクリートに付けられた名称である。表面に衝突する噴射が材料を締固めるため，垂直面や天井に用いられてもたるんだりへこんだりせずに自力でもちこたえる。guniteなどの他の名称も，ある種の吹付けコンクリートに使用されるが，sprayed concreteだけが一般的に認められており，実際に欧州連合の専門用語で奨励される用語である。

吹付けコンクリートの性質は，従来の方法で打込まれた同じ配合割合のモルタルやコンクリートと異なるところはない。多くの用途があるが，吹付けコンクリートの大きな利点は，その打込み方法にある。同時に，吹付けコンクリートの施工にはかなりの技能と経験が必要であるため，その品質は施工する作業員の手際，とくにノズルを使って実際の打込みを行う際の手際によって大きく異なる。

吹付けコンクリートは空気圧で支持表面に吹き付けられ，その後徐々に重ねて厚くされるため，型枠の一面または基盤しか必要ではない。このことは，とくにフォームタイ（型枠締付け材）がないことなどを考慮すると，経費の節約になる。反面，吹付けコンクリートの単位セメント量は大きい。また，従来のコンクリー

トの場合と比較して，必要な設備と打込みの形態も高価である。このような理由から，吹付けコンクリートはもともと特殊な種類の建設，例えば，屋根，その中でもとくにシェルや折板，トンネルの覆工，プレストレストコンクリートタンクなど，薄く鉄筋量の少ない断面に用いられる。吹付けコンクリートはまた劣化したコンクリートの修復，岩の斜面の安定化，耐火のための鋼材の被覆，および，コンクリート，石積み，あるいは鋼材の薄いオーバーレイとして使用される。吹付けコンクリートを流水中の面に用いる場合は，炭酸ソーダのような瞬結を生じさせる促進剤を使用する。これは強度に悪影響を及ぼすが，修復作業を可能にする。一般に，吹付けコンクリートは 100 mm までの厚さで吹付ける。

　吹付けコンクリートを施工する基本的な方法が 2 種類ある。乾式工法（2 方法のうち，世界中の多くの所で，より一般的に用いられている）では，セメントと湿った骨材とを良く練り混ぜて機械式フィーダーまたはガンに供給する。つぎに混合物を供給用回転盤または分配器で（一定の速度で）ホース中の圧縮空気の流れの中へと移送し，配送ノズルまで運ばれる。ノズルには内部に穴の開いた多岐管が取り付けられており，それを通して水が高圧力で入り，他の材料と良く混ぜ合わせられる。つぎにこの混合物は高速で，コンクリートの吹付けを行う面に噴射される。

　湿式工法の基本的な特徴は，練混ぜ水を含むすべての材料が最初から練り混ぜられる点である。その混合物は次に配送装置内の配送室に導かれ，そこから空気圧またはピストン移動によって運ばれる。図-4.21 と類似のポンプが使われる。圧縮空気（または空気圧で運ばれる混合物の場合は追加の空気）がノズルのところで注入され，材料は高速でコンクリートを吹付ける面に向かって噴射される。

　どちらの工法でも優れた吹付けコンクリートができるが，乾式工法の方が，多孔質の軽量骨材と瞬結促進剤を使用する場合に適しており，また配送可能な距離も長く，断続的な運転も行うことができる[4.34]。混合物のコンシステンシーは直接ノズルのところで管理することができ，簡単に高い強度（50 MPa まで）を得ることができる[4.34]。反面，湿式工法の方が練混ぜ水や使用する混和材の量の管理がうまくできる（乾式工法ではノズル作業者の判断で決められるのとは対照的に，湿式工法では計量して供給される）。また，湿式工法は生じる粉塵も比較的少なく，おそらくはね返り量も減少すると思われる。この工法は大量の施工に適して

4.15 吹付けコンクリート

いる。

衝突する噴射は高速であるため，表面に噴射された吹付けコンクリートが面の上にすべて留まるわけではない。一部の材料がはね返るが，これは混合物中のもっとも粗い骨材からなるため，現場の吹付けコンクリートは計量される際の配合割合から予想されるより単位セメント量が多い。これは，収縮がわずかながら増加することにつながるおそれがある。はね返りは最初の層でもっとも多く，吹付けコンクリートの塑性のクッションが積み重なるにつれて減少する。はね返った材料の標準的な割合[%]は次の通りである[4.34]。

	乾式工法に対して	湿式工法に対して
床およびスラブ（下向き面）	5～15	0～5
斜面または垂直面	15～30	5～10
梁の底面（上向き面）	25～50	10～20

はね返りの重大性は，材料の無駄というよりはむしろ，はね返った粒子が次の吹付けコンクリート層の中に取り込まれるような場所に蓄積することから来る危険性にある。このことは，はね返りが内部の隅，壁の基部，鉄筋や埋め込み管の後方，または水平な面上に集まった場合に起きる。したがって，吹付けコンクリートの打込みには大きな注意を払う必要があり，太径鉄筋の使用は望ましくない。後者の場合は噴射の障害物の後方に充填されないポケットができる危険性もある。

噴射される吹付けコンクリートは，材料がどの場所でも落下しないで自分で支えていられるように，比較的硬いコンシステンシーをもっていなければならない。同時に，過剰なはね返りがなく締固めを達成できるように十分軟かくなければならない。水セメント比の通常の範囲は，乾式工法の吹付けコンクリートで0.30～0.50，湿式工法で0.40～0.55である[4.34]。推奨される骨材の粒度を表-4.7に示す。吹付けコンクリートは（表面積/体積）比が大きいので急速に乾燥する可能性があり，養生はとくに重要である。推奨される実施法がACI 506 R-90に定められている[4.34]。

吹付けコンクリートは普通のコンクリートと同程度の耐久性を示す。唯一の不安は凍結融解に対する，とくに塩水の中での，抵抗性である[4.91]。

吹付けコンクリートの空気の連行は，湿式工法を使えば可能であるが，十分に小さい気泡間隔係数（676頁参照）を得ることは多少難しい[4.94]。しかし，シリカ

第4章 フレッシュコンクリート

フュームを加えると（質量でセメントの7〜11％）凍結融解に対する十分な抵抗性が得られる[4.95]。さらに一般的に言うと，シリカフュームを質量でセメントの10〜15％の割合で加えると，吹付けコンクリートの粘着力と接着力が向上することが判明している。そしてはね返り量は減少する[4.32]。そのような吹付けコンクリートは早期の材齢で供用することができる[4.96]。

ごく早く供用したい場合は，超速硬セメントを使って乾式工法の吹付けコンクリートをつくることができる[4.92]。そのような吹付けコンクリートの耐久性は良い。

4.16 水中コンクリート

水中でのコンクリートの打込みには多少特殊な問題がある。まず第一に，水によるコンクリートの流出を防がなければならない。そのため，打込みは，すでに打込まれているがまだ可動性のあるコンクリートの内部に埋め込まれた鋼管からの放出によって行われるようにしなければならない。トレミーとして知られるこの管は，コンクリート施工が行われる間ずっとコンクリートで満たされていなければならない。ある意味で，コンクリートのトレミー打込みはポンプ圧送に似ているが，コンクリートの流れは重力の力だけで行われる。250mまでの深さでの打込みが行われたことがある。

連続的に放出するとコンクリートは水平方向にも流れるため，コンクリート混

表-4.7 吹付けコンクリート用骨材粒度の推奨値[4.34]

ふるいの寸法		累加通過質量百分率		
メートル法による	ASTM	粒度 No.1	粒度 No.2	粒度 No.3
19 mm	$\frac{3}{4}$ in.	—	—	100
12 mm	$\frac{1}{2}$ in.	—	100	80–95
10 mm	$\frac{3}{8}$ in.	100	90–100	70–90
4.75 mm	No.4	95–100	70–85	50–70
2.40 mm	No.8	80–100	50–70	35–55
1.20 mm	No.16	50–85	35–55	20–40
600 μm	No.30	25–60	20–35	10–30
300 μm	No.50	10–30	8–20	5–17
150 μm	No.100	2–10	2–10	2–10

4.17 プレパックドコンクリート

合物は特有のフロー特性をもっていることが、きわめて重要である。その上、これらの特性を直接観察することはできない。いろいろな物が埋め込まれているため、150～250 mm のスランプが必要である。水中コンクリート用混和剤が有効であり[4.100]、それによってポンプ圧送中や移動が行われる時にはコンクリートは流れるようになるが、コンクリートが留まっているときにはその粘性は高い[4.98]。

コンクリートの流れを良くするために、ポゾランが約15%含まれるセメント状材料を 360 kg/m^3 以上入れた、単位セメント量が相対的に多い混合物が、従来から推奨されてきた[4.76]。しかし Gerwick と Holland[4.100] は、水中の大きなコンクリート体の内部温度は、コンクリートの中心に近いところで 70～95℃にも達することもあり、続いて冷却された時にひび割れが発生する可能性があることを指摘した。コンクリートに鉄筋が入っていないとひび割れの幅が非常に大きくなる可能性がある。そのため、Gerwick と Holland[4.100] は、ポルトランドセメント約16%、粗粉砕高炉スラグ約78%、およびシリカフューム約6％を入れた混合セメントの使用を提案している。コンクリートはトレミーに注入する前にあらかじめ 4℃まで冷却する。水セメント比は 0.40～0.45 の値が一般に使用されている。

水中コンクリートの施工は取扱いに注意を要する作業であり、不適切に行うと気付かぬうちに重大な結果を招く。したがって、経験のある職員を使うことが必要である。

4.17 プレパックドコンクリート

この種のコンクリートは2段階で施工する。最初の施工では、均一に粒度調整した粗骨材を型枠の中に入れる；丸みのある骨材でも破砕骨材でも良い。鉄筋の多い部分では締固めを行わなければならない。粗骨材の体積は、施工される体積全体の約 65～70%である。残りの空げきは次の段階でモルタルで埋める。

できあがったコンクリート中の骨材は不連続粒度であることが必須である。粗骨材と細骨材の標準的な粒度の例を表-4.8 と 4.9 にそれぞれ示す。骨材粒子を最適状態に充填することは理論上利点は大きいが、実施面では必ずしも達成されない。

表-4.8 プレパックドコンクリート用粗骨材の粒度の標準値[4.75]

ふるいの寸法	mm	38	25	19	13	10
	in.	$1\frac{1}{2}$	1	$\frac{3}{4}$	$\frac{1}{2}$	$\frac{3}{8}$
累加通過質量百分率		95-100	40-80	20-45	0-10	0-2

表-4.9 プレパックドコンクリート用細骨材の粒度の標準値[4.75]

ふるいの寸法	メートル法による	2.63 mm	1.18 mm	600 μm	300 μm	150 μm	75 μm
	ASTM No.	8	16	30	50	100	200
累加通過質量百分率		100	95-100	55-80	30-55	10-30	0-10

粗骨材に汚れやごみが付いていてはならない。練混ぜを行わないので除去されず，付着力を損なうからである。型枠に入れた状態で骨材を水洗いすると，コンクリート体の下の部分に細粒分が堆積し，弱い層を形成するおそれがある。骨材は飽水していなければならず，静かに水に浸すことが望ましい。

2番目の作業は，差し込まれた管を通してモルタルをポンプ圧送することである。標準的には，管の直径は35 mm，中心間隔2 mであり，コンクリート体の底から始めて，管は徐々に引き抜く。長距離のポンプ圧送も可能である。ACI 304.1 R-92[4.75]では，モルタル施工の種々の技術を解説している。

標準的なモルタルは，ポルトランドセメントとポゾランの比率が質量で2.5：1から3.5：1で混合されたものである。このセメント状材料は，水セメント比が0.42～0.50の場合，1：1から1：1.5の比率で砂と混ぜ合わせる。モルタルの流動性を高め，固形成分を懸濁状態に保つために，注入助剤を添加する。注入助剤はまたモルタルのこわばりをいくぶん遅らせ，凝結が起きる前にわずかに膨張させるためにアルミニウム粉末を少量含んでいる。約40 MPaの強度が一般的であるが，さらに高い強度も可能である[4.75]。

プレパックドコンクリートは，通常の技術では簡単に施工ができない場所に打込むこともできる。また正確な位置に置かなければならない埋めこみ物が大量に入った部分にも打込むことができる。これは，例えば原子炉の遮蔽体などに存在する。同様に，粗骨材と細骨材は分けて打込まれるため，重量粗骨材，とくに原子炉の遮蔽体に用いられる鋼骨材の分離に対する危険性がなくなる。ポゾランはコンクリートの密度を低下させ，水の固着を少なくするため，この場合は使用してはならない[4.63]。材料分離が少ないため，プレパックドコンクリートは水中工事

にも適している。

　プレパックドコンクリートの乾燥収縮は普通のコンクリートより少なく，通常は $200 \times 10^{-6} \sim 400 \times 10^{-6}$ である。収縮が少ない理由は，普通のコンクリートの場合には隣接する粗骨材との間にセメントペーストが入る隙間が必要であるのに対し，粗骨材粒子が点接触しているからである。この接触が実際に発生する収縮を拘束しているのであるが，時には収縮ひび割れが発生することがある[4.53]。収縮が少ないため，プレパックドコンクリートは水を貯蔵する構造物や大型の一体構造物，あるいは修復工事に適している。プレパックドコンクリートの低い透水性が，凍結融解に対する抵抗性を高めている。

　プレパックドコンクリートは温度上昇を管理しなければならないマスコンクリートの建設に用いることができる：骨材の周りに冷却水を循環させることによって冷却をすることができるのである。そしてその水は，後でモルタルが上がって来たときに押しのけられる。反対に，凍害が懸念される寒中に，蒸気を循環させて骨材を予熱することもできる。

　プレパックドコンクリートはまた洗出し仕上げに用いることもできる。特殊骨材を外面に向けて置いておき，続いてサンドブラストや酸洗いで露出させる。

　したがって，プレパックドコンクリートは多くの有用な特徴をもっているように思われるが，実施上の難しい点が数多くあるため，良い結果を得るためには実施工にあたっては相当の技能と経験が必要である。

4.18　コンクリートの振動締固め

　consolidation（締固め，圧密）としても知られるコンクリートの締固め（compaction）の目的は，できる限り高いコンクリート密度を達成することである。これを達成するためのもっとも古くからある方法は，打固めや突固めであるが，この技術は今ではめったに使用されなくなった。締固めの通常の方法は，振動によるものである。

　コンクリートを新しく型枠に打込む時には，気泡が総体積の5％（ワーカビリティーの高い混合物中）から20％（ワーカビリティーの低い混合物中）を占めている場合がある。

振動には混合物のモルタル成分を流動化させる効果があるため，内部摩擦が低下し，粗骨材は詰め込まれることになる。粗骨材粒子の配列が蜜実になるためには，粒子の形状が非常に重要である（148頁参照）。連続的に振動を与えると，残存するエントラップトエアの大部分は追い出すことができるが，通常はエントラップトエアの全部を排除することはできない。

振動はコンクリート全体に均一にかけなければならない。そうでない場合は，一部分は完全には締固められておらず，一部分は振動をかけ過ぎて材料が分離している，という状態になる可能性があるからである。しかし，十分に硬練りで，よく粒度調整された混合物であれば，振動のかけ過ぎによる悪影響は大幅に取り除くことができる。振動機の種類によって，もっとも効率的な締固めを行うことのできるコンクリートのコンシステンシーが異なるので，コンクリートのコンシステンシーと用いる振動機の特性とは釣り合っていなければならない。高流動コンクリートは自己水平化するかもしれないが，重力だけでは完全に締固めることはできないということは参考になると思う。しかし，必要な振動時間は普通のコンクリートと比較して約半分に減少させることができる[4.47]。

コンクリートの締固めに関する実用的な手引きが，Mass[4.72]とACI Guide 309 R-87[4.73]によって提供されている。

4.18.1　内部振動機

何種類かある振動機のうち，これがもっとも一般的なものである。基本的に，モーターから曲がりやすい駆動軸を伝わって駆動される偏心した軸の入った振動体（ポーカー）で構成されている。振動体はコンクリートの中に挿入されているため，ほぼ調和した力をコンクリートに対して導入する。このことから，別名ポーカーバイブレータあるいは浸入振動機と呼ばれる。

コンクリート中に挿入される振動機の振動周波数は，毎分12 000サイクルまで各種ある。望ましい最低周波数として3 500〜5 000サイクルに加速度$4g$以上が提唱されているが，最近になって4 000〜7 000サイクルの振動が良いとされるようになった。

振動体はあちらこちらへと簡単に移動させることができ，中心間隔0.5〜1 mごとに，混合物のコンシステンシーによって5〜30秒間振動をかける。しかし一

部の混合物では2分程度まで必要とされる場合がある。内部振動機の作用半径と，振動の振動数と振幅との関係は，ACI 309.1 R-93に解説されている[4.74]。

締固めが実際に完了したかどうかは，コンクリート表面の外観によって判断することができる。豆板状であっても過剰なモルタルが含まれていても良くない。振動体は約80 mm/秒の速度で徐々に引き抜くのが良く，そうすれば，振動機が残した穴が気泡を閉じ込めることなく完全に閉じるようになる[4.17]。振動機は，新しく打ち込まれたコンクリートの深さ全体と，その下の層がまだ塑性の状態にあるかまたは塑性の状態に戻すことができる場合は，その層の中まで浸入させなければならない。このようにして，2層の接合部に弱い層ができるのを防ぐことができ，一体化したコンクリートを得ることができる。リフトが0.5 mより大きいと，層の下の方の部分から完全に有効に気泡を追い出すことができないことがある。内部振動機は型枠に接する部分の気泡は追い出しにくいため，型枠に沿って平板の角で「切る」ことが必要である。この点で，型枠に吸水性の裏張りをすることが役立つ。

内部振動機はすべての作業がコンクリートに対して直接行われるため，比較的効率的である。

振動体は最小寸法が直径20 mmまであり，鉄筋の多い部分や比較的近づきにくい部分にも使用することができる。ACI Guide 309 R-87[4.73]に，内部振動機とその適切な型の選択に関する有用な情報が提供されている。一部の国では，ロボット操作型内部振動機が使用されている。

4.18.2 外部振動機

この種の振動機は弾力性の支持台の上に置かれた型枠に固定されているため，型枠もコンクリートも振動する。その結果，行われる仕事量がかなりの比率で型枠の振動に使われるため，型枠はゆがみとグラウトの漏れとを防ぐために強くて剛でなければならない。

外部振動機の原理は内部振動機と同じであるが，周波数は通常毎分3 000～6 000サイクルである。一部の振動機には，毎分9 000サイクルに達するものもある。製造業者の資料には時に「衝撃」回数が記載されているため，注意深く点検しなければならない。衝撃の1回は2分の1サイクルである。米国開拓局[4.7]

は，8 000 サイクル以上を推奨している。電力出力は 80～1 100 W である。

外部振動機は，内部振動機がうまく使用できないような形状や厚みの，プレキャストまたは薄い現場部分に使用される。これらの振動機は，厚さ 600 mm までのコンクリート断面まで利用できる[4.73]。

外部振動機を使用する場合は，コンクリートの厚さが大きすぎると気泡を追い出すことができないため，適切な深さの層にして打込まなければならない。コンクリートの打込みが進むにつれて，高さが 750 mm を超えた場合には，振動機の位置を変えなければならない[4.73]。

携帯型の非固定型外部振動機は，他の方法では施工ができない部分に使用することができるが，この種の振動機の締固めの範囲はごく限られている。そのような振動機の1つが電気ハンマーであり，これはコンクリート供試体の締固めに使用されることがある。

4.18.3 振動台

これは，型枠に振動機が固定されているのではなくて，振動機に型枠が固定されている例として考えることができる。しかし，コンクリートと型枠とを一緒に振動させる原理は変わらない。

振動源も似ている。一般に，高速で回転する偏心した重りによって，台を円を描くように振動させる。2つの軸が逆方向に回転するため振動の水平要素が打ち消され，台は垂直方向のみの単純な調和振動を受けることになる。交流で動く電磁石によって作動する小型で良質の振動台もいくつかある。使用周波数の範囲は，50～120 Hz の間で変化する。4～7 g の加速度が望ましい[4.17]。約 1.5 g と振幅 40 μm の組み合わせが締固めに必要な最小値と考えられているが[4.18]，これらの値では振動を長くかけることが必要であろう。単純な調和振動の場合は，振幅 a と周波数 f は次の式で関係付けられる。

$$加速度 = a(2\pi f)^2$$

寸法の異なるコンクリート断面を振動させる場合，および実験室で使用する場合は，振幅を変えることのできる台を使用しなければならない。

振動周波数を変えることができればなお良い。

実施面では，実際の締固めの最中に周波数を変えることはめったにできないが，

少なくとも理論上は，締固めの進行にしたがって周波数を上げ，振幅を少なくすることには相当の利点がある。その理由は，混合物中の粒子が最初は遠く離れており，導入する動きの幅もそれと一致する規模でなければならないことにある。それに対していったん部分的な締固めがなされると，周波数を上げることによって指定の時間内に多くの適合した動きが起きるようになる。また，振幅を小さくするということは，動くことが可能な空間に対して動きの幅が大きすぎないことを意味する。粒子間の空間の大きさに対して振幅の大きすぎる振動をかけると，混合物は常に流動状態となるため，完全な締固めはけっして起きない。BressonとBrusin[4.71]は，それぞれの混合物には最適な振動エネルギー量があり，満足の行く周波数と加速度の組合わせはいろいろあることを発見した。しかし，配合の因子に関して最適値を予想することは不可能である。

　振動台は，プレキャストコンクリートを締固める確実な方法であり，均一な処理が行えるという利点がある。

　振動台の変種に，衝撃台があり，プレキャストコンクリートの製造に用いられることがある。この締固めの原理は，前に解説した高周波の振動とはかなり異なっている。衝撃台の場合は，激しい垂直の衝撃が毎秒2～4回の速度で与えられる。衝撃は，カムによって成される3～13 mmの垂直の落下によって生じる。衝撃処理を行いながら，コンクリートを型枠の中に浅い層として打込む。そして，非常に良い結果が報告されているが，この工法はかなり特殊であり，あまり広く使用されていない。

4.18.4　その他の振動機

　いろいろな種類の振動機が特殊な目的のために開発されてきたが，これに関してはごく手短に述べるだけに留める。

　表面振動機は，平板を通して直接コンクリートの上面に振動をかける。このようにすると，コンクリートは全方向で拘束されるため，材料分離の傾向が少なくなる。この理由から，さらに激しい振動をかけることができる。

　電気ハンマーに大きい平らな面（例えば100 mm×100 mmなど）をもつビットを取りつけて，表面振動機として用いることができる。主な用途の1つが，締固め試験用立方体供試体である。

第4章　フレッシュコンクリート

振動ローラーを薄いスラブの締固めに使用することがある。道路建設用には，さまざまな振動スクリードとフィニッシャーがある。これらについては ACI 309 R-87 で解説されている[4.73]。パワーフロートは主として花崗コンクリートの床に用いられ，花崗コンクリートをコンクリート本体に結合させる。締固めの手段というよりは仕上げの補助手段である。

4.19 再振動

コンクリートは打込み後すぐに振動締固めするのが普通であるため，一般にはコンクリートがこわばる前に締固めが完了している。上のいくつかの節は，すべてこの種の振動締固めについて述べたものである。

しかし。リフト間を十分付着させるために，下のリフトがまだ塑性の状態を回復することができる場合であれば，下のリフトの上部を再振動しなければならない。そうすれば，沈下ひび割れとブリーディングによるの内部の影響とを取り除くことができる。

再振動のこのような用途が成功したため，再振動をさらに一般的な用途に用いることができないかという問題が浮上した。実験結果によると，振動機が自重でコンクリートの中に沈む状態であれば[4.72]，コンクリートは練り混ぜたときから 4 時間まで再振動させても大丈夫のようである[4.19]。図-4.24 に示すように，打込み後 1～2 時間経って再振動をかけると 28 日圧縮強度が上昇することが判明した。比較は，与えた振動の合計時間に基づいて行われ，打込み後すぐに行った場合と，一部は打込み直後に，一部は後の一定の時間に再振動をかけた場合との両者について比較された。強度がおよそ 14% 上昇したという報告があるが[4.19]，実際の値

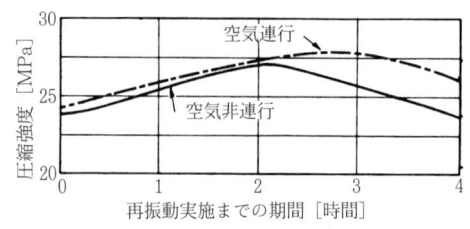

図-4.24　28日圧縮強度と再振動実施時期との関係[4.19]

は混合物のワーカビリティーと詳細な手順とによって異なると思われ，他の研究者は，3〜9％の上昇を確認している[4.80]。全体として，強度の向上は材齢の早期に顕著であり，また閉じ込められた水が再振動をかけると除去されるため，ブリーディングが大きくなる傾向にあるコンクリートの場合にもっとも向上する[4.20]。同じ理由から，再振動は水密性を大きく向上させ[4.72]，また閉じ込められたブリーディング水が除去されるにつれて上面近くのコンクリートと鉄筋との付着も大幅に強化される。また，強度の向上は，一部骨材粒子の周りのプラスチック収縮応力が緩和されることにもよると思われる。

このような利点があるにもかかわらず，再振動はコンクリート生産の工程を増やすことになり，したがって経費も増加するため，あまり広く用いられていない。また，再振動をかけるのが遅すぎた場合はコンクリートを傷めるおそれもある。

4.20　真空コンクリート

十分に高いワーカビリティーを得ることと最小の水セメント比にすることという相反する条件を組み合わせる問題に対する1つの解決策が，新しく打込まれたコンクリートの真空脱水である。

手順を手短に述べると次の通りである。中程度のワーカビリティーをもつ混合物を，通常の方法で型枠に打ち込む。フレッシュコンクリートには水で満たされた水路の連続した構造が存在するため，コンクリートの表面に真空をかけると，コンクリートのある一定の深さから大量の水が抜き取られることになる。

言い方を変えると，「ワーカビリティーのための水」とも呼べるものが，もはや必要のないときに除去されるのである。気泡は連続構造を形成していないため，表面のみから除去されるだけであることに注目してほしい。

コンクリートが凝結する前の最終的な水セメント比はこのようにして低下し，この比率が強度を大きく支配するため，真空コンクリートは他の場合より強度が高く，密度も高く，透水性は低く，耐久性が高く，摩擦に対する抵抗性も高くなるのである。しかし，抜き取られた水の一部はその後に空げきを残すため，実施面では水が除去されることの理論上の利点は，完全には達成されない[4.54]。事実，真空脱水したときの強度の増加は，ある限界値までは除去された水の量に比例す

第4章 フレッシュコンクリート

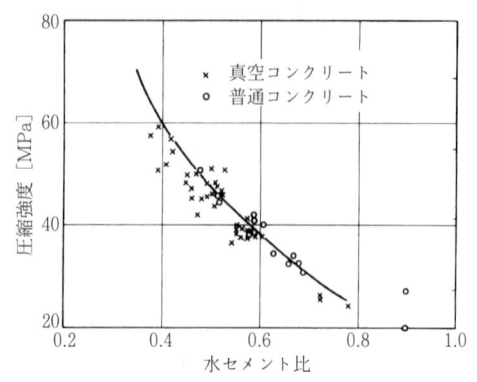

図-4.25 真空脱水後の水セメント比の計算値とコンクリート強度との関係[4.55]

るが，それを過ぎると大きく増加することはなく，長々と真空処理をしてもその効果はない。限界値はコンクリートの厚さと配合割合によって異なる[4.55]。それでもなお，図-4.25に示すように，真空コンクリートの強度は最終的な水セメント比によって決まってくる通常の関係とほとんど変わりがない。

真空は，真空ポンプに接続された多孔質のマットを通して与える。マットは，水と一緒にセメントが除去されるのを防ぐため，細かいフィルターパッドの上に置かれる。マットは，コンクリートの表面を均した後すぐに上に置くことができ，また垂直の型枠の内面に組み込むこともできる。

真空は真空ポンプで生じさせる。その能力は，マットの面積ではなくマットの周辺長によって支配される。適用される真空の大きさは通常は約0.08 MPaである。真空が単位水量を約20%まで低下させる。この低下はマットに近いほど大きく，吸引力が完全に有効なのは100〜150 mmの深さまでに過ぎないと想定するのが一般的である。

水の抜取りによって，吸引力が作用する深さの約3％までコンクリートが沈下する。水の抜取り速度は時間とともに低下するため，一般に15分から25分間処理するのがもっとも経済的であることが判明している。

30分を過ぎると単位水量の低下はほとんど起きない。

厳密に言うと，真空脱水している最中には吸水は起きず，ただ大気圧からの圧力低下がフレッシュコンクリートの隙間にある流体に伝えられるだけである。この

ことは，大気圧による締固めが起きていることを意味する。したがって，除去される水の量はコンクリートの総体積の収縮量に等しく，空隙は生じない。しかし実施面では多少の空隙が形成され，最終的な水セメント比が同じであれば，普通コンクリートの方が真空コンクリートよりいくぶん強度が高いことが判明している。このことは図-4.25 にみることができる。

空げきの形成は，真空脱水に加えて断続的な振動をかければ防ぐことができる。そのような状況では締固めの程度が高くなり，抜き取られる水の量はほぼ倍増する。Garnett[4.21] による試験では，20 分間の真空脱水中に 4 分から 8 分までの間と 14 分から 18 分の間の振動を組み合わせて良い結果を得ている。

真空脱水は，かなり広い範囲の（骨材/セメント）比と骨材粒度にわたって使用することができるが，粗骨材の方が細骨材より多くの水を生じさせる。さらに，この処理によってもっとも細かい材料が多少除去されるため，ポゾランのような細かい材料を混合物に入れてはならない。スランプが 120 mm を超えないこと，単位セメント量を 350 kg/m^3 以下にすること，および減水剤を使用することが推奨されている[4.109]。

真空コンクリートは非常に速くこわばりが発生するため，高さ 4.5 m の柱の場合でも，打込み後約 30 分以内に型枠をはずすことができる。このことは，型枠を頻繁に再使用できることになるため，とくにプレキャストコンクリート工場の場合にかなりの経済的価値となる。通常の養生を行うことがとくに重要である。

真空コンクリートの表面はくぼみがまったくなく，上面の 1 mm は摩擦に対する抵抗性がきわめて高い。これらの特性は，高速で流れる水と接触するコンクリートの場合にとくに重要である。真空コンクリートのもう 1 つの有効な特性は，古いコンクリートとよく付着し，したがって道路スラブの再舗装などの補修工事に用いることができる点である。真空処理はこのように貴重な工法であると思われ，一部の国々ではとくにスラブや床に広範に用いられている[4.54]。

4.20.1 透水性型枠

いくつかの点で真空脱水と構想の似た最近の動向は，透水性型枠の使用である。この場合は，垂直面のための型枠は，水抜き穴のある合板に裏張りとして取り付けたポリプロピレンの布地からなっている。したがって，型枠が空気とブリーディ

ング水を逃がすフィルターの役割を果たしているが，セメントは型枠の方に運ばれるものの，大部分がコンクリート本体の中に保持される。単位セメント量が局部的に 20～70 kg/m³ 上昇するという報告もある[4.93]。

型枠の圧力を減少させることに加えて，透水性型枠は深さ 20 mm までの表面近くの水セメント比を低下させる。低下量は型枠のすぐ近くの約 0.15 から，深さ 20 mm のごくわずかな量まで，一定の割合で変化している[4.99]。

水セメント比が大幅に低下した効果は，コンクリートの外側部分の表面吸水率と透水性が低下することであるが，これは耐久性の観点から言うとたいへん重要なことである。しかし 20 mm という深さは暴露条件から要求される鉄筋のかぶりより小さいことに注意しなければならない。コンクリートの表面の硬さも増加する。これはコンクリートのキャビテーションと侵食に対する抵抗性を向上させる。

余分の練混ぜ水の多くは水平方向に逃げるため，上面のブリーディング水の量は減少する。これは表面の仕上げを早めることができるが，周囲の状況が急速な乾燥を引き起こす状態にある場合には，ブリーディングがないことがプラスチック収縮ひび割れをもたらすおそれがある。適切な処置を行う必要がある。

透水性型枠によってつくり出された表面は，ブリーディングによる縞模様やエントラップトエアによる穴がないため，露出面の外観を良くする。型枠をはずした後に湿潤養生を行うことが望ましいが，行わなくても通常の非透水性型枠の場合よりは無害である。

4.21 フレッシュコンクリートの分析

これまでのところ，コンクリート混合物の材料を考察するに当たって，現実の配合割合は規定された割合に一致すると想定してきた。現在のバッチャープラントは各バッチ中の使用材料の記録を提供することができるが，これには詳細な骨材粒度も骨材の含水率に関する十分な情報も入っていない（166 頁参照）。また，計量の記録があらゆる場合に完全に信頼できるとすれば，硬化コンクリートの強度を試験する必要はほとんどなくなる。しかし実施面では，間違い，失敗，また故意の行為によっても，正しくない配合割合となる可能性があり，時には早い段

4.21 フレッシュコンクリートの分析

階でコンクリートの構成割合を確認することが有益である。もっとも重要な2つの値は，単位セメント量と水セメント比である。フレッシュコンクリートの分析と呼ぶのは，これらの値を測定する方法である。

いくつかの試験方法があるが，これらはすべて現場での使用には重大な制約がある。ASTM C 1078-87（1992年再承認）には，カルシウムイオン濃度に基づく化学的な方法が定められているが，これはフレッシュコンクリート中の単位セメント量の値を与える。この方法は，ASTM C 1079-87（1992年再承認）の方法と一緒に用いることができるが，こちらは自由水の含有率を決定するための化学的な手法を規定している。両方の方法を一緒に用いると，混合物中の水セメント比の推定値が得られる。ASTMの方法では，一般の実験室の場合と比べて，より高度な設備と実施者の技能が要求される。

米国陸軍[4.77]は，単位水量の測定を塩化物の滴定に，また単位セメント量の測定をカルシウムの滴定に頼る試験を使用している。試験は現場で行うことができ，所要時間は1/4時間以下である。しかし，石灰質骨材の細かい部分（150μm（No.100）のふるいより小さい）はセメントと区別ができない。

基本的に浮力の原理に頼る英国の方法はかつて BS 1881:Part 2:1970 によって規定されていたが，この基準は1983年に撤回された。

混合物の水セメント比を測定するために浮力の原理を応用することは Naik と Ramme[4.86]も行っているが，測定には，不明または不確実な場合の多い混合物中の（骨材/セメント）比が既知でなければならない。

150μm（No.100）のふるいより小さい材料を濾過と加圧によって分離させる圧力濾過法も開発されている[4.36]。セメントの質量は，この粒径範囲の質量を，計量された材料中の150μm（No.100）のふるいより細かい骨材の量で修正して求める。これは誤差の元になりやすい。浮遊選鉱によるセメントの分離方法も開発されている[4.81]。

フレッシュコンクリートの単位セメント量の測定に関するまったく異なる手法は，重液と遠心分離機を使ってセメントを分離する方法である[4.38]。これは，とくに骨材のうち，もっとも細かい粒子の密度がセメントの密度より大幅に小さい場合以外は，あまり成功していない。

いわゆる「高速分析機」もまた，フレッシュコンクリート中の単位セメント量

第4章 フレッシュコンクリート

の測定に用いることができる。8±1 kg のコンクリート試料を水ひ（簸）塔の中に入れ，600 μm（No.30 ASTM）のふるいより小さい材料を上昇させる。この懸濁液の一部を 150 μm（No.100）のふるいの上で振動させ，つぎにフロック状にして，一定の容積の容器に移す。この質量を量り，較正グラフを使って試料の単位セメント量を決定する。その際，150 μm（No.100）のふるいより小さい骨材粒子の分の修正を行わなければならない。較正は使用材料の各組ごとに行わなければならない。較正をするためには，混合物中のシルトの含有量を仮定しなければならないが，この仮定した値には根拠が無い可能性がある。

したがって，この試験のばらつきに関して論争がなされている。Cooper と Barber[4.57] は，単位セメント量の標準偏差はコンクリートの約 22 kg/m^3 と等価であり，このうち，13 kg/m^3 ほどは試料中でのばらつきによるものであり，15 kg/m^3 は機械の中のばらつきによる物であることを見つけた。したがって，単位セメント量が 370 kg/m^3 の混合物の場合は，95％の信頼限界は±43 kg/m^3 である。Cooper と Barber[4.57] によると，複製・副次試料を使用するとばらつきは低下するが，単位セメント量が標準的に 26 kg/m^3 ほど過小評価される点で，試験の精度は不充分であるとした。他の試験[4.84] によって，「高速分析機」は，反復性 20 kg/m^3，再現性 36 kg/m^3 で，単位セメント量の値が求められることを明らかにした。これらは，単位セメント量に関する仕様書の基準と対比して考えなければならない。例えば BS 5328:Part 4:1990 は，単位セメント量は規定された値の±5％以内になるよう求めている。

「高速分析機」の精度が，1983 年に撤回された BS 1881:Part 2:1970 の試験の精度と変わらないという報告もあるため[4.85]，「高速分析機」の精度の水準はやや期待はずれである。これが，「高速分析機」を使った試験が基準化されず，広範に使用されていない理由かもしれない。

フレッシュコンクリート中の単位水量の測定に関する限り，骨材の貯蔵山の中または混合物の試料の中に置いた線源から放出される熱中性子の拡散の程度を推定することによって測定することができる[4.69]。水素が熱中性子の拡散と遅延に影響を及ぼすもっとも重要な元素であり，水素はほとんど例外なく水の中に結合されているため，核を使う方法は単位水量の値を±0.3％の精度で示すことができる。

この技術はまた骨材の乾燥密度も考慮することが必要であり，これは第2の線源からのガンマ放射線の後方散乱から計算することができる。完全な装置は，ガンマ線源と熱中性子線源，中性子検出器とシンチレーション検出器，および付随する計算機から構成されている。較正は現場で行うが，時間のかかる工程である。電子レンジ乾燥の利用も提案されている。

水セメント比の測定に関して確実で実用的な方法はないことがわかる。事実，フレッシュコンクリートの構成割合に関して，打込み前の受入れ試験として用いることができるほど便利で確実な試験は存在しない。

◎参考文献

4.1 W. H. GLANVILLE, A. R. COLLINS and D. D. MATTHEWS, The grading of aggregates and workability of concrete, *Road Research Tech. Paper No. 5* (HMSO, London, 1947).
4.2 NATIONAL READY-MIXED CONCRETE ASSOCIATION, *Outline and Tables for Proportioning Normal Weight Concrete*, 6 pp. (Silver Spring, Maryland, Oct. 1993).
4.3 ROAD RESEARCH LABORATORY: Design of concrete mixes, *D.S.I.R. Road Note No. 4* (HMSO, London, 1950).
4.4 A. R. CUSENS, The measurement of the workability of dry concrete mixes, *Mag. Concr. Res.*, **8**, No. 22, pp. 23–30 (1956).
4.5 T. C. POWERS, Studies of workability of concrete, *J. Amer. Concr. Inst.*, **28**, pp. 419–48 (1932).
4.6 J. W. KELLY and M. POLIVKA, Ball test for field control of concrete consistency, *J. Amer. Concr. Inst.*, **51**, pp. 881–8 (May 1955).
4.7 U.S. BUREAU OF RECLAMATION, *Concrete Manual*, 8th Edn (Denver, 1975).
4.8 P. KLIEGER, Effect of mixing and curing temperature on concrete strength, *J. Amer. Concr. Inst.*, **54**, pp. 1063–81 (June 1958).
4.9 F. M. LEA, *The Chemistry of Cement and Concrete* (Arnold, London, 1956).
4.10 T. C. POWERS, The bleeding of portland cement paste, mortar and concrete, *Portl. Cem. Assoc. Bull. No. 2* (Chicago, July 1939).
4.11 H. H. STEINOUR, Further studies of the bleeding of portland cement paste, *Portl. Cem. Assoc. Bull. No. 4* (Chicago, Dec. 1945).
4.12 I. L. TYLER, Uniformity, segregation and bleeding, *ASTM Sp. Tech. Publ. No. 169*, pp. 37–41 (1956).
4.13 B. C. DOELL, Effect of algae infested water on the strength of concrete, *J. Amer. Concr. Inst.*, **51**, pp. 333–42 (Dec. 1954).
4.14 J. D. DEWAR, Relations between various workability control tests for ready-mixed concrete, *Cement Concr. Assoc. Tech. Report TRA/375* (London, Feb. 1964).
4.15 H. H. STEINOUR, Concrete mix water – how impure can it be? *J. Portl. Cem. Assoc. Research and Development Laboratories*, **3**, No. 3, pp. 32–50 (Sept. 1960).
4.16 W. J. MCCOY, Water for mixing and curing concrete, *ASTM Sp. Tech. Publ. No. 169*, pp. 355–60 (1956).

第4章 フレッシュコンクリート

4.17 JOINT COMMITTEE OF THE I.C.E. AND THE I. STRUCT. E., *The Vibration of Concrete* (London, 1956).
4.18 J. KOLEK, The external vibration of concrete, *Civil Engineering*, **54**, No. 633, pp. 321–5 (London, 1959).
4.19 C. A. VOLLICK, Effects of revibrating concrete, *J. Amer. Concr. Inst.*, **54**, pp. 721–32 (March 1958).
4.20 E. N. MATTISON, Delayed screeding of concrete, *Constructional Review*, **32**, No. 7, p. 30 (Sydney, 1959).
4.21 J. B. GARNETT, The effect of vacuum processing on some properties of concrete, *Cement Concr. Assoc. Tech. Report TRA/326* (London, Oct. 1959).
4.22 R. SHALON and R. C. REINITZ, Mixing time of concrete – technological and economic aspects, *Research Paper No. 7* (Building Research Station, Technion, Haifa, 1958).
4.23 D. A. ABRAMS, Effect of time of mixing on the strength of concrete, *The Canadian Engineer* (25 July, 1 Aug., 8 Aug. 1918, reprinted by Lewis Institute, Chicago).
4.24 G. C. COOK, Effect of time of haul on strength and consistency of ready-mixed concrete, *J. Amer. Concr. Inst.*, **39**, pp. 413–26 (April 1943).
4.25 D. A. ABRAMS, Tests of impure waters for mixing concrete, *J. Amer. Concr. Inst.*, **20**, pp. 442–86 (1924).
4.26 W. JURECKA, Neuere Entwicklungen und Entwicklungstendenzen von Betonmischern und Mischanlagen, *Österreichischer Ingenieur-Zeitschrift*, **10**, No. 2, pp. 27–43 (1967).
4.27 K. THOMAS and W. E. A. LISK, Effect of sea water from tropical areas on setting times of cements, *Materials and Structures*, **3**, No. 14, pp. 101–5 (1970).
4.28 R. C. MEININGER, Study of ASTM limits on delivery time, *Nat. Ready-mixed Concr. Assoc. Publ. No. 131*, 17 pp. (Washington DC, Feb. 1969).
4.29 R. WEBER, Rohrförderung von Beton, Düsseldorf Beton-Verlag GmbH (1963), The transport of concrete by pipeline (London, *Cement and Concrete Assoc. Translation No. 129*, 1968).
4.30 E. KEMPSTER, Pumpable concrete, *Current Paper 26/69*, 8 pp. (Building Research Station, Garston, 1968).
4.31 E. KEMPSTER, Pumpability of mortars, *Contract Journal*, **217**, pp. 28–30 (4 May 1967).
4.32 T. C. HOLLAND and M. D. LUTHER, Improving concrete quality with silica fume, in *Concrete and Concrete Construction, Lewis H. Tuthill Int. Symposium*, ACI SP-104, pp. 107–22 (Detroit, Michigan, 1987).
4.33 W. J. MCCOY, Mixing and curing water for concrete, *ASTM Sp. Tech. Publ. No. 169B*, pp. 765–73 (1978).
4.34 ACI 506.R-90, Guide to shotcrete, *ACI Manual of Concrete Practice, Part 5: Masonry, Precast Concrete, Special Processes*, 41 pp. (Detroit, Michigan, 1994).
4.35 BUILDING RESEARCH STATION, Analysis of water encountered in construction, *Digest No. 90* (HMSO, London, July 1956).
4.36 R. BAVELJA, A rapid method for the wet analysis of fresh concrete, *Concrete*, **4**, No. 9, pp. 351–3 (London, 1970).
4.37 F. P. NICHOLS, Manufactured sand and crushed stone in portland cement concrete, *Concrete International*, **4**, No. 8, pp. 56–63 (1982).
4.38 W. G. HIME and R. A. WILLIS, A method for the determination of the cement content of plastic concrete, *ASTM Bull. No. 209*, pp. 37–43 (Oct. 1955).
4.39 A. MOR and D. RAVINA, The DIN flow table, *Concrete International*, **8**, No. 12, pp. 53–6 (1986).
4.40 O. Z. CEBECI and A. M. SAATCI, Domestic sewage as mixing water in concrete, *ACI*

Materials Journal, **86**, No. 5, pp. 503–6 (1989).
4.41 K. W. NASSER, New and simple tester for slump of concrete, *J. Amer. Concr. Inst.*, **73**, pp. 561–5 (Oct. 1976).
4.42 K. W. NASSER and N. M. REZK, New probe for testing workability and compaction of fresh concrete, *J. Amer. Concr. Inst.*, **69**, pp. 270–5 (May 1972).
4.43 G. H. TATTERSALL, *Workability and Quality Control of Concrete*, 262 pp. (E & FN Spon, London, 1991).
4.44 E. NEUBARTH, Einfluss einer Unterschreitung der Mindestmischdauer auf die Betondruckfestigkeit, *Beton*, **20**, No. 12, pp. 537–8 (1970).
4.45 F. W. BEAUFAIT and P. G. HOADLEY, Mix time and retempering studies on ready-mixed concrete, *J. Amer. Concr. Inst.*, **70**, pp. 810–13 (Dec. 1973).
4.46 ACI 116R-90, Cement and concrete terminology, *ACI Manual of Concrete Practice, Part 1: Materials and General Properties of Concrete*, 68 pp. (Detroit, Michigan, 1994).
4.47 L. FORSSBLAD, Need for consolidation of superplasticized concrete mixes, in *Consolidation of Concrete*, Ed. S. H. Gebler, ACI SP-96, pp. 19–37 (Detroit, Michigan, 1987).
4.48 G. HILL BETANCOURT, Admixtures, workability, vibration and segregation, *Materials and Structures*, **21**, No. 124, pp. 286–8 (1988).
4.49 DEPARTMENT OF THE ENVIRONMENT, *Guide to Concrete Pumping*, 49 pp. (HMSO, London, 1972).
4.50 A. JOHANSSON and K. TUUTTI, Pumped concrete and pumping of concrete, *CBI Research Reports*, 10: 76 (Swedish Cement and Concrete Research Inst., 1976).
4.51 J. R. ILLINGWORTH, Concrete pumps – planning considerations, *Concrete*, **5**, No. 12, p. 387 (London, 1969).
4.52 M. MITTELACHER, Re-evaluating the slump test, *Concrete International*, **14**, No. 10, pp. 53–6 (1992).
4.53 CUR REPORT, Underwater concrete, *Heron*, **19**, No. 3, 52 pp. (Delft, 1973).
4.54 R. MALINOWSKI and H. WENANDER, Factors determining characteristics and composition of vacuum dewatered concrete, *J. Amer. Concr. Inst.*, **72**, pp. 98–101 (March 1975).
4.55 G. DAHL, Vacuum concrete, *CBI Reports*, 7: 75, Part 1, 10 pp. (Swedish Cement and Concrete Research Inst., 1975).
4.56 P. BARTOS, *Fresh Concrete*, 292 pp. (Elsevier, Amsterdam, 1992).
4.57 I. COOPER and P. BARBER, *Field Investigation of the Accuracy of the Determination of the Cement Content of Fresh Concrete by Use of the C. & C.A. Rapid Analysis Machine (R.A.M.)*, 19 pp. (British Ready Mixed Concrete Assoc., Dec. 1976).
4.58 R. HARD and N. PETERSONS, Workability of concrete – a testing method, *CBI Reports*, 2: 76, pp. 2–12 (Swedish Cement and Concrete Research Inst., 1976).
4.59 A. JOHANSSON, N. PETERSONS and K. TUUTTI, Pumpable concrete and concrete pumping, *CBI Reports*, 2: 76, pp. 13–28 (Swedish Cement and Concrete Research Inst., 1976).
4.60 L. M. MEYER and W. F. PERENCHIO, *Theory of Concrete Slump Loss Related to Use of Chemical Admixtures*, PCA Research and Development Bulletin RD069.01T, 8 pp. (Skokie, Illinois, 1980).
4.61 V. DODSON, *Concrete Admixtures*, 211 pp. (Van Nostrand Reinhold, New York, 1990).
4.62 V. S. RAMACHANDRAN, Ed., *Concrete Admixtures Handbook: Properties, Science and Technology*, 626 pp. (Noyes Publications, New Jersey, 1984).
4.63 B. A. LAMBERTON, Preplaced aggregate concrete, *ASTM Sp. Tech. Publ. No. 169B*,

pp. 528–38 (1978).
4.64 M. L. BROWN, H. M. JENNINGS and W. B. LEDBETTER, On the generation of heat during the mixing of cement pastes, *Cement and Concrete Research*, **20**, No. 3, pp. 471–4 (1990).
4.65 T. SOSHIRODA, Effects of bleeding and segregation on the internal structure of hardened concrete, in *Properties of Fresh Concrete*, Ed. H.-J. Wierig, pp. 253–60 (Chapman and Hall, London, 1990).
4.66 P. SCHIESSL and R. SCHMIDT, Bleeding of concrete, in *Properties of Fresh Concrete*, Ed. H.-J. Wierig, pp. 24–32 (Chapman and Hall, London, 1990).
4.67 ACI 212.3R-91, Chemical admixtures for concrete, *ACI Manual of Concrete Practice, Part 1: Materials and General Properties of Concrete*, 31 pp. (Detroit, Michigan, 1994).
4.68 Y. YAMAMOTO and S. KOBAYASHI, Effect of temperature on the properties of superplasticized concrete, *ACI Journal*, **83**, No. 1, pp. 80–8 (1986).
4.69 J.-P. BARON, Détermination de la teneur en eau des granulats et du béton frais par méthode neutronique, *Rapport de Recherche LPC No. 72*, 56 pp. (Laboratoire Central des Ponts et Chaussées, Nov. 1977).
4.70 ACI 211.3-75, Revised 1987, Reapproved 1992, Standard practice for selecting proportions for no-slump concrete, *ACI Manual of Concrete Practice, Part 1: Materials and General Properties of Concrete*, 19 pp. (Detroit, Michigan, 1994).
4.71 J. BRESSON and M. BRUSIN, Etude de l'influence des paramètres de la vibration sur le comportement des bétons, *CERIB Publication No. 32*, 23 pp. (Centre d'Etudes et de Recherche de l'Industrie du Béton Manufacturé, 1977).
4.72 G. R. MASS, Consolidation of concrete, in *Concrete and Concrete Construction, Lewis H. Tuthill Symposium*, ACI SP 104-10, pp. 185–203 (Detroit, Michigan, 1987).
4.73 ACI 309R-87, Guide for consolidation of concrete, *ACI Manual of Concrete Practice, Part 2: Construction Practices and Inspection Pavements*, 19 pp. (Detroit, Michigan, 1994).
4.74 ACI 309.1R-93, Behavior of fresh concrete during vibration, *ACI Manual of Concrete Practice, Part 2: Construction Practices and Inspection Pavements*, 19 pp. (Detroit, Michigan, 1994).
4.75 ACI 304.1R-92, Guide for the use of preplaced aggregate concrete for structural and mass concrete applications, *ACI Manual of Concrete Practice, Part 2: Construction Practices and Inspection Pavements*, 19 pp. (Detroit, Michigan, 1994).
4.76 ACI 304.R-89, Guide for measuring, mixing, transporting, and placing concrete, *ACI Manual of Concrete Practice, Part 2: Construction Practices and Inspection Pavements*, 49 pp. (Detroit, Michigan, 1994).
4.77 P. A. HOWDYSHELL, Revised operations guide for a chemical technique to determine water and cement content of fresh concrete, *Technical Report M-212*, 36 pp. (US Army Construction Engineering Research Laboratory, April 1977).
4.78 R. D. GAYNOR, Ready-mixed concrete, in *Significance of Tests and Properties of Concrete and Concrete-Making Materials*, Eds P. Klieger and J. F. Lamond, *ASTM Sp. Tech. Publ. No. 169C*, pp. 511–21 (Philadelphia, Pa, 1994).
4.79 J. F. BEST and R. O. LANE, Testing for optimum pumpability of concrete, *Concrete International*, **2**, No. 10, pp. 9–17 (1980).
4.80 C. MACINNIS and P. W. KOSTENIUK, Effectiveness of revibration and high-speed slurry mixing for producing high-strength concrete. *J. Amer. Concr. Inst.*, **76**, pp. 1255–65 (Dec. 1979).
4.81 E. NÄGELE and H. K. HILSDORF, A new method for cement content determination

of fresh concrete, *Cement and Concrete Research*, **10**, No. 1, pp. 23–34 (1980).
4.82 T. YONEZAWA et al., Pumping of lightweight concrete using non-presoaked lightweight aggregate, *Takenaka Technical Report*, No. 39, pp. 119–32 (May 1988).
4.83 F. A. KOZELISKI, Extended mix time concrete, *Concrete International*, **11**, No. 11, pp. 22–6 (1989).
4.84 A. C. EDWARDS and G. D. GOODSALL, Analysis of fresh concrete: repeatability and reproducibility by the rapid analysis machine, *Transport and Road Research Laboratory Supplementary Report 714*, 22 pp. (Crowthorne, U.K. 1982).
4.85 R. K. DHIR, J. G. I. MUNDAY and N. Y. HO, Analysis of fresh concrete: determination of cement content by the rapid analysis machine, *Mag. Concr. Res.*, **34**, No. 119, pp. 59–73 (1982).
4.86 T. R. NAIK and B. W. RAMME, Determination of the water–cement ratio of concrete by the buoyancy principle, *ACI Materials Journal*, **86**, No. 1, pp. 3–9 (1989).
4.87 Y. KAJIOKA and T. FUJIMORI, Automating concrete work in Japan, *Concrete International*, **12**, No. 6, pp. 27–32 (1990).
4.88 K. H. CHEONG and S. C. LEE, Strength of retempered concrete. *ACI Materials Journal*, **90**, No. 3, pp. 203–6 (1993).
4.89 G. R. U. BURG, Slump loss, air loss, and field performance of concrete, *ACI Journal*, **80**, No. 4, pp. 332–9 (1983).
4.90 B. J. HANAYNEH and R. Y. ITANI, Effect of retempering on the engineering properties of superplasticized concrete, *Materials and Structures*, **22**, No. 129, pp. 212–19 (1989).
4.91 G. W. SEEGEBRECHT, A. LITVIN and S. H. GEBLER, Durability of dry-mix shotcrete *Concrete International*, **11**, No. 10, pp. 47–50 (1989).
4.92 S. H. GEBLER, Durability of dry-mix shotcrete containining regulated-set cement *Concrete International*, **11**, No. 10, pp. 56–8 (1989).
4.93 Y. KASAI et al., Comparison of cement contents in concrete surface prepared in permeable form and conventional form, *CAJ Review*, pp. 298–301 (1988).
4.94 D. R. MORGAN, Freeze–thaw durability of shotcrete, *Concrete International* **11**, No. 8, pp. 86–93 (1989).
4.95 I. L. GLASSGOLD, Shotcrete durability: an evaluation, *Concrete International*, **11**, No. 8, pp. 78–85 (1989).
4.96 D. R. MORGAN, Dry-mix silica fume shotcrete in Western Canada, *Concrete International*, **10**, No. 1, pp. 24–32 (1988).
4.97 U.S. BUREAU OF RECLAMATION, Specifications for ready-mixed concrete, 4094-92, *Concrete Manual, Part 2*, 9th Edn, pp. 143–59 (Denver, Colorado, 1992).
4.98 K. H. KHAYAT, B. C. GERWICK JNR and W. T. HESTER, Self-levelling and stiff consolidated concretes for casting high-performance flat slabs in water, *Concrete International*, **15**, No. 8, pp. 36–43 (1993).
4.99 W. F. PRICE and S. J. WIDDOWS, The effects of permeable formwork on the surface properties of concrete, *Mag. Concr. Res.*, **43**, No. 155, pp. 93–104 (1991).
4.100 B. C. GERWICK JNR and T. C. HOLLAND, Underwater concreting: advancing the state of the art for structural tremie concrete, in *Concrete and Concrete Construction*, ACI SP-104, pp. 123–43 (Detroit, Michigan, 1987).
4.101 N. A. CUMMING and P. T. SEABROOK, Quality assurance program for volume-batched high-strength concrete, *Concrete International*, **10**, No. 8, pp. 28–32 (1988).
4.102 A. A. AL-MANASEER, M. D. HAUG and K. W. NASSER, Compressive strength of concrete containing fly ash, brine, and admixtures, *ACI Materials Journal*, **85**, No. 2, pp. 109–16 (1988).

第4章 フレッシュコンクリート

4.103 H. Y. GHORAB, M. S. HILAL and E. A. KISHAR, Effect of mixing and curing waters on the behaviour of cement pastes and concrete. Part I: microstructure of cement pastes, *Cement and Concrete Research*, **19**, No. 6, pp. 868–78 (1989).
4.104 O. H. WALLEVIK and O. E. GJØRV, Modification of the two-point workability apparatus, *Mag. Concr. Res.*, **42**, No. 152, pp. 135–42 (1990).
4.105 D. L. KANTRO, Influence of water-reducing admixtures on properties of cement paste – a miniature slump test, *Research and Development Bulletin*, RD079.01T, Portland Cement Assn, 8 pp. (1981).
4.106 A. A. AL-MANASEER, K. W. NASSER and M. D. HAUG, Consistency and workability of flowing concrete, *Concrete International*, **11**, No. 10, pp. 40–4 (1989).
4.107 J. MURATA and H. KIKUKAWA, Viscosity equation for fresh concrete, *ACI Materials Journal*, **89**, No. 3, pp. 230–7 (1992).
4.108 B. ERLIN and W. G. HIME, Concrete slump loss and field examples of placement problems, *Concrete International*, **1**, No. 1, pp. 48–51 (1979).
4.109 S. S. PICKARD, Vacuum-dewatered concrete, *Concrete International*, **3**, No. 11, pp. 49–55 (1981).
4.110 S. SMEPLASS, Applicability of the Bingham model to high strength concrete, RILEM International Workshop on *Special Concretes: Workability and Mixing*, pp. 179–85 (University of Paisley, Scotland, 1993).
4.111 J. M. SHILSTONE SNR, Interpreting the slump test, *Concrete International*, **10**, No. 11, pp. 68–70 (1988).
4.112 B. SCHWAMBORN, Über das Bluten von Frischbeton, in Proceedings of a colloquium, *Frischmörtel, Zementleim, Frischbeton*, University of Hanover, Publication No. 55, pp. 283–97 (Oct. 1987).
4.113 ACI 304.6R-91, Guide for the use of volumetric-measuring and continuous-mixing concrete equipment, *ACI Manual of Concrete Practice, Part 2: Construction Practices and Inspection Pavements*, 14 pp. (Detroit, Michigan, 1994).
4.114 ACI 304.2R-91, Placing concrete by pumping methods, *ACI Manual of Concrete Practice, Part 2: Construction Practices and Inspection Pavements*, 17 pp. (Detroit, Michigan, 1994).
4.115 Ö. PETERSSON, Swedish method to measure the effectiveness of concrete mixers, RILEM International Workshop on *Special Concretes: Workability and Mixing*, pp. 19–27 (University of Paisley, Scotland, 1993).
4.116 R. BOUSSION and Y. CHARONAT, Les bétonnières portées sont-elles des mélangeurs?, *Bulletin Liaison Laboratoires des Ponts et Chaussées*, 149, pp. 75–81 (May–June, 1987).
4.117 U.S. ARMY CORPS of ENGINEERS, Standard test method for within-batch uniformity of freshly mixed concrete, CRD-C 55-92, *Handbook for Concrete and Cement*, 6 pp. (Vicksburg, Miss., Sept. 1992).
4.118 M. KAKIZAKI et al., Effect of mixing method on mechanical properties and pore structure of ultra high-strength concrete, *Katri Report*, No. 90, 19 pp. (Kajima Corporation, Tokyo, 1992) [and also in ACI SP-132, Detroit, Michigan, 1992].
4.119 P. C. HEWLETT, Ed., *Cement Admixtures, Use and Applications*, 2nd Edn, for The Cement Admixtures Association, 166 pp. (Longman, Harlow, 1988).
4.120 E. BIELAK, Testing of cement, cement paste and concrete, including bleeding. Part 1: laboratory test methods, in *Properties of Fresh Concrete*, Ed. H.-J. Wierig, pp. 154–66 (Chapman and Hall, London, 1990).
4.121 S. SASIADEK and M. SLIWINSKI, Means of prolongation of workability of fresh

concrete in hot climate conditions, in *Properties of Fresh Concrete*, Ed. H.-J. Wierig, Proc. RILEM Colloquium, Hanover, pp. 109–15 (Cambridge, University Press, 1990).

第5章 混 和 剤

　これまでの章で，コンクリートをつくるために使用するポルトランドセメントほか数多くのセメント状材料と骨材の性質について述べ，またこれらの材料やその組み合わせがフレッシュコンクリートの性質に及ぼす影響について解説した。それほど詳細ではないが，硬化コンクリートの性質に及ぼす影響も解説した。しかし後者の問題をもっと完全に考察する前に，コンクリート混合物のもう1つの材料，すなわち混和剤について概説するのが良いと思われる。

　セメント，骨材，および水と異なり，混和剤はコンクリート混合物に必要不可欠な構成材料ではないが，重要かつますます広範に用いられている構成材料である。今日では多くの国で，混和剤を含まない混合物はむしろ例外となっている。英国では近年混和剤の使用が大幅に増加したが，それでもなお他の先進国と比べて大きく遅れている。

5.1　混和剤がもたらす利点

　混和剤の使用が大幅に増加した理由は，コンクリートにとって物理的経済的な利益が相当大きいことである。このような利益には，以前であれば克服不可能とさえ言えるほどの相当難しい状況下でコンクリートを使用することが含まれる。また混和剤は，混合物中に使用することができる材料の幅も広げる。

　混和剤は常に安価とは限らないものの，使用すると，例えば締固めを行うのに必要な労務費，使用しない場合には必要となる分の単位セメント量，あるいは別の処置を行わなくとも耐久性が向上する，などの節約が同時にできるため，必ずしも費用が余計にかかることにはならない。

　適切に使用された混和剤はコンクリートにとって利点となる反面，低品質の混

合物材料，不適切な配合割合の使用，あるいは輸送，打込み，および締固めの技量の不足，に対する改善策とはならないことを強調しなければならない。

5.2 混和剤の分類

　特殊な場合を除き，混和剤はコンクリートの通常の性質から，特定な1つ，あるいは複数の性質を改良する目的で，練混ぜ中または打込み前の追加の練混ぜ作業中に，質量でセメントの5％以下の量をコンクリート混合物に添加する化学製品として定義することができる。

　混和剤（admixtures）の組成は有機質の場合も無機質の場合もあるが，鉱物と異なり化学特性がその本質的な特徴である。事実，米国の専門用語では化学混和剤（chemical admixtures）と呼ばれているが，本書ではそのような限定条件を付ける必要がない。なぜならば，ほとんど常にセメントの質量の5％を超える量を混合物中に混和するような鉱物製品を，本書ではセメント状材料または混和材と呼んでいるからである。

　混和剤は一般にコンクリート中での機能によって分類されるが，時には付加的な作用をすることもある。ASTM C 494-92の分類は次の通りである。

　　タイプA　　減水
　　タイプB　　遅延
　　タイプC　　硬化促進
　　タイプD　　減水と遅延
　　タイプE　　減水と硬化促進
　　タイプF　　高性能減水
　　タイプG　　高性能減水と遅延

　混和剤の英国基準は，硬化促進剤，遅延剤，および減水剤を対象としたBS 5075:Part 1:1982と高性能減水剤を対象としたBS 5075:Part 3:1985である。これらの基準は欧州基準pr EN 934-2に取って代わられる可能性が大きい。

　混和剤は実施面では自社開発製品として販売されているため，販売促進用の資料に多様かつ広範な利点が挙げられていることもある。そのような利点があることは本当かもしれないが，その中には特定の状況で行われたため間接的にしか表

れなかったものもあり、使用する前に混和剤特有の効果を理解しておくことが重要である。また ASTM C 494-92 に指摘されている通り、発生する特有の効果は混合物中の他の材料の性質や混合割合によって異なることがある。

混和剤は固体状でも液体状でも使用することができる。コンクリートの練混ぜ中は液体の方が速く均一に拡散するため、液体状で使用するのが一般的である。適切に較正された自動添加機を使用し、通常は水の供給の後半部分で、混和剤を練混ぜ水の中に入れて、または希釈された形ではあるが練混ぜ水と同時に投入する。高性能減水剤は特殊な方法で練混ぜ水に混和する。

各種の混和剤の添加量は、一般には混合物中のセメント質量の百分率として表されており、製造者の推奨値があるが、それはたびたび状況によって異なる。

どの混和剤も、その有効性は、コンクリート中への添加量と混合物の材料、とくにセメントの性質、によって異なる。一部の混和剤の場合、問題とされる添加量は液体としての混和剤の合計質量ではなく、固体の含有量である。しかし、混合物の単位水量を定める際には、液体混和剤を合計体積として計算に入れるべきである。

重要なことは、添加量の少しの変動によって混和剤の効果が大きく左右されないようにすることである。なぜならば、コンクリートの製造中にはそのような変動が偶然起きることがあるからである。混和剤の多くは温度によって効果が異なる。そのため、使用する前に極端な温度になった場合の性能を確認しなければならない。

一般的に言って、混和剤は皮膚に触れたり目に入らないようにしなければならない。

本章で解説した化学混和剤の外に、第 11 章で取り扱う AE 剤もある。

5.3 硬化促進剤

簡潔に表現するため、ASTM のタイプ C の混和剤を硬化促進剤と呼ぶことにする。

その機能は、主としてコンクリートの早期強度の発現すなわち硬化 (23 頁参照) を促進させることであるが、同時にコンクリートの凝結も加速させることに

なる。この2つの作用を区別する必要がある場合には，凝結促進性能と表現すると良いかもしれない。

　硬化促進剤は，プレキャストコンクリートの製造（型枠を早くはずすことが望ましい）や緊急の修復工事で，例えば2～4℃のような低温下で打込みを行う場合に使用される。硬化促進剤の使用の他の利点は，コンクリート面を早期に仕上げて保護のための早期の断熱を可能にすること，および構造物の早期使用を可能にすることである。

　逆に言えば，温度が高いと硬化促進剤によって水和熱の発生速度が速くなりすぎて，収縮ひび割れが発生するようになる[5.4]。

　硬化促進剤はごく低い温度でよく使用されるが，凍結防止剤ではない。したがって，コンクリートの凍結点は2℃までしか下げないため，常に一般的な凍結防止策は取らなければならない（498頁参照）。特殊な凍結防止剤を開発中ではあるが[5.8, 5.9]，まだ完全には立証されていない。

　何十年もの間使用されてきたもっとも一般的な硬化促進剤は塩化カルシウムであった。塩化カルシウムは，おそらく間げき水のアルカリ性のわずかな変化によってまたは水和反応の触媒として，けい酸カルシウム（主としてC_3S）の水和の促進に役立つ。その作用のメカニズムは今でも完全に理解されていないが，塩化カルシウムが有効で安価な硬化促進剤であるのは間違いない。しかし重大な欠陥が1つある。鉄筋などの埋めこみ鋼材の近くに塩化物イオンがあると，腐食が非常に起きやすくなる。この問題については第11章で解説する。

　腐食反応は水と酸素がないと起きないが，鋼材の入ったコンクリート中に塩化物イオンが存在することの危険性はあまりにも大きいため，鉄筋コンクリートにはけっして塩化カルシウムを混和させてはならない。

　プレストレストコンクリートの場合は危険性はさらに高い。その結果，鋼材やアルミニウムが埋めこまれたコンクリートに塩化カルシウムを使用することは，さまざまな基準や示方書で禁止されている。また無筋コンクリートであっても外部の作用によって耐久性が損なわれるおそれがある場合には，塩化カルシウムを使用するのは良くない。例えば，貧配合の混合物に$CaCl_2$を添加すると硫酸塩の作用に対するセメントの抵抗性が低下し，また骨材が反応性であればアルカリ骨材反応の危険性が増大する[5.24]。しかし，低アルカリセメントの使用とポゾラン

の添加によってこの反応を効果的に制御することができる場合には，$CaCl_2$ による影響はきわめて小さい。$CaCl_2$ の添加によるもう1つの望ましくない特徴は，乾燥収縮が一般に約 10～15％，時にはさらに大きく増加する点であり[5.24]，おそらくクリープも増加すると思われる。

$CaCl_2$ を添加すると，打込み後 2，3 日間に起きる凍害の危険性は低下するが，その後の材齢における AE コンクリートの凍結融解に対する抵抗性には悪影響が出る。図-5.1 にそれに関連するものを示す。

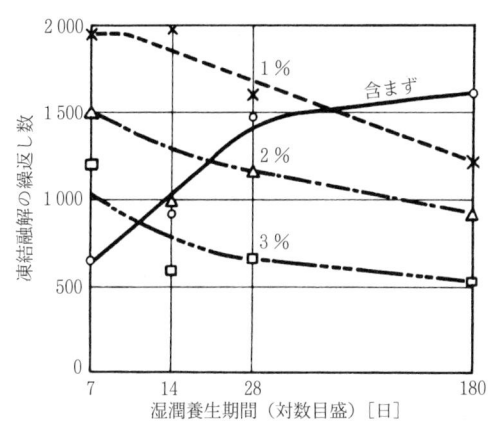

図-5.1 異なった濃度の $CaCl_2$ を含み，4℃で湿潤養生されたコンクリートの凍結融解に対する抵抗性[5.24]

$CaCl_2$ の利点としては，コンクリートの侵食と磨耗に対する抵抗性を向上させることが判明しており，この向上はすべての材齢で持続する[5.24]。無筋コンクリートを蒸気養生する場合には $CaCl_2$ がコンクリートの強度を高め，養生サイクルの際のより速い温度上昇を可能にする[5.25]（458 頁参照）。

塩化ナトリウムの作用は塩化カルシウムの作用に似ているが，それより弱い。また NaCl の影響はもっと多様であり，水和熱を低下させ，その結果 7 日以降の強度が低下することが認められている。そのため，NaCl の使用は絶対に望ましくない。塩化バリウムが推奨されてきたが，硬化促進剤として機能するのは温暖な状況の場合だけである[5.44]。

一部の研究者は，コンクリートの配合が適切で，良く締固められており，また鉄筋のかぶりが十分であれば，塩化カルシウムが鉄筋の腐食に大きく影響を及ぼ

第5章　混和剤

すことはないという見解を表明している[5.53]。

残念ながら現場では,時折そのような理想的な状態が達成されないことがあり,塩化カルシウムを使用することの危険性の方が利点を大きく上回る。その上,一部の国々でみられるような厳しい暴露条件下では,高性能コンクリートだけが鉄筋を腐食から守ることができる(第13章を参照)。

鉄筋の腐食に関して上記のような懸念があるため,塩化カルシウムの使用,性質,および影響については本書ではこれ以上解説しない。この懸念から,塩化物を含まない硬化促進剤の研究が行われるようになった。広く承認された硬化促進剤はまだ1つもないが,使用できるものをいくつか解説する価値はあると思われる。

亜硝酸カルシウムと硝酸カルシウムが硬化促進剤として考えられる。前者は防せい剤の働きもある[5.1]。蟻酸カルシウムと蟻酸ナトリウムも見込みがある。しかし後者は混合物にナトリウムをもちこむと思われるが,このアルカリは水和に影響を及ぼすことで知られており,また一部の骨材とも反応する可能性がある(184頁参照)。

蟻酸カルシウムは,C_3A と SO_3 との比率が4以上で SO_3 の含有率が低いセメントと一緒に用いた場合にのみ有効である。したがって,硫黄の含有率が比較的高い石炭を用いてつくられたセメントはこの要件は満たさない[5.7]。

そのため,与えられたセメントを用いた試し練りを行うことが必要である。また,蟻酸カルシウムは水への溶解度がきわめて低いことにも注目してほしい[5.1]。セメントの質量の2～3%の添加量であれば,蟻酸カルシウムはコンクリートの24時間までの強度を増大させ,その効果は C_3A の低いセメントではさらに大きくなる[5.3]。

Massazza と Testolin[5.13] は,図-5.2の例で示すように,蟻酸カルシウムを使用しない場合に9時間でようやく到達するコンクリート強度が,使用すると $4\frac{1}{2}$ 時間で達成できることを発見した。蟻酸カルシウムが強度の逆行を引き起こさないことは注目に値する。反面,この硬化促進剤の2次的影響の可能性はいまだに排除されていない[5.12, 5.33]。

トリエタノールアミンも硬化促進剤になる可能性があるが,添加量の変動とセメントの組成にきわめて敏感である[5.34]。そのためトリエタノールアミンは,一部

5.3 硬化促進剤

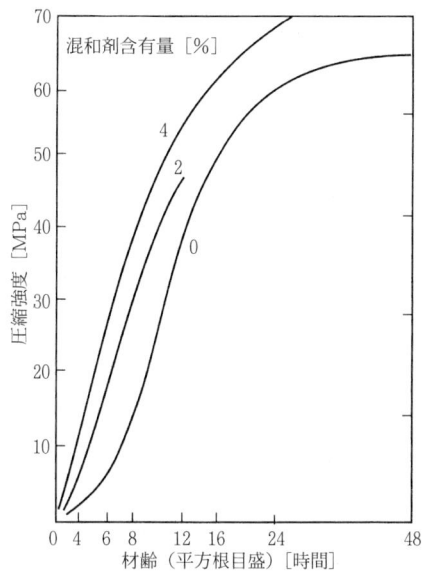

図-5.2 種々の含有量（セメントに対する質量で）の蟻酸カルシウムが，単位セメント量 $420\mathrm{kg/m^3}$ で水セメント比 0.35 のコンクリートの強度発現に及ぼす影響（参考文献 5.13 から引用）

の減水剤による遅延作用を相殺する目的以外では使用されない。

　硬化促進剤の作用の厳密な形態はいまだ知られていない。さらに，硬化促進剤がコンクリートの早期強度に及ぼす影響は，使用する特定の硬化促進剤によって大きく異なり，また，名目上の種類が同じセメントであっても，使用するセメントによって大きく異なってくる。混和剤の実際の詳細な構成は商業上の理由から開示されていないことが多いため，セメントと混和剤とのあらゆる可能な組合わせについて性能を確認することが必要である。

　この問題の大きさは，Rear および Chin[5.20] が実証した。彼らは，タイプ I のポルトランドセメントに 3 種類の混和剤を 3 種類の添加量で使用してつくった，配合割合の等しい（水セメント比は 0.54）コンクリートで試験を行った。なお，混和剤としては，第一は亜硝酸カルシウムを主成分とするもの，第二は硝酸カルシウムを主成分とするもの，第三はチオシアン酸ナトリウムを主成分とするものである。各セメントの化合物の構成の範囲 [％] は次の通りであった。

第5章 混和剤

C_3S　　　49〜59
C_2S　　　16〜26
C_3A　　　5〜10
C_4AF　　　7〜11

セメントの粉末度は Blaine 法で測定した結果，327〜429 m²/kg であった。

その結果 20°C で測定された圧縮強度から，表-5.1 に示すように，異なるセメントを使用することによって，それぞれの混和剤の性能にきわめて大きな違いが発生し，また 3 種類の混和剤の間でも性能が大きく異なることが分かった。なお，この表においては，強度は硬化促進剤の入らないコンクリートの強度に対する比率として表されている。

ASTM 仕様書 C 494-92 には，次のように規定されている。すなわち，タイプ C の混和剤を使用した場合は，基準配合の場合と比べて，ASTM C 403-92 に規定された貫入抵抗試験で測定される始発が 1 時間〜 $3\frac{1}{2}$ 時間の間で早く起きなければならない。3 日の圧縮強度は基準コンクリートの 125% でなければならない。28 日以降の材齢の強度は基準コンクリートより低くても良いが，強度の逆行は許されない。BS 5075:Part 1:1982 の規定は，24 時間で強度が 25% 増大しなければならないとされている点以外は，ほぼ同様である。

表-5.1　種々のセメントを用いてつくられたコンクリートの強度に及ぼす硬化促進剤の影響[5.20]

硬化促進剤番号	添加量 [100 kg のセメントに対する mL]	各材齢における圧縮強度の範囲 [%]		
		1 日	3 日	7 日
1	0	100	100	100
	1 300	100-173	105-115	97-114
	2 600	112-175	107-141	111-129
	3 900	111-166	111-143	113-156
2	0	100	100	100
	740	64-130	90-113	100-116
	1 480	65-157	95-113	105-132
	2 220	58-114	99-115	107-123
3	0	100	100	100
	195	111-149	115-131	100-120
	390	123-185	101-132	107-130
	585	121-171	115-136	104-129

5.4 遅延剤

上記の解説は，広く受け入れられた硬化促進剤は1つとして存在しないことを示している。きわめて低い水セメント比に高性能減水剤を組み合わせて使用するなど，高い早期強度を得るための手段は他にもあるため，硬化促進剤の需要がとくにプレキャストコンクリートの製造では減少したことは注目に値する。しかし，打込みの温度が低い場合に硬化促進剤を使用することは引き続き行われている。

5.4 遅延剤

セメントペーストの凝結の遅延は，混合物に遅延剤（ASTMタイプ B）（retarding admixture）（簡潔に，retarderと呼ぶ）を添加することによって達成できる。一部の塩類は凝結を加速させながら強度の発現を抑制することがあるが，遅延剤は一般にペーストの硬化速度も低下させる。遅延剤が水和生成物の組成または本質を変えることはない[5.45]。

遅延剤は，高温のために通常の凝結時間が短かくなる暑中コンクリートと，コールドジョイントの発生を防ぐのに有効である。遅延剤は一般に，コンクリートの輸送，打込み，および締固めを行うことのできる時間を長くする。遅延剤による硬化の遅れは，建築の洗出し仕上げを行うために利用することができ，遅延剤を型枠の内面に塗布すると，それと接したコンクリートの硬化が遅延されるのである。このセメントは，型枠を解体した後にはけで払い落とすと骨材表面を露出させることができる。

遅延剤の使用は，時には構造物の設計にも影響を及ぼす。例えば，分割施工を行う代わりに（490頁参照），打込みの各段階で遅延状態を調整しながら連続的に大量の打込みを行うことができる。

遅延作用は，糖類，炭水化物の誘導体，可溶性亜鉛塩，可溶性ホウ酸塩，その他いくつかの塩類にも存在する[5.51]。また，メタノールも遅延性をもつ可能性がある[5.12]。

実施面では，減水作用のある遅延剤（ASTM タイプB）を用いる方が一般的である。これに関しては次節で述べる。

遅延剤の作用のメカニズムは明確には解明されていない。遅延剤は急速に形成されるセメント水和物の膜に吸収されて水酸化カルシウム核の成長を減速させる

ため[5.11]，結晶の成長または形態を変える可能性が高い[5.37]。これらの作用によって，混和剤を使用しない場合と比べて水和の進行を効率良く阻止することができる。混和剤は水和した材料に取り込まれることによって最終的に溶液から除去されるが，これが必ずしも異なった複雑な水和物の形成を意味するわけではない[5.36]。ASTM のクラス D である減水・遅延剤の場合も同じことが言える。Khalil と Ward[5.43] は，水和熱と非蒸発性の水の質量との直線的な関係は，リグニンスルホン酸塩を主成分とする混和剤を加えても影響を受けないことを示した（図-5.3 を参照）。

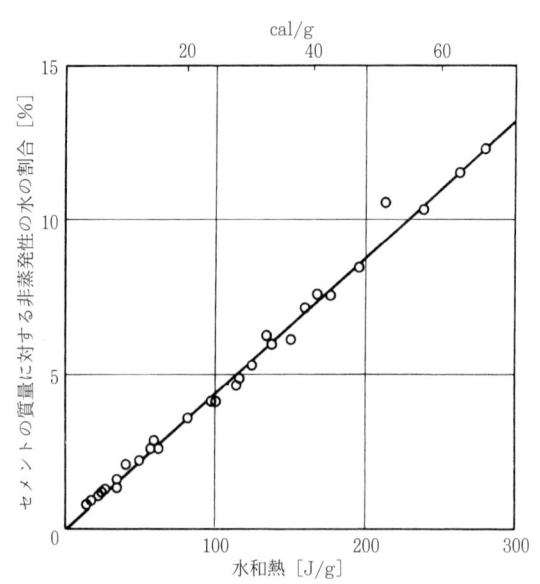

図-5.3 セメントに対する非蒸発性の水の量と，水和熱との関係（遅延剤の使用の有無を含む）[5.43]

遅延剤を不正確な量で使用するとコンクリートの凝結と硬化が完全に阻害される可能性があるため，遅延剤を使用する際には非常に注意をする必要がある。骨材試料を実験室へ運び込む際に砂糖袋を使用した場合，またはフレッシュコンクリートの輸送に糖蜜袋を使用した場合に，説明不可能と思われる強度試験結果が出た事例がいくつか知られている。糖類の影響は使用する量によって大きく異なり，過去にも矛盾する結果が報告された例がある[5.6]。

注意深く管理して使用すれば，少量の糖類（セメント質量の約 0.05％）は普

5.4 遅延剤

通の遅延剤としての作用を示し，コンクリートの凝結の遅延は約4時間である[5.55]。糖類の遅延作用は，おそらくC–S–Hの形成を防ぐことによって生じると思われる[5.50]。しかし，糖類の厳密な影響は，セメントの化学組成によっても大きく異なる。そのため，糖類に限らずどのような遅延剤でも，施工に使われる実際のセメントと試し練りをしてから決定する必要がある。

例えばセメント質量の0.2～1％ほどにもなるような大量の糖類は，セメントの凝結を実質的に妨げる。したがってそのような量の糖類は，例えばミキサやアジテータが故障して排出が行えない場合の安価な「安定剤」として使用することができる。例えば，1990年代初期に英国とフランスとの間にトンネルが建設された時には，地下で洗い流すことが不可能だったため，糖蜜を使って，余ったコンクリートの凝結を防いだ。

糖類を凝結遅延剤として用いる場合は，コンクリートの早期強度は非常に大きく低下するが[5.26]，ほぼ7日以降は遅延されない混合物と比べて強度は数％増加する[5.55]。これはおそらく，遅延された凝結が水和したセメントゲルの密度を上昇させるためであろうと思われる（450頁参照）。

混和剤の効果は，混合物に添加するタイミングによって大きく異なることは興味深い。水とセメントの接触が始まってから2分間添加を遅らせただけであっても，遅延を増加させる。そして時には，その程度添加を遅らせることはミキサへの投入順序を工夫することで達成できる。遅延の増加は，とりわけC_3Aの含有率の高いセメントに起きる。なぜならば，添加を遅らせた間にC_3Aが石膏と反応し終わり，混和剤を吸収しなくなるため，混和剤が多く残って，水酸化カルシウムの核へ吸着し，けい酸カルシウムの水和を遅延させるからである[5.36]。

遅延剤は暑中に用いられることが多いのであるが，高温では遅延効果が小さくなり（図-5.4参照），一部の遅延剤は，周囲の温度が極度に高い約60℃になると有効性を失うことに注意することが重要である[5.13]。

コンクリートの始発を遅延させる点からみて，種々の減水・凝結遅延剤の有効性に関するFattuhiの資料[5.10]を，表-5.2に示す。終結時間に対する高温の影響は，これよりはるかに小さい。

塑性状態の期間が延長させられるため，遅延剤はプラスチック収縮を大きくする傾向があるが，乾燥収縮には影響はない[5.38]。

第5章 混和剤

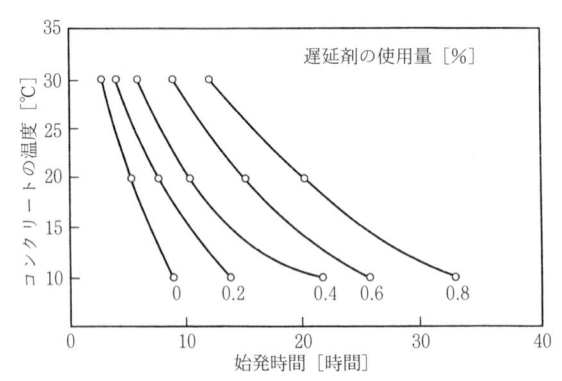

図-5.4 遅延剤の使用量（セメント質量に対する）を変えたコンクリートの始発時間に及ぼす温度の影響（参考文献5.13に引用されているもの）

表-5.2 種々の減水・凝結遅延剤によるコンクリートの始発時間の遅延[*]に及ぼす気温の影響[5.10]（版権 ASTM−許可によるコピー）

ASTM C 494-92のタイプ	混和剤の性質	各温度における始発時間の遅延 [時間：分]		
		30℃	40℃	50℃
D	オキシカルボン酸のナトリウム塩	4:57	1:15	1:10
D	リグニンを主成分とするカルシウム塩	2:20	0:42	0:53
D	カルシウムリグニンスルホン酸塩を主成分とする	3:37	1:07	1:25
B	リン酸塩を主成分とする	—	3:20	2:30

* ASTM C 403-92の針入抵抗によって測定

ASTM C 494-92は，タイプBの混和剤に対して，始発時間を基準混合物より1時間以上 $3\frac{1}{2}$ 時間以下の間で遅延させることを規定している。材齢3日以降の圧縮強度は，基準コンクリートの強度より10%低くても良いとしている。BS 5075:Part 1:1982の要件もほぼ同じである。

5.5 減水剤

ASTM C 494-92によれば，減水するだけの混和剤はタイプAと呼ばれるが，減水性が遅延を伴うと，その混和剤はタイプDに分類される。減水・硬化促進剤（タイプE）もあるが，これはあまり重要ではない。しかし，減水剤が2次的

5.5 減水剤

影響として凝結の遅延を伴う場合は，混合物中に硬化促進剤を同時に混合することによって抑制する．もっとも一般的な硬化促進剤はトリエタノールアミン（314頁参照）である．

　名前が示すとおり，減水剤の機能は混合物の単位水量を通常5～10％，時に（ワーカビリティーがきわめて高いコンクリートでは）15％まで減少させることである．したがって，コンクリート混合物中に減水剤を使用することの目的は，望ましいワーカビリティーを保持しながら水セメント比の低下を可能にすること，または，与えられた水セメント比でのワーカビリティーを向上させることである．明らかに粒度分布の悪いとわかるような骨材は使用してはならないが，減水剤は粒度分布のあまり良くない骨材でつくられたコンクリート，すなわち粗々しい混合物の性質を改善する（209頁と920頁を参照）．

　減水剤が混和されたコンクリートは一般に材料分離が少なく，「流動性」が良い．

　減水剤は，ポンプ圧送されたコンクリートまたはトレミー管によって打込まれたコンクリートにも使用することができる．

　タイプDの混和剤の主要な2つの種類は，(a)リグニンスルホン酸とその塩，および(b)水酸化カルボン酸とその塩である．これらの変形や誘導体は遅延剤として作用せず，むしろ硬化促進剤として作用することさえある[5.28]（図-5.5を参照）．したがって，それらはタイプAまたはタイプEである（310頁参照）．

　混和剤の主な作用成分は界面活性剤である[5.27]．これらは混和しない2つの相の

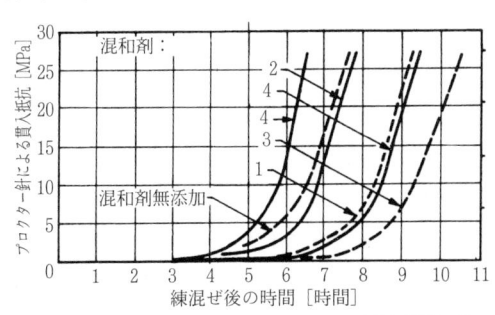

図-5.5　種々の減水剤がコンクリートの凝結時間に及ぼす影響[5.28]．番号1と2はリグニンスルホン酸塩を主成分とする；3と4は水酸化カルボン酸を主成分とする

第5章 混和剤

間の境界面に集中し，その境界面に作用する物理化学的な力を変化させる物質である。この物質はセメント粒子に吸着されて負の電荷を与え，それが粒子間の反発作用，すなわち脱フロック状態を招いて，結果として粒子の拡散を安定化させる。気泡も排除されてセメント粒子に付着することができなくなる。フロック状態になると一部の水を取り込むため，また一方，セメント粒子が互いに接触する所では接触面は早期水和が行われないために，この状態を変えた減水剤が初期水和されるセメントの表面積を大きくし，また水和に用いることのできる水の量も多くするのである。

その上，静電荷が各粒子の周りに配列した水分子の被膜を発生させ，粒子が互いに接近しないようにする。したがって粒子の可動性が大きくなり，またフロック構造に取り込まれた状態から開放された水も混合物の流動に利用できるようになるため，ワーカビリティーが向上する[5.27]。タイプDの混和剤の一部はまたセメントの水和生成物にも吸着する。

すでに述べたように，セメント粒子の拡散の1つの効果は，水和にさらされるセメントの表面積を大きくすることであり，したがって早期の段階で水和速度が速くなることであり，水セメント比は同じでも混和剤が入っていない混合物と比べてコンクリートの強度が大きくなる。拡散されたセメントがコンクリート全体にわたって，さらに均一に分布されるようになると，水和の進行状態も改善されるため，より高い強度が得られるようになるかもしれない[5.27]。

強度の増加は，ごく材齢の若いコンクリートの場合にとくに顕著に認められるが[5.29]，一定の状況下であれば長期にわたって持続する。

減水剤はセメントの水和速度に影響を及ぼすが，水和生成物の性質には影響がなく[5.33]，水和したセメントペーストの構造も影響を受けない。したがって，減水剤の使用はコンクリートの凍結融解に対する抵抗性に影響を及ぼさない[5.2]。このことは，混和剤の使用に伴って水セメント比が上昇しないときに言えることである。もっと一般的に言うと，減水剤を使用することの利点を評価する際には，いかなる比較をする場合にも適切な基準に基づいて行い，営業用の宣伝だけに頼らないことがきわめて重要である。一部の減水剤は凝結が遅延するにもかかわらず，必ずしも時間とともにワーカビリティーの低下速度が減少することにはなっていないことに注意しなければならない[5.29]。考慮すべき他の点は，コンクリートの材

5.5 減水剤

料分離とブリーディングの危険性である。

強度に関する減水剤の効果はセメントの組成によって相当異なり，アルカリまたは C_3A の含有率が低いセメントに使用した場合に最大となる。一定の単位水量と，一定のリグニンスルホン酸塩混和剤の添加量でつくられたコンクリートの，ワーカビリティーの改善に及ぼす，使用したポルトランドセメントの C_3A 含有率の影響について，Massazza と Testolin[5.13] の例を引用し図-5.6 に示す。

一般的に言って，単位セメント量の多い混合物の方が，セメント 100 kg 当たりの添加量が少ない。一部の減水剤は，ポルトランドセメントだけの混合物よりポゾランを含む混合物に使用する方が有効となる。

減水剤の添加量を増やすとワーカビリティーが向上する[5.2]（図-5.7 を参照）反面，容認できないほどのかなり大幅な遅延が起きる。しかし，長期強度に影響はない[5.28]。

減水剤の多くは，混合物への添加をわずかに遅らせても（セメントと水が接触した時点から 20 秒程度でさえ），その性能が向上する。

減水剤の拡散作用は水中の気泡の拡散にも多少の影響を及ぼすため[5.1]，とくにリグニンスルホン酸塩を主成分とする混和剤などには空気の連行効果があるかもしれない。空気の連行はコンクリート強度の低下を招くため（690 頁参照），この効果は望ましくない。他方，エントレインドエアはワーカビリティーを向上させる。空気の連行は，減水剤に少量の消泡剤を入れることによって効力を消すこ

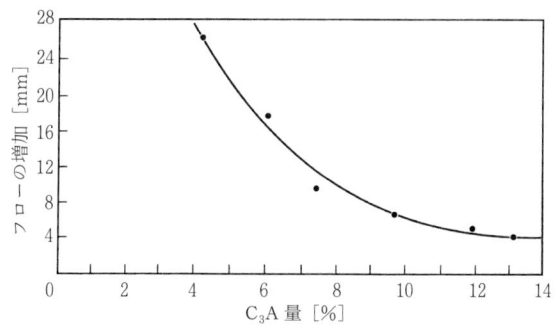

図-5.6 リグニンスルホン酸塩混和剤の 0.2% 添加によるモルタルフローの増加（混和剤無添加モルタルのフローに対して）に及ぼすセメント中の C_3A 量（C_3S と C_2S との比は一定）の影響（参考文献 5.13 から引用）

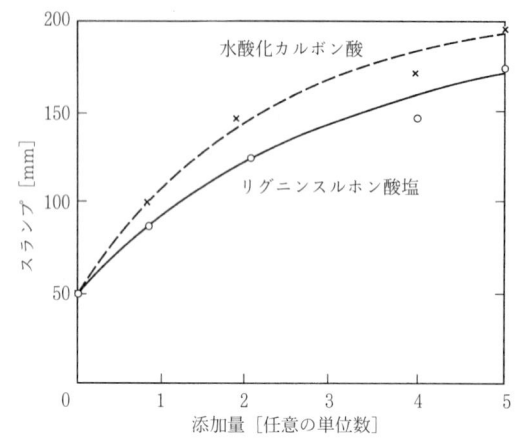

図-5.7 遅延剤の添加がスランプに及ぼす影響（参考文献5.2 に基づく）

とができ，通常の消泡剤はリン酸トリブチルである[5.2]。

リグニンスルホン酸塩を主成分とする減水剤は収縮を増大させるが，他の減水剤は収縮に影響を及ぼさないことが分かっている[5.13]。

一部のセメントでは減水剤の影響はごく少ないが，一般的な言い方をすれば，混和剤はすべての種類のポルトランドセメントとアルミナセメントに対して有効である。どのような減水剤であれ，実際の有効性は単位セメント量，単位水量，使用骨材の種類，AE 剤またはポゾランの有無，および温度によって異なる。したがって，最適な性質を得るための混和剤の種類と量とを決定するためには，現場で実際に使用する材料を用いた試し練りを行うことが必須であることは明らかである。混和剤の製造者によって与えられたデータに頼るだけでは不充分である。

5.6 高性能減水剤

高性能減水剤は減水性のある混和剤であるが，その減水効果は前節で取り上げた減水剤より大きく，明瞭である。また高性能減水剤は通常きわめて独特の性質ももっており，フレッシュな状態でも硬化した状態でも，タイプ A，D，あるいは E の減水剤を使ってつくったコンクリートと相当異なっている。

これらの理由から，高性能減水剤は ASTM C 494-92 で別に分類されており，

また本書でも別に解説している。ASTM C 494-92 は高性能減水剤を「減水性高性能混和剤（water-reducing, high range admixtures）」と呼んでいるが，この名称は長く複雑過ぎるように思われる。これに対して「高性能減水剤（super plasticisers）」という名称は，「非常に（super）」商業主義の匂いがするが広く承認されており，少なくとも簡潔という利点がある。したがって本書では，高性能減水剤という用語を使用する。

ASTM の専門用語では，高性能減水剤をタイプ F 混和剤と呼んでいる。高性能減水剤に遅延効果もある場合は，タイプ G 混和剤と呼ばれる。

5.6.1 高性能減水剤の性質

高性能減水剤には 4 つの主な種類がある。スルホン化メラミンホルムアルデヒドの縮合物，スルホン化ナフタリンホルムアルデヒドの縮合物，改質リグニンスルホン酸塩，およびその他の物でスルホン酸エステルや炭水化物エステルなどである。

最初の 2 つがもっとも一般的なものである。簡潔のため，それぞれメラミンを主成分とする高性能減水剤およびナフタリンを主成分とする高性能減水剤と呼ぶことにする。

高性能減水剤は，複雑な重合工程で合成して高分子質量の長い分子としてつくり出された水溶性有機ポリマーである。したがって比較的高価である。反面，ある特定の目的で製造するため，その特性は交差結合を最少にして分子の長さに関して最適にすることができる。また不純物の含有率も低く，添加量が多い場合でも有害な 2 次的影響を過度に示すことはない。

分子質量が大きいことは，ある限界範囲内で，高性能減水剤の効率を高める。その化学的な性質も影響はあるが，ナフタリンを，またはメラミンを主成分とする高性能減水剤のどちらか一方の優位性を一般論として述べることは不可能である。おそらく，高性能減水剤の複数の性質がその性能に影響を及ぼしていること，また使用するセメントの化学的性質も同じように影響していることが理由であろう[5.21]。

大部分の高性能減水剤の形態はナトリウム塩であるが，カルシウム塩も生産されている。しかし後者は可溶性が低い。ナトリウム塩を用いることによって，コ

ンクリート中にアルカリ類が追加されることになるが，これはセメントの水和反応と潜在的なアルカリーシリカ反応に関係すると思われる。そのため，混和剤のナトリウム含有率が既知でなければならない。ドイツなど一部の国では，質量でセメントの 0.02 %のナトリウム含有率に制限されている[5.22]。

スルホン官能基と炭水化物官能基をもつ共重合体を包接することによって，ナフタリンを主成分とする高性能減水剤の改質型が開発されている[5.35]。これは，セメント粒子表面の静電荷を維持し，セメント粒子が表面の吸着によってフロック状態になることを防ぐ。共重合体は温度が高い方が活性化するが，このことは，暑中コンクリートでとくに有利であり，高いワーカビリティーを練混ぜ後 1 時間まで保持することができる[5.35]。

高性能減水剤の詳細な性質について十分情報が提供されない場合は，専用の化学試験を行うと多くのことがわかる[5.15]。

物理試験によって，高性能減水剤と減水剤との区別を簡単につけることができる[5.16]。

5.6.2 高性能減水剤の効果

長い分子の主な作用は，セメント粒子の周りに巻きついて負の電荷を与え，互いに反発し合うようにすることである。これはセメント粒子の脱フロック状態と拡散を生じさせる。その結果向上したワーカビリティーは，ワーカビリティーが非常に高いコンクリートをつくるか，または強度が非常に高いコンクリートをつくるという 2 種類の用途に利用することができる。

混合物中の水セメント比と単位水量が与えられた場合に，高性能減水剤の拡散作用はコンクリートのワーカビリティーを向上させる。一般に，混合物が粘着力を保ちながらスランプが 75〜200 mm 上昇することが多い（図-5.8 を参照）[5.42]。その結果できたコンクリートは，締固めをほとんど，またはまったく行わずに打込むことができ，ブリーディングや材料分離が過度に起きることはない。そのようなコンクリートを高流動コンクリートと呼び，鉄筋のきわめて多い部分，近づきにくい範囲，床版や道路スラブ，および非常に速く打込むことが望ましい部分に打込むために有効である。適切に締固められた高流動コンクリートは鉄筋と普通に付着すると考えられている[5.52]。型枠を設計する際には，高流動コンクリート

5.6 高性能減水剤

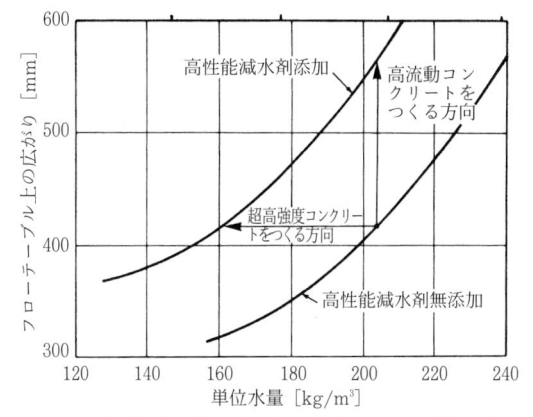

図-5.8 高性能減水剤を添加した場合および無添加の場合におけるコンクリートの単位水量とフローテーブル上の広がり（フロー値）との関係[5.42]

は完全な流体圧が作用することを念頭に置かなければならない。

高性能減水剤の第二の用途は，ワーカビリティーを普通にして水セメント比を相当大きく低下することができるため，非常に高い強度のコンクリートを生産することである。水セメント比を0.2まで低下させた場合，円柱供試体での28日強度が約150 MPaまで得られている。

一般的に言って，高性能減水剤は一定のワーカビリティーに対する単位水量を25〜35%低下させ（比較すると，普通の減水剤はこの半分を下回る値である），24時間強度を50〜75%向上させる[5.39]。すなわち，いくぶん若い材齢の方が強度の向上が大きい。普通の配合で，7時間の立方体供試体強度が30 MPaのものが得られている[5.39]（図-5.9参照）。蒸気養生またはオートクレーブ養生の場合は，さらに高い強度を得ることが可能である。

高流動コンクリートと超高強度コンクリートをつくるための高性能減水剤の性能基準はそれぞれがASTM C 1017-92とASTM C 494-92に，また両方の種類のコンクリートに関してBS 5075:Part 3:1985に規定されている。ワーカビリティーと強度の両方の向上に関する要求基準のレベルより，市販の高性能減水剤の性能のレベルの方が大きく上回っていることが参考になると思う。

高性能減水剤は水和したセメントペーストの構造を根本的に変えることはなく，

第 5 章　混和剤

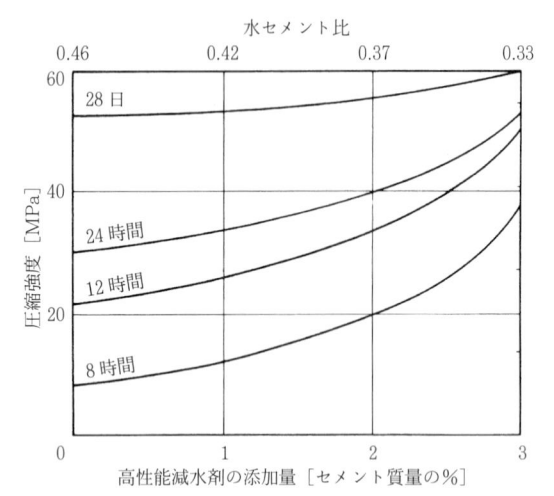

図-5.9　室温で打ち込まれた単位セメント量 370kg/m³ のコンクリートの早期強度（立法体供試体による）に及ぼす高性能減水剤の添加の影響。タイプⅢセメント；すべてのコンクリートは同じワーカビリティー[5.46]

主な効果はセメント粒子が一層よく拡散されることと，その結果セメント粒子がよく水和することである。このことは，高性能減水剤の使用が，場合によっては水セメント比が同じコンクリートの強度を向上させる事実の理由を説明していることになると思われる。24 時間で 10%，28 日で 20% の向上という値が引用されているが，この状態が例外なく確認されたわけではない[5.13]。

重要なことは，長期の材齢で強度の逆行した例は報告されていないという点である。
高性能減水剤の作用のメカニズムが完全に解明されたわけではないが，水和が遅延された C_3A と相互に作用することが知られている[5.13]。

物理的な面では，小さくて針状というよりむしろ立方体に近い形状のエトリンガイト結晶が形成されることである。立方体の形状はセメントペーストの可動性を高めるが[5.21]，これが高性能減水剤の作用の主なメカニズムではないようである。なぜならば，それらは，エトリンガイト結晶がすでに形成されている，部分的に水和しているセメントのワーカビリティーも向上させるからである。高性能減水剤が最終的にどのようになっているかについては，完全にはわかっていない[5.49]。

大部分の高性能減水剤は，極端に凝結を遅延させることはないが，凝結遅延性高性能減水剤も存在し，ASTM C 494-92にはタイプGとして分類されている。遅延が認められたナフタリンを主成分とする高性能減水剤の場合には，これが主として粒径範囲4～30μmのセメント粒子に当てはまることを，Aïtcin他[5.5]が示した。4μm未満の粒子はSO_3とアルカリ類が豊富であるため，影響を被らない。大きい粒子は，高性能減水剤があろうとなかろうと，初期水和はほとんどおきない[5.5]。

高性能減水剤は水の表面張力に大きな影響を及ぼさないため大量の空気を連行することはなく，したがって大量に添加することができる。

5.6.3 高性能減水剤の添加

混合物のワーカビリティーを向上させるために添加する高性能減水剤の一般的な添加量は，コンクリート1m^3当たり1～3Lであり，液体高性能減水剤には約40%の作用物質が含まれている。混合物の単位水量を低下させるために高性能減水剤を使用する場合の添加量は，これよりはるかに多く，コンクリート1m^3当たり5～20Lである。水セメント比と，配合割合一般を計算する際には，液体高性能減水剤の体積を算入しなければならない。

市販の高性能減水剤に含まれる固体の濃度はさまざまであり，そのため性能を比較する場合は総質量ではなく固体量に基づいて行わなければならないということは参考になると思う。実際に用いる場合は，一定の効果に対する価格に基づいて比較をしなければならない。

一定の添加量における高性能減水剤の有効性は，混合物の水セメント比によって異なる。具体的に言うと，高性能減水剤の添加量が一定の場合，ワーカビリティーを一定に保った時の水の低減割合は，水セメント比が高い場合より低い場合の方がはるかに大きくなる。例えば，水セメント比が0.40の場合の低減割合が23%であるのに対し，水セメント比が0.55の場合はたった11%であることが認められた[5.13]。

ワーカビリティーの高い普通強度のコンクリートをつくるために高性能減水剤をごく少ない添加量で使用する場合は，混和剤とセメントとの組合わせの選択に関する問題はほとんどない。添加量が多い場合は状況は大きく異なり，高性能減

水剤が実際に使用されるセメントと相性が良くなければならず、高性能減水剤とセメントがそれぞれの基準を別々に満足しているだけでは十分ではない。相性の問題は841頁で解説する。

5.6.4 ワーカビリティーの低下

高性能減水剤の最初の添加は、セメントと水とが互いに接触した直後に行わなければならないと考えるのが当然であり、そうしなければ、初期に水和反応が起こってしまい、高性能減水剤のセメント粒子を脱フロック状態にしようとする作用が起こらなくなってしまうと考えられる。

上記の説と一致しないデータが報告されているが、説明はされていない[5.1]。

高性能減水剤を添加するための理論上の最適な時期は、高性能減水剤を使用しない場合に発生する休眠期の開始時期とほぼ一致する時期と考えられる。事実、この時期に添加すると初期のワーカビリティーがもっとも高く、ワーカビリティーの低下の速度がもっとも低くなることが判明した[5.30]。この特定の時間はセメントの性質によって異なるため、実験によって確かめなければならない。実際の施工において決定要素となるのは、高性能減水剤を添加することの効果である。

高性能減水剤がセメント粒子の再集塊化を防ぐ作用は、高性能減水剤分子がセメント粒子の露出面を覆うために十分な量である限り継続する。高性能減水剤の分子の一部はセメントの水和生成物の中に閉じ込められてしまうため、高性能減水剤の供給が十分でなくなり、混合物のワーカビリティーは急速に失われる。おそらく、練混ぜや攪拌が長引くにつれて、セメントの初期水和生成物の一部がセメント粒子の表面を切り取ると思われる。このことが、これまで露出していなかったセメントに水和が起きることを可能にする。分離した水和生成物の存在と水和が追加されたことの両方によって、混合物のワーカビリティーが低下したのである。

ナフタリンを主成分とする高性能減水剤でつくられたコンクリートのワーカビリティーの低下例[5.31]を、図-5.10に示した。比較のために、初期のスランプが等しく、混和剤が入っていない混合物のワーカビリティーの低下を同じ図に示した。

高性能減水剤が入っていると、低下がはるかに速く起きることがわかるが、当然ながら、高性能減水剤を添加したコンクリートの方は水セメント比が低いため、

5.6 高性能減水剤

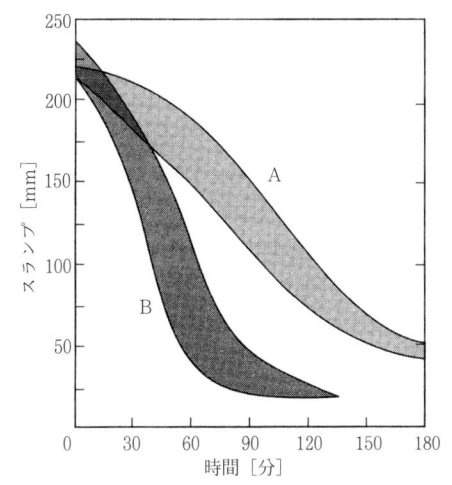

図-5.10 時間経過によるコンクリートのスランプロス：(A) 水セメント比 0.58 で混和剤無添加；(B) 水セメント比 0.47 で高性能減水剤添加（参考文献 5.31 に基づく）

結果として強度は高い。

　高性能減水剤の有効期間が限られているため，高性能減水剤を2回あるいは3回に分けて添加する方が有利かもしれない。コンクリートを現場に配送するためにトラックアジテータを使用すれば，そのような添加の繰り返しすなわち再添加を行うことができる。最初の練混ぜからしばらく経った後に再添加を行ってワーカビリティーを回復する場合には，高性能減水剤はセメント粒子と水和生成物の両方に作用するのに十分な量でなければならない。したがって，高性能減水剤を多量に再添加することが必要であり，少量を再添加しても効果はない[5.23]。

　高性能減水剤を繰り返し混合物に添加することはワーカビリティーの点から有益である反面，ブリーディングと材料分離が増加するおそれがある。考えられる他の2次的影響は凝結の遅延とエントレインドエアの量の変化（増加または減少）である[5.4]。また，2回目の添加によって回復されたワーカビリティーは急速に低下する可能性があるため，再添加はできればコンクリートの打込みと締固めの直前に行うべきである。

　ナフタリンを主成分とする高性能減水剤の再添加がワーカビリティーに及ぼす

第5章　混和剤

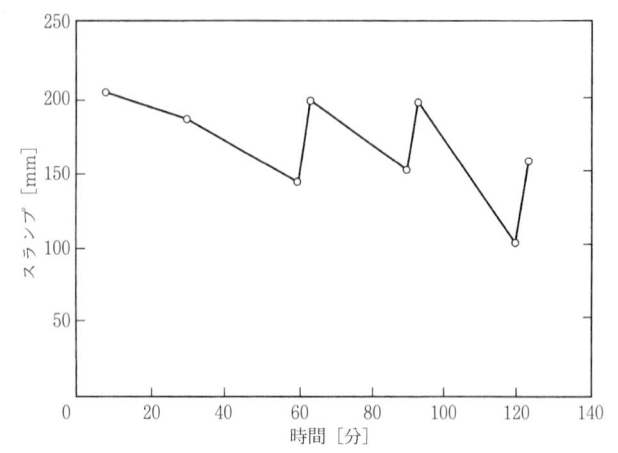

図-5.11　ナフタリンを主成分とする高性能減水剤の繰り返し再添加がスランプに及ぼす影響（参考文献 5.1 に基づく）

影響の一例を，水セメント比が 0.50 のコンクリートに関して図-5.11 に示した。第1回目の添加量とそれに続く3回のそれぞれの再添加量は同じにした。すなわち，質量でセメントの 0.4％の固体量である。

ワーカビリティーを回復するために添加する必要のある高性能減水剤の量は，30～60℃の範囲で温度とともに増加し，また水セメント比が約 0.4 の時にはそれより高い時よりはるかに多くなる。高性能減水剤を2回目，3回目と添加することによって最初のワーカビリティーは回復するが，その後のワーカビリティーの低下は早くなる。しかし，温度がそれより高くても低下の速度は上昇しない[5.18]。

今日では有効期間の長い高性能減水剤があり，そのためコンクリートを打込む直前の再添加を回避することができる。そのような高性能減水剤を使用すると配合割合の調整がうまくいくため，使用することが望ましい[5.52]。

5.6.5　高性能減水剤とセメントとの相性

高性能減水剤の大量添加を行って水セメント比をごく低くする場合，または高性能減水剤の再添加が不可能な場合は，高性能減水剤とセメントとの相性の良い組みあわせを確保することが重要である。2つの材料の相性が良い場合は，1回大量に添加するだけで，高いワーカビリティーを十分長い時間保持できるように

なる場合もある。60分から90分，時には2時間でも保持できるようになる。

　相性を評価しながら，高性能減水剤の必要添加量を設定しなければならない。通常の手法は，ASTM C 230-90 または BS 1881:Part 105:1984 のフロー試験によって，混和剤を添加していない混合物と同じワーカビリティーになるような水の低下割合［％］を決定することである。あるいは，Kantro[5.54] が開発したミニスランプ試験を用いることもできる。Aïtcin 他[5.21] は，与えられたセメントと高性能減水剤が入った規定の体積のグラウトがオリフィスを通って流れるために必要な時間を，Marsh コーンを使って決定する方法を推奨している。一般に，この Marsh フロー時間として知られるこの時間は，高性能減水剤の添加量を，効果がほとんど現れなくなる量まで，増やすにつれて減少していく。これが最適添加量である。高性能減水剤の過剰な添加は，経済上の理由以外でも，材料分離を招くため望ましくない。また，練混ぜ後5分と60分で，ワーカビリティーの相違（Marsh フロー時間による測定で）はきわめて少ないはずである。この問題の十分な解説は，841頁で行う。

　高性能減水剤の添加量の実験室での測定は，その後で実物大の試験を実施しなければならないのであるが，それでもなお，与えられた高性能減水剤が与えられたセメントに適しているかどうかを早く確認したい場合にはきわめて貴重である。セメントのいくつかの性質に関係がある。例えば，セメントが細かければ細かいほど，一定のワーカビリティーを得るために必要な高性能減水剤の添加量は多くなる[5.17]。C_3A の含有率が高いこと（これは与えられた添加量の高性能減水剤の効果を減少させる）や遅延剤として使用される硫酸カルシウムの性質などのセメントの化学的な性質も，高性能減水剤の性能に影響を及ぼす[5.21]。

　上記の解説から，高性能減水剤の製造者が推奨している単一の添加量の値は，ほとんど役に立たないことがわかる。

　セメントと高性能減水剤との適切な組合わせを探す際に，高性能減水剤を変える方が簡単な場合もあるが，そうでない場合は市販セメントの選択という方法がある。手当たりしだいに2つの材料を組み合わせてうまくいくと思ってはならない。ポルトランドセメントと高性能減水剤との相性を設定するための，確実な方法があるのである[5.17]。

5.6.6 高性能減水剤の使用

高性能減水剤の利用は，多くの点でコンクリートの使用に革命を引き起こし，以前は打込みが不可能だった場所に打込むことが，しかも簡単に，できるようになった。

また高性能減水剤は，強度やその他の性質が著しく優れたコンクリート，今では高性能コンクリートと名づけられているが，をつくることも可能にする（第13章を参照）。

高性能減水剤は，C_3A 含有率のきわめて低いセメントと一緒に使用すると大幅な遅延が起きる可能性はあるものの，それ以外はコンクリートの凝結時間に大きな影響を及ぼさない。フライアッシュを含むコンクリートにもうまく使用することができ，シリカフュームが混合物中にある場合[5.47]はとくに有用である。なぜならば，フライアッシュは混合物の水の必要量を増大させるからである[5.32]。しかし，再添加が必要な場合に必要な高性能減水剤の量は，シリカフュームを含まない場合より多くなる[5.19]。

高性能減水剤は，収縮，クリープ，弾性係数[5.41]，または凍結融解に対する抵抗性には影響を及ぼさない[5.40]。それ自体としては，コンクリートの耐久性に影響を及ぼさないのである[5.14]。具体的に言うと，硫酸塩への暴露に対する抵抗性には影響がない[5.41]。エントレインドエアの実際の量が高性能減水剤によって減少するため，AE剤と一緒に高性能減水剤を使用する場合には注意が必要である。高性能減水剤が空気の連行に及ぼす影響とその結果コンクリートが得る凍結融解に対する抵抗性は，681頁に考察する。

5.7 特殊な混和剤

本章でこれまで考察してきた混和剤の他に，空気除去剤，抗菌剤，防水剤など，他の目的で用いられる混和剤もあるが，確実な一般化ができるほど十分に基準化されていない。その上，いくつかの混和剤には性能を誇張した商品名が付けられている。

これらの混和剤が有益でないといっているわけではない。多くの状況下で，きわめて有効な目的に使用することができるが，使用前に性能を注意深く確認する

必要がある。

5.7.1 防水剤

　水和したセメントペーストの毛管空げき中の表面張力が毛管吸引によって水を「引き込む」ため，コンクリートは水を吸収する。防水剤は，水がこのようにコンクリートに浸透することを防ぐためのものである。防水剤の性能は，負荷される水圧が雨（風によって吹き付けられる場合を除く）や毛管上昇のように低いか，または貯水構造物や水を含んだ地面の中につくる下部構造のように静水圧が負荷されるか，によって大きく異なってくる。したがって「防水」という用語は妥当性が疑われる。

　防水剤はいくつかの作用を及ぼすが，その効能は主としてコンクリートを疎水性にすることである。このことは，毛管空隙の壁と水との間の接触角が大きくなるため空げきから水が「押し出される」ことを意味する。

　防水剤の作用の1つは，水和したセメントペーストの中で水酸化カルシウムと反応することによって引き起こされる。使用製品の例は，ステアリン酸と一部の植物性または動物性油脂である。効能は，コンクリートを疎水性にすることである。

　防水剤のもう1つの作用は，水和セメントペーストと接触すると，アルカリ性のために「防水」乳剤が分解され，中の防水性物質が癒着することによって引き起こされる。その一例は，細かく分散されたワックスの乳剤である。この場合も，効能はコンクリートを疎水性にすることである。

　第3の種類の防水剤はステアリン酸カルシウムを含むごく細かい材料，または一部の炭化水素樹脂，またはコールタールピッチであり，疎水性の表面をつくり出す[5.2]。

　コンクリートに疎水性を与えることは有益であるが，実施面では，毛管空隙の表面をすべて覆うのは難しく，結果として完全な防水を達成する可能性は低い[5.3]。

　一部の防水剤は疎水作用の他に，癒着性のある成分で空げきの閉塞を引き起こす。残念ながら，関連する諸作用を説明し分類するための情報はあまりないため，任意の防水剤の性能に関する製造者のデータと実験証明とを組み合わせて拠り所にしなければならない。防水剤の安定性を実証するための使用経験は，十分長期

にわたるものでなければならないことを強調しておく。

一部の防水剤の2次的影響は,細かく分散されたワックスやアスファルトの乳剤による混合物のワーカビリティーの向上である。また,空気を多少連行する。またコンクリートの粘着力も高めるが,「粘りの強い」混合物になるおそれがある[5.3]。

防水剤はその性質から,攻撃性の気体の作用に対する抵抗性には有効ではない[5.2]。

防水剤に関して述べておかなければならない最後の点は,正確な組成が不明のことが多いため,コンクリートが塩化物による腐食を受けやすい状況で使用される可能性の高い場合は,塩化物を含んでいないことを確認することがきわめて重要である。

防水剤は,コンクリートの表面に塗るシリコン樹脂系の撥水剤と区別しなければならない。防水膜は,ある程度弾性のある丈夫な薄膜をつくる。おそらくゴムラテックスを含んだ,乳剤系のアスファルト被膜である。これらの材料を考察することは,本書の対象外である。

5.7.2 抗菌剤その他の類似の混和剤

バクテリア,真菌,または昆虫など一部の有機体は,コンクリートに悪影響を及ぼす可能性がある。考えられるメカニズムは[5.3],腐食性の化学物質を代謝作用で放出して,鋼材の腐食を促進させる環境をつくり出すことである。表面に染みができる場合もある。

バクテリアの作用における一般的な作用物質は,水和セメントペーストと反応する有機酸または鉱物酸である。最初は,水和セメントペースト中のアルカリ性の間げき水が酸を中和するが,バクテリアの継続的な作用によってさらに深い攻撃となる。

コンクリートのでこぼこした表面組織がバクテリアを守るため,表面の洗浄は効果がなく,攻撃する有機体に対して毒性のある何か特殊な混和剤を混合物に混和することが必要である。これは耐バクテリア性,抗真菌性,あるいは殺虫性である。

バクテリアの攻撃に関する詳細は,Ramachandran[5.3]が報告している。抗菌

剤に関する有益な情報は ACI 212.3R-91[5.4] にあり，有効な混和剤がいくつか列挙されている。

硫酸銅とペンタクロロフェノールが硬化コンクリート上の藻や地衣の繁殖を抑制することが判明したが，有効性は時間とともに低下したことを付け加えておく[5.48]。もちろん，有毒の可能性のある混和剤を使用してはならない。

5.8 混和剤の使用に対する所見

通常の環境温度での性能が経験から分かっている混和剤は，ごく高温またはごく低温では異なる挙動を示す場合がある。

一部の混和剤は保管中の凍結温度に対して耐性がなく，使えなくなるし，他の大部分のものは解凍と練直しを必要とする。凍結温度で影響を被らないものはほとんどない。

個別に使用した場合の混和剤の性能は既知であるが，他の混和剤と一緒に使用した場合の相性が良くない場合もある。そのため，どのような混和剤の組合わせでも試し練りを行うことが絶対に必要である。

2種類の混和剤が混合物に添加された時の相性は良くとも，ミキサに投入する前に接触があると相互作用で悪影響が出るおそれもある。これは，例えばリグニンスルホン酸塩型の減水剤とヴィンソルレジンを主成分とする型の AE 剤の場合に当てはまる[5.29]。したがって，さまざまな混和剤を別々にして，異なる場所で，またおそらく異なる時にミキサへ投入することが，賢明な予防策である。混和剤の計量方式は，ACI 212.3 R-1991 に詳細に規定されている[5.4]。

混和剤をミキサに投入する時には，正確に計量するだけではなく，練混ぜ時間中の適切な時点で，また適切な速度で投入しなければならない。コンクリートの練混ぜ順序の変更が，混和剤の性能に影響を及ぼすこともある。

コンクリート混合物中の塩化物イオンの総量には一般に限界値が定められており，塩化物の供給源はすべて考慮に入れなければならないため，使用する混和剤に塩化物が入っているかどうかを知ることが重要である（第11章参照）。いわゆる「無塩の」混和剤であっても，製造に使用された水から混入する塩化物イオンが少量含まれている可能性がある。例えばプレストレストコンクリートに使用す

第5章 混和剤

る場合など，コンクリートの塩化物含有量の影響を受けやすい状況では，使用する混和剤の正確な塩化物含有量を確認しなければならない[5.4]。

◎参考文献

5.1 V. DODSON, *Concrete Admixtures*, 211 pp. (Van Nostrand Reinhold, New York, 1990).
5.2 M. R. RIXOM and N. P. MALIVAGANAM, *Chemical Admixtures for Concrete*, 2nd Edn, 306 pp. (E. & F. N. Spon, London/New York, 1986).
5.3 V. S. RAMACHANDRAN, Ed., *Concrete Admixtures Handbook: Properties, Science and Technology*, 626 pp. (Noyes Publications, New Jersey, 1984).
5.4 ACI 212.3R-91, Chemical admixtures for concrete, in *ACI Manual of Concrete Practice, Part 1: Materials and General Properties of Concrete*, 31 pp. (Detroit, Michigan, 1994).
5.5 P.-C. AÏTCIN, S. L. SARKAR, M. REGOURD and D. VOLANT, Retardation effect of superplasticizer on different cement fractions, *Cement and Concrete Research*, **17**, No. 6, pp. 995–9 (1987).
5.6 F. M. LEA, *The Chemistry of Cement and Concrete* (Arnold, London, 1970).
5.7 S. GEBLER, Evaluation of calcium formate and sodium formate as accelerating admixtures for portland cement concrete, *ACI Journal*, **80**, No. 5, pp. 439–44 (1983).
5.8 K. SAKAI, H. WATANABE, H. NOMACI and K. HAMABE, Preventing freezing of fresh concrete, *Concrete International*, **13**, No. 3, pp. 26–30 (1991).
5.9 C. J. KORHONEN and E. R. CORTEZ, Antifreeze admixtures for cold weather concreting, *Concrete International*, **13**, No. 3, pp. 38–41 (1991).
5.10 N. J. FATTUHI, Influence of air temperature on the setting of concrete containing set retarding admixtures, *Cement, Concrete and Aggregates*, **7**, No. 1, pp. 15–18 (Summer 1985).
5.11 P. F. G. BANFILL, The relationship between the sorption of organic compounds on cement and the retardation of hydration, *Cement and Concrete Research*, **16**, No. 3, pp. 399–410 (1986).
5.12 V. S. RAMACHANDRAN and J. J. BEAUDOIN, Use of methanol as an admixture, *Il Cemento*, **84**, No. 2, pp. 165–72 (1987).
5.13 F. MASSAZA and M. TESTOLIN, Latest developments in the use of admixtures for cement and concrete, *Il Cemento*, **77**, No. 2, pp. 73–146 (1980).
5.14 V. M. MALHOTRA, Superplasticizers: a global review with emphasis on durability and innovative concretes, in *Superplasticizers and Other Chemical Admixtures in Concrete*, Proc. Third International Conference, Ottawa, Ed. V. M. Malhotra, ACI SP-119, pp. 1–17 (Detroit, Michigan, 1989).
5.15 E. ISTA and A. VERHASSELT, Chemical characterization of plasticizers and superplasticizers, in *Superplasticizers and Other Chemical Admixtures in Concrete*, Proc. Third International Conference, Ottawa, Ed. V. M. Malhotra, ACI SP-119, pp. 99–116 (Detroit, Michigan, 1989).
5.16 A. VERHASSELT and J. PAIRON, Rapid methods of distinguishing plasticizer from superplasticizer and assessing superplasticizer dosage, in *Superplasticizers and Other Chemical Admixtures in Concrete*, Proc. Third International Conference, Ottawa, Ed. V. M. Malhotra, ACI SP-119, pp. 133–56 (Detroit, Michigan, 1989).

5.17 E. HANNA, K. LUKE, D. PERRATON and P.-C. AÏTCIN, Rheological behavior of portland cement in the presence of a superplasticizer, in *Superplasticizers and Other Chemical Admixtures in Concrete*, Proc. Third International Conference, Ottawa, Ed. V. M. Malhotra, ACI SP-119, pp. 171–88 (Detroit, Michigan, 1989).

5.18 M. A. SAMARAI, V. RAMAKRISHNAN and V. M. MALHOTRA, Effect of retempering with superplasticizer on properties of fresh and hardened concrete mixed at higher ambient temperatures, in *Superplasticizers and Other Chemical Admixtures in Concrete*, Proc. Third International Conference, Ottawa, Ed. V. M. Malhotra, ACI SP-119, pp. 273–96 (Detroit, Michigan, 1989).

5.19 A. M. PAILLÈRE and J. SERRANO, Influence of dosage and addition method of superplasticizers on the workability retention of high strength concrete with and without silica fume (in French), in *Admixtures for Concrete: Improvement of Properties*, Proc. ASTM Int. Symposium, Barcelona, Spain, Ed. E. Vázquez, pp. 63–79 (Chapman and Hall, London, 1990).

5.20 K. REAR and D. CHIN, Non-chloride accelerating admixtures for early compressive strength, *Concrete International*, **12**, No. 10, pp. 55–8 (1990).

5.21 P.-C. AÏTCIN, C. JOLICOEUR and J. G. MACGREGOR, A look at certain characteristics of superplasticizers and their use in the industry, *Concrete International*, **16**, No. 15, pp. 45–52 (1994).

5.22 T. A. BÜRGE and A. RUDD, Novel admixtures, in *Cement Admixtures, Use and Applications*, 2nd Edn, Ed. P. C. Hewlett, for The Cement Admixtures Association, pp. 144–9 (Longman, Harlow, 1988).

5.23 D. RAVINA and A. MOR, Effects of superplasticizers, *Concrete International*, **8**, No. 7, pp. 53–5 (July 1986).

5.24 J. J. SHIDELER, Calcium chloride in concrete, *J. Amer. Concr. Inst.*, **48**, pp. 537–59 (March 1952).

5.25 A. G. A. SAUL, Steam curing and its effect upon mix design, *Proc. of a Symposium on Mix Design and Quality Control of Concrete*, pp. 132–42 (Cement and Concrete Assoc., London, 1954).

5.26 D. L. BLOEM, Preliminary tests of effect of sugar on strength of mortar, *Nat. Ready-mixed Concr. Assoc. Publ.* (Washington DC, August 1959).

5.27 M. E. PRIOR and A. B. ADAMS, Introduction to producers' papers on water-reducing admixtures and set-retarding admixtures for concrete, *ASTM Sp. Tech. Publ. No. 266*, pp. 170–9 (1960).

5.28 C. A. VOLLICK, Effect of water-reducing admixtures and set-retarding admixtures on the properties of plastic concrete, *ASTM Sp. Tech. Publ. No. 266*, pp. 180–200 (1960).

5.29 B. FOSTER, Summary: Symposium on effect of water-reducing admixtures and set-retarding admixtures on properties of concrete, *ASTM Sp. Tech. Publ. No. 266*, pp. 240–6 (1960).

5.30 G. CHIOCCHIO, T. MANGIALARDI and A. E. PAOLINI, Effects of addition time of superplasticizers in workability of portland cement pastes with different mineralogical composition, *Il Cemento*, **83**, No. 2, pp. 69–79 (1986).

5.31 S. H. GEBLER, The effects of high-range water reducers on the properties of freshly mixed and hardened flowing concrete, *Research and Development Bulletin* RD081.01T, Portland Cement Association, 12 pp. (1982).

5.32 T. MANGIALARDI and A. E. PAOLINI, Workability of superplasticized microsilica–Portland cement concretes, *Cement and Concrete Research*, **18**, No. 3, pp. 351–62 (1988).

5.33 P. C. HEWLETT, Ed., *Cement Admixtures, Use and Applications*, 2nd Edn, for The Cement Admixtures Association, 166 pp. (Longman, Harlow, 1988).

5.34 J. M. DRANSFIELD and P. EGAN, Accelerators, in *Cement Admixtures, Use and Applications*, 2nd Edn, Ed. P. C. Hewlett, for The Cement Admixtures Association, pp. 102–29 (Longman, Harlow, 1988).

5.35 K. MITSUI et al., Properties of high-strength concrete with silica fume using high-range water reducer of slump retaining type, in *Superplasticizers and Other Chemical Admixtures in Concrete*, Ed. V. M. Malhotra, ACI SP-119, pp. 79–97 (Detroit, Michigan, 1989).

5.36 J. F. YOUNG, A review of the mechanisms of set-retardation of cement pastes containing organic admixtures, *Cement and Concrete Research*, **2**, No. 4, pp. 415–33 (1972).

5.37 J. F. YOUNG, R. L. BERGER and F. V. LAWRENCE, Studies on the hydration of tricalcium silicate pastes. III Influence of admixtures on hydration and strength development, *Cement and Concrete Research*, **3**, No. 6, pp. 689–700 (1973).

5.38 C. F. SCHOLER, The influence of retarding admixtures on volume changes in concrete, *Joint Highway Res. Project Report JHRP-75-21*, 30 pp. (Purdue University, Oct. 1975).

5.39 P. C. HEWLETT and M. R. RIXOM, Current practice sheet no. 33 – superplasticized concrete, *Concrete*, **10**, No. 9, pp. 39–42 (London, 1976).

5.40 V. M. MALHOTRA, Superplasticizers in concrete, *CANMET Report MRP/MSL 77-213*, 20 pp. (Canada Centre for Mineral and Energy Technology, Ottawa, Aug. 1977).

5.41 J. J. BROOKS, P. J. WAINWRIGHT and A. M. NEVILLE, Time-dependent properties of concrete containing a superplasticizing admixture, in *Superplasticizers in Concrete*, ACI SP-62, pp. 293–314 (Detroit, Michigan, 1979).

5.42 A. MEYER, Experiences in the use of superplasticizers in Germany, in *Superplasticizers in Concrete*, ACI SP-62, pp. 21–36 (Detroit, Michigan, 1979).

5.43 S. M. KHALIL and M. A. WARD, Influence of a lignin-based admixture on the hydration of Portland cements, *Cement and Concrete Research*, **3**, No. 6, pp. 677–88 (1973).

5.44 L. H. MCCURRICH, M. P. HARDMAN and S. A. LAMMIMAN, Chloride-free accelerators, *Concrete*, **13**, No. 3, pp. 29–32 (London, 1979).

5.45 P. SELIGMANN and N. R. GREENING, Studies of early hydration reactions of portland cement by X-ray diffraction, *Highway Research Record*, No. 62, pp. 80–105 (Washington DC, 1964).

5.46 A. MEYER, Steigerung der Frühfestigkeit von Beton, *Il Cemento*, **75**, No. 3, pp. 271–6 (1978).

5.47 V. M. MALHOTRA, Mechanical properties and durability of superplasticized semi-lightweight concrete, *CANMET Mineral Sciences Laboratory Report MRP/MSL 79-131*, 29 pp. (Canada Centre for Mineral and Energy Technology, Ottawa, Sept. 1979).

5.48 CONCRETE SOCIETY, Admixtures for concrete, *Technical Report TRCS 1*, 12 pp. (London, Dec. 1967).

5.49 F. P. GLASSER, Progress in the immobilization of radioactive wastes in cement, *Cement and Concrete Research*, **22**, Nos 2/3, pp. 201–16 (1992).

5.50 J. R. BIRCHALL and N. L. THOMAS, The mechanism of retardation of setting of OPC by sugars, in *The Chemistry and Chemically-Related Properties of Cement*, Ed. F. P. Glasser, British Ceramic Proceedings No. 35, pp. 305–315 (Stoke-on-Trent, 1984).

5.51 V. S. RAMACHANDRAN et al., The role of phosphonates in the hydration of Portland

cement, *Materials and Structures*, **26**, No. 161, pp. 425–32 (1993).
5.52 ACI 212.4R-94, Guide for the use of high-range water-reducing admixtures (superplasticizers) in concrete, in *ACI Manual of Concrete Practice, Part 1: Materials and General Properties of Concrete*, 8 pp. (Detroit, Michigan, 1994).
5.53 B. MATHER, Chemical admixtures, in *Concrete and Concrete-Making Materials*, Eds. P. Klieger and J. F. Lamond, *ASTM Sp. Tech. Publ. No. 169C*, pp. 491–9 (Detroit, Michigan, 1994).
5.54 D. L. KANTRO, Influence of water-reducing admixtures on properties of cement paste – a miniature slump test, *Research and Development Bulletin*, RD079.01T, Portland Cement Assn, 8 pp. (1981).
5.55 R. ASHWORTH, Some investigations into the use of sugar as an admixture to concrete, *Proc. Inst. Civ. Engrs*, **31**, pp. 129–45 (London, June 1965).

第 6 章　コンクリートの強度

強度はコンクリートのもっとも貴重な性質と一般に考えられているが，多くの実施例において，耐久性や透水性などの他の特性の方が実際には重要な場合もある。それにもかかわらず，強度は水和セメントペーストの構造に直接関係があるため，一般に強度がコンクリートの品質の全体像を示す。さらに，コンクリートの強度はほとんど常に構造物の設計上不可欠の要素であり，規定の遵守の目的では強度が規定されている。

セメントゲルの力学的な強度については 43 頁で解説した。本章では，コンクリートの強度に関するいくつかの経験的な関係を解説する。

6.1　水セメント比

工学的な実施面では，規定の温度の水で養生された一定の材齢のコンクリートの強度は，主として 2 つの因子によってのみ影響を受けると想定している。水セメント比と締固めの程度である。空げきが強度に及ぼす影響は 234 頁で解説したので，この段階では完全に締固められたコンクリートだけを考察する。このことは，配合割合の決定においては，硬化コンクリートに約 1 ％の空げきが含まれていることを意味すると解釈する。

コンクリートが完全に締固められた時には，強度は水セメント比に反比例していると解釈される。この関係はいわゆる「法」といわれているが，実際には Duff Abrams が 1919 年に確立した法則である。彼は強度が次のものに等しいことを発見した。

$$f_c = \frac{K_1}{K_2^{w/c}}$$

第6章 コンクリートの強度

ここに，w/c は混合物の水セメント比（本来体積で測定したもの）であり，K_1 と K_2 は実験定数である。強度と水セメント比との曲線の一般的な形を図-6.1 に示す。

Abrams の法則は独自に確立されたものではあるが，コンクリートの強度を水とセメントの体積に関連付けている点で，René Féret が 1896 年に公式化した一般法則と類似している。Feret の法則は次の形である。

$$f_c = K\left(\frac{c}{c+w+a}\right)^2$$

ここに，f_c はコンクリートの強度であり，c，w，および a はそれぞれセメント，水，および空気の真体積の割合である。また K は定数である。

水和のすべての段階で，水セメント比がセメントペースト硬化体の空げき率を決定することを思い出してほしい（36頁参照）。したがって，水セメント比と締固めの程度はどちらもコンクリート中の空げきの容積に影響を及ぼすのであり，このことが，Féret の表現式にコンクリート中の空気の体積が含まれている理由である。

強度と空げきの容積との関係に関しては後でさらに詳しく解説する。現段階では，強度と水セメント比との実際の一般的な関係を考えてみる。図-6.1 は水セメント比の法則が成立する範囲が限られることを示している。水セメント比がごく

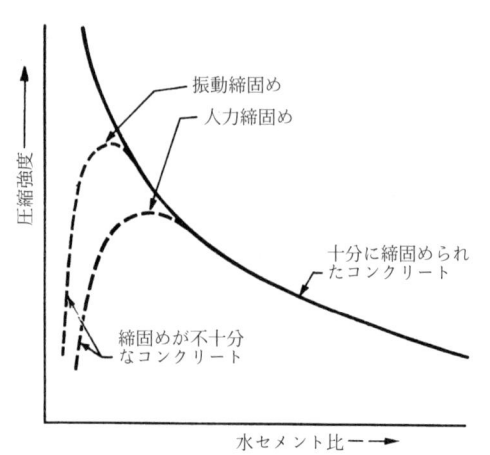

図-6.1　コンクリートの強度と水セメント比との関係

低い値になると,完全な締固めがもはや不可能となり,曲線は基本線から逸れてしまう。そして,実際に逸れが始まる位置は,使用できる締固めの手段によって異なる。また,水セメント比がごく低く,単位セメント量が極度に高い(おそらく 530kg/m³ を超える)混合物は,寸法の大きい骨材を使用すると強度の逆行も示すように思われる。したがってこのタイプの混合物は,材齢が進むと水セメント比が低くても強度は向上しない。この挙動はペーストの収縮によって発生した応力度に起因し,その応力度を骨材粒子が拘束することによって,セメントペーストのひび割れとセメント-骨材間の付着の低下が起きることによると思われる[6.2]。

たびたび,水セメント比の法則は十分に基本的ではないとの批判がなされてきた。それにもかかわらず実施面では,水セメント比は完全に締固められたコンクリートの唯一最大の因子なのである。おそらく,この状況をもっともよく言い表したのは Gilkey[6.74] であろう。

「与えられたセメントと良好な骨材によって,ワーカブルで適切に打込まれた,セメント,骨材,および水の混合物によって発現される可能性のある強度(練混ぜ,養生,および試験の状況が同じ場合)は以下のものによって影響を受ける。

(a) セメントと練混ぜ水との比率
(b) セメントと骨材との比率
(c) 骨材粒子の粒度,表面組織,形状,強度,および剛性
(d) 骨材の最大寸法」

最大寸法 40mm までの一般的な骨材を使用する場合であれば,(b)から(d)までの因子は(a)の因子ほど重要ではないと付け加えることができる。それらの因子がそれでもなお存在するのは,Walker と Bloem[6.74] が指摘する通り,「コンクリートの強度が,(1) モルタルの強度,(2) モルタルと粗骨材との付着,(3) 粗骨材粒子の強度すなわち作用する応力度に抵抗する粗骨材の能力,によってもたらされるからである」。

図-6.2 は,強度と水セメント比との関係のグラフが双曲線の形に近いことを示している。これは,一定の種類の骨材でつくられた,いかなる材齢のコンクリートにも当てはまる。双曲線 $y = k/x$ の幾何学的性質によって,y は $1/x$ に対して直線となるのである。したがって,強度と(セメント/水)比との関係は,

第6章 コンクリートの強度

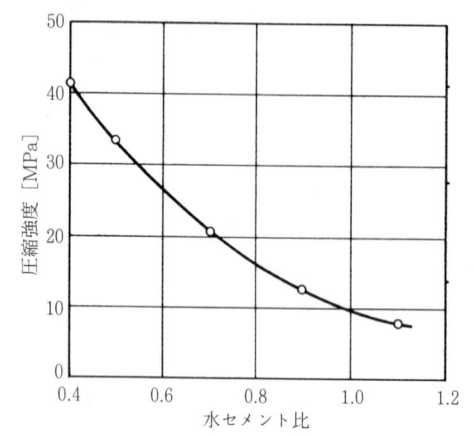

図-6.2 早強ポルトランドセメントを用いてつくられたコンクリートの7日強度と水セメント比との関係

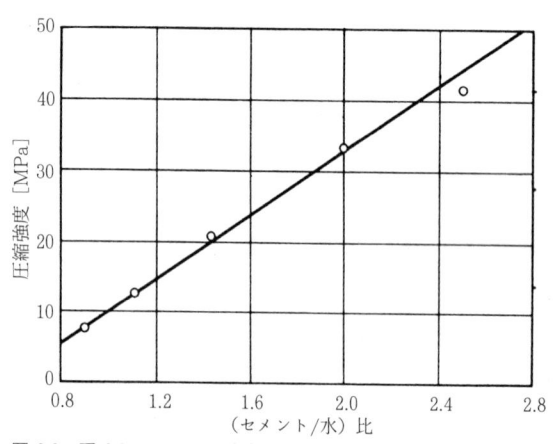

図-6.3 図-6.2のデータの強度を（セメント/水）比に対して表した関係

（セメント/水）比がおよそ 1.2〜2.5 の範囲にある場合にほぼ直線となる。参考資料 6.4 に初めて提唱されたこの直線的な関係は，Alexander と Ivanusec[6.112]および Kakizaki 他[6.58]によって確認されている。これは，とくに補間が必要な場合には水セメント比の曲線より明らかに使いやすい。図-6.3 は，（セメント/水）比を横座標にして図-6.2 のデータを描いたものである。使用された値はここで用い

6.1 水セメント比

たセメントだけに当てはまり,また実施する場合は必ず実際の強度と(セメント/水)比との関係を測定しなければならない。

強度と(セメント/水)比との関係の直線性は,(セメント/水)比が 2.6 を超えると延長できなくなる。これは水セメント比 0.38 に相当する。実際は,図-6.4 が示す通り,(セメント/水)比が 2.6 を超えると,やはり直線ではあるが別の関係が強度との間に存在する[6.59]。この図は,可能な範囲の最大の水和が終了したセメントペーストに対する計算値を表している。

0.38 を下回る水セメント比に関しては,可能な範囲の最大の水和は 100% 未満であり(34 頁参照),そのため,曲線の傾斜は水セメント比が高い場合の傾斜とは異なっている。今日では水セメント比が 0.38 よりいくぶん高いかいくぶん低い混合物がよく使用されるため,このことは良く覚えておくと良い。

アルミナセメントコンクリートの強度の型は,ポルトランドセメントでつくられたコンクリートの強度の型といくぶん異なっており,強度は(セメント/水)比に対して増加割合を徐々に低下させながら増加する[6.4]。

ここで解説した関係は厳密ではなく,当然,別の近似も可能である。例えば,強度の対数と水セメント比の値との関係が,ほぼ直線になると考えることができると提唱されている[6.3](Abrams の式を参照)。例として,水セメント比 0.4 の強

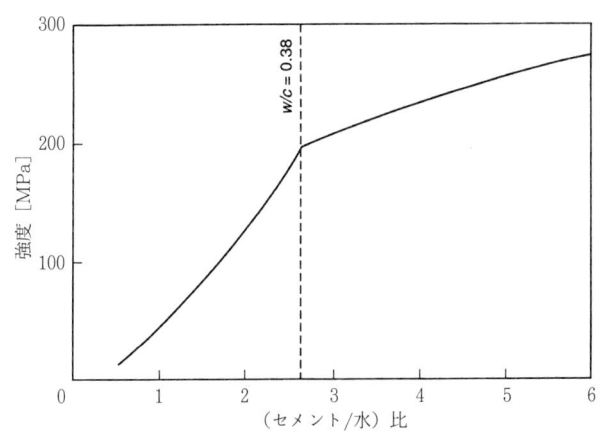

図-6.4 純粋なセメントペーストの計算上の強度と(セメント/水)比との関係。可能最大の水和反応は終了していると考えた場合(参考文献 6.59 に基づく)

第 6 章　コンクリートの強度

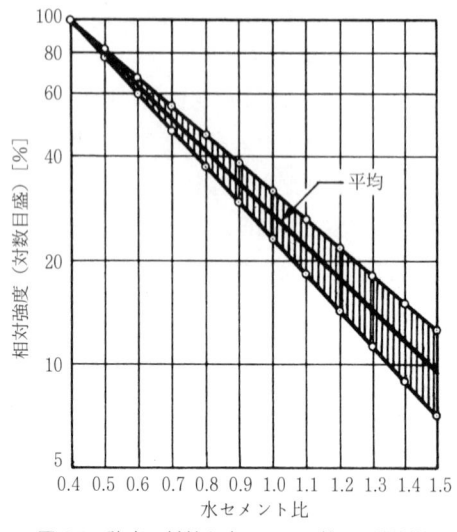

図-6.5　強度の対数と水セメント比との関係[6.3]

度を基準にして，さまざまな水セメント比の混合物の相対的な強度を図-6.5 に示す。

6.2　コンクリート中の有効な水量

上記で解説した実施上の関係は，混合物中の水の量に関するものであった。これはさらに注意深く定義する必要がある。我々は，コンクリートの総体積が安定した時点，すなわち概略凝結が生じる時点，において骨材粒子の外の空間を占める水を有効とみなす。これをもとにして，有効-，自由-，または純-水/セメント比という用語が用いられる。

一般にコンクリート中の水は，混合物に加えられた水と，ミキサに入る時点で骨材が保持していた水で構成される。

後者の水の一部は骨材の空げき構造の内部に吸収されるが（165 頁参照），一部は自由水として骨材の表面に存在するためミキサに直接加えられた水と何ら変わらない。逆に言えば，骨材が飽水していないためその空げきの一部が空気で満たされていた場合は，混合物に加えられた水の一部が練り混ぜた後 30 分ほどで

骨材に吸収される。そのような状況下で，吸収された水と自由水とをはっきり区別するのは少々難しい。

現場では，骨材は原則として湿潤状態になっており，骨材が飽水し表乾状態になるのに要する水以外の水は混合物の有効な水とみなされる。そのため，配合割合用の値は通常骨材によって吸収された水以外の水，すなわち自由水，を基準にする。これに反して，一部の実験室の試験では，乾燥骨材に加えられた総水量のことを考えている。したがって，実験室の結果を現場で使う配合割合に変換する際には注意が必要であり，水セメント比に言及する際に自由水ではなく総水量を考慮するのであれば，常にその点を明確にしなければならない。

6.3 ゲル／空間 比

水セメント比の法則は適法性に必要な多くの必要条件を満たしていないため，水セメント比が強度に及ぼす影響は実は法とはなっていない。とくに，いずれの水セメント比の場合においても，強度は，セメントの水和の程度とその化学的物理的な性質；水和が行われている時の温度；コンクリートの空気量；そしてまた有効な水セメント比の変動とブリーディングによるひび割れの形成；によって異なる[6.5]。混合物の単位セメント量と骨材−セメント間の界面の性質も関連がある。

したがって強度に対しては，水和生成物の存在可能な空間における，セメントの水和による固形生成物の濃度，と関連付ける方が正しい。この点で，ふたたび図-1.10 に言及するのが妥当であると思われる。Powers[6.6]は，強度の発現と（ゲル／空間）比との関係を求めている。この比は，セメントの水和した部分の元の体積と元の水が占めていた容積との総和に対する，水和セメントペーストの体積の比として定義される。

34頁に，セメントが水和すると元の体積の2倍以上になることを示した。以下の計算において，セメント 1mL の水和生成物が 2.06mL を占めると仮定する。水和した材料がすべてゲルになるというわけではないが，概算としてそのようにみなすことができる。次のように定義する。

$c =$ セメントの質量

$v_c =$ セメントの比容積，すなわち単位質量の体積

第6章　コンクリートの強度

w_o ＝ 練混ぜ水の体積

α ＝ 水和したセメントの割合

この場合に[6.7]，ゲルの体積は $2.06\,cv_c\alpha$ であり，ゲルの存在可能な空間は $cv_c\alpha+w_o$ である。したがって，（ゲル/空間）比は次のようになる。

$$r = \frac{2.06 v_c \alpha}{v_c \alpha + \dfrac{w_o}{c}}$$

乾燥セメントの比容積を 0.319 mL/g とすると，（ゲル/空間）比は次のようになる。

$$r = \frac{0.657\alpha}{0.319\alpha + \dfrac{w_o}{c}}$$

Powers[6.7]によって試験された圧縮強度は $234\,r^3$ MPa であり，コンクリートの材齢と配合割合とには無関係である。モルタルの圧縮強度と（ゲル/空間）比との間の実際の関係を，図-6.6 に示す。強度は（ゲル/空間）比の3乗にほぼ比例し，

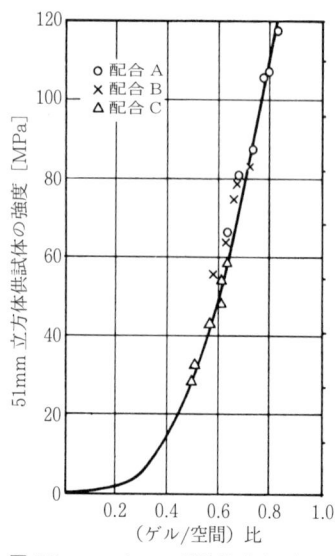

図-6.6　モルタルの圧縮強度と（ゲル/空間）比との関係[6.8]

234MPaという数字は，使用されたセメントのタイプと供試体に対するゲルの本質的な強度を表していることがわかる[6.8]。通常の範囲のポルトランドセメントに対する値は，一定の（ゲル/空間）比の場合でC_3Aの含有率が高いと強度が低くなること以外は，ほとんど変わらない[6.5]。

これらの計算は，吸着水の密度が$1.1\,\mathrm{g/cm^3}$であることを計算に入れるために少し修正する必要がある（46頁参照）。したがって，空げきの実際の容積は想定した値よりいくぶん大きい。

セメントペースト中にある空気の体積をAとすると，上の式のw_o/c比は$(w_o+A)/c$で置き変えることができる（図-6.7参照）。その結果求まる強度の式はFeretのものに似ているが，ここで使用される比率には含有物の総体積の代わりに，水和したセメントの体積に比例する量を含んでおり，材齢にかかわらず適用することができる。

強度を（ゲル/空間）比に関連付ける式は，いろいろな考え方でつくる事ができる。非蒸発水の体積w_nがゲルの体積に比例し，また，練混ぜ水の体積w_oが

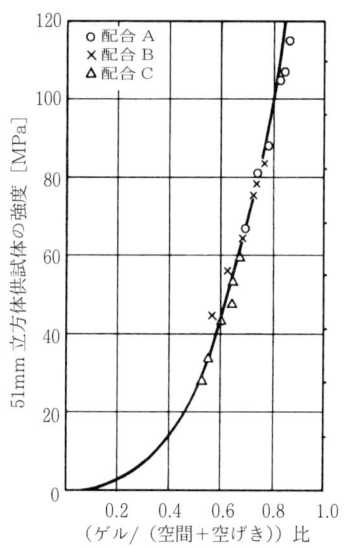

図-6.7 モルタルの圧縮強度と（ゲル/空間）比（エントラップトエアによる空げきを含むよう修正をした）との関係[6.7]

第6章 コンクリートの強度

ゲルの存在可能な空間と関連しているという事実を利用すると便利である。関係がほぼ直線的であるので，平方インチ当たりポンド数で表す強度 f_c は，2 000psi を超える f_c に対して，次の形で表すことができる（元の米国単位を使用）[6.6]。

$$f_c = 34\,200\frac{w_n}{w_o} - 3\,600$$

あるいはまた，ゲルの表面積，V_m を使うこともできる。その場合は次のようになる（ここでも米国単位で）。

$$f_c = 120\,000\frac{V_m}{w_o} - 3\,600$$

図-6.8 に，C_3A 含有率の低いセメントに関する Powers の実際のデータ[6.6]を示した。

上の式は多くのセメントに有効であることが判明しているが，係数はそれぞれのセメントによって生じるゲルに固有の強度によって異なる可能性がある。

言い換えると，セメントペーストの強度は主としてゲルの物理構造によって異なるが，セメントの化学組成の影響を無視することはできない。しかし材齢が進むと，この影響は小さくなる。ゲルの性質を見分ける別の面として，強度は元々

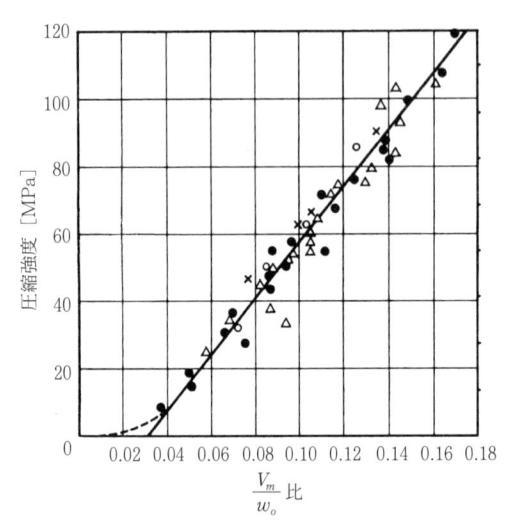

図-6.8 セメントペーストの強度と，練混ぜ水の体積 w_o に対するゲルの表面積 V_m の比との関係[6.6]

は間げき率によって決まるのではあるが，材料の（付着の一機能である）ひび割れ伝播抵抗力にも影響されるということができる。2結晶間の付着が不充分なものはひび割れと考えることができる[6.35]。

6.4 間げき率

　上記2つの節の解説は，コンクリートの強度は基本的にその中に存在する空げきの容積の関数であることを示した。強度と空げきの総容積との関係はコンクリート特有の性質ではなく，水がその中に空げきを残すことになる他の脆性材料にも見出される。例えば，漆喰の強度もその空げき率の直線的な関数である[6.1]（図-6.9参照）。さらに，種々の材料の強度を，それぞれの空げき率ゼロの場合の強度の割合として表してみると，焼石膏，鋼，鉄[6.72]，アルミナ，およびジルコニア[6.73]に関して図-6.10に示す通り，広範な材料が相対強度と間げき率との間の同じ関係に従う。この一般的な型は，コンクリートの強度に対する空げきの役割を理解する上で重要である。また，図-6.10の関係は，間げき率のきわめて低いセメント圧縮成形体（360頁参照）がきわめて高い強度をもつ理由を明らかにしている。

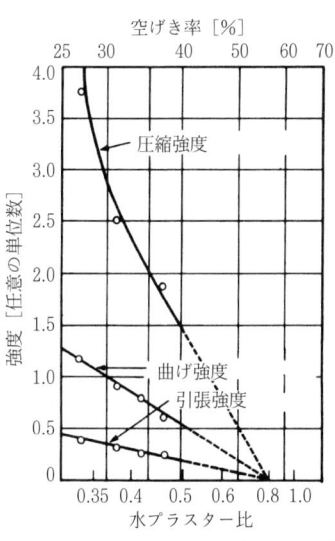

図-6.9　空げき量の関数としての漆喰の強度[6.1]

第6章 コンクリートの強度

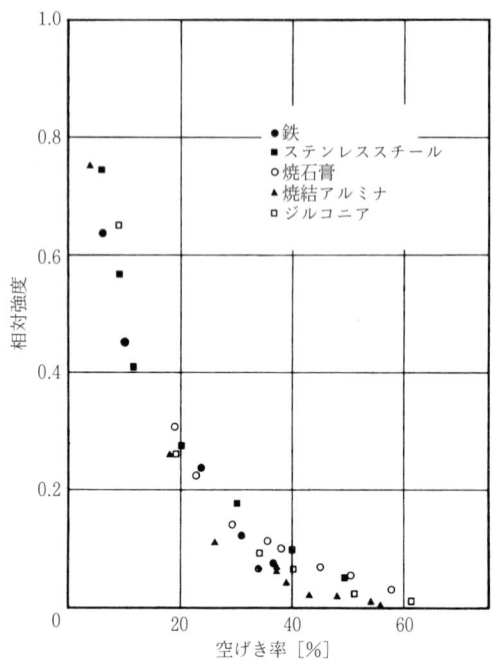

図-6.10 空げき率が種々の材料の相対強度に及ぼす影響

　厳密に言うと，コンクリートの強度はコンクリート中のすべての空げき，すなわちエントラップトエア，毛管空げき，および存在するならエントレインドエアによって，影響を受ける[6.10]。

　合計空げき率の計算例がとくに重要であるので，以下に示す。

　与えられた混合物のセメント，細骨材，および粗骨材の割合を1：3.4：4.2，水セメント比を0.80とする。エントラップトエアの含有率は2.3%と測定された。細骨材と粗骨材の密度がそれぞれ$2.60\,g/cm^3$と$2.65\,g/cm^3$，セメントの密度が$3.15\,g/cm^3$と仮定すれば，セメント：細骨材：粗骨材：水の体積比は次のようになる。

$$(1/3.15):(3.4/2.60):(4.2/2.65):(0.80)=0.318:1.31:1.58:0.80$$

空気量が2.3%であるから，残りの材料の体積を足すとコンクリートの総体積の97.7%にならなければならない。したがって，[%]で表すと，各体積は次の通りである。

6.4 間げき率

セメント（乾燥）	＝7.8
細骨材	＝32.0
粗骨材	＝38.5
水	＝19.4
合計	＝97.7%

この場合では，7日間水中養生した後にはセメントの0.7が水和していることがわかっている（例えば参考資料6.32を参照）。したがって，引き続き体積を[%]単位で示すと，水和したセメントの体積が5.5であり，未水和セメントの体積は2.3となる。

結合水の体積は水和したセメントの質量の0.23，すなわち$0.23 \times 5.5 \times 3.15 = 4.0$である（33頁参照）。水和すると，固形の水和生成物の体積は，成分であるセメントと水の合計体積より結合水の体積の0.254だけ小さくなる（33頁参照）。したがって，固形の水和生成物の体積は次の通りである。

$$5.5 + (1-0.254) \times 4.0 = 8.5$$

ゲルの間げき率の概略値は28%（33頁参照）であり，ゲル間げきの容積はw_gであるから，$w_g/(8.5+w_g) = 0.28$となる。したがってゲル間げきの容積は3.3である。それゆえ，ゲル間げきを含む水和セメントペーストの体積は，$8.5+3.3 = 11.8$となる。さて，水和した乾燥セメントの体積と練混ぜ水の体積は$5.5+19.4 = 24.9$であり，毛管空げきの容積は$24.9-11.8 = 13.1$となる。したがって，空げきは次の通りである。

毛管空げき	＝13.1
ゲル間げき	＝ 3.3
空気	＝ 2.3
合計空げき率	＝18.7%

空げきの容積が強度に及ぼす影響は，次の型のべき関数によって表すことができる。

$$f_c = f_{c,o}(1-p)^n$$

ここに，

p ＝ 間げき率すなわちコンクリートの総体積の割合で表した空げきの容積

f_c ＝ 間げき率pのコンクリートの強度

$f_{c,o}$ = 間げき率が 0 の時の強度

n = 係数（定数である必要はない）[6.33]

しかしこの関係の正確な形は不明である。圧縮され熱処理されたセメント成形体や普通のセメントペーストの試験でも，間げき率の対数が強度またはその対数と直線的な関係にあるかどうかという点で，まだ疑問がある。図-6.11 と 6.12 はこの不明確さを例示している。セメントの個々の化合物の強度に関する限り，間げき率と直線的な関係にあることが判明している（図-6.13）[6.65]。

容積の他に，間げきの形状と寸法も因子である。固体粒子の形状とその弾性係数もまたコンクリート中の応力の分布と，それゆえ，応力の集中に影響を及ぼす。コンクリート中の間げきの分布の一例を図-6.14 に示す[6.68]。Hearn と Hooton[6.113] も同様の結果を得ている。

水和セメントペーストの強度に及ぼす間げき率の影響は，広く研究されている。実験室でつくられた純粋なセメントペーストの供試体に関する結果を，コンクリートに対して使用できる情報に変換する際には注意が必要であるが，間げき率が水和セメントペーストの強度に及ぼす影響を理解しておくことは重要である。

間げき率の定義は，ゲル間げきより大きい空げきの総容積の合計体積を，水和セメントペーストの総体積に対する割合 [%] で表したもの，となっているが，

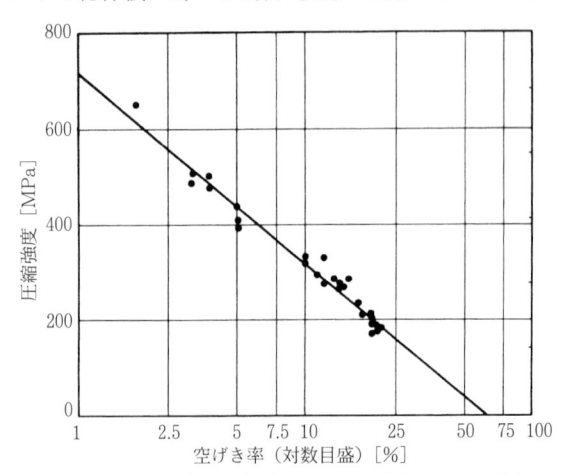

図-6.11　種々の圧縮力と高温度との組み合わせでつくられたセメントペースト圧縮成形体における空げき率の対数と圧縮強度との関係[6.34]

6.4 間げき率

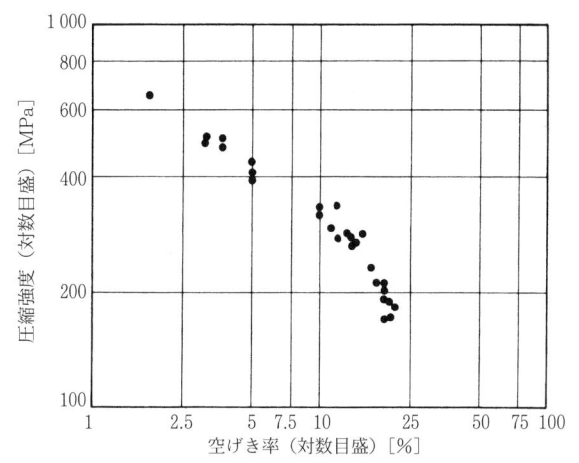

図-6.12 種々の圧縮力と高温度との組み合わせでつくられたセメントペースト圧縮成形体における空げき率の対数と圧縮強度の対数との関係（参考文献 6.34 による）

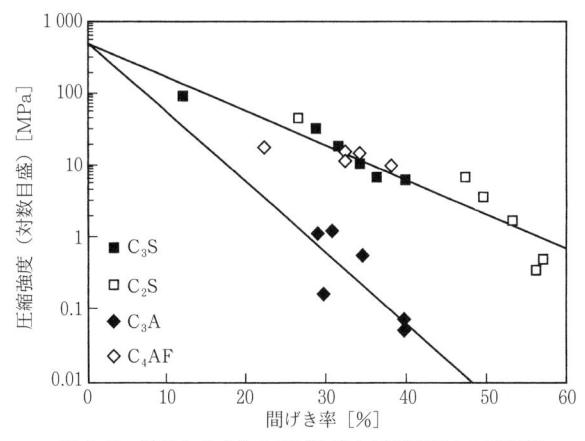

図-6.13 純粋な化合物の間げき率と圧縮強度との関係[6.65]

これはセメントペーストの強度に影響を及ぼすもっとも重要な因子であることは間違いない。間げき率が5〜28%の範囲内にある場合に，強度と間げき率との間に直線的な関係があることは，RösslerとOdler[6.63]によって立証された。

　直径が 20 nm に満たない間げきの影響は無視できるほど小さいことが判明した[6.64]。モルタルの強度と，直径 20 nm を超える間げきの容積に基づく間げき率

第6章 コンクリートの強度

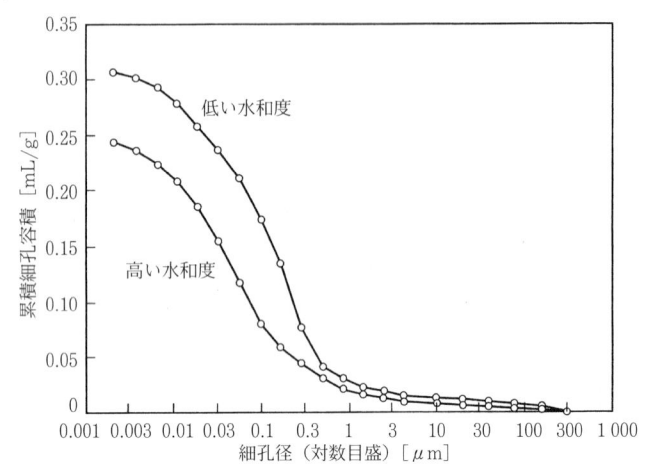

図-6.14 20℃における水セメント比 0.45 のコンクリートの各細孔径より大きい累積細孔容積(参考文献 6.68 に基づく)

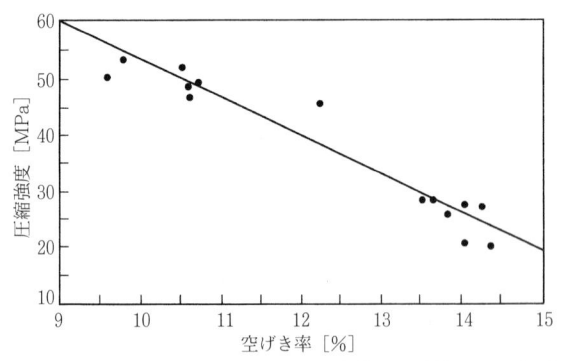

図-6.15 径が 20nm を超える細孔の容積から計算される空げき率と,モルタルの圧縮強度との関係(参考文献 6.66 に基づく)

との関係を,図-6.15 に示す[6.66]。したがって,合計間げき率の他に,細孔径分布が強度に及ぼす影響を考慮しなければならない。一般に,一定の間げき率においては,間げきが小さい方がセメントペーストの強度は高くなる。

細孔径は便宜上直径で表現しているが,すべての間げきが円柱形または球形をしているわけではけっしてない。

「直径」というのは,全体として空げきの表面積に対する容積の比率が同じに

6.4 間げき率

なる球体を表している．ほぼ球形をしているは，直径が約 100nm を超える大きい間げきだけである．図-6.16 に，さまざまな間げきの模式図を示す．この図は図-1.13 の延長であり修正を加えたものである．球形の空げきは，残留気泡またはセメント粒子の詰まり具合が不完全であったために生じたものであるが，ポロシメーターによる測定ではすぐには探知されない．なぜならば，そこへ進入するには，そこと連結している，入り口の狭い間げきを通って行くしか方法がないからである（図-6.16 参照）[6.70]．

水和セメントペーストの強度が，間げき率と細孔径分布によって異なることは，基本的なことである．研究論文の中には時折セメントの強さと石膏含有率との関係を考察しているものがあるが，これは石膏含有率がセメントの水和の進行，すなわち水和セメントペースト中の細孔径分布，に影響を及ぼすためである．しかし，間げき率の測定方法が違うことによって必ずしも同じ値が得られないことから，この問題は複雑化している[6.69]．このことの主な理由は，とくにポロシメーターによる測定法の測定過程で，とくに水の除去または添加が含まれている場合に，水和セメントペーストの構造に影響を及ぼすからである[6.67]．セメントペースト中の間げき構造を調べる際の水銀圧入については，Cook と Hover[6.114]が解説している．この測定方法は，深くなるにつれて間げきが狭くなることを想定して考えられているのに対して，実際には一部の間げきは入り口の方が小さくなっている．このことが，水銀圧入ポロシメーターによる測定法によって測定された間げき率の値の誤差を大きくしている[6.115]．

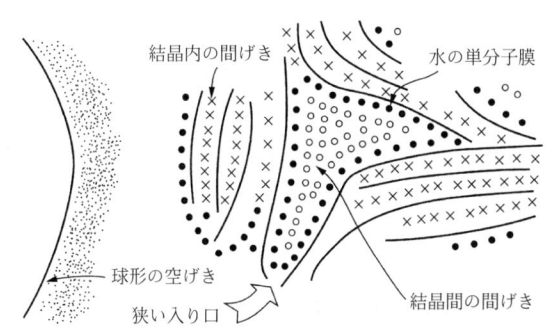

図-6.16 水和したセメントペーストの細孔構造の模式図（参考文献 6.70 の Rahman のモデルに基づく）

前に指摘した通り，水和セメントペーストの空げきに関する実験の大部分は，純粋なセメントペーストの供試体またはモルタル供試体によって行われた。コンクリートの場合，粗骨材粒子が近くのセメントペーストに影響を及ぼすため，セメント水和物の間げき特性とはいくぶん異なっている。

WinslowとLiu[6.68]は，ペーストの組成と水和の程度が同じであれば，粗骨材があることによって間げき率が上がり，細骨材が在ることによっても，程度は少ないものの似たような影響があることを見出した。水セメント比が同じ場合の，コンクリートと純粋なセメントペーストとの間の間げき率の差は，純粋なセメントペースト中に存在し得るものより大きい間げきがコンクリート中には多少存在することによって生じるものであり，水和の進行とともに増加する。

6.4.1 セメント圧縮成形体

セメント圧縮成形体は，きわめて高い圧力と高い温度とを同時にかけて製造される。したがってコンクリートという表題の下には分類されないが，1％という低い間げき率を達成することができるため，強度に果たす間げき率の役割を解明する上で重要である[6.34]。

セメントを主成分とする材料を用いてつくり出されたもののうち報告されているもっとも強度の高いもの[6.62]は，水セメント比が0.08であり，圧縮成形された時の強度は345MPaであった。340MPaの圧力と250℃の温度を適用すると，約660MPaの圧縮強度と64MPaの割裂引張強度をもつ成形体ができあがった[6.34]。

ポルトランドセメント中の個々の化合物でつくった（水/固体）比が0.45の供試体における，間げき率と圧縮強度との実験的な関係を外挿すると，間げき率0の場合の強度が500MPaであることが示された[6.65]。これは，間げき率0の水和セメントペーストの強度を450MPaと推定したNielsen[6.59]の計算値と似ている。

他にはないとは言わないが，これらの値がポルトランドセメントペースト硬化体の固有の強度である。

6.5 粗骨材の性質が強度に及ぼす影響

強度と水セメント比の関係は一般に認められているが，他の因子に無関係とい

6.5 粗骨材の性質が強度に及ぼす影響

うわけではない。そのような因子の1つを本節で解説する。

一軸圧縮を負荷した供試体の垂直ひび割れは、破壊荷重の50～70%に等しい荷重で開始する。このことは、コンクリートを通って伝達された音の速度の測定と[6.22]、また超音波パルス速度の技術を使って決定されている[6.23]。ひび割れが発生する応力は、主として粗骨材の性質によって異なる。滑らかな砂利は粗く角ばった砕石より低い応力度でひび割れを引き起こすが、これはおそらく力学的な付着は、粗骨材の表面特性と、またある程度、粗骨材の形状にも影響されるためであろう[6.19]。

したがって骨材の性質は、圧縮応力下の終局荷重ではなくてひび割れ発生荷重に、同じ理由から曲げ強度に、影響を及ぼす。そのため後者2つの値相互の関係は、使用骨材の種類とは無関係である。図-6.17に、JonesとKaplan[6.19]の結果を示す。それぞれの記号は種類の異なる骨材を表している。反対に、曲げ強度と圧縮強度との関係は、使用した粗骨材の種類によって異なってくる（図-6.18参照）。なぜならば（高強度コンクリートの場合を除き）、骨材の性質、とくに形状と表面組織が圧縮応力下の強度の終局値に及ぼす影響は、引張応力下の強度や圧縮応力下のひび割れ発生荷重に及ぼす影響よりはるかに少ないからである。

この挙動はKnab[6.71]、によって確認された。実験用コンクリートにおいて、完全に滑らかな粗骨材は、粗くした場合と比べて標準的に圧縮強度を10%低下させた[6.38]。

粗骨材の種類がコンクリートの強度に及ぼす影響は程度が一定ではなく、また混合物の水セメント比によっても異なる。水セメント比が0.4を下回る時に破砕骨材を使用すると、砂利を使用した時より強度が38%まで上昇した。この挙動を、水セメント比が0.5の場合について図-6.19に示す[6.39]。水セメント比が上昇すると、おそらく水和セメントペースト自体の強度によって強度が決まるようになるためであろうが骨材の影響は低下し、水セメント比が0.65の時には、砕石を使用したコンクリートと砂利を使用したコンクリートで強度の差がみられなかった[6.24]。

骨材の曲げ強度に対する影響は、試験時のコンクリートの含水状態によっても異なるようである[6.60]。

粗骨材の形状と表面組織はコンクリートの衝撃強度に対しても、曲げ強度の場

第6章 コンクリートの強度

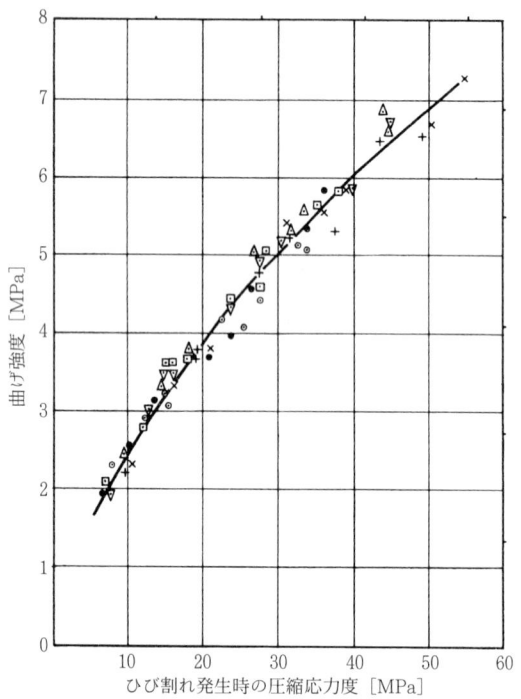

図-6.17 種々の粗骨材を用いてつくられたコンクリートにおける曲げ強度とひび割れ発生時の圧縮応力度との関係[6.19]（版権 Crown）

合と同じ理由で影響を及ぼす[6.61]（150頁参照）。

　Kaplan[6.25]は，コンクリートの曲げ強度がそれに対応するモルタルの曲げ強度より一般に低いことを確認した。したがって，モルタルがコンクリートの曲げ強度の上限値を設定するように思われ，また粗骨材の存在は一般にこの強度を低下させる。反対に，コンクリートの圧縮強度はモルタルと比較して高く，このことは Kaplan によれば，粗骨材の力学的なかみ合いが圧縮応力下のコンクリート強度に寄与することを示している。しかしこの挙動が一般に当てはまるかどうかは確認されていないため，骨材が強度に及ぼす影響については次の節でさらに考察していく。粗骨材粒子がひび割れの抑制物として機能するため，荷重を上げていくと別のひび割れが開く可能性が高いことは，この段階では注目に値する。したがって破壊は徐々に進行して行き，引張応力下でさえ応力-ひずみ曲線の下降部

6.5 粗骨材の性質が強度に及ぼす影響

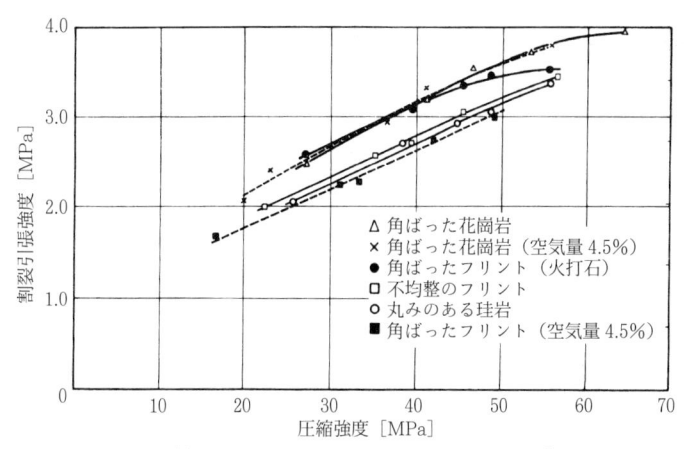

図-6.18 種々の骨材を用いてつくられたワーカビリティー一定のコンクリートにおける圧縮強度と割裂引張強度との関係（水セメント比は 0.33 と 0.68 との間，（骨材/セメント）比は 2.8 と 10.1 との間)[6.39]（版権 Crown）

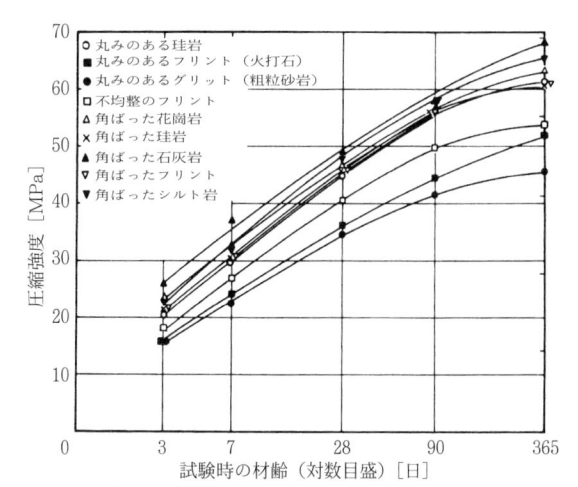

図-6.19 種々の骨材を用いてつくられたコンクリートにおける圧縮強度と材齢との関係（水セメント比 0.5)[6.39]（版権 Crown）

分が存在する。

6.6 骨材/セメント 比が強度に及ぼす影響

極度に単位セメント量の多い混合物の強度に関する異常な挙動については345頁に述べたが，混合物の単位セメント量はすべての中強度および高強度コンクリート，すなわち強度が約35MPa以上のコンクリートに影響を及ぼす。（骨材/セメント）比はコンクリートの強度に関して2次的な因子に過ぎないことは間違いないが，水セメント比が一定の場合に混合物の単位セメント量が少ないと強度は高くなる[6.12]（図-6.20参照）。

この挙動の理由は明らかではない。ある場合には，一部の水が骨材に吸収されることがあるのかもしれない。

骨材が多いと水が多く吸収されるため，水セメント比が低下する。他の場合には，骨材の量が多いため収縮とブリーディングが低下し，したがって骨材とセメントペーストとの付着を損なうことが少なくなる。セメントの水和熱による温度変化が小さくなることも原因として考えられる[6.80]。しかしもっとも可能性の高い解釈は，単位セメント量が少ないと，多い場合と比べてコンクリート1 m³当たりの合計単位水量が少なくなる点にある。その結果，単位セメント量の少ない混合物では，コンクリートの総体積に占める空げきの割合が小さくなる。強度に悪影響を及ぼすのはこのような空げきなのである。

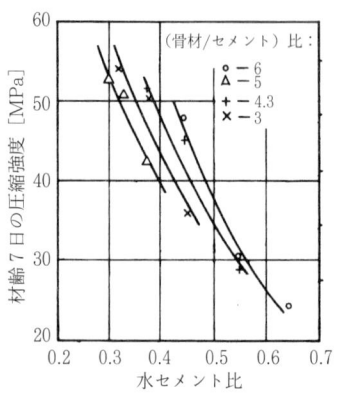

図-6.20 （骨材/セメント）比がコンクリートの強度に及ぼす影響[6.13]

6.6 骨材/セメント比が強度に及ぼす影響

一定の品質のセメントペーストを含むコンクリートの，強度に及ぼす骨材の含有率の影響を調査した研究によって，骨材の体積（総体積に対する割合［％］として）を0から20％まで上げた場合に，圧縮強度は徐々に低下することが指摘された。しかし40と80％の間では上昇がみられる[6.40]。挙動の型を図-6.21に示

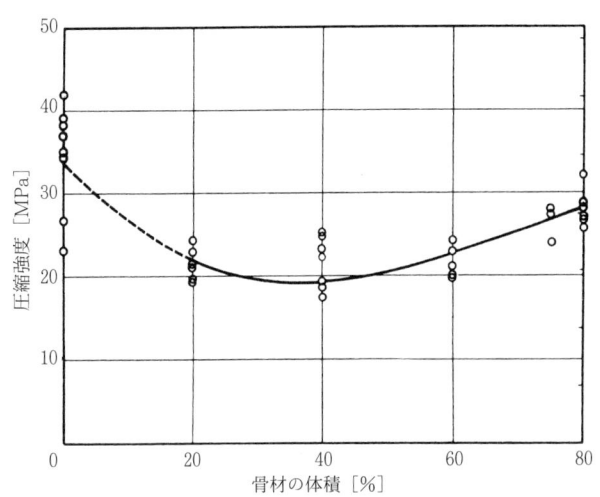

図-6.21 水セメント比を0.50で一定とした時の円柱供試体（径100mm，高さ300mm）による圧縮強度と骨材量との関係[6.40]

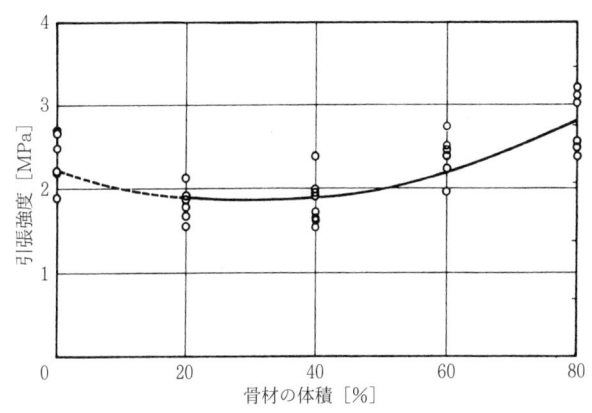

図-6.22 水セメント比を0.50で一定とした時の直接引張強度と骨材量との関係[6.40]

す。このような影響の理由は明らかではないが、さまざまな水セメント比の場合で同じ結果が得られている[6.41]。骨材の量が引張強度に及ぼす影響は、ほぼ同じ様である[6.40]（図-6.22 参照）。

これらの影響は円柱や角柱より立方体の方が小さい。したがって、立方体供試体強度に対する円柱供試体強度の比率（735 頁参照）は、骨材の量が 0 から 40% まで増加するにつれて低下する[6.45]。理由はおそらく、加圧板の拘束効果が存在しない場合は、骨材がひび割れの型に及ぼす影響が大きいからであると思われる（724 頁参照）。

6.7 コンクリートの強度特性

コンクリート中の空げきが強度に及ぼす影響がもっとも大きいことについては繰り返し述べてきたが、この因子を実際の破壊のメカニズムに関連付けることができるはずである。その目的のために、コンクリートは塑性の特性を少しは示すのではあるが、静的荷重下の破壊は合計ひずみがやや低い時に起きるので、コンクリートを脆性材料と考える。というのは、脆性挙動の限界値として、破壊時のひずみが 0.001 から 0.005 と提唱されているからである。高強度コンクリートは普通強度コンクリートと比べて、より脆性的であるが、実施面での挙動が脆性型と延性型との間にあるコンクリートの脆性の程度を、定量的に表現する方法はまだない。

6.7.1 引張応力下の強度

水和セメントペーストまたは石などのような類似の脆性材料の実際の（技術上の）強度は、分子の粘着力に基づいて推定されたり、完全に均質で欠陥がないと仮定した固体の表面エネルギーから計算されたりした理論上の強度よりはるかに低い。理論上の強度は 10.5GPa にもなると推定されている。

この相違は Griffith[6.17] によって仮定された欠陥の存在によって説明することができる。載荷された材料中でこれらの欠陥が高い応力の集中を招くため、供試体全体の中の平均（名目上の）応力度が比較的低いにもかかわらず、供試体のきわめて小さい部分の中できわめて高い応力度に到達し、結果として微視的な破壊と

6.7 コンクリートの強度特性

なる。欠陥の大きさはさまざまであり、破壊を引き起こすのはいくつかのもっとも大きい欠陥である。したがって、供試体の強度は統計上の確率の問題であり、供試体の寸法は、破壊が発生する名目上の応力度の値に影響を及ぼす。

水和セメントペーストは数多くの不連続要素―間げき、マイクロクラック、および空げきなど―を含むことで知られているが、それらの不連続要素が強度に及ぼす正確なメカニズムは知られていない。

空げきそれ自体は必ずしも欠陥として作用することはないが、欠陥は、空げきを伴う[6.14]、または収縮や不充分な付着によって引き起こされた、個々の結晶中のひび割れであると考えられる。コンクリートの異種混交の特性や、この複合材料のさまざまな相を結合して一体化しているやり方を考えてみると、この状況は驚くに当たらない。Alford 他[6.81]は、セメントペースト中の間げきのみが、考え得る唯一の危険な欠陥ではないことを確認した。材料分離していないコンクリート中では、空げきは不規則に分布されており[6.15]、これが Griffith の仮説を応用するために必要な状態である。コンクリートの破壊の正確なメカニズムはわからないが、おそらく水和セメントペースト内やペーストと骨材の間の付着に関連していると思われる。

Griffith の仮説は欠陥の位置で微視的な破壊が起きると仮定し、一般にもっとも弱い欠陥のある「体積要素」が供試体全体の強度を決定すると想定される。この説明は、どこで発生したひび割れもその応力をかけられた供試体の断面全体に広がるということを意味している。すなわち言い換えると、ある要素中に起きている出来事は、同じ出来事が本体全体で起きているものとして取り扱われる。

このような事は応力が均一に分布している場合にのみ言えることであるが、さらにもう1つの条件は、載荷した部分の要素の数を n として、各要素に1つずつの欠陥があるとすると、「2番目に弱い」欠陥は、もっとも弱い欠陥の破壊時の応力度の $n/(n-1)$ 倍の応力度に耐える力がないということである。

局部的な破壊はある一点から始まり、その点での状態によってその挙動が決まるのではあるが、じつは、本体中のもっとも高い応力をかけられた点での応力度を知っているだけでは、破壊を予想するのに十分ではない。この点の周りの十分に広い範囲にある要素の中の応力の分布も知る必要があるのである。なぜならば、とくに破壊の近くになると、材料内部の変形は、破壊する点の周辺の材料の挙動

と状態とによって異なり,破壊が広がる可能性はこの状態によって強く影響されるからである。このことは,例えば初期の破壊の瞬間に曲げ供試体中の最大応力が,均一な直接引張応力下で決定された強度より高くなる理由の説明にもなっていると思われる。すなわち,後者の直接引張の場合は,破断の伝播が周りを取り巻く材料によって妨げられることはない。図-12.8に,曲げ応力下の強度と割裂引張応力下の強度との関係に関する実際の資料をいくつか示した。

したがって,ある供試体中で,地点が異なれば破壊を起こす応力も異なるのではあるが,本体の残りの部分に関する条件を変えずに個々の要素の強度を試験することは物理的に不可能であることがわかる。供試体の強度がその中のもっとも弱い要素によって決まるのであれば,問題は,ことわざ(訳者注:「鎖の強さはその中の一番弱い環の強さまで」)にある鎖のいちばん弱い環の問題となる。統計の用語で言えば,大きさ n の標本の最小値(すなわちもっとも有効な欠陥の強度)を決定しなければならない。この場合,n は供試体中の欠陥数である。コンクリートの場合,環は直列につながると同時に並行にも配置されているため,鎖の例えは完全に適切とは言えないかもしれないが,もっとも弱い環という想定に基づく計算によって,適切な値の結果が得られる。したがって,コンクリートのような脆性材料の強度を平均値のみによって表すことはできない。強度のばらつきの目安と,供試体の寸法と形状に関する情報が与えられなければならない。これらの因子については第12章で解説する。

6.7.2 圧縮応力下のひび割れと破壊

Griffith の仮説は,元々引張力の作用を受けた場合の破壊に当てはまるものであるが,二軸応力下と三軸応力下の破壊と一軸圧縮応力下の破壊にも拡張することができる。2つの主応力が圧縮応力の場合でも,欠陥の縁に沿った応力が引張応力となる地点がいくらか存在するため,破壊が起きる可能性がある。Orowan [6.16] は,主応力軸に対してもっとも危険な方向における欠陥の先端部の最大引張応力度を,2つの主応力 P および Q として計算した。図-6.23に,破壊基準を図式で示した。ここで,K は直接引張応力下の引張強度である。破断は,応力の状態を表す P と Q との組合わせの点が,曲線を外の方へ横切って,影の側へ行った時に起きる。

6.7 コンクリートの強度特性

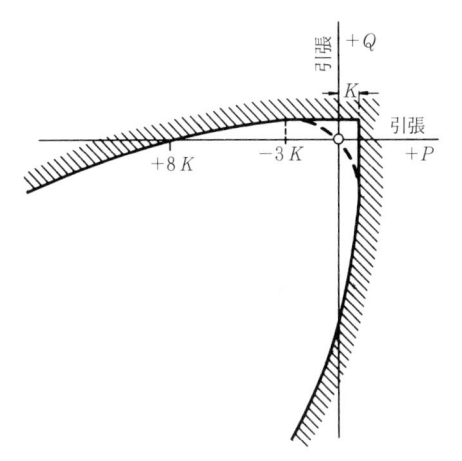

図-6.23 二軸応力に対する Orowan の破壊基準[6.16]

図-6.23 から，破断は一軸圧縮をかけた場合にも起きる可能性のあることがわかる。これは実際に，コンクリートの圧縮供試体で確認された[6.18]。この場合の名目上の圧縮強度は $8K$，すなわち直接引張試験で測定された引張強度の 8 倍である。しかし，Griffith の仮説による方向と圧縮供試体中に観察されたひび割れの方向とを一致させるのは難しい。しかし，そのような供試体中の破壊は，ポアソン比によって引き起こされた水平方向のひずみによって影響を受けている可能性がある。コンクリートにおけるポアソン比の値は，試験機の加圧板の影響の及ばない部分において，発生した水平方向のひずみがコンクリートの引張ひずみの終局値を上回るほど大きな値となるほどである。破壊はそのとき，割裂試験（741頁参照）の場合のように荷重の方向と直角方向に割裂することによって起きるが，このことは高さが幅より大きい供試体の場合にとくに認められることが多い[6.18]。コンクリートは一軸圧縮または二軸圧縮をかけられた時に割裂引張によって破壊するという見解は，Yin 他[6.86]によって確認された。

静荷重下のコンクリートの強度を決定するのは限界ひずみではなくて限界引張ひずみであることを示す強力な兆候があり，参考資料 6.14 に初めて発表された。これは一般に 100×10^{-6} から 200×10^{-6} の間と仮定されている。限界引張ひずみの破壊基準は Lowe[6.36] が進めた分析によって確認された。最初のひび割れが起き

た地点で，曲げ応力下にある梁の引張面のひずみと一軸圧縮応力下にある円柱供試体中の水平方向の引張ひずみとが同様な値であることが判明している[6.21]。ひび割れ発生地点の梁の中の引張ひずみは次の通りである。

$$\frac{\text{ひび割れ発生地点の引張応力度}}{E}$$

ここで E は，変形が直線を示す範囲におけるコンクリートの弾性係数である。つぎに，最初にひび割れの発生が認められた地点における圧縮供試体中の水平方向のひずみは次の通りである。

$$\frac{\mu \times \text{ひび割れ発生地点の圧縮応力度}}{E}$$

ここで，μ は静的ポアソン比であり，E は上の場合と同じである。観察された2つのひずみが等しいことから，次のようになると思われる。

$$\mu = \frac{\text{曲げ応力下のひび割れ発生地点の引張応力度}}{\text{圧縮供試体中のひび割れ発生地点の圧縮応力度}}$$

ポアソン比は一般に，高強度コンクリートの約 0.15 から低強度コンクリートの 0.22 までの間で変動するが（520頁参照），各種のコンクリートの名目上の，引張強度と圧縮強度の比も，同じような比率で，またほぼ同じ範囲内で，変化する点は重要である。したがって，名目上の強度の比率とポアソン比との間には関連があると推定され，一軸圧縮応力下と曲げ引張応力下で最初のひび割れが生じるメカニズムは同じであると主張することは正しそうである[6.19]。このメカニズムの本質はまだ証明されていない。ひび割れが起きるのは，セメントと骨材との間の付着が局部的に破損するためであるとも考えられる[6.20]。しかし，コンクリートの圧縮破壊の基本的なメカニズムはまだ確実には証明されておらず，またコンクリートの破壊の定義さえ明らかではない。1つの見解によると，体積ひずみの低下が止まり，ポアソン比が急上昇を始める，いわゆる不連続点に破壊を関連付けることができる[6.52, 6.53]。この段階で，モルタルの広範なひび割れが発生し始める（377頁参照）。これが不安定性の始まりであり，この点を超えて載荷を持続し続けると破壊に至る。不連続点の水平方向の引張ひずみは軸圧縮力の大きさによって異なり，強度の高いコンクリートほど大きくなる。Carino と Slate[6.53] は，応力度が 7.5MPa の時に平均値が約 300×10^{-6} であることを確認した。しかし，セメント

水和物は徐々に破壊し，顕著な不連続点はないと報告している研究者[6.119]も居ることに注意しなければならない。

一軸圧縮力の作用下での終局破壊は，負荷された荷重と直角方向に起きる，セメントの結晶または付着の引張破壊か，あるいは斜め方向のせん断面の発生によって引き起こされた崩壊である[6.20]。

ひずみの終局値が破壊の基準であるとも考えられるが，ひずみの値はコンクリートの強度によっても異なり，強度が高いほどひずみの終局値は小さい。実際の値は試験方法によっても異なるが，標準的な値を表-6.1 に示した。

表-6.1 破壊時における圧縮ひずみの標準的な値

見かけの圧縮強度［MPa］	破壊時の最大ひずみ［$\times 10^{-3}$］
7	4.5
14	4
35	3
70	2

6.7.3 多軸応力下の破壊

三軸圧縮応力下で水平方向の応力が高い場合は，破壊は圧壊によって起きる。したがってそのメカニズムは上に述べたものとは異なり，コンクリートの挙動が脆性から延性へと変化する。水平方向の圧縮が増大すると，例えば図-6.24 に示すように，軸方向耐荷力が増大する[6.26]。水平方向の応力がきわめて高い場合は，極度に高い強度が記録されている[6.11]（図-6.25）。押し出された間げき水を加圧板から逃がすことによって，コンクリート中の間げき水圧の発生が制限される場合には，見かけ強度は高くなる[6.75]。したがって実施面では，間げき水圧の発生の可能性が重要である[6.84]。

520MPa の水平方向応力度を拘束することによって，1 200MPa の軸方向応力度が得られたとの報告がある[6.82]。水平方向の圧縮応力度を軸方向応力度の上昇に伴って徐々に高くした場合には，さらに高い軸方向応力度の値を得ることができ，間げき率が大幅に低下するとともに 2 080MPa の値が得られている[6.82]。

水平方向の引張応力は同様の影響を及ぼすが，当然逆方向である[6.11]。この挙動は，前頁の理論的な考察と良く一致している。

実施面では，コンクリートの破壊は瞬間的な現象というより，むしろある応力

第6章 コンクリートの強度

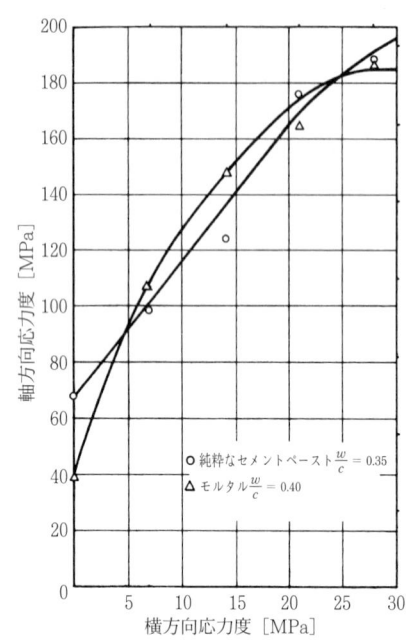

図-6.24 純粋なセメントペーストとモルタルの破壊時の軸方向応力度に及ぼす横方向応力度の影響[6.26]

範囲の間で進行して行くため,終局の破壊は荷重の種類によって異なる[6.19]。このことは,実施面ではたびたび遭遇することが多いのであるが,繰返し荷重が負荷された場合にとくに重要である。コンクリートの疲労強度については第7章に述べる。

一般的な二軸応力に対する相互作用曲線を図-6.26に示す[6.78]。加圧板の摩擦による拘束が相当量ある場合には大きな相互作用が発生するが,供試体の端の拘束が有効に排除される場合は(例えば,鋼ブラシ加圧板の使用によって(728頁参照)),影響ははるかに小さくなる。図-6.26から,二軸応力下($\sigma_1 = \sigma_3$)の強度は一軸圧縮下より16%高いだけであることがわかる。二軸引張強度は一軸引張強度と何ら変わりはない[6.78]。これらの関係は他の研究者によっても確認されている[6.9, 6.54, 6.86]。

しかし,載荷速度とコンクリート中の粗骨材の種類の違いによっては,多少の

6.7 コンクリートの強度特性

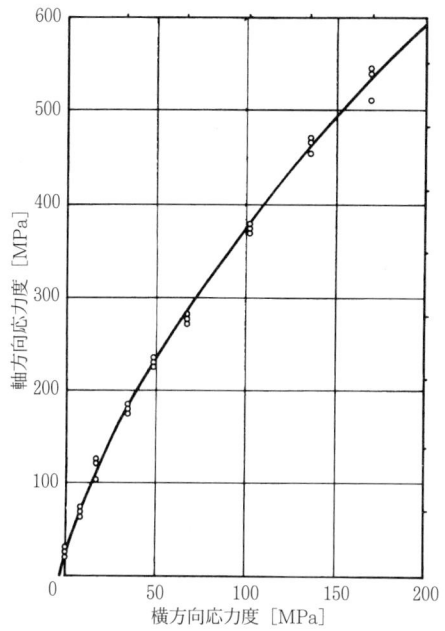

図-6.25 横方向の高い応力度がコンクリートの破壊時の軸方向応力度に及ぼす影響[6.11]

相違は発生する[6.86]。相互作用に関する実験データが図-6.27 に示されている。これらの値は，鋼ブラシ加圧板載荷によって，あるいは，流体膜と固体の加圧板を使うことによって得られたものである[6.46]。他の研究者はいくぶん矛盾する結果を得ているが，それらは不確実な端部拘束を行ったことが理由である。

図中の曲線の形状やそこから得られる値の大きさは，実質的に一軸圧縮強度の大きさの影響は受けない[6.78]。そして，試験した角柱の強度範囲は 19～58MPa であり，水セメント比も単位セメント量も大幅に変化させている。しかし，圧縮と引張の組み合わせ応力下と二軸引張応力下では，特定の二軸応力をどのように組合わせた場合であれ，一軸圧縮強度が増加するにつれて相対的な強度は低下する[6.78]。このことは，一軸圧縮強度に対する一軸引張強度の比率が圧縮強度の大きさが上がるにつれて低下するという一般的な観察と一致する（390 頁参照）。これらの試験では，一軸圧縮強度の大きさが 19，31，および 58MPa の場合に，この比率はそれぞれ 0.11，0.09，および 0.08 であった[6.78]。

第6章　コンクリートの強度

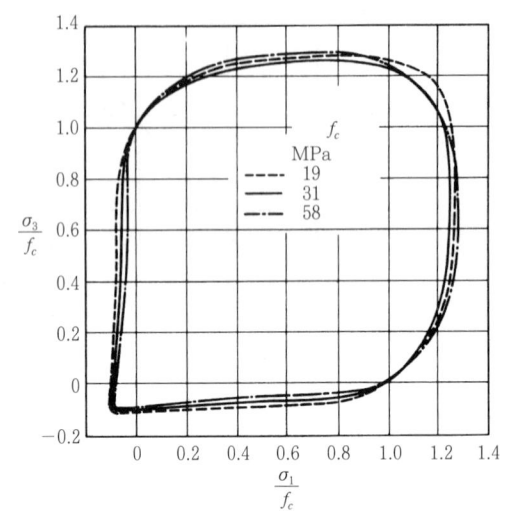

図-6.26　実用上，端面拘束を除いたと判断される場合の二軸応力に対する相互作用曲線[6.78]（σ_1 と σ_3 は負荷した二軸の応力度）

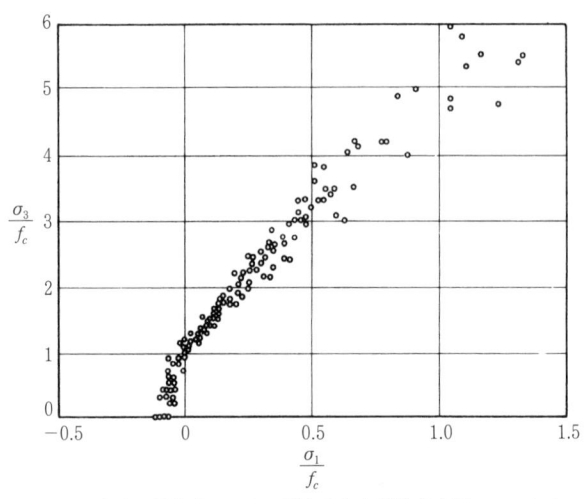

図-6.27　多くの研究者によって測定された多軸応力下のコンクリート強度。湿潤あるいは気中乾燥のコンクリート[6.46]（f_c = 圧縮強度）

6.7 コンクリートの強度特性

　一般的に言って三軸圧縮応力は，強度の高いコンクリートまたは単位セメント量の多いコンクリートの強度より，強度の低いまたは単位セメント量の少ないコンクリートの強度を比較的大幅に上昇させる[6.47]。

　Hobbs[6.47]は，従来の範囲のコンクリートに関して，三軸圧縮応力下では，破壊時の最大主応力 σ_1 を概略次のように表現できることを見つけた。

$$\frac{\sigma_1}{f_{cy1}} = 1 + 4.8\frac{\sigma_3}{f_{cy1}}$$

ここに，

　σ_3 ＝ 最小主応力

　f_{cy1} ＝ 円柱供試体強度

軽量骨材コンクリートに関する情報は少ないが，σ_3 の影響が普通の骨材の場合ほど大きくないことを示唆している[6.46]。したがって，上の式の中の係数 4.8 を，約 3.2 まで縮小すればよい。

　三軸圧縮応力下と，二軸圧縮と引張の組み合わせ応力下におけるコンクリートの合わせた強度は，次の式で表すことができる[6.47]。

$$\frac{\sigma_1}{f_{cy1}} = \left(1 + \frac{\sigma_3}{f_t}\right)^n \tag{1}$$

ここに，$f_t = 0.018 f_{cy1} + 2.3$ ＝ 引張強度 　　　　　　　　　　　(2)

$$n = \frac{7.7}{f_{cy1}} + 0.4 \tag{3}$$

すべての値は平均値であり，単位は MPa，圧縮応力を正とする。

　式(2)と(3)で与えられた値は普通のコンクリートのみに当てはまり，純粋なセメントペーストやモルタルには当てはまらない。

式(2)と(3)を式(1)に代入し，平均値ではなく下限値を用いると，普通のコンクリートの破壊基準が求まる。

$$\frac{\sigma_1}{f_{cy1}} = \left(1 + \frac{\sigma_3}{0.014 f_{cy1} + 2.16}\right)^{\frac{7.1}{f_{cy1}} + 0.38}$$

　この式の値を，さまざまな円柱供試体強度の値に対して図-6.28 に示す。この式の一般性を過大評価してはならない。なぜならば Hobbs[6.47] が指摘しているよ

第6章 コンクリートの強度

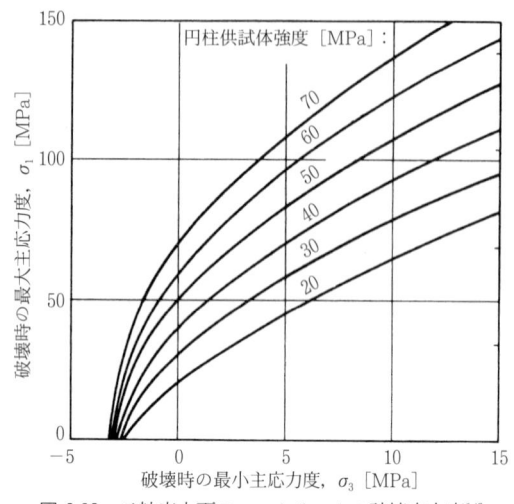

図-6.28 二軸応力下のコンクリートの破壊応力度[6.47]

うに，コンクリートの引張強度と圧縮強度とは，骨材の種類と粒度によって，また打込み方向に対する載荷された応力の方向によって，等しく影響を受けるわけではないからである。どの場合にも，引張強度の方が影響を受けやすい。中間主応力 σ_2 が σ_1 の値に影響を及ぼすことにも注意しなければならない[6.85]。

上記の解説によって，コンクリートの強度はこの材料の固有の性質である反面，実際に測定すると，作用している応力状態によっても影響を受けることが示された。Mather[6.77]の指摘によれば，理想的には，考えられるすべての組合わせ応力下での破壊基準を，例えば一軸引張応力下の強度など，単一の応力特性によって表現することができなければならない。

しかし，そのような解決策はまだ見出されていない。

Berg[6.56]は，ひび割れの伝播開始時の応力，割裂（引張）強度，および一軸圧縮強度をパラメータとする，コンクリート強度の式を開発した。この式は，応力の組合わせ状態下におけるコンクリートの破壊を分析評価するために使用することができるが，引張強度が得られなかった場合には当てはまらなくなる。他の手法[6.79]の物もやや精度に問題がある。

コンクリートの破壊挙動を完全に理解するためには，ひび割れ表面の単位面積中に吸収されたエネルギーである破壊エネルギーを考察しなければならない。こ

れは，例えば参考資料 6.87 と 6.88 のような専門書で取り扱われている破壊力学の研究の主題である．しかし，破壊力学はこれまでのところ，コンクリートのひび割れに対する抵抗性を十分に定量化できる材料特性値の開発に成功していない．

6.8 マイクロクラック

　コンクリートの破壊はひび割れの結果であるため，この問題をある程度詳しく検討することは有益である．本節ではマイクロクラックのみを考察する．ひび割れのさらに一般的な面の議論は，コンクリートの応力-ひずみ関係をその前に検討しなければならないので，第 10 章で解説する．

　調査研究によって，実際にコンクリートに荷重をかける前においても，粗骨材とセメントペーストの間の界面にはごく細かいひび割れが存在することが示されている[6.76]．このようなひび割れは，おそらく粗骨材と水和セメントペーストとの間の，避けられない力学特性の相違と，収縮または温度変化とが一緒に引き起こすものと考えられる．マイクロクラックは普通強度のコンクリートばかりでなく，水セメント比が 0.25 まで低く，荷重をかけられたことのない湿潤養生されたコンクリートにも確認されている[6.92]．Slate と Hover[6.91]によれば，未載荷時のマイクロクラックはコンクリートの引張強度が低くなることの大きな原因となっている．

　マイクロクラックは寸法に関しての全般的な定義は成されていないが，その上限値を 0.1mm とすることが提唱されている[6.91]．これは，一般的に裸眼で探知できる最少寸法である．工学上の目的のためには，下限値を光学顕微鏡で観察できる最小のひび割れとすることができる．荷重をしだいに大きくしてゆくと，これらのマイクロクラックは破壊荷重の約 30%またはそれ以上までは依然として安定しているが，その後長さ，幅，および数が増加し始める．そのような状態が発生する全般的な応力度は，ペーストの水セメント比の影響を受けやすい．これがひび割れの緩慢な伝播の段階である．

　さらに荷重を破壊強度の 70%から 90%まで大きくしてゆくと，モルタル（セメントペーストと細骨材）を貫通してひび割れが開く．これらは付着ひび割れを連結するため，連続したひび割れの型が形成される[6.76]．これがひび割れの急速な

第6章 コンクリートの強度

伝播の段階である。この段階の開始時の応力の大きさは，普通のコンクリートより高強度コンクリートの方が高い[6.90]。マイクロクラックの累加長さの増加は大きい。これは，中性子ラジオグラフィーを使って測定された[6.116]。しかし，高強度コンクリートは普通強度のコンクリートよりマイクロクラックの累加長さが小さい[6.90]。

ひび割れの急速な伝播段階の開始は，体積ひずみの不連続点に対応する（521頁に言及）。

荷重を持続し続けると，時間とともに破壊が発生する。これは，普通強度のコンクリートにも高強度コンクリートにも起きる[6.90]。

ひび割れの長さを測定した興味深い結果を，図-6.29 に示す[6.37]。荷重開始時と角柱供試体強度の約 0.85 に等しい応力との間では，全長がほとんど増加していないことがわかる[6.37]。さらに応力が上昇すると，ひび割れの全長が大幅に増大した。（応力/強度）比が約 0.95 の時には界面（付着）のひび割れのみならずモルタルのひび割れも存在しており，多くのひび割れは，負荷された荷重の方向とほ

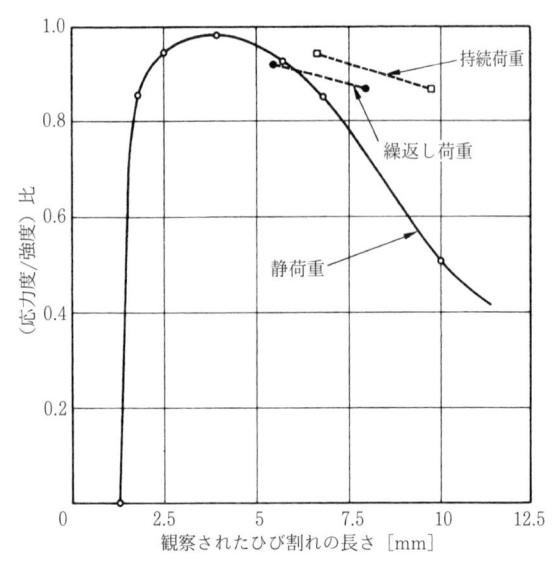

図-6.29 面積 100mm² 内で観察されたひび割れの長さと圧縮力下の（応力度/強度）比との関係（角柱供試体による）[6.37]

ぼ平行の向きになる傾向がみられた。供試体がいったん（応力/ひずみ）曲線の下降部分に到達すると，ひび割れの長さと幅の増大速度が大きくなった。

図-6.29 に，角柱供試体強度の 0 から 0.85 の間を変動する繰返し応力下でのひび割れの発生も同時に示した。破壊の直前になると，ひび割れは長さと幅が広がった。同様に，（応力/強度）比が 0.85 の時に持続的な荷重をかけると，破壊の前にひび割れが増加した[6.37]。

上記の解説は，マイクロクラックがコンクリートの一般的な特質であることを示している。ひび割れが安定している限り，その存在は有害ではない。逆説的ではあるが，粗骨材と水和セメントペーストとの界面が早期のマイクロクラックの発生源となる反面，単一のひび割れ幅が広がるのを防止しているのは粗骨材粒子である。これらの粒子はマイクロクラック防止装置として作用するのである。

したがって，コンクリートの異種混交状態は有益である。骨材とペーストとの付着面は，可能性のある外力の方向のすべての角度に対して存在している。その結果，局部的な応力は見かけの負荷応力の上側と下側に大幅にばらつく。骨材とペーストとの界面については，次節で解説する。

走査電子顕微鏡を使って 1 250 倍以上の倍率で検出できるひび割れとして定義されるサブマイクロクラックの存在が報告されている[6.111]。これは意外なことではない。なぜならば，コンクリートには，どんなに小さくともあらゆる段階で不連続性が存在するからである。しかし，サブマイクロクラックがコンクリートの強度に影響する一因子である証拠は何もない。

6.9　骨材とセメントペーストとの界面

マイクロクラックは粗骨材とそれを取り囲むモルタルとの界面から発生し，また破壊時のひび割れの中には界面が含まれているという意見は，コンクリートの重要な部分を突いている。したがって，時に遷移域と呼ばれることのある界面部分の性質と挙動とを理解することが必要である。

最初に注目すべき事は，粗骨材粒子のすぐ近くにある水和セメントペーストの微細構造が，セメントペースト全体の微細構造とは異なっていることである。その主な理由は，練混ぜ中に乾燥セメントの粒子は比較的大きい骨材粒子に対して

一体的に詰め込まれることが不可能だからである。この状況は，はるかに小さい規模ではあるが，打ち込まれたコンクリート面の「壁効果」(753頁参照) と類似している。したがって，最初にできた間げきを水和物で満たすためのセメントが少ない。その結果，界面域の間げき率は，粗骨材からずっと離れた位置での水和セメントペーストと比べてはるかに高い[6.94]（図-6.30 参照）。本章の前の方で解説した，強度に及ぼす間げき率の影響の説明は，同様に界面域の弱さの原因の説明とすることができる。

界面域の微細構造は次の通りである。骨材の表面は，厚さ約 $0.5\,\mu m$ の配向された結晶性 $Ca(OH)_2$ の層で覆われており，その後ろにはほぼ等しい厚さの C–S–H 層がある。これを二重膜と呼ぶ。骨材からさらに離れると厚さ $50\,\mu m$ ほどの主要界面域があり，$Ca(OH)_2$ の比較的大きい結晶を含むが未水和セメントをまったく含まないセメントの水和生成物が入っている[6.57]。

上記の分布は二重の意味で重要である。第一に，セメントが完全に水和していることは，界面の水セメント比がほかの部分より高いことを示している。第二に，

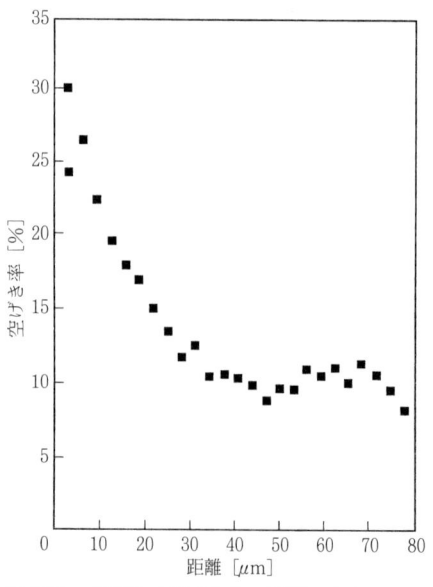

図-6.30 骨材粒の表面からの距離による，セメントペースト硬化体の空げき率の変化（参考文献 6.94 に基づく）

6.9 骨材とセメントペーストとの界面

$Ca(OH)_2$ の大きい結晶が存在することは，界面の間げき率が他の部分より高いことを示している。このことは，前述の「壁効果」の裏付けになっている。

界面域の強度は，そこにある $Ca(OH)_2$ とポゾランとが2次的反応をする結果，時間とともに増大する可能性がある。セメント粒子よりはるかに細かいシリカフュームはとくに有効である。この問題は第13章で解説する。

もっとも重要な界面域は粗骨材粒子の表面の界面域であるが，そのような区域は細骨材粒子の周りにも形成される[6.93]。界面域の厚さはこちらの方が小さいが，細骨材から生じた表面効果が粗骨材の表面効果と干渉し，界面域の全体的な範囲に影響を及ぼす[6.93]。

細骨材の鉱物学的特性は遷移域の微細構造に影響を及ぼす。石灰石の場合は，石灰石とセメントペーストとの間に化学反応が起き，その結果高密度の界面域が形成される[6.95]。

軽量骨材に関する限り，骨材表面層の密度が高ければ，界面の状況は普通骨材の場合と同じである[6.89]。しかし，軽量骨材の表面層がより多孔質の場合は移動イオンの界面への移動を活発化させるため[6.96]，界面域がさらに高密度となり，骨材粒子と水和セメントペーストとの力学的なからみ合いが向上する[6.89]。

実際のコンクリート中の界面域を研究するのは難しい。そのため，単一の岩石粒子とセメントペーストとの界面の実験が行われてきた。しかし，そのような試験の結果には他の粗骨材粒子との干渉の影響も含まれないし[6.94]，さらに，細骨材との干渉による影響さえ含まれないため，誤った結果となる可能性がある。また，セメントペーストで覆われた単一粒子は実験室で製作した人工物であるため，練混ぜ工程を経ておらず，練混ぜのせん断作用による凝結時のセメントペーストの微細構造への影響が含まれていない。

その上，実際のコンクリート中では，ブリーディングによって粗骨材粒子の下側に水の入った空げきが発生する可能性があり，大きな $Ca(OH)_2$ の結晶が認められたのはこの状態の界面なのである。さらに一般的に言うと，セメントペーストと粗骨材との界面は，この2材料の弾性係数とポアソン比の差異によって応力集中が発生する場所なのである。

6.10 材齢がコンクリート強度に及ぼす影響

　水セメント比とコンクリート強度との関係は，1種類のセメントと1つの材齢にのみ当てはまり，またこれは湿潤養生という条件を前提としている。これに反して，強度と（ゲル/空間）比との関係は，どのような時でもセメントペースト中に存在するゲルの量はそれ自体がセメントの材齢と種類の関数であるため，もっと一般的に当てはまる。したがって後者の関係は，同じ量のゲルを生成するためには，セメントが異なると必要な時間も異なるということになる。

　さまざまなセメントの強度の発現速度については第2章で述べたが，図-2.1と2.2が標準的な強度-時間曲線を示している。養生条件が強度の発現に及ぼす影響については第7章で解説するが，ここではさまざまな材齢のコンクリート強度に関する実施上の問題を取り扱う。

　コンクリートの実施面では，コンクリート強度は従来28日の値によって表され，コンクリートのほかの性質は28日強度を規準とすることが多かった。28日という材齢が選択されたことに科学上の意味はない。ただ単に，初期のセメントは強度発現が遅かったので，セメントの主要な水和が終了した後のコンクリートを基準にして強度を表現する必要があったというだけである。1週間の倍数がとくに選ばれたのは，おそらく打込みなどの試験を平日に行えるよう配慮したためと思われる。現在のポルトランドセメントは粉末度もはるかに高く，C_3S含有率も高いため，水和速度が以前よりずっと速いが，このことが必ずしもすべての混合セメントに当てはまるわけではない。

　基準強度に28日より短い材齢を使うことができたかどうかは疑わしいが，28日という材齢が不変の地位を獲得したようである。したがって，示方書の規定の遵守の項目はほとんど常に28日強度で記載されている。何かの理由で28日強度を，例えば7日などのさらに早期の材齢で推定しなければならない場合には，与えられた混合物について28日強度と7日強度との関係を実験で明らかにしなければならない。この理由から，2つの強度に関するさまざまな説明はもはや必要とされていないため，解説しない。1970年代に行われた強度の発現指数の変更については，419頁で解説する。

　セメントの性質だけではなく，水セメント比もコンクリート強度の発現速度に

6.10 材齢がコンクリート強度に及ぼす影響

影響を及ぼす。水セメント比の低い混合物は，水セメント比の高い混合物より，長期強度の割合［％］で表現された強度の発現が速い[6.83]（図-6.31）。これは，前者の方がセメント粒子が互いに接近しており，ゲルの連続構造がより速く確立されるからである。

暑中では，早期強度の発現が大きいため，7日強度に対する28日強度の比率が寒中より低くなりがちである点に注意しなければならない。これは一部の軽量骨材に関しても当てはまる。

材齢が進んでから構造物を使用し始める時，すなわち完全な荷重をかける時には，強度と時間との関係を知っていることが重要である。そのような場合は，設計の際に，28日の材齢より後に発現する強度を考慮することができる。何か他の状況，例えばプレキャストコンクリートやプレストレストコンクリートの場合，または型枠を早く取り外す必要がある場合であれば，早期材齢の強度を知っておく必要がある。

1948年にタイプⅠのセメントでつくり，その後常に湿潤状態に保たれていた，

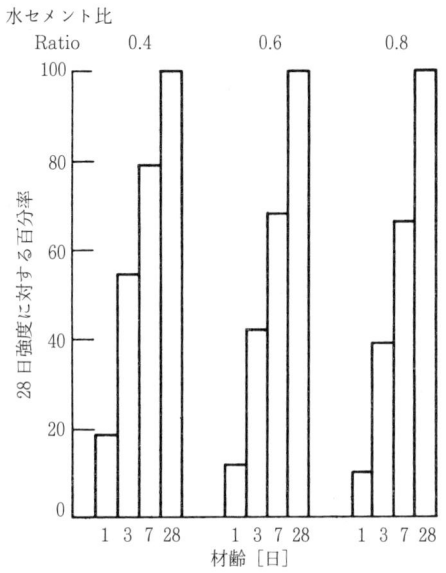

図-6.31 普通ポルトランドセメントを用いてつくられた水セメント比の異なるコンクリートの，材齢に伴う相対発現強度[6.83]

第6章 コンクリートの強度

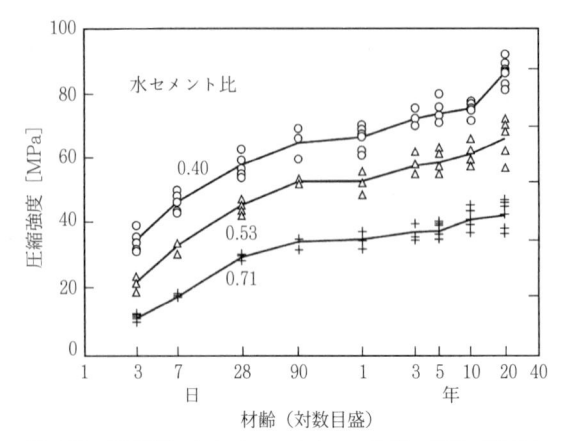

図-6.32 20年間にわたるコンクリート強度の発現(整形した150mm立方体によって測定);湿潤環境下で保管[6.117]

水セメント比が0.40, 0.53, および0.71のコンクリートの強度の発現に関する資料を,図-6.32に示す[6.117]。

もっと長期の強度についてみれば,今世紀の初めにつくられた米国のポルトランドセメント(C_2Sの含有率が高く,比表面積が低かった)を用いてつくられたコンクリートを,屋外に放置して強度を増加させた。それによると,強度は材齢50年までは材齢の対数に比例している。50年強度は,一般的に28日強度の2.4倍であった。しかし,1930年代以降につくられたセメント(C_2S含有率が低く,比表面積が高い)では,10年から25年の間に強度が頂点に達し,その後は多少強度が逆行する[6.48]。1941年につくられたドイツのポルトランドセメントで,屋外に放置したものは,30年後には28日強度の2.3倍の強度を発現した。水セメント比の高い方が,強度が相対的に大きく増加した。

比較のために言うと,高炉セメントでは3.1倍増加した[6.49]。

6.11 コンクリートの積算温度

コンクリートの強度がセメントの水和の進行とともに向上することと,セメントの水和速度が温度の上昇とともに速くなることが組み合わさると,時間と温

6.11 コンクリートの積算温度

度の組合わせの式として強度を表現することができるという定理が生まれる。温度を一定にすることが強度の発現に及ぼす影響を，図-6.33 に示す[6.11]。これは，表示された温度で打込み，封緘し，養生した供試体の試験によって得られたものである。

凝結時の温度の影響とさらに他の温度で保管を行った場合の影響については，450頁に述べる。

コンクリートの強度は材齢と温度の両方によって異なるため，強度は Σ（時間の間隔 × 温度）の関数であると言える。そしてこの積算が積算温度と呼ばれる。温度はある基準点からの値で計算されるが，この基準点は実験によって $-12°C$ から $-10°C$ の間であると判明している。これは，温度が氷点以下になって $-12°C$ までの間であっても，コンクリートの強度は時間とともに少し増加するからであるが，もちろん，コンクリートが凝結し，凍結の作用による被害を受けないだけの十分な強度を発現した後でなければ，そのような低温をかけてはならない。一般には24時間の「待機期間」が必要である。温度が $-12°C$ よりさらに低下すると，コンクリートは時間をかけても強度を発現しないように思われる。

一般に使用される基準温度は $-10°C$ である。28日までの材齢[6.101]と $0\sim20°C$ の温度範囲におけるこの値の妥当性は確認されている。さらに高い温度では，もっと高い基準温度が適切かもしれない[6.100]。ASTM C 1074-93 に基準温度の測定方

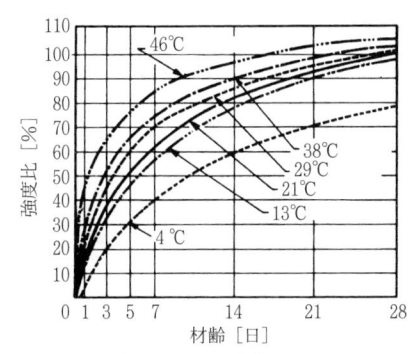

図-6.33 21°C で 28 日間養生したコンクリートの強度に対する，各温度で養生した強度の比（水セメント比 0.50；供試体は上記各温度で打ち込まれ，封緘され，養生された）[6.11]

第6章 コンクリートの強度

法が記されている。

積算温度は，℃-時間または℃-日で測定される。図-6.34 と 6.35 は，積算温度の対数に対する圧縮強度と引張強度の関係が直線になることを示している[6.50]。したがって，任意の積算温度の強度 S_2 を，他の積算温度におけるコンクリート強

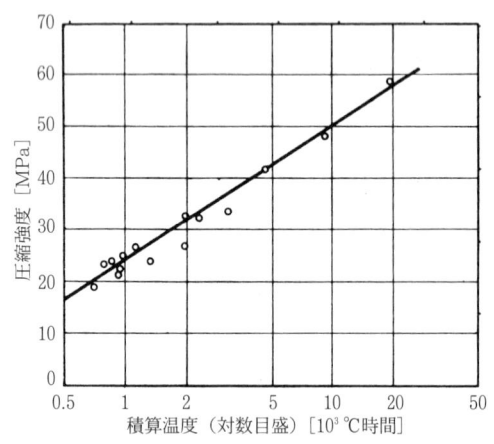

図-6.34 積算温度の対数と立方体供試体の圧縮強度との関係[6.42]

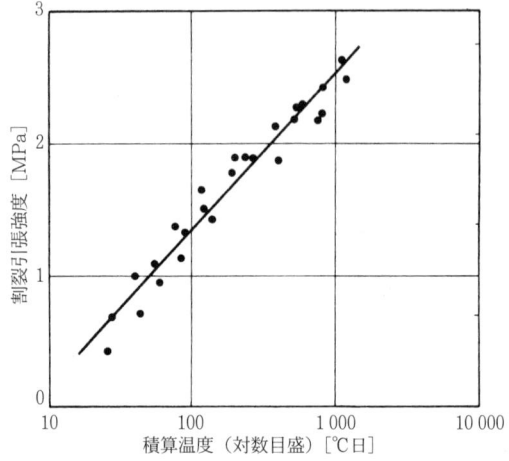

図-6.35 積算温度の対数と割裂引張強度との関係（実験は 2，13，および 23℃で 42 日間まで行った）[6.50]

度 S_1 の割合［％］で表すことが可能である。後者は，18℃で 28 日間養生されたコンクリートの積算温度である 19 800℃-時間とみなされることが多い。

その場合，この百分率で表現された強度の比は次のように書くことができる。

$$S_1/S_2 = A + B \log_{10}(\text{積算温度} \times 10^{-3})$$

係数 A と B の値は，コンクリート強度によって，すなわち水セメント比によって異なる。Plowman[6.42]が提唱する値を表-6.2 に示す。

図-6.36 から，強度と積算温度の対数との関係の直線性は，ある最低積算温度を超える場合にのみ当てはまることがわかる。同じ図が，この関係は水セメント比によって異なることも示している。とくに混合セメントの場合にそうであるが，使用セメントの種類によっても異なる。

さらにまた，早期の温度も，厳密な強度-積算温度関係にその形状も含めて影響を及ぼす[6.43]。とくに，比較的高い温度での保持期間が及ぼす影響は，コンクリートの打込み直後と，後の材齢で行われる場合とでは，同じではない。具体的に言うと，早期に高温下に置かれると，加熱を 1 週間以上後で行った場合やまったく加熱しない場合と比較して，合計積算温度に対する強度が低下する。60〜80℃で保管されたコンクリートの長期強度は，20℃で保管されたコンクリートの約 70 ％であることが判明したが，高温の方が長期強度に早く達した[6.102]。一定の積算温度の場合に，初期温度が長期材齢の強度に及ぼす影響は，Carino[6.99]によって確認された。このことは，蒸気養生を考えるときに重要である。温度が強度に及ぼす影響という一般的な問題は，第 8 章で考察する。

最初につくられた強度と積算温度との関係式は，幅広い条件で適用できないことがわかったため，一部の研究者は「改良された」積算温度式の開発を試みた。そのいくつかは実際に改良となったが，それらは，式の結果とその使い方が複雑

表-6.2　積算温度式における Plowman の係数[6.42]

18 ℃で 28 日後の強度 [MPa]（積算温度は 19 800 ℃時間）	係数	
	B	A（℃時間の単位に対して）
＜17	68	10
17-35	61	21
35-52	54	32
52-69	46.5	42

第6章 コンクリートの強度

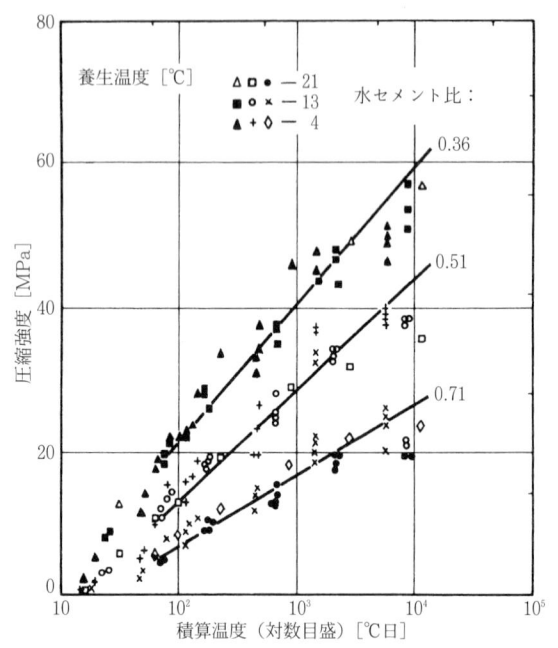

図-6.36 普通ポルトランドセメント（タイプⅠ）コンクリートの圧縮強度と積算温度との関係，Gruenwald のデータ[6.51]に Lew と Reichard が手を加えた[6.55]

なものとなってしまった。

その他の修正された積算温度式は，材齢と温度がある範囲にある場合には強度の予想精度を向上させたが，他の範囲では，予想の的中率が低いものであった。1つの手法は，任意の温度での養生の間隔を規準温度（通常は 20℃）での等価の間隔へと変換させるものである。使用される概念は等価の材齢，すなわち他の任意温度の場合と同じ破壊強度に達する規準温度での材齢である[6.97]。

このように批判されたり，実験室の方法が進展しているにもかかわらず，Plowman[6.42]が提唱した元の積算温度の式は，実施面では使用するのに有効な道具だと主張するのが妥当である。ASTM 規準 C 918-93 と C 1074-93 はこの点で役に立つ。

ASTM C 918-93 は，構造物のコンクリート強度と，同時につくられた供試体強度との間には単一な関係は存在せず，供試体をどんなに現場のコンクリートに

6.11 コンクリートの積算温度

近似させようとしても,目安しか得られない,という重要な点を指摘している。この点を考慮して ASTM C 918-93 は,圧縮強度試験用の標準供試体の試験から開発された積算温度式を使用することは,強度を直接測定するのと同じように,コンクリートの潜在強度を知るための良い推定方法であると考えている。圧縮強度用供試体は,24 時間から強度の推定が必要となる通常 28 日までの材齢で,試験をしなければならない。積算温度の関係は,強度と積算温度の対数との関係を図に描くことによって求められる。この線の勾配 b がわかれば,積算温度 m_2 の時の強度 S_2 を,積算温度 m_1 の時の強度 S_1 から,式を使って推定することができる。

$$S_2 = S_1 + b(\log m_2 - \log m_1)$$

明らかに,この関係は与えられた配合割合のコンクリートにだけ当てはまる。

温度履歴が既知のコンクリートの強度を推定しようと思う場合であれば,ASTM C 1074-93 に積算温度式の開発と使用が規定されている。これは,型枠と足場(支保工)の取り外し時期,またはプレストレストコンクリートの張力導入作業時期,または寒冷地での保温の終了時期について,決定を下さなければならない場合に貴重である。

積算温度計量装置が市販されている。それはコンクリート中に挿入された時計付き温度測定器で,コンクリートの温度を時間に対して積算し,℃-時間で情報を提供する。そのような計量装置を使用すると,装置がコンクリートの実際の温度を測定し,またその装置をコンクリート中の温度の影響を受けやすい部分に挿入することができるため,温度が変動する期間中(これはプレキャストコンクリート工場でも偶然に起きる可能性がある)の強度に関する不確実性を取り除くことができる[6.98]。

積算温度式は,湿潤養生されたコンクリートにのみ使用することができる[6.44]。他の保管状況下の相対湿度を計算に入れる試みが行われてきたが[6.101],周囲の相対湿度の影響はコンクリート部材の寸法と形状によって異なるため,役に立たない可能性が高い。

6.12 圧縮強度と引張強度との関係

コンクリートの圧縮強度は一般に構造物の設計で考慮されるコンクリートの性質であるが，いくつかの目的で引張強度が重要となることがある。その例は，道路と飛行場のコンクリート版の設計，せん断強度，およびひび割れに対する抵抗性である。

コンクリート強度の本質に関する解説から，この2種類の強度は密接に関連していることが予想される。事実この場合がそうであるが，この2つの強度の比率はコンクリート強度の大きさによって異なるため，直接的な比例関係はない。言い方を換えれば，圧縮強度 f_c が上昇すると，引張強度 f_t もその割合が減少しながら上昇する。

数多くの因子が2つの強度の関係に影響を及ぼす。砕石の曲げ強度に対する優れた効果に関しては361頁で解説したが，細骨材の性質も (f_t/f_c) 比に影響を及ぼすようである[6.27]。この比率はさらに骨材の粒度によっても影響される[6.28]。これはおそらく，梁の中と圧縮供試体の中で壁効果の規模が異なることが原因である。すなわち，これらの（表面/体積）比が異なるため，完全な締固めを行うために必要なモルタル量が異なるからである。

材齢もまた f_t と f_c との関係の中の一因子である。約1ヵ月を超えると，引張強度は圧縮強度より上昇速度が遅くなるため，(f_t/f_c) 比は時間とともに低下する[6.29,6.103]。このことは，f_c の上昇につれてこの比率が低下するという一般的な傾向と一致する。

コンクリートの引張強度は，根本的に異なるいくつかの試験によって測定することができる。すなわち曲げ，直接引張，および割裂試験であるが，結果として示される強度の数値は，第12章で解説する通り同じではない。したがって，圧縮強度に対する引張強度の比率の値もまた同じではない。ちなみに，圧縮強度の値も固有ではなく，供試体の形状によって影響を受ける（第12章を参照）。これらの理由から，圧縮強度に対する引張強度の比率を表す場合には，試験方法を明記しなければならない。Oluokun[6.106]によってさまざまな研究者が行った広範な試験から得られた標準円柱供試体の割裂引張強度と圧縮強度との関係の一例を，図-6.37に示す。曲げ強度の値が重要な場合であれば，割裂引張強度を曲げ強度

6.12 圧縮強度と引張強度との関係

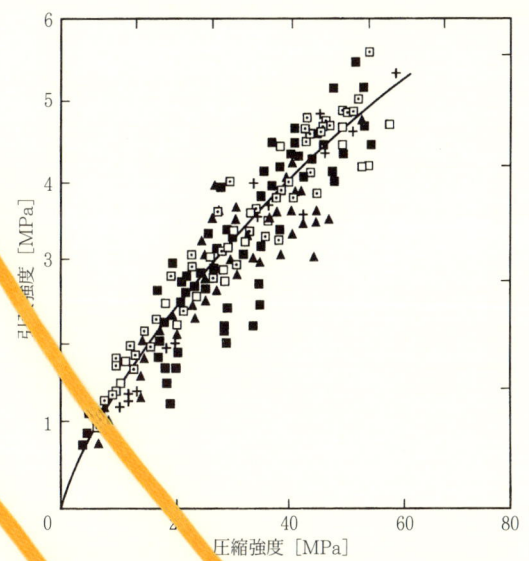

図-6.37 多くの研究者による実験結果から求めた割裂引張強度と圧縮強度（標準円柱供試体で測定）との関係（Oluokun による照合）[6.106]

に関連付ける因数を用いる必要がある[6.104]。

　コンクリートの引張強度に、不十分な養生による影響が圧縮強度より大きい[6.30]。おそらく、曲げ強度試験の梁の不均一な収縮の影響が非常に大きく現れるためであろう。したがって、気中養生されたコンクリートは水中で養生し、湿潤状態で試験されたコンクリートより (f_t/f_c) 比が小さい。空気の連行は (f_t/f_c) 比に影響を及ぼす。なぜならば、とくに単位セメント量の多い強度の高い混合物の場合は、空気の存在がコンクリートの圧縮強度を引張強度より大きく低下させるからである[6.30]。不完全な締固めの影響は、エントレインドエアの影響に似ている[6.31]。

　軽量コンクリートは、普通コンクリートにおける f_t と f_c との関係の型とほぼ一致する。強度がきわめて低いと（例えば2MPa程度）、(f_t/f_c) 比は0.3まで上がるが、強度がそれより高いと普通コンクリートの場合と同じである。しかし、乾燥させるとこの比率は20％ほど低下するため、軽量コンクリートの設計では低下した (f_t/f_c) 値を使用する。

　f_t と f_c とを結びつける数多くの経験式が提唱された。その多くは次のタイプの

ものである。

$$f_t = k(f_c)^n$$

ここに，k と n とは係数である。n の数値は 1/2～3/4 が提唱されている。

前者の値は ACI によって使用されているが，Gardner と Poon[6.120]は，後者に近い値を確認した。どちらの場合も円柱供試体が使用されている。

おそらく全般的にもっとも適合するのは次の式であろう。

$$f_t = 0.3(f_c)^{2/3}$$

ここで，f_t は円柱供試体の割裂引張強度であり，f_c は圧縮強度であり，どちらも MPa 単位である。応力度を lb/in^2 単位で表すと，係数 0.3 は 1.7 に置き換えられる。上の式は，Raphael[6.110]によって提唱された。Oluokun[6.106]による修正式は次の通りである。

$$f_t = 0.2(f_c)^{0.7}$$

ここで，強度は MPa 単位である。lb/in^2 単位では係数が 1.4 となる。

英国規準 BS 8007:1987 で用いられている式も似ており，次の通りである。

$$f_t = 0.12(f_c)^{0.7}$$

圧縮強度は立方体供試体（MPa 単位）で表し，f_t は直接引張強度を表す。

種々の式の間の違いは大きくない。しかし重要なことは，米国規準 ACI 318-02[6.118]で使用されているベキ指数は低すぎるため，圧縮強度の低い時には割裂引張強度が過大評価され，圧縮強度の高い時には過小評価されていることである[6.105]。

6.13 コンクリートと鉄筋との付着

構造用コンクリートは，ほとんどの場合，鉄筋と一緒に用いられているため，収縮や早期の熱の影響によるひび割れなど，構造上の挙動に関して，この 2 つの材料の付着の強度が非常に重要である。付着は主としてコンクリートと鋼材との間の摩擦と接着力，および異形鉄筋の場合であれば力学的な噛み合いから生じる。付着はまたコンクリートが鋼材に対して収縮することによって，良い効果が得られる。

構造物の中で，付着強度はコンクリートの性質だけでなく，他の因子にも関連がある。これらの因子には鉄筋のかぶりなど，鉄筋と構造物の形状寸法が含まれ

る。鋼材の表面の状態も1つの因子である。鋼材の表面にさびがある場合は，そのさびが下の鋼材とよく結合している場合には，丸鋼の付着を向上させるし，異形鉄筋の付着を損なうこともない[6.108]。亜鉛メッキやエポキシによる被覆は付着強度に影響を及ぼす。

これらの考察は，コンクリートの性質が付着強度に影響を及ぼす点以外においては，付着の問題は大部分本書の対象外とするが，ついでに言うと，付着強度は求めるのが容易ではない。

きわめて重要な性質は，コンクリートの引張強度である。そのため，付着強度の設計式は，圧縮強度の平方根に比例するものとするのが一般的であるが，これは引張強度を意味しているのである。前に示した通り，コンクリートの引張強度は圧縮強度のいくぶん高めのべき乗（例えば約 0.7）に比例する。したがって，上記の規定で使用される式は，コンクリートの圧縮強度が及ぼしている付着強度への間接的な関係を正確には表してはいない。それにもかかわらず，コンクリートの各強度が約 95MPa 以下の場合であれば，異形鉄筋の付着強度は圧縮強度の上昇とともに，上昇速度を低下させながら上昇することが示されている[6.107, 6.109]。

温度の上昇によってコンクリートの付着強度は低下する。200～300℃では，室温時の付着強度の約半分になってしまう可能性がある。

◎参考文献

6.1　K. K. SCHILLER, Porosity and strength of brittle solids (with particular reference to gypsum), *Mechanical Properties of Non-metallic Brittle Materials*, pp. 35–45 (Butterworth, London, 1958).

6.2　NATIONAL SAND AND GRAVEL ASSOCIATION, *Joint Tech. Information Letter No. 155* (Washington DC, 29 April 1959).

6.3　A. HUMMEL, *Das Beton – ABC* (W. Ernst, Berlin, 1959).

6.4　A. M. NEVILLE, Tests on the strength of high-alumina cement concrete, *J. New Zealand Inst. E.*, **14**, No. 3, pp. 73–7 (1959).

6.5　T. C. POWERS, The non-evaporable water content of hardened portland cement paste: its significance for concrete research and its method of determination, *ASTM Bull. No. 158*, pp. 68–76 (May 1949).

6.6　T. C. POWERS and T. L. BROWNYARD, Studies of the physical properties of hardened portland cement paste (Nine parts), *J. Amer. Concr. Inst.*, **43** (Oct. 1946 to April 1947).

6.7　T. C. POWERS, The physical structure and engineering properties of concrete, *Portl. Cem. Assoc. Res. Dept. Bull. 90* (Chicago, July 1958).

6.8　T. C. POWERS, Structure and physical properties of hardened portland cement paste,

第6章 コンクリートの強度

J. Amer. Ceramic Soc., **41**, pp. 1–6 (Jan. 1958).
6.9 L. J. M. NELISSEN, Biaxial testing of normal concrete, *Heron*, **18**, No. 1, pp. 1–90 (1972).
6.10 M. A. WARD, A. M. NEVILLE and S. P. SINGH, Creep of air-entrained concrete, *Mag. Concr. Res.*, **21**, No. 69, pp. 205–10 (1969).
6.11 W. H. PRICE, Factors influencing concrete strength, *J. Amer. Concr. Inst.*, **47**, pp. 417–32 (Feb. 1951).
6.12 H. C. ERNTROY and B. W. SHACKLOCK, Design of high-strength concrete mixes, *Proc. of a Symposium on Mix Design and Quality Control of Concrete*, pp. 55–73 (Cement and Concrete Assoc., London, May 1954).
6.13 B. G. SINGH, Specific surface of aggregates related to compressive and flexural strength of concrete, *J. Amer. Concr. Inst.*, **54**, pp. 897–907 (April 1958).
6.14 A. M. NEVILLE, Some aspects of the strength of concrete, *Civil Engineering* (London), **54**, Part 1, Oct. 1959, pp. 1153–6; Part 2, Nov. 1959, pp. 1308–10; Part 3, Dec. 1959, pp. 1435–8.
6.15 A. M. NEVILLE, The influence of the direction of loading on the strength of concrete test cubes, *ASTM Bull. No. 239*, pp. 63–5 (July 1959).
6.16 E. OROWAN, Fracture and strength of solids, *Reports on Progress in Physics*, **12**, pp. 185–232 (Physical Society, London, 1948–49).
6.17 A. A. GRIFFITH, The phenomena of rupture and flow in solids, *Philosophical Transactions*, Series A, **221**, pp. 163–98 (Royal Society, 1920).
6.18 A. M. NEVILLE, The failure of concrete compression test specimens, *Civil Engineering* (London), **52**, pp. 773–4 (July 1957).
6.19 R. JONES and M. F. KAPLAN, The effects of coarse aggregate on the mode of failure of concrete in compression and flexure, *Mag. Concr. Res.*, **9**, No. 26, pp. 89–94 (1957).
6.20 F. M. LEA, Cement research: retrospect and prospect, *Proc. 4th Int. Symp. on the Chemistry of Cement*, pp. 5–8 (Washington DC, 1960).
6.21 O. Y. BERG, Strength and plasticity of concrete, *Doklady Akademii Nauk S.S.S.R.*, **70**, No. 4, pp. 617–20 (1950).
6.22 R. L'HERMITE, Idées actuelles sur la technologie du béton, *Institut Technique du Bâtiment et des Travaux Publics* (Paris, 1955).
6.23 R. JONES and E. N. GATFIELD, Testing concrete by an ultrasonic pulse technique, *Road Research Tech. Paper No. 34* (HMSO, London, 1955).
6.24 W. KUCZYNSKI, Wplyw kruszywa grubego na wytrzymalość betonu (L'influence de l'emploi d'agrégats gros sur la résistance du béton). *Archiwum Inzynierii Ladowej*, **4**, No. 2, pp. 181–209 (1958).
6.25 M. F. KAPLAN, Flexural and compressive strength of concrete as affected by the properties of coarse aggregates, *J. Amer. Concr. Inst.*, **55**, pp. 1193–208 (May 1959).
6.26 US BUREAU OF RECLAMATION, Triaxial strength tests of neat cement and mortar cylinders, *Concrete Laboratory Report No. C-779* (Denver, Colorado, Nov. 1954).
6.27 P. J. F. WRIGHT, Crushing and flexural strengths of concrete made with limestone aggregate, *Road Res. Lab. Note RN/3320/PJFW* (HMSO, London, Oct. 1958).
6.28 L. SHUMAN and J. TUCKER, *J. Res. Nat. Bur. Stand. Paper No. RP1552*, **31**, pp. 107–24 (1943).
6.29 A. G. A. SAUL, A comparison of the compressive, flexural, and tensile strengths of concrete, *Cement Concr. Assoc. Tech. Rep. TRA/333* (London, June 1960).
6.30 B. W. SHACKLOCK and P. W. KEENE, Comparison of the compressive and flexural strengths of concrete with and without entrained air, *Civil Engineering* (London), **54**, pp. 77–80 (Jan. 1959).

6.31 M. F. Kaplan, Effects of incomplete consolidation on compressive and flexural strength, ultrasonic pulse velocity, and dynamic modulus of elasticity of concrete, *J. Amer. Concr. Inst.*, **56**, pp. 853–67 (March 1960).

6.32 G. Verbeck, Energetics of the hydration of Portland cement, *Proc. 4th Int. Symp. on the Chemistry of Cement* pp. 453–65, Washington DC (1960).

6.33 A. Grudemo, Development of strength properties of hydrating cement pastes and their relation to structural features, *Proc. Symp. on Some Recent Research on Cement Hydration*, 8 pp. (Cembureau, 1975).

6.34 D. M. Roy and G. R. Gouda, Porosity–strength relation in cementitious materials with very high strengths, *J. Amer. Ceramic Soc.*, **53**, No. 10, pp. 549–50 (1973).

6.35 R. F. Feldman and J. J. Beaudoin, Microstructure and strength of hydrated cement, *Cement and Concrete Research*, **6**, No. 3, pp. 389–400 (1976).

6.36 P. G. Lowe, Deformation and fracture of plain concrete, *Mag. Concr. Res.*, **30**, No. 105, pp. 200–4 (1978).

6.37 S. D. Santiago and H. K. Hilsdorf, Fracture mechanisms of concrete under compressive loads, *Cement and Concrete Research*, **3**, No. 4, pp. 363–88 (1973).

6.38 C. Perry and J. E. Gillott, The influence of mortar–aggregate bond strength on the behaviour of concrete in uniaxial compression, *Cement and Concrete Research*, **7**, No. 5, pp. 553–64 (1977).

6.39 R. E. Franklin and T. M. J. King, Relations between compressive and indirect-tensile strengths of concrete, *Road. Res. Lab. Rep. LR412*, 32 pp. (Crowthorne, Berks., 1971).

6.40 A. F. Stock, D. J. Hannant and R. I. T. Williams, The effect of aggregate concentration upon the strength and modulus of elasticity of concrete, *Mag. Concr. Res.*, **31**, No. 109, pp. 225–34 (1979).

6.41 H. Kawakami, Effect of gravel size on strength of concrete with particular reference to sand content, *Proc. Int. Conf. on Mechanical Behaviour of Materials*, Kyoto, 1971 – Vol. IV, *Concrete and Cement Paste Glass and Ceramics*, pp. 96–103 (Society of Materials Science, Kyoto, Japan, 1972).

6.42 J. M. Plowman, Maturity and the strength of concrete, *Mag. Concr. Res.*, **8**, No. 22, pp. 13–22 (1956).

6.43 P. Klieger, Effect of mixing and curing temperature on concrete strength, *J. Amer. Concr. Inst.*, **54**, pp. 1063–81 (June 1958).

6.44 P. Klieger, Discussion on: Maturity and the strength of concrete, *Mag. Concr. Res.*, **8**, No. 24, pp. 175–8 (1956).

6.45 C. D. Pomeroy, D. C. Spooner and D. W. Hobbs, The dependence of the compressive strength of concrete on aggregate volume concentration for different shapes of specimen, *Cement Concr. Assoc. Departmental Note DN 4016*, 17 pp. (Slough, U.K., March 1971).

6.46 D. W. Hobbs, C. D. Pomeroy and J. B. Newman, Design stresses for concrete structures subject to multiaxial stresses, *The Structural Engineer.*, **55**, No. 4, pp. 151–64 (1977).

6.47 D. W. Hobbs, Strength and deformation properties of plain concrete subject to combined stress, Part 3: results obtained on a range of flint gravel aggregate concretes, *Cement Concr. Assoc. Tech. Rep. TRA/42.497*, 20 pp. (London, July 1974).

6.48 G. W. Washa and K. F. Wendt, Fifty year properties of concrete, *J. Amer. Concr. Inst.*, **72**, No. 1, pp. 20–8 (1975).

6.49 K. Walz, Festigkeitsentwicklung von Beton bis zum Alter von 30 und 50 Jahren, *Beton*, **26**, No. 3, pp. 95–8 (1976).

第 6 章　コンクリートの強度

6.50　H. S. Lew and T. W. Reichard, Mechanical properties of concrete at early ages, *J. Amer. Concr. Inst.*, **75**, No. 10, pp. 533–42 (1978).

6.51　E. Gruenwald, Cold weather concreting with high-early strength cement, *Proc. RILEM Symp. on Winter Concreting, Theory and Practice*, Copenhagen, 1956, 30 pp. (Danish National Inst. of Building Research, 1956).

6.52　K. Newman, Criteria for the behaviour of plain concrete under complex states of stress, *Proc. Int. Conf. on the Structure of Concrete*, London, Sept. 1965, pp. 255–74 (Cement and Concrete Assoc., London, 1968).

6.53　N. J. Carino and F. O. Slate, Limiting tensile strain criterion for failure of concrete, *J. Amer. Concr. Inst.*, **73**, No. 3, pp. 160–5 (1976).

6.54　M. E. Tasuji, A. H. Nilson and F. O. Slate, Biaxial stress–strain relationships for concrete, *Mag. Concr. Res.*, **31**, No. 109, pp. 217–24 (1979).

6.55　H. S. Lew and T. W. Reichard, Prediction of strength of concrete from maturity, in *Accelerated Strength Testing*, ACI SP-56, pp. 229–48 (Detroit, Michigan, 1978).

6.56　O. Y. Berg, Research on the concrete strength theory, *Building Research and Documentation, Contributions and Discussions*, First CIB Congress, pp. 60–9 (Rotterdam 1959).

6.57　L. A. Larbi, Microstructure of the interfacial zone around aggregate particles in concrete, *Heron*, **38**, No. 1, 69 pp. (1993).

6.58　M. Kakizaki, H. Edahiro, T. Tochigi and T. Niki, *Effect of Mixing Method on Mechanical Properties and Pore Structure of Ultra High-Strength Concrete*, Katri Report No. 90, 19 pp. (Kajima Corporation, Tokyo, 1992) (and also in ACI SP-132 (Detroit, Michigan, 1992)).

6.59　L. F. Nielsen, Strength development in hardened cement paste: examination of some empirical equations, *Materials and Structures*, **26**, No. 159, pp. 255–60 (1993).

6.60　S. Walker and D. L. Bloem, Studies of flexural strength of concrete, Part 3: Effects of variation in testing procedures, *Proc. ASTM*, **57**, pp. 1122–39 (1957).

6.61　H. Green, Impact testing of concrete, *Mechanical Properties of Non-metallic Brittle Materials*, pp. 300–13 (Butterworth, London, 1958).

6.62　B. Mather, Comment on "Water-cement ratio is passé", *Concrete International*, **11**, No. 11, p. 77 (1989).

6.63　M. Rössler and I. Odler, Investigations on the relationship between porosity, structure and strength of hydrated Portland cement pastes. I. Effect of porosity, *Cement and Concrete Research*, **15**, No. 2, pp. 320–30 (1985).

6.64　I. Odler and M. Rössler, Investigations on the relationship between porosity, structure and strength of hydrated Portland cement pastes. II. Effect of pore structure and the degree of hydration, *Cement and Concrete Research*, **15**, No. 3, pp. 401–10 (1985).

6.65　J. J. Beaudoin and V. S. Ramachandran, A new perspective on the hydration characteristics of cement phases, *Cement and Concrete Research*, **22**, No. 4, pp. 689–94 (1992).

6.66　R. Sersale, R. Cioffi, G. Frigione and F. Zenone, Relationship between gypsum content, porosity, and strength of cement, *Cement and Concrete Research*, **21**, No. 1, pp. 120–6 (1991).

6.67　R. F. Feldman, Application of the helium inflow technique for measuring surface area and hydraulic radius of hydrated Portland cement, *Cement and Concrete Research*, **10**, No. 5, pp. 657–64 (1980).

6.68　D. Winslow and Ding Liu, The pore structure of paste in concrete, *Cement and*

Concrete Research, **20**, No. 2, pp. 227–84 (1990).
6.69 R. L. Day and B. K. Marsh, Measurement of porosity in blended cement pastes, Cement and Concrete Research, **18**, No. 1, pp. 63–73 (1988).
6.70 A. A. Rahman, Characterization of the porosity of hydrated cement pastes, in The Chemistry and Chemically-Related Properties of Concrete, Ed. F. P. Glasser, British Ceramic Proceedings No. 35, pp. 249–63 (Stoke-on-Trent, 1984).
6.71 L. I. Knab, J. R. Clifton and J. B. Inge, Effects of maximum void size and aggregate characteristics on the strength of mortar, Cement and Concrete Research, **13**, No. 3, pp. 383–90 (1983).
6.72 E. M. Krokosky, Strength vs. structure: a study for hydraulic cements, Materials and Structures, **3**, No. 17, pp. 313–23 (Paris, Sept.–Oct. 1970).
6.73 E. Ryshkewich, Compression strength of porous sintered alumina and zirconia, J. Amer. Ceramic Soc., **36**, pp. 66–8 (Feb. 1953).
6.74 Discussion of paper by H. J. Gilkey: Water/cement ratio versus strength – another look, J. Amer. Concr. Inst., Part 2, **58**, pp. 1851–78 (Dec. 1961).
6.75 D. W. Hobbs, Strength and deformation properties of plain concrete subject to combined stress, Part 1: strength results obtained on one concrete, Cement Concr. Assoc. Tech. Rep. TRA/42.451 (London, Nov. 1970).
6.76 T. T. C. Hsu, F. O. Slate, G. M. Sturman and G. Winter, Microcracking of plain concrete and the shape of the stress–strain curve, J. Amer. Concr. Inst., **60**, pp. 209–24 (Feb. 1963).
6.77 B. Mather, What do we need to know about the response of plain concrete and its matrix to combined loadings?, Proc. 1st Conf. on the Behavior of Structural Concrete Subjected to Combined Loadings, pp. 7–9 (West Virginia Univ., 1969,).
6.78 H. Kupfer, H. K. Hilsdorf and H. Rüsch, Behaviour of concrete under biaxial stresses, J. Amer. Concr. Inst., **66**, pp. 656–66 (Aug. 1969).
6.79 B. Bresler and K. S. Pister, Strength of concrete under combined stresses, J. Amer. Concr. Inst., **55**, pp. 321–45 (Sept. 1958).
6.80 S. Popovics, Analysis of the concrete strength versus water–cement ratio relationship, ACI Materials Journal, **57**, No. 5, pp. 517–29 (1990).
6.81 N. McN. Alford, G. W. Groves and D. D. Double, Physical properties of high strength cement paste, Cement and Concrete Research, **12**, No. 3, pp. 349–58 (1982).
6.82 Z. P. Bažant, F. C. Bishop and Ta-Peng Chang, Confined compression tests of cement paste and concrete up to 300 ksi, ACI Journal, **83**, No. 4, pp. 553–60 (1986).
6.83 A. Meyer, Über den Einfluss des Wasserzementwertes auf die Frühfestigkeit von Beton, Betonstein Zeitung, No. 8, pp. 391–4 (1963).
6.84 L. Bjerkeli, J. J. Jensen and R. Lenschow, Strain development and static compressive strength of concrete exposed to water pressure loading, ACI Structural Journal, **90**, No. 3, pp. 310–15 (1993).
6.85 Chuan-Zhi Wang, Zhen-Hai Guo and Xiu-Qin, Zhang, Experimental investigation of biaxial and triaxial compressive concrete strength, ACI Materials Journal, **84**, No. 2, pp. 92–6 (1987).
6.86 W. S. Yin, E. C. M. Su, M. A. Mansur and T. C. Hsu, Biaxial tests of plain and fiber concrete, ACI Materials Journal, **86**, No. 3, pp. 236–43 (1989).
6.87 S. P. Shah, Fracture toughness for high-strength concrete, ACI Materials Journal, **87**, No. 3, pp. 260–5 (1990).
6.88 G. Giaccio, C. Rocco and R. Zerbino, The fracture energy (G_F) of high-strength concretes, Materials and Structures, **26**, No. 161, pp. 381–6 (1993).

第6章 コンクリートの強度

6.89 Mun-Hong Zhang and O. E. Gjørv, Microstructure of the interfacial zone between lightweight aggregate and cement paste, *Cement and Concrete Research*, **20**, No. 4, pp. 610–18 (1990).
6.90 M. M. Smadi and F. O. Slate, Microcracking of high and normal strength concretes under short- and long-term loadings, *ACI Materials Journal*, **86**, No. 2, pp. 117–27 (1989).
6.91 F. O. Slate and K. C. Hover, Microcracking in concrete, in *Fracture Mechanics of Concrete: Material Characterization and Testing*, Eds A. Carpinteri and A. R. Ingraffea, pp. 137–58 (Martinus Nijhoff, The Hague, 1984).
6.92 A. Jornet, E. Guidali and U. Mühlethaler, Microcracking in high performance concrete, in *Proceedings of the Fourth Euroseminar on Microscopy Applied to Building Materials*, Eds J. E. Lindqvist and B. Nitz, Sp. Report 1993: 15, 6 pp. (Swedish National Testing and Research Institute: Building Technology, 1993).
6.93 P. J. M. Monteiro, J. C. Maso and J. P. Ollivier, The aggregate–mortar interface, *Cement and Concrete Research*, **15**, No. 6, pp. 953–8 (1985).
6.94 K. L. Scrivener and E. M. Gariner, Microstructural gradients in cement paste around aggregate particles, *Materials Research Symposium Proc.*, **114**, pp. 77–85 (1988).
6.95 Xie Ping, J. J. Beaudoin and R. Brousseau, Effect of aggregate size on the transition zone properties at the Portland cement paste interface, *Cement and Concrete Research*, **21**, No. 6, pp. 999–1005 (1991).
6.96 J. C. Maso, La liaison pâte-granulats, in *Le Béton Hydraulique*, Eds J. Baron and R. Sauterey, pp. 247–59 (Presses de l'École Nationale des Ponts et Chaussées, Paris, 1982).
6.97 N. J. Carino and R. C. Tank, Maturity functions for concretes made with various cements and admixtures, *ACI Materials Journal*, **89**, No. 2, pp. 188–96 (1992).
6.98 R. I. Pearson, Maturity meter speeds post-tensioning of structural concrete frame, *Concrete International*, **9**, No. 5, pp. 63–4 (April 1987).
6.99 N. J. Carino and H. S. Lew, Temperature effects on strength–maturity relations of mortar, *ACI Journal*, **80**, No. 3, pp. 177–82 (1983).
6.100 N. J. Carino, The maturity method: theory and application, *Cement, Concrete, and Aggregates*, **6**, No. 2, pp. 61–73 (1984).
6.101 K. Ayuta, M. Hayashi and H. Sakurai, Relation between concrete strength and cumulative temperature, *Cement Association of Japan Review*, pp. 236–9 (1988).
6.102 E. Gauthier and M. Regourd, The hardening of cement in function of temperature, in *Proceedings of RILEM International Conference on Concrete of Early Ages*, Vol. 1, pp. 145–55 (Anciens ENPC, Paris, 1982).
6.103 K. Komlos, Comments on the long-term tensile strength of plain concrete, *Mag. Concr. Res.*, **22**, No. 73, pp. 232–8 (1970).
6.104 L. Bortolotti, Interdependence of concrete strength parameters, *ACI Materials Journal*, **87**, No. 1, pp. 25–6 (1990).
6.105 N. J. Carino and H. S. Lew, Re-examination of the relation between splitting tensile and compressive strength of normal weight concrete, *ACI Journal*, **79**, No. 3, pp. 214–19 (1982).
6.106 F. A. Oluokun, Prediction of concrete tensile strength from compressive strength: evaluation of existing relations for normal weight concrete, *ACI Materials Journal*, **88**, No. 3, pp. 302–9 (1991).
6.107 O. E. Gjørv, P. J. M. Monteiro and P. K. Mehta, Effect of condensed silica fume

on the steel–concrete bond, *ACI Materials Journal*, **87**, No. 6, pp. 573–80 (1990).
6.108 F. G. MURPHY, *The Effect of Initial Rusting on the Bond Performance of Reinforcement*, CIRIA Report 71, 36 pp. (London, 1977).
6.109 I. SCHALLER, F. DE LARRARD and J. FUCHS, Adhérence des armatures passives dans le béton à très hautes performances, *Bulletin liaison Labo. Ponts et Chaussées*, **167**, pp. 13–21 (May–June 1990).
6.110 J. M. RAPHAEL, Tensile strength of concrete, *ACI Materials Journal*, **81**, No. 2, pp. 158–65 (1984).
6.111 E. K. ATTIOGBE and D. DARWIN, Submicrocracking in cement paste and mortar, *ACI Materials Journal*, **84**, No. 6, pp. 491–500 (1987).
6.112 K. M. ALEXANDER and I. IVANUSEC, Long term effects of cement SO_3 content on the properties of normal and high-strength concrete, Part I. The effect on strength, *Cement and Concrete Research*, **12**, No. 1, pp. 51–60 (1982).
6.113 N. HEARN and R. D. HOOTON, Sample mass and dimension effects on mercury intrusion porosimetry results, *Cement and Concrete Research*, **22**, No. 5, pp. 970–80 (1992).
6.114 R. A. COOK and K. C. HOVER, Mercury porosimetry of cement-based materials and associated correction factors, *ACI Materials Journal*, **90**, No. 2, pp. 152–61 (1993).
6.115 N. HEARN, R. D. HOOTON and R. H. MILLS, Pore structure and permeability, in *Concrete and Concrete-Making Materials*, ASTM Sp. Tech. Publ. No. 169C pp. 241–62 (Philadelphia, 1994).
6.116 W. S. NAJJAR and K. C. HOVER, Neutron radiography for microcrack studies of concrete cylinders subjected to concentric and excentric compressive loads, *ACI Materials Journal*, **86**, No. 4, pp. 354–9 (1989).
6.117 S. L. WOOD, Evaluation of the long-term properties of concrete, *ACI Materials Journal*, **88**, No. 6, pp. 630–43 (1991).
6.118 ACI 318-02, Building code requirements for structural concrete, *ACI Manual of Concrete Practice, Part 3: Use of Concrete in Buildings – Design, Specifications, and Related Topics*, 443 pp.
6.119 D. C. SPOONER, C. D. POMEROY and J. W. DOUGILL, Damage and energy dissipation in cement pastes in compression, *Mag. Concr. Res.*, **28**, No. 94, pp. 21–9 (1976).
6.120 N. J. GARDNER and S. M. POON, Time and temperature effects on tensile, bond, and compressive strengths, *J. Amer. Concr. Inst.*, **73**, No. 7, pp. 405–9 (1976).

第7章　硬化コンクリートのその他の問題

前章では，コンクリート強度に影響を及ぼす主な因子について考察した。本章では疲労や衝撃などを含め，強度のその他の問題について解説し，その後にコンクリートの電気特性と音響特性について手短に述べる。

7.1　コンクリートの養生

良いコンクリートを得るためには，適正な混合物を打込んだ後，硬化の初期の段階において適切な環境で養生を行わなければならない。養生とはセメントの水和を促進するために行う行為に与えられた名称であり，温度管理とコンクリートへの水分の出入りとをその内容とする。温度要因については第8章で取り扱う。さらに具体的に言うと，養生の目的は，フレッシュセメントペースト中の元々水の入っていた空間が，セメントの水和生成物で十分満たされるまで，コンクリートを飽水状態またはできる限り飽水に近い状態に保つことである。現場のコンクリートの場合は，可能な最大限の水和が終了するずっと前に，積極的な養生は中止してしまうことがほとんどである。

Powers[7.36]は，毛管空げき内部の相対湿度が80%を下回った時に水和が大幅に低下することを示した。そして，このことは，Patel他によって確認されている[7.3]。最大の速度で水和が起きるのは飽水状態の場合だけである。図-7.1に，さまざまな相対湿度で6ヵ月間保管した後の水和の程度を示したが，蒸気圧が飽和圧力の0.8を下回ると水和の程度は低くなり，0.3を下回るとごくわずかとなることが良くわかる[7.36]。

したがって水和を継続させるためには，コンクリート内部の相対湿度を80%以上に保たなければならない。周囲の空気の相対湿度が少なくともその程度あれ

第 7 章　硬化コンクリートのその他の問題

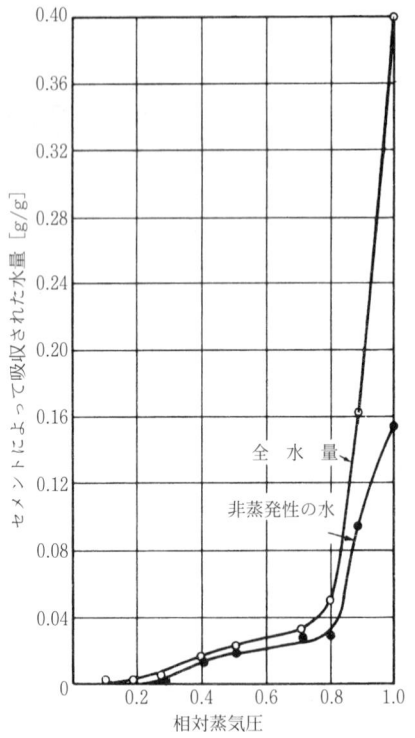

図-7.1　6ヵ月間種々の蒸気圧に曝された乾燥
セメントによって吸収された水量[7.36]

ば，コンクリートと周囲の空気との間に水の移動はほとんど起きないため，水和を継続させるための積極的な養生を行う必要はない。厳密に言うと，上記のことが当てはまるのは，例えば風，コンクリートと空気との温度差，太陽の日射など，ほかの因子が介入しない場合に限られる。したがって，実施面では，積極的な養生の必要がないのは，温度が一定で湿度がきわめて高い気候の場合だけである。世界中の多くの場所では日中のある時間には相対湿度が80%を下回るので，天候が湿潤だというだけの理由で「自然養生」を信じるのは根拠がないことに注意することが重要である。

　周りの空気の温度と相対湿度，および風速がコンクリート表面からの蒸発に及ぼす影響の目安を，Lerch[7.37]の結果に基づいて図-7.2，7.3，および7.4に示す。図-7.5に示す通り，コンクリートと空気との温度差もまた水の損失に影響を及ぼ

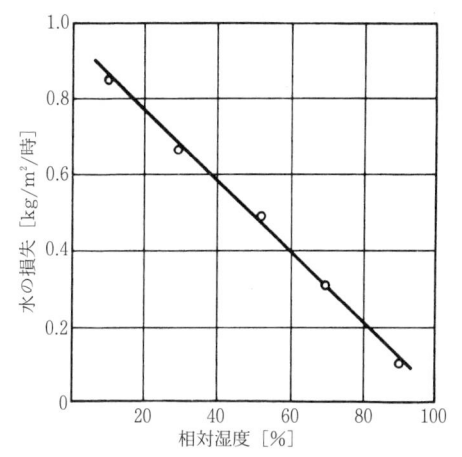

図-7.2 相対湿度が打込み後の初期におけるコンクリート中の水の損失に及ぼす影響（気温 21℃；風速 4.5m/秒）

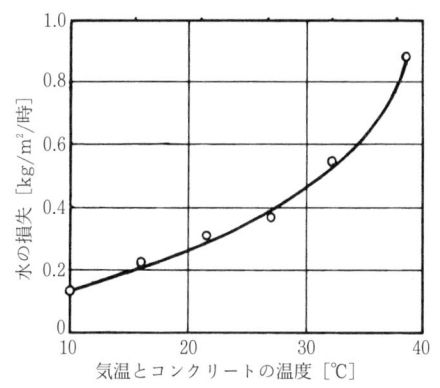

図-7.3 気温とコンクリートの温度が打込み後の初期におけるコンクリート中の水の損失に及ぼす影響（相対湿度 70%；風速 4.5 m/秒）

す。したがって，日中に飽水したコンクリートは寒い夜間に水が失われるのであり，このことは，寒中に打ち込まれたコンクリートの場合には，たとえ飽水した空気の中であろうとも，当てはまる。実際の水の損失は供試体の表面積と体積との比率によっても異なるため，示した例は標準的なものに過ぎない[7.38]。

水の損失は強度の発現に悪影響を及ぼすばかりでなく，プラスチック収縮，透

第7章 硬化コンクリートのその他の問題

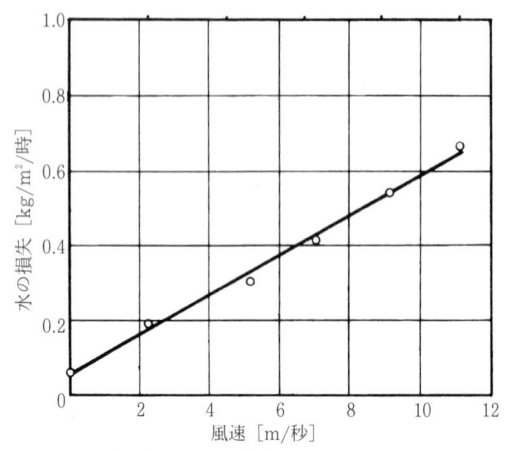

図-7.4 風速が打込み後の初期におけるコンクリート中の水の損失に及ぼす影響(相対湿度70%;温度21℃)

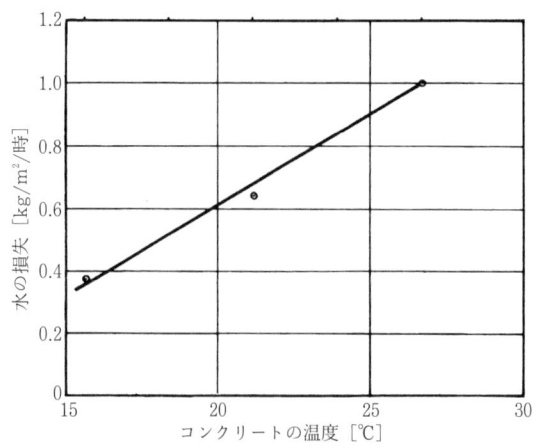

図-7.5 コンクリート温度(気温4.5℃において)が打込み後の初期におけるコンクリート中の水の損失に及ぼす影響(相対湿度100%;風速4.5m/秒)

水性の増加,および耐磨耗性の低下も招くため,水がコンクリートから失われるのを防ぐことは重要である。

上記の解説から,セメントの水和を継続させるためにはコンクリートから水が失われるのを防げば十分であると推論することができる。しかしこれは,水セメ

ント比が十分高く，練混ぜ水の量が水和の継続に十分足りる場合にのみ言えることである。

第1章で，セメントの水和が起こりうるのは，水が占める毛管の中だけであることを述べた。毛管からの蒸発による水の損失を防がなければならない理由はここにある。さらに，自己乾燥（セメントの水和の化学反応による）によって内部で失われた水は，外からの水によって補わなければならない。すなわち，コンクリートに水が浸入できるようにしなければならない。

封緘された供試体の水和は，ペースト中に存在する水量がすでに結合した水量の2倍以上である場合にのみ起きることを思い出していただきたい。したがって自己乾燥は，水セメント比が約0.5を下回る混合物に関してのみ重要となる。水セメント比がそれより高ければ，封緘された供試体の水和速度と飽水した供試体の水和速度は等しくなる[7.35]。しかし，化学結合に利用できるのはペースト中に存在する水の半分だけであることを忘れてはならない。存在する水の量が化学結合に要する水より少ない場合についてもこのことが言える[7.36]。

上記の点から，コンクリートからの水の損失を防ぐだけで水和を継続させることができる場合と，外からの水の浸入が必要な場合とに分けて，養生の必要性を考えることができる。境界線は，ほぼ水セメント比0.5である。水セメント比が0.5未満の場合が多い最近のコンクリートでは，コンクリートへの水の浸入による水和の促進が望ましい。

水の移動の影響を受けるのは外部区域（一般には表面から30 mmまでであるが，時には50 mmまで）のみであり，表面から遠い部分，すなわち深い部分のコンクリートはほとんど影響を受けないことを付け加えなければならない。鉄筋コンクリートであれば，この深さはかぶりの深さ全体または大部分である。

したがって，一般に構造部材の内部のコンクリートには養生の影響が及ばないため，部材がきわめて薄い場合以外，養生は構造物の強度に関してあまり重要ではない。他方，外部区域のコンクリートの性質は養生によって大きな影響を受ける。風化，炭酸化，および磨耗にさらされるのはこの部分のコンクリートであり，また外部区域のコンクリートの透水性は，鉄筋の腐食からの保護に重大な影響を及ぼす（第11章参照）。

養生の影響を受ける外部区域の深さの目安は，水セメント比0.59のコンクリー

第7章　硬化コンクリートのその他の問題

トを相対湿度 60%の空気中で温度 20℃で保管して行った Parrott の試験[7.2] から得ることができる。Parrott は，コンクリート内部の相対湿度が 90%まで低下するのに要する期間が次の通りであることを確認した。すなわち，12 日間で深さ 7.5 mm まで，45 日間で深さ 15.5 mm まで，および 172 日間で深さ 33.5 mmまでである。最近のコンクリートでは一般的な水セメント比はさらに低いので，その場合はこの期間はもっと長くなると思われる。

　周囲の相対湿度が 100%から 94%に低下するとコンクリートの吸水能力が大幅に高まることが判明したが，これはコンクリート中に連続した大きい細孔構造が存在することの証拠である[7.5]。外部の相対湿度が約 80%を下回る状態で養生を行うと，コンクリートの耐久性に関連のある 37 nm を超える大きさの空げきの体積が，非常に大きく増加することが分かった[7.3]。

　上記の解説から，養生がコンクリートの外部区域に及ぼす影響を研究する必要のあることがわかる。しかし，従来養生の影響は，強度について，すなわち水中（または霧室）に保管された供試体の強度と他の状況で保管された供試体の強度とをさまざまな期間に関して，比較することによって表現されてきた。

　そしてこのことが，養生の効果とその良い影響を示すと考えられている。水セメント比 0.50 のコンクリートに関して得られたその一例を，図-7.6 に示す。不十分な養生による強度の低下の現象は小さい供試体の方が顕著に表れるが，軽量骨材コンクリートの方が低下量は少ない[7.55]。引張強度と圧縮強度も同じように影

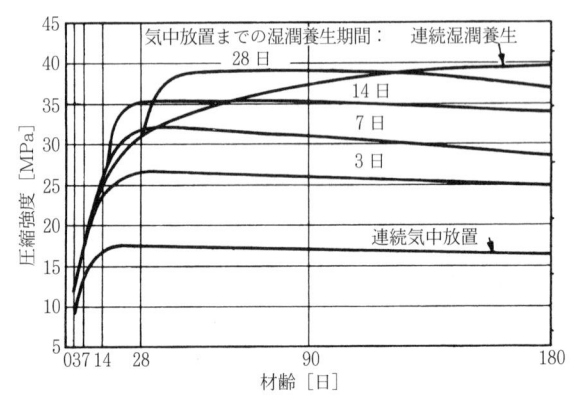

図-7.6　湿潤養生が水セメント比 0.50 のコンクリート強度に及ぼす影響[7.11]

響を受ける。どちらの場合も，単位セメント量の多い混合物の方がやや影響を受けやすい[7.56]。

28日強度の低下は，最初の3日間に起きた水の損失量と直接関連があるように思われる。温度（20℃または40℃）は影響を及ぼさない[7.7]（図-7.7参照）。

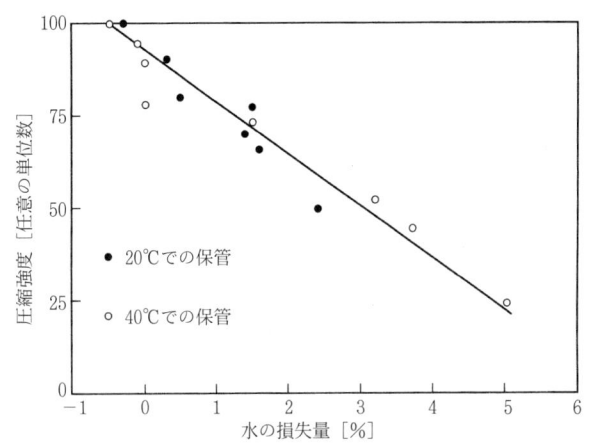

図-7.7 材齢28日におけるコンクリートの圧縮強度と材齢3日までの水の損失量（コンクリート質量に対する）との関係（参考文献7.7に基づく）

不十分な養生が強度に及ぼす影響は，水セメント比が高い方が大きく，また強度の発現速度の遅いコンクリートの方が大きい[7.29]。したがって，普通ポルトランドセメント（タイプⅠ）でつくられたコンクリートの強度の方が，不十分な養生の影響を大きく受ける。同様に，フライアッシュや高炉スラグ微粉末を含むコンクリートはポルトランドセメントだけでつくられたコンクリートより大きく影響される。

強度を十分に発現させるためには，すべてのセメントを水和させる必要があるわけではなく，事実，ほとんどそれは達成されないことを強調しなければならない。第6章に示した通り，コンクリートの品質は主としてペーストの（ゲル/空間）比によって異なる。しかし，もしフレッシュコンクリート中の水の占める空間が，水和生成物が充填することのできる空間より大きい場合は，水和の程度が大きければ大きいほど強度が高くなり，透水性が低くなる。

第7章 硬化コンクリートのその他の問題

7.1.1 養生方法

養生には大きく分けて2つの種類があり，ここではそれぞれの原理を考察する，そして，現場の状況と，コンクリート部材の寸法，形状，および位置によって，使用される実際の方法が大きく異なることを理解する。方法はそれぞれ，おおまかに湿潤養生と膜養生として言い表すことができる。

第一の方法は，コンクリートが吸収できる水を提供する方法である。そのためには，コンクリートの表面が硬化して損傷を受けにくい状態になった時点から一定の期間，コンクリートを継続的に水と接触させる。実際の方法は，継続的に散水したり浸漬（湛水養生）したりする，あるいはコンクリートを湿った砂や土，おがくず，またはわらで覆う。染みができるおそれがあるので若干の注意が必要である。清潔なヘッセン（バーラップ：訳者注；黄麻繊維から織られる粗い布）または綿のマット（厚く重ねたもの）を定期的に濡らして用いても良い（湿布養生）し，あるいは代わりに水を供給した吸水性の覆いをコンクリートの上に置いても良い。傾斜面または垂直面の場合は，浸漬用ホースを使用することができる。水は断続的に供給するより継続的に供給する方が効率が良い。図-7.8 に，最初の

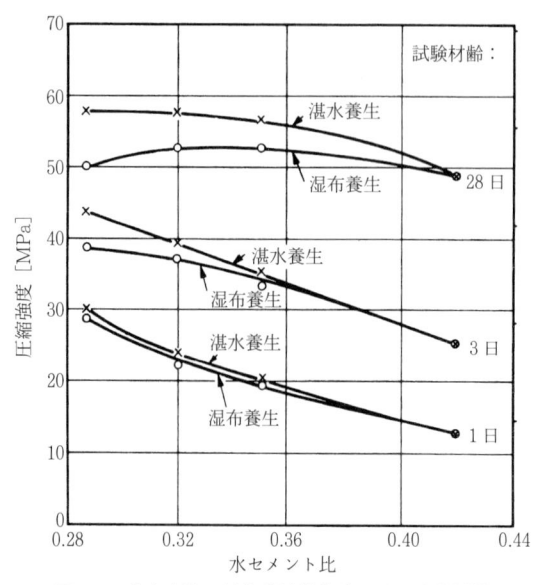

図-7.8　養生方法が円柱供試体強度に及ぼす影響[7.77]

7.1 コンクリートの養生

24時間上面を湛水養生したコンクリート円柱供試体と，24時間濡らしたヘッセンで覆った円柱供試体との強度発現を比較して示した[7.77]。差が明らかになるのは，自己乾燥するとコンクリート内の水が足りなくなる，水セメント比が約0.4を下回る場合だけである。したがって，水セメント比が低い場合は湿潤養生することが非常に望ましい。

養生に用いられる水の質は，理想的に言うと練混ぜ水と同じでなければならない（229頁参照）。海水は鉄筋の腐食を引き起こすおそれがある。また鉄分や有機物質も，とくに水がコンクリートの上を緩慢に流れ，蒸発が速い場合は，染みの原因になるおそれがある。場合によっては，大した変色は起きないこともある。

染みができるかどうかを化学分析に基づいて判断することはできないため，性能試験によって確認しなければならない。米国陸軍工兵科[7.40]は，養生に使用する300 mLの水を，純粋な白セメントまたは焼石膏の供試体の表面にできた直径100 mmの軽微なくぼみから蒸発させる予備試験を行うよう推奨している。着色が不快なものではないと判断された場合は，さらに試験を行う。

この試験は，上面が水路の形になった150×150×750 mmのコンクリート梁を水平より15°から20°傾けて，150 Lの水を長さ方向に流す。流れの速度は3～4時間で4 Lである。空気を強制的に循環させ，電球で加熱することにより蒸発が促進され，したがって残留物の堆積が促進される。ここでも試験の評価は観察だけで行い，必要があれば現場試験を行う。その際は2 m^{2}のスラブを養生する。

養生水には硬化コンクリートに作用する物質が含まれていないことがきわめて重要である。このような物質については，第10章と第11章で解説する。
熱衝撃または急激な温度勾配を避けるため，水温はコンクリートの温度より大幅に低くてはならない。ACI 308-92は最大温度差を11℃にすることを推奨している[7.9]。

第二の養生方法は，外部の水を吸収できるようにするのではなくて，コンクリートの表面から水が失われるのを防ぐことである。これは防水層法と呼ぶことができる。使用する手法は，重ねたポリエチレンのシート，または強化紙で，コンクリートの表面を覆うことである。シートは，寒中に望ましい黒でも，暑中に太陽光線を反射する利点のある白でも良い。表面が白い紙も使用することができる。

シートは下面で不均一な水の凝結が起きるため，変色や斑点の起きる可能性がある。

もう1つの方法は，養生剤を噴霧して膜を形成させる手法である。一般的なものは，揮発性の高い溶剤になった合成炭化水素樹脂であり，時には一時的な明るい色の染料を加えることもある。染料によって，十分に噴霧されていない箇所が明白になる。白色またはアルミナの顔料を入れると，日照によって上昇する熱を低下させることができる。他の樹脂溶液もある。アクリル樹脂，ビニルブタジエンまたはスチレンブタジエン，および塩化ゴムである。ワックス乳剤も使用できるが，表面が滑りやすくなる上除去するのが難しい。それに対して，炭化水素樹脂はコンクリートとの付着が悪く，また紫外線によって劣化する。これは両方共望ましい特徴である。

膜を形成する液状の養生剤の仕様は ASTM C 309-93 に，シート材料の仕様は ASTM C 171-92 に定められている。

どの養生方法または養生技術を使用すべきか，という疑問がよく起きる。水セメント比が約 0.5 を下回るコンクリートの場合は，0.4 を下回る場合はとくにそうであるが，湿潤養生を適用すべきである。ただし，この方法を完璧に，かつ継続的に行うことができる場合に限られる。それが保証できない場合は膜養生の方が望ましいが，こちらも正しいやり方で行う必要がある。

膜が連続しており，損傷があってはならないことは明らかである。噴霧のタイミングも非常に重要である。養生剤の噴霧は，ブリーディングで水がコンクリート表面に出るのが止まった後，しかし表面が乾ききる前に行わなければならない。最適な時間は，コンクリート表面の自由水がなくなり，水の光沢が見えなくなった瞬間である。しかし，ブリーディングが止まっていない場合には，蒸発速度が速いためにコンクリート表面が乾燥して見えていても，養生膜の施工を行ってはならない。この場合，1時間当たり $1 kg/m^2$ の蒸発速度を「速い」とみなす。速度の計算には，Lerch の結果[7.37]に基づく図-7.2 から 7.5 を用いる。あるいは，これらの図と同じ出典[7.37]の ACI 308 R-86 掲載の図を用いることもできる。

蒸発速度が速いために，水がブリーディングで表面に出るより蒸発で除去される方が速く起きる場合であれば，Mather[7.6]はコンクリートを濡らし，ブリーディングが止まるまで養生剤の施工を遅延させるよう推奨している。

7.1 コンクリートの養生

　一部のコンクリート，例えばシリカフュームを含むコンクリートではブリーディングが起きない。その場合はただちに養生膜を適用する。乾燥した表面に養生剤を施工すると，噴霧剤がコンクリートの中まで浸透して外部区域の中ではそれ以上水和が進まなくなる。その上，有効な連続膜が形成されない[7.6]。

　型枠を数時間後に事実上取り外すことになるスリップフォーム工法では，耐久性が必要な場合，あるいは薄い部材の場合は強度の理由から，養生をただちに行うことが重要である。反面，一般の型枠をそのまま残しておくと，垂直面から水分が失われるのを防ぐことができる。型枠が緩んだ後には，水を供給することもできる。

7.1.2 養生剤の試験

　養生剤の効率は，基準モルタルの表面から水が失われる程度で表され，試験によって測定することができる。英国基準BS 7542:1992では，水セメント比0.44の1：3モルタルを使用し，38℃で相対湿度35％に72時間暴露させる。

　そして，膜のない供試体と比較した時の，水の損失量の低下割合[％]を，養生効率とする。ASTM C 156-93の試験方法も似ているが，養生剤の性能は単位面積当たりの水の損失量で表す。この試験の再現性はあまり良くないといわれている[7.4]。

　英国の試験も米国の試験も，養生されたコンクリートの品質を表面区域で測定する。それが実施面では重要なことではあるが，測定するのは容易ではない。その他さまざまな試験が提案されているが，実際に用いるには面倒すぎるか，そうでない場合は試験しているコンクリートを傷める。

　試験では，モルタルの表面は平らであり，こてを使って仕上げをしてある。実際には，コンクリート表面はざらざらしたブラシ仕上げまたはタイン仕上げ（訳者注；道路床版の場合などのグルービング仕上げ）であり，それが養生剤の必要量に影響を及ぼす。また，そのような状況で均一かつ連続した膜にするのは一層難しいため，試験では水保持特性が良という結果になっても実施面で同じ結果にはならないこともある。

第7章　硬化コンクリートのその他の問題

7.1.3　養生期間

実施面において必要とされる養生期間を，単純な形で規定することはできない。関連する因子には，乾燥条件の厳しさ，期待される耐久性の程度などがある。一例として，凍結融解作用を受けるが融雪剤は用いないような外部暴露条件の場合，および攻撃的な化学薬品へ暴露される場合の最小養生期間を，欧州基準 ENV 206:1992 から引用して表-7.1 に示す。コンクリートが磨耗作用を受ける場合であれば，養生期間を2倍にすることが望ましい。

表-7.1　養生期間の最低限度［日単位］，（ENV 206:1992 の推奨値）

コンクリートの強度発現速度	早い*			普通			遅い		
コンクリート温度［℃］	5	10	15	5	10	15	5	10	15
養生中の環境条件									
日射なし，rh≧80	2	2	1	3	3	2	3	3	2
中程度の日射または中程度の風または rh≧50	4	3	2	6	4	3	8	5	4
強い日射または強い風または rh＜50	4	3	2	8	6	5	10	8	5

rh＝相対湿度［％］
  ＊　小さい水セメント比と早強セメントの場合

型枠の解体に関する要件は，コンクリートの強度によって異なる。これはコンクリートの積算温度（384頁参照）から，または同時に作成しておいた圧縮強度用供試体（720頁参照）を試験することによって，あるいはまた非破壊試験によって推定することができる。Harrison[7.8]が手引きを提供している。

養生はできる限り早い時点で開始し，連続的に行わなければならないと前に述べた。時には断続的な養生を行うことがあるが，その効果を認めることは有益である。水セメント比の小さいコンクリートの場合は，早期材齢で連続養生を行うことがきわめて重要である。

なぜならば，水和を中断すると，毛管が不連続になるため，養生を再開した時に水がコンクリートの内部に入ることができず，それ以上の水和が行われなくなるからである。しかし，水セメント比の高い混合物は常に大量の容積の毛管を保持しているため，養生をいつでも有効に再開することができるが，早いほど良い。

上記の解説は，正しい養生の重要性を強調することに重点を置いている。養生は常に規定で定められているが，規定に十分沿って実施されることは稀である。

しかも，不十分な養生がコンクリートの耐久性，とりわけ鉄筋コンクリートの耐久性に関する実に多くの問題の原因となっているのである。したがって，養生の重要性はどんなに強調してもし過ぎることはない。

7.2 ゆ（癒）着

　破壊したコンクリート中の細かいひび割れは，接線方向の変位を与えずに閉じたままにすれば，湿潤状態下で完全に癒える。これはゆ（癒）着として知られており，それまで未水和であったセメントがひび割れによって水にさらされ，水和することが主な原因である。また炭酸化が起きた場合に，水和したセメントの中の水酸化カルシウムから不溶性の炭酸カルシウムが形成されることも，ゆ（癒）着を助ける。水の中にごく細かい物質が浮遊している場合は，ひび割れの力学的な閉塞が多少起きる可能性もある。

　ゆ（癒）着可能なひび割れの最大幅は 0.1 から 0.2 mm と推定されており，また必要な湿潤状態とは，頻繁に定期的に水を供給することや浸漬などを意味しているが[7.28]，速い水流や高い水圧はひび割れを通る水の動きを減少させないためこれには含まれない。ひび割れ全体にわたって圧力を加えることは，ゆ（癒）着の助けとなる。

　材齢が若いコンクリートであれば，幅 0.1 mm のひび割れは数日後にゆ（癒）着するが，幅 0.2 mm のひび割れのゆ（癒）着には数週間かかる[7.28]。一般にコンクリートが若ければ若いほど，すなわち未水和のセメントを多く含んでいるほど再発現する強度が高いが，材齢 3 年までであれば，強度を発揮してゆ（癒）着することが観測されている。報告によれば[7.31]，ひび割れはゆ（癒）着してもその部分は弱くなっているため，将来の悪条件下で新たなひび割れを起こす可能性がある。

7.3 セメントの強さのばらつき

　ここまで，セメントの強さをコンクリート強度のばらつきの原因として考えては来なかった。これは強度発現特性がセメントの種類ごとに異なるということで

第7章 硬化コンクリートのその他の問題

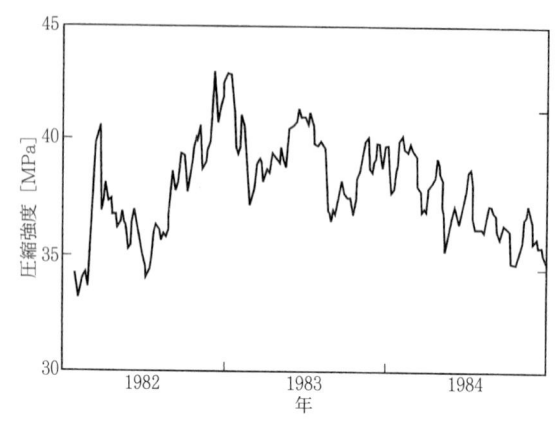

図-7.9 材齢28日のモルタル立方体（ASTM C 109に基づいて作成）における供試体5個の強度の移動平均（セメントはある1社の1982年から1984年までの物を使用）（参考文献7.13に基づく）

はなくて，名目上同じ種類のセメントの間のばらつきを言っているのである。これはかなり幅広く変化する，そして，本節で考察するのはこのばらつきである。

第2章に，セメントの強度の要件について解説した。従来，一定の材齢におけるその最低強度だけが規定されて来ているため，それよりはるかに強度の高いセメントがあってもそれに反対する理由がない。セメント製造業者はこの考え方を強力に推進しており，強さが実際に向上したセメントの経済的利点を得ようとし，かつ時には規定の最低強度との差が大幅に縮まったと苦情を言うセメント使用者には冷淡である。

強さの上限が規定されていないため，タイプIとタイプIIIのセメントの強さが重複する結果になっている。時には，タイプIのセメントの強さが，規定された最低値の2倍にもなることがある[7.41]。

大部分の仕様書においては，設計基準強度の最高値は規定されていない状態になっている。しかし，欧州基準 ENV 197-1:1992，BS 12:1991 およびドイツの基準（この手法の先駆者である）では，最高値として最低値より 20 MPa 大きい値が大部分の種類のセメントに適用されている。用途の幅が広い大量生産品であるため，おそらく経済的理由から正当化されるであろうが，与えられたクラスのセメントにとってこの強度の範囲は大きい。

7.3 セメントの強さのばらつき

　セメントの強さのばらつきは，主として製造に用いられる原料が，供給源の異なる場合，および採掘場や採石場が同じ場合であっても，均一性に欠けている場合に生じる。さらに，製造工程の細部の相違や，とりわけ窯の燃焼に用いられる石炭の灰の含有率のばらつきも，市販セメントの性質のばらつきを引き起こす原因となっている。だからといって，現在のセメントの製法がきわめて高度化された工程であることを否定しているわけではない。

　WalkerとBloem[7.42]が行ったセメントの強さのばらつきに関する先駆的な研究によって，供給源が同じセメントの強さの均一性を評価する試験方法 ASTM C 917-91a が開発された。この方法は，モルタル立方体供試体の強度試験 ASTM C 109-93 を使用し，5個の無作為の試料（抜取り検査）の移動平均に基づいている。1つの工場の3年間のばらつきの一例を，図-7.9に示した。1982年から1984年にかけてばらつきが減少したことがわかる。当該期間の最終時点における7日強度の標準偏差*は，1.4 MPa であった。1991年に行われた米国の87箇所のセメント工場における試験[7.14]は，81%の工場で7日強度の標準偏差が 2.10 MPa を下回った。28日では，43%の工場で標準偏差が 2.10 MPa を下回った。米国のセメントの場合は標準偏差が材齢とともに上昇するのが一般的であるが[7.12]，他の場所でつくられたセメントの場合は必ずしもそうではない。

　図-7.9に示した1つの工場でつくられたセメントは，強さの範囲が大きく広がっていることに注目しなければならない。2，3ヵ月で28日強度の変動範囲が7 MPa というのは珍しくない。明らかに，最低強度に依存するよりは，ばらつきが小さくて明確になっているセメントを使用する方が経済的に有利であろう。しかし，セメントの強さの測定に用いられる ASTM C 109-93 のモルタル試験は，精度が相対的に低いという問題が残る。それにもかかわらず，セメントの大量購入者は，ASTM C 917-91a に基づく試験を要求して，適切な限界で合意することによって，ばらつきに影響を及ぼすことができる。

　無作為の試料と移動平均の使用に関して明確にしておくことが重要である。単一の無作為の試料の値は必ずしも代表的な値ではなく，試験誤差によって不当に影響を受ける。他方，24時間の生産物から採取したいくつかの副次試料を加え

＊　統計用語は（791頁に）定義した。

第7章　硬化コンクリートのその他の問題

てつくった合成試料は，不当に平準化された結果をもたらす。

セメントの強さとそのセメントでつくられたコンクリートの強度との関連性はどうであろうか？

コンクリートの強度に影響を及ぼす因子はほかに数多くあるとしても，直接的な影響を推測するのが合理的であろう[7.78]（図-7.10 参照）。セメントとコンクリートのこのような関係は当然に思われるかもしれないが，かつて，コンクリートの強度とそのコンクリートの製造に使用したセメントの強さとの間に相関関係は何もないと，セメント製造業者の試験によって立証されたとの主張がなされたことがある[7.32]。

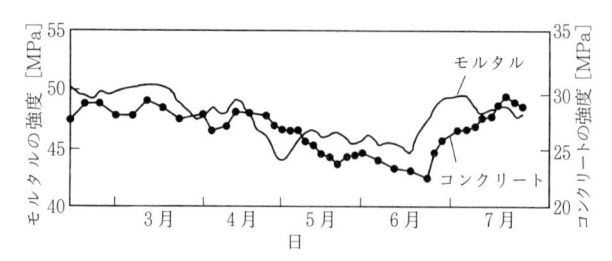

図-7.10　モルタル立方体強度の移動平均（ASTM C 109 に基づいて作成）とコンクリート円柱供試体強度の平均値の変動（材齢は28日で期間は1980年の3月から7月まで）（参考文献7.78に基づく）。
記：モルタルとコンクリートの縦座標は同じではない；2つの点はお互い近づきつつ変動した

この種の議論は，24時間という期間に得られたセメントの合成試料は，同じ期間に生産された何千トンものセメントの平均的な性質を示しているという決定的な点を見逃している。当然，そのような大量のセメント中にはばらつきがあり，そのバッチのコンクリートをつくるために使用するセメントはその中のごく一部に過ぎないのである。同時に，コンクリートの製作でもばらつきが出る。

余談になるが，セメント製造業者の試験証明書を研究に使用することに関して見解を述べると良いかもしれない。試験証明書の中に報告された化学組成などのセメントの性質を，研究者が試験の影響因子として使用することがよくある。試験証明書が24時間生産の平均値のことを言っているのであれば，列挙された性質は，必ずしも研究者が使用する実際のセメントに当てはまるものとみなすことはできない。そのようにみなすと，調査した性質との間に誤った相関関係が見出

される可能性がある。あるいはまた，研究者は何も過ちを犯さないにもかかわらず，実験結果が真の相関関係を示さない可能性もある[7.33]。

混和剤の使用は明らかにセメントとコンクリート強度との関係を混乱させる。なぜならば，混和剤の厳密な影響は使用セメントの性質によって異なるのに対し，セメントの強さの試験は混和剤を含まないモルタルを使用するからである。

セメントに対する性能規定の導入に伴って，セメントの真の強さ特性をもっと知ることが重要である。なぜならば，セメントの強さ特性はそのセメントでつくられたコンクリートの強度に影響を及ぼすにちがいないからである。セメントの製造場所が多様な場合は，状況がさらに複雑となる。

種々の工場でつくられたセメントの強さは，当然ながら単一の工場を供給源とする場合よりばらつきが大きい。表-7.2 は，1991 年に米国で 87 箇所の工場に対して試験した際の結果である[7.14]。この場合の強度は，ASTM C 109-93 に準拠したモルタル立方体供試体の強度である。しかし，セメントのばらつきは，現場で試験した供試体の強度のばらつきのせいぜい半分程度に過ぎないことを忘れてはならない。米国開拓局のデータは[7.57]，一般的に言って 3 分の 1 という値であることを示唆している。現場立方体供試体の強度のばらつきについては，（787 頁）に解説する。

最後に，セメントのばらつきがもっとも大きく影響を及ぼすのは，コンクリー

表-7.2 1991 年米国の 87 箇所の工場でつくられたセメントの強さ[7.14]（強さの平均値が各値より低かった工場の百分率を示す）（版権 ASTM－許可によるコピー）

7 日強度 [psi]	百分率	28 日強度 [psi]	百分率
5 800	100	7 500	100
5 600	99	7 250	99
5 400	98	7 000	98
5 200	97	6 750	93
5 000	93	6 500	89
4 800	78	6 250	69
4 600	53	6 000	48
4 400	23	5 750	24
4 200	7	5 500	7
4 000	0	5 250	1
		5 000	1
		4 750	0

第7章　硬化コンクリートのその他の問題

トの早期強度であることを強調しなければならない。

すなわち，強度は試験で決定されることがもっとも多いが，かならずしも強度が実施面でもっとも重要というわけではない。さらにまた，強度がコンクリートの唯一の重要な特性というわけでもない。耐久性と透過性の観点から，強度に必要な単位セメント量より以上のセメント量が必要とされることもあろうが，その場合はセメントのばらつきは重要でなくなる。

7.4　セメントの性質の変化

前節では，単一の工場で数か月または一年の期間にわたって生産されたセメントの強さのばらつきについて考察した。ある一年間にさまざまな工場でつくられたセメントの強さの差異にも言及した。それに加えて，セメントの強さには時間に伴う一貫した変化がある。実際，セメントの製法が向上した結果，そのような変化が何年にも渡って継続的に起きてきた[7.10, 7.39]（図-7.11参照）。

まず最初に，1923年と1937年に生産されたセメントの平均的な性質の相違を，一例として[7.1]示す。米国 Wisconsin 州で屋外に放置されたコンクリートの，材齢50年間にわたって連続的に行われた2種類の試験によって，強度の発現に関

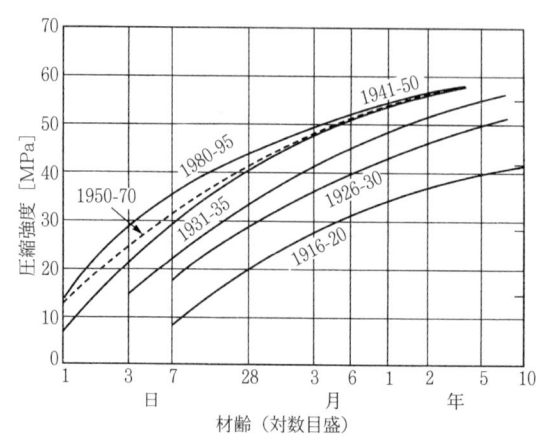

図-7.11　1916年から1990年までの間の材齢に伴うセメントの強度発現の変化（コンクリートの標準円柱供試体による測定；水セメント比0.53）（参考文献7.10，7.39および私有のデータに基づく）

するデータが得られた。1923年のコンクリートはC_2S含有率が高く，粉末度の低いセメントでつくられたが，これらのセメントの圧縮強度は，25年または50年までの材齢の対数に比例して上昇した。1937年につくられたコンクリートには，それよりC_2Sが低く，粉末度の高いセメントが使用されたが，これらのセメントの圧縮強度は約10年間，材齢の対数に比例して上昇したが，その後は減少するか一定のままであった[7.1]。

このような挙動の変化は主として歴史的にみて興味があるが，さまざまな材齢のコンクリートの挙動の相違を理解する上で役に立つ。
それより新しい1960年代ごろの変化は，コンクリート生産方式に重要な結果をもたらしたため，とくに注目に値する。

英国のセメントに関する変化が詳細に記録されているが[7.16, 7.21]，これらの変化は他の国々でも起きている。実施面でもっとも重要な変化は，水セメント比を一定にしてつくられたモルタルの28日強度と7日強度が向上したことである。その主な理由は，C_3Sの平均含有率が，1960年の約47%から1970年代には約54%へと大幅に上昇したことである[7.16]。C_2Sの含有率がそれに対応して低下したため，けい酸カルシウムの総含有率は70から71%で一定にとどまった。この変化はセメントの製造方法の改良によって可能となったが，一方，使用者が「より強い」と感じるセメントを使用することを利点と考えるようになったことによって推進された面もある。すなわち，与えられた基準強度に対して単位セメント量が低下すること，型枠の取り外しが早くなること，および施工を速く行えることなどである。残念ながら，そのような利点は不利な点も伴った。

セメントの粉末度に大きな変化はないが，クリンカーの粉砕に経費がかかることから，これはとくに驚くべきことではない[7.16, 7.20]。

現代のセメントはアルカリ含有率が高くなっており，またC_2Sに対するC_3Sの比率が変化したため，7日までの強度の増加速度が速くなり，7日から28日までの間の強度の増加速度が変化した。7日強度に対する28日強度の比率は大幅に低下した。水セメント比が0.6のコンクリートに関して，7日強度に対する28日強度の比率が，1950年の1.6から1980年代の1.3まで低下したことが報告された[7.20]。これらの数字は，英国の一部のセメントが示す挙動の例に過ぎず，必ずしも一般に当てはまるというわけではない。水セメント比が低いと，7日強度に

第 7 章　硬化コンクリートのその他の問題

対する 28 日強度の比率も低い。同様に，現代のセメントを使用すると，材齢 28 日を過ぎた後の強度の上昇がはるかに少なくなるため，材齢が進んでから初めて完全な負荷をかけるような構造物の設計においても，もはやその上昇を当てにするべきではない。

1970 年と 1984 年の間に起きた 28 日強度の変化の一例を，図-7.12 に示す[7.21]。立方体供試体強度の特性値（903 頁参照）が 32.5 MPa のコンクリートは，1970 年には 0.50 の水セメント比を必要としたが，1984 年には 0.57 の水セメント比で達成できたことがわかる。ワーカビリティーを一定に保ち，コンクリート 1 m^3 当たりの単位水量を 175 kg で一定に保ったと仮定すれば，単位セメント量を 350 kg/m^3 から 307 kg/m^3 に低下させることが可能であった。

さらに一般的に言うと，それより長い 1950 年代から 1980 年代にかけて，一定の強度とワーカビリティーをもつコンクリートの単位セメント量を，コンクリー

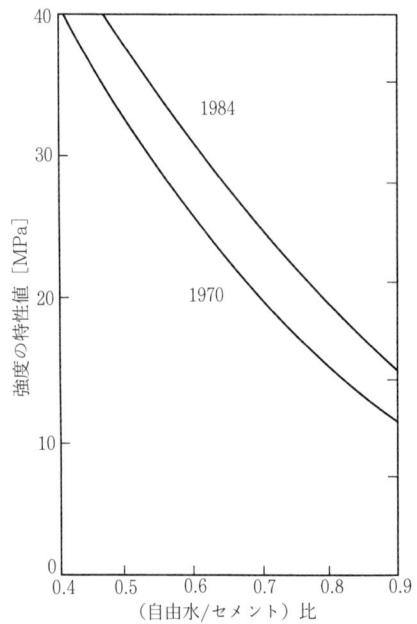

図-7.12　1970 年および 1984 年につくられたコンクリートの強度の特性値とその強度に対する水セメント比との関係；骨材の最大寸法 20mm，スランプ 50mm（参考文献 7.21 に基づく）

ト 1 m³ 当たり 60～100 kg 減少させ，併せて水セメント比を 0.09～0.13 低下させることが可能であった[7.20]。

水セメント比が一定のコンクリートの 28 日強度が高くなれば経済的に有利である反面，不利な点ももたらされた。上述した通り，水セメント比を高く，単位セメント量を低くして，以前（「古い」セメントを使用した時）と同じ 28 日強度のコンクリートをつくることができる。これら両方の相伴う変化によって，透過性が高くなって炭酸化と攻撃的な作用物による浸透が起きやすくなり，一般的に耐久性の低いコンクリートとなる。

さらに，材齢 28 日以降の強度が大きく増加しないため[7.20, 7.21]，過去においては（そのような増加が設計で考慮されなくても）使用者を安心させることができていたコンクリートの長期にわたる増加が起きなくなった。

強度の早期発現が速いことは，「古い」セメントの場合より型枠を取り外すのに必要な強度が早く達成されることを意味するため，効果的な養生は早期の材齢で中止してしまう[7.17]。このことがもたらす悪い結果に関しては，本章の前の方に述べた。

上記の結果を予見することはできなかったのであるが，その理由は，一部には，コンクリートの多くの使用者がセメントの早強性が高い特性を利用することばかり考えていたため，また一部には，コンクリートの規準が主として 28 日強度を用いて表現されており，28 日強度は「古い」セメントを使用した場合と変わらないためである。

上記の資料は英国のセメントに関するものであるが，この変化は同時ではないが世界中で起きた。牽引力となったのはセメント工場の近代化である。フランスの値がとくに興味深い。

1960 年代中ごろから 1989 年にかけて，ポルトランドセメントの平均 C_3S 含有率は 42% から 58.4% に増加し，同時に C_2S が 28% から 13% に減少した[7.15]。

平均の 28 日強度は引き続き増加していることが分かった。米国では 1977 年から 1991 年にかけて，ASTM C 109-93 に従ってつくられたモルタルの強度が 37.8 MPa から 41.5 MPa に向上した[7.14]。

7.5 コンクリートの疲労強度

第6章では,静荷重をかけた場合のコンクリートの強度のみを考察した。しかし多くの構造物において,荷重は繰返し作用する。代表的な例は,波と風の作用を受ける海洋構造物,橋,道路や空港の舗装,および鉄道の枕木である。構造物の耐用期間中に作用する荷重の繰返し回数は1 000万回に達し,時には5 000万回に達することもある。

静的圧縮強度より小さい荷重が多数回作用することによって材料が破壊した場合は,疲労で破壊が起きたという。コンクリートも鋼材も疲労破壊を起こす特性を有しているが,本書で扱うのはコンクリートの挙動のみである。

$\sigma_l(\geqq 0)$ と $\sigma_h(>\sigma_l)$ の間の圧縮応力を繰り返しコンクリート供試体に作用させた場合を考えてみる。応力-ひずみ曲線は載荷の回数に従って変化する。すなわち,ひずみ軸に向かって凹形(除荷したときにヒステリシスループを描く)から直線へと変わり,その後直線はその割合を減少させながら移動し(すなわち多少の回復しない変形が残る),最終的に応力軸に向かって凹形となる。この後者の凹形の程度が,コンクリートが破壊にどれだけ近いかを示す目安となる。しかし,破壊は σ_h がある一定の限界値を超える場合にのみ発生する。この限界値は疲労限界あるいは耐久限度として知られている。σ_h が疲労限界を下回れば,応力-ひずみ曲線は永久に直線のままとなり,疲労による破壊は起きない。載荷した回数に応じた応力-ひずみ曲線の変化を,圧縮載荷に関して図-7.13 に,直接引

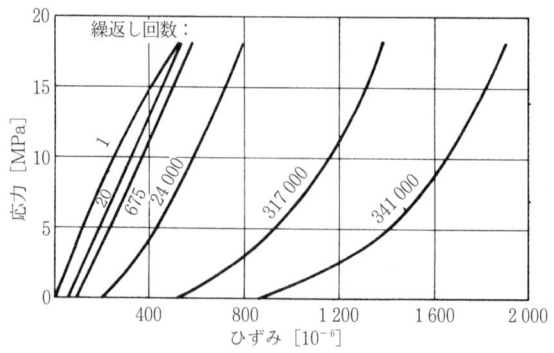

図-7.13 繰返し圧縮載荷されたコンクリートの応力-ひずみ関係

7.5 コンクリートの疲労強度

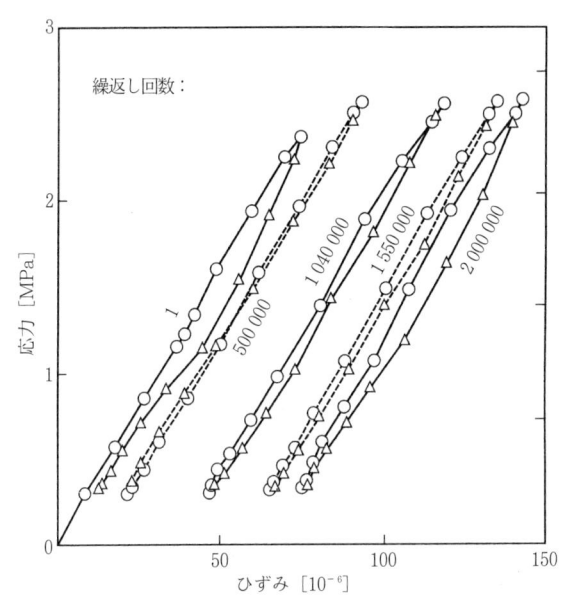

図-7.14 繰返し直接引張載荷されたコンクリートの応力-ひずみ関係（参考文献 7.94 に基づく）

張に関して図-7.14 に示す[7.94]。

載荷回数に応じたひずみの変化は三段階で構成されていると言える[7.83]。第1段階すなわち初期の段階では，ひずみは急速に増加するが，載荷回数に従ってその増加割合は徐々に低下する。安定状態を示す第二段階では，ひずみは載荷回数に応じてほぼ直線的に増加する。不安定状態を示す第三段階では，ひずみは徐々に割合を増しながら増加し，ついに破壊に至る。この挙動の一例を，図-7.15 に示す。

図-7.13 に除荷時の応力-ひずみ曲線も併記すると，各荷重ごとのヒステリシスループがみられるであろう。このループの面積は除荷の回数ごとに減少していき，疲労破壊が起きる前には最終的に増加する[7.43]。疲労で破壊しない供試体の場合は，そのような増加は起きないように思われる。連続したそれぞれのヒステリシスループの面積を，最初のループの面積の百分率としてグラフ化すると，回数に伴う変化は図-7.16 に示す通りとなる。

ヒステリシスループへの興味は，その面積が変形の不可逆エネルギーを表し，

423

第 7 章　硬化コンクリートのその他の問題

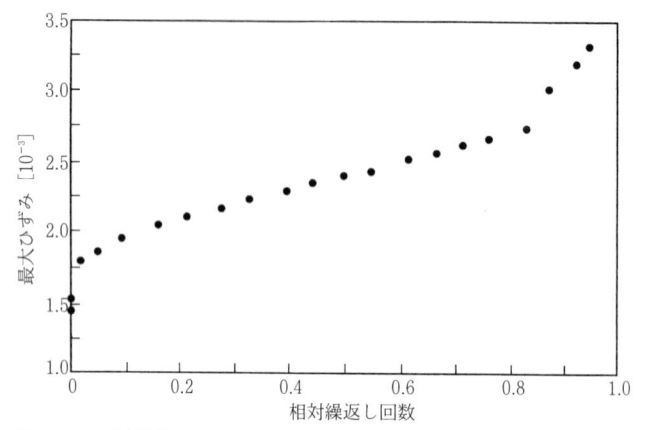

図-7.15　圧縮載荷におけるひずみと相対繰返し回数との関係。破壊までの繰返し回数に対する割合として示す（最大応力は静的強度の 0.75；最小応力は静的強度の 0.05）（参考文献 7.83 に基づく）

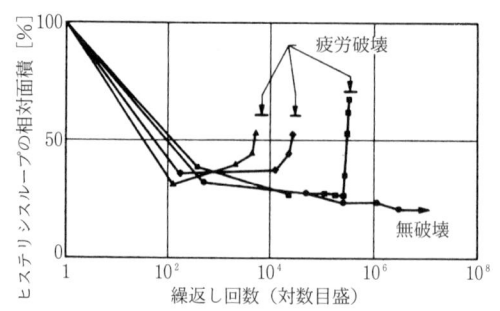

図-7.16　ヒステリシスループの面積の変化（繰返し数とともに最初のループの百分率で表す）[7.43]

その事は供試体の温度が上昇することで証明される，という事実によってより高まる。ここで発生した不可逆的変形は，おそらくマイクロクラックが発生したことによると思われる。パルス速度測定によって[7.43]，破壊近くの挙動の変化を引き起こすのはひび割れの発生であることが明らかになった。

疲労による破壊時のひずみは静的破壊の場合よりはるかに大きく，3 Hz で 1 300 万回載荷した後では 4×10^{-3} にも達することがある。一般に，疲労寿命の長い供試体の方が破壊時の非弾性ひずみが大きい（図-7.17）。

弾性ひずみも繰返し回数に従って徐々に増加する。このことは図-7.18 の中で，消耗された「疲労寿命」の百分率が増加するにつれて割線ヤング係数（511 頁）

7.5 コンクリートの疲労強度

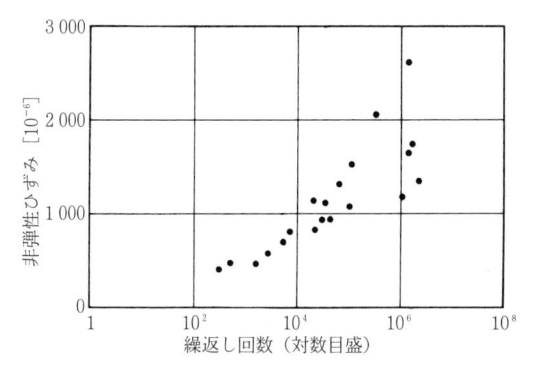

図-7.17 破壊近くの非弾性ひずみと破壊時の繰返し回数との関係[7.43]

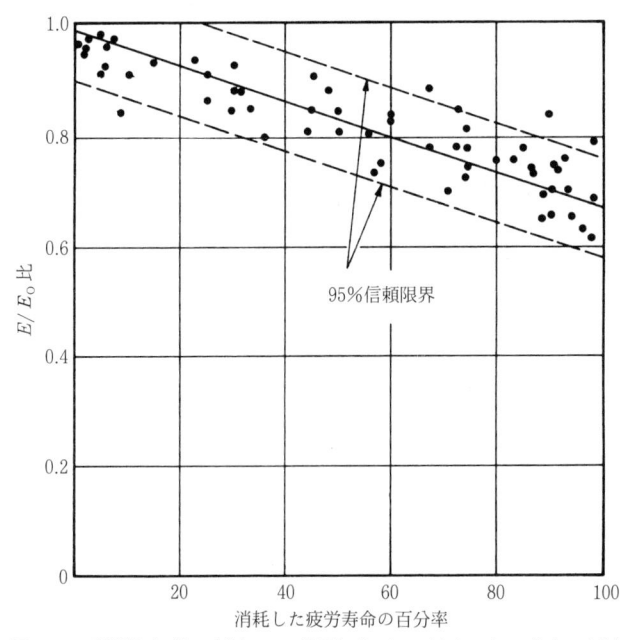

図-7.18 繰返し初期の割線ヤング係数（E_0）に対するある時点の割線ヤング係数（E）の比と消耗した疲労寿命の百分率との関係[7.43]

参照）が低下することに示されている。この関係は疲労試験における応力の水準とは無関係であるため，あるコンクリートの残りの疲労寿命を推定する際には重要となる。

第7章　硬化コンクリートのその他の問題

　水平方向のひずみもまた荷重回数の進行による影響を受け，ポアソン比が徐々に低下する。

　疲労限度を下回る繰り返し載荷によって，コンクリートの疲労強度が向上する。すなわち，疲労限度を下回る荷重を繰り返し負荷されたコンクリートは，その後で限度を上回る荷重をかけると，最初に繰り返し載荷をしなかったコンクリートと比べて高い疲労強度を示す。

　また，前者の（載荷された）コンクリートの方が5～15％高い静的強度を示すが，39％という高い値も報告されている[7.85]。おそらく，このような強度の向上は，最初の応力水準の低い繰り返し載荷によって，適度な持続載荷で強度が向上する場合と同じようにコンクリートの高密度化が起きることによるものと思われる[7.45]。この性質は金属のひずみ硬化と同種であり，静的荷重下のコンクリートはひずみ硬化材料ではなくてひずみ軟化材料であるため，とくに重要である。

　厳密に言うと，コンクリートには疲労限界，すなわち繰り返し荷重を無限にかけた時にも破壊しない疲労強度（応力が反転する場合を除く）がないように見える。したがって，疲労強度を考える場合には1 000万回などの非常に大きい回数で表すのが普通であるが，一部の海洋構造物の場合にはさらに大きい数が適当ではないかと思われる。

　疲労強度は，修正Goodman図（図-7.19参照）によって表すことができる。原点から45°で引いた線からの縦座標は，破壊時点における，ある特定の回数に

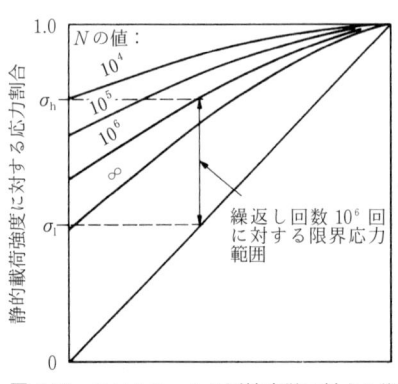

図-7.19　コンクリートの圧縮疲労に対する修正Goodman図（Nは繰返し回数）

7.5 コンクリートの疲労強度

対する応力の範囲（$\sigma_h - \sigma_l$）の関係を示している。σ_l は一般にゼロより大きく（死荷重で生じる），σ_h は死荷重と活（一時的）荷重との合計である。したがって，ある特定のコンクリートが規定された回数でもちこたえることのできる応力の範囲を，グラフから読取ることができる。与えられた σ_l に対して，繰返し回数は応力の範囲にきわめて敏感である。例えば，範囲を静的終局強度の 57.5％から 65％へと増加させると，繰返し回数が 40％に減少することが判明している[7.46]。

修正 Goodman 図（図-7.19 参照）は，応力の範囲が一定である場合に，与えられたコンクリートが耐えることのできる載荷回数は，最小応力の値が高いほど低くなることを示している。このことは，ある程度の大きさの一時的荷重を支えるコンクリート部材の死荷重に関連して重要である。

図-7.19 の各線が右上がりであることから，コンクリートの疲労強度は σ_h/σ_l の比率が高いほど低くなることもわかる。

繰返しの載荷速度は，少なくとも 1.2～33 Hz の範囲であるが，疲労強度の結果に影響を及ぼさない[7.47]。載荷速度を速くすることは実施面ではほとんど重要ではない。このことは圧縮応力下の場合にも曲げ応力下の場合にも当てはまり，割裂引張応力下においても同様であるが[7.63]，この 2 種類の疲労挙動が同じであることは，疲労のメカニズムが同じであることを示している[7.48]。事実，曲げ応力下の疲労挙動は圧縮応力下の疲労挙動とよく似ている（図-7.20）。曲げ応力下の疲労強度（1 000 万回の場合）は静的強度の 55％であることが判明している[7.84]。64～

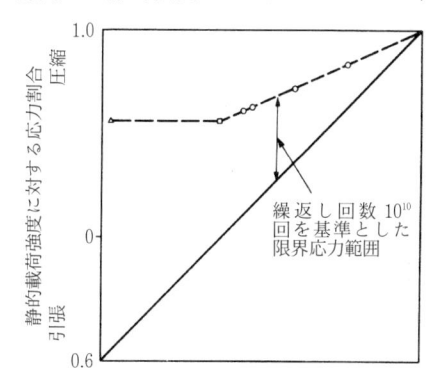

図-7.20 コンクリートの曲げ疲労に対する修正 Goodman 図[7.44]

72%という値も報告されている[7.99]。比較すると，圧縮応力下で同じ回数の荷重をかけた後の疲労強度は60～64%であったことが報告されているが，55%という値も引用されている[7.85]。疲労試験の結果に大きなばらつきがみられることから，疲労における残存確率という概念を設計に応用しなければならない[7.95]。

いくつかの試験で，水平方向の圧力がコンクリートの疲労寿命を向上させるが，応力が非常に高いと向上しないことが示された[7.58]。一般に，二軸圧縮応力下の板状供試体の疲労挙動の型は，一軸圧縮応力下の場合とほぼ同じである。軸応力の0.2と0.5の圧縮水平応力が作用する場合は，疲労寿命は一軸圧縮応力下の場合と比較して50%まで上昇することが判明した[7.87]。二軸圧縮応力下の立方体供試体の疲労寿命が向上したことも報告されている[7.96]。この理由はおそらく，圧縮水平応力が疲労破壊の原因となるマイクロクラックの発生を抑制するためだと思われる。多くの構造物の状態は水平圧縮力が存在するため，この観察はとくに重要である。

いくつかの試験によって，荷重をかける前のコンクリートの湿潤状態が曲げ応力下の疲労強度に影響を及ぼすことが示された。絶乾状態の供試体がもっとも高い強度を示し，部分乾燥状態の供試体がもっとも強度が低く，湿潤供試体は中間であった（図-7.21）。

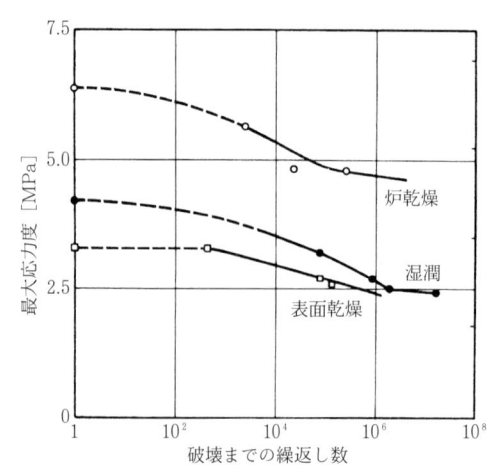

図-7.21 含水状態がコンクリート供試体の疲労特性に及ぼす影響[7.59]（版権 Crown）

7.5 コンクリートの疲労強度

　この挙動は，湿度勾配によって引き起こされたひずみ差にあると説明されている[7.59]。したがって見かけ上の影響は試験方法に原因があることになる。水中への浸漬は疲労寿命に影響を及ぼさない[7.86]。

　一般的に言って，静的強度に対する疲労強度の比率は水セメント比，単位セメント量，骨材の種類，および載荷時の材齢とは無関係である。なぜならば，これらの因子は静的強度と疲労強度の両方に等しく影響を及ぼすからである。

　強度は材齢とともに増加するため，圧縮応力下でも曲げ応力下でも両者とも疲労強度が増加する[7.63]。重要な点は，一定の繰返し回数では，終局強度に対する割合が同じ値で疲労破壊が起きるため，疲労破壊は強度（圧縮応力下と割裂引張応力下の両者において）の大きさ[7.64]やコンクリートの材齢[7.47]とは無関係だということである。ただし，一部の試験は，疲労寿命は材齢とともに増加することを示唆している[7.59]。このようなことから，疲労破壊に関してはただ1つの特性値が非常に重要であることがわかる。Murdock[7.47]は，水和セメントペーストと骨材との付着の劣化がこの破壊の原因になっているとの見解を示した。試験では，静的試験で破壊した供試体より疲労供試体の方が壊れた骨材が少ないことが示された[7.49]。したがって，疲労においては，おそらく骨材とペーストとの界面の破壊が支配的である。そして，モルタルの場合は，疲労破壊が細骨材の界面で起きると考えられている[7.43]。骨材の最大寸法が小さい場合は，おそらくコンクリートの均質性が高くなるためであろうが，疲労強度が高くなるようである[7.60]。

　AEコンクリートと軽量骨材コンクリートは，普通骨材でつくられたコンクリートと疲労挙動が同じであるが[7.50, 7.61, 7.86]，空気の連行によって曲げ応力下の疲労寿命が低下する可能性がある[7.98]。コンクリート円柱供試体の疲労は，大型供試体に低速度の荷重をかけた場合と同じようにして起きる[7.62]。

　高強度コンクリートも普通コンクリートと同様の挙動を示すが，変形が少なく（おそらく弾性係数が高いためであろう），最大応力度の値が高い場合に疲労寿命が長くなる[7.83]。

　したがって，高強度コンクリートの疲労時の性能は良いと考えることができるが，破壊はかなり急激に起きる[7.83]。

　コンクリートの疲労強度は休止期間を設けることによって増加し（このことは，応力が正負に反転する場合には当てはまらない），その増加幅は1～5分の間で

第7章 硬化コンクリートのその他の問題

は休止時間に比例する。5分という限界を過ぎると，強度はそれ以上増加しない。休止時間が最大効果時間の場合は，その頻度によって効果が異なる[7.47]。休止時間によって引き起こされる強度の上昇は，おそらくコンクリートの応力緩和（主として，損なわれていない付着によって内部構造が最初の形状に戻される）によるものであろう。総ひずみが減少することからこのことは明らかである。また，このひずみの減少は，繰返しを停止した直後から起きる。

Murdock[7.47]は，疲労破壊は，作用する応力の大きさや破壊の発生に必要な繰返し回数とは無関係に，ひずみが一定の場合に起きると述べている。コンクリートのこのような挙動は，破壊の規準として考えられている最終ひずみという概念をさらに裏付けることになろう。

大部分の疲労試験は，一定の形状の荷重を周期的に負荷して行う。しかし，例えば波の作用を受ける構造物などは，振幅を変化させた荷重が負荷される。応力の大きさを変化させて行った試験では，低応力の繰り返しと高応力の繰り返しの順序によって，疲労寿命に影響が出ることが示された。とくに，低応力の荷重を周期的にかけた後で高応力の荷重を周期的にかけると，疲労強度が低下する。したがって，損傷は直線的に累積するというMinerの仮説[7.88]はコンクリートには当てはまらず[7.44, 7.65, 7.89]，危険側に間違うおそれがある。可変振幅の荷重を連続してかけた場合を考慮に入れて修正したMinerの仮説が，Oh[7.100]によって開発されたが，全般的な正当性はまだ立証されていない。

繰返しの中で最大応力が一定の場合は，応力の振幅を小さくしていくにつれて，われわれが扱っているのはもはや疲労ではなく，クリープ破壊をもたらす持続荷重になる（582頁参照）ことにも注意しなければならない。したがって，そのような場合，繰返し載荷の期間が重要になってくる。このことを考慮に入れた式がHsuによって開発され[7.90]，地震によって引き起こされるような型の繰返し数の少ない荷重に対しては，別の疲労寿命の式が必要だとしている。すなわち，高頻度で行われた実験室の試験結果を直接適用するのは危険であろう[7.97]。

本書は鉄筋コンクリートとプレストレストコンクリートの疲労挙動を考察の対象としているわけではないが，コンクリートの疲労ひび割れは鋼材の応力を増加させる作用をするため，鋼材は疲労破壊しやすくなることに注意しなければならない[7.51]（鉄筋の応力が疲労応力の臨界値を超えている場合）。

鉄筋コンクリートに関連のあるもう1つの意見は，繰返し載荷された鉄筋コンクリートにおいてはコンクリートと鉄筋との付着の疲労強度が支配的因子になるというものである[7.86]。混合物にシリカフュームを混和すると付着強度が向上するため，上記の理由によって，高強度軽量骨材コンクリート中にシリカフュームが存在すると，同じ強度でシリカフュームを含まないコンクリートと比べて鉄筋コンクリート部材の疲労強度が向上するのである。

鉄筋との付着の疲労は，静的付着試験における累積変形（抜け出し）に関連させるともっとも良く表すことができる[7.82]。

7.6 衝撃強度

杭の打込みのように，コンクリートが繰り返し落下する物体の作用にさらされる場合，または大きい塊による単一の衝撃を高速で受ける場合は，衝撃強度が重要となる。主な尺度は，衝撃の繰り返しにもちこたえ，エネルギーを吸収する供試体の能力である。

Green[7.52]は，コンクリートの100 mm立方体が，無反発の状態（この段階は損傷が確定される状態であることを示している）になるまでの弾道振り子の打撃回数を調べた。Greenは，小さいハンマー（直径25 mmの面）を使って圧縮供試体に衝撃試験を行うと，コンクリートの静的圧縮強度を試験した場合よりばらつきが大きいことを確認した。このことは，標準の圧縮試験では非常に高い応力をかけられた弱い部分がクリープによって多少緩和される可能性があるのに対し，衝撃試験では変形時間があまり短いので応力の再分配を行うことが不可能であることから来ている。したがって，局所的に弱い部分があると供試体の測定強度に大きな影響を及ぼす。

一般に，コンクリートの衝撃強度は圧縮強度の上昇とともに上昇するが[7.92]，コンクリートの静的圧縮強度が高ければ高いほど，ひび割れが発生する前の，衝撃ごとに吸収されるエネルギーは小さくなる[7.52]。

図-7.22に，衝撃強度と圧縮強度との関係の例をいくつか示した[7.52]。それぞれの粗骨材の種類とコンクリートの保管状態によって関係が異なることがわかる。圧縮強度が同じであれば，角張り度と粗面度が大きい粗骨材の方が衝撃強度は大

第7章 硬化コンクリートのその他の問題

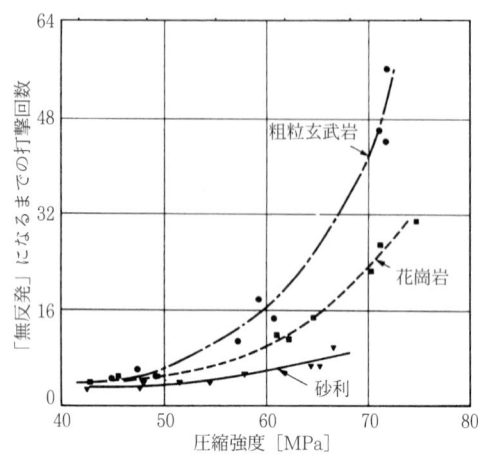

図-7.22 種々の骨材とタイプⅠセメントとでつくり，水中で保管されたコンクリートにおける圧縮強度と「無反発」になるまでの打撃回数との関係[7.52]

きい。

　この観察はDahms[7.66]によって確認され，また衝撃強度はコンクリートの圧縮強度より引張強度の方に密接に関連しているという考え[7.53]を裏付ける。したがって，砂利でつくられたコンクリートは衝撃強度が低く，破壊はモルタルと粗骨材との不充分な付着によって起きる。これに反して，骨材の表面が粗面である場合は，コンクリートは破壊箇所の近くにある多くの骨材の強度を十分に発揮させことができる。

　骨材の最大寸法を小さくすると，圧縮応力によっても[7.66]割裂引張応力によっても[7.93]衝撃強度が大幅に向上する。圧縮応力による衝撃強度は，弾性係数とポアソン比の低い骨材の使用によって増加する[7.66]。単位セメント量を400 kg/m³未満にすると有利になる[7.66]。細骨材の影響はあまり明確にされていないが，一般に細かい砂を使用すると衝撃強度がわずかに低くなる。Dahms[7.66]は，砂の含有率が高いと有利であることを発見した。一般化してまとめると，性質にばらつきの少ない材料を用いた混合物は衝撃強度が高くなるということができるであろう。さまざまな性質のコンクリートの衝撃強度に関する試験は，HughesとGregory[7.54]が広範囲にわたって行った。

7.6 衝撃強度

　保管状態は，圧縮強度の場合とは違った面で衝撃強度に影響を及ぼす。具体的に言うと，水中に保管されたコンクリートは，ひび割れが発生するまでの衝撃数は乾燥したコンクリートより多いものの，衝撃強度は後者より低い。したがって，前述した通り，保管状態に言及しない圧縮強度は衝撃強度の十分な目安とはなりえない[7.52]。

　スラブの繰り返し衝撃試験も行われているが，終局の基準点はスラブの貫通時点である[7.92]。そのような試験は一般に実際の構造物に直接応用するために行われ，繊維補強コンクリートに関して行われることもよくある。

　割裂引張応力による衝撃試験も行われる。

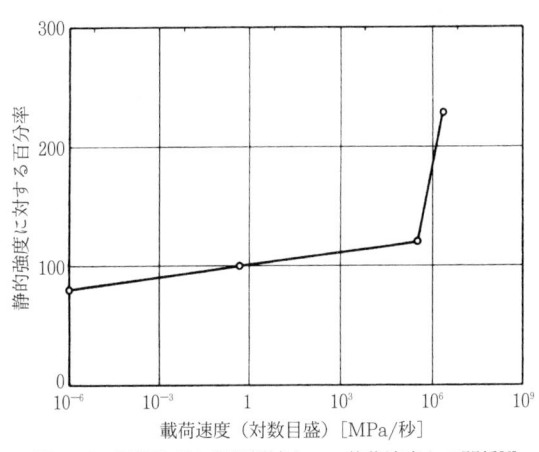

　均一に負荷された衝撃荷重下では（実際にはそのような状態にすることは難しいが），コンクリートの衝撃強度はその静的圧縮強度より大幅に高くなることを示す証拠がある。この強度の増加は，均一な衝撃の下ではコンクリートのひずみエネルギーを吸収する能力が高まることを意味している。図-7.23 には，応力の負荷速度が約 500 GPa/秒を上回ると強度は大幅に上昇し，4.9 TPa/秒（訳者注；T，テラ＝10^{12}）では通常の負荷速度（およそ 0.5 MPa/秒）の時の値の 2 倍を超えることを示している[7.67]。静的試験の場合より 6 桁大きい荷重速度で衝撃をかけると，静的圧縮強度を 50％上回った[7.91]。割裂引張応力下で荷重速度を同じだけ上げた場合は，静的強度を 80％上回ることが分かった[7.93]。

図-7.23　圧縮強度と衝撃領域までの載荷速度との関係[7.67]

第7章 硬化コンクリートのその他の問題

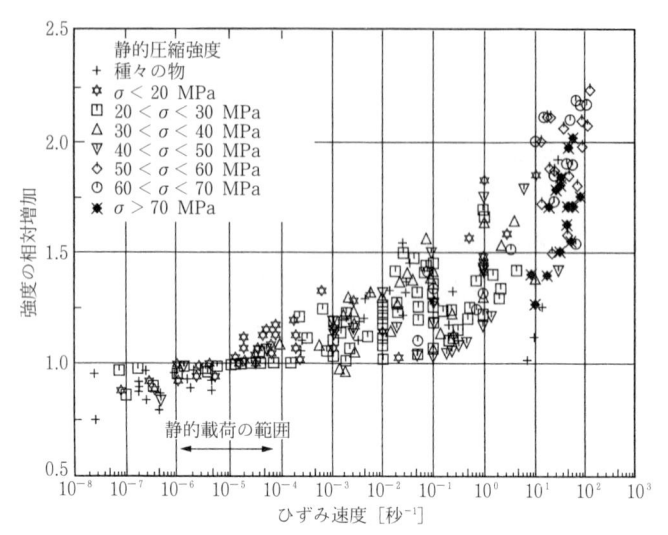

図-7.24 種々の強度のコンクリートにおける圧縮強度の相対増加（静的強度の割合として）とひずみ速度との関係（参考文献 7.80 に基づく）

ひずみ速度が圧縮強度に及ぼす影響を，図-7.24 に示す。ひずみ速度が非常に高いと，おそらくマイクロクラックの発生に対するコンクリートの慣性抵抗のせいであろうが，圧縮強度が大幅に上昇する[7.80]。速度が低いと，クリープの影響が優勢となる可能性がある。ひずみ速度がコンクリートの引張強度に及ぼす影響はさらに大きく[7.81]，硬化セメントペースト中の自由水が重要な役割を果たす[7.79]。載荷速度が強度に及ぼす影響という主題については，第 12 章でも試験に関連して考察する。

7.7 コンクリートの電気的性質

鉄道の枕木（この場合，電気抵抗性が不充分だと一部の信号系統が影響を被る）のような一部の特定用途，または迷走電流から保護するためにコンクリートを使用する構造物においては，電気的な性質が重要となる。コンクリートの電気抵抗も，埋め込み鋼材の腐食の進行に影響を及ぼす。フレッシュコンクリートでも硬化コンクリートでも，その性質を研究する際には電気的な性質も重要である。

地下ケーブルの近くでは，コンクリートは電気の影響を受けるおそれがあるが，通常の作動状態では，コンクリートは埋めこみ鋼材に出入りする電流の通過に対して高い抵抗性をもっている。これは主として，コンクリートと接触する鋼材に対してコンクリートがもつ電気化学的効果によるものであり，コンクリート中の電解液のアルカリ性に起因する。そのような抵抗は，およそ $+0.6 \sim -1.0\mathrm{V}$ の電位の範囲内（硫酸銅電極を基準にして）で発揮され，電流はコンクリートのオーム抵抗ではなく主として分極効果によって制御される[7.69]。

湿潤状態のコンクリートは基本的に約 100 オーム-m までの電気抵抗率をもつ電解液として挙動する。これは半導体の範疇に入る。気中で乾燥されたコンクリートは 10^4 オーム-m という次元の抵抗率を有する[7.19]。他方，絶乾状態のコンクリートの抵抗率は約 10^9 オーム-m であり，これはそのようなコンクリートが良い絶縁体であることを意味している[7.70]。絶縁特性と誘電特性は Halabe 他[7.27] が研究して来た。

水を除去した後のコンクリートの電気抵抗率の大幅な上昇は，電流が基本的に電解液によって，すなわち蒸発性の水の中にあるイオンによって，湿潤状態のコンクリートの中を伝導されるという意味に解釈される。しかし，毛管が分断されている場合は，電流はゲル水の中を通る。通常の骨材の抵抗率はそれよりずっと大きい。一定の配合割合のコンクリートは，気中で乾燥すると表面区域の抵抗率が上昇する。例えば，水セメント比が 0.50 の場合に 11 倍上昇したという Tritthart と Geymayer[7.34] の報告がある。水セメント比がさらに高い場合はさらに上昇した。

したがって，水の体積や，間げき水の中に存在するイオン濃度が少しでも上昇するとセメントペーストの電気抵抗率が低下し，実際水セメント比が上昇すると抵抗率は大幅に低下することが予想される。このことは，水和セメントペーストに関して表-7.3 に，コンクリートに関して図-7.25 にそれぞれ示す。コンクリートの単位セメント量が減少しても抵抗率は上昇する[7.18]。水セメント比を一定にして単位セメント量を減少させると，電流を通すための電解液が少なくなるからである。

種々の配合割合のコンクリートの電気抵抗率は，Hughes 他[7.18] によって提供されている。必要であれば，水和セメントペーストの抵抗率の値から，このペース

第7章 硬化コンクリートのその他の問題

表-7.3 水セメント比と湿潤養生期間がセメントペーストの電気抵抗率に及ぼす影響[7.70]

セメントの種類	等価 Na$_2$O 含有量	水セメント比	各材齢における抵抗率 (1 000 Hz, 4 V における) [オーム-m]		
			7日	28日	90日
普通ポルトランドセメント	0.19	0.4	10.3	11.7	15.7
		0.5	7.9	8.8	10.9
		0.6	5.3	7.0	7.6
普通ポルトランドセメント	1.01	0.4	12.3	13.6	16.6
		0.5	8.2	9.5	12.0
		0.6	5.7	7.3	7.9

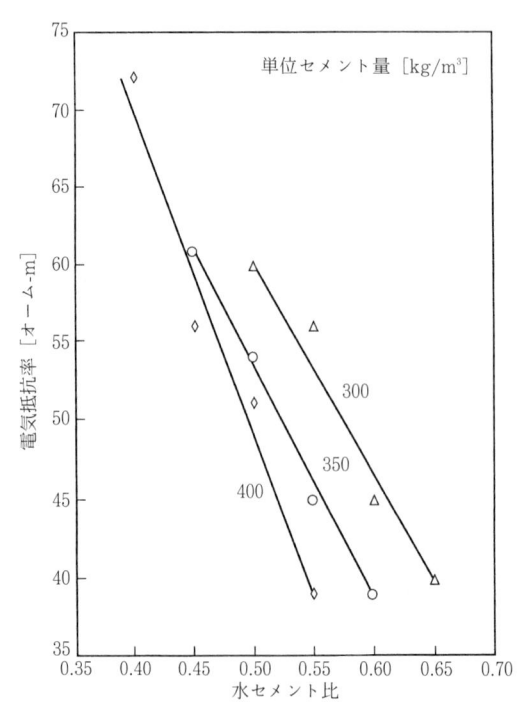

図-7.25 骨材の最大寸法 40mm，普通ポルトランドセメント（タイプⅠ）でつくられ，材齢 28 日で試験されたコンクリートの電気抵抗率と水セメント比との関係（参考文献 7.18 に基づく）

トを含むコンクリートの抵抗率を求めることができる。すなわち，水和セメントペーストの相対体積にほぼ逆比例する[7.19]。

　高炉スラグ微粉末を含んだコンクリートの長期的な反応は，電気抵抗率を継続

7.7 コンクリートの電気的性質

的に上昇させる。これは，ポルトランドセメントだけを含むコンクリートと比較すると，その量は一桁多くなることもある[7.30]。シリカフュームもまた抵抗率を上昇させる。高炉スラグ微粉末とシリカフュームの影響は，鉄筋の腐食の進行をコンクリートの電気抵抗性で制御する場合に重要となる（第11章参照）。

間げき水の中の他のイオンと同様，塩化物はコンクリートとモルタルの電気抵抗率を大幅に低下させる。モルタルに関しては，15倍も低下することが報告された[7.71]。練混ぜ水の塩分が抵抗率に及ぼす影響は，水セメント比が高い場合にもっとも大きく，高強度コンクリートの場合はきわめて小さい[7.72]。

練混ぜ後の最初の2, 3時間は，コンクリートの電気抵抗率はきわめてゆっくりと上昇するが，その後材齢が約1日になるまでは急速に上昇し，その後はコンクリートが完全に乾燥する場合以外は，速度を落として上昇するかまたは一定となる[7.18]。乾燥は抵抗率を上昇させる。

海水に浸漬したコンクリートの電気抵抗率は，水酸化マグネシウムと炭酸カルシウムの薄い表面層が形成されることによって大幅に上昇する[7.101]。この層が除去されると，抵抗率は真水に保管した場合と同じになる。

コンクリートの電気抵抗率と水の占める体積割合との関係は，異種混交の伝導体の伝導率の法則から導き出すことができる。しかし，通常のコンクリート混合物の範囲では，骨材粒度とワーカビリティーが一定の場合における単位水量は比較的変動が少なく，抵抗率はむしろ使用セメントによって異なるようになる[7.73]。なぜならば，セメントの化学組成によって蒸発性の水の中にあるイオンの量が決まるからである。セメントが抵抗率に及ぼす影響に関して，いくつかの概念を表-7.4に示したが，アルミナセメントでつくられたコンクリートの抵抗率は，ポルトランドセメントを同じ配合で使用した場合より10〜15倍高い[7.73]（図-7.26参照）。

混和剤は一般にコンクリートの電気抵抗率を低下させない[7.70]。しかし，抵抗率を変えるために特殊な混和剤を用いることができる。例えば，瀝青材料の微粉末をコンクリートに添加してから138℃で熱処理すると，とくに湿潤状態における抵抗率が上昇する[7.75]。逆に，静電気が望ましくないなどで，コンクリートの絶縁抵抗を減少させることが必要な場合には，アセチレンカーボンブラック（質量でセメントの2〜3％）を添加すると満足な結果が得られる[7.75]。細骨材の代わりに，特許製品ではあるが，ほぼ純粋な結晶性炭素からなる粒状の導電性骨材を使用す

第7章 硬化コンクリートのその他の問題

表-7.4 コンクリートの電気的特性の標準値（参考文献7.74に基づく）

配合と水セメント比	セメントの種類	気中養生期間 [日]	電気抵抗率 [10^3 オーム・m]				容量性リアクタンス [10^3 オーム]				静電容量 [マイクロファラッド]			
			直流	50 Hz	500 Hz	25 000 Hz	50 Hz	500 Hz	25 000 Hz		50 Hz	500 Hz	25 000 Hz	
1:2:4*1 0.49	普通ポルトランドセメント	7 42 113	10 90	9 31 82	9 31 80	9 30 73	159 637 1 061	159 455 398	32 64 64		0.020 0.005 0.003	0.0020 0.0007 0.0008	0.0002 0.0001 0.0001	
	早強ポルトランドセメント	39		28	27	27	796	398	64		0.004	0.0008	0.0001	
	アルミナセメント	5 18 40		189 390 652	173 351 577	139 275 441	398 664 910	228 398 569	106 127 159		0.008 0.005 0.003	0.0014 0.0008 0.0006	0.00006 0.00005 0.00004	
	普通ポルトランドセメント	126		59	58	58	118	228	127		0.027	0.0014	0.00005	
1:2:4*2 0.49	早強ポルトランドセメント	123		47	47	46	118	212	32		0.027	0.0015	0.00020	
	アルミナセメント	138 182		1 236 1 578	1 080 1 380	840 1 059	531 692	398 424	106 127		0.006 0.005	0.0008 0.0007	0.00006 0.00005	
セメントペースト*3 0.23	普通ポルトランドセメント	9	7	6	6	6	9	10	3		0.350	0.0300	0.0020	
	早強ポルトランドセメント	9	5	5	5	5	6	6	2		0.500	0.0540	0.0026	
	アルミナセメント	13	240	220	192	128	80	41	21		0.040	0.0077	0.0003	

* 1 102 mm 立方体供試体；外部電極
* 2 152 mm 立方体供試体；埋込み電極
* 3 25 mm 厚の角柱供試体；外部電極

7.7 コンクリートの電気的性質

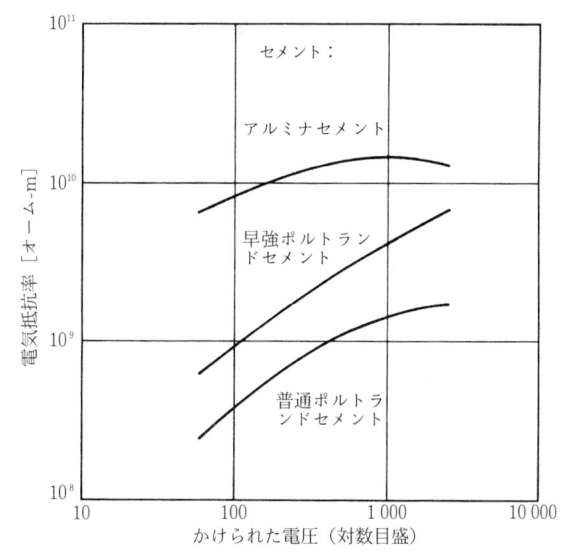

図-7.26 水セメント比 0.49，炉乾燥後デシケーターで冷却された，1：2：4 コンクリートの電気抵抗率とかけられた電圧との関係[7.74]

ると，導電性コンクリートが得られる。伝導率は 0.005〜0.2 オーム-m である。圧縮強度などの性質に大きな影響はないことが報告されている[7.76]。

コンクリートの電気抵抗率は電圧の上昇とともに上昇する[7.74]。図-7.26 は，試験中に水を吸収させないようにした絶乾状態の供試体に関して，この関係を示したものである。コンクリートの抵抗率は温度の上昇とともに低下する[7.19]。

本節に引用した値の大部分は交流（a.c.）に関するものである。直流（d.c.）は分極効果があるため，直流に対する電気抵抗率は異なる可能性があるが，50 Hz では a.c. に対する抵抗率と d.c. に対する低効率に大きな差はない[7.74]。一般に，気中で養生したコンクリートの場合は，d.c. 抵抗性は a.c. インピーダンス（交流回路における電気抵抗）とほぼ等しい[7.74]。Hammond と Robson[7.74] はこれを，コンクリートの静電容量のリアクタンス（インピーダンスの虚数部分）がその電気抵抗性よりはるかに大きいため，インピーダンスに大きく寄与するのは電気抵抗性だけであるという意味に解釈している。

結果として，力率はほぼ 1 である。交流に関する標準的な資料を表-7.4 に示した。

439

第7章 硬化コンクリートのその他の問題

表-7.5 コンクリートの絶縁耐力（1：2：4配合，水セメント比 0.49）[7.74]

コンクリート の状態	電流	絶縁破壊	絶縁耐力 [10^6 V/m]		
			普通ポルトランドセメント	早強ポルトランドセメント	アルミナセメント
気中に保管	正のインパルス 1/44 μs		1.44	1.46	1.84
104℃で乾燥，気中で冷却	直流，負	1回	1.59	1.33	1.77
		2回	1.18	1.06	1.24
		3回	1.25	0.79	1.28
	交流(50 Hz) ピーク値	1回	1.43	1.19	1.58
		2回	1.03	1.00	1.21
		3回	1.00	0.97	0.95

コンクリートの静電容量は材齢と周波数の増加とに伴って減少する[7.74]。水セメント比が 0.23 の純粋なセメントペーストは，同じ材齢で水セメント比が 0.49 のコンクリートより，静電容量ははるかに大きい[7.74]。

コンクリートの絶縁耐力に関するデータを表-7.5 に示した。アルミナセメントでつくられたコンクリートの絶縁耐力はポルトランドセメントを使用した場合よりわずかに大きいことがわかる。またこの表は，気中保管されたコンクリートの含水率が絶乾状態のコンクリートの含水率よりはるかに高いにもかかわらず，絶縁耐力はこの2種類の保管状態に関してほぼ同じであるため，含水率に影響されない可能性があることも示している。

7.8 音響特性

多くの建築物において音響特性は重要であるが，この特性は使用材料と構造物の細部構造に大きく左右される可能性がある。構造形態と施工の詳細による影響は特殊な問題であるため，ここでは材料の特性のみを考察する。

基本的に，建築材料の音響特性を2つに分類することができる。吸音特性と伝音（遮音）特性である。前者は，音源と聞き手が同じ部屋に居る場合に重要となる。音波エネルギーが壁にぶつかると一部は吸収されて一部は反射されるため，吸音率を，面にぶつかり，その面に吸収される音響エネルギーの割合の尺度として定義することができる。この比率は，一般にある特定の周波数に関して与えられる。時には，「騒音減少率」という用語を使って，250，500，1 000，および

7.8 音響特性

2 000 Hz での吸音率の平均値をオクターブ単位で表すことがある。表面の組織が普通で，塗装していない普通骨材コンクリートの標準的な値は 0.27 である。膨張頁岩骨材コンクリートの同様な値は 0.45 である。この差は，表面組織，空げき率，および構造の違いに関連している。なぜならば，通気が可能な場合は，摩擦によって音響エネルギーが熱に転換するため，吸音性が大幅に上昇するからである。したがって，気泡が不連続に存在する気泡コンクリートは，多孔質の軽量骨材でつくられたコンクリートより吸音性が低い。

聞き手が音源のある部屋の隣の部屋に居る場合は，伝音（遮音）特性が重要である。音の透過損失（すなわち空中音の遮音）を，入射音響エネルギーと伝送された音響エネルギー（隣接する部屋に放射される）との差をデシベル（dB）で測定したものとして定義する。適切な透過損失の値は，与えられた空間の用途によって異なる。居室の間では 45〜55 dB が適切と考えられている[7.22, 7.25]。

透過損失の主要因子は，面積 1 m² 当たりの仕切壁の質量である。損失は音波の周波数とともに上昇するので，一般にある範囲の周波数に関して評価される。透過損失と仕切壁の質量との関係は，連続した空げきが存在しなければ，基本的に使用材料の種類によらず一定であり，時に「質量の法則」と呼ばれる。

図-7.27 に，この関係を仕切壁の端部が「しっかりと固定された」場合，すなわち側面の壁が同じ材料である場合について示した。図-7.27 から，厚さ

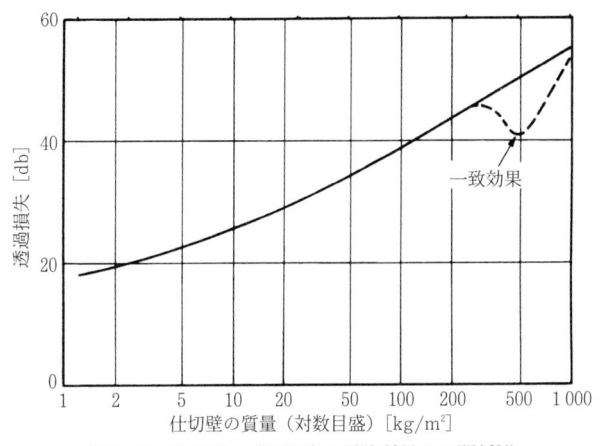

図-7.27　仕切壁の透過損失と単位質量との関係[7.68]

第7章　硬化コンクリートのその他の問題

150～175 mm の無垢のコンクリート壁は，住居間に十分な透過損失を提供することがわかる。仕切壁の伝音（遮音）特性に関する情報は，参考文献 7.22，7.23，および 7.24 に示されている。コンクリートの音響特性のさらに一般的な取扱いに関する情報は，参考文献 7.26 に示されている。

「音響障害物」の周辺の伝音（遮音）特性は当然考慮しなければならないが，仕切壁自体に関する限り，質量の他にも因子がいくつかある。すなわち気密性，曲げ剛性，および空胴の存在である。

仕切壁の剛性が関係してくる。なぜならば，壁に作用する入力曲げ波の波長が壁の固有曲げ波の波長と等しければ，音の総伝送の状況が起きるからである。この波長の一致が起きるのは，周波数が周波数の臨界値を上回った時だけである。なお周波数の臨界値とは，壁の固有曲げ波の速度と壁と平行な空気波動の速度とが同じになる時のことである。この周波数より上であれば，空気波動の入射と周波数との結合が可能となり，そのときには，界面での空気波動と構造曲げ波との一致が起こりうる。この影響は通常薄い壁に限られる[7.68]。臨界周波数は次の式によって得られる。

$$q_c = \frac{v^2}{2\pi h}\left[\frac{12\rho(1-\mu^2)}{E}\right]^{1/2}$$

ここに，
　v ＝空気中の音速
　h ＝仕切壁の厚さ
　ρ ＝コンクリートの密度
　E ＝コンクリートの弾性係数
　μ ＝コンクリートのポアソン比

この一致効果が音の透過損失と仕切壁の単位質量との関係に及ぼす影響は，図-7.27 の点線からわかる。

空洞の存在もこの関係に影響を及ぼす。空洞が透過損失を増大させるため，コンクリートの与えられた厚み全体を 2 層形にすると有利である。量的な挙動は，空洞の幅，層間の分離間隔，および壁の材料が多孔質の場合は空洞に面する密封面の有無によって異なる。

上記のことから，高い吸音性の要件と高い透過損失とがかなりの程度まで相反

することは明白である。例えば、多孔質型の軽量コンクリートは吸音特性が優れているが、伝音性はきわめて高い。しかし、コンクリートの1つの面が密封されている場合は透過損失が上昇し、単位面積当たり質量の等しい他の材料と同等に成り得る。吸音性が損なわれるため、音源から遠い面を密封することが望ましい。しかし、伝音性に関して軽量コンクリートの方が本質的に遮音性が良いと考える理由は何もない。

◎参考文献

7.1 G. W. WASHA, J. C. SAEMANN and S. M. CRAMER Fifty-year properties of concrete made in 1937, *ACI Materials Journal*, **86**, No. 4, pp. 367–71 (1989).
7.2 L. J. PARROTT, Moisture profiles in drying concrete, *Advances in Cement Research*, **1**, No. 3, pp. 164–70 (1988).
7.3 R. G. PATEL, D. C. KILLOH, L. J. PARROTT and W. A. GUTTERIDGE, Influence of curing at different relative humidities upon compound reactions and porosity of Portland cement paste, *Materials and Structures*, **21**, No. 123, pp. 192–7 (1988).
7.4 E. SENBETTA, Concrete curing practices in the United States, *Concrete International*, **10**, No. 11, pp. 64–7 (1988).
7.5 D. W. S. HO, Q. Y. CUI and D. J. RITCHIE, Influence of humidity and curing time on the quality of concrete, *Cement and Concrete Research*, **19**, No. 3, pp. 457–64 (1989).
7.6 B. MATHER, Curing compounds, *Concrete International*, **12**, No. 2, pp. 40–1 (1990).
7.7 P. NISCHER, General report: effects of early overloading and insufficient curing on the properties of concrete after complete hardening, in *Proceedings of RILEM International Conference on Concrete of Early Ages*, Vol. II, pp. 117–26 (Anciens ENPC, Paris, 1982).
7.8 T. A. HARRISON, *Formwork Striking Times – Methods of Assessment*, Report 73, 40 pp. (CIRIA, London, 1987).
7.9 ACI 308-92, Standard practice for curing concrete, *ACI Manual of Concrete Practice, Part 2: Construction Practices and Inspection Pavements*, 11 pp. (Detroit, Michigan, 1994).
7.10 H. F. GONNERMAN and W. LERCH, Changes in characteristics of portland cement as exhibited by laboratory tests over the period 1904 to 1950, *ASTM Sp. Tech. Publ. No. 127* (1951).
7.11 W. H. PRICE, Factors influencing concrete strength, *J. Amer. Concr. Inst.*, **47**, pp. 417–32 (Feb. 1951).
7.12 T. S. POOLE, Summary of statistical analyses of specification mortar cube test results from various cement suppliers, including four types of cement approved for Corps of Engineers projects, in *Uniformity of Cement Strength ASTM Sp. Tech. Publ. No. 961*, pp. 14–21 (Philadelphia, Pa, 1986).
7.13 J. R. OGLESBY, Experience with cement strength uniformity, in *Uniformity of Cement Strength ASTM Sp. Tech. Publ. No. 961*, pp. 3–14 (Philadelphia, Pa, 1986).
7.14 R. D. GAYNOR, *Cement Strength Data for 1991*, ASTM Committee C-1 on Cement,

4 pp. (Philadelphia, Pa, 1993).
7.15 L. DIVET, Évolution de la composition des ciments Portland artificiels de 1964 à 1989: Exemple d'utilization de la banque de données du LCPC sur les ciments, *Bulletin Liaison Laboratoire Ponts et Chaussées*, **176**, pp. 73–80 (Nov.–Dec. 1991).
7.16 A. T. CORISH and P. J. JACKSON, Portland cement properties, *Concrete*, **16**, No. 7, pp. 16–18 (1982).
7.17 A. M. NEVILLE, Why we have concrete durability problems, in *Concrete Durability: Katharine and Bryant Mather International Conference*, Vol. 1, ACI SP-100, pp. 21–30 (Detroit, Michigan, 1987).
7.18 B. P. HUGHES, A. K. O. SOLEIT and R. W. BRIERLEY, New technique for determining the electrical resistivity of concrete, *Mag. Concr. Res.*, **37**, No. 133, pp. 243–8 (1985).
7.19 H. W. WHITTINGTON, J. MCCARTER and M. C. FORDE, The conduction of electricity through concrete, *Mag. Concr. Res.*, **33**, No. 114, pp. 48–60 (1981).
7.20 P. J. NIXON, *Changes in Portland Cement Properties and their Effects on Concrete*, Building Research Establishment Information Paper, 3 pp. (March 1986).
7.21 CONCRETE SOCIETY WORKING PARTY, *Report on Changes in Cement Properties and their Effects on Concrete*, Technical Report No. 29, 15 pp. (Slough, U.K., 1987).
7.22 A. LITVIN and H. B. BELLISTON, Sound transmission loss through concrete and concrete masonry walls, *J. Amer. Concr. Inst.*, **75**, pp. 641–6 (Dec. 1978).
7.23 BUILDING RESEARCH ESTABLISHMENT *Sound Insulation in Party Walls*, Digest No. 252, 4 pp. (Aug. 1981).
7.24 BUILDING RESEARCH ESTABLISHMENT *Sound Insulation: Basic Principles*, Digest No. 337, 8 pp. (Oct. 1988).
7.25 A. C. C. WARNOCK, *Factors Affecting Sound Transmission Loss*, Canadian Building Digest, CDN 239, 4 pp. (July 1985).
7.26 C. HUET, Propriétés acoustiques in *Le béton hydraulique*, pp. 423–52 (Presses de l'École Nationale des Ponts et Chaussées, Paris, 1982).
7.27 U. B. HALABE, A. SOTOODEHNIA, K. R. MASER and E. A. KAUSEL, Modeling the electromagnetic properties of concrete, *ACI Materials Journal*, **90**, No. 6, pp. 552–63 (1993).
7.28 P. SCHIESSL and C. REUTER, Massgebende Einflussgrössen auf die Wasserdurchlässigkeit von gerissenen Stahlbetonbauteilen, *Annual Report*, Institut für Bauforschung, Aachen, pp. 223–8 (1992).
7.29 M. BEN-BASSAT, P. J. NIXON and J. HARDCASTLE, The effect of differences in the composition of Portland cement on the properties of hardened concrete, *Mag. Conc. Res.*, **42**, No. 151, pp. 59–66 (1990).
7.30 I. L. H. HANSSON and C. M. HANSSON, Electrical resistivity measurements of portland cement based material, *Cement and Concrete Research*, **13**, No. 5, pp. 675–83 (1983).
7.31 Y. ABDEL-JAWAD and R. HADDAD, Effect of early overloading of concrete on strength at later ages, *Cement and Concrete Research*, **22**, No. 5, pp. 927–36 (1992).
7.32 W. S. WEAVER, H. L. ISABELLE and F. WILLIAMSON, A study of cement and concrete correlation, *Journal of Testing and Evaluation*, **2**, No. 4, pp. 260–303 (1974).
7.33 A. NEVILLE, Cement and concrete: their interaction in practice, in *Advances in Cement and Concrete*, American Soc. Civil Engineers, pp. 1–14 (New York, 1994).
7.34 J. TRITTHART and H. G. GEYMAYER, Änderungen des elektrischen Widerstandes in austrocknendem Beton, *Zement und Beton*, **30**, No. 1, pp. 23–8 (1985).
7.35 L. E. COPELAND and R. H. BRAGG, Self-desiccation in portland cement pastes, *ASTM Bull. No. 204*, pp. 34–9 (Feb. 1955).

7.36 T. C. POWERS, A discussion of cement hydration in relation to the curing of concrete, *Proc. Highw. Res. Bd*, **27**, pp. 178–88 (Washington DC, 1947).

7.37 W. LERCH, Plastic shrinkage, *J. Amer. Concr. Inst.*, **53**, pp. 797–802 (Feb. 1957).

7.38 A. D. ROSS, Shape, size, and shrinkage, *Concrete and Constructional Engineering*, pp. 193–9 (London, Aug. 1944).

7.39 F. R. MCMILLAN and L. H. TUTHILL, Concete primer, ACI SP-1 3rd Edn, 96 pp. (Detroit, Michigan, 1973).

7.40 U.S. ARMY CORPS OF ENGINEERS, *Handbook for Concrete and Cement* (Vicksburg, Miss., 1954).

7.41 F. M. LEA, Would the strength grading of ordinary Portland cement be a contribution to structural economy? *Proc. Inst. Civ. Engrs*, **2**, No. 3, pp. 450–7 (London, Dec. 1953).

7.42 S. WALKER and D. L. BLOEM, Variations in portland cement, *Proc. ASTM*, **58**, pp. 1009–32 (1958).

7.43 E. W. BENNETT and N. K. RAJU, Cumulative fatigue damage of plain concrete in compression, *Proc. Int. Conf. on Structure, Solid Mechanics and Engineering Design*, Southampton, April 1969, Part 2, pp. 1089–102 (Wiley-Interscience, New York, 1971).

7.44 J. P. LLOYD, J. L. LOTT and C. E. KESLER, Final summary report: fatigue of concrete, *T. & A. M. Report No. 675*, Department of Theoretical and Applied Mechanics, University of Illinois, 33 pp. (Sept. 1967).

7.45 A. M. NEVILLE, Current problems regarding concrete under sustained loading, *Int. Assoc. for Bridge and Structural Engineering, Publications*, No. 26, pp. 337–43 (1966).

7.46 F. S. OPLE JR and C. L. HULSBOS, Probable fatigue life of plain concrete with stress gradient, *J. Amer. Concr. Inst.*, **63**, pp. 59–81 (Jan. 1966).

7.47 J. W. MURDOCK, The mechanism of fatigue failure in concrete, Thesis submitted to the University of Illinois for the degree of Ph.D., 131 pp. (1960).

7.48 J. A. NEAL and C. E. KESLER, The fatigue of plain concrete, *Proc. Int. Conf. on the Structure of Concrete*, pp. 226–37 (Cement and Concrete Assoc., London, 1968).

7.49 B. M. ASSIMACOPOULOS, R. F. WARNER and C. E. EKBERG, JR, High speed fatigue tests on small specimens of plain concrete, *J. Prestressed Concr. Inst.*, **4**, pp. 53–70 (Sept. 1959).

7.50 W. H. GRAY, J. F. MCLAUGHLIN and J. D. ANTRIM, Fatigue properties of lightweight aggregate concrete, *J. Amer. Concr. Inst.*, **58**, pp. 149–62 (Aug. 1961).

7.51 A. M. OZELL, Discussion of paper by J. P. ROMUALDI and G. B. BATSON: Mechanics of crack arrest in concrete, *J. Eng. Mech. Div., A.S.C.E.*, **89**, No. EM 4, p. 103 (Aug. 1963).

7.52 H. GREEN, Impact strength of concrete, *Proc. Inst. Civ. Engrs.*, **28**, pp. 383–96 (London, July 1964).

7.53 G. B. WELCH and B. HAISMAN, Fracture toughness measurements of concrete, *Report No. R42*, University of New South Wales, Kensington, Australia (Jan. 1969).

7.54 B. P. HUGHES and R. GREGORY, The impact strength of concrete using Green's ballistic pendulum, *Proc. Inst. Civ. Engrs.*, **41**, pp. 731–50 (London, Dec. 1968).

7.55 U. BELLANDER, Concrete strength in finished structure, Part 1: Destructive testing methods. Reasonable requirements, *CBI Research*, 13: 76, 205 pp. (Swedish Cement and Concrete Research Inst., 1976).

7.56 D. C. TEYCHENNÉ, Concrete made with crushed rock aggregates, *Quarry Management and Products*, **5**, pp. 122–37 (May 1978).

7.57 R. L. MCKISSON, Cement uniformity on Bureau of Reclamation projects, *U.S. Bureau of Reclamation, Laboratory Report C-1245*, 41 pp. (Denver, Colorado, Aug. 1967).

第7章 硬化コンクリートのその他の問題

7.58 S. S. TAKHAR, I. J. JORDAAN and B. R. GAMBLE, Fatigue of concrete under lateral confining pressure, in *Abeles Symp. on Fatigue of Concrete*, ACI SP-41, pp. 59–69 (Detroit, Michigan, 1974).
7.59 K. D. RAITHBY and J. W. GALLOWAY, Effects of moisture condition, age, and rate of loading on fatigue of plain concrete, in *Abeles Symp. on Fatigue of Concrete*, ACI SP-41, pp. 15–34 (Detroit, Michigan, 1974).
7.60 H. SOMMER, Zum Einfluss der Kornzusammensetzung auf die Dauerfestigkeit von Beton, *Zement und Beton*, **22**, No. 3, pp. 106–9 (1977).
7.61 R. TEPFERS and T. KUTTI, Fatigue strength of plain, ordinary and lightweight concrete, *J. Amer. Concr. Inst.*, **76**, No. 5, pp. 635–52 (1979).
7.62 R. TEPFERS, C. FRIDÉN and L. GEORGSSON, A study of the applicability to the fatigue of concrete of the Palmgren–Miner partial damage hypothesis, *Mag. Concr. Res.*, **29**, No. 100, pp. 123–30 (1977).
7.63 R. TEPFERS, Tensile fatigue strength of plain concrete, *J. Amer. Concr. Inst.*, **76**, No. 8, pp. 919–33 (1979).
7.64 J. W. GALLOWAY, H. M. HARDING and K. D. RAITHBY, Effects of age on flexural, fatigue and compressive strength of concrete, *Transport and Road Res. Lab. Rep TRRL 865*, 20 pp. (Crowthorne, Berks., 1979).
7.65 J. VAN LEEUWEN and A. J. M. SIEMES, Miner's rule with respect to plain concrete, *Heron*, **24**, No. 1, 34 pp. (Delft, 1979).
7.66 J. DAHMS, Die Schlagfestigkeit des Betons, *Schriftenreihe der Zement Industrie*, No. 34, 135 pp. (Düsseldorf, 1968).
7.67 C. POPP, Untersuchen über das Verhalten von Beton bei schlagartigen Beanspruchung, *Deutscher Ausschuss für Stahlbeton*, No. 281, 66 pp. (Berlin, 1977).
7.68 A. G. LOUDON and E. F. STACEY, The thermal and acoustic properties of lightweight concretes, *Structural Concrete*, **3**, No. 2, pp. 58–96 (London, 1966).
7.69 D. A. HAUSMANN, Electrochemical behavior of steel in concrete, *J. Amer. Concr. Inst.*, **61**, No. 2, pp. 171–88 (Feb. 1964).
7.70 G. E. MONFORE, The electrical resistivity of concrete, *J. Portl. Cem. Assoc. Research and Development Laboratories*, **10**, No. 2, pp. 35–48 (May 1968).
7.71 R. CIGNA, Measurement of the electrical conductivity of cement mortars, *Annali di Chimica*, **66**, pp. 483–94 (Jan. 1966).
7.72 R. L. HENRY, Water vapor transmission and electrical resistivity of concrete, *Technical Report R-244* (US Naval Civil Engineering Laboratory, Port Hueneme, California, 30 June 1963).
7.73 V. P. GANIN, Electrical resistance of concrete as a function of its composition, *Beton i Zhelezobeton*, No. 10, pp. 462–5 (1964).
7.74 E. HAMMOND and T. D. ROBSON, Comparison of electrical properties of various cements and concretes, *The Engineer*, **199**, pp. 78–80 (21 Jan. 1955); pp. 114–15 (28 Jan. 1955).
7.75 ANON, Electrical properties of concrete, *Concrete and Constructional Engineering*, **58**, No. 5, p. 195 (London, 1963).
7.76 J. R. FARRAR, Electrically conductive concrete, *GEC J. of Science and Technol.*, **45**, No. 1, pp. 45–8 (1978).
7.77 P. KLIEGER, Early high strength concrete for prestressing, *Proc. of World Conference on Prestressed Concrete*, pp. A5-1–14 (San Francisco, July 1957).
7.78 B. M. SCOTT, Cement strength uniformity – a ready-mix producer's point of view, *NRMCA Publication No. 165*, 3 pp. (Silver Spring, Maryland, 1981).

7.79 P. Rossi et al. Effect of loading rate on the strength of concrete subjected to uniaxial tension, *Materials and Structures*, **27**, No. 169, pp. 260–4 (1994).

7.80 B. H. Bischoff and S. H. Perry, Compressive behaviour of concrete at high strain rates, *Materials and Structures*, **24**, No. 144, pp. 425–50 (1991).

7.81 C. A. Ross, P. Y. Thompson and J. W. Tedesco, Split-Hopkinson pressure-bar tests on concrete and mortar in tension and compression, *ACI Materials Journal*, **86**, No. 5, pp. 475–81 (1989).

7.82 G. L. Balázs, Fatigue of bond, *ACI Materials Journal*, **88**, No. 6, pp. 620–9 (1991).

7.83 Minh-Tan Do, Fatigue des bétons à hautes performances, Ph.D. thesis, University of Sherbrooke, 187 pp. (Sherbrooke, Canada, 1994).

7.84 X. P. Shi, T. F. Fwa and S. A. Tan, Flexural fatigue strength of plain concrete, *ACI Materials Journal*, **90**, No. 5, pp. 435–40 (1993).

7.85 E. L. Nelson, R. L. Carrasquillo and D. W. Fowler, Behavior and failure of high-strength concrete subjected to biaxial-cyclic compression loading, *ACI Materials Journal*, **85**, No. 4, pp. 248–53 (1988).

7.86 A. Mor, B. C. Gerwick and W. T. Hester, Fatigue of high-strength reinforced concrete, *ACI Materials Journal*, **89**, No. 2, pp. 197–207 (1992).

7.87 E. C. M. Su and T. T. C. Hsu, Biaxial compression fatigue and discontinuity of concrete, *ACI Materials Journal*, **85**, No. 3, pp. 178–88 (1988).

7.88 M. A. Miner, Cumulative damage in fatigue, *Journal of Applied Mechanics*, **67**, pp. 159–64 (Sept. 1954).

7.89 P. A. Daerga and D. Pöntinen, A fatigue failure criterion for concrete based on deformation, in *Nordic Concrete Research*, Publication 13-2/93, pp. 6–20 (Oslo, Dec. 1993).

7.90 T. T. C. Hsu, Fatigue of plain concrete, *ACI Journal*, **78**, No. 4, pp. 292–305 (1981).

7.91 S. H. Perry and P. H. Bischoff, Measurement of the compressive impact strength of concrete using a thin loadcell, *Mag. Concr. Res.*, **42**, No. 151, pp. 75–81 (1990).

7.92 J. R. Clifton and L. I. Knab, Impact testing of concrete, *Cement and Concrete Research*, **13**, No. 4 pp. 541–8 (1983).

7.93 A. J. Zielinski and H. W. Reinhardt, Impact stress–strain behaviour in concrete in tension, in *Proceedings RILEM–CEB–IABSE–IASS–Interassociation Symposium on Structures under Impact and Impulsive Loading*, pp. 112–24 (Berlin, 1982).

7.94 M. Saito and S. Imai, Direct tensile fatigue of concrete by the use of friction grips, *ACI Journal*, **80**, No. 5, pp. 431–8 (1983).

7.95 Minh-Tan Do, O. Chaallal and P.-C. Aïtcin, Fatigue behavior of high-performance concrete, *Journal of Materials in Civil Engineering*, **5**, No. 1, pp. 96–111 (1993).

7.96 L. A. Traina and A. A. Jeragh, Fatigue of plain concrete subjected to biaxial-cyclical loading, in *Fatigue of Concrete Structures*, Ed. S. P. Shah, ACI SP-75, pp. 217–34 (Detroit, Michigan, 1982).

7.97 P. R. Sparks, The influence of rate of loading and material variability on the fatigue characteristics of concrete, in *Fatigue of Concrete Structures*, Ed. S. P. Shah, ACI SP-75, pp. 331–41 (Detroit, Michigan, 1982).

7.98 F. W. Klaiber and Dah-Yin Lee, The effects of air content, water–cement ratio, and aggregate type on the flexural fatigue strength of plain concrete, in *Fatigue of Concrete Structures*, Ed. S. P. Shah, ACI SP-75, pp. 111–31 (Detroit, Michigan, 1982).

7.99 J. W. Galloway, H. M. Harding and K. D. Raithby, *Effects of Moisture Changes on Flexural and Fatigue Strength of Concrete*, Transport and Road Research Report No. 864, 18 pp. (Crowthorne, Berks., 1977).

第7章　硬化コンクリートのその他の問題

7.100 B. H. OH, Cumulative damage theory of concrete under variable-amplitude fatigue loadings, *ACI Materials Journal*, **88**, No. 1, pp. 41–8 (1991).
7.101 N. R. BUENFELD, J. B. NEWMAN and C. L. PAGE, The resistivity of mortars immersed in sea-water, *Cement and Concrete Research*, **16**, No. 4, pp. 511–24 (1986).

第8章　コンクリートにおける温度の影響

　実験室で行うコンクリートの試験は，一般に温度を一定に管理して行うことが多い。コンクリート工学における初期の試験は温暖な気候で行われていたため，選択された基準の温度は一般に 18〜21℃の範囲であった。したがって，フレッシュコンクリートも硬化コンクリートも，その性質に関する基本的な情報の多くは，この範囲の温度におけるコンクリートの挙動に基づいていた。しかし実際は，コンクリートはさまざまな温度で練り混ぜられ，また引き続き多様な温度で使用される。事実，最近の多くの施工は暑い気候の国々で実施されるため，実施上の温度の範囲は相当広がった。また極寒の地域でも，新たな開発が主として海洋で行われている。

　したがって，コンクリートにおける温度の影響は非常に重要である。本章では，この影響について考察する。最初にフレッシュコンクリートの温度が強度に及ぼす影響について解説した後，コンクリートを打込んだ後の熱処理，すなわち常圧の蒸気を使った養生と高圧蒸気を使った養生の両方について概説する。つぎに，セメントの水和熱の発生によるコンクリートの温度上昇が及ぼす影響について解説し，暑中コンクリートと寒中コンクリートを考察する。最後に硬化コンクリートの熱特性を述べ，使用中の極高温と極低温の影響について，火事の影響も含めて解説する。

8.1　初期温度がコンクリートの強度に及ぼす影響

　養生温度が上昇すると水和の化学反応が加速され，したがって，後の強度が悪影響を受けることなくコンクリートの早期強度に良い影響が及ぼされる。セメントと水との初期の接触の最中とその後で温度が高いと，休眠期が短くなるため，

第8章 コンクリートにおける温度の影響

水和セメントペースト全体の構造がきわめて早期に構成される。

打込み時と凝結時の温度が高いと，ごく早期の強度は上昇するが，ほぼ7日以降の強度に悪影響が出るおそれがある。その説明としては，初期水和が速いと物理構造の良くない，おそらく空げきの多い水和物が形成されるため，空げきの一部が常に空のまま残るからとされている。

このことは，（ゲル/空間）比の法則によっており，水和は遅くても最終的には高い（ゲル/空間）比に到達するような，空げきの少ないセメントペーストと比べて低い強度となる。

早期温度が高いと後の強度に悪影響を及ぼすという点に関するこの説明はVerbeckとHelmuth[8.77]によってさらに検討が加えられた。彼らは高い温度で初期水和が速く行われると，その後の水和が遅延され，ペースト中の水和生成物の分布が不均一になることを示唆している。その理由は，初期水和の速度が速い場合は，水和生成物がセメント粒子から拡散してすき間の空間に均一に析出する（温度が低い場合にはそのようになるが）ための時間が十分にないからである。その結果，水和している粒子の近くに高濃度の水和生成物が蓄積してその後の水和を遅延させ，長期強度に悪影響を及ぼすのである。セメントの粒子と粒子との間に多孔質のC-S-Hが存在することが，後方散乱電子像で確認されている[8.74]。

加えて，水和の程度が等しい他の場合と比べて粒子間の（ゲル/空間）比が低いため，水和生成物の不均一な分布そのものが強度に悪影響を及ぼす。局所的な弱い部分が水和セメントペースト全体の強度を低下させるのである。

早期材齢のコンクリートの温度が水和セメントペーストの構造全体に及ぼす影響に関しては，遅延剤の使用によって水和速度を遅くした場合を含めて，強度の早期発現が遅いと，強度に良い影響を及ぼしたことを思い出してほしい。混和剤を含まないコンクリートが高温で打込まれた場合の長期強度の低下の対策としては，減水・凝結遅延剤が有効であることが確認された[8.24]。しかし，これらの混和剤の効果は水量の低下によって起きたものであり，従って水セメント比が低くなったためであることを理解しなければならない[8.14]。また，これらの混和剤を使用するとスランプの低下速度が速くなる[8.14]。

図-8.1に，練混ぜ後最初の2時間の温度が水セメント比0.53のコンクリートの強度の発現に及ぼす影響に関するPrice[8.11]の資料を示す。調査された温度範囲

8.1 初期温度がコンクリートの強度に及ぼす影響

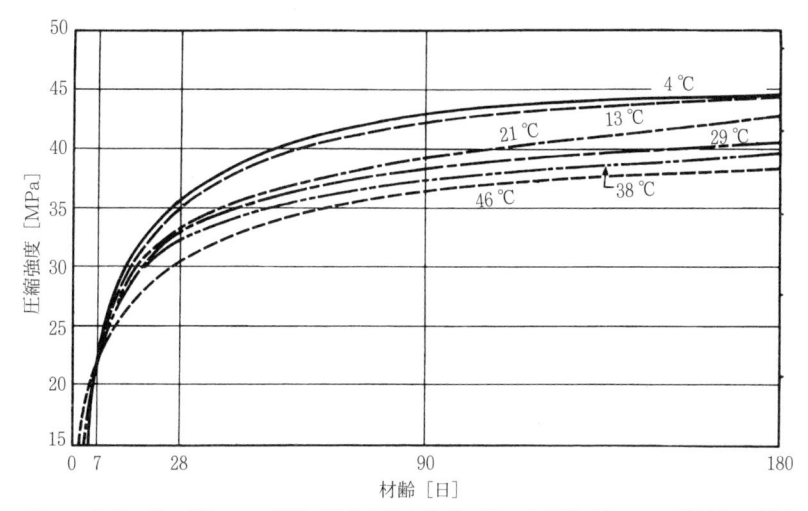

図-8.1 打込み後,最初の2時間の温度が強度発現に及ぼす効果(すべての供試体は封緘状態で,材齢2時間以降は21℃で養生された)[8.11]

は4〜46℃であり,材齢2時間を過ぎた後はすべての供試体は21℃で養生された。水の移動を防ぐため,供試体は封緘された。最初の24時間を2℃と18℃で,その後18℃で湿潤養生した円柱供試体の試験では,28日で前者が後者より強度が10%高いことを示した[8.80]。

他の試験の結果も以下に示すが,いろいろな研究で多様な温度と時間の組合わせが用いられたため,直接比較するのは難しい。最初の4時間の温度を高くした結果,コンクリートの24時間強度の上昇と28日強度の低下が,Petscharnig[8.26]によって認められた(図-8.2参照)。Petscharnigは,硬化の速いコンクリートを用い,また単位セメント量を大きくすることによって,影響がさらに顕著になることを確認した。

最初の24時間の温度が38℃の場合は,全体を通して23℃で養生された同じコンクリートと比べて,コンクリートの28日強度が9〜12%低下したことが報告されている[8.25]。

なお,このコンクリートは,標準円柱供試体の28日強度が28MPaである。

最初の2,3日間の高めの温度が試験用円柱供試体強度に及ぼす影響の概説[8.58]では,標準の方法で養生された円柱供試体と比較して,28日測定強度は大幅な

451

第8章　コンクリートにおける温度の影響

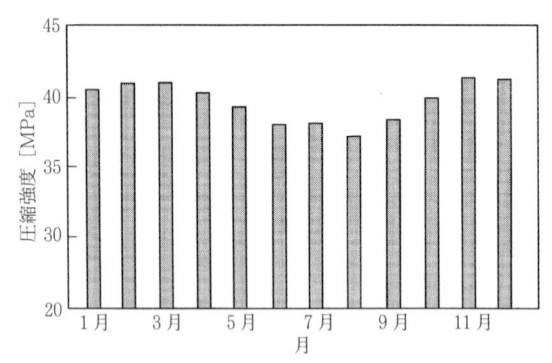

図-8.2　材齢4時間以降一定温度で養生されたコンクリートにおいて，初期温度が月間平均圧縮強度に及ぼす影響；オーストリアの外気中でコンクリート供試体がつくられたその時期から温度は推測できる（参考文献 8.26 に基づく）

低下を示した。38℃の1日強度では約10％低下し，38℃の3日強度では約22％低下した。

一部の現場試験で，打込みを行う時の温度が強度に及ぼす影響を確認した。一般に，5℃の上昇で強度が1.9MPa低下する[8.85]。

セメントペーストの早い材齢（材齢24時間以降）における温度が水和セメントペーストの構造に及ぼす影響は，GotoとRoy[8.113]によって実証された。すなわち，60℃で養生すると，27℃で養生した場合と比べて，直径150nmを超える大きさの空げきの体積がずっと大きくなることを発見したのである。合計空げき率は逆に少なくなるのであるが，耐久性にとってたいへん重要な透過性を左右するのは，大きい空げきなのである。

養生の温度が材齢1日と28日のコンクリート強度（冷却後に試験する）に及ぼす影響を，図-8.3に示した[8.77]。しかし，少なくとも水セメント比が0.14の純粋な（普通ポルトランド）セメントペースト成形体の場合には，試験時の温度も一因子であるように思われる[8.81]。温度は，水和が開始した時点から一定に保たれた。養生温度で試験をしたところ（64日と128日で），供試体は高い温度の時に低い強度を示した（図-8.4）が，試験前に2時間にわたって20℃まで冷却すると，65℃を上回る温度の場合にのみ有害な影響がみられた（図-8.5）。

さまざまな温度で28日間，その後は23℃で水中に保管されたコンクリートの

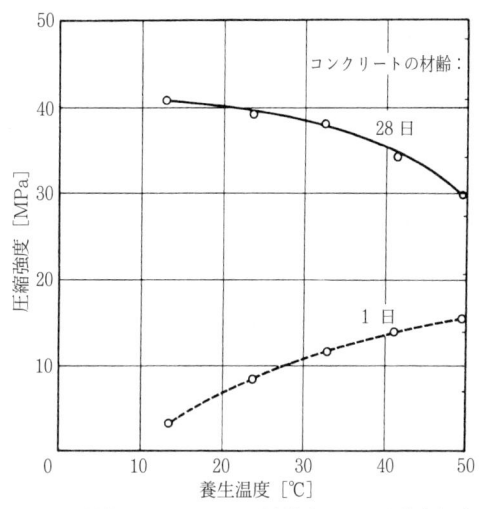

8.1 初期温度がコンクリートの強度に及ぼす影響

図-8.3 材齢1日と28日の圧縮強度に及ぼす養生温度の影響（供試体は2時間かけて23℃まで冷却した後試験した）[8.77]

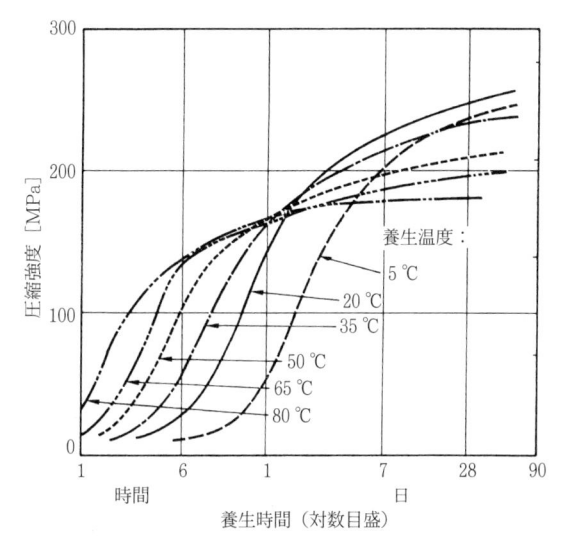

図-8.4 種々の温度で養生された純粋なセメントペースト圧縮成形体における圧縮強度と養生時間との関係。供試体の温度は試験中も含めて一定に保たれた[8.81]

第8章 コンクリートにおける温度の影響

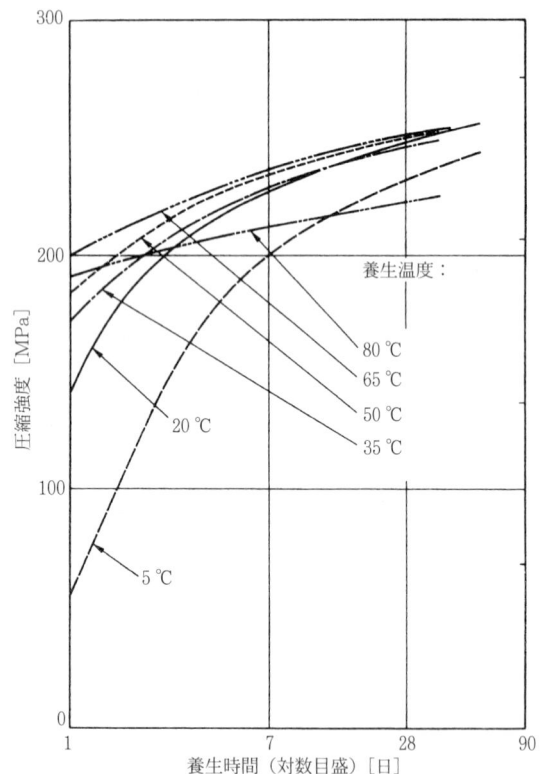

図-8.5 種々の温度で養生された純粋なセメントペースト圧縮成形体における圧縮強度と養生時間との関係。供試体の温度は試験前に2時間かけて一定速度で20℃にされた（水セメント比＝0.14；タイプⅠセメント）[8.81]

試験も行われている[8.70]。

Price の試験の時と同様，打込み後最初の2, 3日間は温度が高いと強度も高くなることが分かったが，材齢が1週間から4週間を過ぎると状況は根本的に変化した。材齢28日までの間4〜23℃の温度で養生された供試体は，32〜49℃で養生されたものと比べて，すべて高い強度を示した。後者の中では，温度が高いほど強度の逆行が大きかったが，低めの温度範囲では，最高強度を生み出す最適温度が存在するように思われた。4℃で打ち込まれ，－4℃という低い温度で4週間，その後23℃で保管されたコンクリートでさえ，材齢3ヵ月以降になると，

8.1 初期温度がコンクリートの強度に及ぼす影響

継続的に 23℃で保管された類似のコンクリートより強度が高かった。図-8.6 に，エントレインドエアを 4.5%含み，単位セメント量が 307kg/m³の普通ポルトランドセメントを用いたコンクリートの標準的曲線を示した。早強ポルトランドセメントと中庸熱セメントを使用した場合にも，同じような挙動が観察された。

高性能コンクリートの場合のように単位セメント量の多いコンクリート部材は，梁や柱のような普通の構造部材でもかなりの温度上昇がある。温度の上昇が大きいほど，7 日強度が高い。例えば，温度が 20℃の時には強度が 96MPa であったが，最大温度が 75℃の時には 115MPa であった。

ところが材齢 28 日では強度の値が逆転し，低い温度で強度が 122MPa となる一方，高い温度の強度は低下して 112MPa となった。最大温度が 45〜65℃の場合は，材齢 7 日から 28 日の強度の上昇はごくわずかであった[8.57]。

ごく低い温度で養生されたコンクリートの強度に関して，Aïtcin 他[8.23]は，水セメント比が 0.45〜0.55 のコンクリートを 4℃以上の温度で打ち込んでその温度を 9 時間維持し，つぎに海水に 0℃で保管した場合に強度が上昇することを確認した。この上昇は最初はごく遅いが，材齢 4 日になると，この海水に浸けた供試体の強度は標準養生を行った場合の約 2 分の 1 に達した。2 種類の保管状態に

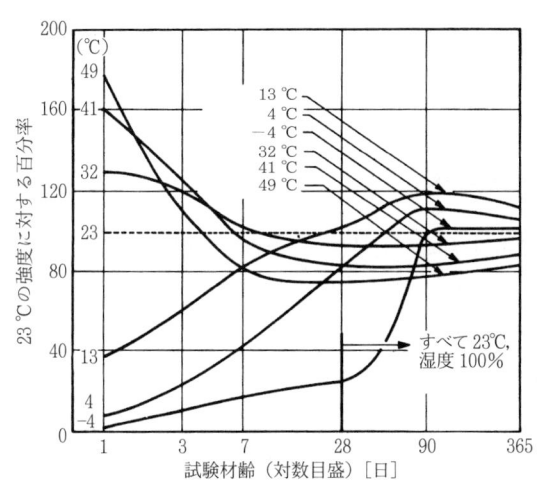

図-8.6 最初の 28 日間の温度がコンクリートの強度に及ぼす効果（水セメント比＝0.41；空気量＝4.5％；普通ポルトランドセメント）[8.70]

おける強度の違いは徐々に縮小し，2ヵ月後には約10MPaになった。そしてこの値は1年以上持続した。水セメント比が比較的低いコンクリートは，高いものより性能が良かった[8.18, 8.23]。

Kliegerの試験[8.70]は，望ましい時期に最高強度を発現させるような，コンクリートの材齢初期の最適温度が存在することを暗に示している。実験室で普通または中庸熱ポルトランドセメントを使ってつくられたコンクリートの場合は，最適温度が約13℃である。早強ポルトランドセメントの場合は約4℃である。しかし，凝結と硬化の最初の期間を過ぎれば，温度の影響（一定範囲内で）は積算温度の法則と一致することを忘れてはならない。すなわち，温度が高いと強度の発現が加速される。

ここまで述べてきた試験は，すべて実験室で，または既知の環境下で実施されたものであったが，暑い気候の現場では挙動が異なる可能性がある。したがって，作用因子が他にもいくつか存在する。周囲の湿度，直射日光，風速，および養生方法である。コンクリートの品質は周囲の気温ではなく，コンクリートの温度によって左右されるため，当該の部材の寸法も条件に含まれることも念頭に置かなければならない。寸法は，セメントの水和によって引き起こされる温度の上昇に影響を与えるからである。同様に，風が強い時に湛水養生を行うと蒸発による熱の損失を招くため，封緘材を使用する場合よりコンクリートの温度が低くなる。これらの因子については本章の後の部分で解説する。

8.2 常圧下の蒸気養生

コンクリートの養生温度が上昇すると強度の発現速度が高まるため，コンクリートを蒸気養生すると強度の発現を加速させることができる。蒸気が常圧下の場合，すなわち温度が100℃を下回る場合は，この工程は蒸気で飽和した大気が水の供給を保証する湿潤養生の特殊ケースとみなすことができる。その上，蒸気の濃縮が潜熱を放出する。高圧蒸気養生（オートクレーブ）はまったく異なる作業であるため，次節で考察する。

蒸気養生の第一の目的は，十分に高い早期強度を獲得し，コンクリート製品を打込み後短時間で取り扱うことができるようにすることである。試験用型枠の取

8.2 常圧下の蒸気養生

り外し，またはプレストレスベッドの明渡しを通常の湿潤養生より早く行うことができ，養生保管場所が少なくて済む。これらのことはすべて経済的な利点となる。多くの用途において，コンクリートの長期強度はそれほど重要ではない。

蒸気養生にかかわる作業の性質から，この工程は主としてプレキャスト製品に使用される。低圧蒸気養生は，一般に特殊な室の中で，またはベルトコンベヤでコンクリート部材を通過させるトンネル内で適用される。他の方法としては，携帯型の箱やプラスチックの覆いをプレキャスト部材の上にかぶせ，柔軟な管を通して蒸気を供給することもできる。

硬化の初期の段階における温度が後の強度に影響を及ぼすことから，早期強度を高くする温度と後期強度を高くする温度との間で妥協点を見つけなければならない。図-8.7に，中庸熱セメント（タイプⅡ）を用い，水セメント比0.55でつくり，打込み後ただちに蒸気養生を行ったコンクリートの強度の標準的な値を示す。

長期的な強度の逆行が認められた。

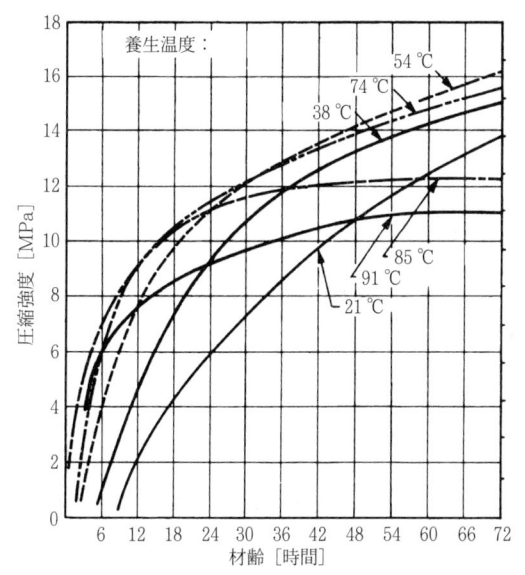

図-8.7 種々の温度で蒸気養生されたコンクリートの強度（水セメント比＝0.55；蒸気養生は打込み直後から行った）[8.71]

第8章　コンクリートにおける温度の影響

　蒸気養生したコンクリートの長期強度が低下することの理由の1つは，おそらく，セメントペースト中の気泡が膨張して，ごく細かいひび割れができることにあると思われる。空気の熱膨張量は，周りの固体材料の熱膨張量より少なくとも2桁は大きい。気泡の膨張は拘束されるため空気に圧力がかかり，この圧力と平衡させるために周りのセメントペーストの中に引張応力が誘発される。そしてこれらの応力がごく細かいひび割れを発生させるのである。したがって厳密に言うと，ここで問題になるのは強度の長期的な低下ではなく，すべての材齢で起きる低下である[8.82]。しかし，材齢28日までは，この低下は養生中の比較的高い温度によって強度が増加するので表に現れない。

　膨張する気泡と水によって，フレッシュコンクリートの熱膨張係数（30×10^{-6}）は，4時間後の係数（11.5×10^{-6}）と比べて非常に高くなることをMamillan[8.37]が報告した。

　気泡の膨張による破壊的な影響は，蒸気養生する前の前置き時間（この期間中にコンクリートの引張強度が上昇する）を長くすることによって，または温度の上昇速度を遅くすることによって（空気圧の上昇を周りのセメントペーストの強度の上昇に対応させることができるから）減少させることができる。その他の方法として，閉じた型枠の中で，あるいは圧力室の中で加熱する方法を用いることもできる[8.82]。

　蒸気養生期間が短く（2時間から5時間），適度な温度であれば，おそらく真に強度が逆行することはほとんどなく，後の材齢における見かけ上の強度の低下は，湿潤養生を継続していないことによる[8.83]。

　蒸気養生によるコンクリートの長期強度の低下の原因は，水和セメントペースト中の空げき率と空げきの大きさの変化によると思われるため，蒸気養生はコンクリートの耐久性にも影響を及ぼすと予想される。このことに関しては，594頁に述べる。

　長期的な強度の逆行を最小にするためには，蒸気養生サイクルの2つの面を管理しなければならない。加熱開始時期を遅らせることと温度の上昇速度を遅くすることである。

　後の材齢での強度に大きい影響を及ぼすのは凝結する時の温度であり，蒸気養生の開始時期を遅らせることは効果がある。加熱開始時期の遅延が強度に及ぼす

8.2 常圧下の蒸気養生

影響の目安を，図-8.8 に示すが，これは，Shideler と Chamberlin[8.73]の資料を Saul[8.72]がグラフ化したものである。使用されたコンクリートは，タイプⅡ のセメントを用い，水セメント比は 0.6 であった。実線は，室温で湿潤養生したコンクリートの強度の発現を積算温度に対して示したものである。点線は，38℃から 85℃の間のさまざまな養生温度を表しており，各点に付記した数字は，高温蒸気を急激に供給する前の遅延を時間数で表したものである。

図-8.8 から，それぞれの養生温度において，積算温度に伴って強度の通常の発現速度を示す曲線部分があることがわかる。言い換えると，十分に遅延させた後であれば，急速に加熱しても悪影響はないことがわかる。

この遅延は，38，54，74 および 85℃に対してそれぞれ約 2，3，5，および 6 時間である。しかし，これより少ない遅延でコンクリートが高い温度にさらされると，各点線の曲線の右側の部分が示しているように，強度に悪影響が出る。養生温度が高いほど，この影響は深刻である。遅延期間がないと，75℃で養生された水セメント比 0.50 のコンクリートの 28 日強度の低下は，40% にも及ぶことがある[8.37]。

遅延期間の必要性を支持するもう 1 つの主張は，遅延されている間に石膏が C_3A と反応するというものである。高温下においては石膏の可溶性が低下する

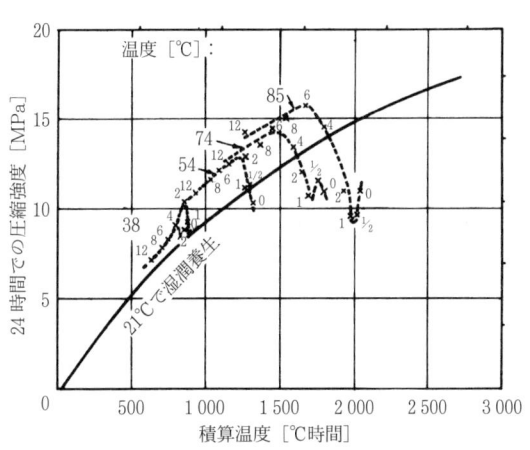

図-8.8 蒸気養生開始時期の遅延が積算温度に伴う初期の強度発現に及ぼす効果[8.72]。小さな数字は図中の各温度で養生する前の遅延を時間単位で示す

第8章　コンクリートにおける温度の影響

ためその一部は初期の段階でC_3Aと反応せず，硫酸塩の作用（627頁参照）[8.31]として知られるような膨張反応を起こす可能性がある。しかしこの見解は未だ確認されていない。

図-8.8は，打込み後2，3時間以内であれば，強度の増加速度が積算温度の計算から予想される速度より速くなることも示している。このことは，温度を上げる時の材齢が積算温度の法則の一因子であるという，前に述べた見解を裏付けている。

遅延期間（その間は周囲の温度はコンクリートの温度と対応していなければならない）の望ましい長さは，蒸気養生されているコンクリート部材の寸法と形状，コンクリートの水セメント比，およびセメントの種類によって異なる。硬化速度が遅い場合は，遅延を長くしなければならない。しかし露出面積が大きい場合は，プラスチック収縮ひび割れを防ぐために散水が必要かもしれない。遅延期間の選択に関する手引きが，ACI 517.2R-87（1992年改定）に記載されている[8.27]。

その後の温度の上昇速度はコンクリート部材の性質に基づいて管理し，コンクリート中に大きな温度勾配が発生しないようにしなければならない。試行錯誤の手法で決定する必要がある。ACI 517.2R-87（1992年改定）[8.27]は，小さいユニットの場合の1時間当たり33℃と，大きいユニットの場合の1時間当たり11℃との間の範囲にある速度を推奨している。温度の上昇速度は長期強度にはほとんど影響を及ぼさないが，最高温度は影響を及ぼす。70～80℃の温度は28日強度を約5％低下させる[8.27]。

最高温度が低いと蒸気養生期間を長くする必要があるという事実に基づいて，経済的な観点から，この影響はバランスを考えて決定しなければならない。しかし，コンクリートの温度がいったん最高値で安定すれば，熱の供給を継続する必要はないことに注意しなければならない。この休止期間を「均熱 soaking」と呼ぶ。

最高温度で一定期間蒸気養生した後は，冷却を行う。これは，小さい部材の場合は早くても良いが，大きい部材の場合は冷却が速いと表面にひび割れが発生するおそれがある。補助的な湿潤養生を行うと，急速に乾燥するのを防いでその後の強度上昇に貢献する[8.83]。水セメント比の小さいコンクリートは，水セメント比の大きい混合物より蒸気養生の効果が大きい。

8.3 高圧蒸気養生（オートクレーブ）

　以上のことをまとめると，養生サイクルは凝結前期間として知られる遅延期間，温度上昇期間，最高温度での蒸気処理期間（均熱を含む），および，冷却期間で構成され，その後におそらく湿潤養生が続く。実施面での養生サイクルは，必要な早期強度と長期強度との妥協点として選択されるが，時間の余裕によっても左右される（例えば勤務時間の長さなど）。

　ある特定のコンクリート混合物に養生サイクルの方を合わせるべきか，または都合の良い蒸気養生サイクルに合わせて配合を選択すべきかという点は，経済的な配慮で決まる。最適な養生サイクルの細部は，処理するコンクリート製品の種類によって異なるが，満足の行く標準的なサイクルは次のもので構成される[8.27]。2～5時間の遅延期間，1時間当たり22～44℃の速度で最高温度50～82℃までの加熱と最高温度での保持，および最後に冷却期間であるが，サイクル全体で18時間以内に収まることが望ましい。

　厳しい環境にさらされるコンクリートの場合は，欧州基準 ENV 206:1992 が最高温度と温度の上昇速度に関してさらに厳しい限界規定を課している。

　軽量骨材コンクリートは82～88℃まで加熱することができるが，最適なサイクルは普通骨材でつくられたコンクリートの場合と変わらない[8.79]。

　蒸気養生は，さまざまな種類のポルトランドセメントや混合セメントに用いられて良い結果が得られているが，アルミナセメントにはけっして使用してはならない。高温で湿潤な環境はこのセメントの強さに悪影響を及ぼすからである。フライアッシュでつくられたコンクリートを蒸気養生すると $Ca(OH)_2$ とのポゾラン反応を加速させるが，それは88℃を上回る温度の場合のみである。混合物中の高炉スラグ微粉末に対しても60℃を超える温度で同様の状況が得られる。スラグの粉末度を上げると（600m^2/kg 以上で），蒸気養生が強度に及ぼす影響に関して有益である[8.28]。スラグはまた，蒸気養生されたセメントペースト中の空げきの平均寸法も減少させる[8.28]。

8.3　高圧蒸気養生（オートクレーブ）

　この処置は，実施方法も，結果として生じるコンクリートの性質も，常圧下の蒸気養生とはまったく異なっている。

常圧を超える圧力がかかわっているため，養生室は湿った蒸気を供給する圧力容器型でなければならない。そして，超高温の蒸気は，コンクリートを乾燥させるので，コンクリートに接触することのないよう気をつけなければならない。そのような容器はオートクレーブとして知られており，高圧蒸気養生もオートクレーブと呼ばれる。

高圧蒸気養生が初めて用いられたのは，珪灰れんがと軽量気泡コンクリートの製造であり，現在もその目的のために広く用いられている。コンクリートの分野では，高圧蒸気養生は一般に小型のプレキャスト製品に応用されることが多いが，トラス橋の部材（普通コンクリート製と軽量コンクリート製の両方）で次の特性が必要な場合にも使用される。

(a) 高い早期強度：高圧蒸気養生で通常の養生を行うと，28日強度が24時間で得られる。80～100MPaの強度が報告されている[8.29]。

(b) 高い耐久性：高圧蒸気養生は，硫酸塩および他の形態の化学作用や凍結融解に対する抵抗性を向上させ，エフロレッセンスを減少させる。

(c) 乾燥収縮と水分移動の低下。

最適な養生温度は約177℃であることが判明しているが[8.75]，これは常圧を0.8MPa超える蒸気圧に相当する。

高圧蒸気養生は微粉砕シリカをセメントに加えるともっとも有効となり，そのとき，シリカと，C_3Sが水和して放出された$Ca(OH)_2$とが化学的に反応する（図-8.9参照）。C_3Sを多く含むセメントは，高圧で養生されるとC_2S含有率の高いセメントより高い強度を発現する能力があるが，高圧蒸気養生を短期間行う場合は（C_3S/C_2S）比が適度に低いセメントの方が良い結果をもたらす[8.76]。養生中の高温はセメントの水和反応自体にも影響を及ぼす。例えば，C_3Sの一部は水和してC_3SH_xとなる。

シリカの粉末度は少なくともセメントの粉末度の程度はなければならない。粉末度が比較的高く600m^2/kgであれば，粉末度が200m^2/kgのシリカと比べて強度が7～17%上昇することが判明した[8.29]。セメントとシリカは，ミキサに供給する前に十分混合しなければならない。シリカの最適な量は配合割合によって異なるが，一般にセメントの質量の0.4から0.7である。

常圧下の蒸気養生に関して解説したことと同様の理由で凝結と硬化の過程に悪

8.3 高圧蒸気養生（オートクレーブ）

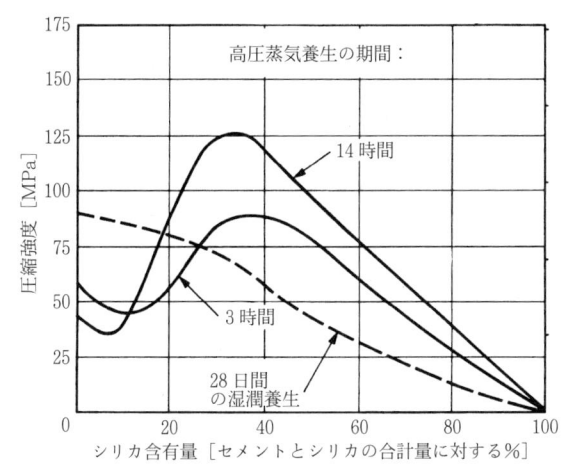

図-8.9 高圧蒸気養生したコンクリートの強度に及ぼす粉末シリカ量の影響（養生の開始材齢，24時間；養生温度，177℃）[8.75]

影響を及ぼすおそれがあるため，高圧蒸気養生中の加熱速度が高すぎないことがきわめて重要である。標準的な蒸気処理サイクルは，3時間かけて182℃の最高温度（これは1 MPaの圧力に対応する）まで徐々に上昇させる。つぎに，この温度を5〜8時間維持し，それから20〜30分間で圧力を放出する。

放出が速いとコンクリートの乾燥を加速させるため，現場での収縮が減少する。それぞれの温度に対して最適な養生期間が存在する（図-8.10 参照）[8.84]。

低い温度で長く養生すると，高温を短時間かけた場合より最高強度が高くなることは十分強調してよいと思われる。どのような養生期間に関しても，最高強度をもたらす温度がある。また，ある特定の材料の組合わせに関して，種々の養生期間において，養生温度が異なる場合の最高強度の点を結んで線を引くこともできる[8.84]。これを，図-8.10 に示した。

実際には，蒸気処理サイクルの詳細は，工場ごとに，また養生するコンクリート部材の寸法ごとに異なる。オートクレーブに入れる前に普通の養生をする期間の長さは，蒸気養生されたコンクリートの品質には影響を及ぼさず，適正な期間の選択は混合物の剛性によって決まる。すなわち，取扱いに耐えられる位強くなければならない。軽量コンクリートの場合は，蒸気処理サイクルの詳細を実験に

第8章 コンクリートにおける温度の影響

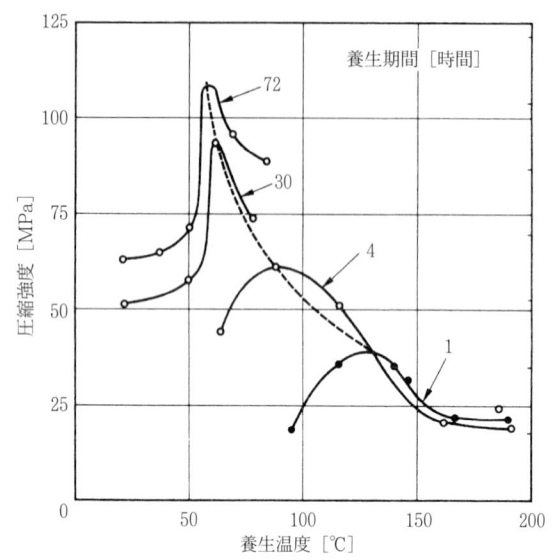

図-8.10 種々の養生期間において，養生温度が異なる場合の
コンクリートの強度発現[8.84]

よって決定し，使用材料に適したものにしなければならない。

　蒸気養生は，ポルトランドセメントだけでつくられたコンクリートに対して実施しなければならない。アルミナセメントと超硫酸塩セメントは高温によって悪影響を受ける。

　ポルトランド系セメントの範囲内では，セメントの種類が強度に影響を及ぼすが，必ずしも常温と同じように影響を及ぼすわけではない。しかし，これに関する系統だった研究は行われていない。しかし，高炉スラグ微粉末は硫黄の含有率が高いと問題が起きることが知られている。高圧蒸気養生は塩化カルシウムを含むコンクリートの硬化を加速させるが，相対的な強度の増加量は，塩化カルシウムが使用されていない場合より少ない。

　高圧蒸気養生による水和セメントペーストは比表面積が小さく，約7 000m^2/kgである。したがって，高圧蒸気養生されたペーストの比表面積は常温下で養生されたセメントの約1/20に過ぎないため，高圧蒸気養生されたペーストで，ゲルとして分類することができるのは5％までしかないようである。このことは，水和生成物が粗く，大部分は微晶質であることを意味している。そのため，高圧

8.3 高圧蒸気養生(オートクレーブ)

蒸気養生されたコンクリートの収縮率は大幅に低下しており,常温で養生されたコンクリートの約1/6から1/3である。混合物にシリカを加えると収縮率が高くなるが,それでも普通に養生をしたコンクリートの約半分に過ぎない。それに対して,低圧蒸気養生は微晶質の水和セメントペーストを生成しないため,収縮率の低下は起きない。クリープもまた高圧蒸気養生によって大幅に減少する。

高圧蒸気養生を行ったセメントの水和生成物は,同時に発生する2次的な石灰-シリカ反応の生成物とともに,安定しており,強度の逆行は起きない。材齢1年では,配合割合のほぼ等しい通常の養生を行ったコンクリートの強度と,高圧蒸気養生されたコンクリートの強度とは大体同じである。水セメント比は高圧蒸気養生されたコンクリートの強度に通常通りの影響を及ぼすが,もちろん,早期強度の実際の値は,普通養生を行った場合のものと異なる。コンクリートの熱膨張係数と弾性係数は,高圧蒸気養生によって影響を受けないようである[8.75]。

高圧蒸気養生は,硫酸塩の作用に対するコンクリートの抵抗性を向上させる。これにはいくつか理由があるが,主な理由は,硫酸塩の存在下において,温度が低い場合より,アルミン酸塩の形成がより安定的であるためである。この理由から,耐硫酸塩性のセメントよりC_3A含有率の高いセメントの方が,硫酸塩の作用に対する抵抗性は相対的に大きく向上する。もう1つの重要な因子は,石灰-シリカ反応の結果としてセメントペースト中の石灰が減少することである。耐硫酸塩性がそれ以上向上するのは,蒸気養生されたコンクリートは強度が高く透過性が低いこと,またよく結晶化した水和物が存在することによる。

高圧蒸気養生の場合は浸出する石灰が存在しないため,エフロレッセンスが減少する。

高圧蒸気養生されたコンクリートは,いくぶん脆性的になる傾向がある。高圧蒸気養生によって普通の鉄筋との付着強度が低下する場合があるが,異形鉄筋との付着は低下しない。高圧蒸気養生されたコンクリートの衝撃強度が高いという報告がある[8.86]。全体的に言うと,高圧蒸気養生は高品質,高密度,かつ耐久性の良いコンクリートをつくり出す。普通の養生をしたポルトランドセメントコンクリートが特有の色をしているのに対して,このコンクリートは外見が白っぽい。

第8章 コンクリートにおける温度の影響

8.4 その他の加熱養生法

強度の発現を加速させるためにコンクリートを加熱する方法は，他にもいくつかある。そのような方法はすべて特化されており，ある特定の場合にしか適用できない。そのため，以下に手短に述べるだけに止める。

加熱混合法は，フレッシュコンクリートの温度を32℃以上に上げることを中心とする方法である。したがって，長期強度は普通に養生したコンクリートと比べて10〜20%低下するが，材齢数時間で型枠を取り外すことができる。温度を上昇させる方法としては，骨材（水も同様に）を加熱する，あるいはミキサ内に蒸気を噴射する。どちらの場合も，混合物の合計単位水量を管理する際には注意を要し，加熱または断熱された型枠が必要である。

電気養生の方法もいくつかある。1つは，外部の電極の間のフレッシュコンクリートの中を電流が通るようにする方法である。直流はセメントペーストの加水分解を引き起こすため，電流は交流でなければならない。もう1つの方法は，電圧の低い大電流をコンクリート部材の中の鉄筋に通す方法である。3番目は，大きい電気毛布を使ってスラブの表面を加熱する方法である。さらにもう1つの方法は，コンクリート部材の中に絶縁した抵抗線を埋めこんで使う方法である。これらの抵抗線は養生した後で切り，そのままコンクリートの中に残す。

一部の国々では赤外線養生が用いられている。

鋼製の型枠も電気で，または熱した水や油を循環させることによって加熱することができる。

種々の特殊な養生方法については，ACI 517.2R-87[8.27]およびその他の出版物[8.35, 8.36, 8.37]で解説されている。

8.5 コンクリートの熱特性

コンクリートの熱特性は種々の理由から重要である。いくつかの例を以下に述べる。熱伝導率と熱拡散率は，コンクリートのごく初期の材齢における温度勾配，熱ひずみ，反り，およびひび割れと関連があり，また使用中のコンクリートの断熱性とも関連する。膨張目地や収縮目地の設計，橋の支保工の垂直・水平方向の

移動の対策，および温度変化を受ける不静定構造物の設計には，コンクリートの熱膨張の知識が必要である。この知識は，コンクリート中の温度勾配の評価，およびプレストレストコンクリート部材の設計にも必要とされる。特殊用途の場合や火事の影響を考慮する場合であれば，高温時の挙動を知る必要がある。マスコンクリート中の熱の影響はとくに重要であるため，後の節で解説する。

8.5.1 熱伝導率

これは材料の熱を伝える能力の尺度であり，温度勾配に対する熱流の比率として定義される。熱伝導率は，物体の厚み1m当たり温度差が1℃の場合に，物体面積1m^2当たりの毎秒のジュール数で測定される。

普通のコンクリートの伝導率は配合割合によって異なり，コンクリートが飽水していれば伝導率は一般に約 1.4～3.6J/m^2秒℃/m である[8.10]。密度は普通のコンクリートの伝導率にそれほど影響を及ぼさないが，空気の伝導率が低いため，軽量コンクリートの熱伝導率は密度によって変化する[8.87]（図-13.16 参照）。伝導率の標準的な値を，表-8.1 に示す。さらに広範なデータが Scanlon と McDonald[8.10] によって報告されており，また ACI 207.1R[8.53] にも掲載されている。表-8.1 から，骨材の鉱物学的特性が，その骨材でつくられたコンクリートの伝導率に大きな影響を及ぼすことがわかる。一般的な言い方をすると，玄武岩と粗面岩は伝導率が低く，ドロマイトと石灰岩は中間の範囲であり，珪岩はもっとも高い伝導率を示すが，これは結晶の方位に対する熱の流れの方向によっても異なる。一般に，岩の結晶度がその伝導率を上昇させる。

表-8.1 コンクリートの熱伝導率の標準値（参考文献 8.10 から選択）

骨材の種類	コンクリートの湿潤密度 [kg/m^3]	伝導率 [J/m^2秒 ℃/m]
珪岩	2 440	3.5
ドロマイト（白雲石）	2 500	3.3
石灰岩	2 450	3.2
砂岩	2 400	2.9
花崗岩	2 420	2.6
玄武岩	2 520	2.0
重晶石	3 040	2.0
膨張頁岩	1 590	0.85

第 8 章　コンクリートにおける温度の影響

表-8.2　Loudon と Stacey によって提唱されている熱伝導率の値[8.97]

伝導率 [J/m² 秒 ℃/m]

単位質量 kg/m³	外気から保護されたコンクリートに対して				外気に曝されたコンクリートに対して			
含水量 [体積%]	気泡コンクリート	膨張スラグを用いた軽量コンクリート	膨張粘土または焼結フライアッシュを用いた軽量コンクリート	普通骨材コンクリート	気泡コンクリート	膨張スラグを用いた軽量コンクリート	膨張粘土または焼結フライアッシュを用いた軽量コンクリート	普通骨材コンクリート
	5	5	5	2.5	8	8	8	5
320	0.109	0.087	0.130		0.123	0.100	0.145	
480	0.145	0.116	0.173		0.166	0.130	0.187	
640	0.203	0.159	0.230		0.223	0.173	0.260	
800	0.260	0.203	0.303		0.273	0.230	0.332	
960	0.315	0.260	0.376		0.360	0.289	0.433	
1 120	0.389	0.315	0.462		0.433	0.360	0.519	
1 280	0.476	0.389	0.562		0.533	0.433	0.635	
1 440		0.462	0.678					
1 600		0.549	0.794	0.706				0.808
1 760		0.649	0.952	0.838				0.952
1 920				1.056				1.194
2 080				1.315				1.488
2 240				1.696				1.904
2 400				2.267				2.561

8.5 コンクリートの熱特性

空気の伝導率は水のそれより低いため，コンクリートの飽水の程度は主要因子である。例えば，軽量コンクリートの場合は，含水率が10%上昇すると伝導率が約50%上昇する。反対に，水の伝導率は水和セメントペーストの伝導率の半分以下であるため，混合物の単位水量が少ないほど硬化コンクリートの伝導率が高くなる。

実際に問題となるのは，コンクリートの実際の含水率を知ることである。LoudonとStacey[8.97]は，表-8.2の一番上に体積による百分率で示した含水率の値が標準的なものであると想定し，それに基づいて，表-8.2の伝導率の値を使うよう推奨した。

室温に近い温度であれば，伝導率は温度の影響をほとんど受けない。さらに高い温度では，伝導率の変化は複雑である。最高になる約50～60℃までは温度に伴ってゆっくりと上昇する。温度が120℃まで上昇するにつれてコンクリートから水が失われ，伝導率は急速に低下する。

120～140℃を超えると，伝導率の値は安定する傾向がある[8.37]。800℃では，20℃の時の値の約半分である[8.98]。

熱伝導率は一般に拡散率から計算する。後者の方が測定しやすいからであるが，もちろん伝導率を直接測定することも可能である。しかしながら，試験方法が測定される値に影響を及ぼすことがある。例えば，定常状態法は，乾燥コンクリートの場合は同じ熱伝導率を示すが，湿潤なコンクリートの場合は温度勾配が水の移動を引き起こすため，低すぎる値を示す。そのため，湿潤状態のコンクリートの伝導率は過渡的な方法で決定するのが望ましい。熱線法でうまく行くことが確認されている[8.99]。

8.5.2 熱拡散率

熱拡散率とは，ある物体の中で温度変化が起こりうる速さを表し，したがってコンクリートがどの程度容易に温度変化を受けられるかを示す指標である。拡散率 δ は，次の式によって伝導率 K と単純に関連付けられる。

$$\delta = K/(c\rho)$$

ここに，c は比熱であり，ρ はコンクリートの密度である。

この式から，伝導率と拡散率とは一致して変化することがわかる。このように

第8章　コンクリートにおける温度の影響

直接的な関係があることから，拡散率は，コンクリートの含水率の影響を受ける。したがって，混合物の元の単位水量，セメントの水和度，および乾燥環境への暴露状態によって異なる。

普通のコンクリートの拡散率の標準的な値の範囲は，使用骨材の種類によって$0.002 \sim 0.006 m^2/h$である。次の岩種を拡散率を増大させる順番に記載すると：玄武岩，石灰岩，珪岩となる[8.10]。

拡散率の測定は，基本的に，供試体表面に温度変化を与えた時のコンクリート内部と表面（どちらも最初は同じ温度）との温度差と時間との関係を求めるものである。手順と計算の詳細は，米国開拓局手法4909-92[8.8]に掲載されている。コンクリートの中の水分がコンクリートの熱特性に影響を及ぼすため，拡散率は実際の構造物中と同じ含水率の供試体を使って測定しなければならない。

8.5.3　比　熱

比熱はコンクリートの熱容量を表しており，骨材の鉱物特性の影響をほとんど受けないが，コンクリートの含水率が上昇するとかなり上昇する。比熱は，コンクリートの温度の上昇や密度の低下に伴って上昇する[8.110]。普通のコンクリートの一般的な値の範囲は，1℃当たり$840 \sim 1170 J/kg$である。コンクリートの比熱は物理学の初歩的な方法で測定される。

コンクリートのもう1つの熱特性は火事の影響を考える時に重要なものであるが，熱吸収率である。

これは$(K\rho c)^{1/2}$として定義されるが，ここでKは熱伝導率，ρは密度，そしてcは比熱を表す。普通コンクリートの熱吸収率は，1℃当たり$2190 J/m^2 秒^{1/2}$として報告されている[8.33]。密度が$1450 kg/m^3$の軽量コンクリートの値は，1℃当たり$930 J/m^2 秒^{1/2}$である。

8.6　熱膨張係数

大部分の工学的材料と同様，コンクリートは正の熱膨張係数をもつが，その値は配合割合と，温度変化が起きた時の湿度の状態によって異なる。

配合割合の影響は，コンクリートの2主要成分である水和セメントペーストと

8.6 熱膨張係数

骨材の熱的係数が異なっており，コンクリートの係数はこの2つの値から決まるという事実に起因している。水和セメントペーストの線膨張係数は，1℃当たり約 11×10^{-6} から 20×10^{-6} の間で変化し[8.88]，骨材の係数より高い。一般的な言い方をすると，コンクリートの係数は混合物中の骨材含有率（表-8.3）と骨材自体の係数の関数である[8.89]。後者の因子の影響は図-8.11から明らかであり，また表-8.4には，さまざまな骨材でつくられた1:6のコンクリートの係数の値を示す[8.90]。骨材の係数と水和セメントペーストの係数との間の相違の重要性に関しては，190頁に解説した。ここで付け加えるべきことは，この相違[8.5, 8.34]によって，他の作用と組み合わされた時に有害な影響が出るかもしれないということである。コ

表-8.3 骨材量が熱膨張係数に及ぼす影響[8.94]

（セメント/砂）比	材齢2年時の線膨張係数 [10^{-6}/℃]
純粋なセメント	18.5
1:1	13.5
1:3	11.2
1:6	10.1

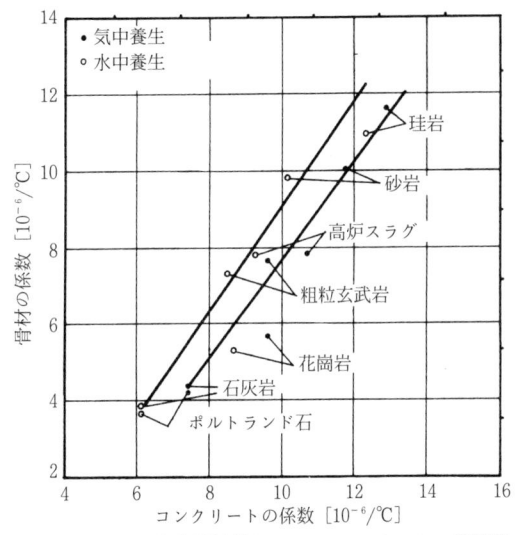

図-8.11 骨材の線膨張係数が1:6コンクリートの熱膨張係数に及ぼす影響[8.90]（版権 Crown）

ンクリートの表面と中心との間に 50℃の温度差を生じさせるような熱衝撃は，ひび割れを引き起こすという報告がある[8.114]。

含水状態の影響はペースト部分で起こる問題であり，これは熱的係数が 2 つの部分，すなわち真の動力学的係数と膨潤圧力とで成り立っていることに起因する。後者は，水和セメントペーストが保持する水の毛管張力[8.91]と水和セメントペースト中の吸着水とが，温度の上昇に伴って減少することによって起きる[8.40]。

熱膨張係数のうち，含水の影響を受ける部分には，自由水がコンクリートから出たり入ったりすることによって生じる収縮と膨張は含まれていない。

温度変化による含水関連の反応は時間かかるため，熱膨張係数のうちのその関連の部分は平衡状態に達した時にのみ測定することができる。しかし，セメントペーストが乾燥している時，すなわち毛管がゲルに水を供給できない時は，膨潤は起こりえない。同様に，水和セメントペーストが飽水している時には毛管のメニスカスは存在しないため，温度変化の影響は起き得ない。したがってこの両極端では，ペーストがある程度まで含水した場合と比べて熱膨張係数は低い。ペーストが自己乾燥を起こしている場合は，温度変化があっても毛管とゲル間げきとの間に水の自由交換が行われるだけの十分な水が存在しないため，係数は高くなる。

飽水しているペーストが加熱されると，ゲル水の含有率が一定の値の時に，ゲルから毛管空げきへと移動する水の拡散による膨張が，ゲルが水を失うことによる収縮と部分的に相殺されるため，見かけ上の係数は小さくなる[8.100]。反対に，

表-8.4 種々の骨材を用いてつくられた 1 : 6 コンクリートの熱膨張係数[8.90]（版権 Crown）

骨材の種類	線膨張係数 [10^{-6}/℃]		
	気中養生したコンクリート	水中養生したコンクリート	気中養生した湿潤コンクリート
砂利	13.1	12.2	11.7
花崗岩	9.5	8.6	7.7
珪岩	12.8	12.2	11.7
粗粒玄武岩	9.5	8.5	7.9
砂岩	11.7	10.1	8.6
石灰岩	7.4	6.1	5.9
ポルトランド石	7.4	6.1	6.5
高炉スラグ	10.6	9.2	8.8
膨張スラグ	12.1	9.2	8.5

8.6 熱膨張係数

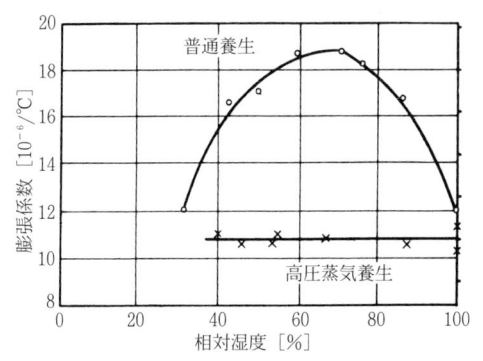

図-8.12 普通養生された場合と高圧蒸気養生された場合の純粋なセメントペーストの線膨張係数と周囲の相対湿度との関係[8.88]

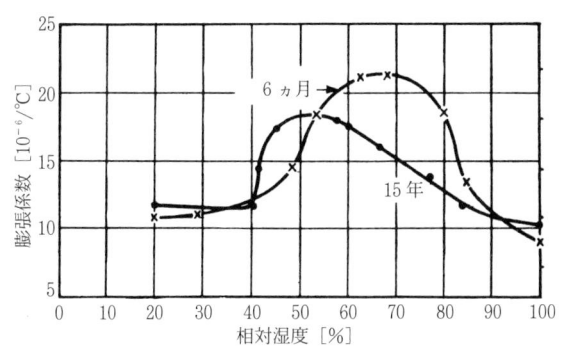

図-8.13 材齢の異なる純粋なセメントペーストの線膨張係数[8.88]

冷却すると、ゲル水の含有率が一定の値の時に、毛管からゲル間げきへと水が拡散して起きる収縮が、ゲルが水を吸収するときに起きる膨張と部分的に相殺されるのである[8.100]。

実際の値を、図-8.12に示すが、材齢の若いペーストの場合は、相対湿度が約70％の時に係数が最大となることがわかる。係数が最大となる相対湿度は材齢に伴って低下し、ごく古い水和セメントペーストの場合は約50％まで低下する[8.88]（図-8.13）。

同様に、係数自体も、硬化ペースト中の「結晶」材料の量が増加して潜在的な膨潤圧力が低下することにより、材齢に伴って低下する。WittmannとLu-

第8章 コンクリートにおける温度の影響

kas[8.107]は飽水したコンクリートを使って，温度が氷点を上回る場合に係数が材齢に伴って低下することを確認した．高圧蒸気養生されたセメントペーストの場合はゲルを含んでいないため，熱膨張係数のそのような変化は認められない（図-8.12）．飽水した供試体と脱水した供試体で求められた値だけが「真の」熱膨張係数を示すと考えることができるが，実施の状況下で多くのコンクリートに適用できるのは，中間の湿度での値である．

セメントの化学組成と粉末度は，これらが材齢の若いゲルの特性に影響を及ぼすことがあるので，その範囲に限って熱膨張に影響を及ぼす．空げきの存在の影響はない．

図-8.12と8.13は純粋なセメントペーストに関するものであるが，コンクリートの場合にも同じ影響があることは明らかである．しかしその場合は，ペースト成分だけが相対湿度と材齢の進行による影響を受けるので，係数の変動幅は小さくなる．日の当たる戸外でコンクリートの膨張係数を測定した結果，係数はコンクリートの含水率に伴って変化し，コンクリートが乾燥中の時は高くなる（おそらく $1 \times 10^{-6}/℃$ までも）ことが確認された[8.39]．同じコンクリートに関して，熱膨張係数は冬期で $11 \times 10^{-6}/℃$，夏期で $13 \times 10^{-6}/℃$ であることが判明した[8.39]．

表-8.4には，相対湿度64％の気中で養生し，気中養生の後に飽水させ（水中養生），湿潤状態にした1:6のコンクリートに関する係数を示した．絶乾状態の「化学抵抗性のある」モルタルの線膨張係数の決定方法はASTM C 531-85（1990年に再承認）に，飽水コンクリートの膨張係数の測定方法は米国陸軍工兵科基準 CRD-C39-81 に，それぞれ定められている[8.30]．

これまで検討してきた資料は，氷点を上回りかつ65℃程度までの温度だけに当てはまるものである．しかし，一部の工業への利用の際や，垂直離着陸式航空機用の飛行場の舗装では，はるかにそれを上回る高温が生じる可能性がある．後者の場合，コンクリートの温度が350℃になったという報告もある[8.38]．高温がコンクリートの熱膨張係数に及ぼす影響について意見を述べる前に，純粋なセメントペーストの係数は約150℃を過ぎると低下し，200〜500℃を超えるとマイナスになり，$-32.8 \times 10^{-6}/℃$ という値も報告されている[8.32]ことは注目に値する．温度の上昇がゆっくり起きる時には，低めの温度で係数の符号が変わる[8.32]．その理由は，水和セメントペーストから水が失われて，おそらく内部崩壊が起きるため

8.6 熱膨張係数

であろう。しかし骨材はすべての温度で熱膨張係数がプラスであるため，この影響がコンクリートの膨張を支配し，コンクリートは高温になるまで温度の上昇とともに膨張する。高温時の熱膨張係数の値を表-8.5に示す[8.92]。

他方，氷点に近い温度になると，熱膨張係数のプラスの最小値になる。そして，さらに低い温度になると，係数はふたたび上昇し，実際常温の値よりやや高い値にまでなる[8.107]。図-8.14に，飽和した空気中で試験した飽水した水和セメントペーストの係数の値を示す。最初の養生の後，わずかに乾燥させ，つぎに相対湿度90

表-8.5 高温時におけるコンクリートの熱膨張係数[8.92]

養生条件	水セメント比	単位セメント量 [kg/m³]	骨材	下記の材齢における線膨張係数 [10^{-6}/℃]			
				28 日		90 日	
				260℃以下	430℃以上	260℃以下	430℃以上
湿潤	0.4	435	石灰質砂利	7.6	20.3	6.5	11.2
	0.6	310		12.8	20.5	8.4	22.5
	0.8	245		11.0	21.1	16.7	32.8
相対湿度50%の気中	0.4	435	石灰質砂利	7.7	18.9	12.2	20.7
	0.6	310		7.7	21.1	8.8	20.2
	0.8	245		9.6	20.7	11.7	21.6
高湿度気中	0.68	355	膨張頁岩	6.1	7.5	—	—
気中乾燥	0.68	355		4.7	9.7	5.0	8.8

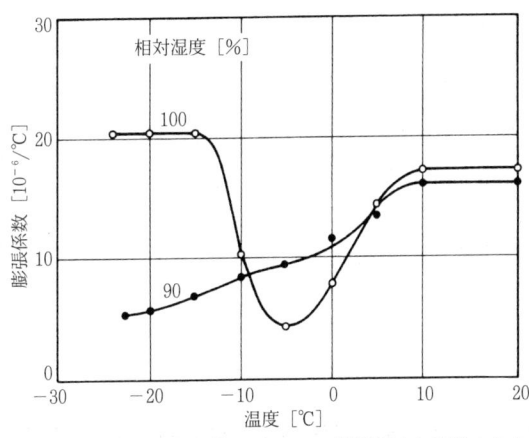

図-8.14 異なる湿度条件の下で 55 日間保管され試験された水和セメントペースト供試体（水セメント比 0.40）の線膨張係数と温度との関係[8.107]

第8章 コンクリートにおける温度の影響

％で保管し，その湿度で試験をしたコンクリートにおいては，熱膨張係数の低温での低下がない（図-8.14）。

実験室の試験によって，熱膨張係数の大きいコンクリートは係数の小さいコンクリートより温度変化に対する抵抗性が低いことが示された[8.89]。図-8.15 に，4～60℃の間で毎分 2.2℃の速度で加熱と冷却を繰り返し行ったコンクリートの試験結果を示す。しかし，繰返し数の多い，あるいは急激な温度変化にさらされたコンクリートの耐久性を，定量的に表す尺度として熱膨張係数を考えるには，このデータでは不十分である（190 頁と比較）。

それにもかかわらず，一般には普通の状況下で遭遇するより速い，急速な温度変化によってコンクリートは劣化する。図-8.16 に，指定された温度まで熱した後に行う急冷の影響を示す[8.93]。

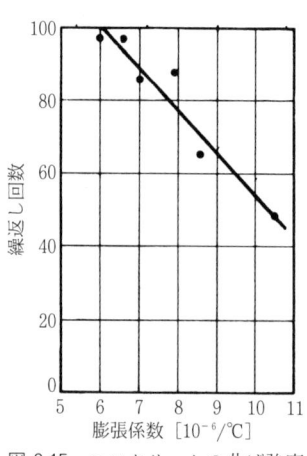

図-8.15 コンクリートの曲げ強度が 75％減少するまでの加熱・冷却の繰返し回数と線膨張係数との関係[8.89]

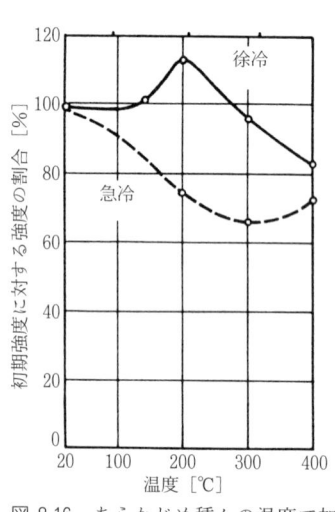

図-8.16 あらかじめ種々の温度で加熱された，砂岩骨材を用いたコンクリートの強度に及ぼす冷却速度の影響[8.93]

8.7 コンクリートの高温時の強度および火災に対する抵抗性

約 600℃までの高温にさらされた影響を調査した試験の報告をみると，その結

8.7 コンクリートの高温時の強度および火災に対する抵抗性

果は広くばらついている。その理由として以下のことが考えられる：加熱中のコンクリートに作用している応力やコンクリートの含水状態がまちまちである；高温に暴露する時間がまちまちである；および骨材の性質がまちまちである。したがって、世界中どこでも有効な一般化をするのは難しい。さらに、種々の実際の暴露条件におけるコンクリートの強度の知識が必要である。例えば、火災の場合は、高温への暴露は2,3時間に過ぎないが、熱流束が大きく、またそれに暴露されるコンクリートの体積も大きい。逆の場合として、コンクリートを熱ランスで切る際に、高温への暴露はほんの2,3秒の間であり、また用いられる熱流束もきわめて低い。以下の解説ではいくつかの調査研究による試験データに言及するが、それを上に述べた意見に照らして検討しなければならない。

石灰石の骨材でつくられたコンクリートを1〜8ヵ月間高温に曝した場合の圧縮強度と割裂引張強度を、図-8.17に示す[8.45]。試験された供試体は、100×200mmの円柱供試体で、28日間湿潤養生した後16週間実験室に保管した。つぎに、これらの円柱供試体をコンクリートから水を排除できるようにして、毎時20℃までの速度で加熱した。図-8.17から、高温に曝される前の強度を基準とした相対強度は、温度が上昇するのに伴って連続的に低下することがわかる。

水セメント比が0.60の場合の圧縮強度の相対的な減少は、水セメント比が0.45の時と比べて少し小さくなる。この傾向は、必ずしも水セメント比0.33まで続くわけではない[8.42]。しかし、単位セメント量の少ない混合物は、単位セメン

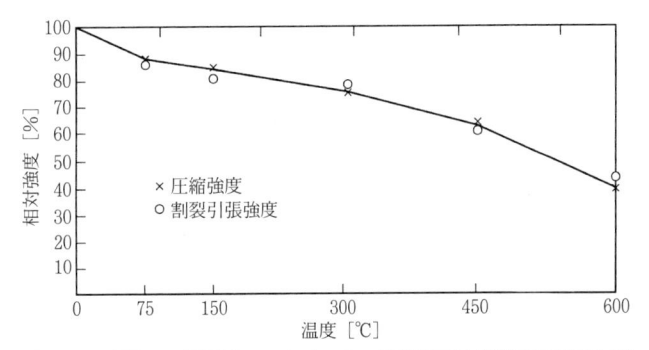

図-8.17 高温への暴露がコンクリートの圧縮強度と割裂引張強度に及ぼす影響，水セメント比0.45，暴露前の強度に対する割合[%]で示す（参考文献8.45に基づく）

ト量の多い混合物より強度の低下が相対的に少ないように見える[8.95]。

水セメント比が強度の低下に及ぼす影響は，割裂引張強度に関しては顕著ではない。しかし，この強度の低下については圧縮強度の低下と似ている[8.45]。暴露期間（1〜8ヵ月の間）の長さの影響は認められなかったことを付け加えることができる。また，ポルトランドセメントだけでつくられたコンクリートとフライアッシュまたは高炉スラグ微粉末を含むコンクリートとの間で，強度の相対的な低下に差はなかった[8.45]。

同じ研究者[8.42]によって行われた他の試験では，150℃以上の温度に暴露する期間が2日から120日に伸びると，圧縮強度の低下が大きくなる。しかし，低下の主な部分は初期に起きる[8.42]。玄武岩の骨材を含むコンクリートの試験[8.44]では，強度の低下の主な部分は温度上昇の2時間以内に起きることが示された。しかしながら，暴露温度は必ずしもコンクリート内部の温度と同じではないことに注意しなければならない，したがって，試験方法の細部が試験結果に影響を及ぼすことをもう一度強調する必要がある。しかし，このような細部のことは報告されている試験の解説から完全に理解されるとは限らない。表-8.6 に示したとおり，それぞれの温度に対して，これらすべての因子が幅広い強度の低下をもたらすのである。

表-8.6 室温下の28日強度に対する割合 [%] で示した圧縮強度（参考文献 8.44 に基づく）

最高温度 [℃]	20	200	400	600	800
残留強度の範囲 [%]	100	50-92	45-83	38-69	20-36

軽量骨材コンクリートは，普通コンクリートと比べて圧縮強度の低下がはるかに小さい。600℃に曝された後でも50%の強度が残っていたという報告がある[8.112]。高強度コンクリート（89MPa）に関する試験は[8.48]，普通強度のコンクリートの場合より強度の相対的な低下が大きいことを示唆している。

シリカフュームを混和した高性能コンクリートに関連してさらに重要なことは，高温になると爆発的な破砕が起きることである。このことは Hertz[8.47]によって，コンクリートを300℃以上に熱した場合に，火災より一桁低い毎時60℃という相対的に低い加熱速度でも起きることが観測された。爆発的な破砕は，シリカフュームを混和した水セメント比が0.26のコンクリートの試験で確認された[8.43]。この

8.7 コンクリートの高温時の強度および火災に対する抵抗性

配合に含まれる水の量が少ないため，このことは驚くべきことと思われるかもしれないが，他方，透過性が極端に低いのである。

さらに一般的に述べると，爆発的な破砕の危険性は，コンクリートの透過性が低く，温度の上昇速度が速いほど高くなる。それと一緒に観察されたことは，乾燥したコンクリートより飽水したコンクリートの方が，高温時の強度の低下が大きく，またその差の原因となるのは，荷重をかける時点での含水率だということである[8.101]。

含水率が強度に及ぼす影響はコンクリートの火災試験でも明らかである。ここでは，火災時の過剰水分が破砕の第一の原因となる。一般に，コンクリートの含水率は高温時の構造的な挙動を決定するもっとも重要な因子である[8.111]。大型のコンクリート部材の中では，水の移動が極端に遅いため，薄い部材と比べて高温の影響は，水の減少が妨げられることによってさらに深刻となる場合がある。

温度が400℃まで上昇するにつれて起きる変化のひとつは，水酸化カルシウムが分解することであり，そのため，乾燥の結果石灰が後に残る[8.7]。しかし，もし冷却後に水がコンクリートに滲入すると，石灰の再水和が崩壊的に起こり，火災の後で破壊が明らかになる。この観点から，混合物の中に水酸化カルシウムを除去する作用のあるポゾランを入れると有益である。

実施面で重要なのはコンクリートの挙動であるが，コンクリートの全体的な挙動は，水和セメントペーストの小さな部分で起きる変化の一部を隠してしまうことがある。水セメント比0.30でつくられ，14週間湿潤養生し，加熱して熱い間に圧縮試験を行ったペースト供試体の試験[8.46]によって，温度が120℃まで上昇すると，それに伴って強度が低下することがわかった。それより高温になると，強度は元の値とほぼ等しくなることが分かった。そして，300℃まではこの強度が維持される。しかしさらに高温になると，強度は急激に低下していく。中間の温度で強度が低下しないのは，分離圧力（47頁参照）の消滅とゲルの高密度化のせいであると，Dias他[8.46]が解説している。コンクリートでは，効果的な乾燥が難しいためそのような変化は限られている。

8.7.1 高温時の弾性係数

構造物の挙動はコンクリートの弾性係数によって異なることが多く，またこの

第8章　コンクリートにおける温度の影響

係数は温度によって強く影響される。図-8.18 に，温度が弾性係数に及ぼす影響の型を示した。封緘養生されたコンクリートにおいては，21～96℃の範囲で係数の違いはないが[8.102]，121℃を過ぎると弾性係数は低下する[8.56]。しかし，コンクリートから水を除去することができれば，約50～800℃の間で弾性係数は徐々に低下する（図-8.18 参照）[8.43, 8.104]。付着が緩むことがその一因子かもしれない。係数の低下の程度は使用骨材によって異なるが，この問題を一般化するのは難しい。おおまかに言うと，強度と係数とは温度に伴う変化は同じ形となる。

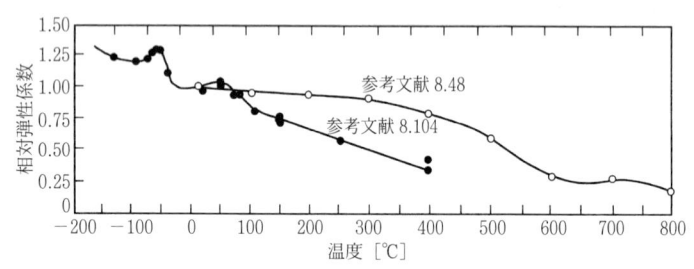

図-8.18　コンクリートの弾性係数に及ぼす温度の影響（参考文献 8.48 および 8.104 に基づく）

8.7.2　火災時におけるコンクリートの挙動

火災についてはたびたび言及してきたが，火災に対するコンクリートの抵抗性を詳しく取り扱うのは本書の対象外である。なぜならば，火災に対する耐久力を本当に適用するのは建設材料よりはむしろ建築の構成部材だからである。しかし，一般には，コンクリートの耐火性は良いと言える。つまり，コンクリートは不燃性であり，火災の下でコンクリートが満足な性能を維持する時間は比較的長く，有毒ガスを発生しない。関連する性能の尺度は：耐荷力，火炎の侵入に対する抵抗性，およびコンクリートを鋼材の保護材料として用いる場合であれば，伝熱に対する抵抗性である。火災に対するコンクリートの抵抗性に関しては，Smith[8.6] が一般的な考察を行っている。

実施面では，構造用コンクリートに要求されるのは，構造物としての機能を必要な期間維持できること（火災等級として知られる）である。これは，耐熱性とは異なる[8.78]。材料としてのコンクリートの挙動を考察する場合には，火災が急激な温度勾配を発生させる結果，熱くなった表層が分離して，それほど熱くない本

8.7 コンクリートの高温時の強度および火災に対する抵抗性

体内部から剥がれ落ちることに注目する必要がある。ひび割れの発生は，継ぎ目部，コンクリート内の締固めが不完全な部分，あるいは鉄筋の配置面で助長される。

ひとたび鉄筋が露出してしまうと，鉄筋は熱を伝達し，高温の作用を加速させる。

骨材の種類は，高温に対するコンクリートの反応に影響を及ぼす。例えば，石灰石，塩基性火成岩，およびとくに破砕れんがと高炉スラグなど，骨材にシリカ（一部の結晶形の物は変化を受ける）が含まれない場合には，強度の低下は大幅に少なくなる。熱伝導率の低いコンクリートは耐火性が良いため，例えば軽量コンクリートは普通コンクリートより火災に耐える。

ドロマイトの砂利はコンクリートの耐火性を非常に良くすることは興味深い。その理由は，炭酸塩系骨材の焼成が吸熱反応だからである[8.103]。したがって熱が吸収され，それ以上の温度上昇が遅延されるのである。また，焼成された材料は密度が低くなるため，表面断熱の作用をする。この効果は，厚い部材の場合に著しい。他方，骨材中に黄鉄鉱が存在すると，約150℃で緩慢に酸化して骨材の崩壊を引き起こし，その結果コンクリートの破壊が起きる[8.42]。

Abrams[8.108]は，温度が約430℃を超えると，けい酸質骨材のコンクリートは石灰石骨材または軽量骨材でつくられたコンクリートより強度が大きく低下するが，温度がひとたび800℃に達すると差はなくなることを確認した（図-8.19）。実施上の目的では，ポルトランドセメントでつくられたコンクリートが構造上元の形を維持するための限界温度は，約600℃だと考えられている。それより高い温度では，耐火コンクリートを用いなければならない（131頁参照）。関係する温度はコンクリート自体の温度であり，火炎やガスの温度ではない。

すべての骨材に関して，強度の低下百分率は元の強度の大きさとは無関係であることが判明したが，過熱と載荷を繰返し与えると残留強度に影響する。具体的に言うと，荷重下で加熱したコンクリートはその保持強度の割合がもっとも高く，一方荷重をかけない供試体を加熱すると，そのあと冷却された時のコンクリート強度がもっとも低くなる。コンクリートがまだ熱いうちに荷重をかけると，中程度の値になる。代表的な結果を図-8.20に示す（図-2.9も重要かもしれない）。

火災の時に水をかけることは焼き入れと同等である。これによってコンクリー

第8章 コンクリートにおける温度の影響

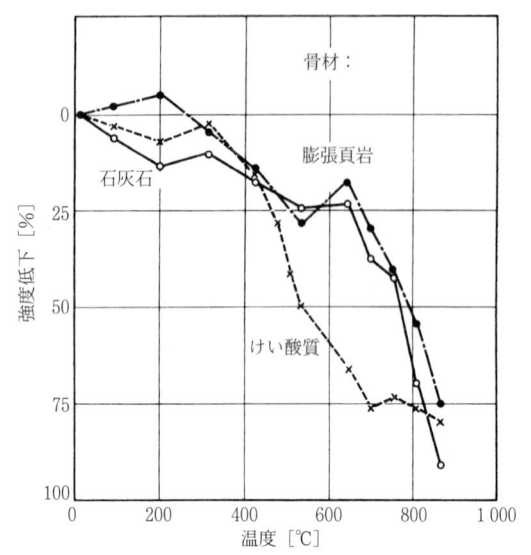

図-8.19 無載荷状態で加熱し高温下で試験したコンクリートの圧縮強度の低下；初期強度の平均値は28MPa[8.108]

ト内に著しい温度勾配が生じるため，強度は大幅に低下する。

けい酸質骨材または石灰石骨材でつくられたコンクリートは，時間とともに色が変化する。この変化は，ある種の鉄化合物の存在によって異なるため，それぞれのコンクリートによって反応には多少の差がある。色の変化はその後変化しないため，後になって火災の時の最大温度を推定することができる。色の順序は，300〜600℃でピンクまたは赤，つぎに900℃までは灰色，900℃を超えると黄褐色である[8.93]。したがって，残留強度を概略推定することができる。一般的に言って，色がピンクを超えて変化したコンクリートは疑わしく，灰色の段階を超えたコンクリートはおそらく砕けやすく多孔質である[8.1]。

熱ルミネセンスの低下を測定することによって，火災の間にコンクリートが達した最高温度を決定する試みが行われてきた。これは，温度によって変化する光信号である。

しかし，光の出力は高温に暴露された長さの影響も受けるため，火災への暴露が長引いた場合のコンクリートの強度の低下を大幅に過小評価する可能性があ

8.8　極低温下におけるコンクリートの強度

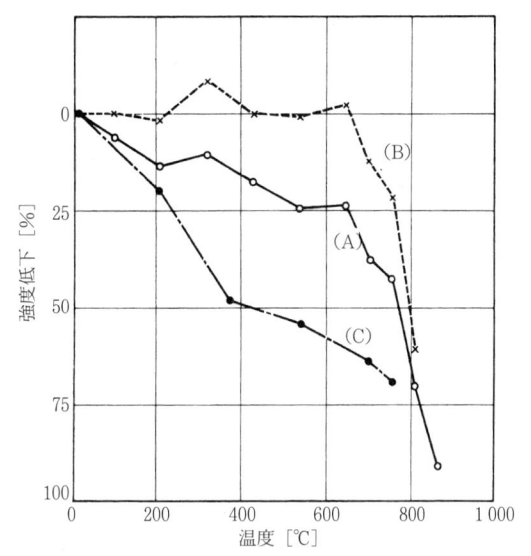

図-8.20　石灰石骨材を用いたコンクリートの圧縮強度の低下：(A)　無載荷状態で加熱し高温下で試験；(B)　初期強度の 0.4 の応力下で加熱し高温下で試験；(C)　無載荷状態で加熱し 21℃で 7 日間保管した後試験[8.108]

る[8.41]。

　小部分にきわめて高い温度を適用することになるコンクリート面の炎洗浄が，慎重に検討しながら用いられる。これは，吹出し管が規定の速度で移動する限り，除去される 1〜2mm の深さより深い部分のコンクリートを損傷することはない[8.109]。そのような状況下では，火炎の温度が約 3 100℃でも，コンクリートの最高温度は 200℃を超えない。

8.8　極低温下におけるコンクリートの強度

　温度が −11℃を上回る場合のコンクリート強度の発現に関しては，385 頁で考察した。これは水和反応が起き，強度が発現する最低温度である。しかし，室温で硬化したコンクリートが極低温に暴露される状況が，実施面では存在する。これは，例えば沸点が −162℃の液化天然ガス用貯蔵タンクの場合である。このよ

第8章 コンクリートにおける温度の影響

うな極低温の影響を，ここでは考察する。

水の氷点から約－200℃までの温度範囲では，コンクリートの強度は室温の場合より著しく高い。湿潤状態のコンクリートの場合は，冷却されている間，圧縮強度が室温の強度の2倍から3倍にも達する。しかし空気中で乾燥したコンクリートの圧縮強度の上昇は，それよりはるかに少ない。

湿潤状態のコンクリートと乾燥したコンクリートとの間で強度の上昇に差があることは，水和セメントペースト中で氷が形成されることと関連している。ゲル水の氷点は間げきの大きさが小さいほど低いため，吸着水は－80～－95℃の間ですべて凍結する。水とは異なり，氷は応力に対する抵抗力があるため，凍結したコンクリートは有効空げき率が極端に低く，したがって強度が高い。氷の強度とその熱膨張係数は温度に伴って変化するため，水和セメントペースト中で起きる変化は複雑である[8.49]。

コンクリートが湿度の高い環境に曝されなければ空の空げきは空のまま残るため，強度の向上は少ない。

図-8.21に，圧縮強度と温度との関係の型を，湿潤軽量骨材と気中乾燥軽量骨材の両方に関して示した。割裂引張強度に関する同様の結果を，図-8.22に示した。

この図から，引張強度の上昇は主として－7から－87℃の間で起きることがわかる。また，気中乾燥コンクリートの引張強度の相対的な上昇も，圧縮強度の相

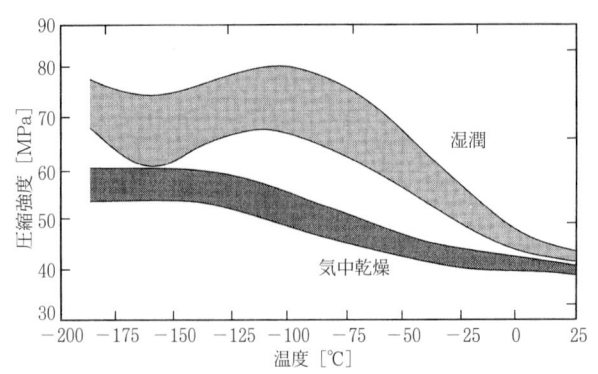

図-8.21 極低温がコンクリートの圧縮強度に及ぼす影響（標準円柱供試体による測定）（参考文献8.49に基づく）

8.8 極低温下におけるコンクリートの強度

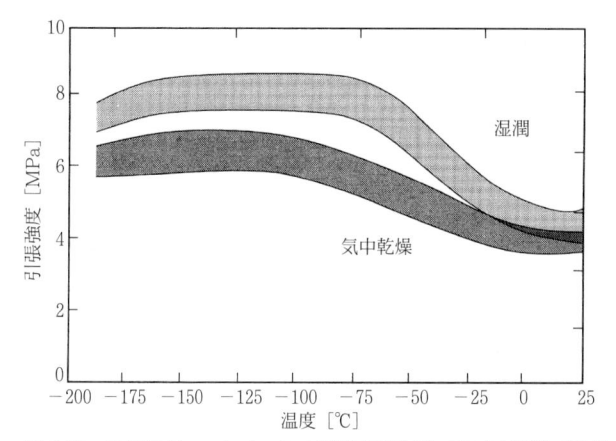

図-8.22 極低温がコンクリートの割裂引張強度に及ぼす影響（参考文献 8.49 に基づく）

対的な上昇より小さい。図-8.21 と 8.22 の資料は，極低温にする都合上，優れた断熱特性という利点をもつ軽量骨材コンクリートで試験されたものである。しかし，極低温下での普通コンクリートの強度の上昇は，軽量骨材コンクリートの場合より大きい。

含水率の上昇に伴う圧縮強度の上昇の型は，水セメント比とは無関係である。図-8.23 に，この関係の一例を $-160°C$ におけるコンクリートに関して示した[8.50]。同様の挙動は，常温で 80MPa の強度をもつコンクリートにも当てはまる[8.51]。

図-8.21 は，温度が約 $-120°C$ を超えて下がると，圧縮強度はほとんど上昇しないことを示している。その理由は，その付近の温度になると，氷の構造に変化が起きるからである。具体的に言うと，氷は $-113°C$ で，六方晶系構造から斜方晶系構造へと変化し，この変化に伴って，体積が約 20% 減少する。温度の低下に伴うひずみの変化の型と，繰返し温度変化を受けたコンクリートの挙動に関しては，Miura[8.50] によって広範な研究が行われている。構造物の設計には，温度勾配と温度の繰返しの影響を考慮する必要があることに注意しなければならない。

湿潤状態のコンクリートの弾性係数は，温度が $-190°C$ まで低下するのに伴って，一貫して上昇する。この温度で，弾性係数は室温の場合の約 1.75 倍である。気中乾燥コンクリートの場合は，これに対応する数値は約 1.65 倍である[8.49]。

第8章 コンクリートにおける温度の影響

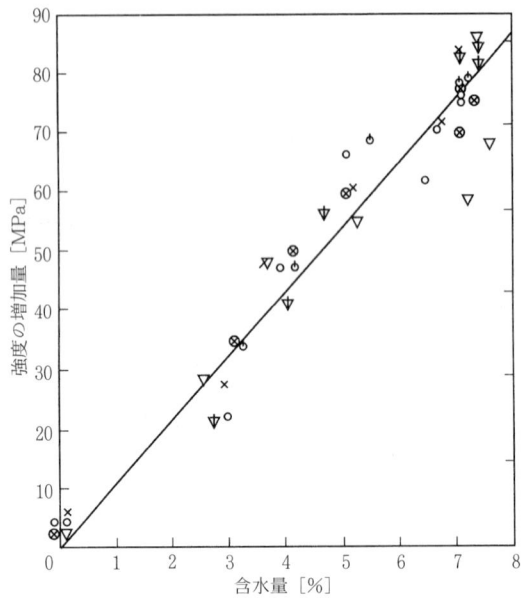

図-8.23 −160℃でのコンクリートの圧縮強度の，常温強度からの増加量と，含水量との関係（水セメント比 0.45 と 0.55）（参考文献 8.51 に基づく）

8.9 マスコンクリート

かつて「マスコンクリート」という用語は，重力ダムなどの巨大な寸法のコンクリートだけに適用された。しかし今日では，マスコンクリートの技術的な側面は，適切な処置を行わなければ熱挙動によってひび割れが起きるおそれのあるような大きさのコンクリート部材であれば，どれにでも当てはめる。このように，マスコンクリートのきわめて重大な特徴はその熱挙動であるので，そのようなコンクリートの設計目標はひび割れの幅と間隔の縮小と制御である。

セメントの水和によってコンクリートの温度を上昇させる熱が発生することは，第1章から思い出すことができるであろう。この上昇が外部から拘束されずに，ある特定のコンクリート部材全体にわたって均一に起きる場合には，この部材は最大温度に達するまで膨張しつづけ，その後は，熱が周囲の空気に放出されてコンクリートが冷えるにしたがい，均一に収縮する。したがって，部材の中に熱応

8.9 マスコンクリート

力は存在しない。しかし実際には，コンクリート部材寸法がごく小さいもの以外のすべての部材に拘束は存在する。拘束には2つの種類がある。内部拘束と外部拘束である。

内部拘束は，コンクリート面が大気に熱を放出する時に，コンクリートの熱拡散率が低いため熱が十分速く外に放散されず，温度の低い外部と温度の高い中心部との間に温度差が発生することから起きる。その結果，自由な熱膨張がコンクリート部材の各部分で不均等になる。自由膨張が拘束されることにより，部材の一部では圧縮応力を，他の部分では引張応力をもたらす。中心部の膨張に起因する部材表面の引張応力がコンクリートの引張強度を上回った場合，または引張ひずみの許容量を上回ることになった場合は（370頁参照），表面にひび割れが発生する。

材齢のごく若いコンクリートの場合はクリープの割合が高く，それが中心に誘発された圧縮応力の一部を解放するため実際の状況は複雑であり，それゆえ温度の変化速度もまた一因子となる。この挙動については582頁に解説する。

寒中の冷たい地面や断熱されていない型枠など，はるかに低い温度の面に対してコンクリートが打込まれる場合にも，内部拘束が起きる可能性がある。そのような状況下では，コンクリート部材の各部分が異なった温度で凝結する。続いてコンクリート要素の中心が冷えると，その熱収縮はすでに冷えた外部の部分によって拘束されるため，内部にひび割れが起きるおそれがある。

温度変化の例を，図-8.24と8.25に示したが，温度差が20℃を上回るとひび割れが起きることを示唆している。温度差のこの限界はFitzGibbon[8.65, 8.66]によって提唱され，欧州基準 ENV 206:1992 に組み入れられている。温度差が20℃の場合に，コンクリートの熱膨張係数を$10 \times 10^{-6}/℃$とみなすと（表-8.4参照），ひずみ差は200×10^{-6}である。これは，ひび割れが発生するときの引張応力として妥当な値である（370頁参照）。次のような実際の経験を，引き合いに出すことができる。

単位セメント量$500 kg/m^3$のタイプⅠセメントを用い，シリカフュームの含有率が$30 kg/m^3$の鉄筋コンクリート製の1.1m角の柱において，打込み後30時間で周囲の温度を45℃上回る温度上昇が観察された[8.52]。

最小寸法0.5mの部分にも，同様の温度上昇が起き得る。コンクリートの表面

第8章 コンクリートにおける温度の影響

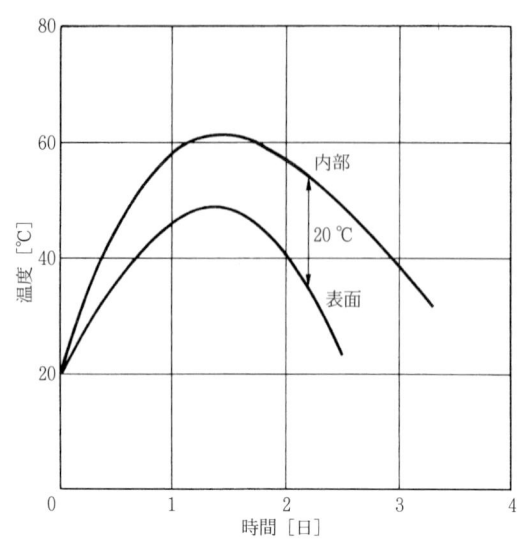

図-8.24 マスコンクリートに外部ひび割れを生じさせる温度変化の型の一例。冷却段階で限界値である 20 ℃の温度差が発生する[8.66]

をあまり速く冷やさないようにすることが必要なのは明らかであるため，型枠の断熱特性とその解体時期を管理しなければならない。

　上記の解説で，コンクリート部材内に生じる温度差の主な原因は，セメントの水和による熱の発生であることが分かった。この問題は，種々のセメントの単位質量当たりの水和熱に関する点において，47頁に解説した。したがって，熱の発生速度が遅くなるような化学組成のポルトランドセメントを選ぶことが可能である。しかし，混合セメントの場合は，水和熱の推定はさらに複雑である。しかも，温度差の発生という観点から言うと，合計水和熱だけではなくその発生速度も関係がある。セメントの粉末度が高いと水和が速くなるため，比表面積の大きいセメントを避けることが望ましいことは念頭に置かなければならない。

　しかし，セメントの選択は解決策の一部に過ぎない。なぜならば，発生する熱に主に影響するのは，コンクリート1 m³当たりのセメント量だからである。したがって，改善策は単位セメント量を低くすることと混合セメントを使用することである。

　なぜならば，早期の発熱の原因となるのはポルトランドセメントであり，ポゾ

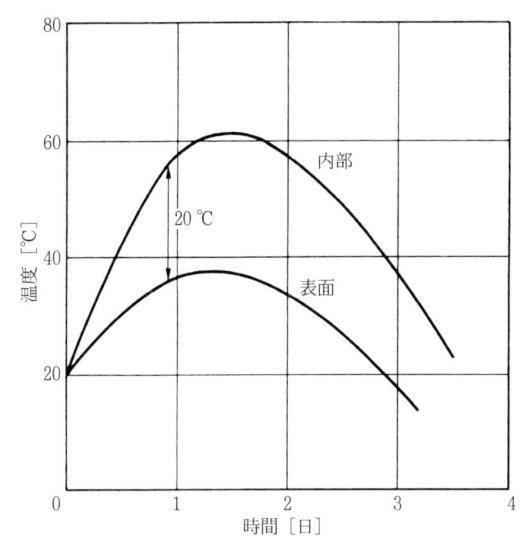

図-8.25 マスコンクリートに内部ひび割れを生じさせる温度変化の型の一例。加熱段階で限界値である20℃の温度差が発生する，しかし外部と比べて内部が大きな温度幅で冷却された場合にのみひび割れが開く[8.66]

ランの化学反応はもっと緩慢だからである。したがって，ポゾランの割合が多い混合セメントで単位量を少なくすれば，最大温度上昇量を低下させ，その発生を遅延させることができる。遅延の利点は，コンクリートの引張強度が増加し，ひび割れが起きにくくなることである。

どのセメントを用いた場合であっても，フレッシュコンクリートは，温度が高い時には水和速度が速くなるため，周囲の温度を下回るまで冷却し（次節を参照），低温で打込むと熱の発生速度は低下する。加えて，コンクリートの最高温度と最終的な周囲の温度との差も小さくなる。

大型の無筋コンクリート構造物の場合は，最大寸法が75mmか時には150mm等の大きい骨材を使用するのが望ましいことがある。なぜならば，それによってワーカビリティーを一定としたときの混合物の単位水量を少なくすることができるからである。したがって，水セメント比を一定にしたまま単位セメント量を減らすことができる。水セメント比は（0.75まで）高くすることができる。なぜ

ならば，重力式ダムのような構造物の場合は，コンクリートの強度は構造的にほとんど重要ではなく，ひび割れの防止と耐久性が決定的に重要なのである。とにかく，関係がありそうなのは材齢が進んだ後の強度である。ポゾランを67%含む混合セメントを用い，単位セメント量109kg/m³の混合物がつくられたことがある。そのときは，単位水量48kg/m³，スランプ40mmで，材齢28日の円柱供試体強度は14MPaであった[8.67]。

単位セメント量をごく低くすることは，それ自体が経済的であるばかりではなく，現場で埋めこみ配管に冷却水を循環させてコンクリートを冷やすこと（パイプクーリング）など，セメントの水和熱の好ましくない影響を克服するために行われる他の処置を節約することができ，この面でも経済的になることがわかる[8.67]。

さらに，最近の一部のダムは，ローラー締固めコンクリートを用いてつくられており，その際のコンクリートは，単位セメント量は66kg/m³程度に低くし，そのうちのフライアッシュ含有率も30%としている[8.54]ことを付け加えておく。しかし，この専門化された材料とそれに伴う技術は，本書の対象外である。

ここで，鉄筋コンクリートについて考察したい。この場合は，はるかに高い強度（多くの場合28日強度で）が必要であり，鉄筋の間隔のため，また大きい骨材の購入は不経済になるおそれがあるため，大きい骨材を使用するのも実用的でないかもしれない。また，クーリング配管の埋めこみも許可されない可能性がある。それにもかかわらず，基本的な問題は無筋コンクリートと同じである。すなわち，表面で大量の熱が失われると，コンクリート体の内部の方が外部より熱くなるのである。内部と外部との温度差が大きいと，ひび割れが発生する。しかし，鉄筋の配置を適切にすることにより，ひび割れの幅と間隔を制御することができる。FitzGibbon[8.65, 8.66]は，使用セメントの種類にかかわらず単位セメント量が300～600kg/m³であれば，断熱状態下の温度上昇量はコンクリート1m³に対してセメント100kg当たり12℃であると推定した。

この問題の解決策は，内部の温度上昇を制限することではなく，むしろ表面の熱が失われるのを防ぐことである。そうすれば，コンクリート体全体が多かれ少なかれ同じ程度まで熱くなり，拘束を受けることなく膨張することができる。時間が経つにつれて，また多かれ少なかれ全体的に均一な冷却が起き，構造物はまた拘束を受けずにその最終的な寸法に到達する。大幅な熱の損失を防ぐために，

8.9 マスコンクリート

型枠と構造物の上面はポリスチレンまたはウレタンで十分に断熱しなければならない。さらに，複数の方向に熱が失われるコンクリート体の端や角，および構造物中の影響を受けやすい他の部分にも，追加の断熱を行う必要がある。

実施面では，さまざまな箇所の温度を熱電対で監視し，状況に応じて断熱を調整しなければならない。断熱は，蒸発，伝導，および放射による熱の損失を制御しなければならない。最初に挙げた種類である断熱を達成するためには，プラスチック膜や養生剤を使わなければならないが，散水や湛水は冷却効果があるため使ってはならない。プラスチック被膜処理したキルトはすべての点で効果があるが，軟質ボードも使用することができる。断熱は，温度差が 10℃に縮小するまで維持しなければならない。

コールドジョイントのない一体化された構造にするためには，他の専門化された手段も必要となる。1つの手段は，おそらく 12 時間後，打込みが完了するまでコンクリートの下の方の部分が塑性を保つよう，遅延剤の使用に差をつけることであるが，ブリーディングも管理する必要がある。今までにもっとも大きい連続打込み量は，12 000m^{3}のコンクリートでできた鉄筋コンクリートの基礎である[8.53]。

熱特性が異なるコンクリートを合わせて一体化した部材をつくる場合には注意が必要であることは指摘に値する。その一例は，異なる混合セメントからなる2層に打込まれた（鋼ジベルを収縮目地に入れるため）高速道路のスラブである[8.2]。

熱による変形の外部拘束は，たとえ薄くとも鉄筋コンクリートのひび割れを引き起こす。既存の基礎の上に打込まれた壁の場合がその例である。既存の基礎が，壁のコンクリートの温度上昇によって起きた熱による変形を拘束するため，壁の基部にその厚み全体にわたって生じた垂直のひび割れが，上に向かって相当の距離まで広がる可能性がある。ひび割れは，鉄筋の配筋の細部を適切に決定することによって防止することができるが，この問題の厳しさを軽減するためには，コンクリートの熱挙動を理解することがきわめて重要である。

コンクリート体の中の温度上昇に関する上記の広範囲の解説において，温度はコンクリート部材中の場所，コンクリートの材齢，および断熱の詳細，によって異なることを示した。特定箇所のコンクリートの性質は，温度整合養生（temperature-matched curing）を行うことによって推定することができる。これは，

第8章　コンクリートにおける温度の影響

コンクリートの指定された箇所に挿入された熱電対が，コンクリート供試体を入れた槽の温度を制御する技術である。供試体は水から絶縁（防水）されている。温度整合コンクリートのもっとも重要な特性は，強度とクリープである。強度に関する知識は，型枠の解体時期やプレストレスの導入を決定するために使うことができる。クリープは構造物の設計に重要である。

コンクリート体のさまざまな箇所の温度測定は，コンクリート体内部の温度勾配を最小にするために行う断熱の調整に使用することができる。

8.10　暑中コンクリート

暑い中でコンクリート作業をする場合には，コンクリートが高温になることと，多くの場合フレッシュコンクリートからの水の蒸発速度が上昇することとの両方に起因する特殊な問題がいくつかある。これらの問題は，コンクリートの練混ぜ，打込み，および養生と関係がある。

暑中コンクリートは，特殊な工程や専門化された工程があるというわけではなくて，むしろ，環境温度が高い，コンクリート温度が高い，相対湿度が低い，風速が強い，および日照が強いという厳しい影響を最小化または制御するために，ある承認された対策を取ることを意味している。これらの条件が1つでも存在するような各建設プロジェクトに要求されることは，適正な技術と方法を開発し，それを厳格に守ることである。そして，常にそれを守ることがきわめて重要であり，決定された基準を守らない場合に問題が起きる。温度が高いと，ASTM C 403-92 に定義されたコンクリートの凝結時間を加速させる。セメントと砂の割合が1：2のモルタルの試験では[8.3]，コンクリートの温度が28℃から46℃に変化した結果，始発時間はほぼ半分になることを示した。水セメント比が0.4～0.6の間にある場合にも同様の結果となったが，実際の凝結時間は水セメント比が低いほど短かった[8.3]。

周囲の温度が高いとコンクリートの必要水量が増加し，フレッシュコンクリートの温度を上げる。その結果スランプの低下速度を上げ，水和を速く進行させるため，凝結の加速をもたらし，コンクリートの長期強度を低下させる（449頁参照）。さらに，蒸発が速くなることによってプラスチック収縮ひび割れと細かな

8.10 暑中コンクリート

ひび割れを引き起こし，またその後の硬化コンクリートの冷却によって引張応力が発生する。

一般に，蒸発速度が，ブリーディング水が表面に上がる速度を上回った場合に，プラスチック収縮ひび割れが発生する可能性が高いと考えられているが，ひび割れは水の層の下でも形成され，乾燥した時に表面化するだけなのである[8.61]。蒸発速度が1時間当たり1.0kg/m^{2}を超えると危険と考えられている[8.14]。

プラスチック収縮ひび割れは，深さがきわめて深い場合があり，幅は0.1～3mmの間が多く，長さはごく短いかあるいは1mに達することもある[8.62]。いったん発生すると，永久的に閉じるのは難しい[8.14]。周囲の相対湿度が下がると，この種のひび割れが生じやすいこともあり[8.9]，実際にはその原因はかなり複雑なように思われる。ACI 305R-91によれば[8.14]，温度と相対湿度が次のような組合わせの時に，プラスチック収縮ひび割れの発生の危険性が同じになる。

　　41℃と90%
　　35℃と70%
　　24℃と30%

風速が毎秒4.5mを超えると状況が悪化する[8.14]。風よけは効果があり，また日よけを備えるのも良い[8.20]。

フレッシュコンクリートの表面には，別の種類のひび割れも発生する。骨材の大きい粒子や鉄筋など，沈下の障害になる物があるとフレッシュコンクリートの沈下が不均一になるために起きる。このプラスチック沈下ひび割れは，硬練りコンクリートの使用，十分な締固め，およびコンクリート打込みの立ち上り速度を速過ぎないようにすることによって防ぐことができる。またプラスチック沈下ひび割れは，常温でも起きる可能性があるが，暑中にはプラスチック収縮ひび割れとプラスチック沈下ひび割れがお互い混同されることがある。

暑中コンクリートには他にもいくつか面倒な問題がある。空気の連行がより難しくなるが，これはAE剤を多めに用いれば改善される。関連する問題は，相対的に冷えたコンクリートが高い温度で打込まれ膨張するようになると，空げきが膨張して強度が低下する。これは，例えば水平のせき板の場合は起きるが，鋼製型枠の垂直のせき板の場合は膨張が阻止されるため起きない[8.64]。

さてここで，暑中の悪影響を避ける，または減らすために行うことのできる処

第8章　コンクリートにおける温度の影響

置を考えてみよう。かつては，コンクリートを打込むことのできる気温の最高値は規定されていた。これは，環境温度がきわめて高い国では賢明な制限ではない。それにもかかわらず，欧州基準 ENV 206:1992 では，湿度の高い環境や攻撃的な環境に曝されるコンクリートの打込み温度が 30℃に制限されている。可能である限り，コンクリートは一日のうちもっとも涼しい時間帯に，またできれば環境温度が上昇する時期がコンクリートが凝結した後になるような時間，すなわち真夜中過ぎまたは早朝に打込むのが望ましい。コンクリートの試し練りは，20℃あるいは 25℃といった実験室温度ではなくて，打込み温度として予想される温度で作製しなければならないことを付け加えておきたい。

　実施可能な防止策は数多くある。第一の例は，単位セメント量をできる限り低く抑えて環境温度によって水和熱がさらに高くなるという悪影響を和らげるようにすることである。

　フレッシュコンクリートの温度は，混合物の1つ以上の構成材料をあらかじめ冷却することによって下げることができる。打込みには 10℃程度の低い温度が望ましいが，現実的ではないであろう。

　フレッシュコンクリートの温度 T は，次の式を使って，構成材料の温度から簡単に計算することができる。

$$T = \frac{0.22(T_a W_a + T_c W_c) + T_w W_w}{0.22(W_a + W_c) + W_w}$$

ここで，T は温度［℃］を表し，W はコンクリート単位容積当たりの材料質量を，また a, c, w という添字は骨材，セメント，および水（添加された水と骨材中の水との合計）をそれぞれ表す。0.22 という数字は，水の比熱に対する乾燥材料の比熱のおよその比率であり，SI と大英帝国（米国）の両方の単位系に当てはめることができる。夜間には骨材と水は空気ほど速く冷えないため，骨材と水の温度を空気の温度と同じと仮定することはできないことを指摘しておきたい。

　コンクリートの実際の温度は，機械的な練混ぜ作業の結果，上記の式で求められる温度よりいくぶん高くなり，またセメントへの加水と水和による発熱，および周囲の空気や型枠からの熱の伝導によってさらに上昇する。ちなみに，コンクリートを打込む前に型枠を冷やしておくことが重要である。もっと良く理解する

8.10 暑中コンクリート

ため,次のように言うことができる。混合物の水セメント比が 0.5,(骨材/セメント)比が 5.6 の場合に,フレッシュコンクリートの温度を 1℃下げるには,セメントの温度を 9℃,または水の温度を 3.6℃,または骨材の温度を 1.6℃下げれば良い。混合物中のセメントの量が比較的少ないため,セメントの温度はそれほど重要ではないことがわかる。

　熱いセメントを使うことはそれ自体として強度に害を及ぼすわけではないが,約 75℃を上回る温度のセメントは使用しないほうがよい。熱いセメントは時に疑いをもってみられ,またさまざまな悪影響の原因が熱いセメントの使用に帰せられることが時にあったため,上記の言葉は重要である。しかし,熱いセメントが他の構成材料とよく混じり合う前に少量の水で湿らされると,セメントは急速に凝結してセメントボールを形成する可能性がある。

　骨材と練混ぜ水を冷却する手段にはいろいろある。粗骨材は,冷却水を散布するか冷水に浸漬することによって冷却することができる。別の方法は,空気(できれば冷却した)を吹付けて湿潤骨材の中を通すことにより,気化熱で冷却を行うことである。細骨材も空気によって冷却することができる。液体窒素による凍結が試行されたが[8.19],その細骨材は表面が乾燥した状態でなければならない。密閉したミキサの中で,−78℃で溶解する液化炭酸ガス(ドライアイス)を使って骨材を予備冷却する方法も試行された[8.15]。

　練混ぜ水は冷却するか,または,粉砕した氷または薄片状の氷と,通常は部分的にではあるが,交換することができる。1 kg の氷が 0℃で溶けるときは 334 kJ の熱量を吸収するため,氷は効率の良い冷却手段である。334 kJ は,同じ水を 20℃冷却するより 4 倍大きい熱量である。練混ぜ作業が終了するまでに,すべての氷が融けなければならない。−196℃で気化する時に 240 kJ/kg の熱量を吸収する液体窒素も,水を 1℃まで冷却するのに使うか,またはコンクリートを排出する直前に定置型ミキサまたはトラックミキサの中に直接注入することができる。液体窒素の経費は,必要な設備も含めると高い。

　コンクリート温度を 1 度低下させるための経費を基準にすると,水を冷却するためにヒートポンプを使用することはたいへん経済的であるが[8.13],もちろん定置型の練混ぜ工場でしか応用できない。一連の冷却技術が ACI 207.4R-93[8.4]に説明されており,また ACI 305R-91[8.14]には,混合物の構成材料の保管にかかわる設

備の断熱と白くペンキを塗ることに関する助言が記載されている。コンクリートの練混ぜと輸送に関する助言も書かれている。

打込み後，コンクリートは日射から保護しなければならない。それを怠ると，その後，寒い夜にひび割れが発生する可能性が高く，ひび割れの程度は温度差に比例している。乾燥した天気であれば，コンクリートを湿潤状態にして蒸発が起きるようにすれば，冷却が有効に行われる。膜養生を使用する場合はこの方法による冷却が行われないため，温度が高くなる可能性がある。道路や飛行場など，暴露面積が広い場所はとくに影響を受けやすい。

暑中で適切な養生を行う場合は，温度が低い時より水和の進行が速いため，養生期間は短くて済む。「適切な」という言葉がかぎである。なぜならば，すでに述べたとおり，高温によってコンクリートの乾燥も速く進むからである[8.60]。

暑中コンクリートでもっとも重要な点は，暑くかつ乾燥した状態に関するものである。暑く継続的に高湿度の気候で打込まれたコンクリートの挙動と性質に関しての一般化された情報はない。特定の研究から得られた資料[8.22]によると，ばらつきが大きいことを示している。言えることはただ，コンクリートの材齢のごく初期に乾燥させないことは湿潤養生を行うことと等しく，強度のゆるやかな発現と乾燥収縮の減少という見地から有益だということだけである。しかし，初期の高温は長期強度に悪影響を及ぼす。コンクリートのブリーディング特性と風への暴露状況によっては，プラスチック収縮が起こり得ることを想定するのが賢明である。

他の調査研究[8.21, 8.59]も，初期の高温の影響は，湿潤養生が行われない場合より長期強度への害が少ないことを示唆している。この観察を実施面に応用する際には十分注意することが必要である。湿潤養生は何よりも重要である反面，初期の高温が有害な結果をもたらすことも事実なのである。

8.11 寒中コンクリート

コンクリートの実際の施工を解説する前に，凍結がフレッシュコンクリートに及ぼす作用について考察しなければならない。凍結融解のサイクルに繰り返しさらされた硬化コンクリートの耐久性に関しては，第11章に解説する。

8.11 寒中コンクリート

第6章で，セメントの水和は約−10℃までの低温でも起きることを述べた。したがって，水が凍る温度の意味は何かという問いが当然出てくるであろう。まだ凝結していないコンクリートが凍結する環境に置かれた場合の凍結作用は，飽水した土が凍上を受けた場合といくぶん似ており，練混ぜ水が凍結し，その結果コンクリート全体の体積が増える。さらに，化学反応を起こすための水がないため，コンクリートの凝結と硬化は進まない。後者の観察から，打込み直後のコンクリートが凍結すると，凝結が未だ起きていないため，氷の形成によって崩壊するセメントペーストは存在しない。

低温が継続する間，凝結の過程は中断されたままになる。そして，後日融解する時にコンクリートを再振動させれば，強度が低下することなく凝結と硬化が起きることになる。しかし，練混ぜ水は凍結すると膨張するため，再振動しない場合には大量の空げきが存在したままコンクリートが凝結することになり，その結果コンクリートの強度がきわめて低くなる。融解時に再振動をかけると満足の行くコンクリートができるのであるが，そのような手法はやむを得ない場合以外は推奨できない。

コンクリートの凝結後で，まだそれほど強度が高くない時に凍結が起きた場合は，氷の形成に伴う膨張によって崩壊と回復不可能な強度の低下を引き起こす。しかし，コンクリートの強度が十分な値になっている場合には，氷の圧力に対する抵抗性が高まっているばかりでなく，練混ぜ水の大部分のものはセメントと結合するかまたは小さな空げきに入っており，凍結することができないため，破壊することなく凍結温度に耐えることができる。しかし，セメントの凝結と硬化は，実際に凍結が起きる前までの期間の温度によって異なるため，この状況にいつ達したかを立証するのは難しい。ACI 306R-88によれば[8.55]，外部から水がコンクリートに浸入しない場合，コンクリートの圧縮強度が3.5MPaに達した時点で飽水程度が臨界値より下になる。その段階で，コンクリートは1サイクルの凍結融解に耐えることができる。他の一部の国ではさらに高い強度が推奨されているが，コンクリートが0℃を下回る温度に抵抗できる強度に関して，確実なデータはない。

一般に，セメントの水和がより進んで，コンクリートの強度が高くなるほど，コンクリートは凍結の害を受けにくくなる。この状況は，ある温度で養生された

第8章 コンクリートにおける温度の影響

コンクリートが，凍結環境へ暴露しても損傷しなくなるまでの，最小材齢によって表すことができ，標準的な値（さまざまな出典からの平均値[8.105, 8.106]）を，表-8.7に示す．図-8.26 に，最初に凍結する材齢がコンクリートの膨張に及ぼす影響を示した．

約 24 時間硬化させたコンクリートの膨張量が大幅に減少していることは注目に値し，それまでの期間コンクリートを凍結から保護することは明らかに大いに推奨される．

凍結と融解の繰返しに対する抵抗性も，最初のサイクルをかけた時のコンクリートの材齢によって異なるが，この型の暴露条件は融解の期間なしに長期に亘って凍結を行った場合よりも過酷であり，20℃で 24 時間養生したコンクリートでさ

表-8.7 凍結作用を受けても劣化を起こさないコンクリートの材齢

セメントの種類	水セメント比	それまでの養生温度に対する凍結作用が許される材齢 [時間]			
		5℃	10℃	15℃	20℃
普通ポルトランドセメント	0.4	35	25	15	12
	0.5	50	35	25	17
	0.6	70	45	35	25
早強ポルトランドセメント	0.4	20	15	10	7
	0.5	30	20	15	10
	0.6	40	30	20	15

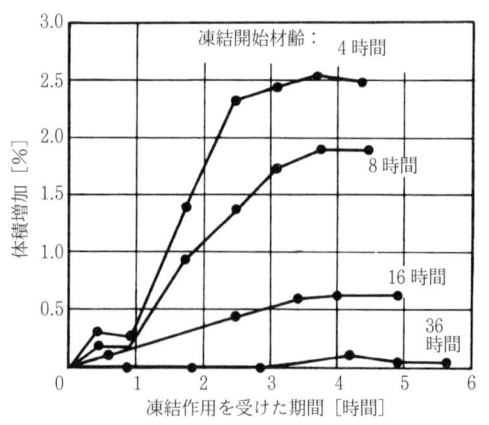

図-8.26 各凍結開始材齢における凍結期間中のコンクリートの体積増加[8.68]

え損傷を引き起こすことがある[8.68]。若材齢のコンクリートの凍結に対する抵抗性と，多数回の凍結融解サイクルを受けた材齢の進んだコンクリートの耐久性との間に，直接的な関係性はないと言える[8.69]。この問題は，第11章で考察する。11章の図-11.2に，最初の凍結が材齢1日を過ぎてから起きた場合には膨張が小さくなることを示した。このことは，「配合が最良の」コンクリートを10℃で保管した場合の強度は，2日目には3.5MPaに達する，というACI 306R-88の見解[8.55]を裏付ける。

8.11.1 コンクリートの施工

周囲の温度が連続的に0℃を下回る時は，間違いなく寒いと表現することができる。この状況は，温度が日によって大きく変化する場合にはあまり明瞭ではない。便宜のために，ACI 306R-88[8.55]による「寒い天候」の定義を用いることができる。これを言い換えると，寒い天候とは，次の2つの条件が存在する場合に成り立つと考えることができる。すなわち，連続3日間で記録された最高温度と最低温度の平均値が5℃を下回ること，および，任意の24時間のうち12時間以上の気温が10℃以下であること，という2条件である。

そのような状況下で，普通コンクリートは，薄い断面（300mm）に対して温度が少なくとも13℃，またはコンクリート部材の最小寸法が少なくとも1.8mあるものに対して少なくとも5℃でないかぎり，打込みを行ってはならない[8.55]。

熱伝導率がそれより低い軽量骨材コンクリートの場合は，打込み時の温度をいくぶん低くすることができる。そのようなコンクリートは比熱も低いため，セメントの水和熱が同じであっても，普通骨材コンクリートの場合と比べて効率的に，軽量骨材コンクリートを凍結から守る。

また，早強セメントを使い水セメント比の低い富配合とすること，および発熱速度の速いセメント，すなわちC_3SとC_3Aの含有率が高いセメント，を使用することも有利となる。促進剤を用いることもできるが，コンクリート中に鋼材がある場合は塩化物の使用は避けなければならない。

前に述べた最低温度の規定を守るために，骨材，水，および空気が冷たい場合は，混合物の材料を加熱するのがよい。水は簡単に加熱できるが，60～80℃を超える温度まで加熱するのは賢明ではない。なぜならば，セメントの瞬結が起きる

可能性があるからである。これが起きる可能性は，水とセメントの温度差によって異なる。セメントが熱湯と接触するのを防ぐことが重要であり，そのため混合物の材料をミキサに供給する順序を適切に決めなければならない。

水を加熱してもコンクリートの温度が十分に上がらない場合は，骨材も加熱するのがよい。これは，できればパイプコイルに蒸気を通して行う方が，生蒸気を使うより望ましい。なぜならば，生蒸気を用いると骨材の含水率がばらつくからである。52℃を超えるまで骨材を加熱するのは良くない[8.63]。反対に，骨材に氷が含まれていないことが重要である。なぜならば，氷を溶かすために必要な熱がコンクリート温度を大幅に低下させるからである。

混合物の構成材料の温度は管理する必要があり，またできあがりのコンクリートの温度は事前に計算しておかなければならない（494頁参照）。その際，コンクリートの輸送中に発生する熱の低下量も考慮して計算しなければならない。その目標は，初期凍結が発生しない程度にコンクリートの温度を確実に上げることであるが，同時に温度が高すぎて凝結が起きることは絶対にないよう注意することである。このような凝結が発生すると，コンクリート強度の発現に悪影響を及ぼす（449頁参照）。さらに，フレッシュコンクリートの温度が高いとワーカビリティーが低下し，熱収縮量が大きくなるおそれがある。

このようなことから，コンクリートは7～21℃の間で凝結することが望ましい。7℃というのは，気温が－1℃以上の場合に該当し，21℃は，気温が－18℃より低く，コンクリート断面の厚さが300mmより薄い場合に該当する。

一部の国[8.12, 8.37]では，コンクリート混合物全体を40～60℃まで加熱する。そのような温度はワーカビリティーと長期強度に悪影響を及ぼすが，型枠を速く再使用できることや打込み後に過熱する必要がないことなど，経済的な考えからあえて行われている。また，初期温度が高いと水和が加速され，「経費のかからない」熱が発生する。

凍った土へ打込みをしてはならず，またできれば型枠は予熱した方が良い。

打込んだ後は，コンクリートを24時間以上凍結から保護しなければならない。とくにコンクリートの温度が周囲の気温よりずっと暖かい場合には，コンクリートの表面の乾燥を防がなければならない。

しかし，積極的な湿潤養生は行ってはならない。その結果，コンクリートは飽

8.11 寒中コンクリート

水未満の状態になる。このことは，湿潤養生に関する通常の注意事項に反するように思われるかもしれないが，冷たい空気（10℃以下）は過剰な乾燥を起こさせないことに注目しなければならない。

寒中に打込まれるコンクリートの断熱方法のさまざまな種類に関しては，ACI 306R-88[8.55]に記載がある。重要なことは，コンクリート表面に突然温度変化が起きることや，コンクリート要素の内部に急激な温度勾配が発生することのないような方法で，断熱材を除去することである。ACI 306R-88にはまた，寒中コンクリートの保護と加熱に関する情報が提供されている。加熱手段は，コンクリートが急速に乾燥するようなものではなく，コンクリートの一部が過剰に加熱されるようなものではなく，そして大気中のCO_2濃度が高くなるようなものであってはならないことを指摘しておく必要がある。この最後の点は，排気設備がない限り，密閉空間で燃焼加熱機を使用してはならないということを意味している。

練混ぜ水を凍結させないようにコンクリートを打込む一般的な対策の代替手段は，練混ぜ水の氷点を0℃より十分下の温度まで押し下げることである。これは，凍結防止剤（訳者注：ここでは融雪剤の意味ではないことに注意）を使用すれば実施できる。炭酸カリウム（ポタッシュ）は，そのような薬剤として第一に挙げることができるものの1つである[8.96]。最近になって，亜硝酸カルシウムと亜硝酸ナトリウムを使用する方法も開発された。これらの無機塩類は促進剤（314頁参照）として作用することや，鋼材に対して非腐食性であることを思い出していただきたい。亜硝酸塩を含む混合物は，－10℃までであっても十分な強度が得られることが明らかにされた[8.17]。混和剤の通例のように，凍結防止剤においても組成が開示されておらず，ただ，－7℃，時には－19℃においてもAEコンクリートにおいて十分な強度を発現することができると説明している[8.16]。しかし後者の場合（－19℃）は混和剤の固体含有率が47％であるため，十分な量の練混ぜ水が供給できないおそれがある。この種の混和剤が実際に受け入れられるのは，まだ先の話である。

水和が始まると同時に間げき水の氷点が押し下げられ，約－2℃より上の温度では凍結作用が起きないため，凍結防止剤を使用せずにAEコンクリートを0℃で打込むことは可能である。水セメント比が0.35と0.45のコンクリートを0℃で打込み，実験室の海水に0℃で保管した場合の強度の発現はGardner[8.18]によっ

て測定されており,圧縮と引張の両強度とも,長期強度においては16℃で保管されたコンクリートに匹敵する強度であったことが報告されている。なお,この後者の結果は,Aïtcin[8.23]の所見とほぼ同じである。これらの調査研究はいずれも,コンクリートを0℃の海水で保管することが有害ではないことを示唆している。同じ温度でも空気中で保管した場合は有害の可能性がある。いずれにせよ,自然暴露においては,温度が0℃より低くならないという保証はないのである。

◎参考文献

8.1　F. M. LEA and N. DAVEY, The deterioration of concrete in structures, *J. Inst. Civ. Engrs.* No. 7, pp. 248–95 (London, May 1949).

8.2　A. NEVILLE, Cement and concrete: their interaction in practice, in *Advances in Cement and Concrete*, American Soc. Civil Engineers, pp. 1–14 (New York, 1994).

8.3　N. I. FATTUHI, The setting of mortar mixes subjected to different temperatures, *Cement and Concrete Research*, **18**, No. 5, pp. 669–73 (1988).

8.4　ACI 207.4R-93, Cooling and insulating systems for mass concrete, *ACI Manual of Concrete Practice, Part 1 – 1992: Materials and General Properties of Concrete*, 22 pp. (Detroit, Michigan, 1994).

8.5　A. J. AL-TAYYIB et al., The effect of thermal cycling on the durability of concrete made from local materials in the Arabian Gulf countries, *Cement and Concrete Research*, **19**, No. 1, pp. 131–42 (1989).

8.6　P. SMITH, Resistance to fire and high temperature, in *Concrete and Concrete-Making*, Eds P. Klieger and J. F. Lamond, *ASTM Sp. Tech. Publ. No. 169C*, pp. 282–95 (Philadelphia, Pa, 1994).

8.7　F. M. LEA, *The Chemistry of Cement and Concrete* (Arnold, London, 1970).

8.8　U.S. BUREAU OF RECLAMATION, 4909–92, Procedure for thermal diffusivity of concrete, *Concrete Manual, Part 2*, 9th Edn, pp. 685–94 (Denver, Colorado, 1992).

8.9　R. SHALON and D. RAVINA, Studies in concreting in hot countries, *RILEM Int. Symp. on Concrete and Reinforced Concrete in Hot Countries* (Haifa, July 1960).

8.10　J. M. SCANLON and J. E. MCDONALD, Thermal properties, in *Concrete and Concrete-Making*, Eds P. Klieger and J. F. Lamond, *ASTM Sp. Tech. Publ. No. 169C*, pp. 299–39 (Philadelphia, Pa, 1994).

8.11　W. H. PRICE, Factors influencing concrete strength, *J. Amer. Concr. Inst.*, **47**, pp. 417–32 (Feb. 1951).

8.12　E. KILPI and H. KUKKO, Properties of hot concrete and its use in winter concreting, *Nordic Concrete Research Publication*, No. 1, 11 pp. (1982).

8.13　J. M. SCANLON, Controlling concrete during hot and cold weather, *ACI Tuthill Symposium*, ACI SP-104, pp. 241–59 (Detroit, Michigan, 1987).

8.14　ACI 305R-91, Hot weather concreting, *ACI Manual of Concrete Practice, Part 2 – 1992: Construction Practices and Inspection Pavements*, 20 pp. (Detroit, Michigan, 1994).

8.15　H. TAKEUCHI, Y. TSUJI and A. NANNI, Concrete precooling method by means of dry ice, *Concrete International*, **15**, No. 11, pp. 52–6 (1993).

8.16 J. W. BROOK et al., Cold weather admixture, *Concrete International*, **10**, No. 10, pp. 44–9 (1988).

8.17 C. J. KORHONEN, E. R. CORTEZ and B. A. CHAREST, Strength development of concrete cured at low temperature, *Concrete International*, **14**, No. 12, pp. 34–9 (1992).

8.18 N. J. GARDNER, P. L. SAU and M. S. CHEUNG, Strength development and durability of concrete, *ACI Materials Journal*, **85**, No. 6, pp. 529–36 (1988).

8.19 M. KURITA et al., Precooling concrete using frozen sand, *Concrete International*, **12**, No. 6, pp. 60–5 (1990).

8.20 G. S. HASANAIN, T. A. KAHALLAF and K. MAHMOOD, Water evaporation from freshly placed concrete surfaces in hot weather, *Cement and Concrete Research*, **19**, No. 3, pp. 465–75 (1989).

8.21 O. Z. CEBECI, Strength of concrete in warm and dry environment, *Materials and Structures*, **20**, No. 118, pp. 270–72 (1987).

8.22 M. A. MUSTAFA and K. M. YUSOF, Mechanical properties of hardened concrete in hot–humid climate, *Cement and Concrete Research*, **21**, No. 4, pp. 601–13 (1991).

8.23 P-C. AÏTCIN, M. S. CHEUNG and V. K. SHAH, Strength development of concrete cured under arctic sea conditions, in *Temperature Effects on Concrete, ASTM Sp. Tech. Publ. No. 858*, pp. 3–20 (Philadelphia, Pa, 1983).

8.24 M. MITTELACHER, Effect of hot weather conditions on the strength performance of set-retarded field concrete, in *Temperature Effects on Concrete, ASTM Sp. Tech. Publ. No. 858*, pp. 88–106 (Philadelphia, Pa, 1983).

8.25 R. D. GAYNOR, R. C. MEININGER and T. S. KHAN, Effect of temperature and delivery time on concrete proportions, in *Temperature Effects on Concrete, ASTM Sp. Tech. Publ. No. 858*, pp. 68–87 (Philadelphia, Pa, 1983).

8.26 F. PETSCHARNIG, Einflüsse der jahreszeitlichen Temperaturschwankungen auf die Betondruckfestigkeit, *Zement und Beton*, **32**, No. 4, pp. 162–3 (1987).

8.27 ACI 517.2R-87, Revised 1992, Accelerated curing of concrete at atmospheric pressure – state of the art, *ACI Manual of Concrete Practice Part 5 – 1992: Masonry, Precast Concrete, Special Processes*, 17 pp. (Detroit, Michigan, 1994).

8.28 Y. DAN, T. CHIKADA and K. NAGAHAMA, Properties of steam cured concrete used with ground granulated blast-furnace slag, *CAJ Proceedings of Cement and Concrete*, No. 45, pp. 222–7 (1991).

8.29 G. P. TOGNON and G. COPPETTI, Concrete fast curing by two-stage low and high pressure steam cycle, *Proceedings International Congress of the Precast Concrete Industry*, Stresa, 15 pp.

8.30 U.S. ARMY CORPS OF ENGINEERS, Test method for coefficient of linear thermal expansion of concrete, CRD-C 39-81 *Handbook for Concrete and Cement*, 2 pp. (Vicksburg, Miss., 1981).

8.31 V. DODSON, *Concrete Admixtures*, 211 pp. (Van Nostrand Reinhold, New York 1990).

8.32 C. R. CRUZ and M. GILLEN, Thermal expansion of Portland cement paste, mortar, and concrete at high temperatures, *Fire and Materials*, **4**, No. 2, pp. 66–70 (1980).

8.33 T. Z. HARMATHY and J. R. MEHAFFEY, Design of buildings for prescribed levels of structural fire safety, *Fire Safety: Science and Engineering, ASTM Sp. Tech. Publ. No. 882*, pp. 160–75 (Philadelphia, Pa, 1985).

8.34 S. D. VENECANIN, Thermal incompatibility of concrete components and thermal properties of carbonate rocks, *ACI Materials Journal*, **87**, No. 6, pp. 602–7 (1990).

第 8 章　コンクリートにおける温度の影響

8.35　S. BREDENKAMP, D. KRUGER and G. L. BREDENKAMP, Direct electric curing of concrete, *Mag. Concr. Res.*, **45**, No. 162, pp. 71–4 (1993).
8.36　U. MENZEL, Heat treatment of concrete, *Concrete Precasting Plant and Technology*, Issue 12, pp. 92–7 (1991).
8.37　M. MAMILLAN, Traitement thermique des bétons, in *Le béton hydraulique*, pp. 261–9 (Presses de l'École Nationale des Ponts de Chaussées, Paris, 1982).
8.38　S. A. AUSTIN, P. J. ROBINS and M. R. RICHARDS, Jetblast temperature-resistant concrete for Harrier aircraft pavements, *The Structural Engineer*, **79**, Nos 23/24, pp. 427–32 (1992).
8.39　M. DIRUY, Variations du coefficient de dilatation et du retrait de dessiccation des bétons en place dans les ouvrages, *Bull. Liaison Laboratoires Ponts et Chaussés*, **186**, pp. 45–54 (July–Aug. 1993).
8.40　H. DETTLING, The thermal expansion of hardened cement paste, aggregates, and concretes, *Deutscher Ausschuss für Stahlbeton, Part 2*, No. 164, pp. 1–65 (1964).
8.41　M. Y. L. CHEW, Effect of heat exposure duration on the thermoluminescence of concrete, *ACI Materials Journal*, **90**, No. 4, pp. 319–22 (1993).
8.42　G. G. CARETTE and V. M. MALHOTRA, Performance of dolostone and limestone concretes at sustained high temperatures, in *Temperature Effects on Concrete, ASTM Sp. Tech. Publ. No. 858*, pp. 38–67 (Philadelphia, Pa, 1983).
8.43　U.-M. JUMPPANEN, Effect of strength on fire behaviour of concrete, *Nordic Concrete Research*, Publication No. 8, pp. 116–27 (Oslo, Dec. 1989).
8.44　G. T. G. MOHAMEDBHAI, Effect of exposure time and rates of heating and cooling on residual strength of heated concrete, *Mag. Concr. Res.* **38**, No. 136, pp. 151–8 (1986).
8.45　G. G. CARETTE, K. E. PAINTER and V. M. MALHOTRA, Sustained high temperature effect on concretes made with normal portland cement, normal portland cement and slag, or normal portland cement and fly ash. *Concrete International*, **4**, No. 7, pp. 41–51 (1982).
8.46　W. P. S. DIAS, G. A. KHOURY and P. J. E. SULLIVAN, Mechanical properties of hardened cement paste exposed to temperature up to 700 C (1292 F), *ACI Materials Journal*, **87**, No. 2, pp. 160–6 (1990).
8.47　K. D. HERTZ, Danish investigations on silica fume concrete at elevated temperatures, *ACI Materials Journal*, **89**, No. 4, pp. 345–7 (1992).
8.48　C. CASTILLO and A. J. DURANNI, Effect of transient high temperature on high-strength concrete, *ACI Materials Journal*, **87**, No. 1, pp. 47–53 (1990).
8.49　D. BERNER, B. C. GERWICK, JNR and M. POLIVKA, Static and cyclic behavior of structural lightweight concrete at cryogenic temperatures, in *Temperature Effects on Concrete, ASTM Sp. Tech. Publ. No. 858*, pp. 21–37 (Philadelphia, Pa, 1983).
8.50　T. MIURA, The properties of concrete at very low temperatures, *Materials and Structures*, **22**, No. 130, pp. 243–54 (1989).
8.51　Y. GOTO and T. MIURA, Experimental studies on properties of concrete cooled to about minus 160 °C, *Technical Reports, Tohoku University*, **44**, No. 2, pp. 357–85 (1979).
8.52　P.-C. AÏTCIN and N. RIAD, Curing temperature and very high strength concrete, *Concrete International*, **10**, No. 10, pp. 69–72 (1988).
8.53　B. WILDE, Concrete comments, *Concrete International*, **15**, No. 6, p. 80 (1993).
8.54　ACI 207.1R-87, Mass concrete, *ACI Manual of Concrete Practice, Part 1 – 1992*:

Materials and General Properties of Concrete, 44 pp. (Detroit, Michigan, 1994).

8.55 ACI 306R-88, Cold weather concreting, *ACI Manual of Concrete Practice, Part 2 – 1992: Construction Practices and Inspection Pavements*, 23 pp. (Detroit, Michigan, 1994).

8.56 K. W. NASSER and M. CHAKRABORTY, Effects on strength and elasticity of concrete, in *Temperature Effects on Concrete, ASTM Sp. Tech. Publ. No. 858*, pp. 118–33 (Philadelphia, Pa, 1983).

8.57 T. KANDA, F. SAKURAMOTO and K. SUZUKI, Compressive strength of silica fume concrete at higher temperatures, in *Silica Fume, Slag, and Natural Pozzolans in Concrete*, Vol. II, Ed. V. M. Malhotra, ACI SP-132, pp. 1089–103 (1992).

8.58 D. N. RICHARDSON, Review of variables that influence measured concrete compressive strength, *Journal of Materials in Civil Engineering*, **3**, No. 2, pp. 95–112 (1991).

8.59 A. BENTUR and C. JAEGERMANN, Effect of curing and composition on the properties of the outer skin of concrete, *Journal of Materials in Civil Engineering*, **3**, No. 4, pp. 252–62 (1991).

8.60 ACI 308-92, Standard practice for curing concrete, in *ACI Manual of Concrete Practice, Part 2 – 1992: Construction Practices and Inspection Pavements*, 11 pp. (Detroit, Michigan, 1994).

8.61 F. D. BERESFORD and F. A. BLAKEY, Discussion on paper by W. Lerch: Plastic shrinkage, *J. Amer. Concr. Inst.*, **56**, Part II, pp. 1342–3 (Dec. 1957).

8.62 R. SHALON, Report on behaviour of concrete in hot climate, *Materials and Structures*, **11**, No. 62, pp. 127–31 (1978).

8.63 NATIONAL READY MIXED CONCRETE AASSOCIATION, Cold weather ready mixed concrete, *Publ. No. 34* (Washington DC, Sept. 1960).

8.64 O. BERGE, Improving the properties of hot-mixed concrete using retarding admixtures. *J. Amer. Concr. Inst.* **73**, pp. 394–8 (July 1976).

8.65 M. E. FITZGIBBON, Large pours for reinforced concrete structures, *Concrete*, **10**, No. 3, p. 41 (London, March 1976).

8.66 M. E. FITZGIBBON, Large pours – 2, heat generation and control, *Concrete*, **10**, No. 12, pp. 33–5 (London, Dec. 1976).

8.67 B. MATHER, Use of concrete of low portland cement in combination with pozzolans and other admixtures in construction of concrete dams. *J. Amer. Concr. Inst.*, **71**, pp. 589–99 (Dec. 1974).

8.68 G. MOLLER, Tests of resistance of concrete to early frost action, *RILEM Symposium on Winter Concreting* (Copenhagen, 1956).

8.69 E. G. SWENSON, Winter concreting trends in Europe. *J. Amer. Concr. Inst.*, **54**, pp. 369–84 (Nov. 1957).

8.70 P. KLIEGER, Effect of mixing and curing temperature on concrete strength, *J. Amer. Concr. Inst.*, **54**, pp. 1063–81 (June 1958).

8.71 U.S. BUREAU OF RECLAMATION, *Concrete Manual*, 8th Edn (Denver, Colorado, 1975).

8.72 A. G. A. SAUL, Steam curing and its effect upon mix design, *Proc. of a Symposium on Mix Design and Quality Control of Concrete*, pp. 132–42 (London, Cement and Concrete Assoc., 1954).

8.73 J. J. SHIDELER and W. H. CHAMBERLIN, Early strength of concretes as affected by steam curing temperatures, *J. Amer. Concr. Inst.*, **46**, pp. 273–82 (Dec. 1949).

8.74 K. O. KJELLSEN, R. J. DETWILER and O. E. GJØRV, Backscattered electron imaging of cement pastes hydrated at different temperatures, *Cement and Concrete Research*, **20**, No. 2, pp. 308–11 (1990).

第 8 章　コンクリートにおける温度の影響

8.75　H. F. GONNERMAN, *Annotated Bibliography on High-pressure Steam Curing of Concrete and Related Subjects* (National Concrete Masonry Assoc., Chicago, 1954).

8.76　T. THORVALDSON, Effect of chemical nature of aggregate on strength of steam-cured portland cement mortars, *J. Amer. Concr. Inst.*, **52**, pp. 771–80 (1956).

8.77　G. J. VERBECK and R. A. HELMUTH, Structures and physical properties of cement paste, *Proc. 5th Int. Symp. on the Chemistry of Cement*, Tokyo, Vol. 3, pp. 1–32 (1968).

8.78　C. N. NAGARAJ and A. K. SINHA, Heat-resisting concrete, *Indian Concrete J.*, **48**, No. 4, pp. 132–7 (April 1974).

8.79　J. A. HANSON, Optimum steam curing procedures for structural lightweight concrete, *J. Amer. Concr. Inst.*, **62**, pp. 661–72 (June 1965).

8.80　B. D. BARNES, R. L. ORNDORFF and J. E. ROTEN, Low initial curing temperature improves the strength of concrete test cylinders. *J. Amer. Concr. Inst.*, **74**, No. 12, pp. 612–15 (1977).

8.81　CEMENT AND CONCRETE ASSOCIATION, Research and development – Research on materials. *Annual Report*, pp. 14–19 (Slough, 1976).

8.82　J. ALEXANDERSON, Strength loss in heat curing – causes and countermeasures, *Behavior of Concrete under Temperature Extremes*, ACI SP-39, pp. 91–107 (Detroit, Michigan, 1973).

8.83　I. SOROKA, C. H. JAEGERMANN and A. BENTUR, Short-term steam-curing and concrete later-age strength, *Materials and Structures*, **11**, No. 62, pp. 93–6 (1978).

8.84　G. VERBECK and L. E. COPELAND, Some physical and chemical aspects of high-pressure steam curing, *Menzel Symposium on High-Pressure Steam Curing*, ACI SP-32, pp. 1–13 (Detroit, Michigan, 1972).

8.85　C. J. DODSON and K. S. RAJAGOPALAN, Field tests verify temperature effects on concrete strength, *Concrete International*, **1**, No. 12, pp. 26–30 (1979).

8.86　R. SUGIKI, Accelerated hardening of concrete (in Japanese), *Concrete Journal*, **12**, No. 8, pp. 1–14 (1974).

8.87　N. DAVEY, Concrete mixes for various building purposes, *Proc. of a Symposium on Mix Design and Quality Control of Concrete*, pp. 28–41 (Cement and Concrete Assn, London, 1954).

8.88　S. L. MEYERS, How temperature and moisture changes may affect the durability of concrete. *Rock Products*, pp. 153–7 (Chicago, Aug. 1951).

8.89　S. WALKER, D. L. BLOEM and W. G. MULLEN, Effects of temperature changes on concrete as influenced by aggregates, *J. Amer. Concr. Inst.*, **48**, pp. 661–79 (April 1952).

8.90　D. G. R. BONNELL and F. C. HARPER, The thermal expansion of concrete, *National Building Studies, Technical Paper No. 7* (HMSO, London, 1951).

8.91　T. C. POWERS and T. L. BROWNYARD, Studies of the physical properties of hardened portland cement paste (Nine parts), *J. Amer. Concr. Inst.*, **43** (Oct. 1946 to April 1947).

8.92　R. PHILLEO, Some physical properties of concrete at high temperatures, *J. Amer Concr. Inst.*, **54**, pp. 857–64 (April 1958).

8.93　N. G. ZOLDNERS, Effect of high temperatures on concretes incorporating different aggregates, *Mines Branch Research Report R.64*, Department of Mines and Technical Surveys (Ottawa, May 1960).

8.94　S. L. MEYERS, Thermal coefficient of expansion of portland cement – Long-time tests, *Industrial and Engineering Chemistry*, **32**, No. 8, pp. 1107–12 (Easton, Pa, 1940).

8.95 H. L. MALHOTRA, The effect of temperature on the compressive strength of concrete, *Mag. Concr. Res.*, **8**, No. 23, pp. 85–94 (1956).
8.96 M. G. DAVIDSON, *A New Cold Weather Concrete Technology (Potash as a Frost-resistant Admixture)* (Lenizdat, Moscow, 1966).
8.97 A. G. LOUDON and E. F. STACEY, The thermal and acoustic properties of lightweight concretes, *Structural Concrete*, **3**, No. 2, pp. 58–95 (London, 1966).
8.98 T. HARADA, J. TAKEDA, S. YAMANE and F. FURUMURA, Strength, elasticity and the thermal properties of concrete subjected to elevated temperatures, *Int. Seminar on Concrete for Nuclear Reactors*, ACI SP-34, 1, pp. 377–406 (Detroit, Michigan, 1972).
8.99 H. W. BREWER, General relation of heat flow factors to the unit weight of concrete, *J. Portl. Cem. Assoc. Research and Development Laboratories*, **9**, No. 1, pp. 48–60 (Jan. 1967).
8.100 R. A. HELMUTH, Dimensional changes of hardened portland cement pastes caused by temperature changes, *Proc. Highw. Res. Board*, **40**, pp. 315–36 (1961).
8.101 D. J. HANNANT, Effects of heat on concrete strength, *Engineering*, **197**, p. 302 (London, Feb. 21, 1964).
8.102 K. W. NASSER and A. M. NEVILLE, Creep of concrete at elevated temperatures, *J. Amer. Concr. Inst.*, **62**, pp. 1567–79 (Dec. 1965).
8.103 M. S. ABRAMS and A. H. GUSTAFERRO, Fire endurance of concrete slabs as influenced by thickness, aggregate type, and moisture, *J. Portl. Cem. Assoc. Research and Development Laboratories*, **10**, No. 2, pp. 9–24 (May 1968).
8.104 J. C. MARÉCHAL, Variations in the modulus of elasticity and Poisson's ratio with temperature, *Int. Seminar on Concrete for Nuclear Reactors*, ACI SP-34, 1, pp. 495–503 (Detroit, Michigan, 1972).
8.105 RILEM WINTER CONSTRUCTION COMMITTEE, Recommandations pour le bétonnage en hiver, *Supplément aux Annales de l'Institut Technique du Bâtiment et des Travaux Publics*, No. 190, Béton, Béton Armé No. 72, pp. 1012–37 (Oct. 1963).
8.106 U. TRÜB, *Baustoff Beton* (Technische Forschungs und Beratungsstelle der Schweizerischen Zementindustrie, Wildegg, Switzerland, 1968).
8.107 F. WITTMANN and J. LUKAS, Experimental study of thermal expansion of hardened cement paste, *Materials and Structures*, **7**, No. 40, pp. 247–52 (1974).
8.108 M. S. ABRAMS, Compressive strength of concrete at temperatures to 1600F, *Temperature and Concrete*, ACI SP-25, pp. 33–58 (Detroit, Michigan, 1971).
8.109 L. JOHANSSON, Flame cleaning of concrete, *CBI Reports*, 15:75, 6 pp. (Swedish Cement and Concrete Research Inst., 1975).
8.110 D. WHITING, A. LITVIN and S. E. GOODWIN, Specific heat of selected concretes, *J. Amer. Concr. Inst.*, **75**, No. 7, pp. 299–305 (1978).
8.111 D. R. LANKARD, D. L. BIRKIMER, F. F. FONDRIEST and M. J. SNYDER, Effects of moisture content on the structural properties of portland cement concrete exposed to temperatures up to 500F, *Temperature and Concrete*, ACI SP-25, pp. 59–102 (Detroit, Michigan, 1971).
8.112 R. SARSHAR and G. A. KHOURY, Material and environmental factors influencing the compressive strength of unsealed cement paste and concrete at high temperatures, *Mag. Concr. Res.*, **45**, No. 162, pp. 51–61 (1993).
8.113 S. GOTO and D. M. ROY, The effect of w/c ratio and curing temperature on the permeability of hardened cement paste, *Cement and Concrete Research*, **11**, No. 4, pp. 575–9 (1981).
8.114 L. KRISTENSEN and T. C. HANSEN, Cracks in concrete core due to fire or thermal

heating shock, *ACI Materials Journal,* **91**, No. 5, pp. 453–9 (1994).

第9章　弾性，収縮，およびクリープ

　これまでの各章の解説は，大部分が，コンクリート構造物の設計にきわめて重要なコンクリートの強度に関するものであった。しかし，応力には必ずひずみが伴って存在し，また逆のことも言える。ひずみはまた，載荷で発生する応力以外の原因によってももたらされる。全範囲にわたる応力とひずみとの関係は，構造物の設計に非常に重要である。ひずみの問題と，さらに一般的に言えば，いろいろな種類のコンクリートの変形が，本章の主題である。

　他の多くの構造材料と同じく，コンクリートにはある程度の弾性がある。応力の負荷と除荷に伴ってひずみがただちに発生し消滅するならば，材料は完全に弾性であるといわれている。この定義は，応力-ひずみ関係が直線的であることを意味しているわけではない。例えばガラスやある種の岩石は，弾性挙動は非直線的な応力-ひずみ関係を示している。

　コンクリートに持続的な荷重をかけると，時間とともにひずみが増大する。すなわちコンクリートにクリープが表れる。さらに，荷重をかけてもかけなくても，コンクリートは乾燥すると収縮作用によって縮む。収縮とクリープによるひずみの大きさは，通常範囲の応力下での弾性ひずみと同程度であるため，さまざまな種類のひずみを常に考慮しなければならない。

9.1　応力-ひずみ関係およびヤング係数

　図-9.1は，破壊強度を十分に下回る応力まで，圧縮または引張荷重をかけたコンクリート供試体の，応力-ひずみ関係の模式図である。圧縮試験では，載荷開始時に曲線に小さい上へ凹型の部分が時に発生することがある。これは，元々存在していた細かい収縮ひび割れが閉じることによって起きたものである。図-9.1

第 9 章　弾性，収縮，およびクリープ

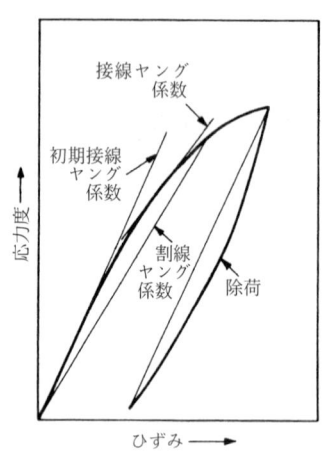

図-9.1　コンクリートの応力-ひずみ関係の模式図

から，ヤング係数（弾性係数）は，厳密に言えば応力-ひずみ曲線の直線部にのみ，または直線部がなければ曲線の原点に接する接線にのみ当てはまることがわかる。これが初期接線ヤング係数であるが，その実際の重要性は限られている。応力-ひずみ曲線のどの点でも接線ヤング係数を定めることは可能であるが，この係数は，接線ヤング係数を定めた点から荷重をほんの少し上下に変化した範囲の荷重にしか適用できない。

観測されるひずみの大きさと応力-ひずみ曲線の曲率は，少なくとも部分的に，応力の負荷速度によって異なる。

荷重が 0.01 秒などの極端に速い速度で戴荷された場合は，測定されるひずみは大幅に減少し，応力-ひずみ曲線の曲率は極端に小さくなる。戴荷時間を 5 秒から約 2 分へと延ばすと，ひずみは 15% も増加する可能性があるが，普通の試験機で供試体を試験するために通常行われている時間である 2 分から 10 分（または 20 分でも）の範囲であれば，載荷時間を延ばしてもひずみの増加はごく少ない。766 頁に解説するひずみの速度と強度との関係も関連があると思われる。

荷重，あるいは荷重の一部，が負荷されている間に発生するひずみの増加はコンクリートのクリープに起因するが，瞬間ひずみが荷重速度に左右されることが，弾性ひずみとクリープひずみとの区別を難しくしている。実施上の目的に対して

9.1 応力-ひずみ関係およびヤング係数

は、割り切った区別を行っており、載荷中に起きた変形を弾性ひずみと考え、続いて起きるひずみの増加をクリープひずみとみなす。この要件を満たす弾性係数は、弦係数 (chord modulus) とも言われている図-9.1 の割線ヤング係数である。割線ヤング係数は静的な係数である。なぜならば、518頁に考察する動弾性係数に対して、試験用円柱供試体で試験した応力-ひずみ関係から求められるからである。

割線ヤング係数は応力の上昇とともに低下するため、係数を測定した時点の応力を必ず記載しなければならない。比較に使われる場合は、負荷する応力の最大値を破壊強度に対する一定の割合に選ぶ。この割合は、BS 1881：Part 121:1983 では33%、ASTM C 469-94 では40%と規定されている。クリープの影響を除き、また測定器をなじませるためにも、最低2サイクルの予備載荷を最大応力までかけることが必要である。最小応力は、試験用円柱供試体が移動しない程度でなければならない。この最小値は、BS 1881：Part 121：1983 によって0.5MPa と規定されている。

ASTM C 469-94 は最小ひずみを 50×10^{-6} と定めている。3回目または4回目の載荷時の応力-ひずみ 曲線は、小さな曲率しか示さない。

コンクリートの2成分、すなわち水和セメントペーストと骨材は、それぞれ別に荷重をかけるとかなり直線的な応力-ひずみ関係を示す（図-9.2）ことは興味深い。ただし、水和セメントペーストに関して、その応力-ひずみ関係は非直線的であるという意見がいくつかある[9.100]コンクリートというこの複合材が曲線的な関係を示す理由は、セメントペーストと骨材との間に界面があること、およびその界面に付着マイクロクラックが発生することにある[9.42]。マイクロクラックが段階的に発生することは、中性子ラジオグラフィーによって確認された[9.62]。

マイクロクラックの発生は、蓄積されたひずみエネルギーが新しいひび割れ面の表面エネルギーに変換されたことを意味する。ひび割れは、界面において、載荷された荷重と局部的な応力に応じて、さまざまな角度を形成しながら段階的に発生し、局部的な応力の大きさとひずみの大きさが段階的に増加する。言い換えると、ひび割れの成長によって、載荷された荷重に抵抗する有効面積が低下し、局部的な応力は供試体の合計断面に基づく名目上の応力より大きくなることである。これらの変化は、ひずみが名目上の負荷応力より速い速度で増大するため、

第9章　弾性，収縮，およびクリープ

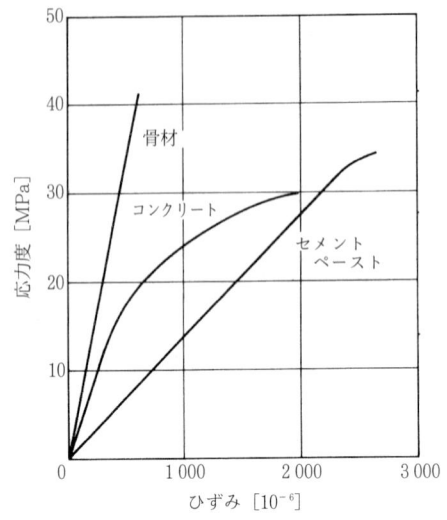

図-9.2　セメントペースト，骨材，およびコンクリートの応力-ひずみ関係

応力-ひずみ曲線が曲がり続けて見かけ上の擬塑性挙動を示すことを意味する[9.43]。

　負荷された応力が破壊強度のほぼ70%を超えて上昇する場合は，モルタルのひび割れが（付着ひび割れを連結して）発生し（377頁参照），応力-ひずみ曲線がしだいに速度を上げながら曲がっていく。

　連続したひび割れ構造が発展すると耐荷経路[9.65]の数が減少し，最終的に供試体の破壊強度に到達する。これが応力-ひずみ曲線の頂点である。

　戴荷荷重を減少させることのできる試験機であれば，ひずみは名目上の負荷応力の減少に伴って引き続き増大していく。これが応力-ひずみ曲線の下降部分であり，コンクリート中でひずみが軟化したことを示している。しかし，応力-ひずみ曲線で観測される下降部分は材料の特性[9.65]ではなく，試験条件の影響である。主な影響因子は，試験用供試体の剛性に対する試験機の剛性，とひずみ速度である[9.67]。完璧な応力-ひずみ曲線の代表的なものを図-9.3に示す[9.36]。

　応力-ひずみ曲線が頂点で突然終わった場合は，その材料はもろいという分類になると言える。応力-ひずみ曲線の下降部分が緩やかであればあるほど，挙動はより延性になる。頂点を過ぎた後の傾斜がゼロであれば，その材料は完全に塑

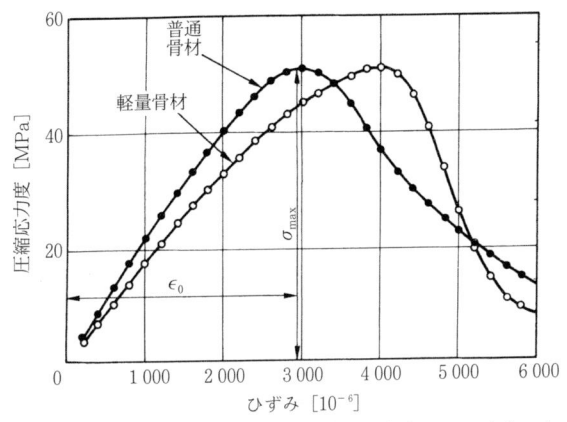

図-9.3 一定のひずみ速度で圧縮載荷したときのコンクリートの応力-ひずみ関係[9.36]

性であるといわれる。

　鉄筋コンクリートの構造物の設計では，応力-ひずみ曲線全体を，しばしば理想的な形で考慮しなければならない。そのため，強度のきわめて高いコンクリートの挙動がとくに重要となる。そのようなコンクリートは普通強度のコンクリートより，荷重のすべての段階を通じてひび割れの発生が少ない[9.66]。したがって，応力-ひずみ曲線の上昇部分は，破壊強度に対してきわめて高い割合までは険しく直線的である。曲線の下降部分もきわめて険しいため（図-9.4参照），高強度コンクリートは普通のコンクリートよりもろく，事実，高強度コンクリートの供試体を圧縮応力下で試験すると，局所的に爆発性の破壊が起きることがよくあった。しかし，高強度コンクリートの見かけのもろさは，そのようなコンクリートでつくられた鉄筋コンクリート部材の挙動には必ずしも反映されない[9.63, 9.64]。

　高強度コンクリートのさまざまな応力水準におけるひずみ挙動も重要である。

　もし考えている応力，例えば供用中の応力などを破壊強度の割合として表すと，（応力/強度）比とよばれるのであるが，次のようなことが言える。（応力/強度）比が同じであれば，コンクリートの強度が高ければ高いほどひずみは大きくなる。応力が最大の場合，すなわち破壊強度に相当する応力の場合は，100MPaのコンクリートのひずみは一般的に言って 3×10^{-3} から 4×10^{-3} となる。20MPaのコンクリートのひずみはおよそ 2×10^{-3} である。しかし，強度にかかわらず同じ応

第9章 弾性，収縮，およびクリープ

力下であれば，強度の高いコンクリートの方がひずみは小さくなる。したがって，図-9.4が示すように，高強度コンクリートの方がヤング係数は高くなる。

説明すると，この挙動は種々の強度の鋼材が示す挙動とは対照的である。その理由はおそらく，水和セメントペーストの強度は(ゲル/空間)比によって左右されるが，その(ゲル/空間)比がセメント状材料の剛性にも影響を及ぼすからではないかと思われる。他方，鋼材の強度は，空げきではなく結晶の構造と境界に関係があるため，材料の剛性はその強度に左右されない。

軽量骨材コンクリートの場合は，応力-ひずみ曲線の下降部分がさらに急激である[9.36]（図-9.3参照）。すなわち，普通コンクリートより挙動がいくぶんもろいと言える。

引張応力下の応力-ひずみ曲線の形状は，圧縮応力下の場合と似ているが（図-9.5参照），特殊な試験機が必要である[9.61]。直接引張応力下において，ひび割れの

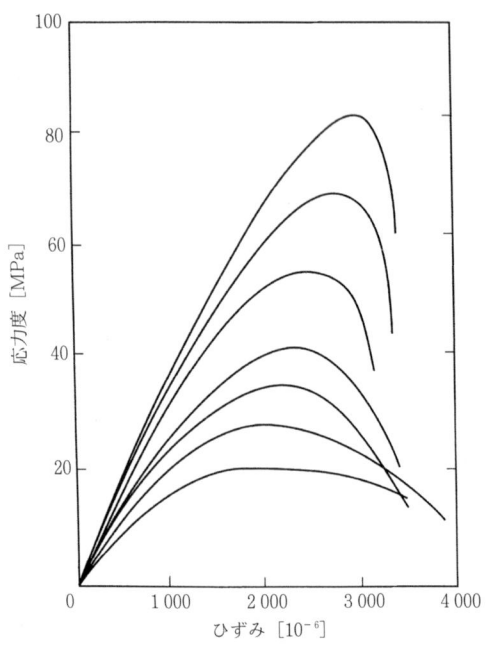

図-9.4 圧縮強度が85MPaまでのコンクリート円柱供試体における圧縮時の応力-ひずみ関係の例

9.1 応力-ひずみ関係およびヤング係数

進展は，応力に抵抗する有効面積を減少させ，また全ひずみへのひび割れの影響度を増大させるという両面の影響を及ぼす。引張応力下の応力-ひずみ関係が圧縮応力下の時より若干低い(応力/強度)比で直線から逸脱するのは[9.34]，これが理由ではないかと思われる。

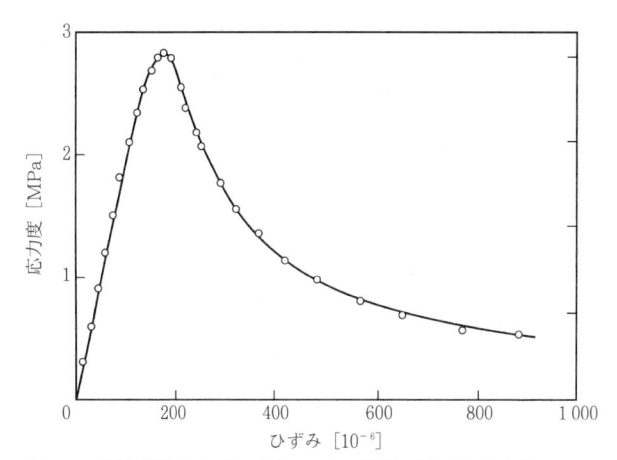

図-9.5　直接引張応力下の応力-ひずみ関係の例（参考文献 9.61 に基づく）

9.1.1　応力-ひずみ 曲線の表現方法

　コンクリートの応力-ひずみ 曲線全体の厳密な形は，この材料の本質的な性質ではなく試験の設備によって異なるため，応力-ひずみ関係を定式化することに根本的な重要性はほとんどない。構造物の分析を行う上でそのような式の有効性を否定するわけではない。式を開発する試みが数多く行われてきたが，もっとも出来の良い式はおそらく Desayi と Krishnan[9.44]が提唱した次の式と思われる。

$$\sigma = \frac{E_\varepsilon}{1+\left(\dfrac{\varepsilon}{\varepsilon_0}\right)^2}$$

ここに，

　ε ＝ ひずみ

　σ ＝ 応力

　ε_0 ＝ 最大応力時のひずみ

第9章　弾性，収縮，およびクリープ

$E =$ 初期接線ヤング係数；最大応力 σ_{max} 時の割線ヤング係数の2倍に想定した

すなわち，

$$E = \frac{2\sigma_{max}}{\varepsilon_0}$$

σ_{max} も ε_0 も試験条件によって大きく影響されるため，最後の想定には問題がある。この想定に拘束されないもっと一般的な形の式が，CarreiraとChu[9.67]によって開発されている。

9.2　ヤング係数の表現方法

ヤング係数がコンクリートの圧縮強度の増加とともに増加することは間違いないが，この関係の厳密な形に関しては未だ意見は定まっていない。このことは，コンクリートのヤング係数が骨材のヤング係数とコンクリート中における骨材の体積比とに影響されることを考えれば，当然のことであろう。前者が既知であることはめったにないため，例えば ACI 318-02[9.98] など一部の式では，コンクリートの密度の関数，通常は密度の1.5乗，で骨材のヤング係数を表している。

確実に言えることは，コンクリートのヤング係数の増加割合は，圧縮強度の増加割合より徐々に小さくなることである。ACI 318-02[9.98] によれば，この係数は強度の0.5乗に比例する。普通コンクリートで構造設計に用いられるコンクリートの割線ヤング係数 E_c [lb/in^2] に関して ACI 318-02[9.98] が推奨する式は，次の通りである。

$$E_c = 57\,000(f_c')^{0.5}$$

ここに，f_c' は標準円柱供試体の圧縮強度 [lb/in^2]。E_c を GPa で表し，f_c' を MPa で表すと，次のようになる。

$$E_c = 4.73(f_c')^{0.5}$$

他のいくつかの式はベキ指数に0.5ではなく0.33を使用し，また式の右側に定数項を加えている。

強度が83MPaまでのコンクリートに関して，ACI 363R-92[9.99] は次の式を引用している。

9.2 ヤング係数の表現方法

$$E_c = 3.32(f'_c)^{0.5} + 6.9$$

ここで，E_c は GPa 単位で，f'_c は MPa 単位で示される。80〜140MPa までの範囲の強度に関して，Kakizaki 他[9.95]はヤング係数 E_c が次の式によって強度 f'_c とほぼ関連付けられることを発見した。

$$E_c = 3.65(f'_c)^{0.5}$$

単位は上の式と同じである。ヤング係数は養生に影響されないことが確認されたが，コンクリート中の粗骨材のヤング係数に影響された。この依存関係は，コンクリートの二相性の結果である[9.84]。二相間の付着の質が重要であり，高性能コンクリートのように付着がとくに強力な場合には，コンクリートのヤング係数の値に影響を及ぼすことがある（837頁参照）。さらに，そのようなコンクリートはヤング係数がおそらく高いと思われる高強度骨材でつくられているため，高性能コンクリートは普通コンクリートの式の外挿から予想されるより高いヤング係数を有する傾向がある。

コンクリートの密度 ρ が 145〜155 lb/ft^3 の間（普通コンクリートの範囲とみなされる）であれば，ヤング係数 [lb/in^2] は ACI 318-02[9.98]によって次のように示される。

$$E_c = 33\rho^{1.5}(f'_c)^{0.5}$$

SI 単位では，この式は次のようになる。

$$E_c = 43\rho^{1.5}(f'_c)^{0.5} \times 10^{-6}$$

コンクリートの密度に適用された 1.5 というベキ指数の使用は正しくないかもしれない。Lydon と Balendran[9.70]によれば，骨材のヤング係数はその密度の二乗に比例する。ベキ指数の値が何であろうと，この主張は，骨材の含有率が一定であれば，コンクリートの密度は骨材の密度の増加とともに増加するというものである。

またコンクリートの二相性は，骨材の体積の割合と水和セメントペーストの体積の割合が，一定強度のコンクリートのヤング係数の値に影響を及ぼすことも意味している。普通骨材は水和セメントペーストよりヤング係数が高いため，圧縮強度が一定の場合，骨材の含有率が高くなるほどコンクリートはヤング係数が高くなる。

軽量骨材はセメントペーストより密度が低く，したがってコンクリートのヤン

グ係数に影響を及ぼす。ACI 318-02[9.98]の式ではコンクリートの密度の影響を取り入れているので、軽量骨材コンクリートに対しても同じ式で表すことができることになる。軽量骨材のヤング係数は硬化セメントペーストの係数とほとんど変わらないため、配合割合は軽量骨材コンクリートのヤング係数に影響を及ぼさないことがわかる[9.7]。

0℃で打込み、養生されたコンクリートの場合は、コンクリート強度の増加に伴うヤング係数の上昇速度が室温の場合よりいくぶん急であることが分かったが[9.59]、その違いはそれほど重要ではないようである。

以上、圧縮応力下のヤング係数について考察してきた。引張応力下のコンクリートのヤング係数に関してはあまり資料がない。これは、直接引張試験または曲げ供試体のたわみの測定から測定することができるが、必要に応じて、せん断ひずみに関する補正を行わなければならない[9.5]。引張応力下のヤング係数に関して言える重要な点は、これが圧縮応力下の係数と等しいということである。このことは試験[9.34, 9.70]によってほぼ確定されており、図-9.4 と 9.5 の比較からも理解することができる。

せん断応力下の弾性係数（せん断弾性係数）は、一般には直接に測定することはない。

養生は強度に対して影響を及ぼすため、強度を通しての影響はあるが、養生条件自体が弾性係数に影響を及ぼすことはないと考えられている。それに反する趣旨のいくつかの報告[9.69]もあるが、それらはおそらく、実構造物のコンクリートの強度ではなくて標準供試体の強度で考察されたという事実で説明がつくと思われる。さらにまた、一方の、養生が弾性係数に及ぼす影響（強度にも影響を及ぼすのであるが）と、他方の、試験中の水分状態の影響とを区別する必要がある。後者の影響は、弾性係数と強度とで必ずしも同じではない。この点に関しては、743 頁に解説する。

9.3 動弾性係数

前節では、ある大きさの応力度を負荷した時の応答ひずみから求められる静弾性係数について主として解説した。その他の種類の係数もあり、動弾性係数とし

9.3 動弾性係数

て知られている。これは，コンクリート供試体にごくわずかの応力をかけながら振動させることによって求められる。動弾性係数の測定方法に関しては，784頁に述べる。

大きな応力をかけないため，コンクリート中にはマイクロクラックが発生することがなく，クリープもない。したがって，動弾性係数はほとんど完全に弾性的結果を表す。そのため，動弾性係数は静的試験で求められた初期接線ヤング係数にほぼ等しいと考えられ，したがってコンクリート供試体に荷重をかけることによって決定される割線ヤング係数より相当大きい。しかしこの見解には異論があり[9.68]，コンクリートの異種混交状態はさまざまな面で2つの係数に影響を及ぼすことを理解しなければならない[9.1]。したがって，この2つの係数の間には，物理的挙動に基づくただ1つの関係しか存在しないと考えることはできない。

動弾性係数に対する静弾性係数の比率は常に1より小さいが，コンクリート強度が高いほど大きく[9.9]，おそらくその理由から材齢とともに大きくなる[9.1]。この係数の比率が変化するということは，動弾性係数 E_d の値（簡単に求めることができる）を，静弾性係数 E_c の値（構造物を設計する際に必要）へと単純に変換することはできないということを意味する。それにもかかわらず，ある限られた範囲内で適正と思われる関係式が，実験に基づいていろいろ開発されてきた。そのうちでもっとも単純なものは，LydonとBalendran[9.70]の提唱した次の関係である。

$$E_c = 0.83 E_d$$

コンクリート構造物の設計のための英国示方書 CP 110:1972 にかつて含まれていた式は，次の通りである。

$$E_c = 1.25 E_d - 19$$

係数はどちらもGPa単位で表される。この式は，単位セメント量が500kg以上のコンクリートあるいは軽量骨材コンクリートには当てはまらない。後者に関しては，次のような式が提唱されている[9.39]。

$$E_c = 1.04 E_d - 4.1$$

軽量コンクリートの場合も普通コンクリートの場合も，静弾性係数と動弾性係数との関係は静弾性係数と強度との関係と同様，コンクリート密度の関数であると，Popovics[9.57]が提唱している。すなわち，

第9章　弾性，収縮，およびクリープ

$$E_c = \kappa E_d^{1.4} \rho^{-1}$$

ここに，ρ はコンクリートの密度であり，κ は用いる単位によって異なる定数である。

係数同士の関係がいかなるものであろうと，この関係は，空気の連行，養生方法，試験時の状況，または使用セメントの種類には影響されないと考えられている[9.11]。

動弾性係数は，同じ試験供試体において，例えば化学作用などによって起きた変化を調べる際には，たいへん重要である。

9.4　ポアソン比

一軸荷重をコンクリート供試体に負荷すると，負荷された荷重の方向に軸方向ひずみを発生させ，それと同時に逆符号の横方向ひずみを発生させる。軸方向ひずみに対する横方向ひずみの比率をポアソン比と呼ぶ。われわれが一般に関心をもつのは圧縮をかけた場合の結果であるため，横方向ひずみは引張ひずみであるが，引張荷重を負荷した場合も状況はよく似ている。

等方性で直線的な変形を示す弾性材料であればポアソン比は一定になるが，コンクリートのポアソン比は固有の条件によって左右される。しかし，負荷された応力と軸方向ひずみとの関係が直線となるような応力の場合は，コンクリートのポアソン比の値はほぼ一定となる。圧縮荷重下のひずみの測定値から求められるコンクリートのポアソン比は，骨材の性質によって一般に 0.15～0.22 の範囲にある。引張荷重下のポアソン比の値は，圧縮応力下の場合と等しいようである[9.70]。

ポアソン比に及ぼすさまざまな因子の影響に関して，系統だった資料はない。軽量骨材コンクリートのポアソン比は，上記の範囲の下端の値であるとの報告がある[9.70]。ポアソン比の値は，材齢の進行による強度の向上や混合物の単位セメント量によって左右されないとの報告がある[9.94]。後者の見解は確認する必要がある。なぜならば，粗骨材の弾性特性はコンクリートの弾性特性に影響を及ぼすことが予想されるからである。したがって，ポアソン比に関して一般化することはできないが，大部分のコンクリートにとって値の範囲は小さく，0.17～0.20 であることを考えると，上記の情報不足は決定的なものではない。

9.4 ポアソン比

飽水モルタルを試験した結果，ひずみ速度が速い場合にポアソン比が高いことが示された。例えば，ひずみ速度が毎秒 $3×10^{-6}$ の場合には 0.20 のポアソン比が，ひずみ速度が毎秒 0.15 の場合には 0.27 まで上昇することが判明した[9.60]。この影響は一般的には確かではないかも知れない。

図-9.6 は，円柱供試体に軸方向の圧縮荷重を一様に急速に負荷した場合の，軸方向ひずみと横方向ひずみの標準的な関連図である。さらに，体積ひずみも示している。ある一定の応力を超えると，ポアソン比は急速に上昇することがわかる。これは広範囲にわたって垂直のひび割れが発生したことによって引き起こされたのであり，したがって実際には見かけのポアソン比である。応力がさらに増大すると，体積ひずみの増加率の符号が変わる。さらに進むと，ポアソン比が 0.5 の値を超え，体積ひずみは引張りとなる。コンクリートはもはや真の連続体ではなくなる。これが崩壊の段階である（370 頁と比較）。

ポアソン比を動的に測定することも可能である。動弾性係数を測定する場合と同様，この試験の物理的状況は静的載荷の場合とは異なる（784 頁参照）。この理由から，動的に測定されるポアソン比の値は静的試験で得られる値より高く，平均値[9.5]は約 0.24 である。

ポアソン比を動的に測定するためには，パルス速度 V と，長さ L の梁を縦方

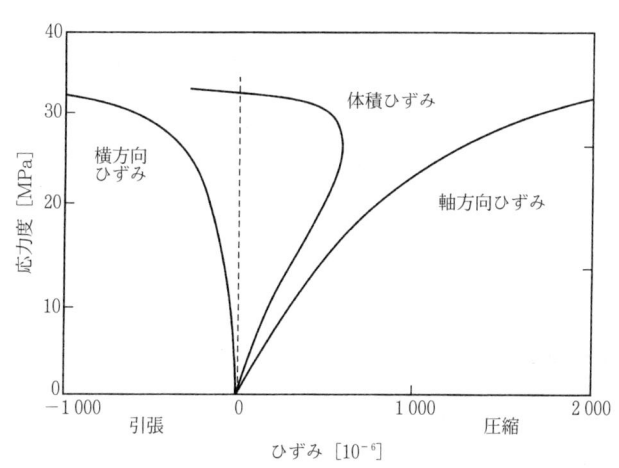

図-9.6 応力増加時におけるコンクリート円柱供試体の軸方向ひずみ，横方向ひずみ，および体積ひずみ

向に振動させた場合の基本的な共鳴振動数 n を測定する必要がある（784頁参照）。

そうすれば，$E_d/\rho = (2nL)^2$ であり，ポアソン比 μ は次の式から計算することができる[9.12]。

$$\left(\frac{V}{2nL}\right)^2 = \frac{1-\mu}{(1+\mu)(1-2\mu)}$$

ここに，$\rho =$ コンクリートの密度である。

またポアソン比は，縦振動またはたわみ振動をかけて測定される動弾性係数 E_d（784頁参照）とせん断弾性係数 G から，次の式を使って求めることもできる。

$$\mu = \frac{E_d}{2G} - 1$$

G の値は一般にねじり振動（784頁参照）の共鳴振動数から決定される。この方法によって得られる μ の値は，直接静的測定で得られる値と動的試験で得られる値の中間である。

持続応力下では，軸方向ひずみに対する横方向ひずみの比率をクリープポアソン比と呼ぶことができる。この比率に関する資料はあまり多くない。応力が小さければ，クリープポアソン比は応力の大きさによって影響されず，クリープによる縦の変形と横の変形の比率は，対応する弾性変形の比率と等しい。このことは，コンクリートの体積がクリープの進行とともに減少することを意味する。応力と強度との比率が約 0.5 を超えると，クリープポアソン比は持続応力の増加とともに大幅かつ連続的に上昇する[9.93]。

持続応力と強度との比率が 0.8〜0.9 を超えると，クリープポアソン比は 0.5 を超え，時間が経つにつれて持続応力下で破壊が起きる[9.102]（562頁参照）。

持続的な多軸圧縮下では[9.45]クリープポアソン比は小さく，0.09〜0.17 である。

9.5 初期の体積変化

完全な剛体ではない多孔質の物体から水が排出されると，収縮が起きる。コンクリート中では，一般にフレッシュな状態から材齢の後期まで，そのような水の移動が起きる。水の移動のさまざまな段階とその結果について，ここで考察する

9.5 初期の体積変化

ことにする。

セメントの水和の進行について解説した際に，結果として体積の変化が起きることを述べた。このうちもっとも大きい変化は，セメントと水との混合構造の体積が減少することである。セメントペーストが塑性である間に，乾燥セメントの真体積の1％程度の大きさの体積収縮が起きる[9.13]。しかし，凝結する前の水和の程度は小さく，水和中のセメントペーストの組織がある一定の剛性をいったん発現すると，水和による水の減少によって引き起こされる収縮は大幅に抑制される。

また水は，コンクリートがまだ塑性の状態にあるときに，コンクリート表面からの蒸発によって減少することもある。下層の乾燥したコンクリートや土による吸水によって同様の減少が起きることもある[9.14]。コンクリートがまだ塑性の状態にあるため，この収縮はプラスチック収縮といわれている。プラスチック収縮の程度はコンクリート表面から失われる水の量に影響される，この水の量は温度，周囲の相対湿度，および風速の影響を受ける（表-9.1参照）。しかし，水の減少した割合それ自体がプラスチック収縮を表しているわけではない[9.103]。混合物の剛性によるところが大きいのである。単位面積当たりの水の減少量がブリーディング（259頁参照）によって表面に出てきた水の量より多く，大量であれば，表面にひび割れが起きる可能性がある。これは，492頁に述べたプラスチック収縮ひび割れとして知られている。打込み後ただちに蒸発を完全に防止すれば，ひび割れを防ぐことができる[9.47]。

暑中コンクリートの節で述べたように，プラスチック収縮ひび割れを防ぐ有効な手段はコンクリート表面から水が蒸発する速度を低下させることである。毎時1 kg/m^{2}の値を超えないことを推奨する[9.97]。

コンクリートの温度が周囲の温度を大幅に上回ると蒸発が多くなることを，憶

表-9.1 純粋なセメントペーストのプラスチック収縮（相対湿度50％，温度20℃の気中で保管）[9.14]

風速 [m/秒]	打込み後8時間の収縮量 [10^{-6}]
0	1 700
0.6	6 000
1.0	7 300
7–8	14 000

第9章　弾性，収縮，およびクリープ

えておかなければならない．そのような状況の下では，たとえ空気の相対湿度が高い場合であってもプラスチック収縮が起きる可能性がある．したがって，コンクリートを太陽や風から保護し，打込みと仕上げを迅速に行い，その後ただちに養生を始めることが最善である．コンクリートを乾燥した下層に打込むことは避けなければならない．

またひび割れは，例えば鉄筋や大きい骨材粒子など，均一な沈下を妨げる物体の上方にも発生する．これが，暑中コンクリートの節で解説したプラスチック沈下ひび割れである．プラスチックひび割れは，コンクリートの水平面積が大きいため水平方向の収縮が垂直方向より難しい場合にも発生することがある．この場合は，不規則な型の深いひび割れが形成される[9.15]．そのようなひび割れは，凝結前ひび割れと呼ぶのがふさわしい．代表的なプラスチック収縮ひび割れは，通例は0.3～1mの間隔で互いに平行に発生し，相当深いものが多い．一般にコンクリートの自由縁端部までは伸びて行かない．そこでは自由な収縮が可能だからである．

プラスチック収縮量は混合物の単位セメント量が多いほど大きく[9.14]（図-9.7），

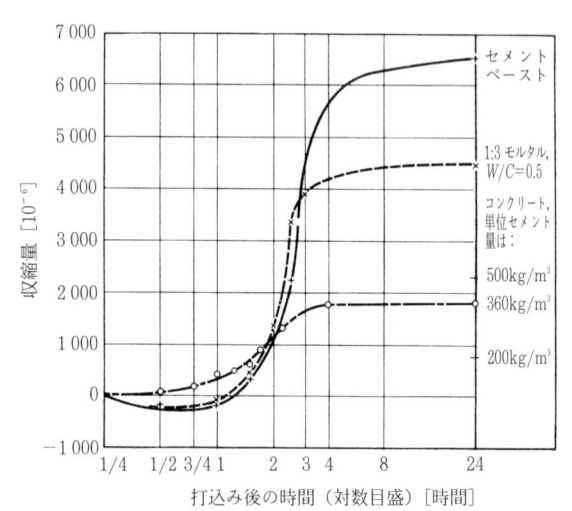

図-9.7　温度20℃，相対湿度50%，風速1.0m/秒の気中に置かれたコンクリートの初期収縮量に及ぼす単位セメント量の影響[9.14]

また水セメント比が小さいほど大きい[9.73]。ブリーディングとプラスチック収縮との関係は単純ではない[9.15]。例えば、凝結が遅延されるとブリーディングが多くなり、プラスチック収縮の増大を引き起こす[9.73]。他方、ブリーディングの容量が大きいとコンクリート表面の乾燥が速く起きすぎるのを防ぎ、それによってプラスチック収縮ひび割れが少なくなる。実際に重要なのはひび割れである。

9.6 自己収縮

　凝結が起きた後でも、収縮や膨潤の形で体積変化が起きることがある。水の供給がある場合には水和が継続し、膨張が起きる（次節を参照）が、水がセメントペーストに出入りできない場合には収縮が起きる。この収縮は、それまで未水和だったセメントが水和することによって水が毛管空げきから引き出された結果である。この過程は自己乾燥として知られている。

　そのような保守系の（水の出入りのない）収縮は**自己収縮**または**自己体積変化**として知られており、実施面ではコンクリート体の中心部で起きる。セメントペーストの収縮は、すでに水和したセメントペーストの剛な組織（前節で述べた）と、骨材粒子にもまた拘束される。したがって、コンクリートの自己収縮は、純粋なセメントペーストの場合より1桁小さい[9.74]。

　自己収縮は3次元ではあるが、一般には線ひずみとして表されるため、乾燥収縮と一緒に考えることができる。自己収縮量の標準的な値は材齢1ヵ月の時に40×10^{-6}、5年後に100×10^{-6}である[9.17]。自己収縮は温度が高く、単位セメント量が多く、またおそらくセメントが細かくなると増加する傾向があり[9.46]、またセメントのC_3AとC_4AFの含有率が高い場合に増加する。混合セメントの単位量が一定の混合物の場合にはフライアッシュの割合を増やすと自己収縮量が低下する[9.46]。水セメント比が低い場合に自己乾燥が大きくなるため、自己収縮量が増加すると予想されるが、そうはならない。なぜならば、水セメント比が低いと水和セメントペーストがより剛な構造となるからである。それにもかかわらず、水セメント比がきわめて低い場合は、自己収縮量がきわめて大きい。水セメント比が0.17のコンクリートに関して700×10^{-6}という値が報告されている[9.88]。

　上述した通り、自己収縮は水セメント比が極端に低い場合以外は比較的小さい

第9章　弾性，収縮，およびクリープ

ため，実施面においては，（大型マスコンクリート構造物の場合以外は）コンクリートの乾燥によって発生する収縮と区別する必要はない。後者は乾燥収縮として知られており，実施面においては自己体積変化による収縮を含む。

9.7　膨　潤

打込まれた時から水中で継続的に養生されたセメントペーストまたはコンクリートは，体積が実質的に増加し，質量が増加する。この膨潤は水がセメントゲルに吸収されるために起きる。すなわち，水の分子が凝集力に逆らって作用し，ゲル粒子をさらに引き離すため，膨潤圧力が発生するのである。それに加えて，水の浸入がゲルの表面張力を低下させ，さらに小さな膨張が発生する[9.18]。

純粋なセメントペーストの線膨張係数（打込み後24時間の寸法に対して）の代表的な値は次の通りである[9.14]。

　　100日後に $1\,300 \times 10^{-6}$

　　1 000日後に $2\,000 \times 10^{-6}$

　　2 000日後に $2\,200 \times 10^{-6}$

収縮やクリープの場合と同様，これらの膨潤の値は，線ひずみとしてメートル当たりメートルで表す。

コンクリートの膨潤はこれよりかなり小さく，単位セメント量が $300\mathrm{kg/m^3}$ の混合物でおよそ $100 \times 10^{-6} \sim 150 \times 10^{-6}$ である[9.14]。この値に達するのは打込み後6〜12ヵ月であり，それ以降の膨潤はごくわずかである。

膨潤には1％程度の大きさの質量の増加を伴う[9.14]。したがって，質量の増加は体積の増加よりはるかに大きい。なぜならば，セメントと水との混合構造が水和して体積が低下することによって生じた空間に，水が入り込むからである。

膨潤は海水中や高圧下でより大きくなる。そして，そのような状況は深海水中の構造物で存在する。圧力が10MPa（深さ1000mに相当する）であれば，3年後の膨潤の大きさは大気圧の場合と比べて約8倍大きくなる[9.10]。海水がコンクリート中へ移動することによって膨潤が発生するということは，コンクリート中に塩化物が浸入するということである（700頁参照）。

9.8 乾燥収縮

飽和していない空気中に保管されたコンクリートから水が排出されると，乾燥収縮が発生する。この現象の一部は不可逆性であり，湿潤状態と乾燥状態とに繰返し保管した場合に起きる可逆性の水の移動とは区別しなければならない。

9.8.1 収縮のメカニズム

乾燥中のコンクリートの体積変化は除去される水の体積に等しいわけではない。最初に起きる自由水の減少では，収縮をほとんどまたはまったく引き起こさない。乾燥を続けると，吸着された水が除去され，その段階で拘束されていない水和セメントペーストの体積変化量は，すべてのゲル粒子の表面からの，水の1分子厚の層の減少量にほぼ等しい。水分子の「厚さ」はゲル粒子の寸法の約1％であるから，セメントペーストが完全に乾燥した時の線ひずみの大きさは $10\,000 \times 10^{-6}$ という規模であると予想される[9.18]。実際では，$4\,000 \times 10^{-6}$ までの値が観測されている[9.19]。

ゲル粒子の寸法が乾燥収縮量に影響を及ぼすことは，それよりはるかに粗粒である建築用天然石（非常に多孔質な物であっても）の収縮率が低く，細粒の頁岩の収縮率が高いことによって示されている[9.18]。また，セメントペーストを高圧蒸気養生すると，微晶質で比表面積が小さくなるのであるが，普通養生された類似のペーストと比べて5～10倍[9.14]，時には17倍[9.20]も収縮量が小さくなる。

収縮または収縮の一部は結晶間の水の除去に関係があるとも考えられる。けい酸カルシウム水和物は，乾燥すると格子の間隔が 1.4nm から 0.9nm へと変化することが示されている[9.21]。また，水和した C_3A とカルシウムサルホアルミネートも類似の挙動を示す[9.22]。したがって，収縮に関連する水分の移動が結晶間で起きるのか結晶内部で起きるのかは明白ではない。しかし，ポルトランドセメントとアルミナセメント，それに純粋なモノアルミン酸カルシウムの粉末を入れてつくられたペーストは，基本的に類似の収縮を示すことから，収縮の根本原因は，ゲルの化学的鉱物学的特性にあるのではなく，むしろゲルの物理構造にあるに違いないと考えられる[9.22]。

減少した水の質量と収縮量との関係を，図-9.8 に示す。純粋なセメントペース

第9章　弾性，収縮，およびクリープ

トの場合は毛管の水が存在せず，除去されるのは吸着水だけであるため，この2つの量は互いに比例する。しかし，微粉砕シリカが添加された混合物や，ワーカビリティーの点から高い水セメント比を必要とする混合物では，完全に水和した場合でも毛管空げきが含まれている。毛管が空になるまでの間は水は減少するが収縮は発生せず，毛管の水が失われた後に吸着水の除去が行われると，純粋なセメントペーストの場合と同じようにして収縮が発生する。したがって，図-9.8 のすべての曲線において，最終的な傾斜は同じである。骨材の空げきと大きい空げき（エントラップトエア）にいくぶん水を含んだコンクリートにおいては，水の減少量と収縮量との関係を表す曲線の形はさらに大きくばらつく。

　コンクリート供試体中では，時間とともに減少する水の量は供試体の寸法によって異なる。乾燥中の表面から内部へ入った箇所の水の減少挙動の一般化された型は，蒸気の拡散速度は経過した時間の平方根に比例するという想定に基づいて，Mensi 他[9.75]によって開発された[9.75]。彼らは，直径が D_1 の円柱供試体で時間 t_1 に起きることは，直径が kD_1 の幾何学的に同じ形の円柱供試体で時間 $k^2 t_1$ に起き

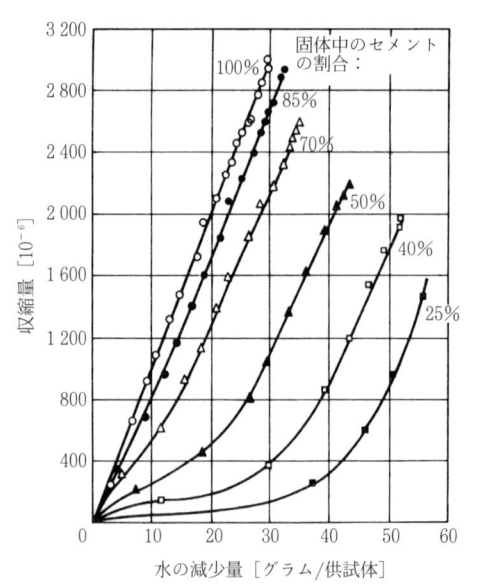

図-9.8　7日間 21℃で養生し，その後乾燥した（セメント-微粉砕シリカ）ペースト供試体における収縮量と水の減少量との関係[9.18]

9.8 乾燥収縮

ると提唱した。

実物大のコンクリート部材の場合は縁端部が存在するため，状況はそれほど単純ではない[9.55]（図-9.9 参照）。乾燥が一面でのみ起きるコンクリートにおいて，蒸発性の水の 80％が減少するのに要する時間についてのデータを，表-9.2 に示す。

水の減少に関するデータを収縮量に変換する際にはさらに面倒なことが起きる。実験室の小さい供試体であれば表面のひび割れがきわめてわずかであるため潜在

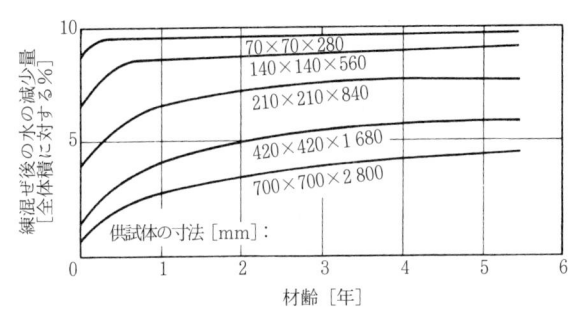

図-9.9 寸法の異なる角柱における水の減少量（周囲の相対湿度：55％）[9.55]

表-9.2 コンクリートが乾燥するまでの期間の推定値[*9.56]

温度 [℃]	強度	相対湿度	水分の透過性	暴露表面からの距離 [mm] に対する乾燥期間		
				50	100	200
5	低	低	高	3m	1y	4y
	中間	中間	中間	5y	20y	80y
	高	高	低	50y	200y	800y
20	低	低	高	1m	5m	$1\frac{1}{2}$y
	中間	中間	中間	$2\frac{1}{2}$y	10y	40y
	高	高	低	25y	100y	400y
50	低	低	高	10d	1m	5m
	中間	中間	中間	1y	4y	15y
	高	高	低	10y	40y	150y
100	低	低	高	1d	4d	15d
	中間	中間	中間	1m	5m	$1\frac{1}{2}$y
	高	高	低	1y	6y	25y

d＝日，m＝月，y＝年

* この表においては，蒸発性の水の 80％の損失を乾燥と定義している

第9章 弾性，収縮，およびクリープ

的収縮量が得られるのに対して，実物大の構造部材では表面のひび割れが有効収縮量に影響を及ぼし，内部応力の再分配を引き起こす。ひび割れはおそらく水の減少速度も上昇させる。コンクリート部材の大きさが収縮率に及ぼす影響に関しては，542頁に述べる。

9.9 収縮に影響する因子

水和セメントペースト自体の収縮に関する限り，水セメント比が高ければ高いほど収縮量は大きくなる。なぜならば，水セメント比はセメントペースト中の蒸発性の水の量と，水が供試体表面に移動できる速度とを決定するからである。Brooks[9.77]は，水和セメントペーストの収縮量は，水セメント比の値が0.2〜0.6の間では，水セメント比に比例することを実証した。水セメント比がこれより高い場合は，乾燥によって収縮を起こさずに余分の水が除かれる[9.77]（図-9.8参照）。

さて次に，モルタルとコンクリートの方に移りたい。表-9.3に，温度21℃，相対湿度50%で6ヵ月間保管された，断面が127mm平方のモルタルとコンクリートの供試体に関して，標準的な乾燥収縮量を示した。収縮は多くの因子に影響されるため，これらの値は目安に過ぎない。

もっとも重大な影響を及ぼしたのは，本来ならば発生したであろう収縮量を拘束する骨材である。純粋なセメントペーストの収縮量 S_p に対するコンクリートの収縮量 S_c の比は，コンクリート中の骨材の含有率 a によって異なり，次の通りである[9.23]。

表-9.3 モルタルおよびコンクリート供試体の収縮量の標準値。断面は127 mm平方，相対湿度50%温度21℃で保管[9.19]

（骨材/セメント）比	各水セメント比における6ヵ月後の収縮量 $[10^{-6}]$			
	0.4	0.5	0.6	0.7
3	800	1 200	—	—
4	550	850	1 050	—
5	400	600	750	850
6	300	400	550	650
7	200	300	400	500

9.9 収縮に影響する因子

$$S_c = S_p(1-a)^n$$

n の実験値は 1.2～1.7 の間で変化し[9.14]，セメントペースト中の応力がクリープによって解放されることによって若干のばらつきが起きる[9.35]。図-9.10 は標準的な結果を示しており，$n = 1.7$ という値になっている。

同じ水セメント比と同じ水和度の純粋なセメントペーストの収縮量から，骨材の含有率と弾性係数とを考慮することによって，コンクリートの収縮量を推定することができることは，Hansen と Almudaiheen[9.72]によって確認された。

骨材の寸法や粒度それ自体は収縮量の大きさに影響を及ぼさないが，骨材の寸法が大きい方が単位セメント量の少ない混合物にすることができるため，収縮量は少なくなる。

骨材の最大寸法を 6.3mm から 152mm へ上げることが，骨材含有率をコンクリート体積の 60％から 80％へ増やすことを意味するとすれば，図-9.10 に示す通り，収縮量は 1/3 に低下する。

同様に，強度が一定であれば，ワーカビリティーの低いコンクリートは，同じ寸法の骨材でつくられたワーカビリティーの高い混合物より骨材の量が多く，結果として，前者の混合物の方が低い収縮量を示す[9.18]。例えば，コンクリートの骨材含有率を 71 から 74 まで上げると（同じ水セメント比で），収縮量が約 20％低下する（図-9.10 参照）。

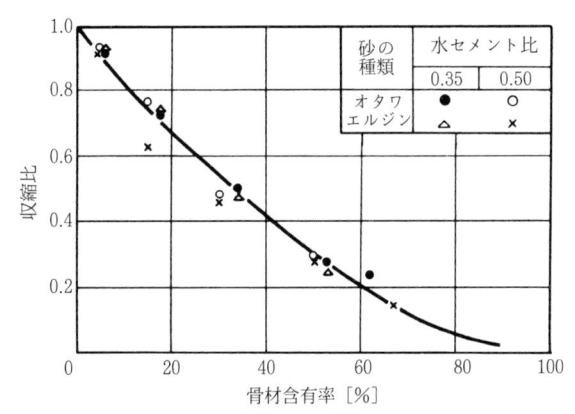

図-9.10 コンクリートの収縮量の，純粋なセメントペーストの収縮量に対する比に及ぼすコンクリート中の骨材含有率（体積割合で）の影響[9.23]

第9章 弾性，収縮，およびクリープ

　水セメント比と骨材含有率の2つの影響（表-9.3と図-9.10）は，一緒にして1つの図に表すことができる。それを図-9.11に示すが，示された収縮量は温帯性気候における標準的な値に過ぎないことを念頭に置かなければならない。実際上，水セメント比が一定であれば，収縮量は単位セメント量の上昇とともに上昇する。なぜならば，単位セメント量が多ければ，収縮が起きる水和セメントペーストの量が多くなるからである。しかし，ワーカビリティーが一定の場合（単位水量がほぼ一定ということを意味する）には，単位セメント量が上昇しても収縮量はあまり影響されず，むしろ低下する可能性もある。なぜならば，水セメント比が低下するため，コンクリートの収縮に対する抵抗性が向上するからである。収縮に及ぼすこれらの影響の全体的な型[9.76]を，図-9.12に示す。

　コンクリートの単位水量は，拘束する骨材の量が低下するという点において，収縮に影響を及ぼす。したがって，図-9.13の一般的な型のように，一般的に言って混合物の単位水量は予想される収縮量の程度は示すが，単位水量それ自体は主要な因子ではない。したがって，単位水量が同じでも配合割合が大きく異なる混合物は，収縮量の値が異なる可能性がある[9.82]。

　ここでまた骨材の拘束効果が収縮量に及ぼす影響を考察してみたい。

　骨材の弾性特性が，その骨材が及ぼす拘束の程度を決定する。例えば，鋼製の骨材は収縮量を通常骨材より3分の1低下させ，膨張頁岩は3分の1増加させ

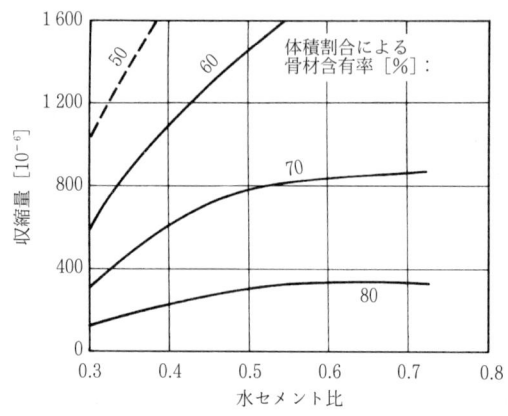

図-9.11　水セメント比と骨材含有率が収縮に及ぼす影響[9.48]

9.9 収縮に影響する因子

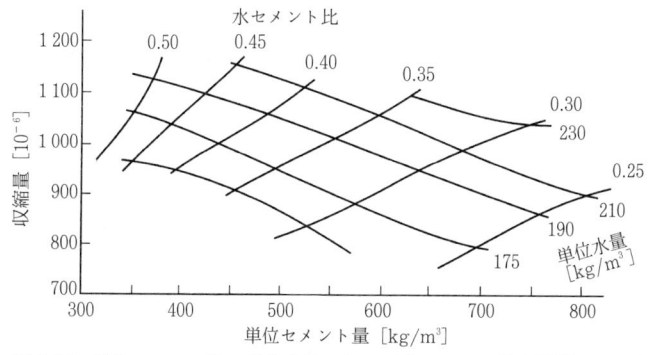

図-9.12 単位セメント量，単位水量，および水セメント比を関数とする収縮の型；コンクリートは28日間湿潤養生し，その後450日間乾燥させた[9.76]

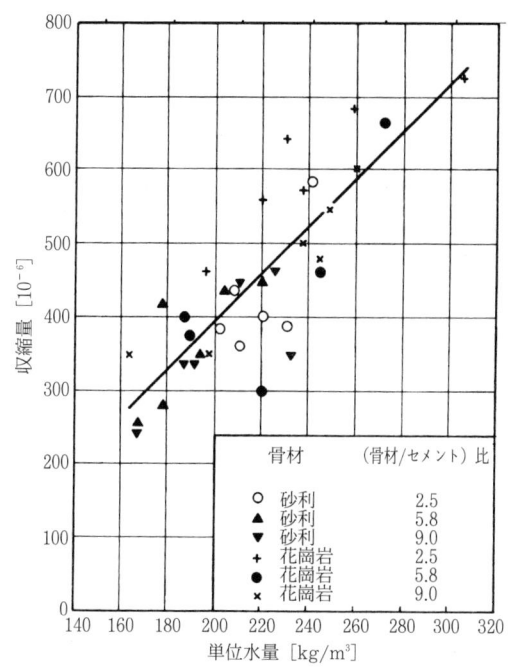

図-9.13 フレッシュコンクリートの単位水量と乾燥収縮量との関係[9.25]

第9章 弾性,収縮,およびクリープ

る[9.6]。骨材のこのような影響は,Reichard[9.49]によって確認された。Reichard は,コンクリートの弾性係数と収縮量とは両者とも使用骨材の圧縮特性によって異なるので,その間の相関関係を見出した(図-9.14 参照)。骨材中に粘土が存在すると収縮に対する拘束効果が低下し,さらに粘土自体も収縮しやすいことから,粘土で覆われた骨材は収縮量が 70%まで増加する可能性がある[9.18]。

普通骨材の範囲内でさえ,でき上がったコンクリートの収縮量にはかなりのばらつきがある(図-9.15 参照)。普通の天然骨材は通常それ自体収縮はしないが,一部の岩の中には乾燥すると 900×10^{-6} まで収縮するものがある。

これは,非収縮性骨材でつくられたコンクリートの収縮量と同程度の大きさである。収縮性骨材はスコットランドのさまざまな場所に広範囲に存在するが,他の場所にも存在する。それらは主として一部の粗粒玄武岩と玄武岩であるが,硬砂岩や泥岩などの一部の堆積岩も含まれる。他方,花崗岩,石灰岩,および珪岩は,一貫して非収縮性であることが判明している。

収縮性骨材でつくられていて収縮量の大きいコンクリートは,たわみまたは反り(ねじ曲がり)が大きいため,実用性の点で構造物に問題が出る可能性がある。

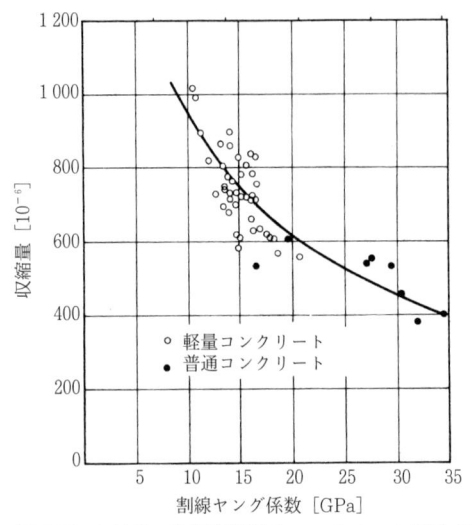

図-9.14 2年後の乾燥収縮量とコンクリート材齢 28 日における割線ヤング係数(強度の 0.4 の応力値で)との関係[9.49]

9.9 収縮に影響する因子

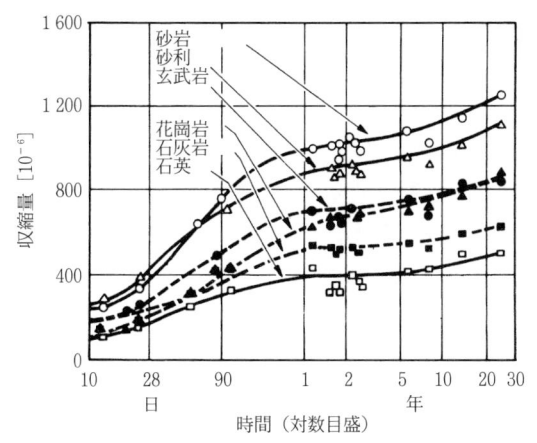

図-9.15 配合割合が同じで骨材が異なるコンクリートの収縮（温度21℃，相対湿度50%の気中で保管）[9.24]。材齢28日の湿潤養生終了以後時間を測定している

そのため，疑わしい骨材はすべて収縮性を調査するのがよい。試験方法はBS 812：Part 120：1983に定められており，配合割合が一定で，与えられた骨材を含んだコンクリートを105℃で乾燥させて収縮を調査する。この試験は，日常的に用いるためのものではない。これに関連して，収縮性の岩石は一般に吸水率も高いことは注目に値する。

このことは，骨材の収縮特性を注意深く調べる必要性の警戒信号と考えることができる。そのような骨材に対処するために考えられる1つの方法は，高収縮性骨材と低収縮性骨材とを混合することである。

軽量骨材は一般に収縮量を高める。その理由は主として，この骨材は弾性係数が低いためセメントペーストの潜在収縮をあまり拘束しないからである。75μm（No.200）のふるいより細かい材料の割合が大きい軽量骨材の場合は，細粒子が空げき率を大きくするため，収縮量がさらに高まる。

セメントの性質はコンクリートの収縮にほとんど影響を及ぼさず，Swayze[9.26]は，同じセメントでつくられた場合，純粋なセメントペーストの収縮量が大きいことが，必ずしもコンクリートの収縮量が大きいことを意味しないことを示した。セメントの粉末度が影響因子となり得るのは，例えば75μm（No.200）のふるいより粗い粒子（これは比較的わずかしか水和しない）に骨材と同様の拘束効果

があるという点においてだけである。それ以外の場合は，前に提唱したことと反するが，粉末度の高いセメントが普通骨材[9.26, 9.41]や軽量骨材[9.106]でつくられたコンクリートの収縮量を高めることはない。ただし，純粋なセメントペーストの収縮量は上昇する[9.40]。セメントの化学組成は収縮に影響を及ぼさないと現在は考えられているが，石膏の不足したセメントは収縮量が大幅に上昇する[9.27]。なぜならば，凝結中に確定された最初の骨組が，続いて起きる水和ペーストの構造を決定し[9.22]したがって（ゲル/空間）比，強度，およびクリープにも影響を及ぼすためである。セメントの遅延という観点から最適な石膏含有率は，収縮量をもっとも少なくする含有率よりいくぶん低めである[9.28]。ある任意のセメントに関して，満足な収縮を得るための石膏含有率の範囲は，満足な凝結時間にするための範囲より狭い。

アルミナセメントでつくられたコンクリートの収縮量はポルトランドセメントを使った場合と同程度の大きさであるが，はるかに速く起きる[9.19]。

混合物中にフライアッシュまたは高炉スラグ微粉末を混ぜると収縮量が上昇する。具体的に言うと，水セメント比が一定の場合に，混合セメント中のフライアッシュまたはスラグの割合を多くすると，前者の場合には20％ほど収縮が大きくなり，またスラグの含有率を非常に高くすると60％まで収縮量が上昇する[9.71]。シリカフュームは長期収縮量を上昇させる[9.81]。

減水剤それ自体は，おそらく収縮をわずかに向上させるだけである。減水剤の主な効果は，混和剤を使用すると混合物の単位水量または単位セメント量，またはその両方が変化するという間接的なものであり，収縮に影響を及ぼすのはこれらの変化が組み合わさって作用することによる[9.71]。高性能減水剤は収縮を10～20％上昇させることが明らかにされている[9.71]。しかし，観測される収縮量はあまりにも小さいため，信頼できかつ一般的に有効なものとしては認められない。

前に述べたことから，高性能減水剤が含まれる超高強度コンクリートの収縮量は，単に相反する関連因子から定まる結果に過ぎないことが予想できる。すなわち，低い水セメント比とそれに付随する高い自己乾燥（これは収縮量を小さくする），および高い単位セメント量（これは収縮量を大きくする）の組み合わせである。したがって，収縮量を推定するための通常の手法は，超高強度コンクリートにも当てはまる。しかし，このようなコンクリート構造は剛性がより大きいこ

9.9 収縮に影響する因子

とから，実際の収縮量の大きさは抑制されている．

空気の連行は収縮に何も影響を及ぼさないことが明らかにされている[9.29]．塩化カルシウムを添加すると収縮量が一般に10〜50％上昇するが[9.30]，これはおそらく，細粒度のゲルが生成されるため，あるいはまた，塩化カルシウムを含んだ水和度の高い供試体が，大きく炭酸化されるためである可能性もある[9.50]．

9.9.1 養生と環境条件の影響

収縮は長期間にわたって起きる．28年経ってもなお多少の変動が観測されている[9.24]（図-9.16参照）が，長期的な収縮の一部は炭酸化によるものである可能性が高い．図-9.16（時間を対数目盛りで図化したもの）は，収縮速度が時間とともに急速に低下することを示している．

湿潤養生が長引くと収縮の出現が遅延されるが，養生が収縮量の大きさに及ぼす影響はやや複雑ではあるが小さい．純粋なセメントペーストに関する限り，水和したセメントの量が多いほど収縮を拘束する未水和のセメント粒子の体積は小さい．したがって，養生が長引くと収縮量は大きくなるとも思われるが[9.18]，水和したセメントペーストに含まれる水の量は少なく，材齢とともに強度が増し，収縮してもひび割れが発生しない可能性がより大きくなる．しかし，コンクリート中において，例えば骨材粒子の周りなどにひび割れが発生すると，コンクリート供試体で測定された全般的な収縮量は明らかに低下する．十分に養生されたコン

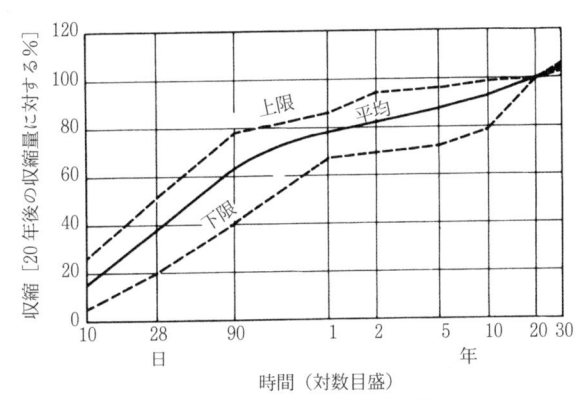

図-9.16 相対湿度50％と70％で保管された種々のコンクリートの収縮−時間 曲線の範囲[9.24]

クリートは収縮が急速に発生するため[9.40]，クリープによる収縮応力の解放が小さくなる。また，コンクリートは強度が高いため，クリープ容量は本来低い。これらの因子の影響は，十分養生されたコンクリートの高い引張強度をしのぐことがあり，ひび割れを生じさせるおそれがある。この点を考慮すると，養生が収縮に及ぼす影響に関して矛盾する結果が報告されていることも驚くには当たらないが，一般的に言って，養生期間の長さは収縮における重要な因子ではない。

収縮量の大きさはおおむね乾燥速度と無関係であるが，コンクリートを水中から直接湿度のきわめて低い環境に移すと破壊が起きる可能性がある。急速に完全乾燥するとクリープによる応力の解放が起きないため，ひび割れが発生する可能性がより大きくなる。

しかし，コンクリートの湿気の透過性は低いため，発生し得る蒸発速度はごく小さく，したがって風も強制対流も硬化コンクリートの乾燥速度にまったく影響を与えない（ごく初期の段階を除く）。すなわち，空気の移動によって速度を速めることはできない[9.51]。この点は実験によって確認されている[9.52]（フレッシュコンクリートからの蒸発については 403 頁を参照）。

例えば図-9.17 に示す通り，コンクリート周辺の相対湿度は収縮量の大きさに大きな影響を及ぼす。同図はまた，収縮量の絶対値が水中での膨潤と比べて大きいことも示している。膨潤の大きさは，相対湿度が 70% の空気中での収縮量の約 1/6 と小さく，また 50% の空気中での収縮量の 1/8 と小さい。

したがって，「乾燥した」（不飽和の）空気中に置かれたコンクリートは収縮するが，水中または相対湿度 100% の空気中では膨潤することがわかる。このことは，セメントペースト中の蒸気圧が常に飽和した蒸気圧より低いことを示していると考えられるため，ペーストが湿度の平衡状態に達する中程度の湿度が存在すると予想するのが筋が通っている。事実 Lorman[9.31]はこの湿度が 94% であることを明らかにしたが，実際は，小断面で事実上拘束を受けない供試体の場合にのみ平衡状態は可能である。

ある一定の相対湿度での収縮量を，他の相対湿度での既知の収縮量の値に基づいて推定したい場合は，ACI 209R-92[9.80]の関係式を使用することができる。これは図-9.18 に示したが，ここには Hansen と Almudaiheem[9.72]が提案する式も含まれている。後者は，50% より低い相対湿度で，ACI 209R-92 によって示された

9.9 収縮に影響する因子

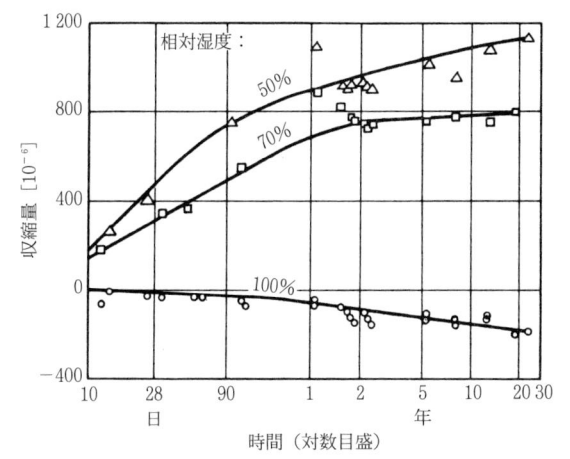

図-9.17 異なる相対湿度で保管されたコンクリートの収縮と時間との関係[9.24]。材齢28日の湿潤養生終了以後時間を測定している

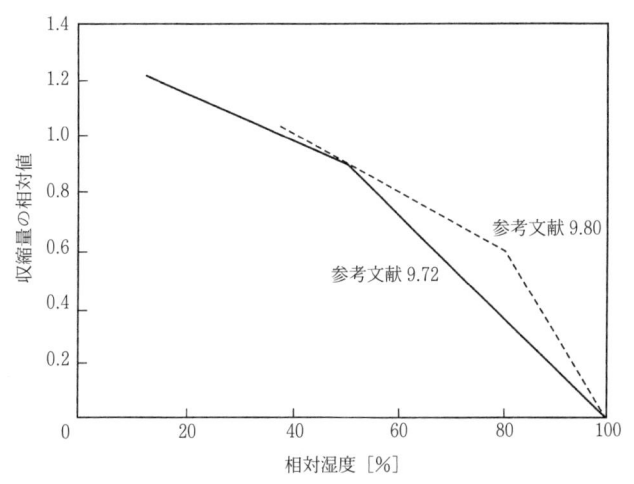

図-9.18 周囲の相対湿度を関数としての収縮量の相対値（ACI 209R-92[9.80]およびHansenとAlmudaiheem[9.72]による）

収縮量の相対値より低い相対値を示している。HansenとAlmudaiheem[9.72]はまた，ACI 209R-92が提供していない相対湿度が11〜40%の範囲での収縮量の相対値も提供している。

9.10 収縮量の予測

ACI 209R-92[9.80]によれば,時間とともに発生する収縮は次の式に従って起きる。

$$s_t = \frac{t}{35+t} S_{ult}$$

ここに,

s_t = 7 日間の湿潤養生終了から t 日後の収縮量

S_{ult} = 最終的な収縮量

t = 湿潤養生終了以来の日数

上記の式による収縮量の発生予測にはかなりのばらつきが出やすいが,この式は,湿潤養生された種々のコンクリートの最終収縮量の予測に使うことができる。35 日間乾燥した時点で最終収縮量の半分が起きると仮定している。蒸気養生されたコンクリートの場合は,分母中の 35 という値を 55 で置き換え,時間 t は 1〜3 日の蒸気養生の終了から数える。

ACI 209R-92[9.80]は,さまざまな因子を考慮する多数の係数で基準値を修正して収縮量を予測するための一般的な式を提供している。しかしそのような手法では誤差は大きいと予想される。

収縮量のさまざまな式は Neville 他[9.84]によって解説されている。これらの式を使って,実際のコンクリートの短期の試験結果から長期の収縮量を予測することができる。そのような短期の試験は,収縮量を十分正確に予測するために必要である。

短期間の収縮量の測定方法は BS 1881:Part 5:1970 に規定されており,供試体を規定された期間,定められた温度と湿度の下で乾燥させる。

このような状況下で起きる収縮量は,相対湿度が約 65%の空気中に長期間暴露した後の収縮量とほぼ同じ量であり[9.19],したがってイギリス諸島の戸外で起きる収縮の量を上回る。収縮量の大きさは,10^{-5} のひずみまで読むことのできるマイクロメーターゲージまたはダイヤルゲージを取り付けた測定型枠か,または伸縮計やひずみゲージを使えば測定することができる。米国の試験方法は ASTM C 157-93 に規定されているが,試験用供試体を通り過ぎる空気の動きは注意深く管理され,また相対湿度は 50%に保たれる。

9.11 不均一な収縮

　純粋なセメントペーストの潜在収縮量は骨材によって拘束されるということを前に述べた。また拘束の一部は，コンクリート部材自体の内部の不均一な収縮からも起きる。水分の逸散は表面だけで起きるため，コンクリート供試体中に含水量勾配が発生し，不均一な収縮が起きる。潜在収縮量は，内部応力（表面近辺では引張応力，中心では圧縮応力）に伴うひずみと相殺される。乾燥が非対称に起きる場合は，反り（ねじ曲がり）の起きる可能性がある。

　一般に引用される収縮量の値は，自由収縮量または潜在収縮量，つまり内部拘束によっても，外部拘束によっても拘束されない構造部材の収縮を表す値であることを指摘すると良いかもしれない。拘束力が実際の収縮量に及ぼす影響を考える上では，544頁に解説するように，発生した応力はリラクセーションによって修正され，ひび割れの発生が防止されることを理解することが重要である。リラクセーションは徐々にしか起きないため，収縮がゆっくりと発生する場合にはひび割れを防ぐことがある。しかし，同じ大きさの収縮量でも，急速に起きるとひび割れを誘発する可能性が高い。もっとも重要なのは，収縮ひび割れである。

　収縮の進行は乾燥中の表面からコンクリートの内部へと徐々に広がるが，ただし極端にゆっくりと進行する。乾燥は1ヵ月で75mmの深さに達することが観測されたが，10年経ってもたった600mmである[9.14]。L'Hermiteの資料[9.55]を図-9.19に示した。内部に初期膨潤が認められる。Ross[9.32]は，モルタルスラブの表面の収縮量と深さ150mmの部分での収縮量との差が，200日後に470×10^{-6}であることを確認した。モルタルのヤング係数を21GPaとすれば，収縮量の差によって10MPaの応力度を誘発することになる。応力は徐々に発生するためクリープによって軽減されるが，それでも表面にひび割れが発生する可能性がある。

　乾燥はコンクリートの表面で起きるため，収縮の大きさは供試体の寸法と形状とによって相当異なり，（表面積/体積）比の関数となる[9.32]。寸法効果の一部は，小型供試体の炭酸化収縮にも起因することがある（547頁参照）。したがって実施面では，収縮はコンクリート部材の寸法を考えずにコンクリートに内在する特性として考えることはできない。

　事実，多くの研究によって供試体の寸法は収縮に影響を及ぼすことが示されて

第9章　弾性，収縮，およびクリープ

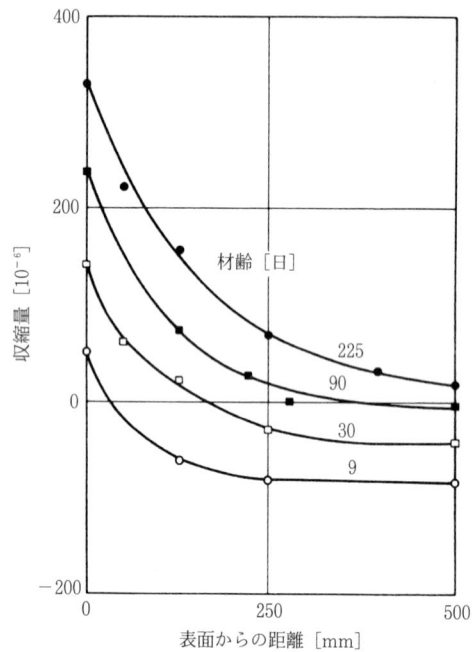

図-9.19　乾燥表面（他の面からの乾燥はない）からの距離を関数としての収縮の経時進行（収縮量には温度差の補正がなされている）[9.55]

いる。測定された収縮量は供試体の寸法が大きくなるにつれて小さくなるが，ある値を超えると寸法効果は最初小さく，後に顕著となる（図-9.20）。

　供試体の形状も関係があるように思われるが，まず最初の近似として，収縮量は供試体の（体積/表面積）比の関数として表すことができる。この比率と収縮量の対数との間には直線的な関係があるように思われる[9.53]（図-9.21）。さらに，この比率は，収縮量の半分が達成されるのに必要な時間の対数と直線関係にある。後者の関係は，種々の骨材を使ってつくられたコンクリートに当てはまる。したがって，収縮量の大きさは使用した骨材の種類によって影響を受けるが，収縮量の最終値に達する速度には影響がない[9.53]。収縮量の終局値は理論上コンクリート要素の寸法とは無関係だと主張されてきたが[9.16, 9.83]，実際的な期間で考えると，大きい部材の方が収縮量は小さいということを受け入れなければならない。

　形状の影響は2次的である。I形供試体は（体積/表面積）比がそれと等しい円

9.12 収縮によるひび割れ

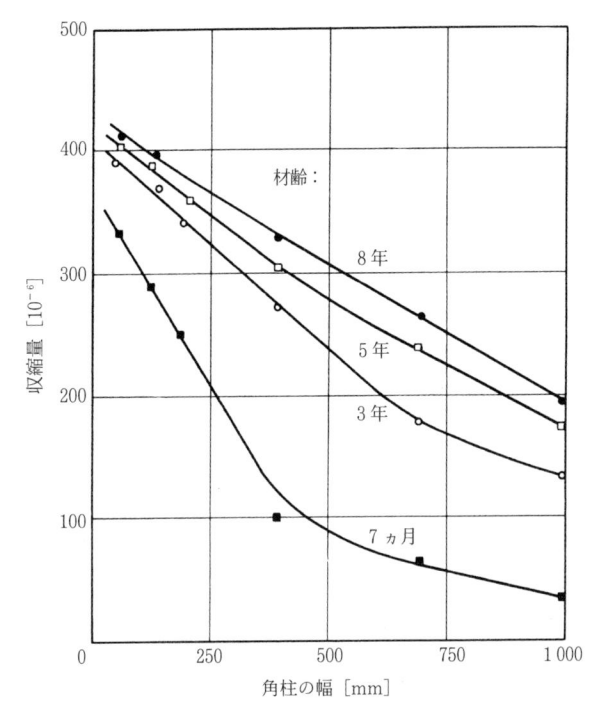

図-9.20 正方形断面をもち，(長/幅)比が4のコンクリート角柱における軸方向収縮量と断面幅との関係（全面から乾燥が可能）[9.55]

柱形の供試体より収縮量が少なく，その差は平均すると14%である[9.53]。この差は水が表面まで移動するための平均距離の違いということになるが，したがって，これは設計のためには重要ではない。

9.12 収縮によるひび割れ

不均一な収縮のところで述べた通り，構造物中の収縮が重要となる理由はひび割れと大きく関係するからである。厳密に言えば，我々が問題にしているのはひび割れの傾向である。なぜならば，ひび割れが発生するかしないかの問題は，潜在収縮量だけでなく，コンクリートの伸び能力，強度，および，ひび割れをもたらす変形に対する拘束の程度によっても異なるからである[9.54]。拘束の種類のうち，

第9章　弾性，収縮，およびクリープ

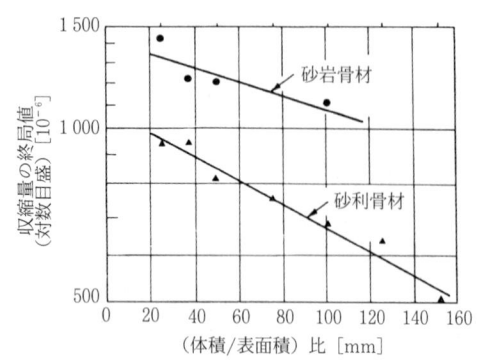

図-9.21　収縮量の終局値と（体積/表面積）比との関係[9.53]

鉄筋の存在や応力の勾配による拘束は，最大応力度に対応するひずみを大きく超えたひずみを発生させるという点で，コンクリートの伸び能力を上昇させる。コンクリートの伸び能力が大きいということは，より大きい体積変化に耐えられるため一般に望ましいことである。

応力がクリープによって軽減された場合のひび割れの発生の概念図を図-9.22に示す。ひび割れの発生を防止することができるのは，自由収縮ひずみによって引き起こされ，クリープによって軽減された応力度が，常にコンクリートの引張強度より小さい場合だけである。したがって，時間は2種類の影響を及ぼす。強度が向上するとひび割れの危険性が少なくなるが，反面弾性係数も上昇するため，一定の収縮量によって引き起こされる応力度が増大する。さらにまた，クリープによる応力軽減能力は材齢とともに低下するため，ひび割れ傾向が大きくなる。実施面での副次的な点としては，収縮拘束型のひび割れが初期の段階で形成され，続いて水分がひび割れに入り込むと，ひび割れの多くはゆ（癒）着によって閉じられる。

ひび割れでもっとも大きい因子の1つは，混合物の水セメント比である。なぜならば，水セメント比が上昇すると収縮量が上昇し，同時にコンクリートの強度が低下する傾向があるからである。単位セメント量の上昇も収縮量を増大させ，したがってひび割れ傾向も増大させるが，強度の影響は良い方に作用する。これは乾燥収縮に当てはまることである。炭酸化は収縮を引き起こすがその後の水分

9.12 収縮によるひび割れ

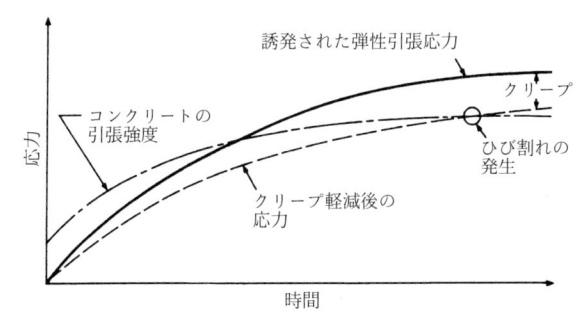

図-9.22 収縮の拘束によって発生した引張応力がクリープによって軽減される場合のひび割れ発生の概念図

移動を減少させるため，ひび割れ傾向の観点からみると利点がある。それに反して，骨材中に粘土が存在すると，収縮量もひび割れも増加する。

混和剤を使用すると，硬化，収縮，およびクリープに対する影響が相互に作用することによってひび割れの傾向に影響を及ぼす。

とくに，遅延剤は，より多くの収縮がプラスチック収縮（523頁参照）の形で緩和させられ，またおそらくコンクリートの伸び能力も向上させるため，ひび割れを減少させる。反対に，コンクリートがあまりにも速く剛性を発現すると，本来プラスチック収縮になったであろう部分が緩和されることができず，強度が低いためひび割れが起きる。

打込み時の温度によって，コンクリートの塑性的な変形（すなわち連続性が失われない）が終了する時点のコンクリートの状態が決まる。その後の温度の低下は，潜在的な収縮を引き起こす。したがって，暑中にコンクリートを打込むことは，ひび割れ傾向が高いことを意味する。温度分布や含水量分布の勾配が急激な場合には大きな内部拘束を引き起こすため，ひび割れ傾向が高くなる。同様に，部材の基礎による拘束あるいは他の部材による拘束は，ひび割れを生じさせるおそれがある。

これらは考慮すべき因子の一部である。実際に発生するひび割れや破壊はいくつかの因子の組合わせによっており，実際，悪影響を及ぼす単一の因子がコンクリートのひび割れの原因となることは稀である。

収縮の拘束によるひび割れを評価するための標準試験は存在しないが，内側の

鋼環によって拘束された環状コンクリート供試体を使用すると，さまざまなコンクリートのひび割れに対する抵抗性に関して情報が得られる[9.78, 9.79]。さまざまな原因によるコンクリートのひび割れについては，第10章で考察する。

9.13 水分移動

　一定の相対湿度の空気中で自然乾燥させたコンクリートを，その後水中で（または乾燥時より高い湿度で）保管すると膨潤する。しかし，水中での保管を長くしても，最初の乾燥収縮がすべて回復するわけではない。普通のコンクリートの範囲であれば，収縮の非回復部分は乾燥収縮量の0.3〜0.6の間であるが[9.14]，低い方の値が一般的である[9.25]。完全に回復できない理由は，おそらく乾燥中にゲル粒子同士がより近く接近した際に，ゲルの中に新たな付着が発生したためと思われる。セメントペーストが乾燥する前にかなりの程度まで水和が進行していれば，乾燥時にゲルがより接近したことによる影響は少なくなる。事実，6ヵ月間水中養生した後乾燥させた純粋なセメントペーストは，再湿潤化した時に残留収縮量がないことが判明した[9.33]。反対に，乾燥に炭酸化が伴うと，セメントペーストは水分移動の反応が鈍くなるため残留収縮量が多くなる[9.14]。

　乾燥前の養生と乾燥中の炭酸化が水分移動に及ぼす影響によって，水分移動量と収縮との間に単純な関係が存在しないことが理解できる。

　図-9.23は，水中と相対湿度50%の気中での保管とを交互に行ったセメントペーストの水分移動を，線ひずみで表したものである[9.33]。水分移動の量は，湿度の範囲とコンクリートの配合割合によって異なる（表-9.4）。軽量コンクリートは普通の骨材でつくられたコンクリートより水分移動が大きい。

　ある一定のコンクリートにおいて，連続する各サイクルの間に起きる水分移動は徐々に減少する。これはおそらくゲルの中に追加的な付着が生じたためと思われる[9.22]。

　水中保管の期間が十分に長い場合には，セメントが継続的に水和することによってさらに多少膨潤するため，乾燥と湿潤による可逆的な移動に加えて正味の値はさらに大きくなる[9.19]（図-9.23では，これは上側の点線が少し上昇していることによって示されている）。

9.14 炭酸化収縮

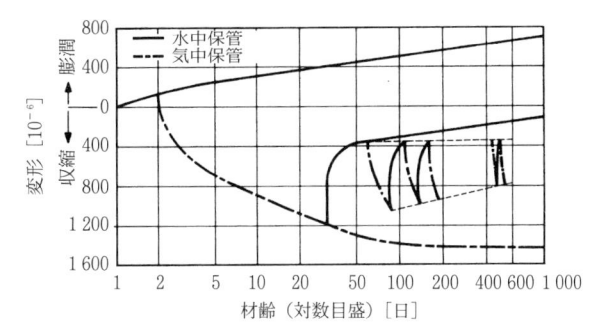

図-9.23 水中と相対湿度50%の気中とに交互に保管された（セメント：微粉砕玄武岩）1：1混合物の水分移動；28日周期[9.33]

表-9.4 50℃で乾燥後水中に浸したモルタルおよびコンクリートの水分移動の標準値[9.19]

質量による配合割合	水分移動（軸方向ひずみ）[10^{-6}]
純粋なセメント	1 000
1：1 モルタル	400
1：2 モルタル	300
1：3 モルタル	200
1：2：4 コンクリート	300

9.14 炭酸化収縮

　乾燥時の収縮に加えて，コンクリートの表面区域は炭酸化による収縮を受ける，また乾燥収縮に関する実験データのいくつかには炭酸化の影響が含まれている。しかし，乾燥収縮と炭酸化収縮は本質的にまったく別のものである。

　炭酸化の過程については第10章で述べることにして，現段階では，我々は炭酸化収縮に限定して考える。しかし，水和セメントペーストが二酸化炭素を定着させるため，後者の場合には質量が増加することに注意しなければならない。その結果，コンクリートの質量も増加する。

　コンクリートの乾燥と炭酸化とが同時に行われると，炭酸化した時に質量が増加するため，乾燥工程が一定の質量の段階，すなわち平衡状態（図-9.24），に達したという間違った印象を与える可能性がある。試験結果をそのように解釈しないように十分に警戒しなければならない[9.58]。

第9章 弾性，収縮，およびクリープ

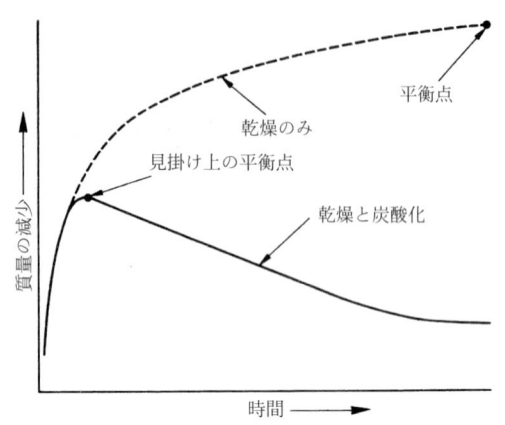

図-9.24 乾燥と炭酸化によるコンクリートの質量の減少[9.58]

炭酸化収縮は，おそらく圧縮応力下（乾燥収縮によって導入された）で$Ca(OH)_2$の結晶が溶解し，応力が作用していない空間に$CaCO_3$が堆積することによって起きる。したがって，水和セメントペーストの圧縮性（圧縮による体積減少）が一時的に増大する。炭酸化が C–S–H の脱水の段階まで進行すると，これもまた炭酸化収縮を引き起こす[9.104]。

図-9.25 に，CO_2を含まないさまざまな相対湿度の空気中で乾燥されたモルタル供試体の乾燥収縮と，その後の炭酸化による収縮とを示した。炭酸化は湿度が中程度であれば収縮量が増大するが，100％または25％であれば増大しない。後者の場合は，セメントペースト内の空げき中にCO_2が炭酸になるための水が十分に存在しない。反対に，空げきに水が一杯に入っていると，CO_2がペースト中に拡散される速度がきわめて遅くなる。また，ペーストからカルシウムイオンが拡散して$CaCO_3$の析出を引き起こすため，表面の空げきがふさがることもありうる[9.37]。

乾燥と炭酸化の順序は，収縮の合計の量に大きな影響を及ぼす。乾燥と炭酸化が同時に起きると，乾燥してから炭酸化が起きる場合より総収縮量が小さくなる（図-9.26）。なぜならば，前者の場合は，炭酸化の大部分が50％より高い相対湿度で起きるからである。そのような状況下では収縮量が減少する（図-9.25）。高圧蒸気養生されたコンクリートの炭酸化収縮量はきわめて小さい。

9.14 炭酸化収縮

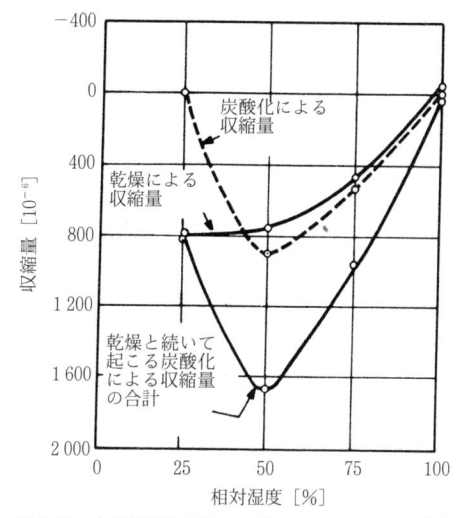

図-9.25 相対湿度が異なる場合のモルタルの乾燥収縮と炭酸化収縮[9.37]

コンクリートに，湿潤と CO_2 を含んだ気中での乾燥とを交互に行わせると，炭酸化による収縮（乾燥サイクル中の）が徐々にはっきりと現れてくる。どの段階でも，総収縮量は CO_2 を含まない気中で乾燥が行われた場合より大きく[9.37]，したがって炭酸化が不可逆収縮の量を大きくし，暴露されたコンクリート表面の細かなひび割れの発生原因となる。

表面の細かなひび割れは，コンクリートの内部が収縮しないのに対して，表面区域に拘束された収縮が発生することにより引き起こされる浅いひび割れの一形態である。

しかし，湿潤と乾燥の交互作用に暴露する前に起きるコンクリートの炭酸化は，水分移動を時には半分近く減少させる[9.38]。この効果を実施面で利用するには，型枠を解体したプレキャスト製品をただちに煙道ガスに暴露し，事前に炭酸化することである。そうすれば，水分移動の少ないコンクリートが得られるが，炭酸化を行っている間の湿度状態を注意深く管理しなければならない。コンクリート製品を炭酸化するためのさまざまな技術については，ACI 517.2R-87[9.96]で説明している。

第9章　弾性，収縮，およびクリープ

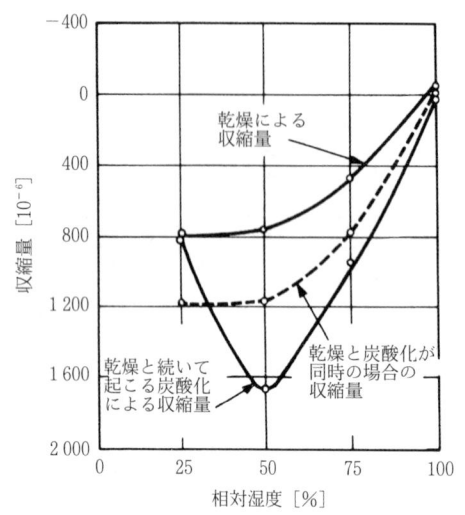

図-9.26　モルタルにおける乾燥と炭酸化の順序が収縮量に及ぼす影響[9.37]

9.15　膨張セメントの使用による収縮補償*

　本章の前の方で述べた乾燥収縮に関する解説で，収縮はおそらくコンクリートのもっとも望ましくない性質の1つであることが明らかにされたと思う。収縮が拘束されると収縮ひび割れを引き起こし，コンクリートの外観を損ない，外部の作用物質に侵されやすくなり，したがって耐久性に悪影響を及ぼすおそれがある。しかし，拘束されない収縮も有害である。隣接するコンクリート部材が収縮すると互いに分離し，「外部ひび割れ」を生じさせる。収縮はまた，プレストレストコンクリート中の緊張材の初期応力を低下させる原因の1つともなっている。

　したがって，水和した時の収縮による変形を相殺するセメントを開発するために，多くの試みが行われてきた事は驚くべきことではない。特別な場合では，硬化した時点でのコンクリートの純膨張も有益かもしれない。そのような膨張セメントを含んだコンクリートは，材齢2，3日までは膨張するため，この膨張を鉄筋で拘束することによってプレストレスの一形態を得ることができる。鋼材に引

---

　*　この節は，参考文献9.105にかなりの部分が掲載されている。

9.15 膨張セメントの使用による収縮補償

張応力が作用し，コンクリートに圧縮応力が作用する状態になるのである。外的手段による拘束も可能である。そのようなコンクリートは収縮補償コンクリートとして知られている。

ケミカルプレストレスコンクリートをつくり出すために膨張セメントを使用することも可能である。ケミカルプレストレスコンクリートの場合は，収縮が大部分起きた後に残留する拘束された膨張が十分に大きいため，コンクリート中にかなりの圧縮応力を引き起こす[9.3]（約 7 MPa まで）。

膨張セメントはポルトランドセメントと比べてかなり高価ではあるが，例えば橋梁の床版，舗装版，および液体貯蔵タンクのような，ひび割れを減少させることが重要なコンクリート構造物には有用である。

膨張セメントを使用しても収縮の発生を防ぐことができるわけではないことを明確にする必要がある。起きることは，拘束された初期膨張が，続いて起きる通常の収縮をほぼ相殺するのである。このことを，図-9.27 に示す。普通はわずかの残留膨張を目標とするのである。なぜならば，コンクリート中に圧縮応力がいくらか保持されている限り，収縮ひび割れは発生しないからである。

9.15.1 膨張セメントの種類

膨張セメントは最初ロシアとフランスで発展したが，フランスでは Lossier[9.2]

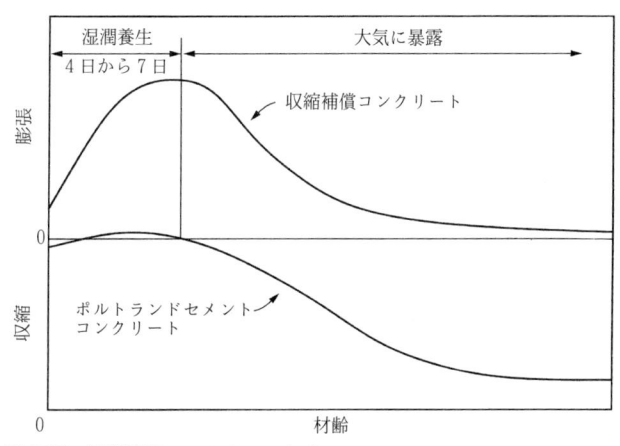

図-9.27 収縮補償コンクリートとポルトランドセメントコンクリートの長さ変化の模式図（参考文献 9.91 に基づく）

第9章　弾性，収縮，およびクリープ

がポルトランドセメント，膨張材，および安定材を混合して使用した。

膨張材は，石膏，ボーキサイト，およびチョークを混ぜて焼成し，硫酸カルシウムとアルミン酸カルシウム（主としてC_5A_3）を形成させることによって得られた。水が存在すると，これらの化合物が反応してカルシウムサルホアルミネート（エトリンガイト）を形成し，それに伴ってセメントペーストが膨張する。安定材は高炉スラグであるが，これが過剰な硫酸カルシウムを少しずつ吸収して膨張を停止させる。

最近では主な膨張セメントが3種類生産されているが，米国で市販されているのはそのうちタイプKだけである。ASTM C 845-90は，膨張セメントを（一まとめにしてタイプE−1と呼んでいるが），ポルトランドセメントや硫酸カルシウムと一緒に使用される膨張材の種類にしたがって分類している。どの場合でも，膨張剤はポルトランドセメント中の硫酸塩と結合して膨張性エトリンガイトになる反応性アルミン酸塩の供給源である。例えば，タイプKのセメント中では次のような反応が起きる。

$$4CaO.3Al_2O_3.SO_3 + 8[CaO.SO_3.2H_2O] + 6[CaO.H_2O] + 74H_2O \rightarrow$$
$$3[3CaO.Al_2O_3.3CaSO_4.32H_2O]$$

結果として生じる化合物は，エトリンガイトとして知られている。

硫酸カルシウムは，ポルトランドセメントクリーンカーの一部であるC_3Aとは異なって分離した形態で存在するため[9.85]，$4CaO.3Al_2O_3.SO_3$と急速に反応する。

水和が完了したコンクリート中にエトリンガイトが形成されるのは有害である（628頁参照）が，コンクリートを打込んだ後の数日間で管理の下に行われるエトリンガイトの形成は，収縮補償効果を達成するために用いられる。

ACI 223R-93[9.91]とASTM C 845-90が承認する3種類の膨張セメントは次の通りである。

　　タイプK：$4CaO.3Al_2O_3.SO_3$と非結合CaOを含む
　　タイプM：アルミン酸カルシウムCAおよび$C_{12}A_7$を含む
　　タイプS：ポルトランドセメント中に通常存在する量を超える量のC_3Aを
　　　　　　含む

さらに日本では，特殊加工された酸化カルシウム[9.8]を使って遊離石灰の膨張を生じさせる膨張セメントが生産されており，タイプOと呼ばれている。

9.15 膨張セメントの使用による収縮補償

　タイプ K のセメントは，各成分を一緒に燃焼させるか，または混合粉砕することによって生成される。日本で行われているように[9.8]，コンクリートのバッチャープラントで膨張成分を添加することも可能である。

　極端に大きい膨張が必要とされる特定の目的用に，アルミナセメントが入った特殊膨張セメントを生産することもできる[9.92]。

9.15.2　収縮補償コンクリート

　エトリンガイトの形成によって起きるセメントペーストの膨張は混合物に水が加えられるとただちに始まる。しかし，有益なのは拘束された膨張だけであるが，コンクリートが塑性状態の間やごくわずかな強度しかない間は拘束が起きない。そのため，膨張セメントを含んだコンクリートを施工する場合には，練混ぜが長すぎたり[9.86]打込みが遅くなることを避けなければならない。

　他方，供用中のコンクリートに後になって膨張が起きた場合は，外部から硫酸が作用した場合（628 頁参照）と同様崩壊につながるおそれがある。したがって，エトリンガイトの形成は数日後に停止することが重要であるが，これは SO_3 または Al_2O_3 が使い果たされた時点で起きる。

　ASTM C 845-90 は，モルタルの最大 7 日膨張量を 400×10^{-6} 〜 $1\,000 \times 10^{-6}$ と定めており，28 日膨張量は 7 日膨張量の 15％以内でなければならないとしている。後者の値は後になって発生する膨張量が大きくならないことの確認である。

　エトリンガイトの形成には大量の水が必要となるため，膨張セメントでつくられたコンクリートの利点を十分に享受するためには，湿潤養生を行うことが必要である[9.87]。

　収縮補償コンクリートをつくるための膨張セメントの使用に関する情報は ACI 223R-93[9.91]に記載されているが，この種のコンクリートの特徴をここでいくつか述べたい。このコンクリートの必要水量は，ポルトランドセメントだけを使用した場合より約 15％高い。しかし，この余分な水はきわめて早期に結合するため，コンクリートの強度にはほとんど影響がない[9.91]。別の言い方でこの状況を表すと，水セメント比が同じであれば，タイプ K の膨張セメントでつくられたコンクリートの 28 日圧縮強度は，ポルトランドセメントだけでつくられたコンクリートと比べて 25％高い[9.4, 9.85]。

単位水量が一定であれば,膨張セメントコンクリートの方がワーカビリティーが低く,スランプロスが大きい[9.86]。

収縮補償コンクリートには通常の混和剤を用いることができるが,とくに AE 剤など一部の混和剤は特定の膨張セメントと相性が悪い場合があるため,試し練りを行うことが必要である[9.86, 9.55]。

膨張セメントは,ポルトランドセメントのクリンカーより柔らかい硫酸カルシウムの含有率が高いため比表面積が大きく,一般的には $430m^2/kg$ である。水和速度を速くするために粉末度を過剰に上げると膨張の発生が早すぎることがあり[9.91],材齢のごく若いコンクリートは拘束が起きないことから有効な膨張にはならない。コンクリートの単位セメント量が多ければ多いほど膨張は大きくなり,また,骨材がセメントペーストの膨張を拘束するため,骨材の弾性係数が高ければ,膨張は小さくなる[9.3]。ASTM 878-87 に,収縮補償コンクリートの拘束された膨張を調べるための試験方法が規定されている。

この試験は,さまざまな因子が膨張に及ぼす影響を調べるために用いることができる。

過剰な膨張を抑制するために,収縮補償コンクリートにシリカフュームを混和することがある[9.90]。タイプ K セメントのペーストの試験[9.89]によって,混合物中のシリカフュームは膨張を加速するが,$CaO.3Al_2O_3.SO_3$ が使い果たされると,おそらく pH が低下するため,膨張が止まることを明らかにした。長期にわたる膨張は起きないことが望ましく,また湿潤養生の期間は 4 日に短縮するのが良い。

膨張反応の後でセメントの硫酸塩化が十分に行われていないと,セメントは硫酸の作用に弱くなる(626 頁参照)。タイプ M とタイプ S のセメントがこれに当たると思われる[9.4]。

9.16 コンクリートのクリープ*

コンクリートの場合,応力とひずみとの関係は時間の関数であることが分かっ

---

* この問題をさらに詳しく論じた出版物としては,A.M.Neville, W.Dilger,および J.J.Brooks 著:Creep of Plain and Structural Concrete (Construction Press 社,Longman Group, London, 1983) を参照。

9.16 コンクリートのクリープ

た。載荷状態の下で，時間とともにひずみが徐々に大きくなるのはクリープのせいである。したがって，クリープは持続的な応力下におけるひずみの増加として定義することができる（図-9.28 参照）。またこの増加は荷重によって発生するひずみの数倍に及ぶこともあるため，構造物においてクリープは相当重要である。

クリープはまた他の見方で考えることもできる。拘束によって，応力が作用したコンクリート供試体が一定のひずみ状態に置かれているような場合であれば，クリープによって時間とともに応力が低下することになる[9.107]。この形のリラクセーションを，図-9.29 に示した。

通常の荷重状況下であれば，発生する瞬間ひずみは荷重の負荷速度によって異なるため，弾性ひずみだけではなく一部のクリープも瞬間ひずみに含まれる。瞬時の弾性ひずみと初期クリープとを厳密に区別するのは難しいが，重要なのは荷重によって引き起こされるひずみ全体であるため，そのことは実施面ではそれほど重要ではない。コンクリートの弾性係数は材齢とともに上昇するため，弾性変形量は徐々に低下する。したがって，厳密に言えば，クリープは，クリープを測定する時点における弾性ひずみを超えるひずみとみなさなければならない（図-9.28 参照）。しかし多くの場合，弾性係数はそれぞれの材齢で決定されず，クリープは単に初期の弾性ひずみを超えるひずみの増加量とみなされるが，この後者の定義は，理論上の正しさは薄れるが大きな誤差はないため，厳密な分析が必要な場合以外ではこの方が便利なことが多い。

以上，収縮や膨潤が起きないような環境下で保管されたコンクリートのクリープについて考察してきた。供試体が荷重が作用した状態で乾燥する場合には，クリープと収縮とは一般にそのまま加算することができると仮定している。したがってクリープは，荷重をかけられた供試体の時間による全変形量と，同じ状態で同じ期間保管された荷重をかけられない供試体の収縮量との差として計算することができる（図-9.28 参照）。これは便利な単純化であるが，566 頁に示す通り，収縮とクリープとは重ね合わせの原理を適用できるような独立な現象ではない。事実，収縮はクリープの大きさを大きくする影響がある。

しかし，多くの実際の構造物ではクリープと収縮とは同時に起きるため，実施上の観点からは，この 2 つを一緒に取り扱う方が都合の良いことが多い。

この理由から，またクリープに関して入手できるデータの圧倒的な大部分は，

第9章　弾性，収縮，およびクリープ

(a) 無載荷供試体の収縮

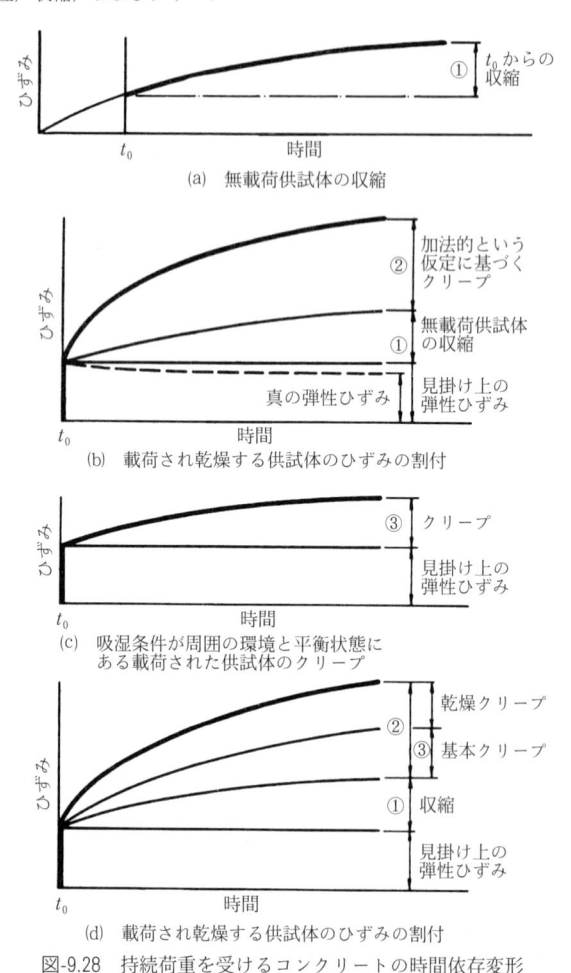

(b) 載荷され乾燥する供試体のひずみの割付

(c) 吸湿条件が周囲の環境と平衡状態にある載荷された供試体のクリープ

(d) 載荷され乾燥する供試体のひずみの割付

図-9.28　持続荷重を受けるコンクリートの時間依存変形

クリープと収縮の加法的な性質を前提としていることもあって，本章の解説は大部分，収縮を超える変形としてクリープを考える。

しかし，より基本的な手法を行う必要がある場合であれば，周囲から水が移動してコンクリートに出入りすることのない状況下でのコンクリートのクリープ（真のクリープあるいは基本クリープ）と，乾燥によって引き起こされる追加的なクリープ（乾燥クリープ）とを区別して考える。関連する用語と定義を図-9.28

9.17 クリープに影響を及ぼす因子

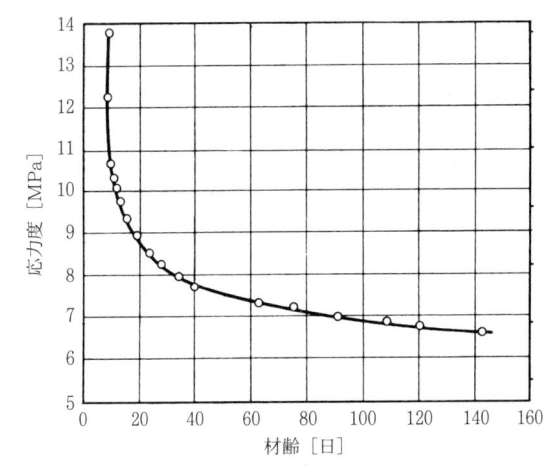

図-9.29 一定ひずみ（360×10⁻⁶）下における応力のリラクセーション[9.107]

に示した。

　持続的な荷重が取り除かれると，ひずみはただちにその材齢における弾性ひずみ（一般に載荷時の弾性ひずみより小さい）に等しい量だけ減少する。この瞬間回復に続いてひずみが徐々に減少するが，これはクリープ回復と呼ばれている（図-9.30）。クリープ回復曲線の形状はクリープ曲線にやや似ているが，回復の方が最大値に達するのがずっと速い[9.108]。クリープの回復は完全には行われず，またクリープは単純な可逆的な現象ではないため，たとえ1日でも持続的に荷重をかけると変形が残留する。

　クリープ回復は，時間とともに変化する応力下でのコンクリートの変形を予測する際に重要である。

9.17　クリープに影響を及ぼす因子

　コンクリートの種々の性質によってクリープがどのような影響を受けるかを調べるために，多くの研究においてクリープは実験的に調べられてきた。入手可能なデータの解釈が難しいことが多いのは，コンクリートの配合割合を決定する際に，1つの因子を変えれば必ず他の因子も1つ以上変えなければならないことに

第9章　弾性，収縮，およびクリープ

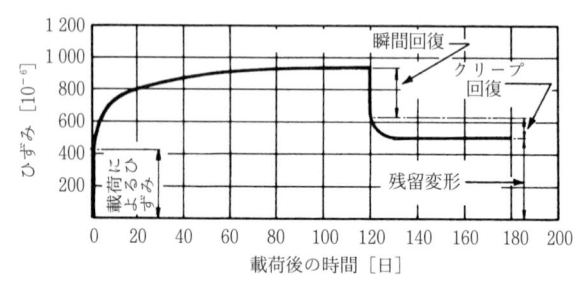

図-9.30　モルタル供試体のクリープとクリープ回復，相対湿度95％の気中保管，14.8MPaの応力度を受けた後除荷された。[9.108]

よる。例えば，ある特定のワーカビリティーをもつ混合物の単位セメント量と水セメント比は，同時に変化する。しかし，一定の影響がある事は明らかである。

　これらの影響のいくつかは混合物の内的特性によって生じ，また他の影響は外的状況によるものである。まず第一に，クリープが起きるのは実際には水和セメントペーストであり，コンクリート中の骨材の役割は主として拘束することであることに注意しなければならない。そして，通常の普通骨材は，コンクリート中に存在する応力ではクリープは生じにくい。それゆえ，状況は収縮（530頁参照）の場合とよく似ている。したがって，クリープはコンクリート中のセメントペーストの体積含有率の関数であるが，その関係は直線的ではない。コンクリートのクリープc，骨材の体積含有率g，および未水和セメントの体積含有率uは次の式によって関連付けられる。

$$\log \frac{c_p}{c} = \alpha \log \frac{1}{1-g-u}$$

ここで，c_pは，コンクリート中に使用されたものと品質が等しい純粋なセメントペーストのクリープである。また，

$$\alpha = \frac{3(1-\mu)}{1+\mu+2(1-2\mu_a)\frac{E}{E_a}}$$

ここに，μ_a = 骨材のポアソン比，μ = 周囲の材料（コンクリート）のポアソン比，E_a = 骨材のヤング係数，およびE = 周囲の材料のヤング係数である。この関係は，普通骨材のコンクリートにも軽量骨材のコンクリートにも当てはま

る[9.110]。

図-9.31 に，コンクリートのクリープと骨材含有率（未水和セメントの体積は無視する）との関係を示した。大部分の普通の混合物においては骨材の含有率の違いは少ないが，体積で 65% から 75% に増やすとクリープを 10% 低下させることができると言える。

骨材の粒度，最大寸法，および形状がクリープの因子であるといわれている。しかし，これらの因子の主な作用は，コンクリートがすべての場合に完全に締固められているという条件で，直接的間接的に骨材の含有率に影響を及ぼしている点にある[9.109]。

コンクリートのクリープに影響を及ぼす骨材の物理的性質がある。そのうち，骨材の弾性係数は，おそらくもっとも重要な因子であろう。係数が高ければ高いほど，水和セメントペーストの潜在クリープに対する骨材の拘束は大きくなる。このことは，上記の α の表現式から明らかである。

骨材の空げき率もコンクリートのクリープに影響を及ぼすことが知られているが，空げき率の高い骨材は一般に弾性係数が低いため，空げき率はクリープに関

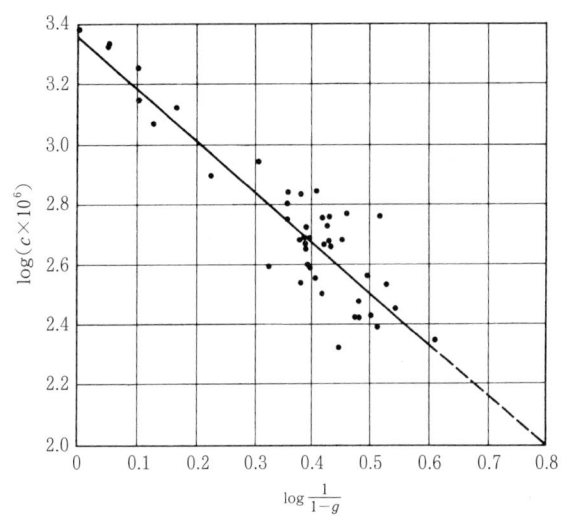

図-9.31 載荷 28 日後のクリープ c と骨材含有量 g との関係（材齢 14 日時点で（応力/強度）比 0.50 まで載荷され，湿潤保管された供試体）[9.109]

して独立因子ではない可能性がある．反対に，骨材の空げき率，とりわけ骨材の吸水率は，コンクリート内の水分移動に関して直接的な役割を果たしている．この移動は，乾燥クリープを発生させるような状況をつくり出すという点で，クリープと関連する．このことは，乾燥状態で計量される一部の軽量骨材において初期クリープが高くなることの原因でもあると思われる．

いかなる鉱物や岩石の種類の中においても，骨材はきわめて多種多様であるため，さまざまな種類の骨材でつくられたコンクリートに発生するクリープの大きさについて，一般論を述べるのは不可能である．しかし，図-9.32のデータは非常に重要である．すなわち，相対湿度50%で20年間保管された砂岩骨材のコンクリートは，石灰岩でつくられたコンクリートの2倍以上のクリープを示すのである．さまざまな骨材でつくられたコンクリートのクリープひずみにはさらに大きな差があることを，Rüsch 他[9.111]が確認している．相対湿度65%で18ヵ月間荷重をかけた後の最大のクリープは，最小の値の5倍であった．クリープの増加量の小さいものから大きいものへ順に挙げると，玄武岩；石英；砂利，大理石および花崗岩；そして砂岩である．

クリープ特性に関する限り，普通骨材と軽量骨材との間に根本的な差はない．軽量骨材でつくられたコンクリートのクリープが高いことの理由は，当該骨材の

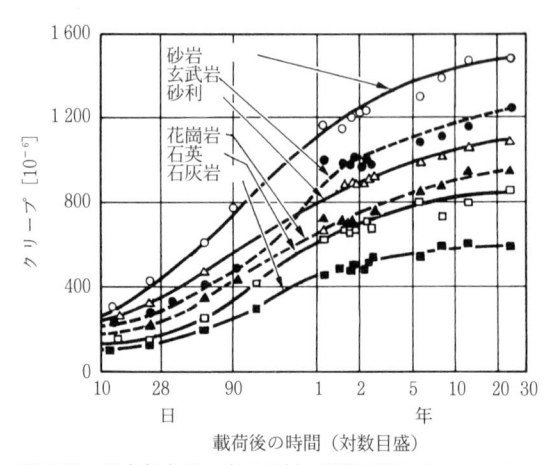

図-9.32 配合割合が一定で骨材の種類が異なるコンクリートのクリープ。材齢28日で載荷，温度21℃で相対湿度50%の気中に保管[9.24]

弾性係数が低いことを反映しているからに過ぎない。軽量骨材コンクリートのクリープの割合が時間とともに減少する速度は，普通骨材コンクリートの場合より遅い。

　原則として，構造用軽量骨材コンクリートのクリープは，普通骨材でつくられたコンクリートのクリープと同じであるということができる（どのような比較をする場合でも，軽量コンクリートと普通コンクリートとの間で骨材含有率の差をあまり大きくしないことが大切である）。さらに，軽量骨材コンクリートの弾性変形は一般に普通コンクリートの場合より大きいため，弾性変形に対するクリープの比率は軽量骨材コンクリートのほうが小さい[9.112]。

9.17.1　作用応力と強度の影響

　この段階で，応力がクリープに及ぼす影響について考察するのが良いと思われる。ごく初期の材齢で荷重が負荷された供試体の場合を除き，クリープと作用する応力との間には比例関係がある[9.113]。応力がごく低い場合でもコンクリートにクリープは起きるため，比例関係の下限値は存在しない。上限値に到達するのは，コンクリートに重大なマイクロクラックが発生した時点である。この時点は，強度に対する割合で示したある応力で起きるが，材料の異種混交性が高いとこの応力は低くなる。したがって，コンクリートにおける上限値は通常 0.4〜0.6 であるが，0.3 まで低く，または 0.75 まで高くなることもある。後者の値は，高強度コンクリートの場合に当てはまる[9.66]。モルタルにおいては，上限値は 0.80〜0.85 の間である[9.112]。

　供用中の構造物の応力の範囲内であれば，クリープと応力との比例関係は十分に保たれ，クリープの式はそのような場合に当てはまると結論付けるのは問題がないようである。クリープ回復もまた前に作用していた応力に比例する[9.114]。

　比例関係の限界値を超えると，クリープは応力の増加に伴って速度を速めながら増加するが，それ以上ではクリープが時間依存破壊（クリープ破壊）を引き起こすような(応力/強度)比が存在する。

　この(応力/強度)比は，短時間の静的強度の 0.8〜0.9 であり，その場合，クリープによって全ひずみ量はそのコンクリートの最終ひずみに相当する限界値まで増加する。この表現は，少なくとも硬化セメントペースト中での，破壊の最大主ひ

ずみ説を示唆している（732頁参照）。

コンクリートの強度もクリープに大きな影響を及ぼす。広い範囲に対して言えることであるが，クリープは荷重を負荷した時点のコンクリート強度に反比例する。このことは，例えば表-9.5の資料に示されている。したがって，クリープを（応力/強度）比との直線関係として表すことが可能である[9.115]（図-9.33）。この比例関係は広く確認されている。これは基本的な関係ではないかもしれないが，実施面ではコンクリートの強度は規定されており，また持続荷重下の応力は設計者が計算するため，もっとも便利な関係である。

この理由から，（応力/強度）比に基づく手法は，セメントの種類，水セメント比，および材齢から考えるより実際的だと考えられている。我々は水セメント比の役割は認識してはいるが，我々の手法では，（応力/強度）比が同じであればクリープは水セメント比とほぼ無関係だという事実に基づいている。同様に，材齢の影響は主としてコンクリート強度が向上するという点にあるため，材齢自体も考慮しない。材齢50年のコンクリートに関する試験が実証しているように，きわめて古いコンクリートでもクリープを引き起こす点に注目するのが良い[9.116]。

9.17.2 セメントの特性の影響

セメントの種類がクリープに及ぼす影響は，荷重を負荷した時点のコンクリートの強度にセメントの種類が影響を及ぼす点である。この理由から，さまざまなセメントでつくられたコンクリートのクリープを比較する場合には，荷重を負荷した時点でのコンクリート強度にセメントの種類が及ぼす影響を必ず考慮に入れなければならない。このことを基本とすれば，種々の種類のポルトランドセメントもアルミナセメントもほぼ同じクリープを生じるのであるが[9.123, 9.124]，強度の発

表-9.5　材齢7日で載荷された種々の強度のコンクリートの，応力度当たりクリープの終局値

コンクリートの圧縮強度 [MPa]	応力度当たりのクリープひずみの終局値 [10^{-6}/MPa]	強度と終局クリープひずみとの積 [10^{-3}]
14	203	2.8
28	116	3.2
41	80	3.3
55	58	3.2

9.17 クリープに影響を及ぼす因子

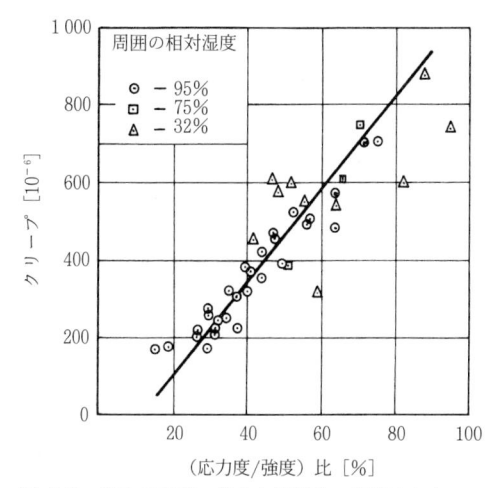

図-9.33 異なる湿度で養生し継続的に保管されたモルタル供試体のクリープ[9.117]

現速度には以下のような影響がある。

セメントの粉末度は材齢初期の強度の発現に影響を及ぼし，したがってクリープに影響を及ぼす。しかし，粉末度それ自体はクリープの因子ではないように思われる。石膏の間接的な影響によってこれと反対の結果が得られるかもしれない。セメントの粉末度が高いほど必要な石膏量が多くなるため，実験室で石膏を加えずにセメントを再粉砕すると，収縮量とクリープの大きい不適切に遅延されたセメントができ上がる[9.28]。比表面積が $740 m^2/kg$ までの極端に細かいセメントは，初期クリープが大きく，載荷した状態で1，2年経った後のクリープは小さくなる[9.41]。これはおそらく，きわめて細かいセメントは強度の初期発現が大きく，その結果実際の(応力/強度)比は急速に低下するためであろう[9.133]。

荷重を負荷したコンクリートの強度の変化は，クリープがセメントの種類に影響を受けないという上記の表現を評価する上で重要である。荷重をかけた時点で(応力/強度)比が同じであれば，荷重をかけた時点以降の強度の相対的な上昇が大きいほどクリープは小さくなる[9.133]。したがってクリープは，低熱セメント，普通セメント，および早強セメントの順に順次大きくなる。しかし，一定の（早期の）材齢で負荷された応力が一定（(応力/強度)比ではない）の場合であれば，クリープは早強セメント，普通セメント，低熱セメントの順に順次大きくな

第9章　弾性，収縮，およびクリープ

るのは明らかである。この2つの表現は，クリープの因子に関する情報を十分に適用することの必要性を明らかにしている。

　荷重を負荷した時点のコンクリート強度がクリープに及ぼす影響の関係は，異なる種類のセメント状材料が用いられる場合にも当てはまる。そうでなければ，フライアッシュまたは高炉スラグ微粉末が含まれるコンクリートのクリープに関する定量的な一般化は不可能である。なぜならば，公表されている文献は，それぞれ固有の異なる試験条件を使った調査研究を報告しているからである。そのような資料を，構造物の設計段階でコンクリートのクリープを予測するために使用することはできない。確実に言えることは，クリープの発生と回復の型は，クラスCまたはクラスFのフライアッシュ[9.144, 9.153]，高炉スラグ微粉末[9.151]，またはシリカフュームの存在によって影響されず，またはこれらの材料の組合わせによっても影響されないということである。

　しかし，さまざまなセメント状材料を混入したことによる水和セメントの構造が，クリープに多少の影響を及ぼす可能性はある。

　水和セメントペーストの透水性と拡散率が関連するのであるが，乾燥クリープに対する影響は基本クリープに対する影響とは異なる可能性がある。例えば，高炉スラグを用いると基本クリープは低下するが，乾燥クリープは大きくなる[9.14, 9.125, 9.152]。さまざまなセメント状材料の水和速度は多様であるため，載荷した状態でのコンクリートの強度の発現速度も多様であることを念頭に置く必要がある。強度の発現速度はクリープに影響を及ぼす。このことは本章の前の方で述べた。

　水和がクリープに及ぼす影響の一例が，BuilとAcker[9.150]の試験によって示されている。彼らはシリカフュームが基本クリープに何ら影響を及ぼさず，乾燥クリープを大幅に低下させることを確認した。その説明は，シリカフュームの水和反応によってゲルから外に移動できる水の量を減らすという事実にあるようである。一般的に言って，フライアッシュまたは高炉スラグ微粉末を含むコンクリートは持続的な荷重下で長期にわたって水和し，強度が向上するため，そのようなコンクリートの長期的なクリープ速度は低下する。

　膨張セメントでつくられたコンクリートのクリープは，混合物にポルトランドセメントしか含まれていない場合と比べて大きい[9.156]。

減水剤と凝結遅延剤は，すべてではないが多くの場合に基本クリープを増大させることが判明している[9.134, 9.135]。リグニンスルホン酸塩を主成分とする混和剤はカルボン酸を主成分とする混和剤よりクリープを増大させるという証拠が存在する[9.71]。乾燥クリープに関しては，それらの混和剤の影響に関する信頼できる関係は確立されていない[9.71]。高性能減水材に関しても同じ状況である[9.71]。このようにまだ不明な点が多いことから，ある構造物においてクリープが重要である場合は，使用するすべての混和剤の影響を注意深く確認しなければならないことがわかる。

多くの研究者が報告するクリープ値の相違に関して，いくつかの一般的なコメントを述べなければならない。数多くの調査研究の中で報告されたクリープ値にはかなりの相違があるが，それらは任意の一連の試験に関する結果のばらつきと同程度の大きさである。したがって，これらの相違が大きくて予測の根拠として用いることはできないと考えるのは妥当ではない。実際の材料を使った試験を行うことが必要なのである。このような試験は，供用時の状況と同じと予想されるような状況下で行わなければならないが，期間は短くても良い。578頁に解説する式を用いて推定をし，長期クリープを概算することができる。

クリープと(応力/強度)比との関係に立ち返ると，ある任意の混合物において強度と弾性係数とには相関関係があるため，クリープと弾性係数もまた相関関係にあるということができる。図-9.34に，任意の時間tにおけるクリープの実験値を，その時間tにおける弾性係数と荷重負荷時の弾性係数との比率に対比させて示した[9.118]。荷重がかけられた材齢とクリープが測定された材齢は大きく変化させているが，混合物は1種類のものだけを用いた。荷重をかけた時点の弾性係数はその時点での強度の目安となり，弾性係数の上昇は荷重をかけた期間を反映する。

9.17.3 周囲の相対湿度の影響

クリープに影響を及ぼすもっとも重要な外部因子の1つは，コンクリートを取り巻く周囲の相対湿度である。大局的にみると，ある任意のコンクリートのクリープは相対湿度が低ければ低いほど大きくなる。

このことを，100％の相対湿度で養生してから荷重をかけ，その後さまざまな相対湿度で保管した供試体に関して，図-9.35に示す。そのような処理を行うと，

第9章 弾性，収縮，およびクリープ

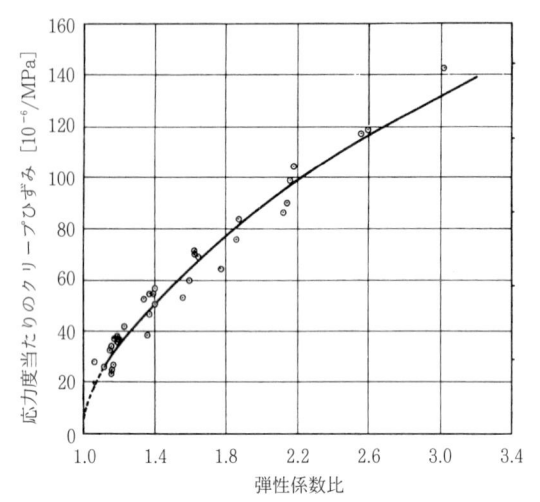

図-9.34 任意の時間 t でのクリープと，載荷時のコンクリートの弾性係数に対する時間 t での弾性係数の比，との関係；種々のコンクリート，載荷材齢，および載荷期間[9.118]

持続荷重をかけた後の初期の段階で，それぞれの供試体の収縮量は大幅に異なってくる。その期間のクリープの進行割合はそれに対応して異なるが，後の材齢になるとこの進行割合は互いに近くなるように思われる。

したがって，載荷した状態での乾燥はコンクリートのクリープを促進させる。すなわち追加的な乾燥クリープを引き起こすのである（図-9.28 参照）。相対湿度の影響はそれよりはるかに小さいか，または，荷重をかける前に周囲の媒体と湿度の平衡状態に達した供試体の場合であれば，影響はまったくない[9.117]（図-9.35 参照）。したがって実際は，クリープに影響を及ぼすのは相対湿度ではなくて，乾燥の過程，すなわち乾燥クリープの出現なのである。

乾燥クリープは，収縮の拘束とその結果生じるひび割れによって，コンクリート供試体の外側の部分に誘発される引張応力と関係があるか，またはその影響を受けると思われる[9.149]。負荷された圧縮荷重に起因する圧縮応力は，このひび割れを打ち消す[9.148]。したがって，荷重を負荷された供試体の実際の収縮量は，表面ひび割れが発生した供試体の測定された収縮量より大きい。したがって，クリープと収縮が加法的であると考える手法は収縮量の値を小さく想定し過ぎている。この想定された収縮量と載荷された供試体の実際の収縮量との差が，乾燥クリー

9.17 クリープに影響を及ぼす因子

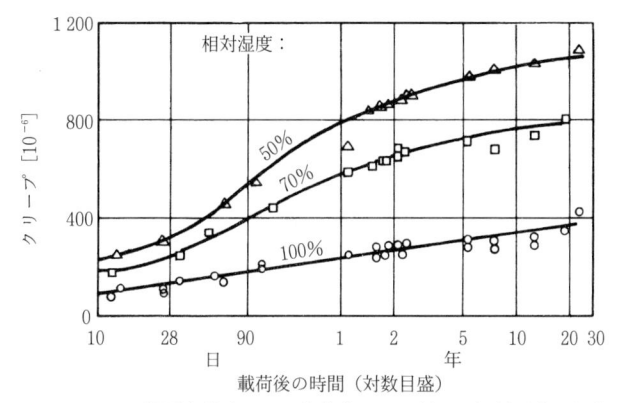

図-9.35 28日間霧室養生された後載荷され，種々の相対湿度で保管されたコンクリートのクリープ[9.24]

プである。しかしこの仮説は，モルタル試験によって確認されなかった[9.145]。そこでは，同時につくった載荷されていない方の供試体には収縮ひび割れが発生せず，大きい乾燥クリープが観測されていた。DayとIllston[9.154]は，水和セメントペーストのごく小さい供試体にも乾燥クリープが発生することを見出し，乾燥クリープは水和セメントペーストの本質的な性質であると結論付けた。

BažantとXi[9.157]は，乾燥クリープというよりも，毛管空げきとゲル間げきとの間を局部的に動く水の移動によって起きた応力が誘発する収縮が存在することを示した。しかし，説得力のある証拠が手に入るまでは，図-9.28に定義されたような乾燥クリープの概念を用いなければならない。

この段階で，大きい収縮を示すコンクリートは一般に大きいクリープも示すことに注目するのがよい[9.14]。このことは，この2つの現象が同じ原因に起因することを意味するわけではなくて，どちらも水和セメントペーストの構造のある側面と関連している可能性があるのである。相対湿度を一定にして養生と載荷が行われたコンクリートはクリープを生じるが，そのクリープによってコンクリートから周りの媒体へ大量の水が失われるということはなく[9.120, 9.121]，またクリープ回復の間に質量が増加することもない[9.121]ことを忘れてはならない（クリープが発生または回復する間に時折認められる小さな質量の増加は，炭酸化によるものと思われる）。

収縮とクリープとの相関関係をさらに暗示する資料を，図-9.36に示す。600

日間荷重をかけてからそれを除荷し，クリープが回復するままに放置した供試体を次に水に浸すと，除荷される前の2年間にわたる応力に比例する膨潤が現れた。膨潤後の残留変形も同じような比例関係を示した。

図-9.37 に，水中と相対湿度50%の気中に交互に保管した載荷供試体の時間による変形を示す。縦座標は，気中で600日間荷重をかけた際の変形量からの変化量を表している。水中では，非載荷供試体の膨潤に対して載荷供試体はクリープを起こすが，他方気中では，すべての供試体の変化量は同じであることがわかる。この古いコンクリートを水に浸した時に起きるクリープの増加は，乾燥期間中に形成された付着の一部が壊れるためであろう（546頁参照）。

図-9.38 に，図-9.37 の資料を非載荷供試体の変形に対応する変形として図化して示した。これらの観察から引き出される実用的な結論は，湿潤と乾燥とを交互に繰り返すとクリープの大きさが増加するため，実験室での試験は標準的な気象状況下でのクリープを過小評価するおそれがあるということである。

クリープは，供試体の寸法が大きくなると低下することが判明している。その原因は，収縮の影響と，表面のクリープは，乾燥条件の下で起きるため，大断面

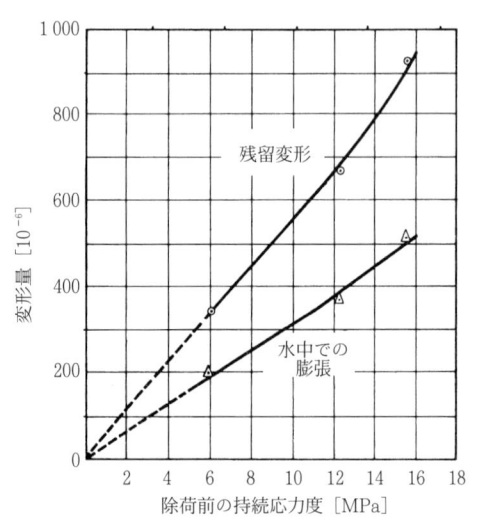

図-9.36　除荷前の持続応力度の値と(a)　水中でのコンクリートの膨張量，および(b)　残留変形量との関係[9.113]

9.17 クリープに影響を及ぼす因子

養生とほぼ同じ条件下にある供試体の中心部のクリープより大きくなるという事実にあると思われる。時間とともに乾燥が中心部に達しても，中心部は水和が進んで高い強度に達しており，クリープは小さい。封緘されたコンクリートの場合は，寸法による影響はない。

寸法の影響は，コンクリート部材の(体積/表面積)比で表すのが最善である。この関係を図-9.39 に示す。供試体の実際の形状は，収縮の場合よりずっと重要性が低いことがわかる。また，寸法の増加によるクリープの低下量は，収縮の場合より小さい（図-9.21 と比較）。しかし，クリープと収縮の発現速度は同じであり，この 2 つの現象が(体積/表面積)比の同じ関数であることを示している。これらの資料は，相対湿度が 50％の場合の収縮とクリープに当てはまる[9.53]。

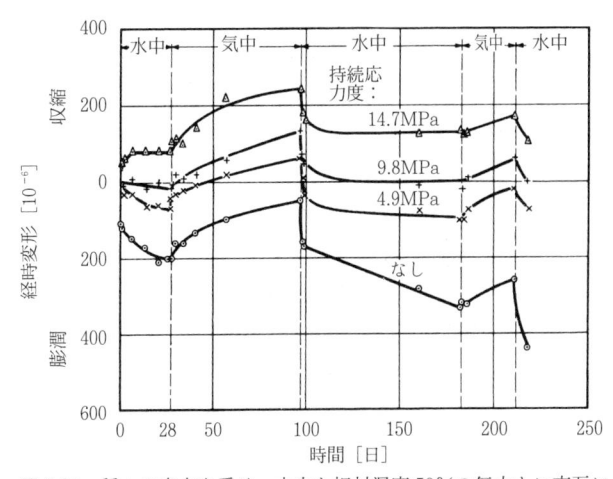

図-9.37 種々の応力を受け，水中と相対湿度 50％の気中とに交互に保管されたコンクリートの経時変形[9.14]。時間の起点（600 日間気中で載荷後）のひずみは以下の通り

応力度 [MPa]	ひずみ [10^{-6}]
0	280
4.9	1 000
9.8	1 800
14.7	2 900

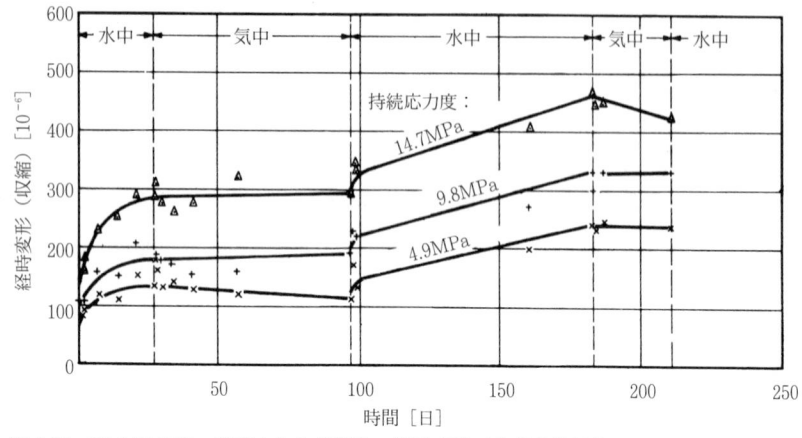

図-9.38 図-9.37の内，載荷された供試体の経時変形（非載荷供試体のひずみに対する値として表す）[9.14]

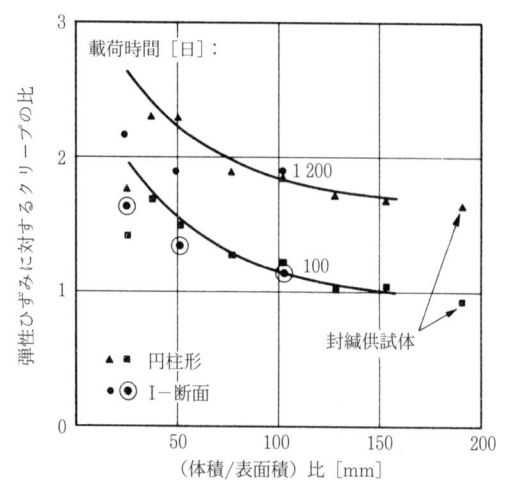

図-9.39 弾性ひずみに対するクリープの比と（体積/表面積）比との関係[9.53]

9.17.4 その他の影響因子

温度がクリープに及ぼす影響は，プレストレストコンクリートの原子炉圧力容器やその他の種類の構造物（橋梁など）で重要となる。クリープ速度は約70℃までは温度とともに上昇し，水セメント比0.6で1：7の混合物であれば，この

温度で 21℃のおよそ 3.5 倍の速度となる。70～96℃の間で，速度は 21℃の時の 1.7 倍まで低下する[9.116]。このような速度の相違は，載荷状態で 15 ヵ月以上続く。図-9.40 は，クリープの進行を示している。この挙動は，ゲル表面からの水の離脱によって，徐々にゲル自体が分子拡散とせん断流動を受ける唯一の相となるためクリープ速度が低下することによって起きると考えられている。また，温度を上げてコンクリートに載荷した場合のクリープの増加は，温度が高いとコンクリート強度が低くなることに原因の一部があるとも考えられる[9.147]（449 頁参照）。

低温に関する限り，凍結させると初期のクリープ速度は速くなるが，急速に低下して進行は止まる[9.137]。−10～−30℃の間では，クリープは 20℃の時の約半分である[9.155]。

コンクリートのクリープを，広範囲の温度にわたって図-9.41 に示す[9.136]。

クリープに関する大部分の実験データは応力を一定に持続して得たものであるが，実際の荷重はある限界値の間で変動することがある。

（応力/強度）比の平均値を一定にして荷重を変動させると，同じ（応力/強度）比で静的載荷をした場合より時間に応じて変形する量が大きくなることが判明している[9.139]。これに関して，（応力/強度）比が 0.35～0.05 の間で変化する交番載荷と，（応力/強度）比が 0.35 の静的荷重の場合を図-9.42 に示す。この図はまた平均の（応力/強度）比が 0.35 の交番載荷（0.45 から 0.25 の間で変動）の変形も示しており，変形はさらに大きくなっている。繰返し荷重下の変形はおそらく静的荷重下のクリープと同じメカニズムで起きるため，どちらの場合にも「クリープ」という用語を使用しても正当化されると思われる。

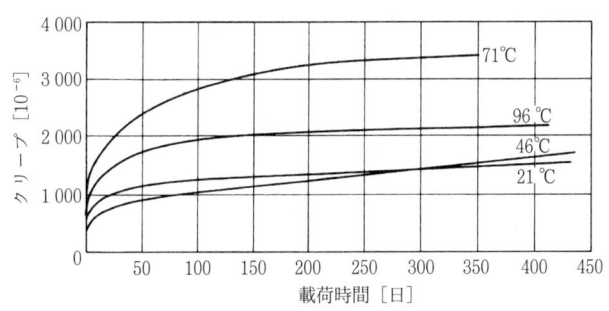

図-9.40 種々の温度で保管されたコンクリートのクリープと載荷時間との関係，（応力/強度）比は 0.70[9.116]

第9章　弾性，収縮，およびクリープ

繰返しによって早期材齢でのクリープ速度が速くなり，長期的な値も大きくなるように思われる[9.140]。したがって，静的試験によるクリープの資料を使用すると，繰返し荷重をかけた場合のクリープを過小評価するおそれがある。

上記の解説は一軸圧縮に関するものであったが，クリープは他の荷重状態でも起きるため，他の状態におけるクリープの挙動に関して情報を得ることが，とくにクリープの特性を確定する場合や設計上の問題がある場合には有益である。

残念ながら実験データが乏しいため，多くの場合，定量評価や圧縮応力下の挙動との比較を行うことができない。したがって，定性的な説明をおおまかに行うだけとなる。

一軸引張応力下のマスコンクリートのクリープ量は，同じ大きさの圧縮応力下の場合より20～30%大きい。この差は載荷時の材齢によって異なるが，早期材齢で荷重をかけたコンクリートを相対湿度50%で保管した場合には100%にもなることがある。しかし，反対の結果となる証拠も存在するため[9.101]，引張応力下のクリープ量に関して確実なことを述べることはできない。引張応力下のクリープ−時間 曲線の形は圧縮応力下の場合とほぼ同じであるが，前者の方が材齢に伴う強度の増加が少ないため，時間に伴うクリープ速度の減少量ははるかに小さい。乾燥は，圧縮応力下と同様に引張応力下でもクリープを増大させる。直接引張応力下では，一軸圧縮と同様に時間依存破壊（クリープ破壊）が起きるが，（応力

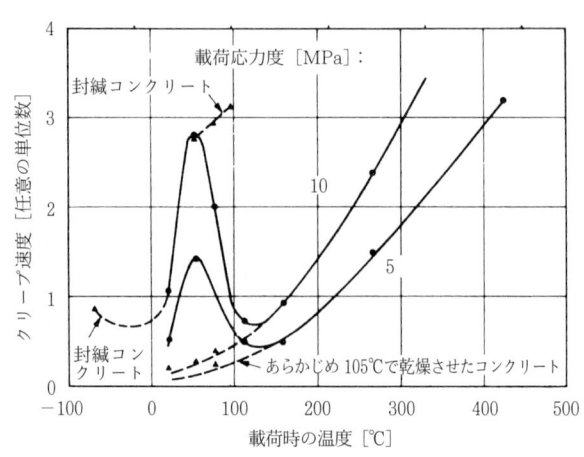

図-9.41　温度がクリープ速度に及ぼす影響[9.136]

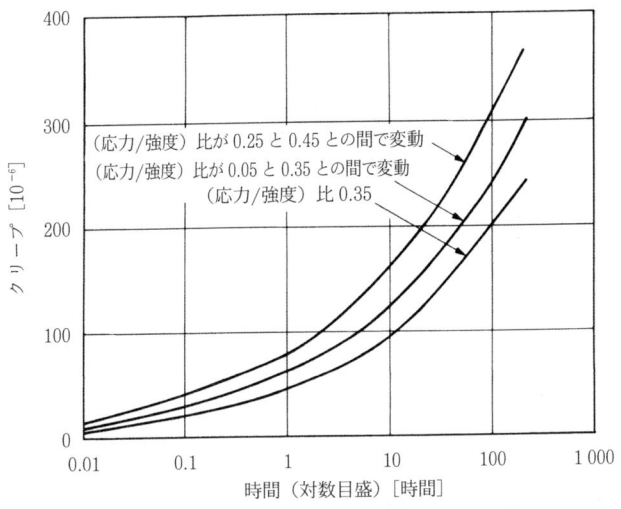

9.17 クリープに影響を及ぼす因子

図-9.42 交番載荷と静的載荷におけるクリープ

グラフ:
- 縦軸: クリープ [10^{-6}]、0～400
- 横軸: 時間（対数目盛）[時間]、0.01～1000
- 曲線: (応力/強度)比が 0.25 と 0.45 との間で変動、(応力/強度)比が 0.05 と 0.35 との間で変動、(応力/強度)比 0.35

/強度)比の限界値はおそらく 0.7 に過ぎない[9.158]。

クリープはねじり荷重下でも発生し，圧縮応力下のクリープと同じように，応力，水セメント比，および周囲の相対湿度の影響を受ける。クリープ-時間曲線は形状も同じである[9.119]。ねじり応力下の弾性変形量に対するクリープ量の比率は，圧縮荷重の場合と同じであることが判明した[9.138]。

一軸圧縮下で，クリープは軸方向だけではなく直角方向にも発生する。これは横クリープと呼ばれる。結果として生じるクリープポアソン比に関しては，522頁で考察した。軸応力によって引き起こされる横クリープが存在することから，多軸応力下ではどの方向でも，その方向にかけられた応力によって生じたクリープと，他の直角の2方向にはクリープひずみのポアソン比効果によって生じるクリープが存在することになる。それぞれ個別の応力によるクリープ歪の重ね合わせは有効ではないことを示す証拠[9.45]があり，多軸応力下のクリープ量を一軸クリープの測定結果から単純に予測することはできない。具体的に言うと，多軸圧縮下のクリープ量はある方向にかけた同じ大きさの一軸圧縮下のものより少ない（図-9.43）。しかし，等方圧縮応力下でさえ相当のクリープ量が発生する。

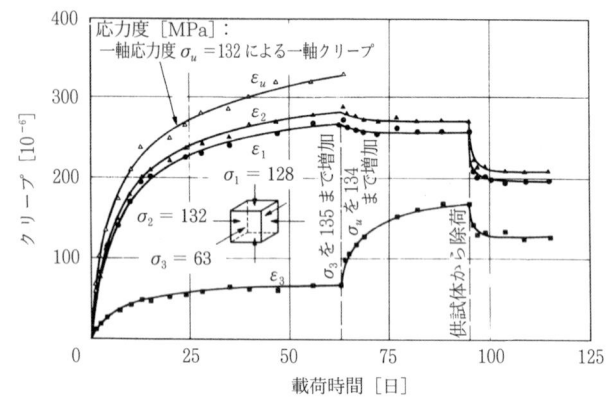

図-9.43 三軸圧縮応力下のコンクリートの標準的クリープ-時間 曲線

9.18 クリープと時間との関係

　一般にクリープは，一定の応力をかけて適切な条件下で保管した供試体のひずみが，時間とともに変化する量を測定することによって決定される。ASTM C 512-87（1994年再承認）は，コンクリートの試験用円柱供試体の長さが変化しても，常に一定の荷重を円柱供試体にかけ続けるばね載荷型枠について説明している。しかし，使用実績のない骨材や混和材料を使ったコンクリートで比較試験を行う場合は，さらに簡単な実験装置を使用することができる[9.141]（図-9.44）。この場合，荷重の値は荷重検力器がコンクリート供試体の組全体の値として測定しているため，荷重を時々調整しなければならない。

　図-9.44の装置は，45～65℃の水に浸漬して行う加速クリープ試験に使用することができる。前に述べた通り，温度が高いとクリープが大きくなるため，7日後には未知のコンクリートと基準コンクリートとの差が簡単に検出できる。

　図-9.45に示す通り，この加速されたクリープ量は，さまざまな混合物や骨材に関して，常温の100日クリープ量と直線的な関係にあるようである[9.141]。

　クリープは無限ではないとしてもきわめて長い間継続し，今までの最長の記録では，クリープのわずかな増加が30年後にも起きることを示している[9.24]（図-9.46）。そして，供試体が炭酸化したため，試験はそこで打ち切られた。しかし，クリープ速度は連続的に低下し，限りなく長い間荷重をかけるとクリープ量は限

9.18 クリープと時間との関係

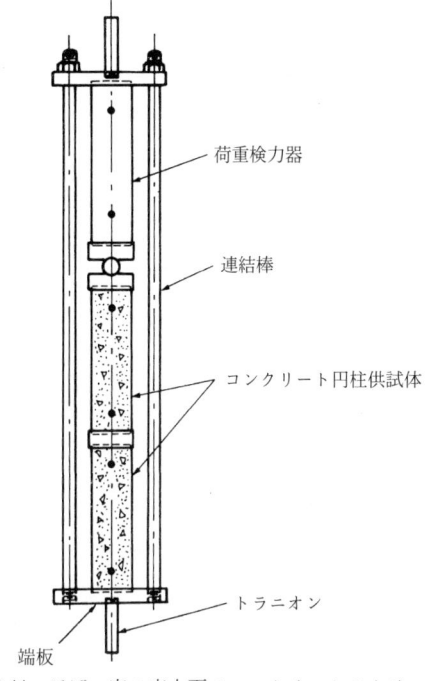

図-9.44 ほぼ一定の応力下でコンクリートのクリープを測定するための簡単な試験装置[9.141]

界値に至ると一般に想定されている。しかし，このことはまだ証明されていない。

図-9.46 に Troxell 他[9.24]の長期にわたる測定結果を示したが，1年間荷重をかけた後のクリープ量を1とすれば，後の材齢におけるクリープ量の平均値は次のようになることがわかる。

　　2年後に 1.14
　　5年後に 1.20
　　10年後に 1.26
　　20年後に 1.33
　　30年後に 1.36

これらの値は，クリープ量の終局値が1年クリープ量の 1.36 倍を超える可能性があることを示している。ただし計算上は，30 年クリープ量をクリープの終局値と想定することがよくある。

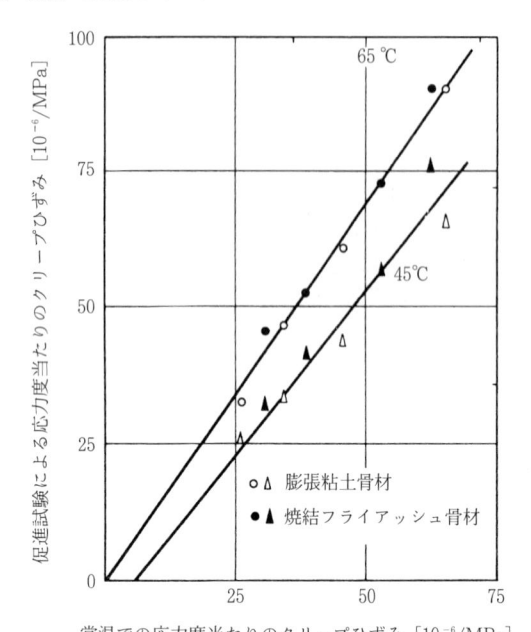

図-9.45 種々のコンクリートにおける，高温での促進7日試験によるクリープと，常温での100日のクリープとの関係[9.141]

クリープ量と時間とを関連付ける式が数多く提案されて来た。もっとも便利なものの1つに双曲線式があり，これはRoss[9.122]とLorman[9.31]が提唱したものである。Rossは，時間tの間荷重をかけた後のクリープ量cを次のように表している。

$$c = \frac{t}{a+bt}$$

$t = \infty$の時に$c = 1/b$となり，すなわち$1/b$はクリープの限界値である。記号aとbは，実験結果から決定される定数である。tに対するt/cを図化することによって傾斜bの直線が得られ，t/c軸の切片はaに等しい。直線は，材齢が経過した所で各点を通るように引かなければならない。一般に，荷重を負荷した後の最初の期間は直線からいくらか逸脱することがあるからである。

ACI 209R-92[9.80]では修正されたRossの式が使用されているが，主な違いは時間tに0.6のベキ指数を適用していることである。またACI 209R-92は，クリー

9.18 クリープと時間との関係

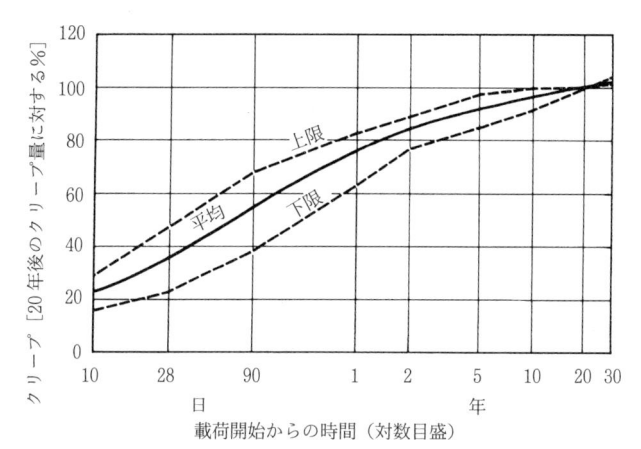

図-9.46 種々の相対湿度で保管された，種々のコンクリートに対するクリープ-時間 曲線の範囲[9.24]

プに影響を及ぼす種々の因子を考慮した係数の値を示している。

米国開拓局は，ダムコンクリートのクリープを広範に調査してきている。そして，ダムは基本クリープしか発生せず，クリープはつぎの型の式によって表せることを見つけた。

$$c = F(K)\log_e(t+1)$$

ここに，

$K = $ 荷重を負荷した材齢

$F(K) = $ 時間に伴うクリープ変形割合を表す関数（クリープ率）

$t = $ 載荷期間［日］

$F(K)$ は，半対数方眼紙上にプロットして得られる。

時には，単位応力度当たりのクリープ値が MPa 当たり 10^{-6} の単位で示される。これは比クリープまたは単位クリープとして知られている。クリープはまた初期弾性変形量に対するクリープ量の比率として表すこともできる。この比率は，クリープ係数またはクリープの特性値として知られている。この手法の利点は，クリープとコンクリートの弾性変形とに対して同じように影響を及ぼしている骨材の弾性特性の影響が取り入れられている点である。

包括的だが複雑なクリープの式を Bažant とその協力者が開発しており，彼らはまた，いくぶん単純化されてはいるが単純ではないクリープの予測式も公表し

第9章 弾性，収縮，およびクリープ

た[9.146]。

クリープの式があまり多くて当惑させられるかもしれないが，どのような状況下のどのようなコンクリートに対してもクリープを確実に予測するということは不可能である。載荷した状態で，例えば28日間というような短期試験を行うことが必要である。そうすれば外挿が可能になる。載荷した状態での5年までの期間に関して言えば，基本クリープの実験データにはベキ表現が，基本クリープと乾燥クリープとの合計に関しては対数のベキ関数がもっとも適しているように見えることが判明している[9.142]。大半のコンクリートでは，水セメント比や骨材の種類にかかわらず，材齢 t 日 ($t > 28$) における単位クリープ c_t は載荷した状態での28日後の単位クリープ c_{28} と次の式によって関連付けられる。

基本クリープ　　　$c_t = c_{28} \times 0.50 t^{0.21}$

クリープの合計　　$c_t = c_{28} \times (-6.19 + 2.15 \log_e t)^{0.38}$

ここに，c_t = 長期的な単位クリープ $[10^{-6}/\mathrm{MPa}]$ である。

9.19　クリープの特性

図-9.30 から，クリープとクリープ回復とは関連している現象であるのは明らかであるが，これらの現象の特性は未だに明らかになったとは言えない。クリープが部分的に可逆的であるという事実から，クリープは，一部に可逆的な粘弾性の動き（純粋に粘性の側面と純粋に弾性の側面とからなる）と，またおそらくは可逆的でない塑性変形とから成り立っていることを示唆している。

弾性変形は，荷重の解除に際して常に回復可能である。塑性変形はけっして回復可能ではなく，時間依存性があり，塑性ひずみと負荷応力度との間，あるいは応力度とひずみ速度との間には比例関係はない。粘性変形は荷重の解除に際してけっして回復可能ではなく，常に時間依存性があり，また粘性ひずみ速度と負荷応力度との間には常に比例関係があるため，ある特定の時間の応力度とひずみとは常に比例関係にある[9.129]。このようなさまざまな種類の変形は，表-9.6 に示すようにまとめることができる。

発生した部分的なクリープ回復を解析する方法は，McHenry[9.126]が開発したひずみの重ね合わせの原則による。これは，ある時間 t_0 に負荷された応力の増加

表-9.6 変形の種類

変形の型	瞬間的	時間依存性
可逆的	弾性	遅れ弾性
不可逆的	塑性の永久ひずみ	粘性

によって，その後のある時間 t にコンクリート中に生じるひずみは，t_0 より前または後に負荷された応力の影響を受けないというものである。応力の増加とは，圧縮応力または引張応力であり，すなわち荷重の除荷をも含むものと理解されている。したがって，ある供試体に負荷された圧縮応力が材齢 t_1 で除荷された場合に，その結果起きるクリープの回復量は，材齢 t_1 で同じ圧縮応力をかけた同種の供試体のクリープ量と同じになる。図-9.47 にこの内容を図示したが，クリープ回復は，任意の時間における実際のひずみと，供試体の最初の圧縮応力が引き続き負荷されていると仮定した時に存在するであろうひずみとの差によって表されることがわかる。

　図-9.48 に，ひずみの実測値と計算されたひずみ（計算された値といっても，実際には実測した 2 本の曲線の差である）との比較を，封緘されたコンクリートすなわち基本クリープしか生じないコンクリートに関して示した[9.127]。すべての場合において，荷重を除荷した後のひずみの実測値は，重ね合わせの原理によって予測される残留ひずみより大きいようである。したがって，実際のクリープは予想より小さくなる。この原理を応力が変化する供試体に当てはめた場合にも，同様の誤差が見出される[9.107]。したがって，重ね合わせの原理はクリープとクリープ回復という現象に十分に適合していない。

　それにもかかわらず，ひずみの重ね合わせの原理は便利で有効な仮定である。そしてこの原理は，クリープはセメントの水和の進行によって完全な回復が妨げられる遅れ弾性現象であることを示している。古いコンクリートの性質は材齢とともにほとんど変化しないため，材齢数年で持続的な荷重をかけたコンクリートは完全に可逆的であると予想されるが，このことは実験で立証されてはいない。重ね合わせの原理は，大断面養生の条件下で基本クリープしか生じない場合であれば誤差は許容できる範囲であることに注意しなければならない。乾燥クリープが存在する場合は，クリープ回復が大幅に過大評価される点で誤差は大きい。

　クリープの本性の問題に関してはまだ異論があり[9.128]，ここで完全に解説する

第9章　弾性，収縮，およびクリープ

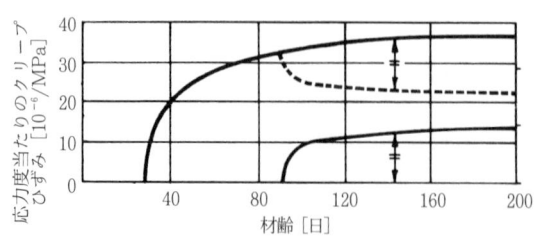

図-9.47　McHenry のひずみ重ね合わせの原理の例[9.126]

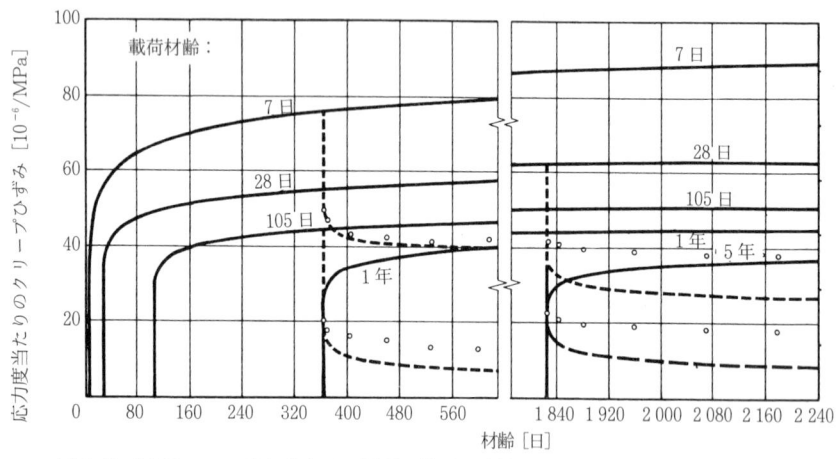

図-9.48　McHenry の重ね合わせの原理に基づく計算ひずみと測定ひずみとの比較[9.127]

ことはできない。クリープが存在する場所は水和セメントペーストであり，クリープは吸着水や結晶内の水の内部移動すなわち内部浸出と関連がある。Glucklich の試験[9.132]は，蒸発水がすべて除去されたコンクリートは実質的にまったくクリープを生じないことを示した。しかし，高温ではコンクリートのクリープ挙動が変化するため，その段階で水の役割が終わり，ゲル自体がクリープ変形することを示唆している。

　クリープはマスコンクリートにも生じ得ることから，コンクリート外部への水の浸出によってクリープが起きるという仮定は乾燥クリープでは起きる可能性が高いが，基本クリープの進行にとっては重要ではないことになる。しかし，吸着された層から毛管空げきなどの空げきへ，水が内部浸出する可能性はある。そのような空げきが果たす役割を間接的に示す証拠は，クリープと水和セメントペー

9.19 クリープの特性

ストの強度との関係にみることができる。すなわち，クリープは満たされていない空間の相対量の関数であるように思われ，強度とクリープとの両方に影響を与えるのはゲルの中の空げきであると推測することができる。後者の場合は，空げきが浸出と関連している可能性がある。当然ながら，空げきの容積は水セメント比の関数であり，水和の進行程度によって影響される。

毛管空げきは水槽中の静水圧下でも完全には満たされないことを，念頭に置かなければならない。したがって，内部浸出はどのような保管条件の下でも起きる可能性がある。収縮の生じない供試体のクリープは周囲の相対湿度とは無関係だという事実は，クリープの基本的な原因が「空気中」でも「水中」でも同じであることを示している。

クリープ-時間 曲線の勾配は確実に減少しており，これがクリープのメカニズムに，おそらく徐々にではあろうが，変化が起きることを意味するのかどうかという疑問が生じる。同じメカニズムで連続的に曲線の勾配が低下するとも考えられるが，長年にわたって載荷された後では，吸着された水の層の厚さが同じ応力下ではそれ以上減少できないほど減少したと想像するのが妥当である。それでもなお，30年も経ってからクリープが記録された例もある。したがって，クリープのうちの緩慢で長期的に発生する部分は浸出以外の原因に起因している可能性もあるが，変形は多少の蒸発性の水がなければ発生することができない。このことは，ゲル粒子間の粘性流やすべりを示唆している。そのようなメカニズムは温度がクリープに及ぼす影響と同様に考えることができ，また長期クリープの不可逆的な特性も説明することができる。

繰り返し荷重下のクリープに関する結果，とりわけそのような荷重をかけたコンクリート内部の温度上昇に関する結果をみて，クリープの仮説の修正が行われた。前に述べた通り，繰り返し応力下のクリープ量は，繰り返し応力の平均値に等しい静的応力下のクリープ量と比べて増加する[9.140]。この増加したクリープ量は一般に回復不可能であり，ゲル粒子の粘性すべりの増加による促進クリープと，クリープの過程のごく初期の段階で生じた少量のマイクロクラックによる増加クリープで構成される。引張応力下と圧縮応力下のクリープに関する他の実験データ[9.143]は，クリープの浸出理論と粘性せん断理論とを組み合わせた場合にこの挙動がもっともよく説明できることを示している。

第9章 弾性，収縮，およびクリープ

一般に，マイクロクラックの役割は小さく，繰返し荷重によるクリープの場合は別として，その影響はおそらくごく早い材齢で荷重をかけられたコンクリートと，（応力/強度）比が 0.6 を超えるまで荷重をかけられたコンクリートの場合に限られる。

上記のことをすべて述べても，クリープの正確なメカニズムは依然として不明であることを認めなければならない。

9.20 クリープの影響

クリープは，ひずみとたわみ，および時には応力の分布にも影響を及ぼすが，その影響は構造物の種類によって異なる[9.130]。

無筋コンクリートのクリープはそれ自体で強度に影響を及ぼすわけではない。しかしきわめて高い応力下であれば，クリープは破壊を引き起こす終局ひずみの発生を促進する。このことは，持続荷重が静的破壊荷重の 85％か 90％を超えた場合に当てはまる[9.115]。持続応力度が小さい場合にはコンクリートの体積が減少し（クリープポアソン比が 0.5 を下回るため），それがコンクリートの強度を増大させることが予想される。しかし，この効果はおそらく小さい。

クリープが鉄筋コンクリートやプレストレストコンクリート構造物の挙動と強度に及ぼす影響は，参考文献 9.84 に詳しく解説されている。ここでは，鉄筋コンクリート柱の場合に，クリープによって荷重が徐々にコンクリートから鉄筋へと移ることを述べると良いかもしれない。いったん鉄筋が降伏すると荷重の増加はすべてコンクリートが受けるため，破壊が起きる前に鉄筋もコンクリートも強度を完全に発現する。これは伝統的な設計手法で認められた事実である。しかし，偏心的に載荷された柱ではクリープがたわみを大きくし，座屈を生じることもある。不静定構造物では，収縮，温度変化，または支点の移動によって引き起こされた応力の集中をクリープが軽減する場合がある。すべてのコンクリート構造物で，クリープは不均一な収縮による内部応力を減少させるため，ひび割れが減少する。構造物におけるクリープの影響を計算する際には，時間依存性の実際の変形はコンクリートの「自由な」クリープではなく，鉄筋の量と位置によって修正された値であることを認識することが大切である。

9.20 クリープの影響

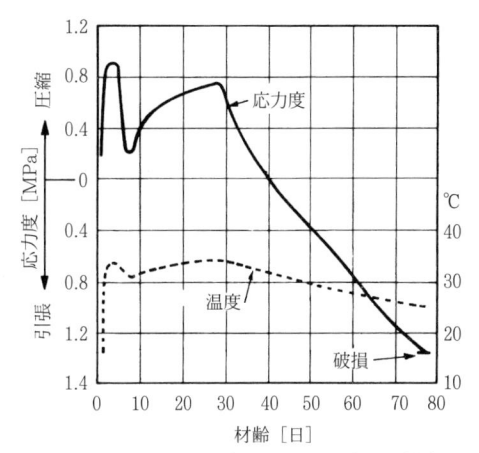

図-9.49 長さ一定で温度サイクルを受けた場合に
発生するコンクリートの応力[9.131]

　それに反してマスコンクリートでは，拘束されたコンクリート体が水和熱の発生とそれに続く冷却による温度変化の繰返しを受ける時に，クリープ自体がひび割れの原因となる場合がある。コンクリート体の内部で温度が急上昇することにより，圧縮応力が誘発される。ごく若いコンクリートは弾性係数が低いため，この応力は小さい。

　ごく若いコンクリートは強度も低いため，クリープが大きい。これが圧縮応力を軽減し，残存する圧縮はある程度冷却が行われるとすぐに消滅する。コンクリートをさらに冷却すると引張応力が発生し，クリープの割合は材齢とともに低下するため，温度が初期（打込み）値まで低下する前でもひび割れが起きることがある（図-9.49参照）。この理由から，大きいコンクリート体の内部の温度上昇は管理しなければならない（486頁参照）。

　またクリープは，とくに高層ビルや長い橋の場合に，構造部材の過剰なたわみやその他の使用性の問題をもたらす可能性もある。

　クリープによってプレストレス量が減少することはよく知られており，事実，プレストレスをかけるという最初の試みが失敗した原因にもなっている。

　したがって，クリープは有害な影響をもたらす場合があるものの，全体としてクリープは収縮と異なり応力の集中を軽減する点で有益であり，コンクリートが構造部材として成功を収めたことに大きく寄与してきている。さまざまな種類の

第9章 弾性，収縮，およびクリープ

構造物に関して，クリープを考慮した合理的な設計方法が開発されている[9.112]。

◎参考文献

9.1 R. E. PHILLEO, Comparison of results of three methods for determining Young's modulus of elasticity of concrete, *J. Amer. Concr. Inst.*, **51**, pp. 461–9 (Jan. 1955).

9.2 H. LOSSIER, Cements with controlled expansions and their applications to prestressed concrete, *The Structural Engineer*, **24**, No. 10, pp. 505–34 (1946).

9.3 M. POLIVKA, Factors influencing expansion of expansive cement concretes. *Klein Symp. on Expansive Cement*, ACI SP-38, pp. 239–50 (Detroit, Michigan, 1973).

9.4 M. POLIVKA and C. WILLSON, Properties of shrinkage-compensating concretes, *Klein Symp. on Expansive Cement*, ACI SP-38, pp. 227–37 (Detroit, Michigan, 1973).

9.5 L. W. TELLER, Elastic properties, *ASTM Sp. Tech. Publ. No. 169*, pp. 94–103 (1956).

9.6 J. J. SHIDELER, Lightweight aggregate concrete for structural use, *J. Amer. Concr. Inst.*, **54**, pp. 299–328 (Oct. 1957).

9.7 P. KLIEGER, Early high-strength concrete for prestressing. *Proc. World Conference on Prestressed Concrete*, pp. A5-1–14, (San Francisco, 1957).

9.8 M. KOKUBU, Use of expansive components for concrete in Japan. *Klein Symp. on Expansive Cement*, ACI SP-38, pp. 353–78 (Detroit, Michigan, 1973).

9.9 T. TAKABAYASHI, Comparison of dynamic Young's modulus and static Young's modulus for concrete, *RILEM Int. Symp. on Non-destructive Testing of Materials and Structures* **1**, pp. 34–44, (1954).

9.10 J. BIJEN and G. VAN DER WEGEN, Swelling of concrete in deep seawater, *Durability of Concrete*, Ed. V. M. Malhotra, ACI SP-145, pp. 389–407 (Detroit, Michigan, 1994).

9.11 B. W. SHACKLOCK and P. W. KEENE, A comparison of the compressive and flexural strengths of concrete with and without entrained air, *Civil Engineering* (London), pp. 77–80 (Jan. 1959).

9.12 R. JONES, Testing concrete by an ultrasonic pulse technique, *D.S.I.R. Road Research Technical Paper No. 34* (HMSO, London, 1955).

9.13 M. A. SWAYZE, Early concrete volume changes and their control, *J. Amer. Concr. Inst.*, **38**, pp. 425–40 (April 1942).

9.14 R. L'HERMITE, Volume changes of concrete, *Proc. 4th Int. Symp. on the Chemistry of Cement*, Washington DC, pp. 659–94 (1960).

9.15 W. LERCH, Plastic shrinkage, *J. Amer. Concr. Inst.*, **53**, pp. 797–802 (Feb. 1957).

9.16 D. W. HOBBS, Influence of specimen geometry upon weight change and shrinkage of air-dried concrete specimens, *Mag. Concr. Res.*, **29**, No. 99, pp. 70–80 (1977).

9.17 H. E. DAVIS, Autogenous volume changes of concrete, *Proc. ASTM.*, **40**, pp. 1103–10 (1940).

9.18 T. C. POWERS, Causes and control of volume change, *J. Portl. Cem. Assoc. Research and Development Laboratories*, **1**, No. 1, pp. 29–39 (Jan. 1959).

9.19 F. M. LEA, *The Chemistry of Cement and Concrete* (Arnold, London, 1970).

9.20 J. D. BERNAL, J. W. JEFFERY and H. F. W. TAYLOR, Crystallographic research on the hydration of Portland cement: A first report on investigations in progress, *Mag. Concr. Res.*, **3**, No. 11, pp. 49–54 (1952).

9.21 J. D. BERNAL, The structures of cement hydration compounds, *Proc. 3rd Int. Symp. on the Chemistry of Cement*, London, pp. 216–36 (1952).

参考文献

9.22 F. M. LEA, Cement research: Retrospect and prospect, *Proc. 4th Int. Symp. on the Chemistry of Cement*, Washington DC, pp. 5–8 (1960).
9.23 G. PICKETT, Effect of aggregate on shrinkage of concrete and hypothesis concerning shrinkage. *J. Amer. Concr. Inst.*, **52**, pp. 581–90 (Jan. 1956).
9.24 G. E. TROXELL, J. M. RAPHAEL and R. E. DAVIS, Long-time creep and shrinkage tests of plain and reinforced concrete, *Proc. ASTM.*, **58**, pp. 1101–20 (1958).
9.25 B. W. SHACKLOCK and P. W. KEENE, The effect of mix proportions and testing conditions on drying shrinkage and moisture movement of concrete, *Cement Concr. Assoc. Tech. Report TRA/266* (London, June 1957).
9.26 M. A. SWAYZE, Discussion on: Volume changes of concrete. *Proc. 4th Int. Symp. on the Chemistry of Cement*, Washington DC, pp. 700–2 (1960).
9.27 G. PICKETT, Effect of gypsum content and other factors on shrinkage of concrete prisms, *J. Amer. Concr. Inst.*, **44**, pp. 149–75 (Oct. 1947).
9.28 W. LERCH, The influence of gypsum on the hydration and properties of portland cement pastes, *Proc. ASTM.*, **46**, pp. 1252–92 (1946).
9.29 P. W. KEENE, The effect of air-entrainment on the shrinkage of concrete stored in laboratory air, *Cement Concr. Assoc. Tech. Report TRA/331* (London, Jan. 1960).
9.30 J. J. SHIDELER, Calcium chloride in concrete, *J. Amer. Concr. Inst.*, **48**, pp. 537–59 (March 1952).
9.31 W. R. LORMAN, The theory of concrete creep, *Proc. ASTM.*, **40**, pp. 1082–102 (1940).
9.32 A. D. ROSS, Shape, size, and shrinkage, *Concrete and Constructional Engineering*, pp. 193–9 (London, Aug. 1944).
9.33 R. L'HERMITE, J. CHEFDEVILLE and J. J. GRIEU, Nouvelle contribution à l'étude du retrait des ciments, *Annales de l'Institut Technique du Bâtiment et de Travaux Publics No. 106*. Liants Hydrauliques No. 5 (Dec. 1949).
9.34 J. W. GALLOWAY and H. M. HARDING, Elastic moduli of a lean and a pavement quality concrete under uniaxial tension and compression, *Materials and Structures*, **9**, No. 49, pp. 13–18 (1976).
9.35 A. M. NEVILLE, Discussion on: Effect of aggregate on shrinkage of concrete and hypothesis concerning shrinkage, *J. Amer. Concr. Inst.*, **52**, Part 2, pp. 1380–1 (Dec. 1956).
9.36 P. T. WANG, S. P. SHAH and A. E. NAAMAN, Stress–strain curves of normal and lightweight concrete in compression, *J. Amer. Concr. Inst.*, **75**, pp. 603–11 (Nov. 1978).
9.37 G. J. VERBECK, Carbonation of hydrated portland cement, *ASTM. Sp. Tech. Publ. No. 205*, pp. 17–36 (1958).
9.38 J. J. SHIDELER, Investigation of the moisture-volume stability of concrete masonry units, *Portl. Cem. Assoc. Development Bull. D.3* (March 1955).
9.39 R. N. SWAMY and A. K. BANDYOPADHYAY, The elastic properties of structural lightweight concrete, *Proc. Inst. Civ. Engrs.*, Part 2, **59**, pp. 381–94 (Sept. 1975).
9.40 A. M. NEVILLE, Shrinkage and creep in concrete, *Structural Concrete*, **1**, No. 2, pp. 49–85 (London, March 1962).
9.41 E. W. BENNETT and D. R. LOAT, Shrinkage and creep of concrete as affected by the fineness of Portland cement, *Mag. Concr. Res.*, **22**, No. 71, pp. 69–78 (1970).
9.42 S. P. SHAH and G. WINTER, Inelastic behaviour and fracture of concrete, *Symp. on Causes, Mechanism, and Control of Cracking in Concrete*, ACI SP-20, pp. 5–28 (Detroit, Michigan, 1968).
9.43 A. M. NEVILLE, Some problems in inelasticity of concrete and its behaviour under

第9章 弾性，収縮，およびクリープ

sustained loading, *Structural Concrete*, **3**, No. 4, pp. 261–8 (London, 1966).
9.44 P. DESAYI and S. KRISHNAN, Equation for the stress–strain curve of concrete, *J. Amer. Concr. Inst.*, **61**, pp. 345–50 (March 1964).
9.45 K. S. GOPALAKRISHNAN, A. M. NEVILLE and A. GHALI, Creep Poisson's ratio of concrete under multiaxial compression, *J. Amer. Concr. Inst.*, **66**, pp. 1008–20 (Dec. 1969).
9.46 I. E. HOUK, O. E. BORGE and D. L. HOUGHTON, Studies of autogenous volume change in concrete for Dworshak Dam, *J. Amer. Concr. Inst.*, **66**, pp. 560–8 (July 1969).
9.47 D. RAVINA and R. SHALON, Plastic shrinkage cracking. *J. Amer. Concr. Inst.*, **65**, pp. 282–92 (April 1968).
9.48 S. T. A. ÖDMAN, Effects of variations in volume, surface area exposed to drying, and composition of concrete on shrinkage, *RILEM/CEMBUREAU Int. Colloquium on the Shrinkage of Hydraulic Concretes*, **1**, 20 pp. (Madrid, 1968).
9.49 T. W. REICHARD, Creep and drying shrinkage of lightweight and normal weight concretes. *Nat. Bur. Stand. Monograph*, **74**, (Washington DC, March 1964).
9.50 K. MATHER, High strength, high density concrete, *J. Amer. Concr. Inst.*, **62**, No. 8, pp. 951–62 (1965).
9.51 S. E. PIHLAJAVAARA, Notes on the drying of concrete, *Reports*, Series 3, No. 79 (The State Institute for Technical Research, Helsinki, 1963).
9.52 T. C. HANSEN, Effect of wind on creep and drying shrinkage of hardened cement mortar and concrete, *ASTM Mat. Res. & Stand.*, **6**, pp. 16–19 (Jan. 1966).
9.53 T. C. HANSEN and A. H. MATTOCK, The influence of size and shape of member on the shrinkage and creep of concrete, *J. Amer. Concr. Inst.*, **63**, pp. 267–90 (Feb. 1966).
9.54 J. W. KELLY, Cracks in concrete – the causes and cures, *Concrete Construction*, **9**, pp. 89–93 (April 1964).
9.55 R. G. L'HERMITE, Quelques problèmes mal connus de la technologie du béton, *Il Cemento*, **75**, No. 3, pp. 231–46 (1978).
9.56 S. E. PIHLAJAVAARA, On practical estimation of moisture content of drying concrete structures, *Il Cemento*, **73**, No. 3, pp. 129–38 (1976).
9.57 S. POPOVICS, Verification of relationships between mechanical properties of concrete-like materials, *Materials and Structures*, **8**, No. 45, pp. 183–91 (1975).
9.58 S. E. PIHLAJAVAARA, Carbonation – an important effect on the surfaces of cement-based materials, *RILEM/ASTM/CIB Symp. on Evaluation of the Performance of External Surfaces of Buildings*, Paper No. 9, 9 pp. (Otaniemi, Finland, Aug. 1977).
9.59 N. J. GARDNER, P. L. SAU and M. S. CHEUNG, Strength development and durability of concrete, *ACI Materials Journal*, **85**, No. 6, pp. 529–36 (1988).
9.60 S. HARSH, Z. SHEN and D. DARWIN, Strain-rate sensitive behavior of cement paste and mortar in compression, *ACI Materials Journal*, **87**, No. 5, pp. 508–16 (1990).
9.61 Z.-H. GUO and X.-Q. ZHANG, Investigation of complete stress–deformation curves for concrete in tension, *ACI Materials Journal*, **84**, No. 4, pp. 278–85 (1987).
9.62 W. S. NAJJAR and K. C. HOVER, Neutron radiography for microcrack studies of concrete cylinders subjected to concentric and eccentric compressive loads, *ACI Materials Journal*, **86**, No. 4, pp. 354–9 (1989).
9.63 F. DE LARRARD, E. SAINT-DIZIER and C. BOULAY, Comportement post-rupture de béton à hautes ou très hautes performances armé en compression, *Bulletin Liaison Laboratoires Ponts et Chaussées*, **179**, pp. 11–20 (May-June 1992).
9.64 N. H. OLSEN, H. KRENCHEL and S. P. SHAH, Mechanical properties of high strength concrete, *IABSE Symposium, Concrete Structures for the Future, Paris – Versailles*,

pp. 395–400 (1987).
9.65 W. F. CHEN, Concrete plasticity: macro- and microapproaches, *Int. Journal of Mechanical Sciences*, **35**, No. 12, pp. 1097–109 (1993).
9.66 M. M. SMADI and F. O. SLATE, Microcracking of high and normal strength concretes under short- and long-term loadings, *ACI Materials Journal*, **86**, No. 2, pp. 117–27 (1989).
9.67 D. J. CARREIRA and K.-H. CHU, Stress–strain relationship for plain concrete in compression, *ACI Journal*, **82**, No. 6, pp. 797–804 (1985).
9.68 K. J. BASTGEN and V. HERMANN, Experience made in determining the static modulus of elasticity of concrete, *Materials and Structures*, **10**, No. 60, pp. 357–64 (1977).
9.69 P-C. AÏTCIN, M. S. CHEUNG and V. K. SHAH, Strength development of concrete cured under arctic sea conditions, in *Temperature Effects on Concrete, ASTM Sp. Tech. Publ. No. 858*, pp. 3–20 (Philadelphia, Pa, 1983).
9.70 F. D. LYDON and R. V. BALENDRAN, Some observations on elastic properties of plain concrete, *Cement and Concrete Research*, **16**, No. 3, pp. 314–24 (1986).
9.71 J. J. BROOKS and A. NEVILLE, Creep and shrinkage of concrete as affected by admixtures and cement replacement materials, in *Creep and Shrinkage of Concrete: Effect of Materials and Environment*, ACI SP-135, pp. 19–36 (Detroit, Michigan, 1992).
9.72 W. HANSEN and J. A. ALMUDAIHEEM, Ultimate drying shrinkage of concrete – influence of major parameters, *ACI Materials Journal*, **84**, No. 3, pp. 217–23 (1987).
9.73 J. BARON, Les retraits de la pâte de ciment, in *Le Béton Hydraulique – Connaissance et Pratique*, Eds J. Baron and R. Santeray, pp. 485–501 (Presses de l'École Nationale des Ponts et Chaussées, Paris, 1982).
9.74 J.-M. TORRENTI et al., Contraintes initiales dans le béton, *Bulletin Liaison Ponts et Chaussées*, **158**, pp. 39–44 (Nov.–Dec. 1988).
9.75 R. MENSI, P. ACKER and A. ATTOLOU, Séchage du béton: analyse et modélisation, *Materials and Structures*, **21**, No. 121, pp. 3–12 (1988).
9.76 M. SHOYA, Drying shrinkage and moisture loss of super plasticizer admixed concrete of low water cement ratio, *Transactions of the Japan Concrete Institute*, II – 5, pp. 103–10 (1979).
9.77 J. J. BROOKS, Influence of mix proportions, plasticizers and superplasticizers on creep and drying shrinkage of concrete, *Mag. Concr. Res.* **41**, No. 148, pp. 145–54 (1989).
9.78 R. W. CARLSON and T. J. READING, Model study of shrinkage cracking in concrete building walls, *ACI Structural Journal*, **85**, No. 4, pp. 395–404 (1988).
9.79 M. GRZYBOWSKI and S. P. SHAH, Shrinkage cracking of fiber reinforced concrete, *ACI Materials Journal*, **87**, No. 2, pp. 138–48 (1990).
9.80 ACI 209R-92, Prediction of creep, shrinkage, and temperature effects in concrete structures, *ACI Manual of Concrete Practice Part 1: Materials and General Properties of Concrete*, 47 pp. (Detroit, Michigan, 1994).
9.81 E. J. SELLEVOLD, Shrinkage of concrete: effect of binder composition and aggregate volume fraction from 0 to 60%, *Nordic Concrete Research*, Publication No. 11, pp. 139–52 (The Nordic Concrete Federation, Oslo, Feb. 1992).
9.82 R. D. GAYNOR, R. C. MEININGER and T. S. KHAN, Effect of temperature and delivery time on concrete proportions, in *Temperature Effects on Concrete, ASTM Sp. Tech. Publ. No. 858*, pp. 68–87 (Philadelphia, Pa, 1983).
9.83 J. A. ALMUDAIHEEM and W. HANSEN, Effect of specimen size and shape on drying

第9章 弾性，収縮，およびクリープ

shrinkage, *ACI Materials Journal*, **84**, No. 2, pp. 130–4 (1987).
9.84 A. M. NEVILLE, W. H. DILGER and J. J. BROOKS, *Creep of Plain and Structural Concrete*, 361 pp. (Construction Press, Longman Group, London, 1983).
9.85 G. C. HOFF and K. MATHER, A look at Type K shrinkage-compensating cement production and specifications, *Cedric Willson Symposium on Expansive Cement*, ACI SP-64, pp. 153–80 (Detroit, Michigan, 1977).
9.86 R. W. CUSICK and C. E. KESLER, Behavior of shrinkage-compensating concretes suitable for use in bridge decks, *Cedric Willson Symposium on Expansive Cement*, ACI SP-64, pp. 293–301 (Detroit, Michigan, 1977).
9.87 B. MATHER, Curing of concrete, *Lewis H. Tuthill International Symposium on Concrete and Concrete Construction*, ACI SP-104, pp. 145–59 (Detroit, Michigan, 1987).
9.88 E. TAZAWA and S. MIYAZAWA, Autogenous shrinkage of concrete and its importance in concrete, in *Creep and Shrinkage in Concrete*, Eds Z. P. Bažant and I. Carol, Proc. 5th International RILEM Symposium, pp. 159–68 (E & FN Spon, London, 1993).
9.89 C. LOBO and M. D. COHEN, Hydration of Type K expansive cement paste and the effect of silica fume: II. Pore solution analysis and proposed hydration mechanism, *Cement and Concrete Research*, **23**, No. 1, pp. 104–14 (1993).
9.90 M. D. COHEN, J. OLEK and B. MATHER, Silica fume improves expansive cement concrete, *Concrete International*, **13**, No. 3, pp. 31–7 (1991).
9.91 ACI 223-93, Standard practice for the use of shrinkage-compensating concrete, *ACI Manual of Concrete Practice Part 1: Materials and General Properties of Concrete*, 26 pp. (Detroit, Michigan, 1994).
9.92 YAN FU, S. A. SHEIKH and R. D. HOOTON, Microstructure ot highly expansive cement paste, *ACI Materials Journal*, **91**, No. 1, pp. 46–54 (1994).
9.93 G. GIACCIO *et al.*, High-strength concretes incorporating different coarse aggregates, *ACI Materials Journal*, **89**, No. 3, pp. 242–6 (1992).
9.94 F. A. OLUOKUN, Prediction of concrete tensile strength from its compressive strength: evaluation of existing relations for normal weight concrete, *ACI Materials Journal*, **88**, No. 3, pp. 302–9 (1991).
9.95 M. KAKIZAKI *et al.*, *Effect of Mixing Method on Mechanical Properties and Pore Structure of Ultra High-Strength Concrete*, Katri Report No. 90, 19 pp. (Kajima Corporation, Tokyo, 1992) (and also in ACI SP-132, CANMET/ACI, 1992).
9.96 ACI 517.2R-87, Revised 1992, Accelerated curing of concrete at atmospheric pressure – state of the art, *ACI Manual of Concrete Practice Part 5: Masonry, Precast Concrete, Special Processes*, 17 pp. (Detroit, Michigan, 1994).
9.97 ACI 305R-91, Hot weather concreting, *ACI Manual of Concrete Practice Part 2: Construction Practices and Inspection Pavements*, 20 pp. (Detroit, Michigan, 1994).
9.98 ACI 318-02 Building code requirements for structural concrete, *ACI Manual of Concrete Practice Part 3: Use of Concrete in Buildings – Design, Specifications, and Related Topics*, 443 pp.
9.99 ACI 363R-92, State-of-the-art report on high-strength concrete, *ACI Manual of Concrete Practice Part 1: Materials and General Properties of Concrete*, 55 pp. (Detroit, Michigan, 1994).
9.100 E. K. ATTIOGBE and D. DARWIN, Submicrocracking in cement paste and mortar, *ACI Materials Journal*, **84**, No. 6, pp. 491–500 (1987).
9.101 A. YONEKURA, M. KUSAKA and S. TANAKA, Tensile creep of early age concrete with compressive stress history, *Cement Association of Japan Review*, pp. 158–61 (1988).

9.102 Y. H. Loo and G. D. Base, Variation of creep Poisson's ratio with stress in concrete under short-term uniaxial compression, *Mag. Concr. Res.*, **42**, No. 151, pp. 67–73 (1990).

9.103 M. D. Cohen, J. Olek and W. L. Dolch, Mechanism of plastic shrinkage cracking in portland cement and portland cement–silica fume paste and mortar, *Cement and Concrete Research*, **20**, No. 1, pp. 103–19 (1990).

9.104 Y. F. Houst, Influence of shrinkage on carbonation shrinkage kinetics of hydrated cement paste, in *Creep and Shrinkage of Concrete*, Eds. Z. P. Bažant and I. Carol, Proc. 5th Int. RILEM Symp, Barcelona, pp. 121–6 (E & FN Spon, London, 1993).

9.105 A. Neville, Whither expansive cement?, *Concrete International*, **16**, No. 9, pp. 34–5 (1994).

9.106 R. N. Swamy, Shrinkage characteristics of ultra-rapid-hardening cement, *Indian Concrete J.*, **48**, No. 4, pp. 127–31 (1974).

9.107 A. D. Ross, Creep of concrete under variable stress, *J. Amer. Concr. Inst.*, **54**, pp. 739–58 (March 1958).

9.108 A. M. Neville, Creep recovery of mortars made with different cements, *J. Amer. Concr. Inst.*, **56**, pp. 167–74 (Aug. 1959).

9.109 A. M. Neville, Creep of concrete as a function of its cement paste content, *Mag. Concr. Res.,* **16**, No. 46, pp. 21–30 (1964).

9.110 S. E. Rutledge and A. M. Neville, Influence of cement paste content on creep of lightweight aggregate concrete, *Mag. Concr. Res.*, **18**, No. 55, pp. 69–74 (1966).

9.111 H. Rüsch, K. Kordina and H. Hilsdorf, Der Einfluss des mineralogischen Charakters der Zuschläge auf das Kriechen von Beton, *Deutscher Ausschuss für Stahlbeton*, No. 146, pp. 19–133 (Berlin, 1963).

9.112 A. M. Neville, *Creep of Concrete: plain, and prestressed* (North-Holland, Amsterdam, 1970).

9.113 A. M. Neville, The relation between creep of concrete and the stress–strength ratio, *Applied Scientific Research*, Section A, **9**, pp. 285–92 (The Hague, 1960).

9.114 L. L. Yue and L. Taerwe, Creep recovery of plain concrete and its mathematical modelling, *Magazine of Concrete Research*, **44**, No. 161, pp. 281–90 (1992).

9.115 A. M. Neville, Rôle of cement in the creep of mortar, *J. Amer. Concr. Inst.*, **55**, pp. 963–84 (March 1959).

9.116 K. W. Nasser and A. M. Neville, Creep of concrete at elevated temperatures, *J. Amer. Concr. Inst.*, **62**, pp. 1567–79 (Dec. 1965).

9.117 A. M. Neville, Tests on the influence of the properties of cement on the creep of mortar, *RILEM Bull. No. 4*, pp. 5–17 (Oct. 1959).

9.118 U.S. Bureau of Reclamation, A 10-year study of creep properties of concrete, *Concrete Laboratory Report No. SP-38* (Denver, Colardo, 28 July 1953).

9.119 B. Le Camus, Recherches expérimentales sur la déformation du béton et du béton armé, *Comptes Rendues des Recherches des Laboratoires du Bâtiment et des Travaux Publics* (Pairs, 1945–46).

9.120 G. A. Maney, Concrete under sustained working loads; evidence that shrinkage dominates time yield, *Proc. ASTM.*, **41**, pp. 1021–30 (1941).

9.121 A. M. Neville, Recovery of creep and observations on the mechanism of creep of concrete, *Applied Scientific Research*, Section A, **9**, pp. 71–84 (The Hague, 1960).

9.122 A. D. Ross, Concrete creep data, *The Structural Engineer*, **15**, pp. 314–26 (London, 1937).

9.123 A. M. Neville and H. W. Kenington, Creep of aluminous cement concrete, *Proc.*

第9章　弾性，収縮，およびクリープ

4th Int. Symp. on the Chemistry of Cement, Washington DC, pp. 703–8 (1960).
9.124 A. M. NEVILLE, The influence of cement on creep of concrete in mortar, *J. Prestressed Concrete Inst.*, pp. 12–18 (Gainesville, Florida, March 1958).
9.125 A. D. ROSS, The creep of Portland blast-furnace cement concrete, *J. Inst. Civ. Engrs.*, pp. 43–52 (London, Feb. 1938).
9.126 D. MCHENRY, A new aspect of creep in concrete and its application to design, *Proc. ASTM.*, **43**, pp. 1069–84 (1943).
9.127 U.S. BUREAU OF RECLAMATION, Supplemental Report – 5-year creep and strain recovery of concrete for Hungry Horse Dam, *Concrete Laboratory Report No. C-179A* (Denver, Colorado, 6 Jan. 1959).
9.128 A. M. NEVILLE, Theories of creep in concrete. *J. Amer. Concr. Inst.*, **52**, pp. 47–60 (Sept. 1955).
9.129 T. C. HANSEN, Creep of concrete – a discussion of some fundamental problems, *Swedish Cement and Concrete Research Inst., Bull, No. 33* (Sept. 1958).
9.130 A. M. NEVILLE, Non-elastic deformations in concrete structures, *J. New Zealand Inst. E.*, **12**, pp. 114–20 (April 1957).
9.131 R. E. DAVIS, H. E. DAVIS and E. H. BROWN, Plastic flow and volume change of concrete, *Proc. ASTM*, **37**, Part II, pp. 317–30 (1937).
9.132 J. GLUCKLICH, Creep mechanism in cement mortar, *J. Amer. Concr. Inst.*, **59**, pp. 923–48 (July 1962).
9.133 A. M. NEVILLE, M. M. STAUNTON and G. M. BONN, A study of the relation between creep and the gain of strength of concrete, *Symp. on Structure of Portland Cement Paste and Concrete,* Highw. Res. Bd, Special Report No. 90, pp. 186–203 (Washington DC, 1966).
9.134 B. B. HOPE, A. M. NEVILLE and A. GURUSWAMI, Influence of admixtures on creep of concrete containing normal weight aggregate, *RILEM Int. Symp. on Admixtures for Mortar and Concrete*, pp. 17–32 (Brussels, Sept. 1967).
9.135 E. L. JESSOP, M. A. WARD and A. M. NEVILLE, Influence of water reducing and set retarding admixtures on creep of lightweight aggregate concrete, *RILEM Int. Symp. on Admixtures for Mortar and Concrete*, pp. 35–46 (Brussels, Sept. 1967).
9.136 J. C. MARÉCHAL, Le fluage du béton en fonction de la température, *Materials and Structures*, **2**, No. 8, pp. 111–15 (1969).
9.137 R. JOHANSEN and C. H. BEST, Creep of concrete with and without ice in the system, *RILEM Bull. No. 16*, pp. 47–57 (Paris, Sept. 1962).
9.138 H. LAMBOTTE, Le fluage du béton en torsion, *RILEM Bull. No. 17*, pp. 3–12 (Paris, Dec. 1962).
9.139 A. M. NEVILLE and C. P. WHALEY, Non-elastic deformation of concrete under cyclic compression, *Mag. Concr. Res.*, **25**, No. 84, pp. 145–54 (1973).
9.140 A. M. NEVILLE and G. HIRST, Mechanism of cyclic creep of concrete, *Douglas McHenry International Symposium on Concrete and Concrete Structures*, ACI SP-55 pp. 83–101 (Detroit, Michigan, 1978).
9.141 A. M. NEVILLE and W. Z. LISZKA, Accelerated determination of creep of lightweight aggregate concrete, *Civil Engineering*, **68**, pp. 515–19 (London, June 1973).
9.142 J. J. BROOKS and A. M. NEVILLE, Predicting long-term creep and shrinkage from short-term tests, *Mag. Concr. Res.*, **30**, No. 103, pp. 51–61 (1978).
9.143 J. J. BROOKS and A. M. NEVILLE, A comparison of creep, elasticity and strength of concrete in tension and in compression, *Mag. Concr. Res.*, **29**, No. 100, pp. 131–41 (1977).

9.144 M. D. LUTHER and W. HANSEN, Comparison of creep and shrinkage of high-strength silica fume concretes with fly ash concretes of similar strengths, in *Fly Ash, Silica Fume, Slag, and Natural Pozzolans in Concretes, Proc. 3rd International Conference*, Trondheim, Norway, Vol. 1, ACI SP-114, pp. 573–91 (Detroit, Michigan, 1989).

9.145 A. BENAÏSSA, P. MORLIER and C. VIGUIER, Fluage et retrait du béton de sable, *Materials and Structures*, **26**, No. 160, pp. 333–9 (1993).

9.146 Z. P. BAŽANT *et al.*, Improved prediction model for time-dependent deformations of concrete: Part 6 – simplified code-type formulation, *Materials and Structures*, **25**, No. 148, pp. 219–23 (1992).

9.147 W. P. S. DIAS, G. A. KHOURY and P. J. E. SULLIVAN, The thermal and structural effects of elevated temperatures on the basic creep of hardened cement paste, *Materials and Structures*, **23**, No. 138, pp. 418–425 (1990).

9.148 P. ROSSI and P. ACKER, A new approach to the basic creep and relaxation of concrete, *Cement and Concrete Research*, **18**, No. 5, pp. 799–803 (1988).

9.149 F. H. WITTMANN and P. E. ROELFSTRA, Total deformation of loaded drying concrete, *Cement and Concrete Research*, **10**, No. 5, pp. 601–10 (1980).

9.150 M. BUIL and P. ACKER, Creep of silica fume concrete, *Cement and Concrete Research*, **15**, No. 3, pp. 463–7 (1985).

9.151 E. TAZAWA, A. YONEKURA and S. TANAKA, Drying shrinkage and creep of concrete containing granulated blast furnace slag, in *Fly Ash, Silica Fume, Slag, and Natural Pozzolans in Concretes, Proc. 3rd International Conference*, Trondheim, Norway, Vol. 2, ACI SP-114, pp. 1325–43 (Detroit, Michigan, 1989).

9.152 J.-C. CHERN and Y.-W. CHAN, Deformations of concrete made with blast-furnace slag cement and ordinary portland cement, *ACI Materials Journal*, **86**, No. 4, pp. 372–82 (1989).

9.153 K. W. NASSER and A. A. AL-MANASEER, Creep of concrete containing fly ash and superplasticizer at different stress/strength ratios, *ACI Journal*, **83**, No. 4, pp. 668–73 (1986).

9.154 R. L. DAY and J. M. ILLSTON, The effect of rate of drying on the drying/wetting behaviour of hardened cement paste, *Cement and Concrete Reserach*, **13**, No. 1, pp. 7–17 (1983).

9.155 F. H. TURNER, Concrete and Cryogenics – Part 1, *Concrete*, **14**, No. 5, pp. 39–40 (1980).

9.156 H. G. RUSSELL, Performance of shrinkage-compensating concrete in slabs, *Research and Development Bulletin, RD057.01D*, 12 pp. (portland Cement Association, Skokie, Ill., 1978).

9.157 Z. P. BAŽANT and YUNPING XI, Drying creep of concrete: constitutive model and new experiments separating its mechanisms, *Materials and Structures*, **27**, No. 165, pp. 3–15 (1994).

9.158 H. T. SHKOUKANI, Behaviour of concrete under concentric and eccentric tensile loading, *Darmstadt Concrete*, **4**, pp. 113–232 (1989).

第 10 章　コンクリートの耐久性

　すべてのコンクリート構造物がその意図された機能すなわち要求される強度と使用性とを，規定された期間または伝統的に期待される期間果たし続けることがきわめて重要である。したがってコンクリートは，暴露されることが予想される劣化の過程に耐えることができなければならない。そのようなコンクリートを耐久性のあるコンクリートという。

　ただし，耐久性とは耐用年数が無限であるという意味ではなく，またコンクリートに対するどのような作用にももちこたえるという意味でもないことを付け加えておきたい。また昔とは異なり，今日では多くの状況下でコンクリートを日常的に維持管理することが必要だと認識されている[10.68]。維持管理方法の例を，Carter[10.72] が示している。

　本書でこれまで耐久性を取り上げてこなかった理由は，この問題がコンクリートのほかの性質，とりわけ強度と比べて重要性が低いからだと解釈することもできるが，そういうことではない。事実，多くの状況下で耐久性は何よりも重要である。それにもかかわらず，つい最近までは，セメントとコンクリートの技術は強度をどんどん上げることを中心に発達してきた（418 頁参照）。「強いコンクリートが耐久性のあるコンクリート」という想定があり，特別に考慮されるのは，繰返し作用する凍結融解に対するものとある形態の化学侵食に対するものだけであった。現在では，コンクリート構造物の多くの暴露条件に関して，強度と耐久性の両方とも設計段階で十分明確にして考慮しなければならないことが知られている。重点は「両方とも」という言葉にある。なぜならば，強度を過度に重視する代わりに耐久性を過度に重視するのも間違いだからである。

　本章は，耐久性のさまざまな側面を考察する。融雪剤も含む凍結融解の影響と塩化物の作用という 2 つの特殊な問題は，第 11 章の主題として取り扱っている。

第10章 コンクリートの耐久性

10.1 耐久性不足の原因

　耐久性不足は劣化によって明らかになるが，劣化は外的因子とコンクリート自体の内的原因とのどちらかに起因する。さまざまな作用には，物理的作用，化学的作用，または力学的作用がある。力学的損傷は，衝撃（431頁で考察している），磨耗，侵食，またはキャビテーションによって起きる。最後の3つは本章の最後の方で解説する。

　劣化の化学的な原因には，アルカリ・シリカ反応とアルカリ炭酸塩反応があり，これについても本章で解説する。外部からの化学作用は，主として塩化物，硫酸塩，または二酸化炭素などの攻撃的なイオン，および天然または工業による液体とガスの作用によって起きる。劣化作用にはさまざまな種類があり，直接的な場合も間接的な場合もある。

　劣化の物理的原因には，高温による影響や骨材と硬化セメントペーストとの熱膨張率の相違（第8章に解説）による影響がある。損傷が起きる重要な原因の一つは，コンクリートの凍結融解の繰り返しとそれに伴う融雪剤の作用である。これらの問題については，第11章で解説する。

　劣化の物理的および化学的な過程は相乗的に作用する可能性があるので，この点を注視しなければならない。コンクリートの耐久性に影響を及ぼすさまざまな因子が，本章の主題である。この段階で，コンクリートの劣化がただ1つの原因によって起きることはほとんどないということは参考になると思う。コンクリートは望ましくない点がいくつかあっても機能を満足している場合も多いが，悪影響を与える因子が1つ加わることによって損傷が起きる。そのため，劣化の原因を特定の因子に帰するのは時には難しいこともある，しかし，広い意味で言ってコンクリートの品質にはほとんど常に透過性に関連するものが考えられる。事実，力学的損傷は別として，すべての耐久性に悪影響を及ぼすものは，コンクリートを通る流体の移動が関係している。したがって，耐久性を考察するには関連する現象を理解することが必要となる。

10.2 コンクリート中の流体の移動

　コンクリート中に入り込む可能性があり，主として耐久性に関係のある流体は3種類である。すなわち水（純粋な水または攻撃性のイオンを含む水），二酸化炭素，および酸素である。これらの流体はコンクリート中をさまざまな方法で移動することができるが，すべての移動は何よりも水和セメントペーストの構造によって左右される。前述した通り，コンクリートの耐久性は，流体（液体と気体の両方）がコンクリートに入りこみ，その中を移動することがどれだけ容易にできるかという点によって大きく異なる。この点は，コンクリートの透過性と一般に呼ばれている。厳密に言うと，透過性とは多孔質の媒体の中を通る流動のことである。ところで，コンクリートの中を通るさまざまな流体の移動は，多孔質構造を通る流動だけではなく拡散と収着によっても起きるため，我々の関心事は実際にはコンクリートの浸透性である。それでもなお，さまざまな種類の流動を区別して明確性を期することが必要な場合以外は，コンクリートの中に入り，また中を通過する流体の全体的な移動に関して，一般に受け入れられている「透過性」という用語を用いる。

10.2.1　細孔構造の影響

　セメントペースト硬化体の構造で透過性に関係のある側面は，セメントペースト硬化体全体の中の細孔構造の特性とセメントペーストと骨材との界面域の細孔構造の特性である。界面域は，コンクリート中のセメントペースト硬化体の総体積の3分の1から2分の1を占めており，大部分のセメントペースト硬化体とは異なる微細構造を有することで知られている。界面はまた初期のマイクロクラックが起きる場所でもある。

　これらの理由から，界面域はコンクリートの透過性に大きく寄与していると予想することができる[10.44]。しかし Larbi[10.49] は，界面域の高い空げき率にも拘らず，コンクリートの透過性はコンクリート中で唯一の連続相であるセメントペースト硬化体全体に左右されることを見つけた。

　セメントペースト硬化体の透過性は同種のセメントペーストでつくられたコンクリートの透過性より低くはないという事実が，Larbi の見解を裏付けている。

しかし，コンクリートに関してもう1つ重要なことは，あらゆる流体の移動は，骨材が存在することによって長く曲がりくねった状態になった経路をたどらなければならず，また骨材は流動の有効面積を低下させるという事実である。したがって，透過性に関する界面域の重要性は依然として不明確なままである。むしろ，より一般的に，透過性とセメントペースト硬化体の細孔構造との関係は，せいぜい定性的なものであると認めなければならない[10.97]。

透過性に関係のある空げきは，直径が 120 nm から 160 nm 以上のものである。これらの空げきは連続していなければならない。流動に関して，すなわち透過性に関して有効ではない空げきには，不連続な空げきの他に吸着水の入った空げきや，空げき自体は大きくとも入り口の狭い空げきなどがある（図-6.16 と比較）。

骨材にも空げきがあり得るが，これらの空げきは一般に不連続である。さらにまた，骨材粒子はセメントペーストで覆われているため，骨材中の空げきはコンクリートの透過性に寄与しない。同じことが，エントレインドエアなどのばらばらになった空げきにも当てはまる（673 頁参照）。また，不完全な締固めや閉じ込められたブリーディング水によってできた空げきが，コンクリート全体に含まれている。これらの空げきはコンクリート体積のほんの 1 % から 10 % を占めているだけであり，そのうち後者の値は強度のごく低い，きわめて分離状態のコンクリートの場合である。そのようなコンクリートや，ペーストが継目から漏れるようなコンクリートはつくられてはならないものであるため，これ以上は解説しない。

10.2.2 流動，拡散，および収着

さまざまな種類の空げきが存在し，その一部は透過性に寄与し，一部は寄与しないため，空げき率と透過性とを区別することが重要である。空げき率とはコンクリートの総体積に占める空げきの割合を表す尺度であり，通常は［%］で表す。空げき率が高く，空げきが相互に連続している場合はコンクリート中の流体の移動に寄与するため，コンクリートの透過性は高い。反対に，空げきが不連続性またはその他の理由から移動に関して有効でない場合は，たとえ空げき率が高くてもコンクリートの透過性は低い。

空げき率は水銀を圧入させることによって測定することができる。この問題は

359頁に言及したが，包括的に取り扱ったのはCookとHover[10.46]である。他の流体を使うこともできる。空げき率の目安はコンクリートの吸水率によって測定することができるが，このことに関しては600頁に考察した。

上記の論述でおおまかに透過性と呼んできた，コンクリート中における流体の移動のしやすさに関する限り，3種類のメカニズムを区別して考えなければならない。透過性とは，圧力差の下での流動のことである。拡散とは，濃度差の下で流体が移動する過程のことである。関連するコンクリートの性質は拡散率である。

気体は水の占める空間または空気の占める空間を通って拡散することができるが，前者の場合は後者の場合より10^4から10^5倍も速度が遅い。

収着は，コンクリート中の周囲の媒体に対して開いている空げきの中の毛管移動によって起きる。したがって，毛管現象は部分的に乾燥したコンクリートだけに起き得る。完全に乾燥したコンクリートや飽水したコンクリートでは収着が行われない。

コンクリートの浸透性は文献中にさまざまな用語で説明されているため，関連する数学式を手短に紹介し，測定単位を明確にすることが重要である。透過性のさまざまな側面に関する解説は，参考文献10.96に紹介されている。

10.2.3　透水係数

飽水したコンクリートの毛管空げき中の流動は，多孔質の媒体を通る層流に関するDarcyの法則にしたがって次のようになる。

$$\frac{dq}{dt}\frac{1}{A} = \frac{K\rho g}{\eta}\frac{\triangle h}{L}$$

ここに，

dq/dt = 水の流速 [m³/秒]

A = 試料の断面積 [m²]

$\triangle h$ = 試料中での水頭の低下（m単位で測定）

L = 試料の厚さ [m]

η = 流体の動粘性 [N秒/m²]

ρ = 流体の密度 [kg/m³]

g = 重力の加速度

ここで，係数 K' は［m^2］単位で表され，流体の種類とは関係なく材料の固有の透過性を表す。

流体は一般に水であるため，次のように表すことができる。

$$K = \frac{K'\rho g}{\eta}$$

ここで，係数 K は［m/秒］で表され，コンクリートの透水係数と呼ばれる。これは室温での水に対応すると理解されている。最後の条件は，水の粘性が温度とともに変化することによる。したがって，流動の式は次のように書くことができる。

$$\frac{dq}{dt}\frac{1}{A} = K\frac{\triangle h}{L}$$

流動 dq/dt が安定した状態に達すれば，K を直接測定することができる。

10.3 拡 散

前に述べたように，コンクリート中を通る気体または蒸気の移動が圧力差ではなく濃度勾配の結果である場合は，拡散が起きたのである。

気体の拡散に関する限り，二酸化炭素と酸素がもっとも重要である。前者は水和セメントペーストの炭酸化をもたらし，後者は埋めこまれている鋼材の腐食を進行させる。このような劣化のメカニズムのうち，最初のメカニズムについては本章の後の方で解説する。腐食に関しては，第11章で考察する。現段階では，気体の拡散係数はそのモル質量の平方根に反比例し[10.130]，そのため，例えば酸素は二酸化炭素より理論上は1.17倍速く拡散する点が注目に値する。この関係によって，ある気体の拡散係数を他の気体に関する実験データから計算することが可能になる。

10.3.1 拡散係数

水蒸気と空気に適用できる拡散の式は，Fickの第一法則によって次のように表すことができる。

$$J = -D\frac{dc}{dL}$$

ここに，dc/dL = 濃度勾配［kg/m^4またはモル/m^4］
　D = 拡散係数［m^2/秒］
　J = 質量移動速度［kg/m^2/秒またはモル/m^2/秒］
　L = 試料の厚さ［m］

拡散は空げきを通してしか行われないが，JとDの値はコンクリート試料の断面積に関するものである。したがって，Dは実際には有効拡散係数である。気体の拡散係数は，定常状態装置で実験によって測定することができる。その場合は，コンクリート供試体の相対する2つの面をそれぞれ異なる純粋な気体に暴露し，つぎに各気体が最初に存在した面と反対側の面に存在するその気体の量を測定する。拡散を引き起こす力はモル濃度の差であって圧力差ではないので，供試体の各面にかかる圧力は同じでなければならない。

10.3.2　空気と水を通っての拡散

Papadakis他[10.130]は二酸化炭素の有効拡散係数を，空気の相対湿度とセメントペースト硬化体の間げき率すなわちコンクリートの圧縮強度との関数として表す式を紹介している。水を通る拡散は空気を通る場合と比べて速度が4桁遅い。コンクリート中の間げき構造は，とくにセメントの水和が継続している間は時間とともに変化するため，材齢とともに拡散係数が変化することに注意しなければならない。

コンクリートを通して行われる酸素の拡散は，湿潤養生の影響を強く受け[10.96]，養生を長くすると拡散係数は約6倍低下する。間げき中の水は拡散を大幅に低下させるため，試験中のコンクリートの湿潤状態も大きく影響する。例を挙げて示すと，相対湿度55%に調整して十分養生されたコンクリートの酸素拡散係数は，高品質コンクリートの場合には5×10^{-8} m^2/秒より小さく，低品質コンクリートの場合には50×10^{-8} m^2/秒より大きい[10.96]。

2つの相対する面に湿度差がある場合には水蒸気がコンクリートを通って移動する[10.12]。

相対湿度が上昇すると，拡散が起き得る空気が詰まった間げきの量が減少する

ため，コンクリートの両面の相対湿度は調べておかなければならない。したがって，例えば湿度の高い面が飽水している場合は，乾燥面の相対湿度が上昇し，蒸気の透過性が低下する。コンクリートにおける水蒸気の透過性は，一般に透気性の場合と同じような影響を受ける。

　気体の拡散に加えて，塩化物や硫酸塩などの攻撃的な性質をもつイオンも，間げき水中での拡散によって移動する。水和セメントペーストとの反応が起きるのは間げき水中であり，したがって，イオンの拡散は，コンクリートに対する硫酸塩の作用と埋めこまれた鋼材に対する塩化物の作用を考える点で重要である。イオンの拡散は，硬化セメントペースト中の間げきが飽水している場合にもっとも活発であるが，ある程度まで飽水したコンクリート中でも起こり得る。

　透過性と同様に，拡散も水セメント比が低い時には低くなるが，水セメント比が拡散に及ぼす影響は透過性に及ぼす影響よりはるかに小さい。

10.4　吸水率

　コンクリート中の間げきの容積は，流体がその中に浸透できる容易さとは異なり，吸水率によって測定する。この2つの量には関連性は必ずしもない。吸水率の測定は通常，供試体を一定の質量まで乾燥し，つぎに水中に浸し，供試体の乾燥質量に対する増加質量の百分率を測定することによる。さまざまな方法を用いることができるが，表-10.1に示す通り，大幅に異なる結果が得られる。

　吸水率の値がこのように異なることの理由の1つは，一例に示すように，すべての水を除去するためには常温で乾燥することは効率的でなく，反対に，高温では結合水の一部が除去されるおそれがあることにある。したがって，吸水率はコンクリートの品質を表す尺度として用いることはできないが，品質の良いコンクリートの大部分は，質量で10%を十分下回る吸水率を有している。水が占める容積を計算する場合には，水とコンクリートの密度の違いを考慮に入れなければならない。

　コンクリートのいくつかの小片を用いて行う吸水率試験に関しては，ASTM C 642-90に規定がある。100～110℃で乾燥させ，21℃の水に48時間以上浸す方法が用いられる。BS 1881:Part 122:1983の条件も同様であるが，コア供試体全

10.4 吸水率

表-10.1 種々の方法で決定されたコンクリートの吸水率の値[10.7]

乾燥方法	水に浸す方法	各コンクリートの吸水率 [%]					
		A	B	C	D	E	F
100℃	水中で30分間	4.7	3.2	8.9	12.3		
100℃	水中で24時間	7.4	6.9	9.1	12.9		
100℃	水中で48時間	7.5	7.0	9.2	13.1		
100℃	水中で48時間後5時間煮沸	8.1	7.3	14.1	18.2		
65℃	5時間煮沸	6.4	6.4	13.2	17.2		
105℃で一定質量になるまで	1時間					3.0	7.4
	24時間					3.4	7.7
	7日					3.5	7.8
20℃の真空中，石灰上で30日間	1時間					1.9	5.9
	24時間					2.2	6.3
	7日					2.3	6.4

体に関して試験を行う点が異なっている

吸水率試験は，舗装用コンクリート平板，スラブ，またはコンクリート境界ブロックなどのプレキャスト製品の日常的な品質管理以外にはあまり用いられない。切り出した小さい試験供試体を105℃で72時間乾燥させ，つぎに30分間と24時間の浸水を行って吸水率を決定する。

10.4.1 表面吸水試験

実施面でもっとも重要なのは，コンクリートの表面区域（鉄筋を保護する部分）の吸水特性である。この理由から，表面吸水を測定する試験が開発された。

初期表面吸水を決定する試験は BS 1881：Part 5：1970 に規定されている。要するに，コンクリートの表面域によって吸水される速度を，水頭200 mm の水で規定された時間（10分と1時間との間で）測定する。この水頭は，激しい雨によって発生するものよりわずかに大きいだけである。初期表面吸水の速度は，毎秒1 m^2 当たりのミリリットル [mL] で表す。

10分後の初期吸水が $0.50\ mL/m^2/$秒より大きければ高いとみなし，$0.25\ mL/m^2/$秒より小さければ低いとみなす。2時間後の対応する値は，それぞれ $0.15\ mL/m^2/$秒より大きい場合と $0.07\ mL/m^2/$秒より小さい場合である[10.96]。

初期表面吸水試験の欠点は，コンクリートを通過する水の流動が一方向だけではない点である。これを改善するため，修正された試験がいくつか提案されたが，

まだ一般に受け入れられたものはない。

試験中にコンクリートが吸収する水の質量は、試験の前から存在する含水量によって異なる。そのため、初期表面吸水試験の結果は、コンクリートが試験前に既知の湿度測定状態に置かれていない限り、すぐに解釈することはできない。そしてこの条件は現場のコンクリートでは満たすことができない。したがって、初期表面吸水の値が低い場合は、試験したコンクリートの吸水特性が本来低いか、または低品質コンクリートの空げきをすでに水が占めているかのどちらかが理由であると思われる。

上記の制約を念頭に置けば、初期表面吸水試験を使ってコンクリートの表面域の養生の効果を比較することができる。

水または空気がコンクリート中に入り込む際の入りやすさに関するある種の尺度を現場で測定する試験が、Figg[10.22]によって開発された。小さな穴を掘削し、シリコンゴムで封鎖する。この栓には真空ポンプに連結された皮下注射器を突き刺してあり、装置の圧力を一定量低下させる。空気がコンクリートに透過して穴の圧力を規定値まで上げるために要する時間が、コンクリートの空気の「透過性」の指標である。

この装置の別のモデルとして、ある一定の体積の水がコンクリートに入り込む時間を測定することによって、コンクリートの水の「透過性」を推定できるようにする[10.22]、Figgの装置の改良版がいくつか開発されている[10.96]。

「透過性」という用語は真に適切なものではないことを指摘しておかなければならない。なぜならば、Figgの試験結果は、適切に定義された透水係数と必ずしも直接的な関連が無いからである。それでもなお、この試験は比較する上で有効である。

10.4.2 収着性

一方では吸水率試験の難しさから、他方では透過性試験が圧力下（これがコンクリートに入り込む流体の推進力になることはまれではあるが）におけるコンクリートの応答を測定する試験であることから、別の種類の試験が必要となる。その試験は、水と接触するように置かれた不飽水コンクリートの毛管現象による吸水速度を測定するもので、水頭は作用させない。

10.4 吸水率

　基本的に，収着性試験は，コンクリート角柱を小さい支持物の上に載せ，角柱の下から2～5mmだけが水中に沈むようにして，角柱による毛管上昇の吸収速度を測定する。そして，時間に伴う角柱の質量の増加量を記録する。
　次の関係が存在することが明らかにされた[10.98]。

$$i = St^{0.5}$$

ここに，i ＝ 水と接触している単位断面積当たりの，試験開始以来の質量の増加量［g］を水の密度で除した値である。メートル単位で表すと，i は mm で表すことができる。
　t ＝ 質量が測定された時間（分単位で測定）
　S ＝ 収着性［mm/分$^{0.5}$］

実施面では，コンクリート中の水面の上昇として i を測定する方が，色が濃くなることによって現れるため，簡単である。そのような場合には，i を直接 mm 単位で測定する。収着性を SI 単位で表す場合は，次のように換算することができる。

$$1\,\mathrm{mm/分^{0.5}} = 1.29 \times 10^{-4}\,\mathrm{m/秒^{0.5}}$$

試験では，4時間までの間で何回か測定を行うと，質量の増加または水の先端位置の上昇を時間の平方根に対してグラフ化したものが直線となる。角柱の下から2～5mmの部分にある，入り口が供試体表面に開いている空げきが最初に水中に沈んだ瞬間に，質量がわずかに増加するため，起点（および，おそらくごく初期の測定値も）は無視する（図-10.1参照）。
　代表的な収着性の値をいくつか挙げると，水セメント比が0.4のコンクリート

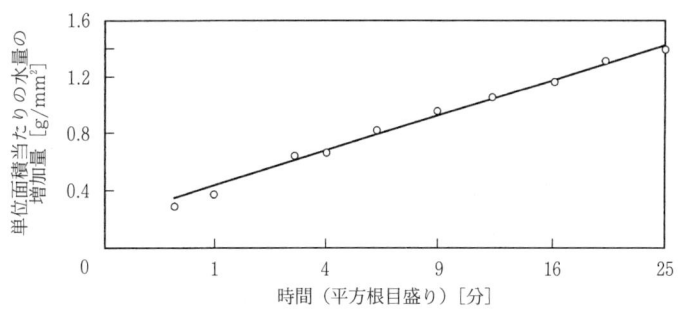

図-10.1　単位面積当たりの水量の増加量と収着性を計算する際の時間との関係の例

の場合に 0.09 mm/分$^{0.5}$，水セメント比が 0.6 の場合に 0.17 mm/分$^{0.5}$ である。これらの値は1つの例にすぎず，それ以上のものとして考えてはならない。

初期表面吸水試験の時と同様に，コンクリートの含水率が高いほど測定される収着性は低くなるため，可能であれば試験前に供試体を 105℃で乾燥し，調整しておかなければならない。

そうでない場合は，供試体の湿度状態を確定しなければならない。

10.5 コンクリートの透水性

圧力下でコンクリートを通る水の流れの原理については597頁に，多孔質の物体を通る流動という観点から解説した。ここでは，コンクリートの透水性のもっと具体的な特徴について考察する。

まず第一に，硬化したセメントペーストは粒子で構成されており，その粒子の総表面積のごく一部がつながっているに過ぎないことに注目できる。そのため，水の一部は固体相の効力の範囲内にある。すなわち吸着されているのである。この水は粘性が高いが，それにもかかわらず移動性があり，流動に加わる[10.2]。すでに述べた通り，コンクリートの透過性はその間げき率の単純な関数ではなく，間げきの寸法，分布，形状，曲折，および連続性によっても異なる。したがって，セメントゲルの間げき率は 28% であるが，その透過性[10.3]は 7×10^{-16} m/秒に過ぎない。これはセメントペースト硬化体の組織が極端に細かいためである。間げきと固体粒子はごく小さく無数であり，一方岩石の空げきは数が少ないがはるかに大きく，高い透水性をもたらしている。同じ理由から，水は毛管空げきの方が，それよりはるかに小さいゲル間げきより通過しやすい。セメントペースト全体ではゲル自体より 20 から 100 倍透過性が高い[10.3]。したがって，セメントペースト硬化体の透過性はその毛管空げきによって支配される。これら2つの量の関係を，図-10.2 に示す。比較のため，表-10.2 に，いくつかの一般的な岩石と透過性が等しくなるようなペーストの水セメント比を列挙した[10.3]。花崗岩の透過性が水セメント比 0.7 の，すなわち品質のそれほど良くない，水和がほぼ完了したセメントペーストとほぼ同じであることが分かって興味深い。

セメントペーストの透過性は水和の進行とともに変化する。フレッシュペース

10.5 コンクリートの透水性

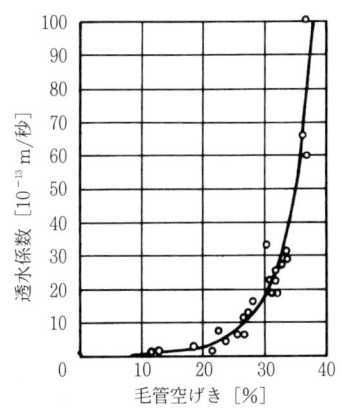

図-10.2 セメントペーストの透水性と毛管空げきとの関係[10.3]

表-10.2 岩石とセメントペーストとの透水性の比較[10.3]

岩石の種類	透水係数 [m/秒]	同じ透水性をもつ，水和がほぼ完了したペーストの水セメント比
高密度トラップ	2.47×10^{-14}	0.38
粗粒玄武岩	8.24×10^{-14}	0.42
大理石	2.39×10^{-13}	0.48
大理石	5.77×10^{-12}	0.66
花崗岩	5.35×10^{-11}	0.70
砂岩	1.23×10^{-10}	0.71
花崗岩	1.56×10^{-10}	0.71

トの場合は，水の流動は元のセメント粒子の寸法，形状，および濃度によって異なる。水和が進行するにつれて，水が占めていた元の空間をゲルが徐々に満たし，ゲルの総体積（ゲル間げきを含む）は未水和セメントの体積のおよそ2.1倍あるため透過性は迅速に低下する。

水和がほぼ完了したペーストの場合は，透過性はゲル粒子の寸法，形状，および濃度によって，また毛管の連続性が途切れたかどうかによって異なる[10.4]。表-10.3に透水係数の値を[10.5]，水セメント比0.7のセメントペーストのさまざまな材齢に関して示した。透水係数の減少はペーストの水セメント比が小さいほど速くなるため，湿潤養生を次の期間行った後はほとんど減少しなくなる[10.21]。

第10章 コンクリートの耐久性

表-10.3 セメントペースト（水セメント比＝0.7）の水和進行に伴う透水性の減少[10.5]

材齢 [日]	透水係数, K [m/秒]
フレッシュ	2×10^{-6}
5	4×10^{-10}
6	1×10^{-10}
8	4×10^{-11}
13	5×10^{-12}
24	1×10^{-12}
終局	6×10^{-13} （計算値）

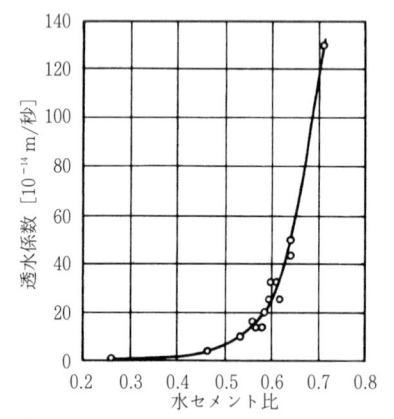

図-10.3 水和がほぼ完了した（93％のセメントが水和した）セメントペーストにおける透水性と水セメント比との関係[10.5]

水セメント比が 0.45 の場合は 7 日間

水セメント比が 0.60 の場合は 28 日間

水セメント比が 0.70 の場合は 90 日間

同じ程度まで水和したセメントペーストに関して言えば，ペーストの単位セメント量が多いほど，すなわち水セメント比が小さいほど透過性は低くなる。

図-10.3 に，セメントの93％が水和したペーストに関して得られた値を示す[10.5]。水セメント比が約 0.6 より小さいペースト，すなわち一部の毛管が分割されたペースト（40頁参照）の場合は，線の勾配がかなり小さい。図-10.3 から，水セメント比が 0.7 から 0.3 まで減少すると，透水係数が 3 桁小さくなることがわかる。

水セメント比が0.7のペーストの場合にも材齢7日から1年の間に同じ減少が起きる。

コンクリートの場合，透水係数の値は水セメント比の低下とともに大幅に減少する。水セメント比が0.75から0.26までの範囲にわたって，透水係数は4桁までの規模で減少し[10.51]，0.75から0.45までの範囲では2桁の規模で減少する。

具体的に言うと，水セメント比が0.75の場合の透水係数は標準的に10^{-10} m/秒であり，これは透水性の高いコンクリートの値と考えられている。水セメント比が0.45の場合の標準的な透水係数は10^{-11}または10^{-12} m/秒である。最後の値より1桁小さい規模の透過性は，透過性のごく低いコンクリートの値と考えられている。

この関連で，水和がほぼ完了したセメントペーストの場合に当てはまる図-10.3をふたたび参照すると有益である。水セメント比が0.4を超えると，透過性は大幅に上昇する。この水セメント比の付近では毛管が分割されるため，水セメント比が0.4より小さい水和がほぼ完了したセメントペーストと水セメント比がそれより大きいセメントペーストとの間では，透過性に大きな差がある。この差は，攻撃的なイオンのコンクリートへの滲入に関連がある。コンクリートの透過性は，液体貯蔵構造物やその他の構造物の水密性と，またダムの内部の静水圧の問題に関連しても重要である。さらにまた，コンクリート中への水分の滲入はコンクリートの断熱特性にも影響を及ぼす（467頁および873頁を参照）。

水セメント比のきわめて大きいコンクリートの湿潤養生を1日から7日に伸ばすと，透過性が5分の1に減少することが判明した[10.51]。

コンクリートの透過性はセメントの性質にも影響される。水セメント比が同じであれば，粗いセメントは細かいセメントより空げき率の高いセメントペースト硬化体になる[10.5]。セメントの化合物の構成は，水和速度に影響を及ぼす点において透水性に影響を与えるが，最終的な空げき率と透水性には影響がない[10.5]。全般的にみて，セメントペースト硬化体の強度が高いほど透過性は低いということが言えるが，強度はゲルが入り込める空間中にあるゲルの相対的な体積の関数であるから，これは予想される状況である。この表現には1つ例外がある。セメントペーストを乾燥させると透過性が増すが，それはおそらく収縮によって毛管の間に存在するゲルの一部に裂け目ができるため，新たな水の通路が開けるからであ

ろう[10.5]。

セメントペースト硬化体の透過性と，同じ水セメント比のペーストを含んだコンクリートの透過性との違いを，よく理解しなければならない。骨材自体の透過性がコンクリートの挙動に影響を及ぼすからである（表-10.2参照）。骨材の透過性がきわめて低い場合は，その骨材の存在によって，流動が起きる可能性のある有効面積が減少する。さらに，流動の経路が骨材粒子を迂回しなければならないため，有効な経路が大幅に長くなる。したがって，透過性の低下に骨材が及ぼす影響は相当大きいと思われる。界面域は流動に寄与するように思われない。一般に，混合物中の骨材含有率の影響は小さく，また骨材粒子はセメントペーストで覆われているため，完全に締固められたコンクリートであれば，コンクリートの透過性にもっとも大きい影響を及ぼすのはセメントペースト硬化体の透過性である。これについては596頁で述べた。

例えば液体窒素の-196℃までの，極低温の状況下にあるコンクリートの透過性にはさまざまなメカニズムが関連している。なぜならば，氷が流動を低下させ，また骨材が相当大きい影響を及ぼすように見えるからである[10.50]。固有の透過係数の標準的な値として，$10^{-18} \sim 10^{-17}\,\mathrm{m}^2$ が報告されている[10.50]。

10.5.1 透水性試験

コンクリートの透水性を調べる試験は一般に規準化されていないため[10.123]，さまざまな出版物に引用されている透水係数の値は比較できない可能性がある。用いられている試験では，圧力差によってコンクリートを流れる定常状態の水の流動を測定し，Darcyの式（597頁参照）を使って透水係数 K を計算する。

米国開拓局では手法4913-92[10.43]を定めているが，ここでは2.76 MPaの水圧が使用されている。これは282 mの水頭に相当する。カナダの試験[10.45, 10.109]とDIN 1048-1991[10.131]に規定されたドイツの試験もある。これらの試験では，コンクリート供試体の中に水を流動させる圧力は高く，それによってコンクリートの自然な状態が変化する場合がある。シルトが詰まって一部の空げきが遮断される可能性もある。また，試験の進行中に，それまで未水和だったセメントの水和が起きる可能性があるため，透水係数の算出値は時間とともに低下する。

図-10.4に示すように，米国開拓局手法4913-92[10.43]では，試験を行った供試体

10.5 コンクリートの透水性

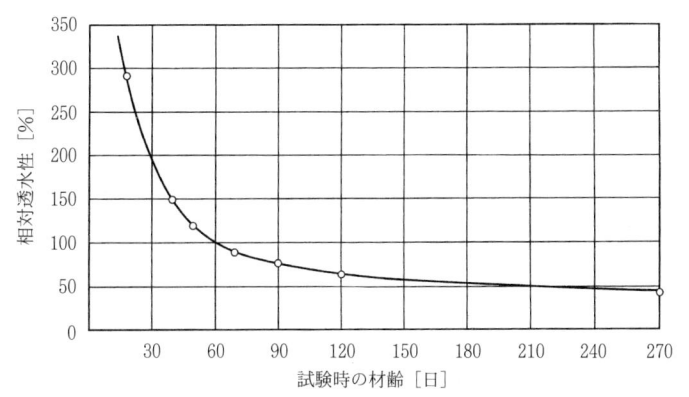

図-10.4 コンクリートの透水性に関する米国開拓局の試験における材齢の補正：縦軸は各材齢での透水性を材齢60日の透水性に対する割合で示す[10.43]

の材齢を補正するようになっている。米国開拓局の試験は大型ダムのコンクリートの挙動に適している。それに対して，通常のコンクリート構造物では，標準的な使用状況で，高圧下で水が流動するようなことは起こらない。

同じ材齢の類似のコンクリートに関して，同じ装置を使って行われた透過性試験でも，結果のばらつきが大きいことに注意することが必要である。例えば 2×10^{-12} と 6×10^{-12} との相違などは問題ではなく，概略の値を報告するか，せいぜい 5×10^{-12} 単位に丸めて報告すれば十分である。透水係数の値のわずかな違いは重要ではなくむしろ判断を誤る場合もある。

10.5.2 水の浸透性試験

透水性試験には他の問題もある。すなわち，高品質のコンクリートにはコンクリートを通る水の流動が無いことである。水は一定の深さまでしかコンクリートの中へ浸透しないため，浸透の深さを，Darcyの法則を用いたものと等価の透水係数 K [m/秒]へと変換する次のような式が，Valenta[10.48]によって開発された。

$$K = \frac{e^2 v}{2ht}$$

ここに，

$e =$ コンクリートの中への水の浸透した深さ [m]

第 10 章　コンクリートの耐久性

h = 水頭［m］

t = 圧力をかけた時間［秒］

v = コンクリート中で空げきが占める体積の割合

v の値は，圧力をかけない限り水が入り込まない気泡など，独立している空げきを表し，試験中に増加したコンクリートの質量から計算することができる。その場合に，供試体のうち，水が浸透した部分の空げきだけを考慮することを念頭に置かなければならない。多くの場合，v は 0.02 と 0.06 の間にある[10.47]。

水頭は，通常 0.1～0.7 MPa の範囲の圧力を負荷する[10.21]。浸透の深さは，ある一定の時間が経過した後に試験供試体の割裂面を観察することによって確認する（湿潤状態のコンクリートは色が濃い）。これが，上記 Valenta の表現式の e の値である。

水が浸透した深さをコンクリートの品質の定性的な評価に用いることも可能である。深さが 50 mm 未満であれば，「不浸透性」のコンクリートとして分類される。30 mm 未満であれば，「攻撃的な状況下で不浸透性」と分類される[10.21]。

10.6　空気と蒸気の透過性

前に述べた通り，さまざまな暴露条件下のコンクリートの耐久性は，空気，一部の気体，および水蒸気がどの程度容易にコンクリートに浸透できるかという点と関連がある。一方で圧力差が推進力である場合の状況と，他方でコンクリート供試体または部材の 2 面の圧力と温度は同じだが，その 2 面を異なる 2 種類の気体が覆っている状況とを区別しなければならない。後者の場合は，気体が拡散によってコンクリート中を移動するのに対し，前者の場合は，透過性が問題となる。

Lawrence[10.52] は，コンクリートの気体に対する拡散率（m^2/秒で測定）の由来と測定を概説し，対数-対数目盛りで表すと，拡散率はコンクリートの固有の透過性（m^2 で測定）と直線関係にあることを示した。図-10.5 に，この関係の一例を酸素に関して示す。この関係を利用して，比較的実施しやすい透水性試験から拡散率の値を明らかにすることができる[10.52]。

気体は圧縮可能であるため，入口圧力 p と出口圧力 p_a に加えて体積流動速度 q（m^3/秒）を測定する際の圧力 p_0 も考慮しなければならない。すべての圧力は

10.6 空気と蒸気の透過性

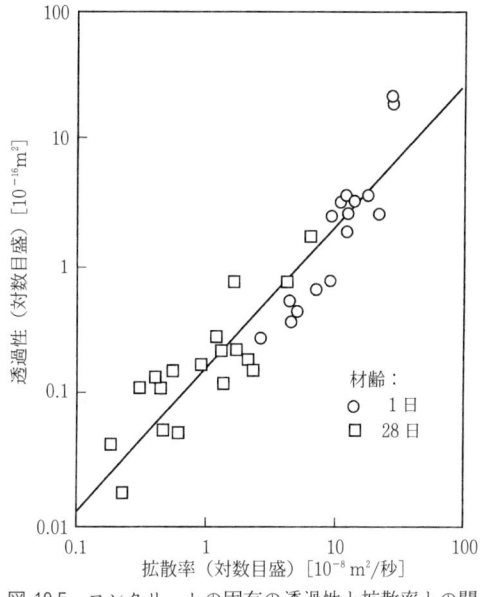

図-10.5 コンクリートの固有の透過性と拡散率との関係[10.52]

N/m^2 で表す絶対値である。

固有の透水係数 K [m^2] は次の通りである[10.96]。

$$K = \frac{2qp_oL\eta}{A(p^2-p_a^2)}$$

ここに，

A = 供試体の断面積 [m^2]

L = 供試体の厚さ [m]

η = 動粘性 [N秒$/m^2$]

20℃の酸素の場合は，$\eta = 20.2 \times 10^{-6} N$秒$/m^2$ である。

理論上，ある特定のコンクリートの固有の透水係数は，試験で使用するのが気体か液体かに拘らず同じでなければならない。しかし，気体のすべり現象（訳者注：気体が液体をすりぬける現象）によって，気体の透水係数の方が高い値となる。このことは，流れ境界では気体はある限界速度をもつことを意味する。気体の透過性と液体の透過性との差違は，その固有の透過係数が小さければ小さいほ

第10章　コンクリートの耐久性

ど大きくなり，後者に対する前者の比率は約6から100近くまでの範囲に及ぶ[10.132]。

とくに強度が低いか中程度のコンクリートの場合は，空気の透過性は養生によって大きく影響される[10.92]。図-10.6にこの影響を示すが，ここで用いているコンクリートは，(a)水中と(b)相対湿度65％の気中で，それぞれ28日間養生し，つぎに相対湿度65％で20℃の気中に1年間保管したものである。

実例として述べると[10.132]，水セメント比0.33のコンクリートの固有の透過性（気体の場合）の大きさの程度は，$10^{-18}\,\mathrm{m}^2$である。

コンクリートの透気性はその含水率によって強く影響を受ける。飽水に近い状態から絶乾状態まで変化すると，透気係数が2桁近く上昇するという報告がある。そのため，すべての試験で，明確に規定された状態のコンクリートを使用しなければならない。試験の容易さという観点から言えば，絶乾状態が好ましい。しかし，この状態が供用中のコンクリートの標準的な状態というわけではなく，鉄筋の腐食に関して重要なのは，実際の状況下におけるコンクリートの酸素に対する透過性なのである。

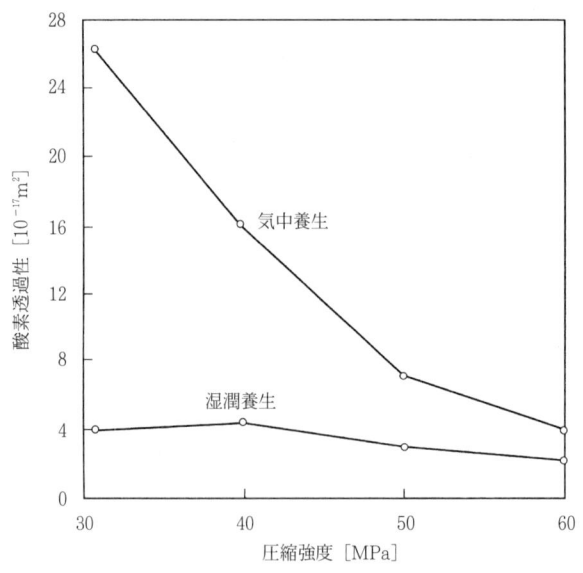

図-10.6　酸素透過性と圧縮強度との関係（28日間の水中養生コンクリートと相対湿度65％の気中養生コンクリート）（参考文献10.92に基づく）

相対湿度を一定にした気中に供試体を 28 日間まで長期に保管しても，コンクリート内の水分状態が必ずしも均一になるとは限らない[10.59]。

コンクリートの酸素に対する透過性は，Cembureau[10.53] が開発した方法によって測定することができる。しかし，一般的に受け入れられた試験方法はない。

10.7 炭酸化

一般に，コンクリートの挙動の解説は，周囲の媒体が水和セメントペーストに反応しない空気であることを前提としている。

しかし実際は，空気には水分の存在下で水和したセメントと反応する CO_2 が含まれている。気体の CO_2 は反応性がないため，実際の作用物質は炭酸である。

CO_2 の作用は，例えば田舎の空気に含まれる体積で 0.03％程度の低い濃度でも起きる。換気装置のない実験室では，含有率が 0.1％を超える場合もある。大都市では平均すると 0.3％であるが，例外的には 1％まで含まれていることもある。きわめて高濃度の CO_2 に暴露されるコンクリートの一例が，車道トンネルの内張りである。コンクリートの炭酸化の速度は，CO_2 濃度の上昇とともに速くなり，とくに水セメント比が大きいと[10.107]，セメントペースト硬化体の空げき構造の中を通って CO_2 の移動が起きる。

セメントペースト中の水和物の中で，CO_2 と一番早く反応するのは $Ca(OH)_2$ であり，反応の生成物は $CaCO_3$ であるが，他の水和物も分解して，水和シリカ，アルミナ，および酸化鉄が生成される[10.7]。カルシウム化合物が水和したセメントの中でそのように完全に分解することは，通常の大気中の低い CO_2 濃度でも理論上は化学的に可能ではあるが[10.101]，実施上では問題とならない。ポルトランドセメントだけを含むコンクリートであれば，重要なのは $Ca(OH)_2$ の炭酸化だけである。しかし，例えばポゾラン性シリカとの 2 次反応などで $Ca(OH)_2$ が枯渇すると，けい酸カルシウム水和物 C–S–H が炭酸化することも考えられる。これが起きるとさらに多くの $CaCO_3$ が形成されるばかりでなく，同時に形成されるシリカゲルの空げきが 100 nm を超える大きさになり，炭酸化がさらに促進されることになる[10.67]。C–S–H の炭酸化については，混合セメントでつくられたコンクリートの炭酸化に関連して後に解説する。

10.7.1 炭酸化の影響

炭酸化そのものはコンクリートの劣化を引き起こさないが，重要な影響を及ぼす。その1つが547頁に解説した炭酸化収縮である。耐久性に関して言えば，炭酸化の重要性はポルトランドセメントペースト硬化体の間げき水のpHの値を，12.6〜13.5の範囲からおよそ9まで低下させる点にある。すべての$Ca(OH)_2$が炭酸化した時点で，pHの値は8.3まで低下する[10.35]。pHの低下の重要性は次の通りである。

水和中のセメントペーストの中に埋めこまれた鋼材は，酸化物の薄い不働態被膜を迅速に形成するが，これが鋼材に強力に接着して酸素や水との反応から完全に保護する。すなわち錆びや腐食が生じないようにするのである。腐食については第11章に解説する。鋼材のこのような状態は不働態化として知られている。不働態化の維持には，不働態被膜と接触する間げき水のpHが十分に高いことが条件となる。したがって，低いpHの先端位置が鉄筋の表面近くに達すると酸化物の保護膜が除去されるため，腐食反応に必要な酸素と水分があれば腐食が起きる可能性が出てくる。そのため，炭酸化の深度を知ることが重要である。具体的に言えば，炭酸化の先端位置（訳者注：部材表面から内部へ向かって炭酸化が進行してゆく時の炭酸化した範囲のもっとも深い位置）が埋めこみ鋼材の表面に達したかどうかを知ることが重要なのである。実際は粗骨材が存在するため，「先端位置」は完全な直線を描いて進行するわけではない。また，ひび割れが存在するとCO_2がそこを通って浸入するため，「先端位置」は貫通したひび割れから局部的に進行する。

多くの場合，完全な炭酸化の先端位置が鋼材の表面からまだ数mm離れた所にある時でも，ある程度まで炭酸化すれば腐食が起きる可能性がある[10.61]。

10.7.2 炭酸化の速度

炭酸化はCO_2に暴露されたコンクリートの外面から段階的に起きるが，CO_2はコンクリートのすでに炭酸化された表面域も含めた空げき構造を通って拡散しなければならないため，炭酸化の速度は徐々に低下する。水和セメントペースト中の間げきを水が占めている場合には，水中におけるCO_2の拡散速度は空気中より4桁遅いため，そのような拡散は緩慢になる。反対に，空げき中に水が十分

10.7 炭酸化

になければ CO_2 は気体のままであり，水和したセメントと反応しない。したがって炭酸化の速度は，表面からの距離によって変化するコンクリートの含水率によって異なる。状況がこのように不定であるため，CO_2 がコンクリート中で進行する炭酸化の先端位置へと移動する速度は，拡散の式からそのまま決定することはできない（598頁参照）。図-10.5に示した拡散率と固有の透過性との関係は，おそらく利用することができよう。

炭酸化の速度がもっとも速いのは，相対湿度が50〜70％の時である。この状況は，一般的な実験室での標準的な相対湿度が65％と定められている根拠として考えることができる。南イングランドの戸外では，平均相対湿度は冬季で86％，夏季で73％である。

安定した湿度状況の下では，炭酸化の深さは時間の平方根に比例して増加する。これは拡散よりむしろ収着の特性であるが，炭酸化には CO_2 と空げき構造との相互作用が含まれる。したがって，炭酸化の深さ D を次のように mm 単位で表現することが可能である。

$$D = Kt^{0.5}$$

ここに，

K = 炭酸化係数 ［mm/年$^{0.5}$］

t = 暴露期間 ［年］

K の値は，低強度コンクリートで3〜4 mm/年$^{0.5}$，場合によってはそれ以上であることが多い[10.58]。おおまかな状況を表すもう1つの方法として，次のように言うことができる。すなわち，水セメント比が0.60のコンクリート中で炭酸化の深さが15 mmに達するのは15年後であるが，水セメント比が0.45であれば100年後となる。16年間にわたって炭酸化が進行した例[10.124]を，図-10.7に示す。

時間の平方根を含む式は，暴露条件が一定でない場合には適用することができない。とくに，コンクリート表面が，湿度が変化する環境に暴露され，定期的に湿潤状態になる場合は，セメントペースト硬化体中の飽水した空げきを通る CO_2 の拡散速度が鈍化するため，炭酸化の速度は低下する。逆に言えば，構造物の内部の保護されている部分は，炭酸化の進行を大幅に鈍化させる雨ざらしの部分より，炭酸化する速度が速い。

建物の内部では炭酸化が速く進行する可能性があるが，その後，炭酸化された

第 10 章　コンクリートの耐久性

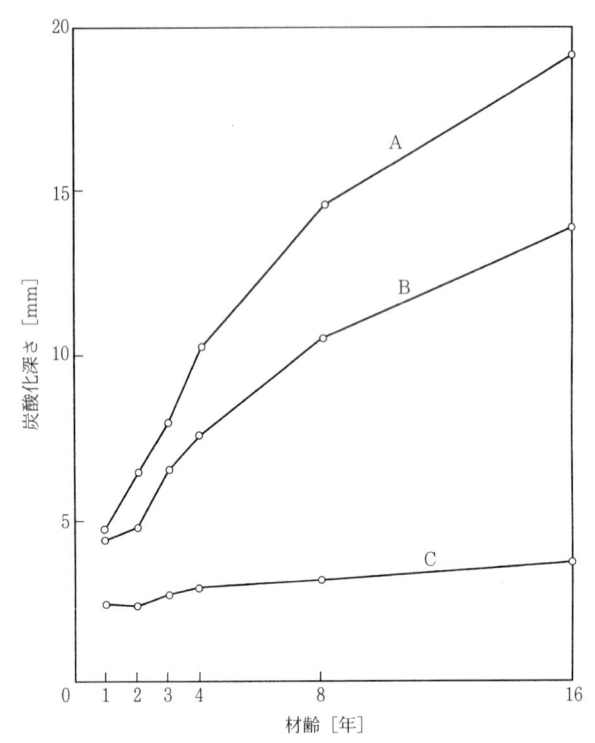

図-10.7　異なった環境下における暴露時間に伴う炭酸化の進行：(A)　温度 20℃相対湿度 65%；(B)　屋外，屋根の下；(C)　ドイツの屋外の水平面。値は水セメント比 0.45，0.60，および 0.80 で，7 日間湿潤養生したコンクリートの平均値（参考文献 10.124 に基づく）

コンクリートを濡らさない限り，埋め込み鋼材に対する悪影響はない（696 頁参照）。このような腐食が起きるのは，水が建物の外装仕上げ材を通過して滲入し，その先端が内部の炭酸化された区域まで達した場合である。

　コンクリートの含水率が炭酸化にきわめて大きい影響を及ぼすということは，すべて同じコンクリートでつくられた 1 軒の建物の中でさえ，ある特定の材齢で起きる炭酸化の深さにはかなりの相違があることを意味している。より多く雨にさらされる壁は炭酸化がそれほど深くない。雨に洗われる斜面も同様である。同じことは，強力な日射で完全に乾燥させることのできる壁にも言える。全体的にみて，炭酸化がもっとも深い部分はもっとも浅い部分より 50% 大きくなる可能

性がある[10.57]。

　温度のわずかな変化は炭酸化にほとんど影響を及ぼさないが，高温による乾燥がその影響を軽減しない限り，高温は炭酸化の速度を速める。

　炭酸化の速度に影響を及ぼす物理化学的現象に関しては，Papadakis他[10.56]が解説している。

10.7.3　炭酸化に影響する因子

　炭酸化を左右する基本的な因子は，セメントペースト硬化体の拡散率である。拡散率は，CO_2の拡散が起きている間はセメントペースト硬化体の空げき構造の関数である。したがって，セメントの種類，水セメント比，および水和の程度が関連している。一方，このすべては，ある任意のセメントペースト硬化体を含んだコンクリートの強度にも影響を及ぼす。そのため，単純に，炭酸化の速度はコンクリート強度の関数であるといわれることが良くある。これは一般的に言ってその通りではあるが，不適切な単純化である。この手法を用いることの更なる問題点は，ここで用いられる強度の推定値はCO_2に暴露される現場のコンクリートに適用される値ではなく，現場養生より常に優れた，標準の方法で養生された試験供試体の強度値である点である。

　強度を影響因子として使用する以外に考えられる方法は，炭酸化を水セメント比または単位セメント量またはその両方の関数として表すことである。単位セメント量を考慮することには物理的な根拠は存在しない。また，水セメント比に関する限り，そのような手法は，強度を因子として使うことより優れているわけではない。事実，強度も水セメント比も，CO_2の拡散が行われている期間の，コンクリート表面域にあるセメントペースト硬化体の微細構造に関しての情報を与えない。表面域に大きな影響を及ぼす因子は，コンクリートの養生の履歴である。

　養生がコンクリートの炭酸化に及ぼす影響は相当大きい。図-10.8に，(a)28日間水中養生し，あるいは(b)相対湿度65％の空気中で養生し，その後温度20℃，相対湿度65％で2年間保管した，28日圧縮強度（標準の立方体供試体で測定）が30～60 MPaのコンクリートの炭酸化深さを示す[10.92]。湿潤養生を行わないと空げき率が高くなり，悪影響が著しい。他の研究者[10.133]は，湿潤養生の期間を1日から3日に延ばすと炭酸化深さが約40％減少すると報告している。

第 10 章　コンクリートの耐久性

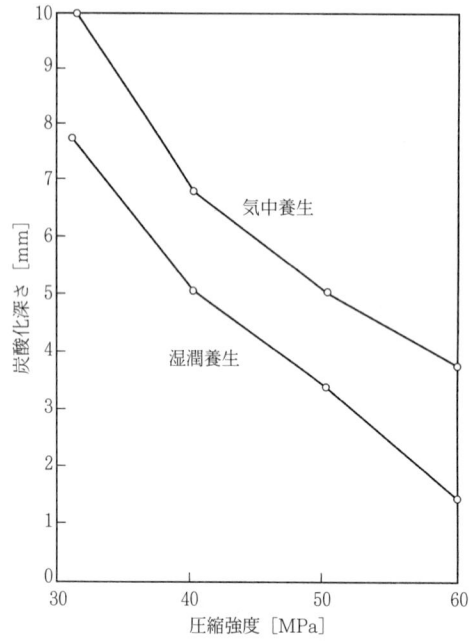

図-10.8　炭酸化深さと圧縮強度との関係（相対湿度65％の気中に2年間暴露したコンクリート）（参考文献 10.92 に基づく）

しかし，世界の多くの場所では，戸外へ暴露すると高湿度が長く続くことになるためセメントの水和が継続し，表面域で実質上，自然養生が再開する点に注意しなければならない。それにもかかわらず，一般的に言って，初期養生が十分行われないと，コンクリート表面域のセメントペースト硬化体の微細構造が，CO_2 の拡散を促進させる状態となる点において，炭酸化に及ぼす影響は何年も持続することになる。

一般的な言い方をすると，炭酸化の継続を促すような状況であれば，強度が 30 MPa より低いコンクリートにおいては炭酸化が数年間で 15 mm 以上の深さまで進んでいる可能性が高い[10.62]。

炭酸化の速度は場所によって相当違うものの，Parrott[10.55] の報告に基づき表-10.4 に示した標準的な値は重要である。

表-10.4 の値を規準と考えてはならないのは明らかである。Parrott の資料[10.55]

10.7 炭酸化

表-10.4 強度を関数としたときの炭酸化深さ[10.55]

暴露条件	50年後の炭酸化深さ [mm]	
	25 MPa コンクリート	50 MPa コンクリート
風雨から保護された屋外	60〜70	20〜30
雨中に暴露	10〜20	1〜2

表-10.5 風雨から保護された英国屋外のコンクリートの最大炭酸化深さ[10.55]

28日強度 [MPa]	30年後の炭酸化深さ [mm]
20	45
40	17
60	5
80	2

から，英国またはほぼ同じ気候の場所で風雨から保護された屋外に置かれたコンクリートは，炭酸化は90%の確率で表-10.4の値の範囲内となるということができる。前に述べた理由から，ある場合には炭酸化深さが90%の上限を超える場合もある。それにもかかわらず，表-10.4と10.5に示した標準的な値や本章で紹介した他の資料によって，構造物の設計供用期間に予想される炭酸化深さは，鉄筋のかぶりより小さくなるようにしなければならない。

したがって，必要なかぶり厚さとコンクリートの実際の品質とは，鉄筋の保護に関する限り相互依存関係にあるため，設計段階で一緒に選択を行わなければならない。かぶりの問題は710頁に解説する。

10.7.4 混合セメントを含むコンクリートの炭酸化

混合セメントは今日では広範に使用されているため，フライアッシュと高炉スラグ微粉末を含むコンクリートの炭酸化の挙動を知ることが重要である。これらのセメント状材料を含むコンクリートと含まないコンクリートに関して，炭酸化の比較試験を報告した論文は数多く出版されているが，比較の規準はさまざまである。そのような資料は有効な一般化を行うのが難しいが，コンクリートの配合を選択する際に重要なことは，提案された配合の炭酸化特性を推定することである。

この推定の出発点は，さまざまなセメント状材料の使用による微細構造などのセメントペースト硬化体の性質を知ることであり，それは物理的または化学的に

第10章 コンクリートの耐久性

炭酸化に影響を及ぼす。関連する性質は第13章に解説するが，現在の状況では，クラスFフライアッシュに関して2つの考察を行う必要がある。まず第一に，フライアッシュ中のシリカはポルトランドセメントの水和によって生じる $Ca(OH)_2$ と反応する。したがって，混合セメントの場合はセメントペースト硬化体の $Ca(OH)_2$ の含有率が低くなるため，少ない CO_2 の量であっても $CaCO_3$ を生成する反応で $Ca(OH)_2$ がすべて除去されてしまう。Bier[10.67]は，存在する $Ca(OH)_2$ の量が少ないと炭酸化深さが大きくなることを明らかにした。したがって，フライアッシュが存在すると炭酸化の速度が速くなる。しかし，ポゾラン性シリカと $Ca(OH)_2$ との間の反応はもう1つの影響をもたらす。すなわち，セメントペースト硬化体の構造が密になるためその拡散率が低下し，炭酸化の速度が低下することである。

この場合の問題は，どちらの影響が優勢かという点である。重要な1つの因子は養生の質である。ポゾラン反応を生じさせるためには良い養生が必要であるが（811頁参照），フライアッシュを含むコンクリートに関しては養生を1日しか行わない試験が実施されてきた[10.55, 10.66]。そのような試験ではフライアッシュを含むコンクリートの炭酸化が大きく示されるのは必至であるにもかかわらず，このような試験はコンクリートの悪い慣行に基づいて実施されてきた。

不十分な養生がフライアッシュを含むコンクリートに及ぼす影響は，長期にわたって残る[10.63]。これに反して，フライアッシュを30%まで含むセメントでつくられ，実際の強度が35 MPaを上回るコンクリートの場合は，混合物にフライアッシュを加えても炭酸化はまったくあるいはわずかしか起きなかった[10.63, 10.67]。

高炉スラグ微粉末をコンクリート混合物中に用いる場合は，十分な養生が一層必要である。そのため，高炉スラグを含むコンクリートの養生が不充分な場合は，きわめて高い炭酸化が起きる。1年暴露した後の炭酸化深さが10〜20 mmであったとの報告がある[10.64]。スラグの含有率が高いと炭酸化深さが大きくなる[10.64, 10.65]。しかし，混合セメント中の高炉スラグの含有率が50%より低く，コンクリートが濃度0.03%の CO_2 に暴露される場合であれば，炭酸化はごくわずかしか増加しない[10.67]。

最近のセメントがフィラーを使用していること（112頁参照）を考慮して言えば，フィラーはセメントペースト硬化体の微細構造に何の影響ももたらさず，し

たがって炭酸化にも影響しないことは言及に値する[10.60]。

耐硫酸塩セメントはポルトランドセメントより炭酸化深さを50%大きくする[10.108]。したがって，耐硫酸塩セメントを使用する場合は鉄筋のかぶりを厚くすることが必要であろう。超速硬セメントを含むコンクリートも炭酸化が大きい[10.137]。

炭酸化はアルミナセメントコンクリートにも起きるが，このセメントは水和しても $Ca(OH)_2$ を生じないため，CO_2 と反応するのはアルミン酸カルシウム水和物の CAH_{10} と C_3AH_6 である。最終生成物は $CaCO_3$ とアルミナゲルであるが，これらの強度は水和物の強度より低い。ポルトランドセメントコンクリートと同じ強度であれば，アルミナセメントコンクリートの炭酸化は2倍起きる[10.124]。

硬化したアルミナセメントペーストの炭酸化は鉄筋の不働態被膜の破壊をもたらす可能性があるが，いずれにせよ鉄筋は，ポルトランドセメントの場合より低い11.4～11.8のpHの間げき水と接触している。転移（123頁参照）を経たアルミナセメントペーストの炭酸化の速度は転移前の速度よりはるかに速い。

10.7.5 炭酸化の測定

炭酸化深さの測定に用いられる実験室の技術には，化学分析，X線回析，赤外分光光度計，および熱質量分析がある。炭酸化の範囲を確定するための一般的で簡単な方法は，割った直後のコンクリート表面を希釈アルコールにフェノールフタレインを溶かした溶液で処理することである。遊離した $Ca(OH)_2$ は薄赤く染まり，炭酸化された部分は無色である。暴露された表面の炭酸化が進むにつれて，薄赤い色は徐々に消える。この方法はRILEM[10.54]に規定されている。試験は実行しやすく速い。しかし，薄赤い色は $Ca(OH)_2$ が存在することを示すが，必ずしも炭酸化がまったく行われていないことを示すわけではないことを憶えておかなければならない。事実，フェノールフタレイン試験はpHの尺度にはなるが（pHが約9.5を超えると薄赤くなる），低いpHが炭酸化によって起きたものか他の酸性の気体によって起きたものかの区別はつかない。鉄筋の腐食に対する危険性に関する限り，pHの値が低いことの原因は重要ではないかもしれないが，観測した色の意味合いを解釈する際には注意が必要である。

ポルトランドセメントと異なり，アルミナセメントには遊離石灰が含まれてい

ないため，フェノールフタレイン試験をアルミナセメントに使うことはできない。

コンクリート試料をはつり取ることが現実的でない場合は，深さを順次深くしながら穿孔していくことによって粉末試料を採取することもできる。その試料を次にフェノールフタレイン試験にかける。その際，炭酸化していないコンクリートから出た遊離石灰が試料を汚染すると，すべての試料が薄赤く染まり，炭酸化が起きていないかのような印象を与えるので注意が必要である。

ある場合には，ひび割れ面からの炭酸化深さの測定値は，そのひび割れの発生時期の推定に用いることができる。すなわち，発生時期のわかっているひび割れがある場合，それと比較することによって求めるひび割れの発生時期の指標とすることができる[10.140]。

あるコンクリートの炭酸化の速さを推定するために，促進試験を用いることができる。これは，コンクリート供試体を c_t ％の濃縮 CO_2 に暴露する試験である。ある一定の期間 t_t 暴露した後の炭酸化深さは，時間が CO_2 濃度に反比例することに基づいて，供用環境の CO_2 濃度 c_s ％で同じ深さに達するまでの時間の長さ t_s の推定を次のようにして行うことができる。

$$t_t : t_s = c_s : c_t$$

スイスの方法[10.125]では，CO_2 の試験濃度 c_t を100％にするが，濃度は 4～5％とすることの方が多い[10.36]。炭酸化が起きるためには，相対湿度は60から70％でなければならない。

促進試験を解釈する際には相当注意することが必要である。その理由は，現場での炭酸化は，雨に濡れたり太陽と風で乾燥したりするなどの実際の暴露条件によって左右されることに加えて，CO_2 濃度が高いと炭酸化によって起きる現象が歪められるからである。例えば Bier[10.67] は，2％の CO_2 濃度を使って次のことを明らかにした。すなわち，十分に養生されたフライアッシュまたは高炉スラグを含むコンクリートの炭酸化深さは，ポルトランドセメントだけが含まれる場合と比較して 2 倍以上大きい。ところが，CO_2 濃度が0.03％で，フライアッシュ含有率が30％より少なく，高炉スラグの含有率が50％より少ない場合は，炭酸化深さがそれほど大きくなることはなかった。この挙動の相違の説明として考えられるのは，CO_2 の濃度が高いと $Ca(OH)_2$ の炭酸化に続いて C–S–H の炭酸化が起きたということである。

10.8 コンクリートに対する酸の作用

供用中のコンクリートに C-S-H の炭酸化が広範囲に起きていることが Kobayashi 他[10.110] によって報告されているが，その場合の使用セメントの種類に関する情報はない．

10.7.6 炭酸化に関するその他の問題

炭酸化は有益な結果をいくつか生み出す可能性がある．$CaCO_3$ は $Ca(OH)_2$ より体積が大きいため，炭酸化されたコンクリートは空げき率が低くなる．また，炭酸化する時に $Ca(OH)_2$ が放出する水が，それまで未水和だったセメントの水和を助けることがある．これらの変化は有益であり，表面の硬度の上昇，表面の強度の向上[10.104]，表面の透過性の低下[10.102]，水分移動の低下[10.103]，および透過性の影響を受ける種類の劣化作用に対する抵抗性の向上をもたらす．反面，炭酸化は塩化物が引き起こす鉄筋の腐食を加速させる（705 頁参照）．

ポルトランドセメントコンクリートと異なり，超硫酸塩セメントの場合は炭酸化すると強度が低下するが，このことはコンクリートの表面域だけに該当するため，この低下は，構造上は重要ではない．

炭酸化はコンクリートの表面域の空げき率とまたその細孔径分布にも（空げきの容積を減少させるが，それはとくに小さい径で著しい）影響を及ぼすため，塗料のコンクリートへの浸透性は変化する．したがって，塗装の付着性と色合いは炭酸化によって影響を受ける[10.100]．後者は空気の相対湿度と材齢によって異なるため，色合いの違いはすぐに見分けることができ，塗装の品質を容易に明らかにすることができる．

Sakuta 他[10.138] は，コンクリートに入り込んだ二酸化炭素を吸収する混和材を使用して炭酸化を防ぐよう提案している．

10.8 コンクリートに対する酸の作用

一般にコンクリートは，適切な配合を用いて正しい締固めが行われていれば，化学作用に対して十分な抵抗性がある．しかし，一部に例外もある．

第一に，ポルトランドセメントを含むコンクリートは高アルカリ性であるため，強い酸や酸に転化する可能性のある化合物の作用に対しては抵抗性がない．した

表-10.6 コンクリートに対して激しい化学的作用を引き起こす物質の一覧

酸	
無機物	有機物
炭酸	酢酸
塩酸	クエン酸
フッ化水素酸	ギ酸
硝酸	フミン酸
リン酸	乳酸
硫酸	タンニン

その他の物質	
塩化アルミニウム	植物性脂肪と動物性脂肪
アンモニウム塩	植物性油
硫化水素	硫酸塩

がって,この形の作用を受ける可能性のある場合には,防護されていない限り,コンクリートを使用してはならない。

一般的に言って,コンクリートに対する化学的作用は,水和生成物が分解することと,可溶性であれば浸出し,可溶性でなければその場で破壊を引き起こす可能性のある,新しい化合物の形成とによって起きる。作用する化合物は溶液中にあるものに限られる。もっとも侵されやすいセメント水和物は $Ca(OH)_2$ であるが,C–S–H も作用を受ける可能性がある。石灰質の骨材も作用を受けやすい。

一般的な形の作用のうち,CO_2 による作用については前節で考察した。硫酸塩の作用と海水の作用については本章の後方で解説する。コンクリートに対し,種々の程度で作用する物質の包括的なリストは,ACI 515.1R(1985年改定)[10.93],ACI 201.2R-92[10.42],および Biczok[10.71] の著作に掲載されている。それらの一部を取り混ぜて,表-10.6 に掲載した。さらに,いくつかの攻撃的物質について下記に具体的に述べる。

コンクリートは pH 値が 6.5 より低い液体によって作用を受けるが[10.26],激しい作用が起きるのは pH が 5.5 より低い場合だけである。4.5 より低いと作用がきわめて激しい。

CO_2 濃度が 30〜60 ppm の場合は激しい作用を受け,60 ppm を超えると作用がきわめて激しくなる。

作用物質は,$Ca(OH)_2$ が溶解した後に残る溶解性の低い反応生成物の残留層

10.8 コンクリートに対する酸の作用

を通って,移動しなければならないため,作用は時間の平方根にほぼ比例する速度で進行する。したがって,作用の進行に影響を及ぼすのはpHだけではなく,運ばれた攻撃性イオンの能力も影響を及ぼす[10.26]。また,骨材が露出した場合には,侵されやすい表面積が減少し,攻撃性の媒体は骨材粒子の周りを移動しなければならないため,作用速度は低下する[10.26]。

コンクリートはまた,ヒースの多い荒れ野の水やミネラルウォーターなどの遊離したCO_2を含んだ水によっても作用を受ける。それらの水には,硫化水素も含まれているかもしれない。CO_2の一部は溶液中で重炭酸カルシウムを形成し安定化させるのに必要であるため,すべてのCO_2が攻撃性というわけではない。

氷の溶解や凝結(例えば蒸留水製造工場で)によってつくられ,CO_2をほとんど含まない純粋な流水もまた,$Ca(OH)_2$を溶解し,表面侵食を引き起こす。CO_2とともに泥炭を含んだ水はとくに攻撃的であり,pH値は4.4まで低くなることもある[10.31]。この種の作用は,耐久性の観点からだけではなく,管の内面では水和したセメントが浸出して骨材が突き出た形で残り,粗面度が増すことになるので,山岳地帯の水路では重要な問題であると思われる。これを避けるためには,けい酸質骨材より石灰質骨材を使用する方が有利である。なぜならば,骨材もセメントペーストも両方とも侵食されるからである[10.10]。

酸性雨の成分は主として硫酸と硝酸であり,pH値が4.0~4.5であるため,暴露されたコンクリートの表面を風化させるおそれがある[10.70]。

家庭排水は,それ自身はアルカリ性でありコンクリートに作用しないが,とくに温度がかなり高く[10.10],嫌気性バクテリアが硫黄化合物をH_2Sに還元する場合には,下水管の激しい損傷が多くの場合に観測されている。H_2Sはそれ自体破壊的な作用物質ではないが,コンクリートの暴露面の水分膜に溶解し,好気性バクテリアによって酸化され,最終的に硫酸を生成する。したがって,作用は下水の流水面の上方で起きる。セメントペースト硬化体は徐々に溶解し,コンクリートの劣化が連続的に進行する[10.27]。これといくぶん似た形の劣化が,沿岸の石油貯蔵タンクでも起きる可能性がある[10.134]。

硫酸はとくに攻撃的である。なぜならば,アルミン酸相の硫酸塩の作用に加えて,$Ca(OH)_2$とC–S–Hに対する酸の作用が起きるからである。したがって,コンクリートの単位セメント量を少なくすると有益であるが[10.78],当然ながら,

625

第10章 コンクリートの耐久性

コンクリートの密度が損なわれないことが条件となる。

コンクリートはpHが高く微生物の作用を促進させないため,微生物の作用に対しては一般に抵抗力がある。それでもなお,幸いにして稀ではあるが,ある熱帯の環境下では,一部の藻,真菌,およびバクテリアが大気の窒素を使って硝酸をつくり,それがコンクリートに作用する[10.73]。

空港のコンクリート製エプロンに時々こぼれる潤滑油と油圧油は,排出ガスで熱せられると分解し,$Ca(OH)_2$と反応して浸出を引き起こす[10.69]。

コンクリートの耐酸性を調べるための,さまざまな物理的化学的な試験が開発されてきたが[10.7],基準となる方法は未だない。試験は現実的な条件で実施することがきわめて重要である。なぜならば,濃縮した酸を使用するとセメントはすべて溶解するため,その相対的な品質を評価することが不可能だからである。そのため,促進試験の結果を解釈する際には注意が必要である。

pHだけでは作用の可能性を示す十分な指標とはならないという事実から,規定された条件の下で試験を行うことの必要性が発生する。また,水の硬度に関連してCO_2の存在もまた状況に影響する。作用媒体の流速の上昇,およびその温度と圧力の上昇は,すべて作用を激しくする。

高炉スラグ微粉末,ポゾラン,とりわけシリカフュームを含んだ混合セメントの使用は,攻撃物質の滲入を減少させることに役立つ。ポゾラン反応もまた,酸の作用でもっとも侵されやすいセメント水和生成物である$Ca(OH)_2$を固定させる。しかし,コンクリートの性能は使用するセメントの種類よりもそのコンクリートの品質によって決まる。暴露する前に完全に乾燥させると化学作用に対するコンクリートの抵抗性は上昇するが,それは適切な養生を行った後に限られる。その場合は,炭酸カルシウムの薄い層(石灰に対するCO_2の作用によって生成される)が形成され,空げきを遮断して表面域の透過性を低下させる。したがって,プレキャストコンクリートは一般に現場で打込まれたコンクリートよりも作用に対して弱くない。プレキャストコンクリートは真空中で四フッ化シリコンガスの作用を受けると,コンクリートは酸に対して十分な保護が得られる[10.11]。この気体は石灰と次のように反応する。

$$2Ca(OH)_2 + SiF_4 \rightarrow 2CaF_2 + Si(OH)_4$$

$Ca(OH)_2$はまた希釈された水ガラス(けい酸ナトリウム)で処理することによっ

て固定化することができる。するとけい酸カルシウムが形成され，空げきを満たす。フルオロけい酸マグネシウムで処理することも可能である。空げきは満たされ，コンクリートの耐酸性もわずかながら向上するが，これはおそらくコロイド状のフッ化けい素ゲルができるためであると思われる。表面処理法は多数あるが[10.93]，この問題は本書の対象外である。

10.9 コンクリートに対する硫酸塩の作用

　固形塩類はコンクリートに作用しないが，溶液中に存在すると水和セメントペーストと反応することがある。とくに一般的な物は，土壌中または地下水中に発生するナトリウム，カリウム，マグネシウム，およびカルシウムの硫酸塩である。硫酸カルシウムの可溶性は低いので，硫酸塩の含有率が高い地下水は，硫酸カルシウムのほかに他の硫酸塩を含んでいる。この点で重要なことは，それらの他の硫酸塩が $Ca(OH)_2$ だけではなく，セメントのさまざまな水和生成物と反応することである。

　地下水中の硫酸塩は通常は天然のものであるが，化学肥料や工場廃水からも生じる。これらは時として硫酸アンモニウムを含んでいるが，これは水和セメントペーストに作用して[10.83]石膏を生成する[10.95]。廃止された工業用地，とくにガス工場の土には硫酸塩や他の攻撃物質が含まれていることがよくある。

　硫化物は，掘削に用いられる圧縮空気などいくつかの条件下で酸化して硫酸塩になることがある。

　さまざまな硫酸塩とセメントペースト硬化体との反応は次の通りである。

　硫酸ナトリウムは $Ca(OH)_2$ に次のように作用する。

$$Ca(OH)_2 + Na_2SO_4 \cdot 10H_2O \rightarrow CaSO_4 \cdot 2H_2O + 2NaOH + 8H_2O$$

これは酸形式の作用である。流水の中では $Ca(OH)_2$ がすべて浸出してしまう可能性があるが，NaOH が蓄積すると平衡状態に達し，SO_3 の一部だけが石膏として堆積する。

　アルミン酸カルシウム水和物との反応は次のように定式化することができる[10.7]。

$$2(3CaO \cdot Al_2O_3 \cdot 12H_2O) + 3(Na_2SO_4 \cdot 10H_2O) \rightarrow$$
$$3CaO \cdot Al_2O_3 \cdot 3CaSO_4 \cdot 32H_2O + 2Al(OH)_3 + 6NaOH + 17H_2O$$

硫酸カルシウムはアルミン酸カルシウム水和物だけに作用し，エトリンガイトとして知られるカルシウムサルホアルミネート（$3CaO \cdot Al_2O_3 \cdot 3CaSO_4 \cdot 32H_2O$）になる。水分子の数は，周囲の蒸気圧によって32または31となる[10.74]。

他方硫酸マグネシウムは，$Ca(OH)_2$ やアルミン酸カルシウムばかりでなく，けい酸カルシウム水和物にも作用する。反応の型は次の通りである。

$$3CaO \cdot 2SiO_2 \cdot aq + 3MgSO_4 \cdot 7H_2O \rightarrow$$
$$3CaSO_4 \cdot 2H_2O + 3Mg(OH)_2 + 2SiO_2 \cdot aq + xH_2O$$

$Mg(OH)_2$ の可溶性がきわめて低いことからこの反応は完了するまで進行し，そのためある条件下では，硫酸マグネシウムが他の硫酸塩より激しく作用する。$Mg(OH)_2$ とシリカゲルとがさらに反応する可能性があり，劣化も引き起こすおそれがある[10.23]。硫酸マグネシウムによる作用の重大な結果は，C–S–H の破壊である。

タウマサイト（Thaumasite）に関しては，下記欄外の注を参照のこと。

10.9.1 作用のメカニズム

硫酸カルシウムの作用によって起きるエトリンガイトの形成は，タイプKの膨張セメントで起きる反応と何ら違いはない（552頁参照）が，それが硬化コンクリート中で起きるため破壊を引き起こすことがよくある。それゆえ，この反応は時に遅れエトリンガイト膨張と呼ばれる。この膨張のメカニズムについては考え方が2つの流派にわかれており，まだ論争中である。

Mather[10.81] 他多くの人々は，硫酸カルシウムと C_3A との間の反応はトポケミカルであるという意見である。すなわち，これは固体反応であると考えるものであり，新たに形成された生成物は溶液と再析出とに関係しないため，元の位置から離れて移動することができない。もしそのような移動があれば圧力の発生は生じないことになる。トポケミカル反応の生成物が元の2つの化合物の体積より大きいと，膨張力と破壊力が発生する。硫酸カルシウムと $Ca(OH)_2$ との反応の場合は体積全体が増加することはないが[10.74]，C_3A と石膏の可溶性が異なるため，

注）15℃程度以下の温度で，硫酸塩，炭酸塩，および水の存在下においては，C–S–H は非結合性のタウマサイト（Thaumasite）に転化することがあり，その組成は，$CaSiO_3 \cdot CaCO_3 \cdot CaSO_4 \cdot 15H_2O$ [10.139]。

定方位の針状エトリンガイトが C_3A の表面に形成される。したがって，体積が局所的に増加し，同時にその他の場所では空げき率が上昇する[10.75]。

第二の流派の主唱者は Mehta[10.83] であるが，膨張力が発生する原因は，石灰が存在する中で溶液中に析出した本来コロイド性のエトリンガイトが，水を吸着することによって発生した膨張圧力にあると考える。

したがって，エトリンガイトの形成そのものが膨張の原因と考えている。しかし，Odler と Glasser[10.75] は，周囲から水を取りこむことが膨張の発生に必要な条件ではないと指摘している。それでもやはり膨張は湿潤状態で大幅に増加するため[10.75]，上記に解説した膨張のメカニズムは，異なる段階でどちらも関連している可能性が高い[10.82]。結晶化自体が膨張力を誘発するという一部の研究者の考えは誤りであることを，言い添えなければならない。

エトリンガイトはまた硫酸塩と C_4AF との反応からも形成されることがあるが，このエトリンガイトはほぼ非結晶状態であり，損傷を引き起こすような膨張は報告されていない[10.75]。それでもなお，ASTM C 150-94 は，硫酸塩に対する抵抗性が要求される場合の C_3A と C_4AF（95頁参照）との合計含有率に，限界値を規定している。

硫酸塩の作用によって発生する結果としては，破壊的な膨張とひび割れだけでなく，水和セメントペーストの粘着力および骨材粒子との接着力の減少に起因する強度の低下も挙げられる。硫酸塩の作用を受けたコンクリートは特有の白っぽい外見をしている。通常，損傷は端部や角部から始まり，つぎにひび割れと剥落が徐々に進行してコンクリートを砕けやすいとか，あるいは柔らかいとさえ言われる状態になる。

作用は，硫酸塩の濃度がある一定のしきい値を超えた時に起きる。それ以上になると，硫酸塩が作用する速度は溶液の濃度の増加に伴って速くなるが，$MgSO_4$ で約 0.5％，Na_2SO_4 で約 1％の濃度を超えると，作用の激しさの増加速度は小さくなる[10.7]。$MgSO_4$ の飽和溶液はコンクリートの深刻な劣化をもたらすが，水セメント比が低ければ，これが起きるのは 2，3 年後に過ぎない[10.13]。

ACI 201.2R-92[10.42] で推奨されている暴露条件の厳しさの分類を，表-10.7 に示した。BS 8110:Part 1:1985 の手法は，ACI 201.2R-92 の「厳しい」暴露条件に対応する細区分が多い点でこれよりいくぶん綿密である。硫酸塩は時に SO_3 と

第 10 章　コンクリートの耐久性

表-10.7　ACI 201.2R-92 による硫酸塩環境の厳しさの分類[10.42]

暴露条件	可溶性硫酸塩の濃度 [SO_4 として表す]	
	土中 [%]	水中 [ppm]
穏やか	<0.1	<150
普通	0.1 to 0.2	150 to 1 500
厳しい	0.2 to 2.0	1 500 to 10 000
非常に厳しい	>2.0	>10 000

して表されるが，ACI では SO_4 が用いられている。前者を 1.2 倍すると後者に変換される。

　ある一定の条件下では，水の中の硫酸塩の濃度は蒸発によって大きく上昇する可能性がある点に注意しなければならない。水平面や冷却塔の表面にはねる海水のスプラッシュがこれに当たる[10.79]。

　コンクリートが作用を受ける速度は，硫酸塩の濃度のほかに，セメントとの反応によって除去された硫酸塩が補充される速度によっても異なる。したがって，硫酸塩の作用の危険性を推定する際には，地下水の動きを知っておかなければならない。コンクリートの１つの面が硫酸塩を帯びた水の圧力に曝される場合に，作用速度はもっとも高い。同様に，飽水と乾燥とを交互に繰り返すと劣化が速くなる。他方，コンクリートが完全に埋められていて地下水の経路がない場合は，状況の厳しさは大幅に低くなる。

10.9.2　作用を緩和する因子

　表-10.7 に示したような，硫酸塩に対する暴露条件の厳しさを分類することの目的は，予防処置の提案である。2 種類の手法を用いることができる。第 1 の方法はセメントの C_3A 含有率を最小にすること，すなわち耐硫酸塩セメントを使用することである。このことについては 95 頁に解説した。第 2 の手法は，高炉スラグまたはポゾランを含む混合セメントを使用することにより，水和セメントペーストに含まれる $Ca(OH)_2$ の量を低下させることである。ポゾランの影響は 2 通りに分けられる。第 1 は，ポゾランは $Ca(OH)_2$ と反応するため $Ca(OH)_2$ はもはや硫酸塩と反応することができなくなることである。第 2 は，ポルトランドセメントだけの場合と比較して，コンクリート 1 m^3 当たりの混合セメントの

10.9 コンクリートに対する硫酸塩の作用

単位量が同じであれば，Ca(OH)$_2$ は少なくなる。これらの尺度は便利であるが，もっと重要なことは，硫酸塩がコンクリートに滲入するのを防ぐことである。この条件は，密度ができる限り高く，透過性ができる限り低いコンクリートをつくることによって達成される。このことはけっして忘れてはならない。例えば，下水管のハンチや基礎に単位セメント量の少ないコンクリートを使うと，単位セメント量が多ければ耐久的であったであろう構造物に，侵されやすい部分が生じてしまう。

セメントの選択に関して言えば，ACI 201.2R-92[10.42] は，普通程度の暴露条件であればタイプⅡのセメントか，あるいは高炉スラグまたはポゾランを含む混合セメントを使うよう推奨している。厳しい暴露条件であれば，耐硫酸塩セメントが望ましい選択である。非常に厳しい暴露条件の場合は，耐硫酸塩性を向上させることが証明されたポゾラン（質量でセメント状材料全体の 25〜40%）または高炉スラグ（質量で 70% 以上）を耐硫酸塩セメントに混合する必要がある[10.135]。高炉スラグの性質で関係するものは，そのアルミナ含有率である[10.80]。この点に関する助言は，ASTM C 989-93 と参考文献 10.135 が提供している。ポゾランがすべて有益というわけではなく，酸化カルシウムの含有率が低い方が望ましいことにも注意しなければならない[10.77]。具体的に言うと，クラス C のフライアッシュはコンクリートの耐硫酸塩性を低下させる[10.76]。

厳しい条件下で耐硫酸塩セメントだけでは不十分であることの理由は，硫酸カルシウムばかりでなくほかの硫酸塩も存在するからである。したがって，耐硫酸塩セメントには膨張性エトリンガイトを形成できるだけの C_3A は含まれていないが，含まれている Ca(OH)$_2$ とおそらく C–S–H も，硫酸塩による酸形式の作用に侵されやすい。

ACI 201.2R-92[10.42] の規定は，ポルトランドセメントと一緒に用いられるポゾランと高炉スラグ微粉末の耐硫酸塩性が，良い影響を及ぼすことを反映したものである。ポゾランはまた，単体では耐硫酸塩性が不十分な超速硬セメントにも使用しなければならない。しかし，このセメントをある程度まで（20%）ポゾランと入れ替えるとコンクリートの早期強度が低下するため[10.24]硫酸塩が作用する状況で超速硬セメントを使用することの実用性は疑問である。

コンクリートに混合されたシリカフュームは，透過性に関しては有益である。

しかし，セメントペースト硬化体による試験では，さまざまな硫酸塩環境でのシリカフュームの効果は明らかではない[10.126]。

超硫酸塩セメントは，とくにそのポルトランドセメント成分が耐硫酸塩性のものである場合は，きわめて高い耐硫酸塩性を示す。

高圧蒸気養生は，硫酸塩の作用に対するコンクリートの抵抗性を向上させる。この点は，耐硫酸塩ポルトランドセメントでつくられたコンクリートにも普通ポルトランドセメントでつくられたコンクリートにも当てはまる。なぜならば，抵抗性の向上は，C_3AH_6 が反応性の低い相に変化すること，およびシリカとの反応によって $Ca(OH)_2$ が除去されることによって起きるからである。

可溶性が温度とともに変化するため，エトリンガイトが形成されて起きる膨張は30℃を超える温度ではきわめて少ない点は参考になると思う[10.127]。

本章の前の部分で述べたとおり，コンクリートの透過性が低いのは，セメントペースト硬化体の微細構造が適切であるからである。これを達成するためには，配合割合を規定する必要がある。可能性のある手法は3つあり，そのうちの1つ以上がさまざまな基準で用いられている。すなわち，最大水セメント比の規定，最低強度の規定，および最小単位セメント量の規定である。他の種類の作用からコンクリートを保護するために透過性を低くする必要がある場合にも，同じ選択肢が適用される。

最小単位セメント量を規定することによって硫酸塩の作用から確実に保護するという考えは，化学的根拠をもたない。Mather[10.25] が指摘する通り，例えばコンクリート1 m^3 当たり356 kgの普通ポルトランドセメントであれば，水セメント比とスランプによって14 MPaから41 MPaの範囲の円柱供試体強度を得ることが可能である。これらのコンクリートの耐久性が非常に大きく違うのは明らかである。

規定する項目として強度を用いると便利ではあるが，強度は水セメント比しか反映しない。そして，344頁に解説した通り，密度と透過性に関係があるのは水セメント比だけである。しかし，使用セメントの特性に関係なく水セメント比を規定するのは不適切である。本節の前の部分で，さまざまな混合セメントが耐硫酸塩性に及ぼす影響について言及した。

10.9 コンクリートに対する硫酸塩の作用

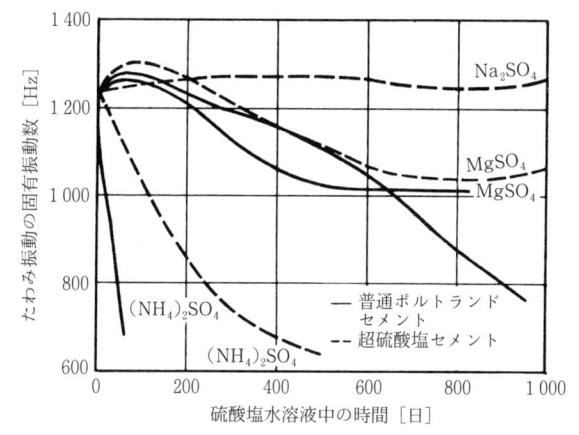

図-10.9 硫酸塩5％水溶液への浸漬が動弾性係数に及ぼす影響（普通ポルトランドセメントと超硫酸塩セメントとを用いてつくられた1：3モルタル）[10.9]

10.9.3 耐流酸塩試験

硫酸塩の作用に対するコンクリートの抵抗性は，実験室で供試体を硫酸ナトリウムまたは硫酸マグネシウムの溶液中，またはその両方を混合した溶液中に保管することによって試験することができる。湿潤と乾燥とを交互に繰り返すと，コンクリートの空げき中の塩類の結晶化によって発生する損傷は加速される。暴露の影響は，供試体の強度の低下，供試体の膨張，その質量の低下によって推定するか，または目視で評価することもできる。

図-10.9 に，1：3 のモルタルをさまざまな硫酸塩の5％溶液に浸した（78日間の湿潤養生の後）場合の動弾性係数の変化を示した[10.9]。ASTM C 1012-89 の試験方法は，十分水和したモルタルを硫酸塩溶液に浸し，過剰な膨張を硫酸塩の作用による破壊の規準と考える。この試験を使って，さまざまなセメント状材料を混合物に用いた場合の影響を評価することができる。しかし，試験するのはコンクリートではなくモルタルであるため，シリカフュームやフィラーなどの材料が及ぼす物理的な影響の一部は試験に反映されない。試験の更なる欠点は時間がかかることであり，破壊が記録されるかまたは破壊が起きないという結論に達するまでに数ヵ月かかることもある。

硫酸塩溶液に浸すことに代わる選択肢として，ASTM C 452-89 では，元のモルタル混合物に，ある一定量の石膏を入れる方法を規定している。これによって

C_3A との反応が加速されるが，硫酸塩と接触する段階で一部のセメント状材料がまだ未水和の状態にあると考えられるので，混合セメントを用いるのは適当ではない。その理由は，ASTM C 452-89 の試験では耐硫酸塩性の規準が材齢14日の膨張だからである。

もう1つの試験，すなわち ASTM C 1038-89 について言及した方が良いと思われる。これは，硫酸塩が構成成分の一部を成しているポルトランドセメントでつくられたモルタルの膨張を測定する試験である。したがってこの試験は，外部の硫酸塩の作用より，むしろポルトランドセメントの過剰な硫酸塩含有量を確認する。

ASTM の試験はすべて規定の配合割合のモルタルを使って行われるため，実際のコンクリートに含まれるセメントペースト硬化体の物理構造の影響よりも，セメントの化学抵抗性の方により敏感である。

10.10 エフロレッセンス

前に述べた石灰化合物の染み出しによって，状況によっては，コンクリートの表面にエフロレッセンスとして知られる塩類の析出物が形成されることがある。これは例えば，締固め不十分なコンクリートやひび割れを通って，または施工の悪い伸縮目地にそって水が染み出た場合や，コンクリート表面で蒸発が起きるような場合にみられる。

$Ca(OH)_2$ が CO_2 と反応してできる炭酸カルシウムが，白い析出物となって後に残る。硫酸カルシウムの析出物も確認されることがある。

エフロレッセンスは，表面近くが多孔質のコンクリートの場合に起きやすい。したがって，締固めの程度と水セメント比のほかに，型枠の種類が関係してくる[10.28]。エフロレッセンスは，涼しく湿度の高い天候の後で乾燥した暑さが続く時に多く発生する。この順序では，初期の炭酸化はほとんど起きず，石灰は表面の水分に溶けており，$Ca(OH)_2$ が最終的に表面に引き寄せられる[10.28]。

エフロレッセンスはまた，洗っていない海岸の骨材を使用することによっても発生し得る。骨材粒子の表面を覆う塩が，やがてコンクリートの表面に白い析出物を発生させる。骨材中の石膏とアルカリ類も同様の影響を及ぼす。塩が地面か

ら多孔質のコンクリートを通って乾燥中の表面まで移動することによっても，エフロレッセンスが起きる。

染み出しという面を別にすれば，エフロレッセンスはコンクリートの外観を損なう点においてのみ重要である。

初期のエフロレッセンスはブラシと水で除去することができる。ひどい析出物であれば，コンクリート表面を酸で処理することが必要となる場合もある。そのような処理は，建築物のコンクリートのレイタンスを除去する場合や，床面の粗面度を回復する場合にも使用することができる[10.29]。使用する酸は，HClの濃縮液から1:20または1:10の比率で希釈して用いる。標準的には，酸の層の厚さ（スポンジで塗る）が0.5 mm，使用する酸の1:10溶液の量が200 g/m^2，および除去するコンクリートの深さは約0.01 mmである。石膏との反応によって酸が使い果たされた時点で，酸の作用は停止するが，形成された塩類を除去するためにコンクリートを洗浄しなければならない[10.29]。

酸によって石灰が除去されるため，コンクリートの表面の色が黒ずむ。そのため，局部的に酸が「過剰」になることを避けると同時に，酸は濃度，品質，および作用の継続時間の点で均一に塗布しなければならない。酸処理はきわめてデリケートな作業であり，コンクリートの試料であらかじめ試験をしておくことがきわめて重要である。

表面に発生する別の汚れは，光の方向によってみることのできる不規則な形をした染みである。その原因はエフロレッセンスの場合とはまったく異なる。これらの染みはセメントペーストの密集した部分であり，空げきはほとんどない。水セメント比のきわめて低い場所でほとんど水和しなかったセメントの粗粒子が凝集してできたと考えられる。色が黒ずむのは，水和と石灰の生成が足りないためである。セメント粗粒子のこのような材料分離は，型枠に漏れがあった場合や骨材粒子の濾過作用によって起きると思われる。時間が経つにつれて水和が起き，黒ずみが消える可能性がある[10.30]。

10.11 海水がコンクリートに及ぼす影響

海水に曝されたコンクリートは，さまざまな化学的物理的作用を受ける可能性

がある。これには，化学作用，塩化物が引き起こす鉄筋の腐食，凍結融解作用，岩塩風化作用，および浮遊している砂と氷による磨耗がある。このようなさまざまな形で起きる作用の存在と強さは，海面に対するコンクリートの位置によって異なる。

これらの作用の形態については，本章の後の部分と第 11 章で考察するが，まず本節の主題である化学作用から始める。

海水がコンクリートに及ぼす化学作用は，海水に数多くの塩類が溶けていることによって起きる。総塩分は標準的には 3.5% である。具体的な値を挙げると，バルト海で 0.7%，北海で 3.3%，大西洋とインド洋で 3.6%，地中海で 3.9%，紅海で 4.0%，そしてペルシャ湾で 4.3% である。すべての海で，塩類の個々の比率はほとんど一定である。例えば，大西洋のイオン濃度［％］は，塩化物 2.00，硫酸塩 0.28，ナトリウム 1.11，マグネシウム 0.14，カルシウム 0.05，およびカリウム 0.04 である。海水には溶解した CO_2 もいくらか含まれている。熱帯の浅い沿岸地帯は蒸発が盛んに行われるため，きわめて塩分が高い。死海は極端な例で塩分が 31.5% あり，これは大海のほぼ 9 倍であるが，硫酸塩の濃度は大海より低い[10.91]。

海水の pH 濃度は 7.5～8.4 であり，大気の CO_2 と均衡する平均値は 8.2 である[10.79]。海水がコンクリートに滲入すること自体はセメントペースト硬化体の間げき水の pH を大きく低下させることはない。報告されている最低値は 12.0 である[10.86]。

海水に存在する大量の硫酸塩は，硫酸塩の作用を予想させるものである。事実，硫酸塩イオンは C_3A と C-S-H との両方と反応してエトリンガイトを形成するが，これには有害な膨張は伴わない。なぜならば，石膏と同様エトリンガイトも塩化物があると溶解し，海水によって浸出することがあるからである[10.7]。したがって，海に暴露されるコンクリートに耐硫酸塩セメントを使用することが必須というわけではないが，SO_3 の含有率が 3% 未満の時には C_3A の限界値を 8% にすることを推奨する。C_3A の含有率が 10% まであるセメントを使用することもできるが，SO_3 の含有率が 2.5% を超えない場合に限られる[10.90]。コンクリートの遅れ膨張をもたらすのは余分の SO_3 であると思われる。同じ試験[10.90]によって次のことが確認された。すなわち，C_4AF もエトリンガイトの形成を引き起こすため，耐

硫酸塩セメントの場合は，$2C_3A+C_4AF$ の含有率をクリンカーの 25% 未満にするべきだという ASTM C 150-94 の要件を遵守しなければならない。

　上記の見解と規準は，永久的に水中に浸漬されるコンクリートに当てはまる。そのような状態は飽水と塩分濃度が安定状態に達してイオンの拡散が大幅に低下するため，比較的保護された暴露状況[10.88]である。湿潤と乾燥との繰返しはそれよりはるかに厳しい状態である。なぜならば，海水の浸入によってコンクリート内部に塩類の蓄積が起き，その後は純粋な水が蒸発して塩類が後に残る可能性があるからである。コンクリート構造物に対してもっとも損傷を与える海水の影響は，鉄筋への塩化物の作用によって生じるため，塩類の蓄積については第 11 章の塩化物の作用に関する節で解説する。

　海水がコンクリートに及ぼす化学作用は次の通りである。海水中に存在するマグネシウムイオンは次のようにカルシウムイオンと置換する。

$$MgSO_4+Ca(OH)_2 \rightarrow CaSO_4+Mg(OH)_2$$

その結果生じる $Mg(OH)_2$ はブルーサイトとして知られているが，これがコンクリート表面の空げきの中に析出し，それ以降の反応を妨げる保護表面被膜を形成する。

　$Ca(OH)_2$ と CO_2 との反応によって発生した $CaCO_3$ の一部がアラゴナイトの形で析出され，存在する可能性もある。一般に厚さが 20〜50 μm の析出された沈殿物が迅速に形成される[10.84]。完全に水没した多くの海洋構造物に，これが観測されている。ブルーサイトの遮断特性が，その形成を自ら制限する。しかし，磨耗によって表面の沈殿物が除去されれば，海水中に自由に存在するマグネシウムイオンの反応がブルーサイトの形成を継続させる。

　この状況は，さまざまな形の海による作用が相乗的に働く一例である。波の働きが化学作用を促進させ，化学作用による塩類の形成と結晶化が起きると，コンクリートは波の作用と海水中に浮遊する砂による磨耗とによって侵されやすくなる。

10.11.1　岩塩風化作用

　純粋な水が蒸発する乾燥期間を間に挟みながらコンクリートが繰り返し海水で濡れると，海水に溶けた塩類の一部が結晶（主として硫酸塩）の形で後に残る。

その後の湿潤によって、これらの結晶はふたたび水化し、かさが増すが、その際に周りの硬化セメントペーストに対して膨張力を加える。徐々に起きるそのような表面の風化は岩塩風化作用として知られており、温度が高く日射が強いために表面からある深さまでの間げきが急速に乾燥する場合にとくに起きやすい。したがって、断続的に濡れる面は侵されやすいが、感潮部と飛沫帯にあるコンクリート面がそれに当たる。水平面や傾斜面はとくに岩塩風化作用を受けやすく、また繰返し濡れる面も同様であるが、完全な乾燥が必要であるため、繰返し間隔が短い場合は別である。塩水も収着によって、つまり毛管現象によってコンクリート中を上昇する場合がある。表面から純粋な水が蒸発した後には塩の結晶が残り、ふたたび濡れた時にそれが崩壊を引き起こすことがある。

岩塩風化作用は、海水のしぶきを直接受けた場合だけではなく、コンクリート面に風で運ばれ堆積した塩分が露に溶け、その後水分が蒸発した場合にも起きる。そのような挙動は砂漠地帯でみられ、そこでは、夜間に温度が短時間で大幅に低下することにより、凝縮によって露が形成されるようになるまで空気の相対湿度が上昇する。岩塩風化作用は数ミリメートルの深さまで達する場合がある。硬化セメントペーストと埋めこまれた細骨材粒子は除去され、後には粗骨材粒子が突き出た状態になる。時とともにこれらの粒子が緩くなることによりさらに多くの硬化セメントペーストが暴露され、それがさらに岩塩風化作用を受けることになる。この過程は基本的に、多孔質岩石の岩塩風化作用と似ている。硫酸ナトリウムが含まれている場合でも損傷のメカニズムは物理的であるため、硫酸塩の作用とはならない。

骨材の密度が高く吸水率がきわめて低い場合でない限り、骨材自体も損傷を受けやすいことを付け加えておかなければならない。岩塩風化作用を受けやすい環境に暴露されるコンクリートにそのような骨材を使用しない方が良いのは明らかであり、したがって適切な骨材を選択することが非常に重要である[10.85]。コンクリートに対する岩塩風化作用は本質的に物理現象であるため、使用セメントの種類それ自体はあまり重要ではない。しかし、コンクリートの表面域の透過性を低くするためには、コンクリートの配合の選択が重要である。

岩塩風化作用はまた寒冷地でコンクリート面に融雪剤を使用することによっても起き得る。これは塩化物によるスケーリングとして知られる。この問題に関し

10.12 アルカリ-シリカ反応による崩壊

ては第11章で解説する。

きわめて温暖な海水中にあるコンクリートに対する奇妙な形の海の作用について，Bijen[10.129] が言及している。石灰石骨材がある場合は，カキの一類と海綿の一類が石灰を食べ直径 10 mm，深さ 150 mm までの穴をつくり出す。作用の速度は年間 10 mm までである。

10.11.2 海水にさらされるコンクリートの選択

海水によるさまざまな形式の作用に関する前節の解説によって，暴露されるコンクリートは透過性が低いことがたいへん重要であることが強調された。これは，水セメント比を低くすること，適切なセメント状材料を選択すること，十分に締固めること，および収縮，熱の影響，または供用中の応力によるひび割れが起きないことによって達成することができる。コンクリートを海水に暴露する前に十分養生することが大切である。いったん海水に浸漬されたコンクリートは永久に水没したままでない限り，海水が養生も行うという仮定は間違いである（707頁参照）。モルタルの試験によって，使用セメントの種類に拘らず真水で7日間以上養生するという推奨値が得られた[10.89]。

セメントの選択については636頁で，完全に水没するコンクリートに関して言及した。他の暴露条件に対しては，塩化物が滲入する危険性によってセメントの選択方法が異なるので，この問題は第11章の塩化物の作用に関する節で解説する。

10.12　アルカリ-シリカ反応による崩壊

第3章で，アルカリ類と，骨材中の反応性シリカや一部の炭酸塩との反応について解説した。ここでは，アルカリ-シリカ反応の重大な結果とそのような重大な結果を防ぐ方法について考察する。

この反応は崩壊を引き起こす可能性があり，ひび割れとして現れる。ひび割れの幅は 0.1 mm から，極端な場合では 10 mm にも達する。ひび割れの深さが 25 mm を超えることは稀であり，大きい場合でも 50 mm 以下である[10.136]。したがってアルカリ-シリカ反応はたいていの場合，構造物が損なわれる点よりむしろ外

観と使用性に悪影響を及ぼす。とくに,コンクリートの応力作用方向の圧縮強度には大きな影響がない[10.115]。しかし,ひび割れは有害な作用物質の浸入を容易にする。

アルカリーシリカ反応によって誘発される表面のひび割れの型は不規則であり,大きいクモの網に似た形をしている。しかしこの型は,硫酸塩の作用や凍結融解の作用,または激しいプラスチック収縮によって引き起こされるひび割れの型とさえ,区別しにくい。観測されたひび割れがアルカリーシリカ反応によるものかどうかを確認するためには,英国セメント協会[10.112]の専門調査委員会が推奨する方法を用いることができる。コンクリート中においては,この反応で発生したひび割れの多くが個々の骨材粒子ばかりか周りの水和セメントペーストをも貫通しているものをみることができる。

コンクリート中に存在するアルカリ類の唯一の供給源がポルトランドセメントである場合には,セメント中のアルカリ含有率を制限すれば有害な反応が起きるのを防ぐことになる。

膨張反応が起きるセメントの最小アルカリ含有率は,酸化ナトリウム当量で0.6%である。これは化学量論から,クリンカーの実際のNa_2O含有率にK_2O含有率の0.658倍を足したものとして計算される。ナトリウムとカリウムとを区別しないこのアルカリ含有率の計算方法は,便利ではあるが単純化され過ぎている。Chatterji[10.119]は,カリウムイオンはナトリウムイオンより速くシリカの方に運ばれるため,質量対質量の規準で潜在的にもっと有害であることを明らかにした。

質量でセメントの0.6%という酸化ナトリウム当量規定値は低アルカリセメントの原点であり(59頁参照),また実際にはっきりと規定されている。それでもやはり例外的に,アルカリ含有率がそれより低いセメントでも膨張が起きる例があるということができる[10.1]。

Hobbs[10.128]が提示する低アルカリセメントの背景が重要かもしれない。アルカリーシリカ反応はOH^-の濃度が高い時,つまり間げき水のpH値が高い時にのみ起きるが,間げき水のpHはセメントのアルカリ含有率によって異なる。具体的に言うと,高アルカリセメントはpHが13.5〜13.9となり,低アルカリセメントのpHは12.7〜13.1となる[10.128]。pHが1.0高いことは水酸化物イオン濃度が10倍であることを示すことから,低アルカリセメントの水酸化物イオン濃度は高ア

10.12 アルカリ−シリカ反応による崩壊

ルカリセメントを使用した場合より約 10 倍低いことになる。このことが，潜在的に反応性の高い骨材に低アルカリセメントを使用する根拠である。

　セメント中のアルカリ含有率を制限することによって有害なアルカリ−シリカ反応を防ぐという仮定は，次の 2 つの条件が満たされた場合にのみ有効である。すなわち，コンクリート中に他のアルカリ供給源が存在しないこと，およびアルカリ類が，他の物質と入れ替わって，一部の場所に集中しないことである。そのような集中は，湿度勾配または湿潤と乾燥との繰り返しによって起きると思われる[10.118]。アルカリ類の集中はコンクリートに電流を流すことによっても起こり得ることは，ここで述べるのが適切ではないかと思われる。これは電気防食を使って埋めこみ鋼材の腐食を防止する場合に起きることがある[10.114]。

　コンクリート中のアルカリ類の別の供給源には，海から浚渫したり砂漠から採取したりして，洗っていない砂の中に存在する塩化ナトリウムがある。そのような砂は，塩化物が鉄筋の腐食を助長するため（第 11 章参照），鉄筋コンクリートに使用することを許してはならない。アルカリ類のその他の内部の供給源は，とくに高性能減水剤など，一部の混和剤，あるいは，練混ぜ水のこともある。存在するアルカリ類の量を計算する際には，これらの供給源からのアルカリ類のほか，フライアッシュや高炉スラグ微粉末からのアルカリ類も一緒に含めるべきであるが，その際その混合割合を定めてから，それらのセメント状材料の中に実際に存在するアルカリ量を含める。この混合割合をどの程度にすべきかという点に関して合意されてはいないが，BS 5328:Part 4:1990 ではフライアッシュで 17％，高炉スラグ微粉末で 50％と定めている。

　アルカリ類の供給源が多様であることから，コンクリート中の総アルカリ含有量を制限することが妥当である。英国基準 BS 5328:Part 1:1991 では，アルカリ反応性骨材を含むコンクリート 1 m^3 の中に存在し得る最大アルカリ量を 3.0 kg に定めている。反応性アルカリ類に関するこの量は，欧州基準 EN 196-21:1992 で定められた方法とは異なる英国式の方法で測定される。前者の方法では，英国式の方法より 0.025％高いアルカリ含有率が得られる。

　したがって，BS 5328:Part 1:1991 の規定を遵守することが必要な場合は，セメントのアルカリ含有率を決定する試験方法の選択に当たって注意することが大切である。

第10章 コンクリートの耐久性

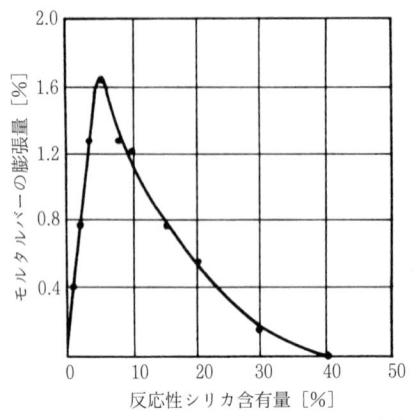

図-10.10 224日後の膨張量と骨材中の反応性シリカ量との関係[10.6]

10.12.1 予防策

第3章で行ったアルカリ-シリカ反応の解説によって，この反応の進行と結果は，間げき水中のさまざまなイオンの比率と利用可能なアルカリ類やシリカの量によって左右されることが明らかになった。とくにアルカリ-シリカ反応によって引き起こされる膨張は，反応性シリカの含有量が多いほど大きいが，それはある一定のシリカ含有量までである。それより多い場合には膨張は小さくなる。このことを図-10.10に示した[10.6]。したがって，シリカ含有率のペシマム（訳者注：最悪の条件）量が存在する。このペシマム量は水セメント比が低く，単位セメント量が多い方が大きい[10.128]。最大膨張率に対応する反応性シリカとアルカリ類との比率は，通常3.5～5.5の範囲にある[10.128]。

上記のことから，コンクリート中のシリカ含有率を変えると（シリカ/アルカリ）比がペシマム量から遠くなる可能性のあることがわかる。具体的に言うと，アルカリ-シリカ反応に起因する膨張は，微粉末状の反応性シリカを混合物に加えることによって軽減または防止することができる。この見かけ上の自己矛盾は，モルタルバーの膨張量と，850～300 μm（No.2～No.50 ASTM）ふるいの寸法の，すなわち粉末状ではない，反応性シリカ量との関係を示した図-10.10を参照すれば納得することができる[10.6]。シリカ含有率が低い場合は，一定量のアルカリに対してシリカの量が多い方が膨張率は高いが，シリカ含有率の値が高い場合は

状況が逆になる。反応性骨材の表面積が大きければ大きいほどその単位表面積当たりに存在するアルカリ類の量は少なくなるため、形成されるアルカリ－シリカゲルの量が少なくなる[10.6]。

他方，水酸化カルシウムの可動性はきわめて低いことから，反応が可能なものは骨材表面近くにある水酸化カルシウムだけであり，したがって骨材の単位表面積当たりの水酸化カルシウムの量は，骨材の総表面積の大きさとは無関係である。このようなことから，表面積を大きくすると，骨材との境界にある溶液の（水酸化カルシウム／アルカリ）比が大きくなる。そのような状況の下で，無害な（膨張しない）アルカリけい酸カルシウム生成物が形成される[10.8]。

同様の議論によって，微粉末状のけい酸質材料を，すでに存在する反応性のある粗い粒子に加えると，アルカリ類との反応は起きるものの，膨張量が低下する。破砕されたパイレックスガラスやフライアッシュなど，これらのポゾラン質の添加物は，より粗い骨材粒子の影響力を低下させるのに役立つことが判明している。フライアッシュにはアルカリが質量で2～3％以上含まれていてはならない[10.136]。しかし，クラスFのフライアッシュをセメント状材料全体量の58％（質量で）用いると，コンクリート1 m^3 当たりの総アルカリ含有量が5 kgであっても，膨張を防ぐためにきわめて有効であることが判明している[10.117]。フライアッシュは細粒であることが重要である。必要な場合は粉砕を行えば，膨張をさらに有効に軽減できるようになる。

混合物中にポゾランが含まれていると，コンクリートの透過性も低下し（第13章参照），それによってコンクリート中に存在していた，あるいは外から入って来た攻撃的な作用物質の可動性も低下するため，有利である。さらにまた，ポゾラン活性によって形成されるC–S–Hが，ある一定量のアルカリ類を包含するため，pH値を下げる[10.136]。pHがアルカリ－シリカ反応に及ぼす影響については，本節の前の部分で解説した。

シリカはアルカリ類と優先的に反応するため，シリカフュームはとくに有効である。反応の生成物は，アルカリ類と骨材中の反応性シリカとの間にできる生成物と同じであるが，この反応はシリカフュームの細粒子のきわめて大きい表面積で起きる（110頁参照）。したがって，反応は膨張をもたらさない[10.116]。

高炉スラグ微粉末もまたアルカリ－シリカ反応の有害な影響を軽減もしくは防

第10章 コンクリートの耐久性

止するために有効である。高炉スラグ微粉末が存在するとコンクリートの透過性が低下する点に注目しなければならない（第13章参照）。高炉セメントを使用する場合は，スラグ含有率が50%以上の時に最大アルカリ含有率が0.9%であれば害はない[10.99]。BS 5328:Part 1:1991では，さらに高い1.1%のアルカリ含有率でも許容できると考えられている。有害なアルカリ-シリカ膨張に関する限り，高炉スラグ微粉末が良い影響を及ぼす事例に基づく証拠がある。オランダでは多くの構造物に有害な膨張が観測されたが，高炉セメントが使用されているところでは観測されなかった[10.122]。

効果を発生させるためには，それぞれのセメント状材料はセメント状材料全体に対して適正な比率で存在しなければならない。質量で表すと，これらの比率は次のようになる。すなわち，クラスFフライアッシュは30～40%以上，シリカフュームは20%以上，高炉スラグ微粉末は50～65%である[10.120, 10.136]。

量が不十分な場合は状況を悪化させ，とくに都合の悪い（シリカ/アルカリ）比に達した場合（図-10.10参照）は膨張が大きくなる。あらゆるポゾランや高炉スラグ微粉末に対して，アルカリ-シリカ反応に起因する過剰な膨張を阻止する能力を，ASTM C 441-89に従って試験しなければならない。カナダ基準A 23.1-94の付録に記載された助言が非常に役立つ[10.111]。

コンクリート中にシリカフュームまたはフライアッシュを添加した場合であっても，アルカリ類が引き続きコンクリートに滲入する場合には膨張の防止に役立たない[10.113, 10.119]。さらに一般的な言い方をすると，コンクリートのアルカリ含有率を考察する際には，一部の構造物では水で運ばれたアルカリ類が外から（例えば隣接する建設材料や，融雪剤として使用される塩化ナトリウムから）滲入する可能性があることに注意しなければならない。

いくつかの試験が示したところによれば，リチウム塩は膨張反応を抑制するかもしれないが，それに関するメカニズムはまだ立証されていない[10.121]。

アルカリ-シリカ反応から生じるシリカゲルは気泡の内部に形成される場合もあるが，そのことから，空気の連行がこの反応の悪影響を防ぐ手段であると結論づけることはできない。

10.13 コンクリートの磨耗

多くの状況下で，コンクリート面はすりへりを受ける。その原因は，すべり，こすり，または衝突による摩滅である[10.14]。水中構造物の場合は，水が運んでくる磨耗物質の作用が侵食をもたらす。流水中のコンクリートが損傷を受けるその他の原因はキャビテーションである。

10.13.1 耐磨耗性試験

コンクリートの耐磨耗性は，磨耗の正確な原因によって損傷作用が異なり，またすべての状況を十分に評価する試験方法は存在しないため，評価が難しい。ローリングボール，ドレッシングホイール，またはサンドブラストなどの摩擦試験はそれぞれ異なった作用に対して適している。

ASTM C 418-90 には，サンドブラストによるすりへりを測定するための方法が定められている。コンクリート体積の減少量は判断基準として使用されるが，あらゆる状況に共通なすりへり抵抗性の規準とはならない。ASTM C 779-89a には，実験室または現場で使用するための3種類の試験方法が定められている。回転盤試験では，それぞれの軸を中心に 4.6 Hz で回転する3つの平らな表面が，円形の経路に沿って 0.2 Hz で回転運動をする装置を用いる。磨耗材料として炭化けい素を供給する。スチールボール磨耗試験では，スチールボールを間に入れて供試体から離されている回転ヘッドに荷重をかける。試験は，侵食された材料を除去するために循環する水の中で行う。ドレッシングホイール試験では，供試体と接触して回転する7つのドレッシングホイールの3組に対して荷重をかけるために，改良したボール盤を使用する。駆動ヘッドは 0.92 Hz で 30 分間回転させる。すべての試験において，供試体のすりへりの深さを磨耗の尺度として使う。

コア（ASTM C 418-90 と C 779-89a の試験には小さすぎる）に対して磨耗試験を実施したい場合は，ASTM C 944-90a を用いることができる。その場合は，固定荷重をかけたボール盤の中の2つのドレッシングホイールをコア表面に負荷し，質量の減少量を測定する。すりへりの深さも測定することができる。

これら各種の試験は実施面で見出される磨耗形式を模擬することを試みているが，これは容易なことではなく，事実，磨耗試験の難しい点は，試験結果が，与

第10章 コンクリートの耐久性

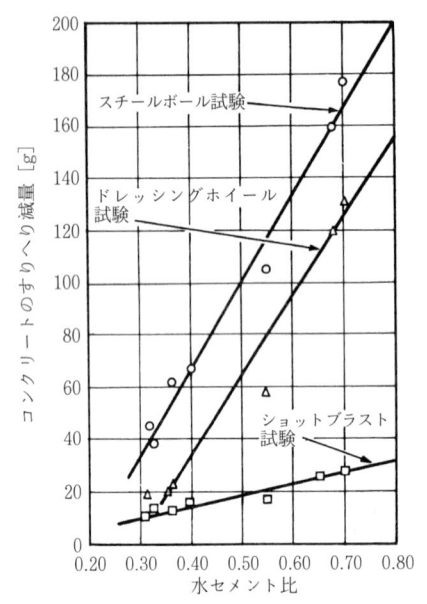

図-10.11 コンクリートの水セメント比がすりへり減量に及ぼす影響(異なった試験方法による)[10.20]

えられた種類の磨耗に対するコンクリートの相対的な抵抗性を表すようにしなければならない点である。ASTM 779-89a が定める試験は,激しい歩行荷重や輪交通,およびタイヤチェーンやトレーラー車,に対するコンクリートの抵抗性を推定する上で有効である。大雑把に言うと,供用時において磨耗が激しければ激しいほど試験はより多く役に立ち,有効性の程度は,回転盤,ドレッシングホイール,スチールボールの順に高くなる[10.32]。

図-10.11 に,ASTM 779-89a の3種類の試験をさまざまなコンクリートで実施した結果を示す。試験は任意に決められた条件に基づいているため,得られた値を量的に比較することはできないが,すべての例で,耐磨耗性はコンクリートの圧縮強度に比例することが判明した[10.20]。スチールボール試験が他の試験と比べてばらつきが少なく,感度が良いように思われる。

水で運ばれた固形物による磨耗に対するコンクリートの抵抗性は,ASTM C 1138-89 を用いて測定することができる。この試験は,浮遊粒子を含み,渦を捲いている流水の挙動をモデル化したものであり,水槽の中でさまざまな寸法の鋼

製研磨ボールを 72 時間にわたって高速運動させる。コンクリート面のすりへり深さによって相対的な測定値が求まる。

まったく異なる範疇に属するコンクリートの耐磨耗性の試験方法は，反発ハンマー試験（775 頁参照）である。

得られる値は，コンクリートの耐磨耗性に影響を及ぼすいくつかの因子を敏感に反映する[10.37]。

10.13.2 耐磨耗性に影響を及ぼす因子

磨耗は局部的に集中載荷された高い応力と関連があるようであり，したがってコンクリートの表面域の強度と硬度が耐磨耗性に強く影響を及ぼす。そのため，コンクリートの圧縮強度が耐磨耗性を左右する重要因子である。必要な最低強度は，予想される磨耗の激しさによって異なる。超高強度コンクリートは高い耐磨耗性を示す。例えば，圧縮強度を 50 MPa から 100 MPa に上げると耐磨耗性は 50％上昇し，150 MPa のコンクリートは高品質の花崗岩と同程度の耐磨耗性を有する[10.40]。

表面域のコンクリートの性質は仕上げ作業の影響を強く受け，仕上げ作業によって水セメント比を低くしたり締固めの程度を向上させることができる。真空脱水が有効である（295 頁参照）。レイタンスは除かなければならない。とくに，十分な養生が大切である。欧州基準 ENV 206:1992 では，耐磨耗性を良くするためには通常の 2 倍の期間養生することを推奨している。

富配合の混合物は望ましくない。粗骨材はコンクリート表面のすぐ下になければならないため，単位セメント量の最大値はおそらく 350 kg/m^3 であろう。

骨材に関する限り，砕砂を多少混ぜることが望ましく[10.40]，また強度の大きい[10.38]硬い骨材の使用も同様である。しかし，ロサンゼルス試験（159 頁参照）で測定された骨材の耐磨耗性は，与えられた骨材でつくられたコンクリートの耐磨耗性を示す良い指標ではないように思われる[10.39]。高品質の軽量骨材は本来セラミック材料であるため耐磨耗性は高いが，多孔構造であるため磨耗に伴う衝撃に対して抵抗性はない[10.87]。

おそらく磨耗の進行を促進させる細かいひび割れがないためであろうが，収縮補償コンクリートは耐磨耗性が著しく向上している[10.94]。

硬化剤をコンクリートの表面域に混合して使用することに関する考察は，本書の対象外である。

10.14　侵食に対する抵抗性

コンクリートの侵食は，流水に接するコンクリートに起きる可能性のある重要なすりへりの一種である。水が運んできた固体粒子による侵食と，高速で流れる水中で形成され崩壊する空洞がつくり出した穴による損傷とを区別する方が便利である。後者については次節で考察する。

侵食の速度は，運ばれた粒子の量，形状，寸法，および硬度や，粒子の移動速度，渦の存在，そしてまたコンクリートの品質によっても異なってくる[10.41]。一般的な磨耗の場合と同様に，この性能のもっとも良い尺度はコンクリートの圧縮強度のようであるが，配合割合も関係がある。

とくに，大型骨材を含んだコンクリートは，同じ強度のモルタルと比べ侵食が少なく，また硬い骨材は侵食抵抗性を向上させる。しかし，すりへりの条件によっては小径の骨材の方が表面の侵食が均一になる。一般に，スランプが一定であれば，侵食に対する抵抗性は単位セメント量の低下とともに上昇するが[10.15]，これはレイタンスを低下させるという利点がある。単位セメント量が一定であれば，侵食に対する抵抗性はスランプの低下とともに上昇する[10.15]。このことは，おそらく圧縮強度の一般的な影響と一致すると思われる。

もちろん，どのような場合でも，関係するのは表面域のコンクリートの品質だけであるが，最高のコンクリートでさえ長期にわたって激しい侵食に耐えることは稀である。真空脱水と透水型枠を使用することは有効である。

流水中の固形物による侵食に対する抵抗性は，ショットブラスト試験で測定することができる。この場合は，砕いたスチールショット（850 μm（No.20 ASTM）のふるい寸法のもの）2 000 片を，6.3 mm のノズルから 0.62 MPa の空気圧で 102 mm 離れたコンクリート供試体に向けて噴出させる。

10.15 キャビテーションに対する抵抗性

　高品質のコンクリートは一定速度で接線方向に流れる高速の水の流れに耐えられる反面，キャビテーションがある場合は重大な損傷が急速に起きる。このことは，局部的な絶対圧力が，周囲の温度下で，周囲の水蒸気圧の値まで低下した時，蒸気の気泡が形成されることを意味する。気泡または空洞は，後で砕けてしまう大きい単一の空げきの場合もあり，小さい気泡の集まりの場合もある[10.16]。これらの気泡は下流まで流れ，高圧域に入ると崩壊して大きい衝撃を与える。空洞の崩壊は蒸気の占めていた空間に高速の水が入り込むことを意味するため，きわめて短い時間間隔で小さな面積にたいへん大きな圧力が発生することになる。穴を生じさせるのは，コンクリート面の一定部分に繰り返し起きるこの崩壊である。もっとも大きい損傷を引き起こすのは，渦の中に見出される微細な空洞の集まりである。これらの空洞は瞬間的に融合して大きい不定形の空洞となり，ごく速く崩壊する[10.17]。空洞の多くは高周波数で振動し，それが損傷の範囲を広げて悪化させるように思われる[10.18]。

　キャビテーションによる損傷は一般に，速度がわずか12 m/秒を超える程度の開水路で起きるが[10.41]，閉水路で大気圧を十分下回るまでの圧力低下が起きる可能性のある場合であれば，それよりはるかに低い速度でも起きる。そのような圧力低下はサイフォン現象や，曲線部の内側や不規則な境界線部で発生する慣性力によって起きると思われるが，これらの原因の組合わせもよくみられる。開水路のコンクリート面から流れが逸脱してキャビテーションが起きることも多い。キャビテーションの出現は，本来主として圧力の変化による（したがって速度の変化による）が，とりわけ水中に溶けていない空気が少量存在する場合に発生する可能性が高い。これらの気泡は，液体から蒸気への相の変化がすぐに起こるための核として挙動する。塵粒子も同様の影響を及ぼすが，おそらく水中に溶けていない空気を「収容」しているからではないかと思われる。それに反して，自由な空気の小さい気泡が大量にあると（コンクリート面の近くで体積で8％まで）キャビテーションが促進される反面，空洞の崩壊が緩和されることによりキャビテーションによる損傷も緩和される[10.19]。

　したがって，意図的に水へ暴気を行うと有利ではないかと思われる[10.41]。

水で運ばれる固形物に侵食されたコンクリート面が滑らかにすりへっているのに対して，キャビテーションの影響を受けたコンクリート面は不均一で，ざらざらしており，穴だらけである。キャビテーションによる損傷は一定の速度で進行しない。一般には，小さい損傷が発生する最初の期間の後，急速な劣化が起こり，続いて損傷がそれより遅い速度で起きる[10.19]。

キャビテーションの損傷に対する最良の抵抗性は，吸水性裏当て（局部の水セメント比を低下させる）を用いてつくられた高強度コンクリートを用いることによって得られる。キャビテーションは大きい粒子を除去する傾向があるため，表面近くにある骨材の最大寸法は 20 mm を超えてはならない[10.19]。骨材の硬さは重要ではない（侵食に対する抵抗性と違って）が，骨材とモルタルとの付着が良いことはきわめて重要である。

ポリマー，鋼繊維，または弾力性のある被覆を用いるとキャビテーションに対する抵抗性が向上するであろうが，これらの問題は本書の対象外である。しかし，適正なコンクリートを用いるとキャビテーションによる損傷を減少させる場合がある反面，最良のコンクリートでさえ永久にキャビテーションの力に耐えられるわけではない。したがって，キャビテーションによる損傷の問題の解決策は，第一にキャビテーションを減少させることにある。これは，陥没，突起，継目，および線形不良などの凸凹のない，滑らかでよく整えられた表面にすること，および流れを表面から引き離しがちな，勾配や曲率の急激な変化をなくすことによって達成することができる。損傷は水の速度の 6 乗または 7 乗に比例するため，可能であれば水の速度が局所的に速くなることを防がなければならない[10.19]。

10.16 ひび割れの種類

ひび割れは攻撃的な作用物質の滲入を許すことによってコンクリートの耐久性を損なうため，ひび割れの種類と原因とを手短に概説することは有意義である。さらに，ひび割れは構造物の水密性や音響伝送に悪影響を与え，外観を損ねる。外観に関して，許容可能なひび割れの幅はそれをみる地点からの距離と，例えば極端な例として，一方では公会堂，他方では倉庫，といった構造物の機能によっても異なる。汚れが入り込むとひび割れはさらに目立つようになることを付け加

10.16 ひび割れの種類

えると良いかもしれない。コンクリートに白色セメントを使用しても同様である。

水密性に関して言えば，幅 0.12〜0.20 mm のきわめて狭く，動いていないひび割れは最初は漏水すると思われる[10.33, 10.34]。しかし，ゆっくりと浸出する水によって運ばれる溶解した水酸化カルシウムは，大気中の二酸化炭素と反応して炭酸カルシウムを堆積させ，それがひび割れを密閉することがある[10.33]（413 頁参照）。

フレッシュコンクリートに発生するひび割れ，つまりプラスチック収縮ひび割れとプラスチック沈下ひび割れに関しては，第 9 章で解説した。別の種類の初期ひび割れはクレージング（細かなひび割れ）として知られており，コンクリートの表面域の方が内部より単位水量が多い場合のスラブや壁に発生する。クレージングの型は，間隔が約 100 mm までの不規則な網状に見える。ひび割れはきわめて浅く，初期に発生するが，汚れで鮮明になるまで見つからないことがある。この種のひび割れは，外観以外ではあまり重要ではない。加えて，ふくれとして知られている，いくぶん種類の異なる表面損傷が発生することがある。これは，ブリーディング水や大きい気泡が，仕上げ作業によって誘発されたレイタンスの薄い層によってコンクリート面のすぐ下に閉じ込められた場合に発生する。ふくれは直径が 10〜100 mm で，厚さが 2〜10 mm である。供用中にレイタンスの層が除かれ，後に浅いくぼみが残る。

硬化したコンクリート中では，ひび割れは乾燥収縮または早期材齢での熱変形の拘束が原因となって起きると思われる。これについては，第 9 章と第 8 章でそれぞれ解説した。さまざまな種類の非構造的なひび割れを表-10.8 に列挙し，また概念的に図-10.12 に示す[10.33]。ひび割れは特定の一原因から始まるかもしれないが，その進展は他の原因による可能性があることは注目に値する[10.33]。したがって，ひび割れの原因を判断することは必ずしも簡単ではない。

ひび割れはまたコンクリート部材の実際の強度に対して過大の荷重が負荷された場合にも発生する可能性があるが，これは不適切な設計や，規準に準拠しない施工が行われた結果である。供用中の鉄筋コンクリートでは，張力は鉄筋とそれを取り囲むコンクリートの中に誘発されることを憶えておくことが重要である。したがって，表面のひび割れは避けられないが，構造設計と細部構造を適切に行えばひび割れはきわめて狭く，ほとんど目視することができなくなる。応力によって発生するひび割れの幅はコンクリートの表面で最大であり，鉄筋に向かってし

第 10 章　コンクリートの耐久性

表-10.8　ひび割れの分類（参考文献 10.33 に基づく）

ひび割れの型	図-10.12中の記号	細分	最も一般的な発生場所	第一原因（拘束を除く）	第二原因/要因	改善法（基本的な再設計が不可能と仮定した場合）；すべての場合拘束を減じる	発生時間	この本の参照頁
塑性沈下	A	鉄筋上方	高さの高い断面	過度のブリージング	急激な早期乾燥環境	ブリージングを減らすまたは再振動する	10分から3時間	493頁と524頁
	B	アーチ形	柱の上部					
	C	部材高の変化	溝形部材やワッフルスラブ					
塑性収縮	D	対角線方向	舗装版と床版	急激な早期乾燥	ブリージングが過少	早期養生を改善する	30分から6時間	492頁と523頁
	E	不定形	鉄筋コンクリート床版					
	F	鉄筋の上方	鉄筋コンクリート床版	急激な早期乾燥または表面近くの鉄筋				
初期の温度収縮	G	外部拘束	厚い壁	過度の発熱	急激な冷却	発熱を減らすと同時に断熱処置を施す	1日から2〜3週間	486頁と493頁
	H	内部拘束	厚い版	過度の温度勾配				
長期の乾燥収縮	I		薄い版と壁	不十分な伸縮目地	過度の収縮,不十分な養生	単位水量を減らす,養生を改善する	数週間から数ヵ月	544頁
クレージング（細かなひび割れ）	J	型枠面	壁	不透水性型枠	セメント量過多,養生不足	養生と仕上げを改善する	1日から7日,時にはもっと遅い	651頁
クレージング（細かなひび割れ）	K	こて仕上げされたコンクリート	床版	過度のこて仕上げ				
鉄筋の腐食	L	炭酸化	柱と梁	不十分なかぶり	低品質コンクリート	前記の原因を取り除く	2年以上	698頁
		塩化物						
アルカリ骨材反応	M		湿った場所	反応性骨材と高アルカリセメントとの組み合わせ		前記の原因を取り除く	5年以上	639頁
ふくれ	N		床版	ブリージング水が留まった	金属製こての使用	前記の原因を取り除く	触ってわかる	651頁
D-クラック	P		床版の自由端	凍害を受けた骨材		骨材の寸法を小さくする	10年以上	671頁

10.16 ひび割れの種類

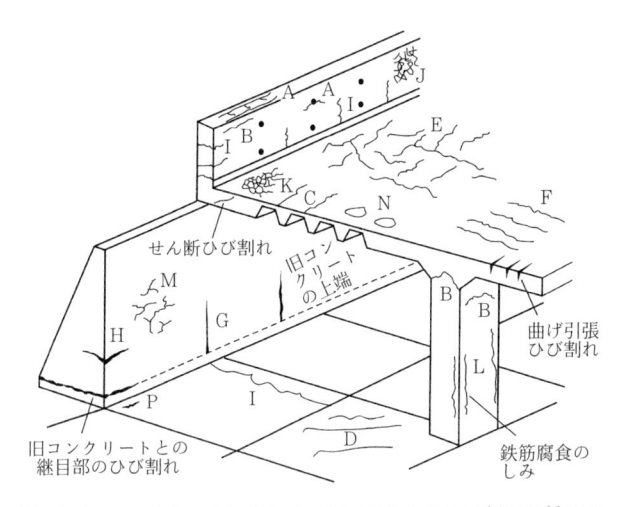

図-10.12 コンクリートに発生する可能性のあるひび割れの種々の型の概念図（表-10.8参照）（参考文献10.33に基づく）

だいに狭くなるが，幅の違いは時とともに減少すると思われる[10.34]。鉄筋のかぶりが大きいほど表面のひび割れの幅は大きい。

エネルギーから考えると，新しいひび割れをつくるより既存のひび割れ幅を拡大する方が容易であることに注意しなければならない。荷重をかけた場合に，後で発生するひび割れは先に発生したものより大きい荷重で発生することの原因が，これによって明らかになる。発生したひび割れの合計数はコンクリート部材の寸法によって決まり，またひび割れの間隔は，含まれる骨材の最大寸法によって異なる[10.106]。

ある一定の物理条件下では，コンクリートの単位長さ当たりのひび割れ幅の合計は一定であり，またひび割れ幅はできる限り細かいことが望まれるため，ひび割れの数が多い方が望ましい。この理由から，ひび割れに対する拘束は部材の長さに沿って均一でなければならない。鉄筋を入れると収縮ひび割れが抑制されて，個々のひび割れの幅が小さくなるが，すべてのひび割れ幅の合計が小さくなるわけではない。この問題は本書の対象外である。

ひび割れ発生の重大さと，重大とみなされるひび割れの最小幅は，構造部材の機能とコンクリートの暴露条件によって異なる。Reis他[10.105]は，許容できるひび割れの幅を次のように提案しているが，これは現在でも良い指針となっている。

653

第10章 コンクリートの耐久性

内部の部材 0.35 mm
普通の暴露条件下の外部の部材 0.25 mm
とくに厳しい環境に暴露された外部の部材 0.15 mm

観察者によって差があるものの，裸眼でみることのできるひび割れの最小幅は約 0.13 mm であることを述べるのは有意義であると思われる。簡単な拡大装置を使えばひび割れの幅を測定することができる。電子伝導塗料や光依存型の抵抗器のような種々の特殊な技術を使えば，ひび割れの進展をとらえることができる。しかし，微細なひび割れはごく一般にみられるが有害ではないため，ひび割れを徹底的に探しても何の役にも立たない。

◎参考文献

10.1 W. C. HANNA, Additional information on inhibiting alkali–aggregate expansion, *J. Amer. Concr. Inst.*, **48**, p. 513 (Feb. 1952).

10.2 T. C. POWERS, H. M. MANN and L. E. COPELAND, The flow of water in hardened portland cement paste, *Highw. Res. Bd Sp. Rep. No. 40*, pp. 308–23 (Washington DC, July 1959).

10.3 T. C. POWERS, Structure and physical properties of hardened portland cement paste, *J. Amer. Ceramic Soc.*, **41**, pp. 1–6 (Jan. 1958).

10.4 T. C. POWERS, L. E. COPELAND and H. M. MANN, Capillary continuity or discontinuity in cement pastes, *J. Portl. Cem. Assoc. Research and Development Labortories*, **1**, No. 2, pp. 38–48 (May 1959).

10.5 T. C. POWERS, L. E. COPELAND, J. C. HAYES and H. M. MANN, Permeability of portland cement paste, *J. Amer. Concr. Inst.*, **51**, pp. 285–98 (Nov. 1954).

10.6 H. E. VIVIAN, Studies in cement–aggregate reaction: X. The effect on mortar expansion of amount of reactive component, *Commonwealth Scientific and Industrial Research Organization Bull. No. 256*, pp. 13–20 (Melbourne, 1950).

10.7 F. M. LEA, *The Chemistry of Cement and Concrete* (Arnold, London, 1970).

10.8 G. J. VERBECK and C. GRAMLICH, Osmotic studies and hypothesis concerning alkali–aggregate reaction, *Proc. ASTM*, **55**, pp. 1110–28 (1955).

10.9 J. H. P. VAN AARDT, The resistance of concrete and mortar to chemical attack – progress report on concrete corrosion studies, *National Building Research Institute, Bull. No. 13*, pp. 44–60 (South African Council for Scientific and Industrial Research, March 1955).

10.10 J. H. P. VAN AARDT, Chemical and physical aspects of weathering and corrosion of cement products with special reference to the influence of warm climate, *RILEM Symposium on Concrete and Reinforced Concrete in Hot Countries* (Haifa, 1960).

10.11 L. H. TUTHILL, Resistance to chemical attack, *ASTM Sp. Tech. Publ. No. 169*, pp. 188–200 (1956).

10.12 R. L. HENRY and G. K. KURTZ, Water vapor transmission of concrete and of aggregates. *U.S. Naval Civil Engineering Laboratory*, Port Hueneme, California, 71 pp. (June 1963).

10.13 A. M. NEVILLE, Behaviour of concrete in saturated and weak solutions of magnesium sulphate and calcium chloride, *J. Mat., ASTM,* **4**, No. 4, pp. 781–816 (Dec. 1969).

10.14 M. E. PRIOR, Abrasion resistance, *ASTM Sp. Tech. Publ. No. 169A*, pp. 246–60 (1966).

10.15 U.S. ARMY CORPS OF ENGINEERS, Concrete abrasion study, Bonneville Spillway Dam, *Report 15-1* (Bonneville, Or., Oct. 1943).

10.16 J. M. HOBBS, Current ideas on cavitation erosion, *Pumping,* **5**, No. 51, pp. 142–9 (March 1963).

10.17 M. J. KENN, Cavitation eddies and their incipient damage to concrete, *Civil Engineering,* **61**, No. 724, pp. 1404–5 (London, Nov. 1966).

10.18 S. P. KOZIREV, Cavitation and cavitation-abrasive wear caused by the flow of liquid carrying abrasive particles over rough surfaces, *Translation by The British Hydromechanics Research Association* (Feb. 1965).

10.19 M. J. KENN, Factors influencing the erosion of concrete by cavitation, *CIRIA*, 15 pp. (London, July 1968).

10.20 F. L. SMITH, Effect of aggregate quality on resistance of concrete to abrasion, *ASTM Sp. Tech. Publ. No. 205*, pp. 91–105 (1958).

10.21 J. BONZEL, Der Einfluss des Zements, des W/Z Wertes, des Alters und der Lagerung auf die Wasserundurchlässigkeit des Betons, *Beton*, No. 9, pp. 379–83; No. 10, pp. 417–21 (1966).

10.22 J. W. FIGG, Methods of measuring the air and water permeability of concrete, *Mag. Concr. Res.,* **25**, No. 85, pp. 213–19 (Dec. 1973).

10.23 P. J. SEREDA and V. S. RAMACHANDRAN, Predictability gaps between science and technology of cements – 2, Physical and mechanical behavior of hydrated cements. *J. Amer. Ceramic Soc.,* **58**, Nos 5–6, pp. 249–53 (1975).

10.24 G. J. OSBORNE and M. A. SMITH, Sulphate resistance and long-term strength properties of regulated-set cements, *Mag. Concr. Res.,* **29**, No. 101, pp. 213–24 (1977).

10.25 B. MATHER, How soon is soon enough?, *J. Amer. Concr. Inst.,* **73**, No. 3, pp. 147–50 (1976).

10.26 L. ROMBÈN, Aspects of testing methods for acid attack on concrete. *CBI Research*, 1:78, 61 pp. (Swedish Cement and Concrete Research Inst., 1978).

10.27 H. T. THORNTON, Acid attack of concrete caused by sulfur bacteria action, *J. Amer. Concr. Inst.,* **75**, No. 11, pp. 577–84 (1978).

10.28 H. U. CHRISTEN, Conditions météoroligiques et efflorescences de chaux, *Bulletin du Ciment,* **44**, No. 6, 8 pp. (Wildegg, Switzerland, June 1976).

10.29 BULLETIN DU CIMENT, Traitement des surfaces de béton à l'acide, **45**, No. 21, 6 pp. (Wildegg, Switzerland, Sept. 1977).

10.30 BULLETIN DU CIMENT, Coloration sombre du béton, **45**, No. 23, 6 pp. (Wildegg, Switzerland, Nov. 1977).

10.31 L. H. TUTHILL, Resistance to chemical attack, *ASTM Sp. Tech. Publ. No. 169B*, pp. 369–87 (1978).

10.32 R. O. LANE, Abrasion resistance, *ASTM Sp. Tech. Publ. No. 169B*, pp. 332–50 (1978).

10.33 CONCRETE SOCIETY REPORT, *Non-structural Cracks in Concrete,* Technical Report No. 22, 3rd Edn, 48 pp. (Concrete Society, London, 1992).

10.34 ACI 207.2R-90, Effect of restraint, volume change, and reinforcement on cracking of mass concrete, *ACI Manual of Concrete Practice, Part 1: Materials and General*

Properties of Concrete, 18 pp. (Detroit, Michigan, 1994).
10.35 V. G. PAPADAKIS, M. N. FARDIS and C. G. VAYENAS, Effect of composition, environmental factors and cement-lime mortar coating on concrete carbonation, Materials and Structures, 25, No. 149, pp. 293–304 (1992).
10.36 D. W. S. HO and R. K. LEWIS, The specification of concrete for reinforcement protection – performance criteria and compliance by strength, Cement and Concrete Research, 18, No. 4, pp. 584–94 (1988).
10.37 M. SADEGZADEH and R. KETTLE, Indirect and non-destructive methods for assessing abrasion resistance of concrete, Mag. Concr. Res., 38, No. 137, pp. 183–90 (1986).
10.38 P. LAPLANTE, P.-C. AÏTCIN and D. VÉZINA, Abrasion resistance of concrete, Journal of Materials in Civil Engineering, 3, No. 1, pp. 19–28 (1991).
10.39 T. C. LIU, Abrasion resistance of concrete, ACI Journal, 78, No. 5, pp. 341–50 (1981).
10.40 O. E. GJØRV, T. BAERLAND and H. H. RONNING, Increasing service life of roadways and bridges, Concrete International, 12, No. 1, pp. 45–8 (1990).
10.41 ACI 210R-93, Erosion of concrete in hydraulic structures, ACI Manual of Concrete Practice, Part 1: Materials and General Properties of Concrete, 24 pp. (Detroit, Michigan, 1994).
10.42 ACI 201.2R-1992, Guide to durable concrete, ACI Manual of Concrete Practice, Part 1: Materials and General Properties of Concrete, 41 pp. (Detroit, Michigan, 1994).
10.43 U.S. BUREAU OF RECLAMATION, 4913-92, Procedure for water permeability of concrete, Concrete Manual, Part 2, 9th Edn, pp. 714–25 (Denver, Colorado, 1992).
10.44 J. F. YOUNG, A review of the pore structure of cement paste and concrete and its influence on permeability, in Permeability of Concrete, ACI SP-108, pp. 1–18 (Detroit, Michigan, 1988).
10.45 A. BISAILLON and V. M. MALHOTRA, Permeability of concrete: using a uniaxial water-flow method, in Permeability of Concrete, ACI SP-108, pp. 173–93 (Detroit, Michigan, 1988).
10.46 R. A. COOK and K. C. HOVER, Mercury porosimetry of cement-based materials and associated correction factors, ACI Materials Journal, 90, No. 2, pp. 152–61 (1993).
10.47 J. VUORINEN, Applications of diffusion theory to permeability tests on concrete Part I: Depth of water penetration into concrete and coefficient of permeability, Mag. Concr. Res., 37, No. 132, pp. 145–52 (1985).
10.48 O. VALENTA, Kinetics of water penetration into concrete as an important factor of its deterioration and of reinforcement corrosion, RILEM International Symposium on the Durability of Concrete, Prague, Part I, pp. 177–93 (1969).
10.49 L. A. LARBI, Microstructure of the interfacial zone around aggregate particles in concrete, Heron, 38, No. 1, 69 pp. (1993).
10.50 A. HANAOR and P. J. E. SULLIVAN, Factors affecting concrete permeability to cryogenic fluids, Mag. Concr. Res., 35, No. 124, pp. 142–50 (1983).
10.51 D. WHITING, Permeability of selected concretes, in Permeability of Concrete, ACI SP-108, pp. 195–221 (Detroit, Michigan, 1988).
10.52 C. D. LAWRENCE, Transport of oxygen through concrete. in The Chemistry and Chemically-Related Properties of Cement, Ed. F. P. Glasser, British Ceramic Proceedings, No. 35, pp. 277–93 (1984).
10.53 J. J. KOLLEK, The determination of the permeability of concrete to oxygen by the Cembureau method – a recommendation, Materials and Structures, 22, No. 129,

pp. 225–30 (1989).
10.54 RILEM RECOMMENDATIONS CPC-18, Measurement of hardened concrete carbonation depth, *Materials and Structures*, **21**, No. 126, pp. 453–5 (1988).
10.55 L. J. PARROTT, *A Review of Carbonation in Reinforced Concrete*, Cement and Concrete Assn, 42 pp. (Slough, U.K., July 1987).
10.56 V. G. PAPADAKIS, C. G. VAYENAS and M. N. FARDIS, Fundamental modeling and experimental investigation of concrete carbonation, *ACI Materials Journal*, **88**, No. 4, pp. 363–73 (1991).
10.57 M. SOHUI, Case study on durability, *Darmstadt Concrete*, **3**, pp. 199–207 (1988).
10.58 R. J. CURRIE, Carbonation depths in structural-quality concrete. *Building Research Establishment Report*, 19 pp. (Watford, U.K., 1986).
10.59 L. TANG and L.-O. NILSSON, Effect of drying at an early age on moisture distributions in concrete specimens used for air permeability test, in *Nordic Concrete Research*, Publication 13/2/93, pp. 88–97 (Oslo, Dec. 1993).
10.60 G. K. MOIR and S. KELHAM, *Durability 1, Performance of Limestone-filled Cements*, Proc. Seminar of BRE/BCA Working Party, pp. 7.1–7.8 (Watford, U.K. 1989).
10.61 L. J. PARROTT and D. C. KILLOCH, Carbonation in 36 year old, in-situ concrete, *Cement and Concrete Research*, **19**, No. 4, pp. 649–56 (1989).
10.62 P. NISCHER, Einfluss der Betongüte auf die Karbonatisierung, *Zement und Beton*, **29**, No. 1, pp. 11–15 (1984).
10.63 M. D. A. THOMAS and J. D. MATTHEWS, Carbonation of fly ash concrete, *Mag. Concr. Res.*, **44**, No. 160, pp. 217–28 (1992).
10.64 G. J. OSBORNE, Carbonation of blastfurnace slag cement concretes, *Durability of Building Materials*, **4**, pp. 81–96 (Elsevier Science, Amsterdam, 1986).
10.65 K. HORIGUCHI et al., The rate of carbonation in concrete made with blended cement, in *Durability of Concrete*, ACI SP-145, pp. 917–31 (Detroit, Michigan, 1994).
10.66 D. W. HOBBS, Carbonation of concrete containing pfa, *Mag. Concr. Res.*, **40**, No. 143, pp. 69–78 (1988).
10.67 Th. A. BIER, Influence of type of cement and curing on carbonation progress and pore structure of hydrated cement paste, *Materials Research Society Symposium*, **85**, pp. 123–34 (1987).
10.68 RILEM RECOMMENDATIONS TC 71-PSL, Systematic methodology for service life. Prediction of building materials and components, *Materials and Structures*, **22**, No. 131, pp. 385–92 (1988).
10.69 M. C. MCVAY, L. D. SMITHSON and C. MANZIONE, Chemical damage to airfield concrete aprons from heat and oils, *ACI Materials Journal*, **90**, No. 3, pp. 253–8 (1993).
10.70 H. L. KONG and J. G. ORBISON, Concrete deterioration due to acid precipitation, *ACI Materials Journal*, **84**, No. 3, pp. 110–16 (1987).
10.71 I. BICZOK, *Concrete Corrosion and Concrete Protection*, 8th Edn, 545 pp. (Akadèmiai Kiadò, Budapest, 1972).
10.72 P. D. CARTER, Preventive maintenance of concrete bridge decks, *Concrete International*, **11**, No. 11, pp. 33–6 (1989).
10.73 M. R. SILVA and F.-X. DELOYE, Dégradation biologique des bétons, *Bulletin Liaison Laboratoires Ponts et Chausseés*, **176**, pp. 87–91 (Nov.–Dec. 1991).
10.74 R. DRON and F. BRIVOT, Le gonflement ettringitique, *Bulletin Liaison Laboratoires Ponts et Chausseés*, **161**, pp. 25–32 (May–June 1989).
10.75 I. ODLER and M. GLASSER, Mechanism of sulfate expansion in hydrated portland

cement, *J. Amer. Ceramic Soc.*, **71**, No. 11, pp. 1015–20 (1988).
10.76 K. MATHER, Factors affecting sulfate resistance of mortars, *Proceedings 7th International Congress on Chemistry of Cement*, Paris, Vol. IV, pp. 580–5 (1981).
10.77 P. J. TIKALSKY and R. L. CARRASQUILLO, Influence of fly ash on the sulfate resistance of concrete. *ACI Materials Journal*, **89**, No. 1, pp. 69–75 (1992).
10.78 N. I. FATTUHI and B. P. HUGHES, The performance of cement paste and concrete subjected to sulphuric acid attack, *Cement and Concrete Research*, **18**, No. 4, pp. 545–53 (1988).
10.79 K. R. LAUER, Classification of concrete damage caused by chemical attack, RILEM Recommendation 104-DDC: Damage Classification of Concrete Structures, *Materials and Structures*, **23**, No. 135, pp. 223–9 (1990).
10.80 G. J. OSBORNE, The sulphate resistance of Portland and blastfurnace slag cement concretes, in *Durability of Concrete*, Vol. II, Proceedings 2nd International Conference, Montreal, ACI SP-126, pp. 1047–61 (1991).
10.81 B. MATHER, A discussion of the paper "Theories of expansion in sulfoaluminate-type expansive cements: schools of thought," by M. D. Cohen, *Cement and Concrete Research*, **14**, pp. 603–9 (1984).
10.82 V. A. ROSSETTI, G. CHIOCCHIO and A. E. PAOLINI, Expansive properties of the mixture $C_4A\bar{S}H_{12}$-$2C\bar{S}$, III. Effects of temperature and restraint. *Cement and Concrete Research*, **13**, No. 1, pp. 23–33 (1983).
10.83 P. K. MEHTA, Sulfate attack on concrete – a critical review, *Materials Science of Concrete III*, Ed. J. Skalny, American Ceramic Society, pp. 105–30 (1993).
10.84 M. L. CONJEAUD, Mechanism of sea water attack on cement mortar, in *Performance of Concrete in Marine Environment*, ACI SP-65, pp. 39–61 (Detroit, Michigan, 1980).
10.85 K. MATHER, Concrete weathering at Treat Island, Maine, in *Performance of Concrete in Marine Environment*, ACI SP-65, pp. 101–11 (Detroit, Michigan, 1980).
10.86 O. E. GJØRV and O. VENNESLAND, Sea salts and alkalinity of concrete, *ACI Journal*, **73**, No. 9, pp. 512–16 (1976).
10.87 R. E. PHILLEO, Report of materials working group, *Proceedings of International Workshop on the Performance of Offshore Concrete Structures in the Arctic Environment*, National Bureau of Standards, pp. 19–25 (Washington DC, 1983).
10.88 B. MATHER, Effects of seawater on concrete, *Highway Research Record*, No. 113, Highway Research Board, pp. 33–42 (1966).
10.89 A. M. PAILLIÈRE et al., Influence of curing time on behaviour in seawater of high-strength mortar with silica fume, in *Durability of Concrete*, ACI SP-126, pp. 559–75 (Detroit, Michigan, 1991).
10.90 A. M. PAILLIÈRE, M. RAVERDY and J. J. SERRANO, Long term study of the influence of the mineralogical composition of cements on resistance to seawater: tests in artificial seawater and in the Channel, in *Durability of Concrete*, ACI SP-145, pp. 423–43 (Detroit, Michigan, 1994).
10.91 L. HELLER and M. BEN-YAIR, Effect of Dead Sea water on Portland cement, *Journal of Applied Chemistry*, No. 12, pp. 481–5 (1962).
10.92 M. BEN BASSAT, P. J. NIXON and J. HARDCASTLE, The effect of differences in the composition of Portland cement on the properties of hardened concrete, *Mag. Concr. Res.*, **42**, No. 151, pp. 59–66 (1990).
10.93 ACI 515.1R-79 Revised 1985, A guide to the use of waterproofing, dampproofing, protective, and decorative barrier systems for concrete, *ACI Manual of Concrete*

Practice, Part 5: Masonry, Precast Concrete, Special Processes, 44 pp. (Detroit, Michigan, 1994).

10.94 ACI 223-93, Standard practice for the use of shrinkage-compensating concrete, *ACI Manual of Concrete Practice, Part 1: Materials and General Properties of Concrete*, 29 pp. (Detroit, Michigan, 1994).

10.95 U. SCHNEIDER et al., Stress corrosion of cementitious materials in sulphate solutions. *Materials and Structures*, 23, No. 134, pp. 110–15 (1990).

10.96 CONCRETE SOCIETY WORKING PARTY, *Permeability Testing of Site Concrete – A Review of Methods and Experience*, Technical Report No. 31, 95 pp. (The Concrete Society, London, 1987).

10.97 D. M. ROY et al., Concrete microstructure and its relationships to pore structure, permeability, and general durability, in *Durability of Concrete, G. M. Idorn International Symposium*, ACI SP-131, pp. 137–49 (Detroit, Michigan, 1992).

10.98 C. HALL, Water sorptivity of mortars and concretes: a review, *Mag. Concr. Res.*, 41, No. 147, pp. 51–61 (1989).

10.99 W. H. DUDA, *Cement-Data-Book*, 2, 456 pp. (Verlag GmbH, Berlin, 1984).

10.100 G. PICKETT, Effect of gypsum content and other factors on shrinkage of concrete prisms, *J. Amer. Concr. Inst.*, 44, pp. 149–75 (Oct. 1947).

10.101 H. H. STEINOUR, Some effects of carbon dioxide on mortars and concrete – discussion, *J. Amer. Concr. Inst.*, 55, pp. 905–7 (Feb. 1959).

10.102 G. J. VERBECK, Carbonation of hydrated portland cement, *ASTM. Sp. Tech. Publ. No. 205*, pp. 17–36 (1958).

10.103 J. J. SHIDELER, Investigation of the moisture-volume stability of concrete masonry units, *Portl. Cem. Assoc. Development Bull, D.3* (March 1955).

10.104 I. LEBER and F. A. BLAKEY, Some effects of carbon dioxide on mortars and concrete, *J. Amer. Concr. Inst.*, 53, pp. 295–308 (Sept. 1956).

10.105 E. E. REIS, J. D. MOZER, A. C. BIANCHINI and C. E. KESLER, Causes and control of cracking in concrete reinforced with high-strength steel bars – a review of research, *University of Illinois Engineering Experiment Station Bull. No. 479* (1965).

10.106 T. C. HANSEN, Cracking and fracture of concrete and cement paste, Symp. on Causes, Mechanism, and Control of Cracking in Concrete, ACI SP-20, pp. 5–28 (Detroit, Michigan, 1968).

10.107 P. SCHUBERT and K. WESCHE, Einfluss der Karbonatisierung auf die Eigenshaften von Zementmörteln, *Research Report No. F16*, 28 pp. (Institut für Bauforschung BWTH Aachen, Nov. 1974).

10.108 A. MEYER, Investigations on the carbonation of concrete, *Proc. 5th Int. Symp. on the Chemistry of Cement*, Tokyo, Vol. 3, pp. 394–401 (1968).

10.109 A. S. EL-DIEB and R. D. HOOTON, A high pressure triaxial cell with improved measurement sensitivity for saturated water permeability of high performance concrete, *Cement and Concrete Research*, 24, No. 5, pp. 854–62 (1994).

10.110 K. KOBAYASHI, K. SUZUKI and Y. UNO, Carbonation of concrete structures and decomposition of C-S-H, *Cement and Concrete Research*, 24, No. 1, pp. 55–62 (1994).

10.111 CANADIAN STANDARDS ASSN, A23.1-94, *Concrete Materials and Methods of Concrete Construction*, 14 pp. (Toronto, Canada, 1994).

10.112 BRITISH CEMENT ASSOCIATION WORKING PARTY REPORT, *The Diagnosis of Alkali–Silica Reaction*, 2nd Edn, Publication 45.042, 44 pp. (BCA, Slough, 1992).

10.113 M. M. ALASALI, V. M. MALHOTRA and J. A. SOLES, Performance of various test methods for assessing the potential alkali reactivity of some Canadian aggregates,

第10章 コンクリートの耐久性

ACI Materials Journal, **88**, No. 6, pp. 613–19 (1991).
10.114 M. G. ALI and RASHEEDUZZAFAR, Cathodic protection current accelerates alkali–silica reaction. *ACI Materials Journal*, **90**, No. 3, pp. 247–52 (1993).
10.115 J. G. M. WOOD and R. A. JOHNSON, The appraisal and maintenance of structures with alkali–silica reaction, *The Structural Engineer*, **71**, No. 2, pp. 19–23 (1993).
10.116 H. WANG and J. E. GILLOTT, Competitive nature of alkali–silica fume and alkali–aggregate (silica) reaction. *Mag. Concr. Res.*, **44**, No. 161, pp. 235–9 (1992).
10.117 M. M. ALASALI and V. M. MALHOTRA, Role of concrete incorporating high volumes of fly ash in controlling expansion due to alkali–aggregate reaction, *ACI Materials Journal*, **88**, No. 2, pp. 159–63 (1991).
10.118 Z. XU, P. GU and J. J. BEAUDOIN, Application of A.C. impedance techniques in studies of porous cementitious materials. *Cement and Concrete Research*, **23**, No. 4, pp. 853–62 (1993).
10.119 S. CHATTERJI, N. THAULOW and A. D. JENSEN, Studies of alkali–silica reaction. Part 6. Practical implications of a proposed reaction mechanism, *Cement and Concrete Research*, **18**, No. 3, pp. 363–6 (1988).
10.120 H. CHEN, J. A. SOLES and V. M. MALHOTRA, CANMET investigations of supplementary cementing materials for reducing alkali–aggregate reactions, *International Workshop on Alkali–Aggregate Reactions in Concrete*, Halifax, N.S., 20 pp. (CANMET, Ottawa, 1990).
10.121 D. C. STARK, Lithium admixtures – an alternative method to prevent expansive alkali–silica reactivity. *Proc. 9th International Conference on Alkali–Aggregate Reaction in Concrete*, London, Vol. 2, pp. 1017–21 (The Concrete Society, 1992).
10.122 W. M. M. HEIJNEN, Alkali–aggregate reactions in The Netherlands, *Proc. 9th International Conference on Alkali–Aggregate Reaction in Concrete*, London, Vol. 1, pp. 432–7 (The Concrete Society, 1992).
10.123 D. LUDIRDJA, R. L. BERGER and J. F. YOUNG, Simple method for measuring water permeability of concrete, *ACI Materials Journal*, **86**, No. 5, pp. 433–9 (1989).
10.124 H.-J. WIERIG, Longtime studies on the carbonation of concrete under normal outdoor exposure, *RILEM Symposium on Durability of Concrete under Normal Outdoor Exposure*, Hanover, pp. 182–96 (March 1984).
10.125 BULLETIN DU CIMENT, Détermination rapide de la carbonatation du béton, *Service de Recherches et Conseils Techniques de l'Industrie Suisse du Ciment*, **56**, No. 8, 8 pp. (Wildegg, Switzerland, 1988).
10.126 M. D. COHEN and A. BENTUR, Durability of portland cement–silica fume pastes in magnesium sulfate and sodium sulfate solutions, *ACI Materials Journal*, **85**, No. 3, pp. 148–57 (1988).
10.127 STUVO, *Concrete in Hot Countries*, Report of STUVO, Dutch member group of FIP, 68 pp. (The Netherlands, 1986).
10.128 D. W. HOBBS, *Alkali–Silica Reaction in Concrete*, 183 pp. (Thomas Telford, London, 1988).
10.129 J. BIJEN, Advantages in the use of portland blastfurnace slag cement concrete in marine environment in hot countries, in *Technology of Concrete when Pozzolans, Slags and Chemical Admixtures are Used*, Int. Symp., University of Nuevo León, pp. 483–599 (Monterrey, Mexico, March 1985).
10.130 V. G. PAPADAKIS, C. G. VAYENAS and M. N. FARDIS, Physical and chemical characteristics affecting the durability of concrete, *ACI Materials Journal*, **88**, No. 2, pp. 186–96 (1991).

10.131 DIN 1048, Testing of hardened concrete specimens prepared in moulds, *Deutsche Normen*, Part 5 (1991).
10.132 P. B. BAMFORTH, The relationship between permeability coefficients for concrete obtained using liquid and gas, *Mag. Concr. Res.*, **39**, No. 138, pp. 3–11 (1987).
10.133 J. D. MATTHEWS, Carbonation of ten-year concretes with and without pulverised-fuel ash, in *Proc. ASHTECH Conf.*, 12 pp. (London, Sept. 1984).
10.134 G. A. KHOURY, *Effect of Bacterial Activity on North Sea Concrete*, 126 pp. (Health and Safety Executive, London, 1994).
10.135 BUILDING RESEARCH ESTABLISHMENT, Sulfate and acid resistance of concrete in the ground, *Digest*, No. 363, 12 pp. (HMSO, London, January 1996).
10.136 J. BARON and J.-P. OLLIVIER, Eds, *La Durabilité des Bétons*, 456 pp. (Presse Nationale des Ponts et Chaussées, 1992).
10.137 P. SCHUBERT and Y. EFES, The carbonation of mortar and concrete made with jet cement, *Proc. RILEM Int. Symp. on Carbonation of Concrete*, Wexham Springs, April 1976, 2 pp. (Paris, 1976).
10.138 M. SAKUTA et al., Measures to restrain rate of carbonation in concrete, in *Concrete Durability*, Vol. 2, ACI SP-100, pp. 1963–77 (Detroit, Michigan, 1987).
10.139 J. BENSTED, Scientific background to thaumasite formation in concrete, *World Cement Research*, Nov. 1998, pp. 102–105.
10.140 A. NEVILLE, Can we determine the age of cracks by measuring carbonation?, Concrete International, 25, No. 12, pp. 76–79 (2003) and 26, No. 1, pp. 88–91 (2004).

第11章　凍結融解の影響と塩化物の影響

　本章では，ある時は個別に，ある時は連関して起きる2種類のコンクリートの，損傷のメカニズムについて述べる。第1は，寒冷地でのみ起きるものであり，適切な予防策を取らなければ耐久性不足の主な原因となるものである。2つ目のメカニズムすなわち塩化物の作用は鉄筋コンクリートにしか起きないが，これも構造物を広範囲にわたって損傷させるおそれがある。塩化物の作用は寒冷地でも高温地でもみられるが，細かい点はこの2つの条件下で互いに異なる。

11.1　凍結作用

　第8章で，凍結がフレッシュコンクリートに及ぼす影響を考察し，フレッシュコンクリートの凍結を防ぐ方法について解説した。しかし，十分水和したコンクリートが凍結融解の繰り返しに暴露されることは避けることができないことであり，これは自然界でしばしば遭遇する温度サイクルである。

　供用中の飽水したコンクリートの温度が低下するにつれて，硬化セメントペースト中の毛管空げきが保持する水が岩石中の空げきで起きる凍結と同じように凍結し，コンクリートが膨張する。つぎに融解してから再凍結した場合にはさらに膨張が起きるため，凍結融解が繰り返し作用すると，その膨張は累積される。作用は主として硬化したセメントペーストの中で起きるものであり，不十分な締固めによって発生したコンクリート中の大きい空げきには通常空気が入っているため，凍結作用の影響を大きく受けることはない[11.4]。

　コンクリートを通る熱の伝導速度が遅いこと，まだ凍結していない間げき水中に溶解している塩類の濃度が徐々に高くなる（凝固点が下がる）こと，および間げきの寸法によっても凝固点が異なることなどの理由から，凍結の過程はゆっく

第11章 凍結融解の影響と塩化物の影響

り進行する。毛管空げき中の氷塊の表面張力は，塊が小さいほど大きい圧力を氷塊に導入するため，凍結はもっとも大きい空げきから始まって徐々に小さい空げきへと広がる。ゲル間げきは小さすぎるため，$-78℃$より高い温度で氷の核が形成されることはない。したがって，実際上ゲル間げきには氷ができない[11.4]。

しかし温度が下がると，ゲル水と氷とのエントロピーが異なるため，ゲル水はエネルギーポテンシャルを得て氷が含まれる毛管空げきの方へと移動できるようになる。そしてゲル水の拡散が氷塊を増大させ，膨張をもたらす[11.4]。

したがって，膨張圧の供給源として次の2つが考えられる。1つは，水が凍結すると体積がおよそ9％増加するため，空洞の中の過剰水が押し出される。凍結域の先端が前進することによって押しのけられる水の流出速度は凍結速度によって決定され，それによって発生する水圧は，流動に対する抵抗性（凍結する空洞と過剰水が入り込める空げきとの間にある硬化セメントペーストの透水率と，経路の長さとによって決まる）によって異なる[11.5]。

コンクリート中の2つ目の膨張力は，水の拡散によって，比較的少ない数の氷塊が成長することによって起きる。凍結融解がコンクリートに及ぼす作用についてはまだ論議があるが，コンクリートに損傷を引き起こすものとしては，後者のメカニズムがとくに重要と考えられている[11.6]。この拡散は，凍結した（純粋な）水が間げき水から分離することによって，残った間げき水の溶解濃度が局所的に上昇して浸透圧が発生するために起きる。上面から凍結する舗装版は，水が下面から入ることができるため，浸透圧によってスラブの厚さを突き抜けて上面へ移動できる場合は深刻な損傷を受ける。その場合，コンクリートの合計含水率は凍結前より大きくなり，氷の結晶がいくつかの層に分離した例が2，3観測されている[11.7, 11.47]。

浸透圧は別の関連においても発生する。道路や橋の表面で融雪に塩類が使用されると，これらの塩類の一部がコンクリートの上側の部分に吸収される。これが高い浸透圧を発生させるため，もっとも温度の低い域に向かって水の移動が起きることになり，そこでその水は凍結する。融雪剤の作用については本章の後の方の節で考察する。

コンクリート中の膨張圧がコンクリートの引張強度より大きくなると損傷が起きる。損傷の程度は，小は表面のスケーリングから，大は氷が形成されるにつれ

11.1 凍結作用

て起きる完全な崩壊までさまざまであり，コンクリートの暴露面から始まりその厚さを貫いて進行する。温帯でよくみられる状況は，道路の縁石（長期間濡れたままになる）は他のどのコンクリートより凍害を受けやすい。つぎに深刻なのは道路の舗装版の中の状況であり，融雪剤として塩類が用いられている場合はとくにひどい。それより寒い気候の国では凍害による損傷がさらに多くみられ，適切な予防措置を取らない限り一層深刻である。

この段階で，損傷を徐々に引き起こすのが凍結と融解の繰返しである理由を考えると良いかもしれない。凍結が起きるとその都度，凍結可能な場所への水の移動が起きる。このような場所には，氷の圧力で拡大され，氷が融解して水で満たされる間も拡大されたままで残った細かいひび割れも含まれている。そしてその後に起きる凍結によって，圧力の発生とその結果とを繰り返す。

凍結融解に対するコンクリートの抵抗性はコンクリートのさまざまな性質（例えば，硬化セメントペーストの強度，伸び能力，およびクリープ）によって異なるが，主な因子は硬化セメントペーストの飽水の程度と細孔構造である。コンクリートの飽水の一般的な影響を，図-11.1 に示す。飽水がある臨界値より低い場合にはコンクリートは凍害に対してきわめて強くなり[11.2]，乾燥したコンクリートはまったく影響を受けない。他の言い方をすると，コンクリートが飽水することが無ければ，凍結融解で損傷を受ける危険性はなくなる。

水中養生された供試体であっても残存する空げきがすべて水で満たされているわけではなく，実際そのことが，そのような供試体が最初に凍結した時に破壊し

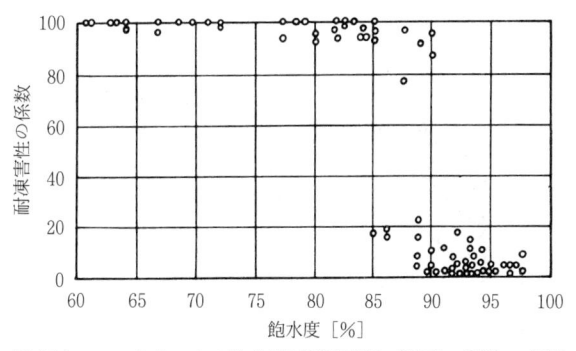

図-11.1 コンクリートの飽水度が耐凍害性（任意の係数で表現）に及ぼす影響[11.2]

ない理由であると言える[11.8]。供用中のコンクリートの大部分の物は，少なくともその耐用期間のいずれかの時期に，ある程度まで乾燥するが，そのコンクリートがふたたび濡れた時に再吸収する水の量は，蒸発して失われた水より少ない[11.9]。したがって，コンクリートを冬の諸条件に暴露する前に完全に乾燥させることが望ましく，そうしない場合は凍害がひどくなる。凍結が最初に起きる材齢がコンクリートの損傷に及ぼす影響を，図-11.2[11.3]に示す。

飽水の臨界値とは何であろうか。容積の91.7%を超える部分を水が占める密閉容器は，凍結すると氷で一杯になり，破裂圧力が作用する。

したがって，91.7%が密閉容器の中の飽水の臨界値であると考えることができる。しかし，飽水の臨界値が物体の大きさ，均質性，および凍結速度によって影響を受ける多孔質の物体の場合はそうではない。押し出された水が入ることのできる空間は氷が形成されつつある空洞の十分近くに存在しなければならず，この点が空気の連行の考え方の基礎となっている。すなわち，硬化セメントペーストが気泡によって十分薄い層へと細分化される場合は，その硬化セメントペーストには飽水の臨界値はない。

気泡は空気の連行によって導入することができるが，これに関しては本章の後の方で解説する。空気の連行は凍結融解の繰返しに対するコンクリートの抵抗性を大幅に向上させるが，コンクリートの水セメント比が低く，したがって毛管空

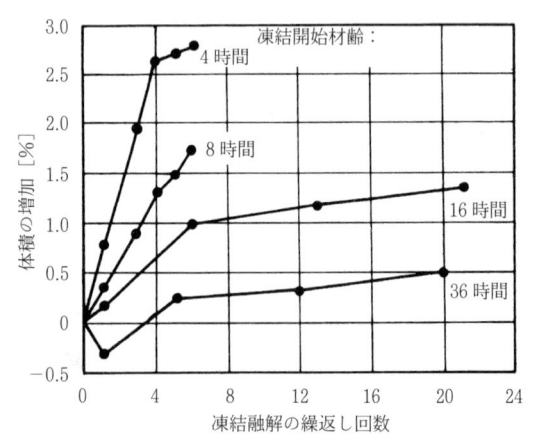

図-11.2 凍結融解作用を受けたコンクリートの体積増加
　　　　（凍結開始時の材齢の関数として）[11.3]

11.1 凍結作用

げきの容積が少ないことがきわめて重要である．また，凍結に暴露される前に水和が相当進んでいることも不可欠である．そのようなコンクリートは透過性が低く，湿度の高い天候の時に吸収する水の量も少ない．

図-11.3 に，コンクリートの吸水率が凍結融解に対する抵抗性に及ぼす一般的な影響を示し[11.99]，また図-11.4 には，凍結融解に暴露する前に 14 日間湿潤養生し，つぎに相対湿度 50％の空気中で 76 日間保管したコンクリートの凍結融解に対する抵抗性に，水セメント比が及ぼす影響を図示した[11.11]．

ペースト中にある凍結可能な水の量を減らすためには，十分な養生を行うことが不可欠である．このことを，水セメント比 0.41 のコンクリートに関して図-11.5 に図示した．この図は，まだ凍結しないで残っている凍結可能な水の中の塩類の濃度が上昇するため，凍結温度が材齢とともに低下することも示している．すべての場合に，少量の水が 0℃で凍結しているが，これはおそらく供試体上の自

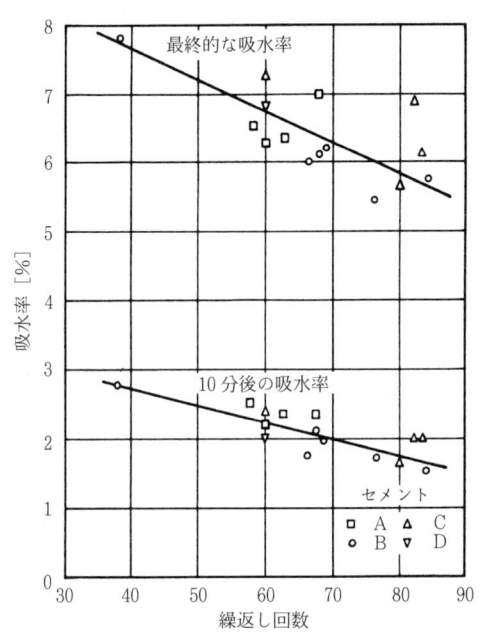

図-11.3 供試体の質量が 2％減少するまでの凍結融解の繰返し回数とコンクリートの吸水率との関係[11.99]

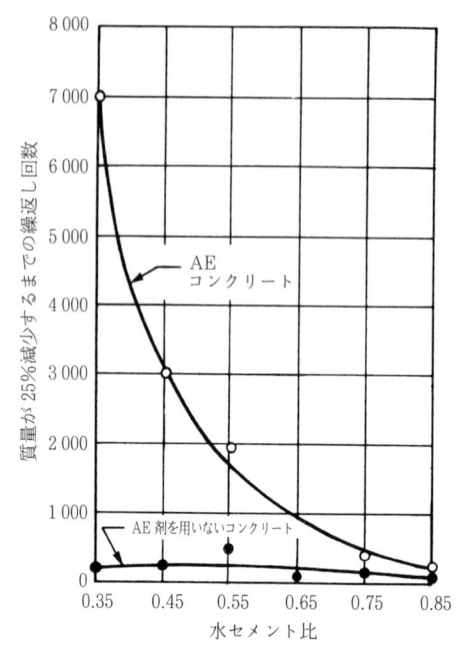

第11章　凍結融解の影響と塩化物の影響

図-11.4　14日間湿潤養生後に相対湿度50％で76日間保管したコンクリートの凍結融解抵抗性に及ぼす水セメント比の影響[11.11]

由な表面水であろう。毛管水の凍結が始まる温度は，概略で，材齢3日の時に－1℃，7日の時に－3℃，および28日の時に－5℃である[11.12]。

　硬化セメントペーストの膨張が原因であろうと骨材の膨張が原因であろうと，あるコンクリートが凍害に侵されやすいかどうかは，供試体を凍結範囲の温度に冷却していき，体積の変化を測定すれば決定することができる。図-11.6に示す通り，凍結に強いコンクリートは浸透によって水が硬化セメントペーストから気泡まで運ばれる時に縮むが，凍結に弱いコンクリートは膨張する。この1サイクル試験はたいへん便利である[11.23]。最初に凍結した時の最大膨張量は，続いて溶解した際の残留膨張量と直線的な相関関係にあることが判明した。したがって，後者はコンクリートの脆弱度を表す指標としても用いることができる[11.26]。

　ASTM C 671-94は，凍結期間を短く，水中保管期間を長くして，2週間サイクルで，凍結融解を繰り返したコンクリートの，膨張の臨界値を調べる試験方法

11.1 凍結作用

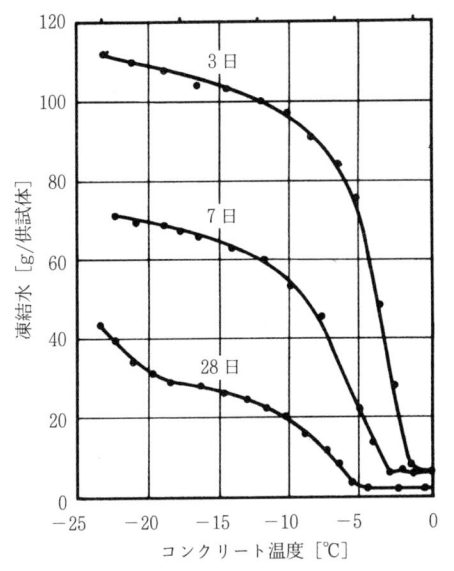

図-11.5 コンクリートの材齢が凍結水量に及ぼす影響（温度の関数として）[11.12]

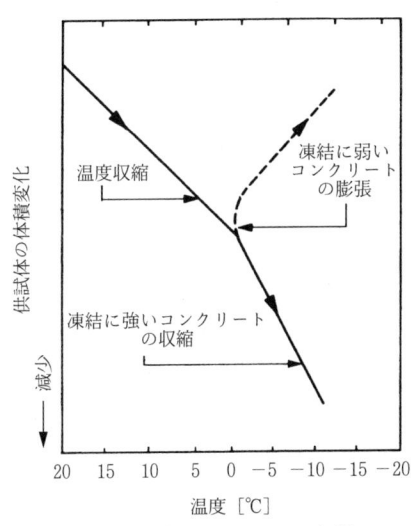

図-11.6 凍結に強いコンクリートと弱いコンクリートにおける冷却時の体積変化[11.4]

669

を定めている。臨界膨張が起きるまでの期間は，与えられた環境における凍結融解抵抗性という観点からみて，コンクリートを等級付けするために用いることもできる。

11.1.1 粗骨材粒子の挙動

臨界飽水という考え方は，粗骨材の個々の粒子にも当てはまる。骨材粒子そのものは，空げき率がごく低い場合，またはその毛管構造が十分な数のマクロポアによって断続されている場合であれば，弱くはない。しかし，周りを取り囲む硬化セメントペーストの透過率は低く，水は十分速く空げきの中に移動することができないため，コンクリート中の骨材粒子は密閉容器中とみなすことができる。したがって，91.7％を超えて飽水された骨材粒子は，凍結した時に周りのモルタルを壊す[11.4]。普通の骨材の空げき率は0～5％であり，また空げき率の高い骨材は避けることが望ましいことを思い出すことと思う。しかし，そのような骨材の使用が必ずしも凍害を引き起こすわけではない。事実，気泡コンクリートと砂なしコンクリートの中に存在する大きな空げきは，おそらくこれらの材料の凍害に対する抵抗性を増していると思われる。さらにまた，一般的な骨材の場合でも，骨材の空げき率と凍結融解に対するコンクリートの抵抗性との間に単純な関係が確立されているわけではない。

侵されやすい粒子がコンクリートの表面近くにある場合は，周りを取り囲む硬化セメントペーストを崩壊させる代わりに，ポップアウトを生じさせることがある。

練混ぜの前に骨材を乾燥させることがコンクリートの耐久性に及ぼす影響を，図-11.7に示す。飽水骨材，とくに大型の飽水骨材があると，コンクリートに連行空気があってもなくてもコンクリートを破壊させる場合がある。他方，練混ぜのときに骨材が飽水していない場合，または打込みの後にある程度まで乾燥されてペースト中の毛管が切断されている場合には，寒い天候が続いている時でない限り再飽水を行うのはたやすくない[11.1]。

水はペーストを通してのみ骨材に達し，またペーストの方がきめが細かく，毛管引力が大きいため，コンクリートをふたたび濡らした時に飽水に近い状態になるのは骨材ではなく硬化セメントペーストである。したがって硬化セメントペー

11.1 凍結作用

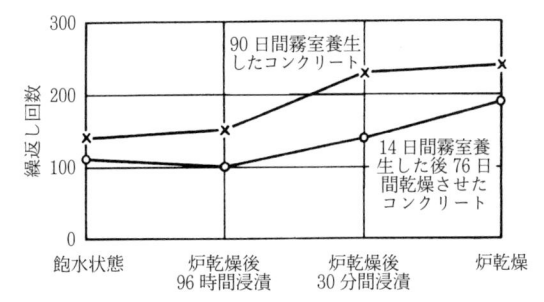

図-11.7 練混ぜ前の骨材の状態と供試体質量が25%減少するまでの凍結融解繰返し回数との関係[11.10]

ストの方が侵されやすいが，これは空気の連行によって保護することができる。

セメントペーストに空気の連行をしても，粗骨材粒子の凍結の影響を軽減させることができるわけではない[11.92]。それでもやはり，骨材はAEコンクリートの中で試験を行い，周りを取り囲む硬化セメントペーストの耐久性の影響を排除しなければならない。そのためASTM C 682-94では，コンクリートを凍結にさらした場合の臨界膨張に関するASTM C 671-94の試験を使って，AEコンクリートに使用された粗骨材の凍結に対する抵抗性の評価方法を規定している。

拘束されていない骨材の凍結膨れに関する試験が，BS 812:Part 124:1989に規定されている。コンクリート中の骨材に直接当てはまるわけではないが，未使用骨材の予備調査ではこの試験が重要となろう。

コンクリートの道路，橋，および滑走路の路面にできるひび割れのうち，骨材ととくに関連のあるものが1種類ある。これはD-クラックと呼ばれており，舗装版の自由端の近くに細かいひび割れが発生することであるが，最初のひび割れが始まるのは，水分が蓄積して粗骨材が臨界程度まで飽水する舗装版の下の方である。したがって，本質的には骨材の破壊であり，骨材は凍結と融解のサイクルを繰り返すうちにゆっくりと飽水し，周りのモルタルの破壊を引き起こすのである[11.25]。D-クラックはきわめてゆっくりと現れ，スラブの上面に達するまでに10年から15年かかることもあるため，破壊の原因を特定するのは難しい。

D-クラックが起きる骨材の母岩はほとんど常に堆積岩であり，石灰質の場合もけい酸質の場合もある。砂利の場合も砕石の場合もある。骨材の吸水特性がコンクリートのD-クラックの発生傾向と明らかに関連しているがしかし，耐久性

第 11 章　凍結融解の影響と塩化物の影響

のあるコンクリートとないコンクリートとを区別するのは吸水の値だけではない。与えられた骨材を含むコンクリートに実験室で凍結融解試験を行うと，供用中に起きる可能性の高い挙動の目安が得られる。350 回繰り返した後の膨張率が 0.035 ％より小さければ，D-クラックは発生しない[11.25]。母岩が同じであっても，骨材粒子が小さい場合は D-クラックが発生しにくくなることに注意しなければならない（図-11.8 参照）。したがって，骨材を細かく砕くと D-クラックを起こす危険性が小さくなる[11.25]。

さらに一般的な言い方をすると，大きい骨材粒子の方が凍結の害を受けやすい[11.34]。さらにまた，最大寸法の大きい骨材や平らな粒子を大量に含む骨材を使用すると，粗骨材の下側にブリーディング水が集まってポケットができるおそれがあるため得策ではない。空気の連行によってブリーディングが低下することに注目するのがよい。

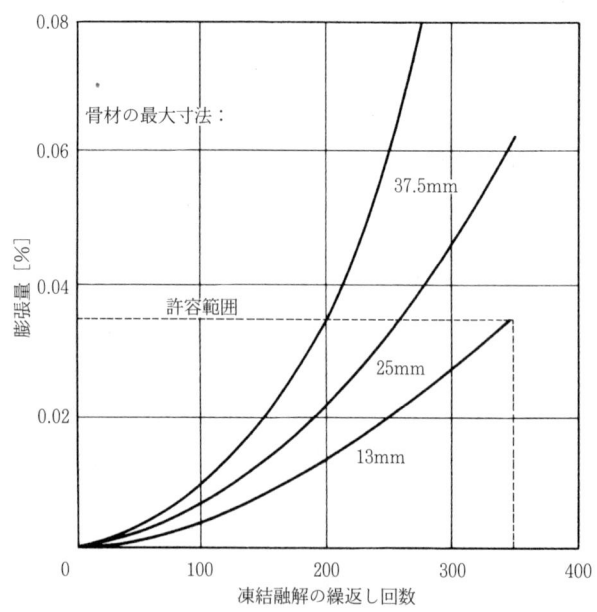

図-11.8　骨材の最大寸法と実験室の凍結融解試験での膨張量との関係。350 サイクル以下での膨張量 0.035％という破壊基準を示している[11.25]

11.2 空気の連行

　凍結融解の損傷作用には水が凍結する際に膨張することが関係するため，過剰水が近くの空気で満たされた空げきにすぐに逃げることができる場合は，コンクリートの損傷は起きないと考えるのは当然である．
　これが空気の連行の基本原則である．しかし，まず第一に考えるべきことは，毛管空げきの容積を最小にすることである，ということを強調しなければならない．そうしなければ，毛管空げき中の凍結可能な水の体積が，計画的に連行された空げきに入ることのできる水の体積より大きくなるからである．この要件を他の言葉で言い換えると，水セメント比を十分に低くする必要があるということになる．それはまたコンクリート強度が大きくなって凍結が引き起こす破壊力に耐えることをより確実にすることにもなる．ACI 201.2R[11.92]によれば，コンクリートが凍結融解に対する抵抗力をもつためには，その水セメント比は 0.50 以下でなければならない．また，橋梁の床板や縁石などの薄い断面では，この数値は 0.45 になる．その他の方法としては，コンクリートの強度が 24MPa に達するまで凍結融解の繰返し作用にさらさないことである．
　コンクリート中のエントレインドエアは，適切な薬剤を使って計画的に混和された空気として定義される．この空気は，エントラップトエアと明確に区別しなければならない．この 2 種類の空気は気泡の大きさが異なり，エントレインドエアの直径は一般に約 $50\mu m$ であるが，エントラップトエアは通常それよりはるかに大きい気泡となる．コンクリートの型枠面に，望ましくはないがよくみられるあばたと同程度の大きさのものもある．
　エントレインドエアは，球体に近い気泡を離散した状態でセメントペースト中に発生させたものであるため，その中に水が流れる水路はできず，コンクリートの透水率は上昇しない．
　ゲルは水中でしか形成されないため，セメントの水和生成物が空げきを占めることはけっしてない．
　AEコンクリートの凍結作用に対する抵抗性が大きいことは，次のようにして偶然発見された．セメントに牛脂を粉砕補助剤として加えて一緒に粉砕した時に，粉砕補助剤を使わない場合より耐久性の高いコンクリートができたのである．

第11章 凍結融解の影響と塩化物の影響

AE剤の主な種類は：
- (a) 動物性および植物性の油脂と油とから抽出した脂肪酸の塩類（牛脂はこのグループの一例である）
- (b) 樹脂のアルカリ塩類
- (c) 硫酸化またはスルホン酸化された有機化合物のアルカリ塩類

これらの薬剤はすべて界面活性剤，すなわち各分子が水の表面張力を減少させる方向に向き，分子のもう一方の端は空気の方に向いている長い鎖状の分子である。したがって，練混ぜ中にできた気泡は安定化する。それらは，互いに反発する空気連行分子の被覆で覆われているため，エントレインドエアの癒着を防ぎ，均一に拡散させている。

数多くの種類のAE剤が混和剤として市販されているが，未知のものは試し練りをして性能を確認しなければならない。ASTM C 260-94 および BS 5075:Part 2:1982 には，通常は混和材料と呼ばれるAE剤の性能規定が定められている。AE剤の必要条件は，個々の気泡が癒着に抵抗し，細分化され安定した泡の構造を迅速につくり出すことである。この泡は，セメントに有害な化学作用を及ぼしてはならない。

AE剤は，一般に溶液の形で直接ミキサの中に投入する。均一な分布を確保するためには，混和剤をミキサの中に投入するタイミングが大切であり，泡の形成には十分な練混ぜが必要である。他の混和剤も同時に使用する場合は，相互作用によって性能に影響が出るおそれがあるため，ミキサに入れる前にAE剤と接触させてはならない。

AE剤はまたセメントと一緒に粉砕することもできるが，その場合はコンクリートをつくった場合の空気量を自由に調節することができなくなるため，AEセメントの使用は重要ではない施工に限られなければならない。

11.2.1 空げき構造特性

硬化セメントペーストを通過する水の移動に対する抵抗の大きさは，流動を妨げるほど大きすぎてはならないため，水がどの位置にあってもそこは空気が占める空間すなわちエントレインドエアの気泡に十分近い場所でなければならない。したがって，空気の連行の有効性の基本条件は，流出する水が気泡まで移動する

11.2 空気の連行

ための距離の最大値を制限することである。実施面での因子は気泡の間隔，すなわち隣接する空げき相互間の硬化セメントペーストの厚さであり，これは前記の最大距離の 2 倍である。Powers[11.15]は，凍害から完全に保護するためには空げき同士の間隔は平均 250 μm 必要であると計算した（図-11.9）。今日では，一般に 200 μm が推奨されている[11.94]。

ある一定の体積のコンクリートの中にある空げきの合計容積がコンクリートの強度に影響を及ぼす（355 頁参照）ことから，ある一定の間隔を確保できさえすれば，気泡はできる限り小さい方が良い。気泡の大きさは，使用された発泡方法によって大きく異なる。実際には，気泡がすべて同じ大きさというわけではないことから，その寸法を比表面積 [mm^2/mm^3] で表すと便利である。

エントラップトエアは AE コンクリートであるか否かを問わずどのコンクリートにも存在し，またこの 2 種類の空げきを区別するには直接に観察する以外に方法が無いことから，比表面積は，あるセメントペースト中のすべての空げきにおける平均値である。十分な品質の AE コンクリートであれば，空げきの比表面積はおよそ 16〜24mm^{-1}の範囲であるが，時には 32mm^{-1}に達することもある。そ

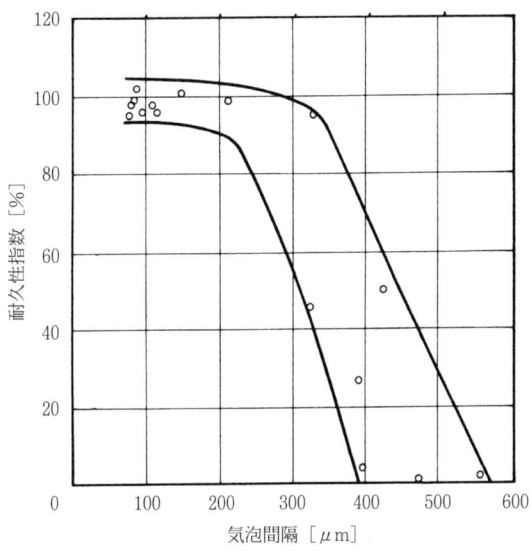

図-11.9 耐久性とエントレインドエアの気泡間隔との関係[11.16]

れに対して，エントラップトエアの比表面積は 12mm^{-1} より小さい[11.15]。

ある硬化コンクリートの空気の連行が適切かどうかは，ASTM C 457-90 に定める試験方法で測定される間隔係数 L によって推定することができる。間隔係数は，硬化セメントペースト中の任意の点とその近くにある空げきの表面との間の最大距離を示す有効な指標である。この係数の計算は，すべての空げきが単純立方格子に配置された同じ寸法の球体であることを前提として行われる。

この計算は ASTM C 457-90 に規定されているが，顕微鏡を用いたリニヤートラバース法で，1 in（インチ）当たりの空げきの平均数，または空げきが横切る弦の平均値，を測定して得たコンクリートの空気量と；含まれる硬化セメントペーストの体積；とを把握しておくことが必要である。間隔係数は in または mm で表される。一般に，200 μm を超えない値が，凍結融解から十分保護するために必要な最大値である。

凍結時に空げきの中に移動した水は，融解時には硬化セメントペースト中の小さい毛管空げきの中に戻るということを付け加えると良いかもしれない。したがって，凍結融解の繰り返しに対する空気の連行による劣化対策は永久に継続する[11.17]。急速な融解の後に凍結が起きても，水はすでに空げきの中に在るため有害ではない。反対に，緩慢な融解の後にきわめて速い凍結が起きると，水が十分に移動できなくなるおそれがある。

11.3 エントレインドエアの要件

空げきの最大間隔の要件から，硬化セメントペースト中のエントレインドエアの最小体積を計算することが可能である。それぞれの混合物には，必要な空げきの最小容積値が存在する。Klieger[11.14]は，この容積がモルタル体積の 9%に相当することを発見した。空気が連行されているのは硬化セメントペーストの中だけであるが，そのペーストの体積は混合物の単位セメント量によって異なるため，必要なコンクリートの空気量は配合割合によって決まる。実際には，骨材の最大寸法が特性値として用いられる。

図-11.10 に示すように，一定の空気量に対して空げきの間隔は混合物の水セメント比によって異なる。具体的に言うと，水セメント比が大きいほど小さい気泡

11.3 エントレインドエアの要件

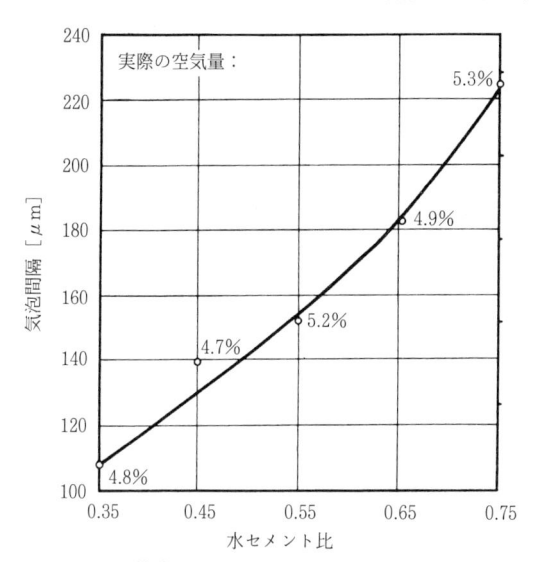

図-11.10 平均空気量5%のコンクリートの気泡間隔に及ぼす水セメント比の影響[11.11]

は癒着するため，気泡の間隔は大きくなる（また比表面積は小さくなる）[11.42]。気泡の安定性に関しては682頁に考察する。

Powers[11.15]の結果に基づいて，間隔を250 μm にするために必要な空気の量の標準的な値を，さまざまな配合に関して表-11.1に示す。コンクリート中の気泡がその強度に及ぼす悪影響を最小にするためには比表面積が大きいことが望ましいが，それは気泡が小さいことに対応する。表-11.1は，空げきの比表面積が特定の値である場合に必要なエントレインドエアの体積は，富配合の混合物の方が貧配合の混合物と比べて大きいことを示している。しかし，混合物が富配合であるほど，一定の空気量に対する空げきの比表面積が大きくなる。このことは，参考文献 11.14 に基づいて表-11.2 に示されている。

プレストレストコンクリートのダクトのグラウトには，特別の高い値が必要となる場合があるということができる。ダクトの完全な充填性を確保するために用いられるアルミニウム粉末がアルカリ類と反応するによって発生する空げきは，凍結から保護するためには不十分であるからである。

表-11.3 に示すように，コンクリートの暴露条件の厳しさの程度は，規定すべ

第 11 章 凍結融解の影響と塩化物の影響

表-11.1 気泡間隔 $250\,\mu\text{m}$ を確保するために必要な空気量[11.15]

コンクリートの単位セメント量の概略値 $[\text{kg/m}^3]$	水セメント比	下記の気泡の比表面積 $[\text{mm}^{-1}]$ に対する必要な空気量 [コンクリート体積に対する%]				
		14	18	20	24	31
445		8.5	6.4	5.0	3.4	1.8
390	0.35	7.5	5.6	4.4	3.0	1.6
330		6.4	4.8	3.8	2.5	1.3
445		10.2	7.6	6.0	4.0	2.1
390	0.49	8.9	6.7	5.3	3.5	1.9
330		7.6	5.7	4.5	3.0	1.6
280		6.4	4.8	3.8	2.5	1.3
445		12.4	9.4	7.4	5.0	2.6
390		10.9	8.2	6.4	4.3	2.3
330	0.66	9.3	7.0	5.5	3.7	1.9
280		7.8	5.8	4.6	3.1	1.6
225		6.2	4.7	3.7	2.5	1.3

表-11.2 最大寸法 19 mm の骨材を用いたコンクリート中の気泡の比表面積に及ぼす単位セメント量の影響の例（参考文献 11.14 に基づく）

単位セメント量 $[\text{kg/m}^3]$	最適な空気量 [%]	気泡の比表面積 $[\text{mm}^{-1}]$
223	6.5	13
307	6.0	17
391	6.0	23

表-11.3 骨材の最大寸法の異なるコンクリートにおける全空気量の推奨値

骨材の最大寸法 [mm]	暴露条件に対するコンクリートの全空気量の推奨値		
	ACI 201.2R-92[11.92]		英国 BS 8110:Part 1:1985
	穏やか	厳しい	融雪剤の影響を受ける
9.5	6	$7\frac{1}{2}$	7
12.5	$5\frac{1}{2}$	7	—
14	—	—	6
19	5	6	5
25	5	6	—
37.5	$4\frac{1}{2}$	$5\frac{1}{2}$	4
75	$3\frac{1}{2}$	$4\frac{1}{2}$	—
150	3	4	—

き空気量の値に影響を及ぼす[11.92]。この表の中で「厳しい暴露条件」とは，コンクリートが凍結する前に継続的に水分と接触している状態，または融雪剤が用いられる場合のことであり，モルタル中の空気量は9％とする必要がある。「穏やかな暴露条件」とは，コンクリートが凍結前に時折水分に暴露されるに過ぎない場合，および融雪剤が用いられない場合であり，モルタル中の空気量は7％とする必要がある。表-11.3の各値には，±1.5％の許容範囲が認められている。

表-11.3には英国の規定も含まれているが，これはACI 201.2R-92[11.92]の規定より甘い規定である。これに反して，スイスの規定はACI 201.2R-92に規定されたものと似ているが，きわめて攻撃的な状況下で認められる空気量の許容範囲は±1％に過ぎない[11.43]。

いくつかの規準では，小さい気泡の存在を確保するため，気泡の間隔の最大値だけでなくコンクリート中に存在する空気の比表面積の最小値も規定されている。これによって，凍結融解に対する最善の保護と，コンクリート中に空げきが存在することによって起きる強度の低下を最小に止めることが，共に可能となる。

11.3.1 空気の連行に影響を及ぼす因子

あるコンクリート中のエントレインドエアの体積は，エントラップトエアの体積とは無関係であり，主として添加されたAE剤の量によって決まる。

混和剤の量が多いほど空気は多く連行されるが，各混和剤には最大量があり，それ以上量を増やしても空げきの容積は増加しない。

各AE剤には，必要な割合のエントレインドエアをコンクリート中に連行するための混和量の推奨値がある。しかし，実際に連行される空気量は多くの因子の影響を受ける。おおまかに言うと，一定の割合のエントレインドエアに対して，次の場合にはより多くの混和剤が必要となる。

　セメントの粉末度が高い場合
　セメントのアルカリ含有率が低い場合
　フライアッシュが混合物に混和されている場合は，フライアッシュ中の炭素
　　含有率が高ければ高いほど必要な混和剤の量が多くなる
　骨材に含まれる微細物質の割合が大きい場合，または微粉顔料が使用される
　　場合

第 11 章 凍結融解の影響と塩化物の影響

コンクリートの温度が高い場合

混合物のワーカビリティーが低い場合,および練混ぜ水が硬水の場合

水に関連して言えることは,トラックミキサの洗浄に使われた水を使うことは大変むずかしいということである。そのときの使用混合物に空気が連行される場合にはとくにそうである。しかし,コンクリートを製造する際に,AE 剤を洗浄水に加えるのではなくて,追加される清潔な水または砂に加えることによって,空気の連行の難しさは軽減される[11.95]。

単位セメント量が約 500kg/m^3 とたいへん多く,水セメント比がきわめて低い (0.30～0.32) 混合物は,橋梁床版用の低スランプのコンクリートオーバーレイに使用されるが,極端に多くの量の混和剤を投入することが必要である[11.48]。

空気の連行はさまざまな種類のセメントで行うことができる。しかし,フライアッシュを含む混合物には使うのが難しい場合がある。その主な理由は,不完全燃焼によって生じたフライアッシュ中の炭素が界面活性 AE 剤を吸収する場合があり,それによって AE 剤の効果が低下するからである[11.38]。その結果,AE 剤の混和量を増やす必要があるかもしれないが,活性炭素の含有率が均一でない場合は空気量にばらつきが出る可能性がある。

また,フライアッシュ中に炭素粒子がある場合には,せっかく適正に連行された空気が不安定化することも時折観測されており,混合物の空気量は打込みの前に低下する。これは,気泡が,きわめて活性を示す炭素粒子の表面に吸着されることが原因となって起きると思われる[11.38]。炭素によって優先的に吸着される極性のある化学種を含む AE 剤が開発されているが,炭素の特性に変化がない限り空気連行の難しさが解決されることはない[11.38]。

シリカフュームを混合物に含む場合にも空気の連行を行うことができる。その場合にも凍結融解に対する抵抗性は,200μm 以下の通常の間隔係数によって確保される[11.35]。

AE 剤は,混合物に他の混和剤が含まれている場合にも使用することができる。減水剤と同時に使用する場合は,減水剤自体に AE 特性がなくても,一定割合の空気を確保するための AE 剤の必要量は減少することが多い。その理由は,AE 剤がより効率的に機能できるように物理的化学的な環境が変わるということである[11.27]。

11.3 エントレインドエアの要件

　混和剤の組合わせの相性が悪い場合もあるため，必ず実際に使用される材料を使った試験を実施しなければならない。実際すべての AE 剤に対して，必要混和剤量を決定するための試し練りを行うことを強く推奨する。

　一部の高性能減水剤と，ある特定のセメントや AE 剤とを組み合わせた場合に，不安定な空げき構造を生じることがある。したがって，相性を確認することが不可欠である[11.44]。相性が良ければ，高性能減水剤が含まれるコンクリートに十分な空気の連行を行うことも可能であるが，気泡の大きさがわずかに増大するため気泡の間隔係数が上昇する[11.52]。そのため，AE 剤の投入量を多少多くすることが必要である[11.51]。しかし，高性能減水剤が含まれるコンクリートは水セメント比が 0.4 未満であれば，間隔係数が通常必要とされるより大きく，240 μm までの場合であっても，凍結融解に対して十分な抵抗性を示す[11.100]。事実，カナダの規準では最大気泡間隔係数を 230 μm まで許容している。

　実際の練混ぜ作業も，その結果生じる空気量に影響を及ぼし，また投入の順序は重大な影響を及ぼす場合がある。セメントを十分に分散させ，混合物が均一になってから AE 剤を投入しなければならない[11.46]。練混ぜ時間が不足すると AE 剤は十分に分散しないが，過度に練り混ぜると一部の空気が放出されるため，練混ぜ時間の最適値が存在する。実施面では他の事情から，練混ぜ時間は混和剤が

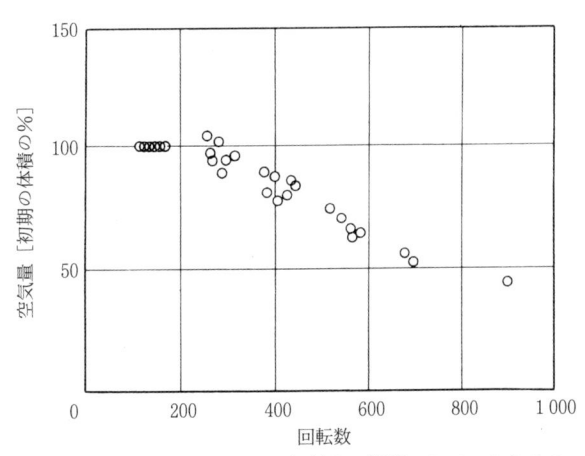

図-11.11　空気量とミキサの回転数との関係。1 バッチ 6m³ で，18 回/分で練混ぜ，4 回/分でかき混ぜ（アジテート）た[11.28]

完全に分散するのに要する最小時間より短い値に固定されるのが普通であり，それに応じて AE 剤の量は増加しなければならない。ミキサをごく速く回転させるとエントレインドエアの量が増大する。300 回転まで撹拌を行っても空気は少量低下するだけのように見える（図-11.11 参照）が[11.28]，2 時間後には最初の空気量の 20％までが失われる可能性がある[11.33]。50％も低下した例がいくつか報告されている[11.50]。

仕上げ作業を過剰に行うとコンクリートの表面域からエントレインドエアが失われる可能性があるが，凍結融解にも融雪剤の作用にもとくに弱いのはこの域である。

11.3.2 エントレインドエアの安定性

フレッシュコンクリート中に十分な割合の空気を確保するだけでは十分ではない。空げきが安定しており，コンクリートが硬化した時にそのままその場所に留まるようでなければならない。実際非常に重要なのは空気の合計量ではなく，小さい気泡の間隔である。空気が不安定になる 3 種類のメカニズムが働く可能性がある[11.42]。第一のメカニズムは，コンクリートの運搬と締固めによって大きい気泡が浮力によって上昇し（型枠の側面にも向かう），失われる。これは，凍結融解に対する抵抗性にあまり影響を及ぼさず，空げきが入り込むことによって引き起こされるコンクリート強度の低下が少なくなる点で，有益な場合さえある。

第二のメカニズムは，圧力（表面張力から生じる）による気泡の崩壊であり，この圧力は最小の気泡中で最大となる。そしてその空気は間げき水の中に溶解してしまう。これらの気泡が失われると，凍結融解に対するコンクリートの抵抗性に悪影響が出る。もっとも小さい気泡が失われるこのメカニズムは避けられない可能性が高く，しばしば，約 $10\,\mu m$ より小さい気泡が存在しない場合があるが，これがその理由である[11.42]。

第三のメカニズムは，小さい気泡がより大きい気泡と癒着することであり，これも空気の可溶性と気泡の大きさとの関係から起きる。このメカニズムの物理的な過程はやや複雑である[11.42]。より大きい気泡の形成，したがって気泡間隔の増大は，凍結融解に対するコンクリートの抵抗性に悪影響を及ぼす。さらに，より大きい気泡中の圧力は元の小さい気泡の場合より小さいため，気泡が癒着すると

合計体積は大きくなる。このことは, 硬化コンクリート中のエントレインドエアの体積が, 時々, フレッシュコンクリートの時の体積より大きいことがあるが, その説明となり得る[11.42]。空気の合計体積の増加は, コンクリート強度にマイナスの影響を与える。

セメントが安定性に及ぼす影響に関して言えば, セメント中のアルカリ類の含有率が上昇すると安定性が増すように思われる[11.45]。シリカフュームは, 混合セメント中での含有率が10%までであれば, 空げき構造の安定性に影響を及ぼさない[11.57]。

実施面では, 空気の減少はコンクリートの輸送時と振動締固め時に起きる。減少量は一般に値で1%未満であるが, ワーカビリティーの高いコンクリートの場合はそれよりわずかに大きい。放出されるのは大部分大き目の気泡であるため, 凍結融解に対するコンクリートの抵抗性にはそれほど影響がない。通常の状態のポンプ圧送であれば空気は1〜1.5%しか減少しないが[11.54], 管の中のコンクリートが重力で滑り落ちるようにブームを縦に置いてポンプ圧送が行われる場合には, それよりはるかに大幅に減少する可能性がある。気泡はその後膨張するが, コンクリートが管路から出る時に再形成されることはない。改善方法は, 水平の柔軟なホースを足すことによって排出の前に流れに抵抗を与えることである[11.54]。

空気が減少する可能性があるため, 空気量はコンクリートがミキサから排出される時点ではなくて, 打込みが行われる時に測定しなければならない。しかし, ミキサの所での測定はAE剤の使用量の管理手段として価値があるかもしれない。

AEコンクリートを蒸気養生すると空気が膨張するため, 初期のひび割れを発生させる可能性があると言える。

11.3.3 微小球体による空気の連行

AE剤を使用する際の難しい点は, 主としてコンクリートの空気量を直接管理することができないことにある。混和剤の量は分かっているが, 前述した通り, 硬化コンクリート中の実際の空気量と気泡の間隔は, 多くの因子から影響を受ける。気泡の代わりに適切な大きさの, 硬質の泡の粒子を使用すれば, この難しさは未然に回避される。そのような, 簡単に圧縮されるプラスチック製の中空の微小球体（投薬用のマイクロカプセルを参考にしてつくられた）が製造されてい

る[11.29]。直径は 10〜60 μm であり，エントレインドエアの気泡より寸法範囲が狭い。したがって，少ない体積の微小球体を使って同じように凍結融解から保護することができるため，コンクリート強度の低下は比較的少ない。硬化セメントペーストの体積の 2.8％に相当する量の微小球体を使うと間隔係数は 70 μm となり[11.29]，これはエントレインドエアの場合に一般に推奨されている 250 μm という値より大分小さくなる。

微小球体の単位体積質量は 45kg/m^3 であり，混合物中の合計体積は小さくとも，エントレインドエアと同じ程度にコンクリートのワーカビリティーを高める。理由は，微小球体がすべて小さいからである。

微小球体は，あらかじめ 90％の水と練り混ぜたペーストの形で市販されており，コンクリートの練混ぜが過剰に行われた場合でない限り安定している。他の混和剤との相互作用はないが，高性能減水材があると機能しなくなるとの報告がある[11.53]。微小球体の主な欠点は高価なことであり，そのため特殊用途に使用が限定される。

バーミキュライト，パーライト，または軽石など，非常に多孔質の微粒子混和材[11.49]の使用は，コンクリートの押し出し成型や真空脱水を行う場合に魅力的であるが，強度の大幅な低下をもたらすため水セメント比が高い場合に限られる。

11.3.4　空気量の測定

フレッシュコンクリートの空気の合計量を測定する方法は 3 種類ある。エントレインドエアは，大きい気泡であるエントラップトエアと区別することができないため，測定の際にはエントラップトエアを少なくする必要があり，試験するコンクリートの締固めが適切な方法で行われていることが重要である。

質量方法がもっとも古い方法である。これは空気を含む締固められたコンクリートの密度 ρ_a と，同じ配合で空気を含まないとして計算で求めたコンクリートの密度 ρ とを単純に比較する方法である。その場合，コンクリートの合計体積の百分率として表された空気量は $(1-\rho_a/\rho)\times 100$ となる。この方法は ASTM C 138-92 に規定されており，骨材の密度と配合割合が一定の場合に使用することができる。計算された空気量に誤差が 1％程度あるのは珍しくない。この程度の誤差は，non-AE コンクリートの名目上同じ試験供試体の密度を測定するという

11.3 エントレインドエアの要件

単純な経験から予想がつく。

　容積方法では，締固められたコンクリート試料の体積を空気が放出される前と後に測定し，その差を求める。空気は，容器を，前後に揺すり，反転させ，転がし，および揺り動かすことによって除去し，作業は2つの部分にわかれた特殊容器で行う。

　試験の詳細はASTM C 173-94に規定がある。主な難しい点は，空気に取って代わる水の質量がコンクリートの合計質量に比べて小さいことにある。この方法は，どのような種類の骨材を含むコンクリートにも適している。

　もっとも人気があり，現場での使用にもっとも適した方法は，圧力方法である。これはBoyleの法則による，空気の体積と導入された圧力との関係（一定の温度での）に基づく方法である。材料の配合割合や品質が既知である必要はなく，市販の空気量測定器を使えば空気の百分率が直接目盛りで計測されるため，計算する必要がない。しかし，高度が高いところで測定する場合には圧力計を再較正しなければならない。この圧力計は多孔質骨材や軽量コンクリートには適さない。

　標準的な圧力方式の空気量測定器を，図-11.12に示す。測定方法は基本的に，締固められたコンクリートの試料に既知の圧力をかけた場合の体積の低下を観測することである。圧力は自転車用ポンプのような小型ポンプでかけ，圧力ゲージで測定する。大気圧からの圧力上昇によって，コンクリート中の空気の体積が減少し，これがコンクリートの上にある水位を低下させる。

　水位が目盛りを付けた管の中で変化するように調整することにより，未熟練の作業者でも直接読み取ることができる。

　この試験はASTM C 231-9lbとBS 1881:Part 106:1983に定められており，コンクリートの空気量を測定するためのもっとも信頼できる正確な方法となっている。

　輸送中に失われた空気を除外するように，試験はコンクリートの締固めを行う地点で実施する。できれば，締固めた後のコンクリートを試験すべきである。測定するのはコンクリート中の空気の合計量であり，望み通りの空げき特性をもっている，エントレインドエアだけではないことを憶えておかなければならない。

　これに反して，硬化したコンクリートの空げき構造に関する詳細な情報は，コンクリートの研磨断面を用いて，顕微鏡を用いたリニヤートラバース法で[11.19]，

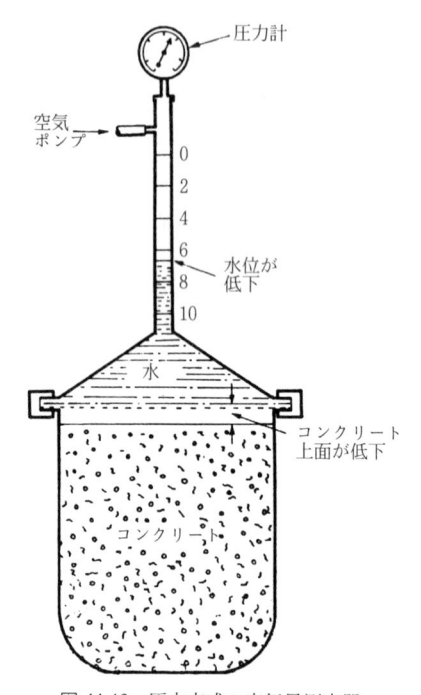

第 11 章　凍結融解の影響と塩化物の影響

図-11.12　圧力方式の空気量測定器

または ASTM C 457-90 が定める改良されたポイントカウント法で得ることができる。

11.4　凍結融解に対するコンクリートの抵抗性の試験

供用時に起きるような凍結融解の繰返し作用に対するコンクリートの抵抗性を測定する標準的な方法はない。しかし，ASTM C 666-92 は，急速に繰り返される凍結融解のサイクルに対するコンクリートの抵抗性を測定する 2 種類の方法を定めている。これらの方法は，種々の混合物を比較するために使用される。A 法では，凍結と融解がどちらも水中で行われる。B 法では，凍結は空気中で行うが融解は水中で行う。飽水コンクリートを水中で凍結させることは空気中よりははるかに過酷であり[11.21]，試験を開始した時点での供試体の飽水の程度は劣化にも

11.4 凍結融解に対するコンクリートの抵抗性の試験

影響を及ぼす。英国規準 BS 5075:Part 2:1982 も，水中での凍結を規定している。

コンクリートの劣化はいくつかの方法で評価することができる。もっとも一般的な方法は供試体の動弾性係数の変化を測定することであり，凍結融解を何回も繰り返した後の係数の低下量がコンクリートの劣化を表す。この方法は，外観または他の方法で明らかになる前に損傷があったことを示すが，最初の 2，3 サイクルの凍結融解をかけた後にみられる係数の低下の解釈に関しては，多少の疑念がある[11.20]。

ASTM の方法では，凍結融解を 300 サイクル繰り返すまで，または動弾性係数が元の値の 60% に低下するまでの，どちらかが先に起きるまで続けるのが普通である。その場合は，耐久性を次のように評価することができる。

$$耐久性指数 = \frac{試験終了時のサイクル数 \times 元の係数に対する終了時の係数の百分率}{300}$$

耐久性指数でコンクリートの合格不合格を決めるための基準は確立されていない。したがってその価値は，第一に，できれば 1 つの変数（例えば骨材）だけを変えた場合の，異なったコンクリートを比較する点にある。しかし，次のように，いくつかの解釈の指針が得られている。

すなわち，指数が 40 より小さいコンクリートは，凍結融解に対する抵抗性の点で不十分であり；指数が 40～60 の範囲にあるコンクリートは，性能が疑わしく；60 以上であれば，おそらく満足なものであり；係数が 100 付近のコンクリートは，満足な性能が期待できる。

また凍結融解の影響は，圧縮強度または曲げ強度の低下を測定することによって，または供試体の長さの変化[11.20]（ASTM C 666-92 および BS 5075:Part 2:1992 で使用）または質量の変化を観察することによっても評価することができる。長さの大幅な変化は，内部ひび割れがあることを示している。水中試験の場合は，200×10^{-6} という値が重大な損傷の目安とみなされる[11.60]。

損傷が主として供試体の表面で起きる場合であれば，供試体の質量の低下を測定するのが適切であるが，内部で破壊が起きている場合は信頼できない。結果は供試体の寸法によっても異なる。破壊が主として不安定な骨材によるものであれば，硬化セメントペーストが先に崩壊する場合より破壊は速く深刻だという点に

第11章 凍結融解の影響と塩化物の影響

注目してほしい。粗骨材の不安定性によるDクラックが発生する可能性を評価する上で、ASTM C 666-92の試験が有効であることを付け加えるべきであろう[11.36]。

別の試験方法は、緩慢な凍結が行われたコンクリートの膨張量を測定する、ASTM C 671-94に規定された試験である。これに関しては668頁に言及した。

試験方法とその結果の評価方法は多数あることがわかり、試験結果の解釈が難しいことは驚くべきことではない。もし、試験というものは実施面でのコンクリートの挙動を表す情報を示すものでなければならないのであれば、試験状況は現場の状況と根本的に異なっていてはならない。もっとも難しい点は、主として次の事実にある。すなわち、試験は戸外における凍結の状況と比較しながら促進させなければならないが、促進がどの段階で試験結果に重大な影響を及ぼすのかは未知なのである。実験室の状況と実際の暴露条件との間の1つの相違点は、後者の場合は夏の数ヵ月間で季節的な乾燥が起きるのに対して、実験室の試験は永久的に飽水状態で行われるものがあることである。その場合は最終的にすべての空げきが飽水し、その結果コンクリートの破壊が起きる。事実、繰返し作用する凍結融解に対するコンクリートの抵抗性に影響を及ぼすもっとも重要な因子はおそらく飽水の程度であるが[11.58]、この影響は凍結期間中の氷の成長が長引くと増大する。そのような暴露条件の一例は、北極の水系で起きる。したがって、水中での凍結期間の長さは重要である。

ASTM C 666-92の試験の重要な特徴は、冷却が最高11℃/時の速度で起きることである。一方実際面では、3℃/時程度が一般的な速度である。ヨーロッパにおける戸外の空気の最大冷却速度については、Fagerlund[11.58]が6℃/時と報告している。しかし、冬の夜に晴れた空に向かって放射冷却が起きる場合であれば、周囲の空気の冷える速度が6℃/時であってもコンクリートが12℃/時の速度で冷却される可能性もある。

凍結融解の繰返しに対するコンクリートの抵抗性に凍結速度が及ぼす影響に関しては、Pigeon他[11.59]が実証している。図-11.13に示すように、凍結速度が速いほど、コンクリートを保護するために必要な間隔係数は小さくなる。

供用中のコンクリート(水セメント比0.5未満で)の凍結融解による侵されやすさは、セメントペーストの水和の程度によって決まる。密度の高い空げき構造

11.4 凍結融解に対するコンクリートの抵抗性の試験

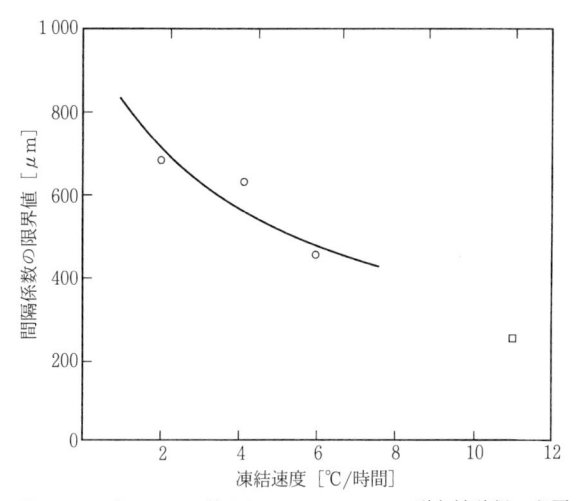

図-11.13 水セメント比 0.5 のコンクリートの耐久性確保に必要な間隔係数と凍結速度との関係。実線は参考文献 11.59 に基づき，点は参考文献 11.15 に基づく

が発達するまでには時間がかかる。

ASTM C 666-92 の通常の方法では，材齢 14 日での試験を規定しているが，これはあまりにも早過ぎると思われる。ただし，この試験方法は他の材齢の選択肢も用意している。

一部の促進凍結融解試験は，実施面では満足できるコンクリートであっても試験では破壊させるといって良い[11.22]。しかし，実験室で相当数の凍結融解サイクル（例えば 150 サイクル）に耐えるコンクリートは，供用状態の下での耐久性の程度が高いことを示す目安になると考えることができる。ただし ASTM C 666-92 の試験では，耐久性が中程度の範囲にある供試体のばらつきが大きいことが示された。試験時と実際のコンクリートとの間で，凍結融解サイクル数には単純な関連性はないが，米国の多くの地域で年間サイクル数が 50 を超えていることは興味深いであろう。

ある特定のコンクリート部材が供用時に暴露される凍結融解のサイクル数をただちに測定することはできない。気温の記録が不十分である。例えば，晴れた日に雲が通りすぎる状況は複雑である。太陽に直接暴露されるコンクリート面の温度は気温より 10℃ も高くなる可能性があり，空が曇ると，コンクリートは冷え

る[11.96]。したがって，1日の間に凍結融解が何サイクルも起きる可能性がある。これらの出来事は太陽照射の入射角度の影響を受けるため，南に面した暴露はもっとも危険となる場合がある。コンクリートの表面でこのように速い温度変化が起きると，有害な温度勾配が誘発される[11.96]。ついでに述べると，北の方には年間の凍結融解のサイクル数が1回だけという所もあり，その継続期間は6ヵ月である。

11.5 空気の連行のその他の影響

　空気の連行を行う本来の目的は，コンクリートを凍結融解に耐えられるようにすることであった。これは今でも，コンクリート中にエントレインドエアを混合するもっとも一般的な理由であるが，空気の連行がコンクリートの性質に及ぼす影響は他にもいくつかあり，有益なものもそうでないものもある。もっとも重要な影響の1つは，空げきがあらゆる材齢のコンクリートの強度に及ぼす影響である。コンクリートの強度はその密度比の直接関数であり，エントレインドエアによる空げきは他の空げきと同じように強度に影響を及ぼすということが思い出されることと思う。図-11.14は，他の配合割合を変えずにエントレインドエアが混合物中に導入された場合には，コンクリートの強度の減少量は存在する空気の体積と比例することを示している。ここで考慮された空気量の範囲は最高8%までであり，強度－空げき比関係に曲線部分が明白に現れなかった理由はここにある（図-4.1参照）。不十分な締固めによる場合とエントレインドエアによる場合との両方の空げきに関して，強度と空気量との関係を示した図-11.14の線からみて，この関係は空気が入る原因には無関係であることは明らかである。試験の範囲は水セメント比が0.45から0.72の間にある混合物であり，これによって，空気を含まないコンクリート強度に対する割合として表した強度の低下率は，配合割合とは無関係であることを示している。

　圧縮強度の平均低下率は，存在する空気量1%に対して5.5%である[11.18]。曲げ強度への影響はそれよりはるかに少ない。コンクリート中の空げきの容積と強度の低下率との関係は，Whiting他[11.55]が確認している。

　強度は，存在するすべての空げき，すなわちエントラップトエア，エントレイ

11.5 空気の連行のその他の影響

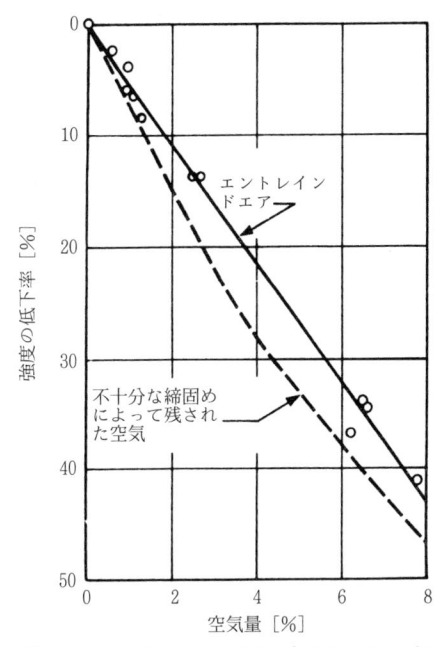

図-11.14 エントレインドエアとエントラップトエアがコンクリートの強度に及ぼす影響[11.18]

ンドエア，毛管空げき，およびゲル間げき，の容積に影響されることに注意しなければならない。コンクリート中にエントレインドエアが存在する場合は，硬化セメントペーストの総体積の一部はエントレインドエアであるため，その分セメントペースト分が少なくなり，毛管空げきの合計容積も少なくなる。これは無視できるような因子ではない。なぜならば，エントレインドエアの体積は硬化セメントペーストの総体積のうち，かなりの割合を占めるからである。例えば，1：3.4：4.2の混合物で水セメント比が0.80であれば，材齢7日の毛管空げきはコンクリート体積の13.1％を占める事がわかっている。エントレインドエアが含まれている同じワーカビリティーの混合物（1：3.0：4.2で水セメント比が0.68）には，毛管空げきは10.7％を占めるが，空気の体積（エントラップトエアとエントレインドエア）は6.8％（前者の混合物の2.3％と比較して）である[11.24]。

このことは，空気の連行が，予想されるほど大幅な強度の低下を引き起こさな

第11章 凍結融解の影響と塩化物の影響

いことの理由の1つである。しかしそれより重要な理由は，空気の連行がコンクリートのワーカビリティーに相当良い影響を及ぼすことである。その結果，エントレインドエアを加えると，エントレインドエアが入っていない類似の混合物と比べて，ワーカビリティーを一定に保つために，水セメント比を低くすることが考えられる。例えば（骨材/セメント）比が8以上といったきわめて貧配合の混合物で，とくに角張った骨材を使用しているような場合であれば，空気の連行によってワーカビリティーを向上させると，結果としてもたらされる水セメント比の低下によって，空げきの存在による強度の低下を完全に補うほどである。強度ではなくてセメントの水和熱の発生がもっとも重要になることの多い大断面構造物の場合では，空気の連行によって単位セメント量の少ない混合物が使用できるようになり，温度はあまり上昇しない。富配合の混合物の場合は，空気の連行がワーカビリティーに及ぼす影響が少ないため水セメント比は少ししか低下せず，最終的な強度の低下が起きる。一般的に言って，5％の空気を連行することによってコンクリートの締固め係数が約0.03～0.07増加し，スランプは15～50mm増加するが[11.18]，実際の値は混合物の性質によって異なる。空気の連行は，軽量骨材でつくられたやや粗々しい混合物のワーカビリティーを向上させる上でも有効である。

　エントレインドエアによってワーカビリティーが向上する理由は，おそらく，表面張力によって球形を保っている気泡が，表面摩擦がきわめて低く，相当弾性のある細骨材として機能するためではないかと思われる。混合物中に空気を連行すると実際に砂が過剰に入った混合物のような挙動を示すことから，エントレインドエアを追加する場合は同時に砂の含有率を少なくしなければならない。後者の変更は混合物中の単位水量をさらに少なくすることができ，すなわち空げきの存在による強度の低下をさらに補うことができる。

　空気の連行が混合物のコンシステンシーあるいは「可動性」に質的に影響を及ぼすことは興味深い。すなわち混合物はより「塑性の状態」になるということができる。したがって，締固め係数などで測定するワーカビリティーが同じであれば，エントレインドエアを含む混合物の方が空気を含まないコンクリートより打込みと締固めが容易である。

　エントレインドエアがあるとブリーディングを減少させる上でも有益である。

気泡が固体粒子を懸濁状態に保つため沈殿が減少し，水が押し出されないようである。そのため透過性とレイタンスの形成も低下し，それがスラブやリフトの上層の凍結融解に対する抵抗性を向上させる。このことは，空気の連行が融雪剤の破壊的な作用に対しても良い影響を及ぼすことと関連がある。空気を連行すると混合物の粘着性が増し，取扱い中や輸送中の材料分離が低下するが，これらの状況下では，とくに気泡が追い出されるため，過剰振動による材料分離は起きるおそれがある。

エントレインドエアを追加するとコンクリートの密度が低下し，セメントと骨材の「節約になる」。これは経済上の利点になるが，AE剤とそれに関連する作業の経費の増加でその利点は相殺される。

11.6 融雪剤の影響

凍結融解の作用を受ける道路の舗装版や橋梁の床版のような水平の面は，雪と氷を除去するために融雪剤による処理も行われている。これらの薬剤はコンクリートに悪影響を及ぼし，表面のスケーリングや時には鉄筋の腐食を引き起こす。後者の問題に関しては，本章の後の方で述べる。

一般に用いられる塩類は $NaCl$ と $CaCl_2$ であり，後者の方が高価である。塩類は浸透圧を発生させ，舗装版上面の凍結が起きる部分に向かう水の移動を引き起こし[11.4]，そこで水圧が発生する[11.92]。したがって，作用は通常の凍結融解と似ているが，それより激しく起きる。事実，融雪剤が引き起こす損傷は本質的に主として物理的損傷であって化学的損傷ではないため，融雪剤が有機質であるか否か，または塩であるか否かという点には無関係である[11.31]。しかし，水の中でより塩化物溶液の中でよく融ける $Ca(OH)_2$ が浸出する可能性も多少ある[11.32]。湿潤乾燥の繰返しの下でクロロアルミネートが形成される可能性もある[11.32]。

Mather[11.30]は次のような順序を示唆している。融雪剤が雪または氷を溶かすと，その結果生じた水は隣接する氷にせき止められることが多い。水は実際には塩の溶液であるため，凝固点が低下している。この溶液の一部をコンクリートが吸収するため，コンクリートは飽水する。氷がさらに溶けるにつれて溶けた水は希釈され，ついには凝固点が水の凝固点近くまで上昇する。そのときにはふたたび凝

第11章　凍結融解の影響と塩化物の影響

固が起きる。したがって，凍結融解は融雪剤を使用しない場合と同じ位頻繁に起きるか，またはより一層頻繁に起きることもある。なぜならば，元々断熱層であった氷が破壊されたからである。したがって，融雪剤は飽水を増大させ，また凍結融解のサイクル数も増加させると言える。この挙動は，コンクリートが比較的低い濃度（2〜4％の溶液）の塩に暴露された場合にもっとも大きい損傷が起きるという事実によって，間接的に確認することができる[11.13]（図-11.15）。

コンクリートを損傷させる他の因子は，氷が溶けて潜熱が奪い取られる時に起きる温度の急激な低下である。これは熱衝撃の一形態であり，きわめて速い凍結をもたらすことがある。

空気の連行は，融雪剤を用いない時にコンクリートの凍結融解に対する抵抗性を高めるのと同じように，表面のスケーリングに対するコンクリートの抵抗性を大きく高める。

コンクリートは水セメント比が0.40未満で，単位セメント量が310kg/m³以上なければならない[11.56]。高強度コンクリートはスケーリングに対してきわめて大きい抵抗性を示す[11.61]。

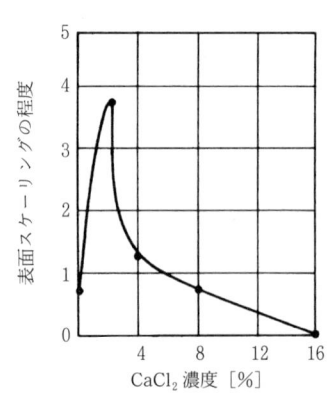

図-11.15　AE剤を用いないコンクリートが（溶液中で）凍結融解を50回繰返した後のスケーリング量に及ぼすCaCl₂濃度の影響[11.13]。表面スケーリングの程度は0＝スケーリングなし，から5＝激しいスケーリング，まで分類した

11.6 融雪剤の影響

　塩によるスケーリングに関して実施された数多くの試験によって，損傷の程度は用いた試験方法によって異なることが分かった。例えば，湿潤養生の後で，暴露サイクルの前にコンクリートの空気乾燥を行うと，表面のスケーリングに対する抵抗性が増す[11.31]。しかし，セメントペーストを広範に水和させるためには，完全乾燥させる前に湿潤養生を十分長く行わなければならない。したがって実施面では，コンクリートの施工は，十分な養生を行った後に完全乾燥期間が来るような季節に実施しなければならない。過剰なブリーディングとレイタンスは防がなければならない。

　もっとも激しい損傷は，供試体上の融雪剤の溶液が，再凍結のたびに真水に替えられる場合ではなく，むしろ供試体上に残った状態でコンクリートが凍結融解を交互に受ける場合に起きる[11.13]。他方，再凍結の前にコンクリート表面から液体を除去すると，non-AEコンクリートでもスケーリングは起きない[11.13]。

　融雪剤に対するコンクリートの抵抗性は，ASTM C 672-92の試験方法を使えば把握することができる。この方法では，供試体を塩化カルシウム溶液に覆われた状態で凍結させ，その後空気中で融解させるということを繰り返す。スケーリングの評価は目視で行う。

　鉄筋まで浸透した塩化物は腐食を引き起こすため，塩化物を含まない融雪剤を使用することが望ましい。その1つが尿素であるが，これは水を汚染し，また氷の除去能力は低い。カルシウム・マグネシウム・アセテートが作用が遅いが効果がある。しかし，非常に高価である。

　コンクリートをアマニ油でシールすると融雪剤の有害な作用から多少保護することができる。沸騰させたアマニ油を同じ量の灯油（ケロシン）またはミネラルスピリットで希釈して，コンクリート（乾燥状態でなければならない）の表面に二度塗りする。

　油は融雪剤溶液の浸入速度を遅くするが，蒸発を妨げるほどコンクリート面をシールしない。アマニ油はコンクリートの色を暗くし，不均一に塗布すると表面が醜くなるおそれがある。2，3年後に再シールを行うことが必要である。シランとシロキサンも用いることができるが，これは専門的な問題である。

第 11 章 凍結融解の影響と塩化物の影響

11.7 塩化物の作用*

　塩化物の劣化作用は，主たる作用が鉄筋の腐食である点で特異であり，周りを囲むコンクリートはこの腐食の結果として損傷を受けるに過ぎない．鉄筋の腐食は，多くの場所で鉄筋コンクリート構造物に起きる劣化の主な原因の 1 つである．コンクリートに埋めこまれた鉄筋や他の金属の腐食（ACI 222R-89 参照）[11.82] という広範な問題は本書の対象外であるため，腐食に影響を及ぼすコンクリートの性質に解説を限定し，重点は鉄筋のかぶりのコンクリートを通過する塩化物イオンの移動に置くことにする．

　それでもなお，塩化物が引き起こす腐食のメカニズムについて簡単に説明すると，それに伴うプロセスの理解に役立つであろう．

11.7.1 塩化物による腐食のメカニズム

　埋め込まれた鉄筋表面の不働態被膜については 614 頁に述べた．この膜はセメントの水和が始まるとまもなく自然発生するが，鉄筋にしっかりと付着した $\gamma\text{-}Fe_2O_3$ からなる．この酸化物の膜が存在する限り，鉄筋は損傷を受けない．しかし，塩化物イオンがこの膜を破壊し，水と酸素が存在すると腐食が起きる．Verbeck[11.63]が塩化物イオンのことを「固有で無類の破壊者」と表現している．

　鉄筋の表面に浮き錆がなければ（通常の規定されている状態），鉄筋をコンクリート中に埋め込む時点で存在する錆は腐食に影響を及ぼさない[11.78]ことを追加すると良いかもしれない．

　腐食現象に関する手短な説明をすると次の通りである．コンクリート中の鉄筋に沿って電位の違いが存在すると，電気化学的電池が生じる．すなわち陽極域と陰極域が形成され，硬化セメントペースト中の間げき水の電解液で結ばれる．陽極のプラスに帯電した鉄イオン Fe^{++} が溶液中に移動し，一方マイナスに帯電した自由な電子 e^- は鉄筋を通って陰極に移動して電解液の成分に吸収され，水と酸素と結合して水酸化物イオン $(OH)^-$ になる．これが電解液の中を移動して鉄イオンと結合して水酸化第一鉄を形成し，それがさらに酸化すると錆に転化する

---

* 鉄筋コンクリートの塩化物の作用について述べた各節は，かなりの部分が参考文献 11.37 の中に発表されている．

11.7 塩化物の作用

(図-11.16参照)。

これに伴う反応は次の通りである。

陽極反応

$$F \rightarrow Fe^{++} + 2e^-$$
$$Fe^{++} + 2(OH)^- \rightarrow Fe(OH)_2 \quad (水酸化第一鉄)$$
$$4Fe(OH)_2 + 2H_2O + O_2 \rightarrow 4Fe(OH)_3 \quad (水酸化第二鉄)$$

陰極反応

$$4e^- + O_2 + 2H_2O \rightarrow 4(OH)^-$$

酸素が消費され、水が再生されることがわかるが、過程が継続することが必要である。したがって、相対湿度が60%に満たない乾燥したコンクリートであれば、おそらく腐食は起きない。また、完全に水に浸かっているコンクリートの場合も、水が波の作用などによって空気を混入できる場合以外は腐食が起きない。腐食に最適な相対湿度は70〜80%である。それより高い相対湿度では、コンクリートを通って行われる酸素の拡散が大幅に低下する。

例えば一部が海水中に永久に水没し、一部が湿潤と乾燥の繰返しに暴露される場合のような、コンクリートの環境の差が原因となって、電気化学ポテンシャルに差ができる可能性がある。同じような状況は、鉄筋組のかぶり厚にかなりの相違があり、それらの鉄筋が電気的に接続されている場合に起き得る。電気化学的

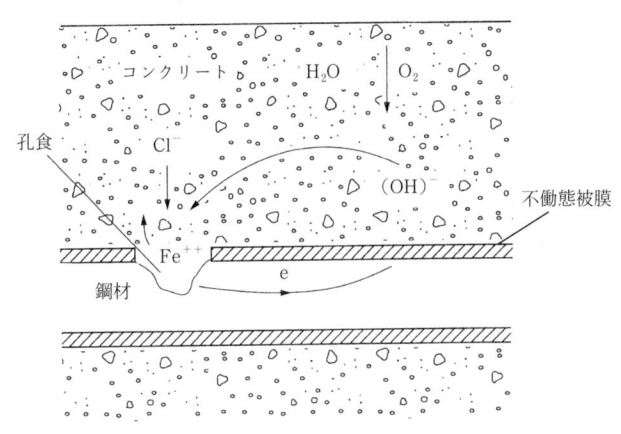

図-11.16 塩化物の存在下における電気化学的腐食の概念図

第11章 凍結融解の影響と塩化物の影響

電池はまた，間げき水中の塩の濃度が異なる場合や酸素に接する機会が不均一な場合にも，形成される。

腐食が発生するためには，不働態被膜が突破されなければならない。塩化物イオンは鉄筋の表面を活性化して陽極を形成し，不働態化した表面が陰極になる。これに伴う反応は，次の通りである。

$$Fe^{++} + 2Cl^- \rightarrow FeCl_2$$
$$FeCl_2 + 2H_2O \rightarrow Fe(OH)_2 + 2HCl$$

したがって Cl^- は再生されるため，錆には塩化物が含まれない。ただし，中間の段階で塩化第一鉄が形成される。

電気化学的電池には，陽極と陰極が間げき水と鉄筋自体によって接続される必要があることから，硬化セメントペースト中の間げき構造が腐食に影響を及ぼす主要因子である。電気の観点から言うと，電流の流れを制御するのはコンクリートを通る「接続」の抵抗である。コンクリートの電気抵抗性は，含水率，間げき

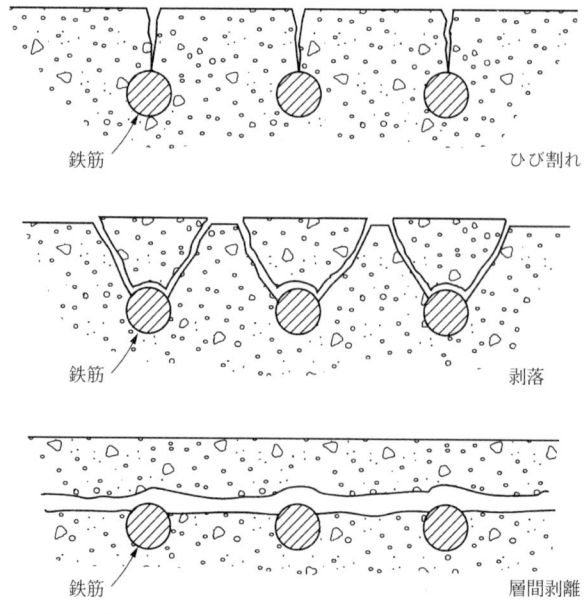

図-11.17 腐食によって引き起こされる損傷の模式図：ひび割れ，剥落，および層間剥離

水のイオン構成，および硬化セメントペースト中の間げき構造の連続性に大きく左右される。

鉄筋の腐食がもたらす結果には2つある。第一に，腐食の生成物は元の鉄筋の数倍の体積を占めるため，これが形成されるとコンクリートのひび割れ（特徴として鉄筋と平行である），剥落，または層間剥離が生じる（図-11.17参照）。これは攻撃的な作用物質が鉄筋の方に向かって浸入することを容易にするため，腐食速度が高まる。第二に，陽極での腐食の進行は鉄筋の断面積を減少させるため，その耐荷力を低下させる。このことに関連して指摘しなければならないことは，塩化物が引き起こす腐食は小さい陽極におけるきわめて局部的なものであり，鉄筋の孔食が起きる。

酸素の供給が大幅に制限されている場合は，腐食はゆっくりした速度で起きる。腐食の生成物は通常の状況下ほど多量ではなく，ひび割れや剥落を連続的に発達させることなくコンクリート中の空げきの中へ移動する可能性がある。

11.8 コンクリート中の塩化物

塩化物は，汚染された骨材，海水や塩分を含む水，または塩化物を含む混和剤を使用することによって混合物の中に混入し，コンクリート中に留まっている可能性がある。鉄筋コンクリートにはこれらの材料の使用はいずれも許されてはならず，各規準はあらゆる供給源のコンクリートの塩化物量に関して一般に厳しい限界規定を設けている。例えば，BS 8110:Part 1:1985 は，鉄筋コンクリート中の塩化物イオン総量をセメントの質量の 0.40% に制限している。欧州基準 EN 206:1992 も同じ限界を設けている。ACI 318-02[11.56]の手法では水溶性塩化物イオンだけを考慮している。そして，これに基づいて鉄筋コンクリートの塩化物イオン量をセメントの質量の 0.15% に制限している。水溶性塩化物は，全塩化物量のほんの一部に過ぎない，すなわち間げき水中の遊離した塩化物であり，この2つの値は基本的には互いにそれほど違いはない。遊離した塩化物と固定化した塩化物との区別については704頁に考察するが，この段階では，全塩化物量がASTM C 1152-90 または BS 1881:Part 124:1988 を使って酸可溶性塩化物量として決定されるということができる。一部の混和剤が含まれている場合は，色の

変化に頼るより電位差滴定の方が高い値の塩化物量となる。水溶性塩化物量の測定に関しては、いくつかの方法がある。

混合物中の塩化物の供給源として考えられるポルトランドセメント自体は塩化物の含有率がきわめて少なく、通常は質量で 0.01%以下である。しかし高炉スラグ微粉末は、その加工工程で海水による急冷が行われている場合には、塩化物含有量が非常に大きい[11.92]。飲料水には 250ppm の塩化物イオンが含まれている可能性が十分ある。水セメント比が 0.4 であれば、その水はポルトランドセメントと同程度の量の塩化物イオンを供給することになる。骨材に関する限り、BS 882:1992 には塩化物イオンの合計含有量の最大値に関する手引きが示されている。この手引きの規定を遵守すれば、BS 5328:Part 1:1997 と BS 8110:Part 1:1985 に規定されたコンクリートの要件を満たす可能性が高い。鉄筋コンクリートの場合は、骨材の塩化物含有量が骨材の総質量の 0.05%を超えてはならない。耐硫酸塩セメントが使用される場合にはこれを 0.03%に低下させる。プレストレスコンクリートでは、対応する値は 0.01%である。

本節で言及した塩化物に関するさまざまな限界規定は一般に安全側であるため、供用時にさらに多くの塩化物がコンクリート中に滲入しない限り、この規定を遵守すれば塩化物によって引き起こされる腐食は発生しない。この限界規定が安全側であるという見解には、Pfeifer[11.40]が異議を唱えている。

11.9 塩化物の滲入

塩化物の作用の問題は、通常塩化物イオンが外から滲入する場合に発生する。これは 693 頁に解説した融雪剤によっても起きる。もう 1 つのとくに重要な塩化物イオンの供給源は、コンクリートに接触する海水である。また、塩化物は、空気によって運ばれるきわめて細かい海水の水滴（乱気流によって海からもち上げられて風に運ばれたもの）の形で、または空気によって運ばれる粉塵が露で濡れた形で、コンクリート面に付着する。空気によって運ばれる塩化物はかなりの距離を運ばれる可能性があることは、指摘に値する。2 km という報告もあるが[11.75]、風と地勢によってはそれよりさらに長い距離を移動することも可能である。構造物の配置も空気に混在する塩類の移動に影響を及ぼす。すなわち、空気

11.9 塩化物の浸入

中に小さい渦が発生すると，塩化物は構造物の陸側の面まで達する可能性がある。

コンクリートと接触する塩気のある地下水も，塩化物の供給源である。

稀にしか起きないが，塩化物を含む有機材料の大火事によってもコンクリートに塩化物が滲入するといわれている。塩酸が形成されてコンクリート面に付着し，そこで間げき水中のカルシウムイオンと反応する。その後塩化物イオンの滲入が起きる[11.83]。

外部の供給源が何であれ，塩化物を含む水による輸送，水中でのイオンの拡散，および吸収作用によって塩化物はコンクリートに浸透する。滲入が長引いたり繰り返されたりすると，時間とともに，鉄筋表面の塩化物イオン濃度が高くなる。

コンクリートが永久に水中にある場合は，塩化物はかなりの深さまで滲入するが，陰極に酸素が存在しなければ腐食は起きない。ある時は海水に暴露され，あるときは乾燥するコンクリートでは，塩化物の滲入は継続的に起きる。以下に述べるのは，暑い気候の海岸の構造物によくみられる状況の描写である。

乾燥したコンクリートは吸収作用によって塩水を吸い込むが，状況によってはコンクリートが飽水するまでそれが続くことがある。つぎに外部の状態が乾燥に変わると水の移動方向が逆転し，水は，毛管空げきの，周囲の空気に向かって開いた端から蒸発する。しかし蒸発するのは真水だけであり，後に塩類が残る。したがって，まだコンクリート中にある水の中に存在する塩類の濃度がコンクリートの表面近くで上昇する。このようにしてできた濃度の勾配によって，コンクリートの表面に近い水の中にある塩類を，濃度の低い区域，すなわち内部へと移動させる。これが拡散による輸送である。外部の相対湿度や乾燥期間の長さによっては，コンクリートの表面域にある水の大部分が蒸発する可能性があるため，内部に残る水が塩類で飽和し，過剰な塩は結晶として析出する。

したがって，結果として，水は外部に向かって移動し，塩類は内部に向かって移動することがわかる。次の塩水による湿潤のサイクルで，溶液中にあるさらに多くの塩を毛管空げき中に取り込む。すると濃度勾配は，表面からある一定の深度での最高値から外に向かって低下していき，一部の塩類がコンクリートの表面に向かって拡散することもある。しかし，湿潤期間が短く乾燥がすぐに再開されると，塩水の滲入によって塩類がコンクリートの奥深くまで運ばれる。その後の乾燥で真水が除去されると，塩類が取り残される。

第11章 凍結融解の影響と塩化物の影響

　正確な塩の移動量は，湿潤期間と乾燥期間の長さによって異なる。コンクリートの湿潤はきわめて速く起き，乾燥はそれよりはるかに遅く起きることを思い出してほしい。したがって，コンクリートの内部が完全に乾燥することはけっしてない。また，湿潤期間中のイオンの拡散もかなり緩慢に行われる点にも注意しなければならない。

　したがって，鉄筋の方に向かう塩類の継続的な滲入が湿潤と乾燥とを交互に繰り返す中で行われることは明らかであり，図-11.18 に示すような塩化物の分布図ができる。この分布図は，表面からさまざまな深さまでドリルで穿孔して得た粉末試料を化学分析することによって決定される。時には，コンクリートのもっとも外側5mm ほどの部分の濃度が低いこともある。この部分では水が急激に移動し，そのため塩類は少しの距離だけ内側へ，すばやく運ばれるのである。10年暴露された後に観測されたものでは，間げき水中の塩化物イオンの最大含有量が海水の濃度を超える場合もあった[11.71]。きわめて重大な事実は，時間の経過とともに十分な量の塩化物イオンが鉄筋の表面に達するという点である。「十分な」量の内容が何かということについては，次節で解説する。

　今述べたとおり，塩化物のコンクリートへの滲入は湿潤と乾燥の規則的な繰り

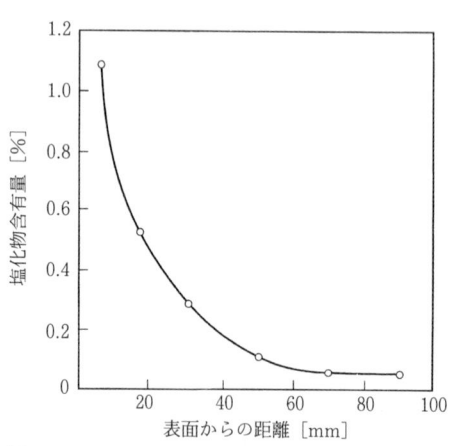

図-11.18　セメントの質量に対する百分率で表した全塩化物イオン含有量の分布図の一例：各点は深さ 10mm または 20mm ごとの間の平均値を示す

返しによって強く影響を受ける。その程度は、海面の動きや風、太陽への暴露状態、および構造物の使用法によって、各場所でそれぞれ異なる。したがって、同じ構造物内でも場所が違うと、湿潤と乾燥の型が異なることもある。このことは、単一の構造物の中でも、腐食による損傷の程度に相当ばらつきがあることの説明となる。

　塩化物の浸入に影響を及ぼすのはコンクリート表面域の湿潤乾燥だけではない。もっと深いところまで乾燥すると、次の湿潤の際に塩化物がコンクリートの奥深くまで運ばれるため、塩化物イオンの浸入が加速される。

　この理由から、感潮部（ここでは乾燥期間が短い）のコンクリートは飛沫帯（ここでは湿潤は波が高い時または強風の時のみ起きる）のコンクリートより腐食に侵されにくいのである。もっとも侵されやすいのは、時折海水に濡れるだけで他の時には太陽と高温の乾燥の影響に曝されるコンクリートであり、例えば、ボラード（訳者注：船の舫い綱を結ぶ杭）の周り（ここでは濡れたロープが巻かれる）や消火栓（海水を使うもの）の近く、または定期的に海水で洗浄される産業地帯などである。

11.10　塩化物イオンの腐食発生限界濃度

　腐食が発生するためには、鉄筋表面での塩化物イオンが、ある最小濃度以上でなければならないことは前に述べた。しかし、あらゆる場合に有効な腐食発生限界濃度は存在しない。混合物に元から混和されていた塩化物に関しては、699頁で腐食発生限界濃度を考察した。元の混合物に過剰な量の塩化物が含まれている場合には、より激しい作用が起きるため、供用中にコンクリートに同じ量の塩化物が浸入した場合より腐食速度が速くなることを付け加えておきたい[11.64]。

　コンクリート中に浸入した塩化物に関する限り、それ以下では腐食が起きないような塩化物の腐食発生限界濃度を設定するのはさらに難しくなる。この限界値は多数の因子によって決まるが、その多くはまだ十分に理解されていない。さらに、実際の構造物における塩化物の分布図にみられる通り、硬化セメントペースト内部の塩化物の分布は均一ではない。実施上の目的に対しては、腐食の防止は、鉄筋に対するかぶりの厚さと、かぶりコンクリートの浸透性とによって、塩化物

の浸入を管理することによって行う。

どのような状況下においても，腐食が発生する限界塩化物濃度があると思われるが，腐食の進行速度は，湿度とともに変化する硬化セメントペーストの電気抵抗性と，コンクリートの浸漬によって影響を受ける利用可能な酸素の量によって異なる。

どのような場合であっても，腐食に関係があるのは全塩化物量ではない。塩化物の一部は化学的に固定化されて，セメントの水和生成物の一部になっている。塩化物の他の一部は物理的に固定化されて，ゲル間げきの表面に吸着されている。鉄筋との攻撃的な反応に使うことができるのは塩化物の三番目の部分，すなわち遊離した塩化物である。しかし，間げき水の中では常に多少の遊離した塩化物イオンが存在するような平衡状態があるため，上記の三形態の塩化物イオンの分布は永続的なものではない。したがって，この平衡状態に必要な量を超える塩化物イオンだけが固定化され得る。

11.10.1 塩化物イオンの固定化

塩化物イオンの固定化の主な形は，C_3A と反応して，時にはフリーデル氏塩と呼ばれるクロロアルミン酸カルシウム $3CaO.Al_2O_3.CaCl_2.10H_2O$ になることである。C_4AF とも同じように反応して，クロロフェライトカルシウム $3CaO.Fe_2O_3.CaCl_2.10H_2O$ を生じる。したがって，セメントの C_3A 含有率が高ければ高いほど，また混合物の単位セメント量が多ければ多いほど，より多くの塩化物イオンが固定化される。

そのため，かつては C_3A 含有率の高いセメントは腐食に対する抵抗性が高くなると考えられていた。

このことは，練混ぜの時点で塩化物イオンが存在する場合（許容されてはならない状態である）であれば本当かもしれない。なぜならば，C_3A とすぐに反応できるからである。しかし，塩化物イオンがコンクリートに浸入する場合には，少量のクロロアルミン酸塩が形成され，将来，ある状況下で，間げき水から鉄筋表面まで移動することによって除去された分を補充するために，それが解離して塩化物イオンを放出する。

セメントの望ましい C_3A 含有率を決定する他の因子は，与えられた構造物の，

11.10 塩化物イオンの腐食発生限界濃度

海水の滲入を受ける部分以外の部分での硫酸塩の作用の可能性である。95頁に述べたとおり，耐硫酸塩性をもつためにはセメント中のC_3Aの含有率が低いことが必要である。これらのさまざまな理由から，今日では適度に耐硫酸塩性のあるタイプⅡのセメントが最良の折衷案とされている。

高炉スラグ微粉末を含むセメントの場合は，塩化物の固定化がスラグの中のアルミン酸塩によっても起きることが示唆されているが，これはまだ完全には確認されていない[11.91]。

C_3A含有率の高いセメントを使用することに関連して，C_3Aが高いと初期の熱の発生速度が速いため温度上昇も大きいことを憶えておかなければならない。この挙動は，海洋に暴露される構造物の場合に多いのであるが，適度に大きい断面のコンクリート体においては有害となる可能性がある[11.88]。

例えばBS 8110:Part 1:1985など一部の基準は，塩化物が耐硫酸塩性に悪影響を与えるという考えから，耐硫酸塩セメント（タイプⅤ）が使用される場合の塩化物含有量を厳密に制限している。しかし現在ではそのようなことはないことが立証されている[11.76]。要するに，硫酸塩の作用はクロロアルミン酸カルシウムの分解を引き起こすため，放出された一部の塩化物イオンが腐食に作用できるようになり，カルシウムサルホアルミネートが形成される[11.79]。

固定化した塩化物が存在する硬化セメントペーストが炭酸化した場合も，同様に，固定化した塩化物を解放する効果があるため，腐食の危険性は増す。HoとLewis[11.80]はTuuttiを引き合いに出し，炭酸化の先端位置より15mm先で間げき水中の塩化物イオン濃度が上昇することが発見されたと述べている。このような炭酸化の有害な影響は間げき水のpH値の低下と同時に起きるため，深刻な腐食が起きる可能性が高い。また実験室の試験で[11.85]，炭酸化されたコンクリート中に少しでも塩化物がある場合は，炭酸化されたコンクリートの低いアルカリ性によって誘発される腐食の速度が高まることも判明している。

炭酸化と塩化物イオンの滲入の両方を考慮する上で重要なことは，炭酸化が進行するための最適な相対湿度は50〜70%である一方で，腐食はそれより高い湿度でのみ進行することを念頭に置くことである。これらの相対湿度がどちらも続いて起きることは，コンクリートが長期間の湿潤と乾燥に交互に暴露される場合に可能となる。塩化物の滲入と炭酸化が同時に起きるもう1つの例は，建築物の

薄い外装パネルで発生した。すなわち，空気に含まれる塩化物が外部から浸入して鉄筋に達したのである。炭酸化は比較的乾燥した建築物の内部から進行した。

間げき水の中に平衡状態で存在する塩化物イオン濃度の問題に戻ると，塩化物イオン濃度は間げき水の中に存在する他のイオンによっても異なることに注意しなければならない。

例えば，ある一定の全塩化物イオン量においては，水酸化物イオン（OH^-）濃度が高ければ高いほど，存在する遊離した塩化物の量は多くなる[11.66]。そのため，（Cl^-/OH^-）比が腐食の進行に影響を及ぼすと考えられるが，広く当てはまる考え方はない。また，混合物中の塩化物イオン量が一定であれば，遊離した塩化物イオン量は$CaCl_2$としてより NaCl としてはるかに多く存在することも判明している[11.67]。

これらの多様な因子のため，固定化された塩化物イオン量の比率は全塩化物イオン量の80%から，50%をかなり下回るところまで変動する。したがって，それ以下では腐食が発生しないような全塩化物イオン量の定まった固有の値は存在しない可能性がある。間げき水の平衡には種々の必要条件があることから，セメントの質量に対する固定化された塩化物の質量の割合は水セメント比とは無関係であることが，試験[11.66, 11.68]によって示された。

11.11　混合セメントが腐食に及ぼす影響

ポルトランドセメントの種類が塩化物イオンの化学的側面に及ぼす影響に関する解説を上に述べたが，混合セメントの種類が硬化セメントペーストの間げき構造，浸透性，および電気抵抗性に及ぼす影響を考察することも同様に，あるいはそれ以上に重要である。これは主として第10章で考察したが，ここではとくに，種々のセメント状材料における，塩化物イオンの移動に関係のある側面について考察する。塩化物の移動に影響を及ぼす硬化セメントペーストの性質は，同様に，酸素の供給量と利用可能な水分量にも影響を及ぼすことを付け加えなければならない。この2つは，どちらも腐食の発生に必要である。しかし，鉄筋の中において，塩化物が存在する場所と酸素を必要とする場所とは異なる。前者は陽極であり，後者は陰極である。

11.12 腐食に影響するその他の因子

　重要なセメント状材料はフライアッシュ，高炉スラグ微粉末，およびシリカフュームである．混合物中に適切な配合で加えた場合に，この3種類はすべてコンクリートの浸透性を低下させて電気抵抗性を増大させ，それによって腐食速度を遅くする[11.70, 11.87, 11.90]．シリカフュームに関する限り，$Ca(OH)_2$と反応することによって間げき水のpH値をいくぶん低下させるものの，その良い点は，硬化セメントペーストの空げき構造が改善されることである[11.98]．Gjørv他[11.97]は，セメント中に質量で9％のシリカフュームが含まれている場合に，塩化物の拡散係数が約1/5に低下することを示した．

　シリカフュームはワーカビリティーに影響を及ぼすため，これを使用する場合には高性能減水剤を混和するのが普通であることを憶えておかなければならない．高性能減水剤それ自体は空げき構造に影響を及ぼさないため，腐食の過程を変えることはない．

　暑い気候の下では鉄筋コンクリートは腐食しやすいのであるが，さまざまなセメント状材料はきわめて良い影響を及ぼすため，これを使用することが実際上必要である．ポルトランドセメントを単体で使用してはならない[11.89]．

　モルタル内における塩化物イオンの拡散に関する試験によって，フィラーは塩化物の移動に影響を及ぼさないことが示された[11.77]．

　アルミナセメントでつくられたコンクリートの中の塩化物イオンは，塩化物イオン量を同じにして比較すると，ポルトランドセメントを使用した場合より攻撃的に作用する[11.81]．アルミナセメントコンクリートのpH値はポルトランドセメントの場合より低いため，鉄筋の不働態化状態の安定性が低くなることを思い出すことができる[11.81]．

11.12　腐食に影響するその他の因子

　コンクリートの組成が腐食に対する抵抗性に及ぼす影響について述べた上記の解説は，十分な養生が前提であり，このことが重要であることをふたたび強調して補足しておく．養生は，主としてコンクリートのかぶり域に影響を及ぼす．腐食が発生するまでの時間は，長期に養生をすることによって大幅に延ばすことができる[11.69]（図-11.19参照）．しかし，養生には真水しか用いてはならない．なぜ

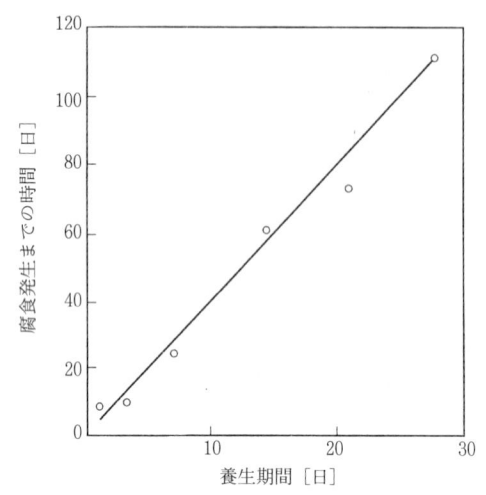

第 11 章　凍結融解の影響と塩化物の影響

図-11.19　湿潤養生の長さが鉄筋の腐食発生時間に及ぼす影響；水セメント比 0.5，単位セメント量 330kg/m³，タイプⅤセメント；供試体は塩化ナトリウム 5％溶液に一部分浸漬した（参考文献 11.69 に基づく）

ならば，塩分を含む水は塩化物の滲入を大幅に加速させるからである[11.69]。

　腐食がいったん始まると，その継続は避けることができないというわけではない。腐食の進行は，陽極と陰極との間のコンクリートの電気抵抗性と，陰極で酸素の供給が継続されるかどうかによって左右される。一方，膜を塗布することによって酸素の供給を完全かつ確実に止めることができるかどうかについては，その分野で開発が続けられてはいるもののきわめて疑わしい。

　他方，コンクリートの電気抵抗性はその水分状態の関数であるため完全に乾燥すれば腐食は止まるが，続いて湿潤状態になれば腐食が再開する。

　かぶりの中にあるコンクリートのひび割れは塩化物の滲入を促進させるため，腐食を増大させる。実質上，使用されているすべての鉄筋コンクリートに多少のひび割れが起きるが，適切な構造設計，細部設計，および施工手続きを実施することによりひび割れを抑制することができる。約 0.2〜0.4mm を超える幅のひび割れは有害である。プレストレストコンクリートにひび割れはできないが，PC 鋼材はその性質上腐食に侵されやすいことを述べておきたい。また PC 鋼線は断

11.12 腐食に影響するその他の因子

面積が小さいため,孔食によって耐荷力が大幅に低下する。

腐食は高温によっていくつかの影響を受ける。第一に,間げき水中の遊離した塩化物量が増加する。セメントの C_3A 含有率が高く,元の混合物の塩化物濃度が比較的低い場合は,この影響が一層明白に現れる[11.62](図-11.20)。

さらに重要なことは,腐食反応は他の化学反応と同様,温度が高いと速く起きることである。一般に,温度が10℃上昇すると反応速度が倍になると考えられているが,上昇が1.6倍に過ぎないことを示す根拠もある[11.93]。正確な倍数がいくらであろうと,温度に加速効果があることは,温暖な国に比べて暑い海岸地帯にあれほど腐食したコンクリートが多いことの理由となっている。

また,高温時にコンクリートの初期硬化が起きると空げき構造が粗くなる(449頁参照)ことも思い出していただきたい。その結果,塩化物イオンの拡散に対する抵抗性が低くなる[11.39]。コンクリートの表面と内部の温度差は拡散に影響を及ぼす。太陽に直接暴露すると表面のコンクリート温度が大幅に上昇して周囲の温度を超える場合もある。

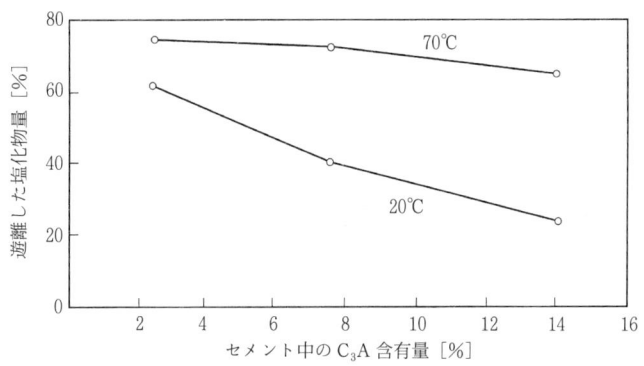

図-11.20 セメント中の C_3A 含有量が20℃と70℃における遊離した塩化物イオン量(セメント質量の1.2%である全塩化物イオン量に対する百分率として示す)に及ぼす影響(Elsevier Science Ltd, Kidlington,U.K.の親切な承諾に基づいて参考文献11.62による)

11.12.1 鉄筋のかぶり厚さ

鉄筋のかぶり厚さは塩化物イオンの移動を制御する重要な因子である。かぶりが大きいほど,鉄筋表面の塩化物イオン濃度が腐食発生限界値に達するまでの時

間が長くなる。したがって，コンクリートの品質（低い透過性という面での）とかぶり厚は関連して機能するため，ある程度互いに調整し合うことができる。この理由から各基準においては，かぶり厚さが少ない場合には高い強度を要求し，かぶり厚さが大きければ低い強度を要求するような，コンクリートのかぶりと強度の組合わせを規定している場合が多い。

しかし，この手法には制約がある。まず第一に，コンクリートの透過性が非常に高い場合はかぶりを厚くしても役に立たない。さらに，かぶりの目的は鉄筋を保護することだけではなくて，鉄筋とコンクリートとの構造上の複合的な働きを確保し，また場合によっては耐火保護や耐磨耗性を与えることである。かぶり厚をむやみに大きくすると，鉄筋の入っていないコンクリートの体積が相当大きくなる。そしてしかも，収縮と熱応力を抑制し，その応力に起因するひび割れを防ぐためには，鉄筋の存在が必要である。ひび割れが発生した場合には，かぶりが厚いと有害であることが証明されるであろう。実施面から言えばかぶり厚は80〜100mmを超えてはならないが，かぶりに関する決定は構造設計に属する。

かぶり厚さは少なすぎてはいけない。なぜならば，コンクリートの透過性がいかに低い場合であっても，いろいろな理由によるひび割れ，局部的な損傷，または配筋ミスによって，塩化物イオンが急速に鉄筋表面に滲入する状態になる場合があるからである。

11.13　コンクリートの塩化物浸透性試験

コンクリートの塩化物イオンの浸透性をみる迅速な試験がASTM C 1202-94に規定されており，これは塩化ナトリウムと水酸化ナトリウムの間にあるコンクリート盤の電位差が60Vd.c.に維持されている場合に，盤をある一定の時間内に通過した，クーロン（アンペア-秒）単位の総電荷量として表される導電性を測定する試験である。電荷はコンクリートの塩化物浸透性と関連しているため，この試験は適切なコンクリート混合物を選択する上での比較に役に立つ。これといくぶん似た試験は，さまざまな形状の供試体のa.c.インピーダンスを測定する[11.86]。

上に述べたような種類の試験は，必ずしも実際の生活環境で起きる塩化物イオンの移動を再現するものではなく，また確固とした科学的根拠をもつわけでもな

い．それにもかかわらずそれらは有用であり，また塩化物イオンの滲入に対する抵抗性が単にコンクリート強度と関係があると仮定しているより好ましい．この後者の仮定は，もっとも一般的な意味で用いられる場合以外は，有効ではないことが示されている[11.41]。

11.14 腐食の停止

　発生し始めた腐食を抑制または改善するための方法に関しては，単純化した表現は役に立たないと思われる．ここで述べなければならないことは，コンクリートを乾燥させることによって，または表面保護を施して酸素の供給を停止することによって，腐食の進行を低下させることができるのではないかということである．

　これは専門化された分野であり，その場限りの解決策は実際上害を与えることになろう．例えば，陽極（陰極よりも）に保護を施すと，陽極に対する陰極の大きさの比率が増大し，それが腐食速度を上昇させる．

　完全な防せい剤，すなわち，塩化物のコンクリートへの滲入を防止せずに，鉄筋の腐食を防止することができる物質，があるかという疑問が提起されるのはもっともである．亜硝酸ナトリウム[11.74]と亜硝酸カルシウム[11.72]の有効性が，実験室の試験で判明した．亜硝酸塩の作用は，陰極の鉄イオンを安定した Fe_2O_3 の不働態被膜へと転化させることである．亜硝酸イオンは塩化物イオンに優先的に反応する．亜硝酸塩の濃度は，塩化物イオンの継続的な滲入に対処できる濃度でなければならない．事実，防せい剤が永久に効力を有し，腐食を遅延させるだけではないと確実に言うことはできない．

　亜硝酸塩の水和促進効果は，必要であれば遅延剤で相殺することができる．他の防せい剤の探索が続けられている[11.73]。

　混合物に混和すると，防せい剤は埋め込まれた鉄筋をすべて保護する．それにもかかわらず，防せい剤は浸透性の低いコンクリートの代用品ではなく，追加的な保護手段に過ぎない．さらに，亜硝酸ナトリウムは間げき水中の水酸化物イオン濃度を上昇させ，それがアルカリ－骨材反応の危険性を高める可能性がある．したがって，水酸化物イオン濃度の上昇が鉄筋の腐食の危険性に及ぼす優れた効

果には，アルカリ－骨材反応の危険性に及ぼす悪影響が伴う。無論，このことはまず第一に，骨材がそのような反応を受けやすい場合にのみ関係してくる。

鉄筋をエポキシ樹脂塗装によって，および鉄筋の表面全体を陰極にする電気防食によって保護する場合を除いて，コンクリート中の鉄筋の腐食防止に関する解説は不完全である。鉄筋のエポキシ樹脂塗装は専門化された技術であり，透過性の低いコンクリートで十分なかぶり厚にすることと同時に行うと役立つ。特別な場合には，ステンレススチールでつくられた鉄筋またはステンレススチールで被覆した鉄筋を用いることもできるが，きわめて高価である。電気防食は一部の用途で有効性が示されたが，新しい構造物に使用すると，特定の鉄筋コンクリート構造物には明らかに耐久性がないことから，失敗を招くことになる。

時折直面する疑問は，塩化物イオンを鉄筋の表面から除去することができるかという問題である。本書の範囲内では，ごく手短かな回答を提供することができるのみである。

コンクリートの脱塩技術が開発されており，腐食が進行中の鉄筋（陰極として機能していない）と電解質で接続された外部の陽極との間に多量の直流を通すことによって塩化物を除去する。塩化物イオンは外部の陽極の方に移動するため，鉄筋表面から離れる[11.84]。これは，コンクリート中の塩化物イオンの半分しか除去することができないようであり，時が経つとふたたび腐食が始まる可能性が高い。この手法のマイナスの結果がいくつか発生する可能性がある[11.65]。例えば，間げき水の中に入るナトリウムイオンの濃度がきわめて高くなるため，通常の状況であればアルカリと反応しない骨材が反応性を示すようになる。

◎参考文献

11.1 T. C. POWERS, L. E. COPELAND and H. M. MANN, Capillary continuity or discontinuity in cement pastes, *J. Portl. Cem. Assoc, Research and Development Laboratories,* 1, No. 2, pp. 38–48 (May 1959).

11.2 CENTRE D'INFORMATION DE L'INDUSTRIE CIMENTIÈRE BELGE, Le béton et le gel, *Bull. No. 61 to 64* (Sept. to Dec. 1957).

11.3 G. MOLLER, Tests of resistance of concrete to early frost action, *RILEM Symposium on Winter Concreting* (Copenhagen, 1956).

11.4 T. C. POWERS, Resistance to weathering – freezing and thawing, *ASTM Sp. Tech. Publ. No. 169,* pp. 182–7 (1956).

11.5 T. C. POWERS, What resulted from basic research studies, *Influence of Cement*

Characteristics on the Frost Resistance of Concrete, pp. 28–43 (Portland Cement Assoc., Chicago, Nov. 1951).

11.6 R. A. HELMUTH, Capillary size restrictions on ice formation in hardened portland cement pastes, *Proc. 4th Int. Symp. on the Chemistry of Cement*, Washington DC, pp. 855–69 (1960).

11.7 A. R. COLLINS, Discussion on: A working hypothesis for further studies of frost resistance of concrete by T. C. Powers, *J. Amer. Concr. Inst.*, **41**, (Supplement) pp. 272-12–14 (Nov. 1945).

11.8 T. C. POWERS, Some observations on using theoretical research. *J. Amer. Concr. Inst.*, **43**, pp. 1089–94 (June 1947).

11.9 G. J. VERBECK, What was learned in the laboratory, *Influence of Cement Characteristics on the Frost Resistance of Concrete*, pp. 14–27 (Portland Cement Assoc., Chicago, Nov. 1951).

11.10 U.S. BUREAU OF RECLAMATION, Relationship of moisture content of aggregate to durability of the concrete, *Materials Laboratories Report No. C-513* (Denver, Colorado, 1950).

11.11 U.S. BUREAU OF RECLAMATION, Investigation into the effect of water/cement ratio on the freezing–thawing resistance of non-air and air-entrained concrete, *Concrete Laboratory Report No. C-810* (Denver, Colorado, 1955).

11.12 G. J. VERBECK and P. KLIEGER, Calorimeter-strain apparatus for study of freezing and thawing concrete, *Highw. Res. Bd Bull. No. 176*, pp. 9–12 (Washington DC, 1958).

11.13 G. J. VERBECK and P. KLIEGER, Studies of "salt" scaling of concrete, *Highw. Res. Bd Bull. No. 150*, pp. 1–13 (Washington DC, 1957).

11.14 P. KLIEGER, Further studies on the effect of entrained air on strength and durability of concrete with various sizes of aggregates, *Highw. Res. Bd Bull. No. 128*, pp. 1–19 (Washington DC, 1956).

11.15 T. C. POWERS, Void spacing as a basis for producing air-entrained concrete, *J. Amer. Concr. Inst.*, **50**, pp. 741–60 (May 1954), and Discussion, pp. 760-6–15 (Dec. 1954).

11.16 U.S. BUREAU OF RECLAMATION, The air-void systems of Highway Research Board co-operative concretes, *Concrete Laboratory Report No. C-824* (Denver, Colarado, April 1956).

11.17 T. C. POWERS and R. A. HELMUTH, Theory of volume changes in hardened portland cement paste during freezing, *Proc. Highw. Res. Bd*, **32**, pp. 285–97 (Washington DC, 1953).

11.18 P. J. F. WRIGHT, Entrained air in concrete, *Proc. Inst. Civ. Engrs.*, Part I, **2**, No. 3, pp. 337–58 (London, May 1953).

11.19 L. S. BROWN and C. U. PIERSON, Linear traverse technique for measurement of air in hardened concrete, *J. Amer. Concr. Inst.*, **47**, pp. 117–23 (Oct. 1950).

11.20 T. C. POWERS, Basic considerations pertaining to freezing and thawing tests, *Proc. ASTM*, **55**, pp. 1132–54 (1955).

11.21 HIGHWAY RESEARCH BOARD, Report on co-operative freezing and thawing tests of concrete, *Special Report No. 47* (Washington DC, 1959).

11.22 H. WOODS, Observations on the resistance of concrete to freezing and thawing, *J. Amer. Concr. Inst.*, **51**, pp. 345–9 (Dec. 1954).

11.23 J. VUORINEN, On the use of dilation factor and degree of saturation in testing concrete for frost resistance, *Nordisk Betong*, No. 1, pp. 37–64 (1970).

第11章 凍結融解の影響と塩化物の影響

11.24 M. A. WARD, A. M. NEVILLE and S. P. SINGH, Creep of air-entrained concrete, *Mag. Concr. Res.*, **21**, No. 69, pp. 205–10 (Dec. 1969).
11.25 D. STARK, Characteristics and utilization of coarse aggregates associated with D-cracking, *ASTM Sp. Tech. Publ. No. 597*, pp. 45–58 (1976).
11.26 C. MACINNIS and J. D. WHITING, The frost resistance of concrete subjected to a deicing agent, *Cement and Concrete Research*, **9**, No. 3, pp. 325–35 (1979).
11.27 B. MATHER, Tests of high-range water-reducing admixtures, in *Superplasticizers in Concrete*, ACI SP-62 pp. 157–66 (Detroit, Michigan, 1979).
11.28 R. D. GAYNOR and J. I. MULLARKY, Effects of mixing speed on air content, *NRMCA Technical Information Letter No. 312* (National Ready Mixed Concrete Assoc., Silver Spring, Maryland, Sept. 20, 1974).
11.29 H. SOMMER, Ein neues Verfahren zur Erzielung der Frost-Tausalz-Beständigkeit des Betons, *Zement und Beton*, **22**, No. 4, pp. 124–9 (1977).
11.30 B. MATHER, Concrete need not deteriorate, *Concrete International*, **1**, No. 9, pp. 32–7 (1979).
11.31 B. MATHER, A discussion of the paper "Mechanism of the $CaCl_2$ attack on Portland cement concrete", by S. CHATTERJI, *Cement and Concrete Research*, **9**, No. 1, pp. 135–6 (1979).
11.32 L. H. TUTHILL, Resistance to chemical attack, *ASTM Sp. Tech. Publ. No. 169B*, pp. 369–87 (1978).
11.33 R. D. GAYNOR, Ready-mixed concrete, *ASTM Sp. Tech. Publ. No. 169B*, pp. 471–502 (1978).
11.34 M. PIGEON, La durabilité au gel du béton, *Materials and Structures*, **22**, No. 127, pp. 3–14 (1989).
11.35 M. PIGEON, P.-C. AÏTCIN and P. LAPLANTE, Comparative study of the air-void stability in a normal and a condensed silica fume field concrete, *ACI Materials Journal*, **84**, No. 3, pp. 194–9 (1987).
11.36 R. C. PHILLEO, *Freezing and Thawing Resistance of High Strength Concrete*, Report 129, Transportation Research Board, National Research Council, 31 pp. (Washington DC,1986).
11.37 A. NEVILLE, Chloride attack of reinforced concrete – an overview, *Materials and Structures*, **28**, No. 176, pp. 63–70 (1995).
11.38 J. T. HOARTY, Improved air-entraining agents for use in concretes containing pulverised fuel ashes, in *Admixtures for Concrete: Improvement of Properties, Proc. ASTM Int. Symposium*, Barcelona, Spain, Ed. E. Vázquez, pp. 449–59 (Chapman and Hall, London, 1990).
11.39 R. J. DETWILER, K. O. KJELLSEN and O. E. GJØRV, Resistance to chloride intrusion of concrete cured at different temperatures, *ACI Materials Journal*, **88**, No. 1, pp. 19–24 (1991).
11.40 D. W. PFEIFER, W. F. PERENCHIO and W. G. HIME, A critique of the ACI 318 chloride limits, *PCI Journal*, **37**, No. 5, pp. 68–71 (1992).
11.41 H. R. SAMAHA and K. C. HOVER, Influence of microcracking on the mass transport properties of concrete, *ACI Materials Journal*, **89**, No. 4, pp. 416–24 (1992).
11.42 G. FAGERLUND, Air-pore instability and its effect on the concrete properties, *Nordic Concrete Research*, No. 9, pp. 39–52 (Oslo, Dec. 1990).
11.43 M. A. ALI, *A Review of Swedish Concreting Practice*, Building Research Establishment Occasional Paper, 35 pp. (Watford, U.K., June 1992).
11.44 F. SAUCIER, M. PIGEON and G. CAMERON, Air-void stability, Part V: temperature,

general analysis and performance index, *ACI Materials Journal,* **88**, No. 1, pp. 25–36 (1991).
11.45 M. PIGEON and P. PLANTE, Study of cement paste microstructure around air voids: influence and distribution of soluble alkalis, *Cement and Concrete Research,* **20**, No. 5, pp. 803–14 (1990).
11.46 K. OKKENHAUG and O. E. GJØRV, Effect of delayed addition of air-entraining admixtures to concrete, *Concrete International,* **14**, No. 10, pp. 37–41 (1992).
11.47 W. F. PERENCHIO, V. KRESS and D. BREITFELLER, Frost lenses? Sure. But in concrete?, *Concrete International,* **12**, No. 4, pp. 51–3 (1990).
11.48 D. WHITING, Air contents and air-void characteristics in low-slump dense concretes, *ACI Journal,* **82**, No. 5, pp. 716–23 (1985).
11.49 G. G. LITVAN, Further study of particulate admixtures for enhanced freeze–thaw resistance of concrete, *ACI Journal,* **82**, No. 5, pp. 724–30 (1985).
11.50 O. E. GJØRV et al., Frost resistance and air-void characteristics in hardened concrete, *Nordic Concrete Research,* No. 7, pp. 89–104 (Oslo, Dec. 1988).
11.51 P.-C. AÏTCIN, C. JOLICOEUR and J. G. MACGREGOR, Superplasticizers: how they work and why they sometimes don't, *Concrete International,* **16**, No. 5, pp. 45–52 (1994).
11.52 E.-H. RANISCH and F. S. ROSTÁSY, Salt-scaling resistance of concrete with air-entrainment and superplasticizing admixtures. in *Durability of Concrete: Aspects of Admixtures and Industrial By-Products, Proc. 2nd International Seminar,* D9:1989, pp. 170–8 (Swedish Council for Building Research, Stockholm, 1989).
11.53 C. OZYILDIRIM and M. M. SPRINKEL, Durability of concrete containing hollow plastic microspheres, *ACI Journal,* **79**, No. 4, pp. 307–11 (1982).
11.54 J. YINGLING, G. M. MULLINS and R. D. GAYNOR, Loss of air content in pumped concrete, *Concrete International,* **14**, No. 10, pp. 57–61 (1992).
11.55 D. WHITING, G. W. SEEGEBRECHT and S. TAYABJI, Effect of degree of consolidation on some important properties of concrete, in *Consolidation of Concrete,* ACI SP-96, pp. 125–60 (Detroit, Michigan, 1987).
11.56 ACI 318–95, Building code requirements for structural concrete, *ACI Manual of Concrete Practice, Part 3: Use of Concrete in Building–Design, Specifications, and Related Topics,* 345 pp. (Detroit, Michigan, 1996)
11.57 F. SAUCIER, M. PIGEON and P. PLANTE, Air-void stability, Part III: field tests of superplasticized concretes, *ACI Materials Journal,* **87**, No. 1, pp. 3–11 (1990).
11.58 G. FAGERLUND, Effect of the freezing rate on the frost resistance of concrete, *Nordic Concrete Research,* No. 11, pp. 20–36 (Oslo, Feb. 1992).
11.59 M. PIGEON, J. PRÉVOST and J.-M. SIMARD, Freeze–thaw durability versus freezing rate, *ACI Journal,* **82**, No. 5, pp. 684–92 (1985).
11.60 C. FOY, M. PIGEON and M. BANTHIA, Freeze–thaw durability and deicer salt scaling resistance of a 0.25 water–cement ratio concrete, *Cement and Concrete Research,* **18**, No. 4, pp. 604–14 (1988)
11.61 R. GAGNÉ, M. PIGEON and P.-C. AÏTCIN, Deicer salt scaling resistance of high strength concretes made with different cements, in *Durability of Concrete,* Vol. 1, ACI SP-126, pp. 185–99 (Detroit, Michigan, 1991).
11.62 S. E. HUSSAIN and RASHEEDUZZAFAR, Effect of temperature on pore solution composition in plain concrete, *Cement and Concrete Research,* **23**, No. 6, pp. 1357–68 (1993).
11.63 G. J. VERBECK, Mechanisms of corrosion in concrete, in *Corrosion of Metals in Concrete,* ACI SP-49, pp. 21–38 (Detroit, Michigan, 1975).

第11章 凍結融解の影響と塩化物の影響

11.64 P. LAMBERT, C. L. PAGE and P. R. W. VASSIE, Investigations of reinforcement corrosion. 2. Electrochemical monitoring of steel in chloride-contaminated concrete, *Materials and Structures,* **24**, No. 143, pp. 351–8 (1991).

11.65 J. TRITTHART, K. PETTERSSON and B. SORENSEN, Electrochemical removal of chloride from hardened cement paste, *Cement and Concrete Research,* **23**, No. 5, pp. 1095–104 (1993).

11.66 J. TRITTHART. Concrete binding in cement. II. The influence of the hydroxide concentration in the pore solution of hardened cement paste on chloride binding, *Cement and Concrete Research,* **19**, No. 5, pp. 683–91 (1989).

11.67 M.-J. AL-HUSSAINI et al., The effect of chloride ion source on the free chloride ion percentages of OPC mortars, *Cement and Concrete Research,* **20**, No. 5, pp. 739–45 (1990).

11.68 L. TANG and L.-O. NILSSON, Chloride binding capacity and binding isotherms of OPC pastes and mortars, *Cement and Concrete Research,* **23**, No. 2, pp. 247–53 (1993).

11.69 RASHEEDUZZAFAR, A. S. AL-GAHTANI and S. S. AL-SAADOUN, Influence of construction practices on concrete durability, *ACI Materials Journal,* **86**, No. 6, pp. 566–75 (1989).

11.70 O. S. B. AL-AMOUDI et al., Prediction of long-term corrosion resistance of plain and blended cement concretes, *ACI Materials Journal,* **90**, No. 6, pp. 564–71 (1993).

11.71 S. NAGATAKI et al., Condensation of chloride ion in hardened cement matrix materials and on embedded steel bars, *ACI Materials Journal,* **90**, No. 4, pp. 323–32 (1993).

11.72 N. S. BERKE, Corrosion inhibitors in concrete, *Concrete International,* **13**, No. 7, pp. 24–7 (1991).

11.73 C. K. NMAI, S. A. FARRINGTON and S. BOBROWSKI, Organic-based corrosion-inhibiting admixture for reinforced concrete, *Concrete International,* **14**, No. 4, pp. 45–51 (1992).

11.74 C. ALONSO and C. ANDRADE, Effect of nitrite as a corrosion inhibitor in contaminated and chloride-free carbonated mortars, *ACI Materials Journal,* **87**, No. 2, pp. 130–7 (1990).

11.75 T. NIREKI and H. KABEYA, Monitoring and analysis of seawater salt content, *4th Int. Conf. on Durability of Building Materials and Structures,* Singapore, pp. 531–6 (4–6 Nov. 1987).

11.76 W. H. HARRISON, Effect of chloride in mix ingredients on sulphate resistance of concrete, *Mag. Concr. Res.,* **42**, No. 152, pp. 113–26 (1990).

11.77 G. COCHET and B. JÉSUS, Diffusion of chloride ions in Portland cement–filler mortars, *Int. Conf. on Blended Cements in Construction,* Sheffield UK, pp. 365–76 (Elsevier Science, Oxford, 1991).

11.78 A. J. AL-TAYYIB et al., Corrosion behavior of pre-rusted rebars after placement in concrete, *Cement and Concrete Research,* **20**, No. 6, pp. 955–60 (1990).

11.79 B. MATHER, Calcium chloride in Type V-cement concrete, in *Durability of Concrete,* ACI SP-131, pp. 169–76 (Detroit, Michigan, 1992).

11.80 D. W. S. HO and R. K. LEWIS, The specification of concrete for reinforcement protection – performance criteria and compliance by strength, *Cement and Concrete Research,* **18**, No. 4, pp. 584–94 (1988).

11.81 S. GOÑI, C. ANDRADE and C. L. PAGE, Corrosion behaviour of steel in high alumina cement mortar samples: effect of chloride, *Cement and Concrete Research,* **21**, No.

参考文献

4, pp. 635–46 (1991).
11.82 ACI 222R-89, Corrosion of metals in concrete, *ACI Manual of Concrete Practice Part 1: Materials and General Properties of Concrete*, 30 pp. (Detroit, Michigan, 1994).
11.83 A. LAMMKE, Chloride-absorption from concrete surfaces, in *Evaluation and Repair of Fire Damage to Concrete*, ACI SP-92, pp. 197–209 (Detroit, Michigan, 1986).
11.84 STRATEGIC HIGHWAY RESEARCH PROGRAM, SHRP-S-347, *Chloride Removal Implementation Guide*, National Research Council, 45 pp. (Washington DC, 1993).
11.85 G. K. GLASS, C. L. PAGE and N. R. SHORT, Factors affecting the corrosion rate of steel in carbonated mortars, *Corrosion Science*, **32**, No. 12, pp. 1283–94 (1991).
11.86 STRATEGIC HIGHWAY RESEARCH PROGRAM SHRP-C-365, *Mechanical Behavior of High Performance Concretes*, Vol. 5, National Research Council, 101 pp. (Washington DC, 1993).
11.87 W. E. ELLIS JR., E. H. RIGG and W. B. BUTLER, Comparative results of utilization of fly ash, silica fume and GGBFS in reducing the chloride permeability of concrete, in *Durability of Concrete*, ACI SP-126, pp. 443–58 (Detroit, Michigan, 1991).
11.88 G. C. HOFF, Durability of offshore and marine concrete structures, in *Durability of Concrete*, ACI SP-126, pp. 33–53 (Detroit, Michigan, 1991).
11.89 STUVO, *Concrete in Hot Countries*, Report of STUVO, Dutch member group of FIP, 68 pp. (The Netherlands, 1986).
11.90 P. SCHIESSL and N. RAUPACH, Influence of blending agents on the rate of corrosion of steel in concrete, in *Durability of Concrete: Aspects of Admixtures and Industrial By-products*, 2nd International Seminar, Swedish Council for Building Research, pp. 205–14 (June 1989).
11.91 R. F. M. BAKKER, Initiation period, in *Corrosion of Steel in Concrete*, Ed. P. Schiessl, RILEM Report of Technical Committee 60-CSC, pp. 22–55 (Chapman and Hall, London, 1988).
11.92 ACI 201.2R-92, Guide to durable concrete, *ACI Manual of Concrete Practice, Part 1: Materials and General Properties of Concrete*, 41 pp. (Detroit, Michigan, 1994).
11.93 Y. P. VIRMANI, Cost effective rigid concrete construction and rehabilitation in adverse environments, *Annual Progress Report, Year Ending Sept. 30, 1982*, U.S. Federal Highway Administration, 68 pp. (1982).
11.94 ACI 212.3R-91, Chemical admixtures for concrete, *ACI Manual of Concrete Practice, Part 1: Materials and General Properties of Concrete*, 31 pp. (Detroit, Michigan, 1994).
11.95 R. D. GAYNOR, Ready-mixed concrete, in *Significance of Tests and Properties of Concrete and Concrete-making Materials*, Eds P. Klieger and J. F. Lamond, *ASTM Sp. Tech. Publ. No. 169C*, pp. 511–21 (Philadelphia, Pa, 1994).
11.96 P. P. HUDEC, C. MACINNIS and M. MOUKWA, Microclimate of concrete barrier walls: temperature, moisture and salt content, *Cement and Concrete Research*, **16**, No. 5, pp. 615–23 (1986).
11.97 O. E. GJØRV, K. TAN and M.-H. KHANG, Diffusivity of chlorides from seawater into high-strength lightweight concrete, *ACI Materials Journal*, **91**, No. 5, pp. 447–52 (1994).
11.98 K. BYFORS, Influence of silica fume and flyash on chloride diffusion and pH values in cement paste, *Cement and Concrete Research*, **17**, No. 1, pp. 115–30 (1987).
11.99 P. W. KEENE, Some tests on the durability of concrete mixes of similar compressive

第11章　凍結融解の影響と塩化物の影響

strength, *Cement Concr. Assoc. Tech. Rep. TRA/330* (London, Jan. 1960).
11.100 E. SIEBEL, Air-void characteristics and freezing and thawing resistance of super-plasticized and air-entrained concrete with high workability, in *Superplasticizers and Other Chemical Admixtures in Concrete,* Proc. 3rd International Conference, Ottawa, Ed. V. M. Malhotra, ACI SP-119, pp. 297–320 (Detroit, Michigan, 1989).

第12章　硬化コンクリートの試験

　コンクリートの性質は時間と周囲の湿度の関数であることが分かった。そしてこれが，コンクリートの試験を規定の条件下，または既知の条件下で行わなければ価値がないことの理由である。国が違えば，時には同じ国の中でさえ，異なった試験方法と技術が用いられている。これらの試験の多くは実験室の中で，とくに研究で使用されるため，測定された性質に及ぼす試験方法の影響を知っておくことが重要である。当然ながら，試験条件の影響と試験されるコンクリート固有の相違点とを区別することが重要である。

　試験はさまざまな目的で行うことができるが，試験をすることの2つの主な目的は品質管理と規定を遵守していることの確認である。例えばプレストレスの導入時や型枠の解体時にコンクリート強度を測定するために行う圧縮強度試験など，特定の目的のための補足的な試験も行われる。試験はそれ自体が目的ではないことを念頭に置かなければならない。多くの実施例においては，試験によって鮮やかな，簡明な解釈が得られないことがあるため，本当の価値を発揮させるためには，常に経験を背景にしながら試験を用いなければならない。それにもかかわらず，試験は一般に規定された値または他の何らかの値と比較する目的で行うため，基準の方法から少しでも逸脱すると，論争や混乱を引き起こすことがあり，望ましくない。

　試験はおおまかに言って，破壊するまで行う機械的試験と，非破壊試験とに分類することができる。非破壊試験は，同じ供試体を繰り返し試験して時間とともに発生する性質の変化を調べることができる。非破壊試験はまた，実際の構造物中のコンクリートを試験することもできる。

第12章 硬化コンクリートの試験

12.1 圧縮強度試験

　硬化コンクリートで行うすべての試験のうち，もっとも一般的なものが圧縮強度試験である。その理由は，1つには実施が簡単であることであり，そのほか，すべてではないが，コンクリートの望ましい特性の多くがその強度と質的に関連していることもある。しかし主な理由は，コンクリートの圧縮強度が構造設計において本質的に重要だからである。建設では例外なく用いられるものの，圧縮強度試験にはいくつかの不利な点がある。しかしフランスの慣用句[12.80]を使って言えば，圧縮強度試験は，今や技術者の文化のかばんの一部となっている。

　強度試験の結果は，試験供試体の型；供試体の寸法；モールドの型；養生；端面の処理；試験機の剛性；および応力の負荷速度；の違いの影響を受ける。そのため，試験は単一の基準に従って行い，定められた方法から逸脱するようなことがあってはならない。

　十分な締固めと規定期間の湿潤養生などの，規定の方法で作成された供試体の圧縮強度試験結果は，コンクリートの潜在的な品質を表す。もちろん，実際の構造物中のコンクリートは，例えば不完全な締固め，材料分離，または不十分な養生などによって，実際は品質が劣っていると思われる。型枠を除去してよい時期や，施工を続けてよい時期や，構造物を供用する時期などを知りたい場合には，これらの影響は重要である。この目的のためには，試験供試体の養生は実際の構造物の状態にできる限り近い状態で行う。しかしその場合さえ，温度と湿度の影響は，試験供試体と比較的大きい断面のコンクリート体とでは同じではない。供用供試体を試験する材齢は，そのときに必要な情報によって決定される。他方，標準供試体は規定された材齢で試験されるが，一般には28日である。補足試験が3日と7日に行われることが多い。2種類の圧縮試験供試体が使用される。立方体供試体と円柱供試体である。立方体供試体は英国，ドイツ，その他多くのヨーロッパ諸国で用いられている。円柱供試体は米国，フランス，カナダ，オーストラリア，およびニュージーランドの標準供試体である。スカンジナビアでは立方体供試体と円柱供試体の両方を使って試験が行われている。それぞれの国において，どの型の供試体を使うかということは深く浸透しているため，欧州基準ENV 206:1992では円柱供試体と立方体供試体の両方の使用が認められている。

12.1 圧縮強度試験

12.1.1 立方体供試体試験

　供試体は丈夫につくられた鋼製または鋳鉄製のモールドに打込まれる。モールドは，通常は 150 mm 立方体であるが，許容差の小さい規定された寸法および平坦性で，立方体の形状を確保していなければならない。打込みの間，モールドとその土台とはしっかり固定してモルタルの漏れを防がなければならない。モールドを組み立てる前にその嚙合わせ面を鉱物油で覆い，またモールドの内面に類似の油の薄膜を施し，モールドとコンクリートの間に付着が生じるのを防がなければならない。

　BS 1881:Part 108:1983 に規定された基準の方法は，3 層でモールドを満たすことになっている。コンクリートの各層は，振動ハンマーによって，あるいは振動台を用いて，または，断面が 25 mm 平方の鋼製の突き棒で 35 回以上突いて締固める。突固めは，材料分離やレイタンスが生じずに完全な締固めが達成されるまで続けなければならない。なぜならば，もし試験結果が完全に締固められたコンクリートの代表値を表さなければならないのであれば，立方体供試体中のコンクリートは完全に締固めることがきわめて重要であるからである。反対に，もし打込んだままのコンクリートの性質を確認することが必要であれば，立方体供試体中のコンクリートの締固めの程度は，構造物中のコンクリートの締固めの程度を模擬していなければならない。したがって，振動台で締固められるプレキャスト部材の場合は，立方体供試体と部材とを同時に振動させることもできる。しかし，2 つの質量が大きく異なることから，同じ程度の締固めを行うことは非常に難しくなるため，この方法は推奨できない。

　BS 1881:Part 111:1983 によると，立方体供試体の上面をこてで均して仕上げた後，その立方体供試体は温度 20±5℃，相対湿度 90％以上で 24±4 時間，静かに保管する。

　この保管期間終了後にモールドを取り除き，立方体供試体を 20±2℃の水中に入れ，さらに養生を続ける。

　圧縮試験では，立方体供試体を，まだ濡れている間に，型枠面が試験機の加圧板と接触する方向に置く。すなわち，試験時の立方体供試体の位置は打込み時の位置と直角方向になる。BS 1881:Part 116:1983 によれば，立方体供試体にかける荷重は 0.2〜0.4 MPa/秒の一定応力速度で載荷しなければならない。コンクリー

トの応力-ひずみ関係が応力が高い部分で非線形性であることから,ひずみの増加速度は破壊に近づくにつれて上昇しなければならないことになる。すなわち,試験機の加圧板の移動速度を上昇しなければならない。試験機の要件については,728頁に解説する。

破壊強度としても知られる圧縮強度は0.5 MPa単位に丸めて報告する。さらに高い精度は一般に見かけ上だけである。

12.1.2 円柱供試体試験

標準円柱供試体は直径150 mm,長さ300 mmであるが,フランスではこの寸法が159.6 mm×320 mmである。159.6 mmという直径は,断面積が20 000 mm^{2}になる。円柱供試体は,一般に鋼材や鋳鉄でつくられ,土台をしっかり固定させたモールドに打込まれる。円柱供試体のモールドはASTM C 470-94に規定されており,プラスチック,シートメタル,および加工した厚紙でつくられた使い捨て式のモールドを使用することも認められている。

モールドの細部など些細なことに思われるかもしれないが,基準に合わないモールドは紛らわしい試験結果を生み出すおそれがある。例えば,モールドの剛性が低いと締固めのエネルギーが散逸させられるためコンクリートの締固めが不十分になり,低い強度が表示される。反対に,練混ぜ水の漏れを許容するモールドであればコンクリート強度が増す。使い捨て式または再使用の制限されたモールドを過剰に再使用すると,ゆがみが生じて見かけ上の強度の低下が起きる[12.55]。

円柱供試体の作製方法はBS 1881:Part 110:1983とASTM C 192-90 aに規定されている。この方法は立方体供試体の場合とほぼ同じであるが,英国基準と米国基準では細部に相違がある。

円柱供試体の圧縮強度試験では,円柱の上面が試験機の加圧板と密着していることが必要である。この面がこてで均して仕上げられている場合は試験に使用できるほど滑らかではないため,さらに処理を行うことが必要になってくる。これが円柱供試体で圧縮試験を行うことの不利な点である。円柱供試体の載荷面のキャッピング処理については後の節で考察するが,キャッピングが行われる場合であっても,ASTM C 192-90 aとC 31-91はキャッピングが行われる前の上面に3.2 mmを超えるくぼみやこぶを認めていない。空気ポケットが生じるおそれがあ

るからである[12.55]。

12.1.3 立方体供試体の等価試験

曲げ試験を行った梁の一部を使ってコンクリートの圧縮強度を測定することがある。そのような梁の端部は，曲げ試験で破壊した後にはそのまま放置される。梁は通常断面が正方形であるため，梁の断面と同じ寸法の正方形の鋼製圧縮板を通して荷重をかければ，「等価」立方体供試体または「修正」立方体供試体が得られる。

2つの圧縮板が上下に垂直に重なるよう正確な置き方をすることが重要である。適当なジグを図-12.1に示す。供試体は，梁の打込み時の上面がどちらの圧縮板とも接触しないような置き方をすることが重要である。

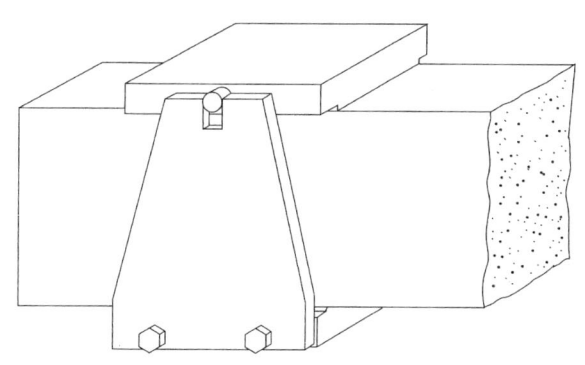

図-12.1　立方体供試体の等価試験のジグ

この試験はBS 1881:Part 119:1983とASTM C 116-90に規定されている。後者では，断面が長方形の梁を使用することも認められている。

修正立方体供試体の強度は，同じ寸法の標準立方体供試体の強度と同じである。実際は，「立方体」の突き出た部分の拘束が破壊強度をわずかに上昇させる可能性があるため[12.4]，修正立方体供試体の強度は同じ寸法の成型立方体供試体の強度と比べて平均5％高い。

12.2 供試体載荷面の状態の影響とキャッピング

圧縮試験をする時,円柱供試体の上面が試験機の加圧板と密着する。この面は機械仕上げした板に対して打ち込んだのではなくて,こてで均して仕上げられているため,上面は多少起伏があり,真の平面ではない。そのような状況下では応力集中が発生し,コンクリートの見かけの強度が低下する。凸状の載荷面は一般に応力の集中が大きいため,凹状の載荷面より強度が大きく低下する。強度の測定値は,高強度コンクリートの場合でとくに大きく低下する[12.5]。

このような強度の低下を防ぐためには,端面を平らにすることがきわめて重要である。ASTM C 617-94 では,円柱供試体の端面は,直定規とすき間ゲージで求めた平坦性が 0.05 mm 以内,円柱供試体の軸との垂直性が 0.5°以内であることを要求している。コンクリート円柱供試体の端面の平坦性と平行度および側面の垂直性を試験するための方法は,米国陸軍工兵科のコンクリートおよびセメントの手引書[12.81]に規定されている。方法は過度に複雑ではないが,そのような試験は研究作業で重要となる可能性がもっとも高い。試験機の加圧板の平坦性に関する規制値は,ASTM C 39-93a に規定されている。

載荷面には「高くなった点」が存在しないことに加えて,砂粒や(前の試験による)破片が付いていてはならない。もしそのようなものがあると,破壊が早まったり,極端な場合には突然の割裂を起こすことがあるからである。

供試体の端面の不均一による悪影響を除くためには,3つの方法がある。すなわち,キャッピング,研磨,および敷き材によるパッキングである。

パッキングはキャッピングを行った供試体や,時には金ごてで平らに均した供試体と比べてみても,見かけ上の平均コンクリート強度をかなり低下させるため推奨できない(図-12.6 参照)。同時に,平坦性の不足(強度のばらつきが大きくなる原因)の影響が除かれるため,強度の値のばらつきはかなり少なくなる。

パッキング(通常はソフトボード,厚紙,または鉛による)によって生じた強度の低下は,パッキング材のポアソン比効果によって円柱供試体中に誘発された水平ひずみに起因する。この材料のポアソン比は一般にコンクリートのポアソン比より高いため,割裂を誘発する。この効果は,供試体と加圧板との摩擦によってコンクリートの横方向の広がりが拘束されるのを防ぐために,円柱供試体の載

荷面に塗油する効果と似ているが，通常はそれより効果が大きい。そのような塗油によって供試体の強度が低下することが判明している。

適切な材料でキャッピングをすると，強度の測定値に影響を及ぼさず，キャッピングをしない供試体と比べてばらつきも低下する。理想的なキャッピング材料は，供試体のコンクリートとほぼ同じ強度と弾性特性とをもっていなければならない。その場合は割裂傾向が大きくなることもなく，応力は供試体の断面全体にわたって均一に分布される。

キャッピング作業は，試験の直前かあるいは供試体が打ち込まれてからまもなく実施すると良い。この2つの場合で異なった材料が用いられるが，キャッピング材料が何であれ，キャッピング部は薄く，できれば厚さが1.5～3mmであることが望ましい。キャッピング材は供試体のコンクリートより弱くてはならない。しかし，キャッピング部の強度はその厚さの影響を受ける。キャッピング部がきわめて強いと，大きい横方向の拘束が生じ，見かけ上の強度が上昇することがあるため，強度の差があまりにも大きいことは望ましくないと考えられている。キャッピング材が測定強度に及ぼす影響は，低強度コンクリートより高強度または中強度のコンクリートの方がはるかに大きい[12.6, 12.82]。前者の場合は，キャッピング材のポアソン比も影響を及ぼさない。48 MPaのコンクリートであれば，高強度キャッピングによって低強度キャッピングより強度が7～11%高く現れる。69 MPaのコンクリートの場合は，この差が17%にも達することがある。キャッピング部の厚さがきわめて薄い場合であれば，これらの相違は小さくなる[12.82]。

キャッピングの方法はASTM C 617-94に規定されている。キャッピング作業を打込み後まもなく行う場合は，ポルトランドセメントペーストを用いる。コンクリートのプラスチック収縮と，それに伴うモールド中の材料の上面の沈下が発生した後になるように，キャッピング作業は，打込み後2時間から4時間遅らせることが望ましい。元のコンクリートの仕上げ面を，モールドの上端から1.5～3mmほど低くすると便利である。キャッピング作業によって，この空間は，収縮の一部が発生した後のこわばりのあるセメントペーストで満たされ，ガラス製または機械仕上げした鋼製の板を押し付けられ平らな面になる。

この作業をうまく仕上げるためには，とくにセメントペーストと板とをきれいに離すためには，経験が必要である。ラード油とパラフィンの混合物を板に塗っ

第 12 章　硬化コンクリートの試験

たり[12.7]，グラファイトグリースの薄いフィルムで覆う[12.6]方法が良いことが分かっている。キャッピングの後で湿潤養生を継続しなければならない。

　これに代わる方法は，試験をする直前に円柱供試体のキャッピングを行うことである。実際の時間はキャッピング材の硬化特性によって異なる。キャッピング部の厚さは3～8 mmにし，下のコンクリートと十分に付着させなければならない。適切なキャッピング材は高強度の石膏プラスターと溶融硫黄モルタルであるが，超速硬セメント[12.82]も用いられて来た。

　硫黄モルタルの成分は，硫黄のほかに粉砕した耐火粘土などの粒状材料である。この混合物は，溶融状態で，平らで直角な端面を確保するジグの中へ供試体と一緒に入れ，硬化させる。有毒ガスが発生するため，有毒ガス排出装置を使う必要がある。試験が終わった円柱供試体から取り出した硫黄混合物は5回まで再使用することができるが，円柱供試体の強度に著しい影響が出る可能性があるため，硫黄モルタルの選択と使用には注意が必要である[12.53]。キャッピングの後で湿潤養生を再開しなければならない。

　キャッピングに代わる方法は，供試体の載荷面が平らで直角になるまで研磨する（炭化けい素研磨剤を用いて）ことである。この方法はきわめて満足の行く結果をもたらすが，やや高価である。研磨の場合はキャッピングによる強度低下をまったく引き起こさないため，キャッピングより高い強度になるといわれている[12.84]。したがって，研磨された供試体は「完璧に」打込まれた試験面をもつ供試体と同じ強度を有する。

12.2.1　アンボンドキャッピング

　強度が約100 MPaまでのコンクリートであれば硫黄モルタルのキャッピングで十分であるが，キャッピングは長々と時間のかかる作業であり，また潜在的にわずかな危険性を伴う。そのため，アンボンドキャッピングを開発する試みが数多く行われてきた。それらは，図-12.2に示す型の拘束する剛な金属製キャップにエラストマーのパッドを挿入したものである。鋼製のキャップにネオプレンのパッドを挿入してもうまく行くことが判明している[12.74]。キャップの直径はコンクリート円柱供試体より6 mm程度大きくなければならず，パッドはキャップにぴったりとはまらなければならない。円柱供試体とキャップは同心にすること

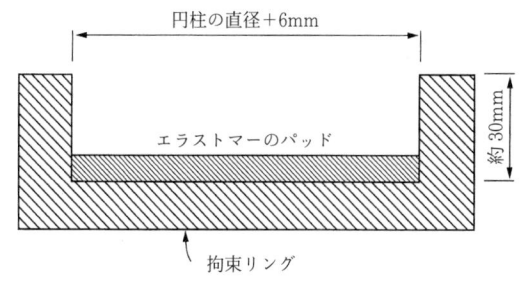

12.2 供試体載荷面の状態の影響とキャッピング

図-12.2 標準的なアンボンドキャッピング装置の断面

が重要である。

アンボンドゴムキャッピングの使用はオーストラリアで認められている[12.75]。キャップは完全に鋳造したものでなければならず（穴を開けたものではない），コンクリートの強度によって異なる硬度のゴムを使用しなければならないことが確認された[12.75]。このことは，円柱供試体のおよその強度を予想できない時にはやっかいな因子である。さらにまた，ゴムキャップは低強度のコンクリートに使用してはならない。20 MPa[12.75] と 30 MPa[12.73] という制限値が提唱されている。なぜならば，これより強度が低いと，アンボンドキャッピングは従来の硫黄モルタルキャッピングと比べて強度値が低く現れるからである。

他の国々ではアンボンドキャッピングの使用が制限されており，したがってこれらのキャップを使って得られた強度と硫黄モルタルでキャッピングをした円柱供試体の強度値との信頼できる比較は行われていない。しかし，硫黄モルタルでキャッピングをした円柱供試体の強度と比べて一定の相違が多少あったとしても，それは重要ではない。なぜならば，すべてのキャッピング方法は測定強度に一定の影響を及ぼすため，「本当の」コンクリート強度は存在しないからである。重要なことは，それぞれの建設プロジェクトに対しては単一の方法を用いることである。

アンボンドキャッピングを用いた円柱供試体の試験結果のばらつきは，標準のキャッピングを用いた場合より小さい。これは，円柱供試体端面の粗さの影響を減少させる点で，アンボンドキャッピングが良い影響を及ぼすためであると思われる[12.72]。

超高強度コンクリートのキャッピングは，硫黄キャッピングの場合はコンクリー

トの方が硫黄モルタルキャップ部より強度が高いため，特殊な問題が発生する。またアンボンドキャッピングは，パッドが大きく損傷を受け，キャップから押し出される場合さえあることからも不十分である[12.71]。円柱供試体端面を研磨するときわめて良い結果が得られるが，時間がかかり，高価である。加えて，研磨とラップ仕上げの質が高いことが厳格に保証されなければならない。

研磨を避けるために，砂を詰めた拘束鋼製キャップが開発された。乾燥したけい酸質細砂をキャップの中で締固める。円柱供試体を砂の上に置き，溶融パラフィンを注いで，砂を閉じ込め円柱供試体の中心を固定する封印物を作る[12.71]。砂のキャッピングを使った120 MPaまでのコンクリートの圧縮強度は，研磨供試体の圧縮強度と十分に一致した[12.71]。

研究目的のためには，圧縮応力が本当の意味で均一になるように載荷することが望ましいと思われる。このような状態は，隙間を空けて並べた薄いゴムの細片の上から[12.12]，または硬い針金のブラシの上から[12.56]荷重をかけることによって得ることができる。ブラシの「加圧板」は，断面が5×3 mm程度で隙間が0.2 mmの糸状体でできている。これを用いると，コンクリートの横方向の変形が自由になるが，糸状体は曲がらない。ブラシの加圧板を100 mmの立方体供試体に用いると，同じひずみ速度で剛な加圧板を用いた場合の強度の80％に相当する強度が生じることが判明した（強度が約45 MPaのコンクリートの場合）[12.85]。

12.3 圧縮供試体の試験

円柱供試体の端面は平らであることのほかに，その軸に対して直角でなければならない。このことはまた端面が互いに平行であることも保証する。

次のようなわずかな許容誤差が認められている。供試体の軸が試験機の軸に対して300 mmで6 mm傾いていても，強度の低下を引き起こさないことが判明した[12.5]。試験機に設置した時の供試体の軸は加圧板の軸にできる限り近くなければならないが，6 mmまでの誤差であれば低強度コンクリートでつくられた円柱供試体の強度には影響を及ぼさない[12.5]。しかしBS 1881:Part 115:1986は，確実かつ正確な試験供試体の位置の確保を規定している。同様に，供試体の端面同士の平行度が多少劣っていても，BS 1881:Part 115:1986に規定するような，供試

12.3 圧縮供試体の試験

体の端面と自動的に合わせることのできる台座が試験機に備わっていれば，強度に悪影響は無い。

自動調整は球形台座によって達成される。これは加圧板が供試体に接触する時だけではなく，載荷中にも作用することができる。この段階で，供試体のある部分が他の部分より大きく変形することがある。これは，ブリーディングによって各層（打ち込まれた時の）の性質が同じでない立方体供試体の場合である。立方体供試体は，試験の方向が打込み時の方向に対して直角である。そのため，弱い部分と強い部分（互いに平行となる）は上の加圧板から下の加圧板に亘っている。荷重をかけると，弱い方のコンクリートは弾性係数が低いため変形が大きい。有効な球形台座であれば加圧板が変形にしたがうため，立方体供試体のすべての部分で応力が同じであり，破壊はこの応力が立方体供試体の弱い部分の強度に達した時点で起きる。反対に，載荷時に加圧板がその傾斜角を変えない場合は（すなわち自分自身に平行に移動する），立方体供試体の強い部分の方が大きい荷重に耐える。それでも弱い部分が先に破壊するが，立方体供試体が最大荷重に達するのは，立方体供試体の強い部分もその最大荷重に達した場合だけである。したがって立方体供試体にかけられた合計荷重は，加圧板が自由に回転できるときより大きい。この挙動は実験で確認された[12.9]。

試験機の球形台座を載荷時に有効にするためには，極性の高い潤滑材を使用して摩擦係数を 0.04 という低い値にまで低下させなければならない（グラファイト潤滑油を使用する場合の 0.15 と比較）[12.10]。ASTM C 39-93a では，普通の自動車用潤滑油のような石油タイプの油を使用するよう定めている。しかし，加圧板の移動を可能にすると，測定強度が，試験をしているコンクリートの強度をより正しく表すようになるかどうかは明らかでない。載荷状態で傾斜角を変えない加圧板をもつ機械の方が，名目上同じ立方体供試体を試験した場合の再現性が良い結果が生じるという指摘がある[12.11]（この理由から，BS 1881:Part 115:1986 では載荷時には台座は動いてはいけないと規定している）。いずれにせよ，測定される強度は球形台座の表面の摩擦によって重大な影響を受けるため，この面を基準状態に維持することがきわめて重要である。

球形台座を通した加圧板の荷重は，加圧板の厚みによって異なる曲げとゆがみを引き起こす。ASTM C 39-93a は，球形台座の寸法に対する加圧板の厚みを規

第12章　硬化コンクリートの試験

定しているが，前者は供試体の寸法によって左右される。

図-12.3(a)は，「硬い」加圧板を使用した場合の加圧板とコンクリートとの界面にできる応力度の分布を図示したものであるが，その場合の圧縮応力度は，供試体の中心より周囲に近い部分の方が高い。供試体または加圧板がわずかに凹状の場合でも分布は同じである。

逆に言えば，「軟らかい」加圧板を使用した場合（図-12.3(b)）の圧縮応力度は，供試体の周囲より中心に近い部分で高くなる。

この状態は，供試体表面または加圧板がわずかに凸状の場合にも生じる。図-12.3に示した応力分布のほかにも，コンクリートの異種混交状態やとりわけ端面の近くにある粗骨材の存在に起因する応力度のばらつきが局所的に存在する。

さまざまな型の試験機に関する説明は本書の対象外であるが，供試体の破壊は機械の設計，とりわけ機械に蓄えられたエネルギーによって左右されることを述べておかなければならない。機械がきわめて剛な場合は，供試体に負荷した荷重が破壊荷重に近づいて供試体が大きく変形しても，機械のヘッドが動いてそれに追従することがないため，荷重の負荷速度が減少して高い強度が記録される。反対に，機械がそれほど剛ではない場合には，荷重はその供試体の荷重-変形曲線により近く追従し，ひび割れが始まると機械に蓄えられたエネルギーが迅速に放出される。これは，より剛性の高い機械で起きる破壊と比べて低い荷重下で破壊をもたらし，また激しい爆発音を伴うことも多い[12.8]。厳密な挙動は機械の細部の特性によって異なり，機械の縦方向の剛性だけではなく横方向の剛性とも関連し

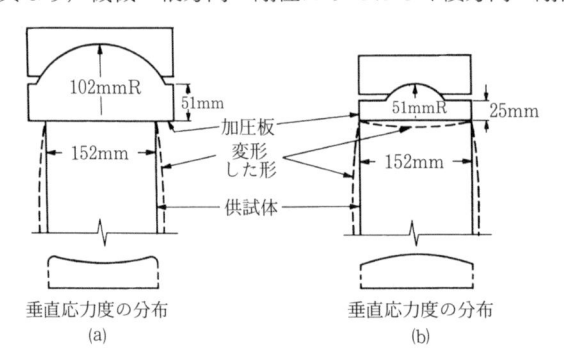

図-12.3　供試体端部付近の垂直応力度分布の試験装置による違い：(a)　硬い加圧板；(b)　軟らかい加圧板

ている[12.53]。適切かつ定期的な試験機の較正がきわめて重要である。これに関する規定が BS 1881:Part 115:1986 にある。もう１つの基準である BS 1881:Part 127:1990 には，特別厳重な管理体制でつくられた立方体供試体を使用する試験機の性能の検証方法が定められており，代表的な試験機で得られた試験結果との比較を行う。

12.4　圧縮供試体の破壊

　一軸圧縮応力を負荷したコンクリートの破壊に関しては，369 頁に考察した。しかし，圧縮試験はむしろもっと複雑な応力の機構を生じさせ，コンクリート供試体の端面とそれに接する試験機の鋼製加圧板との間に接線方向の力を発生させる。

　あらゆる材料の中では，作用する垂直圧縮力（供試体の公称応力）によって，ポアソン比効果による横方向の膨張が発生する。しかし，鋼材の弾性係数はコンクリートと比べて５～15 倍大きく，一方ポアソン比はほんの２倍大きいだけである。したがって，加圧板の横ひずみはコンクリートが自由に変形できる場合の横膨張量と比べて小さい。例えば Newman と Lachance[12.57] は鋼製加圧板の横ひずみが，拘束効果が十分消滅するほど接触面から離れた位置におけるコンクリートの横ひずみの 0.4 であることを確認した。

　したがって，加圧板は供試体の端に近い部分のコンクリートの横膨張を拘束していることが理解できる。作用している拘束の程度は，実際に発生する摩擦によって異なる。例えばグラファイトやパラフィン蝋の層を載荷面に施すなどして摩擦を解消すると，供試体は大きい横膨張を示し，ついにはその全長に沿って割裂する。

　摩擦が作用している場合，すなわち通常の試験の状態では，供試体中の要素はせん断応力も圧縮応力も受ける。加圧板から離れるにつれてせん断応力の大きさは小さくなり，横膨張が大きくなる。拘束の結果として，破壊まで試験を行った供試体の中に，比較的損傷を受けていない高さ $\frac{1}{2}d\sqrt{3}$（ここで，d は供試体の横寸法）にほぼ等しい円錐または角錐ができる[12.4]。供試体が約 $1.7d$ より長ければ，その一部は加圧板の拘束効果を受けない。長さが $1.5d$ に満たない供試体は，

それより長い供試体と比べて相当高い強度を示すということができる（図-12.5）。

一軸圧縮応力のほかにはせん断応力が働く場合に破壊が遅延されるように思われる。したがって、ひび割れと破壊を引き起こすのは主圧縮応力ではなく横方向引張ひずみであるという推論が成り立つ。実際の崩壊は、少なくとも一部の例では、供試体の中心部の崩壊に起因すると思われる。横ひずみはポアソン比効果によって生じ、この比をおよそ0.2と仮定すれば、横ひずみは軸圧縮ひずみの1/5となる。さて、コンクリートの破壊の厳密な規準は知らないが、限界ひずみが圧縮応力下で0.002～0.004、引張応力下で0.0001～0.0002の場合に破壊が起きるという強力な指摘がある。このうち前者のひずみに対する後者のひずみの比率はコンクリートのポアソン比より小さいため、限界圧縮ひずみに到達する前に円周引張り応力での破壊状態が達成されることがわかる。

数多くの円柱供試体試験で垂直方向の割裂が観測された。とくに、モルタルまたは純粋なセメントペーストでつくられた高強度供試体と硫黄浸透コンクリートにおいてそれは多かった。このような結果は、普通のコンクリートに粗骨材が含まれている場合には、粗骨材が横方向の連続性を生じさせるためそれほど一般的ではない[12.4]。供試体の縦方向と横方向の超音波パルス速度を測定することによって、垂直ひび割れが存在することも確認された[12.13]。

名目上一軸状態にある実際の応力分布の観測結果から見ても、必ずしも圧縮試験が相対的な試験としての価値が損なわれるとは思われないが、コンクリートの圧縮強度の真の値と解釈することにはきわめて慎重でなければならない。

12.5 円柱供試体の高さと直径との比が強度に及ぼす影響

標準円柱供試体の高さ h は直径 d の2倍に等しいが、時には他の比率の供試体が用いられることもある。このことは、とくに現場のコンクリートから抜き取られたコアの場合に多い。直径はコアの抜取用具の寸法によって異なり、一方コアの高さはスラブまたは部材の厚さによって異なる。コアが長すぎる場合は試験前に切断して h/d 比を2にすれば良いが、コアが短すぎる場合は、同じコンクリートをあたかも $h/d = 2$ の供試体で決定したと仮定して強度を推定することが必要である。

12.5 円柱供試体の高さと直径との比が強度に及ぼす影響

表-12.1 高さと直径との比が異なる円柱供試体の強度補正係数の標準値

高さと直径との比（高さ/直径）	強度補正係数	
	ASTM C 42-90	BS 1881:Part 120:1983
2.00	1.00	1.00
1.75	0.98	0.97
1.50	0.96	0.92
1.25	0.93	0.87
1.00	0.87	0.80

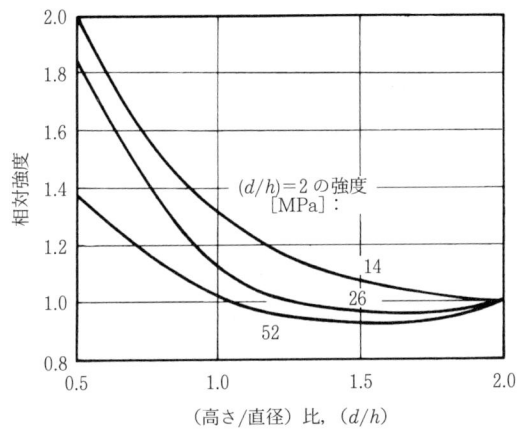

図-12.4 強度レベルの異なる円柱供試体の見掛けの強度に及ぼす（高さ/直径）比の影響[12.14]

ASTM C 42-90 と BS 1881:Part 120:1983（後者は推論による）では補正係数（表-12.1 参照）が提示されているが，Murdock と Kesler[12.14] は補正がコンクリート強度の大きさによっても異なることを確認した（図-12.4 参照）。高強度コンクリートは供試体の（高さ/直径）比による影響が少なく，またそのようなコンクリートは供試体の形状の影響も少ない。

立方体供試体の強度と $h/d = 1$ の円柱供試体の強度には相対的にあまり差がないので，この2つの因子は近い関係にあるはずである。

低強度コンクリートで h/d が2より小さいコアを試験する場合には，強度が補正係数に及ぼす影響は実際に重大である。ASTM C 42-90，とりわけ BS 1881:Part 120:1983 の規定を用いると，h/d が2の場合として得られる強度が過大評価される。しかも，強度の正確な推定がとりわけ重要なのは，低強度コンク

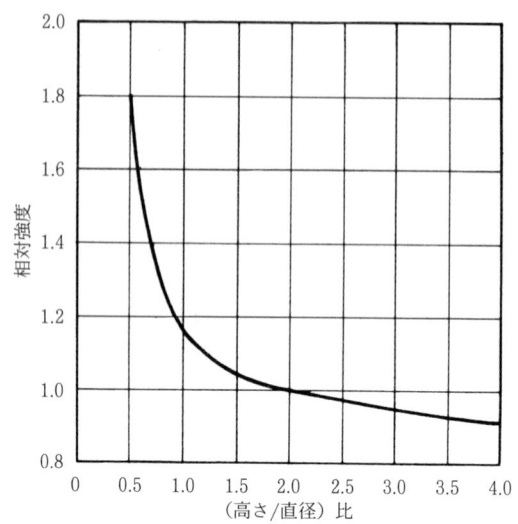

第12章　硬化コンクリートの試験

図-12.5　（高さ/直径）比が円柱供試体の見掛けの強度に及ぼす影響の一般的な型[12.40]

リートまたは強度が低すぎる疑いのあるコンクリートの場合なのである。

　h/d が低強度または中強度のコンクリートに及ぼす影響の一般的な型を，図-12.5 に示した。h/d 値が 1.5 未満の場合は，試験機の加圧板の拘束効果によって強度の測定値は急激に上昇する。h/d 値が 1.5 から 4 の間であれば強度にはほとんど影響がなく，h/d 値が 1.5 から 2.5 の間であれば強度は標準供試体（$h/d = 2$）の強度の 5％内外となる。h/d 値が 5 を超える場合は強度の低下がさらに速くなり，細長比の影響が現れてくる。

　したがって，高さと直径との比の標準は 2 が適当である。なぜならば，端部の影響が大部分除かれ，一軸圧縮域が供試体中に存在するばかりでなく，この比からわずかに離れても強度の測定値に重大な影響は出ないからである。ASTM C 42-90 では，h/d 値が 1.94～2.10 の場合は補正の必要がないと定めている。

　最小横寸法に対する高さの比率が強度に及ぼす影響は，角柱供試体の場合にも当てはまる。

　もちろん，端の摩擦が取り除かれれば h/d が強度に及ぼす効果はなくなるが，日常的な試験でこれを行うのはきわめて難しい。加圧板と供試体との間のパッキングがさまざまな h/d 値の円柱供試体の強度に及ぼす影響を，図-12.6 に示した。

12.6 立方体と円柱との強度の比較

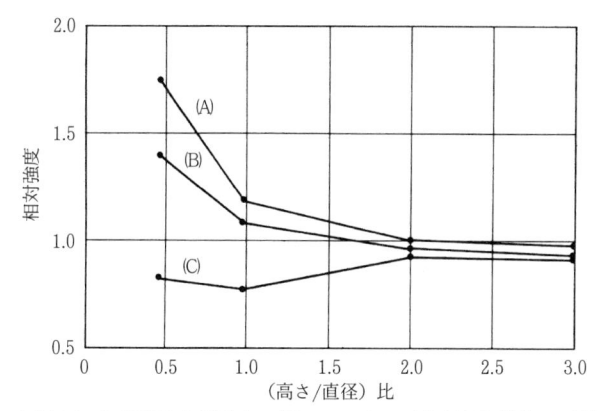

図-12.6 加圧板と供試体との間のパッキングを変えた場合の（高さ/直径）比と相対強度との関係[12.58]（高さ/直径 比=2 でパッキングを用いない時の強度を 1.0 とする）：(A) パッキングなし；(B) 8mm 厚の柔らかいウォールボード；(C) 25mm 厚のプラスチックボード

材料が均一であればあるほど端部効果の減少速度が速くなる。したがって，モルタルや低強度または中強度の軽量骨材コンクリートの場合は，普通骨材コンクリートの場合よりセメントペーストと骨材との弾性係数の差が小さいため異種混交性が低くなり，端部効果はそれほど目立たない。（高さ/直径）比が 1 の円柱供試体に対する標準円柱供試体の強度比の値は 0.95～0.97 であることが確認されている[12.15, 12.60]。しかし，膨張粘土骨材でつくられたコンクリートを使って実施されたロシアの試験では 0.77 という比率が報告されており，上記のことは確認されていない[12.59]。

12.6 立方体と円柱との強度の比較

試験機の加圧板の拘束効果は立方体の高さ全体に及ぶが，円柱供試体では一部分は影響されないまま残ることが分かった。したがって，同じコンクリートでつくられた立方体と円柱の強度は互いに異なると予想することができる。

コア強度を等価立方体強度に転換する BS 1881:Part 120:1983 の式によれば，円柱供試体強度は立方体供試体強度の 0.8 に等しいが，実際はこの 2 種類の形状の供試体の強度の間の関係は単純ではない。

第12章 硬化コンクリートの試験

立方体供試体に対する円柱供試体の強度比は強度の増加とともに急上昇し[12.16]，強度が 100 MPa を超えるとほぼ 1 になる。例えば試験時における供試体の含水状態などの他の因子も，この 2 種類の供試体の強度比に影響を及ぼすことが判明している。

欧州基準 ENV 206:1992 では円柱供試体と立方体供試体のどちらも使用が認められているため，この 2 種類の圧縮供試体の強度の等価表が，50 MPa（円柱供試体で測定）までの強度に関して掲載されている。（円柱/立方体）強度比の値は，すべて 0.8 前後である。CEB-FIP Design Code[12.1] に類似の等価表が掲載されているが，50 MPa を超えると（円柱/立方体）強度比は徐々に上昇し，円柱の強度が 80 MPa の時に 0.89 に達する。これらの表はどちらも，一方の供試体の測定強度値を他方の供試体の強度に転換する目的で使用してはならない。どの建設プロジェクトの場合でも，使用する圧縮強度試験供試体の種類は単一でなければならない。

円柱と立方体とどちらの種類の供試体が「より良い」かを言うことは難しいが，立方体を標準供試体とする国々でさえ，少なくとも研究目的の場合は立方体より円柱を使用する傾向があり，また実験研究所の国際組織である RILEM (Réunion Internationale des Laboratoires d'Essais et de Recherches sur les Materiaux et les Constructions) もそれを推奨している。円柱供試体の破壊は供試体の端部拘束による影響を比較的受けないため，名目上ほぼ同じ供試体であれば，はるかに均一な結果が得られると考えられている。円柱供試体の強度は混合物中に使用された粗骨材の性質に比較的影響されず，円柱の水平面の応力分布は正方形の断面の応力分布より均一である。

円柱供試体の打込みと試験は同じ方向で行われるのに対して，立方体供試体の場合は荷重の作用線が立方体供試体の打込み時の軸と直角になることを思い出してほしい。構造物の圧縮部材においては，載荷の状態は円柱供試体試験の状態とほぼ同じであり，この理由から，円柱供試体で試験する方が現実的だと提唱されている。しかし，材料分離の起きていない均質なコンクリートであれば，打込み時の方向と試験時の方向との関係は強度にあまり影響を及ぼさないことが明らかになっている[12.3]（図-12.7）。さらに，前に明らかにしたように，どのような圧縮試験の応力分布であっても，試験は相対的なものに過ぎず，構造部材の強度に関

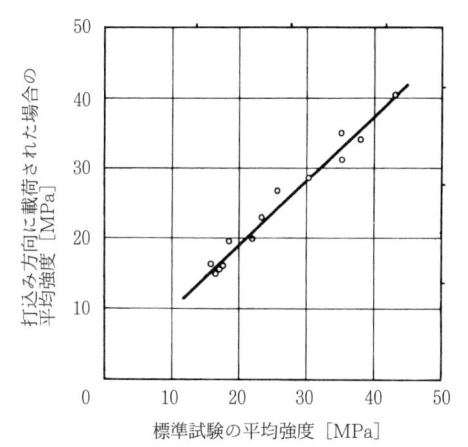

図-12.7 コンクリートの打込み方向に載荷された立方体供試体の強度の平均値と標準方法で載荷された強度との関係[12.3]

する定量的なデータを提供するものではないのである。

12.7 引張強度試験

　一般にコンクリートは直接引張応力に抵抗するようにつくられてはいないが，引張強度はひび割れが発生する荷重を推定する上で重要である。コンクリート構造物の連続性を維持し，また多くの場合は鉄筋の腐食を防止する上で，ひび割れが存在しないことがかなり重要である。ひび割れの問題はせん断応力によって斜め引張応力が発生する時に起きるが，もっとも多いひび割れは収縮の拘束と温度勾配とに起因する。実際の設計計算で引張強度を明白に考慮することはあまり多くないとしても，コンクリートの引張強度を正当に評価することは鉄筋コンクリートの挙動を理解する上で役に立つ。

　ひび割れというやや広範な問題に関しては第10章で考察した。
地震状況下にあるダムなどの無筋コンクリート構造物の場合にも，引張強度は重要である。道路や飛行場の舗装版などは曲げ強度に基づく設計になっているが，これには引張強度も含まれる。

　引張応力の試験は3種類ある。直接引張試験，曲げ試験，および割裂引張試験

第12章 硬化コンクリートの試験

である。偏心のない純粋な引張力を直接負荷することはきわめて難しい。レイジートング（伸縮自在ばさみ）・グリップを使って成功した例がいくつかあるものの[12.19]，グリップや埋め込まれたスタッドによって生じる2次応力を防ぐことは難しい。付着した端板を用いた直接引張試験を米国開拓局[12.17]が規定している。引張応力下の強度に関する他の2種類の試験について下記に考察する。

12.7.1 曲げ強度試験

これらの試験では，無筋コンクリートの梁に左右対称の二点載荷を行って，破壊が起きるまで曲げ応力を負荷する。載荷点の間隔が全長の3分の1であるため，この試験は3等分点載荷試験と呼ばれている。試験梁の下縁に発生する理論上の最大引張応力度は，曲げ強度として知られている。

一般に，梁は打込み方向に対して側面で試験するが，コンクリートが材料分離を起こしていなければ，打込み方向に対する試験時の梁の方向は曲げ強度に影響を及ぼさない[12.22, 12.23]。

英国基準 BS 1881:Part 118:1983 は，スパン 450 mm で支持された $150 \times 150 \times 750$ mm の梁に3等分点載荷をするよう定めているが，梁の側面寸法が骨材の最大寸法の3倍以上であれば 100×100 mm の梁も使用することができる。

ASTM C 78-94 の規定は BS 1881:Part 118:1983 の規定とほぼ同じである。梁の真中の3分の1の部分で破壊が起きた場合は，通常の弾性理論に基づいて曲げ強度を計算する。したがって曲げ強度は以下に等しい。

$$PL/(bd^2)$$

ここに，
P = 梁に負荷した最大合計荷重
L = 支間
b = 梁の幅
d = 梁の高さ

しかし，載荷点の外側で，例えば近くの支点から a の距離（a は梁の引張面で測定された平均距離）で破壊が起き，その点が載荷点から支間の5％を超えない場合は，曲げ強度は $3Pa/(bd^2)$ で計算される。このことは，梁に負荷された最大応力ではなく破壊断面の最大引張応力度が，計算で考慮されることを意味する。

12.7 引張強度試験

英国の手法は，破壊が梁の中央の3分の1部分の外側で起きた供試体は除いて考える．

ASTM C 293-94に規定された中心点載荷を行う曲げ強度試験もあるが，英国基準にはもはや含まれていない．この試験では，載荷点の真下の下縁で，コンクリートの引張強度が使い尽くされた場合に破壊が起きる．反対に3等分点載荷では，梁の下縁の長さの3分の1に最大応力がかけられるため，梁の長さの3分の1のどの断面でも臨界ひび割れが起きる可能性がある．弱い要素（あらゆる設計基準強度において）が臨界応力を受ける確率は，中心点荷重が作用する場合より2点荷重の場合の方がはるかに大きいため，中心点載荷試験の方が曲げ強度の値が高くなるが[12.20]，変動性も高くなる．そのため，中心点載荷試験はほとんど使われていない．

本節の前の部分で示した曲げ強度の式には「理論上の」という修飾語が付いていた．弾性梁理論に基づいているからであるが，この理論は応力-ひずみ関係を直線と想定し，したがって梁の中の引張応力度はその中立軸からの距離に比例すると仮定する．実際には，第9章に解説した通り，応力度が引張強度の2分の1を超えるとひずみが徐々に増大する．そのため，破壊強度に近い荷重をかけた実際の応力ブロックの形状は放物線状であり，三角形ではない．したがって，曲げ強度はコンクリートの引張強度を過大評価する．Raphael[12.52]は，引張強度の正確な値は理論上の曲げ強度の約3/4であることを示した（図-12.8参照）．

曲げ強度試験が，同じコンクリートで行われた直接引張試験より高い強度値を示す理由は，他にも考えられる．第一は，直接引張試験で偶然起きる偏心が，コンクリートの見かけ強度を低下させることである．

第二の主張は，載荷位置が曲げ強度の値に及ぼす影響を考察した議論とほぼ同じであり，直接引張応力下では，供試体の体積全体が最大応力を受けるため，弱い要素が生じる確率が高いことである．第三は，曲げ試験では，中立軸に近く応力を比較的受けていない材料によってひび割れの伝播が阻まれるため，利用可能なエネルギーは新しいひび割れ面をつくるのに必要なエネルギーより小さくなり，最大応力度が高くなる可能性があることである．曲げ強度と直接引張強度との差に関するこれらの多様な理由は，重要性がすべて同じというわけではない．

コンクリートの曲げ強度が舗装版の設計において重要であることを，本章の冒

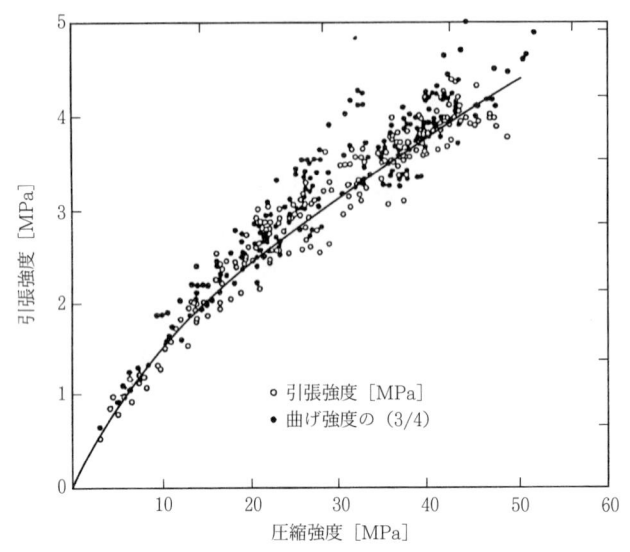

第 12 章 硬化コンクリートの試験

図-12.8 コンクリートの圧縮強度に対する割裂引張強度と曲げ強度の(3/4)値の実験値（参考文献 12.52 に基づく）

頭に述べた．しかし，試験供試体は重く損傷しやすいため，曲げ試験は管理や規定遵守の確認（訳者注：品質の規定を満足していることの確認）の目的には不便である．また，曲げ試験の結果は供試体の含水状態によっても強く影響される（743 頁参照）．さらに一般的なことは，曲げ強度はばらつきが大きい[12.115]．したがって，曲げ強度と円柱供試体による圧縮強度との関係を実験で求め，後者を日常的な試験に用いると便利である[12.2]．引張強度と圧縮強度との関係については 390 頁に解説した．

さまざまな試験[12.131] によって，ある材齢の曲げ強度と割裂引張強度との間に直線的な関係があることが示された．この発見は，現場の舗装用コンクリートの強度を決定しなければならない場合に重要となる．

コアを抜取り，圧縮応力または割裂引張応力の試験をすることは，梁を切り取って曲げ強度試験をするよりはるかに容易なのである．その上，コアはたびたび舗装の厚さを検証する目的で抜き取られるのである．

12.7 引張強度試験

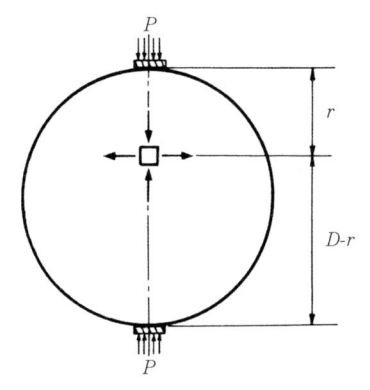

図-12.9 割裂試験

12.7.2 割裂引張試験

この試験では圧縮試験で使用する型のコンクリート円柱供試体を，軸を水平にして試験機の加圧板の間にはさみ，間接引張応力によって破壊が鉛直の直径に沿った割裂の形で起きるまで，徐々に荷重をかけていく。
母線に沿って荷重をかけると，円柱の鉛直の直径（図-12.9）に次の垂直圧縮応力度が負荷される。

$$\frac{2P}{\pi LD}\left[\frac{D^2}{r(D-r)}-1\right]$$

また，$2P/(\pi LD)$ の水平引張応力度が負荷される。
ここに，

$P =$ 円柱に負荷される圧縮荷重

$L =$ 円柱の長さ

$D =$ 直径

r および $(D-r) =$ それぞれ2箇所の荷重から要素までの距離

しかし荷重のすぐ下に高い圧縮応力度が誘発され，実施面では合板などのパッキング材料の細片を円柱と加圧板との間に入れる。パッキングの細片がなければ，測定される強度は一般に8%低くなる。ASTM C 496-90には，合板の細片の厚さが3 mm，幅25 mm と規定されている。英国基準 BS 1881:117:1983 には，厚さ4 mm，幅15 mm の厚紙の細片が規定されている。そのようにすることによって，鉛直の直径を含む断面の水平応力度の分布は図-12.10 に示す通りとなる。

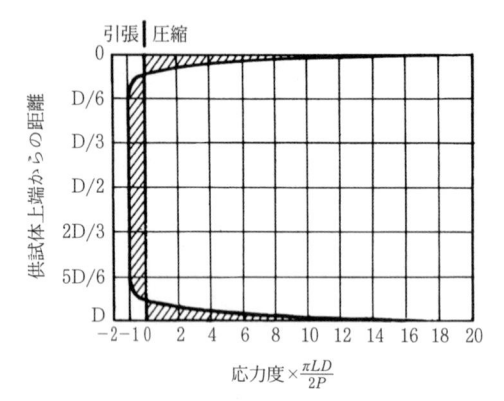

第12章　硬化コンクリートの試験

図-12.10　直径の (1/12) の幅で載荷された円柱供試体中の水平応力度の分布[12.24]（版権 Crown）

応力度は $2P/(\pi LD)$ 単位で表される，そして荷重の付近には水平方向に高い圧縮応力度が存在することがわかるが，これには同じ規模の垂直圧縮応力度が伴って二軸応力を発生させるため，圧縮応力下の破壊は起きない．

割裂試験中は，試験機の加圧板を円柱の軸に対して直角の面で回転させてはならない．しかし，円柱の母線の平行度が失われぬよう調整するために，軸を含む垂直面内でわずかに動けるようにしなければならない．このことは，一方の加圧板と円柱との間に簡単なローラー装置を挿入することによって行うことができる．荷重速度は ASTM C 496-90 と BS 1881:Part 117:1983 に規定されている．

立方体と角柱も割裂試験にかけることができる．荷重は，立方体の相対する2面の中心線上に立方体に付けて置かれた載荷用小片を通して負荷する．BS 1881:Part 117:1983 に規定された立方体試験は，円柱の割裂試験[12.144]と同じ結果を生み出す．すなわち，水平引張応力は $2P/(\pi a^2)$ に等しいが，ここで a は立方体の辺の長さである．これは，立方体に内接する円柱のコンクリートだけが負荷された荷重に耐えることを意味する．

割裂試験の利点は，同じ型の供試体を圧縮試験にも引張試験にも使える点である．したがって割裂立方体試験は，標準圧縮供試体として円柱ではなく立方体を使用する国々でのみ重要である．割裂立方体試験の性能に関する資料はあまりない．

割裂試験は実施が簡単であり，他の引張試験と比べて均一な結果が出る[12.24]．

割裂試験で測定された強度はコンクリートの直接引張強度に近い値となり，5〜12%高いと考えられている。しかし，モルタルと軽量骨材コンクリートの割裂試験の場合は，低すぎる値となる。普通の骨材の場合は，荷重をかけられた面の近くに大きい粒子があると挙動に影響が出る可能性がある[12.86]。

コンクリートの規定を遵守していることの確認（訳者注：品質の規定を満足していることの確認）のために割裂引張強度を使ってはならないという規定が，ACI 318-02[12.124] に記載されていることに注目してほしい。

12.8　試験中の湿度状態が強度に及ぼす影響

英国基準もASTMの基準も，すべての供試体が「濡れた」または「湿った」状態で試験を行うよう規定している。この状態には，さまざまな程度の乾燥が含まれる「乾燥状態」より再現性が高いという利点がある。

時には，試験供試体が濡れた状態ではない場合があるため，そのような基準が守られなかったことがもたらす結果について考察することが重要である。養生は規定どおり行われていると考えられる場合の，試験の直前の状態だけを考察の対象としていることを強調しなければならない。

圧縮強度供試体に関する限り，乾燥状態で試験を行うと高い強度が得られる。表面の乾燥収縮によって，供試体の中心部に二軸圧縮応力が誘発され，第三の方向，すなわち負荷された荷重の方向の強度を上昇させることが示唆されている[12.51]。しかし，十分養生されたモルタルの角柱[12.50]とコンクリート中心部[12.121]を完全に乾燥させた場合においても，濡れた状態で試験を行うより高い圧縮強度が得られることが試験によって分かった。このような供試体は収縮差が生じないため，二軸応力状態が生じていない。上に解説した供試体の挙動は，圧縮供試体を濡らした場合の強度の低下は吸着水によるセメントゲルの膨張によって引き起こされるという説[12.32]とも一致する。その場合には固体粒子の粘着力が低下するのである。逆に言えば，乾燥すると水のくさび作用がなくなり，供試体の強度が見かけ上増加して現れるのである。水の影響は表面だけではない。なぜならば，供試体を水にくぐらせた場合には強度に対する影響は浸漬した場合ほど大きくないからである。これに対して，セメントゲルに吸着されないことが知られているべ

ンゼンまたはパラフィンにコンクリートを浸漬しても，強度に影響はない。絶乾状態の供試体を水にふたたび浸漬すると，水和の程度が同じであれば，強度は徐々に湿潤養生された供試体の値まで低下する[12.32]。したがって，乾燥による強度の変化は可逆現象のようである。

乾燥が及ぼす量的な影響はさまざまである。34 MPa のコンクリートであれば，完全に乾燥したときの圧縮強度が 10％まで上昇したという報告がある[12.33]。しかし乾燥時間が 6 時間に満たない場合は，強度の増加は一般に 5％より少ない。他の試験では，試験前に 48 時間濡らした結果，強度が 9〜21％低下した[12.49]。

曲げ応力下で試験した梁供試体は，圧縮供試体の挙動とは反対の挙動を示す。すなわち，試験前に放置して乾燥させた梁は，湿潤状態で試験を行った類似の供試体と比べ，曲げ強度が低い[12.109]。この違いの原因は，供試体下縁に，張力を生じさせる荷重を負荷する前に拘束収縮によって引張応力が生じたことに起因する。

見かけ上の強度の低下量は，供試体の表面からの水の蒸発速度によって大きさが異なる。この効果は，養生が強度に及ぼす影響とは異なることを強調しなければならない。

しかし，供試体が小さく，かつ，乾燥がきわめて緩慢な場合には，内部応力は再分配されてクリープによって緩和される可能性があるので，強度の増加が観測される。このことはコンクリートの梁で行った試験でも[12.31]モルタル成型ブロックの試験でも[12.30]確認された。逆に，完全に乾燥した供試体を試験前に濡らすと強度が低下するが[12.31]，この現象の解釈については議論の的になっている[12.128]。

割裂引張試験をした円柱の強度は含水状態による影響を受けない。なぜならば，破壊は湿潤と乾燥を受ける供試体表面から離れた面で起きるからである。

試験時の供試体の温度（養生温度とは異なる）は強度に影響を及ぼし，温度が高いと圧縮供試体も曲げ供試体も示す強度が低くなる（図-12.11）。

12.9 供試体寸法が強度に及ぼす影響

強度試験用の供試体の寸法は関連する基準に規定されているが，時には複数の寸法が認められている場合もある。さらに，時々寸法の小さい供試体の使用の利点が主張される。これらの主張は次のような利点を指摘する。すなわち，小さい

12.9 供試体寸法が強度に及ぼす影響

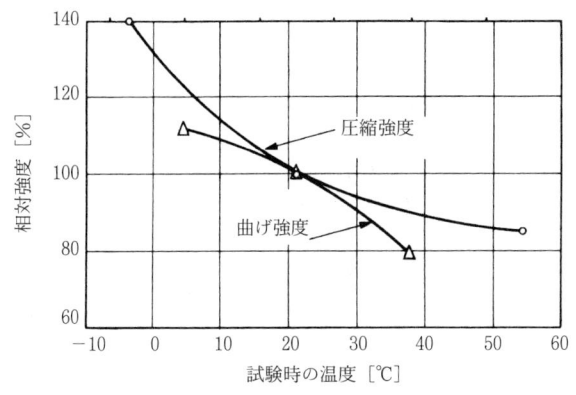

図-12.11 試験時の温度が強度に及ぼす影響

供試体の方が扱いやすく，取扱い中の損傷が少ない，型枠が安い，試験機が低容量で済む，使用するコンクリートが少ないため保管と養生に使う実験室の空間が少なく，処理する骨材の量も少ない，といった利点である。[12.41] これに反して，供試体の寸法は，結果として示される強度と試験結果のばらつきに影響を及ぼすおそれがある。

これらの理由から，供試体の寸法が強度試験の結果に及ぼす影響を詳細に検討することが重要である。

367頁の解説によって，コンクリートはさまざまな強度をもつ要素でできていることが明らかにされた。したがって，応力を受けるコンクリートの体積が大きければ大きいほど，ある極限（低い）強度をもつ要素が含まれている可能性がより高くなると考えるのが合理的である。結果として，供試体の測定強度は寸法が大きくなるにつれて低下し，形が類似の供試体の強度のばらつきも減少する。寸法が強度に及ぼす影響は強度の標準偏差によって異なる（図-12.12）ため，寸法の影響はコンクリートの均質性が大きいほど小さいことになる。したがって，軽量骨材コンクリートにおける寸法の影響は比較的小さいはずであるが，このことはまだまったく確認されていない。ただし入手可能な資料の中にこの考えに合致するものは多少ある[12.76]。図-12.12 も，供試体がある一定の寸法を超えると寸法の影響が実質的になくなる理由を説明している。すなわち，供試体の寸法が10倍ごとに増加していくと，強度の低下量は段階的に減少するのである。

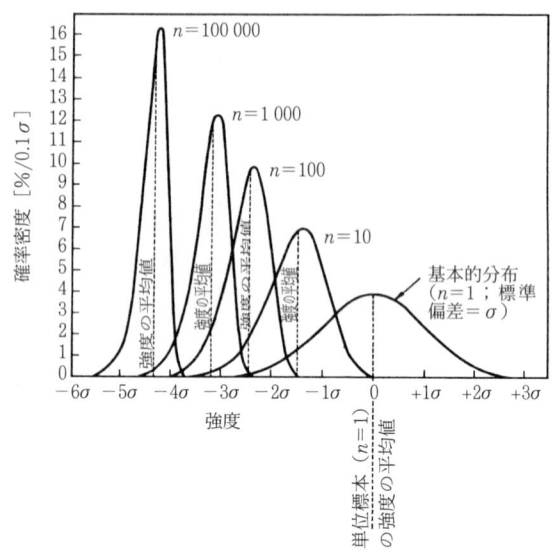

第12章 硬化コンクリートの試験

図-12.12 基本的正規分布に対して標本の大きさ n の試料における強度分布[12.34]

368頁で,「鎖のいちばん弱い環」という概念について解説した。この概念を使うためには,ある一定の強度分布をもつ母集団から任意に抽出した標本の大きさ n の試料における極値の分布を知る必要がある。この分布は一般に未知であるため,その形態に関して一定の仮定を行わなければならない。ここでは,標本の大きさ n の試料の強度と標準偏差の変化を,正規分布の強度をもつ単位標本の強度と標準偏差に換算したTippett[12.34]の資料を示せば十分であろう。

図-12.12は, n が10, 10^2, 10^3, および 10^5 である試料の強度の変化を示したものである。

コンクリートの強度試験の場合は,供試体の寸法を関数とした極値の平均値が重要である。任意に抽出した試料の平均値は正規分布をもつ傾向があるため,試料の平均値が使用される場合には,この種の分布を想定しても重大な誤差は発生せず,計算が簡単になるという利点がある。ある実施上において,分布のひずみが観測されたことがある。しかし,これはコンクリートの「本来の」性質によるものではなく,現場で低品質のコンクリートを取り除いたため,それらのコンクリートが試験段階まで達せず,含まれなかった結果であると思われる[12.35]。試験

12.9 供試体寸法が強度に及ぼす影響

の統計的な側面に関する詳細な解説は，本書の対象外である*。

12.9.1 引張強度試験における寸法効果

図-12.12 は，平均強度と散布度がどちらも供試体の寸法の増大とともに低下することを示している。実験結果によって，この型の挙動が，曲げ強度試験[12.20, 12.23]（図-12.13 と 12.14 を参照）にも，さらに直接引張[12.19] および間接引張[12.64] にもあることが確認された。

圧縮強度が 35〜128 MPa のコンクリート円柱供試体の直接引張試験を Rossi 他[12.97] が行っている。彼らは，寸法が増大するにつれて，引張強度と試験結果のばらつきが低下することを確認した。

コンクリート強度が小さければ小さいほど，強度の低下は大きくなる（図-12.15 参照）。図-12.16 に示すように，供試体の寸法の増大とともに変動係数も低下するが，コンクリート強度はこの関係に明白な影響を及ぼさない。Rossi 他[12.97] は，強度が及ぼすこのような影響を配合材料の異種混交性という観点から説明し

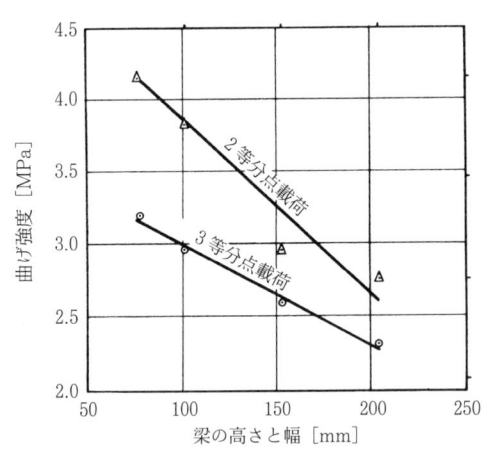

図-12.13 種々の寸法の梁が 2 等分点載荷および 3 等分点載荷された時の曲げ強度[12.20]（版権 Crown）

---

* J.B.KENNEDY および A.M.NEVILLE 著：Basic Statistical Methods for Engineers and Scientists 第 3 版（Harper and Row 社，New York および London，1986）を参照のこと。

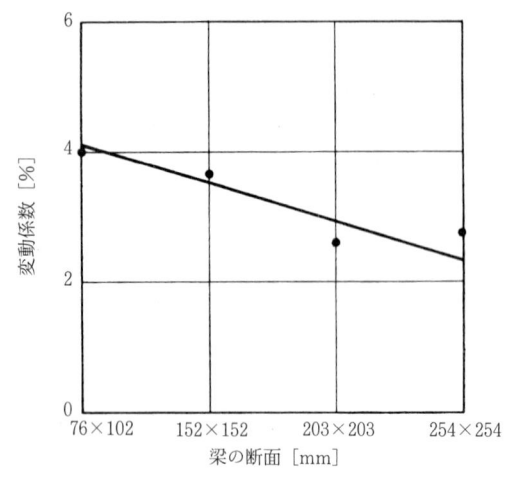

第12章 硬化コンクリートの試験

図-12.14 種々の寸法の梁における曲げ強度の変動係数[12.23]

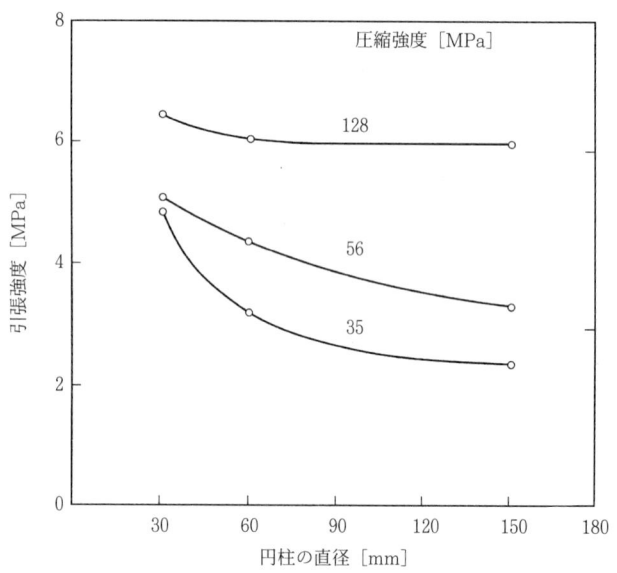

図-12.15 コンクリート円柱の直接引張強度（Rossi等による試験）[12.97]。円柱の直径を関数として記す

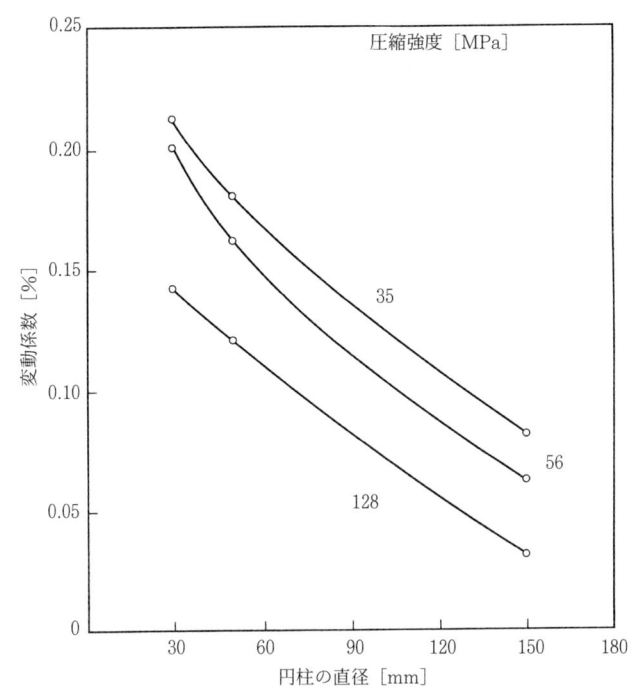

12.9 供試体寸法が強度に及ぼす影響

図-12.16 コンクリート円柱の直接引張強度の変動係数（Rossi 等による試験）[12.97]。円柱の直径を関数として記す

ている。具体的に言うと，寸法効果は，骨材の最大寸法に対する供試体の寸法の比率と，骨材粒子とそれを取り囲むモルタルの強度差との関数である。この差は，超高強度コンクリートと軽量骨材コンクリートの場合には小さい[12.97]。

直径 150 mm×高さ 300 mm の円柱供試体と直径 100 mm×高さ 200 mm の円柱供試体の割裂引張試験によって，後者の強度に対する前者の強度の平均比率[12.131] が 0.87 であることを示した。大きい方の円柱供試体の平均割裂引張強度は 2.9 MPa であった。大きい方の円柱供試体の標準偏差は 0.18 MPa であり，小さい方は 0.27 MPa であった。変動係数はそれぞれ 6.2 と 8.2%であった。150×300 mm の円柱供試体の割列引張強度の変動係数が，同じコンクリートでつくられた断面が 150×150 mm の梁に関して測定された曲げ強度の変動係数とほぼ同じであったことをみていただきたい[12.131]。

円柱供試体の寸法が割裂引張強度に及ぼす影響は，Bažant 他[12.94] が，彼ら自身

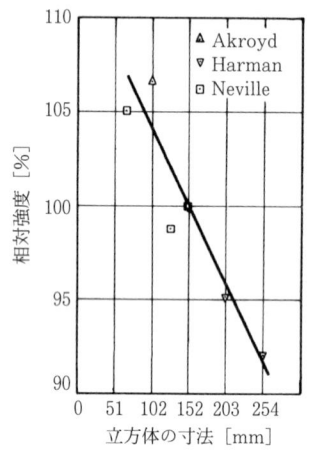

第 12 章 硬化コンクリートの試験

図-12.17 種々の寸法の立方体供試体による圧縮強度[12.35]

表-12.2 種々の寸法の立方体供試体における標準偏差[12.18]

グループ	下記寸法の立方体供試体における標準偏差 [MPa]		
	70.6 mm	127 mm	152 mm
A	2.75	2.09	1.39
B	1.50	1.12	0.97
C	1.45	1.03	0.97
D	1.74	1.36	1.05

が行ったモルタル円盤試験と Hasegawa 他が行ったコンクリート円柱供試体の試験に基づいて確認している。この一連の試験では，どちらの場合も大型供試体には寸法効果はなくなる。この問題は次節で解説する。

セメント圧縮成型体も，割裂引張試験で寸法効果を示すことが分かった[12.93]。リングテストの場合にも同じことが言える[12.64]。

12.9.2 圧縮強度試験における寸法効果

ここで，圧縮強度供試体における寸法効果を考察したい。図-12.17 に，立方体供試体における平均強度と供試体の寸法との関係を示す。また表-12.2 は，関連する値を標準偏差に関して示したものである[12.18]。角柱[12.36, 12.37] と円柱[12.38] はほぼ同

12.9 供試体寸法が強度に及ぼす影響

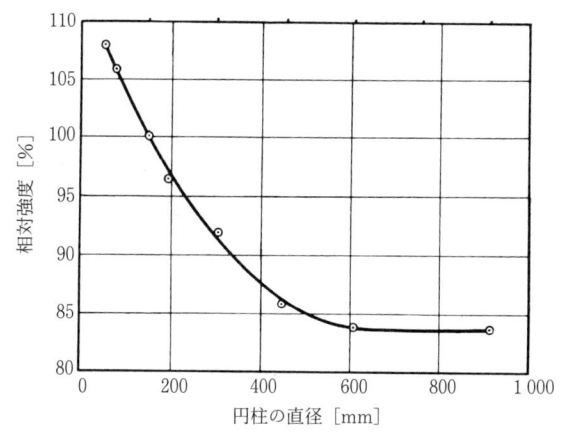

図-12.18 種々の寸法の円柱供試体による圧縮強度[12.38]

じ挙動を示す（図-12.18）。寸法効果は当然コンクリートに限られるわけではなく，無水石膏[12.39]やその他の材料にも認められている。

ある一定の寸法を超えると寸法効果は消滅するため，部材の寸法がそれ以上大きくなっても，圧縮応力下の強度も[12.38]割裂引張応力下の強度も[12.94]低下することはない。米国開拓局によれば[12.77]，強度曲線は直径 457 mm の時に寸法軸と平行になる。すなわち，直径 457 mm，610 mm，および 914 mm の円柱はすべて同じ強度を有する。同じ調査によって，供試体の寸法の増大とともに起きる強度の低下が，貧配合の混合物の場合は富配合の混合物ほど顕著ではないことが示されている。例えば，152 mm 円柱に対する 457 mm 円柱と 610 mm 円柱の強度は，富配合の場合は 85%であるが，貧配合（167 kg/m^3）の場合は 93%である（図-12.18 参照）。

非常に大型の構造物の場合に寸法効果を外挿すると，危険なほどの低強度が予想されるという結論に反論する上で，これらの実験データは重要である。局所的な破壊は崩壊と同じではないのであるから，上記の結論は明らかに間違いである。

寸法効果はさまざまなものにその原因が求められてきている。例えば，壁効果，最大骨材寸法に対する供試体の寸法の比率，供試体の表面と内部との温度と湿度の差による内部応力，加圧板の摩擦または曲げに起因する試験機の加圧板と供試体との接触面における接線方向応力，および養生の有効性の相違などである。したがって寸法効果に関する種々の試験結果は重要である。例えば最後の説は，寸

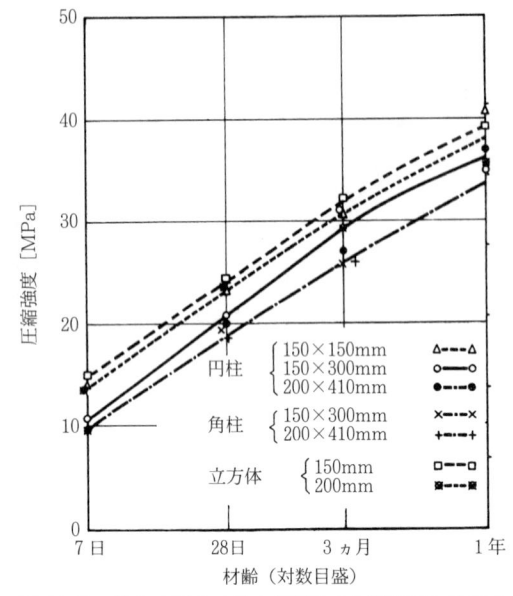

第12章 硬化コンクリートの試験

図-12.19 種々の形や寸法の供試体の圧縮強度に及ぼす材齢の影響[12.40]（配合は体積割合で1:5）

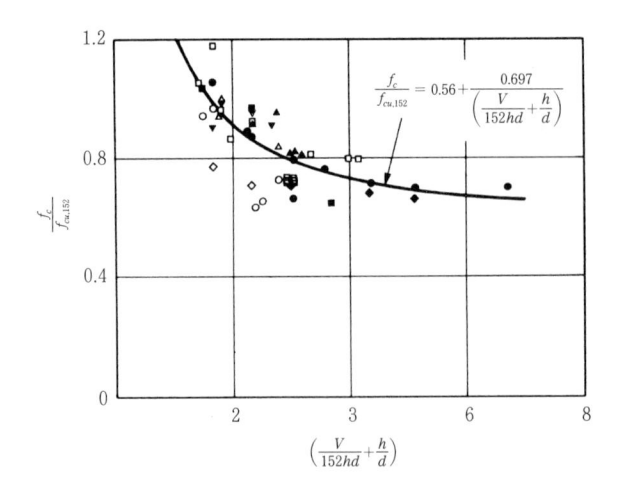

図-12.20 一辺152mmの立方体供試体の強度 $f_{cu,152}$ に対するコンクリート供試体の強度 f_c の比と, $(V/152hd+h/d)$ との概略の関係, ここで V は供試体の体積, h はその高さ, d は横方向の最小寸法（すべての単位は mm）

$$\frac{f_c}{f_{cu,152}} = 0.56 + \frac{0.697}{\left(\dfrac{V}{152hd} + \dfrac{h}{d}\right)}$$

12.9 供試体寸法が強度に及ぼす影響

法と形状の異なる供試体が同じ速度で強度を発現することを示すGonnerman[12.40]の実験結果（図-12.19）によって，誤りであることが立証されている。これに関連してDayとHaque[12.90]は，150×300 mm円柱供試体の強度と75×150 mm円柱供試体の強度との関係が養生方法によって影響されないことを示した。

一般に使用される供試体の寸法の範囲内で，寸法が強度に及ぼす影響は大きくはないが重要であり，精度の高い工事や研究を行う際には無視してはならない。数多くの試験データ[12.65]の分析によって，コンクリートの圧縮強度と，$V/(hd) + h/d$（ここに，V = 供試体の体積，h = その高さ，d = 最小横寸法）に換算した供試体の寸法との間には，一般的な関係があることが示唆されている。図-12.20は，実験データと主張された関係とが一致することを示している。この関係の形は高強度コンクリートに当てはまることが確認されている[12.148]。

直接引張に関しては，強度はV^nに比例することが分かった。ここで，nは骨材の種類によって-0.02～-0.04の間で変動する[12.91]。したがって，直径150 mmの円柱供試体の強度が1.0であれば，50 mm円柱供試体は1.05～1.08であり，200 mm円柱供試体は0.97～0.99である。角柱もほぼ同じ挙動を示すことが分かった。また，変動係数も供試体の寸法が大きくなるにつれて低下することが分かった[12.91]。

Torrent[12.92]は，さまざまな引張試験において「きわめて大きい応力を受けた」コンクリート供試体の体積はコンクリート強度に直線的に影響を及ぼすことを立証した。この説明は，最大応力の約95％まで応力をかけられたコンクリートの事を言うために使われたものである。Torrentの式にはV^nという項が含まれていたが，彼の試験の中では，nは骨材の種類や水セメント比とは無関係のように思われた。

本節の解説では，供試体の通常の寸法の範囲内であれば，大部分の実施目的に対して寸法が平均強度に及ぼす影響はそれほど大きくないことを示した。しかし，供試体が比較的小さい場合には，得られる結果のばらつきが大きいことから，同じ正確さの平均値を得るためには使用供試体の数を増やさなければならない。150 mmのコンクリート立方体供試体3個の代わりに100 mmの立方体供試体は5～6個[12.42]，または100 mmのモルタル立方体供試体2個の代わりに13 mmの立方体供試体では5個[12.43]必要である。

第12章 硬化コンクリートの試験

圧縮強度供試体3個という通常の組合わせを使うのであれば，150×300 mm 円柱供試体から75×150 mm 円柱供試体に変えることによって28日強度の変動係数が標準的に3.7%であったものが8.5%に上昇する[12.88]。そのようなばらつきの増加は，比較的小さい供試体を使用することの不利な点である。

12.9.3　供試体の寸法と骨材の寸法

骨材の最大寸法がモールドの寸法に対して大きい場合は，コンクリートの締固めと骨材の大きい粒子の分布の均一性に影響を受ける。壁はコンクリートの充填に影響を及ぼすことから，これは壁効果として知られている。

粗骨材粒子と壁との間を埋めるために必要なモルタル量はコンクリート体の内部で必要なモルタル量より多く，したがって正しく配合された混合物の中にあるモルタル量より多い（図-12.21）。19.05 mm の骨材でつくられたコンクリートの試験によって，101.6 mm 立方体供試体を完全に締固めるためには，非常に大きい断面に使用される混合物と比べて砂の含有量を骨材の総質量の10%だけ増やさなければならないことが分かった[12.44]。このような細かい材料の不足を供試体を実際につくっている間に補填するためには，混合物の残りの部分からモルタルを取り出して加えなければならないことになる。

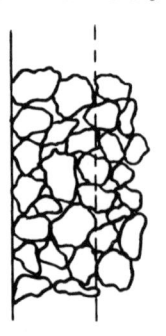

図-12.21　壁効果

供試体の表面積と体積との比が大きいほど壁効果は顕著に表れるため，曲げ供試体の場合には立方体供試体や円柱供試体の場合より小さい。

壁効果を最小にするために，さまざまな基準において，骨材の最大寸法に対して供試体の最小寸法を規定している。英国基準 BS 1881:Part 108:1985 と BS

1881:Part 110:1983 はそれぞれ，最大寸法 20 mm までの骨材に対して 100 mm 立方体供試体と 100×200 mm の円柱供試体の使用を認めている。また 40 mm までの寸法の骨材に対しては 150 mm 立方体供試体と 150×300 mm の円柱供試体を使用することができる。ASTM C 192-90a の規定では，試験用円柱供試体の直径または角柱供試体の最小寸法が骨材の呼び寸法で最大寸法の 3 倍以上であることを求めている。

　骨材の寸法が使用するモールドの許容値を超える場合は，時には，大きい骨材をふるいで取り除くことが必要となる。この作業はウェットスクリーニングと呼ばれている。ふるい分けは乾燥を防ぐためにすばやく行わなければならず，またふるい分けられた材料は手練りで練直さなければならない。ふるい分けられたコンクリートの水セメント比は変わらないと期待されるが，単位セメント量も単位水量も上昇し，また一般に強度の上昇が観測されている。例えば，最初の最大寸法が 38.1 mm の混合物から 19.05 mm より大きい粒子をふるい落とすと，圧縮強度が 7%，曲げ強度が 15%上昇することが確認されている[12.45]。別のプロジェクトでは，38.1〜152.4 mm の粒径範囲の骨材をふるい落とすと圧縮強度が 17〜29%上昇した[12.7]。AE コンクリートの場合はウェットスクリーニングで空気量が多少低下し，それが強度の上昇をもたらす。

　これらのデータは，混合物の組成の変化が及ぼす影響ばかりでなく，骨材の最大寸法それ自体が及ぼす影響も反映している（220 頁参照）。

　ウェットスクリーニングが直接引張応力下のコンクリートの強度に及ぼす影響は，資料が限られているため一般化した結論付けはできない[12.87]。

12.10　コア試験

　コンクリート試験供試体の強度を測定することの基本的な目的は，実際の構造物のコンクリート強度を推定することである。重要な点は「推定」という言葉にあり，事実，構造物のコンクリート強度の目安以上のものは得られない。なぜならば，コンクリート強度は何よりも締固めと養生が十分に行われているかどうかによって決まるからである。本章の前の部分に示した通り，供試体の強度はその形状，配合，および寸法によって異なるため，試験結果はそのコンクリートに本

第12章 硬化コンクリートの試験

来備わった強度の値を示すわけではない。しかし，もし2種類のコンクリートでつくられた2組の同種の供試体のうち一方の組がより強い（統計的にみて著しいレベルで）場合は，この供試体に代表された元のコンクリートも強いと考えるのが合理的である。コンクリートの強度を現場で測定する方法はいくつかあるが，試験結果を解釈する際に限界があることを憶えておかなければならない。

標準圧縮供試体の強度が規定値より低いことが判明した場合は，実際の構造物のコンクリート強度も低すぎるか，あるいは供試体が真に構造物のコンクリートを代表していないかのどちらかである。この後者の考えは，構造物の受け渡しの際，あるいは，構造物の疑わしい箇所に関する論争で良くもち出される。すなわち，供試体が凝結中に乱されたのかもしれない，十分硬化する前に凍結を受けたのかもしれない，またはそうでなければ養生が不適切だったのかもしれない，などであるが，ただ単に圧縮試験の結果が疑われる場合もある。

この議論は，疑われている部材からコンクリートのコアを抜き取って試験することによって解決することが多い。使用されたコンクリート混合物の潜在的な強度を決定したい場合であれば，実際の条件に合わせて修正しなければならない。構造物の実際のコンクリート強度を測定する場合にも，コアを抜き取ることがある。試験結果を評価する時には，この2つの目的の相違を明確に憶えておかなければならない。コアの位置の選定も試験の目的によって異なる。目的としては，構造物の危険な部位や凍結などで損傷を受けたと思われる部分の強度の推定や，または構造物全体の代表的な値の推定などが考えられる。後者の場合には，位置を無作為に選定することが適している。

コアはまた豆板などの材料分離の探知，打継目の付着の確認，または舗装の厚さの検証にも使用することができる。

コアは，ダイヤモンドのビットが付いた回転式抜取機で抜き取る。このようにすれば，円柱供試体が得られる。それらは，時には埋めこみ鉄筋の一部が含まれたり，一般には先端は平らで直角とはほど遠い状態である。コアは，BS 1881:Part 120:1983 または ASTM C 42-90 に従って水に浸漬し，キャッピングをしてから湿潤状態で圧縮試験を行う。ただし，ACI 318-02[12.124]では，使用環境に対応する水分状態が指定されている。

日本の試験[12.116]では，乾燥状態で試験を行うと湿潤状態のコアを試験するより

12.10 コア試験

強度値が約10%高くなることを示している。

円柱の（高さ/直径）比が測定強度に及ぼす影響について732頁で考察した。コアの強度を標準円柱供試体（（高さ/直径）比が2）の強度に関連付ける場合は，コアのこの比は2に近くなければならない。立方体供試体が標準供試体であれば，（高さ/直径）比が1のコアを用いると多少の利点がある。なぜならば，この比が1の円柱供試体は立方体供試体と強度がきわめて近いからである。比の値が1と2の間の場合は，補正係数を用いなければならない。Meininger他[12.83]によって，コアを湿潤状態で試験する場合も乾燥状態で試験する場合もこの係数は同じであるが，ASTM C 42-90で規定された値より低いことが確認された（表-12.1参照）。

（高さ/直径）比が1未満のコアは不確実な結果を生じるため，BS 6089:1981ではキャッピングをする前の最小値を0.95と規定している。しかしBS 1881:Part 120:1983によれば，キャッピング部の厚さはどの箇所でも10 mmを超えてはならない。この制限は遵守しなければならないが，実際には，コアの長さはコンクリート部材の厚さによって左右される可能性がある。短かすぎるコアは接合することもできる[12.96]。

12.10.1　小さいコアの使用

英国基準もASTM基準も，コアの直径が骨材の最大寸法の3倍以上であることを条件に，コアの最小直径を100 mmと定めている。しかしASTM C 42-90では，絶対最小値として2つの寸法の比を2としている。

それにもかかわらず，構造物の損壊の危険性，鉄筋の密集，または美観上の理由から，きわめて小さいコアしか抜取りできない状況もある。そのような場合は直径50 mmのコアを使用することが，一部の基準で認められている。このような小さいコアは，骨材の寸法に対するコアの直径の最小比率という条件に違反しており，またコア抜き作業が骨材と周りの硬化セメントペーストとの付着に影響を及ぼす可能性がある[12.98]。骨材の最大寸法が20 mmの場合に，50 mmのコアは100 mmのコアより強度が約10%低いことが試験[12.127]によって示されている。立方体供試体の28日強度が20～60 MPaのコンクリートを使った他の試験[12.110]では，その違いは3～6％であることを示している。最大寸法30 mmと25 mm

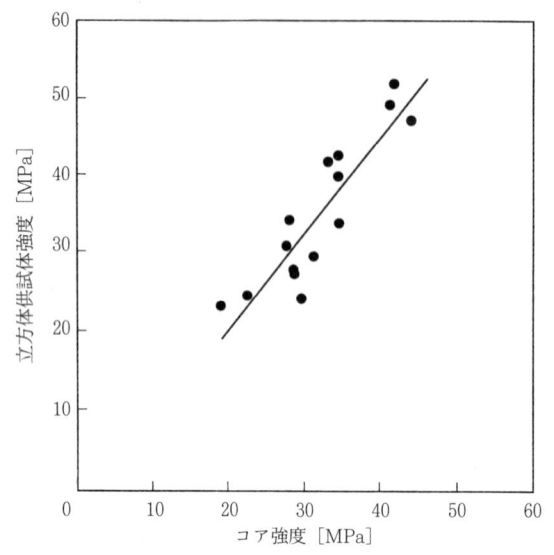

第12章　硬化コンクリートの試験

図-12.22　径28mm長さ28mmのコア強度と150mm立方体供試体強度との関係；骨材の最大寸法は25mmと30mm[12.78]

の骨材を含むコンクリートの実験で，直径28mmのコア強度と立方体供試体強度との間に十分な相関関係があることを示す結果が得られた[12.78]（図-12.22参照）。

全体的にみて，打ち込まれた標準圧縮供試体が比較的均一であるのに対し，コアの強度に影響を及ぼす因子が数多くあることを考えれば，コアの寸法が及ぼす影響は重要ではないと考えることができる。しかし，小さいコアは標準寸法のコアよりばらつきが大きい。変動係数の標準的な値[12.100]は，50mmコアで7〜10%，150mmコアで3〜6%である。したがって，強度の推定値の精度を一定とすれば，50mmコアで必要な供試体数は100mmまたは150mmのコアで適切と判断される数より，おそらく3倍も多いと思われる。同様に，コアの直径が骨材の最大寸法の3倍より小さい場合は，コアの数を増やして試験を行わなければならない。

12.10.2　コア強度に影響を及ぼす因子

コアの強度は一般に標準円柱供試体の強度より低いが，これはコア抜き作業の結果でもあり，また現場養生がほとんど例外なく標準供試体用に規定された養生

12.10 コア試験

より劣っているためでもある。どんなに注意深くコア抜きを行っても，軽微な損傷の危険性は高い。コンクリートの強度が高いほどこの影響は大きいようであり，Malhotra[12.99] は，40 MPa のコンクリートは強度が15％も低下する場合があると示唆している。コンクリート協会は，5〜7％低下すると考えるのが適当としている[12.100]。

しかし，コアの養生歴は必然的に打ち込まれた試験供試体の養生歴と異なるため，コア抜きの影響のみ取り出して考えるのは難しい。また，構造物の正確な養生歴を決定することは一般に難しいため，養生がコア強度に及ぼした影響もはっきりせず，このことによってこの問題はさらに難しくなっている。規定の方法にしたがって養生された構造物に関して，Petersons[12.67] は，標準円柱供試体の強度（同じ材齢で）に対するコア強度の比が必ず1より小さく，コンクリート強度が

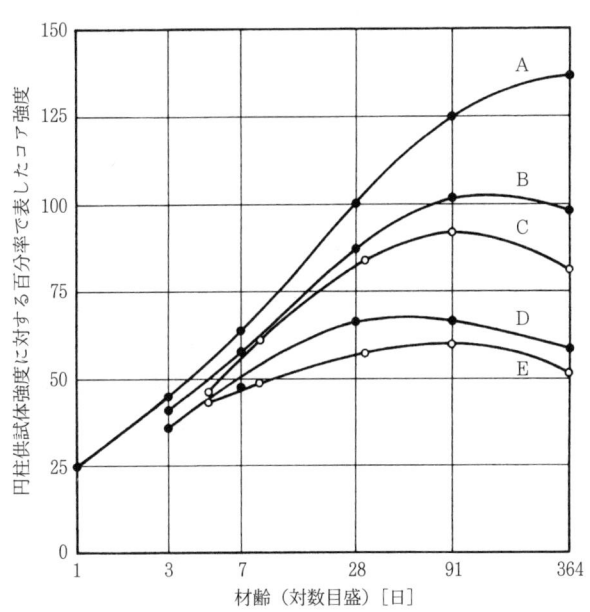

図-12.23 タイプ I セメントを用いてつくられたコンクリートコアの，時間に伴う強度の発現（標準供試体の 28 日強度 38MPa に対する百分率で表す）：(A) 標準円柱供試体；(B) 十分養生された床版，コア試験は乾燥状態で行った；(C) 十分養生された床版，コア試験は湿潤状態で行った；(D) 不十分な養生の床版，コア試験は乾燥状態で行った；(E) 不十分な養生の床版，コア試験は湿潤状態で行った[12.101]

第12章　硬化コンクリートの試験

上昇するにつれて低下することを確認した．この比の概略値は，円柱供試体の強度が 20 MPa の場合に 1 の少し下，また 60 MPa の場合に 0.7 である．

円柱供試体の 28 日強度試験を行った後の材齢でコアは抜き取られるため，コアの材齢に相当する材齢の円柱供試体は手に入らないかもしれない．しかし，時には，材齢が何ヵ月にもなるコンクリートから抜き出したコアは 28 日強度より

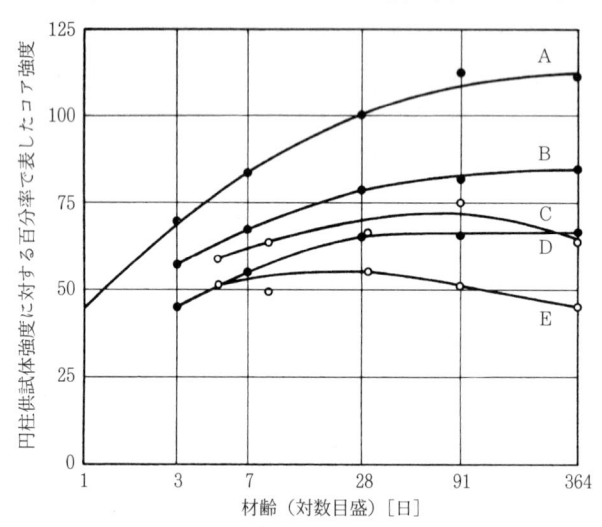

図-12.24　タイプⅢセメントを用いてつくられたコンクリートコアの，時間に伴う強度の発現（標準供試体の 28 日強度 38MPa に対する百分率で表す）：(A)　標準円柱供試体；(B)　十分養生された床版，コア試験は乾燥状態で行った；(C)　十分養生された床版，コア試験は湿潤状態で行った；(D)　不十分な養生の床版，コア試験は乾燥状態で行った；(E)　不十分な養生の床版，コア試験は湿潤状態で行った[12.101]

表-12.3　材齢に伴うコア強度の発現（参考文献 12.112 に基づく）

材齢 [日]	強度 [MPa]		標準円柱供試体の 28 日強度との割合で表したコア強度
	標準円柱供試体	コア	
7	66.0	57.9	0.72
28	80.4	58.5	0.73
56	86.0	61.2	0.76
180	97.9	70.6	0.88
365	101.3	75.4	0.94

コアは封緘剤を用いて養生した柱材から採取

12.10 コア試験

高くなければいけないという主張が行われる。

　実施面ではこのようなことはないようであり（図-12.23，12.24 参照），現場のコンクリートは 28 日を過ぎると強度がほとんど進展しなくなることを，いくつかの証言が示している[12.102, 12.103]。高強度コンクリートの試験[12.112]では，コアの強度は材齢とともに上昇するものの，コアの強度は材齢 1 年になっても標準円柱供試体の 28 日強度より低いことを示している。このことは，表-12.3 に示されている。

　これらの結果は，平均的な状況の場合に，28 日強度を超える強度の上昇は 3 ヵ月で 10% であり，また材齢 6 ヵ月で 15% であるという Peterson の見解[12.104]と一致する。したがって材齢の影響について論じるのは簡単ではないが，厳密な湿潤養生を行わない場合は材齢に伴う強度の上昇を期待してはならず，またコアの強度を解釈する際には材齢の補正を行ってはならない[12.100]。

　構造物のコアを取り出した場所がコアの強度に影響を及ぼすことがある。引張応力下のコンクリートからコアを取り出した場合は，ひび割れの存在によってコア強度が低い場合があるため[12.114]，構造物中のコンクリート強度を間違って解釈する可能性がある。

　リフトの高さに対するコアの位置も関連している場合がある。

　コアの強度は通常，柱でも，壁でも，梁でも，またはスラブの場合でさえ，構造物の上面に近い部分がもっとも低い。上面から下に深度が増すにつれて，コアの強度は上昇するが[12.67]，深度が約 300 mm を超えるとそれ以上増加しなくなる。その差は 10% または 20% にさえなり得る。スラブの場合は，養生が不十分な場合はこの差は大きくなる。圧縮強度と引張強度は同程度の影響を受ける[12.105]。しかし強度のこのような型は普遍的ではなく，一部の試験では高さによってコア強度が大きく変動することはなかった[12.112]。

　高さによる強度の変化は，おそらく留められたブリーディング水と締固めの変化とが一緒になって起きると思われる。これらの因子がない場合は，高さによって強度が変化することもない。

　留められたブリーディング水の存在は，コアの方向（縦か横か）がその強度に影響を及ぼすことの原因の 1 つになる。水平に抜き取られたコアの強度は標準的に 8% 低いことが判明した[12.106]。この影響は，ブリーディング水が立方体供試体の強度に及ぼす影響とほぼ同じである（729 頁参照）。

BS 1881:Part 120:1983 の変換式は，水平に抜き取られたコアと垂直に抜き取られたコアとを区別しており，後者の強度に対する前者の強度の比は 0.92 である。しかし，コンクリート中にブリーディング水が留められていなければ，水平に抜き取られたコア強度を補正するのは適切ではないであろう。また，水平コア抜きの難しさがそのようなコアの強度を低くしている可能性もある。

英国基準 BS 1881:Part 120:1983 は，コアの中の横断鉄筋がコア強度を低下させることを考慮した補正係数も示している。埋め込まれた鉄筋が強度に多少の影響を与えることは予想できるが，この点に関する情報は相反するものである。Malhotra[12.99] と Loo 他[12.132] による概説では，一部の試験では強度の低下を示さず，他の試験では 8〜18％の低下を示したと報告している。コアの（高さ/直径）比が 2 の場合に，それより小さい場合と比べて大きく低下するようである[12.132]。コンクリート協会も[12.100]，強度の低下を位置の関数として報告している。すなわち，鉄筋がコアの端から遠いほど影響が大きい。

Loo 他[12.132] の試験は，（高さ/直径）比が 2 のコアの強度を埋込み横断鉄筋が低下させるが，この比の値が低いと影響は減少することを確認した。（高さ/直径）比が 1 の場合は，コア中の鉄筋の位置に拘らず埋込み鉄筋は測定強度に影響を及ぼさない。この影響は，（高さ/直径）比の異なる円柱供試体の応力分布と関連している（733 頁参照）。この比が 1 の場合，または立方体供試体の場合は，供試体の中に横方向の引張応力はなく，鉄筋には垂直圧縮に対する抵抗性が十分あるのである。

関連してくるさまざまな因子や矛盾するデータのことを考えると，横断鉄筋の存在の影響を取り入れた信頼できる係数として受け入れられるものはない。可能であれば最善の解決策は，鉄筋の入っていない場所からコアを取り出すことである。鉄筋は強度の評価を複雑にするからという理由ばかりでなく，さらに重要なことは，鉄筋を切ると構造にきわめて望ましくない結果が起きると思われるからである。いずれにしても，コアの軸に平行な鉄筋が存在することは受け入れられない。

12.10.3　コア強度と実強度との関係

コア強度を標準寸法の円柱供試体の強度や立方体供試体の強度に変換した場合

にも，せいぜい現場のコンクリートの強度を示すだけであることを強調しなければならない。コア強度を，ある特定のコンクリートの潜在強度である標準試験供試体の強度（720頁参照）と同等に扱うことはできない。事実，コア強度に影響を及ぼす種々の因子に関する上記の概説から，規定された28日強度に応じてコア強度を判断することは容易ではないことがわかる。

さまざまな報告[12.99, 12.103]によって，打込みと養生がきわめて良い状態で行われた場合であっても，コア強度が標準試験供試体の強度の70〜85%を上回る見込みはないことが示された。この見解はACI 318-02[12.124]でも取り入れており，規定では3個のコアの平均強度が設計基準強度の85%以上であり，それぞれのコア強度が規定値の75%以上であれば，そのコア試験によって代表される箇所のコンクリートは適格であると考えている。また，材齢は考慮に入れていない。ACI 318-95によれば，供用時の構造物が乾燥している場合にはコアも乾燥状態で試験されることに注意しなければならない。その場合は，ASTMや英国の基準で試験を行った場合より高い強度が得られる（743頁参照）。したがって，上記の規定はかなり寛大である。

ACI 506.2-90[12.133]によれば，「85%の割引」は吹付けコンクリートの場合にも適用されることは注目に値する。しかし，吹付けコンクリートはモールドで作成した供試体の強度ではなくてコアの強度に基づいて受け入れられているため，この「割引」に論理的根拠はない[12.111]。

ある場合には，ダイヤモンドや炭化けい素ののこぎりを使って道路や空港の舗装から梁供試体を切り取ることもできる。そのような供試体はASTM C 42-90にしたがって曲げ試験を行うが，少なくともけい酸質骨材が使われている場合には，切り取られた供試体はモールドで作成した同等の梁と比べてかなり低い強度を示す[12.23]。梁の切り取りはあまり行われておらず，その使用を回避する方法については740頁に解説した。

12.11　現場打ち円柱供試体試験

標準圧縮供試体は，構造物中のコンクリート強度ではなくて，コンクリートの潜在強度の目安となることは繰り返し強調してきた。別の所でつくられた供試体

第12章 硬化コンクリートの試験

の試験から前者に関する知識を直接得ることはできない。しかし時には，例えば型枠の解体，プレストレスの導入，あるいは構造物への載荷などの時期を決める目的で，実際の構造物のコンクリート強度を推定することが必要となる場合もある。また，養生や凍結防護の有効性の評価をすることが必要となることもある。

このような必須な情報を得るための1つの手段は，使い捨てモールドでつくられた現場打ち円柱供試体を使うことである。図-12.25に示すように，これらの特殊なモールドは，コンクリートの打込み前に構造物の型枠の内側にある管状の支保具に固定される。この試験方法は深さ125〜300 mmのスラブに使用が限定されており，ASTM C 873-94に規定がある。スラブの型枠にコンクリートを打ち込む間にモールドへコンクリートが打ち込まれる。したがって，供試体とスラブの養生と温度の状態はほぼ同じである[12.122]。しかし，モールドで行われるコンクリートの締固めは，実際の構造物で行う場合と同じではない。そのようなことから，ASTM C 873-94では，現場打ち円柱供試体の強度は，その付近で抜き取られたコアの強度より約10％高いと報告している。

構造物の中のコンクリート強度の問題は，772頁で手短かに考察する。

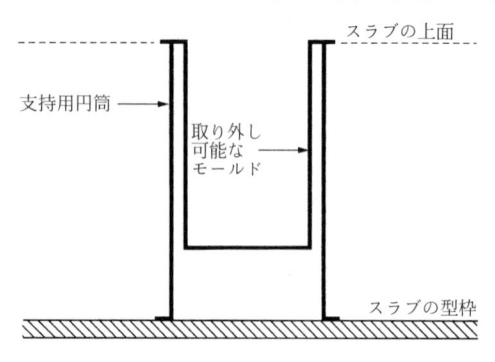

図-12.25 現場打ち円柱供試体用のモールドの模式図

12.12 載荷速度が強度に及ぼす影響

コンクリートに荷重を負荷する場合に可能な速度の範囲内で，載荷速度はコンクリートの見掛け上の強度にかなりの影響を及ぼす。応力度を増加する速度が遅ければ遅いほど，記録される強度は低くなる。このことは，おそらくクリープによってひずみが時間とともに大きくなることによって起きると思われるが，限界

12.12 載荷速度が強度に及ぼす影響

ひずみに達した時点で破壊が起きる。圧縮荷重を30分から240分にわたって負荷すると，0.2 MPa/秒の速度で荷重をかけて得られる破壊強度の84〜88％で破壊を引き起こすことが判明している[12.27]。コンクリートが無期限に耐えることのできる応力度は，0.2 MPa/秒の速度で荷重をかけて決定された強度の70％までである[12.28]。

図-12.26は，圧縮応力度の負荷速度を0.7 kPa/秒から70 GPa/秒まで上げると，コンクリートの見かけ上の強度が2倍になることを示している。ダムに使われるコンクリートの試験に関するRaphaelの研究[12.52]では，圧縮応力度の負荷速度を3桁上げると強度が約30％上昇することを示している。しかし，現実的な圧縮供試体の載荷速度の範囲内，すなわち0.07から0.7 MPa/秒で測定される強度は，0.2 MPa/秒の強度の97〜103％の間で変化するに過ぎない。

それにもかかわらず，試験結果を比較するためには応力度は定められた速度で負荷しなければならない。圧縮試験供試体の載荷速度は，ASTM C 39-93aには0.14〜0.34 MPa/秒と規定されている。ただし載荷の前半では，それより速い速度を用いても良い。英国基準BS 1881:Part 116:1983では速度を0.2〜0.4 MPa/秒と規定し，荷重をかけている間はこの速度を維持しなければならないとしている。

曲げ試験の結果は，圧縮試験の場合と同じように載荷速度の影響を受ける。試験用梁の最外縁応力度の上昇速度を2 kPa/秒から130 kPa/秒に上げると，曲げ

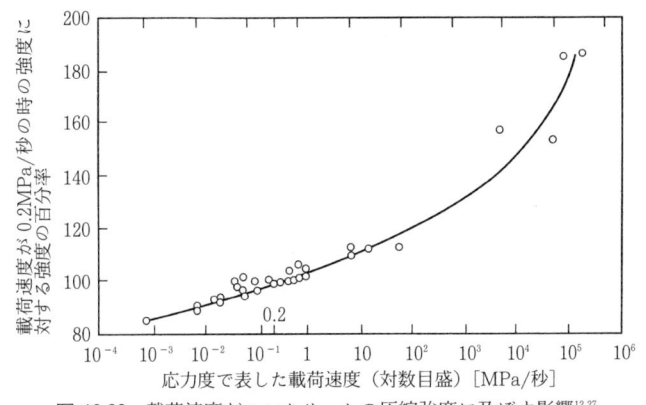

図-12.26 載荷速度がコンクリートの圧縮強度に及ぼす影響[12.27]

第12章 硬化コンクリートの試験

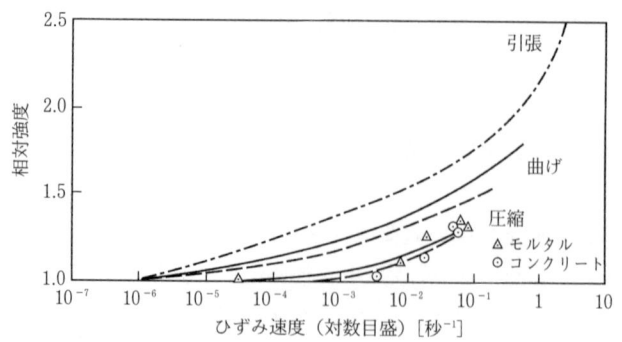

図-12.27 引張，曲げ，および圧縮の相対強度（標準ひずみ速度による強度に対する割合で示す）に及ぼすひずみ速度の影響（出版社 ASCE の許可に基づき参考文献 12.54 による）

強度を約 15%上昇させることが分かった[12.20]。

　曲げ強度は，応力度の負荷速度の対数値に対して直線的に上昇するが，引張応力の負荷速度がきわめて高いと直線から外れるようである。強度の上昇速度はさらに速い速度で上昇する。このことは，圧縮応力下の挙動とほぼ同じである（図-12.26）。170 MPa/秒の時に，曲げ強度は 27 kPa/秒の時より 40〜60%大きいことが分かった[12.27]。英国基準 BS 1881:Part 118:1983 は，曲げによる最外縁の上昇速度を 20〜100 kPa/秒の間と規定しており，ASTM C 78-94 は，15〜20 kPa/秒の間の速度と規定している。

　マスコンクリートのひび割れを制御する点で重要となる引張ひずみ容量は，引張応力の上昇速度によって異なることを述べておかなければならない。Liu と McDonald[12.89] は，載荷速度が遅い場合（1 週間に 0.17 MPa）のひずみ容量は載荷速度が 5 kPa/秒の場合と比べて 1.1〜2.1 大きいことを確認した。この増加はおそらくクリープによって起きるものと思われるが，増加量はコンクリートの曲げ強度と弾性係数によって異なる。強度が高いほど，また弾性係数の値が低いほど，増加量が大きい[12.89]。

　ひずみの増加速度が遅い場合の圧縮ひずみ容量の増加量を，Dilger 他[12.68] が報告している。

　ひずみ速度が強度の測定値に及ぼす影響は，直接引張の場合にもっとも大きく，曲げの場合は中程度であり，また圧縮の場合にもっとも小さい[12.54]（図-12.27 参照）。一般に，強度の高いコンクリートの方がひずみ速度の影響度が小さい。

12.13 促進養生試験

　コンクリートは通常，下にある物の上へ次を乗せながら段階的に，あるいはリフトごとに構造物に打込まれる。したがって，材齢28日の試験結果が，あるいは7日の試験結果でさえ，得られるようになるまでには，その試験供試体によって代表されているコンクリートの上にはかなりの量のコンクリートが重ねられていると思われる。そのため，コンクリートが弱過ぎる場合に補修対策を行うには遅すぎるし，コンクリートが強すぎる場合は，使用された混合物が不経済であったということを示している。

　実際，28日遅れの生産調整は賢明なことではない。

　コンクリートの打込み後2，3時間以内に28日強度を予想することができれば，非常に有利なのは明らかである。材齢24時間でのコンクリート強度はこの点では信頼できない指針である。なぜならば，種々の混合セメントは異なった速度で強度を発現するだけではなく，打込み後の最初の2，3時間に起きるわずかな温度変化でも早期強度に相当大きい影響を及ぼすからである。したがって，コンクリートは試験前にその潜在強度のかなりの部分が発現している必要があり，1950年代半ばにKing[12.46]が促進養生による試験の開発に成功している。そのとき以来，いくつかの促進養生試験の方法が規格化されている。

　これらの方法はすべて，コンクリート供試体の水分を失わせずにその温度を上昇させて，標準圧縮試験供試体の強度の発現を加速させるものである。さまざまな試験の詳細はそれぞれの基準に示されているが，共通の特徴は従来の強度試験と同じく，試験作業のほとんどが通常の業務時間帯に行われる点である。現場の実験室が24時間ずっと機能しているわけではない建設事業においては，この点は有利である。

　ASTM C 684-89では，促進養生を使った4種類の試験方法が規定されている。簡単な説明を表-12.4に掲載した。方法Aでは，温度の上昇はセメントの水和熱によっており，湯浴の主な機能はその熱を逃がさないようにすることである。方法Bでは，沸騰湯浴によって熱がさらに供給される。方法Cは，断熱状態で養生が行われるものであり，密閉供試体（水分の損失を防ぐため）を断熱容器に入れる。方法Dでは，149℃の温度で10.3 MPaまで加圧された容器を用いる。し

第12章　硬化コンクリートの試験

表-12.4　ASTM C 684-89に規定する促進養生方法の概要

試験方法	養生媒体	養生温度 [℃]	促進養生を開始する材齢	促進養生期間 [時間]	試験材齢 [時間]
A：温水	断熱作用の水	35	打込み直後	$23\frac{1}{2}$	24
B：沸騰水	湯による加熱	100	23時間	$3\frac{1}{2}$	$28\frac{1}{2}$
C：自己発生	水和熱	変化する	打込み直後	48	49
D：高温高圧	外部からの熱と圧力	149	打込み直後	5	$5\frac{1}{4}$

たがって，方法Dでは専用の装置が必要であり[12.130]，また，試験用円柱供試体の寸法も制限されているため，骨材の最大寸法が25mmを超える場合はウェットスクリーニングをする必要がある。

　方法BおよびDで沸騰水を使うことに関して，一言警告しておかなければならない。蒸気が突然漏れてやけどの危険や目のやけどの危険さえある。

　BS 1881:Part 112:1983に英国の方法が3種類規定されており，すべて湯浴を用いる。その1つはASTM C 684-89の方法Aと似ており，35℃の湯浴を用いる。第2と第3の方法は，それぞれ55℃と82℃で湯浴を用いる。すべての場合で，強度は材齢24時間までに決定される。英国と米国の試験方法は，強度が測定される時点の供試体の温度の点で異なっている。

　規定の養生方法がセメントの水和生成物に及ぼす影響を調べることは興味深い。温度がこれらの生成物の物理的性質に影響を及ぼすことは分かっているが（450頁参照），沸騰水の方法の場合は化学的な影響もある。エトリンガイトの結晶度を弱めるのである[12.118]。しかしこのことは，沸騰水の方法の有効性には影響を及ぼさない。

　自生の養生法（ASTM C 684-89の方法C）では，強度の発現が均一に加速しない。なぜならば，使用セメントの特性が温度上昇に影響を与え，それがその後の水和速度に影響を及ぼす。さらに加えて，強度は，混合物の単位セメント量によって，通常の養生とは異なる形で影響を受ける。それにもかかわらず，促進強度と通常の養生による28日強度との確実な関係が得られた。これは次のような形を取る。28日強度＝促進強度＋定数[12.70]。

　実際は，すべての促進養生試験方法においては，促進された強度と28日標準

12.13 促進養生試験

供試体強度との間に比例的な関係があることを示すが，その関係は各方法で異なっている。図-12.28 は，ASTM C 684-89 の B 法によるこの関係の一例を示したものであるが，ここでは，異なった産地のフライアッシュを含み，一種類だけのポルトランドセメントを用いた一連の混合物を用いている[12.145]。一般的に言って，標準供試体の 28 日強度を促進養生強度に関連付ける具体的な式は，セメントの組成が異なれば異なる。

いくつかの試験によって[12.108]，骨材の最大寸法（形状や組織は関係しない）もこの関係に影響を及ぼすことが示された。

BS 1881:Part 112:1983 によれば，35℃で養生を行うと，促進養生強度の配合割合に対する感度が増す。他方，モルタルで行った試験は，35℃で養生すると再現性が高くなることを示している[12.118]。

促進養生強度と 28 日強度との関係を立証し，前者から後者を予想できるようにするためには，一連の強度値にわたって試験を行うことが必要である。ACI

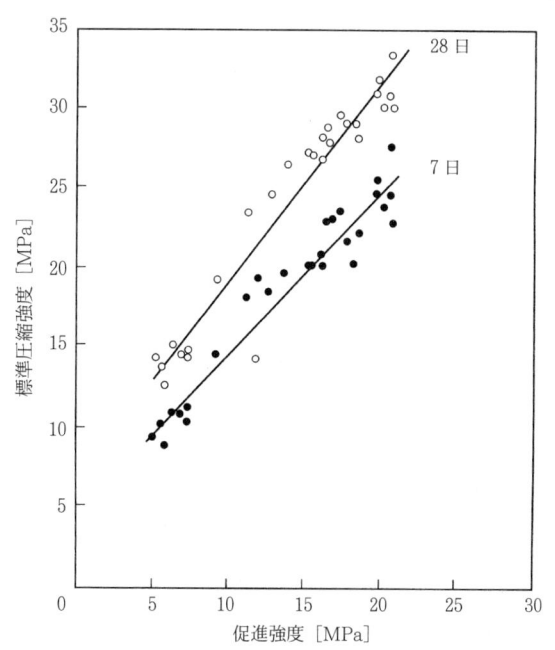

図-12.28 ASTM C 684-89 の B 法による促進養生強度と，材齢 7 日と 28 日の標準円柱供試体強度との関係[12.145]

第 12 章　硬化コンクリートの試験

214.1 R-81（1986 年再承認）[12.21] は，最低 3 種類以上の水セメント比を使うよう定めている。そのような式の相関係数は一般にきわめて高いため，それに伴う 95％信頼限界は狭く，その値は 3 MPa に満たないことが報告されている[12.120]。これは促進養生試験のばらつきが 28 日標準試験と同じ程度だからである[12.119]。

促進養生試験を曲げ引張強度と割裂引張強度の測定に用いることもできる[12.107]。

12.13.1　促進養生強度の直接使用

　上に述べた促進養生試験結果のばらつきの程度をみると，コンクリート製造の品質管理を行う上でとくに注目に値する促進養生試験の直接使用を思いつくであろう。試験結果が早く得られることによって，製造工程に配合割合の調整などの変更を加えることがかなり素早くできるようになる。

　その上，促進養生強度と 28 日標準強度との間に特有の関係がないことによって，前者の強度を測定する目的が後者の強度を「予測」することでなければならないのかという疑問が出てくる。確かにそれが，促進養生試験方法が開発される最初の動機ではあった。しかし，供試体は現場のコンクリートの通常の養生状況をとくに取り入れていない，理想的な状態で養生されたような場合には，28 日強度というものに神聖犯すべからざる点など何もないのである。さらに，構造物のコンクリートの実際の強度は，締固め，ブリーディング，および材料分離の程度によって左右される。したがって，標準試験供試体の 28 日強度は，促進養生された供試体の強度と違うと同様に現場の構造物のコンクリート強度を代表したものではないのである。

　したがって，促進養生試験それだけで，構造物に打込むために納入されたコンクリートの潜在強度の目安として，または潜在強度の実際上の尺度として使うことができるかどうか大いに議論の余地があるところである。「適切な促進養生方法は，コンクリートがその設計された目的に適うかどうかを確認するための，より便利で現実的な方法となり得る」という Smith と Chojnacki[12.69] の見解を引用したい。この言葉が書かれたのは 1963 年のことであり，28 日標準試験の日常的な使用を促進養生強度試験に替えることはそれ以来大幅に遅れている。試験結果がコンクリートの打込み後 1 日か 2 日で手に入る点で，後者の試験の方が品質管理試験としても基準強度の確認試験としても優れている。

難しい点は，技術者が従来の試験に愛着をもっていることである。替えるためには，設計の「考え方」が完全に促進養生値で行われなければならない。これらの値は28日標準養生の強度値より低いため，新しい「数値」を採用することに対してはある程度の尻込みがある。行なってはならないことは，最初の段階でコンクリートを促進試験で受け入れ，かつ28日円柱試験にも合格することを求めることである。これはあまりにも過酷な要求である。なぜならば，コンクリートのばらつきが一定の場合には，2つの試験に合格する可能性はどちらか一方に合格する可能性より小さいからである。促進試験と28日試験はばらつきがほぼ同じであることから，コンクリートが適切な母集団に属する（787頁参照）ことを立証するにはどちらか一方だけでも十分であり，それが受入れ試験を行う目的なのである。

12.14 非破壊試験

本章でこれまで解説した試験は，それ自体では必ずしも実際の構造物のコンクリートに関する直接の情報を示さない特別につくられた供試体に関するものであった。しかも，重要なものは実際のコンクリートに関する情報である。現場で養生された試験供試体やコアが，この点では多少役に立つ。しかし，前者には事前の計画が必要であり，後者は局所的ではあるが構造物に損傷を与える。

これらの問題を回避するために，さまざまな現場試験が開発されてきた。これらの試験は従来から非破壊試験とも呼ばれており，構造物の性能や外観を損なってはならないが，小さな損傷は引き起こす可能性があると理解されている。非破壊試験の重要な特徴は，同じ，またはほぼ同じ箇所を再試験することができるため，時間に伴う変化を監視することができる点である。

非破壊試験を用いると安全性が向上し，施工の日程調整がうまく行えるようになるため，速く経済的な施工を行うことができる。おおまかに言うと，これらの試験はコンクリート強度を現場で査定する試験と，コンクリートの他の特性，例えば空げき，欠陥，ひび割れ，および劣化を測定する試験とに分類することができる。

非破壊試験は多くは元々相対的なものであるため，強度に関しては，測定では

第12章 硬化コンクリートの試験

なく査定ができるだけであることに注意しなければならない。したがって，用いる試験に対して，測定された特性と，実際のコンクリートから採取した試験供試体またはコアの強度との実験上の関係を確立することが有用である。そしてその後に，この関係を使って非破壊試験の結果を強度値へと「変換」することができる。用いる非破壊試験の結果と強度との物理的な関係を理解することがきわめて重要である。さまざまな試験におけるこの関係については，後に解説する。本書はコンクリートの特性に関するものであり，試験技術に関するものではないため，さまざまな試験の実際の詳細については関連する基準または手引書を参照しなければならない。

　非破壊試験の結果の解釈に関して，一般的な見解をもう1つ述べる必要がある。これらの試験は絶対的に解釈できる「値」を提供することはめったになく，技術的な判断が必要である。したがって，行う試験が施工にかかわる当事者同士の紛争に関連するものである場合には，完全な試験計画を事前に決定し，得られる可能性のある試験結果の解釈に関しても，そのばらつきを念頭に置きながら合意しておかなければならない。さもないと，一方または他方の当事者が追加試験を求め，構造物のコンクリートに関する紛争が試験に関する紛争で一層激しくなるからである。非破壊試験の計画に関する有用な助言がBS 1881:Part 201:1986に提供されており，またBS 6089:1981には既存の構造物のコンクリート強度を査定するための指針が記載されている。

12.15　テストハンマー試験（反発度法）

　これはもっとも古くからある非破壊試験であり，今も広く使用されている。1948年にErnst Schmidtが考案したため，シュミットハンマー試験として知られている。テストハンマーで測定される硬度は，金属試験で行われているようなへこみを付けて測定される硬度とはまったく異なる。

　テストハンマー試験は，弾性の重りのはね返り量はその重りが当たる面の硬度によって異なるという原理に基づいている。しかし，その見掛け上の単純さにもかかわらず，テストハンマー試験には衝撃とそれに伴う応力波の伝播という複雑な問題が関連している[12.134]。テストハンマー試験（図-12.29）では，一定の位置

12.15 テストハンマー試験（反発度法）

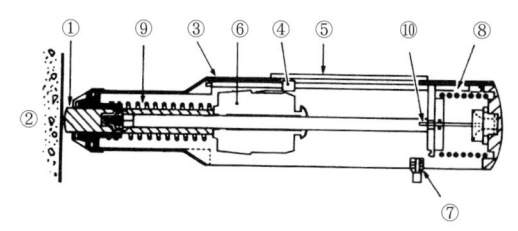

図-12.29 テストハンマー：① プランジャー；② コンクリート；③ 円筒枠；④ 指針；⑤ 目盛板；⑥ 重り；⑦ 解放ボタン；⑧ ばね；⑨ ばね；⑩ 留め金

までばねを伸ばすことによって，ばねを装着した重りに一定の量のエネルギーが与えられるのであるが，これは試験するコンクリート面にプランジャーを押しつけることによって行う。解放すると，重りは，コンクリート面に接触しているプランジャーからはね返るが，重りが移動した距離をばねが最初に伸びた長さの百分率で表したものを反発度と呼ぶ。この値は，目盛板に沿って移動する指針によって示される。ハンマーの形式によっては試験結果がプリントアウトされる。反発度は任意の尺度である。なぜならば，そのばねに蓄えられるエネルギーと重りの大きさによって異なるからである。ハンマーは，できれば型枠面の，滑らかな面に対して使用しなければならない。したがって，目の粗いコンクリートは試験できない。こて仕上げ面はカーボランダム石を使って滑らかに磨かなければならない。試験しているコンクリートが大きい塊になっていない場合は，試験中に試験体が動くと反発度の測定値が小さくなるため，強固に支持しなければならない。

この試験はコンクリートの中の局部的な変化に敏感に反応する。例えば，プランジャーのすぐ下に大きい骨材片があると，異常に高い反発度となる。反対に，同様の位置に空げきがあると低い結果となる。さらに，コンクリートが吸収するエネルギーはその強度と剛性の両方に関係があるため，反発度に影響があるのは強度と剛性との組合わせである[12.122]。コンクリートの剛性は使用骨材の種類によって異なる（図-12.30）ため，反発度は一義的にコンクリート強度と関連しているわけではない。

プランジャーは常に試験しているコンクリート面に直角でなければならないが，鉛直に対するハンマーの位置が反発度に影響を及ぼす。これは重力がハンマー内の重りの移動に影響するためである。したがって，床版の反発度は，同じコンク

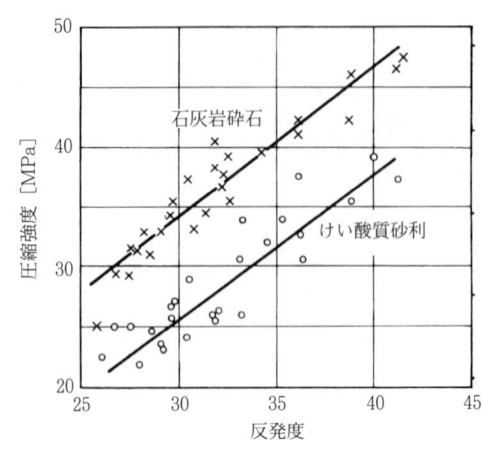

第12章 硬化コンクリートの試験

図-12.30 異なる骨材を用いてつくられたコンクリート円柱供試体における圧縮強度と反発度との関係[12.48]（円柱の側面を，ハンマーを水平にして測定した）

リートのソフィットの反発度より小さく，傾斜面と垂直面は中程度の値となる。この理由によって，また反発度に影響を及ぼす他の因子を理由として，反発度と強度とを関連付ける「包括的な」図表を用いることは奨励できない。適切な方法は，圧縮試験供試体で測定された反発度とそれらの実際の強度との関係を，実験的に確立することである。可能であれば，供試体のモールドの材料は構造物の型枠の材料と同じでなければならない。

　圧縮強度を反発度に関連付ける曲線はいろいろあるものの，標準的には，強度の約 5 MPa の変化に対して反発度が 4 単位変化する。

　この関係は比較の手段としてのみ与えられているものであり，強度のわずかな相違を探知するために使用することはできない。テストハンマーが異なると，たとえ設計が同じであっても，必ず同じ反発度が生じると考えることはできないことに注意しなければならない。

　いずれにせよ，テストハンマー試験はコンクリートの表面域のみの性質を測定する。BS 1881:Part 202:1986 によれば，この区域の深さは約 30 mm である。表面の飽水（反発度を低下させる。図-12.31 を参照[12.47]）の程度や炭酸化（反発度を上昇させる[12.125]）など，コンクリートの表面だけに影響を及ぼす変化は，深い部分のコンクリートの性質にはほとんど影響を及ぼさない。

12.15 テストハンマー試験（反発度法）

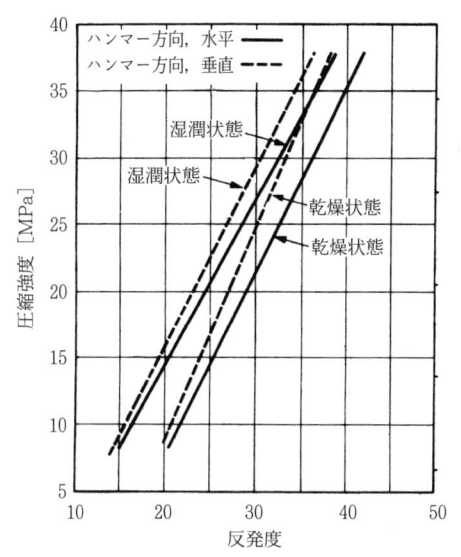

図-12.31 ハンマーを水平方向や垂直方向で用いたり，コンクリート表面が乾燥状態や湿潤状態にあったりした場合の反発度と円柱供試体の圧縮強度との関係[12.47]

　小さい面積であってもコンクリートの硬さは場所によってむらがあるため，反発度はすぐ近くにあるいくつかの箇所で決定しなければならないが，ASTM C 805-85 によると，25 mm 以上離れていなければならない。英国基準 BS 1881:Part 202:1986 は，300×300 mm 以下の面積の範囲内で，20〜50 mm 間隔の格子型上で試験することを推奨している。これは作業者による偏りを減少させる。

　テストハンマー試験は，おおまかに言うと，元々が相対的なものであるため，ある構造物のコンクリートの均一性を評価する場合や，プレキャスト要素など同じ製品を数多く生産する場合に有効である。またこの試験は，望まれる強度に対応する値まで反発度が達したかどうかを確定するためにも用いることができる。これは足場の解体時期や構造物の供用開始時期を決定する上で役に立つ。

　ハンマーのもう1つの用途は，あるコンクリートの強度の発現が初期の凍結によって影響を受けたかどうかを確認することであるが，ASTM C 805-85 によれば，まだ凍結しているコンクリートは高い反発度を示す。

第12章　硬化コンクリートの試験

テストハンマー試験の特殊な用途は，コンクリート床版の耐磨耗性の評価である。耐磨耗性は表面の硬さによって大きく異なる。

全体的にみて，テストハンマー試験は限られた範囲内では有効ではあるが，強度試験ではなく，圧縮試験の代わりにこの試験を使うことができるという過大な主張を認めるべきではない。

12.16　貫入抵抗試験

一定量のエネルギーで動く鋼棒または探針の貫入に対するコンクリートの抵抗性を測定することによって，コンクリートの圧縮強度を評価することができる。基本原理は，標準の試験状況であれば，貫入の深さはコンクリートの圧縮強度に反比例するということであるが，理論的根拠は立証されていない。また圧縮試験の場合と異なり，貫入試験では粗骨材が破壊されるため，強度と貫入深さとの関係は骨材の硬さによって大きく異なる。具体的に言うと，柔らかい骨材は硬い骨材より深く貫入するが，圧縮強度には影響がない[12.122]。

試験器具の製造者は，モース尺度でさまざまな硬度の尺度を示す粗骨材を含むコンクリートの強度を貫入深さに関連付ける「標準」曲線を提供している。

しかし，さまざまな研究者が著しく異なる関係を見出しており[12.126]，可能性のある関連因子は粗骨材の形状と表面特性である[12.135]。したがって，それぞれのコンクリートに対して実験を行って強度と貫入深さとの関係を確立する必要がある。しかし，貫入試験は供試体を損傷するため，貫入抵抗試験と圧縮強度試験の両方に同じ円柱供試体や立方体供試体を使用することができず，これにも多少難点がある。その上，貫入抵抗試験をコンクリート体の端に近い所，例えば100〜125 mm未満の距離のところで行うと，割裂が起きる可能性がある。

貫入抵抗性の試験方法はASTM C 803-90とBS 1881:Part 207:1992に規定されている。便宜上，実際の貫入深さではなく，標準長さの探針の残りの露出している部分を測定する。貫入針は3組打込み，その平均値を試験結果として使用する。

強度と貫入深さとの標準的な関係を図-12.32に示す。

貫入抵抗試験は，型枠をはずすことが可能かどうかを決定する際に有効である。

12.17 引抜き試験（プルアウト法）

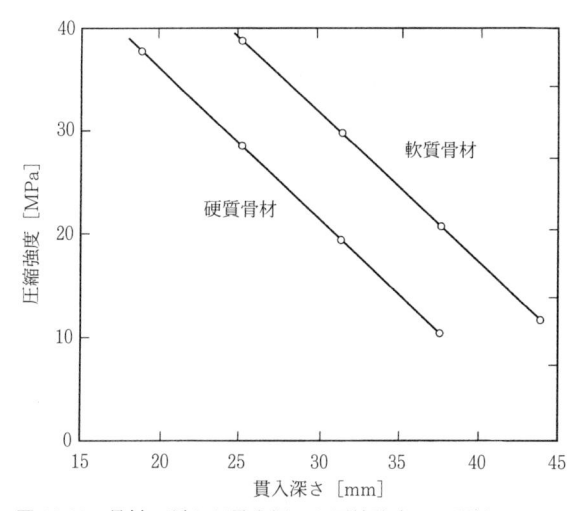

図-12.32 骨材の硬さが貫入深さと圧縮強度との関係に及ぼす影響（参考文献 12.122 に基づく）

この試験はコンクリートをさらに深い部分まで試験するため，テストハンマー試験より多少勝っている。また，強度のある一定の差異を十分確信をもって探知するのに必要な試験数は，テストハンマー試験を使用する場合より少なくて済むとの報告がある[12.140]。しかし，貫入抵抗試験ははるかに多くの経費が掛かる。貫入抵抗試験は，直径の小さいコアを抜き取るよりはましなようである。

12.17 引抜き試験（プルアウト法）

これは特殊な引張ジャッキを使い，事前に埋め込まれた，先端部が広げられている金属製挿入ピンを引抜くのに必要な力を測定する試験である（図-12.33 参照）。挿入ピンは，円錐台に近い形をしたコンクリート塊と一緒に引抜かれる。この形は，支持リングと挿入ピンの形状によって定まるものである。形状が一定の場合には，引抜き力はコンクリートの圧縮強度と関連付けられる。

この関係は純粋に実験上のものであり，発生する応力分布から考察されたものではない。なぜならば，破壊面の応力体系は 3 次元であり，それらは，半径方向応力，円周方向応力，および円錐表面に沿った圧縮応力である[12.136]。したがって，

第 12 章 硬化コンクリートの試験

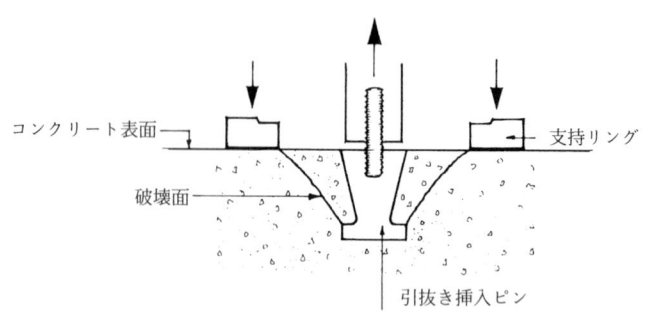

図-12.33 引抜き試験（プルアウト法）の模式図

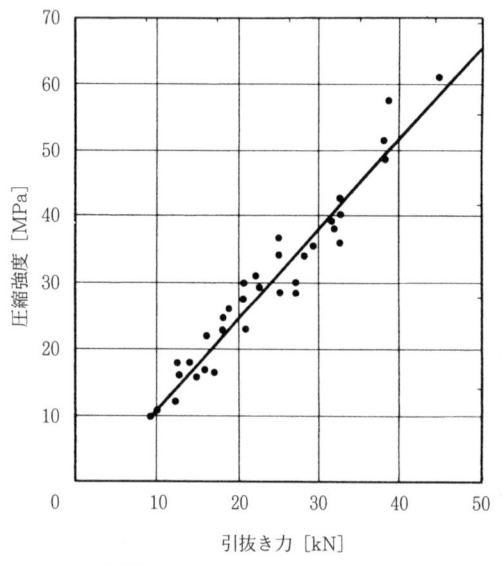

図-12.34 実構造物におけるコアの圧縮強度と引抜き力との関係[12.105]

　引抜き力はそのまま（kN で）報告しなければならず，「引抜き強度」の計算値には信頼できる物理的な意味が欠けている．引抜き力とコア強度との関係の一例を，さまざまな養生状況に関して図-12.34 に示す[12.105]．

　引抜き試験の方法は，ASTM C 900-87（1993 年再承認）と BS 1881:Part 207:1992 に規定されている．ASTM 基準では，挿入ピンの広げられた先端部の上側のコンクリートの深さが，広げられた先端部の直径に等しくなければならな

いとされており，この基準は，挿入ピンの広げられた先端部の直径に関連させて，支持リングの直径に制限値を設けている。これらの規定によって，円錐台の頂点の角度は54～70度の間に確実に収めることができる[12.122]。

Malhotra[12.113]によれば，引抜き試験はテストハンマー試験や貫入抵抗試験と比較して，対象とするコンクリートの体積と深さが大きいため，この2つの試験より優れている。劣る面は，コンクリートの修復が必要となる点である。しかし，コンクリートが規定の強度に達したかどうかを確認することがこの試験の目的であるならば，引抜き試験を最後まで実施する必要はない。埋めこまれた挿入ピンにあらかじめ決められた力を負荷すれば十分であろう。挿入ピンを引抜くことができなければ，規定の強度を満足しているとみなす。

12.18 ポストセット方式試験

引抜き試験の不利な点は，施工の前に挿入ピンの埋込みをあらかじめ計画して実施しなければならない点である。事前の取付けを行わずに引抜き試験を実施するために，いくつかの方法が開発されてきた。それらの方法では，硬化コンクリートに穴を開け，特殊な道具でその穴の奥をえぐり，拡張可能な円環にボルトを付けて挿入する。そしてその後，引抜き試験を通常の方法で実施する[12.139]。

その他の後付け試験には内部破壊試験があり，アルミナセメントでつくられた疑わしいコンクリートの調査で有効であることが証明されている[12.129]。この試験では，くさび方式アンカーボルトをコンクリートに開けた穴の中へ打込む。つぎに，球形台座のスラストパッドに付いたナットを回してボルトを引っ張る。ボルトを引っ張るために要するトルクが，コンクリートの圧縮強度の評価を示す。ただし，ボルトを引っ張った時には，垂直方向と水平方向の両方の力がコンクリートに負荷される[12.140]。引抜き試験の場合と同様に，規定の強度に対応するよう事前に較正を行い，トルクがあらかじめ決められた値に達した時点で引張りを停止することができる。内部破壊試験はBS 1881:Part 207:1992に規定されている。

折り取り試験（ブレークオフ法）では，コンクリート面に平行な円形断面でコンクリートの曲げ強度を評価することができる。この断面は，フレッシュコンクリートに管を挿入するか，またはドリルで円筒状に穿孔することによって作成す

る。

　折曲げる部分にジャッキを使って横方向の力を負荷する[12.138]。折り取り試験は，ASTM C 1150-90 と BS 1881:Part 207:1992 の中で規格化されている。

　引抜き試験（プルオフ法）も開発されており，接着した金属盤を使ってコンクリートの一部を引き抜くために必要な力を測定する[12.137]。したがって直接引張応力を負荷することになるが，その力が作用する面積は不明確である。引抜き試験（プルオフ法）は BS 1881:Part 207:1992 に規定されている。

　コンクリートの一部分を取り除く試験方法が急増している。Bungey[12.135] と Carino[12.140] が良い概説を書いている。

12.19　超音波パルス速度試験

　これは大分前に確立された非破壊試験の方法であり，縦波（圧縮波）の速度を測定する。この測定は，波の1パルス（この方法の名前の由来である）が一定の距離を移動するのに要した時間を測定することによって行われる。装置は，コンクリートに接して置かれた変換器，周波数が 10〜150 Hz のパルス発振器，増幅器，時間測定用回路，および縦波のパルスが変換器の間を移動するのに要した時間のディジタル表示装置である。試験方法は ASTM C 597-83（1991年再承認）と BS 1881:Part 203:1986 に規定されている。

　均質，等方性，および弾性の媒体の中の波の速度 V は，次の式によって動弾性係数 E_d と関連付けられる。

$$V^2 = \frac{E_d(1-\mu)}{\rho(1+\mu)(1-2\mu)}$$

ここに，ρ は密度であり，μ はポアソン比である。

　コンクリートは上の式の有効性に必要な物理的要件を満たさないため，コンクリートの弾性係数をパルス速度から決定する方法は一般に推奨されていない[12.63]。それにもかかわらず，Nilsen と Aïtcin[12.117] は，供用中の高強度コンクリートの弾性係数の監視の際には，この方法は有効であることを見つけた。一般にはポアソン比（520頁参照）の値はあまり正確には知られていないことを付け加えておく。しかし，ポアソン比が，考えられる値の全範囲の中で変化しても（つまり概

12.19 超音波パルス速度試験

略 0.16～0.25)，弾性係数の計算値を約 11％低下させるに過ぎない。

　超音波パルス速度の値をコンクリート強度の推定に使うことに関しては，この 2 つの値の間には物理的な関係は何もないことを述べておかなければならない。弾性係数は強度と関連している（516 頁参照）ことを思い出すかもしれないが，この関係にも物理的な根拠はない。しかし上記の式が示す通り，超音波パルス速度はコンクリートの密度と関連がある。この最後に述べた関係が，超音波速度の測定値を使ってコンクリート強度を測定することの根拠となる。しかし，それは以下に解説するような厳格な制限を条件とする場合に限られる。

　コンクリートを通る超音波パルスの速度は，パルスが硬化セメントペーストと骨材を通って移動するのに要した時間の結果である。骨材の弾性係数はかなり大きく異なるため，コンクリートのパルス速度は実際の骨材の弾性係数と，混合物中の骨材の含有量によって異なる。

　他方コンクリート強度は，骨材の含有量と弾性係数のどちらにも影響されるとは限らない。したがって，超音波パルス速度と圧縮強度との間に固有の関係は無い[12.62]。図-12.35 は，硬化セメントペースト，モルタル，およびコンクリートに対して異なる関係があることを示している。

　しかし，混合物中の骨材量と単位セメント量とが一定であれば，コンクリートの超音波パルス速度は硬化セメント中の変化（例えば弾性係数に影響を及ぼす水セメント比の変化）によって影響を受ける。超音波パルス速度試験を使ったコンクリート強度の評価は，このような制約の範囲内でのみ行うことができる。さらに，パルスは空気の占める空げきより水の占める空げきの方が速く通過することができるという事実に起因する制約もある。したがって，コンクリートの含水状態はパルス速度に影響を及ぼすが，現場の強度は影響されない（図-12.35 参照）。

　その他の疑わしい影響を排除することもきわめて重要である。例えば，パルスの通り道にある鉄筋，とくに直径の大きい鉄筋は超音波パルス速度を上昇させるが，コンクリートの圧縮強度には影響を及ぼさない[12.135]。

　実際，これはすべての非破壊試験の根本的な欠点を示す 1 つの特徴的な例であり，非破壊試験では，測定されるコンクリートの性質はさまざまな因子によって，またそれらの因子がコンクリートの圧縮強度に及ぼす影響とは異なる仕方で，影響されるのである。

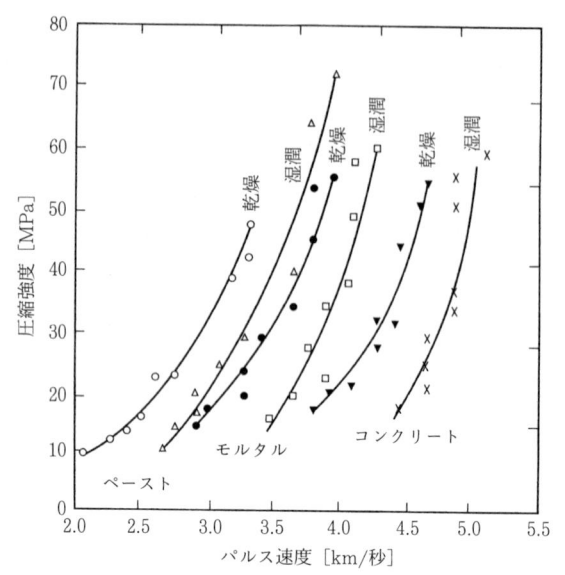

第12章 硬化コンクリートの試験

図-12.35 硬化したペースト，モルタル，およびコンクリートにおける圧縮強度と超音波パルス速度との関係。（乾燥状態および湿潤状態に対して）（参考文献 12.62 に基づく）

上に挙げた制約にもかかわらず，超音波パルス速度試験にはコンクリート部材の内部に関する情報が得られるというかなり大きい利点がある。したがってこの試験は，ひび割れ（パルスの方向と平行でないものに限る），空げき，凍結や火災による劣化[12.61]，および類似の部材中のコンクリートの均一性などを探知するのに有効である。この試験は，特定のコンクリート部材内部の変化，例えば凍結融解の繰り返しなどによる変化などを追跡する目的で使用することができる。コンクリート中の応力が超音波パルス速度に影響を与えない点が注目に値する[12.142]。

超音波パルス速度試験はまたコンクリートのごく初期の材齢，すなわち3時間経過したころからその強度を評価するために用いることができる[12.146]。このことは，蒸気養生されたコンクリートを含めて，プレキャストコンクリートの場合や型枠の解体を決める補助手段として重要である[12.143]。

エコー式の超音波パルス技術を使えば，コンクリート道路スラブや類似のスラブの厚さを測定することも可能である[12.79]。

12.20 非破壊試験の可能性

　さまざまな非破壊試験の方法を個別に解説してきたが，複数の方法を同時に使うことも可能である。これは，コンクリートの性質の変動がそれらの試験結果に反対方向に影響を及ぼすような場合に有利である。例えば，コンクリートに水分が含まれている時に，含水率の上昇が超音波パルス速度を上昇させるがテストハンマーで測定される反発度は低下させるような場合がその一例である[12.123]。この2つの方法の組合わせによって得られた結果の使用例を，図-12.36に示す。非破壊試験の組合わせ使用に関する指針が，RILEMによって作成されている[12.141]。

　現場コンクリートの非破壊試験は他にもたくさんあり，その一部はまだ開発段階にある。これらの試験には，ガンマ線または高エネルギーX線を用いた放射線透過写真法（空げきの探知に用いる），放射測定法（密度の測定に用いる），中性子伝播法または中性子反射法（コンクリートの含水量の推定に用いる），および表面透過電子法（空げき，ひび割れ，または層間剥離の探知に用いる）が含まれる。衝撃エコー技術では，衝撃が誘発した過渡的応力波がコンクリート中の空げきやひび割れによって反射され，その結果起きる表面の変位を衝撃点の近くで測定する。このようにして，コンクリートの内部の欠陥を探知することができる。

　破壊強度に近い大きい応力が負荷されたことによって誘発される過渡的弾性波

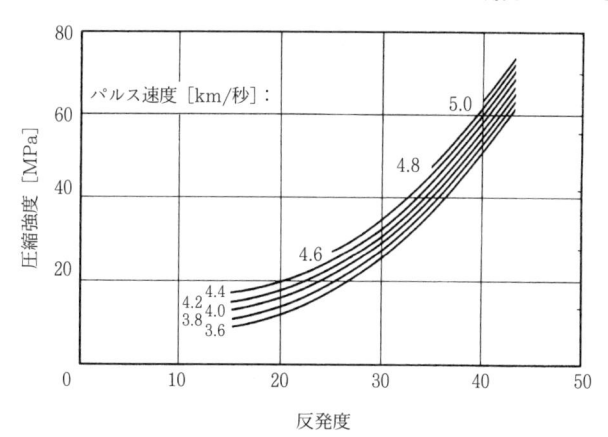

図-12.36　超音波パルス速度とテストハンマー試験とを組み合わせた現場コンクリートの圧縮強度の推定曲線[12.123]

であるアコースティックエミッションの測定は，ひび割れの発生を探知するために使用することができる。この技術は，過大な荷重をかけた後の構造物に残存する無欠性を評価する際に重要な場合がある[12.66]。

本書で取り扱う範囲はコンクリートの特性に限定されるため，上に言及したさまざまな試験の解説は行わない。しかし，一般的なコメントを1つ述べなければならない。すなわち，すべての試験結果はばらつきが大きく，したがってそのばらつきを考慮して解釈しなければならない。

12.21 共鳴振動数試験

場合によっては，凍結融解の繰り返しや化学作用などの結果としてコンクリート供試体の状態に起きる段階的な変化を測定することが望ましい。これは，研究の適当な段階で供試体の基本共鳴振動数を測定することによって行うことができる。この振動数から，コンクリートの動弾性係数を計算することができる。

振動は，縦，横（曲げ），またはねじりモードでかけることができる。試験方法は，ASTM C 215-91 と BS 1881:Part 209:1990 に規定されているが，後者の基準には縦モードだけが規定されている。このモードでは，規定された寸法の供試体（できれば，曲げ強度の決定に用いられる供試体と類似のもの）の中央部を固定し（図-12.37），一方の端面に駆動装置を，もう一方の端面にピックアップを設置する。励振器は，範囲が 100～10 000 Hz の可変振動数発振器で駆動される。供試体の中で伝播された振動をピックアップが受け，増幅し，その振幅を適当な表示計で測定する。

励振の振動数は，供試体の基本（例えば最小の）振動数で共鳴が得られるまで変動させる。これは表示計の最大たわみによって表示される。

この振動数を n Hz とし，L が供試体の長さ，ρ はその密度であるとすれば，

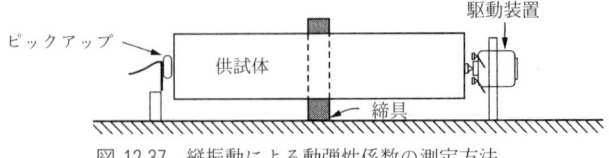

図-12.37 縦振動による動弾性係数の測定方法

動弾性係数は次のようになる。

$$E_d = Kn^2L^2\rho$$

ここに，Kは定数である。

梁の長さとその密度はきわめて正確に測定しなければならない。断面が正方形の供試体のLを［mm］で，ρを［kg/m³］で測定すると，［GPa］で表したE_dは次のようになる。

$$E_d = 4\times10^{-15}n^2L^2\rho$$

Lを［インチ］で，ρを［lb/ft³］で測定すると，［psi］で表したE_dは次のようになる。

$$E_d = 6\times10^{-6}n^2L^2\rho$$

共鳴振動数から計算される動弾性係数はコンクリート強度を表すと解釈することはできないことを強調しなければならない。その根拠は超音波パルス速度に関する節で述べた。動弾性係数の値の変化から強度の変化を推測できるのは，単一のコンクリート混合物で，厳密に制限された状況下にある場合だけである。

12.22 硬化コンクリートの配合推定試験

硬化コンクリートの品質に関するいくつかの紛争において，コンクリートの配合が指定通りであったかという疑問が提起され，その答えは，硬化コンクリートの試料に化学試験と物理試験とを実施したというものであった。主な関心の対象は通常単位セメント量と水セメント比であるが，後者は単位セメント量の測定結果と初期の単位水量とから導き出さなければならない。

コンクリートをつくるために使われる材料が多様であることから，全般的に適用することのできる化学分析法はない。元の使用材料を試験用に入手することができれば，硬化コンクリートから採取した試料で行う試験の結果はかなり信頼性が高いが，その場合でさえ，分析結果の解釈には実施上の経験に基づく技術的判断が必要である。

12.22.1 単位セメント量

ポルトランドセメントだけの場合でさえ，コンクリート試料中の単位セメン

量を直接測定する方法はない。手法としては，可溶性シリカと酸化カルシウムの含有量を測定し，そこから単位セメント量を計算する。この2つの値のうち小さい方を使う。基本にある根拠は，ポルトランドセメント中のけい酸塩は骨材中に通常含まれているシリカ化合物より早く分解し，可溶性になることである。同じことが，セメントと骨材の中の石灰化合物の相対的な可溶性にも当てはまる（ただし，石灰石骨材を除く）ため，可溶性酸化カルシウムによる方法も存在する。

ポルトランドセメントの含有量を測定するための標準的方法は，ASTM C 1084-92 と BS 1881:Part 124:1989 に規定されているが，元の単位セメント量の規定を遵守している（またはしていない）ことを証明するには，結果の精度が一般に低すぎる。

このことは，単位セメント量の低い混合物の場合はとくにそうであり，また単位セメント量の正確な値が必要とされるのはこの型の混合物であることが多い。その上，試験の判定は骨材の化学組成の情報によって異なる。可溶性シリカと酸化カルシウムがどちらも大量に骨材から放出される場合には，これらの方法は一層不確実にさえなる。

多様なセメント状材料が存在する場合の試験の指針が，コンクリート協会報告No.32[12.25]に掲載されている。この報告は，使用されたスラグの組成が既知であれば，コンクリート試料中の硫化物含有量の測定値からスラグを計算することが可能であるが，確実な結果を得るのは難しいことを示唆している。フライアッシュ含有量を測定する標準的な方法はない。同様に，混和剤は非常に数が多く，また用いられる添加量が少ないため，混和剤の存在と添加量を日常的に測定する[12.29]ことはできない。

12.22.2　元の水セメント比の推定

今は硬化しているコンクリート混合物の打込み時点に存在した水セメント比は，単位セメント量（前節の説明による方法で決定した）と元の単位水量の推定値から計算することができる。元の水量はセメント中の結合水の質量と，元の水量の残留物である毛管空げきの容積との合計である。結合水はセメントの質量の23％と等しいとみなすか（33頁参照），または試料を1 000℃で強熱して放出された水量を測定すれば，決定することができる。試験方法は BS 1881:Part

124:1989 に規定されている。コンクリート協会報告第 32 号[12.25]によれば，この方法が混合セメントでつくられたコンクリートに使用可能であることを示す証拠はない。ポルトランドセメントコンクリートの場合でさえ，計算された水セメント比は実際の水セメント比の 0.1 以内程度であると思われる[12.25]。この程度の推定精度には，ほとんど実用的価値はない。

他の方法，例えば全反射型蛍光顕微鏡法などが実施可能である[12.147]。

12.22.3 物理的方法

硬化コンクリートの岩石学的な考察は ASTM C 856-83 (1988 年再承認) に記載されている。ASTM C 457-90 は，研磨した薄片状の試料の体積構成割合の測定に使うことのできる他の顕微鏡技術を規定している。このような技術にはリニヤートラバース法 (686 頁参照) も含まれるが，これは異種混交固形物の材料の相対体積はその材料が平らな切断面に占める相対面積と，任意の 1 本の線に沿って面積が横切る弦とに正比例するという事実を根拠とする。骨材と空げき（空気または蒸発性の水が入っている）は特定することができ，残りは水和したセメントとみなす。後者の量を未水和セメントの体積に変換するためには，乾燥したセメントの密度と水和したセメントの非蒸発水含有率を知っていなければならない (46 頁参照)。試験はコンクリートの単位セメント量を 10％以内の精度で測定するが，試験では空げきと水げきとの区別をしないため元の単位水量や空げき率は推定することができない。

ポイントカウント法は，任意の線に沿って等間隔に存在するある一定の数の点上にある材料が存在する頻度が，その材料の固体中の相対体積を表す直接的な尺度であるという事実に基づいている。したがって，立体顕微鏡で行うポイントカウントは，硬化コンクリート供試体中の体積比を迅速に求めることができる。

12.23 試験結果のばらつき

名目上同じ供試体の強度のばらつきについて述べてきたが，結論は，試験が何であろうと試験結果を統計の面から解釈しなければならないということである。例えば一部の試験結果が他の結果より大きいということだけで，必ずしもその相

第12章 硬化コンクリートの試験

違が重大だということを意味するわけではなく，同じ母体から出た値の自然なばらつきによる偶然の値を意味するわけでもない。すべての試験結果はばらつきを含んでいるものの，非破壊試験によって得られた結果は一般に標準圧縮供試体の場合よりばらつきが大きい。比較的簡単な統計用語を次に紹介する。

12.23.1 強度の分布

すべて同種のコンクリートでつくられた100個の試験供試体の圧縮強度を測定したと仮定しよう。このコンクリートは，すべて試験することのできる個体の集合体として想像することができる。そのような集合体を母集団と呼び，また実際の試験供試体のコンクリート片を標本と呼ぶ。母集団の性質に関する情報を提供することが標本を試験する目的である。

コンクリート強度の特質（366頁）から，供試体が異なれば測定された強度も異なる，すなわち結果にばらつきが出ることが予想される。このことを例証するため，表-12.5に示す海洋プラットフォーム[12.95]の建設で実施された供試体試験の結果を考察してみよう。

実際の強度を1 MPaごとにグループ分けするとこれらの強度の分布状況がよくわかる，すると表-12.5に示すように，強度が各区間に入るある数の供試体が

表-12.5 強度試験結果の分布の例[12.95]

強度区間 [MPa]	区間内の 供試体の数	強度区間 [MPa]	区間内の 供試体の数
42-43	1	55-56	51
43-44	1	56-57	59
44-45	0	57-58	54
45-46	0	58-59	32
46-47	3	59-60	23
47-48	3	60-61	7
48-49	8	61-62	10
49-50	11	62-63	3
50-51	31	63-64	1
51-52	31	64-65	2
52-53	37	65-66	0
53-54	55	66-67	1
54-55	69		—
		合計	493

12.23　試験結果のばらつき

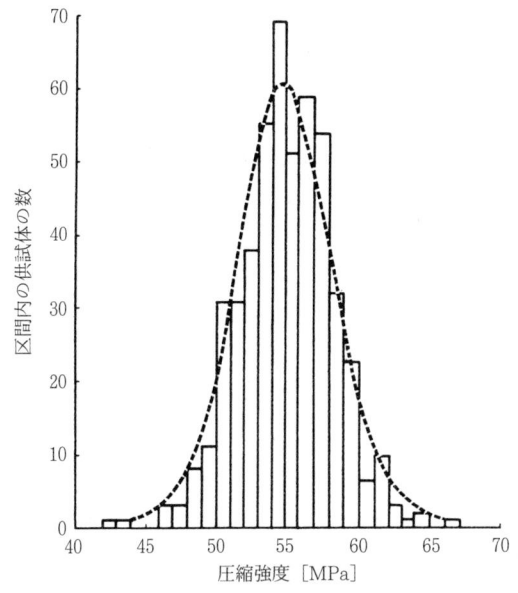

図-12.38　表-12.5の強度値のヒストグラム[12.95]

得られる。

　（一定の）強度区間を横座標とし，各区間の供試体の数（度数という）を縦座標として描くと，ヒストグラム（棒状図表）が得られる。ヒストグラムの面積は，適切に縮尺された供試体の合計数である。時には，度数を供試体の合計数に対する割合，つまり相対度数として表す方が便利な場合もある。

　上述のデータをヒストグラムにして図-12.38に示すが，結果のばらつきの状況，あるいは，より正確に言えば，試験した標本内の強度の分布が明確にみて取れることがわかる。

　散布度のもう1つの簡単な尺度が，値の分布範囲すなわち最高強度と最低強度との差によって得られる。上記の場合は25 MPaである。この値の分布範囲は，もちろん極端に速く計算することができるが，やや不完全な尺度である。すなわち2つの値だけに頼っており，また大きい標本ではこれらの値は度数の低いものとなる。このように，基礎となる分布が同じ場合には値の分布範囲は標本の大きさに伴って増大する。値の分布範囲と標準偏差との理論上の関係を，実際に得たデータと一緒に図-12.39に示した。

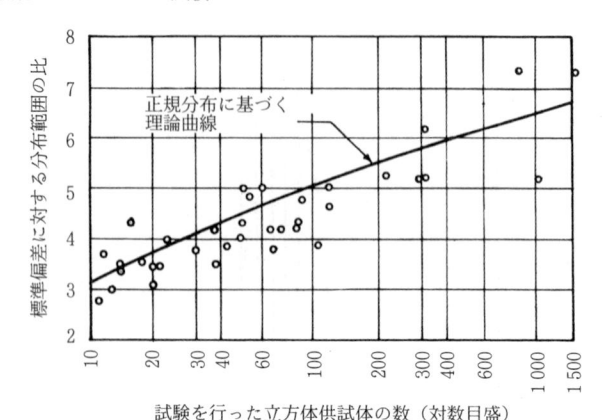

第12章 硬化コンクリートの試験

図-12.39 大きさの異なる標本における標準偏差に対する分布範囲の比[12.26]（版権 Crown）

供試体の数が無限に大きくなり，同時に区間の大きさが限界値のゼロまで低下すると，ヒストグラムは分布曲線として知られる連続曲線となる。

一定の型の材料の強度に関してこの曲線は特有の形状をもつため，実際にいくつかの「型の」曲線があり，その性質が詳細に計算されて標準の統計表に列挙されている。

分布のそのような型の1つが，いわゆる正規分布すなわちガウス分布である。この型の分布のコンクリート強度に対する適用可能性については746頁に述べた。正規分布で想定している状態は十分現実に近く，計算する際にきわめて有効な道具となる（図-12.38 参照）。

平均値 μ の値と標準偏差 σ のみによって定まる正規分布曲線の式は，次の通りである。

$$y = \frac{1}{\sigma\sqrt{2\pi}} e^{\frac{-(x-\mu)^2}{2\sigma}}$$

標準偏差は次節で定義する。図-12.40 にこの式をグラフで表したが，曲線は平均値の近くで左右対称であり，正と負の無限大まで伸びている。この点は，強度のばらつきに正規分布を使うことに対する批判の原因となっているが，きわめて高い，またはきわめて低い値が発生する確率は非常に低いので，実施面ではそれほど重要ではない。

曲線の下側の各強度値の間にある面積（標準偏差に関して測定された）は，ヒ

12.23 試験結果のばらつき

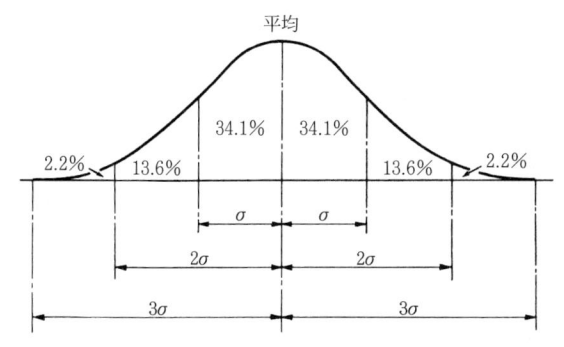

図-12.40 正規分布曲線；図示の各1標準偏差区間内にある供試体の百分率

ストグラムと同じように，強度が与えられた限界値の間にある供試体の割合を表す。しかし，曲線は無限数の供試体の母集団を表しているのに対して，我々が扱う供試体の数は限られているため，曲線より下側の合計面積の一部として表された，曲線の下側の縦座標に挟まれた面積（したがって面積比を表している）は，ランダムに抜き出した個々の強度 x がその限界の間にくる確率を示すことになる。

この確率に100を掛けたものが，長期的には，考えている2つの限界値の間の強度をもつと予想される供試体の百分率である。統計表は，さまざまな $(x-\mu)/\sigma$ の値に関する面積比の値を示す。

12.23.2 標準偏差

確率に関する上記の解説から，平均値の周りの強度の分散は標準偏差の一定の関数であることがわかる。これは，次のような根平均2乗偏差として定義される。すなわち

$$\sigma = \left(\frac{\sum(x-\mu)^2}{n}\right)^{1/2}$$

ここに，x は n 個すべての供試体の強度値を表し，μ はこれらの強度の算術平均，すなわち $\mu = \sum(x/n)$ である。

実施面では，我々が扱うのは一定の数の供試体であるため，その平均値 $\bar{x}$ は，真の（母集団）平均値 μ に対する，我々の推定値である。偏差は μ ではなく $\bar{x}$

第12章 硬化コンクリートの試験

から計算するため，σ の推定値のためには，式の分母として n ではなく $(n-1)$ を用いる。Bessel の補正として知られるこの $n/(n-1)$ の補正を行う理由は，偏差の2乗の合計は，標本の平均値 $\bar{x}$ に関して行うと最小値になるため，母集団の平均値 μ に関して行った場合より小さくなるからである（n が大きい場合は Bessel の補正を適用する必要はない）。したがって，σ の推定値 s は次のようになる。

$$s = \left(\frac{\sum(x-\bar{x})^2}{n-1}\right)^{1/2}$$

実施上の重要な点は，1つの値（すなわち1つの供試体の試験の結果）では標準偏差に関して，したがって得られた値の信頼性または可能性のある「誤差」に関して，何らの情報も得られないことである。多くの計算機は標準偏差が直接計算できるようにプログラムが組んであるが，手計算に対して，標準偏差の式のさらに便利な形は次の通りである。

$$\sigma = \left(\frac{(\sum x^2)}{n} - \bar{x}^2\right)^{1/2} = \frac{1}{n}\left(n\sum(x^2) - (\sum x)^2\right)^{1/2}$$

したがって，最初に差 $(x-\bar{x})$ の値を求めなくとも x^2 の合計値を得ることができる。例えば，すべての値から一定量を差し引くなどの他の簡素化によって，計算がさらに楽になる。s を求めるためには Bessel の補正を用いる。

$$s = \sigma\left(\frac{n}{n-1}\right)^{1/2}$$

標準偏差は元の確率変数 x と同じ単位で表されるが，多くの目的で結果のばらつきを百分率で表すと都合の良い場合が多い。その場合は，比 $(\sigma/\bar{x})\times 100$ を計算し，これを変動係数と呼ぶ。これは大きさのない量である。

　標準偏差をグラフで表したもの（図-12.40 参照）は，正規分布曲線において，水平距離で平均の点から反曲点までである。曲線は左右対称のため，曲線の下側の横座標 $\mu-\sigma$ と $\mu+\sigma$ に挟まれた面積は曲線の下側の合計面積の 68% である。言い換えると，任意に選択した試験供試体の強度が $\mu\pm\sigma$ の範囲内にある確率は 0.68 である。平均値からの偏差がそれ以外の場合については図-12.40 に示した。

　ある一定の平均強度に対して，正規分布と仮定すると，標準偏差によって分布が完全に決まってくる。すなわち，標準偏差の値の違いによって，MPa または

psi で表された強度の広がりが決まる。$\bar{x}$ が母集団の平均 μ の値を推定する際の精度は，標準誤差 σ_n（ここで$\sigma_n = \sigma/\sqrt{n}$）として知られる平均値の標準偏差によって異なることを付け加えると良いであろう。したがって，$\bar{x}$ が $\mu \pm \sigma_n$ の区間内にある確率は 0.68 である。

標準偏差の値が 2.5, 3.8, および 6.2 MPa に対する分布曲線を図-14.3 に示す。標準偏差の値は，コンクリート構造物の設計者が指定した特定の強度の「最低値」または特性値を得るために，配合設計において目標とすべき（平均の）強度に影響を及ぼす。この問題に関しては，第 14 章で詳しく解説する。試験に応用することのできる統計学的方法の詳細，とくに標本の大きさの選択に関する資料は，専門書に求めなければならない*。

◎参考文献

12.1　CEB–FIP, *Model Code 1990*, 437 pp. (Thomas Telford, London, 1993).
12.2　R. C. MEININGER and N. R. NELSON, Concrete mixture evaluation and acceptance for airfield pavements, in *Airfield/Pavement Interaction: An Integrated System*, Proc. ASCE Conference, Kansas City, pp. 199–224 (ASCE, 1991).
12.3　A. M. NEVILLE, The influence of the direction of loading on the strength of concrete test cubes, *ASTM Bull. No. 239*, pp. 63–5 (July 1959).
12.4　A. M. NEVILLE, The failure of concrete compression test specimens, *Civil Engineering*, **52**, No. 613, pp. 773–4 (London, July 1957).
12.5　H. F. GONNERMAN, Effect of end condition of cylinder on compressive strength of concrete, *Proc. ASTM*, **24**, Part II, p. 1036 (1924).
12.6　G. WERNER, The effect of type of capping material on the compressive strength of concrete cylinders, *Proc. ASTM*, **58**, pp. 1166–81 (1958).
12.7　U.S. BUREAU OF RECLAMATION, *Concrete Manual*, 8th Edn (Denver, Colorado, 1975).
12.8　R. L'HERMITE, Idées actuelles sur la technologie du béton, *Documentation Technique du Bâtiment et des Travaux Publics* (Paris, 1955).
12.9　A. G. TARRANT, Frictional difficulty in concrete testing, *The Engineer*, **198**, No. 5159, pp. 801–2 (London, 1954).
12.10　A. G. TARRANT, Measurement of friction at very low speeds, *The Engineer*, **198**, No. 5143, pp. 262–3 (London, 1954).
12.11　P. J. F. WRIGHT, Compression testing machines for concrete, *The Engineer*, **201**, pp. 639–41 (London, 26 April 1957).
12.12　J. W. H. KING, Discussion on: Properties of concrete under complex states of stress,

---

*　例）J.B.KENNEDY および A.M.NEVILLE 著：Basic Statistical Methods for engineers and Scientists 第 3 版. (Harper and Row 社，New York および London, 1986)

第12章 硬化コンクリートの試験

in *The Proc. Int. Conf. on the Structure of Concrete*, p. 293 (Cement and Concrete Assoc., London, 1968).

12.13 R. JONES, A method of studying the formation of cracks in a material subjected to stress, *British Journal of Applied Physics*, **3**, pp. 229–32 (London, 1952).

12.14 J. W. MURDOCK and C. E. KELSER, Effect of length to diameter ratio of specimen on the apparent compressive strength of concrete, *ASTM Bull.*, pp. 68–73 (April 1957).

12.15 K. NEWMAN, Concrete control tests as measures of the properties of concrete, *Proc. of a Symposium on Concrete Quality*, pp. 120–38 (Cement and Concrete Assoc., London, 1964).

12.16 R. H. EVANS, The plastic theories for the ultimate strength of reinforced concrete beams, *J. Inst. Civ. Engrs.*, **21**, pp. 98–121 (London, 1943–44). See also Discussion, **22**, pp. 383–98 (London, 1943–44).

12.17 U.S. BUREAU OF RECLAMATION 4914–92, Procedure for direct tensile strength, static modulus of elasticity, and Poisson's ratio of cylindrical concrete specimens in tension, *Concrete Manual*, Part 2, 9th Edn, pp. 726–31 (Denver, Colorado, 1992).

12.18 A. M. NEVILLE, The influence of size of concrete test cubes on mean strength and standard deviation, *Mag. Concr. Res.*, **8**, No. 23, pp. 101–10 (1956).

12.19 D. P. O'CLEARY and J. G. BYRNE, Testing concrete and mortar in tension, *Engineering*, pp. 384–5 (London, 18 March 1960).

12.20 P. J. F. WRIGHT, The effect of the method of test on the flexural strength of concrete, *Mag. Concr. Res.*, **4**, No. 11, pp. 67–76 (1952).

12.21 ACI 214.1R-81, Reapproved 1986, Use of accelerated strength testing, *ACI Manual of Concrete Practice, Part 2: Construction Practices and Inspection Pavements*, 4 pp. (Detroit, Michigan, 1994).

12.22 B. W. SHACKLOCK and P. W. KEENE, The comparison of compressive and flexural strengths of concrete with and without entrained air. *Cement Concr. Assoc. Tech. Report TRA/283* (London, Dec. 1957).

12.23 S. WALKER and D. L. BLOEM, Studies of flexural strength of concrete – Part 3: Effects of variations in testing procedures, *Proc. ASTM*, **57**, pp. 1122–39 (1957).

12.24 P. J. F. WRIGHT, Comments on an indirect tensile test on concrete cylinders, *Mag. Concr. Res.*, **7**, No. 20, pp. 87–96 (1955).

12.25 CONCRETE SOCIETY REPORT, *Analysis of Hardened Concrete*, Technical Report No. 32, 111 pp. (London, 1989).

12.26 P. J. F. WRIGHT, Variations in the strength of Portland cement, *Mag. Concr. Res.*, **10**, No. 30, pp. 123–32 (1958).

12.27 D. MCHENRY and J. J. SHIDELER, Review of data on effect of speed in mechanical testing of concrete, *ASTM Sp. Tech. Publ. No. 185*, pp. 72–82 (1956).

12.28 W. H. PRICE, Factors influencing concrete strength, *J. Amer. Concr. Inst.*, **47**, pp. 417–32 (Feb. 1951).

12.29 P. WITIER, Dosage des adjuvants dans les bétons durcis, *Bulletin Liaison Laboratoires Ponts et Chaussées*, **158**, pp. 45–52 (Nov.–Dec. 1988).

12.30 T. WATERS, The effect of allowing concrete to dry before it has fully cured, *Mag. Concr. Res.*, **7**, No. 20. pp. 79–82 (1955).

12.31 S. WALKER and D. L. BLOEM, Effects of curing and moisture distribution on measured strength of concrete, *Proc. Highw. Res. Bd*, **36**, pp. 334–46 (1957).

12.32 R. H. MILLS, Strength–maturity relationship for concrete which is allowed to dry, *RILEM Int. Symp. on Concrete and Reinforced Concrete in Hot Countries* (Haifa,

1960).
12.33 W. S. BUTCHER, The effect of air drying before test: 28-day strength of concrete, *Constructional Review*, pp. 31–2 (Sydney, Dec. 1958).
12.34 L. H. C. TIPPETT, On the extreme individuals and the range of samples taken from a normal population, *Biometrika*, **17**, pp. 364–87 (Cambridge and London, 1925).
12.35 A. M. NEVILLE, Some aspects of the strengths of concrete, *Civil Engineering* (London), **54**, Part 1, pp. 1153–5 (Oct. 1959); Part 2, pp. 1308–11 (Nov. 1959); Part 3, pp. 1435–9 (Dec. 1959).
12.36 H. RÜSCH, Versuche zur Festigkeit der Biegedruckzone, *Deutscher Ausschuss für Stahlbeton*, No. 120 (1955).
12.37 M. PRÔT, Essais statistiques sur mortiers et betons, *Annales de l'Institut Technique du Bâtiment et de Travaux Publics*, No. 81, Béton, Béton Armé No. 8, July–Aug. 1949.
12.38 R. F. BLANKS and C. C. MCNAMARA, Mass concrete tests in large cylinders, *J. Amer. Concr. Inst.*, **31**, pp. 280–303 (Jan.–Feb. 1935).
12.39 W. J. SKINNER, Experiments on the compressive strength of anhydrite, *The Engineer*, **207**, Part 1, pp. 255–9 (13 Feb. 1959); Part 2, pp. 288–92 (London, 20 Feb. 1959).
12.40 H. F. GONNERMAN, Effect of size and shape of test specimen on compressive strength of concrete, *Proc. ASTM*, **25**, Part II. pp. 237–50 (1925).
12.41 A. M. NEVILLE, The use of 4-inch concrete compression test cubes, *Civil Engineering*, **51**, No. 605, pp. 1251–2 (London, Nov. 1956).
12.42 A. M. NEVILLE, Concrete compression test cubes, *Civil Engineering*, **52**, No. 615, p. 1045 (London, Sept. 1957).
12.43 R. A. KEEN and J. DILLY, The precision of tests for compressive strength made on $\frac{1}{2}$-inch cubes of vibrated mortar, *Cement Concr. Assoc. Tech. Report TRA/314* (London, Feb. 1959).
12.44 B. W. SHACKLOCK, Comparison of gap- and continuously-graded concrete mixes, *Cement Concr. Assoc. Tech. Report TRA/240* (London, Sept. 1959).
12.45 S. WALKER, D. L. BLOEM and R. D. GAYNOR, Relationships of concrete strength to maximum size of aggregate, *Proc. Highw. Res. Bd*, **38**, pp. 367–79 (Washington DC, 1959).
12.46 J. W. H. KING, Further notes on the accelerated test for concrete, *Chartered Civil Engineer*, pp. 15–19 (London, May 1957).
12.47 C. H. WILLETTS, Investigation of the Schmidt concrete test hammer, *Miscellaneous Paper No. 6-267* (U.S. Army Engineer Waterways Experiment Station, Vicksburg, Miss., June 1958).
12.48 W. E. GRIEB, Use of the Swiss hammer for estimating the compressive strength of hardened concrete, *Public Roads*, **30**, No. 2, pp. 45–50 (Washington DC, June 1958).
12.49 K. SHIINA, Influence of temporary wetting at the time of test on compressive strength and Young's modulus of air-dry concrete, *The Cement Association of Japan Review*, 36th General Meeting, pp. 113–5 (CAJ, Tokyo, 1982).
12.50 T. OKAJIMA, T. TSHIKAWA and K. ICHISE, Moisture effect on the mechanical properties of cement mortar, *Transactions of the Japan Concrete Institute*, **2**, pp. 125–32 (1980).
12.51 S. POPOVICS, Effect of curing method and final moisture condition on compressive strength of concrete, *ACI Journal*, **83**, No. 4, pp. 650–7 (1986).
12.52 J. M. RAPHAEL, Tensile strength of concrete, *Concrete International*, **81**, No. 2, pp. 158–65 (1984).
12.53 W. T. HESTER, Field testing high-strength concretes: a critical review of the

第12章 硬化コンクリートの試験

- 12.54 W. SUARIS and S. P. SHAH, Properties of concrete subjected to impact, *Journal of Structural Engineering*, **109**, No. 7, pp. 1727–41 (1983).
- 12.55 D. N. RICHARDSON, Review of variables that influence measured concrete compressive strength, *Journal of Materials in Civil Engineering*, **3**, No. 2, pp. 95–112 (1991).
- 12.56 H. KUPFER, H. K. HILSDORF and H. RÜSCH, Behavior of concrete under biaxial stresses. *J. Amer. Concr. Inst.*, **66**, pp. 656–66 (Aug. 1969).
- 12.57 K. NEWMAN and L. LACHANCE, The testing of brittle materials under uniform uniaxial compressive stress, *Proc. ASTM*, **64**, pp. 1044–67 (1964).
- 12.58 H. HANSEN, A. KIELLAND, K. E. C. NIELSEN and S. THAULOW, Compressive strength of concrete – cube or cylinder? *RILEM Bull. No. 17*, pp. 23–30 (Paris, Dec. 1962).
- 12.59 B. L. RADKEVICH, Shrinkage and creep of expanded clay–concrete units in compression, *CSIRO Translation No. 5910 from Beton i Zhelezobeton*, No. 8, pp. 364–9 (1961).
- 12.60 Z. PIATEK, Własności wytrzymałościowe i reologiczne keramzytobetonu konstrukcyjnego, *Arch. Inz. Ladowej*, **16**, No. 4, pp. 711–29 (Warsaw, 1970).
- 12.61 H. W. CHUNG and K. S. LAW, Diagnosing in situ concrete by ultrasonic pulse technique, *Concrete International*, **5**, No. 10, pp. 42–9 (1983).
- 12.62 V. R. STURRUP, F. J. VECCHIO and H. CARATIN, Pulse velocity as a measure of concrete compressive strength, in *In Situ/Nondestructive Testing of Concrete*, Ed. V. M. Malhotra, ACI SP-82, pp. 201–27 (Detroit, Michigan, 1984).
- 12.63 R. E. PHILLEO, Comparison of results of three methods for determining Young's modulus of elasticity of concrete, *J. Amer. Concr. Inst.*, **51**, pp. 461–9 (Jan. 1955).
- 12.64 V. M. MALHOTRA, Effect of specimen size on tensile strength of concrete, *J. Amer. Concr. Inst.*, **67**, pp. 467–9 (June 1970).
- 12.65 A. M. NEVILLE, A general relation for strengths of concrete specimens of different shapes and sizes, *J. Amer. Concr. Inst.*, **63**, pp. 1095–109 (Oct. 1966).
- 12.66 P. F. MLAKER et al., Acoustic emission behavior of concrete, in *In Situ/ Nondestructive Testing of Concrete*, Ed. V. M. Malhotra, ACI SP-82, pp. 619–37 (Detroit, Michigan, 1984).
- 12.67 N. PETERSONS, Should standard cube test specimens be replaced by test specimens taken from structures?, *Materials and Structures*, **1**, No. 5, pp. 425–35 (Paris, Sept.–Oct. 1968).
- 12.68 W. H. DILGER, R. KOCH and R. KOWALCZYK, Ductility of plain and confined concrete under different strain rates, *ACI Journal*, **81**, No. 1, pp. 73–81 (1984).
- 12.69 P. SMITH and B. CHOJNACKI, Accelerated strength testing of concrete cylinders, *Proc. ASTM*, **63**, pp. 1079–101 (1963).
- 12.70 P. SMITH and H. TIEDE, Earlier determination of concrete strength potential, *Report No. RR124* (Department of Highways, Ontario, Jan. 1967).
- 12.71 C. BOULAY and F. DE LARRARD, A new capping system for testing HPC cylinders: the sand-box, *Concrete International*, **15**, No. 4, pp. 63–6 (1993).
- 12.72 P. M. CARRASQUILLO and R. L. CARRASQUILLO, Evaluation of the use of current concrete practice in the production of high-strength concrete, *ACI Materials Journal*, **85**, No. 1, pp. 49–54 (1988).
- 12.73 D. N. RICHARDSON, Effects of testing variables on the comparison of neoprene pad and sulfur mortar-capped concrete test cylinders, *ACI Materials Journal*, **87**, No. 5, pp. 489–502 (1990).

12.74 P. M. Carrasquillo and R. L. Carrasquillo, Effect of using unbonded capping systems on the compressive strength of concrete cylinders, *ACI Materials Journal*, **85**, No. 3, pp. 141–7 (1988).

12.75 Australian Pre-Mixed Concrete Assn, *An Investigation into Restrained Rubber Capping Systems for Compressive Strength Testing of Concrete*, Technical Bulletin 92/1, 59 pp. (Sydney, Australia, 1992).

12.76 E. C. Higginson, G. B. Wallace and E. L. Ore, Effect of maximum size of aggregate on compressive strength of mass concrete, *Symp. on Mass Concrete*, ACI SP-6, pp. 219–56 (Detroit, Michigan, 1963).

12.77 U.S. Bureau of Reclamation, Effect of maximum size of aggregate upon compressive strength of concrete, *Laboratory Report No. C-1052* (Denver, Colorado, June 3, 1963).

12.78 F. Indelicato, A statistical method for the assessment of concrete strength through micropores, *Materials and Structures*, **26**, No. 159, pp. 261–7 (1993).

12.79 H. Mailer, Pavement thickness measurement using ultrasonic techniques, *Highway Research Record*, **378**, pp. 20–8 (1972).

12.80 P. Rossi and X. Wu, Comportement en compression du béton: mécanismes physiques et modélisation, *Bulletin Liaison Laboratoires Ponts et Chaussées*, **189**, pp. 89–94 (Jan.–Feb. 1994).

12.81 U.S. Army Corps of Engineers, Standard CRD-C 62-69: Method of testing cylindrical test specimens for planeness and parallelism of ends and perpendicularity of sides, *Handbook for Concrete and Cement*, 6 pp. (Vicksburg, Miss., 1 Dec. 1969).

12.82 K. L. Saucier, Effect of method of preparation of ends of concrete cylinders for testing, *U.S. Army Engineers Waterways Experiment Station Misc. Paper No. C-7-12*, 19 pp. (Vicksburg, Miss. April 1972).

12.83 R. C. Meininger, F. T. Wagner and K. W. Hall, Concrete core strength – the effect of length to diameter ratio. *J. Testing and Evaluation*, **5**, No. 3, pp. 147–53 (May 1977).

12.84 J. G. Wiebenga, Influence of grinding or capping of concrete specimens on compressive strength test results, *TNO Rep. No. BI-76-71/01.571.104*, Netherlands Organization for Applied Scientific Research, 5 pp. (Delft, 26 July 1976).

12.85 G. Schickert, On the influence of different load application techniques on the lateral strain and fracture of concrete specimens, *Cement and Concrete Research*, **3**, No. 4, pp. 487–94 (1973).

12.86 D. J. Hannant, K. J. Buckley and J. Croft, The effect of aggregate size on the use of the cylinder splitting test as a measure of tensile strength, *Materials and Structures*, **6**, No. 31, pp. 15–21 (1973).

12.87 Nianxiang Xie and Wenyan Liu, Determining tensile properties of mass concrete by direct tensile test, *ACI Materials Journal*, **86**, No. 3, pp. 214–19 (1989).

12.88 K. W. Nasser and A. A. Al-Manaseer, It's time for a change from 6×12- to 3×6-in. cylinders, *ACI Materials Journal*, **84**, No. 3, pp. 213–16 (1987).

12.89 T. C. Liu and J. E. McDonald, Prediction of tensile strain capacity of mass concrete, *J. Amer. Concr. Inst.*, **75**, No. 5, pp. 192–7 (1978).

12.90 R. L. Day and N. M. Haque, Correlation between strength of small and standard concrete cylinders, *ACI Materials Journal*, **90**, No. 5, pp. 452–62 (1993).

12.91 V. Kadlečekand Z. Špetla, Effect of size and shape of test specimens on the direct tensile strength of concrete, *RILEM Bull.*, No. 36, pp. 175–84 (Paris, Sept. 1967).

12.92 R. J. Torrent, A general relation between tensile strength and specimen geometry

第12章 硬化コンクリートの試験

for concrete-like materials, *Materials and Structures*, **10**, No. 58, pp. 187–96 (1977).

12.93 A. BAJZA On the factors influencing the strength of cement compacts, *Cement and Concrete Research*, **2**, No. 1, pp. 67–78 (1972).

12.94 Z. P. BAŽANT et al., Size effect in Brazilian split-cylinder tests: measurements and fracture analysis, *ACI Materials Journal*, **88**, No. 3, pp. 325–32 (1989).

12.95 J. MOKSNES, Concrete in offshore structures, *Concrete Structures – Norwegian Inst. Technology Symp.*, Trondheim, Oct. 1978, pp. 163–76 (1978).

12.96 U. BELLANDER, Concrete strength in finished structures; Part 1, Destructive testing methods. Reasonable requirements, *CBI Research* 13:76, 205 pp. (Swedish Cement and Concrete Research Inst., 1976).

12.97 P. ROSSI et al., Effet d'échelle sur le comportement du béton en traction, *Bulletin Liaison Laboratoires des Ponts et Chaussées*, **182**, pp. 11–20 (Nov.–Dec. 1992).

12.98 J. H. BUNGEY, Determining concrete strength by using small-diameter cores, *Mag. Concr. Res.*, **31**, 107, pp. 91–8 (1979).

12.99 V. M. MALHOTRA, Contract strength requirements – cores versus *in situ* evaluation. *J. Amer. Concr. Inst.*, **74**, No. 4, pp. 163–72 (1977).

12.100 CONCRETE SOCIETY, Concrete core testing for strength, *Technical Report No. 11*, 44 pp. (London, 1976).

12.101 R. D. GAYNOR, One look at concrete compressive strength, *NRMCA Publ. No. 147*, National Ready Mixed Concrete Assoc., 11 pp. (Silver Spring, Maryland, Nov. 1974).

12.102 J. M. PLOWMAN, W. F. SMITH and T. SHERRIFF, Cores, cubes and the specified strength of concrete, *The Structural Engineer*, **52**, No. 11, pp. 421–6 (1974).

12.103 W. E. MURPHY, Discussion on paper by V. M. Malhotra: Contract strength requirements – core versus in situ evaluation, *J. Amer. Concr. Inst.*, **74**, No. 10, pp. 523–5 (1977).

12.104 N. PETERSONS, Recommendations for estimation of quality of concrete in finished structures, *Materials and Structures*, **4**, No. 24, pp. 379–97 (1971).

12.105 U. BELLANDER, Strength in concrete structures, *CBI Reports* 1:78, 15 pp. (Swedish Cement and Concrete Research Inst., 1978).

12.106 J. R. GRAHAM, Concrete performance in Yellowtail Dam, Montana, *Laboratory Report No. C-1321* U.S. Bureau of Reclamation, (Denver, Colorado, 1969).

12.107 V. M. MALHOTRA, An accelerated method of estimating the 28-day splitting tensile and flexural strengths of concrete, *Accelerated Strength Testing*, ACI SP-56, pp. 147–67 (Detroit, Michigan, 1978).

12.108 R. S. AL-RAWI and K. AL-MURSHIDI, Effects of maximum size and surface texture of aggregate in accelerated testing of concrete, *Cement and Concrete Research*, **8**, No. 2, pp. 201–9 (1978).

12.109 J. W. GALLOWAY, H. M. HARDING and K. D. RAITHBY, *Effects of Moisture Changes on Flexural and Fatigue Strength of Concrete*, Transport and Road Research Laboratory, No. 864, 18 pp. (Crowthorne, U.K., 1979).

12.110 W. E. YIP and C. T. TAM, Concrete strength evaluation through the use of small diameter cores, *Mag. Concr. Res.*, **40**, No. 143, pp. 99–105 (1988).

12.111 S. GEBLER and R. SCHUTZ, Is 0.85 f'_c valid for shotcrete?, *Concrete International*, **12**, No. 9, pp. 67–9 (1990).

12.112 R. L. YUAN et al., Evaluation of core strength in high-strength concrete, *Concrete International*, **13**, No. 5, pp. 30–4 (1991).

12.113 V. M. MALHOTRA, Evaluation of the pull-out test to determine strength of in-situ

concrete, *Materials and Structures*, **8**, No. 43, pp. 19–31 (1975).
12.114 A. SZYPULA and J. S. GROSSMAN, Cylinder vs. core strength, *Concrete International*, **12**, No. 2, pp. 55–61 (1990).
12.115 W. C. GREER, JR., Variation of laboratory concrete flexural strength tests, *Cement, Concrete and Aggregates*, **5**, No. 2, pp. 111–22 (Winter, 1983).
12.116 S. YAMANE, et al. Concrete in finished structures, *Takenaka Tech. Res. Rept. No. 22*, pp. 67–73 (Tokyo, Oct. 1979).
12.117 A. U. NILSEN and P.-C. AÏTCIN, Static modulus of elasticity of high-strength concrete from pulse velocity tests, *Cement, Concrete and Aggregate*, **14**, No. 1, pp. 64–6 (1992).
12.118 K. MATHER, Effects of accelerated curing procedures on nature and properties of cement and cement-fly ash pastes, in *Properties of Concrete at Early Ages*, ACI SP-95, pp. 155–71 (Detroit, Michigan, 1986).
12.119 J. F. LAMOND, Quality assurance using accelerated strength testing, *Concrete International*, **5**, No. 3, pp. 47–51 (1983).
12.120 J. ÖZETKIN, Accelerated strength testing of Portland–pozzolan cement concretes by the warm water method, *ACI Materials Journal*, **84**, No. 1, pp. 51–4 (1987).
12.121 F. M. BARTLETT and J. G. MACGREGOR, Effect of moisture condition on concrete core strengths, *ACI Materials Journal*, **91**, No. 3, pp. 227–36 (1994).
12.122 ACI 228.1R-89, In-place methods for determination of strength of concrete, *ACI Manual of Concrete Practice, Part 2: Construction Practices and Inspection Pavements*, 25 pp. (Detroit, Michigan, 1994).
12.123 U. BELLANDER, Concrete strength in finished structures; Part 3, Non-destructive testing methods. Investigations in laboratory and *in-situ*, *CBI Research 3:77*, p.226 (Swedish Cement and Concrete Research Inst., 1977).
12.124 ACI 318-02, Building code requirements for structural concrete, *ACI Manual of Concrete Practice, Part 3: Use of Concrete in Buildings – Design, Specifications, and Related Topics*, 443 pp.
12.125 S. AMASAKI, Estimation of strength of concrete in structures by rebound hammer, *CAJ Proceedings of Cement and Concrete*, No. 45, pp. 345–51 (1991).
12.126 R. S. JENKINS, Nondestructive testing – an evalution tool, *Concrete International*, **7**, No. 2, pp. 22–6 (1985).
12.127 C. JAEGERMANN and A. BENTUR, Development of destructive and non-destructive testing methods for quality control of hardened concrete on building sites and in precast factories, *Research Report No. 017-196*, Israel Institute of Technology Building Research Station (Haifa, July 1977).
12.128 K. M. ALEXANDER, Comments on "an unsolved mystery in concrete technology", *Concrete*, **14**, No. 4. pp. 28–9 (London, April 1980).
12.129 A. J. CHABOWSKI and D. W. BRYDEN-SMITH, Assessing the strength of *in-situ* Portland cement concrete by internal fracture tests, *Mag. Concr. Res.*, **32**, No. 112, pp. 164–72 (1980).
12.130 K. W. NASSER and R. J. BEATON, The K-5 accelerated strength tester, *J. Amer. Concr. Inst.*, **77**, No. 3, pp. 179–88 (1980).
12.131 L. M. MELIS, A. H. MEYER and D. W. FOWLER, *An Evaluation of Tensile Strength Testing*, Research Report 432-1F, Center for Transportation Research, University of Texas, 81 pp. (Austin, Texas, Nov. 1985).
12.132 Y. H. LOO, C. W. TAN and C. T. TAM, Effects of embedded reinforcement on

第12章 硬化コンクリートの試験

measured strength of concrete cylinders, *Mag. Concr. Res.*, **41**, No. 146, pp. 11–18 (1989).
12.133 ACI 506.2-90, Specification for materials, proportioning, and application of shotcrete, *ACI Manual of Concrete Practice, Part 5: Masonry, Precast Concrete, Special Processes*, 8 pp. (Detroit, Michigan, 1994).
12.134 T. AKASHI and S. AMASAKI, Study of the stress waves in the plunger of a rebound hammer at the time of impact, in *In Situ/Nondestructive Testing of Concrete*, Ed. V. M. Malhotra, ACI SP-82, pp. 19–34 (Detroit, Michigan, 1984).
12.135 J. H. BUNGEY, *The Testing of Concrete in Structures*, 2nd Edn, 222 pp. (Surrey University Press, 1989).
12.136 W. C. STONE and N. J. CARINO, Comparison of analytical with experimental internal strain distribution for the pullout test, *ACI Journal*, **81**, No. 1, pp. 3–12 (1984).
12.137 J. H. BUNGEY and R. MADANDOUST, Factors influencing pull-off tests on concrete, *Mag. Concr. Res.*, **44**, No. 158, pp. 21–30 (1992).
12.138 M. G. BARKER and J. A. RAMIREZ, Determination of concrete strengths with break-off tester, *ACI Materials Journal*, **85**, No. 4, pp. 221–8 (1988).
12.139 C. G. PETERSEN, LOK-test and CAPO-test development and their applications, *Proc. Inst. Civ. Engrs*, Part 1, **76**, pp. 539–49 (May 1984).
12.140 N. J. CARINO, Nondestructive testing of concrete: history and challenges, in *Concrete Technology: Past, Present, and Future*, V. Mohan Malhotra Symposium, ACI SP-144, pp. 623–80 (Detroit, Michigan, 1994).
12.141 RILEM Committee 43, Draft recommendation for *in-situ* concrete strength determination by combined non-destructive methods, *Materials and Structures*, **26**, No. 155, pp. 43–9 (1993).
12.142 S. POPOVICS and J. S. POPOVICS, Effect of stresses on the ultrasonic pulse velocity in concrete, *Materials and Structures*, **24**, No. 139, pp. 15–23 (1991).
12.143 G. V. TEODORU, Mechanical strength property of concrete at early ages as reflected by Schmidt rebound number, ultrasonic pulse velocity, and ultrasonic attenuation, in *Properties of Concrete at Early Ages*, ACI SP-95, pp. 139–53 (Detroit, Michigan, 1986).
12.144 S. NILSSON, The tensile strength of concrete determined by splitting tests on cubes, *RILEM Bull. No. 11*, pp. 63–7 (Paris, June 1961).
12.145 K. W. NASSER and V. M. MALHOTRA, Accelerated testing of concrete: evaluation of the K-5 method, *ACI Materials Journal*, **87**, No. 6, pp. 588–93 (1990).
12.146 R. H. ELVERY and L. A. M. IBRAHIM, Ultrasonic assessment of concrete strength at early ages, *Mag. Concr. Res.*, **28**, No. 97, pp. 181–90 (Dec. 1976).
12.147 B. MAYFIELD, The quantitative evaluation of the water/cement ratio using fluorescence microscopy, *Mag. Concr. Res.*, **42**, No. 150, pp. 45–9 (1990).
12.148 E. ARIOGLU and O. S. KOYLUOGLU, Discussion of 'Are current concrete strength tests suitable for high strength concrete?', Materials and Structures, **29**, No. 193, pp. 578–80 (1996).

第13章　特殊な性質のコンクリート

　本章では，特殊な性質が要求される場合に用いることのできるコンクリートについて述べる。「特殊な」という用語は，普通でないコンクリートやほとんど必要とされないコンクリートを指すわけではない。むしろ，ある特定の状況下で望まれる固有の性質を指す。いくつかの種類を考察する。最初は，今日頻繁に使用されているさまざまなセメント状材料（第2章に解説）を含むコンクリートであるが，これにはフライアッシュ，高炉スラグ微粉末，およびシリカフュームがある[13.90]。

　検討する第二の種類のコンクリートは，いわゆる高性能コンクリートである。このコンクリートには必ず上記のセメント状材料1種類以上と高性能減水剤が含まれている。「高性能」という用語はやや大げさである。なぜならば，このコンクリートの基本的な特徴は，構造物の期待される用途にとくにふさわしい性質となるように，材料と配合とを特別に選択してあることである。そしてそれらの性質は普通は高い強度や低い透過性である。

　本章で解説する三番目で最後のコンクリートは軽量コンクリート，すなわち普通骨材でつくられたコンクリートの密度である $2\,200 \sim 2\,600 \text{kg/m}^3$ の範囲より著しく低い密度のコンクリートである。

　もう1種類のコンクリートに言及しなければならない。高エネルギーX線，ガンマ線，および中性子の効果を減少させる目的で使われる高密度コンクリートである。高密度コンクリートは使用が特化されているため，本書では考察を行わない。

第13章 特殊な性質のコンクリート

13.1 種々のセメント状材料を用いたコンクリート

前章までは，一連のセメント状材料を含む可能性があるが主としてポルトランドセメントだけを含むコンクリートについて述べた。この手法を採った理由は，ポルトランドセメントがかなり最近まで唯一とは言わないまでも「最善の」セメントと考えられていたからである。主としてフライアッシュと高炉スラグ微粉末である他の材料が導入された時はセメントの代用品とみなされ，その影響や性能も，ポルトランドセメントだけを含むコンクリートの基準に照らして判断された。

この状況は急速に変化した。115頁に指摘した通り，今日ではいくつかのセメント状材料がそれ自体としてコンクリートの成分となっている。これらの材料，すなわちフライアッシュ，高炉スラグ微粉末（短縮してggbsと呼ぶ），およびシリカフュームについては，その物理的化学的な性質を第2章で解説した。それに続く各章でコンクリートのさまざまな性質を考察した時には，しばしばこれらの材料に言及した。しかし，これは断片的にならざるを得なかったため，ここでは種々のセメント状材料を含むコンクリートの性質について概観したいと思う。

個々のセメント状材料の影響についてまず解説すべきだということもできる。反面，これらの材料をまとめて考察した簡潔な評価の方が，コンクリートの挙動に対して果たす役割をおおまかに把握する上で有効である。それゆえ，これらの材料のうち，2つまたは3つ全部に共通する特徴と，複数の同時使用について解説する。その後に個々の材料を考察する。

13.1.1 フライアッシュ，高炉スラグ微粉末，およびシリカフュームを用いた場合の一般的特徴

これらのさまざまなセメント状材料の使用に関して時折提唱される論点は，ポルトランドセメントと比べて省エネルギーであり，資源の節約になるというものである。これは事実としては正しいが，その使用を支持するもっとも強力な論点は，これらの材料をコンクリートに入れることによってもたらされる実際の技術的な恩恵である。事実，経済上や環境上の配慮を度外視してこれらの材料を使わなければならないことも多い。

この3種類のセメント状材料（フライアッシュ，高炉スラグ微粉末，シリカフュー

13.1 種々のセメント状材料を用いたコンクリート

ム）の影響と使用に関して入手可能な情報を，客観的かつおおむね適切な方法で示すことは多少難しい。非常に多くの研究論文が出版されてはいるが，その多くは，熱心な研究者がこれらの材料の1つに関してたった一組の試験を行い，その土地固有の産物であることの多い特定の材料を使用することの利点を指摘したものである。この説明は多分本当であり，事実に即しているのであろうが，結論はポルトランドセメントだけを含む「基準」混合物との比較によって示されるのが普通である。特定のセメント状材料を含む混合物と「基準」混合物との違いは，ワーカビリティー，いずれかの材齢の強度，セメント状材料の合計含有量，または水セメント比が考えられ，これらいずれも建設においては大切であるが，そのような比較から価値のある一般化を行うのは不可能である。有益なことは，種々のセメント状材料を含んだ混合物の性質の特徴を全般的に概説することである。これによって，種々の成分をおそらく種々の割合で含んでいるコンクリートの性質を評価することが可能になるはずである。ある混合物の固有の性質は実験によって確かめなければならない。

　さまざまなセメント状材料は，その化学組成，反応性，粒径分布，および粒子の形状が原因で，水和の進行に影響を及ぼす[13.9]。高炉スラグ微粉末の実際の反応性は，その組成，ガラス質含有率，および粒子の寸法によって異なる[13.9]。高カルシウムフライアッシュ（ASTMクラスC）はクラスFのフライアッシュよりはるかに反応性が高いため，高炉スラグ微粉末の挙動と多少似たところがある[13.9]。クラスFのフライアッシュが反応するためには間げき水が高いアルカリ性であることが必要である。

　このアルカリ性は，混合物中にシリカフュームまたは高炉スラグ微粉末が存在する場合には低下する。したがって，そのような混合物中のフライアッシュの反応性は低下する[13.15]。

　セメント状材料の合計含有量が一定の場合にフライアッシュまたは高炉スラグ微粉末を入れると，一般に必要水量が低下し，ワーカビリティーが向上する。高炉スラグ微粉末の場合は，ワーカビリティーの向上の程度はスランプで測定することができる種類のものではないが，いったん振動締固めが始まると高炉スラグ微粉末を含むコンクリートは「流動的」になり，成型がうまく行える。シリカフュームはブリーディングを大幅に低下させるかまたは生じなくする。フライアッシュ

によるワーカビリティーの向上は，その球形の形状に起因する。しかし，混合物中にフライアッシュと，量は少なくても，高炉スラグ微粉末を入れると，セメントのフロック状態を減少させる物理的な効果があり，その結果必要水量を低下させる[13.9]。セメント粒子の分散状態が良くなると，水和セメントペーストの微細構造（主としてその細孔径分布）にそれが反映され，空げき寸法の中央値が小さくなり，したがって透過率が低くなる[13.9]。この効果は総空げき率（これは，全体の水セメント比によって決まる）が一定の場合に起きる。

フライアッシュによるコンクリートの強度の向上は，それがもつポゾラン性の結果ばかりでなく，フライアッシュのきわめて小さい粒子がセメント粒子の間に「詰まる」ことによる。この証拠は，フライアッシュを高炉セメントと一緒に用いると好影響が出ることによって示される。なぜならば，そのときはポゾラン反応は起きそうもないからである[13.12]。

13.1.2 耐久性の問題

コンクリートにセメント状材料を用いることについて，前に述べた理由は，熱の発生速度と強度の発現速度に対する影響であった。しかし，さらに重要な理由は，コンクリートの化学作用に対する抵抗性に影響を及ぼすことである。そしてその影響は，水和セメントペーストの化学的特性ばかりでなくその微細構造によってもたらされるのである。この問題は第10章と11章に解説した。セメント状材料は，コンクリートを通って行われる作用物質の移動に関連した耐久性のすべての側面に大きな影響を及ぼすといっても過言ではない。理由の1つは，本章で考察するセメント状材料はポルトランドセメントより細かく，粒子の詰まり具合を良くするため，十分に湿潤養生を行えばこれらの材料が入っていることによって透過性が低下する[13.92]。

フライアッシュや高炉スラグ微粉末を使用すると，透過性が低下するとはいえ，炭酸化も速く起きる[13.113]。炭酸化の速度の上昇は，フライアッシュを高炉セメントと一緒に用いるとさらに大きくなる[13.12]。高炉スラグ微粉末とフライアッシュの合計含有率が60%を超える場合は，フライアッシュ含有率が大きくなればなるほど炭酸化が大きくなる[13.13]。適切な配合割合の混合物が用いられる場合は，実際には炭酸化の増大は必ずしも大きいとは限らない。また，炭酸化は透過性も

13.1 種々のセメント状材料を用いたコンクリート

低下させることがあるが，混合物中にフライアッシュと高炉スラグ微粉末の両方が存在する場合は低下させない[13.12]。空気の連行を行わなくとも凍結融解に対する抵抗性を十分に示したのは，クラスCフライアッシュがセメント状材料全体の質量の20〜35％を占め，シリカフューム（同じ規準で10％）も含まれたコンクリート（水セメント比0.27で高性能減水剤を含む）であった[13.11]。同様に，硫酸塩の作用に対する抵抗性が良かったのは，クラスCフライアッシュを50％まで，シリカフュームを10％含む場合であった[13.11]。

アルカリーシリカ反応の管理は，使用する骨材に関して詳細な知識が必要とされる特殊な問題である（184頁参照）。

しかし，混合セメントにフライアッシュ（質量でおよそ30〜40％）または高炉スラグ微粉末（質量でおよそ40〜50％）を混合することによる優れた効果に注目しなければならない[13.7]。これらの材料に含まれる水溶性アルカリは少量に過ぎないため，含有率の高いポルトランドセメントを含めてセメント状材料のアルカリ含有率を一定とすると，混合セメントに高炉スラグ微粉末またはフライアッシュが入っていると混合物の合計アルカリ含有率が低下する[13.10]。したがって，これらの材料を使用することによって低アルカリセメントの必要性がなくなる可能性があるが，実際に膨張反応がないことを試験で検証しなければならない。

65℃で蒸気養生されるコンクリートにシリカフュームを混ぜると，塩化物の透過性で優れた効果が出ることが，CampbellおよびDetwiler[13.4]によって確認された。大幅に改善するためのシリカフュームの最小含有率は，ポルトランドセメントしか含まないコンクリートの場合で10％であるが，セメント状材料全体の30〜40％の高炉スラグ微粉末を含む混合物の場合は7.5％できわめて有効であった[13.4]。ポルトランドセメントだけでできたコンクリートを50℃で養生すると，塩化物の透過性の上昇が確認されたことを付け加えたい[13.3]。

さらにDetwiler他[13.2]が調査を続けた結果，50〜70℃で養生したコンクリートにシリカフュームと高炉スラグ微粉末の両方を混ぜると，塩化物の透過性に優れた効果があることが判明した。これらの発見は，水セメント比が0.40〜0.50でシリカフュームと高炉スラグ微粉末をそれぞれセメント状材料全体の質量の5〜30％含むコンクリートに関して得られたものである。最適の含有量や配合を一般化して言うことはできない。なぜならば，そのようにしてつくられたコンクリー

トの透過性は，塩化物に暴露される時点の水和の進行程度によって影響されるからである。高温養生したコンクリートにシリカフュームとフライアッシュの両方を混ぜることが，塩化物の透過性に及ぼす影響に関しては，情報がないようである。

13.1.3 材料のばらつき

本章で解説する3種類のセメント状材料は，とくにコンクリート専用に製造されているわけではなく，産業の副産物である。この状況は，これらの材料のばらつきに反映されている。

フライアッシュは発電用の微粉炭を燃焼させて得られる副産物である。発電所の管理者は，均一なフライアッシュの商業的な価値を認識してはいるが，発電所（とくに，もし電力の基礎的な部分を供給する発電所でない場合）の稼動に定期的な変動があると，フライアッシュの性質が一様でなくなることがある。当然ながら，生産した発電所が異なればフライアッシュにも違いが出る。また発電所が同じでも，使用された石炭の性質が短期的または長期的に均一でない場合は，性質の異なるフライアッシュが生産される。アッシュの分類と選鉱を行うと良いのであろうが，それによってフライアッシュの経費が増加する。

したがって，フライアッシュを使用する人はコンクリートに使われる実際の材料の性質を知っていなければならず，フライアッシュの粒径分布やその炭素含有率に関して規格化された仮定の値に頼ってはいけない。このようなことから，フライアッシュは組成がほぼ一定の単一材料ではないため，フライアッシュを含むコンクリートの挙動を簡単な形で表すことはできない。むしろフライアッシュは，一連の物理的化学的な特性を有することから，ポルトランドセメントに種々のタイプがあることに似ている。

したがって，とくにコンクリート中の含有量も大幅に異なることもあり，フライアッシュを使用すると，さまざまな結果になることも驚くには当たらない。

これに反して，高度に管理された工程（99頁参照）の副産物であるスラグは，ばらつきがはるかに小さい。シリカフュームについても同じことが言える。

フライアッシュという主題に戻ると，同じフライアッシュであってもその水和は混合物中のポルトランドセメントの化学的な性質と粉末度によって異なること

に注意しなければならない。セメント状材料以外の配合が固定されている場合に，セメント状材料全体に占めるフライアッシュの割合とでき上がったコンクリートの性質との間に，単純な関係が存在しないことは驚くに当たらない。必然的に，コンクリートの強度をフライアッシュのさまざまな性質に簡単な式で関連付ける試みは，配合が固定された場合でさえ，不成功に終わっている[13.6]。ここで，さまざまな性質とは，粉末度，ある一定寸法を超える粒子の残分，ポゾラン指数，炭素含有量，ガラス質含有量，および化学組成などである。事実，ポルトランドセメントの物理的化学的な性質からその強度特性を予想することのできる式は1つもないことを考えると，この状況は予想がつく。

　フライアッシュと高炉スラグ微粉末はコンクリートのきわめて貴重な材料であり，また他の工程の副産物であって継続的に入手可能な廃棄物であるため，経済的にも有利である。産業の型が変化し，とくに鉄とエネルギー源の消費量が変化したため，将来は入手可能なフライアッシュとスラグの量が減少する可能性がある（808頁も参照）ことは，熟考する価値がある。新しいセメント状材料を開発する必要があるかもしれない。

13.2　フライアッシュを含むコンクリート

　フライアッシュの物理的化学的な特性については，第2章で簡単に説明した。ここではフライアッシュのコンクリートへの使用について考察し，でき上がったコンクリートの性質を解説する。フライアッシュ自体の性質に関するその他の解説も，コンクリートの性質に影響を及ぼす限り含める。

　フライアッシュの重要性はどんなに強調してもしすぎることはない。それはもはやセメントの安価な代用品でもなく，混合物の「増量材」や添加物でもない。フライアッシュはコンクリートに重要な利点を与えることから，フライアッシュの役割と影響を理解することがきわめて重要である。

　フライアッシュの性質のばらつきについては前節で述べた。このばらつきは，フライアッシュが特別に製造された製品ではないため基準の厳格な要件を適用することができないことによって起きる。主な影響因子は，石炭の特性とその粉砕方法，炉の運転方法，燃焼ガスから出る灰の析出方法，およびとりわけ排気装置

中の粒子を分類する程度である。このすべてが一定であったとしても，電力需要に応じて運転を変化させる発電所はむらの多いフライアッシュを生成する。電力の基礎的な部分を供給する発電所の場合はこの点が異なる。フライアッシュのばらつきはガラス質含有率，炭素含有率，粒子形状，および粒径分布のばらつきであり，またマグネシアなどの鉱物の含有量のばらつきであり，また色のばらつきでさえある。フライアッシュ粒子の粒径分布は分類と粉砕によって改善することができる。

上に述べた通り，微粉炭の燃焼工程はフライアッシュ粒子の形状に影響を及ぼす。高温は球形粒子の形成を促進させるのであるが，NO_xガスの排出量を低下させる目的で最高燃焼温度を低くすることが要求されるため，溶融点の高い鉱物は常に完全に溶解するわけではない。このことは，フライアッシュの球形粒子の比率と，$10\mu m$より小さい粒子の比率を低下させる結果をもたらす。しかし，$45\mu m$より大きい粒子の比率は影響されない[13.12, 13.34]。これらの変化は，コンクリート中にフライアッシュがあることの利点を阻害する。したがって，NO_xの排出要件も，コンクリートへの使用という観点から望まれる粒子の性質も，共に満足させる技術の変革が必要である。

しかし大部分の国々で，多くの均一かつ高品質なフライアッシュがコンクリート用に一貫して生産されており，コンクリート用に消費されるフライアッシュの量が世界中で増加し，また増加し続けるであろうことは明白である。問題は，「標準的」フライアッシュに関する情報や，また代表的なフライアッシュに関する情報さえ提供が不可能なことである。したがって，フライアッシュを一般的な材料として使用することに関する専用の指導書を紹介することはできない。

13.2.1 フライアッシュがフレッシュコンクリートの性質に及ぼす影響

主な影響は，必要水量とワーカビリティーに対する影響である。ワーカビリティーが一定の場合に，フライアッシュによるコンクリートの必要水量の減少量は，ポルトランドセメントだけを含む混合物でセメント状材料の含有率が等しい場合と比較して，通常5～15%である。水セメント比が高いほど大きく減少する[13.12]。

フライアッシュを含むコンクリート混合物は粘着力があり，ブリーディング量が減少する。この混合物はポンプ圧送とスリップフォーム施工に適している。フ

13.2 フライアッシュを含むコンクリート

ライアッシュコンクリートは仕上げ作業が容易になる。

フライアッシュがフレッシュコンクリートの性質に及ぼす影響は、フライアッシュ粒子の形状に関係がある。粒子の多くは球形の固体であるが、大型粒子の一部は空球として知られる空洞の球体か、または多孔質で不規則な形状をしている。

フライアッシュが含まれることによって起きるコンクリートの必要水量の減少は、通常その球形の形状に原因があり、これは「ボールベアリング効果」と呼ばれる。しかし、他のメカニズムも絡んでおり、それが支配的な場合もある。とくに、粉末度の高いフライアッシュ粒子は、電荷によって、セメント粒子の表面に吸着される。セメント粒子の表面を覆うほど多くのフライアッシュが存在する場合には、そのためセメント粒子が粘着しなくなり、ある一定のワーカビリティーのもとでの必要水量が低下する[13.156]。フライアッシュの量がセメント粒子の表面を覆うために必要な量を超える場合は、それ以上必要水量を減少させる効果はない。事実、必要水量の減少量が大きくなるのは、フライアッシュ含有率が20％位までに過ぎない[13.156]。フライアッシュの効果は高性能減水剤の作用に加わって起きるわけではない。したがって、必要水量に対するフライアッシュの作用は高性能減水剤の作用と同様に、ポルトランドセメントの粒子上にフライアッシュが分散し、吸着されることによって起きると思われる[13.156]。

フライアッシュに含まれる炭素の存在については108頁に述べた。フライアッシュ中の高い炭素含有率による1つの結果は、ワーカビリティーに悪影響を及ぼすことである。

また、炭素含有率が変動すると空気の連行が不安定になる可能性もあり、一部のAE剤は多孔質である炭素粒子に吸着される。

混合物中のフライアッシュには遅延作用があり、標準的にはおよそ1時間である。これはおそらくフライアッシュ粒子の表面にある SO_4^{--} が解放されることによって起きる。遅延は暑中コンクリートの場合には利点となる。それ以外の場合は、硬化促進剤を用いる必要があるかもしれない。始発だけが遅延され、凝結から最終的なこわばりまでの時間には影響がない。

第13章　特殊な性質のコンクリート

13.2.2　フライアッシュの水和

　ポゾラン反応については第2章で考察した。フライアッシュの場合は，反応の生成物がポルトランドセメントの水和によって生じるC–S–Hときわめてよく似ている。しかし，反応は練混ぜ後しばらく時間が経過した後でなければ開始されない。クラスFフライアッシュ（108頁参照）の場合は，これが1週間またはそれ以上にもなり得る。Fraay他[13.15]が提供するこの遅延の説明は次のようなものである。フライアッシュの中のガラス質材料は，間げき水のpH値が13.2以上の場合にのみ分解する，また間げき水のアルカリ度が上昇するためには，混合物中のポルトランドセメントの水和がある程度進行している必要がある。さらに，ポルトランドセメントの反応生成物は，フライアッシュ粒子が核の働きをする形で，フライアッシュ粒子の表面に析出する。

　間げき水のpHが十分高くなるなったときに，フライアッシュの反応生成物がフライアッシュ粒子の上とその近辺に形成される。これらの初期反応の段階では，その生成物がしばしばフライアッシュの最初の球体の形状をしたまま残る。時間の経過とともに，その後の生成物は拡散し，毛管空げき構造の内部に析出する。これによって毛管の空げき率が低下し，その結果として空げき構造が細かくなる（図-13.1参照）[13.15]。

　フライアッシュ反応が間げき水のアルカリ度に影響されるということは，同時に使用される予定のポルトランドセメントのアルカリ含有率によってフライアッシュの反応性が左右されることを意味する（しかしこれは，Osbæck[13.114]によって誤りであることが立証されている）。例えば，早強ポルトランドセメント（タイプⅢ）は普通ポルトランドセメントより間げき水のアルカリ度が速く上昇するため，タイプⅢのセメントを使用するとフライアッシュのポゾラン反応が早く開始される。上記の観察は，一般化することが難しいフライアッシュの，挙動の複雑さを示しており，同時に使用されるフライアッシュとポルトランドセメントの両方を試験する必要があることを指摘している。

　フライアッシュの反応が遅延する利点の中には，水和熱の発生の点で有利になることが挙げられる（第8章参照）。

　クラスFフライアッシュのポゾラン反応はその後鈍化する。1年後に未反応のフライアッシュが50%も含まれていたことを，Fraay他[13.15]が引き合いに出して

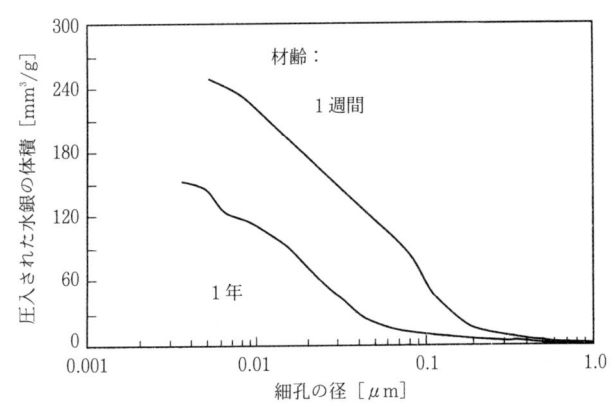

図-13.1 セメント状材料の内，質量換算で30％をクラスFのフライアッシュに置き換えたセメントペーストの細孔径分布（水銀圧入ポロシメーターによる測定）の変化（参考文献13.15に基づく）

いる。

ポルトランドセメントのみのコンクリートで水セメント比が中程度または高い場合は，適切な保管状況であれば長期にわたって強度を発現するのに対し，フライアッシュが混合物中に混じっている場合はそうではない。水セメント比が0.5〜0.8で，セメント状材料全体に対する質量の百分率で表されるクラスFフライアッシュの含有率が47〜67の範囲のコンクリートでは，3〜5年を過ぎるとそれ以後強度の発現は認められなかった[13.16, 13.17]。

石灰含有率の高いクラスCフライアッシュ（108頁参照）は，ある程度水と直接反応する。とりわけ，多少のC_2Sがフライアッシュ中に存在する可能性があり[13.157]，この化合物が反応してC–S–Hを形成する。また，結晶C_3Aなどのアルミン酸塩もよく反応する[13.9]。加えて，クラスFフライアッシュの場合と同様に，ポルトランドセメントの水和によって生成された水酸化カルシウムとシリカとの反応もある。したがって，クラスCフライアッシュはクラスFフライアッシュより早く反応するが，一部のクラスCフライアッシュは強度の長期的な上昇を示さない[13.18]。

コンクリート中でのフライアッシュの反応には時間がかかるため，湿潤養生を長く行うことがきわめて重要である。このことから，標準の湿潤状態で養生した

第13章 特殊な性質のコンクリート

圧縮供試体の試験結果は現場コンクリートの強度とは大きく異なる可能性があり，誤解を招く可能性がある。このことは当然，ポルトランドセメントだけのコンクリートにも当てはまるが，養生が強度に及ぼす影響は混合物中にフライアッシュが含まれている場合の方が顕著にみられる。

20～80℃の高めの温度は，ポルトランドセメントだけの場合よりフライアッシュの反応を大きく加速させる。しかし，通常の強度の逆行がその後に起きる（449頁と比較）[13.21]。200～800℃までの温度上昇に伴う強度の低下量も，ポルトランドセメントだけでつくられたコンクリートの場合とほぼ同じか，さらに大きい場合さえある[13.20]。

フライアッシュの反応性は温度が上昇すると急激に高まるため，フライアッシュを含むコンクリートの挙動は，大きい断面（ここでは，ポルトランドセメントの成分の水和によって温度が上昇する）では小さいコンクリート部材で室温の場合と比べて，挙動が異なると思われる[13.9]。この考察は，フライアッシュを含むコンクリートの強度発現速度を予測する場合に常に関係してくる。

13.2.3　フライアッシュコンクリートの強度発現

ASTM C 311-94a の試験方法は，フライアッシュが質量でセメント状材料全体の20%を占めるモルタルの強度測定法を規定し，強度の活性度指数を定める。しかしすでに解説した通り，フライアッシュの反応は同時に用いるポルトランドセメントの性質に影響される。また，化学反応による影響のほかに，フライアッシュには水和セメントペーストの微細構造を向上させるという物理的な影響もある。主な物理的作用は，粗骨材の界面におけるフライアッシュ粒子の間詰め作用であり，ASTM C 311-94a[13.12]で使用されるモルタルには含まれていない。

これらの理由から，強度の活性度の測定値は，フライアッシュを混入する特別なコンクリートの強度の発現に対して，フライアッシュが行う寄与を十分に定めていない。このことは，ある因子がコンクリートに及ぼす影響を定める目的でモルタル試験が行われることは不適当であることを示す一例である。

詰まりの程度は，使用するフライアッシュとセメントの両方の品質によって決まる。粗いポルトランドセメントと細かいフライアッシュを使うと詰まりが良くなる[13.12]。詰まりが強度に及ぼす優れた効果の1つは，コンクリート中のエント

ラップトエアの体積を減少させることであるが[13.12]，詰まりの主な効果は大きい毛管空げきの容積が低下することにある。

フライアッシュの粉末度がもたらす良い影響は，その形状が球形であることから来ている点が参考になると思う。したがって，フライアッシュの粉砕は粉末度を高めることはできても球形の粒子が破壊され，その結果，フライアッシュ粒子の不規則で角張った形状から混合物の必要水量が上昇する可能性がある[13.26]。

フライアッシュの粒径の管理は，通常 $45\mu m$（No.325 ASTM）のふるい残留量を規準として行われるが，これではフライアッシュの反応性とコンクリート強度の発現に対する寄与に関連した十分な分別になっていない。

標準的には，フライアッシュの粒子の約半分が $10\mu m$ より小さいが，大きなばらつきがある。もっとも反応性が強いのはこの粒径の粒子である[13.22]。反応性は，フライアッシュの直径の中央値がさらに小さい $5\mu m$，場合によっては $2.5\mu m$ の時にきわめて高い。

Idornと Thaulow[13.23]はフライアッシュの粗粒子を，未水和のまま残ったポルトランドセメント粒子の効果と同様に，水和セメントペーストの密度を向上させる「微細骨材」とみなすことができることを示唆した。これは強度，ひび割れの伝播に対する抵抗性，および剛性に関しては有利である。そして，その結果，毛管空げき構造の水分保持力が向上して長期間の水和に使用することができる[13.23]。

フライアッシュのガラス質含有率はその反応性に強力な影響を及ぼす。クラスCフライアッシュの場合は，石灰含有率も反応性に影響を及ぼす因子である。しかし，これらの特性に関する知識によってある特定のフライアッシュの性能を予測することが可能になるわけではないため，試験が必要である。実際に用いるポルトランドセメントを使って試験を行うことが望ましい。

808頁で，フライアッシュが必要水量に及ぼす影響は，その含有率が質量で20％を超える部分には現れないことを述べた。過剰なフライアッシュ含有率は，強度発現の観点からも良くない。

図-13.2[13.19]が示す通り，限界含有率はおそらく質量でセメント状材料全体の30％前後である。

繰り返し述べて来たように，フライアッシュが強度に及ぼす影響を定量化して予想することは不可能である。例えば図-13.2の資料は，ポルトランドセメント

第13章 特殊な性質のコンクリート

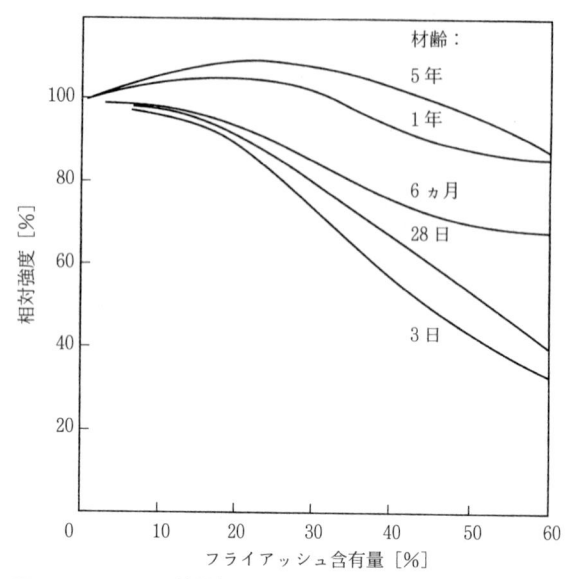

図-13.2 セメント状材料中のフライアッシュ量（質量で）が硬化セメントペーストの強度に及ぼす影響[13.19]

協会[13.14]の報告であるが，1年経過した後でもフライアッシュが強度に及ぼす有利な影響は見掛け上現れないことをはっきり示している。

　23℃で湿潤養生したコンクリート円柱供試体の強度の平均値（6種類のクラスFフライアッシュと4種類のクラスCフライアッシュを試験して得た）を，表-13.1[13.14]に示す。混合物はすべてセメント状材料の合計含有量が307kg/m³であり，フライアッシュ含有量は質量でセメント状材料全体の25％である。水セメント比は0.40〜0.45であり，各混合物のスランプは75mmである。同じ表で，ポルトランドセメントだけでつくられた単位セメント量と水セメント比の等しいコンクリートの強度を示した。骨材の最大寸法は9.5mmであるため，フライアッシュが及ぼす粗骨材粒子の周囲の間詰めの影響は，従来のコンクリートの場合と比べて少なかった。フライアッシュが強度に及ぼす影響が見掛け上，限定されていることの原因がここにあるのかもしれない。

　ここで注意しなければならないことは，フライアッシュの密度がポルトランドセメントの密度よりはるかに低いため（3.15に対して標準的に2.35である），同

13.2 フライアッシュを含むコンクリート

表-13.1 フライアッシュコンクリートの圧縮強度の標準値[13.14]

セメント状材料	下記の各材齢［日］における圧縮強度［MPa］						
	1	3	7	14	28	91	365
ポルトランドセメント	12.1	21.2	28.6	33.9	40.1	46.0	51.2
クラスFフライアッシュ（25%）	7.1	13.9	19.4	24.3	30.3	39.8	47.3
クラスCフライアッシュ（25%）	8.9	19.0	24.1	28.5	29.4	40.5	45.6

じ質量であれば，フライアッシュの体積はセメントの体積より約30%大きくなっている。

コンクリートの配合割合を決定する上でこの点を考慮に入れなければならず，ポルトランドセメントだけの場合より細骨材の含有量を少なくするのが普通である。

コンクリートの強度以外の物理的性質に関して言えば，クリープと収縮はフライアッシュの使用によって根本的な影響は受けない。

13.2.4 フライアッシュコンクリートの耐久性

第10章と11章で解説した通り，コンクリート混合物の材料の選定の際には，それらの材料が耐久性に及ぼす影響を考慮しなければならない。強度の場合と同様に，多くの点が実際に使用されるフライアッシュによって異なる。

コンクリート中のフライアッシュの反応が緩慢なことから生じる結果の1つは，水セメント比が同じ（セメント状材料の合計量に基づいて）でもポルトランドセメントしか含まないコンクリートと比べて初期の透過性が高いことである。しかし時間とともに，フライアッシュコンクリートはきわめて低い透過性をもつようになる[13.15]。その場合でも，フライアッシュを含むコンクリートは養生を長く行うことがきわめて重要である。不十分な養生がコンクリートの外部域の吸水特性に及ぼす悪影響は，フライアッシュの含有率が高いほど大きい[13.101]。この悪い影響は，フライアッシュを含むコンクリートの強度が及ぼす良い影響より顕著でさえある。したがって，攻撃的な作用物質に対するコンクリートの浸透性が臨界の状況にある場合には，強度だけを規準としてフライアッシュコンクリートの耐久性を評価するのは不十分であろう。

硫酸塩の作用に対する抵抗性に関して言えば，フライアッシュ中のアルミナと

第13章 特殊な性質のコンクリート

石灰が硫酸塩の反応を助長することがある。具体的に言うと，アルミナと石灰がフライアッシュのガラス質の部分にある場合は，硫酸塩と反応して膨張性エトリンガイトを形成する材料を長期的に発生させることになる[13.25]。（シリカ/アルミナ）比が高いと硫酸塩の作用に対する侵されやすさが低下すると思われるが[13.28]，確実に一般化することは不可能である。

クラスFフライアッシュをコンクリートに混入すると，主として水酸化カルシウムが除去されるためであろうが，硫酸塩に対する抵抗性が向上する。フライアッシュの含有量は，一般的に言ってセメント状材料全体の25〜40%にしなければならない。クラスCフライアッシュの挙動に関する確実な情報はない。実際，硫酸塩に対する抵抗性に関してクラスCフライアッシュが果たす役割は明確でない[13.18]。

水セメント比が0.33，クラスFフライアッシュ含有量が質量でセメント状材料の58%のAEコンクリートを試験した結果，凍結融解に対する抵抗性が優れていることが判明している[13.30]。融雪剤に暴露されるコンクリートに関して，ACI 318-02[13.116]はフライアッシュとその他のポゾランの質量含有量を25%，セメント状材料全体の質量の内割りで20%までに制限していることに注意しなければならないが，このフライアッシュはAEコンクリートの凍結融解に対する抵抗性に悪影響を及ぼさない。クラスCフライアッシュの含有量が多いと抵抗性が阻害されることが分かったが，これはおそらく，繊維質エトリンガイトが空げき中に移動することによって硬化セメントペーストの空げき率が上昇するためであろう[13.1]。

フライアッシュコンクリートの空気の連行に関しては，680頁に解説した，炭素が引き起こす問題を念頭に置いて考えなければならない。

Bilodeau他[13.124]は，クラスFもクラスCも含めて，少なくともフライアッシュが多量の割合で存在する場合は，たとえ凍結融解に対する抵抗性が十分であっても，コンクリートの融雪剤に対する抵抗性が小さくなることを確認した。このことの理由はまだ証明されていない。

フライアッシュが含まれる水和がほぼ完了したコンクリートは透過性が低下するため，塩化物の滲入量が減少する。クラスFフライアッシュの含有量が質量でセメント状材料の60%に及ぶ場合でも，モルタルに埋めこまれた鉄筋の不働

態化と腐食の危険度は損なわれていないことが判明した[13.24]。このことは、フライアッシュ含有量が多く（セメント状材料全体の58%），水セメント比が0.27〜0.39のコンクリートに関する他の試験でも確認されており，塩化物の浸透に対してきわめて良好な抵抗性が示された[13.24]。

それにもかかわらず，一部の国では[13.12]フライアッシュの中の炭素がPC鋼材の応力腐食を促進させる可能性があると考えており，プレストレストコンクリートにフライアッシュを用いることが認められていない。

クラスFまたはクラスCフライアッシュを含むコンクリートの耐摩耗性は損なわれないか[13.29]，または向上する場合さえある[13.31]。

混合物中に十分な量のフライアッシュを混ぜると，アルカリ-シリカ反応を低下させる上で有利である（643頁参照）が，そのメカニズムは複雑であり，十分理解されていない。その効果は，水和セメントペーストの構造が密になるためイオンの移動が妨げられること，またはアルカリ類がフライアッシュと優先的に反応するため骨材中のシリカと反応するアルカリがなくなったことによると考えられる[13.28]。フライアッシュ自体にもアルカリ類が含まれているが，フライアッシュ中のアルカリの合計含有量のうち約6分の1だけが水溶性で潜在的に反応性があり，残りは結合したものである。フライアッシュがコンクリート中の間げき水のアルカリ類を増加させるかどうかは，使用するセメントのアルカリ度によって異なるようである[13.27]。

アルカリ炭酸塩反応に関しては，フライアッシュによる良い効果はない。

13.3　高炉スラグ微粉末を含むコンクリート

高炉セメント（第2章参照）は1世紀以上使われてきているが，近年はポルトランドセメントと高炉スラグ微粉末（ggbs）を材料として直接ミキサで混合する方法がしだいに多く用いられるようになって来た。この手法の利点は，ポルトランドセメントと高炉スラグ微粉末の比率を思い通りに変えることができる点である。不利な点は，もう1つ別のサイロが必要となる点である。

スラグは銑鉄と同時に生成されるため，生産管理によって両方の材料のばらつきは少なくなっている。スラグは次に粒状化するか造粒する。便宜上，「粒状化」

という用語を一般に用いる。粒状化されたスラグは任意の望ましい粉末度になるまで粉砕することができるが、通常は350m^2/kgを超えるまで、つまりポルトランドセメントより細かくなるまで粉砕する。

粉末度が高くなると、早期材齢での活性度が上昇するため、時には500m^2/kgを超える粉末度の高炉スラグ微粉末を使用することがある[13.34]。

混合物に高炉スラグ微粉末を混合することによる優れた効果はいくつかある。すなわち、フレッシュコンクリートのワーカビリティーが向上する、熱の発生が緩慢になるためコンクリート体の最高温度が低くなる、水和セメントペーストの微細構造が密になるため長期強度、とりわけ耐久性が向上する、ポルトランドセメントのアルカリ含有率や骨材の反応性に拘らずアルカリ-シリカ反応の危険性が排除される、などである[13.69]。

高炉スラグ微粉末の粉末度とセメント状材料全体に対する含有率の選択は、コンクリートに高炉スラグ微粉末を使用する目的によって異なる。

13.3.1 高炉スラグ微粉末がフレッシュコンクリートの性質に及ぼす影響

混合物中に高炉スラグ微粉末があるとワーカビリティーが向上し、混合物の流動性が増すが粘着性も増す。これはセメント状粒子が十分に分散していることと、高炉スラグ微粉末粒子の表面特性が滑らかで練混ぜ中に水分をあまり吸収しないことの結果である[13.32]。しかし、高炉スラグ微粉末を含むコンクリートのワーカビリティーは、ポルトランドセメントだけでつくられたコンクリートと比べて混合物の単位水量の変化の影響を強く受ける。高い粉末度まで粉砕された高炉スラグ微粉末はコンクリートのブリーディングを低下させる。

高炉スラグ微粉末を含む混合物には初期のスランプの低下がみられることが判明したが、スランプの低下速度が遅くなったという報告もある[13.32]。

混合物中に高炉スラグ微粉末が含まれていると、常温で標準的に30～60分の遅延が生じる[13.32]。

13.3.2 高炉スラグ微粉末を含むコンクリートの水和と強度発現

ポルトランドセメントと高炉スラグ微粉末の混合材はポルトランドセメントだけの場合と比べてシリカ含有量が多く、石灰含有量が少ないため、混合セメント

13.3 高炉スラグ微粉末を含むコンクリート

の水和はポルトランドセメントだけの場合より C–S–H を多く，石灰を少なく生成する。したがって，水和セメントペーストの微細構造は密になる。しかし，高炉スラグ微粉末の初期水和は，ポルトランドセメントの水和中に解放された水酸化物イオンによるガラス質の分解に支配されるため，きわめて遅い。ポゾランを含む混合セメントの場合とほぼ同じように，高炉スラグ微粉末と水酸化カルシウムとの反応が起きる。

　高炉スラグ微粉末が徐々にアルカリ類を解放することとポルトランドセメントが水酸化カルシウムを形成することとが相俟って，高炉スラグ微粉末の反応は長期にわたって継続する。したがって，強度は長期にわたって発現する[3.132]（図-13.3 参照）。一例として，Roy[13.9]は高炉スラグ微粉末の 8〜16％が材齢 28 日で水和し，30〜37％が 32 日で水和したことを引き合いに出している。しかし，後者の高炉スラグ微粉末を含む混合セメントの水和速度は加速されている。したがって全体としてみると，セメントの水和がもたらすコンクリートの最高温度は，高炉スラグ微粉末を混合物に混入することによって低下する。

　水酸化アルカリの可溶性は温度上昇に伴って高くなる。その結果，高温時の高炉スラグ微粉末の反応性は相当高くなる。したがって，高炉スラグ微粉末を含む

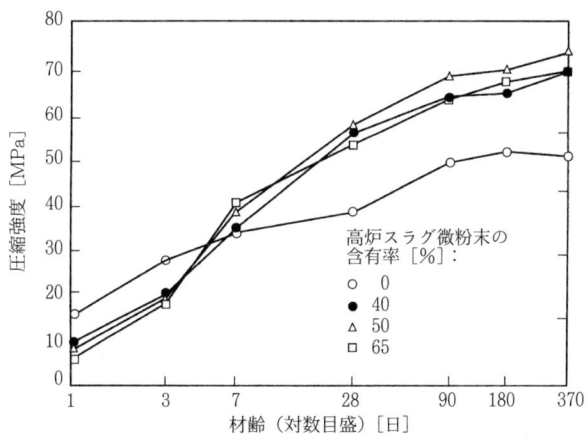

図-13.3　コンクリートの圧縮強度（立方体供試体による測定）の発現（セメント状材料全質量に対する高炉スラグ微粉末の含有量を変化させ，室温で湿潤養生を行った）[13.132]（版権 ASTM−許可によるコピー）

第13章 特殊な性質のコンクリート

コンクリートは蒸気養生に用いることができる[13.123]。また，初期の高温が長期強度と透過性に有害な影響を及ぼすが，その程度は，ポルトランドセメントだけでつくられたコンクリートより高炉スラグ微粉末を含むコンクリートの方が少ない[13.2, 13.33]。

逆に，約10℃より低い温度では強度の発現が不十分であり[13.42]，高炉スラグ微粉末の使用は望ましくない。

高炉スラグ微粉末の粉末度が高ければ高いほど強度発現は良くなるが，それは後の材齢においてだけである。なぜならば，高炉スラグ微粉末の活性化がまず起きなければならないからである。ポルトランドセメントの粉末度が高いと活性化が加速される。

高炉スラグ微粉末の反応性に影響を及ぼすその他の因子は，スラグの化学組成（100頁参照）とガラス質含有率である。単一の「化学係数」または「塩基度」でスラグの反応性をその化学組成に関連付けようと試みられてきたが，それは成功しなかった。ガラス質含有率が高いことは絶対必要であるが，数%の結晶性材料が含まれているとこれが水和の核として働くため，高炉スラグ微粉末の反応性の点で有益である[13.125]。重要な因子は，セメント状材料全体の中のアルカリ濃度であり，したがって，高炉スラグ微粉末と一緒に使用されるポルトランドセメントの性質が1つの因子である。一般的に言って，粉末度の高いセメントと，C_3Aとアルカリの含有率が高いセメントの場合に強度発現が良くなる[13.96]。

高炉スラグ微粉末とポルトランドセメントの比率は，コンクリートの強度発現に影響を及ぼす。最高の中期強度を得るための比率はおよそ1:1，すなわちセメント状材料中の高炉スラグ微粉末含有率は50%である[13.123]。ポルトランドセメントだけで構成される同じ単位量のセメント状材料と比べて初期強度が低くなることは避けられない。しかし多くの構造物では，初期強度は重要ではない。高炉スラグ微粉末をさまざまな割合で含むモルタルの強度の一例を図-13.4に示すが，これによると強度の観点から最適な高炉スラグ微粉末含有率はおよそ50%である[13.36]。

高炉スラグ微粉末を50~75%含み，セメント状材料の合計含有量が300~420kg/m³のコンクリートの強度発現はきわめて良いことが報告されている[13.35]。

13.3 高炉スラグ微粉末を含むコンクリート

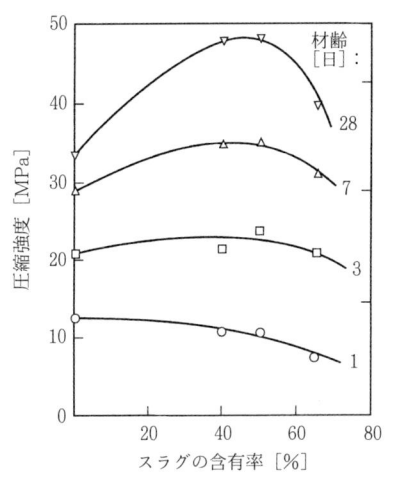

図-13.4 セメント状材料全質量に対する高炉スラグ微粉末の含有量が，種々の材齢のモルタル強度に及ぼす影響[13.36]

　高い温度が高炉スラグ微粉末を含むコンクリートの強度に優れた効果を及ぼすことについては，本節の前の部分で述べた。このことと関連して，標準の温度状態の下で養生した供試体を使って，高炉スラグ微粉末を含むコンクリートと含まないコンクリートの強度発現を比較する試験を行っても，それは正しい状況を示さないおそれがある点に注意しなければならない。実際の構造部材においては，温度はポルトランドセメントの初期水和の影響で上昇する可能性が高いため，標準供試体と比較して強度発現が大きくなると思われる[13.69]。

　高炉スラグ微粉末を含むコンクリートは湿潤養生期間を延ばすことがとくに重要である。なぜならば，初期の水和速度が遅いことによって，乾燥状態で水が失われやすい毛管空げき構造が生じるからである。これが起きると，継続的な水和が行われなくなる。養生に関する日本の推奨値が重要であろう。これを表-13.2に示す。

　コンクリートに高炉スラグ微粉末を混ぜても，圧縮強度と曲げ強度，または圧縮強度と弾性係数との通常の関係はあまり変化しない[13.42]。相違があると報告されることもあるが，特殊な関係を仮定する場合には必ず試験に基づいて行わなければならない。高炉スラグ微粉末を含むコンクリートの収縮量は最初は増大する

第 13 章 特殊な性質のコンクリート

表-13.2 日本における高炉スラグ微粉末の種々の含有百分率（セメント状材料の全質量に対して表す）のコンクリートに対する湿潤養生期間の推奨値[13.42]

気温 [℃]	下記の各高炉スラグ微粉末含有量 [%] に対する湿潤養生の最小期間 [日]		
	30～40	40～55	55～70
≧ 17	5	6	7
10～17	7	8	9
5～10	9	10	11

が[13.123]，全体的には，収縮とクリープは高炉スラグ微粉末の使用による悪影響を受けない[13.42]。

高炉スラグ微粉末を含むコンクリートの色に関する所見が重要と思われる。高炉スラグ微粉末自体はポルトランドセメントより色が薄く，とくに高炉スラグ微粉末の含有率が高い場合にはそれがコンクリートの色に反映される。別の影響もある。打込み後数日経過すると，スラグの中の硫化鉄の反応によってコンクリートの色は青味を帯びる。

それに続いて硫化物の酸化が通常数週間にわたって起きると，青味を帯びた色調は消える。しかし，コンクリートを早く密閉するか濡れたままにすれば酸化は防げる[13.42]。

13.3.3 高炉スラグ微粉末を含むコンクリートの耐久性の問題

高炉スラグ微粉末を含むモルタルの試験で，透水性が 100 分の 1 まで低下することが分かった[13.43]。また高炉スラグ微粉末を含むモルタルの拡散率も，とくに塩化物イオンに関してはきわめて大幅に低下する[13.43]。

高炉スラグ微粉末を含むコンクリートの試験では，塩化物イオンの浸透に対して十分抵抗性があることが確認された[13.35]。Daube と Bakker[13.126]は，高炉スラグ微粉末の含有量が質量でセメント状材料の 60%以上，水セメント比が 0.50 であれば，塩化物イオンに暴露されたコンクリートの拡散係数は，セメント状材料がすべてポルトランドセメントだけで構成されている場合と比べて 10 倍以上低下する。

高炉スラグ微粉末の優れた効果は，ポルトランドセメントだけでできたペーストの場合より多くの空げきを C–S–H が占めるため水和セメントペーストの微細構造が密になることによって生じる。

13.3 高炉スラグ微粉末を含むコンクリート

ポルトランドセメントと高炉スラグ微粉末とを混合した水和ペーストの微細構造が向上した結果として，また水酸化カルシウムの含有率が低いためもあり，硫酸塩の作用に対する抵抗性が向上する。HootonとEmery[13.128]は，高炉スラグ微粉末（Al_2O_3が7％含まれる）を質量で50％とタイプⅠのポルトランドセメント（C_3A含有率が12％）とを含む混合セメントをモルタルで試験すると，硫酸塩に対する抵抗性が耐硫酸塩セメント（タイプⅤ）と同じになると報告している。効果を発揮するためには，高炉スラグ微粉末の含有量は質量でセメント状材料全体の50％以上，できれば60〜70％でなければならない。

高炉スラグ微粉末を含むコンクリートのきわめて低い透過性は，アルカリ－シリカ反応を制御する上でも有効である。すなわち，アルカリの可動性が大幅に低下する。この効果は，とくに温度が高い場合にアルカリ類が高炉スラグ微粉末の反応の生成物に取り込まれることによって補足される[13.36]。アルカリ反応性を有する疑いのあるけい酸質骨材と一緒に高炉スラグ微粉末を使用した場合と，アルカリ含有率が1.0％までのポルトランドセメントと一緒に高炉スラグ微粉末を使用した場合の優れた効果は，非常に重要である。

凍結融解に関しては状況が異なる。高炉スラグ微粉末を含む適切な配合割合のコンクリートは，凍結融解に対してポルトランドセメントだけでつくられたコンクリートと同じ抵抗性がある。しかし，AEコンクリートに高炉スラグ微粉末を混合しても優れた効果はない[13.32, 13.123]。高炉スラグ微粉末がコンクリートの透過性に優れた効果を及ぼすことを考えると，コンクリートに高炉スラグ微粉末を混合しても水セメント比を低下させた場合のように凍結融解に対する抵抗性が向上しないことの理由がわからない。これに関連して，ACI 318-02[13.116]が融雪剤に曝されるコンクリートの高炉スラグ微粉末含有量にセメント状材料全体の50％という限界を課していることに注目するのが良い。高炉スラグ微粉末とフライアッシュの両方が混合物に混合わされている場合は，この2つの材料を合わせた質量をセメント状材料の合計質量の50％に制限している。ただし，フライアッシュのみの場合の25％という制限値（816頁参照）は，高炉スラグ微粉末と一緒に使用される場合にも適用される。

ポルトランドセメントだけでつくられたコンクリートと同じ凍結融解に対する抵抗性を，高炉スラグ微粉末を混入した混合物でも得るためには，凍結融解に暴

露する前の湿潤養生期間を延長することがきわめて重要であることを指摘しておかなければならない。

Virtanen[13.37]は，混合物に高炉スラグ微粉末を混入した場合には，融雪剤によるスケーリングに対するコンクリートの抵抗性に優れた効果を及ぼすと報告しているが，この点は確認されていない。

炭酸化に関して，高炉スラグ微粉末の影響は2種類ある。水和セメントペースト中に存在する水酸化カルシウムは量が少ないため，二酸化炭素はコンクリートの表面近くで固定されず，空げきを塞ぐ作用をする炭酸カルシウムの形成が行われない。したがって初期材齢では，炭酸化の深さがポルトランドセメントだけを含むコンクリートと比べて著しく深い[13.34]。他方，十分養生された高炉スラグ微粉末を含むコンクリートは透過性が低いため，炭酸化の深さの増加が妨げられる[13.37, 13.43]。そのため，高炉スラグ微粉末の含有率がきわめて高い場合を除き，水和セメントペーストのアルカリ度と鋼材の不活性度が低下して鉄筋の腐食の危険性が高まるということはない[13.32]。

13.4 シリカフュームを含むコンクリート

シリカフュームの物理的性質については第2章で述べた。このセメント状材料の使用は，価格が相対的に高いにもかかわらず増加している。シリカフュームは高性能コンクリートをつくる際にとくに重要であるが，このことについては本章の後の方で解説する。本節では，シリカフュームをコンクリート中に使用することの一般的な特徴を考察する。シリカフュームに関する英国基準も，コンクリートへのシリカフュームの使用に関するACIの指針もなかったが，ACI 234R-96[13.159]は1996年に初めて出版された。

ポルトランドセメントの水和によって生成される水酸化カルシウムとシリカフュームとの反応性がきわめて強いことについては，第2章で述べた。この強い反応性があるため，ポルトランドセメントの一部をシリカフュームと置換して使用することが可能である。それは，質量でポルトランドセメントの4（あるいは5の場合さえあるが）に対し，シリカフューム1の割合で行われ，最大で3～5％のシリカフュームが使用される[13.40]。

13.4 シリカフュームを含むコンクリート

　低強度または中程度の強度のコンクリートにこの手法を用いる場合は，シリカフュームに置き換えても強度には影響しない。そのようなコンクリートの水セメント比は，高いか，または中程度であるため，高性能減水剤の使用は必要ではない。シリカフュームで置き換えることのその他の利点は，ブリーディングの減少と混合物の粘着性の向上である。しかし，シリカフュームをそのような目的で使用することは，シリカフュームがその土地に豊富にある一部の地域に限られ，そこでは単位容積質量の低い状態で（訳者注：粉末状態で）（110頁参照）使用することができる。

　明らかにシリカフュームは，主として高い初期強度や低い浸透性という，優れた性質をもつコンクリートをつくる目的で用いることが圧倒的に多い。シリカフュームの優れた効果とはポゾラン反応に限定されない。シリカフュームのごく細かい粒子が，骨材粒子にごく接近して，すなわち骨材とセメントペーストとの界面へ，入り込むことができるという物理的な効果もある。この界面域はコンクリートの弱点の原因であることが知られており，その理由は，ポルトランドセメント粒子が骨材表面に密着して詰まることを妨げる壁効果である。そのような部分への間詰めは，一般にセメント粒子より100倍小さいシリカフュームの粒子によって実現される。それに寄与する一因子として，シリカフュームの高い粉末度がブリーディングを減少させるため，粗骨材粒子の下側にブリーディング水が閉じ込められない点を挙げることができる。したがって，シリカフュームを含まない混合物と比べて界面域の空げき率が低下する。続いて起きるシリカフュームの化学反応によって界面域の空げき率をさらに低下させ，その結果，界面域はもはや強度の点でも透過性の点でも特別に弱点ではなくなるのである。

　上記の議論は，シリカフュームの含有率が低すぎる，例えばセメント状材料の合計質量の5％を下回る，場合にはコンクリート強度が高くならない理由でもある。シリカフュームの量が，すべての粗骨材粒子を覆うには不十分なのである。また，多量のシリカフュームを混入しても，シリカフュームを10％混和した場合よりわずかに有利であるに過ぎないことも明らかである。なぜならば，過剰なシリカフュームは骨材の表面へ入り込むことができないからである。骨材がなければ界面域もないため，界面域の硬化セメントペーストが変化することによってもたらされる優れた効果は，純粋なセメントペーストの場合には発生しないこと

は指摘に値する。このことは，Scrievener他[13.5]によって確認された。

13.4.1 シリカフュームがフレッシュコンクリートの性質に及ぼす影響

混合物の中でシリカフュームが完全かつ均一に分散されていることがきわめて重要である。そのため練混ぜ時間を延長しなければならないが，このことは密度の高いマイクロペレットの形をしたシリカフュームについてとくに言える。各材料をミキサの中に投入する順序が重要であり，試行錯誤で確定するのが最善である。

湿潤状態にしなければならないシリカフューム粒子は表面積がきわめて大きく必要水量を増加させるため，水セメント比が低い混合物の場合には高性能減水剤を使用することが必要である。そうすることによって，要求される水セメント比と必要なワーカビリティーの両方を確保することができる。

高性能減水剤の有効性はシリカフュームの存在によって高まるといえる。例えばスランプが120mmの混合物に，ある一定量の高性能減水剤を添加すると，ポルトランドセメントだけでつくられたコンクリートの必要水量が $10kg/m^3$ 低下することが分かった。同じ添加量で，シリカフューム含有量が質量でセメント状材料の10%である混合物のスランプを維持することができる。

高性能減水剤を使用しなければ，混合物にシリカフュームを入れることにより[13.122]必要水量は $40kg/m^3$ 上昇する。したがって，シリカフュームと適切な高性能減水剤の両方を使用すると有利であり，ある一定のワーカビリティーに対して水セメント比を低くすることが可能になる[13.39]。強度は水セメント比を低くすることにより増大するが，その強度はシリカフュームのポゾラン作用のみによっても予想より大きくなる。しかし相対的にみると，低い水セメント比が強度に及ぼす影響は，シリカフュームが直接及ぼす全体的な影響より小さい[13.5]。

この段階で次の点に注目すると良いかもしれない。すなわち，圧縮強度と（水/セメント状材料）比との関係の型はシリカフュームを含むコンクリートでも含まないコンクリートでも同じであるが，この比が同じであれば，シリカフュームを含むコンクリートの方が強度ははるかに高い。シリカフュームを質量でセメント状材料全体の8～16%含むコンクリートに関して，100mm立方体供試体の28日圧縮強度と（水/セメント状材料）比との関係を示す例を図-13.5にいくつか示

13.4 シリカフュームを含むコンクリート

す。同図はポルトランドセメントだけを含むコンクリートに関しても，この関係を示している[13.62]。

シリカフュームの存在はフレッシュコンクリートの性質にも重大な影響を及ぼす。この混合物は強い粘着力があり，そのためブリーディングがほとんどないか，またはまったくないことさえある。

予防措置を取らない限り，ブリーディングの減少によって乾燥状態の時にプラスチック収縮ひび割れを発生させる場合がある。他方，閉じ込められたブリーディング水によって生じる空きげきは存在しない。

混合物の粘着特性はスランプに影響を及ぼすため，シリカフュームを含むものと含まないもの，両方の混合物共等しく締固めを可能とするためには，シリカフュームを含む混合物のスランプはポルトランドセメントだけを含む混合物より25〜50mm 大きくする必要がある[13.55, 13.57]。セメント状材料の含有率がきわめて高

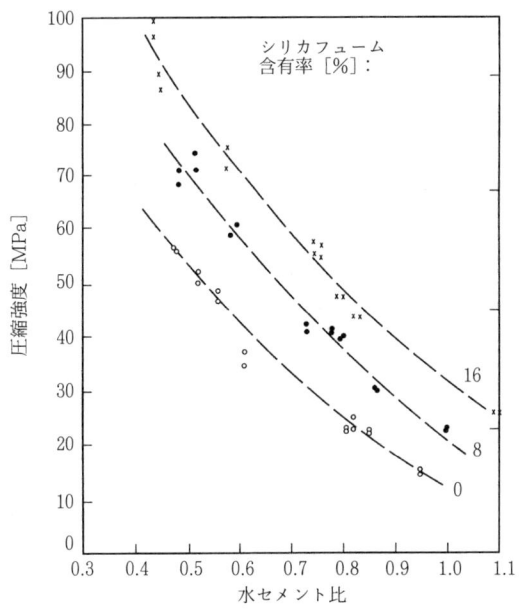

図-13.5 種々のシリカフューム含有量（セメント状材料全質量に対する値）のコンクリーにおける圧縮強度（100mm 立方体供試体による測定）と水セメント比との関係[13.62]

い混合物は「粘り付く」傾向があり，スランプコーンを簡単にもち上げることができない。そのため，スランプ試験は不適当であり，フロー試験の方が望ましいといわれている[13.38]。「粘り付く」特性を誤って解釈してはならない。混合物は振動をかけるとすぐに「流動的」になる。しかし，過剰に粘り付く混合物になるのを防ぐために，細骨材の形状が角張っている場合は単位水量は150kg/m^{3}以上にし，丸みのある骨材を使用する場合は130kg/m^{3}以上にしなければならない[13.99]。

シリカフュームを含むコンクリートの粘着性によって，ポンプ圧送，水中コンクリート，および高流動コンクリートとしての使用に適したコンクリートになる[13.55]（326頁参照）。エントレインドエアは安定したままであるが[13.57]，シリカフュームは粉末度が高いためAE剤の添加量を増やす必要がある。さらに，高性能減水剤を使用する場合（シリカフューム混合物の場合は使用するのが普通）には望ましい空きげ構造を得る点で問題がある。

シリカフュームが混和剤全般と相性が悪いという報告はない。リグニンスルホン酸塩を主成分とする混和剤の遅延効果は，混合物にシリカフュームを混入すると小さくなることは注目に値する。したがって，これらの混和剤の添加量を増やしても過剰な遅延は起きない[13.55]。

13.4.2 ポルトランドセメント－シリカフューム系の水和と強度発現

シリカフュームの中のガラス質シリカと，ポルトランドセメントの水和によって生成される水酸化カルシウムとの間にポゾラン反応が起きることに加えて，シリカフュームには後者の材料の水和を促進させる働きもある。この働きとは，シリカフューム粒子の粉末度が極端に高いため，水酸化カルシウムに核の生成の場を提供することによって発生するものである。それゆえ，強度発現が早く起きる。

シリカフュームは2，3分以内に水酸化カルシウムの飽和溶液に溶解する[13.9]。したがって，十分な量のポルトランドセメントが水和して間げき水が水酸化カルシウムで飽和するとすぐに，シリカフューム粒子の表面にけい酸カルシウム水和物が形成される。この反応は最初は高速で進行する。例えば，シリカフュームの質量がセメント状材料の総質量の10％であった場合に，シリカフュームの半分が1日で反応し，また最初の3日間で3分の2が反応することが観測された。しかし，その後の水和はきわめて遅く，90日で水和したシリカは4分の3に過ぎ

13.4 シリカフュームを含むコンクリート

なかった[13.8]。

　シリカフュームによる水和の加速は，ポルトランドセメントと一緒に高炉スラグ微粉末が混合物に含まれている場合にも起きる[13.46]。

　シリカフュームを含むコンクリートは初期反応が速いため，そのコンクリートに発生する水和熱は，早強ポルトランドセメント（タイプⅢ）だけを使用したコンクリートの場合と同じ位高くなる場合がある[13.9]。

　シリカフュームを含むコンクリートが材齢約3ヵ月を超えてからの挙動は，コンクリートが保管される所の湿度状態によって異なる。シリカフュームの含有量が10％，水セメント比が0.25，0.30，および0.40のコンクリートを湿潤保管した場合の圧縮強度は，材齢3.5年までは多少上昇することが試験によって明らかになった[13.58]。実験室の供試体試験で，乾燥保管状態では，約3ヵ月の時点の最高値と比べて一般に12％までの強度の逆行が観測された[13.58]。しかし，材齢10年までのコアで測定されたシリカフュームを含むコンクリートの強度は，明らかに強度の逆行をまったく示していない[13.47]。試験供試体には水分勾配が存在するので，間違った結果を示した可能性があるため，この発見は重要である[13.56]。

　シリカフュームが生成するC–S–Hは，ポルトランドセメントだけの水和によって生じるC–S–Hと比べててC：S比が低い。シリカフュームの水和生成物のC：S比の値は1程度であることが判明している[13.9]。セメント状材料中のシリカフュームの含有率が高いとC：S比は低くなる[13.41]。

　シリカフュームは初期の反応性が高ため，練混ぜ水が速く使い果たされる。言い換えると，自己乾燥が起きるのである[13.49]。同時に，水和セメントペーストの密な微細構造によって，水が外部にある場合でも，その水がポルトランドセメント粒子の未水和残留部分やシリカフューム粒子に向かって浸透するのが困難になる。その結果，強度の発現はポルトランドセメントだけの場合よりはるかに早く終了する。いくつかの実験データを表-13.3に示す[13.49]。この資料から，56日を過ぎた後では強度の上昇は起きなかったことがわかる。表-13.3の資料は，セメント状材料の合計含有量400kg/m³，耐硫酸塩ポルトランドセメント（タイプⅤ），および質量でセメント状材料全体の10，15，および20％のシリカフュームを含み，水セメント比が0.36の混合物に関する資料である。またコンクリート供試体は湿潤状態に保たれた。

第13章 特殊な性質のコンクリート

表-13.3 シリカフュームを含むコンクリート円柱供試体の強度発現[13.49]

材齢	下記の各シリカフューム含有量 [%] のコンクリートの圧縮強度 [MPa]			
	0	10	15	20
1 日	26	25	28	27
7 日	45	60	63	65
28 日	56	71	75	74
56 日	64	74	76	73
91 日	63	78	73	74
182 日	73	73	71	78
1 年	79	77	70	80
2 年	86	82	71	82
3 年	88	90	85	88
5 年	86	80	67	70

シリカフュームが初期強度の発現（7日程度まで）を促進する原因は，おそらく詰まり具合が向上することによると思われる。すなわち，充てん材としての働きと骨材との界面域の改善によるのである[13.45]。

水和セメントペーストと骨材との付着，とくに大きい粒子との付着が大幅に向上するため[13.50]，骨材はより大きな応力を伝達するようになる。シリカフュームの役割に関して逆の意見がいくつか提起されたが[13.44]，それらは本質的な性質というよりはむしろ特別な試験条件のために得られたものである可能性が高い。

ある一定量のシリカフュームの充てん効果や界面効果による強度を促進させる作用は，時間が経過しても変化しないであろう。この点は，連続して起こり続けるポゾラン活性の影響とは異なっている。事実，シリカフュームの含有率が固定されている場合に，7日から28日までの間にみられるコンクリート強度の上昇は，7日強度の値と無関係であることが判明した[13.59]。しかし，例えば28日強度を促進させるシリカフュームの働きは，混合物中のシリカフュームの含有量が増加するにつれて増大するはずである（ある限界値までは）。そしてこれは28日強度が概略 20～80MPa のコンクリートの場合であることがわかった。強度上昇は，シリカフューム含有率が10%の場合に7MPa，20%の場合に16MPaであった[13.59]。

混合物中のシリカフューム含有率と強度との間に上記の関係があることから，シリカフュームの強度に対する，いわゆる効率係数を考案しようとする数多くの試みがなされた。例えば透過性など，シリカフュームでつくられたコンクリート

13.4 シリカフュームを含むコンクリート

のその他の性質に対する効率係数も導き出された[13.55]。しかし，それぞれの係数は互いに異なっている。この理由から，またシリカフュームが及ぼす影響は使用されるポルトランドセメントの性質によって左右されることも理由となって，「効率係数」の手法は十分な正当性を認められていない。

継続して起こっているシリカフュームのポゾラン活性によって，水和セメントペーストの空げきの大きさは減少する。耐硫酸塩セメント（タイプV）とシリカフュームとを混合した水和ペースト中にはきわめて小さい空げきが存在することを示す試験データを，表-13.4 に示す。水銀圧入ポロシメーターが用いられた。同じ表から，シリカフュームを含む水和セメントペーストの総空げき率の減少量は，耐硫酸塩セメント（タイプV）のみでつくられたペーストと比べて小さいことがわかる[13.49]。したがって，シリカフュームの主な効果は水和セメントペーストの透過性を低下させる点であり，必ずしもその総空げき率を減少させる点ではないことがわかる。質量でセメント状材料全体の 10%を占めるシリカフュームの存在は空げき構造に大きい影響を及ぼす反面，セメント状材料中のシリカフュームの量をそれ以上増やしてもわずかな変化しかもたらさない。このことは，骨材の表面を覆い，ポルトランドセメント粒子の間の空間を埋めるために必要な量を超える量のシリカフューム粒子が存在しても，優れた効果はそれ以上得られないという前述した報告（825 頁参照）と一致する。

ポゾラン反応はすべてそうであるが，とくにシリカフュームは材齢 3 日から

表-13.4　耐硫酸塩セメントとシリカフュームとを含むモルタルの細孔特性[13.49]

湿潤養生期間 [日]	下記の各シリカフューム含有量 [%] における全空げき量 [配合に対する%]			
	0	10	15	20
7	16.0	14.3	13.7	13.0
28	14.7	13.4	12.9	11.7
91	14.3	13.3	11.7	10.6
182	10.8	10.8	9.6	8.6
365	10.7	9.5	10.5	9.1
	直径 0.05 μm 以上の空げきの容積 [%]			
7	8.5	3.0	2.7	2.0
28	6.3	2.8	2.2	2.3
91	7.5	2.8	1.8	1.7
182	5.3	3.2	2.4	2.3
365	5.1	2.1	2.5	2.0

28日の強度を増大させるため，シリカフュームを含むコンクリートは湿潤養生を延長することが必要である[13.55]。驚くべきことに，シリカフュームを含むモルタルの試験によって，湿潤養生の延長が曲げ強度に及ぼす影響は圧縮強度に及ぼす影響よりはるかに小さいことが明らかになった[13.89]。コンクリートにこのような挙動があることは確認も否定もされていない。養生による違いを別にすれば，引張または曲げ強度と圧縮強度との関係はコンクリート中のシリカの存在によって影響されない[13.55, 13.99]。

シリカフュームを含むコンクリートの弾性係数は，ポルトランドセメントだけでつくられたほぼ同じ強度のコンクリートの場合よりいくぶん高めである[13.55]。シリカフュームを含むコンクリートの方がよりもろいという報告もあるが，確認はされていない[13.55]。

13.4.3 シリカフュームを含むコンクリートの耐久性

前節では，水和反応の観点から，シリカフュームを含むコンクリートは十分な養生を行うことが大切であることを解説した。耐久性に関しては，水和が進行すると透過性が低下する点に注目しなければならず，前に述べたように，十分な養生を行うことがとくに重要である。一般的に言って，強度の等しいコンクリートであれば，養生期間を延長したことによる透過性の低下はポルトランドセメントだけでつくられたコンクリートよりシリカフュームを含むコンクリートの方が著しい[13.127]。

望ましい最小養生期間は，他の因子よりも温度の影響が大きいが，現場の温度は相当大きく変動する。温度が低い場合は，シリカフュームを含んだ物の水和反応が，ポルトランドセメントだけでつくられたコンクリートの場合よりさらに遅くなる[13.55]。しかし，その後温度が上昇すると通常の反応が行われ[13.121]。高温になった時の促進効果はポルトランドセメントだけの場合より大きくなる[13.55]。また，高温が空げき構造に及ぼす有害な影響は，シリカフュームがあると小さくなる[13.127]。

養生が不十分な場合は炭酸化に関してとくに悪影響を受ける点に注意しなければならない[13.55]。

シリカフュームがコンクリートの透過性に及ぼす影響は，水和セメントペース

13.4 シリカフュームを含むコンクリート

トの試験から示される影響より大きい。

なぜならば，前者の場合はシリカフュームが骨材周辺の遷移域の透過性と，ペースト全体の透過性を低下させるからである[13.57]。シリカフュームがコンクリートの透過性に及ぼす影響はきわめて大きい。KhayatとAïtkin[13.57]は，5％の含有率のシリカフュームが透水係数の大きさを3桁低下させると報告している。したがって，相対的にみて，シリカフュームが透過性に及ぼす影響は圧縮強度に及ぼす影響よりはるかに大きい。

透過性が低下することによって，塩化物イオンの滲入に対する抵抗性が大きくなる。C_3Aの含有率が14％もあるポルトランドセメント（831頁参照）を使用しても，セメント状材料全体の中にシリカフュームが5〜10％含まれていれば，塩化物イオンのコンクリートへの滲入速度は大幅に減少する[13.48, 13.138]。ACI 318-95[13.116]は，コンクリートが融雪剤に曝される場合のシリカフュームの含有率を，10％に制限している。水和セメントペースト中にシリカフュームが存在することによる塩化物イオンの拡散率の低下量は，水とセメント状材料との比が0.4より大きい場合はこの比の値が極端に低い場合と比べて大きい[13.51]。すなわち，後者の場合は，シリカフュームが含まれていなくとも水和セメントペーストの拡散率はきわめて低い。

シリカフュームを含むコンクリートの硫酸塩に対する抵抗性は良い。その理由の1つは，透過性が低いことであり，他の理由は，水酸化カルシウムとアルミナの含有率が低いことである。後者の物はC-S-Hの一部となってしまっている。モルタルの試験によって，シリカフュームは塩化マグネシウム，塩化ナトリウム，および塩化カルシウムの溶液に対する抵抗性に優れた効果を及ぼすことも示した[13.52]。膨張性のアルカリ-シリカ反応を制御する上でポゾランが果たす役割については643頁に解説した。シリカフュームはこの点でとくに有効である[13.53]。シリカフュームの反応生成物のC：S比が低いため，これらの生成物がアルカリやアルミニウムなどのイオンを取りこむ能力が向上することを付け加えることができる[13.55]。

凍結融解に対する抵抗性に関しては，何人かの研究者[13.61]が，シリカフュームを含むAEコンクリートはポルトランドセメントだけのコンクリートと比べて抵抗性が低いと報告している。その説明としては，エントレインドエアの含有率が

第13章 特殊な性質のコンクリート

適切な場合はシリカフュームを含むコンクリートの方が空げきの間隔係数が大きかったこと，同時に水和セメントペーストの密な構造が水の移動を阻んだことといわれている。他方，他の研究者[13.60]は，シリカフュームを含むコンクリートが凍結融解にも融雪剤によるスケーリングにも十分抵抗性があることを確認した。現場の構造物の経験からはさまざまな結果が得られている[13.37]。

性能に関する報告書のこの対立を解決するには，試験時のコンクリートの積算温度と含水状態を含めて，使用された試験方法の詳細な知識が必要である。実際，シリカフュームが凍結融解に対する抵抗性に及ぼす影響は複雑である。湿潤養生期間の後には水和セメントペースト中の空げきの寸法は小さくなり（810頁参照），その結果間げき水の氷点が低下する（663頁参照）。コンクリートの内部では，自己乾燥によって単位水量が飽水の臨界値を下回っている可能性が高く，凍結は損傷を引き起こさないと思われる。空げき構造が微細なため，コンクリートが乾燥後ふたたび飽水するのを難しくしている[13.88]。他方，透過性がきわめて低い密なペーストでは，凍結した間げきからの水の移動と，空げきへの水の移動が十分速く起きない。したがって，凍結速度が速いと損傷を引き起こす[13.57]。

上記の解説から，シリカフュームがコンクリートの凍結融解に対する抵抗性に及ぼす影響，まして融雪剤によるスケーリングに及ぼす影響を，一般化することは不可能であることがわかる。多くの点が，使用されるそれぞれのコンクリート，凍結融解前の処理，および温度変化の速度によって異なる。したがって，多くの出版物が相反する結果を提示しているのも意外なことではなく，それに関して本書で概説してもあまり価値がない。実施面で導き出せる唯一の結論は，使用することが提案されたコンクリートはすべて試験をする必要があり，またその試験結果は予期される暴露条件に照らして解釈しなければならないということである。

シリカフュームは間げき水の中のアルカリ含有率を低下させるため，間げき水のpHが低下する。アルカリ度のきわめて高い（pHが13.9）ポルトランドセメントでつくられた，水和がほぼ完了したセメントペーストに関するいくつかの試験によって，混合物に10％のシリカフュームを混合した場合に起きるpH値の低下は0.5であることが明らかにされた。20％のシリカフュームはpH値を1.0低下させる[13.139]。最後に挙げた低下の例でも，pH値は12.9であった。Havdahl と Justnes[13.129]は，pHが12.5以下にならないことを確認した。したがって，鉄

筋を腐食から保護するために十分なアルカリ度である[13.55]。

コンクリート中にシリカフュームが存在するとブリーディングが起きず，上縁の弱い層が形成されないため，また水和セメントペーストと粗骨材との付着が良くなることもあって，耐磨耗性に優れた効果がある。したがって，不均一な磨耗や骨材粒子のゆるみが起きない[13.57]。

シリカフュームを含むコンクリートの収縮量はいくぶん大きめになる。標準的に言ってポルトランドセメントだけでつくられたコンクリートより15%大きい[13.49]。

一部のシリカフュームの色が濃い目であることは110頁に述べた。これはコンクリートの色に影響を及ぼす。しかし2，3週間も経てば色が薄くなるが，その理由は不明である[13.55]。

13.5 高性能コンクリート

高性能コンクリートは革命的な材料でもなく，またこれまで考察してきたコンクリートには使用されていない成分を含むわけでもない。むしろ，高性能コンクリートは上記の最後のいくつかの節で解説したコンクリートの発展形態である。

「高性能コンクリート」という名称は，際立って良い製品というように宣伝しているように感じられる。以前の名称は「高強度コンクリート」であったが，多くの場合で要求される性質は高い耐久性であり，ごく初期の強度か，28日強度か，さらに遅い材齢の強度かを問わず，高い強度が要求されるのはその他の一部に過ぎない。一部の用途では弾性係数が高いという性質が求められることもある。

強度に関しては，「高強度」という用語の意味が何年にもわたって変化してきていることに注意しなければならない。ある時は40MPaが高強度と考えられた。後になってから60MPaが高強度コンクリートとみなされるようになった。本書では，強度の点で高性能ということは80MPaを超える圧縮強度とみなす。ついでに言うと，このレベルの高強度になると立方体供試体と円柱供試体の試験結果にはごくわずかしか相違がないため，規定を遵守していることの確認の目的以外であればこの2種類の試験供試体を区別してもあまり意味がない。高性能コンクリートの試験に関しては848頁に述べる。

第13章 特殊な性質のコンクリート

　専門用語に関してもう1つ所見を述べるのが良いであろう。一部の出版物に，高性能コンクリートを強度にしたがって細分化する方法が紹介され，「極高性能コンクリート」といった用語が用いられている。これは，性質が連続して徐々に変化し，また成分に不連続性のない材料に対する手法としては，あまり合理的でないように思われる。

　高性能コンクリートには次のような材料が含まれている。すなわち，品質が良いが，普通の骨材，含有率のきわめて高い（450〜550kg/m^3）普通ポルトランドセメント（タイプⅠ）（ただし，高い初期強度が必要な場合は早強ポルトランドセメント（タイプⅢ）を用いることもできる），通常は質量でセメント状材料全体の5〜15％のシリカフューム，時にはフライアッシュや高炉スラグ微粉末など他のセメント状材料，および常に含まれる高性能減水材である。高性能減水剤の添加量は多く，高性能減水剤中の固形分含有量とその特性とによってコンクリート1m^{3}当たり5〜15Lである。そのような添加量にすれば，コンクリートの単位水量を約45〜75kg/m^{3}低下させることができる[13.79]。他の混和剤も含まれている場合があるが，ポリマー，エポキシ，繊維物質，および煆焼ボーキサイト砂などの加工骨材は，本書では扱わない。高性能コンクリートは，従来の方法で構造物に打込むことができ，また十分な湿潤養生が必要ではあるが，通常の方法で養生する点がきわめて重要である。コンクリートを高性能の物にしている点は，きわめて低い水セメント比であり，これは常に0.35未満で，0.25前後のことが多いがたまに0.20の場合さえある。

　上記の解説から，本章の前の部分でシリカフュームと高性能減水剤とを含むコンクリートの性質に関して述べたことが高性能コンクリートにも当てはまることは明らかである。しかし，後者の水セメント比がきわめて低いためこれらの性質が強まったものとなっている。事実，高性能コンクリートは，シリカフュームと高性能減水剤とを含むコンクリートの理論的な発展形態であるということができる。一例を挙げると，水セメント比が0.2〜0.3の時にスランプが180〜200mmの混合物をつくることが可能である。したがって単位水量は，スランプが100〜120mmのコンクリートで空気の連行が行われていない混合物の場合に170〜200kg/m^{3}であるのに対して，高性能コンクリートの場合は1m^{3}当たり130〜140kgである。

高性能コンクリートとは，強度の高いコンクリートまたは透過性の低いコンクリートのことであると，前に述べた。この2つの性質は必ずしも共存するわけではないが，互いに関連がある。なぜならば，強度が高いためには空げきの容積，とくに大きい毛管空げきの容積が少ないことが必要だからである。空げきの容積を少なくする唯一の方法は，混合物に含まれる粒子の大きさを選別してもっとも細かい寸法まで落とすことである。これは，セメント粒子の間および骨材とセメント粒子との間の空間を埋めるシリカフュームを用いれば，実現することができる。しかし，密な詰まり具合が実現できるように固体が分散するためには，混合物が十分ワーカブルでなければならず，それにはセメント粒子の脱フロック状態が必要である。この点は高性能減水剤を大量に添加すれば実現できる。高性能減水剤は用いるポルトランドセメントにとって有効でなければならない。すなわち，この2つの材料は相性が良くなければならない。

　上記の条件が満たされれば，高性能コンクリートができる。このコンクリートは密度がきわめて高く，毛管空げきの容積がごくわずかであり，その空げきも養生を行うと分割される。

　同時に，水は空げき構造の中を浸透してポルトランドセメントの未水和の残留部分に達することができないため，コンクリートが水と接触している場合であってもポルトランドセメントはかなりの割合で未水和のまま残る。このような残留部分は，水和生成物とたいへん良く付着したきわめて細かい「骨材」粒子として考えることができる。

13.6　高性能コンクリートにおける骨材の性質

　高性能コンクリートをつくる際には普通の骨材を用いるが，きわめて高強度のコンクリートの場合は粗骨材粒子自体の強度が臨界の因子になり得る。したがってその母岩の強度が重要であるが，骨材粒子の付着強度も制限因子になり得る[13.91]。粗骨材の鉱物学的特性がコンクリートの強度に影響を及ぼすことが明らかになっているが，骨材の選択に関する簡単な手引書はない[13.64]。

　骨材の強度の規準は，コンクリートに長期強度が要求される場合に重要である。しかし，高性能コンクリートに必要な性質が，ごく初期の材齢での高強度であり

第13章 特殊な性質のコンクリート

(例えば2日で40MPaなど),長期ではさらに高い強度を得ることではない場合には,骨材粒子の強度は重要ではない。

しかし一般的に言って,質の良い骨材を使用しなければならない。粗骨材粒子とマトリックスとを十分付着させるためには,これらの粒子はほぼ等しい寸法(縦・横・厚さ)のものでなければならない[13.78]。破砕粒子の形状は,母岩の種類とその成層に加えて,使用された破砕方法によっても異なり,インパクトクラッシャーの場合は一般に細長い粒子や薄い粒子が少ない。砂利は形状に関する限り要求を満たしているため,高性能コンクリートに使用することができるが[13.78],砂利の表面組織がごく滑らかな場合は骨材とマトリックスとの付着が不十分になるおそれもある。

骨材の清浄度,塵の付着がないこと,および粒度の均一性がきわめて重要である。与えられた骨材を含むコンクリートが凍結融解に曝される可能性が高い場合は,粗骨材の耐久性は不可欠である。

細骨材は丸みがあって粒度が均一でなければならないが,やや粗めでなければならない。なぜならば,高性能コンクリートに用いられる富配合の混合物は細粒分の含有率が高いからである。粗粒率として2.8～3.2の値が推奨されることがある[13.131]。しかし,高性能コンクリートの経験はほんの数地域に限られているため,粗骨材も細骨材も含めた使用骨材の粒度範囲という点に関して,一般化することはできない。

混合物中の固体粒子の構成について,もう1つ所見を述べなければならない。もっとも粗い方では,大きい粒子の骨材は望ましくない。なぜならば,構成に異種混交性をもたらす可能性があるからである。すなわち,弾性係数,ポアソン比,収縮,クリープ,および熱的性質の点で,界面における骨材と周囲の水和セメントペーストとの調和が悪くなる。この調和の悪さによって,骨材の最大寸法が10～12mmより小さい場合と比べて,より多くのマイクロクラックを発生させるおそれがある。

骨材の最大寸法が小さいと必要水量が多くなるが,この点は,高性能減水剤の添加量を多くすれば混合物の単位水量を少なくすることができるので重要ではない。

最大寸法の小さい骨材の総表面積が大きいということは発生する付着応力度が

13.7 高性能コンクリートのまだ固まらない状態での問題

小さいということでもあるため，付着破壊が起きない。したがって圧縮試験では，破壊は粗骨材粒子と水和セメントペーストとの両方を貫いて起きる。粗骨材粒子を貫通するひび割れの発生は，高性能コンクリートの曲げ試験でも観測された[13.70]。この挙動は，付着強度が骨材の引張強度より低くはないことを意味している。

粗骨材の弾性係数が高性能コンクリートの強度に及ぼす影響は立証されていないが，コンクリートの挙動が一体的であることから，弾性係数の低い（すなわち，水和セメントペーストの弾性係数とあまり違わない係数の）骨材がマトリックスとの付着応力度を低下させるかどうかは疑わしい。高性能コンクリートに関しては，この点はありがたいかもしれない。

13.7 高性能コンクリートのまだ固まらない状態での問題

高性能コンクリートの材料は特別な比率になっている，すなわち単位セメント量がきわめて高い，単位水量がきわめて低い，さらに，高性能減水剤の添加量が多い。そのため，フレッシュコンクリートの性質は，通常の混合物の場合とはいくつかの点で異なる。

まず第一に，計量と練混ぜに関して特別な注意が必要である。完全に練混ぜることが重要であることから，ミキサは定格容量より低い容量で使用する方が良いであろう。3分の1，あるいは場合によっては2分の1まで低下させることが望ましい[13.98]。普通はかなり粘り付く混合物の均質性を確保するために，通常より長い練混ぜ時間が必要であり，90秒が推奨されているが[13.93]，それよりさらに長い時間の方が望ましいかもしれない。

材料をミキサに投入する順序については試行錯誤で確定するのが一番良く，面倒なことである。ある例では，多少の水と高性能減水剤の半分を最初に投入し，つぎに骨材とセメントを入れ，最後に水と高性能減水剤の残りを投入した。多くの場合，高性能減水剤の一部はコンクリートの打込み直前に添加される。水セメント比0.25で225秒間練り混ぜられるコンクリートの，スランプロスに及ぼす練混ぜ順序の影響の一例を，図-13.6に示す[13.81]。ここでは次の3種類の順序が用いられた。(A)すべての材料を同時に投入する。(B)セメントと水とを練り混ぜてか

ら残りの材料を投入する。(C)セメントと細骨材とを練り混ぜてから残りの材料を投入する。(A)の方法のスランプロスがもっとも低かったが，この結果が一般的に当てはまるわけではないかもしれない。

高性能コンクリートの凝結時間と初期強度の発現を最適にするためには，高性能減水剤と，リグニンスルホン酸塩を主成分とする減水剤または遅延剤との組合わせが用いられる[13.55]。

十分なワーカビリティーを得るためには，高性能減水剤の一部を早期にミキサに投入する必要がある。また，高性能減水剤の最後の部分を添加する時期がとくに重要である。高性能減水剤がポルトランドセメント中の C_3A によって固定されないようにすることがきわめて重要であり，そうしなければ，高性能減水剤は高いワーカビリティーを維持する目的にはもはや利用できなくなるからである。

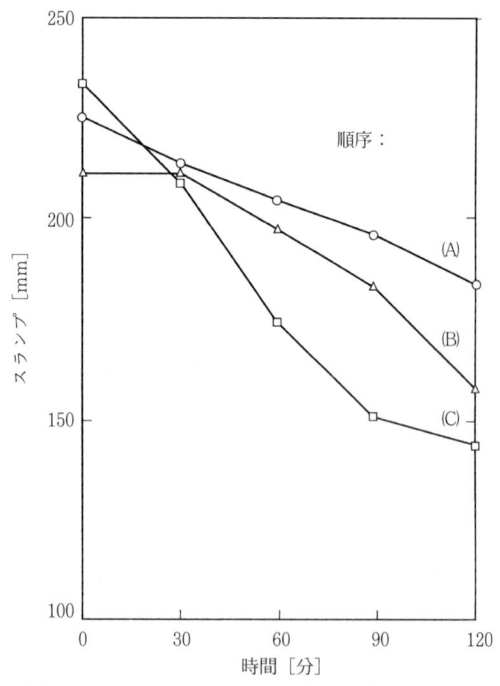

図-13.6 水セメント比 0.25 で高性能減水剤を用いたコンクリートにおける練混ぜ順序が練混ぜ以後の時間経過に伴うスランプロスに及ぼす影響[13.81]

13.7 高性能コンクリートのまだ固まらない状態での問題

もしポルトランドセメント中の硫酸カルシウムからSO_4^{--}が遊離する速度が遅くて、C_3Aと反応するために必要な量だけSO_4^{--}がなければ、そのような固定が起きる。したがって、高性能減水剤と使用するポルトランドセメントとの良い相性を確保し、高性能減水剤とC_3Aを反応させないようにすることが大切である。この問題は次節で解説する。

この段階でもう1つ所見を述べておきたい。必要水量は使用するシリカフュームの炭素含有量によって影響される。含有率が高いことはシリカフュームの色が濃いことから簡単に探知することができる[13.68]。

13.7.1 ポルトランドセメントと高性能減水剤との相性

前節では、高性能減水剤がポルトランドセメント中のC_3Aによって固定されると、十分なワーカビリティーを維持することが難しくなる点を指摘した。これが起きた場合は、この2つの材料の相性が悪いということができる。反対に、問題がない場合はポルトランドセメントと高性能減水剤との相性が良いことになる。

セメントと混和剤との相性は普通のコンクリートにも当てはまることではあるが、高性能コンクリートの場合は単位水量がきわめて低いため、相性が悪いことの影響が大幅に増幅される。なぜならば、さまざまな材料が、表面を湿潤状態にし、初期水和を行うために水を奪い合うからである。硫酸塩イオンを取り込むための水量が少なく、同時に、ワーカビリティーを確保するために反応を制御しなければならないC_3Aがたくさんある（単位セメント量が多いため）場合には、硫酸カルシウムの溶解速度が臨界の因子である。そのため、同じ与えられた材料を使った場合であっても、水セメント比を約0.5にして行った試験からは、水セメント比が0.25付近の挙動に関する情報は得られない。

本当は、問題は練り混ぜた後にポルトランドセメントから出てきたSO_4^{--}がC_3Aと反応し、高性能減水剤分子のスルホン酸塩の端が固定されないようになるまでの時間の長さである。ポルトランドセメント中の硫酸カルシウムの種々の形態に関しては21頁に解説したが、石膏、半水和物、および無水石膏の溶解速度が異なることを思い出さなければならない。無水石膏の可溶性はその構造と出所によって異なるため、状況は複雑である。

硫酸カルシウムの可溶性と溶解速度は、高性能減水剤の種類と添加量の両方に

影響する。我々の現状の知識の範囲内では、これらの質的な因子を相性の予測に解釈し直すことは不可能であり、したがって、任意のポルトランドセメントと高性能減水剤とを組み合わせてそのレオロジー的性質を実験で評価することが必要である。

それにもかかわらず、相性に関する重要な因子として次のものを挙げることができる[13.79]。セメントに関して言えば、これらの因子は、C_3A と C_4AF の含有率、C_3A の反応性（その形態学的な形とクリンカーの硫化度によって異なる）、硫酸カルシウムの含有率、および粉砕セメント中の硫酸カルシウムの最終形態（すなわち石膏、半水和物、または無水石膏）である。高性能減水剤に関して重要な因子は、分子連鎖の長さ、連鎖の中のスルホン酸塩群の位置、対イオンの種類（すなわちナトリウムまたはカルシウム）、およびセメントの脱フロック状態特性に影響を及ぼす残留硫酸塩の存在である。

これらの因子に基づいて、レオロジー的見地からみて理想的な高性能コンクリート用セメントを仮定することができる。すなわち細かすぎず（おそらくブレーン値で $400m^2/kg$ まで）、C_3A 含有率がきわめて低いため、その反応性はセメント中の硫酸塩溶液から抽出された硫酸塩イオンが容易に制御することのできるセメントである。理想的な高性能減水剤は、硫酸ホルムアルデヒドと硫酸ナフタリンのナトリウム塩凝縮液中において、やや長い分子連鎖で構成され、例えば硫酸塩群が β-位を占めるものである。高性能減水剤中の残留硫酸塩については、高性能減水剤と一緒に用いられるセメント中の硫酸塩の含有率と可溶性によって異なる。必要なことは、十分な量の可溶性硫酸塩が混合物中に存在することである[13.79]。

上記の指針によって、不適切なセメントや高性能減水剤を排除することができる。次の段階は、レオロジー的見地からみて最善の組合わせを確定するために、セメントと高性能減水剤とをさまざまに組み合わせた数多くの純粋なセメントペーストを、実験室で試行錯誤しながら試験していくことである。

ある高性能減水剤が、あるセメントに関して有効かどうかは、この2種類の材料でつくられた一定量の純粋なセメントペーストが、Marsh フローコーンとして知られる基準の漏斗を通り抜けるのに要した時間を測ることによって試験することができる。高性能減水剤の添加量を飽和点まで増加するに連れて流下時間は

13.8 高性能コンクリートの硬化後の問題

短縮されていくが，飽和点を過ぎると高性能減水剤をそれ以上加えても効果がなくなる。一定の放置時間後にセメントペーストの試験を行うと，コーンが空になるまでの時間は長くなる。これがワーカビリティーの低下の目安である。ポルトランドセメントと高性能減水剤の組合わせの相性が良いと，5分後の試験と60分後の試験との間にわずかに低下するだけであり，また高性能減水剤をそれ以上増やしても効果のない飽和点が明確に示される（図-13.7参照）[13.63]。

純粋なセメントペーストを使って行うそのような試験によって，セメントの選択範囲を，市販の1，2種類の高性能減水剤と相性の良い数種類のセメントにまで狭めることができる。セメントと高性能減水剤とを最終的に選択するためには，コンクリートの試し練りで試験を行うことが必要である。なぜならば，そのような試験によってのみスランプロスと強度発現に関する真に信頼できるデータを得ることができるからである。

13.8 高性能コンクリートの硬化後の問題

高性能コンクリートの配合割合には基準もなく，標準的な配合さえないが，成

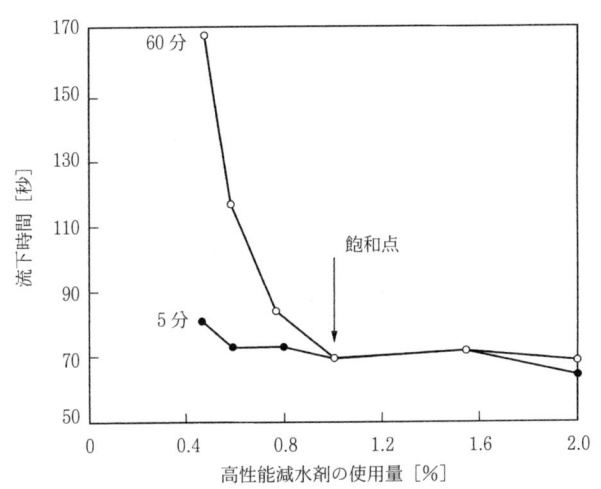

図-13.7 水セメント比0.35の純粋なセメントペーストの練混ぜ後5分と60分における，高性能減水剤の使用量（固形分の質量で示す）を関数としてのMarshコーンでの流下時間[13.63]

第13章 特殊な性質のコンクリート

功した混合物の例をいくつか挙げて情報を示せば役に立つ。これを表-13.5 に示す。これらの混合物のいくつかは，ポルトランドセメントとシリカフューム以外に他のセメント状材料も含んでいる。これら各種のセメント状材料を用いると，ポルトランドセメントより安いという利点もあり，さらに高性能減水剤の添加量も少なくなるため，経済上有利である[13.79]。

とくに重要な配合は，表-13.5 の配合 E である。これは水セメント比 0.25，セメント状材料の合計含有量が 542kg/m^3 であるが，そのうちポルトランドセメントは 30%のみで，シリカフュームは 10%である。28 日の圧縮強度は 114MPa であったが，材齢 1 年で 136MPa に達した。これは実験室のコンクリートではなくて，生コンクリート工場で生産されたものである点を強調しなければならない[13.79]。高性能コンクリートの市販用の生産にはきわめて厳格で一貫した品質管理が必要であることを付け加えておきたい。

高性能コンクリートに関する解説の初めに，このコンクリートは普通のコンクリート混合物の延長に過ぎないことを述べた。このことは，図-13.8 に示す強度と水セメント比との幅広い関係において，性質が連続的に変化することによって確認することができる。この数字は，さまざまな方法で養生し，28 日以後の材齢で試験を行った円柱供試体に関して Fiorato[13.54]が引用した資料に基づいている。ただし，シリカフュームを含まず，スランプがゼロのコンクリートに関する試験結果は省略した。

相対的に新しい材料，例えば高性能コンクリートなどの場合は，強度の逆行が起きるかどうかがわかると有益である。28 日圧縮強度が 85MPa のコンクリートでつくられた支柱状供試体のコア試験によって，2 年から 4 年経過した後の強度には変化がないことが明らかになった[13.74]。材齢 90 日から 4 年までの間乾燥状態で保管した円柱供試体に関して報告された強度の逆行は，円柱供試体の表面域が乾燥したことによる内部拘束応力が原因であったと説明することができる[13.56]。そのような乾燥は構造物のコンクリートには起きない。

高性能コンクリートに関して，曲げ強度または引張強度と，圧縮強度との関係についての情報はないが，ACI 363R-92[13.91]には 83MPa まで適用できる式が提案されている。

圧縮強度が約 100MPa を超える場合は，曲げ強度または引張強度がそれ以後

13.8 高性能コンクリートの硬化後の問題

表-13.5 種々の高性能コンクリートの配合

材料 [kg/m³]	配合								
	A	B	C	D	E	F	G	H	I
ポルトランドセメント	534	500	315	513	163	228	425	450	460
シリカフューム	40	30	36	43	54	46	40	45	
フライアッシュ	59	—	—	—	—	—	—	—	—
高炉スラグ微粉末	—	—	137	—	325	182	—	—	—
細骨材	623	700	745	685	730	800	755	736	780
粗骨材	1 069	1 100	1 130	1 080	1 100	1 110	1 045	1 118	1 080
全水量	139	143	150	139	136	138	175†	143	138
(水/セメント状材料) 比	0.22	0.27	0.31	0.25	0.25	0.30	0.38	0.29	0.30
スランプ [mm]	255	—	—	—	200	220	230	230	110
下記の各材齢[日]における円柱供試体強度 [MPa]									
1	—	—	—	—	13	19	—	35	36
2	—	—	—	65	—	—	—	—	—
7	—	—	67	91	72	62	—	68	—
28	—	93	83	119	114	105	95	111	83
56	124	—	—	—	—	—	—	—	—
91	—	107	93	145	126	121	105	—	89
365	—	—	—	—	136	126	—	—	—

* 配合に関するその他の事項：(A) 米国[13.97], (B) カナダ[13.79], (C) カナダ[13.79], (D) 米国[13.79], (E) カナダ[13.96], (F) カナダ[13.95], (G) モロッコ[13.82], (H) フランス[13.83], (I) カナダ[13.135]
† 単位水量が多いのはモロッコの高気温が原因と思われる

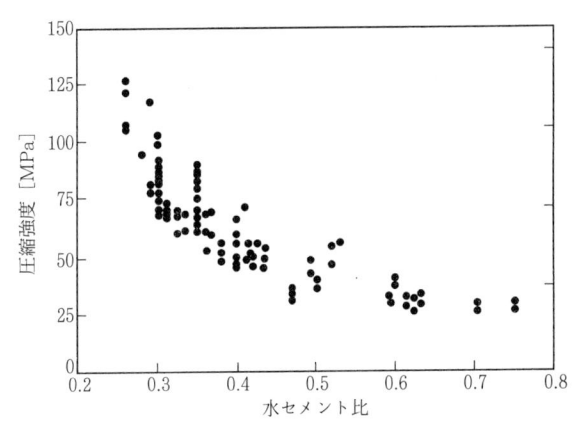

図-13.8 種々のセメント状材料を含み，材齢 28 日と 105 日との間で試験された，AE 剤を用いないコンクリートの円柱供試体による圧縮強度と水セメント比との関係（参考文献 13.54 に基づく）

第13章 特殊な性質のコンクリート

向上しなくなることが示された[13.72]。

ごく初期の圧縮強度が高い高性能コンクリートの場合は，水和の量が限られているため骨材とマトリックスとの付着が強度と比例的に発達しない。その結果，ごく初期の材齢の強度が高い場合は，曲げ強度と弾性係数が，これらの性質と圧縮強度との間の通常の関係から予想されるより低くなる傾向がある[13.99]。

高性能コンクリートの弾性変形はとくに興味深い。なぜならば，きわめて高強度の硬化セメントペーストの弾性係数と骨材の弾性係数との違いは，中程度の強度のコンクリートと比べて少ないからである。高性能コンクリートの挙動はより一体的であり，骨材とマトリックスとの界面の強度が高い。したがって付着部分のマイクロクラックが少なく，応力-ひずみ曲線の直線部分は，破壊応力の85％またはそれ以上の応力のところまで伸びる（図-3.9 参照）。したがって破壊は粗骨材粒子もマトリックスも貫通した形で起きる。したがって，粗骨材粒子がひび割れ防止装置の働きをしないため，破壊が急激である[13.71]。

コンクリートの弾性係数 E_c とその 28 日圧縮強度との間の妥当な関係は，どちらも MPa で表すと次のようになる[13.91]。

$$E_c = 3\,320\sqrt{f_c'} + 6\,900$$

psi 単位では，この式は次のようになる。

$$E_c = 4\,000\sqrt{f_c'} + 10^6$$

この式が 83MPa をかなり超える強度で有効かどうかは疑わしい。一般に，強度がきわめて高い場合の弾性係数は，上記の式の外挿から予想される値より低い。強度が 75〜140MPa のコンクリートの弾性係数に関する日本のデータを，いくつか図-13.10[13.81]に示す。

粗骨材とマトリックスとの間の付着が強力なため，骨材の弾性特性はコンクリートの弾性係数に相当の影響を及ぼす[13.73]。その結果，高性能コンクリートの弾性係数とその強度との関係は，通常のコンクリートの場合よりはるかに一貫性がなく，実際には特定の関係式を使用しているのではあるが，これは事実である[13.73]。したがって構造物の設計をするためには，高性能コンクリートの弾性係数は圧縮強度の単純な関数と考えてはならない。

13.8 高性能コンクリートの硬化後の問題

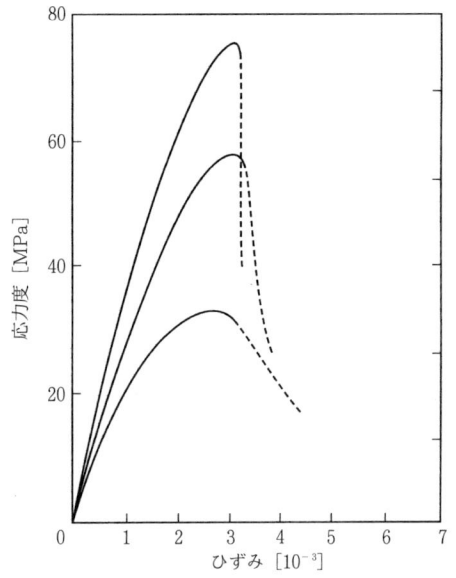

図-13.9 種々の強度のコンクリートにおける標準的応力-ひずみ曲線[13.71]

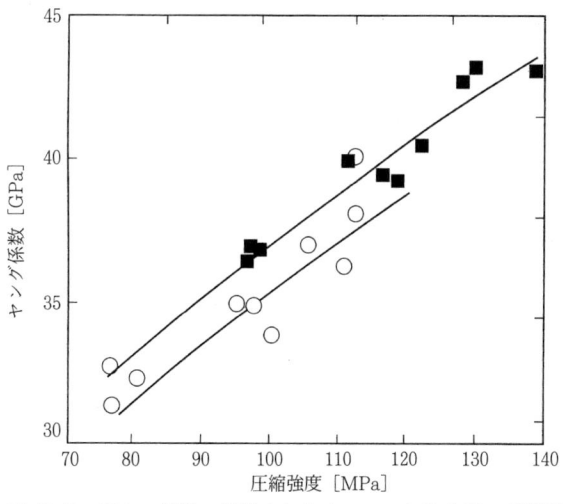

図-13.10 種々の材齢で試験された水セメント比 0.25 の高強度コンクリートのヤング係数と圧縮強度との関係（参考文献 13.81 に基づく）

第13章 特殊な性質のコンクリート

13.8.1 高性能コンクリートの試験

標準圧縮供試体（150×300mm の円柱供試体または150mm の立方体供試体）は，試験機の容量に関して問題となるかもしれない。容量の80％を越えてはならないことから[13.131]，4MN の容量が必要かも知れない。

したがって，これより小さい供試体を使用することが望ましい。具体的には，高性能コンクリートの骨材の最大寸法が一般に 12mm より小さいことを考えると，100×200mm 円柱供試体または 100mm 立方体供試体でよい。そのような小さい供試体は，標準供試体より測定強度はおよそ5％高い値を示す[13.63, 13.77]（750頁も参照のこと）。

さらに，円柱供試体作成の時に用いるキャッピング材料がその供試体の破壊荷重に影響を及ぼしてはならない。そのため，端面は研磨することが望ましい[13.77]。

高性能コンクリートに促進強度試験を用いることは，生産管理に関する限り魅力のある提案である。この強度と，規定材齢での必要強度との関係は，コンクリートの施工を開始する前に実験で確定しなければならない。

13.9 高性能コンクリートの耐久性

高性能コンクリートの主な特徴の1つは，透過性がきわめて低いことである。この利点についてはかなり注目に値する。

高性能コンクリートは，水和セメントペーストが不連続な毛管空げき組織をもつ，とくに密実な構造であり（実際，この点が高性能にしているのである），そのため，高性能コンクリートは外部からの作用に対して高い抵抗性を有している。

このことは，塩化物のコンクリートへの滲入に関してとくに言えることである。例えば，ASTM C 1202-94 とほぼ同じ試験条件であるが，120MPa のコンクリートでつくられた支柱から材齢3ヵ月のコアを取り出して行った試験では，塩化物イオン透過性をほとんど示さなかった[13.65]。105℃で乾燥させて硬化セメントペーストから蒸発性の水を除去した水セメント比 0.22 のコンクリートでさえ，その後塩化物イオンに暴露した時の塩化物イオンに関する透過性が極端に低いことが判明した[13.66]。

アルカリ―シリカ反応の危険性に関して言えば，シリカフュームを含む高性能

コンクリートはとくに抵抗性があると予想することができる．なぜならば，透過性がきわめて低いためイオンの可動性がそれによって限定され，また単位水量もきわめて低いからである[13.80]．アルカリ-シリカ反応が起きるためには，水の存在がきわめて重要であることを憶えておかなければならない．図-13.11 は，28 日強度が 80MPa を超えるコンクリートの内部の相対湿度がきわめて低いことを示している[13.75]．これはアルカリ-シリカ反応が起きにくい様に作用する．事実，高性能コンクリートでアルカリ-シリカ反応が起きた例は，1994 年までの文献では報告されていない[13.75]．ただし，そのような反応による有害な影響は明らかになるまでに非常に長い時間がかかる．

　凍結融解に対する抵抗性に関する限り，高性能コンクリートのいくつかの問題を考察しなければならない．第一に，水和セメントペーストの構造からいって，凍結可能な水がほとんど存在しない．

　第二に，気泡によるワーカビリティーの向上の効果は，高性能減水材を添加することによる単位水量の低下の効果と完全には相殺されないため，エントレインドエアは高性能コンクリートの強度を低下させる．さらに，水セメント比がきわめて低い場合は空気の連行を行うのが難しい．したがって，その値を下回ると凍結融解の作用がコンクリートを損傷しなくなるような，水セメント比の最大値を明確にすることが望ましい．

　しかし，ほかのいくつかの因子もまた凍結融解に対するコンクリートの抵抗性に影響を及ぼす．これらには，セメントの特性や，凍結融解に暴露する前に行う

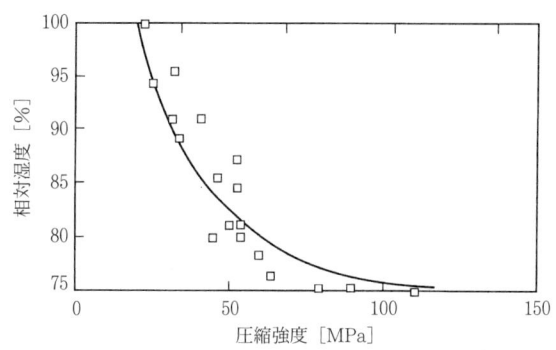

図-13.11　材齢 3 ヵ月のコンクリート内部の相対湿度と材齢 28 日におけるその強度の概略値との関係[13.75]

養生の有効性がある[13.67]。上に言及した水セメント比の限界値は0.25または0.30であるとする指摘があるものの[13.76]、水セメント比がそのような限界値を下回るコンクリートが必ずしも凍結融解の繰り返しに対して抵抗性があると想定することはできないと思われる。他方、通常のコンクリートで気泡間隔係数が必要な値以上であっても凍結融解から確実に保護されることもありうるが、確実なデータはない。融雪剤によるスケーリングに対する抵抗性に関してはさらに不確実だと言える。なぜならば、もしコンクリートが十分養生された後に完全に乾燥されているという状態でない場合には、表面域は侵されやすいと考えられるからである。

材齢数時間で高強度になるように配合の選択が行われた混合物（おそらく、その後凍結融解に暴露される可能性のある所で使用されるからであろう）は、水セメント比がきわめて低い場合でもエントレインドエアを含んでいなければならないということは参考になると思う。これが必要な理由は、十分な養生が行われていないため毛管空げき中の水が凍結するおそれがあるからである。

高性能コンクリートを凍結融解に対する抵抗性の有無で分類することは、ASTM C 666-92がコンクリートを完全乾燥させないまま早い材齢で行っている試験方法を普通の試験とみなしているために複雑化させている。橋梁の床版や床版上の高密度のオーバーレイなどの構造物の供用状態では、コンクリートの表面域が凍結に暴露される前に完全乾燥する可能性が高く、高性能コンクリートは透過性がきわめて低いため再飽水は起き得ない。

したがって供用時には、ASTM C 666-92の、とりわけ凍結融解が水中で起きることを要求するA法に規定された試験の場合と比べて、暴露条件がそれほど過酷ではないと思われる。

高性能コンクリートの耐磨耗性は、コンクリート強度が高いためばかりでなく粗骨材とマトリックスとの間の付着も良く、表面の不均一な磨耗が防止されるため、きわめて良好である。

他方、高性能コンクリートは耐火性が不十分である。なぜならば、透過性がきわめて低いため、水和セメントペースト中の水から形成される蒸気を外へ出すことができないからである。

高性能コンクリートは表面域に開いた空げきがないため、バクテリアの増殖が起こりにくい。この利点を子ブタやトリの飼育場の床スラブで利用することがで

き，罹病率の低下が報告された例もある[13.130]。

　高性能コンクリートは単位セメント量が多いため，セメントの水和熱の発生によって起きる問題で損傷を受けやすく，適切な措置を取る必要がある（第8章参照）。高性能コンクリートが基本的に普通のコンクリートの改良形であることから，高性能コンクリートはさまざまなセメント状材料から普通のコンクリートの場合と同じ影響を受ける。例えばフライアッシュは，初期の水和熱の発生を減少させ，またワーカビリティーを向上させてスランプロスを低下させる目的で，高性能コンクリートに混和することができる。

　高性能コンクリートの収縮やクリープが，配合材料の性質と比率から予想できるものと異なることを示す一貫したデータはない。シリカフュームの影響がとくに関連がありそうである。なぜならば，シリカフュームは水の移動を大幅に低下させ，したがって乾燥クリープも低下させ，クリープの大きさをコンクリート部材の（体積/表面積）比に影響されないようにするからである[13.94]。

13.10　高性能コンクリートの将来

　大部分の設計基準では60MPaを超える強度を考慮に入れていないため，超高強度コンクリートが構造物に十分活用されるようになるのはまだこれからである。それでもなお，構造設計における，より高い強度の使用は徐々に導入されつつある。一部の構造物では，高強度そのものが要求されているわけではなく，それに伴う高い弾性係数を利用するために高強度が指定されている。他方，実施上の用途としては，ごく低い透過性と高い耐磨耗性によって生じる高い耐久性が，何よりも重要である場合がきわめて多い。高性能コンクリートのこのような特性はすでに活用されつつある。

　したがって，高性能コンクリートが今後一層建設で使用されるようになることはまず間違いがない。技術的に難しい点は何もない。しかしそのような成長には，レディーミクストコンクリートの製造者が，材料と加工の品質管理をきわめて高度に行って製造したコンクリートを提供することが必要である。同時に，そのような提供が行われるためには技術者と発注者からの需要があることが条件となるが，これらの人々は当然ながらすぐに手に入れることのできない材料は指定した

がらない。

この非常に貴重で経済的な材料を十分に活用するためには，この袋小路を突破しなければならない。金額に対する価値は初期費用の面ばかりでなく，優れた耐久性や，また空間の有効利用と基礎の縮小を可能にする構造部材の小型化と軽量化という面からも評価する必要がある。

13.11 軽量コンクリート

大部分の岩石は密度があまり変わらないため，硬岩から形成されている天然骨材でつくられたコンクリートは密度の範囲が狭い（表-3.7 参照）。混合物中の骨材の体積含有率はコンクリートの密度に影響を及ぼすが，これも主要な因子ではない。それゆえ実際上，普通コンクリートの密度は 2 200～2 600kg/m^3 の範囲内にある。その結果，コンクリート部材の自重は重く，構造物に作用する荷重のうち，大きい割合を占めることがある。したがって密度の低いコンクリートを使用すると，耐荷部材の断面積が小さくなり，それに伴う基礎寸法が小さくなるという点で著しく有利となる。密度の低いコンクリートを使用すると，耐荷容量の低い地面に建設することが可能となることも時にある[13.85]。その上，コンクリートが軽いと普通コンクリートの場合より型枠にかかる圧力が低く，また取り扱う材料の総質量が少ないため結果として生産性も向上する。密度の低いコンクリートは普通コンクリートと比べて断熱性も良い（表-13.6 参照）。反面，軽量コンクリートは普通コンクリートより単位セメント量が多い。これは余分の経費がかかるということであり，またこのことは軽量骨材がより高価である点でも同じことが言える。しかし材料の経費だけでは，意味のある経費の比較はできない。軽量コンクリートを使用した構造物全体の設計に基づいて比較を行うべきである。

大部分の点では，密度の低いコンクリートは普通コンクリートと同じような挙動をする。しかしこのコンクリートには，低密度に関連した一定の特徴がいくつかある。以下にこの点だけを具体的に解説する。

13.11.1 軽量コンクリートの分類

混合物中の固形材料の一部を空げきで置き換えると，コンクリートの密度を低

13.11 軽量コンクリート

下させることができる。空気が存在することが可能な場所は3箇所である。骨材粒子の中，これは**軽量骨材**として知られる；セメントペーストの中，このようなコンクリートは気泡コンクリートとして知られる；および細骨材が取り除かれた粗骨材粒子間の隙間である。最後に挙げた方法でつくられたコンクリートは砂無しコンクリートとして知られている。軽量骨材でつくられたコンクリートは**軽量骨材コンクリート**として知られており，軽量コンクリートの1つの種類である。

軽量コンクリートの実際の密度の範囲は，約 300〜1 850 kg/m³ である（図-13.12 参照）。密度と強度はおおまかに言って関連しているため，密度に基づいて分類するのは賢明である。ACI 213R-87[13.141]は，用途に応じてコンクリートを分類するために密度を使用しており，3種類に分けられている。

構造用軽量コンクリートは密度が 1 350〜1 900 kg/m³ である。名前が示す通り，構造物用に用いられ，最低圧縮強度は 17 MPa である。**低密度コンクリート**の密度は 300〜800 kg/m³ である。このコンクリートは構造物以外の用途，主として断熱用に用いられる。この2つの種類の間に**中強度コンクリート**がある。このコンクリートの標準円柱供試体で測定した圧縮強度は 7〜17 MPa であり，断熱特性は低密度コンクリートと構造物用軽量コンクリートの中間である。一般的な軽量コンクリートの代表的な性質を，表-13.6 に示す。

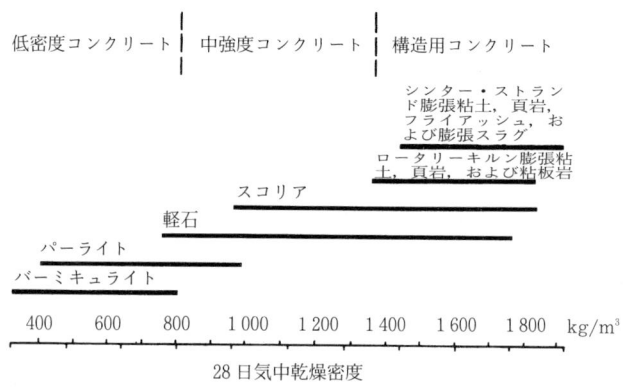

図-13.12 種々の軽量骨材を用いてつくられたコンクリートの気乾密度の標準範囲（一部 ACI 213R-87[13.141]に基づく）

第 13 章　特殊な性質のコンクリート

表-13.6　一般的な軽量コンクリートの標準特性

コンクリートの種類		骨材の単位容積質量 [kg/m³]	コンクリートの乾燥密度 [kg/m³]	28日圧縮強度 [MPa]	乾燥収縮 [10^{-6}]	熱伝導率 [Jm/m²秒℃]
膨張スラグ	細粒	900	1 850	21	500	0.69
	粗粒	650	2 100	41	600	0.76
ロータリーキルン膨張粘土	細粒	700	1 200	17	600	0.38
	粗粒	400	1 300	20	700	0.40
ロータリーキルン膨張粘土と自然砂との混合	粗粒	400	1 500	20	—	0.57
			1 600	35	—	—
			1 750	50	—	—
			1 900*	70†	—	—
シンター・ストランド膨張粘土	細粒	1 050	1 500	25	600	0.55
	粗粒	650	1 600	30	750	0.61
ロータリーキルン膨張粘板岩	細粒	950	1 700	28	400	0.61
	粗粒	700	1 750	35	450	0.69
焼結フライアッシュ	細粒	1 050	1 500	25	300	—
	粗粒	800	1 540	30	350	—
			1 570	40	400	—
焼結フライアッシュと自然砂との混合	粗粒	800	1 700	25	300	—
			1 750	30	350	—
			1 790	40	400	—
軽石		500-800	1 200	15	1 200	—
			1 250	20	1 000	0.14
			1 450	30	—	—
パーライト		40-200	400-500	1.2-3	2 000	0.05
バーミキュライト		60-200	300-700	0.3-3	3 000	0.10
多孔性の	フライアッシュ	950	750	3	700	0.19
	砂	1 600	900	6		0.22
オートクレーブ発泡		—	800	4	800	0.25

*　フライアッシュおよびシリカフュームとともに用いた
†　材齢1年の値

13.12　軽量骨材

軽量骨材のきわめて重要な特性は高い空げき率であり，見掛け密度は低くなる。一部の軽量骨材は天然に発生したものであり，他のものは天然材料や産業副産物を用いて製造されたものである。

13.12 軽量骨材

13.12.1 天然骨材

この種類の主な骨材は，けい藻岩，軽石，スコリア，火山灰，および凝灰岩である。けい藻岩以外はすべて火山性のものである。これらの岩石は世界の一部の地域でしか採取されないため天然軽量骨材はあまり広範には用いられていないが，質の良い中強度のコンクリートができる。

軽石は明るい色をした泡のような火山ガラスであり，単位容積質量は500〜900 kg/m^{3}の範囲にある。構造的に弱くない軽石の一種のものは，密度が800〜1 800 kg/m^{3}で断熱特性に優れたコンクリートをつくるが，吸水率と収縮率は高い。コンクリートに軽石を用いる歴史は古く，古代ローマまで遡る。パンテオンとコロセウムが現存する例である。

多孔質のガラス質岩石であるスコリアはどちらかと言えば工業用シンダーに似ており，軽石を含むコンクリートと良く似た性質のコンクリートをつくる。

13.12.2 人工骨材

これらの骨材はさまざまな商品名で知られているが，使用原料と，膨張を引き起こして見かけ密度を低下させる製造方法とに基づいて分類するのがもっとも良い。

構造用のコンクリートに使用するために天然材料から製造される軽量骨材は，膨張した粘土，頁岩，および粘板岩である。適切な原料を，融解の始発点（1 000〜1 200℃の温度）までロータリーキルンで熱すると，ガスの発生によって材料が膨張するが，ガスは粘性の加熱塑性物の塊の中に閉じ込められる。この多孔構造は冷却しても保持されるため，膨張した材料の見かけ密度は加熱前よりはるかに低くなる。焼成する前に原料を適当な大きさまで小さくすることも多いが，膨張後に破砕してもよい。シンター・ストランドを使って膨張させることもできる。その場合は，湿らせた材料（炭素質の材料を含むか燃料と混ぜ合わせた材料）を移動格子に載せてバーナーの下を移動させる。それによって，灼熱が徐々に材料の層の深さ全体に浸透していく。材料の粘性が高いためガスは閉じ込められる。ロータリーキルンの場合と同様に，冷却した塊を破砕する。別の方法としては，最初から粘土または微粉砕した頁岩を粒状にして使用することもできる。

粒状にした材料を用いると，多泡質の内部をなめらかな殻または被膜（厚さ

50～100μm）で覆った状態の粒子ができる。表面が半不浸透性で光沢のあるほぼ球形をしたこれらの粒子は，被膜のない粒子より吸水性がはるかに低い。被膜のある粒子は取扱いと練混ぜが比較的簡単であり，ワーカビリティーの高いコンクリートにすることができる。

膨張した粘土または頁岩である軽量骨材の絶乾粒子は，見かけ密度が粗骨材の場合で$1.2～1.5g/cm^3$，細骨材の場合で$1.3～1.7g/cm^3$である。この骨材の単位容積質量は，シンター・ストランド工法でつくられた場合は$650～900kg/m^3$，ロータリーキルンでつくられた場合は$300～650kg/m^3$である。これらの骨材によって，密度が通常$1400～1800kg/m^3$の範囲内にあるコンクリートができるが，$800kg/m^3$ほどという低い値が得られた例もある。膨張した頁岩と粘土の骨材でつくられたコンクリートは，一般に他の軽量骨材でつくられたものより強度が高い。

天然材料からつくられた他の軽量骨材で，低密度のコンクリートができるものがいくつかある。バーミキュライトとパーライトである。後者は中密度のコンクリートをつくるために時々使うことがある。これらの骨材は，ASTM C 332-87（1991年再承認）に規定されている。

バーミキュライトは雲母の構造にやや似た板状の構造をもつ材料である。650～1000℃まで熱すると，バーミキュライトはその薄い板の剥離によって膨張し，元の体積の数倍，ないし30倍にさえなる。その結果，剥離したバーミキュライトの単位容積質量は$60～130kg/m^3$に過ぎず，これを使ってつくられたコンクリートはきわめて低強度で高い収縮率を示すが，非常に良い断熱材である。

パーライトはガラス質の火山岩であり，融解の始発点まで急激に熱すると蒸気の発生によって膨張し，単位容積質量が$30～240kg/m^3$の多泡材料となる。

パーライトでつくられたコンクリートは強度がきわめて低く，収縮率がきわめて高いため，主として断熱用に用いられる。そのようなコンクリートの利点は，凝結が速く起き，仕上げを早く行うことができることである。

軽量骨材の製造に用いられる主な産業副産物は，フライアッシュと高炉スラグ微粉末である。ごく細かいフライアッシュを湿らせて粒状にしてから適切な炉で焼成する。アッシュの中に存在する少量の未焼燃料によって，普通は燃料を足さずにこの工程を維持することができる。焼結した小塊は，単位容積質量が約

1 000kg/m³のきわめて良質で丸みのある骨材となる。細かい粒子の単位容積質量は，約1 200kg/m³である。

膨張高炉スラグは3種類の方法で生産される。第1の方法は，溶融したスラグが炉（銑鉄の製造中に）から排出される時に少量の水を散布する。蒸気が発生し，それがまだ塑性状態のスラグを膨張させるため，スラグは軽石にやや似た多孔質の形で硬化する。これがウォータージェット工法である。機械工法では，溶融したスラグが一定量の水で迅速に攪拌される。蒸気が閉じ込められ，また一部のスラグ成分が水蒸気と化学反応を起こすためガスも多少発生する。どちらの方法でも，膨張スラグを破砕することが必要である。それより近代的な方法は，造粒した膨張高炉スラグをつくることである。この場合，ガスの気泡を含む溶融スラグを水の噴霧の中を通して放出することによって粒子状にする。これらの粒子は丸みのある形状でなめらかな被膜のある（または封緘された）表面をしている。しかし，細かい粒子を得るために破砕（被膜を壊す）を行わなければならない。粒子状の高炉スラグの単位容積質量は標準的に850kg/m³である。適切な生産管理によって，骨材としての使用に適した結晶性材料が確実に形成される。これは，高炉セメントの製造に用いられる高炉スラグ粒子とは対照的である（99頁参照）。

粘土，頁岩，フライアッシュ，または高炉スラグを膨張させてつくる骨材だけが，構造物用コンクリートの製造に用いることができる。

各商標名の軽量骨材はそれぞれ性質が均一であるが，異なる軽量骨材の間では違いが大きい。しかしいくつかの一般化が可能である。とくに重要なことは，良質の膨張粘土骨材の表面を封緘された（被膜のある）粒子の30分間吸水率は，粒子を切断して被膜を除去した同じ材料の吸水率の半分を少し超える程度であることである[13.110]。しかし，一部の骨材の被膜はそれほど有効ではない。

コンクリートブロックの製造には，これまでに考察した材料以外に，石炭とコークスを燃焼させた最終生成物からなる骨材も使用することができる。これらの骨材の考察は，ASTM C 331-94に述べられている。

シンダーとしても知られるクリンカー骨材は，工業用高温炉の十分燃焼したもえかすを溶融または焼結させて塊にしてつくられる。クリンカー骨材は，コンクリートの中で膨張して不安定性を引き起こすおそれのある未燃焼石炭と，硫酸塩の量が適度に少ないことが重要である。

クリンカー骨材中の鉄や黄鉄鉱は表面にしみをつくるおそれがあるため，除去しなければならない。

石灰を焼きすぎたことによる不安定性は，クリンカー骨材を数週間濡れた状態にしておくことで防ぐことができる。石灰は消石灰となり，コンクリート中で膨張することはない。鉄筋コンクリートにクリンカー骨材を使用することは推奨しない。

ブリーズ（Breeze）はクリンカー骨材とほぼ同じ材料に付けられた名称であるが，こちらの方が焼成が軽く，燃え方が少ない。ブリーズとクリンカー骨材との間に明確な区別はない。

クリンカー骨材を細骨材と粗骨材の両方に用いると密度がおよそ1 100〜1 400 kg/m³のコンクリートが得られるが，混合物のワーカビリティーを向上させるためにしばしば天然砂が使われる。その場合に生じるコンクリートの密度は1 750〜1 850kg/m³である。

加工処理された生ごみと下水汚泥に粘土その他の材料を混ぜ合わせ，造粒してロータリーキルンで燃やすと軽量骨材になる[13.117]。しかし，定期的かつ経済的な生産を行うまでにはまだ達していない。

13.12.3　構造用コンクリートのための骨材の要件

軽量骨材の要件は ASTM C 330-89 と BS 3797:1990 に定められている。後者にはブロック用コンクリートの基準も含まれている。両基準とも強熱減量に限界値を定めているが（ASTM では 5 %，BS では 4 %），BS 3797:1970 の場合は硫酸塩に対しても SO_3 で表して質量の 1 %という制限含有率を定めている。これらの基準の粒度の要件の一部を表-13.7，13.8，および13.9 に示す。

混乱を避けるため，BS 1047:1983 では膨張していない空冷スラグを規定していることを書かなければならない。

構造用コンクリートに用いるための軽量骨材はその造り方に拘らず加工品であることから，天然骨材より均一な品質である場合が多いことが注目に値する。したがって，軽量骨材は安定した品質の構造用コンクリートをつくる際に用いることができるのである。

軽量骨材の単位容積質量に関しては何回か言及したが，これは適切に定義しな

13.12 軽量骨材

表-13.7 ASTM C 330-89 による軽量粗骨材の粒度の規定

ふるいの寸法		ふるいを通過する質量百分率			
		粒度調整した骨材の呼び寸法			
mm	in	1 in〜No.4	$\frac{3}{4}$in〜No.4	$\frac{1}{2}$in〜No.4	$\frac{3}{8}$in〜No.8
25.0	1	95–100	100	—	—
19.0	$\frac{3}{4}$	—	90–100	100	—
12.5	$\frac{1}{2}$	25–60	—	90–100	100
9.5	$\frac{3}{8}$	—	10–50	40–80	80–100
4.75	No.4	0–10	0–15	0–20	5–40
2.36	No.8	—	—	0–10	0–20

表-13.8 BS 3797:1990 による軽量粗骨材の粒度の規定

ふるいの寸法		ふるいを通過する質量百分率		
		粒度調整した骨材の呼び寸法		
mm	in	20 mm〜5 mm	14 mm〜5 mm	10 mm〜2.36 mm
20.0	$\frac{3}{4}$	95–100	100	—
14.0	$\frac{1}{2}$	—	95–100	100
10.0	$\frac{3}{8}$	30–60	50–95	85–100
6.3	$\frac{1}{4}$	—	—	—
5.0	No.4	0–10	0–15	15–50
2.36	No.8	—	—	0–15

表-13.9 BS 3797:1990 および ASTM C 330-89 による軽量細骨材の粒度の規定

ふるいの寸法		ふるいを通過する質量百分率		
		英国		米国
BS	ASTM	等級 L 1	等級 L 2	
10.0 mm	$\frac{3}{8}$in	100	100	100
5.0 mm	No.4	90–100	90–100	85–100
2.36 mm	No.8	55–100	60–100	—
1.18 mm	No.16	35–90	40–80	40–80
600 μm	—	20–60	30–60	—
300 μm	No.50	10–30	25–40	10–35
150 μm	No.100	5–19	20–35	5–25

ければならない．単位重量としても知られる軽量骨材の単位容積質量は，単位容積に詰まる骨材の質量である．

充填方法を明確に規定しなければならない。単位容積質量は骨材粒子の詰まり具合の程度によって影響されるが，詰まり具合は粒度によって異なる。さらに，粒子が名目状おなじ寸法であっても，試験容器の充填方法が一定の場合にはその粒子の形状が詰まり具合の程度に影響を及ぼす。単位容積質量を測定する時には軽量骨材は締固めないということを除けば，このすべては普通骨材を使用する場合と何ら変わらない。ASTM C 330-89 が ASTM C 29-91a のシャベル法を使用するよう規定しているのに対して BS 3797:1990 は，突き固めを行わず，容器に衝撃をかけないことを明確に定めている。

軽量骨材には，配合割合の選定とでき上がったコンクリートの性質に関連して，普通骨材にはない1つの重要な特徴がある。この特徴とは，軽量骨材が大量の水を吸収する能力であり，またその表面に開いた空げき，とくに大きめの空げき，にフレッシュセメントペーストをある程度滲入させることのできる能力である。骨材粒子が水を吸収するとその密度は絶乾粒子の見かけの密度より大きくなるが，軽量骨材を含むコンクリートの密度に関係があるのは，この高い方の密度である。

大量の水を吸収する軽量骨材の能力には他の効果もあるが，これに関しては後で解説する。

13.12.4　軽量骨材の吸水の影響

「見かけの密度（161頁参照）」という用語は個々の粒子に適用され，その内部の空げきを含めた体積に基づいて求めた密度である。見かけの密度を計算する際に実際上難しい点は，（骨材を流体に入れた時の）流体の排除量で測定される粒子の体積を確定することである。この排除量は，一般には水である試験流体が，骨材粒子の表面にある開いた空げきと内部の連結した空げきに浸透することによって影響を受ける。水が浸透する空げきにセメントペーストも浸透するかどうかを知っていることが，配合割合を確定する上で重要であることを付け加えなければならない。さまざまな試験方法において，粒子の空げきに過剰な水が滲入するのを防ぐ方法が規定されている。すなわち，ケロシンなどの疎水性の被膜を噴霧する，熱いパラフィンにくぐらせる，または排除量を測定する前に30分間水に浸漬するなどの方法である。使用する試験方法によって，密度の測定値に大きい差が出る[13.87]。

13.12 軽量骨材

　表乾状態の骨材粒子の密度も測定が難しい。なぜならば，粒子の表面に開いた空げきがあるため，何時この状態に達したかを確定することが不可能になるためである[13.86]。

　「密度」という用語を軽量骨材コンクリートに適用する場合は，慎重な修正が必要である。練り混ぜたばかりのコンクリートの密度は簡単に測定することができる。これがフレッシュ密度である。しかし周囲の条件下で空気中乾燥を行うと，水分が失われて擬似平衡状態に達する。そのときのコンクリート密度は気中乾燥密度である。コンクリートを105℃で乾燥させると炉乾燥密度に到達する。普通コンクリートでもほぼ同じ変化が起きるが，軽量骨材コンクリートの場合は3種類の密度の相違がはるかに大きく，コンクリートの挙動に関する重要性がはるかに高い。

　フレッシュコンクリートのフレッシュ密度と気中乾燥密度の測定方法は，ASTM C 567-91 に規定がある。気中乾燥密度は，相対湿度50%，温度23℃の，湿度平衡状態で測定する。

　軽量骨材の吸水についての全体の様子を示すために，練混ぜの前に骨材が完全に飽水していなければ，その後その空げきは完全に水で満たされることがないことを付け加えることができる。したがって，コンクリートのフレッシュ密度は理論上の飽水密度より低い。後者は前者より一般に 100〜120kg/m^3 大きい[13.84]。軽量骨材コンクリートは水圧がかかっている時以外は透過性が低いため，飽水を実現するのは実際は簡単でない[13.84]。

　平衡状態の気中乾燥密度に達した時点を確定するのは難しいため，実験で測定されるフレッシュ密度を信頼することがしばしば推奨される[13.84]。そうすれば，気中乾燥密度の値は空気中に失われた水の質量を引くことによって算出できる。

　この質量は一般に，すべての軽量骨材のコンクリートに対して 100〜200kg/m^3 であり，普通細骨材を用いた場合は 50〜150kg/m^3 である[13.84]。コンクリートの自重を計算する上で重要な平衡状態の密度は，炉乾燥密度より約 50kg/m^3 大きい[13.143]。実際の値は，上記の各値からかなり異なる可能性があることを憶えておかなければならない。これは使用する軽量骨材の細孔構造，コンクリート部材の（体積/表面積）比，および暴露条件によって異なる。

　練混ぜの段階でも，軽量骨材の大きな吸水容量は問題になる。ある一定量の水

第13章 特殊な性質のコンクリート

が計量された場合，セメントを濡らすためと反応のために使うことのできる水の量は軽量骨材がその内どれ位の量を吸収するかによって異なる。この点に関しては，軽量骨材を事前にかなり長い間水に浸けた場合の吸収量ゼロから，軽量骨材が炉乾燥状態の場合の，きわめて大量の水（この量は骨材の種類によって異なる）まで，大きな幅がある。この2つの極値の間で，コンクリートミキサに投入される気中乾燥骨材はコンクリート1m³当たり70〜100kg/m³の水を吸収すると思われる[13.84]。

軽量骨材の24時間吸水量は，質量で乾燥骨材の5〜20％の範囲であるが[13.141]，構造用コンクリートに使用する品質の良い骨材であれば，通常は15％を超えない。

それに対して，普通骨材の吸水率は通常2％より低い[13.141]（表-3.11参照）。他方，普通細骨材は含水率が5〜10％，時にはそれ以上になることがあるが，この水は骨材粒子の表面にある。したがって，この水は練混ぜ水の一部であり，全部水和に使うことができる（168頁参照）。上記の解説から，吸収された水は水セメント比とワーカビリティーには無関係であることがわかるが，凍結融解に対するコンクリートの抵抗性には重大な影響を及ぼす可能性がある。

軽量骨材の吸水にはもう1つの重要な効果がある。セメントの水和が硬化セメントペーストの毛管空げきの相対湿度を低下させると，骨材中の水が外に出て毛管の中へと移動する。したがって，水和が向上する可能性がある。この状況は，「内部湿潤養生」という用語で呼ぶことができよう。これによって，軽量骨材コンクリートは湿潤養生の不足にそれほど影響されなくなる。

上記の解説から，混合物中の自由水を測定するのはかなり難しいことがわかる。骨材が乾燥状態で計量される場合は，骨材粒子中の空げきを満たすのに必要な水は自由水に追加する水とみなさなければならない。この状況は，吸水に時間がかかることによって複雑になる。吸水速度は粒子に被膜がある種類かどうかによって，および粒子内部の細孔構造によって異なるが，30分吸水量の多くの部分は水が接してから2分で起きる。30分吸水量は24時間吸水量の半分より多く，粒子に被膜がなければその割合はさらに高い[13.110]。

練混ぜ水の吸水が速いことの1つの結果として以下のことが起きる。すなわち，もし軽量骨材が炉乾燥状態，またはほぼそれに近い状態で計量され，そしてもし

乾燥軽量骨材の吸水が完了する前にコンクリートの締固めが行われた場合には，脱水によってコンクリート中に空げきが発生する。

そしてコンクリートをもう一度振動させない限り，強度に悪影響が出る[13.86]。

13.13 軽量骨材コンクリート

上記のいくつかの節で，軽量骨材コンクリートが非常に幅広い分野に関連することが明らかになった。適切な材料と方法とを用いることによって，コンクリートの密度は $300kg/m^3$ を少し上回る程度から約 $1\,850kg/m^3$ まで変化させることができ，それに対応する強度範囲は $0.3～70MPa$，時には $90MPa$ にすることもできる。この広範囲にわたる配合は，軽量骨材コンクリートのさまざまな性質に反映される。

13.13.1 まだ固まらない状態での問題

軽量骨材コンクリートの必要水量は骨材粒子の表面組織と形状に強く影響される。各種の軽量骨材でつくられたコンクリートは必要水量が大きく異なるため，1つの重要な結論は，必要な強度を得るためには単位水量をそれに応じて変えなければならないことである。そうすれば水セメント比は維持されるが，すでに述べた通り，実際の水セメント比の値は一般に未知である。

軽量骨材コンクリートのレオロジー的な挙動は，普通コンクリートとはいくぶん異なる。具体的に言うと，スランプが同じであれば軽量骨材コンクリートの方が良いワーカビリティーを示す。同様に，コンクリートを締固める重力はコンクリート密度が低いと低下するため，軽量骨材コンクリートの締固め係数はワーカビリティーを過小評価する。しかし，ケリーボールの貫入（246頁参照）はコンクリートに作用する重力と無関係であるため[13.147]，ケリーボール試験で記録される値は骨材によって影響されない。スランプが大きいと材料分離を引き起こし，軽くて大きい骨材粒子が上に浮く。同様に，振動が長くなると，材料分離が普通骨材の場合よりはるかに容易に起きるおそれがある。

角張った骨材を含む混合物のワーカビリティーは，混合物中にエントレインドエアを混ぜることによって相当向上する。すなわち必要水量が低下し，ブリーディ

ングと材料分離の傾向も低下する。体積で表した通常の総空気量は，骨材の最大寸法が 20mm の場合に 4〜8%，骨材の最大寸法が 10mm の場合に 5〜9%である。この値を超える空気量は，1%増えるごとに圧縮強度を約 1MPa 低下させる[13.141]。

一部の軽量細骨材を普通細骨材で置き換えると，コンクリートの打込みと締固めが容易になる[13.96]。しかし，コンクリートの密度は，置き換えられた細骨材の割合と 2 つの材料の密度の相対値にしたがって上昇する。軽量細骨材の全量を普通細骨材で置き換えると，コンクリートの密度が 80〜160kg/m³ 上昇する[13.143]。コンクリートの熱伝導率も，普通細骨材の混和によって上昇する。

骨材がその飽水の程度にしたがってフレッシュな混合物から多かれ少なかれ水を吸収し，軽量骨材コンクリートのワーカビリティーが大きく影響されることはすでに述べた。

骨材が練混ぜ水を吸収する速度は，スランプロスの速度に影響を及ぼす。それぞれの状況に応じた措置を取る必要があるが，骨材の含水状態を不用意に変えると，スランプとスランプロスに重大な結果を招くことを念頭に置くことが重要である。軽量骨材コンクリートの計量と練混ぜに関する実施上の問題は，ACI 304.5R-91[13.142]に解説されている。

軽量骨材コンクリートに高性能減水剤を用いることはできるが，通常はコンクリートをポンプ圧送する時だけ混和する。ポンプ圧送中に骨材が水を吸収すると，危険なスランプロスが起きるおそれがある。飽水した骨材を使うとこの問題を未然に防ぐことができる。飽水は，圧力容器中で真空浸漬を行った後で，練り混ぜるまで連続的に水を噴霧することによって達成できる。しかし，骨材のこのような状態は凍結融解に対する抵抗性に影響する場合がある。ポンプ圧送中の問題を軽減するために，細骨材の一部を普通細骨材に置き換えた混合物が一般に用いられる。ポンプ圧送用につくられた軽量骨材を含む混合物の性質は，ACI 213R-87[13.141]に解説されている。

13.14 軽量骨材コンクリートの強度

前に指摘した通り，大部分の軽量骨材を含むコンクリートに含まれる自由水の

13.14 軽量骨材コンクリートの強度

量の測定には，解決できないほどの難しい点がある。したがって，混合物中の自由水に基づいて水セメント比を確定することはできない。骨材が吸収した水は，毛管空げきの形成に影響を及ぼさないために強度に影響せず，合計水量による水セメント比を用いることは無意味である。

他方，同じ骨材を用いた場合には，コンクリートの単位セメント量とその圧縮強度との間には一般的な関係が存在する。このことを，図-13.13[13.111]に示す。一方，セメントは軽量骨材や水と比べて密度がはるかに高いため，使用骨材が何であろうと強度は密度の上昇とともに上昇することになる。しかし骨材の種類によって対応するセメント量は異なり，20MPa のコンクリートであればコンクリート1m^3当たり 260～330kg のセメントを必要とする。40MPa のコンクリートであれば，対応する範囲は 420～500kg/m^3である。ACI 213R-87 に引用されたいくつかの値を表-13.10 に示すが，これは目安に過ぎない。圧縮強度を高くするためには単位セメント量をきわめて高くする必要がある。例えば，70MPa の強度にはセメント状材料の単位量が 630kg/m^3必要と思われる。

普通コンクリートの場合と同様に，シリカフュームは軽量骨材コンクリートの

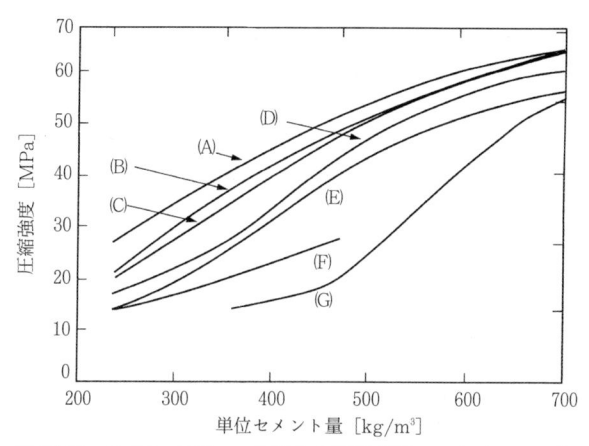

図-13.13 スランプ 50mm の種々の軽量骨材コンクリートにおける 28 日圧縮強度（立方体供試体による測定）と単位セメント量との関係（参考文献 13.111 に基づく）：(A)焼結フライアッシュと普通細骨材；(B) 造粒した高炉スラグと普通細骨材；(C) 焼結フライアッシュ；(D) 焼結炭鉱頁岩；(E) 膨張粘板岩；(F) 膨張粘土と砂；(G) 膨張スラグ

強度の発現を向上させる。他のセメント状材料も軽量骨材コンクリートに混和することができる。

一般的に言うと，同じコンクリート強度であれば，軽量骨材混合物の単位セメント量は普通コンクリートより高い。高強度であれば，単位セメント量の追加量は50％を超えることがある。軽量骨材コンクリートの単位セメント量が高いということは，水セメント比は未知ではあるが低いことを意味するため，マトリックスの強度は高い。

粗骨材の軽量粒子は比較的弱く，その強度がコンクリート強度の限界因子かもしれない。負荷された荷重と直角の方向に粗骨材粒子が割裂する[13.104]。しかし，骨材自体の強度とその骨材でつくられたコンクリートの強度との間には一般的な関係はない。

粗骨材粒子の強度が軽量骨材コンクリートの強度に及ぼす影響は，骨材の最大寸法を小さくすることによって軽減される。

この理由の説明としては，大きい骨材粒子を砕いていく時，もっとも大きい空げきを通って破壊が起きるのであるが，骨材を小さくすることによって，その空げきは除去されるという点にある。寸法を小さくすることは骨材の強度には良い影響を及ぼすが，見かけ密度と単位容積質量も上昇する。このことは，表-13.6にみることができる。

さまざまな寸法の軽量骨材を含むコンクリートの配合割合を計算する際には，軽量の細粒子の見かけ密度が軽量の粗粒子の見かけ密度より高いことを念頭に置くことが重要である。普通細骨材を使用する場合にはこの差がさらに広がる。さまざまな粒子の体積を質量に換算する場合は，この差を考慮しなければならない。

表-13.10 軽量骨材コンクリートの強度と単位セメント量との概略の関係[13.141]

標準円柱供試体による圧縮強度 [MPa]	単位セメント量 [kg/m³]	
	軽量細骨材との併用	普通細骨材との併用
17	240–300	240–300
21	260–330	250–330
28	310–390	290–390
34	370–450	360–450
41	440–500	420–500

13.14 軽量骨材コンクリートの強度

通常，割裂引張強度の試験では破壊が粗骨材粒子を貫通して起きるため，骨材の付着が良いことがわかる[13.96]。造粒高炉スラグ骨材を用い，さまざまな状況で養生したコンクリートの割裂引張強度と圧縮強度との関係の一例を，図-13.14 に示す。この図では，FIP[13.115] の推奨する関連する式を図化したものも示している。式は次の通りである。

$$f_t = 0.23 f_{cu}^{0.67}$$

ここで，f_t は割裂強度であり，f_{cu} は立方体供試体で測定した圧縮強度である。どちらも MPa 単位で表す。

普通細骨材を一部含む，圧縮強度が 50～90MPa の高強度の軽量骨材コンクリートは，同じ圧縮強度の普通コンクリートと比べて曲げ強度が 2MPa だけ低いことが判明した[13.110]。割裂強度の場合は，2 種類のコンクリートの間の差は約 1MPa であった。

軽量骨材コンクリートの疲労強度は，ほぼ同じ強度の普通コンクリートと比べて，少なくとも同程度であった[13.100]。

13.14.1 軽量骨材とマトリックスとの付着

軽量骨材コンクリートの重要な特徴は，骨材と周囲の水和セメントペーストとの付着が良いことである。これにはいくつかの因子が原因となっている。第一は，多くの軽量骨材が有する粗い表面組織がこの 2 つの材料の力学的な絡み合いを良くしていることである。事実，セメントペーストが粗骨材粒子の表面に開いた空げきに浸透することがよくある。第二は，軽量骨材粒子の弾性係数と硬化セメントペーストの弾性係数が互いにあまり異ならないことである。その結果，荷重の

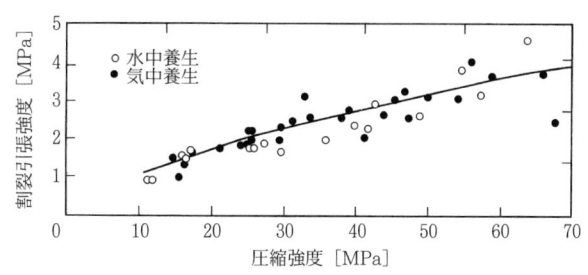

図-13.14 造粒高炉スラグ骨材を用いてつくられたコンクリートの割裂引張強度と圧縮強度との関係[13.96]

第13章 特殊な性質のコンクリート

負荷または温度や湿度の変化によってこの2つの材料の間に不均一な応力が誘発されることがない。第三は，練り混ぜた時に骨材が吸収した水が，時間とともにこれまで未水和のまま残ったセメントの水和に使えるようになることである。この追加的な水和の大部分は骨材とセメントペーストとの界面域で起きるため，骨材とマトリックスとの付着が強くなる。

フライアッシュや高炉スラグからつくられた軽量骨材は潜在的にポゾラン性をもつと考えることができるが，骨材粒子とセメントペーストとの間にはきわめて限られたポゾラン反応が観測されているに過ぎない[13.105]。このように骨材の反応性が発揮されないことの理由は，製造中に受けた極高温（1200℃まで）によってシリカとアルミナの結晶化が起きたことにある[13.105]。反応性のあるアモルファス材料は存在しない。

付着は骨材と水和セメントペーストとの弾性係数から影響を受けるので，骨材と周りの水和セメントペーストとの付着をもっと一般的な方法で，次のようにコンクリートを3つの種類に分けて考えると有益である。

すなわち，普通コンクリート，高性能コンクリート，および軽量骨材コンクリートである。普通コンクリートの場合は，標準的なセメントペーストの弾性係数は一般に骨材粒子の弾性係数より低い。高性能コンクリートの場合は，水和セメントペーストの弾性係数はずっと高いため，骨材の弾性係数との差はずっと小さくなる。軽量骨材コンクリートの場合は，骨材の弾性係数が普通骨材の弾性係数よりずっと低いため，軽量骨材の弾性係数と水和セメントペーストの弾性係数との差は小さい。

したがって，高性能コンクリートと軽量骨材コンクリートには，骨材の弾性係数と水和セメントペーストの弾性係数との間に大きい差がないという共通の特徴があることがわかる。このことはこの2つの材料の付着を良くし，またコンクリートの複合的な挙動を良くする。この点で，普通コンクリートはもっとも不満足である。

これに関連してBremnerとHolm[13.104]は，空気の連行がモルタルの弾性係数を低下させ，軽量骨材の弾性係数に近づけることを観測した。弾性係数の差がこのように縮まることは，骨材粒子とマトリックスとの間の応力の伝達を良くする。

13.15 軽量骨材コンクリートの弾性特性

軽量骨材とマトリックスとの付着がきわめて良いことの影響の一つは，初期の付着マイクロクラック（377頁参照）の発生が起きないことである。その結果として，応力とひずみの関係が直線的になり，破壊強度の90％もの応力にまで達することも多い[13.106]。このことは，同様にシリカフュームを含み，28日強度が約90MPaの軽量骨材コンクリートについても言える[13.106]。

軽量骨材コンクリートの応力-ひずみ関係の例を，図-13.15に示す。骨材がすべて軽量の場合は，曲線の下降部分がきわめて険しいことがわかる[13.102]。軽量細骨材を普通細骨材で置き換えると曲線の下降部分の険しさが少なくなるが，上昇部分の傾斜が大きくなる。後者は，普通細骨材の弾性係数が高いことに起因する。

軽量骨材コンクリートの弾性係数は，その圧縮強度の関数として表すことができる（870頁参照）。しかし骨材粒子との付着が良いことから軽量骨材コンクリートはとくに良い複合作用を示し，そのため普通コンクリートと比べて骨材の弾性

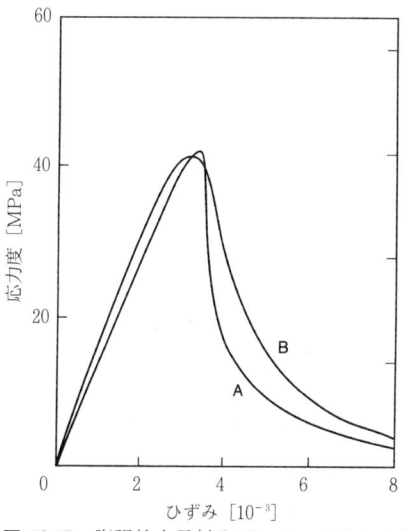

図-13.15 膨張粘土骨材を用いてつくられた軽量骨材コンクリートの応力-ひずみ曲線：(A) すべて軽量骨材；(B) 普通細骨材[13.102]

第13章　特殊な性質のコンクリート

特性がコンクリートの弾性係数に及ぼす影響が大きい。骨材の弾性特性はその空げき率に影響され，したがってその見かけ密度に影響されるため，軽量骨材コンクリートの弾性係数はコンクリートの密度の関数としても，その圧縮強度の関数としても表すことができる。

41MPa までの強度に関して，ACI 318-02[13.116]はコンクリートの弾性係数 E_c を GPa 単位で次のように表している。

$$E_c = 43 \times 10^{-6} \rho^{1.5} \sqrt{f_c'}$$

ここに，

f_c' ＝ 標準円柱供試体強度 ［MPa］

ρ ＝ コンクリートの密度 ［kg/m³］

この式は，密度の値が 1 440～2 480kg/m³ の場合に該当するものであるが，実際の弾性係数はこの式で計算された値から 20% までは異なる可能性が十分ある[13.141]。

圧縮強度の範囲が 60～100MPa の軽量骨材コンクリートに関する限り，Zhang と Gjørv[13.106]が報告した次のようなノルウェー基準の式が，圧縮強度に対する弾性係数の関係をもっとも良く表すと思われる。

$$E_c = 9.5 f_c^{0.3} \times \left(\frac{\rho}{2\,400} \right)^{1.5}$$

ここに，

E_c ＝ 弾性係数 ［GPa］

f_c ＝ 100×200mm 円柱供試体の圧縮強度 ［MPa］

ρ ＝ コンクリートの密度 ［kg/m³］

膨張粘土または焼結したフライアッシュでつくられたコンクリートの弾性係数の値は，18～26GPa であることが判明した。すなわち，強度範囲が同じ 50～90MPa の普通コンクリートと比べて，標準的に 12GPa 低いことになる[13.106]。

軽量骨材コンクリートの低い弾性係数が，同じ強度の普通コンクリートより高い終局ひずみの発生を可能にするということができ[13.143]，$3.3 \times 10^{-3} \sim 4.6 \times 10^{-3}$ の値が報告されている[13.106]。

13.16 軽量骨材コンクリートの耐久性

　本節の後の方で述べるが，飽水した骨材が凍結融解にさらされる場合を除いて，軽量骨材の使用が耐久性に重大な悪影響を及ぼすことはない。

　軽量骨材中の細孔構造は一般に不連続であるため，骨材粒子の空げき率それ自体が，コンクリートの透過性に影響を及ぼすことはなく，コンクリートの透過性は硬化セメントペーストの透過性によって決まる[13.112]。それにもかかわらず，軽量細骨材の一部を普通骨材に置き換えた場合にコンクリートの透過性が低下する[13.112]。このことの理由として考えられるのは，置き換えた物の方が水セメント比が低いことである。

　軽量骨材コンクリートの低い透過性は，いくつかの要因の結果である：セメントペーストの水セメント比が低い；骨材の周囲の界面域の質が高いため，骨材の周囲には比較的容易な流動経路は存在しない；および骨材粒子の弾性係数とマトリックスの弾性係数との相性が良く，それは，荷重の負荷や温度変化によってマイクロクラックがあまり発生しないということを意味する。その上，骨材からの水の供給がセメントの水和の継続を可能にし，その結果透過性が低下する。

　しかし，例えばポンプ圧送を容易にするためなどの理由で練混ぜの前に軽量骨材を飽水させると，コンクリートを凍結に暴露する前に十分乾燥させない限り，凍結融解の繰返しの状況下で破壊する危険性がある[13.109]。いずれにせよ，普通コンクリートの場合と同様に，空気の連行が必要である。

　軽量骨材コンクリートが極低温（－156℃）に暴露された時に受ける影響の程度は，普通コンクリートの場合と同様に水和セメントペーストの性質によって異なる。骨材粒子が損傷の拠点になり得るのは，骨材粒子自体が飽水している場合だけであり，その場合は，凍結した時に膨張し，周囲のマトリックスとの付着が壊れることがある[13.158]。

　炭酸化に関して言えば，軽量骨材中の空げきはCO_2の拡散を促すため，鉄筋のかぶりを厚くする必要があると考えられることが多い。それにもかかわらず，良質の軽量骨材コンクリートで炭酸化による鉄筋の腐食が起きたことを明らかに示す報告はほとんどない[13.140]。

　軽量骨材コンクリート中でアルカリ－シリカ反応が明らかに起きたという記録

はまだない[13.143]。

軽量骨材粒子は硬質のため耐磨耗性はあるが、骨材表面に開いた空げきの存在は、いったん暴露された場合に多孔質でない骨材と比べて接触面が減少することを意味する。したがって、軽量骨材コンクリートの耐磨耗性は、ほぼ同じ強度の普通コンクリートと比べて結局は低いということになる。

軽量骨材でつくられたコンクリートは、普通コンクリートの場合より水分移動性が高い。初期の乾燥収縮量は普通のコンクリートより約5～40％大きいが、一部の軽量骨材は総収縮量がさらに大きいことがある。膨張した粘土と頁岩でつくられたコンクリートおよび膨張スラグでつくられたコンクリートは、収縮量はそれより小さい範囲にある。軽量骨材コンクリートの引張強度が比較的低いことを考えると、低めの弾性係数と大き目の伸び能力で多少は補われるが、収縮ひび割れが起きる危険性がある。

軽量骨材コンクリートのクリープに関しては、水和セメントペーストのクリープを拘束することになる軽量骨材の弾性係数が低いため、その分余裕を見込んでおかなければならない。乾燥がクリープに及ぼす影響については、軽量骨材コンクリートのクリープに関して矛盾する試験データが時折報告されている[13.103]。内部で骨材粒子から周りの水和セメントペーストへと水分移動が起き、それが乾燥クリープの発生に影響を及ぼす可能性が高いが、この影響の定量評価は行われていない。

軽量骨材コンクリートの吸音特性は良いという評価を下すことができる。空中の音響エネルギーが骨材中の微細な空げきの中で熱に変換されるため、普通コンクリートと比べて音響の吸収係数が約2倍になるからである。しかし下塗りした表面は、音響をはるかに良く反射する。

音響の絶縁は材料の密度が高いほど良好であることから（441頁参照）、軽量骨材コンクリートには特別良い音響絶縁特性があるわけではない。

軽量骨材コンクリートの低い熱膨張係数と低い熱伝導率との組合わせによって、例えば垂直離陸型航空機が使用する舗装面など、コンクリート面がきわめて局所的な急激な温度上昇に暴露される状況において利点が発揮される[13.108]。軽量骨材コンクリートを使用すると、加熱によって引き起こされて周りの冷えたコンクリートに拘束されるような局所的な膨張が少ない。このことと軽量骨材コンクリート

の弾性係数が低いこととが相俟って，普通コンクリートの場合より発生する応力が小さい。その結果，局所的な損傷を防ぐことができる。

軽量骨材コンクリートの低い熱伝導率は，火事の場合に埋め込み鉄筋の温度上昇を少なくする。低い熱伝導率と低い熱膨張係数の組合わせは，火に暴露された時に有利である。その上，骨材自体が1100℃を超える温度で加工されているため，高温でも安定している[13.143]。中空ブロック壁の耐火性に関するデータを，表-13.11に示す[13.148]。

表-13.11 中空ブロック壁の耐火性の推定値[13.148]

使用骨材の種類	下記の各格付け [時間] に対する最小等価厚 [mm]			
	4時間	3時間	2時間	1時間
膨張スラグまたは軽石	119	102	81	53
膨張粘土または頁岩	145	122	96	66
石灰岩，灰，または非膨張スラグ	150	127	102	69
石灰質砂利	157	135	107	71
けい酸質砂利	170	145	114	76

13.17 軽量骨材コンクリートの熱的性質

軽量骨材コンクリートの熱膨張係数の代表的な値をいくつか表-13.12に示す。図-8.11との比較から，軽量骨材コンクリートは一般に普通コンクリートより熱膨張量が小さいことがわかる。このことは，軽量コンクリートと普通コンクリートとを並べて使用した場合にいくつかの問題を引き起こし得る。コンクリート部材の表裏の2つの面が異なる温度に曝された場合には，軽量骨材コンクリートの低い熱膨張率によって，反り（ねじ曲がり）や座屈の傾向を低下させることができる。

絶乾状態の軽量骨材コンクリートの熱伝導率に関するデータをいくつか図-13.16に示す[13.150]。コンクリートに吸収される水分が，その熱伝導率を大幅に上昇させる[13.141]。

軽量骨材コンクリートの大断面の打込みでは，熱伝導率が低いため周囲の媒体に失われる熱が少ないということが参考になると思う。

第13章 特殊な性質のコンクリート

表-13.12 軽量骨材を用いてつくられたコンクリートの熱膨張係数[13.148,13.149]

使用骨材の種類	線膨張係数（−22℃から52℃の間で求めた）[10^{-6}/℃]
軽石	9.4–10.8
パーライト	7.6–11.0
バーミキュライト	8.3–14.2
灰	およそ3.8
膨張頁岩	6.5–8.1
膨張スラグ	7.0–11.2

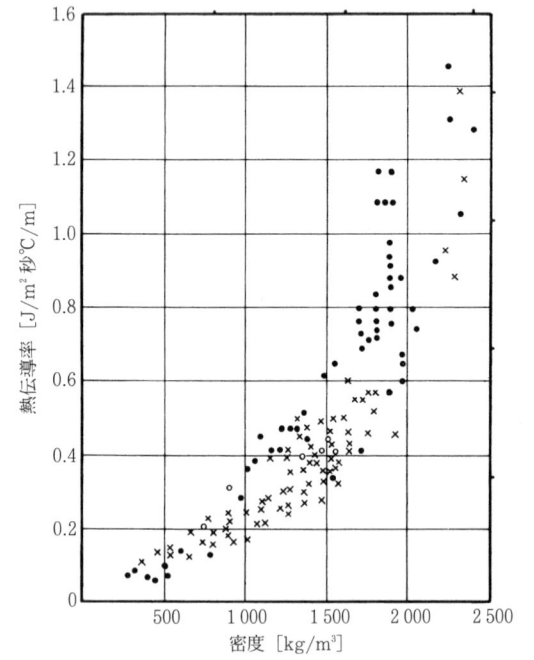

図-13.16 種々の種類の軽量骨材コンクリートにおける熱伝導率[13.150]

13.18 気泡コンクリート（cellular concrete）

軽量骨材を最初に分類した際に，密度を低下させる1つの方法は硬化セメントペーストまたはモルタルの内部に安定した空げきをつくることであると述べた。空げきはガスまたは空気によって生じさせることができる。ガスコンクリート

13.18 気泡コンクリート（cellular concrete）

(gas concrete）や泡コンクリート（aerated concrete）という名称はここから来ている．空気は発泡剤を使って混入するため，発泡コンクリート（foamed concrete）という用語も用いられる．厳密に言うと，粗骨材が含まれていないため「コンクリート」という用語は不適切である．

ガスの混入は，通常微粉砕したアルミニウム粉を質量でセメントの約0.2%の割合で使用して行う．アルミニウム粉がセメントから供給されるカルシウム水酸化物やアルカリ類と反応し，水素の気泡を発生させる．セメントペーストまたはモルタルは気泡によって膨張するため，気泡を逃がさないコンシステンシーをもっていなければならない．

ついでに言うと，アルミニウム粉は，ポストテンション方式のプレストレストコンクリート用グラウトにも使用され，グラウトが狭い空間で膨張してダクトを完全に充填する．

混合物中に気泡を混入させるためには，事前に形成した泡（特殊な発泡装置でつくる）をセメント，水，および細骨材と一緒にミキサに投入するか，または泡の濃縮物を他の混合材料と一緒に高せん断ミキサ（high-shear mixer）の中で練り混ぜる．どちらの場合でも，気泡の各胞体には，フレッシュコンクリートの練混ぜ，運搬（ポンプ圧送も含む場合がある），および打込みの工程を通じて安定したまま残る「壁」がなければならない．気泡は分離しており，大きさは0.1～1 mmの範囲である．

気泡コンクリートは自由に流動するため，ポンプ圧送や，締固めなしの打込みを，容易に行うことができる．この材料は，床材，溝の充てん材，屋根の断熱，あるいはその他の断熱の目的に用いられる．また，コンクリートブロックにも用いられる．

気泡コンクリートは骨材を含む場合も含まない場合もあり，一般的に言って後者は，断熱が必要とされるコンクリートの場合であり，そのときの炉乾燥密度は300kg/m^3，例外的には200kg/m^3のものも得られる．混合物中に普通の，または軽量の細骨材が含まれている場合には，打込み時の密度は800～2 080kg/m^3である[13.144]．密度値はコンクリートの水分状態に大きく影響されるため，密度値を用いる際には相当注意が必要である．気中乾燥密度は使用時の状況に関連しており，これももちろん場合によって異なる．気中乾燥密度は打込み時の密度より概

算で，80kg/m³低い。密度の最小値は炉乾燥密度であり，これは与えられた気泡コンクリートの熱伝導率を測定する際に重要である。炉乾燥密度は以下の仮定の下に計算することができる。すなわち，気泡コンクリートの単位容積質量は骨材（含まれている場合）の質量，セメントの質量，および，セメントと化学結合した水の質量（これはセメントの質量の20%とみなす），の合計である。

他の軽量骨材と同様に，強度は密度に比例して変化し，また熱伝導率もそうである。Hoff[13.151]は，気泡コンクリートの強度が，導入された空げきと蒸発水の体積との合計として考えられた空げき量の関数として表現できることを示した。

したがって，湿潤養生された気泡コンクリートの強度はコンクリート中の空げきの合計容積に左右される。すなわち，強度は混合物の水セメント比と導入された空げきの容積との両方に影響される[13.145]。しかし，気泡コンクリートを使用する基準は熱的性質であるため，強度は最高の重要事項ではない可能性もある。英国で使用される気泡コンクリートの標準的な性質を表-13.13に示す[13.146]。米国ではこれより高い強度が報告されている[13.144]。気泡コンクリートの弾性係数は，一般に1.7〜3.5GPaである。

気泡コンクリートの収縮量は大きく，炉乾燥密度1600kg/m³の気泡コンクリートの700×10^{-6}から炉乾燥密度400kg/m³の場合の3000×10^{-6}までの範囲である[13.146]。水分移動量も大きい。透水係数の通常の範囲は$10^{-6} \sim 10^{-10}$ m/秒である[13.144]。しかし，防護されていない気泡コンクリートは気象作用に暴露することが許されていないため，一般に建物で水分の問題が起きることはない。

表-13.13 気泡コンクリートの説明資料（参考文献13.146に基づく）

単位セメント量 [kg/m³]	300	320	360	400
打込み状態の密度 [kg/m³]	500	900	1300	1700
炉乾燥密度 [kg/m³]	360	760	1180	1550
細骨材量 [kg/m³]	0	420	780	1130
空気量 [%]	78	62	45	28
圧縮強度 [MPa]	1	2	5	10
熱伝導率 [Jm/m² 秒℃]	0.1	0.2	0.4	0.6

13.18 気泡コンクリート (cellular concrete)

13.18.1 オートクレーブ養生した気泡コンクリート

今までに考察した気泡コンクリートは，通常は常圧の蒸気で湿潤養生されたものである。しかし，高圧蒸気養生であるオートクレーブ（461 頁参照）を用いることもできる。後者の方法の方が高い強度が得られるが，（普段用いられる名称を使えば）"オートクレーブ養生した泡コンクリート"は，工場生産する必要がある。コンクリートブロックは元の塊をまだ柔らかいうちに切断してつくる。

ブロックに鉄筋が配置されることがあるが，気泡コンクリートは埋め込み鉄筋を保護することができないため，鉄筋を事前処理しておくことが必要である。ブロックは生産後冷却すればすぐに何時でも使用することができる。しかし，質量で 20〜30％であった最初の含水率は空気中で乾燥させることによって低下させなければならない。それに伴って収縮が起きる。

通常 180℃で行われるオートクレーブにおいては，ポルトランドセメントおよびしばしば混和される石灰と，ごく細かいけい酸質の砂またはフライアッシュ，またはその 2 つの材料の混合体，との間に迅速なポゾラン反応が起こるという利点がある。フライアッシュは色を灰色にし，一方純粋な砂を用いた場合は色は白くなる。形成された C-S-H は最初に混合物中に混和されたシリカと反応するため，最終生成物の Ca/(Al+Si) 比は約 0.8 である。未反応のシリカが多少残る[13.136]。

表-13.14[13.134]に，英国でつくられたコンクリートブロックまたは鉄筋コンクリートパネルの形でオートクレーブ養生した泡コンクリートの性質を示す。一般的に言って，これらのコンクリートは普通コンクリートと比べて強度は低い（2〜8 MPa）が，密度が低く（標準的には 500〜1 000kg/m³），断熱特性が良いという

表-13.14　オートクレーブ（高圧蒸気養生）した泡コンクリートの標準特性[13.134]（版権 Crown）

乾燥密度 [kg/m³]	圧縮強度（湿潤状態で試験）	曲げ強度 [MPa]	ヤング係数 [GPa]	含水量 3％時の熱伝導率 [Jm/m² 秒℃]
450	3.2	0.65	1.6	0.12
525	4.0	0.75	2.0	0.14
600	4.5	0.85	2.4	0.16
675	6.3	1.00	2.5	0.18
750	7.5	1.25	2.7	0.20

利点がある。熱伝導率が含水率とともに直線的に上昇することを憶えておかなければならない。含水率が20%の時の熱伝導率は，含水率がゼロの時の2倍に近い[13.152]。

オートクレーブ養生したコンクリートの透気性は含水率の上昇につれて低下するが，コンクリートが乾燥しても，低圧下（風によって引き起こされる程度）の透気性は無視できる程度である[13.152]。

オートクレーブ養生した泡コンクリートは，毛管現象で水が大きい空げきを通って上昇することができない。したがってこの材料は，水和セメントペースト自体が侵されやすくない限り凍結融解に対する抵抗性がある[13.152]。

オートクレーブ養生した泡コンクリートのさまざまな性質を測定するための指針を，RILEM[13.137]が出版している。また他にも，EN 678:1993が乾燥密度の測定方法を規定しており，また EN 679:1993 は圧縮強度の測定法を定めている。収縮量の測定は，EN 680:1993 に規定がある。オートクレーブ養生した泡コンクリートの標準的な性質は，建築研究機構（BRE）[13.134]が解説している。

13.19 砂なしコンクリート

これは細骨材を省いた場合に得られる軽量コンクリートであり，セメント，水，および粗骨材だけでつくられる。したがって砂なしコンクリートは，それぞれが厚さ1.3mmまでのセメントペーストの被膜で覆われた粗骨材粒子の集塊である。したがって，コンクリート体の中に大きい空げきが存在し，それがこのコンクリートの低強度の原因であるが，空げきが大きいということは水の毛管移動が起き得ないということである。

砂なしコンクリートの密度は，主として骨材の粒度によって異なる。よく粒度調整された骨材は，粒子がすべて同じ寸法の場合と比べて単位容積質量が高くなるまで詰まるため，低密度の砂なしコンクリートは単一寸法の骨材を使うことによって得られる。通常の寸法は10～20mmであり，5％の過大寸法と10%の過小寸法が見とめられているが，5mmより小さい粒子があってはならない。薄いまたは細長い粒子は避けなければならない。角の鋭い砕石の使用は，荷重をかけると局所的な破砕が起きる可能性があるため推奨できない。セメントの被膜が均

13.19 砂なしコンクリート

一に付着するように，練混ぜの前に骨材を湿らせなければならない。

砂なしコンクリートのワーカビリティー試験は存在しない。すべての粒子に均一に被膜が付いていることを目視で確認すれば十分である。砂なしコンクリートはきわめて速く打込まなければならない。セメントペーストの薄い膜が乾ききってしまうからであるが，そうなると強度が低下する[13.119]。

砂なしコンクリートには締固めを行ってはならないが，型枠の角と障害物の周り（アーチングの危険性がある場所）を棒で突くのは有効かもしれない。ごく短時間でない限り，振動をかけるとセメントペーストが骨材から流出する可能性がある。砂なしコンクリートは材料分離を起こさないため，かなりの高さから落下させることができ，また3階までのきわめて高いリフトで打込むことができる[13.119]。これに関連して，型枠に作用する圧力が小さいことが利点である。しかし，材齢の若い砂なしコンクリートは粘着力がごく小さいので，材料が一体化するのに必要な強度が発現するまで型枠をそのままにしておかなければならない。セメントペーストの厚さが薄いため，乾燥した気候や風の強い状況では湿潤養生がとくに重要である[13.153]。

砂なしコンクリートの密度は，単純に，骨材の単位容積質量（適切な締固めの状態で）と単位セメント量 [kg/m^3] と単位水量 [kg/m^3] の合計として計算する。これは砂なしコンクリートはほとんど詰まらないためである。普通骨材の場合は，砂なしコンクリートの密度は1600〜2000kg/m^3（表-13.15参照）の範囲であるが，軽量骨材を使用すると密度がたった640kg/m^{3}の砂なしコンクリートが得られる。

砂なしコンクリートの圧縮強度は，主として単位セメント量に左右される密度によって，一般に1.5〜14MPaの範囲である[13.154]（図-13.17）。水セメント比自体は主要な支配因子ではなく，事実どのコンクリートの場合も，最適な水セメント

表-13.15 9.5〜19 mm の骨材を用いてつくられた砂なしコンクリートの標準特性[13.154]

体積による （骨材/セメント）比	質量による水セメント比	密度 [kg/m^3]	28日圧縮強度 [MPa]
6	0.38	2020	14
7	0.40	1970	12
8	0.41	1940	10
10	0.45	1870	7

第13章 特殊な性質のコンクリート

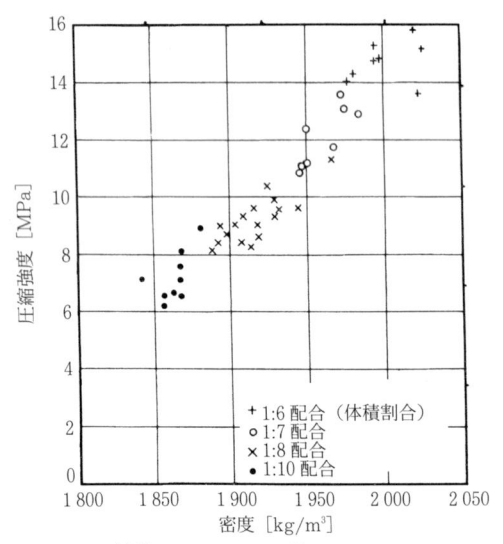

図-13.17 材齢28日における砂なしコンクリートの
圧縮強度（試験時の密度を関数として）[13.154]

比の範囲は狭い。水セメント比が最適値より高いと骨材粒子からセメントペーストが徐々に流出し，また水セメント比が低すぎるとセメントペーストは接着力が十分でなく，コンクリートの適切な構成を実現することができない。

　最適の水セメント比は，とくに骨材の吸水率に影響されるため予測が難しいが，一般的な指針として，混合物の単位水量はコンクリート1 m^3当たり180kgと考えて良い。

　その場合，水セメント比は骨材の十分な被膜を作成するために必要な単位セメント量によって異なるが，標準的には，水セメント比は0.38〜0.52である[13.153]。そのときの強度は試験で測定しなければならない。これに関連して，圧縮試験用の試験供試体は，特別な方法で締固めなければならないことに注意する必要がある。すなわち，モールドには延長部品を付け，ガイド管に入れた突き棒を用いる。この試験方法はBS 1881:Part 113:1983に定められている。

　砂なしコンクリートの材齢に伴う強度の上昇の状態は，普通のコンクリートと同じ型である。曲げ強度は標準的に圧縮強度の30%，すなわち普通のコンクリートの場合より相対的に高い[13.153]。弾性係数は強度に伴って変化する。例えば，

13.19 砂なしコンクリート

10GPaの弾性係数は強度が5MPaの場合であることがわかった。

砂なしコンクリートの収縮量は普通のコンクリートより相当低い。標準的な値は120×10^{-6}であるが，相対湿度が極端に低い場合は200×10^{-6}までになる。これは，セメントペーストが薄い被膜としてのみ存在し，乾燥した時の収縮が骨材に大きく拘束されるからである。ペーストは空気に暴露される表面積が大きいため，収縮速度がきわめて速い。全体の収縮は1ヵ月を少し過ぎる程度で完了し，収縮量の半分は10日で起きると思われる。

砂なしコンクリートの熱膨張係数は，普通のコンクリートの約0.6～0.8であるが，熱膨張係数の実際の値は使用骨材の種類によって異なる。

砂なしコンクリートの熱伝導係数は，普通骨材を用いた場合で$0.69～0.94J/m^2秒℃/m$であるが，軽量骨材の場合は$0.22J/m^2秒℃/m$にすぎない。しかし，コンクリート中の含水率が高い場合は，熱伝導率をかなりの程度押し上げる。

砂なしコンクリートは空げきの寸法が大きいため，毛管現象が起きない。したがって砂なしコンクリートは，もちろん空げきが飽水していない場合に限るが，凍結に対する抵抗性がある。飽水している場合は，凍結によって急速に分解する。しかし砂なしコンクリートは吸水率が高いため，基礎や，水で飽和する可能性のある状況での使用には適さない。最大吸水率は体積で25％，または質量でその半分の値にもなることがあるが，標準的な状況であれば，最大値の5分の1を超えることはない。それにもかかわらず，外壁に用いた場合には両側を下塗りしなければならない。これは透気性を低下させる効果もある。下塗りと塗装は砂なしコンクリートの吸音特性を低下させる（空げきが塞がれることによって）ため，音響特性の重要度がもっとも高いと考えられる場合は，壁の片面を下塗りしないでおくこと。砂なしコンクリートは開いた組織になっているため，下塗りにたいへん適していることがわかる。

砂なしコンクリート中に大きい空げきが存在するため，適当な状況下であれば排水が容易になるという優れた効果を発揮する。この点を利用して，空げき率が15％以上ある砂なしコンクリートが，樹木の周囲（水が奪われなくなる）や家庭用駐車場（透水性の路床の上層として）に用いられている[13.133]。

砂なしコンクリートの主な用途は，一般住宅の中の耐荷壁と骨組構造物の充填パネルである。砂なしコンクリートは通常鉄筋コンクリートには用いられないが，

使う必要がある場合は，付着特性を向上させ，腐食を防ぐために鉄筋をセメントペーストの薄い層（約3mm厚）で被覆しなければならない。鉄筋を被覆するためのもっとも簡単な方法は，吹付けコンクリートである。

13.20　釘打ち用コンクリート

釘打ち用コンクリートをつくらなければならないことが時々あるが，その場合はおがくずを骨材として使うと良い。釘打ち用コンクリートは釘を打つことができ，また釘をしっかりと保持する材料である。最後の項目は，一部の低密度コンクリートが，釘を打つことは容易にできてもそれを保持することができないために定められたものである。ACI 523.1R-92[13.118]によれば，コンクリートの最小保持力は特殊な屋根釘に適用された場合で178Nなければならない。ある種の屋根の施工と家屋用のプレキャスト部材とにこの釘打ち特性が必要とされる。水分移動がきわめて大きいため，おがくずコンクリートは水分に暴露されるような場所に用いてはならない。

おがくずコンクリートにはポルトランドセメント，砂，それに松のおがくずが体積でほぼ等量に含まれており，さらに，スランプを25～50mmにする水が入っている。そのようなコンクリートは普通のコンクリートと良く付着し，また良い断熱材である。おがくずは清潔で，樹皮が大量に入っていてはならない。樹皮は有機物の含有量を多くし，水和反応を混乱させるからである。凝結と水和に悪影響が及ぶのを防ぎ，おがくずの腐敗を防ぎ，水分移動を減少させるために，おがくずは化学処理したほうが良い。おがくずの寸法が6.3（$\frac{1}{4}$ in）～1.18mm（No.16 ASTM）ふるいの間にある場合にもっとも良い結果が得られるが，おがくずの種類が異なると挙動が変化するので，試し練りすることが推奨される。おがくずコンクリートの密度は650～1600kg/m³である。

28日圧縮強度（立方体供試体による測定で）30MPa，割裂引張強度2.5 MPaのおがくずコンクリートをつくるために，熱帯産の硬材が使用されてきた。このコンクリートの密度は1490kg/m³である[13.120]。

添え木やかんなくずなど，他の廃棄木材を適宜化学処理したものも，密度が800～1200kg/m³の非耐荷コンクリート部材をつくるために使われてきた。コル

クの細粒も用いることができる[13.155]。

釘打ち用コンクリートは膨張スラグ，軽石，スコリア，およびパーライトなど他の骨材でもつくることができる。

合成の有機材料，例えば膨張ポリスチレンなども使用される。この材料は単位容積質量が $10kg/m^3$ 未満であり，断熱特性のとくに良いコンクリートができる。$1m^3$ 当たりのセメント量が 410kg の混合物であれば，密度は $550kg/m^3$，強度は 2MPa である。しかし，配合材料の密度に甚だしい差があるため練混ぜが難しく，15％までの大量のエントレインドエアを混入する必要があるかもしれない。ポリスチレンは可燃性であるため，取扱いには注意が必要である[13.118]。

炉乾燥密度が $800kg/m^3$ 以下のコンクリートとして定義される低密度コンクリート一般に関する手引きは，ACI 523.1R-92[13.118] に記載されている。そのようなコンクリートの圧縮強度は約 0.7〜6MPa である。そのようなコンクリートを断熱用に用いた場合のきわめて重要な特徴は熱伝導係数が低いことであり，値は約 $0.3J/m^2秒℃/m$ より低くなければならない。

水がコンクリートに滲入すると，熱伝導率がきわめて大きく上昇する。これはパーライトとバーミキュライトの骨材に起きるが，単独気泡型ポリスチレンビーズを使用した場合は起きない[13.107]。

13.21 特殊コンクリートに関する所見

本章の主題は，その他の特殊なコンクリートも含まれると解釈することができるし，またそう解釈するのが適当である。その一部はきわめて特殊な用途であり，これは該当する出版物が取り扱っている。他のものは追加的な材料を含んだコンクリートであるが，このコンクリートの説明を有意義に行うためには，材料を詳細に取り扱わなければならない。しかしこれは本書の範囲ではできない。したがって，特殊な追加的な材料に言及して評価せずに，一般的なコンクリートと理解される物以外のコンクリートを解説するようなことは行わない方が良いと考える。

第13章　特殊な性質のコンクリート

◎参考文献

13.1　K. W. Nasser and P. S. H. Lai, Resistance of fly ash concrete to freezing and thawing, in *Fly Ash, Silica Fume, Slag and Natural Pozzolans in Concrete*, Vol. 1, Ed. V. M. Malhotra, ACI SP-132, pp. 205–26 (Detroit, Michigan, 1992).

13.2　R. J. Detwiler, C. A. F. Pohunda and J. Natale, Use of supplementary cementing materials to increase the resistance to chloride ion penetration of concretes cured at elevated temperatures, *ACI Materials Journal*, **91**, No. 1, pp. 63–6 (1994).

13.3　R. J. Detwiler, K. O. Kjellsen and O. E. Gjørv, Resistance to chloride intrusion of concrete cured at different temperatures, *ACI Materials Journal*, **88**, No. 1, pp. 19–24 (1991).

13.4　G. M. Campbell and R. J. Detwiler, Development of mix designs for strength and durability of steam-cured concrete, *Concrete International*, **15**, No. 7, pp. 37–9 (1993).

13.5　K. L. Scrivener, A. Bentur and P. L. Pratt, Quantitative characterization of the transition zone in high strength concretes, *Advances in Cement Research*, **1**, No. 4, pp. 230–7 (1988).

13.6　R. N. Swamy, Fly ash and slag: standards and specifications – help or hindrance? *Materials and Structures*, **26**, No. 164, pp. 600–14 (1993).

13.7　V. M. Malhotra, Fly ash, slag, silica fume, and rice-husk ash in concrete: a review, *Concrete International*, **15**, No. 4, pp. 23–8 (1993).

13.8　D. M. Roy, The effect of blast furnace slag and related materials on the hydration and durability of concrete, in *Durability of Concrete – G. M. Idorn Int. Symp.*, ACI SP-131, pp. 195–208 (Detroit, Michigan, 1992).

13.9　D. M. Roy, Hydration of blended cements containing slag, fly ash, or silica fume, *Proc. of Meeting Institute of Concrete Technology*, Coventry, UK, 29 pp. (29 April–1 May 1987).

13.10　D. W. Hobbs, Influence of pulverized-fuel ash and granulated blastfurnace slag upon expansion caused by the alkali–silica reaction, *Mag. Concr. Res.*, **34**, No. 119, pp. 83–94 (1982).

13.11　K. W. Nasser and S. Ghosh, Durability properties of high strength concrete containing silica fume and lignite fly ash, in *Durability of Concrete*, Ed. V. M. Malhotra, ACI SP-145, pp. 191–214 (Detroit, Michigan, 1994).

13.12　CUR Report, Fly ash as addition to concrete, *Centre for Civil Engineering Research and Codes*, Report 144, 99 pp. (Gouda, The Netherlands, 1991).

13.13　K. Horiguchi et al., The rate of carbonation in concrete made with blended cement, in *Durability of Concrete*, Ed. V. M. Malhotra, ACI SP-145, pp. 917–29 (Detroit, Michigan, 1994).

13.14　S. H. Gebler and P. Klieger, Effect of fly ash on physical properties of concrete, in *Fly Ash, Silica Fume, Slag, and Natural Pozzolans in Concrete*, Vol. 1, Ed. V. M. Malhotra, ACI SP-91, pp. 1–50 (Detroit, Michigan, 1986).

13.15　A. L. A. Fraay, J. M. Bijen and Y. M. de Haan, The reaction of fly ash in concrete: a critical examination, *Cement and Concrete Research*, **19**, No. 2, pp. 235–46 (1989).

13.16　T. C. Hansen, Long-term strength of fly ash concretes, *Cement and Concrete Research*, **20**, No. 2, pp. 193–6 (1990).

13.17　B. Mather, A discussion of the paper "Long-term strength of fly ash" by T. C. Hansen, *Cement and Concrete Research*, **20**, No. 5, pp. 833–7 (1990).

13.18 ACI 226.3R-87, Use of fly ash in concrete, *ACI Manual of Concrete Practice, Part 1: Materials and General Properties of Concrete*, 29 pp. (Detroit, Michigan, 1994).
13.19 I. ODLER, Final report of Task Group 1, 68-MMH Technical Committee on Strength of Cement, *Materials and Structures*, **24**, No. 140, pp. 143–57 (1991).
13.20 J. PAPAYIANNI and T. VALIASIS, Residual mechanical properties of heated concrete incorporating different pozzolanic materials, *Materials and Structures*, **24**, No. 140, pp. 115–21 (1991).
13.21 B. K. MARSH, R. L. DAY and D. G. BONNER, Strength gain and calcium hydroxide depletion in hardened cement pastes containing fly ash, *Mag. Concr. Res.*, **38**, No. 134, pp. 23–9 (1986).
13.22 P. K. MEHTA, Influence of fly ash characteristics on the strength of portland–fly ash mixtures, *Cement and Concrete Research*, **15**, No. 4, pp. 669–74 (1985).
13.23 G. M. IDORN and N. THAULOW, Effectiveness of research on fly ash in concrete, *Cement and Concrete Research*, **15**, No. 3, pp. 535–44 (1985).
13.24 H. T. CAO et al., Corrosion behaviours of steel embedded in fly ash blended cements, *Durability of Concrete*, Ed. V. M. Malhotra, ACI SP-145, pp. 215–27 (Detroit, Michigan, 1994).
13.25 P. TIKALSKY and R. L. CARRASQUILLO, Fly ash evaluation and selection for use in sulfate-resistant concrete, *ACI Materials Journal*, **90**, No. 6, pp. 545–51 (1991).
13.26 K. WESCHE (Ed.), *Fly Ash in Concrete*, RILEM Report of Technical Committee 67-FAB, section 3.1.5 by I. Jawed and J. Skalny, pp. 59–62 (E & FN Spon, London, 1991).
13.27 P. J. NIXON et al., The effect of pfa with a high total alkali content on pore solution composition and alkali–silica reaction, *Mag. Concr. Res.*, **38**, No. 134, pp. 30–5 (1986).
13.28 K. WESCHE (Ed.), *Fly Ash in Concrete*, RILEM Report of Technical Committee 67-FAB, section 3.2.5 by J. Bijen, p. 103 (E & FN Spon, London, 1991).
13.29 R. LEWANDOWSKI, Effect of different fly-ash qualities and quantities on the properties of concrete, *Betonwerk + Fertigteil*, Nos 1, 2 and 3, 18 pp. (1983).
13.30 A. BILODEAU et al., Durability of concrete incorporating high volumes of fly ash from sources in the U.S., *ACI Materials Journal*, **91**, No. 1, pp. 3–12 (1994).
13.31 P. J. TIKALSKY, P. M. CARRASQUILLO and R. L. CARRASQUILLO, Strength and durability considerations affecting mix proportioning of concrete containing fly ash, *ACI Materials Journal*, **85**, No. 6, pp. 505–11 (1988).
13.32 ACI 226.1R-87, Ground granulated blast-furnace slag as a cementitious constituent in concrete, *ACI Manual of Concrete Practice, Part 1: Materials and General Properties of Concrete*, 16 pp. (Detroit, Michigan, 1994).
13.33 P. J. ROBINS, S. A. AUSTIN and A. ISSAAD, Suitability of GGBFS as a cement replacement for concrete in hot arid climates, *Materials and Structures*, **25**, No. 154, pp. 598–612 (1992).
13.34 K. SAKAI et al., Properties of granulated blast-furnace slag cement concrete, in *Fly Ash, Silica Fume, Slag and Natural Pozzolans in Concrete*, Vol. 2, Ed. V. M. Malhotra, ACI SP-132, pp. 1367–83 (Detroit, Michigan, 1992).
13.35 V. SIVASUNDARAM and V. M. MALHOTRA, Properties of concrete incorporating low quantity of cement and high volumes of ground granulated slag, *ACI Materials Journal*, **89**, No. 6, pp. 554–63 (1992).
13.36 D. M. ROY and G. M. IDORN, Hydration, structure, and properties of blast furnace slag cements, mortars, and concrete, *ACI Journal*, No. 6, pp. 444–57 (Nov./Dec.

第13章 特殊な性質のコンクリート

1982).
13.37 J. VIRTANEN, Field study on the effects of additions on the salt-scaling resistance of concrete, *Nordic Concrete Research*, Publication No. 9, pp. 197–212 (Oslo, Dec. 1990).
13.38 P. MALE, An overview of microsilica concrete in the U.K., *Concrete*, **23**, No. 9, pp. 35–40 (London, 1989).
13.39 J. P. OLLIVIER, A. CARLES-GIBERGUES and B. HANNA, Activité pouzzolanique et action de remplissage d'une fumée de silice dans les matrices de béton de haute résistance, *Cement and Concrete Research*, **18**, No. 3, pp. 438–48 (1988).
13.40 T. C. HOLLAND and M. D. LUTHER, Improving concrete durability with silica fume, in *Concrete and Concrete Construction, Lewis H. Tuthill Int. Symposium*, ACI SP-104, pp. 107–22 (Detroit, Michigan, 1987).
13.41 P.-C. AÏTCIN (Ed.), *Condensed Silica Fume*, Faculté de Sciences Appliquées, Université de Sherbrooke, 52 pp. (Sherbrooke, Canada, 1983).
13.42 JSCE Recommendation for design and construction of concrete containing ground granulated blast-furnace slag as an admixture, *Concrete Library of JSCE No. 11*, 58 pp. (Japan, 1988).
13.43 R. F. M. BAKKER, Diffusion within and into concrete, *13th Annual Convention of the Institute of Concrete Technology*, University of Technology, Loughborough, 21 pp. (March 1985).
13.44 X. CONG et al., Role of silica fume in compressive strength of cement paste, mortar, and concrete, *ACI Materials Journal*, **89**, No. 4, pp. 375–87 (1992).
13.45 D. P. BENTZ, P. E. STUTZMAN and E. J. GARBOCZI, Experimental and simulation studies of the interfacial zone in concrete, *Cement and Concrete Research*, **22**, No. 5, pp. 891–902 (1992).
13.46 J. A. LARBI, A. L. A. FRAAY and J. M. J. M. BIJEN, The chemistry of the pore fluid of silica fume-blended cement sytems, *Cement and Concrete Research*, **20**, No. 4, pp. 506–16 (1990).
13.47 F. DE LARRARD and P.-C. AÏTCIN, Apparent strength retrogression of silica-fume concrete, *ACI Materials Journal*, **90**, No. 6, pp. 581–5 (1993).
13.48 RASHEEDUZZAFAR, S. S. AL-SAADOUN and A. S. AL-GAHTANI, Reinforcement corrosion-resisting characteristics of silica-fume blended-cement concrete, *ACI Materials Journal*, **89**, No. 4, pp. 337–44 (1992).
13.49 R. D. HOOTON, Influence of silica fume replacement of cement on physical properties and resistance to sulfate attack, freezing and thawing, and alkali–silica reactivity, *ACI Materials Journal*, **90**, No. 2, pp. 143–51 (1993).
13.50 M. D. COHEN, A. GOLDMAN and W.-F. CHEN, The role of silica gel in mortar: transition zone versus bulk paste modification, *Cement and Concrete Research*, **24**, No. 1, pp. 95–8 (1994).
13.51 M.-H. ZHANG and O. E. GJØRV, Effect of silica fume on pore structure and chloride diffusivity of low porosity cement pastes, *Cement and Concrete Research*, **21**, No. 6. pp. 1006–14 (1991).
13.52 R. F. FELDMAN and C.-Y. HUANG, Resistance of mortars containing silica fume to attack by a solution containing chlorides, *Cement and Concrete Research*, **15**, No. 3, pp. 411–20 (1985).
13.53 P.-C. AÏTCIN and M. REGOURD, The use of condensed silica fume to control alkali–silica reaction – a field case study, *Cement and Concrete Research*, **15**, No. 4, pp. 711–19 (1985).

13.54 A. E. FIORATO, PCA research on high-strength concrete, *Concrete International*, **11**, No. 4, pp. 44–50 (1989).
13.55 FIP, *Condensed Silica Fume in Concrete, State-of-the-art Report*, FIP Commission on Concrete, 37 pp. (Thomas Telford, London, 1988).
13.56 F. DE LARRARD and J.-L. BOSTVIRONNOIS, On the long-term strength losses of silica-fume high-strength concretes, *Mag. Concr. Res.*, **43**, No. 155, pp. 109–19 (1991).
13.57 K. H. KHAYAT and P. C. AïTCIN, Silica fume in concrete – an overview, in *Fly Ash, Silica Fume, Slag, and Natural Pozzolans in Concrete*, Vol. 2, Ed. V. M. Molhotra, ACI SP-132, pp. 835–72 (Detroit, Michigan, 1992).
13.58 G. G. CARRETTE and V. M. MALHOTRA, Long-term strength development of silica fume concrete, in *Fly Ash, Silica Fume, Slag, and Natural Pozzolans in Concrete*, Vol. 2, Ed. V. M. Malhotra, ACI SP-132, pp. 1017–44 (Detroit, Michigan, 1992).
13.59 M. SANDVIK and O. E. GJØRV, Prediction of strength development for silica fume concrete, in *Fly Ash, Silica Fume, Slag, and Natural Pozzolans in Concrete*, Vol. 2, Ed. V. M. Malhotra, ACI SP-132, pp. 987–96 (Detroit, Michigan, 1992).
13.60 C. D. JOHNSTON, Durability of high early strength silica fume concretes subjected to accelerated and normal curing, in *Fly Ash, Silica Fume, Slag, and Natural Pozzolans in Concrete*, Vol. 2, Ed. V. M. Malhotra, ACI SP-132, pp. 1167–87 (Detroit, Michigan, 1992).
13.61 T. YAMATO, Y. EMOTO and M. SOEDA, Strength and freezing-and-thawing resistance of concrete incorporating condensed silica fume in *Fly Ash, Silica Fume, Slag, and Natural Pozzolans in Concrete*, Vol. 2, Ed. V. M. Malhotra, ACI SP-91, pp. 1095–117 (Detroit, Michigan, 1986).
13.62 E. J. SELLEVOLD and F. F. RADJY, Condensed silica fume (microsilica) in concrete: water demand and strength development, in *The Use of Fly Ash, Silica Fume, Slag and Other Mineral By-products in Concrete*, Ed. V. M. Malhotra, ACI SP-79, pp. 677–94 (Detroit, Michigan, 1983).
13.63 M. LESSARD, O. CHAALLAL and P.-C. AïTCIN, Testing high-strength concrete compressive strength, *ACI Materials Journal*, **90**, No. 4, pp. 303–8 (1993).
13.64 P.-C. AïTCIN and P. K. MEHTA, Effect of coarse-aggregate characteristics on mechanical properties of high-strength concrete, *ACI Materials Journal*, **87**, No. 2, pp. 103–7 (1990).
13.65 B. MIAO et al., Influence of concrete strength on in situ properties of large columns, *ACI Materials Journal*, **90**, No. 3, pp. 214–19 (1993).
13.66 M. PIGEON et al., Influence of drying on the chloride ion permeability of HPC, *Concrete International*, **15**, No. 2, pp. 65–9 (1993).
13.67 M. PIGEON et al., Freezing and thawing tests of high-strength concretes, *Cement and Concrete Research*, **21**, No. 5, pp. 844–52 (1991).
13.68 F. DE LARRARD, J.-F. GORSE and C. PUCH, Comparative study of various silica fumes as additives in high-performance cementitious materials, *Materials and Structures*, **25**, No. 149, pp. 265–72 (1992).
13.69 G. M. IDORN, The effect of slag cement in concrete, *NRMCA Publication No. 167*, 10 pp. (Silver Spring, Maryland, April 1983).
13.70 G. REMMEL, Study of tensile fracture behaviour by means of bending tests on high strength concrete, *Darmstadt Concrete*, **5**, pp. 155–62 (1990).
13.71 F. O. SLATE and K. C. HOVER, Microcracking in concrete, in *Fracture Mechanics of Concrete: Material Characterization and Testing*, Eds A. Carpinteri and A. R.

第13章 特殊な性質のコンクリート

Ingraffen, pp. 137–59 (Martinus Nijhoff, The Hague, 1984).
13.72 G. KÖNIG, High strength concrete, *Darmstadt Concrete,* **6**, pp. 95–115 (1991).
13.73 W. BAALBAKI, P. C. AÏTCIN and G. BALLIVY, On predicting modulus of elasticity in high-strength concrete, *ACI Materials Journal,* **89**, No. 5, pp. 517–20 (1992).
13.74 P.-C. AÏTCIN, S. L. SARKAR and P. LAPLANTE, Long-term characteristics of a very high strength concrete, *Concrete International,* **12**, No. 1, pp. 40–4 (1990).
13.75 F. DE LARRARD and C. LARIVE, BHP et alcali-réaction: deux concepts incompatibles?, *Bulletin Liaison Laboratoires des Ponts et Chaussées,* **190**, pp. 107–9 (March–April 1994).
13.76 H. KUKKO and S. MATALA, Durability of high-strength concrete, *Nordisk Betong,* **34**, Nos 2–3, pp. 25–9 (1990).
13.77 V. NOVOKSHCHENOV, Factors controlling the compressive strength of silica fume concrete in the range 100–150 MPa, *Mag. Concr. Res.,* **44**, No. 158, pp. 53–61 (1992).
13.78 P. K. MEHTA and P.-C. AÏTCIN, Microstructural basis of selection of materials and mix proportions for high-strength concrete, in *Utilization of High-Strength Concrete – 2nd International Symposium,* ACI SP-121, pp. 265–86 (Detroit, Michigan, 1990).
13.79 P.-C. AÏTCIN and A. NEVILLE, High-performance concrete demystified, *Concrete International,* **15**, No. 1, pp. 21–6 (1993).
13.80 A. CRIAUD and G. CADORET, HPCs and alkali silica reactions, the double role of pozzolanic materials, in *High Performance Concrete: From Material to Structure,* Ed. Y. Malier, pp. 295–304 (E & FN Spon, London, 1992).
13.81 M. KAKIZAKI et al., *Effect of Mixing Method on Mechanical Properties and Pore Structure of Ultra High-strength Concrete,* Katri Report No. 90, 19 pp. (Kajima Corporation, Tokyo, 1992) (and also in ACI SP-132, CANMET/ACI, 1992).
13.82 G. CADORET and P. RICHARD, Full use of high performance concrete in building and public works, in *High Performance Concrete: From Material to Structure,* Ed. Y. Malier, pp. 379–411 (E & FN Spon, London, 1992).
13.83 G. CAUSSE and S. MONTENS, The Roize bridge, in *High Performance Concrete: From Material to Structure,* Ed. Y. Malier, pp. 525–36 (E & FN Spon, London, 1992).
13.84 THE INSTITUTION OF STRUCTURAL ENGINEERS AND THE CONCRETE SOCIETY, *Guide: Structural Use of Lightweight Aggregate Concrete,* 58 pp. (London, Oct. 1987).
13.85 J. CARMICHAEL, Pumice concrete panels, *Concrete International,* **8**, No. 11, pp. 31–2 (1986).
13.86 S. SMEPLASS, T. A. HAMMER and T. NARUM, Determination of the effective composition of LWA concretes, *Nordic Concrete Research Publication No. 11,* pp. 153–61, (Nordic Concrete Federation, Oslo, Feb. 1992).
13.87 P. MAYDL, Determination of particle density of lighweight aggregates with porous surface, *Materials and Structures,* **21**, No. 125, pp. 394–7 (1988).
13.88 R. E. PHILLEO, *Freezing and Thawing Resistance of High Strength Concrete,* Report 129, Transportation Research Board, National Research Council, 31 pp. (Washington DC, 1986).
13.89 A. JORNET, E. GUIDALI and U. MÜHLETHALER, Microcracking in high-performance concrete, *Proceedings of the 4th Euroseminar on Microscopy Applied to Building Materials,* Eds J. E. Lindqvist and B. Nitz, Sp. Report 1993: 15, 6 pp. (Swedish National Testing and Research Institute: Building Technology, 1993).

13.90 ACI 225R-91, Guide to the selection and use of hydraulic cements, *ACI Manual of Concrete Practice, Part 1: Materials and General Properties of Concrete*, 29 pp. (Detroit, Michigan, 1994).

13.91 ACI 363R-92, State-of-the-art report on high-strength concrete, *ACI Manual of Concrete Practice, Part 1: Materials and General Properties of Concrete*, 55 pp. (Detroit, Michigan, 1994).

13.92 F. P. GLASSER, Progress in the immobilization of radioactive wastes in cement, *Cement and Concrete Research*, **22**, Nos 2/3, pp. 201–6 (1992).

13.93 F. DE LARRARD and Y. MALIER, Engineering properties of very high performance concrete, in *High Performance Concrete: From Material to Structure*, Ed. Y. Malier, pp. 85–114 (E & FN Spon, London, 1992).

13.94 F. DE LARRARD and P. ACKER, Creep in high and very high performance concrete, in *High Performance Concrete: From Material to Structure*, Ed. Y. Malier, pp. 115–26 (E & FN Spon, London, 1992).

13.95 M. BAALBAKI et al., Properties and microstructure of high-performance concretes containing silica fume, slag, and fly ash, in *Fly Ash, Silica Fume, Slag, and Natural Pozzolans in Concrete*, Vol. 2, Ed. V. M. Malhotra, ACI SP-132, pp. 921–42 (Detroit, Michigan, 1992).

13.96 B. MAYFIELD, Properties of pelletized blastfurnace slag concrete, *Mag. Concr. Res.*, **42**, No. 150, pp. 29–36 (1990).

13.97 V. R. RANDALL and K. B. FOOT, High strength concrete for Pacific First Center, *Concrete International*, **11**, No. 4, pp. 14–16 (1989).

13.98 STRATEGIC HIGHWAY RESEARCH PROGRAM, SHRP-C-364, *High early strength concretes, Mechanical Behavior of High Performance Concretes*, Vol. 4, 179 pp. (NRC, Washington DC, 1993).

13.99 STRATEGIC HIGHWAY RESEARCH PROGRAM, SHRP-C/FR-91-103, *High Performance Concretes: A State-of-the-Art Report*, 233 pp. (NRC, Washington DC, 1991).

13.100 A. MOR, B. C. GERWICK and W. T. HESTER, Fatigue of high-strength reinforced concrete, *ACI Materials Journal*, **89**, No. 2, pp. 197–207 (1989).

13.101 A. BENTUR and C. JAEGERMANN, Effect of curing and composition on the properties of the outer skin of concrete, *Journal of Materials in Engineering*, **3**, No. 4, pp. 252–62 (1991).

13.102 E. SIEBEL, Ductility of normal and lightweight concrete. *Darmstadt Concrete*, No. 3, pp. 179–87 (1988).

13.103 S. KARL, Shrinkage and creep of very lightweight concrete, *Darmstadt Concrete*, No. 4, pp. 97–105 (1989).

13.104 T. W. BREMNER and T. A. HOLM, Elasticity, compatibility and the behavior of concrete, *ACI Journal*, **83**, No. 2, pp. 244–50 (1986).

13.105 M.-H. ZHANG and O. E. GJØRV, Pozzolanic activity of lightweight aggregates, *Cement and Concrete Research*, **20**, No. 6, pp. 884–90 (1990).

13.106 M.-H. ZHANG and O. E. GJØRV, Mechanical properties of high strength lightweight concrete, *ACI Materials Journal*, **88**, No. 3, pp. 240–7 (1991).

13.107 C. L. CHENG and M. K. LEE, Cryogenic insulating concrete – cement-based concrete with polystyrene beads, *ACI Journal*, **83**, No. 3, pp. 446–54 (1986).

13.108 S. A. AUSTIN, P. J. ROBINS and M. R. RICHARDS, Jetblast temperature-resistant concrete for Harrier aircraft pavements, *The Structural Engineer*, **70**, Nos 23/24, pp. 427–32 (1992).

13.109 ACI 201.2R-92, Guide to durable concrete, *ACI Manual of Concrete Practice,*

第13章 特殊な性質のコンクリート

Part 1: Materials and General Properties of Concrete, 41 pp. (Detroit, Michigan, 1994).
13.110 M.-H. ZHANG and O. E. GJØRV, Characteristics of lightweight aggregate for high-strength concrete, ACI Materials Journal, **88**, No. 2, pp. 150–8 (1991).
13.111 F. D. LYDON, Concrete Mix Design, 2nd Edn, 198 pp. (Applied Science Publishers, London, 1982).
13.112 M.-H. ZHANG and O. E. GJØRV, Permeability of high-strength lightweight concrete, ACI Materials Journal, **88**, No. 5, pp. 463–9 (1991).
13.113 M. D. A. THOMAS et al., A comparison of the properties of OPC, PFA and ggbs concretes in reinforced concrete tank walls of slender section, Mag. Concr. Res., **42**, No. 152, pp. 127–34 (1990).
13.114 B. OSBAECK, On the influence of alkalis on strength development of blended cements, in The Chemistry and Chemically-Related Properties of Cement, Ed. F. P. Glasser, British Ceramic Proceedings, No. 35, pp. 375–83 (Sept. 1984).
13.115 FIP, Manual of Lightweight Aggregate Concrete, 2nd Edn, 259 pp. (Surrey University Press, 1983).
13.116 ACI 318-02, Building code requirements for structural concrete, ACI Manual of Concrete Practice, Part 3: Use of Concrete in Buildings – Design, Specifications, and Related Topics, 443 pp.
13.117 M. ST. GEORGE, Concrete aggregate from wastewater sludge, Concrete International, **8**, No. 11, pp. 27–30 (1986).
13.118 ACI 523.1R-92, Guide for cast-in-place low-density concrete, ACI Manual of Concrete Practice, Part 5: Masonry, Precast Concrete, Special Processes, 8 pp. (Detroit, Michigan, 1994).
13.119 K. M. BROOK, No-fines concrete, Concrete, **16**, No. 8, pp. 27–8 (London, 1982).
13.120 P. PARAMASIVRAM and Y. O. LOKE, Study of sawdust concrete, The International Journal of Lightweight Concrete, **2**, No. 1, pp. 57–61 (1980).
13.121 J. G. CABRERA and P. A. CLAISSE, The effect of curing conditions on the properties of silica fume concrete, in Blended Cements in Construction, Ed. R. N. Swamy, pp. 293–301 (Elsevier Science, London, 1991).
13.122 P. J. SVENKERUD, P. FIDJESTØL and J. C. ARTIGUES TEXSA, Microsilica based admixtures for concrete, in Admixtures for Concrete: Improvement of Properties, Proc. Int. Symposium, Barcelona, Spain, Ed. E. Vázquez, pp. 346–59 (Chapman and Hall, London, 1990).
13.123 V. S. DUBOVOY et al., Effects of ground granulated blast-furnace slags on some properties of pastes, mortars, and concretes, Blended Cements, Ed. G. Frohnsdorff, ASTM Sp. Tech. Publ. No. 897, pp. 29–48 (Philadelphia, Pa, 1986).
13.124 A. BILODEAU and V. M. MALHOTRA, Concrete incorporating high volumes of ASTM Class F fly ashes: mechanical properties and resistance to deicing salt scaling and to chloride-ion penetration, in Fly Ash, Silica Fume, Slag, and Natural Pozzolans in Concrete, Vol 1, Ed. V. M. Malhotra, ACI SP-132, pp. 319–49 (Detroit, Michigan, 1992).
13.125 G. FRIGIONE, Manufacture and characteristics of portland blast-furnace slag cements, in Blended Cements, Ed. G. Frohnsdorff, ASTM Sp. Tech. Publ. No. 897, pp. 15–28 (Philadelphia, Pa, 1986).
13.126 J. DAUBE and R. BAKKER, Portland blast-furnace slag cement: a review, in Blended Cements, Ed. G. Frohnsdorff, ASTM Sp. Tech. Publ. No. 897, pp. 5–14 (Philadelphia, Pa, 1986).

13.127 S. A. AUSTIN, P. J. ROBINS and A. S. S. AL-EESA, The influence of early curing on the surface permeability and absorption of silica fume concrete, in *Durability of Concrete*, Ed. V. M. Malhotra, ACI SP-145, pp. 883–900 (Detroit, Michigan, 1994).
13.128 R. D. HOOTON and J. J. EMERY, Sulfate resistance of a Canadian slag cement, *ACI Materials Journal*, **87**, No. 6, pp. 547–55 (1990).
13.129 J. HAVDAHL and H. JUSTNES, The alkalinity of cementitious pastes with microsilica cured at ambient and elevated temperatures, *Nordic Concrete Research*, No. 12, pp. 42–45 (Feb. 1993).
13.130 R. GAGNÉ and D. GAGNON, L'utilisation du béton à haute performance dans l'industrie agricole, *Béton Canada*, Présentations de la Demi-Journée Ouverte le 5 octobre, 1994, pp. 23–35 (University of Sherbrooke, Canada, 1994).
13.131 CANADIAN STANDARDS ASSN, A23.1-94, *Concrete Materials and Methods of Concrete Construction*, 14 pp. (Toronto, Canada, 1994).
13.132 F. J. HOGAN and J. W. MEUSEL, Evaluation for durability and strength development of a ground granulated blast furnace slag, *Cement, Concrete and Aggregate*, **3**, No. 1, pp. 40–52 (Summer 1981).
13.133 R. C. MEININGER, No-fines pervious concrete for paving, *Concrete International*, **10**, No. 8, pp. 20–7 (1988).
13.134 BUILDING RESEARCH ESTABLISHMENT, Autoclaved aerated concrete, *Digest No. 342*, 7 pp. (Watford, England, 1989).
13.135 M. LESSARD et al., High-performance concrete speeds reconstruction for McDonald's, *Concrete International*, **16**, No. 9, pp. 47–50 (1994).
13.136 T. MITSUDA, K. SASAKI and H. ISHIDA, Phase evolution during autoclaving process of aerated concrete, *J. Amer. Ceramic Soc.*, **75**, No. 7, pp. 1858–63 (1992).
13.137 RILEM, *Autoclaved Aerated Concrete: Properties, Testing and Design*, 404 pp. (E & FN Spon, London, 1993).
13.138 O. S. B. AL-AMOUDI et al., Performance of plain and blended cements in high chloride environments, in *Durability of Concrete*, Ed. V. M. Malhotra, ACI SP-145, pp. 539–55 (Detroit, Michigan, 1994).
13.139 C. L. PAGE and O. VENNESLAND, Pore solution composition and chloride binding capacity of silica-fume cement paste, *Materials and Structures*, **16**, No. 91, pp. 19–25 (1983).
13.140 G. C. MAYS and R. A. BARNES, The performance of lightweight aggregate concrete structures in service, *The Structual Engineer*, **69**, No. 20, pp. 351–61 (1991).
13.141 ACI 213R-87, Guide for structural lightweight aggregate concrete, *ACI Manual of Concrete Practice, Part 1: Materials and General Properties of Concrete*, 27 pp. (Detroit, Michigan, 1994).
13.142 ACI 304.5R-91, Batching, mixing, and job control of lightweight concrete, *ACI Manual of Concrete Practice, Part 2: Construction Practices and Inspection Pavements*, 9 pp. (Detroit, Michigan, 1994).
13.143 T. A. HOLM, Lightweight concrete and aggregates, in *Significance of Tests and Properties of Concrete and Concrete-making Materials*, Eds P. Klieger and J. F. Lamond, *ASTM Sp. Tech. Publ. No. 169C*, pp. 522–32 (Philadelphia, Pa, 1994).
13.144 L. A. LEGATSKI, Cellular concrete, in *Significance of Tests and Properties of Concrete and Concrete-making Materials*, Eds P. Klieger and J. F. Lamond, *ASTM Sp. Tech. Publ. No. 169C*, pp. 533–9 (Philadelphia, Pa, 1994).
13.145 C. T. TAM et al., Relationship between strength and volumetric composition of moist-cured cellular concrete, *Mag. Concr. Res.*, **39**, No. 138, pp. 12–18 (1987).

第13章 特殊な性質のコンクリート

13.146 BRITISH CEMENT ASSOCIATION, *Foamed Concrete: Composition and Properties*, 6 pp. (Slough, U.K., 1991).
13.147 J. MURATA, Design method of mix proportions of lightweight aggregate concrete, *Proc. RILEM Int. Symp. on Testing and Design Methods of Lightweight Aggregate Concretes*, pp. 131–46 (Budapest, March 1967).
13.148 C. C. CARLSON, Lightweight aggregates for concrete masonry units, *J. Amer. Concr. Inst.*, **53**, pp. 491–508.
13.149 R. C. VALORE, Insulating concretes, *J. Amer. Conc. Inst.*, **53**, pp. 509–32 (Nov. 1956).
13.150 N. DAVEY, Concrete mixes for various building purposes, *Proc. of a Symposium on Mix Design and Quality Control of Concrete*, pp. 28–41 (Cement and Concrete Assoc., London, 1954).
13.151 G. C. HOFF, Porosity–strength considerations for cellular concrete, *Cement and Concrete Research*, **2**, No. 1, pp. 91–100 (Jan. 1972).
13.152 CEB, *Autoclaved Aerated Concrete*, 90 pp. (Construction Press, Lancaster/New York, 1978).
13.153 V. M. MALHOTRA, No-fines concrete – its properties and applications. *J. Amer. Concr. Inst.*, **73**, No. 11, pp. 628–44 (1976).
13.154 R. H. MCINTOSH, J. D. BOTTON and C. H. D. MUIR, No-fines concrete as a structural material, *Proc. Inst. Civ. Engrs..* Part I, **5**, No. 6, pp. 677–94 (London, Nov. 1956).
13.155 M. A. AZIZ, C. K. MURPHY and S. D. RAMASWAMY, Lightweight concrete using cork granules, *Int. J. Lightweight Concrete*, **1**, No. 1, pp. 29–33 (Lancaster, 1979).
13.156 R. HELMUTH, *Fly Ash in Cement and Concrete*, 203 pp. (PCA, Skokie, Ill., 1987).
13.157 J. PAPAYIANNI, An investigation of the pozzolanicity and hydraulic reactivity of high-lime fly ash, *Mag. Concr. Res.*, **39**, No. 138, pp. 19–28 (1987).
13.158 K. H. KHAYAT, Deterioration of lightweight fly ash concrete due to gradual cryogenic frost cycles, *ACI Materials Journal*, **88**, No. 3, pp. 233–39 (1991).
13.159 ACI-234R-96, Guide for the use of silica fume in concrete, *ACI Manual of Concrete Practice, Part 1, Materials and General Properties of Concrete*, 51 pp. (Detroit, Michigan, 1997).

第14章　コンクリートの配合割合の選択
　　　　　　　　　　　　　　（配合設計）

　コンクリートの性質を研究する目的は，主として適切な配合材料を選択するためだということができる。そして本章ではこの観点から，コンクリートのさまざまな性質に関して考察する。

　イギリスの慣例では，配合材料の選択と，それらの割合の選択とを配合設計（mix design）と呼んでいる。広く知られた用語ではあるが，この用語は，あたかもこの選択が構造物の設計過程の一部であるように暗示するという不都合がある。構造物の設計はコンクリートに要求される性能を考えるものであって，その性能を確保するための材料の詳細な配合を考えるものではないため，設計過程の一部と考えるのは正しくない。米国の用語 mixture proportioning は誤用ではないが，これは世界規模では使われていない。そのため本書では，時には配合の選択（mix selection）と省略して記すこともあるが，本章の表題で使った表現（selection of concrete mix proportions）を採用する。

　構造物の設計は，通常は配合の選択とは関係ないが，設計ではこの選択に2つの基準を課している。コンクリートの強度と耐久性である。それに，ワーカビリティーが打込みの状況に適合していなければならないという暗黙の要件を，ぜひ付け加えなければならない。このワーカビリティーの要件は，例えばミキサから放出される時点でのスランプだけではなくて，打込みの時点までに起きるスランプロスの制限などにも適用する。必要なワーカビリティーの値は現場の状況によって異なるため，一般には施工方法を考える前に決めてしまってはならない。

　また，とくにポンプ圧送を考えている場合は，配合割合の選択の際にコンクリートの運搬方法を考慮しなければならない。その他の重要な規準は，凝結時間，ブリーディングの程度，および仕上げの容易さである。この3つは互いに関連がある。配合割合を選択する際，またはこれらの配合を調整する場合には，これらの

第14章 コンクリートの配合割合の選択

規準を適切に考慮しないと相当難しい問題が起きる可能性がある。

したがって，配合割合の選択とは，必要最低限の性質，すなわち強度，耐久性，および必要なコンシステンシーをもち，できる限り経済的なコンクリートをつくるために，適切なコンクリート材料を選んでその相対的な量を決定するプロセスである。

14.1 経費への考慮

上記の文は2つの点を強調している。コンクリートがある決まった最低の性質をもっていなければならないという点と，できる限り経済的につくらなければならないという点であり，工学ではごく普通の要件である。

他のあらゆる種類の建設活動と同じく，コンクリート工事の経費は材料，生産設備，および労務費で構成される。材料費の変動はセメントが骨材より数倍高価だということから生じるため，配合割合を選択するに当たっては，単位セメント量の多い配合は避ける方が望ましい。比較的貧配合を使用することは，水和熱が過剰に発生してひび割れを生じさせるマスコンクリートの場合だけでなく，富配合が高い収縮とひび割れを引き起こす構造物用コンクリートの場合にも，技術上かなりの利点となる。したがって，経費面を無視したとしても，過度に富配合にすることは望ましくないことは明らかである。これに関連して，種々のセメント状材料は単位質量当たりの価格がそれぞれ異なり，シリカフューム以外はポルトランドセメントより安いことを憶えておかなければならない。各章で適宜解説したように，これらの材料がコンクリートのさまざまな性質に及ぼす影響もそれぞれ異なる。

コンクリート工事の経費を見積もる際には，強度のばらつきも考慮するのがきわめて重要である。なぜならば，構造物の設計者が指定し，実際にコンクリートを受け入れる規準となるのは強度の最低値，または特性値（903頁参照）であるのに対して，コンクリートの実際の経費はある一定の平均強度を生じさせる材料に関係があるからである。この点は品質管理の問題ときわめて密接に関連している。品質管理の水準が高いとは，監督と計量設備の両面で高い経費がかかることであり，慎重な配合の選択や品質管理が容認されない場合があることを念頭に置

かなければならない．したがって，品質管理の程度は，経済面との折り合いになることが多く，建設の規模と種類によって異なる．配合割合の選択過程の初めに，その管理の程度を推定し，強度の平均値と最低値または特性値との差を知っておくことがきわめて重要である．

労務費は混合物のワーカビリティーの影響を受ける．使用する締固め手段に対してワーカビリティーが不十分な場合は労務費が高くなる（またはコンクリートの締固めが不十分となる）．ポンプ圧送時の閉塞を処理することにも多くの労働力が必要である．正確な労務費は作業現場の組織と使用設備の種類との細部によって異なるが，これは特殊な問題である．

14.2 仕様書

　この膨大な問題を本書で取り扱うのは不可能であるため，仕様書の種類が配合の選択に影響を及ぼす部分だけを考察する．

　かつて，コンクリートの仕様書にはセメントと細・粗骨材の割合が指定されていた．いくつかの伝統的な配合がこのようにしてつくられたが，配合材料が多様なため，セメントと骨材の割合が固定され，ある一定のワーカビリティーをもつコンクリートであっても，強度が大きく異なっていた．

　そのため，後になって，その他の要件として最低圧縮強度が追加された．強度が指定されると，良質の材料が手に入る場合は，配合の規定は仕様書を必要以上に拘束的なものにすることになるが，それ以外の場合は指定の配合割合を使っても十分な強度を得ることができないことがある．このことから，時折条項に骨材の粒度と粒子の形状が追加されることになった．しかし，多くの国の骨材の分類においては，これらの制限は不経済なことが多い．この点に関連して，原子炉格納容器のような専門化された建設の場合以外では，現地で手に入る骨材だけが使用されるということに注意しなければならない．長距離運搬は法外なほど値段が高くなる．

　もっと一般的に言うと，強度と同時に，配合材料とその割合，および骨材の形状と粒度も指定すると，配合の選択で経済面を考える余地がなくなり，コンクリートの特性に関する知識に基づいて，経済的かつ良質な混合物をつくるという点で，

第14章 コンクリートの配合割合の選択

進歩がなくなってしまう。

したがって，最近は仕様書の制限を減らす傾向にあることも不思議ではない。それらにおいては，いくつかの限界値を規定しているが，高い品質管理を行いたくない建設業者のために従来の配合割合も指針として与えることがある。限界値は一連の特性に対して設定される。指定されることが多いのは次の性質である。

① 構造上の観点から必要な「最低」圧縮強度
② 最大水セメント比と最小単位セメント量，およびある暴露条件下では，十分な耐久性を得るためのエントレインドエアの最小値
③ マスコンクリート中の温度サイクルによるひび割れを防ぐ最大単位セメント量
④ 低湿度の暴露条件下で起きる収縮ひび割れを防ぐ最大単位セメント量
⑤ 重力ダムやそれと同様の構造物に対する最小密度

さらに，時にはセメントの種類あるいは組成に関する特別な条件として，あるいは時には禁止事項として，セメント状材料の特性も仕様書に含めることができる。

配合材料の選択と配合を行う際には，これら各種の要件をすべて満たさなければならない。

量を規定する仕様においては必ずといって良いほど，それらの量に関する許容値が含まれる。強度に関しては，多くの国が制定した仕様書に明確な要件が定められている。単位セメント量と水セメント比の許容値も，一般にそれほど明確ではないが，同様に重要である。とくに決定的に重要性をもつのは，「配合割合の事項」ではないものの耐久性の観点からコンクリートの設計基準強度と単位セメント量に密接な関連のある，鉄筋のかぶりの許容値である。かぶりの許容値は明確に規定しなければならず，強度や単位セメント量の許容値と論理的に関連させていなければならない。

BS 5328:Part 2:1997 に規定されているイギリスの手法は，コンクリートの配合の規定として4種類の方法を認めるものである。設計配合は主として強度，単位セメント量，および水セメント比を設計者が指定するものであり，基準強度の確認は強度試験で行う。

規定配合は配合材料の特性と配合割合を設計者が指定するものであり，コンク

リート製造者は単に「注文に合わせて」コンクリートをつくる。規定遵守の目的には配合割合の評価を行い，強度試験は日常的には行わない。規定配合は，例えば仕上げや耐磨耗性に関してコンクリートの特別な性質が求められる場合などに使用すると便利である。しかし規定配合は，必要なワーカビリティー，強度，および耐久性があると想定できる確かな理由がある場合にのみ指定されなければならない。

標準配合は，立方体供試体で測定した 25 MPa までの，いくつかの圧縮強度の値に対して，BS 5328:Part 2:1997 に詳しく表示されている材料と配合割合に基づいてつくられる。4番目の，そして最後の配合の種類は指示配合であり，この場合は，適用する構造物と標準配合との組み合わせの表を使って，コンクリート製造者が水セメント比と単位セメント量の最小値を選択する。この手法は，コンクリート製造者が，製造試験と監視に基づく製造適格審査の検定証と品質保証証明書とを，両方とも保持している場合にのみ用いることができる。

標準配合は，住宅などの小規模な建設でしか用いられない。指示配合は，50 MPa までの強度に用いることができるが，用途は手順が一定の建設に限られる。したがって，コンクリートの特性に関する高度な知識を活用できるのは，設計配合と規定配合の場合のみである。

米国の施工基準では，配合割合を選択し試し練りを行って用いた経験がない場合には，安全のために，やむを得ずたいへん厳しい標準配合に基づいて配合割合を決める必要がある。この手法は低強度のコンクリートにしか用いることができない。例えば ACI 318-02[14.8] は，28日圧縮強度（円柱供試体で測定）27 MPa の指定に対して，最大水セメント比を non-AE コンクリートで 0.44，AE コンクリートで 0.35 と定めている。それ以上の強度に対しては，AE コンクリートの場合は，試し練りを適切に行わなければならないとされているが，non-AE コンクリートの場合は，ACI 318-95[14.8] では，28日の指定強度が 31 MPa のコンクリートに対し，水セメント比を 0.38 にすることが認められている。

14.3 配合選択の手順

配合割合の決定に際して考慮しなければならない基本的因子を，図-14.1 に図

第14章　コンクリートの配合割合の選択

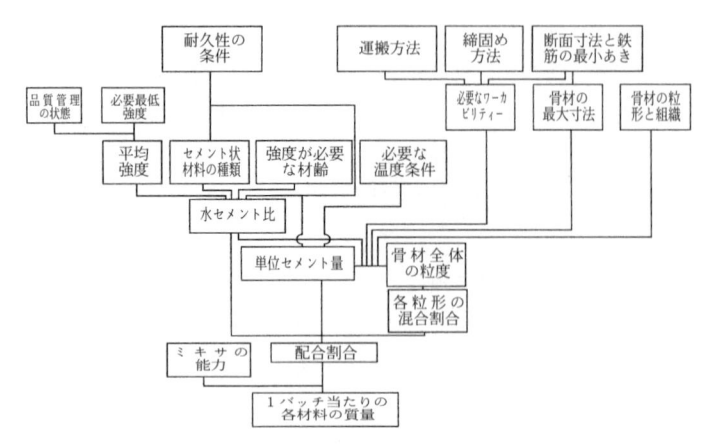

図-14.1　配合選択の手順における基本的因子

示する。各材料の1バッチ当たりの使用量に至るまでの決定の順序も示した。配合割合を選択する方法には，一部のみがこれと異なる類似の方法がある。例えば，米国コンクリート協会[14.5]（927頁参照）の良く用いられる方法では，コンクリート1m^3当たりの水量(kg)を水セメント比と単位セメント量から間接的に算出するのではなくて，混合物のワーカビリティーから直接決定する（骨材の最大寸法は与えられている）。

　表や計算機の資料を使って配合割合を正確に決定することは一般に不可能であることを説明しなければならない。使用される材料は本来変化するものであり，その多くの性質は純粋に量的に評価することができるものではない。

　例えば，骨材の粒度，形状，および組織を完全に満足のいく方法で明確にすることはできない。したがって，可能なことは，前の各章で確立された各材料の関係に基づいて，材料の最適な組合わせを知的に推定することである。したがって，満足できる混合物を得るためには，使用可能な材料の割合を計算ないし推定するばかりでなく，試し練りも行わなければならないのは当然である。そしてでき上がったこれらの混合物の特性を点検し，配合割合の調整を行い，完全に満足できる混合物が得られるまで，実験室でさらに試し練りを行う。

　しかし，骨材の含水状態を考慮に入れた場合であっても，実験室での試し練りで最終的な答えは得られない。実際に現場でつくって使用された混合物だけが，

進行中の特定の現場にとって，コンクリートのすべての特性があらゆる点で満足のいくものであることを保証できるのである。この主張を証明するために，次の3点を挙げることができる。第一に，実験室で使うミキサは一般に，現場で使用されるものとは種類と性能が異なる。第二に，混合物のポンプ圧送特性を確認する必要があるかもしれない。第三に，実験室の供試体の壁効果（型枠の表面積とコンクリートの体積との比から生じる）は実物大の構造物の場合より大きいため，実験室で決定された混合物の細骨材含有量は必要以上に多い可能性がある。

　それゆえ配合の選択には，コンクリートの性質に関する知識と，実験データまたは経験との両方が必要であることがわかる。

　取扱い，運搬，打込みの遅れ，および天候の小さな変化の影響など，その他の因子も現場のコンクリートの性質に影響を及ぼす場合があるが，一般的に言って，これらは重要なものではなく，仕事を進行させながら配合割合を少し調整するだけで済む。

　材料の性質は時によって変化するため，いったん選択された配合割合がまったく変わらないと期待することはできない点に，ここで注目すると良いと思う。とくに，骨材，とりわけ細骨材の含水量は変化するため，混合物中にある自由水の正確な量を知ることは難しい。

　この問題は軽量骨材，とくにポンプ圧送されるコンクリートが軽量骨材の場合に一層大きい。その他の変動は，骨材の粒度，とくにその粉体含有量に生じるし，材料とミキサを太陽に曝したり，高温のセメントを使用することによって，コンクリートの温度にも生じる。したがって，配合割合を定期的に調整することが必要である。

14.4　平均強度と最低強度

　圧縮強度はコンクリートのもっとも重要な2つの性質のうちの1つであり，もう一方は耐久性である。強度はそれ自体としても，また硬化コンクリートの他の必要な性質に影響を及ぼす点においても重要である。基本的に，通常は28日という規定された材齢で必要とされる平均圧縮強度が，混合物の名目上の水セメント比を決定する。イギリスの普通ポルトランドセメントを使って1970年代につ

第14章 コンクリートの配合割合の選択

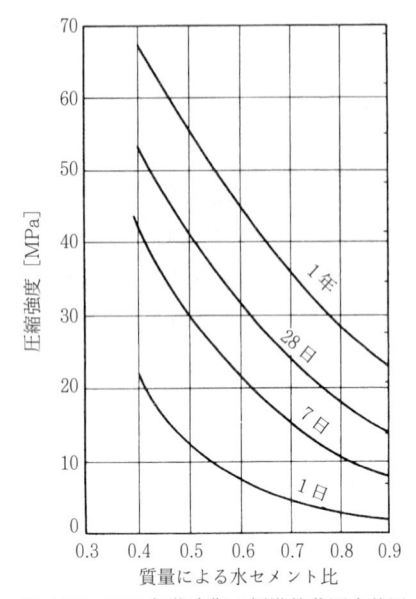

図-14.2 1970年代末期の標準的英国産普通ポルトランドセメントを用いてつくられた種々の配合で十分締固められたコンクリートの102mm立方体供試体による圧縮強度と水セメント比との関係。使用された値は安全側に推定された

くられた，常温で養生したコンクリートに関するこの関係を図-14.2に示す。この数字は例示する目的で示しただけであるが，いずれにせよ図中の強度値は安全側に誤差を含んでいる。

しかし，作業全体で同じバッチのセメントを使う場合であれば，用いるセメントの実際の強度を利用することが可能である。すなわち，試験で得た強度と水セメント比との関係を使用することが可能である。

図-14.2で示したような曲線を使うのであれば，セメントによって硬化速度が異なるため，セメントの種類を知っていなければならない。異なるセメント状材料が用いられる場合は，強度発現速度の違いがさらに大きくなる可能性がある。しかし材齢1年か2年を過ぎれば，異なるセメントでつくられたコンクリートの強度もほぼ等しくなることが多い。

構造設計はコンクリートにある一定の最低強度を想定して行われるが，現場で

14.4 平均強度と最低強度

表-14.1 （平均 $- k \times$ 標準偏差）より低い強度の供試体の割合

k	$(\bar{x}-k\sigma)$ より低い強度の供試体の割合
1.00	15.9
1.50	6.7
1.96	2.5
2.33	1.0
2.50	0.6
3.09	0.1

あろうが実験室であろうが，作製されたコンクリートの実際の強度はばらつきのある量である（787頁）参照）。したがってコンクリートの配合を選択する際には，最低強度より高い，平均強度を目標としなければならない。

試験供試体の強度分布は，平均値と標準偏差で表すことができる。790頁で述べたように，コンクリート供試体の強度分布は正規（ガウス）分布とみなされる。実施面ではそのように仮定することができるが，分布にはひずみがあるという例がいくつか報告されている。McNicollとWong[14.23]による低強度コンクリート，Cook[14.24]による高強度コンクリート，そしてACI 363 R-92[14.12]の例である。正規分布と仮定することによる誤差は安全側に発生するものであり，試験結果が強度の規定値より低くなると予想される数は少なくなる[14.25]。

供試体が，平均強度からある値だけ異なった強度をもつ確率に関する知識から（表-14.1），ある混合物の「最低」強度を定義することができる。統計上の観点からみて，最低値をいくら低くしても，試験結果がその最低値より低くなる確率は常に存在するため，絶対最低強度というものは規定することはできない。したがって，この確率を非常に小さくすることは不経済であろう。そのようなことから，この「最低値」は，あらかじめ決められた割合で，試験結果が超えなければならない値，として定義するのが普通である。通常この割合は，単一の試験結果で判定する場合は95%，連続する3つまたは4つの試験結果の平均値で判定する場合は99%である。

米国コンクリート協会の建築規準 ACI 318-02[14.8] の手法は，本質的には，平均強度 f'_{cr} に応じた「最低」強度 f'_c に関する2つの要件に基づいている。

第一は，3回連続して行われた試験（1回の試験は2つの円柱供試体の平均値）

第14章 コンクリートの配合割合の選択

の平均値が設計強度より低くなる確率が 0.01 であること,第二は個々の試験結果が設計強度を 3.5 MPa 下回る確立が 0.01 であること,という要件である。標準偏差 σ を用いると,第一の要件を次のように表すことができる。

$$f'_{cr} = f'_c + \frac{2.33\sigma}{\sqrt{3}} = f'_c + 1.343\sigma$$

また第二の要件（MPa 単位）を次のように表すことができる。

$$f'_{cr} = f'_c - 3.5 + 2.33\sigma$$

標準偏差 σ が概略 3.5 MPa の場合に,この 2 つの条件は等価である。標準偏差がこれより大きい場合は,最初の条件の方が厳格である。

　絶対限界値が規定されていない点に注意しなければならない。この手法は確率論的手法であり,したがって 100 回に 1 回これらの要件に適合しないことはこの方式に織り込まれている。その程度の不適合は,コンクリートを不合格とする理由にするべきではない。すべての規準の体系は,間違って排除すること（第一種の誤り）と間違って受け入れること（第二種の誤り）の危険性を含むものであると付け加えることができる。慎重に均衡を取らなければならないのはこの 2 種類の危険性である[14.31]。

　上に示した ACI 318-02[14.8] の式で用いられる標準偏差の値は,同様の材料を用い,同様の強度のコンクリートをつくる同様の条件下で,過去に行われた建設工事において実験的に得られた値である。標準偏差のそのような実験値がない場合については,ACI 318-02[14.8] は,平均圧縮強度が強度の規定値を超えなければならない場合の余裕値を規定している。このような余裕値はきわめて大きく,設計基準強度が 21 MPa より小さい場合の 7 MPa から設計基準強度が 35 MPa を超える場合の 10 MPa までの範囲である。

　ACI 318-02[14.8] と ASTM C 94-94 によれば,強度の規定値 f'_c に関する規定遵守は次の要件がどちらも満たされた場合に満足されたことになる。

(a) 連続した 3 つの試験結果のすべての組合わせの平均値が f'_c 以上であること。

(b) すべての試験結果は f'_c より 3.5 MPa を超えて下回らないこと。

　1 つの試験結果とは,コンクリートの同じバッチの円柱供試体 2 個を同じ材齢で試験した場合の強度の平均値であることを思い出さなければならない。連続し

14.4 平均強度と最低強度

た3つの試験結果の平均値は移動平均である。このことは，N番目の試験結果が次の3組で現れることを意味している。$N-2$, $N-1$, N; $N-1$, N, $N+1$; および N, $N+1$, $N+2$ である。したがって，試験番号 N の値がきわめて低ければ，1つまたは2つまたは3つの平均値を著しく押し下げる可能性がある。したがって，試験番号が $N-2$ から $N+2$ までの試験が表すすべてのコンクリートが基準を満たしていないとみなされる。しかし，ACI 318-02[14.8] の要件を満たすことができないことが時折起きると予想される（おそらく100回の試験に1回）ため，関連したコンクリートを自動的に拒否してはならない。

BS 5328：Part 4：1990 の要件は，前に言及した ACI 318-89（1992年改定）に対応している。1つの試験結果は2個の供試体の強度の平均値であるが，イギリスの方法では立方体供試体が用いられる。イギリスの手法は，得られるすべての試験結果のうちの5%がそれより低くなるような強度値，として定義される強度の特性値を用いる。強度の特性値と平均値との間の余裕は，この確率が得られるように選ばれる。強度の規定値に対する規定遵守は，次の要件が両方とも満たされた場合に達成される。

(a) 任意の連続した4つの試験結果の平均値が，規定された強度の特性値を3 MPa 以上上回ること。
(b) すべての試験結果は規定された強度の特性値を3 MPa を超えて下回らないこと。

曲げ強度の場合もほぼ同じ要件が規定されており，この場合，上記の(a)と(b)の中の値は 0.3 MPa である。

規定遵守の問題を本書で十分に扱うことはできないが，意見を多少述べておきたい。コンクリートをすべて試験することはできないため，要件を満たすコンクリートとそうでないコンクリートとを完全に区別することは不可能である。試験を行うことの目的は，「良い」コンクリートが拒絶される生産者のリスクと「悪い」コンクリートが承認される消費者のリスクとの均衡を図るために区別を行うことである。この均衡は，試験の程度と用いる規準によって左右される[14.31]。

14.4.1 強度のばらつき

正規分布曲線上のどの点の横座標も標準偏差 σ に換算して表され，強度が平均

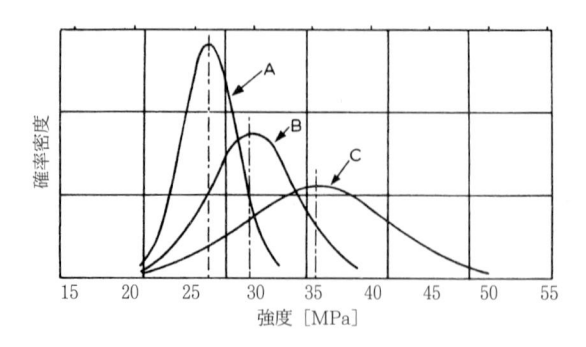

第 14 章　コンクリートの配合割合の選択

	$\bar{x}$[MPa]	σ[MPa]
A	26.2	2.4
B	29.6	3.9
C	35.2	6.2
(版権 Crown)		

図-14.3　最低強度（結果の 99％が上回る）が 20.6MPa のコンクリートの正規分布曲線

値から $k\sigma$ 以上異なる供試体の数は，正規分布曲線の下側の適切な対応する面積で表され，統計表（表-14.1）に示されていることを思い出していただきたい（788 頁）。

　したがって，もし供試体試料の平均強度が $\bar{x}$ であり，供試体の強度がある値（$\bar{x}-k\sigma$）を下回る割合が指定されているならば，k の値は統計表から求めることができ，平均値と最低値との実際の差 $k\sigma$ は標準偏差 σ の値だけによって決まることになる。このことを図-14.3 に示した。あるワーカビリティーをもつ混合物の単位セメント量は平均強度と関連しているため，標準偏差が大きければ大きいほどある最低強度に必要な単位セメント量が大きくなる。

　この差（$\bar{x}-k\sigma$）もまた変動係数 $C=\sigma/\bar{x}$ に換算して $\bar{x}(1-kC)$ と表すことができる。最低強度を推定するこの 2 つの方法は同じ平均強度をもつコンクリートに適用すれば同一となるが，1 つの混合物に関して得られたデータを強度の異なる混合物のばらつきの予想に用いられる時，その結果は，標準偏差または変動係数が強度の変化に影響されないかどうかによって異なる。

　その場合に，標準偏差が一定（強度によって変わらない）と仮定すれば，ある混合物の標準偏差 σ の推定値を知ることができれば，最低値に一定の値 $k\sigma$ を足すことによって，他の混合物の平均強度を計算することができる。この平均強度

表-14.2 ACI 214-77（1989年に再承認）で規定している，強度が35 MPaまでのコンクリートの管理基準の分類[14.18]

管理基準	全体の標準偏差 [MPa]	
	現場	実験室での試し練り
優秀	< 3	< 1.5
たいへん良い	3–3.5	1.5
良い	3.5–4	1.5–2
並み	4–5	2–2.5
劣る	> 5	> 2.5

と最低強度との差は，コンクリートの製造手順が同じであれば一定であろう。

他方，変動係数を一定（強度によって変わらない）と仮定した場合，最低強度は平均値の一定の割合となる。この2つの状況を，次の数字を用いた例で説明する。

ある一定の諸条件の下でつくられ試験されたコンクリートの平均強度が25 MPa，標準偏差が4 MPaと仮定する。ACI 214-77（1989年再承認）によれば[14.18]，これは「良い」管理であることを意味する（表-14.2参照）。変動係数は（4/25）×100すなわち16%である。説明のため，必要な「最低」強度を，すべての結果の99%が上回った強度と定義する。表-14.1を用いると，この「最低」強度は次の通りであることがわかる。

$$25 - 2.33 \times 4 = 15.7 \text{ MPa}$$

さて，同じ条件下で同じ材料を使って，「最低」強度が例えば50 MPaのコンクリートをつくりたい場合を想像していただきたい。「変動係数法」によれば，目標とする平均強度は次のようになる。

$$\frac{50}{1 - 2.33 \times 0.16} = 79 \text{MPa}$$

一方，「標準偏差法」で示される値は次のようになる。

$$50 + 2.33 \times 4 = 59 \text{ MPa}$$

実施面でこの2つの方法の違いが大きいことは，同じ管理状態の下で79 MPaのコンクリートをつくる際の経費を59 MPaのコンクリートをつくる際の経費と比較してみると，明らかになる。

第 14 章　コンクリートの配合割合の選択

　平均強度と，指定された「最低」強度または強度の特性値との差を，配合選択の手順の初めに推定しなければならない。ACI 214-77（1989 年再承認）[14.18] による助言は，責任を果しているとは言えない。「ある状況において，散布度を表す尺度として標準偏差と変動係数のどちらがふさわしいかということは，この 2 つの尺度のどちらが，その状況における強度特性全域にわたってほぼ一定に近いかという点で決まる」。それにもかかわらず，ACI 214-77（1989 年再承認）[14.18] には，（標準偏差が一定という仮定に基づいてここに表-14.2 として再現した）表が，強度 35 MPa までのコンクリートに関して掲載されている。しかし，ACI の第 214 委員会では意見がわかれており，引き続き議論が行われている。よく議論に上るのであるが，計算上の便利さや手法の単純さは，使用すべき方法が標準偏差か変動係数かという点を決定するための正しい基準ではない。問題は，建設におけるコンクリートの実際の挙動である。

　ACI 214-77（1989 年再承認）[14.18] の指針は，1970 年代中ごろまでで使われなくなったコンクリートを規準としており，そのようなコンクリートは 35 MPa を超える円柱供試体強度をもっていないことが多かった。したがって，ACI 214-77（1989 年再承認）の手法が必ずしも 80 MPa を超える 28 日圧縮強度に当てはまるかどうかは疑問であり，120 MPa 近辺の強度では論外である。

　高強度コンクリートのばらつきを解説する前に，1970 年から 1990 年代中ごろにかけて起きたコンクリートづくりの変遷について考察すると良いかもしれない。計量設備が大幅に改善され，バッチごとの配合割合のばらつきが大幅に低下したことは間違いない。その結果，圧縮強度試験結果が示す試験間（between-test）の標準偏差は，かつてより低下したと予想できる。反面，作業者のミスや試験機の誤作動によって起きる試験内（within-test）の変動が 1970 年代と異なると予想する根拠はあまりない。したがって，試験結果の全体的な標準偏差は，それほど大幅にではないが，かつてより小さくなっていると思われる。

　この点に関して，試験内と試験間の標準偏差が算術加法的ではない点が指摘に値する。加法的なのは分散である。例えば，試験内標準偏差が 3 MPa とすれば，試験間標準偏差は 4 MPa であり，したがって全体としての標準偏差は $(3^2+4^2)^{1/2}=5$ MPa である。試験内標準偏差を変えないまま試験間標準偏差を 3 MPa に低下させると，全体としての標準偏差は $(3^2+3^2)^{1/2}=4.25$ MPa とな

14.4 平均強度と最低強度

る。したがってこの特別な例では，試験間標準偏差を 1 MPa 低下させても，全体としての標準偏差は 0.75 MPa しか低下しない。

ここで高強度コンクリートに話を戻すと，そのようなコンクリートは計量のばらつきが少なく高度な技術と意欲をもった人材のいる近代的な工場でしか生産されないと考えるのが妥当であろう。しかし同じ工場が，低強度または中強度のコンクリートも生産しており，そのばらつきは，1970 年代につくられた同じ強度のコンクリートのばらつきと比べて小さい。したがって，1970 年代のコンクリートの環境に対応させて高強度コンクリート（すべて近代的生産設備である）のばらつきを考えると，間違った状況に見えてしまう。

ACI 363R-92[14.22] の手法では，「高強度コンクリートの標準偏差は 3.5～4.8 MPa の範囲で一定になる」と考えている。したがって，変動係数は強度の増加とともに減少することになり，ACI 363R-92 の言葉では，「標準偏差による評価法は筋の通った品質管理方法であるように思える」となっている。

標準偏差が一定であるか，または変動係数が一定であるかという問題にはまだ議論の余地があるが，管理の程度が一定であれば，実験室での試験データも実際の現場での試験結果も，良く締固められ，強度が 10 MPa を超えるさまざまな配合割合のコンクリートの変動係数が一定であるという考えを支持することが分かった（図-14.4）。

他方，スウェーデンの生コンクリート工場で 1975 年に測定された，さまざ

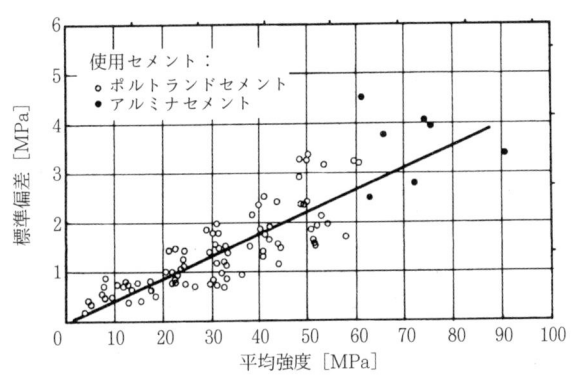

図-14.4 実験室の立方体供試体試験における標準偏差と平均強度との関係：回帰線を示す[14.26]

第14章 コンクリートの配合割合の選択

な強度の特性値に対する標準偏差の中央値は，標準偏差が一定であることを示唆している。実際の値は次の通りである[14.32]。

強度クラス	20	25	30	40	50	60
標準偏差（MPa）	3.2	3.3	3.5	3.7	3.4	3.3

すべてのクラスのコンクリートに関して，標準偏差の分布を図-14.5に示した。スイス基準 SIA 162（1989）[14.21] では，おそらくスイスの経験に基づくと思われるが，単一の 200 mm 立方体供試体で測定した 45 MPa までの強度に関して，

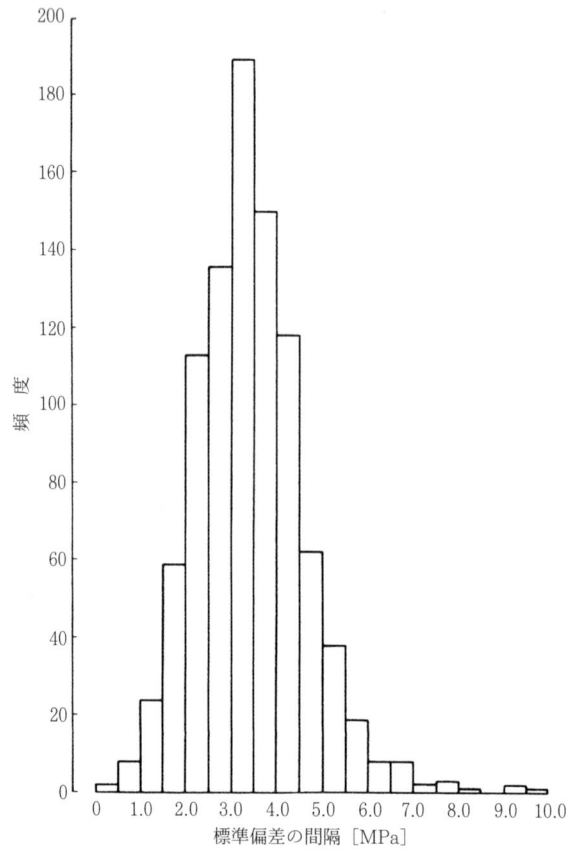

図-14.5 1975年のスウェーデンの生コンクリート工場における全クラスのコンクリートの標準偏差（0.5MPa 間隔で）の分布[14.32]

14.4 平均強度と最低強度

標準偏差は強度と無関係であると考えている。

多数の建設現場で得られた試験データの調査によって，すべての材齢に対して，標準偏差が一定であるという仮定も，変動係数が一定であるという仮定も，現場でつくられた試験供試体全般には当てはまらないことを示唆している。この問題に関するNewlonの概説[14.30]によると，変動係数は強度のある限界値まで一定であるが，さらに高い強度では標準偏差が一定になるようである（図-14.6）。さまざまな研究者がこの限界強度に異なる値を見出しており，おそらく現場の状況や一般的な建設方法によって異なるものと思われる。

しかし，多少の一般法則化は可能である。図-14.6は，単一立方体供試体の場合の限界強度が約34 MPaであり；2個の円柱供試体の平均ではそれが約17 MPaであり；立方体供試体と円柱供試体との両方を含み，個別と2個1組で試験した国際調査では，約31 MPaという中間の値が示されている。これらの相違を説明する因子は明らかでないが，おそらく円柱供試体のばらつきの方が立方体供試体のばらつきより小さいと考えるのが妥当であろう（736頁）。また，固有の強度が同じであれば，円柱供試体の強度は立方体供試体の強度より低いということができる。これらの資料はすべて一定の材齢での試験に当てはまる。元のコンクリートが同じ場合は，材齢が増加すると変動係数が低下するが，標準偏差は上昇する。したがって，関係があるのはコンクリートのつくり方だけではなくて，強度水準なのである。

標準偏差も変動係数も，同じ工場でつくられたコンクリートの強度の広い範囲

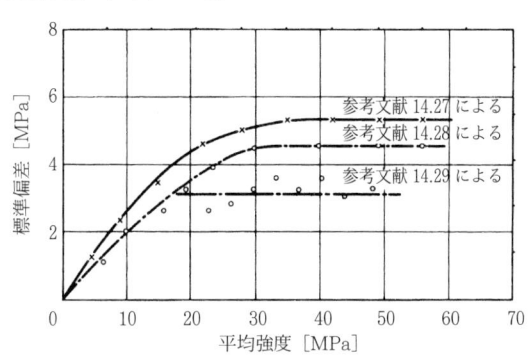

図-14.6 現場資料の調査から得られた試験供試体の標準偏差と平均強度との関係[14.30]

第 14 章　コンクリートの配合割合の選択

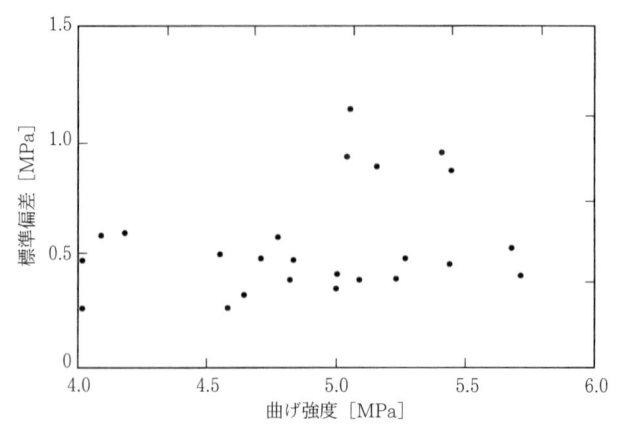

図-14.7　舗装工事から得られた標準偏差と 28 日曲げ強度との関係[14.3]

にわたって一定というわけではないというのが事実のようである。この見解は，ACI 318-02[14.8] の解説書で支持しており，次のように述べている。「平均強度の大きさが大幅に上昇した場合に標準偏差が上昇するようである。ただし，標準偏差の上昇量は強度の上昇量に対して正比例するよりはいくぶん少ない」。イギリスの手法[14.11] は，標準偏差は 20 MPa までの強度値には比例すると仮定するが，それ以上の強度すなわち構造物用コンクリートの場合には，標準偏差を一定と仮定する。

したがって実施面では，実際の現場の状況で実験をして平均強度と最低強度との関係を確立するのが最善である。

曲げ強度のばらつきに関しては，試験内標準偏差も試験間標準偏差も曲げ強度の値には無関係だという内容の初期の見解を，Greer[14.2] と Lane[14.3] が確認している。管理水準が良ければ，試験間標準偏差の標準的な値は 0.4 MPa に満たない（図-14.7 参照）。

14.5　品質管理

図-14.3 から，混合物の最低強度と平均強度との差が小さいほど，用いる必要のある単位セメント量が少ないことは明らかである。ある一定の強度水準のコンクリートに関してこの差を制御する因子は，品質管理である。これが意味するこ

とは，配合材料の性質の変動を制御することであり，またコンクリートの強度やコンシステンシーに影響を及ぼす計量，練混ぜ，運搬，打込み，養生，および試験などのすべての作業の正確さを制御することである。したがって，品質管理は生産の一手段であり，その反映の1つが標準偏差である。

セメントの強さのばらつきに関しては第7章で解説した。大型プロジェクト等で，使用するセメントの実際の強さを利用することができる場合は，セメントを1つの供給源からだけ得ることによってこのばらつきを大部分排除することが可能である。

骨材の粒度のばらつきが及ぼす影響を第3章で強調したが，混合物がワーカビリティーによって管理される場合にはこの因子がとくに重要である。

ワーカビリティーを一定に保つためには，粒度を変えた場合は単位水量を増やすことが必要となり，その結果強度は低下するおそれがある。

コンクリート強度のばらつきは，不十分な練混ぜ，不十分な締固め，いい加減な養生，および試験方法のばらつきからも生じる。これらはすべて各章で適宜解説した問題である。現場でこれらの因子を管理する必要性があることは明らかである。

骨材の含水状態の変化も，追加する水の量で慎重に修正しない限りコンクリート強度に深刻な影響を及ぼす。このような変化を最小に止めるためには，貯蔵山は，使用する前に骨材の排水が行われるような状態にしておかなければならない。またミキサの運転者も，混合物に一定のワーカビリティーが維持されるよう良く訓練されていなければならない。

標準偏差はそれぞれの因子の影響を受けると考えられるが，その場合によっては，個々の影響の大きさを決定することができない。すでに述べた通り，さまざまな標準偏差は自乗和平方根の形で加法的であり，そのためσ_1とσ_2を2つの原因と考えると，結果として生じる標準偏差は$\sigma = \sqrt{(\sigma_1^2 + \sigma_2^2)}$となる。この点を憶えておくことが重要である。なぜならば，算術加法的と仮定することは全体としての標準偏差を大幅に過大評価することにつながるからである。さまざまな因子が全体のばらつきに果たす役割を統計学の手法で知っておくことは，ばらつきを減らすために取る措置が経済的かどうか，あるいは，管理を向上させる経費に対して，向上によるばらつきの減少が小さくて釣り合わないかどうかを決める上で

重要である。

品質管理は高強度コンクリートの生産と一体的な意味とみなされることがある。低強度コンクリートであっても良い管理の下に製造される場合もあるためこれは明らかに間違いであり，事実，ばらつきの少ない貧配合のコンクリートを大量に用いることが大幅な節約につながるような大型構造物の建設では実際に実行されている。

完璧を目指して，品質保証についても言及しなければならない。これは「品質に影響を及ぼす行動を，あらかじめ定められている条件になるように管理する方法を提供する，品質保証プログラムによって実施される」行政的な管理制度である[14.7]。したがって，品質保証は構造物の所有者を安心させる管理の一手段であるが，品質保証自体が与えられた条件に合ったコンクリートをつくるわけではない。

14.6 配合割合の選択で支配的となる因子

この段階で，基本目標をもう一度述べる方が良いであろう。我々が決定するのは，フレッシュな状態と硬化した状態との両方で満足できるもっとも経済的なコンクリート混合物の配合割合である。この目標を達成するために，図-14.1のさまざまな因子を考え，最終的な配合割合の選択に至るまでの一連の決定をすべて辿ることにする。水セメント比と強度についてはすでに解説したことを思い出していただきたい。

14.6.1 耐久性

一度ならず述べてきたが，配合割合の選択は強度の要件を満たすばかりでなく，十分な耐久性が確保できるように行わなければならない。しかし，ある状況下での耐久性に求められる配合割合を選択するための，一般的に合意された確実な手法はまだない。このような状態になる理由の1つは，暴露の状況がきわめて広範なことであり，その中には，きわめて暑く，考えられないほど乾ききった沿岸地帯の極端に厄介な状態も含まれる。このような地域では，かぶり域のコンクリートの配合割合を選択する際に，腐食に対する鉄筋の保護の問題が大きく影響を及ぼす。

14.6 配合割合の選択で支配的となる因子

　配合の選択に関して，今日広範に受け入れられている具体的で明確な耐久性の要件は，鉄筋コンクリートには本来耐久性があり，修理しなくとも長期間使用することができるというかつての信念とは対照的なものである。格言は，「強いコンクリートが耐久性のあるコンクリートだ」であった。例えば英国基準の施工規準 CP 114 (1948)[14.12] には，「本規準にしたがって施工された密度の高いコンクリートであれば，構造的な維持管理は必要ないはずである」と書かれている。同じ施工規準の 1969 年版[14.10] には，次の文章しか書かれていない。「暴露条件が過酷であればあるほど，必要とされるコンクリートの品質は高くなる。」

　耐久性に影響を及ぼす因子については，第 10 章と 11 章で解説した。ここでは，要求される耐久性を得るための配合割合を特定する簡単な手段について考察する。この「簡単な」という言葉は，耐久性にきわめて重要な役割を果たすコンクリートの浸透性はコンクリートを生産する際に直接管理することができないという事実を認識した上で使用する。したがって，水セメント比，単位セメント量，圧縮強度に頼ることが必要であり，実際これらのうち 1 つか 2 つ，または 3 つ全部を同時に用いることもある。どのような配合割合を選択するにしても，コンクリートは可能な手段を用いて完全に締固めができなければならず，またそのような締固めを実際に実施しなければならないことは，繰り返し述べる価値がある。

　米国コンクリート協会の建築規準 318-02[14.8] では，耐久性の要件に独立した章が当てられている。ACI 318-02 は凍結融解に対する暴露に関して，普通コンクリートには規定された最大水セメント比を，また軽量骨材コンクリートには規定された最低強度を求めており，これを表-14.3 に示す。この 2 種類のコンクリートでこのように手法が異なる理由は，軽量骨材コンクリートの水セメント比を制

表-14.3　凍結融解作用に曝されるコンクリートに対する ACI 318-02[14.8] の規定

暴露条件	普通コンクリートに対する水セメント比の最大値	軽量骨材コンクリートに対する円柱供試体強度の最低値 [MPa]
透水性を小さくする必要がある場合で水に接する環境	0.50	28
湿潤状態で凍結融解作用を受ける場合または融雪剤の影響を受ける場合	0.45	31
融雪剤または海水のしぶきや散布による塩化物に曝される場合で防食が必要な場合	0.40	34

御することが実施不可能だからである。さらに，すべてのコンクリートには空気の連行が必要であり，空気の合計含有量は暴露条件と使用骨材の最大寸法にしたがって指定される（表-11.3）。ACI 318-02[14.8]に規定された融雪材を使用する場合のフライアッシュと高炉スラグ微粉末の量の制限については，823頁に述べた。

米国戦略的道路研究プログラム[14.14]に提案された要件は，ACI 318-02の要件よりさらに厳格である。1日養生した後のセメントペーストの毛管空げきが不連続になるよう，水セメント比は0.35を超えてはならない。

英国基準BS 5328:Part 1:1997には暴露の複雑な分類が記載されており，最大水セメント比，最小単位セメント量，および28日圧縮強度の適切な値が推奨されている。

これらの推奨値は温帯性以外の気候には不適切である可能性が高く，英国の状況でさえいくぶん楽観的だと思われる。これらの推奨の1つは，海水のしぶきや融雪材への暴露，または濡れた状態で過酷な凍結状態に暴露されることなどが時折あるコンクリートに関して，最大水セメント比0.55，最小単位セメント量325 kg/m^3，および28日強度の特性値40 MPa（立方体供試体で測定）を用いるよう求めたものである。本書はこれらの推奨値は支持していない。BS 5328のすべてのPartは取り消され，BS EN 206-1:2000とBS 8500:Part 1, Part 2:2002に取って代わられた。

BS 5328:Part 1:1997によれば，十分な強度があることは「一般には，さらに検査をしなくとも（自由水/セメント）比と単位セメント量の制限が順守されていることを保証している」とされている。世界中でさまざまなセメントが市販されていることを考えると，この仮定が該当しない可能性もあるため，本書では推奨しない。とりわけ，一部のセメント状材料はコンクリートの圧縮強度を上昇させるが，高強度が必ずしも凍結融解や炭酸化に対する抵抗性を上昇させるとは限らない[14.9]。耐久性の指標として強度だけを用いることができるかどうかもきわめて疑わしい。

硫酸塩の作用に関しては，BS 5328:Part 1:1997では水セメント比の最大値と最小単位セメント量の両方が推奨されている。また地下水や土壌のさまざまな濃度の硫酸塩に関して用いるセメントの種類も指定されている。硫酸塩の作用に対する抵抗性の要件と，規定遵守の尺度として強度だけを用いることのできる他の

14.6 配合割合の選択で支配的となる因子

暴露条件に対する抵抗性の要件との間で,同じ英国基準の手法に不整合がいくぶんあることが疑わしい。この状況は,さまざまな形の作用を受けたコンクリートの挙動に関するわれわれの理解が不十分なことと,配合材料のすべての側面を管理するのは実際上難しいこととが一緒になって生じた結果であろう。

硫酸塩の作用に対する抵抗性に関して,ACI 225R-91[14.17]には表-10.7 に示した暴露条件の区分に対して最大水セメント比が 0.45〜0.50 と規定されている。使用するセメント状材料も規定されている。

単位セメント量それ自体は耐久性を変えることはない。水セメント比に影響を与える点で影響を及ぼすだけであるが,水セメント比はさらに強度に影響を及ぼす。さらに,最小単位セメント量の規定を重視しようと考える時には,これがコンクリート 1 m³ 当たりの kg 数で表されるにもかかわらず,耐久性は主として水和したセメントペーストの性質によって異なることを憶えておかなければならない。したがって,問題にされるのはペーストの単位セメント量であり,骨材の最大寸法が大きいほどセメントペーストの体積(コンクリートの単位容積当たり)は小さい。そのため BS 5328:Part 1:1997 は,単位セメント量を骨材の最大寸法の関数として次のように調整することを推奨している。骨材の最大寸法が 20 mm の混合物に対して定められている単位セメント量の規定値は,骨材の最大寸法が 14 mm の場合に 20 kg/m³,10 mm の場合に 40 kg/m³ 増やさなければならない。逆に言えば,骨材の最大寸法が 40 mm の場合は,20 mm の骨材を含むコンクリートより単位セメント量を 30 kg/m³ 減らすことができる。フランスの手法では,単位セメント量は骨材の最大寸法の 5 乗根に反比例するとみなされる。すなわち,これは必要単位セメント量に大きい影響を及ぼすのは骨材の最大寸法が原因であるとしているのである。

もし耐久性の点からある一定の最大水セメント比が必要となるのに対し,構造物の要件からは高めの水セメント比で簡単に得ることのできる強度値を指定しているという場合であれば,強度と水セメント比との食い違った値を組み合わして規定してはならない。それよりむしろ,耐久性のために必要とされる水セメント比に合わせて高めの設計基準強度を用いなければならない。このようにすれば,コンクリート生産者の側で水セメント比を軽視し,十分な強度値だけに頼ろうとすることがなくなる[14.8]。この高めの強度は構造設計が始まる前に明確にして,高

第14章　コンクリートの配合割合の選択

めの強度が構造設計に活かされるようにしなければならない。

現場におけるコンクリートの水セメント比のばらつきに関しては，ほとんど知られていないといわなければならない。Gaynor[14.13]によれば，管理の行き届いた作業現場では水セメント比の標準偏差が 0.02 から 0.03 である。この大きいばらつきは，あるバッチの自由水の総量を簡単に把握することができないことによって発生するものと思われる。その理由の1つは，骨材の含水量が正確に測定されても，その結果は指定されたバッチを代表していないと思われるからである。

水セメント比だけが塩化物の浸透に対するコンクリートの抵抗性を決めるわけではない。使用するセメント状材料の種類がコンクリートの浸透性に大きく影響する。とりわけ，高炉スラグ微粉末とシリカフュームの両方を含むコンクリートはとくに良い抵抗性を示す[14.1]。この状況は，強度だけに基づいて耐久性の仕様を決めることの難しさを実証している。同じことが，単位セメント量だけを用いることに関しても当てはまる。

使用するセメント状材料の特性は，他の暴露条件下でも非常に重要である。コンクリートが化学作用を受ける場合はそれに対して適切な種類のセメントを使用しなければならないが，凍結融解に対する抵抗性だけが耐久性の要件である場合は，セメントの種類の選択は，例えば，寒中での初期における強度や，高い水和熱の発現など，他の配慮項目によって決定される。

実際，セメントを選択する際には，第13章で解説したさまざまなセメント状材料の有利な性質を活用しなければならない。しかし，融雪材に暴露されるコンクリートのフライアッシュと高炉スラグ微粉末の最大含有率に対して ACI 318-02[14.8] が課している限界規定を憶えておかなければならない（823頁参照）。

セメントの種類は強度の早期発現に影響を及ぼすため，用いるセメントの種類によっては水セメント比を小さくして，早い材齢で十分な強度が得られるようにしなければならない。したがって，強度，セメントの種類，および耐久性が，お互いに関連して，配合割合の計算においてきわめて重要な量の1つである必要水セメント比を決定する。

14.6.2　ワーカビリティー

以上，硬化した状態の時に満足のいくコンクリートをつくるための要件を考察

してきたが，前述した通り，運搬（おそらくポンプ圧送）され，打込まれる時の性質も同じく重要である。この段階できわめて重要な1つの性質が十分なワーカビリティーである。適切なワーカビリティーが得られないような配合割合の選択は，合理的な配合設計という目的を完全に無視するものである。

望ましいと考えられるワーカビリティーは2つの因子によって決まる。1番目の因子は，施工する部材断面の最小寸法および鉄筋の量と最小あきである。2番目の因子は，使用する締固め方法である。

断面が狭く複雑な場合，または角や近づきにくい部分が数多くある場合は，適度な労力で完全に締固めることができるよう，コンクリートのワーカビリティーが高くなければならない。埋め込み鋼材や取りつけ具がある場合，または鉄筋の量と最小あきが打込みと締固めを難しくしている場合にも同じことが当てはまる。構造物のこれらの特徴は設計中に決定されるため，配合割合の選択において必要なワーカビリティーを確保しなければならない。他方，そのような制限がない場合であれば，かなり広い制限範囲内でワーカビリティーを選択することができる。しかし，運搬と締固めの方法はそれに応じて決定しなければならない。そして，建設の全期間に渡って，規定された締固め方法を用いることが重要である。さまざまな種類の建設に対するスランプの適切な値と締固め方法について，BS 5328:Part 1:1997が助言を与えている。

ワーカビリティーと密接に関連する性質は粘着性である。これは主として混合物中の細粒子の割合によって決まり，とくに貧配合の場合は骨材の粒度分布図の目盛りのうち，もっとも細かい部分に注意しなければならない。十分な粘着性をもつ混合物を見出すために，細・粗骨材比を変えたいくつかの試し練りを行うことが時に必要となる。

均一で十分締固められたコンクリートが得られるよう，すべての混合物は粘着性がなければならない反面，粘着性の重要性そのものは異なる。例えば，コンクリートを攪拌せずに長距離を運搬しなければならない場合，または近づきにくいどこかの隅までシュートで落とす場合，または鉄筋の間を通さなければならない場合は，混合物が本当に粘着性をもっていることがきわめて重要である。

材料分離が発生するような状況があまり起こらないような場合には，粘着性はそれほど重要ではない。しかし，容易に材料分離するような混合物はけっして使

用してはならない。

14.6.3　骨材の最大寸法

　鉄筋コンクリートにおいて，使用できる骨材の最大寸法は部材断面の幅と鉄筋の間隔とによって決まる。これを条件として，かつてはできる限り大きい骨材の最大寸法を用いることが望ましいと考えられていた。しかし今になると，骨材寸法の増加とともにコンクリートの性質が向上するのは約 40 mm までであるため，それを超える寸法を使用しても有利にはならないように思われる（220 頁参照）。とくに，高性能コンクリートに 10 から 15 mm を超える寸法の骨材を使用するのは逆効果である（838 頁参照）。

　さらに，より大きい最大寸法の骨材を用いるということは，より多くの数の貯蔵山を保持しなければならないことになり，計量作業もそれに応じて複雑になる。これは小規模の現場では不経済かもしれないが，大量のコンクリートを打込まなければならない場合には，混合物の単位セメント量を小さくすることによって増加した作業費を相殺することができる。

　最大寸法の選択も，材料の入手可能性とその経費によって異なってくる。例えば，1 つの採石場からさまざまな寸法をふるい分けするような場合には，技術的にみて受け入れ可能であれば，この最大の寸法は除かない方が一般には望ましい。

14.6.4　骨材の粒度と種類

　前節で述べた見解の大部分は，骨材の粒度を考える場合にも等しく当てはまる。なぜならば，よく粒度調整された骨材を遠く離れた場所から運び込むより，たとえ富配合が必要になるにしても現地で入手できる材料を使用する方が経済的な場合が多いからである。

　繰り返し強調してきたが，良い粒度曲線としてある程度望ましいものはあるにしても，理想的な粒度は存在せず，さまざまな骨材粒度で優れたコンクリートをつくることができる。

　粒度は，望ましいワーカビリティーを得るための配合割合と水セメント比に影響を及ぼす。粒度が粗ければ粗いほど，使用できる混合物はより貧配合となる。しかしこのことは，ごく貧配合の混合物は細かい材料が十分なければ粘着性をも

14.6 配合割合の選択で支配的となる因子

たないという理由から，一定の限界内だけで言えることである。

しかし，選択の方向を反対にすることも可能である。単位セメント量が固定されている場合（例えば大断面のコンクリートの建設には貧配合がきわめて重要な場合もある）は，水/セメント/骨材の割合が一定で十分なワーカビリティーをもつコンクリートができるような粒度を選択しなければならない。明らかに，その範囲外では良いコンクリートができないような粒度の限界が存在する。

骨材の表面組織，形状，および同類の性質は，望ましいワーカビリティーと定められた水セメント比を得るための（骨材/セメント）比に影響を及ぼすため，骨材の種類が及ぼす影響も考慮しなければならない。したがって，配合を選択する際には，どのような種類の骨材が使用できるかを最初に知ることがきわめて重要である。

満足のいく骨材の重要な特徴は，その粒度の均一性である。粗骨材の場合は，各粒径範囲ごとに別々の貯蔵山を使用することによって，比較的簡単に均一性を実現できる。

しかし，細骨材の粒度の均一性を維持する際にはかなりの注意が必要であり，このことはミキサの運転者が一定のワーカビリティーに基づいて混合物の単位水量を制御する場合にはとくに重要である。粒度を突然細かくする場合にはワーカビリティーを保つために水の追加が必要であるが，これは関係するバッチの強度が低くなることを意味する。また，過剰な細骨材は完全な締固めを不可能にするおそれがあるため，強度の低下をもたらす。

したがって，仕様書の粒度の限界規定が狭いと過度に拘束するおそれがある一方，バッチごとに異なる骨材の粒度は，すべて規定の範囲内におさまっていることがきわめて重要である。

14.6.5　単位セメント量

以上に考察してきた水セメント比を含むすべての因子が共同し合って混合物の（骨材/セメント）比と単位セメント量を決定する。さまざまな影響を明確に把握するために，もう一度図-14.1を参照しなければならない。

単位セメント量は，経験を基に決定するか，または包括的な実験室の試験で作成された図や表に基づいて選択しなければならない。そのような表は，試験で用

第14章 コンクリートの配合割合の選択

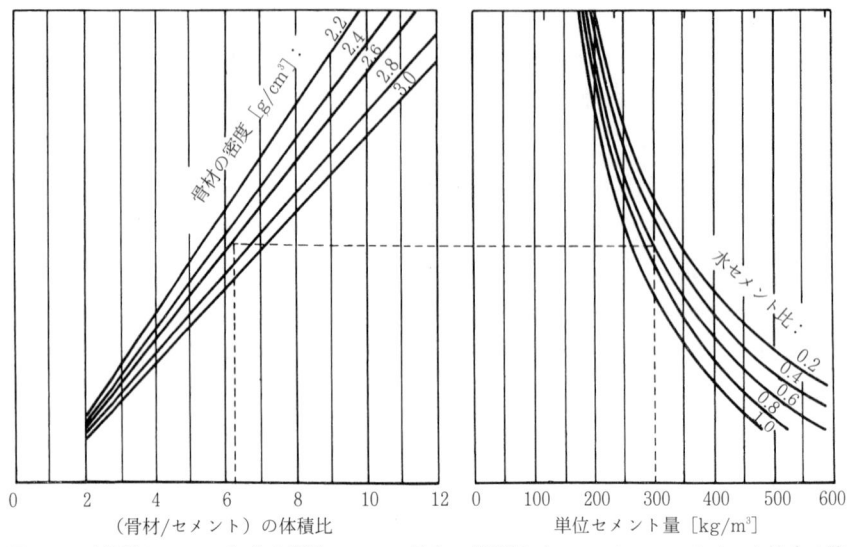

図-14.8 （骨材/セメント）比と単位セメント量との換算図（セメント・コンクリート協会の許可による）

いたものと同じ骨材にしか完全には適用できないため，必要な配合割合を示す指針以上のものではない。さらに，推奨される割合は，満足できることが明らかになっている骨材粒度を規準にしていることが多い。そのような粒度から大幅に変更する必要がある場合は，1950年の昔に確立された手引きの「規則」を念頭に置くと良いかもしれない。これらの「規則」の1つは次のようなものである。すなわち，600 μm（No.30 ASTM）のふるいより小さい粒子が過剰にある場合は，4.76 mmのふるいを通過する材料を骨材総量の10%減らさなければならない。他方，1.20から4.76 mmの寸法範囲にある粒子が過剰にある場合は，細骨材の量を増やさなければならない。しかし，1.20 mm（No.16 ASTM）から4.76 mmのふるい寸法の粒子が大幅に過剰な細骨材は粗々しい混合物を生じさせるため，満足のいくワーカビリティーを得るためには単位セメント量を高くする必要があるかもしれない。

さまざまな混合物を比較する際には，（骨材/セメント）比を単位セメント量に，またはその逆に素早く変換できると便利なことがある。図-14.8はそのような変換をきわめて簡単にできるようにしている。

14.7　配合割合と1バッチの量

　水セメント比と単位セメント量が分かっていれば，セメント，水，および骨材の割合を簡単に決定することができる。実際には，骨材は2つ以上の貯蔵山から供給されるため，各寸法の骨材の量を別々に示さなければならない。これは問題なく行うことができる。なぜならば，すでに適切な粒度を見出す際に，骨材のさまざまな粒径範囲の比率を計算しなければならなかったからである。計算の詳細は924頁に示す。

　実施面では，配合量を1バッチ当たりのキログラム数で示す。セメントがばら荷で供給される場合は，バッチ量は合計するとミキサの容量に等しくなるように選択する。

　セメントが袋で供給され，計量設備がない場合は，1バッチ当たりのセメントの質量が1袋またはその倍数になるようなバッチ量を選択することが望ましい。そうすれば，セメントの質量が正確にわかる。例外的に1/2袋を用いることもできるが，他の分割は確実に測定できないためけっして使用してはならない。袋のサイズについては8頁に述べた。

　混和剤を使ってある配合のコンクリート混合物を改良する場合は，一部の材料の量を変更する必要がある。重要な原則は，コンクリートの単位容積中における粗骨材の体積を一定にして，細骨材の体積だけを調整することである。絶対容積を基準にして，水，エントレインドエア，およびセメントの体積の変化量と等しい量だけ，細骨材の量をそれらと逆に変えれば調整することができる。混和剤の液体部分は練混ぜ水の一部とみなす。

14.7.1　絶対容積による計算

　ここまで解説してきた方法で，水セメント比と単位セメント量または（骨材/セメント）比の値，そしてさまざまな寸法の骨材の相対的な割合が決定されるが，これらの材料でつくられた完全に締固められたコンクリートの体積は得られていない。この体積は，締固められたコンクリートの体積が，すべての材料の，絶対容積の合計量に等しいとする，いわゆる絶対容積法を使って計算することができる。

第14章　コンクリートの配合割合の選択

　1 m³のコンクリートをつくるための材料の量を計算するのが通例である。その場合に，W, C, A_1, A_2, がそれぞれ水，セメント，細骨材，および粗骨材の質量による量であるならば，その1 m³に関する方程式は次のようになる。

$$\frac{W}{1\,000} + \frac{C}{1\,000\rho_c} + \frac{A_1}{1\,000\rho_1} + \frac{A_2}{1\,000\rho_2} = 1$$

ここで，添え字を付けられたρは，各材料の密度［g/cm³］を表す。大英帝国単位系すなわち，米国の単位系では，水の密度（62.4）が立方フィート当たりのポンド数で表されるため，1立方ヤードの総体積は27立方フィートとして表さなければならない。したがって，立方ヤードに関する方程式は次の通りである。

$$\frac{W}{62.4} + \frac{C}{62.4\rho_c} + \frac{A_1}{62.4\rho_1} + \frac{A_2}{62.4\rho_2} = 27$$

配合設計の計算からW/C, $C/(A_1+A_2)$, およびA_1/A_2の値が得られ，そこからW, C, A_1, A_2の値が計算できる。

　ポルトランドセメントとはおそらく密度が異なるであろうが，他のセメント状材料が存在する場合，または粗骨材や細骨材が1貯蔵山より多い場合は，ほぼ同形の他の項を方程式に加える。エントレインドエアが存在し，その百分率が，例えばコンクリート体積のa％である場合は，

「立方ヤード」の方程式の右側は次のようになる。

$$27 \times \left[1 - \frac{a}{100}\right]$$

「m³」の方程式に関しては，27の代わりに1を入れる。

　上記の方程式で，Cはコンクリート1 m³当たりのセメント量をkgで表したもの，あるいはコンクリート1立方ヤード当たりのセメント量をポンドで表したものであり，Wは同じ単位で表した単位水量である。後者を水セメント比と混同してはならない。かつて米国では，単位セメント量をコンクリート立方ヤード当たりのセメント袋数で表し，セメント係数と呼ばれていた。袋の容量は94lbである。

　骨材が質量で乾燥骨材のm％の自由水を含んでいる場合は，添加水Wと（湿潤）骨材の質量の値を調整しなければならない。A' kgの骨材中の自由水の質量をxとすれば，

$$\frac{m}{100} = \frac{x}{A'-x}$$

であり，乾燥骨材の質量は $A = A'-x$ となる．したがって，$x = Am/100$ である．この質量を A に加えると1バッチ当たりの湿潤骨材の質量 $A(1+m/100)$ が得られ，また W からこの質量を引くと添加水の質量 $W-Am/100$ が得られる．

一般的に言って，各粒径範囲の骨材は含水率が異なるため，A_1，A_2，その他を適切な値の m で修正しなければならない．

低強度のコンクリートをつくる際に，骨材の粒度がほぼ一定で，質量計量を行う場合には，骨材の含水量の測定を省略することができる．そのような状況では，経験豊富なミキサの運転者が添加水の量を調整し，目視判断でワーカビリティーを一定に保つことによって，骨材の含水率の変動がもたらすワーカビリティーの変化を防ぐことができる．そうすれば，水セメント比もかなり一定のままに保たれる．しかし，規定の配合のコンクリートを安定的に生産するためには，骨材の含水量を含むすべての材料を正確に定めることがきわめて重要であることを強調しなければならない．

体積計量の場合は，粗骨材の含水率を修正する必要はないが，細骨材のバルキングを見込まなければならない（171頁参照）．質量計量の場合と同様に，添加水の量はミキサの運転者が調整しなければならない．

14.8 標準粒度を得るための骨材の混合

理想的な粒度が存在しないことは繰り返し述べてきたが，混合した骨材の粒度が規定の曲線と同じになるか，または定められた限界の間に来るように，使用可能な材料を混合することが望ましい，または必要である．これは計算で，または図を使って行うことができる．どちらの方法も，実例を用いるとうまく説明することができる．

このような具体例では，すべての骨材は密度が等しいと仮定する．

しかし，コンクリートの物理的な構成は体積の割合に基づいている．したがって，異なる粒径範囲の密度が互いにかなり異なる場合は，必要な比率を適宜調整しなければならない．この手法は，軽量の粗骨材と普通の細骨材を用いた軽量骨

第14章 コンクリートの配合割合の選択

材コンクリートの配合割合を計算する際に必要となる。

仮に細骨材の粒度と2種類の粗骨材の粒径範囲が表-14.4に示したものとし，これらの材料を図-3.15（曲線1）のもっとも粗い粒度に近づけるように混合するものとする。この曲線では，骨材全体の24％が4.75 mmのふるいを通過し，50％が19.0 mmのふるいを通過する。

x, y, z はそれぞれ，細骨材，19.0 から4.75 mm の骨材，および38.1 から19.0 mm の骨材の割合を表すとする。その場合，混合した骨材の50％が19.0 mm のふるいを通過するという条件を満たす式は次のようになる。

$$1.0x + 0.99y + 0.13z = 0.5(x+y+z)$$

混合した骨材の24％が4.75 mm のふるいを通過するという条件は次の式で表される。

$$0.99x + 0.05y + 0.02z = 0.24(x+y+z)$$

この2つの方程式から，次の結果が得られる。

$$x : y : z = 1 : 0.94 : 2.59$$

すなわち，3種類の骨材は 1 : 0.94 : 2.59 の比率で混合される。

骨材全体の粒度を確認するために，表-14.4の縦列(1)，(2)，および(3)にそれぞ

表-14.4 ある標準粒度の骨材を得るための骨材の組合わせ例

ふるいの呼び寸法		下記の各骨材における通過質量の累積百分率			(1)×1	(2)×0.94	(3)×2.59	(4)+(5)+(6)	組み合わせた骨材の粒度 (7)÷4.53
mm または μm	in または No.	細骨材	19.0 mm 〜4.75 mm	38.1 mm 〜19.0 mm					
		(1)	(2)	(3)	(4)	(5)	(6)	(7)	(8)
38.1	$1\frac{1}{2}$	100	100	100	100	94	259	453	100
19.0	$\frac{3}{4}$	100	99	13	100	93	34	227	50
9.50	$\frac{3}{8}$	100	33	8	100	31	21	152	34
4.75	$\frac{3}{16}$	99	5	2	99	5	5	109	24
2.36	8	76	0	0	76	0	0	76	17
1.18	16	58			58			58	13
600	30	40			40			40	9
300	50	12			12			12	3
150	100	2			2			2	$\frac{1}{2}$

14.8 標準粒度を得るための骨材の混合

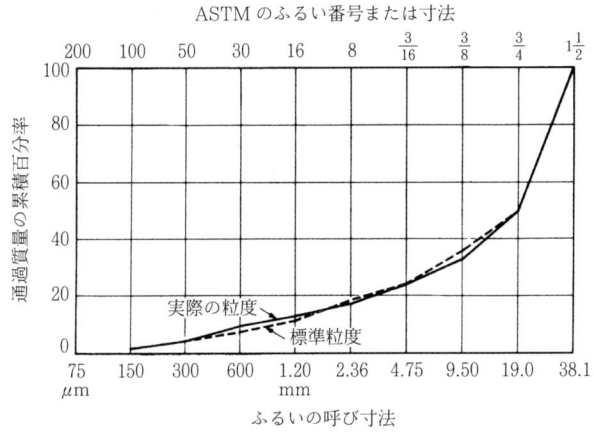

図-14.9 表-14.4に示した例の骨材の粒度

れ1, 0.94, および2.59を掛けると, 結果は縦列(4), (5), および(6)に示した通りとなる。これら3つの縦列を足した合計(縦列7)を1+0.94+2.59=4.53で割る。縦列(8)に示された結果が混合した骨材の粒度である。粒度は1％単位に丸めて示したが, これは材料にばらつきがあるためそれ以上見かけ上の精度を上げても意味がないからである。

図-14.9には混合した骨材の粒度と, われわれが合わせようとした標準曲線が一緒に示されている。偏差があることは明らかであり, 実際に避けることはできない。なぜならば, 標準曲線との一致は, 一般に規定した点でのみ可能性があるからである。

図による方法は図-14.10の通りである。最初に, 19.0 mm のふるいを通過する百分率を規準として2種類の粗骨材を混合する。百分率の目盛りを, 正方形の3辺に沿って打つ。2種類の粗骨材の通貨百分率の値を相対する2辺に記入し, 同じふるい寸法に対応する各点を直線で結ぶ。つぎに, 19.0 mm の値同士を結ぶ線と, 19.0 mm より小さい粗骨材の正確な百分率を表す横線とが交差する点を通って, 縦線を引く。われわれの例では, 骨材全体のうち, (50−24)＝26部分が4.75 mm のふるいより粗くかつ19.0 mm のふるいを通過し, 50部分が19.0 mm のふるいに残留する。それゆえ, 19.0 mm より小さい粗骨材の比率は26：(50＋26), または合計粗骨材の34％となる。したがって, 34％の点を通り, 19.0

925

第14章 コンクリートの配合割合の選択

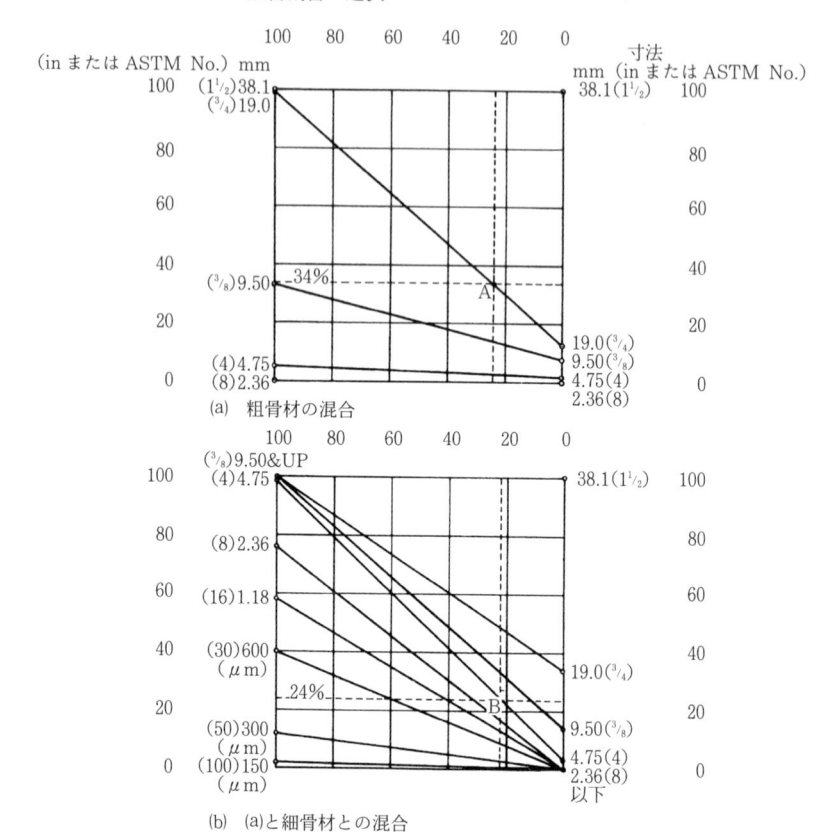

図-14.10 骨材を混合するための図式法（表-14.4の例）

mmの線をA点で横切る横線が引かれる。Aを通る縦線の目盛りが，19.0～4.75 mm粗骨材の量を合計粗骨材量の百分率で示す。

図-14.10(a)ではこの値が24％である。たて線と各粒径線とが交わる点は粗骨材全体の粒度を示しており，この値と細骨材とをすでに解説した方法とほぼ同じようにして混合する（図-14.10(b)）。このようにして，細骨材の22部分と，4.75 mmふるいより粗い骨材の78部分とを混合することが分かった。したがって，骨材は 22：(24/100)×78：(76/100)×78，または 1：0.85：2.69 の割合で混合わされる。Bを通るたて線（図-14.10(b)）は，3種類の骨材を 1：0.85：2.69 の比率で混合して得られた骨材全体の粒度を示している。これは，上記の計算で得られた粒度と一致するが，どちらの方法も，特定の2種類のふるい寸法を通過する

量に基づいた概算である。

標準粒度の包絡線を描く（図-14.10(b)の型の図中で）ことも可能である。なぜならば，どのたて線も可能な粒度を表しているため，包絡線の内部の粒度が得られる（訳者注：たて線が包絡線の中に入る）かどうかは一目瞭然である。そうすれば，割合の範囲は，選択されていた縦線に対応するBとおなじような点によって示される。

14.9 アメリカ方式による配合割合の選択

ACI 施工基準 ACI 211.1-91[14.5] には，ポルトランドセメントだけを含むコンクリートや他のセメント状材料も一緒に含むコンクリート，および混和剤も含むコンクリートの配合割合の選択方法が解説されている。この方式は試し練りに用いる配合割合の最初の概算値を提供するものである点を，強調しなければならない。基本的に，ACI 211.1-91の方法は，使用する材料の特性を考慮した論理的で単純明快な一連の手順で構成されている。ここではこれらの手順について解説する。

段階1－スランプの選択

配合割合を決定する時点で，スランプは建設の要件によって決定されている。スランプは最小限界値だけでなく最大値も規定する必要があることに注意しなければならない。

このことは，高めのスランプが選択されていない混合物が突然「水量が増えた」時に起きる材料分離を防ぐために必要である。

段階2－骨材の最大寸法の選択

これも通常は構造物の設計者が，部材の幾何学的要件と鉄筋の最小あきを念頭におきながら，あるいは入手の可能性を考慮しながら，すでに決定している。

段階3－単位水量と空気量の推定

第4章に解説した通り，ある特定のスランプを生じさせるために必要な単位水量はいくつかの因子によって決まる。すなわち骨材の寸法，形状，組織，および粒度，エントレインドエアの含有量，およびコンクリートの温度である。直接的な経験がない場合は，スランプとこれらの性質とを関連付けている表を使わなけ

第 14 章　コンクリートの配合割合の選択

表-14.5　種々のスランプと骨材の公称最大寸法のコンクリートに対して ACI 211.1-91 で定める配合水量と空気量の要件の概略値[14.5]

スランプ [mm]	下記の各骨材の公称最大寸法に対するコンクリートの単位水量 [kg/m³]						
	9.5	12.5	19	25	37.5	50	75	150
AE 剤を用いないコンクリート							
25～50	207	199	190	179	166	154	130	113
75～100	228	216	205	193	181	169	145	124
150～175	243	228	216	202	190	178	160	—
エントラップトエアの量 [%]	3	2.5	2	1.5	1	0.5	0.3	0.2
AE コンクリート							
25～50	181	175	168	160	150	142	122	107
75～100	202	193	184	175	165	157	133	119
150～175	216	205	197	184	174	166	154	—
下記の各条件に対する全空気量 [%]							
ワーカビリティーの向上	4.5	4.0	3.5	3.0	2.5	2.0	1.5	1.0
穏やかな暴露条件	6.0	5.5	5.0	4.5	4.5	4.0	3.5	3.0
厳しい暴露条件	7.5	7.0	6.0	6.0	5.5	5.0	4.5	4.0

ればならない。そのような表の1つが表-4.1である。別の選択肢として，ACI 211.1-91[14.5] が推奨する値を用いることができる。

そのような値を抜粋して表-14.5 に示す。実際に使用するには，ここでは転載しないが ACI 211.1-91 に記載されたこの表の注記と補足説明を考慮に入れなければならない。

表-14.5 の値は，「良い」粒度と考えられる粒度をもち，形状の良い角張った骨材の場合の標準的な値である。丸みのある粗骨材の場合は，コンクリート 1 m³ 当たりの必要水量が non-AE コンクリートの場合で約 18 kg，AE コンクリートの場合で 15 kg 低くなると予想することができる。減水剤は，高性能減水剤ならとくにそうであるが，表-14.5 に示された値を大幅に低下させる。混和剤の液体部分は練混ぜ水の一部であることを，覚えておかなければならない。

表-14.5 はまた予想できるエントラップトエアの量の値も示している。これらは締固められたコンクリートの密度とコンクリートのでき上がり量を計算する際に使用される。

段階 4 －水セメント比の選択

水セメント比の選択規準は 2 つあり，強度と耐久性である。圧縮強度に関する限り，目標とする平均値は規定の「最低」強度を適切な幅で上回らなければなら

ない（904頁参照）。「セメント」という用語は，使用するセメント状材料の合計質量を指す。これらの材料の選択は，熱の発生，強度の発現速度，およびさまざまな形の作用など数多くの因子によって支配的な影響を受けるため，使用する混合セメントの種類は配合設計の最初に確定しなければならない。

強度と水セメント比との関係を，ある一定の強度範囲にわたって確立しなければならないのは，実際に使用するセメントに対してである。

耐久性に関しては，水セメント比は構造物の設計者または適切な設計規準によってはっきり規定しておくのが良い。重要なことは，選択する水セメント比を，強度と耐久性の要件から求められる2つの値の低い方にすることである。

さまざまなセメント状材料を使用する場合は，密度の値が多様であることを憶えておかなければならない。標準的な値は，ポルトランドセメントが3.15 g/cm^3，高炉スラグ微粉末が2.90 g/cm^3，およびフライアッシュが2.30 g/cm^3である。

段階5 – 単位セメント量の計算

段階3と段階4によって，単位セメント量は直接求められる。単位水量を水セメント比で割ったものである。しかし，耐久性の点から最小単位セメント量が定められている場合は，2つの値のうち大きい方を用いなければならない。

時折，熱の発生を考慮して，最大単位セメント量が規定されることがある。もちろんこれを順守しなければならない。マスコンクリートの場合に熱の発生はとりわけ重要であり，この種のコンクリートの配合設計は，ACI 211.1-91[14.5]に明確に記載されている。

段階6 – 粗骨材含有量の推定

この場合，コンクリートの総体積に対する粗骨材のかさ容積の比の最適な値は，骨材の最大寸法と細骨材の粒度だけに左右される。粗骨材粒子の形状は直接にはこの関係に含まれない。なぜならば，例えば，砕石は十分丸みのある骨材と比べて同じ質量に対するかさ容積が大きい（すなわち単位容積質量が小さい）。したがって，単位容積質量の決定に際して形状の因子が自動的に考慮される。表-14.6は，さまざまな粗粒率（198頁参照）の細骨材と一緒に用いる粗骨材の最適な容積の値を示している。

この容積は，表の値に，炉乾燥し棒で突き固めて求めた骨材の単位容積質量[kg/m^3]をかけることによって，コンクリート1 m^3当たりの粗骨材の質量に変

第14章　コンクリートの配合割合の選択

表-14.6　単位粗骨材容積[14.5]

骨材の最大寸法［mm］	下記の各粗粒率の細骨材に対して，炉乾燥し棒で突き固めて求めた単位粗骨材容積			
	2.40	2.60	2.80	3.00
9.5	0.50	0.48	0.46	0.44
12.5	0.59	0.57	0.55	0.53
20	0.66	0.64	0.62	0.60
25	0.71	0.69	0.67	0.65
37.5	0.75	0.73	0.71	0.69
50	0.78	0.76	0.74	0.72
75	0.82	0.80	0.78	0.76
150	0.87	0.85	0.83	0.81

指定の値は鉄筋コンクリート構造物に適したワーカビリティーのコンクリートをつくる。道路工事に用いる場合などの，より低いワーカビリティーのコンクリートに対しては，この値は約10％増加させても良い。ポンプ施工を行う必要がある場合などの，より高いワーカビリティーのコンクリートに対しては，この値は10％まで減少しても良い。

換される。

段階7－細骨材含有量の推定

　この段階では，細骨材の質量だけが未知の量である。この質量の絶対容積は，コンクリートの体積すなわち1 m^3 から，水，セメント，エントレインドエア，および粗骨材の絶対容積の合計を引くことによって得ることができる。それぞれの材料の絶対容積は，材料の質量を絶対密度（kg/m^3）で割った値に等しい。そして，絶対密度は，材料の比重に水の密度（1 000 kg/m^3）を掛けたものである。

　細骨材の絶対容積は，この容積に細骨材の密度を掛けることによって質量に変換される。

　別の選択肢として，細骨材の質量は，単位容積のコンクリートの質量を経験から推定できる場合は，この質量から他の材料の合計質量を引くことによって直接得ることができる。この手法は，絶対容積法と比べてわずかに精度が低い。

段階8－配合割合の調整

　配合割合の選択過程では必ず試し練りを行わなければならない。配合の調整に関して，経験則による助言がACI 211.1-91[14.5]に掲載されている。一般的に言って，ワーカビリティーは変えなければならないが強度はそのままにしたい場合であれば，水セメント比を変更してはならない。変更は，（骨材/セメント）比または適切な骨材が入手できるのであれば骨材の粒度によって行わなければならな

い。粒度がワーカビリティーに及ぼす影響は，第3章で解説した。

逆に言うと，ワーカビリティーを変えずに強度を変更するには，混合物の単位水量をそのままにして水セメント比を変えれば良い。これは，水セメント比を変更する際には（骨材/セメント）比も一緒に変更し，次の質量比がほぼ一定となるようにしなければならないことを意味する。

$$\text{水}/(\text{水}＋\text{セメント}＋\text{骨材})$$

米国コンクリート協会の上記の配合設計方法は，簡単にプログラム化してコンピュータで利用することができる。手計算の一例を，この節の後の部分に示す。

14.9.1 計算例

普通ポルトランドセメントを使用した，28日の平均圧縮強度が35 MPa，スランプが50 mmの混合物が必要である。形状の良い角張った骨材は最大寸法が20 mm，その単位容積質量は1 600 kg/m^3，および密度は2.64 g/cm^{3}である。入手可能な細骨材は粗粒率が2.60，密度が2.58 g/cm^{3}である。空気の連行を行う必要はない。間違いのないように，たとえ明白であってもすべての段階を示すことにする。

段階1－スランプを50 mmに指定する。
段階2－骨材の最大寸法を20 mmに指定する。
段階3－表-14.5から，スランプが50 mmで骨材の最大寸法が20 mm（または19 mm）の場合の必要水量は，コンクリート1 m^{3}当たりおよそ190 kgである。
段階4－過去の経験から，水セメント比が0.48の場合は，円柱供試体で測定した圧縮強度が35 MPaのコンクリートができると予想される。耐久性の要件はとくにない。
段階5－単位セメント量は190/0.48＝395 kg/m^{3}である。
段階6－表-14.6から，棒で突き固めた最大寸法20 mmの絶乾粗骨材を粗粒率2.60の細骨材と一緒に用いると，単位粗骨材容積は0.64になる。粗骨材の単位容積質量が1 600 kg/m^{3}であることから，粗骨材の質量は0.64×1 600＝1 020 kg/m^{3}である。
段階7－細骨材の質量を計算するためには，まず他のすべての材料の体積を計算する必要がある。必要とされる値は次の通りである。

第 14 章　コンクリートの配合割合の選択

水の体積は，

　　190/1 000　　　　　　　　　　　　　　　　　　　　　　=0.190 m³

通常の密度を 3.15 g/cm³ とみなしたセメントの実体積は，

　　395/(3.15×1 000)　　　　　　　　　　　　　　　　　　=0.126 m³

粗骨材の実体積は，

　　1 020/(2.64×1 000)　　　　　　　　　　　　　　　　　=0.396 m³

表-14.5 に示したエントラップトエアの体積は，

　　2/100　　　　　　　　　　　　　　　　　　　　　　　=0.020 m³

上記から，細骨材を除くすべての材料の合計体積は，　　　　　=0.732 m³

したがって，細骨材の必要な体積は，

　　1.000－0.732　　　　　　　　　　　　　　　　　　　　=0.268 m³

上記から，細骨材の質量は，

　　0.268×2.58×1 000　　　　　　　　　　　　　　　　　=690 kg/m³

さまざまな手順から，コンクリート 1 m³ 当たりの kg 数で表した各材料の推定質量を列挙すると，次のようになる。

水	190
セメント	395
粗骨材（乾燥）	1 020
細骨材（乾燥）	690
	2 295

したがって，コンクリートの密度は 2 295 kg/m³ となる。

14.9.2　ノースランプコンクリートの配合の選択

ACI 211.1-91[14.5] による配合割合の選択方法は，スランプが 25 mm 以上のコンクリートに用いるためのものである。ノースランプコンクリートの場合は多少の修正が必要である。このような修正に関しては，ACI 211.3-75（1987 年改定）（1992 年再承認）[14.4] に記載されている。

最初の修正は表-14.5 に示した必要水量に対して行われる。この表で，スランプが 75～100 mm のコンクリートの値を規準値とみなす。この必要水量の規準値（kg/m³ 単位）に相対値の 100%を割当てると，他のワーカビリティー値に対

14.9 アメリカ方式による配合割合の選択

表-14.7 種々のワーカビリティーのコンクリートに対して必要な相対練混ぜ水量[14.4]

表現	ワーカビリティー			単位水量の相対値[%]
	スランプ [mm]	VB 時間 [秒]	締固め係数	
きわめて硬練り	—	32–18	—	78
非常に硬練り	—	18–10	0.70	83
硬練り	0–25	10–5	0.75	88
硬めの塑性	25–75	5–3	0.85	92
塑性（基準）	75–125	3–0	0.90	100
流動性のある	125–175	—	0.95	106

表-14.8 種々のワーカビリティーの配合を得るために表-14.6を基に計算した粗骨材の体積に適用する係数[14.4]

コンシステンシー	下記の各最大寸法（骨材の）に対する係数				
	10 mm	12.5 mm	20 mm	25 mm	40 mm
きわめて硬練り	1.90	1.70	1.45	1.40	1.30
非常に硬練り	1.60	1.45	1.30	1.25	1.25
硬練り	1.35	1.30	1.15	1.15	1.20
硬めの塑性	1.08	1.06	1.04	1.06	1.09
塑性（基準）	1.00	1.00	1.00	1.00	1.00
流動性のある	0.97	0.98	1.00	1.00	1.00

する必要水量を表-14.7に百分率で示す。きわめて硬練り，非常に硬練り，および硬練り，という3種類のノースランプコンクリートが認められている。同じ表で，ワーカビリティーが比較的高い場合の必要水量の相対値も示されている。

ノースランプコンクリートの配合を選択するために行うACI 211.1-91の方法の2番目の変更は，単位粗骨材容積の値の変更である。すなわち表-14.6に示された値に，表-14.8に示した係数を掛けなければならない。その他の詳細事項については，ACI 211.1-91に記載されている。ほかの点では，ノースランプコンクリートをつくる方法は前に解説したACI 211.1-91の方法とほぼ同じである。

14.9.3 高流動コンクリートの配合の選択

ここで，高流動コンクリートに関して少し特別な所見を述べなければならない。まず第一に，ASTM C 1017-92には，高流動コンクリートは，スランプが190 mmより大きく粘着性のあるコンクリート，と述べられている。一般に，高流

動コンクリートはスランプが 200 mm，またはフローが 510〜620 mm，または締固め係数が 0.96〜0.98 である。配合の選択の過程で，まずスランプが 75 mm のコンクリートの配合を選択すると便利である。つぎに高性能減水剤を添加してより高いスランプを得る。適切に配合された高流動コンクリートは，ブリーディングや材料分離がほとんど発生せず，異常な材料分離は発生しない。このような性質を確保するために，非常に角張った粗骨材や薄いまたは細長い粗骨材を避けなければならない。

細骨材に関する限り，その含有率を通常より 5％ 多くする（それに対応して粗骨材を少なくする）と，粘着力が向上する。細骨材がきわめて粗い場合は，その含有率をさらに増やす必要があるかもしれない。コンクリートのでき上がり量の計算には，単位水量の低下を考慮しなければならない。

高流動コンクリートの粘着力を確保するための別の手法[14.6]は，骨材の最大寸法が 20 mm の場合に，骨材中の 300 μm より小さい粒子の総質量とセメント状材料の質量とを合わせた量が，コンクリート 1 m^3 当たり 450 kg より多くなるように，細骨材の含有量を選択することである。骨材の最大寸法が 40 mm の場合は，「超微細」の含有量を 400 kg/m^3 にしなければならない。混合物の単位セメント量に関連する「超微細」の含有量を規定する代わりに，これらの含有量を骨材の最大寸法の関数として規定することもできる。レディーミクストコンクリートのイタリア基準 UNl 7163-1979 には，骨材の最大寸法が 15 mm の場合に 250 μm より小さいすべての材料を 450 kg（コンクリート 1 m^3 当たり）と定めている[14.34]。そして，20 mm の骨材に関して，この値は 430 kg/m^3 である。

高流動コンクリートは標準スランプのコンクリートより圧送の抵抗性が少ないことから，ポンプ圧送速度を上げ，より長距離のポンプ圧送を行うことが可能であり，したがってポンプ圧送に適していることを思い出すことができる。高流動コンクリートは大量の施工で使用することが望ましい。なぜならば，高性能減水剤を使用すれば単位セメント量を小さく，かつ単位水量も小さくすることができるため，熱の発生と収縮をどちらも低く抑えることができるからである。遅延性のある高性能減水剤（ASTM C 494-92 によるタイプ G）が良いかもしれない。

14.10 高性能コンクリートの配合の選択

表-13.5 に，いくつかの高性能コンクリート混合物の詳細を示した。しかし，高性能コンクリートの配合割合の選択に関する一般化され系統だった手法は，まだ開発されていない。このことの理由には，高性能コンクリート製の構造物がこれまでにあまり建設されていないこと，また構造物はそれぞれ特殊でかつ特別に選定された材料を使っていたことが挙げられる。将来高性能コンクリートを使う場合は，セメントと高性能減水剤との相性，およびさまざまなセメント状材料，とくにシリカフュームがコンクリートの性質に及ぼす影響に関して述べた第13章の解説が相当価値を有するようになるはずである。

高性能コンクリートの配合を選択するための認められた方法はないが，具体的な所見をいくつか述べることができる。第一に，ワーカビリティーは適切な添加量の高性能減水剤で制御することができるため，単位水量は強度の観点から要求される水セメント比に基づいて選択しなければならない。収縮を制御するために，セメント状材料を過剰に添加することは避けなければならない。500～550 kg/m^3 の値，そのうち約 10% がシリカフューム，が望ましい最大値である。粉末度の高いポルトランドセメントが望ましい。ポルトランドセメントと高性能減水剤との相性が絶対に必要であることは，すでに強調した。

空気の連行を行う場合は，試行錯誤によって配合割合を修正しなければならない[14.15]。

ACI 211.4 R-93[14.16] から，高性能コンクリートの配合の選択に関して参考となる資料を得ることができ，圧縮強度 40～80 MPa（円柱供試体強度で測定）のコンクリートに適用できるようになっている。本書では，後者の値でも高性能コンクリートとみなしている値より低いと考える。それにもかかわらず，いくつかの点が参考になると思う。

第一に，高性能コンクリートの場合は，設計基準強度の材齢として 28 日を十分過ぎた値が要求されることがあり，このことを，強度の規準を考える際に明確に考慮しなければならない。第二に，ある場合には，高性能コンクリートの特殊要件は高い弾性係数である。このことを実現するには弾性係数の高い粗骨材を用いることがきわめて重要であるが，粗骨材粒子とマトリックスとの付着を特別に

良くするセメント状材料を選択することも重要である。

粗骨材含有量に関して言えば、ACI 211.4 R-93[14.16] は、棒で突き固めた絶乾粗骨材の単位粗骨材容積を、骨材の最大寸法が 10 mm の場合に 0.65、骨材の最大寸法が 12 mm の場合に 0.68 とするよう推奨している（表-14.6 参照）。普通のコンクリートとは異なり、細骨材の粗粒率が、少なくとも 2.5～3.2 の範囲では、単位粗骨材容積値は細骨材の粗粒率に影響されない。

ACI 211.4 R-93[14.16] のおおまかな指針は役に立つが、高性能コンクリートの配合の選択においては実験的な手法は避けられないことを、重ねて強調しておく。

14.11　軽量骨材コンクリートの配合の選択

圧縮強度と水セメント比との関係は、普通コンクリートと同じように軽量骨材でつくられたコンクリートにも当てはまるため、軽量骨材を用いる場合にも通常の配合の選択方法に従うことができる。しかし、混合物中の全水量の中で、どれだけの量が骨材に吸収され、どれだけの量が実際にコンクリート中の空間を占めるか、すなわちセメントペーストの一部を成すかを決定するのはきわめて難しい。この難しさの原因は、軽量骨材の吸水率の値がきわめて大きいことだけでなく、吸水速度が非常にさまざまであり、一部の骨材は数日間もそれとわかる速度で吸水し続けるということにある。したがって、飽水した表乾状態の密度を確実に決定するのは難しい。この問題は第 13 章にさらに詳しく解説してある。

したがって（自由水/セメント）比は、骨材の含水率だけでなく、練混ぜる時の吸水率によっても左右される。したがって、配合割合の計算に水セメント比を用いるのはやや難しい。そのため、単位セメント量を基準として配合を行うのが望ましい。ただし、丸みのある軽量骨材で表面が被覆または封緘され、吸水率が相対的に低いものに関しては、標準の方法で配合の選択を行う方が実際的である。

人工軽量骨材は完全に乾燥しているのが普通であり、材料分離を起こしやすい。練混ぜの前に骨材を飽水させると、コンクリートの強度は、単位セメント量とワーカビリティーが同じであれば、乾燥骨材を用いた場合より約 5～10% 低くなる。これは、後者の場合は、打込みの時にワーカビリティーを向上させた一部の練混ぜ水が、凝結の前に吸収されるからである。この挙動は真空脱水されたコンクリー

14.11 軽量骨材コンクリートの配合の選択

トの挙動といくぶん似ている。その上，飽水した骨材でコンクリートをつくると密度が高くなり，凍結融解に対する抵抗性が低下する。他方，吸水率の大きい骨材を使用した場合には，十分ワーカブルであり，かつ粘着力のある混合物を得ることは難しく，一般的に言って吸水率が10%を超える骨材はあらかじめ浸水させなければならない。

興味深いことに，最初から湿っていた骨材を水に短時間浸漬した場合は，最初乾燥していた骨材を同じ時間浸漬した場合より，合計吸水量を多く含んでいるのが普通である。おそらくその理由は，骨材粒子を湿らせる程度の量の水は空げきの表面に留まらず，中へと拡散して内部の小さい空げきを満たすからであろう。Hanson[14.33]によれば，これによって表面の比較的大きい空げきから水がなくなるため，浸漬した時に，最初に水が骨材に吸収されていない場合とほぼ同じ量の水が滲入するのである。

上記の解説は，骨材，空気量，およびスランプが一定の場合に，圧縮強度は混合物の単位セメント量とは直線関係にあるという前提の下に軽量骨材コンクリートの配合を選択するのがなぜ最善かを説明している。しかしこの関係は，軽量骨材の種類によって大きく異なる場合がある。図-14.11は，すべて軽量骨材でできたコンクリートと普通細骨材を混ぜた軽量骨材コンクリートに関して，このような関係の例を示したものである。軽量骨材は人工的につくられた製品であって性質のばらつきがほとんどないため，特定目的のための配合割合を選択する際には，最初に，配合設計に関して骨材製造者が作成した指針を利用することができる。このことによって実施面での手法が非常に楽になる。

適切な指針やこれに密接に関連する経験がない場合には，ACI施工基準211.2-91[14.19]を利用することができる。ACI 211.2-91が推奨する方法は，いわゆる容積方法であり，すべて軽量骨材のコンクリートにも，普通細骨材を含む軽量骨材コンクリートにも用いることができる。この方法では，質量への変換は湿ったゆるく詰めた骨材の容積を基準として行う。骨材の総容積は，別々の粒径範囲の各容積を合計したものである。ゆるく詰めた骨材の容積の合計は，コンクリートの体積に対して1.05～1.25である。この骨材の総容積のうち，ゆるく詰めた細骨材の容積の割合は，使用骨材の固有の性質と目標とするコンクリートの性質によって40～60%の間である。骨材の最大寸法が20 mmの時は，最初の試し練りでは

第14章 コンクリートの配合割合の選択

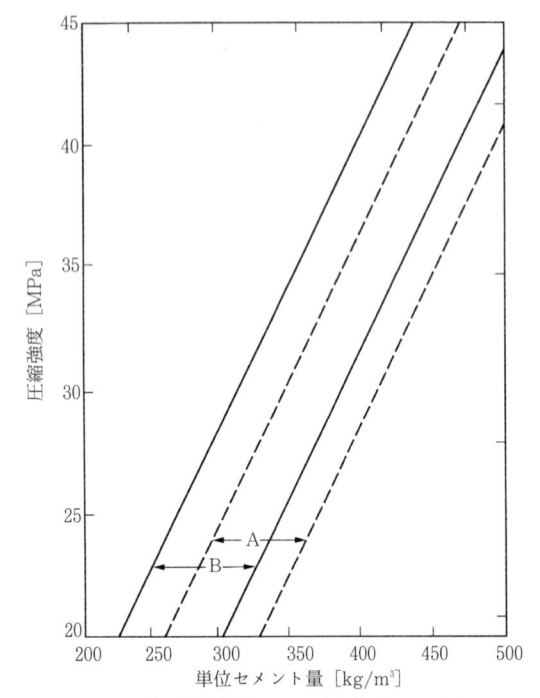

図-14.11 以下の骨材を用いてつくられたコンクリートの圧縮強度（標準円柱供試体による測定）と単位セメント量との一般的関係：(A) すべて軽量骨材；(B) 普通細骨材と軽量粗骨材（参考文献 14.19 に基づく）

細骨材と粗骨材の容積を等しくし，必要な強度に対応する単位セメント量にすると都合が良い．単位水量は，必要なワーカビリティーが得られる量を用いる．不確実な点があるため，すべて要求されるワーカビリティーにして，単位セメント量を少しづつ変えながら試し練りを3種類つくるのが普通である．

このようにすることによって，所定のワーカビリティーに対する，精度の良い単位セメント量と強度との関係を得ることができる．

14.11.1 計算例

ACI 211.2-91 の資料とほぼ同じ資料を使用する．普通細骨材を含む軽量骨材コンクリートで，圧縮強度（標準円柱供試体で測定）30 MPa，最大気中乾燥密

14.11 軽量骨材コンクリートの配合の選択

度 $1\,700\,\text{kg/m}^3$ の物を求める。基準密度の確認は ASTM C 567-91 によって行う。目標とするスランプは $100\,\text{mm}$ である。軽量粗骨材と軽量細骨材の湿ったゆるく詰めた密度はそれぞれ $750\,\text{kg/m}^3$ と $880\,\text{kg/m}^3$ である。普通細骨材の飽水した表乾状態の密度は $1\,610\,\text{kg/m}^3$ である。

過去の経験から、試し練りの必要単位セメント量を例えば図-14.11 に示したように $350\,\text{kg/m}^3$ とみなすことができる。

同じく過去の経験に基づいて、コンクリート $1\,\text{m}^3$ 当たりの m^3 数で表す使用骨材の容積は、軽量粗骨材 0.60、軽量細骨材 0.19、および普通細骨材 0.33 である。したがって、最初の試し練りのバッチ、$1\,\text{m}^3$ に必要な量は次の通りである。

セメント		$350\,\text{kg}$
軽量粗骨材	$=0.60\times\ \ 750=$	$450\,\text{kg}$
軽量細骨材	$=0.19\times\ \ 880=$	$167\,\text{kg}$
普通細骨材	$=0.33\times1\,610=$	$531\,\text{kg}$
目標スランプに必要な水量	$=$	$180\,\text{kg}$
合計質量		$1\,678\,\text{kg/m}^3$

ここで、エントラップトエアを含むフレッシュコンクリートの実際の密度を、ASTM C 138-92 の方法で計算する。実際の密度が $1\,660\,\text{kg/m}^3$ であることが分かっていると仮定すると、結果は $1\,678/1\,660=1.01$ である。すなわち、上記の各量を使うとコンクリートが 1% 過剰にできるということになる。これを改善するために、$1\,\text{m}^3$ 当たりのすべての量を 1.01 で割らなければならない。例えば、単位セメント量は $350/1.01=346\,\text{kg/m}^3$ となる。

$1\,660\,\text{kg/m}^3$ のコンクリート密度は最大値の規定より小さいと同時にそれに十分に近い値であるが、実際の強度を決定するための試験が必要である。

配合割合を修正することが必要な場合は、経験則による値が一部 ACI 211.2-91[14.19] に示されているので、これを使うと便利なこともある。例えば、骨材の合計質量の百分率として表した細骨材の質量を 1% 上げる場合は、スランプを一定に保つために必要な単位水量を $2\,\text{kg/m}^3$ 増やさなければならない。強度を一定に保つためには、単位セメント量を約 1% 増やさなければならない。コンクリートのでき上がり量を一定にするためには粗骨材の質量を減らさなければならない。

ACI 211.2-91 の「経験則」の別の例として、スランプを $25\,\text{mm}$ 増加すること

第14章 コンクリートの配合割合の選択

が必要な場合は，単位水量を $6\,\mathrm{kg/m^3}$ 増やさなければならない。一定の強度を保つためには，付随して単位セメント量を3％増やす必要がある。コンクリートのでき上がり量を一定にするためには細骨材の質量を減らさなければならない。

中強度軽量骨材コンクリートの配合割合の選択に関する助言が，ACI 523.3 R-93[14.20] に記載されている。同じ手引書に，気泡コンクリートの配合の選択に関する助言が載っている。

骨材によって密度と必要水量の値が異なるため，軽量骨材コンクリートの配合割合に関するさまざまな資料は標準的な数字に過ぎないことを，重ねて述べておきたい。他方，同じ種類の軽量骨材は均一性が高い。そのため，求めたい性質が精度良く得られるような配合の選択は，かなり確実に行うことができる。

14.12　イギリス方式による配合の選択（配合設計）

現在のイギリス方式は，1988年に改定された環境局の方式[14.11] である。

ACIの手法と同様，イギリス方式も配合を選択する際の耐久性の要件を明確に認めている。この方法は，ポルトランドセメントだけでつくられた，または高炉スラグ微粉末やフライアッシュも混ぜてつくられた普通コンクリートに適用することができるが，高流動コンクリートやポンプ圧送コンクリートには適用できない。また軽量骨材コンクリートに関する記載はない。骨材の最大寸法は3種類承認されており，40，20，10 mm である。

基本的に，英国方式は次の5段階で構成されている。

段階1－この段階は，水セメント比を決定するために圧縮強度を取り扱う。目標平均強度という概念を導入しており，これは設計基準強度の特性値にばらつきを考慮したゆとりをもたせた値である。したがって目標平均強度は，ACI 318 R-02[14.8]（901頁参照）の平均圧縮強度と考え方が似ている。

コンクリート強度と水セメント比との関係は，かなり巧みに取り扱っている。さまざまなセメントとさまざまな種類の骨材に対して，水セメント比が0.5の場合に一定の強度が想定されている（表-14.9）。骨材の因子は，骨材が強度に多大な影響を及ぼすことを認めている。表-14.9の資料は，20℃で水中養生された中程度のセメント量という仮定のコンクリートに該当する資料である。これより富

14.12 イギリス方式による配合の選択（配合設計）

表-14.9　1988年の英国方法に従って（自由水/セメント）比を0.5としてつくられたコンクリートの圧縮強度の概略値[14.11]

セメントの種類	粗骨材の種類	以下の各材齢［日］における圧縮強度*［MPa］			
		3	7	28	91
普通ポルトランドセメント（タイプⅠ） 耐硫酸塩ポルトランドセメント（タイプⅤ）	非破砕型	22	30	42	49
	破砕型	27	36	49	56
早強ポルトランドセメント（タイプⅢ）	非破砕型	29	37	48	54
	破砕型	34	43	55	61

＊立方体供試体による測定
（版権 Crown）

配合の混合物は強度の発現がさらに速いため，初期強度が相対的に高い。

表-14.9から，使用されるセメントの種類，骨材の種類，および材齢に対応する適切な強度の値（水セメント比が0.5の場合の）がわかる。図-14.12をみて，水セメント比が0.5の時にこの強度に対応する点に印を付ける。つぎにこの点を通り，隣の曲線と「平行な」（または厳密に言うと類似の）曲線を描く。この新しい曲線を使って，規定された目標平均強度（縦座標としての）に対応する水セメント比を（横座標として）読み取る。耐久性の点から水セメント比を小さくする必要があるかもしれないことを，忘れてはならない。

段階2－この段階では，スランプまたはVB時間として表される，必要とするワーカビリティーに対して単位水量を決定する。そして，骨材の最大寸法とその種類（すなわち，破砕型か非破砕型か）が及ぼす影響を認識する。

関連する資料を表-14.10に示す。締固め係数は管理の目的で使うことはできるが，配合の選択では使用されないということができる。

段階3－この段階では，単位水量を水セメント比で割って単位セメント量を単純に計算する。この単位セメント量は，耐久性から定められた最小値，または発熱から定められた最大値と矛盾してはならない。

段階4－この段階では，骨材の合計含有量を決定する。十分締固められたコンクリートのフレッシュ状態の密度の推定値が必要であるが，これは図-14.13の単位水量（段階2による値）と骨材の密度とから適宜読み取ることができる。密度が未知の場合は，非破砕骨材で2.6 g/cm³，破砕骨材で2.7 g/cm³の値を想定する

第 14 章　コンクリートの配合割合の選択

表-14.10　1988 年英国方法によって種々のワーカビリティーレベルを得るために必要な単位自由水量の概略値[14.11]（版権 Crown）

骨材		下記の各値に対する単位セメント量 [kg/m³]				
最大寸法 [mm](in)	種類	スランプ [mm]	0-10	10-30	30-60	60-180
		VB 時間 [秒]	>12	6-12	3-6	0-3
10 (3/8)	非破砕型		150	180	205	225
	破砕型		180	205	230	250
20 (3/4)	非破砕型		135	160	180	195
	破砕型		170	190	210	225
40 (1 1/2)	非破砕型		115	140	160	175
	破砕型		155	175	190	205

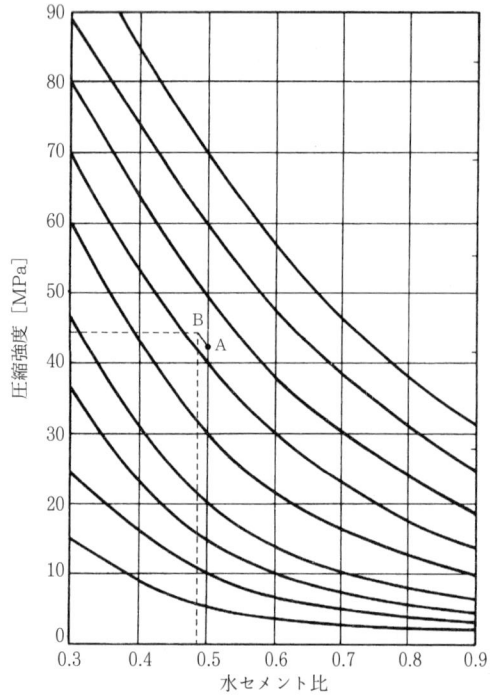

図-14.12　圧縮強度と英国の配合選択方法を用いるための（自由水/セメント）比との関係[14.11]（表-14.9 参照）（版権 Crown）

ことができる。骨材含有量は，コンクリートのフレッシュ状態の密度の値から単位セメント量と単位水量の値を引けば得ることができる。

14.12 イギリス方式による配合の選択（配合設計）

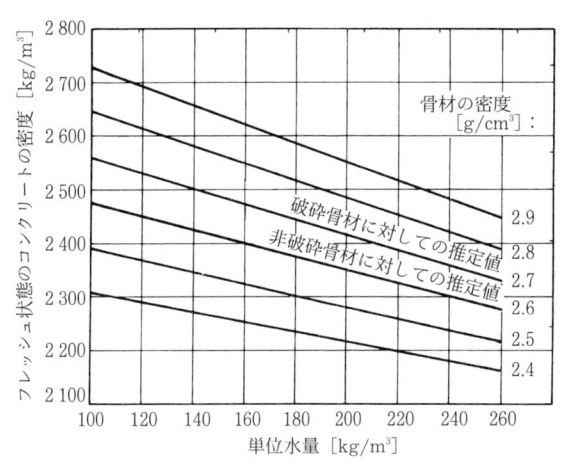

図-14.13 十分締固められたコンクリートの湿潤密度の概略値[14.11]（密度は表乾状態の骨材に対して定められる）
（版権 Crown）

段階5－この段階では，骨材全体の中の細骨材の比率を，図-14.14の推奨値を使って決定する。20 mm と 40 mm の骨材に関する資料だけを示した。支配的に影響を及ぼす因子は，骨材の最大寸法，ワーカビリティーの程度，水セメント比，および 600 μm を通過する細骨材の百分率である。細骨材の粒度に関するその他の側面も粗骨材の粒度も無視されている。

　細骨材の比率がいったん得られれば，それに骨材の合計含有量を掛けて細骨材含有量を得ることができる。

　その場合に粗骨材含有量は，骨材の合計含有量と細骨材含有量との差である。つぎにその粗骨材を，骨材の形状にしたがって各粒径範囲に分けなければならない。おおまかな指針として，表-14.11の百分率を用いることができる。

　上記の計算にしたがって，試し練を行わなければならない。

　また，英国方式は英国の材料を基準としているため，表や図に示したさまざまな値が他の国には当てはまらない可能性もあることに注意しなければならない。

　望まれる割裂引張強度を得るための配合割合の選択がかつて英国方式に定められていたが，現在は推奨されていない。もっと一般的に言えば，曲げ強度は道路の舗装など一部の構造物に対して正しい設計規準ではあるが，英国の慣習では曲げ強度を直接測定して配合割合を選択する方法はほとんど実践されていない。そ

第14章 コンクリートの配合割合の選択

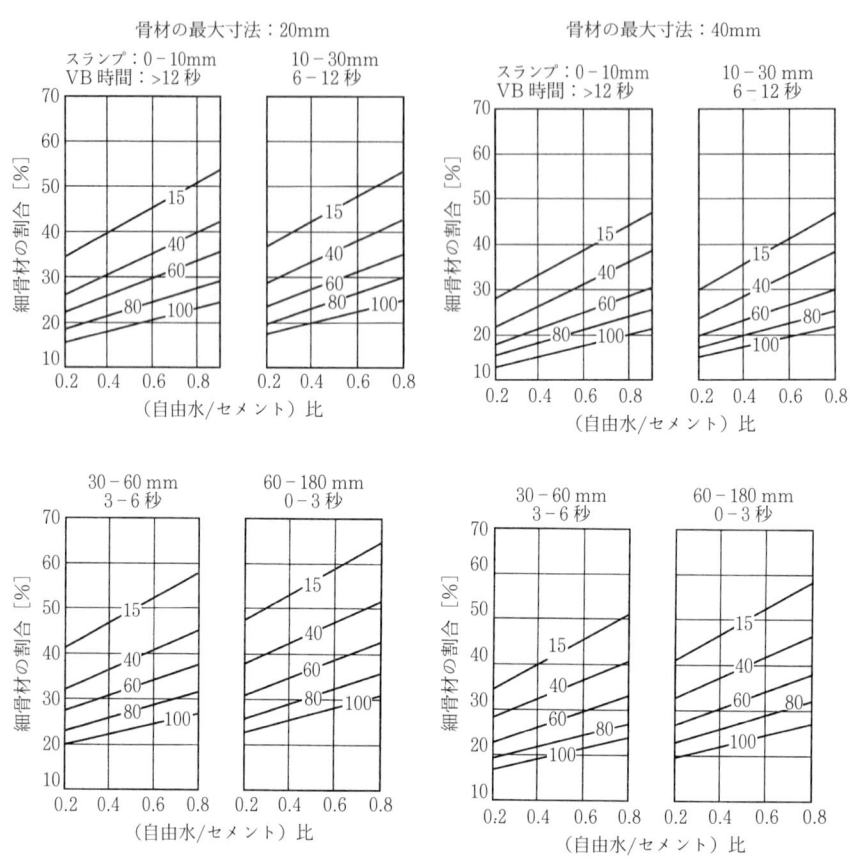

図-14.14 種々のワーカビリティーに対する（自由水/セメント）比と骨材の最大寸法とを関数とした，細骨材の割合（全骨材量に対する百分率で表す）の推奨値[14.11]（数字は 600 μm ふるいを通過する細骨材の百分率を示す）（版権　建築研究機構；Crown）

表-14.11 1988年英国方法による粗骨材の粒径区分の混合割合[14.11]

全粗骨材	5-10 mm	10-20 mm	20-40 mm
100	33	67	—
100	18	27	55

の理由は，曲げ強度を管理試験（740頁参照）に使用することが難しいからである。したがって，配合割合は通常のやり方で選択され，圧縮強度と引張強度の両方が測定される。もし後者が規準を満足している場合には，圧縮強度に基づいて

14.12　イギリス方式による配合の選択（配合設計）

管理とそれに伴う配合調整を行う。

イギリス方式による配合の選択は，欧州基準 ENV 206:1992 が広く用いられるようになれば修正される可能性がある。

14.12.1　計算例

アメリカ方式の配合の選択例（931 頁）で用いられた要件とほぼ同じ要件を満たす配合を選択してみたいと思う。これらの要件は，平均 28 日圧縮強度（標準立方体供試体で測定）44 MPa（円柱供試体強度 35 MPa と等価），スランプ 50 mm，最大寸法 20 mm の非破砕骨材，骨材密度 2.64 g/cm^3，600 μm のふるいを通過する細骨材が 60％，空気の連行が必要とされないこと，および普通ポルトランドセメントの使用である。

段階 1 －表-14.9 から，普通ポルトランドセメントと非破砕骨材を使った 28 日強度は 42 MPa であることがわかる。この値を，図-14.12 の水セメント比 0.5 に対応する縦座標に記入する。この点に A という印をつける。A を通ってもっとも近い曲線と平行な線を，縦座標が 44 MPa という設計基準強度に対応する点まで引く。これが B 点である。この点の横座標から，0.48 という水セメント比が得られる。

段階 2 －表-14.10 から，非破砕骨材が 20 mm，スランプが 50 mm の場合に必要水量が 180 kg/m^3 であることがわかる。

段階 3 －単位セメント量は 180/0.48＝375 kg/m^3 である。

段階 4 －図-14.13 から，単位水量が 180 kg/m^3，骨材の密度が 2.64 g/cm^3 の場合にコンクリート密度が 2 400 kg/m^3 であることが読取れる。したがって骨材の合計含有量は次のようになる。

$\quad$ 2 400－375－180＝1 845 kg/m^3

段階 5 －図-14.14 の中で，骨材の最大寸法が 20 mm，スランプが 50 mm を含む場合に関して描かれた図表がある。水セメント比が 0.48 の時，600 μm のふるいを 60％が通過する細骨材を表す線上で，細骨材の比率は（質量で全骨材の）32％である。したがって，細骨材の含有量は次のようになる。

$\quad$ 0.32×1 845＝590 kg/m^3

また粗骨材の含有量は，1 845－590＝1 255 kg/m^3 である。

14.13　その他の方式による配合の選択

　配合割合の選択を，すべての場合に，必ず上述したいずれかの方法にしたがって行うべきだといっているわけではない。実際，さまざまな人々はそれぞれ十分満足できる自分の方法をもっている。これらの「方法」に共通しているのは，個人の経験に基づいた略式の方法や経験則による方法が用いられていることである。これらの「方法」を同じ人物が使う限り，また使用する材料がこれまで使われてきたものと根本的に異ならない限りは，すべてうまくいくであろう。しかし，不慣れな材料を使って配合割合を選択しなければならない場合は，本章で解説した方法が非常に役に立つ。しかしその場合でも，配合割合の選択は単なる習慣に基づく方法ではない。

　何年にもわたって，さまざまな因子が及ぼす影響を観測し，配合割合を計算する式を開発するために，数多くの試みが行われてきた。そのような関係，すなわちモデルは，必然的に平均的な挙動を表す。そして未だに，あらゆる特別な例においては，コンクリートの挙動は数学的に表すことのできない，あるいはまだ表すことのできない材料の性質によって影響を受ける。これらの性質には，目下のところ「角張った形状」や「滑らかな組織」といったおおまかな言葉でしか表現されていない骨材の形状と組織も含まれる。同様に，骨材の粒度もいくつかの公称目開きのふるいで測定されるだけであり，どの2つのふるいの間においても，実際の粒子はそれぞれ異なっている。近い将来，これらの性質が適切に定量化される見通しもほとんどない。骨材のこのような性質を，計量する間に察知し，添加する水の量が即座に調整できるようになる可能性はさらに遠い。

　ある特定の混合物に用いられるセメントの実際の性質（平均的な性質ではない）はわからないか，あるいは測定されていないため，さまざまなモデルにはセメントの種々の性質もまた正しく含まれていない。

　これらの平均的な関係は「平均的には」妥当かもしれないが，材料のある特定の組合わせに用いようとすると，必然的に大きい誤差を招く。したがって，コンピュータを使って優雅に配合割合を計算しても無駄である。ただし，将来すべての材料の性質を数学的に表すことができるようになり，またこれらの性質の管理と測定が計量器でできるようになった時でも，そのような手法が不可能だという

つもりはない[14.35]。

　もう1つ警告しておきたいことがある。統計から導き出したモデルは，せいぜいそれを導き出すのに使われた範囲の変数にしか当てはまらない。この範囲が明確にされていない場合は，不注意に外挿すると非常に間違った結果となる。また，いくつかのもっと高度な方法には多くの対話型の用語が数多く含まれるものもあるが，建設中に予想もつかない変化をうける因子を含めることはほとんど意味がないということも付け加えておきたい。したがって，「手動操作不要の」コンピュータ制御で行う配合割合の完全な選択は，非現実的である。配合割合の選択は，本章で解説したような事前の計算を行い，その後で試し練りを行うことを基本とすべきである。配合割合の選択は科学であると同時に技法である。

14.14　むすび

　さまざまな配合の選択方法は単純に思えるかもしれない。また実際に，複雑な計算は何も含まれてはいない。しかし，この選択をうまく行うためには経験が必要であると同時に，さまざまな因子がコンクリートの性質に及ぼす影響の知識が必要である。

　そしてこの知識は，コンクリートの挙動に対する理解を基本とするものでなければならない。これら3つの要素，すなわち経験，知識，および理解，がすべて存在する時，最初の試し練りはほぼうまくいく可能性が高く，修正も素早くうまく行われ，目標とする性質をもった混合物を得ることができる。

　適当なコンクリート混合物を選択するだけでは十分ではない。コンクリートづくりに関するすべての作業の適切な施工を確実に行うことが必要である。そのような施工には，施工段階の正しい知識に裏付けられた技量が必要である。かつて考えられていたような，どのような者でもコンクリートをつくることができるという信念によって，残念ながら，時には素人同然の者達が行ったような状態になってしまった。そのようなやり方の結果は遠からず表に現れるのである。適切に用いれば，コンクリートはきわめて満足できる建設材料であるが，文字通りの意味で，誰にでも対応できるというわけではないということはどんなに強調してもしすぎることはない。

第14章　コンクリートの配合割合の選択

本書の初版およびそれに続く第2版と3版は，次のような「皮肉まじりの」言葉で締めくくられた。「もし読者（彼）が満足のいく配合を設計することができないならば，"彼"は鋼材で建設するという別の選択肢を真剣に検討すべきである」と。状況は変わった。まず第一に，読者は"彼"だけではなく"彼女"でもあるかもしれない。つぎに，現代の多くの構造物にとって，鋼材は単なるコンクリートの代替品ではなく，代替品として適していない可能性がある。そして最後に，（紀元2000年を過ぎ）第3千年紀のためのこの版においては，おそらくコンクリートのように広く普及した重要な材料に対して無礼過ぎる言い方をしてはいけないであろう。本書のねらいは，今後も多くの年月にわたって優れた建設材料であり続けるコンクリートの挙動を理解させることであった。このねらいが達成されたならば，読者はコンクリートに対する失望や不満から「鋼材で建設するという別の選択肢を真剣に検討する」ようなことは必要なくなるであろう。

◎参考文献

14.1　G. M. CAMPBELL and R. J. DETWILER, Development of mix designs for strength and durability of steam-cured concrete, *Concrete International*, **15**, No. 7, pp. 37–9 (1993).

14.2　W. C. GREER, JR, Variation of laboratory concrete flexural strength tests, *Cement, Concrete and Aggregates*, **5**, No. 2, pp. 111–22 (Winter 1983).

14.3　D. S. LANE, Flexural strength data summary, *NRMCA Technical Information Letter*, No. 451, 5 pp. (Silver Spring, Maryland, 1987).

14.4　ACI 211.3-75, Revised 1987, Reapproved 1992, Standard practice for selecting proportions for no-slump concrete, *ACI Manual of Concrete Practice, Part 1: Materials and General Properties of Concrete*, 11 pp. (Detroit, Michigan, 1994).

14.5　ACI 211.1-91, Standard practice for selecting proportions for normal, heavyweight, and mass concrete, *ACI Manual of Concrete Practice, Part 1: Materials and General Properties of Concrete*, 38 pp. (Detroit, Michigan, 1994).

14.6　P. C. HEWLETT, Superplasticised concrete: Part 1, *Concrete*, **18**, No. 4, pp. 31–2 (London, 1984).

14.7　ACI 1 1R-85, Quality assurance systems for concrete construction, *ACI Manual of Concrete Practice, Part 2: Construction Practices and Inspection Pavements*, 7 pp. (Detroit, Michigan, 1994).

14.8　ACI 318-02, Building code requirements for structural concrete, *ACI Manual of Concrete Practice, Part 3: Use of Concrete in Buildings – Design, Specifications, and Related Topics*, 443 pp.

14.9　J. KRELL and G. WISCHERS, The influence of fines in concrete on consistency, strength and durability, *Beton*, **38**, No. 9, pp. 356–9 and No. 10, pp. 401–4 (1988) (British Cement Association translation).

14.10　CP 114:1969, *The Structural Use of Reinforced Concrete in Buildings*, British

Standards Institution, 94 pp. (London, 1969).

14.11 DEPARTMENT OF THE ENVIRONMENT, *Design of Normal Concrete Mixes,* 42 pp. (Building Research Establishment, Watford, U.K., 1988).

14.12 CP 114 (1948), *The Structural Use of Reinforced Concrete in Buildings,* British Standards Institution, 54 pp. (London, 1948).

14.13 R. D. GAYNOR, Ready mixed concrete, in *Concrete and Concrete-making Materials,* Eds P. Klieger and J. F. Lamond, *ASTM Sp. Tech. Publ. No. 169C,* pp. 511–21 (Philadelphia, Pa, 1994).

14.14 STRATEGIC HIGHWAY RESEARCH PROGRAM, SHRP-C/FR-91-103, *High Performance Concretes: A State-of-the-Art Report,* 233 pp. (NRC, Washington DC, 1991).

14.15 M. LESSARD et al., Formulation d'un béton à hautes performances à air entrainé, *Bulletin Liaison Laboratoires des Ponts et Chaussées,* **189**, pp. 41–51 (Nov.–Dec. 1993).

14.16 ACI 221.4R-93, Guide for selecting proportions for high-strength concrete with portland cement and fly ash, *ACI Manual of Concrete Practice, Part 1: Materials and General Properties of Concrete,* 13 pp. (Detroit, Michigan, 1994).

14.17 ACI 225.R-92, Guide to the selection and use of hydraulic cements, *ACI Manual of Concrete Practice, Part 1: Materials and General Properties of Concrete,* 29 pp. (Detroit, Michigan, 1994).

14.18 ACI 214-77 (Reapproved 1989), Recommended practice for evaluation of strength test results of concrete, *ACI Manual of Concrete Practice, Part 2: Construction Practices and Inspection Pavements,* 14 pp. (Detroit, Michigan, 1994).

14.19 ACI 211.2-92, Standard practice for selecting proportions for structural lightweight concrete, *ACI Manual of Concrete Practice, Part 1: Materials and General Properties of Concrete,* 14 pp. (Detroit, Michigan, 1994).

14.20 ACI 523.3R-93, Guide for cellular concretes above 50 pfc, and for aggregate concretes above 50 pfc with compressive strengths less than 2500 psi, *ACI Manual of Concrete Practice, Part 5: Masonry, Precast Concrete, Special Purposes,* 16 pp. (Detroit, Michigan, 1994).

14.21 R. HEGNER, Les résistances du béton selon la norme SIA 162 (1989), *Bulletin du Ciment,* **57**, No. 21, 12 pp. (Wildegg, Switzerland, 1989).

14.22 ACI 363R-92, State-of-the-art report on high-strength concrete, *Manual of Concrete Practice, Part 1: Materials and General Properties of Concrete,* 55 pp. (Detroit, Michigan, 1994).

14.23 D. P. MCNICHOLL and B. WONG, Investigation appraisal and repair of large reinforced concrete buildings in Hong Kong, in *Deterioration and Repair of Reinforced Concrete in Arabian Gulf,* Vol. 1, Bahrain Society of Engineers, pp. 327–40 (Bahrain, 1987).

14.24 J. E. COOK, 10,000 psi concrete, *Concrete International,* **11**, No. 10, pp. 67–75 (1989).

14.25 P. N. BALAGURU and V. RAMAKRISHNAN, Authors' closure to paper in *ACI Materials Journal,* **84**, No. 1, 1987, *ACI Materials Journal,* **85**, No. 1, p. 60 (1988).

14.26 A. M. NEVILLE, The relation between standard deviation and mean strength of concrete test cubes, *Mag. Concr. Res.,* **11**, No. 32, pp. 75–84 (July 1959).

14.27 H. C. ERNTROY, The variation of works test cubes, *Cement Concr. Assoc. Research Report No. 10* (London, Nov. 1960).

14.28 H. RÜSCH, Zur statistischen Qualitätskontrolle des Betons (On the statistical quality control of concrete), *Materialpuŕfung,* **6**, No. 11, pp. 387–94 (1964).

14.29 ACI COMMITTEE 214, Recommended practice for evaluation of strength test results of concrete, (ACI 214-77), and Commentary, *J. Amer. Concr. Inst.*, **73**, No. 5, pp. 265–78 (1976).

14.30 H. H. NEWLON, Variability of portland cement concrete, *Proceedings, National Conf. on Statistical Quality Control Methodology in Highway and Airfield Construction*, pp. 259–84 (Univ. of Virginia School of General Studies, Charlottesville, 1966).

14.31 J. B. KENNEDY and A. M. NEVILLE, *Basic Statistical Methods for Engineers and Scientists*, 3rd Edn, 613 pp. (Harper and Row, New York and London, 1986).

14.32 N. PETERSONS, Ready mixed concrete in Sweden, *CBI Reports* 5:77, 15 pp. (Swedish Cement and Concrete Research Inst., 1977).

14.33 J. A. HANSON, American practice in proportioning lightweight-aggregate concrete, *Proc. 1st Int. Congress on Lightweight Concrete,* Vol. 1: *Papers,* pp. 39–54 (Cement and Concrete Assoc., London, May 1968).

14.34 M. A. ALI, *A Review of Italian Concreting Practice,* Building Research Establishment Occasional Paper, 25 pp. (July 1992).

14.35 A. M. NEVILLE, Is our research likely to improve concrete?, *Concrete International,* **17**, No. 3, pp. 45–7 (1995).

索　引

【和文】

■あ

アクリル樹脂　410
アコースティックエミッション　784
亜硝酸カルシウム　314
圧縮強度試験　720
圧縮成型体　37
圧縮ひずみ容量　766
圧密　289
圧力方法　685
圧力濾過法　299
アモルファス状材料　9
アラゴナイト　637
アルカリ　7, 11
　——の影響　57
アルカリーシリカゲル　184
アルカリーシリカ反応　184, 639, 805,
　817, 818, 823
アルカリ炭酸塩反応　188
アルカリ類　184
アルミナセメント　117, 118
　——の耐火性　131
　——の転移　123
　——の物理的性質　120
アルミン酸カルシウムセメント　118
アルミン酸三石灰水和物　21
泡コンクリート　875
安定　64
安定剤　319
安定材　552
安定性　181
安定度値　181

アンボンドキャッピング　726

■い，う

イオンの拡散　600
一軸引張応力　572
インクリメント試料　144

ウェットスクリーニング　755
ウォータージェット工法　857
ウォッシュミル　3
雲母　179

■え

エトリンガイト　553, 627
エフロレッセンス　178, 634
エポキシ樹脂塗装　712
塩化カルシウム　312
塩化ナトリウム　313
塩化バリウム　313
塩化物　7
　——によるスケーリング　638
　——の作用　696
　——の滲入　700
塩化物イオンの固定化　704
塩化物汚染　177
塩基度　820
炎洗浄　483
円柱供試体試験　722
エントラップトエア　290, 675
エントレインドエア　673
　——の安定性　682
円磨度　146

951

索　　引

■お

（応力-強度）比　513
応力の負荷速度　510
応力-ひずみ関係　509
応力-ひずみ曲線の表現方法　515
オートクレーブ　461
オートクレーブ養生した泡コンクリート　877
遅れエトリンガイト膨張　628
折り取り試験　779
音響絶縁　872
音響特性　440
温度上昇期間　461
温度整合養生　491
温度の影響　449

■か

海水　636
改鋳　243
外的な動機　78
回転ドラムトラックミキサ　264
回転盤試験　645
外部拘束　491
界面域　595
界面活性剤　674
界面部分　379
ガウス分布　790
カオリナイト粘土　106
化学混和剤　77, 310
化学試験　186
化学的結合水　45
拡散　597, 598
拡散係数　822
拡散率　597
各種のセメント　82
角ばり度　151
角ばり度係数　147
角ばり度数　147
撹拌　272
確率変数　792

化合物の構成　10
火災訓練　479
火災時　480
火災等級　480
火災に対する抵抗性　476
過小寸法　216
ガスコンクリート　874
過大寸法　216
活性シリカ成分　184
活性度指数　812
割線ヤング係数　511
割裂引張試験　737, 739
加熱混合法　466
壁効果　153, 754, 899
可溶性亜鉛塩　317
可溶性ホウ酸塩　317
ガラス質　9
　──の影響　60
軽石　855
カルシウムサルホアルミネート　21, 22
カルシウムサルホフェライト　22
カルシウム・マグネシウム・アセテート　695
岩塩風化作用　637
間隔係数　676
間隙率　353
乾式工法　284
乾式製法　3
乾式製法と半乾式製法　6
含水率　169
岩石の種類　141
乾燥クリープ　556, 566
乾燥収縮　526
乾燥セメントの真体積　33
寒中コンクリート　496
貫入抵抗試験　776
貫入抵抗値　253
顔料　97

索　引

■き
機械工法　857
気乾状態　166
偽凝結　24
蟻酸カルシウム　314
蟻酸ナトリウム　314
基準ペーストの軟度　61
気体の拡散係数　598
気中乾燥密度　861
規定配合　896
気泡コンクリート　853, 874
基本クリープ　556
逆回転ドラムミキサ　262
キャッピング　724
吸音特性　440, 872
吸音率　440
吸水率　165, 165, 166, 597, 600
吸水率試験　601
吸水量　166, 169
吸着水　45
休眠期　20, 330
凝結　23
凝結時間　62
凝結促進性能　312
凝結前期間　461
凝結前ひび割れ　524
凝縮シリカフューム　110
強制練りミキサ　262
強度　360
　——の逆行　85, 812
　——の最低値　894
　——の特性値　903
　——の発現　43
　——のばらつき　903
　——の分布　788
強度活性度指数　106
強度比　234
強熱減量　13
巨石コンクリート　221
巨石の使用　221

均熱　460

■く
空気除去材　114
空気中乾燥状態　166
空気量の測定　684
空げき比　164
空げき率　165, 165, 596
釘打ち用コンクリート　882
クラスCフライアッシュ　108
クラスFフライアッシュ　108
クリープ　554
　——に影響を及ぼす因子　557
　——の影響　582
　——の特性　578
　——の特性値　577
クリープ回復　557, 578
クリープ係数　577
クリープと時間との関係　574
クリープ破壊　561
クリープひずみ　511
クリープポアソン比　522
クリンカー　3, 6, 8
　——の形成　2
　——の形成温度　2
クリンカー骨材　857
クレージング　651

■け
けい酸塩　10
けい酸質粘土　106
形状係数　150
傾胴形ミキサ　262
軽量骨材　852, 854
軽量骨材コンクリート　853, 863, 936
軽量骨材コンクリートの圧送　282
軽量骨材コンクリートの弾性特性　869
軽量骨材とマトリックスとの付着　867
軽量コンクリート　852
頁岩　3

索　引

結合材　1
ケミカルプレストレストコンクリート　551
ケリーボール　246
ゲル　31
　——の比表面積　42
ゲル間げき　32, 40
（ゲル/空間）比　349, 450
ゲル水　45
限界含有率　813
限界引張ひずみ　369
弦係数　511
減水剤　320
現場　100
研磨　724

■こ

コア試験　755
高圧蒸気養生　461
高温時の強度　476
高温時の弾性係数　479
硬化促進剤　311
高強度　835
抗菌剤　336
抗菌セメント　113
格子水　45
合成炭化水素樹脂　410
高性能減水剤　324
高性能減水剤とセメントの相性　332
高性能コンクリート　935, 334, 835
高石灰アッシュ　108
構造用軽量コンクリート　853
拘束鋼製キャップ　728
高速パン形ミキサ　268
高速分析機　299
鉱物の分類　143
鋼ブラシ加圧板　372
効率係数　830
高流動コンクリート　326, 327, 934
高炉スラグ微粉末　101, 802, 817

高炉セメント　99, 100
極低温下におけるコンクリートの強度　483
骨材　139, 140
　——の一般的分類　139
　——の角ばり度　147
　——の含水量　168
　——の球形度　147
　——の強度　153
　——の混合　923
　——の最大寸法　219, 918
　——の性質　139, 837
　——の空げき率　147
　——の取扱い　222
　——の熱的性質　189
　——の付着性　152
　——の粒度　918
骨材試料の採取　143
骨材中の有害物質　173
骨材とセメントペーストとの界面　379
細かなひび割れ　492
固有の透過性　598
コロイドミキサ　264
コンクリート　676, 812
　——に対する酸の作用　623
　——の締固め　289
　——の施工　499
　——の透水性　598
　——の熱特性　466
　——の練混ぜ　261
　——の疲労強度　422
　——の磨耗　645
　——の養生　401
コンクリート分配機　276
コンクリートポンプ　273
コンクリートミキサ　262
混合セメント　79, 116
混合粉砕セメント　80
混合ポルトランドセメント　78
コンシステンシー　233

索　引

混和剤　309
混和剤の分類　310

■さ

細孔構造　595
細骨材　140
再集塊化　330
最小練混ぜ時間　266
再振動　294
砕石粉　175
最大主ひずみ説　561
最低強度　70，899，901
最適単位水量　235
再添加　331
細粉　175
サイホン管試験　169
材料のばらつき　806
材料分離　257
材齢　460
竿ばかり含水計　170
寒い天候　499
酸化物の構成　14
酸化物の構成限界　12
酸可溶性塩化物量　699
3等分点載荷試験　738
散布度　906

■し

ジェットセメント　91
時間依存破壊　561
試験間の標準偏差　906
試験内の変動　906
試験用の試料　144
自己乾燥　32，525，829
自己収縮　525
自己体積変化　525
支持配合　897
湿式工法　284
湿式製法　3
湿式ふるい分け　176

湿潤磨滅試験　159
湿潤養生　408，408
実用的粒度　207
質量の法則　441
質量方法　684
始発　62
四分法　144
締固め　289
締固め係数　241
締固め係数試験　240
遮音特性　440
自由収縮量　541
収縮性骨材　534
収縮に影響する因子　530
収縮によるひび割れ　543
収縮のメカニズム　526
収縮ひび割れ　541
収縮補償コンクリート　551，553
収縮量の予測　540
自由水　45
修正 Goodman 図　426
収着　597
収着性　602
収着性試験　603
(自由水/セメント)比　348
収縮量　835
縮小率　146
縮分　144
10%破砕荷重試験　157
シュミットハンマー試験　772
主要化合物　11
主要水和物　16
シュリンクミクストコンクリート　271
瞬間回復　557
瞬結　8，21，24
純-水/セメント比　348
蒸気処理期間　461
蒸気養生　456
衝撃エコー　783
衝撃回数　291

955

索　　引

衝撃強度　431
衝撃台　293
衝撃値　158
硝酸カルシウム　314
仕様書　895
蒸発速度　410
初期温度　449
初期接線ヤング係数　510
初期表面給水　601
暑中コンクリート　492
ショットブラスト試験　648
シリカフューム　107, 110, 802, 824
シリコン金属　110
試料分取器　144, 145
シルト　140, 175
真空コンクリート　295
真空脱水　295
人工骨材　855
人工ポゾラン　105
靭性　157
シンダー　857
振動締固め　289
浸透性　595
振動体　290
振動台　292
振動ローラー　294
侵入振動機　290
真のクリープ　556
真密度　161, 163

■す

水硬活性度　101
水硬性石灰　2
水硬性セメント　1, 2
垂直窯　9
水分移動　546
水平ピストン式　275
水溶性アルカリ　805
水溶性塩化物　699
水和したセメントの構造　31

水和したセメントペーストの中の水　45
水和生成物　14
水和熱　47
スクイズ式ポンプ　275
スコリア　855
スチールボール磨耗試験　645
スチレンブタジエン　410
砂　140
砂なしコンクリート　853
スラリー　5, 111
スランプ　238
スランプコーン　238
スランプ試験　238
スリップフォーム施工　808
寸法効果　750

■せ

成角　147
正規分布　746, 790
正規分布曲線　790
静的な係数　511
ゼオライト水　45
赤外線養生　466
積算温度　384, 385
積算温度計量装置　389
石灰石　3
石灰モルタル　1
絶乾状態　166
絶乾密度　162
設計配合　896
接線ヤング係数　510
絶対乾燥状態　166
セメント　1
　——と混和剤の相性　841
　——の主な構成要素　10
　——の各種試験　61
　——の水和熱　47
　——の水和反応　14
　——の強さ　66
　——の強さのばらつき　415

索　引

──の特性の影響　562
──の比表面積　27
──の粉末度　25
セメントX　92
セメント圧縮成形体　360
セメント係数　922
セメントゲル　44
──の強度　43
セメント状材料　80, 81
──の分類　77
（セメント/水）比　345
遷移域　379
全塩化物量　699
潜在収縮量　541
潜在的な構成　10
せん断スランプ　239
せん断弾性係数　518
ぜん動　275
セントラルミクストコンクリート　271
騒音減少率　440

■そ

増加クリープ　581
層間水　45
早強ポルトランドセメント　88
相対湿度の影響　565
相対度数　789
総伝送　442
造粒機　6
測色試験　174
促進クリープ　581
促進養生　767
粗骨材　140
疎水性セメント　113
塑性　579
粗粒率　198

■た

第一種の誤り　902
耐火アルミナセメントコンクリート　132

耐久限度　422
耐久性　832, 912
耐久性指数　687
耐久性不足の原因　594
体積計量式連続練りミキサ　266
体積変化　522
第二種の誤り　902
耐磨耗性試験　645
耐硫酸塩試験　633
耐硫酸塩セメント　95
耐硫酸塩ポルトランドセメント　95
高さと直径との比　732
多軸応力下の破壊　371
脱塩技術　712
脱炭酸　7
脱ドロマイト　188
脱フロック状態　322, 837
単位クリープ　577
単位重量　859
単位セメント量　919
単位容積質量　163, 859
炭酸化　613, 804
──の影響　614
──の速度　614
炭酸化収縮　547
探針試験　247
湛水養生　408
弾性　579, 741
弾性係数　510
炭素含有率　108, 809

■ち

遅延剤　317
遅延時間　461
中強度コンクリート　853
中心点載荷　739
中性子伝播法　783
中性子反射法　783
注入助剤　288
中庸熱セメント　94

957

索　引

超音波パルス速度試験　780
超高強度コンクリート　327
超早強セメント　90
超速硬セメント　91
超硫酸塩セメント　103
チョーク　3
直接引張試験　737
沈降　259
沈澱法　176

■つ，て
ツーポイント試験　248

低アルカリセメント　59，640
定常状態装置　599
定常状態法　469
低熱ポルトランドセメント　93
低密度コンクリート　853
テストハンマー試験　772
鉄筋コンクリート　490
鉄筋のかぶり厚さ　709
鉄鉱石セメント　96
手練り　270
転移　119
伝音特性　440
電気抵抗率　435
電気的性質　434
電気ハンマー　292
電気防食　712
電気養生　466
天然砂　140
天然セメント　115
天然のポゾラン材　105

■と
透過性　594，597，832
透過損失　441
透気法　30
凍結作用　663
凍結防止剤　312，501

凍結融解　823，833
透水係数　597
透水性型枠　297
透水性試験　608
透水率　165
動弾性係数　518
導電性コンクリート　439
特殊な骨材　223
特性値　894
ドバル試験　159
トベルモライトゲル　18
ドライシェイク　99
トラックアジテータ　271
トラックミクストコンクリート　271
トランシットミクストコンクリート　271
トリエタノールアミン　314，321
ドレッシングホイール試験　645
トレミー　286

■な，に
内的な動機　78
内部拘束　487
内部湿潤養生　862
内部振動器　290
内部破壊試験　779
内部摩擦　233
ナフタリンを主成分とする高性能減水剤　325
生原料粉　6

二点載荷　738
尿素　695

■ね，の
ねじり荷重　573
熱拡散率　466，469
熱吸収率　470
熱線法　469
熱伝導率　466，467
熱の発生速度　48

索　　引

熱膨張　467
熱膨張係数　470
熱ルミネセンス　482
練返し　269, 273
練混ぜ時間　266
練混ぜ水の品質　229
練混ぜの均一性　264
粘性　579
粘土　3, 140, 175
粘土塊　176

ノースランプコンクリート　932

■は
バーミキュライト　856
パーライト　856
配合推定試験　784
配合設計　893
配合選択の手順　897
配合の選択　893
パイプクーリング　490
白色アルミナセメント　98
白色セメント　97
白色ポルトランドセメント　97
薄片度指数　148
破砕強度試験　156
破砕値　153, 156
破砕値試験　156
バタリング　263
パッキング　724
撥水剤　336
バッチミキサ　263
発泡コンクリート　875
バルキング係数　173
バルキング効果　164
パン形ミキサ　262
反応性試験　186
反発度法　772

■ひ
ビカー針装置　61
引抜き試験　777, 780
比クリープ　577
非傾胴形ミキサ　262
微細物質　175
微小球体　684
微小球体による空気の連行　683
ヒストグラム　789
ピストン式ポンプ　275
ピット-ラン　140
引張強度試験　737
引張ひずみ容量　766
ビニルブタジエン　410
比熱　470
非破壊試験　771
比表面積　675
ひび割れ　525
　　──の傾向　543
皮膜　174
表乾状態　162, 166
表乾密度　162
標準の軟度　61
標準配合　897
標準偏差　789, 790, 903
標準棒　61
標本　788
表面乾燥飽水状態　162, 166, 168
表面給水試験　601
表面指数　149
表面指標　204
表面振動機　293
表面水率　168
表面水量　168
表面組織係数　150
表面透過電子法　783
表面保護　711
表面摩擦　233
微量化合物　11
疲労限界　422

959

索　引

疲労寿命　424
品質管理　910
品質保証　912

■ふ

ファン・デル・ワールス力　44
フィラー　13, 81, 86, 112
フィルターパッド　296
フェラリセメント　96
フォンデューセメント　118
吹付けコンクリート　283
不均一な収縮　541
ふくれ　651
不純物　174
腐食の停止　711
腐食のメカニズム　696
腐食発生限界濃度　703
普通ポルトランドセメント　86
不働態化　614
不働態被膜　614, 696
フライアッシュ　107, 802
　　──を含むコンクリート　807
フライアッシュコンクリート　808
フライアッシュセメント　109
フライパン法　169
プラスター凝結　25
プラスチック収縮　523
プラスチック収縮ひび割れ　259, 492, 523
プラスチック沈下ひび割れ　493, 524
プラスチック膜　491
プランジャー　61
ブリーズ　858
ブリーディング　259
フリーデル氏塩　704
浮力計試験　170
プルアウト法　777
ふるいの寸法　192
ふるい分け試験　191
ブルーサイト　637
プルオフ法　780

ブレークオフ法　779
フレッシュコンクリートの分析　298
フレッシュ密度　861
プレパックドコンクリート　287
ブレンディングタンク　5
フロー　246
フローコーン　842
フロー試験　245
プロクター貫入針　253
フロック状態　804
文化のかばん　720
粉砕補助剤　8
分布曲線　790
分布範囲　789
粉末度を管理したポルトランドセメント　89
分類　141

■へ

閉回路式粉砕装置　8
平均強度　899
ペースト　631
ペシマム量　642
ヘッセン　408
ヘッドパック　269
ペリクレース　64
ペレット　6, 7
変化速度　487
変動係数　792, 904

■ほ

ポアソン比　369, 520
ポイントカウント法　686, 787
崩壊スランプ　239
包括骨材　139
放射線透過写真法　783
放射測定法　783
膨潤　526
防水剤　335
防水層法　409

防水膜　336
防せい剤　711
膨張高炉スラグ　857
膨張材　552
膨張セメント　114, 550, 552
ポーカーバイブレータ　290
ボーキサイト　117
ボール貫入試験　246
ボールベアリング効果　809
ボールミル　5, 8
母集団　788
補助材料　78
ポストセット方式　779
細長度指数　148
ポゾラン　105
ポゾラン活性度指数　106
ポゾランセメント　2, 106, 109
ポゾラン特性　106
ポップアウト　670
ポルトランド合成セメント　78
ポルトランドスラグセメント　103
ポルトランド石　3
ポルトランド石灰石セメント　113
ポルトランドセメント　1, 2
ポンプ圧送　276, 808
ポンプ圧送助剤　282

■ま
マール　3
マイクロクラック　377
マイクロシリカ　110
マイクロードバル係数　159
マイクロペレット　111
マグネシア　66
マグネシウム　95
膜養生　408
曲げ強度　738
マスコンクリート　486
間詰め作用　812
磨滅試験　159

磨耗値試験　158

■み
見かけの密度　162, 860
ミキサの公称容量　263
水硬性セメント　79
水セメント比　343
水の増加　259
密度　161, 860
密度比　234, 241

■む, め, も
無機成分　79
無筋　489
無反発　431

メタカリオン　106
メタノール　317
メラニンを主成分とする高性能減水剤　325

毛管空げき　32, 39
目標平均強度　940
もみ殻　105
モルタル　676
モルタルバー試験　186

■や, ゆ
ヤング係数　509, 510
　——の表現方法　516

有機不純物　174
有効拡散係数　599
有効-水/セメント比　348
融雪剤の影響　693
誘導期　20
遊離石灰　13, 64
遊離マグネシア　13
油井セメント　114
ゆ（癒）着　413

961

索　引

■よ
良い粒度　27
良い粒度曲線　198, 208
養生　537
　——の温度　452
養生剤　410, 491
　——の試験　411
養生方法　408
容積方法　685
横クリープ　573
4つの化合物　10
予熱機　7
余裕値　902

■ら, り
ラテライト　154

立方体供試体試験　721
リニヤートラバース法　676, 685, 787
リモルディング試験　243
硫酸塩の作用　95, 627, 823
硫酸カルシウム　64, 627
硫酸ナトリウム　95, 627
硫酸マグネシウム　628
流体の移動　595
粒度　139
　——の条件　198
流動　597
流動仮焼炉　7
粒度曲線　197
臨界飽水　670
リン酸トリブチル　324

■る, れ, ろ
ルシャテリエ装置　65

冷却期間　461
レイタンス　259, 260
歴史的背景　1
レディーミクストコンクリート　271

れんが用セメント　114
連続練りミキサ　263
連続粒度　217

ロータリーキルン　3, 5
ローマンセメント　2
ローム　140
ローラー締固めコンクリート　490
濾過閉塞効果　278
炉乾燥密度　861
ロサンゼルス試験　159

■わ
ワーカビリティー　916
　——に影響を及ぼす因子　235
　——の測定　238
　——の定義　232

【欧文】

Abramsの法則　344
ASTMフロー試験　243
A法　686

Binghamのモデル　248
Bougue構成　10
B法　686

C_2S　12
C_3A　12
C_3S　12
C_4AF　12
CEMセメント　78
CEN標準砂　67

D-クラック　671

Erzセメント　96

Feretの法則　344

索　引

Griffith の仮説　367

Leighton Buzzard 砂　68

Marsh フロー時間　333
Miner の仮説　430

Nasser の K-試験器　247

Trief process　100

VB 時間　244
VB 試験　244

Wagner 濁度計　27

■訳者紹介

三浦　尚（みうら　たかし）

1940 年	山口県に生まれる
1963 年	東北大学工学部土木工学科卒業
1965 年	東京大学大学院数物系研究科修士課程修了
同　年	首都高速道路公団
1973 年	東北大学工学部助教授
1981 年	東北大学工学部教授
1986 年	英国リーズ大学客員教授(1987 年まで)
1997 年	東北大学大学院工学研究科教授
2004 年	東北大学名誉教授

■主要著書

「鋼合成桁橋の設計計算例」共著，1973 年，山海堂
「土木工学マニュアル」共著，1975 年，近代図書
「特殊コンクリート」共著，1980 年，土木学会
「コンクリート工学(II)設計」共著，1980 年，彰国社
「土木材料学」1986 年，コロナ社

ネビルのコンクリートバイブル　　　　　　　定価はカバーに表示してあります

2004 年 6 月 10 日　1 版 1 刷発行　　　　　　ISBN4-7655-1663-6　C3051

著　者　A．M．Neville
訳　者　三　浦　　　尚
発行者　長　　　祥　隆
発行所　技報堂出版株式会社

日本書籍出版協会会員
自然科学書協会会員
工学書協会会員
土木・建築書協会会員

〒102-0075　東京都千代田区三番町 8-7
　　　　　　　（第 25 興和ビル）
電　話　営業　(03)(5215)3165
　　　　編集　(03)(5215)3161
FAX　　　　　(03)(5215)3233
振 替 口 座　　00140-4-10

Printed in Japan

©Takashi Miura, 2004

落丁・乱丁はお取替えいたします
本書の無断複写は，著作権法上での例外を除き，禁じられています

装幀　技報堂デザイン室　　印刷・製本　技報堂

● 小社刊行図書のご案内 ●

コンクリート便覧（第二版）	日本コンクリート工学協会編	B5・970頁
セメント・セッコウ・石灰ハンドブック	無機マテリアル学会編	A5・766頁
コンクリート工学 —微視構造と材料特性	P.K.Mehtaほか著／田澤榮一ほか監訳	A5・406頁
コンクリート構造物の応力と変形 —クリープ・乾燥収縮・ひび割れ	A.Ghaliほか著／川上洵ほか訳	A5・446頁
鉄筋コンクリート工学 —限界状態設計法へのアプローチ（第三版）	大塚浩司ほか著	A5・254頁
入門鉄筋コンクリート工学（第二版）	村田二郎編著	A5・256頁
コンクリートの高性能化	長瀧重義監修	A5・238頁
基礎から学ぶ 鉄筋コンクリート工学	藤原忠司ほか著	A5・216頁
コンクリートの長期耐久性 —小樽港百年耐久性試験に学ぶ	長瀧重義監修	A5・278頁
エコセメントコンクリート 利用技術マニュアル	土木研究所編著	A5・118頁
コンクリートの水密性とコンクリート構造物の水密性設計	村田二郎著	A5・160頁
コンクリート構造物の診断と補修 —メンテナンス A to Z	R.T.L.Allenほか編／小柳洽監修	A5・238頁
繊維補強セメント／コンクリート複合材料	真嶋光保ほか著	A5・214頁
コンクリート工学演習（第四版）	村田二郎監修	A5・236頁
コンクリートの知識（第五版）［図解土木講座］	小谷昇ほか著	B5・112頁
コンクリートのはなしⅠ・Ⅱ［はなしシリーズ］	藤原忠司ほか編著	B6・各230頁
土木用語大辞典	土木学会編	B5・1700頁

技報堂出版　TEL 営業03(5215)3165 編集03(5215)3161　FAX 03(5215)3233